KAISERLICHE MARINE

DEUTSCHE SEEWARTE

SEGELHANDBUCH

FÜR DEN

ATLANTISCHEN OZEAN

DRITTE AUFLAGE

HERAUSGEGEBEN

VON DER

DEUTSCHEN SEEWARTE

MIT 79 TEXT-FIGUREN UND 6 STEINDRUCKTAFELN

HAMBURG

L. FRIEDERICHSEN & Co.

1910

Altenburg.
Piererscho Hofbuchdruckerei
Stephan Geibel & Co.
M/1401

Vorwort.

Die Veränderungen, denen das Segelhandbuch für den Atlantischen Ozean in der vorliegenden dritten Auflage unterworfen worden ist, sind nicht unerheblich. Zwar erscheint das bewährte Buch nach wie vor in dem gleichen äußeren Gewande, auch ist an den Grundlinien der Darstellungen und Auffassungen kaum etwas geändert, und doch konnten nach drei Richtungen hin wichtig erscheinende Maßnahmen getroffen werden, die dem Werke zum Nutzen gereichen sollen.

Schon seit Jahren bestand auf der Seewarte der Wunsch, die Übersichtlichkeit der Segelanweisungen in allen drei Segelhandbüchern wesentlich zu erhöhen; jetzt bot sich die Gelegenheit, diesen Wunsch zunächst für den Atlantischen Ozean zu erfüllen. Es war mit Recht seitens verschiedener Benutzer darauf hingewiesen, daß in den oft dreißig und mehr Druckseiten umfassenden Beschreibungen der einzelnen Segelschiffwege nicht genügend leicht zu unterscheiden sei, wie weit die eigentlichen Anweisungen der Seewarte, wie weit die Berichte und Meinungsäußerungen der Mitarbeiter zur See gehen. Auch war eine einigermaßen durchgehende, also übersichtliche Reihenfolge der verschiedenen Gruppen des darzustellenden Stoffes nicht recht eingehalten. Durch Anwendung des Petitsatzes für die Schiffsberichte konnte dem erstgenannten Mangel, durch strengere Gliederung und Einfügung von Zeilenüberschriften dem zweitgenannten Mangel abgeholfen werden. Natürlich bedingte die letztere Maßnahme zugleich eine oft gänzliche Umstellung bzw. Umarbeitung des betreffenden Abschnittes; aber der Schiffsführer wird jetzt leicht das finden, was er sucht. Im allgemeinen enthält jetzt jede Segelanweisung — wie dies ein Blick auch in das ausführlich gestaltete Inhaltsverzeichnis bestätigt — zunächst nach allgemeinen Bemerkungen die eigentliche Segelanweisung für die verschiedenen natürlichen Teile des Reiseweges, dann Angaben über die in Frage kommenden Winde und Windgebiete, desgleichen über die Strömungen; hieran schließen sich gegebenenfalls Kapitänsberichte, daran endlich Zusammenstellungen über die Reisedauer. Manche Anweisungen, in denen Stürme, Treibeis u. a. m. auch eine Rolle spielen, sind noch ausführlicher in Unterteile gegliedert.

In zweiter Linie galt es, einige Segelschiffwege, die bisher überhaupt noch nicht beschrieben waren, zu erörtern, entweder deshalb, weil sie in neuerer Zeit öfters befahren sind, oder auch deshalb, weil ihr Verlauf in meteorologisch-ozeanographischer Hinsicht nicht ohne weiteres eindeutig gegeben ist. So sind die Abschnitte 24 bis 32, mit Ausnahme vom 31. Abschnitt, den unter dem Titel „Von den Reishäfen in British-Birma nach Brasilien“ schon die zweite Auflage enthielt, neu verfaßt; es handelt sich hauptsächlich um Reisewege zwischen den Westküsten und den Ostküsten des Atlantischen Ozeans sowie um Reisen zwischen Westindien und der Ostküste Nordamerikas.

Drittens richtete sich das Bemühen darauf, dem gesamten ersten Teile des Buches eine etwas größere innere Konzentration zu verschaffen, und es sind dementsprechend einige Ausführungen weggelassen, teils, weil sie in gar zu losem Zusammenhange mit einem „Segelhandbuche“ stehen, teils, weil sie in neueren Veröffentlichungen der Seewarte eine gründlichere Behandlung gefunden haben, als hier bestenfalls möglich wäre, teils endlich, weil sie früher oder später solche gesonderte Behandlung werden erfahren müssen. Daher sind in dieser Auflage die früheren Abschnitte XII, XIII und XIV getilgt; sie enthielten Erörterungen über den Transport, die Aufbewahrung und Behandlung des Chronometers nebst je einer Liste über Zeitsignale und Positionen von Küstenpunkten, ferner einen Aufsatz über die Anwendung der Lehre vom Magnetismus in der Navigation, über die Behandlung der Kompasse an Bord eiserner Schiffe usw. endlich über die wichtigsten Wale des Atlantischen Ozeans. Beibehalten sind aber einige Bemerkungen über die magnetischen Verhältnisse des Atlantischen Ozeans, und es wird auf die hierzu gehörende, neu entworfene große Tafel IV der Linien gleicher Mißweisung für das Jahr 1913 noch besonders hingewiesen; sie befindet sich am Ende des Buches in dem Rückendeckel.

Bei dieser Gelegenheit sei erwähnt, daß dem Segelhandbuche neu noch als Taf. III eine bildliche Darstellung der Sturmsignale der an den Atlantischen Ozean grenzenden Staaten beigegeben ist, außerdem als Taf. V und VI Karten der Linien gleicher Dauer von Segelschiffsreisen in allen drei Ozeanen (von und nach Lizard berechnet). Weggeblieben ist dagegen die Taf. IV der zweiten Anflage (Linien gleicher magnetischer Inklination und Horizontalintensität für 1895), weil ein Bedürfnis dafür, eine solche Karte gesondert beizufügen, seit der Ausgabe der zweiten Auflage des „Atlas zum Atlantischen Ozean“ nicht besteht, wo diese Karte jetzt zu finden ist.

Da im Jahre 1905 ein besonderes „Dampferhandbuch“ für den Atlantischen Ozean seitens der Seewarte veröffentlicht worden ist, haben sich irgendwelche Bezugnahmen auf die Interessen der Dampfschiffahrt erübrigt, was im Hinblick auf einige Ausführungen im Vorworte der zweiten Auflage bemerkt sei. Immer wieder beherzigenswert sind aber im Vorwort schon der ersten Auflage enthaltene und auch in der zweiten Auflage wiederholte Ausführungen über einen der wichtigsten die deutschen Segelhandbücher charakterisierenden Gesichtspunkte bei der Verfolgung von Schiffswegen auf See überhaupt, einerlei, ob Dampfschiff- oder Segelschiffwege: nämlich über die Ausnutzung der jeweiligen Wetterlage. Es heißt da unter anderem:

„Während man in den Segelhandbüchern früherer Zeit weit mehr Gewicht auf die Darlegung des nach statistischen Erhebungen ermittelten Verlaufes der Vorgänge im Wetter und Wind verschiedener Meere und Meeresteile legte, und Stürme. lediglich als Störungen dieses regelmäßigen Verlaufs aufgefaßt, nur eine untergeordnete Beleuchtung erfuhren, wobei nicht verabsäumt wurde, bestimmte Regeln über das Verhalten — das Manövrieren — eines Schiffes an die Hand zu geben, muß nach neuerer Auffassung der Ausnutzung der durch Beobachtung gewonnenen Tatsachen eine bis ins einzelne der Erscheinungen gehende und durch zahlreiche Beispiele erläuterte Darlegung gewidmet werden. Aus dem Studium derselben ergeben sich alsdann für den denkenden Seemann die Winke, welche ihm in der Ausübung seines Berufes, in der Sicherung und Förderung des Verkehrs auf den Ozeanen von Nutzen sind. In diesem Lichte betrachtet gewinnen die Stürme, ganz abgesehen von der ihnen innewohnenden Gefahr, eine erhöhte Bedeutung für die Lösung der dem Seemanne in meteorologischer Beziehung gestellten Aufgaben. Die Methode der Behandlung dieser Aufgaben, unter welchen für den Führer eines Segelschiffes als die bedeutsamste die Auffindung des relativ kürzesten und sicheren Weges zwischen zwei Hafenplätzen erscheint, ist dieselbe oder doch nahezu dieselbe, die hinsichtlich des Verhaltens in Stürmen angewendet werden muß: es handelt sich in beiden Fällen um die Gewinnung eines Bildes von der jeweiligen Wetterlage. Bei den Stürmen treten die Grundzüge der Behandlung ungleich schärfer hervor, und können dieselben auch schon um deswillen nur, wenn sie eingehend besprochen werden, von eingreifendem Nutzen für die Zwecke der Navigierung sein. Der zuletzt bezeichnete Nutzen leuchtet sozusagen von selbst ein und bedarf nicht so sehr der genaueren Beleuchtung, während der Gedanke, daß man es bei der Aufsuchung der relativ kürzesten Verkehrswege zur See und bei der Entscheidung bezüglich des Verfahrens in Stürmen mit der Lösung ganz ähnlicher Probleme zu tun hat, noch lange nicht Gemeingut geworden ist und darum auch stets wieder hervorgehoben werden muß. Die Richtigkeit dieses Gedankens tritt am klarsten hervor bei einer Besprechung der atmosphärischen Vorgänge in Stürmen, wenn dieselben durch zahlreiche Beispiele beleuchtet werden. Dies hat sich denn auch das Segelhandbuch zur Hauptaufgabe gestellt, weshalb den Erörterungen über allgemeine meteorologische Vorgänge und über die Natur der Stürme in den verschiedenen Gebieten des Atlantischen Ozeans eine erhebliche Ausführlichkeit gegeben wurde, während der Darlegung über mittlere Wind- und Wetterverhältnisse vergleichsweise eine einfache und knappe Behandlung zuteil wurde. Die dem Werke im zweiten Teile beigegebenen Segelanweisungen leiten den Schiffsführer an zur Ausnutzung der im ersten Teile enthaltenen allgemeinen Darlegungen physikalischen und meteorologischen Inhalts; auch hierbei bilden die Erläuterungen durch in erster Linie aus deutschen Quellen stammende Beispiele den Grundgedanken."

Der Atlas zu diesem Segelhandbuch ist in zweiter Auflage im Jahre 1902 herausgegeben; bis auf wenige, für die praktische Schiffahrt nicht erheblich in Betracht kommende Karten kann er noch als vollgültig auch für die nächsten Jahre bezeichnet werden, und es wird daher seine Benutzung neben dem Buche dringend empfohlen. Die Karte der magnetischen Mißweisung ist — davon war schon oben die Rede — neu bearbeitet und dem Segelhandbuche noch beigegeben.

Alle mit der Ausgabe dieser dritten Auflage verbundenen Arbeiten sind, soweit sie der Seewarte zufielen, auch von Beamten dieses Institutes ausgeführt worden. Lediglich die Revision des achten Abschnittes über die Gezeiten des Atlantischen Ozeans ist außerhalb erledigt worden; sie hat wie früher Herr Prof. Dr. C. Börgen-Wilhelmshaven eigenhändig im Spätherbst 1908 freundlichst besorgt, und es ist der Seewarte eine Ehrenpflicht, auch in diesem Zusammenhange dieses jederzeit bewährten Freundes der Anstalt, der inzwischen verstarb, zu gedenken. Die Korrekturen des genannten Abschnittes wurden von der jetzigen Leitung des Kaiserlichen Observatoriums in Wilhelmshaven in entgegenkommender Weise nochmals durchgesehen.

1885 erschien die erste Auflage, 1899 die zweite Auflage des Segelhandbuches für den Atlantischen Ozean. Möge nun auch die dritte Auflage dieses Buches der seit Jahren schwer um ihre Existenz ringenden transatlantischen Segelschiffahrt die Hilfe gewähren, die sie von der Seewarte zu erwarten und bei ihr zu finden berechtigt ist.

Hamburg, im Dezember 1909.

Die Deutsche Seewarte.
Herz.

Inhaltsverzeichnis.

Atlantischer Ozean.

Erster Teil. Allgemeine Einleitung.

Zweiter Teil. Segelanweisungen.

Verzeichnis der bildlichen Darstellungen.

A. Textfiguren.

B. Tafeln

(am Ende des Buches).

Atlantischer Ozean.

Erster Teil.

Allgemeine Einleitung.

Erster Abschnitt.

Die physikalischen Verhältnisse des Atlantischen Ozeans[1].

I. Benennung, Grenzen, Areale.

Der Atlantische Ozean trägt seinen Namen gemäß einem Vorschlag, der im Jahre 1650 von dem deutschen Geographen Bernhard Varen ausgegangen ist. Bis zum Ende des 18. Jahrhunderts findet sich dieser Name oder die Bezeichnung *Oceanus occidentalis* meist nur für den östlichen Teil des Nordatlantischen Ozeans angewandt, während der westliche Teil mit *Mar del Nort*[2]) bezeichnet wurde, doch hatte schon 1569 Gehrhard Kremer (gen. Merkator) auf seiner berühmten Weltkarte den ganzen nordatlantischen Raum so benannt, während er der südhemisphärischen Hälfte den Namen des Äthiopischen Meeres beilegte.

Für einzelne Teile des nordatlantischen Gebietes haben sich in der nautischen Literatur einige Lokalnamen eingebürgert, deren Entstehung einige Jahrhunderte zurückreicht. So nannten schon die ersten spanischen Westindienfahrer die Passatregion zwischen den Kapverden und den Antillen *el golfo de las damas*, das „Damenmeer", weil man in diesem gefahrlosen Meere das Steuerruder getrost der Hand einer Dame anvertrauen dürfe. Diesem friedlichen Gebiet stellten sie die stürmische See nördlich von 35° N-Br. gegenüber als *el golfo de las yeguas*, also das „Stutenmeer". Dieser sonderbare Name bezieht sich ursprünglich nicht auf den ganzen zwischen 35° und 40° quer über den Ozean laufenden Streifen, sondern nur auf den Meeresstrich nordöstlich der Kanaren, wo nämlich die von Andalusien nach Westindien segelnden spanischen Truppen ihre Pferde in großer Zahl auf ihren kleinen Schiffen verloren und über Bord warfen.

Wie es scheint, ist unabhängig hiervon in der neueren Literatur ein diesem ähnlicher Ausdruck, nämlich die „Roßbreiten" (*horse latitudes*), in Aufnahme gekommen. Darunter wurde zunächst nur das Gebiet bei den Bermudas-Inseln zwischen 27° und 35° N-Br. verstanden, und Maury erklärt den Namen ebenfalls durch das gewohnheitsmäßige Überbordwerfen von Pferden auf der Fahrt von den Neuengland-Staaten nach Westindien, woran hier die übermäßige Verzögerung der Reise in den dort häufigen leichten Winden und Stillen schuld war; er selbst aber hat diese Benennung auf die ganze Zone des Nordatlantischen Ozeans in der Nähe von 30° N-Br. ausgedehnt, in der die Kalmen und Mallungen des absteigenden Luftstroms bei hohem Barometerstand gefunden werden.

---

[1]) Eine ausführliche Meereskunde finden die Leser in dem Handbuche der Ozeanographie von O. Krümmel, dessen erster Band 1907 in zweiter Auflage erschienen ist. Darstellungen allgemein verständlicher Art geben G. Schott in „Physische Meereskunde" (Sammlung Göschen) und O. Krümmel in „Der Ozean".

[2]) Im Gegensatz zu der zuerst von Balboa 1513 im Süden des Isthmus von Panama gesichteten Südsee (Mar del Sur).

Der hin und wieder dem Meeresteile zwischen den Kanaren und Kapverden beigelegte Name des „Dunkelmeeres“ stammt noch aus dem Altertum her (lateinisch *mare tenebrosum*) und wird auf die Phönizier und Karthager zurückzuführen sein, die ihre griechischen und römischen Konkurrenten durch das Märchen einer dort ewig herrschenden Dunkelheit und nebelerfüllten Luft vom Vordringen in den Atlantischen Ozean überhaupt abschrecken wollten [1]). Es ist immerhin möglich, daß die Alten auch schon von den gerade in jenem Meeresstrich besonders häufig beobachteten Staubfällen sowie von den im nördlichen Teil der Küste zusammen mit dem kalten Küstenwasser auftretenden Nebeln Kenntnis besaßen und so die alte phönizische Sage auch nach Vernichtung der karthagischen Seemacht sich noch lange konservieren konnte. Auch bei den arabischen Schriftstellern des Mittelalters heißt dieser Meeresteil das „Meer der Finsternis“, was zunächst das „Meer des Sonnenunterganges“, also das „Westmeer“ bedeuten kann; dann aber in übertragenem Sinne das „unbekannte“ und darum „in Dunkel gehüllte“ Meer [2]).

Für den zwischen ungefähr 20° und 35° N-Br. und 30° bis 70° W-Lg. liegenden, durch treibende Fucus- oder Tangbüschel gekennzeichneten Meeresteil hat sich der Name des Sargassomeeres [3]) eingebürgert. — Die von unserer Nordseeküste aus fahrenden Schiffer nennen nicht selten den Nordatlantischen Ozean „die spanische See“ und wenden zur näheren Bezeichnung der Örtlichkeit dann wohl die Ausdrücke an wie im „Passat“, „bei den Western Eilanden“, „vor den Gründen“ usw.

Als Grenzen des Atlantischen Ozeans wurden von einer Kommission der Geographischen Gesellschaft in London 1847 folgende Linien vorgeschlagen: als Nord- und Südgrenze die beiden Polarkreise, als Grenze gegen den Indischen Ozean der Meridian des Kap Agulhas (20° O-Lg.), gegen den Stillen Ozean der Meridian des Kap Horn (67° W-Lg.). Diese Abgrenzung, welche der Einteilung der gesamten Meeresfläche in fünf große Ozeane entsprach, wird aber der durch die Verteilung von Wasser und Land gegebenen natürlichen Gliederung der Meeresräume nicht ganz gerecht, sondern schafft, hauptsächlich in Anlehnung an die extremen klimatischen Verhältnisse der Polargebiete, ein gesondertes Nördliches und Südliches Eismeer. Daß zu dieser Fünfteilung keine durchschlagenden Gründe vorhanden sind, lehrt uns die Betrachtung der Verteilung von Wasser und Land auf dem Globus; das Nördliche Eismeer ist in seinen Dimensionen nicht ebenbürtig den drei großen Ozeanen, sondern ist ebenso wie das Karaibische Meer oder das Mittelländische Meer ein Nebenmeer des Atlantischen Ozeans. Ebenso besteht die Aufstellung eines Südlichen Eismeeres nicht zu Recht, da das Gebiet innerhalb des Südpolarkreises, wie ziemlich sicher angenommen werden darf, zum größeren Teil durch Festland eingenommen wird, und dies Festland ist als Südgrenze der drei großen Weltmeere aufzufassen. Der Atlantische Ozean erstreckt sich demnach von der Beringstraße über den Pol hin bis zum Rand des antarktischen Kontinents; von dem selbständigen Ozean gliedern sich verschiedene unselbständige, mehr oder weniger in die Festländer eindringende Meeresteile ab, welche wir als Nebenmeere bezeichnen.

Über die Größenverhältnisse dieser Nebenmeere im Vergleich zu dem eigentlichen Atlantischen Ozean gibt die nachstehende Tabelle Aufschluß, welche auch die mittlere Tiefe der einzelnen Meeresteile enthält. Den allgemeiner üblichen Bezeichnungen sind auch die mehr für eine Klassifikation geeigneten Benennungen zugefügt, indem sich die Nebenmeere wieder gliedern in Mittelmeere, die mehr oder weniger vom Festland umschlossen sind, und in Randmeere, die den Festländern angelagert und nur unvollständig abgeschlossen sind.

---

[1]) Peschel, Zeitalter der Entdeckungen, Stuttgart 1858, S. 41.

[2]) A. v. Humboldt, Kritische Untersuchungen über die Entd. d. Neuen Welt. Deutsch von Ideler, Berlin 1852, Bd. I, S. 63.

[3]) Hierüber vgl. O. Krümmel in der Reisebeschreibung der „Plankton-Expedition (Kiel und Leipzig 1892, S. 117 ff.), wo aufser einer Karte auch ausführliche Angaben über die wirkliche geographische Verbreitung, über Wesen und Ursache dieser Erscheinung sich finden.

Name	Areal in qkm	Mittlere Tiefe in m
Atlantischer Ozean (ohne Nebenmeere)	81 657 800	3858
Nebenmeere:		
Nördliches Eismeer (Arktisches Mittelmeer)	14 352 300	1170
Karaibisches Meer u. Golf von Mexiko (Amerikan. Mittelmeer)	4 584 600	2090
Mittelländisches Meer (Romanisches Mittelmeer)	2 967 600	1431
Ostsee (Baltisches Mittelmeer)	406 700	55
Hudsonbai (Hudsonsches Mittelmeer)	1 222 600	128
Nordsee (Deutsches Randmeer)	571 900	94
Kanal und Irisch-Schottische See (Britisches Randmeer)	213 400	62
Golf von St. Lorenz (Laurentisches Randmeer)	219 300	128

Das Gesamtareal des Atlantischen Ozeans mit Einschluß der Nebenmeere beträgt hiernach 106 196000 qkm, dasjenige der Nebenmeere allein 24538000 qkm. Zum Vergleich sei angeführt, daß Europa, Asien und Afrika einen Flächeninhalt von etwa 84 Millionen, Nord- und Südamerika einen solchen von 42 Millionen haben.

Vor den beiden anderen großen Ozeanen zeichnet sich der Atlantische besonders durch die schlanke, in die Länge gezogene Gestalt seines Beckens aus, die zur Folge hat, daß seine ostwestliche Ausdehnung kaum die Hälfte seiner Erstreckung von Norden nach Süden erreicht. Nimmt man nämlich den 30. Meridian W-Lg. als Mittellinie des Ganzen an, so mißt diese zwischen den beiden Polarkreisen fast 8000 Seemeilen (14756 Kilometer), während der Nordatlantische Ozean an der breitesten Stelle unter 31° N-Br. nur 3700 Seemeilen (6852 Kilometer), der Südatlantische unter 51° S-Br. noch weniger, nämlich nur 3400 Seemeilen (6254 Kilometer), mißt.

Bedeutsamer aber ist der gewundene und dabei fast parallele Verlauf der westlichen und östlichen Küstenlinien, so daß ALEXANDER VON HUMBOLDT mit Recht von einem „atlantischen Tal" sprechen konnte, das die Kontinentalmassen der Alten und Neuen Welt voneinander trennt. Dem weiten Becken, in dessen Mitte die Bermudas-Inseln liegen, entspricht in überraschender Weise die große Ausbauchung des nordwestlichen Afrika, während dem im Kap San Roque endenden Osthorn Brasiliens der weite Einsprung des Guinea-Busens gegenüberliegt, fernerhin verlaufen die beiden Uferränder des Südatlantischen Ozeans, wie auf einem Globus ersichtlich, beinahe parallel. Diese merkwürdige Gliederung ist von einschneidendem Einfluß nicht nur auf die Anordnung der Meeresströmungen, der Temperatur- und Windverhältnisse, sondern auch für die Lage der Verkehrsstraßen geworden. Von großer Wichtigkeit ist dabei der Umstand, daß durch das weite Vortreten des südamerikanischen Festlandes nach Osten hin der mittlere Meridian des südatlantischen Teils, als welchen wir etwa den 15. Grad W-Lg. gelten lassen, eine bedeutend östlichere Lage besitzt als die Mittellinie des Nordatlantischen Ozeans, die wir im 40. Grad W-Lg. annehmen dürfen. Ein Blick auf die Karte zeigt, wie jener 15. Meridian die Ostseite des nordatlantischen Raumes berührt, daß dagegen Kap San Roque fast dieselbe Länge hat wie die westlichste der Azoreninseln, Corvo.

Alles dies hat, im Verein mit der Richtung der Passate und der Meeresströmungen, zur Folge, daß die Hafenplätze des Südatlantischen Ozeans auf kürzerem und schnellerem Wege von den europäischen Küsten aus zu erreichen sind als von den nordamerikanischen, und daß dementsprechend die europäischen Segler bei den Wegen um Kap Horn und um Südafrika von Anfang an einen nicht unbedeutenden Vorsprung vor den amerikanischen haben.

II. Die Tiefenverhältnisse des Atlantischen Ozeans.

Lotungen vor dem Jahre 1856.

Über die Tiefenverhältnisse des Atlantischen Ozeans sind wir besser unterrichtet als über die irgendeines anderen Ozeans. Freilich können nur die in den letzten sechs Jahrzehnten ausgeführten Tiefseelotungen als Grundlage unserer Kenntnis anerkannt werden, auch wenn die ersten Versuche, den Ozean zu ergründen, bis in die Mitte des achtzehnten Jahrhunderts zurückreichen. Als erfolglos müssen die Bemühungen des Kapitäns ELLIS (1749) gelten, der in der Nähe der afrikanischen Küste unter 25° 17' N-Br. sein Lot auf 1190 und 1630 m versenkte, ohne den Boden zu berühren. Die Versuche von COOK und FORSTER (1772) erstrecken sich nicht einmal ganz bis auf 200 m und bezweckten auch mehr die Messung der Temperaturen in dieser Tiefe. Dagegen gelang es 1773 Kapitän PHIPPS auf einer Polarexpedition nach Spitzbergen, mit mehreren aneinander gebundenen Lotleinen in 65° N-Br., 2° 21' O-Lg. 1250 m Tiefe zu loten und eine Grundprobe zu erhalten. Der erste Fall einer gelungenen Tiefseelotung! Den Meeresboden im offenen Ozean anzuloten gelang in der Folge weder PÉRON (1800—1804), noch KRUSENSTERN (1803—1806), noch KOTZEBUE (1815—1818) auf ihren berühmten Weltumsegelungen, noch SCORESBY auf seinen sonst so erfolgreichen beiden arktischen Fahrten 1810 und 1823, während Sir JOHN ROSS im Jahre 1818, freilich in der Baffinbai, nicht im offenen Ozean, mit seiner „Tiefseezange" Grundproben aus einer Tiefe von 1850 m (also einer Seemeile) heraufförderte, was von den Zeitgenossen als eine epochemachende Leistung bewundert wurde. Ungemessenes Erstaunen erregte aber ein Versuch des jüngeren JAMES CLARK ROSS im Südatlantischen Ozean, wobei am 3. Juni 1843 unter 15° 3' S-Br., 23° 14' W-Lg. das Lot bis auf 8400 m herabgelassen wurde, ohne den Boden zu erreichen[1]). Diese Angabe verdient aber darum kein Vertrauen, weil ROSS zu leichte Gewichte versenkte, so daß die abgelassene, $4^1/_2$ Seemeilen lange Leine von den Meeresströmungen der Tiefe fortgetragen werden mußte wie ein Wimpel vom Winde; indessen sind seine anderen Lotungen von 4435 m und 4895 m im Südatlantischen Ozean als die ersten erfolgreichen Lotungen großer Meerestiefen anzusehen (1840). — Verfehlt sind die nur allzu lange auf den Seekarten geduldeten Lotungen im westlichen Teile des Südatlantischen Ozeans, die vom Lieutenant-Commanding J. P. PARKER auf dem V. S. S. „Congress" am 4. April 1852 und von Kapt. DENHAM auf I. Br. M. S. „Herald" am 30. Oktober 1852 ausgeführt wurden und folgende ganz enorme Werte ergaben:

S-Br.:	W-Lg.:	Tiefe:	Beobachter:
35° 35'	45° 10'	16000 m	Lieut.-Comm. J. P. PARKER.
36° 49'	37° 6'	14100 m	Kapt. DENHAM.

Schon der unvergeßliche MAURY hat nachgewiesen[2]), daß diese Messungen viel zu hohe Werte lieferten, und daß beispielsweise DENHAM nicht 14100 m, sondern tatsächlich kaum 7400 m gepeilt haben konnte, wie aus den Ablaufzeiten der Leine für je hundert Faden (200 m) zu schließen sei. Neuere Lotungen in der Nähe jener beiden südatlantischen Positionen haben es aber wahrscheinlich gemacht, daß die Meerestiefe daselbst nicht einmal über 5000 m betragen dürfte. Diese kolossalen Messungsresultate wären wohl auch von ihren Urhebern nicht anerkannt worden, wenn diese sich einen fundamentalen Irrtum klar gemacht hätten, dem sie sich bei der damals noch sehr unvollkommenen Technik der Tiefseelotungen nicht entziehen konnten. Es wurde nämlich damals fast allgemein geglaubt, die Leine würde in dem Moment, wo das Lot auf den Meeresboden stieß, aufhören abzulaufen, während doch tatsächlich das Eigengewicht der Leine diese noch weiter von der Rolle ablaufen läßt. In der Folge wurde bei den Tiefseelotungen das Hauptgewicht darauf gelegt, daß die Uhrzeiten, in welchen die Marken an der Leine (meist alle hundert Faden oder 200 m angebracht) über Bord laufen, genau konstatiert werden. Sobald nämlich der Sinker den Boden erreicht hat, wird sich die Geschwindigkeit, mit der die Leine abläuft, plötzlich verringern. Es ist eine der verdienstlichsten Handlungen, die man MAURY nachrühmen darf, daß er mit ausdrücklichem Hinweis auf solche Vorsichtsmaßregeln, welche auch PHIPPS und ROSS schon zum Teil gebraucht hatten, eine große Zahl von Tiefseelotungen durch Offiziere der Vereinigten Staaten-Flotte hat ausführen lassen.

Einen großen Fortschritt in der Technik der Tiefseelotungen bezeichnet die ebenso geniale wie einfache Erfindung des amerikanischen Schiffsleutnants

---

[1]) JAMES CL. ROSS, Voyage of Discovery in the Antarctic Regions, vol. II, p. 381.
[2]) MAURY, Explanations and Sailing Directions, (8th ed. 1858) vol. I, p. 143.

J. M. Brooke (etwa 1854), dessen Lotapparat das über einen hohlen Stab gestreifte Gewicht (eine sehr schwere Kanonenkugel) abwarf, sobald der Meeresboden berührt wurde, während im Innern der so erleichterten Lotstange zugleich eine Grundprobe an die Oberfläche hinaufgebracht wird.

Damit war die wichtigste Erfindung auf diesem Gebiete gemacht, und so sehr auch in ganz wesentlichen Punkten, z. B. durch den Ersatz der Lotleinen durch Lotdraht, die Lotungsarbeiten bis auf den heutigen Tag noch vereinfacht worden sind: im Prinzip beruhen sie alle noch auf der Brooke'schen Idee, das Gewicht, welches die Lotleine zum Meeresgrunde zieht, daselbst abfallen zu lassen, um so das Aufwinden der Leine ohne Gefahr für dieselbe und in kurzer Frist bewerkstelligen zu können. Den unmittelbaren Antrieb zur immer weiter gehenden Vervollkommnung der Lotapparate geben hauptsächlich die beständig fortgesetzten Versenkungen submariner Telegraphenkabel, welche ja den Atlantischen Ozean heutzutage nicht bloß auf dem großen Wege New York—Europa längs des sogenannten Telegraphenplateaus durchziehen, sondern auch in vielen anderen Richtungen durchqueren.

Die Bestrebungen hinsichtlich des Problems der Tiefenkabel wurden zuerst praktisch ins Werk gesetzt im Jahre 1856, als das V. St. S. „Arctic", Lieut.-Comm. Berryman[1]), eigens zu dem Zwecke ausgerüstet, während des Sommers im Nordatlantischen Ozean kreuzte.

Es kann hier nicht eine vollständige Aufzählung aller der Expeditionen erfolgen, die im Laufe der letzten sechs Dezennien, immer mehr an Zahl anschwellend, im Atlantischen Ozean tätig gewesen sind. Wir wollen nur erstens die allerwichtigsten und wirklich bedeutungsvollen Reisen derjenigen Schiffe, die Lotungen angestellt haben, anführen und zweitens versuchen, einen Einblick in die Bodengestaltung des gesamten Atlantischen Ozeans auf Grund aller unserer bisherigen Kenntnisse zu gewinnen, wobei die bis 1908 vorliegenden Lotungen benutzt sind. Vorher sei erwähnt, daß jetzt die meisten großen Kabelgesellschaften eigene Dampfer besitzen, die lediglich zu dem Zwecke, Lotungen vorzunehmen und Kabel zu legen und zu reparieren, in Fahrt gehalten werden: noch in den siebziger Jahren verdankten wir das meiste Material in dieser Hinsicht den Kriegsschiffen der verschiedenen Nationen; nunmehr fällt der Löwenanteil der Lotungen in jedem Jahre an die sogenannten Kabeldampfer, welche mit einer früher unmöglichen und überhaupt unerreichbar scheinenden Schnelligkeit und Sicherheit arbeiten; so können jetzt an einem Tage bei einigermaßen günstigen Umständen reichlich 15 Tiefseemessungen auf Tiefen von 3000 bis 4000 m ausgeführt werden, während noch auf den Fahrten des „Challenger" und der „Gazelle" diese Messungen sehr zeitraubend waren. Als wichtigste Neuerung kommt aber dabei die Verwendung von ganz dünnem Klaviersaitendraht mit einem Durchmesser von nur 0,7—0,9 mm an Stelle von Hanfleinen in Betracht: man hat nach verschiedenen Systemen konstruierte Lotmaschinen, die nur für das Arbeiten mit Draht eingerichtet sind.

Die wichtigsten Lotungen nach 1856, dem Beginn der Kabellegungen.

Nachdem auf Maury's Anregung schon in den Jahren 1851 bis 1853 das V. St. S. „Dolphin" Lotungen in sehr verschiedenen Gegenden des Nordatlantischen Ozeans vorgenommen hatte, welche zum großen Teil als gelungen zu bezeichnen sind, so daß Maury im Jahre 1855 die erste Tiefenkarte vom Atlantischen Ozean zeichnen konnte, wandte sich in den nächsten Jahren das Interesse hauptsächlich den Meeresgegenden, die zwischen New York und England gelegen sind, zu. Die Expedition des „Arctic" vom Sommer 1856 ist schon erwähnt; ihr schließen sich an Fahrten der englischen Kriegsschiffe „Cyclop" (1857), „Bulldog" (1860), „Valorous" (1875) und des der Firma Siemens gehörigen Dampfers „Faraday" (1878—1882); alle diese Reisen galten den Gewässern, in welchen jetzt die transatlantischen Kabel nach Nordamerika

[1]) Maury, Explanations usw. I, 147 ff.; s. auch Petermann's Geogr. Mitteilungen 1856, S. 377.

versenkt liegen, teilweise auch dem nördlich davon (bis Kap Farewell) liegenden Meeresteil.

Von Fahrten, auf denen entweder das gesamte atlantische Gebiet oder wenigstens große Teile desselben erforscht wurden, sind ferner in den sechziger und siebziger Jahren wichtig geworden diejenige des englischen Kriegsschiffes „Hydra“ (1868), welche sich von Kapstadt über Ascension nach Madeira zum Kanal ausdehnte, die in jeder Beziehung epochemachende und berühmte Weltumsegelung des „Challenger“ (1872, 1873, 1876), während welcher in fast allen Teilen nördlich und südlich der Linie zahlreiche Lotungen ausgeführt wurden, sodann die gleichzeitige Forschungsreise des deutschen Kriegsschiffes „Gazelle“ (1874, 1876), ebenfalls mit wichtigen Tiefenmessungen im ganzen Gebiet, und endlich des V. St. D. „Essex“ (1877, 1878), welcher quer über den Südatlantischen Ozean (von Loanda über St. Helena nach Rio) eine Lotungsreihe legte.

In die letzten Jahrzehnte fallen die bedeutsamen Reisen des V. St. S. „Enterprise“, welches im Jahre 1883 und 1886 bei Gelegenheit einer Weltumsegelung den Atlantischen Ozean zweimal kreuzte und dabei dicht aneinander sich reihende Lotungen vornahm, einmal auf der Fahrt von der Ostküste der Union über die Kap Verden nach Kapstadt auf dem Seglerweg und sodann von Montevideo über Barbados, St. Thomas nach Kap Hatteras; hierher gehören ferner die Reisen der V. St. D. „Essex“ und „Juniata“ in dem Jahre 1886, wobei ersteres von New York entlang dem 40. Parallel nach Kap St. Vincent, letzteres von New York nach den Kap Verden und St. Paul sowie von Rio bis Montevideo lotete; außerdem verdient genannt zu werden die wissenschaftlichen Zwecken dienende Fahrt des französischen Schiffes „Talisman“ vom Sommer 1883 (von Mogador über Teneriffa, die Kanarien, Kap Verden, Azoren und von da zurück nach Frankreich), auf welcher wichtige Tiefenmessungen angestellt wurden. Im Laufe des September 1889 lotete das V. St. S. „Dolphin“ von Madeira in einem nach Süden geschwungenen Bogen durch die bisher hinsichtlich ihrer Tiefenverhältnisse fast ganz unerforschte Sargassosee zu den Bermudas-Inseln und von da nach New York; wenige Monate später, im November und Dezember desselben Jahres, machte das englische Schiff „Seine“ eine Reise von den Kap Verden über Ascension nach dem La Plata, wodurch wiederum ungemein wertvolle Aufschlüsse über die Bodengestaltung des Atlantischen Ozeans gewonnen wurden; die Lotungen der „Seine“ liegen besonders dicht aneinander. Wichtige Lotungsreihen förderten in den letzten Jahrzehnten die Arbeiten der englischen Kabeldampfer zutage, namentlich diejenigen der „Britannia“ im Jahre 1899, ferner seien hier genannt „Dacia“, „Minia“, „Buccaneer“ sowie der deutsche Kabeldampfer „von Podbielski“.

Erwähnung verdient auch der englische Kabeldampfer „Westmeath“, der, wenn wir von seinen zahlreichen, auf kleine Gebiete sich erstreckenden Untersuchungen absehen, im Juni 1890 zwischen den Bermudas und Halifax, dann im November und Dezember 1890 östlich der kleinen Antillen und südwärts an der Küste von Guyana bis fast zum Äquator hin lotete; außerdem aber — und ganz besonders — der Kabeldampfer „Silvertown“, der die gesamte Strecke zwischen dem Senegal und Brasilien zweimal, im Jahre 1891 und 1892, bei den Vorarbeiten für eine Kabellegung und bei der Kabellegung selbst auf das genaueste erforscht hat, speziell auch die Bodenverhältnisse in der Umgebung von Fernando Noronha und an der brasilianischen Küste bei Pernambuco. In den nordischen Meeren hat die norwegische „Vöringen“-Expedition (1876 bis 1878), die dänische „Ingolf“-Expedition (1896—98), im Nördlichen Eismeer die „Fram“-Expedition in hervorragendem Maße unsere Kenntnis über das Relief der Tiefsee erweitert. Wesentliche Beiträge namentlich im Südatlantischen Ozean verdanken wir der deutschen „Valdivia“-Expedition (1898—99) und der „Planet“-Expedition (1906—07), ferner der Deutschen und der Schottischen Südpolarexpedition (1901—03), die letztere hat vor allem die unbekannte Bodengestaltung des südwestlichen Teiles des Atlantischen Ozeans zu enthüllen versucht.

In neuerer und neuester Zeit, da man wenigstens im Bereich der atlantischen Gewässer für so ziemlich alle Hochseegegenden weiß, welche

Tiefenzahlen man ungefähr zu erwarten hat, richtet sich das besondere Interesse der Fahrzeuge, welche mit Lotungen beschäftigt sind, meist auf spezielle Gegenden beschränkteren Umfanges, sei es auf solche Stellen, die für Kabellegungen hervorragend wichtig sind (also besonders die Küstengebiete und ihre Neigungsverhältnisse unter Wasser), sei es auf „reported dangers", d. h. auf Stellen, die nach irgendwelchen Schiffsberichten als Untiefen mitten im tiefen Ozean sich erheben resp. erheben sollen. Solcher verdächtiger flacher Stellen gibt es auch in dem gut durchforschten Atlantischen Meer noch eine ganze Reihe; durch wiederholte genaue Nachforschung ist die Nichtexistenz einiger nachgewiesen worden, worauf sie von den Seekarten getilgt wurden. Meist wird eine auffallende Verfärbung des Meerwassers die Ursache für solche irrtümliche Meldung abgegeben haben. Es folgen weiter unten noch einige Angaben über die Positionen solcher Untiefen.

Was die westindischen Gewässer mit ihrer geradezu wunderbaren, in ihrer Art einzigen Bodenplastik anlangt, so ist die Erforschung dieses hochinteressanten Meeresgebietes das man kann sagen ausschließliche Verdienst der Vereinigten Staaten von Nordamerika. Die Anfänge der amerikanischen Untersuchungen gehen bis zu den Jahren 1851 und 1852 zurück und erfolgten noch unter Maury's Anregung; der Höhepunkt der Tätigkeit fällt in die Jahre 1874—1880, und der Name des kleinen, aber geradezu musterhaft für seine Zwecke ausgerüsteten Dampfers „Blake" wird immer mit der hydrographischen Erforschung der karaibischen Gewässer, des Golfes von Mexiko und des Golfstromgebietes (bis zum Kap Hatteras) verknüpft bleiben[1]. Die Arbeiten des „Blake" sind später durch den Dampfer „Albatroß" weitergeführt worden bis zum Jahre 1887.

Die Gestaltung des Meeresbodens[2].

In der praktischen Nautik ist die Kenntnis der Ausdehnung der Flachsee von besonderer Wichtigkeit. Darum fehlt die Niveaulinie von 200 m (entsprechend rund 100 Faden) Tiefe auch auf Übersichtskarten kleineren Maßstabes nicht; sie bildet meist die Grenze gegen den Steilabfall der Kontinente zur Tiefsee, die von ihr eingeschlossene Flachsee bezeichnet man neuerdings kurz mit Schelf. Man wird bemerken, wie nur an sieben Stellen diese 200 m-Linie sich erheblich von der Küste entfernt; an der amerikanischen Seite zunächst auf der Strecke von der Vlämischen Kappe und der Großen Neufundlandbank mit einigen Unterbrechungen entlang den Küsten von Neu-Schottland südwestlich bis nach Florida hin. Ein zweites derartiges Gebiet ist an der Guyanaküste, ein drittes an der Ostküste Südamerikas von 16° S-Br. südwärts vorhanden, wobei die breiteste Entwicklung an der patagonischen Küste erreicht wird; hier liegen die Falklandinseln auf einer großen submarinen Bank. Auf der Ostseite des Atlantischen Beckens haben wir als großartigste Bildung der Art das submarine Plateau zu nennen, dem die Britischen Inseln aufgesetzt sind, und das sich südlich bis weit in die Bai von Biskaya fortsetzt (die sogenannten „Gründe" der deutschen Seeleute), östlich fast die ganze Nordsee umfaßt. Eine fünfte, sehr viel schmalere Bank ist der Westküste der Sahara zwischen Kap Bojador und Kap Blanco, eine sechste der senegambischen Küste von Kap Verde bis zur Sherboroinsel, schließlich eine siebente der südwestafrikanischen Küste von Kap Frio bis Kapstadt vorgelagert. Im übrigen hält sich die 200 m-Linie ausnahmslos in großer Nähe der afrikanischen Küste: ein auffallender Kontrast zu den gegenüberliegenden Ostküsten Amerikas. — Die Agulhasbank an der Südspitze Afrikas reicht nur eben noch mit ihrer westlichen Erstreckung in das Bereich des Atlantischen Ozeans.

---

[1] Vergl. hierzu das interessant geschriebene und schön ausgestattete zweibändige Werk von Alex. Agassiz, Three cruises of the S. „Blake" (U. S. Coast Survey). London 1888.

[2] Eine Darstellung der Tiefenverhältnisse des Meeresbodens bietet die Tiefenkarte in der zweiten Auflage des Atlas zum Segelhandbuch für den Atlantischen Ozean, in der alle Messungen bis 1902 verwertet sind.

Die breiten submarinen Landschwellen, welche den Atlantischen Ozean im Norden gegen das Eismeer abschließen, sind besonders wichtig für die Erwärmungsverhältnisse der tieferen Schichten des Nordatlantischen Meeres. Sowohl gegen die im Westen wie gegen die im Osten von Grönland gelegenen Teile des Eismeeres, also gegen die nördliche Hälfte der Baffinbai (nördlich von 65° N-Br.) wie gegen das sogenannte Europäische Nordmeer (nördlich von 60° N-Br.) ist in der Tiefe das nordatlantische Becken durch Bodenschwellen geschützt; die unmittelbare Kommunikation der Gewässer ist nur möglich in einer Schicht, welche etwa 500 m von der Oberfläche abwärts reicht, so daß nur geringe Mengen des kalten Polarwassers in den nordatlantischen Raum eindringen können. Tiefenkarten lassen die „kalte Rinne" oder den „Lightning-Kanal" zwischen den Färöer- und den Shetlands-Inseln erkennen; hier befindet sich nach den norwegischen, englischen und dänischen Untersuchungen [1]) das einzige tiefe Tor. durch welches noch in 550 m Tiefe kaltes Wasser nach Süden strömen kann.

An diese kurzen Angaben über die Ausdehnung der Flachseegründe schließen wir noch einige Mitteilungen über die gerade im Atlantischen Ozean so zahlreich gemeldeten Untiefen und Bänke, welche, wie schon oben erwähnt, zum Teil wohl überhaupt nicht existieren; einige davon sind jedoch wiederholt angelotet worden und daher gesichert: es sind folgende flache Stellen, welche sich in höchst auffallender Weise mitten aus dem tiefen Ozean erheben: 1. die Josephinen-Bank, in 36° 40′ N-Br., 14° 6′ W-Lg. mit einer Minimaltiefe von 82 Faden = 150 m; 2. die Gettysburg-Bank in 36° 28′ N-Br., 11° 39′ W-Lg. mit 32 Faden = 59 m; 3. die Seine-Bank in 33° 47′ N-Br., 14° 21′ W-Lg. mit 81 Faden = 148 m (die Deutsche Tiefsee-Expedition auf der „Valdivia" fand nordwestlich dieser Position 146 m); 4. die Dacia-Bank in 31° 15′ N-Br., 13° 40′ W-Lg. mit gar nur 12,6 Faden = 23 m Tiefe, so daß hier sehr wohl geankert werden kann. Diese Minimaltiefe von 23 m wurde im Jahre 1887 von dem französischen Schiff „Orne" gemessen; das britische Schiff „Waterwitch" hat 1894 als geringste Tiefe 47 Faden oder 86 m gefunden, und zwar in 31° 10′ N-Br., 13° 35′ W-Lg.; 5. die Concepcion-Bank in 29° 58′ N-Br., 12° 46′ W-Lg. mit 88 Faden = 161 m. (Die astronomischen Positionen weichen zum Teil etwas ab von den in anderen Werken, z. B. bei Findlay, gegebenen.) Diese fünf unterseeischen Erhebungen, welche für sich immer nur ganz geringe räumliche Ansdehnung besitzen und aus einem über 3—4000 m tiefen Meere unvermittelt aufsteigen, liegen, wie man sieht, sämtlich in dem Meeresgebiet westlich der marokkanischen Küste; man kann es genauer begrenzen im Süden durch die Kanarischen Inseln, im Westen durch Madeira, im Nordosten durch die spanische Küste von Kap St. Vincent bis Gibraltar [2]). Ähnliche Bänke sind in neuerer Zeit auch zwischen den Kap Verde'schen Inseln und der afrikanischen Küste festgestellt worden. Es sind dies die Bom Felix-Bank (mit 119 m Tiefe), 1900 durch den deutschen Dampfer „Maceio" angelotet, ferner die Doric-Bank (mit 102 m Tiefe), 1888 durch die „Doric", die Birkenhead-Bank (mit 157 m Tiefe) und schließlich die Santa Rita-Bank (mit 141 m Tiefe) durch den deutschen Dampfer „Santa Rita" 1906 festgestellt. Unser nebenstehendes Kärtchen, Fig. 1, zeigt, wie die Untiefen dicht neben Tiefen von mehreren 1000 m liegen [3]). Im ganzen übrigen Hochseegebiet des Atlantischen Ozeans sind mit Sicherheit nur noch zwei solche bis fast an die Oberfläche reichende, ganz lokale Erhebungen verzeichnet, nämlich 1. die Laura-Ethel-Bank, gemeldet 1878 in 46° 58′ N-Br., 38° 53′ W-Lg. mit 36 Faden = 66 m; 2. eine nur 62 m tiefe Stelle in rund 21° N-Br. und 59° W-Lg. Für diese beiden letzten Untiefen wird auf den eng-

---

[1]) Mohn, Den Norske Nordhavs-Expedition. Dybder, Temperatur og Stromninger. Christiana 1887 (norwegisch und englisch); die Expedition des brit. Kriegsdampfers „Knight Errant", Kapt. Tizard (im Sommer 1880). Annalen der Hydrographie, 1880, S. 492: The Danish Ingolf Expedition, Vol. I, Copenhagen 1899.

[2]) Eine ausführliche Darstellung ist diesen Erhebungen in dem Werk „Wissenschaftliche Ergebnisse der Deutschen Tiefsee-Expedition auf dem Dampfer ‚Valdivia' 1898/99, Bd. I, Ozeanographie nebst Atlas" gewidmet.

[3]) Siehe auch Annalen der Hydrographie 1900, S. 316 und 1907, S. 88.

lischen Seekarten auch die Beschaffenheit des Meeresbodens angegeben, so daß die Untiefen als solche doch wohl existieren müssen.

Dagegen ist das Vorhandensein anderer, im Zentralatlantischen Ozean mehrfach gemeldeter Bänke, wie z. B. der Milne-Bank und Sainthill-Bank, ganz und gar unwahrscheinlich. —

Was nun die Bodengestaltung im großen anlangt, so bleibt auch nach den neuesten Lotungen die alte Darstellung im wesentlichen richtig, daß unser Ozean, der Nordatlantische und Südatlantische zusammen als eins genommen, ein großes, S-förmig geschwungenes Tal darstellt, in dessen Längsachse, welche eine mittlere Lage zwischen beiden Küsten einnimmt, eine Erhebung auftritt, eine zentrale unterseeische Schwelle, so daß man eigentlich von zwei tiefen Längstälern, einem westlichen und einem östlichen, sprechen muß. Die Erhebung, welche den Namen **Atlantische Schwelle** trägt,

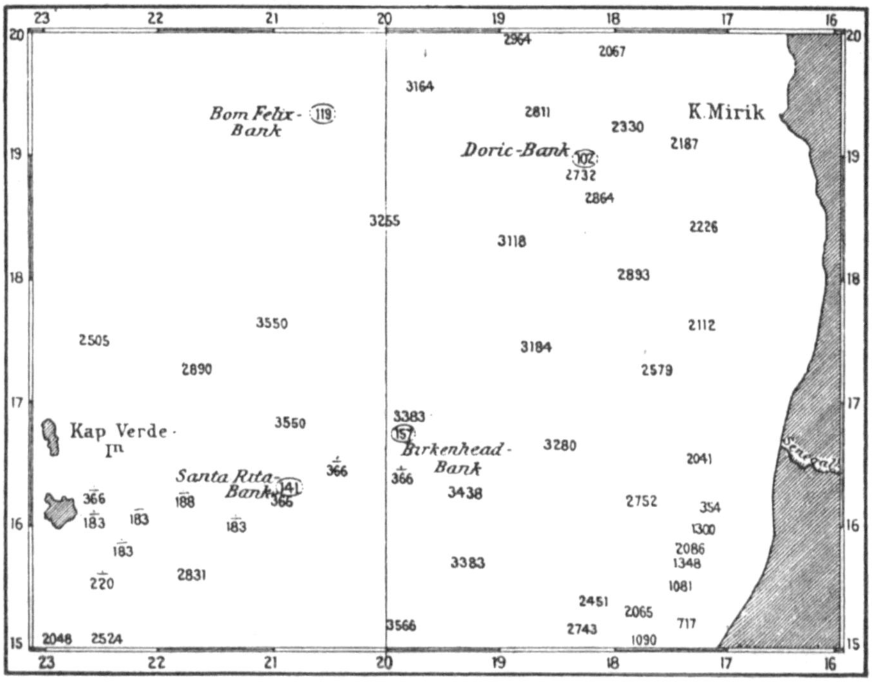

Fig. 1. Bänke zwischen den Kap Verdeschen Inseln und dem Festland.

setzt im Norden mit dem Reykjanes-Rücken an Süd-Island an und bildet auf der Breite des Englischen Kanals das sogenannte Telegraphen-Plateau. In nord-südlicher Richtung liegen auf ihrer Fortsetzung die Azoren, welche in beträchtlichem Umkreis mit Tiefen von weniger als 2000 m umgeben sind, so daß dieser Teil der Schwelle mit dem Namen **Azoren-Plateau** belegt worden ist. Vom Azoren-Plateau erstreckt sich die Schwelle zunächst nach SW, von 30° N-Br. nach S und ist bis 12° N-Br. durch Lotungen nachgewiesen. Zwischen 12° und 3° N-Br. fehlen bislang Lotungen, jedoch kann man aus den Temperaturen der Tiefsee schließen, daß die Schwelle auch auf dieser Strecke vorhanden ist. In der Nähe des Äquators verläuft die Schwelle mit starker Einschnürung in weströstlicher Richtung und trägt hier den St. Paul-Felsen. Vom Äquator aus setzt dann die südatlantische Schwelle mit Minimalstufen von 2—3000 m über Ascension, Tristan da Cunha und Gough-Insel nach Süden, um, wie durch die Lotungen der Schottischen Südpolarexpedition wahrscheinlich geworden ist, bei der Bouvet-Insel zu endigen [1]).

[1]) Das Gebiet südlich von 40° S-Br. ist auf der Tiefenkarte des Atlas zum Segelhandbuch vom Jahre 1902 noch mit „Unerforscht“ bezeichnet. Eine die neuesten Lotungen benutzende Darstellung der Tiefenverhältnisse in hohen südlichen Breiten gibt G. Schott in Petermanns Mitteilungen, Jahrgang 1905, Tafel 19.

Die westlich und östlich der atlantischen Schwelle zwischen den Kontinenten eingesenkten beiden Täler werden nun durch einzelne Rücken wieder in verschiedene Becken oder Mulden geteilt. Im Nordatlantischen Ozean unterscheiden wir hier mit Tiefen über 5000 m im Westen das nordamerikanische Becken, im Osten die nordafrikanische oder Kap Verden-Mulde. Das nordamerikanische Becken dehnt sich von der Neufundland-Bank bis zu den großen Antillen aus, in seinem Bereich liegen die größten, bislang bekannten Tiefen des Atlantischen Ozeans mit über 8000 m, während in der nordafrikanischen Mulde nur Tiefen bis zu 6000 m gemessen worden sind. Die großen Tiefen des nordamerikanischen Beckens (über 7000 m) liegen sämtlich im Porto Rico-Graben; hier lotete der V. St. Dampfer „Blake" 1882 in 19° 36′ N-Br. und 66° 26′ W-Lg. 65 Sm nördlich von Porto Rico 8341 m, denen sich weitere Lotungen von „Dolphin" 1902 von 8525 m (fraglich) und 8138 m Tiefe in diesem Gebiet anschließen. Wie aus der Tiefenkarte ersichtlich, ist diese grabenförmige Einsenkung nördlich von Porto Rico nur von geringer Ausdehnung, meist betragen die Tiefen des nordamerikanischen Beckens 5—6000 m; die Bermuda-Inseln liegen auf einem Rücken, dessen Tiefe nur 4—5000 m beträgt, während nördlich und östlich des Rückens einige Gebiete auf über 6000 m abgesenkt sind.

Die nordafrikanische- oder Kap Verden-Mulde mit Tiefen von über 5000 m erstreckt sich zwischen den aus relativ seichtem Meer aufragenden Inselgruppen der Kap Verden, Kanaren und Madeira im Osten und der nordatlantischen Schwelle im Westen. Nur einige wenige Lotungen erreichen in dieser Mulde über 6000 m Tiefe, die Maximaltiefe beträgt 6293 m in etwa 30¾° N-Br., 25¼° W-Lg. Östlich der Azoren herrschen Tiefen von 4—5000 m vor, doch finden wir hier häufig kesselartige Vertiefungen, deren tiefste — das Peakes-Tief — 6006 m erreicht.

Eine besondere Bedeutung kommt der mit dem Namen Telegraphenplateau belegten Verbreiterung der Atlantischen Schwelle jenseits von 50° N-Br. zu, da auf ihr die meisten Kabel zwischen Nordeuropa und Nordamerika liegen. Die die Schwelle im Westen und Osten begleitenden Tiefenmulden greifen nur wenig in das Plateau ein, indessen im Westen das seichte Gebiet der sogenannten Flämischen Kappe und im Osten die Außengründe vor dem Kanal die Breite des Plateaus vergrößern.

Nördlich des Telegraphen-Plateaus sehen wir die Tiefen des Nordatlantischen Ozeans gegen das westlich von Norwegen gelegene europäische Nordmeer (mit Tiefen von über 3000 m) abgeschlossen durch den Grönland-Island-Färöer-Rücken, welcher Grönland mit dem Britischen Schelf (s. S. 9) verbindet und 600 m Tiefe nicht überschreitet. Gleicherweise ist im Westen der Ausläufer des nordamerikanischen Beckens nach Norden gegen die Baffinbai durch eine nirgends 650 m Tiefe überschreitende Anschwellung zwischen Cumberland-Halbinsel und Westgrönland in der Davis-Straße abgeschlossen.

Die Westindischen Gewässer[1]). Aus den oben (S. 9) erwähnten Untersuchungsfahrten geht als Hauptresultat hervor, daß das „Amerikanische Mittelmeer", analog den anderen ihm ebenbürtigen Mittelmeeren (dem Mittelländischen, Australasiatischen und Arktischen Meer) aus mehreren abgeschlossenen Tiefenbecken besteht, die voneinander durch verhältnismäßig seichte, aber ziemlich breite, quer hinüber von den benachbarten Halbinseln nach den Inseln verlaufende submarine Rücken getrennt sind. Solcher Mulden sind hier drei vorhanden. Erstens der Golf von Mexiko, mit seiner tiefsten Stelle, der Sigsbeetiefe (in 25° 8′ N-Br., 87° 18′ W-Lg.), 3875 m messend; zweitens das in dem kleinen dreieckigen Raume zwischen Cuba und Jamaika einerseits und Yukatan und Honduras andererseits eingelagerte Yukatan-Becken im Norden und der Cayman-Graben (Bartlett-Tief) im Süden, welche

[1]) Eine sehr schöne Tiefenkarte dieser Gewässer in großem Maßstabe enthält Berghaus' physikalischer Atlas, Hydrographie, Nr. XI. Diese Karte, ausgegeben 1885, würde auch heute nur erst weniger Korrekturen (besonders nördlich und südlich von Haiti) bedürfen und wird daher zum Studium dieser geradezu wunderbaren unterseeischen Reliefformen besonders empfohlen.

voneinander durch die Cayman-Inseln und die Misteriosa-Bänke getrennt sind; die größten Tiefen erreicht der schmale, in leichtem Bogen aus der Bai von Honduras nach ONO und O verlaufende und außerordentlich steil von der Südküste der Cayman-Inseln und der ostcubanischen Sierra Maestra abfallende Cayman-Graben mit Tiefen, die 5500 m, und an einer Stelle, nur 20 Seemeilen südlich der ganz flachen Insel Grand-Cayman, mit 6270 m ihr Maximum erreichen. Die Grand-Cayman-Insel bildet also den Gipfel eines submarinen ebenso hohen Berges, der die Höhe aller nordamerikanischen Gipfelpunkte über dem Meeresspiegel beträchtlich überragt; noch mehr gilt dies von dem Pico de Tarquino auf Cuba, der sich auf 5600 m hohem Sockel noch 2560 m über den Meerespiegel erhebt, also im ganzen relativ 8160 m Höhe, vom Meeresboden ab gerechnet, besitzt. Als drittes geräumigstes Tiefenbecken ist das Karaibische Becken hier anzureihen, dessen Tiefen auf beträchtlichen Flächen in der Nähe der südamerikanischen Festlandsküste 5000 m überschreiten.

Was die Verhältnisse zwischen den das Amerikanische Mittelmeer umrahmenden Inselreihen anlangt, so hat die Expedition des Dampfers „Blake" nachgewiesen, daß keine der Straßen zwischen den Kleinen Antillen mehr als 1100 m tief ist, während als bedeutendste Tiefe der Passagen, welche zwischen den Großen Antillen sich öffnen, rund 1600 m (im Windwärts-Kanal zwischen Haiti und Cuba) gefunden worden ist. Der Umstand, daß die Gesamtheit der ausgedehnten und tiefen westindischen Becken nirgends in einer größeren Tiefe als höchstens 1700 m (zwischen Porto Rico, St. Cruz und Saba Bank) mit dem offenen Atlantischen Ozean in Verbindung steht, ist begreiflicherweise für die thermischen Verhältnisse und die Strömungen im amerikanischen Mittelmeere von sehr großer Bedeutung: so ist unterhalb der genannten Tiefe überall 4,2° Wassertemperatur (die der entsprechenden Schicht des offenen Ozeans zukommende Temperatur) gefunden. Wir geben deshalb hier noch nach den „Blake"-Forschungen [1]) die größten Tiefen, welche bisher zwischen den einzelnen Inseln der Kleinen und Großen Antillen gefunden worden sind: die Zahlen geben also an, bis zu welcher Tiefe im Höchstbetrag auf einem die betreffenden zwei Inseln an der engsten Stelle verbindenden Querschnitt eine Wasserzirkulation zwischen offenem Meer und Mittelmeer bestehen kann.

		Größte Tiefe		
		Meter	Faden	Bemerkungen
zwisch.	Trinidad-Grenada	706	386	* Anguilla — Sombrero — Anegada 2012 m (1100 Fd.), eine nur 2 Seemeilen breite tiefe Rinne; zu beiden Seiten fanden sich 200—600 m. Diese tiefe Rinne ist aber ohne Einfluß auf den Wasseraustausch mit dem offenen Atlantischen Ozean, da der Rücken Porto Rico — Santa Cruz — Saba Bank ihr vorgelagert ist.
"	St. Vincent — St. Lucia . . .	893	488	
"	St. Lucia — Martinique . . .	1003	548	
"	Martinique — Dominica . . .	1051	575	
"	Dominica — Guadaloupe . .	633	346	
"	Guadaloupe—Antigua—Nevis	705	385	
"	Porto Rico - St. Cruz - Saba Bk.*	1700	933	
"	Porto Rico — Haiti (Mona-Passage).	475	260	
"	Haiti—Cuba (Windwärts-Passage)	1596	873	
	Alter Bahamakanal	520	284	Diese Passagen kommen für die fragliche Wasserzirkulation direkt nicht in Betracht.
zwisch.	SW-Haiti — Jamaica	2195	1200	
"	Jamaica — Pedro-Bank . . .	818	447	
"	Pedro-Bank—Rosalinde-Bank	1340	733	
im	Yukatan-Kanal	2129	1163	2051 m (1127 F.) nach Agassiz.
in der	Florida-Straße.	677	370	Zwischen Gun-Cay u. Florida-Light.

Im Südatlantischen Ozean können wir ebenso wie auf nördlicher Breite zwei durch die südatlantische Schwelle getrennte Mulden unterscheiden,

[1]) S. Annalen der Hydrographie 1881, S. 397 ff., und Agassiz, Three Cruises of the „Blake", London 1888.

welche sich vom Äquator bis etwa 50° S-Br. erstrecken. Beide werden aber durch zwei in 35°—40° S-Br. von der Längsschwelle sich abzweigende Querrücken in Einzelbecken gegliedert. Auf der Höhe von Tristan da Cunha zweigt von der Schwelle in nord- und nordöstlicher Richtung der Walfischrücken ab, welcher, wie das Vermessungsschiff „Planet" festgestellt hat, bei Kap Frio an den afrikanischen Kontinent ansetzt. Er bildet eine unterseeische Wasserscheide zwischen der im Norden liegenden südafrikanischen Mulde und der südlich gelegenen Kap-Mulde [1]). Seine höchste Erhebung bildet die Valdivia-Bank (936 m), seine durchschnittliche Tiefe beträgt etwa 2500—3000 m, so daß der Zutritt von Wasser aus Tiefen über 3000 m in die südafrikanische Mulde verhindert ist, wie deutlich auch die unten angeführte Tabelle zeigt.

Die westliche Mulde wird durch den auf etwa gleicher Breite von der Längsschwelle abzweigenden Rio Grande-Rücken in das Brasilianische und Argentinische Becken zerlegt, welcher ähnlich dem Walfischrücken in 31° S-Br. und 34½° W-Lg. eine Bank mit nur 658 m Tiefe trägt. Der Rio Grande-Rücken ist aber westlich der Bank durch Tiefen von über 4000 m unterbrochen, so daß ein Teil des kalten Tiefenwassers in das nördliche Becken übertreten kann. Nachstehende von Supan berechnete kleine Tabelle erläutert das Obige.

Argentinisches Becken . .	42—34° S-Br.:	Tiefe 4800 m,	Bodentemp. 0,3°	(9 Messungen)
Brasilianisches Becken . .	37— 1° S-Br.:	„ 4600 „	„ 1,0°	(16 „)
Kap-Mulde.	42—26° S-Br.:	„ 4800 „	„ 0,9°	(10 „)
Südafrikanische Mulde . .	24° S- bis 4° N-Br.:	„ 4600 „	„ 2,4°	(13 „)

Die Abgeschlossenheit der südafrikanischen Mulde gegen die südlicheren Tiefen ist klar ersichtlich, gleichfalls, wenn auch nicht in so hohem Maße wie im Osten, der wärmere Charakter des Brasilianischen Beckens gegenüber dem Argentinischen. Im ganzen scheinen die westlichen Mulden einen freieren Zugang zu den antarktischen Tiefen zu haben wie die östlich der Schwelle liegenden, da ihre Bodentemperatur niedriger ist.

Die südatlantischen Mulden haben durchweg mittlere Tiefen über 5000 m, wesentlich größere Tiefe erreicht nur die Nordostausbuchtung des Brasilianischen Beckens, wo 1883 von dem französischen Dampfer „Romanche" 7370 m in 0° 11′ S-Br., 18° 15′ W-Lg. gelotet wurden. Diese Lotung ist durch Lotungen der Deutschen Südpolar-Expedition bestätigt worden und ist die größte bislang im Südatlantischen Ozean gemessene Tiefe; sie liegt dicht an der atlantischen Schwelle.

Den vier Becken zu beiden Seiten der atlantischen Schwelle ist als fünftes Becken das atlantisch-indische Südpolarbecken [2]) anzuschließen, welches gleichfalls mit Tiefen über 5000 m sich zwischen das Südende der Schwelle und das antarktische Festland lagert; es erstreckt sich von etwa 60° O-Lg. bis 30° W-Lg., also von den Kerguelen-Inseln bis zum Weddellmeer östlich von Graham-Land. Letzteres ist mit Südamerika durch eine Schwelle mit 3—4000 m Tiefe verbunden, welche nach Osten ausläuft und die Inselgruppen von Süd-Georgien, Sandwich-Gruppe und Saunders-Insel trägt.

Die lange Zeit ungelöste Frage, ob die 1843 von Ross im Weddellmeer in 68° 34′ S-Br. und 12° 49′ W-Lg. gelotete Tiefe — 4000 Faden ohne Grund — zu Recht bestünde, hat 1904 die Schottische Südpolar-Expedition zum Abschluß gebracht; sie fand in der fraglichen Position nur Tiefen von 4900 m, so daß die „Ross-Tiefe" nicht vorhanden ist. Als zweifelhaft ist dagegen noch die in etwa 48° S-Br., 30° W-Lg. von verschiedenen Schiffen gemeldete große Bank, auf welcher Tiefen von nur 45 m gelotet sein sollen, anzusehen. Die Meldungen über die Bank sind von DINCKLAGE [3]) zusammengestellt; jede Lotung in diesem Gebiet ist sehr erwünscht.

---

[1]) Auf der Tiefenkarte im Atlas zum Segelhandbuch, 2. Aufl., trägt die südafrikanische Mulde den Namen westafrikanische Mulde, während die heute mit dem Namen Kap-Mulde bezeichnete Einsenkung früher südafrikanische Mulde hieß.

[2]) Vergl. die Tiefenkarte von G. SCHOTT in PETERMANNS Mitteilungen 1905, Tafel 19.

[3]) Annalen der Hydrographie 1899, S. 37.

Die mittlere Tiefe des Atlantischen Ozeans ist nach den neuesten Berechnungen von KARSTENS, KRÜMMEL auf rund 3850 m anzunehmen; da das Relief des Meeresbodens auf weite Strecken hin noch wenig sichergestellt ist, so ist auch diese Zahl nicht unveränderlich. Über die weit geringeren mittleren Tiefen der Nebenmeere gibt die Tabelle auf S. 5 Aufschluß.

III. Die Ablagerungen in den Tiefen des Meeres.

Die Beschaffenheit des Meeresbodens ist seit der Erfindung von BROOKES Tiefseelot von fast allen Expeditionen untersucht worden. Die großartigste und systematische Bearbeitung aller je aus der Tiefsee heraufgeholten und gesammelten Bodenproben findet sich, ausgeführt von MURRAY und RENARD, im vorletzten Bande des viel gerühmten „Challenger"-Werkes [1]), wo man Näheres, besonders auch Abbildungen der verschiedenen Tiefseesedimente und Karten ihrer geographischen Verteilung, findet; auch sei hier besonders auf die Darlegungen KRÜMMELS im Handbuch der Ozeanographie [2]), sowie auf PHILIPPIS neueste Karte der Bodenbeschaffenheit des Atlantischen Ozeans [3]) hingewiesen. Man hat zwei wesentlich verschiedene Arten von Bodenablagerungen zu unterscheiden, solche, deren Material von der mechanischen Abtragung des festen Landes stammt, also hauptsächlich aus Zersetzungsprodukten von Gesteinen und Mineralien besteht, und welche erklärlicherweise im allgemeinen in den küstennahen Meeresgegenden sich finden, sowie solche, die als eigentliche Hochseeablagerungen zu bezeichnen sind und im wesentlichen aus den Resten pelagischer Organismen (seien es pflanzliche oder tierische Wesen) sich zusammensetzen. Die küstennahen Ablagerungen werden auch als litorale oder terrigene Sedimente bezeichnet, im Gegensatz zu den Ablagerungen der küstenfernen Tiefsee, den pelagischen Sedimenten.

Es ist aber nun nicht gesagt, daß die vom Festland stammenden Ablagerungen auch überall etwa auf das Gebiet der Flachsee sich beschränkten; häufig genug finden wir in vielen tausend Meter Tiefe kontinentale Materialmassen auf dem Meeresgrund; daß umgekehrt rein pelagische Sedimente auf flachgründigem Wasser vorkommen, ist viel seltener.

Die vom festen Lande stammenden (terrigenen) Ablagerungen sind hauptsächlich aus den feingeriebenen Trümmern der von den benachbarten Küstengehängen durch das Spiel der Wellen seewärts getragenen Gesteine oder den Flußmündungen entströmten Schlickmassen zusammengesetzt. Es sind dies hellfarbige Sande, deren Quarzkörner durch die Einwirkung der Wellen rund abgerollt sind. Auf den Neufundlandbänken und der östlich benachbarten Vlämischen Kappe haben wir als nicht unwesentliches Material die von den dort strandenden und schmelzenden Eisbergen fallen gelassenen Moränengeschiebe, die ihren Dimensionen nach vom feinsten Sande bis zu großen Blöcken variieren können. In einigen Fällen sind auch noch Ablagerungen in beträchtlichen Tiefen und großer Entfernung vom Lande der Küstenformation zuzuzählen, nämlich wo Schlickteile aus Flußmündungen durch die Meeresströmungen weithin getragen sind: wie die roten, ockerhaltigen Schlammablagerungen an der südamerikanischen Küste in der Höhe von Pernambuco und Bahia in Tiefen von 4000 m, oder die breit entwickelten Schlickmassen vor der Guyanaküste, die dem Amazonas und Orinico entstammen.

Zu den terrigenen Sedimenten gehören auch noch grüne oder blaue Schlickablagerungen entlang solchen Küsten, die aus kristallinischen Gesteinen bestehen, wie selbst noch in der 8340 m tiefen Virginentiefe. Spielt die Farbe dabei mehr ins Graue, so beweisen die gleichzeitig auftretenden Bimssteinbrocken die Abkunft von vulkanischen Gebieten, wie bei den Azoren und

---

[1]) Report on Deep-Sea Deposits. London 1891; s. den ausführlichen Auszug daraus von K. FUTTERER, in „Neues Jahrbuch für Mineralogie" 1893, II. Bd., S. 281—320. Eine Karte der Bodenablagerungen der Meere ist auch in BERGHAUS' physikal. Atlas, Abteilung Geologie.

[2]) I. Bd., 2. Aufl. 1907, S. 152 ff.

[3]) Wissenschaftliche Ergebnisse der deutschen Tiefseeexpedition auf dem Dampfer „Valdivia", Bd. X, 4. Lief., Jena 1908.

Kanarischen Inseln. In der Nähe von Korallenriffen besteht der Boden aus sogenanntem Korallenschlamm, der als eine feinpulverige kalkige Masse mit größeren Bruchstücken von Korallen darin auftritt: so rings um die Bermudas und in den gesamten küstennahen Teilen der westindischen Gewässer, bis zu sehr großen Tiefen.

Es bestehen die in der Nähe von Land gebildeten Ablagerungen also entweder aus Kiesen, Sanden oder Schlick, welch letzterer wiederum nach seinen einzelnen Arten als blauer, grüner, vulkanischer oder korallinischer Schlick zu bezeichnen ist. Die Bodenbeschaffenheit ist auf den Seekarten meist angegeben, in der Nähe der Küsten kann sie bei unsichtigem Wetter mit zur Positionsbestimmung herangezogen werden. Auf der Fischereikarte für die Nordsee sind durch Farbenunterschiede die Sande und Kiese deutlich getrennt von Schlamm und Schlickmassen, ebenso ist steiniger Grund besonders herausgehoben.

Fig. 2. Globigerinenschlamm. Fig. 3. Diatomeenschlamm.
Nach Murray-Philippi.

Die in tiefem Wasser, fern vom Lande gebildeten Hochsee- oder pelagischen Sedimente zerfallen im wesentlichen in fünf Gruppen:

1. Globigerinenschlamm } kalkhaltig
2. Pteropodenschlamm }
3. Diatomeenschlamm kieselhaltig
4. Radiolarienschlamm } nur in der Tiefsee von meist mehr
5. Roter Ton . . . . } als 5000 m

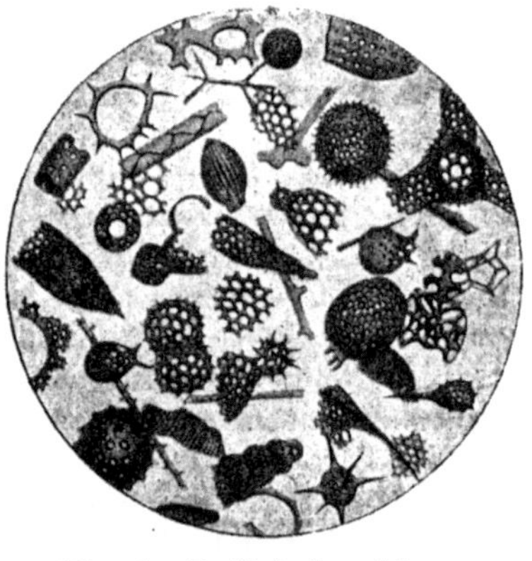

Fig. 4. Radiolarienschlamm.
Nach Murray-Philippi.

Die zoologisch unterscheidenden Merkmale dieser organischen Sedimente können hier natürlich nicht angegeben werden; die durchgreifenden Verschiedenheiten der genannten Schlammarten ersieht man aus den nebenstehenden Abbildungen Fig. 2—4.

Den weitaus größten Teil des Meeresbodens nimmt der an erster und der an letzter Stelle genannte Schlamm in Anspruch. Der grünlich-graubraune Globigerinenschlamm überwiegt ganz besonders im Atlantischen Ozean, wo er etwa 44 Mill. qkm bedeckt, und besteht im wesentlichen aus den zertrümmerten Kalkgehäusen von winzigen Globigerinen, die zu der Gruppe der Foraminiferen, einer sehr niedrig organisierten Tierklasse, gehören und in den Oberflächenschichten des Meeres schwimmend angetroffen werden. Die mittlere Tiefe des Areals, in welchem er sich findet, ist etwa 3660 m und das Areal selbst 105 Mill. qkm oder 29 % der gesamten Meeresfläche. Der rote Tiefseeton andererseits, dessen Farbe auch ins Graue häufig übergeht, findet sich am ausgedehntesten im Stillen Ozean, dessen Tiefen er fast ausschließlich beherrscht, während er im Atlantischen Ozean nur in einzelnen ausgedehnten Flecken, den größten Tiefen der muldenförmigen Einsenkungen, vorkommt; seine mittlere Tiefe ist rund 5000 m, das von ihm bedeckte Areal über 130 Mill. qkm. Diese zwei genannten Tiefseeerden bedecken also allein schon etwa zwei Drittel von dem Boden des gesamten Weltmeeres (368 Mill. qkm). Einzelne Globigerinenschalen fehlen auch dem roten Ton als nebensächliche Beimengungen nicht; charakteristischer sind unter den letzteren die winzigen Splitter von allerhand Mineralien, die sich unter dem Mikroskop als Quarz, Glimmer, Feldspat oder Brocken von Bimsstein herausstellen. Die Splitter vulkanischen Ursprungs sind ohne Frage entweder als in die Tiefe gesunkene Aschen zu betrachten, die durch Luft- und Meeresströmungen nachweislich sehr weit von ihrem ursprünglichen Eruptionsschlund fortgetragen werden können, oder als Erzeugnisse unterseeischer Vulkanausbrüche. Die Entstehung des Roten Tons ist bis heute noch nicht einwandfrei erklärt; in Betracht zu ziehen ist auch die Beförderung feinster toniger Bestandteile von den Küsten nach der Tiefsee.

Der Radiolarienschlamm ist auf die größten Tiefen beschränkt und scheint im Atlantischen Ozean ganz zu fehlen; der Unterschied gegen den roten Ton liegt nur in der größeren Menge beigemischter kieseliger Organismenreste, wie Radiolarienschalen, derem Vorherrschen der Schlamm seinen Namen verdankt, Spongiennadeln usw.

Der Diatomeenschlamm ist auf eine breite Zone, welche im südlichen Atlantischen, Indischen und Stillen Ozean das antarktische Gebiet umgürtet, und auf ein kleineres Gebiet im nördlichen Stillen Ozean beschränkt, er fehlt also tropischen Meeresgegenden bis auf einige eng umgrenzte Stellen im Perustrom und zwischen Marianen und Philippinen. Dieser vorherrschend aus Diatomeen (Pflanzenresten) bestehende Schlamm hat in trockenem Zustande eine weißliche Farbe. Mittlere Tiefe des Sedimentes 2700 m.

Der Pteropodenschlamm endlich ist dem erstgenannten Globigerinenschlamm sehr verwandt; sein Kalkgehalt stammt zum größten Teil von den Schalen der Pteropoden- und Heteropoden-Tiere, die in ihm stark vertreten sind. Die Verbreitung dieses Sediments ist nur sehr gering (1 Mill. qkm), und zwar meist in Tiefen von rund 2000 m; im Atlantischen Ozean speziell ist er in der Nähe der Azoren und an der Außenseite der Antillen, ferner bei St. Pauls Rock und hauptsächlich in nordsüdlicher Erstreckung auf der südatlantischen Schwelle konstatiert worden. —

Es ist hier wohl die Stelle, daran zu erinnern, daß der Atlantische Ozean auch unterseeische vulkanische Regionen hat, sowie solche Gegenden, in denen Seebeben häufig sind. Man weiß durch die auf den Festländern beobachteten Verhältnisse, daß Erdbeben durchaus nicht immer an vulkanische Gegenden gebunden sind, wie früher vielfach angenommen wurde; ähnlich dürfte es auch auf den Ozeanen sein, und es ist zu bemerken, daß Seebeben ganz ungleich häufiger beobachtet werden als submarine vulkanische Eruptionen.

Die Seebeben äußern sich in einer mehr oder weniger heftigen Erschütterung des Schiffes, wobei der Stoß meist vertikal von unten zu kommen scheint, so daß man an Bord das Gefühl hat, als ob das Schiff in die Höhe gehoben werde — dies kommt weniger zum Ausdruck — und besonders in die Tiefe, in das zurückweichende Meer, falle und außerdem, als ob man über einen Felsen, ein Riff, segele. Von Einfluß auf den gleichzeitigen Seegang sind die Seebeben meist nicht, ebensowenig läßt sich ein Zusammenhang mit den meteorologischen Verhältnissen nachweisen; stets scheint aber ein Geräusch vernehmbar zu sein — in den Berichten, in denen nichts davon erwähnt ist, liegt wohl nur ein Vergessen vor —, welches als Zischen, Stöhnen, Rollen bezeichnet, am häufigsten mit entferntem Geschützdonner verglichen wird. Die Zeitdauer der Erscheinung beträgt meist nur wenige Sekunden, sie kann aber auch längere Zeit anhalten. Die Seebeben sind durchaus nicht immer von Flutwellen begleitet, um so weniger, als der Umkreis der Seebeben durchweg bei geringer seitlicher Fortpflanzung sehr klein ist; man hat z. B. Seebeben deutlich beobachtet in einer Entfernung vom Land von nur 20 Seemeilen, ohne daß man an Land Erschütterungen wahrnahm. Erdbebenflutwellen sind im ganzen im Atlantischen Ozean selten, weniger häufig und ausgedehnt jedenfalls als im Stillen Ozean. Dagegen sind die Seebeben für sich gerade in unserem Ozean weitaus am zahlreichsten, und wir haben mehrere Gebiete, in denen dieselben ungemein oft auftreten: erstens in der Nähe des Äquators, von dem vulkanischen St. Pauls-Felsen an ostwärts bis 16° W-Lg., zweitens in der westlichen und östlichen Umgebung von den Azoren sowie den Gewässern zwischen Azoren, Madeira und der portugiesischen Küste und drittens in der Tiefensenkung des Porto Rico-Grabens.

Daß die Häufigkeit der in diesen Meeresgebieten beobachteten Erschütterungen nicht etwa nur eine scheinbare ist — weil daselbst ja ein sehr lebhafter Schiffsverkehr besteht —, erhellt schon daraus, daß für den befahrensten Weg, denjenigen zwischen Kap Lizard und New York, nur eine einzige Meldung (nahe der amerikanischen Küste) vorliegt[1]). Mitteilungen über die Beobachtung von Seebeben, namentlich mit genauer Bestimmung des Anfangs und Endes des Bebens, seiner Stärke und Beschreibung sonstiger gleichzeitig auftretender Erscheinungen (Geräusche, Änderungen im Zustand der Meeresoberfläche u. a. m.) sind jederzeit der Deutschen Seewarte erwünscht und werden in den „Annalen der Hydrographie" veröffentlicht.

IV. Das spezifische Gewicht des Meerwassers.

Unter dem spezifischen Gewicht des Meerwassers versteht man die Zahl, welche angibt, wievielmal ein bestimmtes Quantum des Wassers, unter Berücksichtigung seiner Temperatur am Schöpforte, schwerer ist als eine gleiche Menge destillierten Wassers von 4° C. Diese Zahl bezeichnet man neuerdings meist als „Dichte" des Seewassers, sie ist abhängig einerseits von der Temperatur, anderseits von der Menge der gelösten Salze.

In der Ozeanographie hat man neben der Dichte einen Ausdruck des spezifischen Gewichts eingeführt, welcher die Temperatur am Schöpfort ausschaltet und das zu untersuchende Wasser bei einer Temperatur von 17,5° mit destilliertem Wasser von 17,5° (der Temperatur unserer Wohnräume) vergleicht. Die dann erhaltene Zahl ist ein Ausdruck für den Salzgehalt des Wassers, unabhängig von der Temperatur beim Schöpfen; man bezeichnet das so berechnete spezifische Gewicht mit $S\,\frac{17{,}5^{\circ}}{17{,}5^{\circ}}$ oder kürzer mit $\varrho\ 17{,}5^{\circ}$. Das spezifische Gewicht wird an Bord oft mit Aräometern bestimmt; zur Erlangung exakter Werte sind geprüfte Instrumente und gewisse Vorsichtsmaßregeln notwendig[2]); die Berechnung erfolgt nach den international angenommenen Tabellen von Knudsen[3]).

Auf Tafel 4 des Atlas zum Segelhandbuch für den Atlantischen Ozean (2. Aufl.) sind die Linien gleichen spezifischen Gewichts $S\,\frac{17{,}5}{17{,}5}$ entworfen, welche auch als Linien gleichen Salzgehaltes betrachtet werden können. In einer kleinen Tabelle sind oben links in der Karte die den einzelnen Stufen des spezifischen Gewichts entsprechenden Salzgehaltswerte zusammengestellt; hierbei bedeutet ein Salzgehalt von 36,0 ‰, daß in einem Liter Seewasser 36 g an gelösten Salzen vorhanden sind[4]). In den Erläuterungen, welche den Tafeln voran-

---

[1]) Weiteres über diesen Gegenstand s. in der sehr ausführlichen Abhandlung von Dr. E. Rudolph, „Über submarine Erdbeben und Eruptionen", in Gerland's Beiträgen zur Geophysik, I. Bd., Straßburg 1887; wo man auch ein vollständiges Verzeichnis der von deutschen Schiffen bis 1886 gemeldeten Seebeben findet. Für die letzten 10 Jahre s. Annalen der Hydrographie, und Bd. II und III der genannten „Beiträge".

[2]) Näheres über Methoden der Salzgehaltsbestimmung an Bord auf aräometrischem, chemischem und optischem Wege s. u. a. Krümmel in „Annalen der Hydrogr." 1890, 381 ff. (wichtigster hierher gehöriger Aufsatz) und 1894, 415 ff., 241 ff., sowie Plankton-Expedition, Geophysik. Beobachtungen, S. 62 ff.

[3]) M. Knudsen: Hydrographische Tabellen. Hamburg, L. Friederichsen & Co., 1901.

[4]) Die neueste Karte der Verteilung des Salzgehaltes im Nordatlantischen und Südatlantischen Ozean ist von Schott (Petermanns Mitteilungen 1902) gezeichnet worden.

gehen, sind die Hauptquellen, die zum Entwurf der Karte benutzt worden sind, angegeben.

Wie die Karte zeigt, sind in den beiden Passat-Regionen des Atlantischen Ozeans die spezifischen Gewichte beträchtlich höher als in der Äquatorialregion, dagegen weiterhin in höheren Breiten wieder erheblich niedriger. Die Gebiete hohen spezifischen Gewichts, deren Mittelpunkte im Nordatlantischen Ozean unter etwa 25° N-Br., 40° W-Lg., im Südatlantischen in der Breite von 20° S. und unter der Länge von 30° W mit mehr als 1,0285, also einem Salzgehalt von 37,3 ‰ und darüber angenommen sind, finden ihre Erklärung in den frischen und relativ trockenen Passatwinden, welche die Verdunstung steigern; hierzu tritt verstärkend die geringe Niederschlagsmenge in den Passatgebieten. Wo aber Niederschläge reichlich und regelmäßig vorkommen, wie im Kalmengürtel und auch im Bereich der vorherrschend westlichen Winde höherer Breiten, wird das spezifische Gewicht an der Meeresoberfläche merklich erniedrigt sein müssen. In den höheren Breiten des Südatlantischen Ozeans kommen vielleicht auch noch die Schmelzwässer der treibenden Eisberge zur Wirkung; jedenfalls sind südlich von 50° S-Br. spezifische Gewichte von 1,0260 (also ein Salzgehalt von 34 ‰) und weniger nicht selten. Vergleichen wir den Salzgehalt des Nordatlantischen Ozeans mit demjenigen des Südatlantischen, so finden wir fast durchweg, daß unter gleicher geographischer Breite das nordatlantische Wasser etwas schwerer, salziger ist als das südatlantische. Während auf nördlicher Breite überall (von der Nordsee und den Gebieten der Labrador- und Guinea-Strömung abgesehen) die Salinität auf offener See größer als 35 ‰ ist, selbst bis nach 60° N-Br. hin, ist sie im südatlantischen Meere schon von 40° S-Br. an überall geringer als 35 ‰. Der absolut größte Wert des Salzgehalts dürfte etwa 38 ‰ sein, nur in dem abgeschlossenen und regenarmen Mittelmeer steigt derselbe bis über 39 ‰.

V. Die Temperaturverhältnisse des Atlantischen Ozeans.

Die Oberflächentemperatur.

Befände sich die Oberfläche des Meeres in völliger Ruhe, ohne von den eigenen Strömungen oder denen der Luft beeinflußt zu werden, so würde die Anordnung der Temperatur eine sehr gleichmäßige sein, indem sie alsdann nur von der geographischen Breite und — in geringem Grade — auch von der Lage der Festländer abhängen dürfte. Die Wasserisothermen würden in solchem idealen Falle den Breitengraden ungefähr parallel verlaufen. Sobald jedoch eine Verschiebung der Wassermassen durch Strömung eintritt, werden die vorher geradlinigen Isothermen zu gebogenen Kurven sich umgestalten, die im allgemeinen bei polwärts gerichteten Stömungen sich auf den Pol hin, bei äquatorwärts gerichteten auf den Äquator hin auswölben müssen. Diese Erscheinung ist auf den vier Karten des Atlas (Nr. 5—8, 2. Aufl.), welche die Temperatur der Meeresoberfläche in den für die Jahreszeiten charakteristischen Monaten Februar, Mai, August und November veranschaulichen, sofort wahrnehmbar und durch einen Vergleich mit dem Bilde der Meeresströmungen durchweg verständlich. Um die Unterschiede in dem absoluten Betrag der Erwärmung leichter übersehen zu können, sind auf den Karten im Atlas die Gebiete von mehr als 20° C mit einem leichten Farbenton überdeckt und innerhalb derselben alsdann noch Gebiete von mehr als 28° durch einen kräftigeren Ton derselben Farbe hervorgehoben. Berechnet man nach einer Karte der mittleren Jahrestemperaturen[1]) die Mittelwerte der Temperatur für 10° Zonen des nördlichen und südlichen Atlantischen Ozeans, so erhält man folgende Werte (nach Krümmel[2]):

---

[1]) Eine neuere Karte der Temperatur der Meeresoberfläche im Jahresdurchschnitt hat G. Schott im „Valdivia"-Werk, Bd. I, Ozeanographie, Atlas Tafel IX, veröffentlicht; ältere Karten befinden sich in Berghaus' Physikalischem Atlas und im Atlas des Atlantischen Ozeans, 1. Aufl.

[2]) Handbuch der Ozeanographie, Bd. I, 2. Aufl., S. 401.

Mittlere Temperatur der Oberfläche nach 10° Zonen.

Gebiet	70—60°	60—50°	50—40°	40—30°	30—20°	20—10°	10—0°
I. Nordatlant. Ozean .	4,3	8,9	12,9	20,3	23,9	25,6	26,8°
II. Südatlant. Ozean. .	— 1,3	1,9	9,5	17,1	21,2	23,2	25,7°
Differenz I—II	5,6	7,0	3,4	3,2	2,7	2,4	1,1°

Diese Gegenüberstellung des Nord- und Südatlantischen Ozeans zeigt mit großer Anschaulichkeit die höhere Wärme des nördlichen Gebietes verglichen mit den Temperaturen des südhemisphärischen Teiles. Der Temperatur-Überschuß der nördlichen Zonen beträgt 2—3° im Durchschnitt des Jahres vom Äquator bis 30° Br., 3—4° zwischen 30—50° Br. und erreicht sein Maximum zwischen 50—60° Br. mit 7°; auch zwischen 60—70° Br. ist das nördliche Gebiet noch um 5 1/2° im Durchschnitt höher temperiert.

Die kleine Tabelle ergibt ferner, daß die Zone zwischen 10 und 20° N-Br. im Jahresdurchschnitt etwa dieselbe Temperatur hat wie das Gebiet zwischen 0° und 10° S-Br. (25,6 und 25,7 C°), daß also der mittlere „thermische Äquator" im Atlantischen Ozean auf etwa 5° N-Br. liegt. Eine Temperatur über 20 C° besitzen 40,9 Mill. qkm im Atlantischen Ozean, was etwa der Hälfte seines Areals entspricht. Diese thermische Bevorzugung des Nordatlantischen Ozeans gegenüber dem Südatlantischen ist im wesentlichen auf folgende Ursachen zurückzuführen. Durch das in 7° S-Br. weit nach Osten vorspringende südamerikanische Festland werden große Massen der Südäquatorialströmung nach Norden geführt und so dem Südatlantischen Ozean entzogen. Als zweites Hauptmoment, welches namentlich für den Wärmeüberschuß in mittleren und höheren Breiten in Betracht zu ziehen ist, tritt hinzu die Wirkung des isländischen Aktionszentrums, dessen südwest-westliche Winde die warmen Wassermassen nach hohen Breiten hinüber zu den westeuropäischen Küsten führen, unterstützt durch den der Windrichtung parallelen Verlauf der Küsten und die offenen Meeresgebiete im hohen Norden. Dadurch, daß so beträchtliche Mengen hochtemperierten Wassers auf die nördliche Seite geführt werden, sind die zum Äquator rückkehrenden Strömungen hier wärmer als im südatlantischen Gebiet, wo die Benguela-Strömung zum großen Teil Wasser aus dem Gebiet der kalten Westwindtrift niederen Breiten zuführt.

Die Gebiete höchster Erwärmung, auf den Karten durch die Isotherme von 28° umschrieben und durch dunkleren Farbenton gekennzeichnet, liegen im Februar auf Nordbreite unter der Küste von Guinea im Bereich des Guinea-Stroms und auf Südbreite in sehr geringer Erstreckung an der Ostküste Südamerikas in 15° S-Br. Im Mai ist letzteres Gebiet verschwunden, auch das Gebiet an der Guinea-Küste verkleinert. Im August liegen die hohen Temperaturen im amerikanischen Mittelmeer und überschreiten an der nordamerikanischen Küste 30° N-Br., indessen sich die vorher so warmen Gebiete im Bereich der Guinea- und Brasilströmung um etwa 3° abgekühlt haben. Im November haben wir drei getrennte Gebiete mit über 28° Oberflächentemperatur; in 10° N-Br. der südamerikanischen und westafrikanischen Küste angelagert und im inneren Winkel des Guinea-Busens.

Verfolgen wir die Verlagerung der Gebiete, welche von der 20° Isotherme umzogen und auf den Karten hell getönt sind, so zeigt sich deutlich die Verschiebung der Gebiete nach Norden bzw. Süden entsprechend dem Sonnenstand. Am augenfälligsten ist die Verschiebung im August; in diesem Monat liegt im nördlichen Gebiet die 20° Isotherme zwischen 40° und 45° N-Br., indessen sie im Südatlantischen Ozean von 30° Br. an der amerikanischen Seite nach 10° Br. an der afrikanischen Seite hinüberläuft. Im Februar liegt die 20° Isotherme im Südatlantischen auf höherer Breite wie im Nordatlantischen Ozean, jedoch sind hier die Unterschiede nicht so bedeutend wie im August.

Neben diesen großen Zügen der Temperaturverteilung an der Meeresoberfläche, welche bedingt sind durch die Strömungen und durch den Wechsel der Jahreszeiten, weist der Atlantische Ozean mehrere unser Interesse weckende Einzelheiten auf, welche sich in der Temperatur der Meeresoberfläche äußern. Es sind dies vor allem die Auftriebgebiete an der Küste von Nordwest-

und Südwestafrika. Längs dieser beiden Küsten finden sich ausgeprägte Kaltwassergebiete, welche ihre Entstehung dem Umstand verdanken, daß kaltes Wasser aus der Tiefe an die Oberfläche tritt. An der nordwestafrikanischen Küste wird das Aufquellen von Tiefenwasser bedingt durch die ablandigen Passatwinde, welche das Oberflächenwasser von der Küste fortführen, an der südwestafrikanischen Küste liegt die Hauptursache für das Aufsteigen des Tiefenwassers in dem Abbiegen der Benguela-Strömung nach Nordwesten, so daß das Oberflächenwasser von der Küste nach See abströmt und hierdurch Ersatz aus der Tiefe veranlaßt, während die Windwirkung erst in zweiter Linie in Betracht kommt. Über den Umfang der Auftriebgebiete gibt nachfolgende Tabelle [1]) Aufschluß:

Nordwestafrikanische Auftriebzone.

	Grenzen		Ausdehnung (Breitengrade)	Temperatur		Differenz
Februar	Kap Blanco . . .	21° N-Br.	11	Auf 20° N-Br. an der Küste .	18,0°	1,8°
	Bissagos-Inseln .	10° N-Br.		In 300 km Abstand	19,8°	
August	Kap St. Vincent .	40° N-Br.	19	Auf 30° N-Br. an der Küste .	17,5°	5,0°
	Kap Blanco . . .	21° N-Br.		In 300 km Abstand	22,5°	

Südwestafrikanische Auftriebzone.

	Grenzen		Ausdehnung (Breitengrade)	Temperatur		Differenz
Februar	Kapstadt	34° S-Br.	16	Auf 25° S-Br. an der Küste .	13,8°	4,2°
	Kap Frio	18° S-Br.		In 300 km Abstand	18,0°	
August	Kapstadt	34° S-Br.	25	Auf 23° S-Br. an der Küste .	11,6°	4,2°
	St. Paul de Loanda	9° S-Br.		In 300 km Abstand	15,8°	

Das nordwestafrikanische Auftriebgebiet hat seine südlichste Lage und seine geringste Ausdehnung im Nordwinter, seine nördlichste Lage und seine größte Ausdehnung im Nordsommer (August), wenn der Passat sich bis zur portugiesischen Küste nordwärts erstreckt. Kap Blanco ist im Winter nördliche, im Sommer südliche Grenze für das Kaltwassergebiet. Das südwestafrikanische Auftriebgebiet ist fast gar nicht ausgebildet im November, erstreckt sich im Februar schon über 16, im August, dem Höhepunkt seiner Entwicklung, über 25 Breitengrade der Küste entlang. Beide Kaltwassergebiete erreichen ihr Maximum also im August, das nördliche im Nordsommer, das südliche im Südwinter. Im Zusammenhang mit der ungewöhnlichen Wärmeverteilung (thermischen Anomalie) dieser Gebiete steht das Auftreten von Nebel längs der nordwestafrikanischen und südwestafrikanischen Küste, indem wärmere Luft, aus anderen Regionen stammend, sich bei Berührung mit der kälteren Meeresoberfläche abkühlt und seine Feuchtigkeit zum Teil ausscheidet.

Betrachtet man die örtlichen Abweichungen der Temperatur des Atlantischen Ozeans von den zonalen Mittelwerten der Meeresoberfläche, so ergibt sich, daß die westafrikanischen Kaltwassergebiete mit einer Temperatur-Anomalie von 6—8 C° die relativ kältesten Gebiete des ganzen Meeres sind. Negative Anomalie zeigt die ganze Ostseite des Atlantischen Ozeans mit Ausnahme der Nordwesteuropa anliegenden Meeresteile, wo im Golfstromgebiet ein hoher Wärmeüberschuß zu verzeichnen ist [2]).

Was die eigentümlichen Wärmeverhältnisse in der Nähe der Neufundland-Bank, der Südspitze Afrikas und in der Umgegend der Falkland-Inseln anlangt, so soll bei Behandlung der dortigen Strömungsverhältnisse das Nähere mitgeteilt werden.

Die Temperaturen der Tiefenschichten des Atlantischen Ozeans.

Schon die frühesten, oben erwähnten Versuche, welche Kapt. Ellis und Forster 1749 und 1772 in der Tiefsee ausführten, indem sie Wasserproben mittels eines Ventilschöpfers aus der Tiefe heraushohlten, hatten ergeben, daß

---

[1]) Nach Schott, „Valdivia"-Werk, Bd. I, S. 121 ff.

[2]) Vergl. hierzu Fig. 54 in Krümmels Handb. d. Ozeanographie, Bd. I, 2. Aufl., S. 405.

die Wassertemperaturen von der Oberfläche für die ersten hundert Meter nach unten hin abnehmen. Für ihre Nachfolger handelte es sich nunmehr darum, die Art und Weise der Wärmeabnahme in den verschiedenen Meeresteilen zu untersuchen und namentlich festzustellen, ob die Temperaturen auch bis an den Meeresboden hin sich stetig verminderten. Aber durch die nicht gehörige Beachtung eines sehr wichtigen Faktors sind fast alle Temperaturbestimmungen, die in den Tiefen der Meere vor dem Jahre 1868 ausgeführt wurden, für unbrauchbar zu erklären. Wird nämlich ein Thermometer in eine gewisse Tiefe des Meeres versenkt, so üben die darüber liegenden Wassermassen einen Druck auf dasselbe aus[1]; die Kugel wird zusammengepreßt, die Temperatur also zu hoch angegeben. Ja es kann sogar der Fall eintreten, daß bei an sich sehr langsam mit der Tiefe abnehmenden Temperaturen bei weiterem Versenken in die Tiefe das Thermometer ganz fälschlich zunehmende Temperaturen anzeigt, lediglich infolge der Druckzunahme mit der Tiefe. Man erkannte diesen Faktor zwar schon im Anfange dieses Jahrhunderts, glaubte ihn aber, sehr mit Unrecht, durch die Bevorzugung sehr starkwandiger Thermometer beseitigt zu haben. Nur auf zwei Expeditionen ist man vorsichtiger verfahren. Bevor der Physiker Emil von Lenz seine Reise als Begleiter Kotzebue's auf dessen zweiter Weltumsegelung (1823—26) antrat, hatte er für seine Instrumente die Druckkorrektion bestimmt, und so sind seine Beobachtungen schon ziemlich exakt. Leider ist die Zahl seiner Lotungen gering, und die tiefste derselben reicht nicht unter das Niveau von 2000 m hinab: in dieser Tiefe fand er aber im Nordatlantischen Ozean (in 32° 20′ N-Br., 42° 30′ W-Lg. am 6. März 1826) die Temperatur von 2,2° C., während an der Oberfläche 20,9° vorhanden waren. — Dann hatte auch der französische Kapitän Abel Du Petit-Thouars bei seiner Weltumsegelung auf der Fregatte „Venus" (1836—38) seine Thermometer gegen den Druck so weit zu schützen gewußt, daß seine Ablesungen den wahrscheinlichen Werten sehr nahe kommen. So konstatierte er z. B. im Nordatlantischen Ozean in 4° 23′ N-Br., 26° 6′ W-Lg. (am 24. Mai 1839) in 1950 m Tiefe eine Temperatur von 3,2°, während an der Oberfläche 26,9° herrschten.

Lediglich das Nichtbeachten dieser Druckkorrektion hat es veranlaßt, daß Kapt. Dumont D'Urville, der sehr verdiente Führer der französischen Weltumsegelungsexpedition von 1826—29, mit der Überzeugung heimkehrte, daß im offenen Ozean in niedrigen Breiten von 1000 m abwärts bis an den Boden eine konstante Temperatur von 4° herrsche, zwischen 40° und 60° der Breite aber diese gleiche Temperatur von der Oberfläche bis zum Grunde vorhanden sei. Die gleiche Behauptung wurde von Sir James Clark Ross als physikalisches Resultat seiner so merkwürdigen Reise in die antarktischen Regionen verkündigt und auch darum schon allgemein angenommen, weil man für das Meerwasser, ebenso wie für das destillierte Wasser, die größte Dichtigkeit bei 4° annahm. Würde also in den Polarregionen Meerwasser auf oder unter 0° abgekühlt, so hätte doch in der Tiefe das wärmere, weil schwerere Wasser von 4° sich vorfinden müssen, ganz wie in den größeren Süßwasserseen kälterer Gegenden. Gerade eine solche Zunahme der Temperaturen mit der Tiefe glaubte Ross in den höheren Breiten der Südhemisphäre nachgewiesen zu haben — freilich mit seinen nicht auf Druckwirkung verbesserten Thermometern.

Nach den Untersuchungen mehrerer Physiker erreicht aber das Meerwasser seine größte Dichtigkeit nicht, wie das destillierte Wasser, bei + 4°, sondern bei einer viel niedrigeren Temperatur, die sich entsprechend dem Salzgehalt ändert. Seewasser von 19 ‰ Salzgehalt ist gerade bei 0° am schwersten, solches von 35 ‰ aber bei — 3,5°. Letztere Dichtigkeit wird aber im offenen Ozean darum nicht erreicht, weil schon bei einer Temperatur von —1,9° Meerwasser von 35 ‰ Salzgehalt gefriert, (wenn ohne Bewegung und Erschütterung abgekühlt, erst bei noch niedrigerer Temperatur), wobei aber nur das reine Wasser in die Eisform übergeht, während die Salze abgeschieden

[1] Angenähert entspricht einer Tiefe von 10 m ein Druck von 1 Atmosphäre, bei 2000 m hat man 200 Atmosphären Druck usw.

werden. Wir dürfen also am Boden der Polarmeere Wassertemperaturen von unter 0° und nicht von + 4° erwarten.

Diese Resultate wissenschaftlicher Forschungen wurden aber erst allgemeiner anerkannt, als englische Naturforscher im Sommer 1868 an Bord des Dampfers „Lightning“ das Meer im Nordwesten von Schottland, ursprünglich zu zoologischen Zwecken, durchforschten und daselbst mit ihren verbesserten Instrumenten Bodentemperaturen von nur 2° in Tiefen von 4000 m konstatierten. Erst damals ist man wieder auf die älteren Beobachtungen von EMIL v. LENZ und DU PETIT-THOUARS und die neueren Messungen amerikanischer Offiziere der Küstenvermessung (U. S. Coast Survey), und zwar im Golfstromgebiet, aufmerksam geworden. Damit war der Anstoß zur Aussendung der großen „Challenger“-Expedition gegeben, deren Leistungen auch auf diesem Gebiete, der Messung der Wassertemperaturen in größeren Tiefen, bahnbrechend geworden sind. Freilich sind die Instrumente, welche auf dieser Expedition und auch an Bord S. M. S. „Gazelle“ während ihrer Weltreise benutzt worden sind, nicht frei von allerhand Einwänden, und nur in der Hand eines allezeit aufmerksamen und gut geschulten Beobachters liefern die Tiefseethermometer brauchbare Resultate.

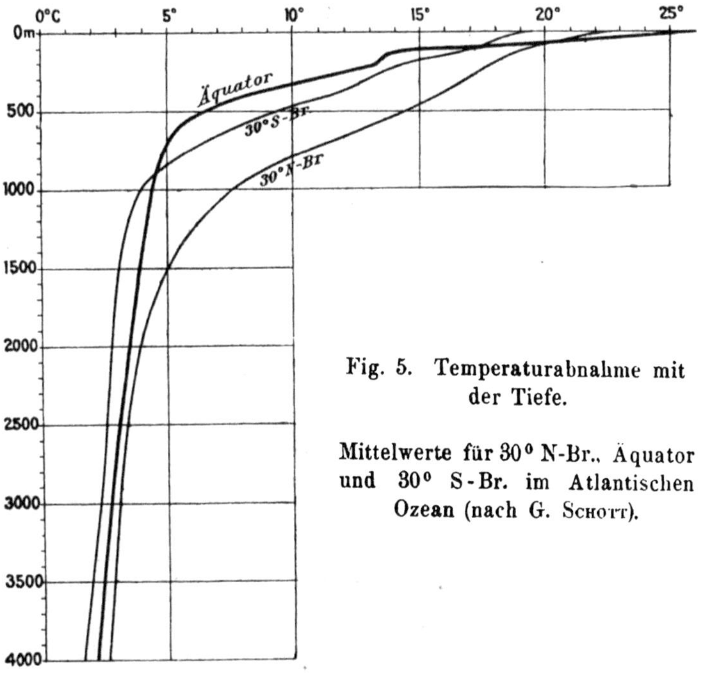

Fig. 5. Temperaturabnahme mit der Tiefe.

Mittelwerte für 30° N-Br., Äquator und 30° S-Br. im Atlantischen Ozean (nach G. SCHOTT).

Eine ausführliche Bearbeitung aller von Tiefseeexpeditionen gemessenen Temperaturen im Atlantischen Ozean hat G. SCHOTT im „Valdivia“-Werk gegeben und die Ergebnisse in zahlreichen Karten niedergelegt, von denen ein charakteristisches Blatt „Die Verteilung der Wassertemperatur in 400 m Tiefe“ als Tafel 2 im Atlas zum Segelhandbuch für den Atlantischen Ozean (2. Aufl.) aufgenommen ist.

Sehen wir ab von den Gebieten der polaren Strömungen, so finden wir allgemein, daß die Temperatur mit zunehmender Tiefe abnimmt; die Abnahme ist von der Oberfläche bis 200 m Tiefe etwa am größten, geringer bis zur 1000 m-Stufe, ganz langsam von 1000 m bis zum Boden. Dies zeigen uns auch die drei Kurven obenstehender Zeichnung, welche die mittlere vertikale Temperaturverteilung auf etwa 30° N-Br., 30° S-Br. und unter dem Äquator im Atlantischen Ozean veranschaulichen. Aber die Kurven und die nachstehende kleine Tabelle, welche die den Kurven zugrunde liegenden Zahlen enthält, geben uns noch weitere wichtige Aufschlüsse.

Mittelwerte C° (Atlantischer Ozean).

	0	50	100	150	200	400	600	800	1000	2000	3000	4000 m
30° N-Br.	22,7	20,9	19,6	18,6	17.9	**15,8**	13,0	9,8	7,6	3,9	3,1	2,6°
30° S-Br.	19.5	18,0	17,3	15,8	14,4	**11,4**	7,7	5,4	3,9	2,8	2,3	1,6°
Äquator	26,0	21,8	16,3	13,6	13,3	**8,1**	5,4	4,7	4,4	3,5	2,7	2,1°

Die erste auffallende Tatsache ist, daß die äquatornahen Gebiete keineswegs die höchst temperierten sind, wenn man von der oberflächlichsten, etwa 50 m umfassenden Schicht absieht. Die große, den niederen Breiten an der Oberfläche zugeführte Wärme teilt sich nicht den Tiefenschichten mit, vielmehr sind die Schichten von 100 m bis 800 m Tiefe in 30° N-Br. und 30° S-Br. im Durchschnitt wärmer wie diejenigen unter dem Äquator. Am stärksten prägt sich der Gegensatz zwischen den Gebieten in 400 m Tiefe aus (siehe auch Tafel 2 des Atlas); der Mittelwert dieser Schicht beträgt am Äquator 8,1°, in 30° S-Br. 11,4° und in 30° N-Br. sogar 15,8°.

Die zweite Tatsache, welche wir aus den Kurven und aus der Tabelle entnehmen, ist der Unterschied zwischen dem Nordatlantischen und Südatlantischen Ozean. Ersterer ist wärmer wie der Südatlantische Ozean, und zwar in dem hier in Kurven dargestellten Gebiet (30° Br.) durchweg von der Oberfläche bis 4000 m Tiefe.

Aber nicht nur auf 30° Br. ist der Nordatlantische Ozean höher temperiert wie der Südatlantische, sondern fast in allen Breiten. Dies lehrt eine nähere Betrachtung der Tafel 2 des Atlas, welche die Isothermen in 400 m Tiefe enthält. Im südlichen Gebiet fehlen die Isothermen über 14° C., welche im Norden große Flächen einschließen, vollständig; die Isotherme von 5° geht im Süden fast parallel dem 40. Breitengrad, während sie im Norden in 400 m Tiefe den 65. Breitengrad überschreitet. Ähnliche Verhältnisse herrschen auch in 1000 und 2000 m Tiefe in allen Breiten, so daß wir als Ergebnis zusammenfassen können:

Der Nordatlantische Ozean ist nicht nur an der Oberfläche durch höhere Temperatur gegenüber dem Südatlantischen Ozean ausgezeichnet, sondern weist auch einen bedeutenden Temperaturüberschuß in den einzelnen Tiefenschichten auf, welcher sich bis zum Boden erstreckt. Der Nordatlantische Ozean ist ein relativ warmes, der Südatlantische ein relativ kaltes Meer.

Diese Verschiedenheiten der vertikalen Temperaturverteilung in den nördlichen, südlichen und äquatorialen Breiten des Atlantischen Ozeans zu erklären, müssen wir neben der horizontalen Versetzung auch den vertikalen Kreislauf der Wassermassen heranziehen. Die von den Oberflächenströmungen nach höheren Breiten versetzten Wasserteilchen kühlen sich, je weiter sie nord- oder südwärts gelangen, um so mehr ab, erhöhen ihre Dichte und sinken in die Tiefe. Da das Wasser in höheren Breiten schwerer ist wie das äquatorwärts befindliche, so bewegt es sich mit absinkender Tendenz nach niederen Breiten, während das hier befindliche Tiefenwasser zum Ersatz des fortgeführten, stark erwärmten Oberflächenwassers allmählich aufsteigt. Diese in der Vertikalen und in den großen Tiefen sich abspielenden Vorgänge dürfen wir uns nicht als Strömungen vorstellen, sondern als Vorgänge, die sich mit großer Langsamkeit, aber auch mit großer Stetigkeit entwickeln.

So lassen sich die großen Züge der vertikalen Temperaturverteilung im Nord- und Südatlantischen Ozean und unter dem Äquator erklären. Das Wasser, welches im Nordatlantischen Ozean z. B. in 50° Br. niedersinkt, ist an der Oberfläche wärmer wie das des Südatlantischen, infolgedessen ist es auch in der Tiefe höher temperiert. Nähert sich das in höhere Breiten niedergesunkene Wasser dem Äquator, so beginnt die aufsteigende Bewegung, so daß in den unter der Oberfläche befindlichen Schichten hier das Wasser, da es aus den tieferen Schichten stammt, kälter ist wie nördlich oder südlich. Modifiziert wird diese Zirkulation noch durch den Salzgehalt des Wassers, durch die Intensität der Oberflächenströmungen u. a. m., doch kann hier nicht näher darauf eingegangen werden.

Die Temperaturen am Boden des Meeres.

Die Temperaturen am Boden der Tiefsee sind in nebenstehender Figur skizziert, die sofort erkennen läßt, welchen Einfluß einzelne unterseeische Schwellen auf die Verteilung der Temperatur ausüben, so daß wir sie mit

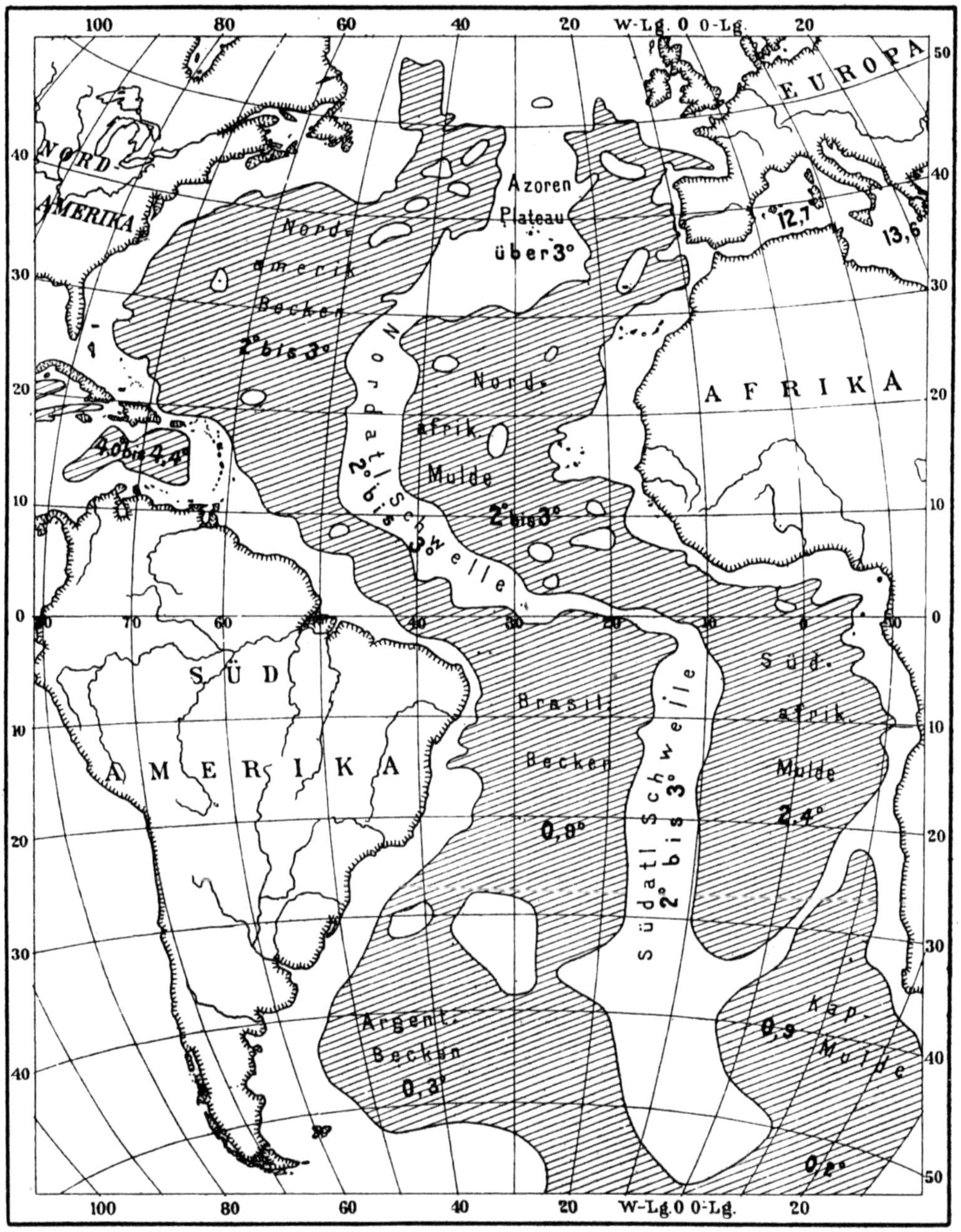

Tiefen von mehr als 4000 m.

Fig. 6. Temperaturverteilung am Boden der Tiefsee.

Recht als unterseeische Wasserscheiden ansprechen können. Wir sehen das Gebiet der Kap-Mulde durch die atlantische Schwelle im Westen und den Walfischrücken im Norden abgeschlossen, so daß der kalte, von Süden kommende Tiefenstrom nicht in die südafrikanische Mulde eintreten kann. Während die Mitteltemperatur der Kap-Mulde 0,9° beträgt, finden wir nördlich des Rückens eine Bodentemperatur von durchschnittlich 2,4°, welche einer Wassertiefe von etwa 3000 m entspricht, der Tiefenlage der trennenden Schwellen (vergl. die Tabelle auf S. 14). Auch an der Westseite des Südatlantischen Ozeans zeigen das argentinische und brasilianische Becken ähnliche Unterschiede, jedoch ist hier die trennende Schwelle, der Rio Grande-Rücken, durch größere Tiefen unterbrochen; im Westen ist außerdem der Zugang von Süden ungehinderter, so daß die Temperaturen im allgemeinen niedriger sind. Wie weit diese niedrigen Temperaturen sich in den nördlichen Teil erstrecken, wissen wir bislang noch nicht, jedoch ist eine Verbindung zwischen dem brasilianischen und dem nordamerikanischen Becken nicht vorhanden; die Bodentemperaturen dieses letzteren und des östlich gelegenen nordafrikanischen Beckens betragen überall 2—3°. Durch Schwellen von etwa 1500—1700 m Tiefe ist das amerikanische Mittelmeer gegen den Ozean hin abgetrennt, so daß auch seine größten Tiefen nur eine der Zugangstiefe entsprechende Temperatur von 4,0—4,4° aufweisen; das von der Enge von Gibraltar abgeschlossene Mittelländische Meer ist in der Tiefe auch dem Einfluß des Ozeans entzogen, seine Tiefentemperatur beträgt überall 12,8°. Dort, wo der Boden des Atlantischen Ozeans keine großen Tiefen erreicht, finden sich Temperaturen, welche der betreffenden Schicht entsprechen, so auf dem Azoren-Plateau über 3° und auf der gesamten atlantischen Schwelle 2—3°.

VI. Die Strömungen des Atlantischen Ozeans.

Allgemeines.

Die Strömungen des Atlantischen Ozeans sind auf Tafel 3 des Atlas (2. Aufl.) eingetragen. Ehe wir zu einer spezielleren Erläuterung der Karte schreiten, müssen wir eine allgemeine kritische Erörterung über das Phänomen der Meeresströmungen überhaupt voranschicken.

Was zunächst die Schiffsbeobachtungen anlangt, auf die sich alle vorliegenden Darstellungen der Meeresströmungen stützen, so geben dieselben streng genommen zunächst nicht die wirkliche Strömung der jedesmaligen letzten 24 Stunden, sondern nur den Unterschied zwischen dem nach der Loggerechnung und dem nach astronomischen Beobachtungen bestimmten Schiffsorte. Dieser Unterschied ist im wesentlichen zusammengesetzt aus der wirklichen Strömung, den Fehlern der Loggerechnung selber, entstanden aus Irrtümern in Kurs und Distanz, wobei die nicht immer ermittelte Deviation noch sehr störend eingreift, und endlich aus den Fehlern der astronomischen Ortsbestimmung. Man pflegt aber anzunehmen, daß diese Fehler, da sie bald in die eine, bald in die andere Richtung fallen können, sich untereinander ausgleichen, sobald man eine sehr große Anzahl von Beobachtungen über einer bestimmten, nicht zu großen Fläche (Eingrad-Feld, Zweieinhalbgrad-Feld, Felder von 2° Breite und 5° Länge) zusammenfaßt und aus ihnen eine mittlere Stromrichtung und Stromstärke berechnet. Zu dem Ende muß man aber voraussetzen, daß der Strom nach Richtung und Stärke etwas Konstantes ist — eine Annahme, die durch die Erfahrung keineswegs bestätigt wird. Es zeigt sich nämlich, wenn man Mittelwerte aus zahlreichen Beobachtungen bilden will, daß fast überall nicht bloß zu verschiedenen Jahreszeiten, sondern ganz allgemein verschiedene Stromrichtungen und Stromstärken gefunden worden sind, wobei freilich in den meisten Fällen eine Richtung verhältnismäßig häufig auftritt.

Daraus wird man schon entnehmen können, daß kartographische Darstellungen von Meeresströmen nur beanspruchen dürfen, einen im großen und ganzen wahrscheinlichen Zustand auszudrücken. Für einen einzelnen Fall aber, wo etwa mit Sicherheit die auf der Karte angegebene Stromversetzung erwartet wird, kann diese Erwartung leicht getäuscht werden, anderseits kann ein Schiff von geringer Segelqualität, wenn es das Vorhandensein eines Stroms überhaupt nicht beachtet, leicht in Verlegenheit kommen.

Diese Unregelmäßigkeiten stehen in engem Zusammenhange mit den Ursachen, auf denen die Meeresströmungen beruhen. Die hauptsächlichste Ursache ist der Wind, was von den praktischen Seefahrern zwar schon seit

Generationen behauptet, aber auf dem Wege mathematischer Analysis erst von Prof. ZÖPPRITZ im Jahre 1878 nachgewiesen worden ist[1]). Regelmäßige Winde werden durch den andauernd der Meeresoberfläche mitgeteilten Antrieb im offenen Ozean Strömungen hervorrufen, die mit dem Winde ungefähr gleiche Richtung haben. Dauert diese Windwirkung nach derselben Richtung hin eine gehörig lange Zeit hindurch an, so verbreitet sich die Strömung nach unten, was durch das Zusammenhängen aller flüssigen Teilchen untereinander bedingt ist; es werden also auch etwas tiefere Schichten mit der Zeit mehr und mehr der Oberflächentrift folgen. Über diese Tiefenströmungen sind wir jedoch noch recht mangelhaft unterrichtet, da mannigfache Faktoren modifizierend auf sie einwirken, so der Einfluß der Erdrotation, die durch die Eisschmelze am Rande des polaren Meeres sich entwickelnden Tiefenströmungen u. a. m.[2]).

Solche andauernd aus genau derselben Richtung wehenden Winde, wie die Theorie voraussetzt, sind nun auch selbst die Passate nicht. An der Oberfläche werden daher vorwiegend die den lokalen Windrichtungen einer gegebenen Zeit gerade entsprechenden Strömungen vorhanden sein; erst in einiger Tiefe unter der Oberfläche wird nach der Theorie die mittlere Stromrichtung und Stromstärke zur Geltung kommen. Für die praktische Schiffahrt ist aber letztere nicht fühlbar, das Schiff unterliegt vielmehr nur der Stromversetzung durch die oberste, kaum 5—6 m messende Schicht, die den Änderungen vorübergehender Windrichtungen und -stärken noch zu folgen imstande ist. Dabei ist aber nicht zu vergessen, daß, wenn tatsächlich tagelang der Wind in einer und derselben Richtung seine Wirkung geübt hat, die in Bewegung gesetzten Gewässer kraft ihres Trägheitsmomentes die angenommene Stromrichtung einige Zeit hindurch beibehalten und weiter verpflanzen werden, ehe sie dem an ihrem neuen Orte herrschenden vielleicht abweichenden Wind nachgeben. So hat z. B. eine Bearbeitung der von dem Feuerschiff „Adlergrund" in der Ostsee sowohl an der Oberfläche als in 5 m Tiefe angestellten Strombeobachtungen ergeben, daß der Strom fast ohne Ausnahme mit dem Winde setzt, und zwar um so schneller, je kräftiger der Wind ist, und daß außerdem selbst in 5 m Tiefe der Einfluß eines neu einsetzenden Windes noch im Laufe von 24 Stunden sich fühlbar macht[3]). Zwischen Strom und Windrichtung besteht allerdings eine Winkeldifferenz, indem der Strom um zirka 25° in der Regel nach rechts abgelenkt ist; diese Ablenkung ist auf die Wirkung der Erdrotation zurückzuführen. Endlich kommen noch Unterschiede im spezifischen Gewicht, in den Wassertemperaturen und im Luftdruck und besonders die mannigfaltige Ausgestaltung der Küsten in Betracht, wodurch Stromteilungen, Ausgleichsströmungen (Neerströme) u. a. m. hervorgerufen werden. Diese komplizierten Strömungen spielen sich sämtlich an der Oberfläche ab und beeinflussen die Navigierung, während in einiger Tiefe vielmehr ein mittlerer Zustand, entsprechend der mittleren Windrichtung, vorhanden sein wird. Ein solcher kommt schon in dem Verlaufe der Linien gleicher Wassertemperaturen an der Oberfläche einigermaßen zum Vorschein, wie man denn aus den Isothermenkarten des Atlas (Taf. 5—8, 2. Aufl.) die Strömungen nahezu unmittelbar ablesen kann[3]).

Äquatoriale Gewässer.

Wenden wir uns jetzt einer näheren Besprechung der vorherrschenden Oberflächenströmungen im Bereich des Atlantischen Ozeans zu, so beginnen wir zweckmäßig mit den äquatorialen Gegenden. Wir sehen sowohl auf der Strömungskarte im Atlas, als auch auf den nebenstehenden Kärtchen, Fig. 7, in Holzschnitt, daß hauptsächlich drei Wasserbewegungen daselbst vorhanden sind: im Bereiche des Nordostpassats die nach Westen setzende „nördliche

---

[1]) Annalen der Hydrographie, 1878, S. 239 ff.

[2]) Einen Überblick über einige neuere Theorien der Meeresströmungen gibt PETTERSSON in Heft 12 der Veröff. des Instituts f. Meereskunde, Berlin 1908.

[3]) Annalen der Hydrographie, 1888, S. 1 ff.

Äquatorialströmung", im Südostpassat die gleichfalls nach Westen gerichtete „südliche Äquatorialströmung", zwischen beide eingeschaltet die entgegengesetzt, nämlich östlich, verlaufende „Guineaströmung".

Diese drei Strömungen erleiden nun Verschiebungen je nach den Jahreszeiten, und zwar verändern sie ihre Lage im allgemeinen im gleichen Sinne wie die beiden Passatregionen. Wie nun von den beiden letzteren diejenige des Nordostpassats die ausgiebigsten Schwankungen vollzieht, so unterliegt auch von den Strömungen die „nördliche Äquatorialströmung" am meisten einer Verschiebung. Die nebenstehenden vier Kärtchen zeigen die Lage der drei Strömungen nebeneinander für die Monate März, Juni, September und Dezember. Die ebenfalls eingetragenen äquatorialen Passatgrenzen zeigen die allgemeine Abhängigkeit der Stromgebiete von dem Passate, der sie erzeugt hat. Die Karte im Atlas, Taf. 3, 2. Aufl., gibt die Lage der äquatorialen Strömungen für den Nordwinter und in der Nebenfigur auch für den Nordsommer wieder.

Es greift also in allen Jahreszeiten die südliche Äquatorialströmung über den Äquator hinüber bis etwa 3° N-Br. in 25° W-Lg.; die nördliche Äquatorialströmung dagegen reicht im März (in der genannten Länge) bis fast 5° N-Br., weicht dann, wie der Passat, schrittweise nach Norden zurück, bis sie im September in 11—12° N-Br. angelangt ist. In den folgenden Monaten schiebt sich ihre Südgrenze wieder mehr und mehr auf den 5. Grad N-Br. zu, wo sie im März anlangt. — Der zwischen den beiden Westströmungen freigelassene Raum, welcher von Kalmen und in den Sommermonaten vom Südwestmonsun beherrscht ist, wird von der ostwärts setzenden Guineaströmung ausgefüllt; letztere wird demgemäß im August und September ihre größte, im Februar und März ihre kleinste Entwicklung besitzen, und zwar hat das Gebiet des Guineastroms immer eine keilförmige Gestalt (mit der Spitze nach Westen gerichtet), da nach der afrikanischen Seite hin sowohl Kalmen wie auflandige Winde immer breitere Regionen einnehmen. Im Westen ist diese östliche Strömung auch im August wohl nur ausnahmsweise westlicher als 45° W-Lg. beobachtet worden, denn sie wird durch den an der nordbrasilianischen Küste entlang geführten Arm der südlichen Äquatorialströmung zur Seite gedrängt, im Osten aber füllt die Guineaströmung in unveränderter Breite das ganze Jahr hindurch den Raum zwischen der Guineaküste und 2° N-Br. aus[1]).

Entsprechend der größeren Beständigkeit und Stärke des Südostpassats zeigt auch die südliche Äquatorialströmung eine größere Stromgeschwindigkeit als die nördliche, die von dem schwächeren und ungleich häufiger durch Stillen unterbrochenen Nordostpassat erzeugt wird. Darum hat die letztere auch nur eine Geschwindigkeit von 10—15, im Mittel von 13 Sm im Etmal, die südliche dagegen unter dem Äquator und 2—3° nördlich davon gewöhnlich 20 Sm und mehr (Maximum im Juni—Juli zwischen 25 und 30° W-Lg. 31 Sm), direkt südlich von der Linie nur 16—18, und zwischen 2° und 6° S-Br. wieder etwas mehr, über 20 Sm. Die Südäquatorialströmung hat also zwei Striche stärksten Fließens, nämlich eben nördlich des Äquators und zwischen 2° und 6° S-Br. Die Guineaströmung erreicht und überschreitet die Stärke der vorgenannten Strömung nur unmittelbar unter der Guineaküste, weiter im Westen wird sie im Mittel etwa zu 15 Sm anzusetzen sein. Im nördlichen Sommer (Juli, August) erreichen diese Strömungen durchweg ihre größten Geschwindigkeiten[2]).

Nordatlantischer Ozean.

Verfolgen wir den Verlauf der Strömungen im nordatlantischen Gebiete weiter, so treffen wir an der Kette der kleinen Antillen die vom Nordostpassat hierher geführten Wassermassen und südlich von diesen den entlang der Küste von Brasilien und Guyana nach Nordwesten abgelenkten Nordzweig der südlichen Äquatorialströmung, den Guyanastrom. In den Straßen zwischen

[1]) Einzelheiten über die Lage der Stromgrenzen für jeden Monat siehe in der Arbeit des Königl. Niederländ. Meteorolog. Instituts: Observations océanographiques et météorologiques de la région du courant de Guinée (1855—1900), Utrecht 1904.

[2]) Näheres hierüber s. Hoffmann, Meeresströmungen, Berlin 1884, S. 34 ff.

Segelhandbuch f. d. Atlantischen Ozean. zu Seite 28.

DIE STRÖMUNGEN IN DER ÄQUATORIAL-REGION
in den Monaten März, Juni, September und Dezember.

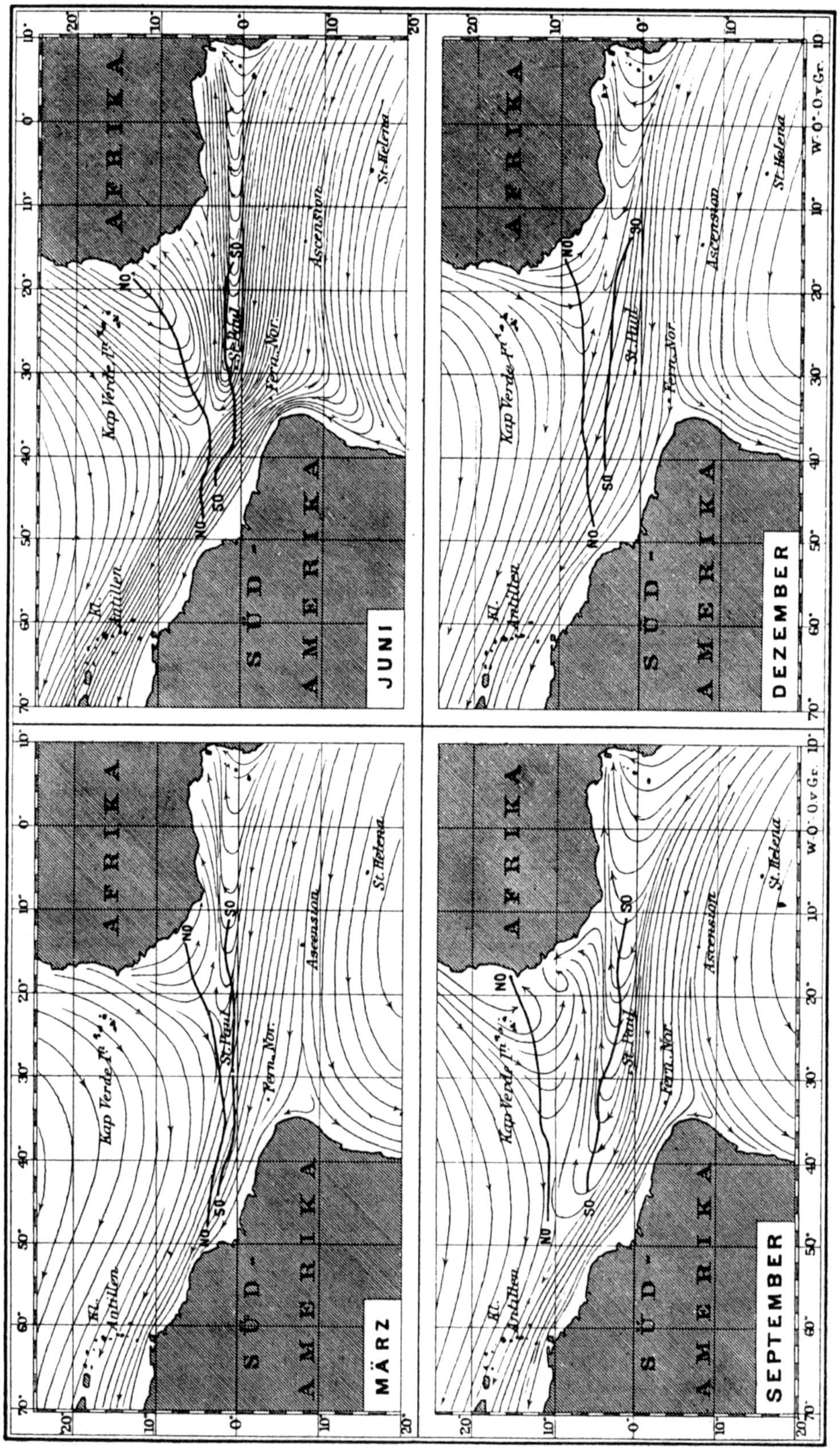

—— Äquatoriale Grenze des NO- und SO-Passates.

Fig. 7.

den Luvwärts-Inseln hindurch sie weiter schiebend, erzeugt der Passat daselbst sehr kräftige Weströmungen, meist über 20, oft an 50 Sm im Etmal ergebend, die einst schon von KOLUMBUS bemerkt worden sind. Ein kleinerer Teil der Passattrift geht aber auch im Norden der großen Antillen westwärts, die sogenannte „Antillenströmung" bildend, die durch ihre warmen Oberflächengewässer den Bahama-Inseln das tropische Klima zuführt, weiter nördlich indes durch den Golf- oder Florida-Strom in den Hintergrund gedrängt wird. Die große Tiefe, in welche diese Antillenströmung hinabreicht, ist nicht nur aus den hohen Temperaturen der Tiefe zu ersehen, sondern direkt nachgewiesen worden durch den dänischen Admiral IRMINGER, der in 25° 4′ N-Br., 65° 41′ W-Lg. durch zweimalige Lotung mit AIMÉS submarinem Stromweiser noch in 900 m Tiefe diesen nordwestlich setzenden Strom konstatierte [1]. Nicht so deutlich erscheint die Strömung auf den Karten der Wassertemperaturen; nach englischen Angaben [2] hat sie eine mittlere Geschwindigkeit von 12 Knoten im Etmal.

Im Karaibischen Meer bleibt die westliche Strömung auch weiter herrschend. Nur in der Nähe der Küsten entwickeln sich Neer- oder Gegenströme, die zwischen Cuba und Jamaica (selbst südlich der letzteren Insel) und besonders häufig an der Südküste von Haiti nach Osten setzen und bisweilen sehr kräftig werden können. Ebenso sind zwischen den „Inseln unter dem Winde" und der Küste von Venezuela, sowie im Golfe von Darien (südlich 12° N. Br.) solche Neerströme konstatiert, desgleichen Nordstrom an der Luv-, d. h. Außenseite der kleinen Antillen.

Die beiden Straßen zwischen den großen Antillen, die Windwärts- und Monapassage, sind von Januar bis April bei kräftigem Passat einer starken südlichen Strömung ausgesetzt, welche der Schiffahrt in hohem Grade fühlbar wird. In den meisten Monaten sind die Strömungen entsprechend dem alsdann sich abschwächenden und östlicher werdenden Passat unregelmäßiger; hauptsächlich kommen die Gezeitenströmungen zur Geltung, welche durch lokale Ursachen noch beeinflußt werden; so sind auch unmittelbar unter der Küste Gegenströmungen recht häufig gefunden worden.

In der Yukatanstraße setzt der Strom kräftig nach Nordnordwest. Unmittelbar unter Kap San Antonio sind aber südliche und südöstliche Stromversetzungen recht häufig.

Im Golf von Mexiko haben die sorgfältigen Beobachtungen amerikanischer Vermessungsschiffe einen einigermaßen regelmäßigen Strom nur zwischen den Mississippi-Mündungen und den Tortugas Cays nachweisen können, und zwar südöstlich gerichtet, also gewissermaßen die Wurzel des Golfstroms vorstellend. Nach den Ergebnissen der langjährigen Untersuchungen des amerikanischen Marineoffiziers PILLSBURY [3] erstreckt sich die östliche Richtung der Wasserbewegung bis in die zentralen Teile des Golfs von Mexiko, während im Nordteil und im Südteil des Golfs, und zwar westlich der Mississippi-Mündungen und westlich von Yukatan, Stromrichtungen nach Süden und Westen vorwiegen. Wenn auch im ganzen die Wasserbewegungen im Golf sehr veränderlich und abhängig von den Witterungsverhältnissen sind, so kann man doch annehmen, daß im südlichen Teil des Golfs die Bewegung vorwiegend nach Westen, im nördlichen Teil dagegen nach Osten gerichtet ist, allerdings mit z. T. starken Abweichungen namentlich unter Land [4].

Zwischen der Küste von Cuba und den Floridariffen beginnt die ausgeprägteste Strömung aller Ozeane, die seit ihrer Entdeckung durch PONCE DE LEON 1513 und ALAMINOS 1519) bis in die Mitte des vorigen Jahrhunderts nur als Floridastrom bekannt war, aber seit JOHN FRANKLINS Untersuchungen der Golfstrom genannt wird. Seine große Geschwindigkeit, im Mittel 40—50 Sm

[1]) Zeitschrift für allgemeine Erdkunde, 1854, Bd. III, S. 173. Daselbst ist auch das Instrument beschrieben und abgebildet.

[2]) Currents and Surface Temperatures of the North Atlantic Ocean from the Equator to 40° N. London 1872; s. auch MONTHLY current charts for Atlantic Ocean, London 1897.

[3]) The Gulf Stream. U. S. Coast and Geodetic Survey 1890, Washington 1891.

[4]) Vergl. auch die Arbeit von SOLEY, Der Golfstrom im Golf von Mexiko in Ann. d. Hydr. usw., 1907, S. 84—87.

im Etmal (in Einzelfällen bis 100 Sm), seine Stetigkeit auch gegenüber den kräftigsten Nord- und Nordostwinden, macht diesen Strom für die Navigation überaus wichtig, während man seinen Wärmeinhalt zu ungunsten der Antillenströmung bis vor kurzem beträchtlich überschätzt hat.

Der Floridastrom ist am kräftigsten ausgebildet an der Stelle, wo er aus den Engen von Bemini zwischen der Ostküste Floridas und den westlichsten Bahamabänken nordwärts heraustritt („der Ausfall", *the Outfall* der Amerikaner), seine Breite beträgt hier 32 Sm, seine Geschwindigkeit wenigstens 50 Sm im Etmal. Weiter nordwärts verringert sich die Stärke der Strömung allmählich, dafür nimmt ihre Breite fortwährend zu. Ihr westlicher Rand folgt dabei ungefähr der 200-m-Linie, besonders deutlich den Vorsprung des Kap Hatteras nachahmend[2]). Sobald aber der Strom 35° N-Br. und 72° W-Lg. überschritten hat, beginnen die ersten Spuren seiner Teilung und Spaltung sichtbar zu werden. Es treten nämlich zwischen den fast noch ebenso hoch wie in den „Engen" temperierten warmen Streifen einzelne um 2°—3° kältere Bänder auf, die, je weiter nach Osten, desto mehr an Breite und Zahl zunehmen. Der Strom bildet also das, was man bei einem Süßwasserflusse ein Delta nennen würde, er zerfasert allmählich, und unter 40° W-Lg. ist der charakteristische Floridastrom mit seinen stark fließenden und sehr warmen Oberflächengewässern als solcher kaum mehr nachweisbar. Nun aber kommt die größere, bisher von ihm in Schatten gestellte und weiter östlich fließende Wassermasse der Antillenströmung auch zur Geltung, und die Gesamtheit dieser Gewässer wird teils durch die vorherrschenden Südwest- und Westwinde nach Nordosten getrieben, teils durch den Widerstand der Neufundlandbänke und die ablenkende Kraft der Erdrotation nach Osten und Südosten gedrängt und führt den Westküsten Europas die warmen Wassermassen zu, deren Temperatur die westlichen Winde dem Kontinent mitteilen, so die milden Winter Westeuropas bewirkend. Ein Teil dieser Strömung schwenkt also zu den Azoren hin ab, wie dies viele Flaschenposten und Triften von Wracks usw. gezeigt haben. Man pflegt diese warme Strömung, welche die Gewässer der Florida- und Antillenströmung zusammen in sich vereinigt, als „Golfstromtrift" oder nach PETERMANNS allgemein angenommenem Vorschlag kurzweg als „Golfstrom" zu bezeichnen, während man für jenen schnell fließenden, aber minder breiten Strom zwischen den Bemini-Engen den älteren und ursprünglichen Namen des Floridastroms reserviert. Die Geschwindigkeit letzterer Strömung zwischen Fowey-Klippen und Gun Cay wird durch nachstehende Zeichnung veranschaulicht.

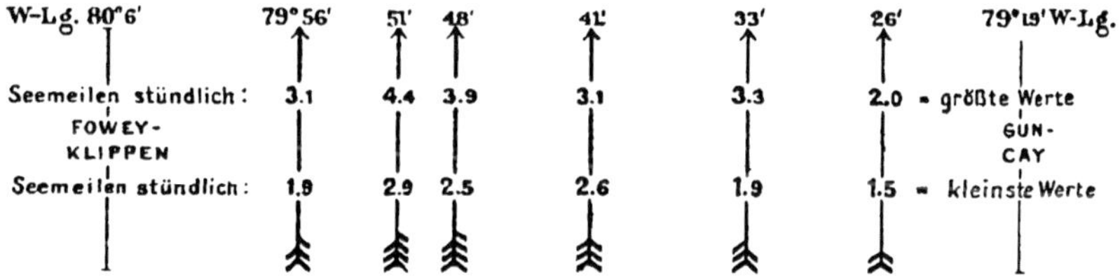

Fig. 8. Golfstromgeschwindigkeit zwischen Florida und Bahama In.

Wie klein verhältnismäßig das vom Floridastrom aus den Bemini-Engen geführte Wasservolumen gegenüber der Antillenströmung ist, mag folgende Berechnung zeigen.

Die Breite des Stroms in den Engen zwischen den Riffen von Groß-Bahama und Florida, und zwar an der engsten Stelle zwischen Florida (Fowey Rocks Lchtf.) und Gun Cay Lchtf. (auf 25° 30′ N-Br.), beträgt 38 Sm

[2]) Auf dieser ersten Strecke seines Verlaufs soll der Strom (nach PILLSBURY) eine deutliche Abhängigkeit von der Monddeklination zeigen; die „Achse", d. h. die Linie größter Geschwindigkeit, liegt am dritten Tage nach der höchsten Monddeklination 25 Sm östlich von den Contoy-Inseln, 16 nördlich von Havana, 7 östlich vom Fowey-Felsen, 15 östlich von Ft. Jupiter; bei niedriger oder Nulldeklination aber 45 Sm östlich von den Contoy-Inseln, 34 nördlich von Havana, 15 östlich von Fowey, 23 östlich von Jupiter. Von Ft. Jupiter bis Kap Hatteras liegt der stärkste Stromstrich im Mittel zwischen 11 und 20 Sm östlich von der 200 m-Linie.

= 70,3 km. Nach den Berechnungen von PILLSBURY[1]) auf Grund der Beobachtungen des „Blake" beträgt das Volumen der hier durchschnittlich in der Stunde durchgeführten Wassermassen rund 90 cbkm. Dagegen hat die nördlich von den Antillen erst nach Westen und dann nach Nord und Nordost ziehende Antillenströmung eine Breite von mindestens 6 Breitengraden (20°—26° N-Br.), also 360 Sm oder 668 km, und eine Tiefe von 1000 m, dabei eine Geschwindigkeit von 12 Sm im Etmal, also eine halbe Seemeile oder 0,927 km in der Stunde, was einen Querschnitt von 668 □km und eine bewegte Menge von 619 cbkm in der Stunde ergibt: also etwa 6—7 mal mehr als das vom Floridastrom bewegte. Dabei ist freilich zu bemerken, daß die angenommene Geschwindigkeit von 12 Sm per Etmal nur an der Oberfläche vorhanden ist und gerade bei einer Mächtigkeit von 1000 m in den tieferen Schichten die Schnelligkeit sicher viel geringer sein wird, so daß wir wohl, in Ermangelung bestimmter, zahlenmäßiger Beobachtungen, das Resultat noch so weit reduzieren müssen, daß wir sagen, der Antillenstrom bewegt etwa das dreifache Wasserquantum als der Golfstrom. Aber eben dies Resultat zeigt uns auch, daß, wenn man den großen Wärmevorrat des Nordatlantischen Ozeans und die eigentliche Ursache der Wärmebegünstigung Europas erklären will, man die außerhalb der großen Antillen hinlaufende Antillenströmung doch in erster Linie, dagegen erst in zweiter Linie den Golfstrom zu beachten hat.

Bei seinem östlichen Verlaufe trifft der Golfstrom auf die Westküste Europas. Ein Teil seiner Gewässer wird nach Nordosten, ein anderer nach Südosten und Süden, wie schon vorhin erwähnt, in die Gewässer zwischen den Azoren und den Küsten Portugals und Marokkos geleitet und vereinigt sich zwischen den Kanarischen und Kapverdischen Inseln mit der gerade dort im Passat sich entwickelnden nördlichen Äquatorialströmung. Es ist also südlich des 45. Breitengrades ein vollständiger in sich geschlossener Kreislauf der Strömungen vorhanden; in dem in der Mitte befindlichen, nahezu stromlosen Raum des Zirkels treffen wir die sporadischen Anhäufungen des schwimmenden Seetangs oder des Sargassums (Golfkraut). Am häufigsten finden sich die treibenden Bündel des goldgelben Beerenkrautes in einem ellipsenförmigen Gebiet, dessen lange Achse etwa der Wendekreis zwischen 40° und 75° W-Lg. bildet, dessen kurze Achse aber auf den 55. Längengrad gelegt werden kann (vgl. Taf. 3 des Atlas, 2. Aufl.). In diesem Raum, und zwar südlich von etwa 35° N-Br., kann man bei hundert Reisen mit Sicherheit mehr als zehnmal Golfkraut erwarten: in der Nähe der Azoren ist die Wahrscheinlichkeit nur noch ungefähr 1:100. In besonderen Fällen treibt aber das Kraut, welches entschieden von den Küsten der Antillen stammt und dort, hauptsächlich durch Stürme, losgerissen wird, mit dem Golfstrom bis in die Eisgebiete an der SO-Ecke der Neufundlandbank und — selten — bis in den Englischen Kanal. Die größte Masse gelangt, vom Golfstrom mehr und mehr rechts abschwenkend, in die stromstillen Gewässer östlich und südöstlich der Bermuden. Neuere Untersuchungen haben gezeigt, daß die Pflanzenbüschel, welche der Seemann im freien Meere auffischt, leben und auch ein gewisses, freilich geringes Wachstum zeigen, daß sie es aber nicht mehr zur Fruchtbildung bringen, wie an Ort und Stelle, wo sie angewachsen sind. Der Grund hierfür ist vielleicht Nahrungsmangel, da ja die Pflanze im Strom, in derselben Wasserumgebung, monatelang treibt. Ein Bündel Kraut dürfte von den Bahamariffen bis südwestlich der Azoren ½ Jahr brauchen und im ganzen sicher ein Jahr wenigstens treiben, ehe es, von den Kalknetzen der Bryozoen umsponnen, langsam zu Boden sinkt. — Der Entdecker der Sargassosee ist KOLUMBUS; er spricht aber nicht wie seine Nachfolger OVIEDO u. a. in übertreibender Weise davon, daß die Schiffe von den Tangmassen in der Fahrt behindert würden, wovon natürlich gar keine Rede sein kann. Seit HUMBOLDT wurden sehr vielfach auf den Karten zwei recht scharf begrenzte, ihre Position nicht ändernde Fucusbänke oder Tangwiesen eingetragen, die sogenannte Flores-Corvobank bei den Azoren, eine unter dem 40. Meridian langgestreckte, von wenigstens 40°—20° N-Br. reichende Anhäufung, und ferner eine in der Richtung von Westen nach Osten

[1]) The Gulf Stream. U. S. Coast and Geodetic Survey 1890. Washington 1891, S. 550.

langgestreckte Bank auf dem Wendekreis. Diese zwei Tangwiesen, für deren merkwürdige Anordnung gar kein physischer Grund zu finden wäre, existieren in dieser Weise keinesfalls, sie sind vielmehr durch nichts weiter veranlaßt als durch die Summe aller aus den verschiedensten Zeiten herrührenden Beobachtungen von treibendem Kraut, und zwar derart, daß die N-S verlaufende Bank westlich der Azoren zurückzuführen ist auf Beobachtungen an Bord der vom Äquator nach Kap Lizard heimkehrenden, den Passat durchstechenden Segler; die W-O gelagerte Wiese aber dürfte durch die Westindienfahrer und diejenigen Segler, welche im Nordwinter nach New York usw. die Passatroute wählen, veranlaßt sein. Diese Verteilung des Golfkrautes ist also nur eine scheinbare (wo wenig Beobachtungen gemacht werden, ist scheinbar wenig Kraut); das Hauptgebiet wird vielmehr ziemlich gleichmäßig von einzelnen, in langen Streifen parallel zur Windrichtung sich anordnenden Büscheln besetzt sein[1]). In den anderen Ozeanen fehlt der Beerentang, teils weil den Antillen entsprechende Inseln mit Tangküsten fehlen, teils weil die Strömungen zu einem regelrechten Transport zu schwach und veränderlich sind. —

Das Vordringen des Golfstroms in der nordöstlichen Richtung erkennt man besonders klar auf den Karten der Wasserisothermen, und zwar in allen Jahreszeiten. Die klimatische Wirkung dieser warmen Wassermassen kommt aber besonders im Winter zur Geltung und erstreckt sich bis über das Nordkap hinaus, auch dort noch trotz der hohen Breite von 70° N. die Bedeckung des Meeres mit Eis während der Winternacht verhindernd. Keiner der norwegischen Fjorde friert bekanntlich im Winter zu.

Wird das nordöstliche Gebiet des Atlantischen Ozeans von warmen Strömungen eingenommen, so daß wir hier den größten Wärmeüberschuß der Oberflächentemperatur des Atlantischen Ozeans finden, so steht der Nordwesten hauptsächlich unter der Herrschaft kalter, polarer Strömungen. An der Ostküste Grönlands setzt die ostgrönländische Polarströmung nach Süden, mit sich führend die Treibeismassen aus dem Nordpolarbecken, welche im Frühjahr sich von Spitzbergen über Jan Mayen bis zum Kap Nord von Island erstrecken, in ungünstigen Jahren jedoch bis zur Ost- und Südküste Islands vordringen, hier die Schiffahrt hindernd. Ganz außergewöhnlich ist die Sichtung zweier Eisberge von Kapitän James Clark Ross im Färöer-Shetland-Kanal am 14. Januar 1836, eine Meldung, die lange Zeit angezweifelt wurde; erst neuerdings ist durch das Schiffstagebuch H. M. S. „Cove“ der Nachweis geliefert worden, daß tatsächlich zwei Eisberge bis 61° N-Br., 5° 50′ W-Lg. oder 40 Sm südöstlich von Suderö (Färöer) vom ostisländischen Polarstrom vertrieben sind (vgl. Tafel 3 des Atlasses, in welcher in der 2. Auflage neben der durchschnittlichen Eisgrenze auch die außergewöhnlichen Vorstöße des Eises eingetragen sind). Die Ostküste Grönlands ist fast das ganze Jahr von einem Treibeisgürtel eingefaßt, jedoch gelingt es meist, im Herbst die Küste bei Angmagsalik zu erreichen. Der ostgrönländische Polarstrom biegt bei Kap Farewell nach Nordwesten um und folgt sodann der Westküste Grönlands nach Norden bis über 70° N-Br. während an der gegenüberliegenden Küste von Baffin-Land und Labrador die Labradorströmung in entgegengesetzter Richtung von Norden nach Süden setzt; zwischen beiden Strömungen setzt ein Arm des Golfstroms als Unterstrom gleichfalls nach Norden in die Baffinbai. Von der Westgrönlandströmung zweigt ein Teil bei seinem nördlichen Vordringen zur Labradorströmung ab, dieser die gewaltigen Eisberge der Westküste Grönlands zuführend[2]). Das Hauptursprungsgebiet der vom Labradorstrom nach Süden geführten Berge sind die vom Inlandeis an der Westküste Grönlands bei etwa 70° N-Br. sich ins Meer senkenden Eisströme, die Ostküste Grönlands liefert allerdings auch Eisberge, jedoch gelangen diese selten um Kap Farewell herum. Neben dem Gletscher- oder Bergeis finden

---

[1]) Näheres, besonders auch über die geschichtliche Entwicklung unserer Kenntnisse von der Sargassosee s. O. Krümmel in Peterm. Geograph. Mitteil. 1891, S. 129—141 mit Karte.

[2]) Eine eingehende Untersuchung der Strömungen und Eisverhältnisse dieses Gebiets gibt L. Mecking in: „Die Eistrift aus dem Bereich der Baffin-Bai beherrscht von Strom und Wetter“. Veröff. des Inst. f. Meereskunde, Heft 7, Berlin 1906.

wir im Labradorstrom auch Meereis, welches in der Hauptsache von der Ostküste von Labrador stammt.

An der Ostseite und Südseite der Neufundlandbank trifft der Labradorstrom auf den Golfstrom, ein Vorgang, der auf den Temperaturkarten des Atlas deutlich erkennbar ist an der Drängung der Isothermen; nur unwesentliche Mengen der kalten Strömung gelangen über die Neufundlandbank nach Süden, der Hauptstrom wird teils untersinken, teils sich mit dem Golfstrom vermischen.

Auf der Strömungskarte im beigegebenen Atlas sind die Südgrenze häufigeren Treibeises sowie die außergewöhnlichen Vorstöße des Eises nach Süden eingetragen, beides zeigt den entscheidenden Einfluß des Golfstroms. Denn sein Gebiet ist im Osten und Nordosten des Ozeans völlig frei von Treibeis, nur die Gegend südlich und östlich von den Neufundlandbänken, wo ihm der eisbeladene Labradorstrom in die Flanke fällt, ist reich an solchem. Hier werden Eisberge und Schollen häufig im Frühling und Sommer von den Schiffen, die den Ozean in diesen Breiten durchfahren, angetroffen. Die mittleren Treibeisgrenzen in den einzelnen Monaten sowie die Stromgrenzen bei der Neufundlandbank veranschaulicht die am Schlusse des Buches angehängte Tafel I, aus der zugleich auch die gegenseitige Abhängigkeit der Strom- und Eisgrenzen und der Temperaturverteilung ersichtlich ist. Die Hauptmasse des Treibeises wird entlang dem steil in die Tiefe absinkenden Ostrande der Bank südwärts geführt: hier sind oft Hunderte von Eisbergen in allen Größen gleichzeitig nebeneinander angetroffen worden: ein deutscher Postdampfer zählte in 24 Stunden am 24. Mai 1882 nicht weniger als 351 Berge! Westlicher als in etwa 52° W-Lg. wird schon darum die Zahl der Berge nicht so beträchtlich werden, weil die größeren derselben einen so bedeutenden Tiefgang haben, daß sie die weniger als 100 m tiefen Neufundlandbänke nicht überschreiten können[1]). Die Mehrzahl derselben, soweit sie nicht nach Süden gehend im warmen Wasser schmelzen, läuft demnach im Norden der Bänke fest, und nur kleinere, aus dem Osten durch die Strömung versprengte Berge dürfen am Südwestrande der Bänke erwartet werden. Das kälteste Wasser findet sich, wie die Tafel I zeigt, im Osten der Neufundlandbank, nicht auf ihr selbst. Auf letzterer ist eben im allgemeinen der Labradorstrom nicht zu bemerken, man hat auf der Bank meist keinen oder schwachen, veränderlichen Strom, ebenso wie über dem flachen Wasser unter der Südküste Neuschottlands. Daher beobachtet man auch die größten, oft des näheren beschriebenen Temperatursprünge der zwei Strömungen meist nur über dem tiefen Wasser, und zwar hat man, wenn man von Osten nach Westen oder umgekehrt auf den üblichen Dampferwegen fährt, die niedrigste Temperatur fast stets genau unter 49° bis 48° W-Lg.[2]). Die Sprünge in der Wasserwärme können auf 20—30 Sm Entfernung 14° bis 15° betragen, da die Temperaturen z. B. im Winter von 15° oder 16° auf 1° oder 2° fallen. Auch in dieser Hinsicht, d. h. in der Größe der Temperaturveränderungen, steht das Golfstromgebiet einzig und ohnegleichen da; ostwärts von Japan, auf 38° N-Br., sind die Verhältnisse beim Zusammenstoß des warmen Kurosiwo mit der sehr kalten Kurilenströmung durchaus ähnlich, aber nicht ganz so scharf ausgeprägt.

Es haben diese schroffen Temperaturunterschiede auf so kleinen Entfernungen die Folge, daß namentlich bei Südwinden oft dichte Nebelmassen den ganzen Raum bedecken und die Navigierung in der Nähe der Bank inmitten der treibenden Eisberge jedenfalls sehr schwierig und unter Umständen gefährlich machen. Über dies nach Ort und Jahreszeit wechselnde Vorkommen der

---

[1]) Eisberge würden nur mit $1/8$ ihres Gewichts über das Wasser heraussehen, wenn sie aus ganz homogenem Eise beständen; letzteres dürfte indes kaum der Fall sein. Immerhin muß, wenn sie noch schwimmen sollen, das Wasser etwa 5—6mal tiefer sein, als die mittlere Höhe des Berges über dem Meeresspiegel beträgt.

[2]) Ausführlicheres über alle diese Verhältnisse siehe bei G. Schott in Peterm. Geogr. Mitteil. 1897, S. 201—212 mit Karte; ferner E. Knipping in Ann. d. Hydr. usw. 1906, S. 18—23 mit Karte, sowie Monatskarte des Nordatlantischen Ozeans Juni 1906, Mai und Sept. 1907; Mai 1909.

berüchtigten Nebel der Neufundlandbank sind im Atlas zum Segelhandbuch (2. Aufl.) auf Tafel 32 und 33 zwölf Karten (für jeden Monat eine) veröffentlicht, welche auf Grund der langjährigen, von deutschen Schiffen gesammelten Erfahrungen die prozentische Häufigkeit und die geographische Ausdehnung dieses Phänomens deutlich machen und erkennen lassen, wie die von den großen transatlantischen Dampfergesellschaften vereinbarten Reisewegen zur Nebel- und Eisgefahr sich verhalten. Indem auf diese Karten verwiesen wird, sei bemerkt, daß man auf den üblichen Dampferwegen von und nach New-York in relativem Verhältnis erwarten kann:

zwischen 70°—65° W-Lg. viel Nebel,
„ 65°—52° W-Lg. wenig Nebel,
„ 52°—47° W-Lg. sehr viel Nebel,
„ 47°—40° W-Lg. wenig oder keinen Nebel.

Die nebelreiche Zeit beginnt im April und dauert bis August einschließlich, worauf im September eine sehr plötzliche und starke Abnahme des Nebelvorkommens zu verzeichnen ist; der Februar ist wohl der nebelärmste Monat.

Im Bereich der Neufundlandbank und ihrer weiteren Umgebung ist das kalte Wasser durch seine mehr grünliche Färbung von den tiefblauen und warmen Gewässern des Golfstroms meist zu unterscheiden. Südlicher als 40° N-Br. kommen Eisberge nur selten vor; die äußersten Punkte, bis zu welchen besonders massige Berge vorgedrungen sind, liegen in 37½° N-Br. (vgl. Tafel 3 des Atlas)[1].

Im Laufe der letzten 100 Jahre sind jedoch einzelne ganz außergewöhnliche Berichte über Eis im nordöstlichen Teil des Atlantischen Ozeans eingegangen, welche nicht mehr daran zweifeln lassen, daß einige Eisberge den Golfstrom durchkreuzt haben und von ihm bis in die Nähe der europäischen Westküste geführt worden sind. Nachstehende Tabelle[2] gibt einen Überblick über diese abnormen Triften.

27.	IV. 1829	36° N-Br.	39° W-Lg.	Großer Eisberg	(Kapt. Couthouy)
28.	IX. 1883	35° 30′ N-Br.	30° W-Lg.	Großes Stückeis	(Bark „Olivette“)
15.	X. 1883	37° N-Br.	18° W-Lg.	Stückeis	(Bark „Eleonora“)
25.	VI. 1886	48° 40′ N-Br.	15° 22′ W-Lg.	Großer Eisberg	(Brigg „Blanche“)
Im	IV. 1890	43° N-Br.	39° W-Lg.	2 kleine Eisberge	(Schiff „St. Ronans“)
Im	VII. 1890	48° 53′ N-Br.	24° 11′ W-Lg.	Reste eines Eisberges	(D. Dampfer „Slavonia“)
Im	VII. 1902	56° 30′ N-Br.	6° 30′ W-Lg.	5 m langes Stück Eis	(Verschied. Fischerboote)
Im	X. 1903	Bei den Färöer-Inseln		Viele große Eisberge	(Schiff „Golden Harp“)
19.	IX. 1906	54° N-Br.	22° W-Lg.	Ein Eisblock	(Dampf. „Lord Lansdowne“)
20.	V. 1907	31° N-Br.	38° W-Lg.	Reste eines Eisberges	(Dampf. „Lord Lansdowne“)
Im	VII. 1907	32° 37′ N-Br.	64° 25′ W-Lg.	Mehrere Eisberge	(Schiff „Kingswell“)
Im	VII. 1907	80 Meilen westl. von Fastnet		Ein Eisberg	(Bark „Silverstream“)
7.	VIII. 1908	50° 31′ N-Br.	18° 55′ W-Lg.	Stückeis	(Dampfer „Caronia“)
10.	IX. 1908	45° 28′ N-Br.	27° 18′ W-Lg.	3 Eisberge	(D. Dampfer „Deutschland“)

An dieser Stelle sei auf eine Einrichtung hingewiesen, die jetzt seit etwa 25 Jahren besteht und eine Verminderung bzw. Vermeidung der Kollisionen mit Eis bezweckt. Nach einem bestimmten, von F. Wyneken-New York erdachten Schlüssel ist das ganze von der Eisgefahr hauptsächlich bedrohte Gebiet zwischen 40° und 52° N-Br. und 39° und 59° W-Lg. in Eingradfelder, in der Nähe der hauptsächlichsten Schiffahrtswege in solche von 1′ Länge bei ½° Breite, geteilt. Diese Felder sind nach einer bestimmten Anordnung mit je zwei Buchstaben bezeichnet. Mit Hilfe einer besonderen sogenannten Eisflagge und den Flaggen und Wimpeln des internationalen Signalbuches ist an der Hand des genannten Schlüssels ein rascher Austausch von Mitteilungen über angetroffenes Eis und den jeweiligen Zustand der Atmosphäre zwischen

[1]) Eine wertvolle, für die Zwecke des praktischen Seemanns berechnete Zusammenstellung der Eisverhältnisse in diesem ganzen Meeresgebiet gab H. Rodman (U. S. Navy, Washington 1890); die Arbeit enthält 26 Seiten Text und 12 Karten für die 12 Monate des Jahres 1885 zur Veranschaulichung der damaligen Eisgrenzen; siehe auch die Arbeit von Dunwoody, Summary of international meteorological observations. Weather Bureau. Washington 1893, p. IX.

[2]) Siehe Monthly Meteorological Chart of the North Atlantic, London, Dez. 1908.

passierenden Schiffen oder Schiffen und Leuchttürmen, Feuerschiffen usw. gewährleistet.

Da dieser einfache Schlüssel die Anerkennung fast aller diese Wege befahrenden Reedereien gefunden hat und auf deren Schiffen in Gebrauch ist, so hat der Verfasser in letzter Zeit auf Wunsch verschiedener Interessenten seinen Code erweitert und auch die nördlich von dem bisherigen Gebiete gelegenen Meeresteile bis zu 54° N-Br. in gleicher Weise aufgenommen und eingeteilt.

Der ebenso sinnreiche wie praktische Code ist nur vom Verfasser, F. Wyneken, New York, Elm Street 83, zu beziehen.

Südatlantischer Ozean.

Richten wir unsere Blicke auf die Strömungen im südatlantischen Gebiet, so haben wir daselbst zuerst den Verbleib des zweiten Armes der

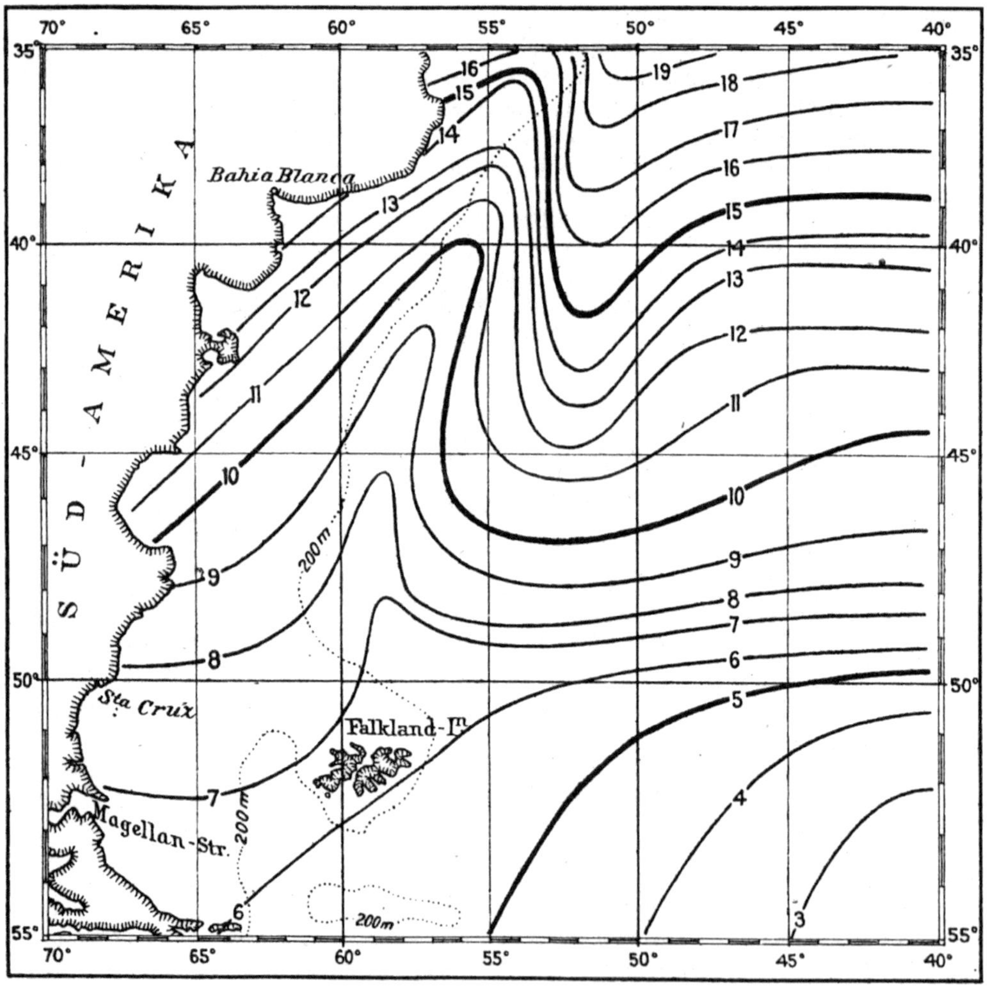

Fig. 9. Jahresisothermen der Meeresoberfläche.

südlichen Äquatorialströmung zu verfolgen, der durch die große Spaltung derselben am Kap San Roque erzeugt ist. Man bemerkt sein Vordringen nach Süden auf den Karten der Wassertemperaturen ganz deutlich bis etwa in die Breite der La Plata-Mündung, wie denn auch bis dahin die Strömung eine ziemlich regelmäßige und ausgeprägte ist. Die beobachteten Geschwindigkeiten dieser Brasilienströmung schwanken zwischen 12 und 30 Sm im Etmal. Unmittelbar unter der brasilianischen Küste (also meist nur im

Bereiche des von der 200 m-Linie abgeschlossenen Raumes) sind in den Monaten März bis September nördliche und nordöstliche Gegenströmungen beobachtet worden.

Über den weiteren Verlauf der Brasilienströmung südlich von 30° S-Br. waren früher die Angaben der Karten und Bücher sehr verschieden, zum Teil geradezu entgegengesetzt. Eine ausführliche Untersuchung der Verhältnisse, und zwar auf Grund der zahlreichen Tagebücher deutscher Handels- und Kriegsfahrzeuge, welche die Seewarte für dieses Gebiet besitzt[1]), hat nun gezeigt, daß man hier drei Gebiete mit verschiedenem Charakter zu unterscheiden hat, 1. die Küstenbank (im wesentlichen mit Gezeitenbewegung), 2. einen schmalen, dieser Bank im Osten angelagerten Streifen von etwa 150—200 Sm Breite und ungefähr nordsüdlicher Richtung (mit einer kalten, nach Norden setzenden Strömung, die auch teilweise auf die Bank übergreift), 3. den noch weiter östlich gelegenen Meeresraum (mit dem warmen Brasilienstrom resp. dessen Ausläufern). Da es sich in diesem ganzen Gebiete darum handelt, die Grenzen zwischen einer tropischen warmen und einer antarktischen kalten Strömung festzustellen, so gewähren die Wassertemperaturen dafür den besten und bequemsten Anhalt; vorstehende Karte (Fig. 9) gibt die mittlere Jahrestemperatur der Meeresoberfläche wieder, in welcher klar die kalte, nach Norden setzende, und die warme entgegengesetzt gerichtete Strömung hervortreten[2]).

Die Gesamtheit der Temperaturbeobachtungen ergibt, daß über der Bank, zumal im Südsommer, sich immer warmes Wasser befindet, die schmale, der Bank östlich angelagerte Zone dagegen das ganze Jahr hindurch sehr niedrige Temperaturen besitzt, während der dritte, noch östlicher gelegene Raum allezeit wieder sehr viel wärmer ist, meistens 10° höher temperiert als der benachbarte kalte Streifen. Für die beiden Monate höchster und niedrigster Temperaturen ergaben sich aus den deutschen Schiffstagebüchern nach KRÜMMEL folgende Werte:

<table>
<tr><th rowspan="2">S-Br.</th><th colspan="3">März</th><th colspan="3">September</th></tr>
<tr><th>Bank</th><th>Kalter Strom</th><th>Warmer Strom</th><th>Bank</th><th>Kalter Strom</th><th>Warmer Strom</th></tr>
<tr><td>34—36°</td><td>—</td><td>—</td><td>22—20°</td><td>—</td><td>—</td><td>18°</td></tr>
<tr><td>36—38°</td><td rowspan="2">17—16°</td><td rowspan="2">11—10°</td><td>19—18°</td><td>—</td><td rowspan="2">8—7°</td><td rowspan="2">17—16°</td></tr>
<tr><td>38—40°</td><td>17°</td><td rowspan="3">10—9°</td></tr>
<tr><td>40—42°</td><td rowspan="3">15—13°</td><td rowspan="2">10°</td><td>16—15°</td><td>7—6°</td><td>16—15°</td></tr>
<tr><td>42—44°</td><td>15°</td><td>6—5°</td><td>15—14°</td></tr>
<tr><td>44—46°</td><td>10—9°</td><td>13°</td><td>8°</td><td>5°</td><td>—</td></tr>
<tr><td>46—48°</td><td rowspan="2">13—12°</td><td rowspan="2">7°</td><td rowspan="2">11°</td><td rowspan="2">7—6°</td><td>5—4°</td><td rowspan="2">7—8°</td></tr>
<tr><td>48—50°</td><td rowspan="4">4°</td></tr>
<tr><td>50—52°</td><td>11—10°</td><td rowspan="2">7—6°</td><td>—</td><td rowspan="3">6—5°</td><td>—</td></tr>
<tr><td>52—54°</td><td>10—9°</td><td>—</td><td>—</td></tr>
<tr><td>54—56°</td><td>9—8°</td><td>6—5°</td><td>—</td><td>—</td></tr>
</table>

[1]) Annalen der Hydrographie, 1883, S. 453—463. (O. KRÜMMEL, Archiv der Deutschen Seewarte, V. 1882, Nr. 2).

[2]) Die Karte ist von Herrn KLÄHN, welcher das betreffende Gebiet auf der Deutschen Seewarte unter Benutzung neueren Materials neu bearbeitet hat, aus seiner demnächst erscheinenden Arbeit zur Verfügung gestellt worden.

Am schärfsten ausgeprägt erweist sich die Grenze zwischen dem kalten Streifen und dem östlich angelagerten warmen Strom auf etwa 40° S-Br. Die von Norden her kommenden Segler, welche meist in langen Schlägen gegen den vorherrschenden Südwest aufzukreuzen haben, überschreiten dabei diese Grenze mehrfach, bald in der einen, bald in der anderen Richtung, zumal wenn sie ohnehin östlich vom mittleren Wege stehen. Aus einer großen Zahl solcher Kreuzungen ließ sich die Grenze des warmen Wassers nach Westen hin sehr scharf bestimmen, und zwar von 32° bis 49° S-Br. hinauf. Dieser breite warme Strom steht in offenbarem Zusammenhange mit dem weiter nördlich vorhandenen Brasilienstrom, ist also dessen südliche Fortsetzung. Die Westkante des Brasilienstromes liegt bei 32° S-Br. im Mittel in 50° W-Lg, bei 49° S-Br. in 57° W-Lg.

Es werden bei dem Überschreiten der Grenze zwischen kaltem und warmem Strom sehr oft auf verhältnismäßig kleine Distanzen hin bei fast unveränderter Breite Temperaturdifferenzen bis zu 10° beobachtet, so daß z. B. die Wasserwärme für ein nach Osten segelndes Schiff auf 15 Sm Distanz von 8,1° bis zu 17,5° gestiegen ist usw., also Temperaturgegensätze auf engem Raum von fast denselben Beträgen, welche vom Rande des Golf- und Agulhas-Stromes bekannt geworden sind. Daß hier innerhalb zwölf Stunden eine Änderung der Wassertemperatur um 12—13° festgestellt werden könne, ist darnach durchaus nicht unwahrscheinlich[1]).

Der Brasilienstrom setzt also seinen Weg auch über den 30. Breitengrad hinaus südlich fort, und seine Westgrenze gegen das kalte Wasser ist bis 48° S-Br. ziemlich scharf nachweisbar. Von hier aus aber sind südlich bis zu den Falkland-Inseln hin immer nur niedrige Wassertemperaturen gefunden worden. In der Tat biegt der warme Strom etwa in 48½° S-Br., 57° W-Lg. nun mehr nach Osten um. Es ist den Kap Horn-Fahrern, welche auf die Wassertemperaturen zu achten gewohnt sind, eine wohlbekannte Erscheinung, daß sie auf der Heimreise bei ihrem nordöstlichen Kurse in der Nähe des 49.° S-Br. eine regelmäßige plötzliche Steigerung der Wassertemperaturen finden. Diese beträgt meist 3—5° auf 20—30 Sm Distanz.

Im Bereiche des warmen Stromes selbst sind nun auch noch stellenweise kältere Bänder angetroffen (also ganz wie im Floridastrom), doch betrugen die hier beobachteten Temperatursprünge nur selten mehr als 3°. Ungleich regelmäßiger aber als diese Streifenbildung wird von den heimkehrenden Kap Horn-Fahrern noch eine weitere Temperatursteigerung konstatiert, sowie sie sich 40° S-Br. nähern. Hier pflegt meist in einer Wache die Temperatur im März von 13° auf 16°, im September von 9° auf 12° zu steigen. Also erst nördlich von 40° S-Br. befinden sich die Schiffe im ungestörten warmen Brasilienstrom, während südlich davon, bis 48° Br. hin, die vorherrschenden West- und Südwestwinde manchmal kaltes Wasser über den warmen Strom hinüber zu treiben scheinen.

Daß alle diese Grenzen durch die Windverhältnisse starke Verschiebungen erleiden können, mag hier nochmals ausdrücklich betont werden, obwohl es als selbstverständlich gelten darf.

Schwieriger liegen die Verhältnisse über der patagonischen Küstenbank. Hier ist das Wasser wieder wärmer als außerhalb derselben, wie die oben angeführte Tabelle ergibt. Diese zeigt allerdings auch, daß die Wassertemperaturen am Ende des Südsommers hier um 6° bis 7°, dagegen in der kalten Jahreszeit nur um ca. 4° wärmer sind als im kalten Strom östlich daneben. Dieses Verhalten legt die Vermutung nahe, daß die Erwärmung nur im örtlichen Klima begründet und überhaupt nur auf die oberflächlichen Schichten beschränkt ist. In der Tat hat Admiral von Schleinitz durch Temperaturmessungen von Bord S. M. S. „Gazelle“ im Februar 1876 den Nachweis geführt, daß die tieferen Schichten des Wassers über der Bank so kalt sind, daß sie unzweifelhaft einer polaren Strömung angehören müssen.

Die höheren Oberflächentemperaturen auf der patagonischen Bank sind also lokalen Ursachen zuzuschreiben, und zwar hauptsächlich den klimatischen

[1]) Vgl. Annalen der Hydrographie, 1883, S. 429.

Verhältnissen. Allgemein bekannt ist der gewaltige Kontrast zwischen dem Witterungscharakter der Westküste und Ostküste Patagoniens: jene das ganze Jahr hindurch von regenschweren Wolken verdunkelt, eine der niederschlagreichsten Küsten der Welt — die Ostküste dagegen eines der sonnigsten und trockensten Gestade. „An dieser Küste," heißt es im South American Pilot (I, 1874, pag. 301), „zwischen den Breiten von 40° und 50° S-Br., herrscht eine große Einförmigkeit der Witterung, indem jene zehn Breitengrade eine viel geringere Verschiedenheit in den Temperaturen verursachen, als man ohne weiteres annehmen könnte. Die Winde sind gleichfalls regelmäßiger als am La Plata, und da die jährliche Regenmenge unvergleichlich viel geringer ist als dort, ist das Klima hier mindestens ebenso warm wie das von Buenos Aires, und in so hohem Grade trocken, daß das ganze Land, außer entlang den Flüssen, dürr und steril ist. In einigen Häfen der Küste (San Blas, the Oven, San Antonio u. a.) ist ein Holzschiff geradezu ruiniert, wenn es mehrere Sommermonate daselbst still liegt; selbst ein Aufenthalt von Wochen ist verderblich, so mächtig ist die Kraft der Sonne, die, nur selten von Wolken bedeckt, den ganzen Tag auf das Holzwerk des Schiffes herniederbrennt, das selbst durch Tau nicht angefeuchtet wird. Im Winter kommen wohl scharfe Fröste vor, aber nur nachts, niemals setzen sie sich in den Tag hinein fort."

Daß nun die mächtige Sonnenstrahlung auch auf die Wassertemperaturen zu wirken vermag, dafür ist wiederum der Umstand maßgebend, daß wir auf der Bank im wesentlichen bewegungsloses Wasser haben. Also zweierlei, das lokale Klima und die Stromlosigkeit des Bankwassers, bewirken, daß westlich vom kalten Wasser nach Land zu die Temperatur an der Oberfläche wieder zunimmt — ohne daß man deshalb dort einen Zweig des Brasilienstroms annehmen dürfte. — Aus den direkt beobachteten Stromversetzungen in diesem ganzen Gebiete läßt sich ferner nachweisen, daß das kalte Wasser sich nach Norden bewegt, aber nicht nach Süden. Aus 65 auf der Ausreise geführten guten Tagebüchern der Seewarte ergab sich für die Strecke von 38° S bis 50° S-Br., daß unter in Summa 458 Beobachtungstagen 321 oder 70% einen nördlichen (zwischen WNW und ONO liegenden) Strom zeigten. Einzelne Beobachter empfanden denselben (besonders wenn sie östlich von der Hauptroute standen) als ein sehr fühlbares Hindernis beim Aufkreuzen gegen den Südwestwind, es sind auf einigen Reisen tagelang hintereinander nördliche Versetzungen konstatiert worden, welche 20 Sm im Etmal überschritten[1]).

Daß sich das Wasser im kalten Strom nach Norden bewegt, läßt sich auch aus der Verbreitung gewisser Treibprodukte des Meeres folgern, nämlich des magellanischen Tangs[2]) (*Macrocystis pyrifera* = Birnentang) und der Eisberge. Obwohl nämlich dieser Tang an den Küstenfelsen nur südwärts von 43° S-Br. (Valdez-Halbinsel) festgewachsen bekannt ist und als sein Hauptrevier der Feuerland-Archipel und die Falkland-Inseln gelten, sind treibende Tangbüschel sehr häufig nördlich von 40° S-Br., sogar zwischen 35° und 36° S-Br., also auf der Höhe der La Plata-Mündung, angetroffen worden: was ohne Annahme eines nach Norden gehenden Stroms unerklärt bleiben würde[3]). — Was die Eisberge anbelangt, so wird von ihnen und von dem Treibeis im Südatlantischen Ozean überhaupt im Zusammenhang gleich nachher zu sprechen sein; hier sind nachstehende Positionen im Hinblick auf den kalten

[1]) Namentlich seitens der deutschen Kriegsschiffe ist diese Tatsache mehrfach hervorgehoben. Ann. d. Hydr., 1876, S. 136 u. 367; 1878, S. 243; 1879, S. 226 u. 564; 1880, S. 256; 1882, S. 359. Wie schon oben bemerkt wurde, scheint dieser nördliche Strom auf dem östlichen Rande der Bank auch manchmal zu sein, aber nur ganz schwach, am stärksten ist er jedenfalls außerhalb der Bank.

[2]) Die bisher der Seewarte bekannt gewordenen nördlichsten Positionen dieser Tangbeobachtungen sind folgende zwei: 1) am 8. Nov. 1878, in 35° 32' S-Br., 50° 20' W-Lg., Altonaer Bark „Bernhard", Kapt. Lüders; 2) 24. Nov. 1873 in 35° 35' S-Br., 52° 7' W-Lg., Elsflether Bark „Charlotte"; Kapt. Dinklage.

[3]) Vgl. Maury, Sailing Directions, vol. II (1859), p. 582; Petermanns Geogr. Mitteilungen. 1863, S. 417; Ann. d. Hydrogr. 1879, S. 163 u. 665. Aus dem Archiv der Seewarte. Bd. V, Nr. 2, p. 15.

von den Falkland-Inseln her kommenden Strom, von dem wir sprechen, bemerkenswert (vgl. auch Tafel 3 des Atlas, 2. Aufl.):

Nr.	S-Br.	W-Lg.	Datum	Gesichtet vom
1	50° 30′	66° 0′	13. Dez. 1855	Englischen Schiff Nr. 296
2	49° 31′	52° 4′	16. Juli 1903	Deutschen Segler „Victoria“
3	48° 22′	54° 41′	23. Dez. 1855	Englischen Schiff Nr. 292
4	47° 0′	41° 0′	7. Febr. 1899	Deutschen Segler „Amazone“
5	47° 0′	57° 29′	4. Jan. 1834	Kapitän Bennett
6	47° 0′	47° 30′	6. März „	„ Blanckley
7	46° 40′	48° 35′	5. „ „	„ Haig
8	45° 30′	57° 0′	9. Nov. 1906	Deutschen Dampfer „Oronso“
9	44° 40′	45° 0′	2. Dez. 1855	Englischen Schiff Nr. 294
10	43° 30′	58° 10′	15. „ 1878	Dampfer „Black Hawk“
11	42° 45′	57° 57′	3. Nov. „	Deutschen Schiff „Martha“
12	42° 10′	57° 20′	7. Jan. 1879	Kapitän York meldet eine „neue Insel“.

Die Abzweigung des Kap Horn-Stroms nördlich von den Falkland-Inseln wird „Falkland-Strom“ genannt. Dieser Strom zeichnet sich auch durch eine Reihe von Merkmalen aus, wie sie den ganz analogen Bildungen der nördlichen Hemisphäre zukommen. Ähnlich dem Labradorstrom und dem Japanischen Küstenstrom ist sein Wasser dunkelgrün (flaschengrün) auch außerhalb der Bänke, während der Brasilienstrom die tiefblaue Färbung der Tropenströmungen sich bewahrt hat. Das grüne, kalte Wasser ist auch hier ausgezeichnet durch einen enormen Fischreichtum, was wieder zur Folge hat, daß sich die Seevögel (Kaptauben, Albatrosse) in großen Scharen über ihm aufhalten. Ganz wie im Bereiche der Neufundlandbänke lagern sich dichte Nebel, oft in Sprühregen übergehend, bei östlichen und nördlichen Winden, die vom warmen Brasilienstrom herüberwehen, über das kalte, grüne Wasser; und nicht minder ist der Brasilienstrom südlich 35° S-Br. eine Geburtsstätte stürmischer Winde, wie sein nordhemisphärischer Vetter, der Golfstrom. —

Verfolgt man die Strömungen des Südatlantischen Ozeans weiter, so findet man in seinen höheren Breiten, und zwar südlich vom Gebiet höchsten Luftdruckes, im Bereich der „braven“ Westwinde, vorwiegend östliche schwache Versetzungen; in der westlichen Hälfte des Ozeans fließt dabei das kalte Wasser des Kap Horn-Stromes Seite an Seite mit den links sich anschließenden Ausläufern der warmen, nun schon sehr abgekühlten Brasilienströmung; mehr als $^3/_4$ Sm in der Stunde wird das Schiff hier wohl selten ostwärts vom Strom geführt werden, wenigstens war auf der Reise des „Challenger“ von 37° S-Br., 20° W-Lg. über Tristan d'Acunha bis Kapstadt an 13 Beobachtungstagen im Oktober 1873 die mittlere tägliche Stromstärke 15,8 Sm (die Richtung im Mittel N 27° O), und auf einer Reise der Bremer Viermastbark „Robert Rickmers“ im Dezember 1891 wurde, während man sehr genau das Besteck führte, an neun Tagen ebenfalls eine mittlere Versetzung von 16 Sm in 24 Stunden (aber nach S 72° O) konstatiert. In der Nähe des afrikanischen Kontinentes, schon vom 0°-Meridian an, teilt sich diese „Westwindtrift“ in zwei Teile, ein großer Ast biegt nordwärts ab und schreitet, allmählich vom SO-Passat getrieben, als Benguelaströmung nordwärts (welche in ihrem weiteren Verlauf vorzugsweise die Südäquatorialströmung unterhält), während die Hauptmasse des kalten Wassers gerade im Süden des Kaplandes auf den ihr vom Indischen Ozean entgegenkommenden Agulhasstrom trifft. Dieser warme Strom ist seinerseits der Abfluß der Triftströmung des indischen Südostpassates, entspricht also dem Brasilienstrom im Südatlantischen Ozean. Der Zusammenprall beider Strömungen, bei welchem indes auch hier der warme Strom unterliegt, d. h. nach Osten umgebogen und fortgerissen wird, erzeugt nun eine Reihe merkwürdiger Erscheinungen.

Was zunächst die Stromrichtung betrifft, so ergibt sich schon aus bekannten Gesetzen der Mechanik, daß die aus NO und W aufeinander treffenden

Strömungen eine, je nach der Stromstärke der zwei Bewegungen nach Süden bis nach Südosten gerichtete Resultante bilden werden. Dem entsprechen auch die beobachteten Tatsachen, und zwar erfolgt das Umbiegen des Agulhasstromes im Atlantischen Ozean in 10° O-Lg. zwischen 39° und 42° S-Br. Es ist dies eine mittlere Lage, berechnet aus einer großen Anzahl von Einzelbeobachtungen in allen Jahreszeiten. In einzelnen Fällen begann die warme Strömung schon von 5° O-Lg. ab fühlbar zu werden, in anderen freilich erst von 15° O-Lg. an. Die fortdauernd wirksamen Westwinde sowie die Rotationswirkung der Erde drücken indes die abgelenkte Strömung aus ihrer Südostwirkuug mehr und mehr in eine östliche zurück.

Das Umbiegen des Agulhasstromes ist oft begleitet vom Auftreten wirr durcheinander laufender Stromstreifen und eines sehr unregelmäßigen Seeganges, welcher bisweilen so wild wird, daß er die Steuerkraft der Schiffe beeinträchtigt. Nach den Bemerkungen deutscher Schiffsführer in ihren Journalen scheint diese gefährliche Dünung meist aus den südlichen Quadranten (SO bis SW) zu kommen und über den Streifen warmen Wassers höher zu laufen als über den kalten.

Der Zusammenstoß der beiden Strömungen erzeugt ein unregelmäßiges Gemisch von kalten und warmen Wasserstreifen, das sich von 10° O-Lg. weit in den Indischen Ozean nach Osten verfolgen läßt; die Streifen verschieden warmen Wassers keilen sich ineinander wie die Finger der zwei Hände, die man gegeneinander legt. Da die Oberflächentemperaturen der Agulhasströmung fast in allen Monaten um 10° wärmer sind als die der verhältnismäßig kalten südatlantischen Westwindtrift, so sind die hier beobachteten Sprünge in den Wassertemperaturen bisweilen ganz erhebliche. Bei der Ausreise bemerken die Schiffsführer, sobald sie beim Ablaufen ihrer Längen den Meridian von Greenwich geschnitten haben, zunächst ein langsames Abfallen der Wassertemperaturen; von 5° W-Lg. bis 5° O-Lg. im ganzen meist um 2°—3°, so daß sie dann die letzten Ausläufer des Brasilienstromes verlassen und in den kälteren Polar- oder Kap Horn-Strom eintreten. Aber in 10° O-Lg. erhebt sich die Wasserwärme auf wenige Seemeilen Entfernung um einen meist erheblichen Betrag, und von da an werden bald wärmere, bald kältere Streifen geschnitten. Daß hierbei von einer Wache zur anderen Differenzen von 6° bis 7° beobachtet werden, ist verhältnismäßig nicht selten, doch keineswegs etwa regelmäßig. Aus den folgenden Beispielen ersieht man, daß ein Unterschied nach der Jahreszeit dabei kaum vorhanden ist.

1. Am 20. Mai 1876 befand sich das Schiff „Samarang", Kapt. Lehmann, um 4a. in 41° 21′ S-Br., 11° 11′ O-Lg., die Wassertemperatur betrug 10,6°. Nach 15 Sm OSO-Kurs wurde um 6a. bereits 14,4° gemessen. Auch weiterhin maß Kapt. Lehmann die Temperaturen alle zwei Stunden. Am 21. Mai mittags stand das Schiff in 42° 31′ S-Br., 17° 45′ O-Lg., die Wasserwärme war noch 15,6°. Bei dem eingeschlagenen Ostkurs wurden 15 Sm davon entfernt um 2p. 12,5° und nach weiteren 15 Sm um 4 Uhr nur noch 8,1° gemessen, also in den vier Stunden seit Mittag ein Abfall der Temperatur um 7,5°.

2. Am 24. August 1879 befand sich das Bremer Vollschiff „Hedwig", Kapt. Minssen, mittags in 42° S-Br., 16° 4′ O-Lg., die Wassertemperatur war seit 8 Uhr morgens bei Nordostkurs, 10 Sm, von 7,4° auf 13,2° gestiegen (Differenz 5,8°). Am folgenden Tage mittags stand das Schiff in 41° 58′ S-Br., 17° 43′ O-Lg., und die Wasserwärme war 16,2°. Bei dem dann eingeschlagenen OSO-Kurs war die bis 4 Uhr nachmittags zurückgelegte Distanz 16 Sm, die Temperatur noch 15,8°; um 8p. aber 21 Sm hiervon nur noch 7,8°, also diesmal eine Differenz von 8,0°!

3. Am 7. November 1879 abends 8 Uhr befand sich das Hamburger Vollschiff „Melpomene", Kapt. Thiemig, in 41° 25′ S-Br., 13° 22′ O-Lg., die Oberflächentemperatur war 8,2°, um Mitternacht, 31 Sm östlich davon indes schon 15,4° (Differenz 7,2°). Am folgenden Mittag war die Schiffsposition 41° 37′ S-Br., 16° 27′ O-Lg., der Kurs fortgesetzt recht Ost; die Wasserwärme noch 15,2°. Um 4p., 34 Sm östlich davon, 17,5°, um 6p. (17 Sm) aber plötzlich 10,3°, um 8p. (17 Sm) 8,9°, — also in den ersten zwei Stunden ein

Unterschied von 7,2°, in der ganzen Wache von 8,6°. An den folgenden Tagen überstiegen die Schwankungen der Wassertemperaturen nicht mehr 2°.

4. Besonders sorgfältige Beobachtungen hat hier um die Weihnachtszeit 1873 Kapt. GEERKEN, Führer des Schiffes „Kale", angestellt, indem er stündlich Wasserproben nahm, sobald er aus dem kalten Wasser in das wärmere des Agulhasstromes gelangt war. Am Mittag des 25. Dezember war das Besteck 42° 54′ S-Br., 13° 14′ O-Lg., die Wasserwärme 10,9°; 17 Sm östlich davon um 4 Uhr bereits 16,5°. Am anderen Morgen um 8 Uhr stand das Schiff in 43° 7′ S-Br., 15° 6′ O-Lg., das Wasser hatte 16,6°; eine Stunde später und 6 Sm östlicher aber nur noch 11,1° — also in diesem geringen Abstande eine Differenz von 5,5°.

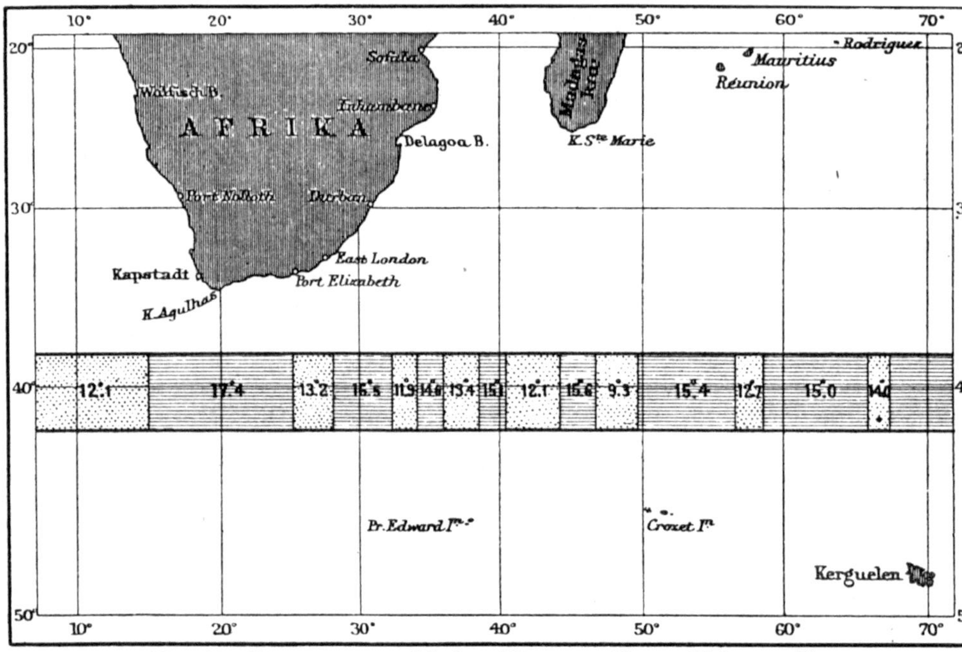

Fig. 10. Die warmen und kalten Wasserstreifen südlich vom Kap.

5. Zu ganz derselben Jahreszeit, aber 18 Jahre später (1891), sind auf der Bremer Viermastbark „Robert Rickmers", Kapt. H. BRUHN, in dieser Gegend gleichfalls stündlich die Temperaturen und auch der Salzgehalt des Meerwassers von etwa 10°—60° O-Lg. hin gemessen worden, und es ergaben sich längs des Reiseweges (41°—42° S-Br., s. Fig. 10) gewaltige Sprünge in beiden Faktoren, so zwar, daß mit einer Erhöhung der Temperatur äußerst regelmäßig auch eine entsprechende Zunahme des Salzgehaltes verbunden war, zum deutlichen Zeichen, daß warme, aus niedrigen Breiten stammende Streifen stark salzigen Wassers abwechseln mit von höheren Breiten kommendem, schwach salzigem Wasser. Einmal, in rund 42° S-Br., 18° O-Lg., stieg die Temperatur auf 19,8° (eine Wasserwärme, die eigentlich einer Breite von höchstens 30° S. zukommt) und der Salzgehalt auf 36,0 ‰; die niedrigste Temperatur dagegen, welche in diesen Gegenden südlich vom Kap damals angetroffen wurde, und der geringste Salzgehalt betrug 9,2° bezw. 33,7 ‰ (in 41° S-Br., 50° O-Lg.). Zur Veranschaulichung dieser Verhältnisse, die sich ja in der Hauptsache schon im Gebiete des Indischen Ozeans abspielen, soll die beistehende Skizze dienen, welche die geographische Lagerung der einzelnen Wasserstreifen erkennen läßt: die eingeschriebenen Zahlen sind Mittelwerte der Temperatur der warmen und kalten Schichten und nicht etwa die äußersten Werte [1]).

[1]) Näheres hierüber s. z. B. in PETERMANNS Geogr. Mitteil. Ergänz.-Heft Nr. 109, S. 56—66 und Taf. 4b.

Selbstverständlich sind dies ausgewählte Fälle mit besonders großen Differenzen; nach den gewöhnlichen Erfahrungen pflegen sie sonst innerhalb einer Wache sich nur zwischen 2° und 3° zu bewegen. Andererseits wieder ist es selten, daß überhaupt keine nennenswerten Schwankungen beobachtet werden. Nach dem vorliegenden Material hat es übrigens den Anschein, als wenn nach unruhigem Wetter oder Stürmen, die natürlich große Verschiebungen der Oberflächengewässer verursachen, größere Temperaturschwankungen vorkommen als nach mehreren Tagen ruhigen und stillen Wetters. Die Unterschiede der Temperatur zwischen der warmen Agulhasströmung und der kalten Westwindtrift erstrecken sich bis zu bedeutenden Tiefen, so fand S. M. S. „Planet" in 400 m Tiefe im Agulhasstrom 14°, in der Westwindtrift dagegen nur 5°, und selbst in 1000 m Tiefe ist der Agulhasstrom deutlich erkennbar durch seine höhere Temperatur[1]).

Wie sonst, so ist auch hier das warme Wasser des Agulhasstromes meist durch seine tiefblaue, das kältere durch seine grüne Farbe ausgezeichnet; ebenso stellen sich die Nebel über den kalten Streifen bei Nordwinden fast regelmäßig ein. Auch scheint sich, wie in dem oben beschriebenen Gebiet südöstlich der La Plata-Mündung, über dem kalten Wasser die Vogelwelt mit Vorliebe anzusammeln (Albatrosse, Seeschwalben, Eisvögel, Kaptauben).

Eis im Südatlantischen Ozean.

Die Eisverhältnisse im Südatlantischen Ozean. Die mittlere Grenze des antarktischen Treibeises[2]) sowie außergewöhnliche Vorstöße desselben sind auf Taf. 3 des Atlas, 2. Aufl., angegeben. Man sieht, daß in allen Jahreszeiten auf den Seglerwegen um Kap Horn wie um Kap Agulhas herum die Möglichkeit vorhanden ist, auf Eisberge zu treffen. In einzelnen Fällen sind solche sogar bis 35° S-Br. am Kap der Guten Hoffnung vorgedrungen (so im Januar 1850)[2]). Auf den Wegen nach Australien, wo bis etwa 45° S-Br. heruntergegangen wird, ist besondere Vorsicht beim Navigieren zur Zeit des Südsommers erforderlich. Nach einer englischen Zusammenstellung ist die Häufigkeit der Eisberge daselbst im Monat Dezember allein 13mal stärker als in den drei Südwintermonaten zusammengenommen. Nur selten verraten bei unsichtigem Wetter die schnell abnehmenden Temperaturen der Luft und des Wassers, namentlich des letzteren, die Nähe von Eisbergen; scharfer Ausguck wird immer das Wichtigste sein. Die Eisberge sollten womöglich auf der Luvseite passiert werden, da in Lee derselben zu leicht Kollisionen mit den dort treibenden oder abbröckelnden kleineren Eisstücken vorkommen können.

Die Eishäufigkeit ist in den einzelnen Jahren außerordentlich verschieden. Für lange Zeit dürfte die außergewöhnlich starke, ja in ihrer Massenhaftigkeit einzig bisher dastehende Eistrift der Jahre 1892 und 1893 unübertroffen bleiben; dieselbe bildete jedenfalls eines der hervorragendsten Naturereignisse dieser Jahre und hat den seefahrenden Nationen sicherlich manches der seitdem spurlos verschollenen Segelschiffe geraubt[3]). Der Verlauf dieser Eisbergbewegungen war ganz kurz folgender. Von Dezember 1891 an zeigten sich auf dem Wege der heimkehrenden Kap Horn-Fahrer, also immer östlich der Falkland-Inseln, große Eismassen, deren Menge dann noch zunahm bis April 1892, um von da in kolossaler, unveränderter Menge bis Juni 1893 sich zu halten. Dabei ist freilich anzunehmen und auch teilweise nachweisbar, daß mit der allgemeinen langsam nach ONO setzenden Strömung die Eisberge auch weggetrieben wurden und durch neuen Nachschub vielfach wieder ersetzt worden sind. Im Jahre 1892 lag der dichteste Pack, bestehend aus Tausenden

---

[1]) Vgl. Forschungsreise S. M. S. ‚Planet', Bd. III, Ozeanographie.

[2]) Vgl. für das Folgende die ausführlichere Darstellung dieser Phänomene von G. Neumayer in der Zeitschrift der Ges. für Erdkunde zu Berlin, 1872, Bd. VII, S. 146. und die von der britischen Admiralität sub Nr. 1241 herausgegebene Ice-chart of the Southern Hemisphere (1879); sowie besonders die Schrift Karl Frickers, Die Entstehung und Verbreitung des antarktischen Treibeises, 1893. Diese Schrift enthält u. a. ein bis 1892 gehendes, vollständiges Verzeichnis der in den einzelnen Monaten gesehenen Eisberge.

[3]) Vgl. die ausführlichen Berichte und Aufsätze in den Annalen der Hydrographie, **1892**, S. 181. 218. 221. 287. **1893**, S. 41. 154. 301. **1894**, S. 131.

von Eisbergen, welche ein Durchkommen von Schiffen ganz unmöglich machten, zwischen etwa 45°—40° S-Br. und 35°—30° W-Lg., aber natürlich war auch die ganze weitere Umgebung mit Eis wie übersäet, besonders nach Osten hin. Die nördlichsten Punkte, an denen Eis in größerer Menge gesehen wurde, sind 37° S-Br. in 27° W-Lg. (am 8. August 1892) und 38° S-Br. in 36° W-Lg. (am 15. September 1892). Am Ende des Jahres war die große Eismauer aus dem Wege der heimkehrenden Kap Horn-Fahrer ostwärts getrieben, aber bereits Mitte Januar war wieder Eis auf jenem Seglerwege, und zwar trieb im Mai und Juni infolge heftiger Oststürme das Eis ganz ungewöhnlich weit nach Westen, sogar bis auf den Weg der ausgehenden Schiffe und bis zur patagonischen Küstenbank. Im Juli und August 1893 wurden dann nur wenige Eisberge gemeldet, von September an aber sehr viele, auch aus dem Indischen Ozean. Der Mittelpunkt der Anhäufung war zuletzt, gegen Ende des Jahres 1893, in 45°—41½° S-Br. und 43°—40° W-Lg.

Ende Januar 1894 wurde der Hauptschauplatz dieser Treibeismengen nach dem Indischen Ozean verlegt, von wo ganz ungewöhnlich viele und große Eisberge auf dem Wege der Ostindien- und Australienfahrer bis 1897 gemeldet wurden[1]). Während von April 1899 bis April 1902 kein Eis auf den Schiffahrtswegen gesichtet worden war, erschien eine neue große Eistrift Ende 1902, die bis Oktober 1903 anhielt[2]). Von 1904 und 1905 liegen nur wenige Eismeldungen vor, 1906 ist ziemlich viel Eis im südwestlichen Atlantischen Ozean angetroffen worden[3]); aus neuester Zeit liegen schließlich Berichte vor, daß sich eine gewaltige Eistrift im August und September 1908 nordöstlich der Falklands-Inseln befand, wie nebenstehende Figur 11 veranschaulicht[4]).

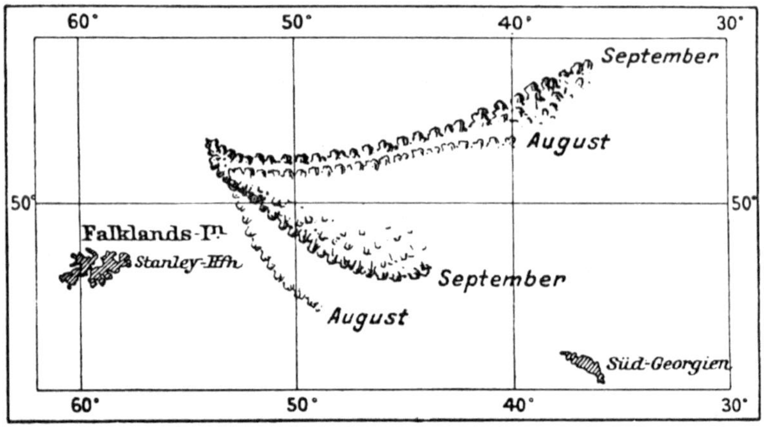

Fig. 11. Eis bei den Falklands-Inseln im August und September 1908.

Die Treibeisgrenze, welche im Atlas des Atlantischen Ozeans, 2. Aufl., Taf. 3 eingetragen ist, soll eine mittlere nördliche Grenze geben; ferner sind nördlich von dieser Grenze außergewöhnliche Vorstöße des Eises mit Hinzufügung des Datums verzeichnet, wobei hervorgehoben werden mag, daß die Brigg „Dochra" am 30. April 1894 in 26° 30′ S-Br. und 25° 40′ W-Lg. bei ruhiger See und am hellen Tage, als jede Täuschung ausgeschlossen war, ein 12 Fuß langes Stück Eis gesehen hat, also gar nicht sehr weit vom Wendekreis entfernt!

Die Eisberge der südlichen Breiten bestehen fast ausnahmslos aus Gletschereis. Feldeis, also unter der Küste gefrorenes Meerwasser, wird nur südlich vom Kap Horn bisweilen angetroffen. Die Gletscher, welche jene kolossalen Eisberge erzeugen, bedecken wahrscheinlich den ganzen antarktischen Raum innerhalb des 70. Breitengrades bis zu einer Höhe, die ziemlich gleichmäßig 800 bis 1000 m über der festen Unterlage betragen dürfte. Das

---

1) Siehe Annalen der Hydrographie **1896**, S. 14. **1897**, S. 190.
2) Ebenda **1904**, S. 221. — 3) **1907**, S. 5. 231. — 4) **1909**, 34.

Gletschereis ist in einer beständigen Vorwärtsbewegung begriffen, und das äußerste, in das Meer hinaus geschobene Ende bricht unter gleichzeitiger Mitwirkung des Seeganges ab, sobald sein innerer Zusammenhang mit dem festaufliegenden Eis vom Auftrieb des Wassers überwunden wird. Die Eisberge, deren größter Teil, dem spezifischen Gewichte des Eises entsprechend, unter Wasser sich befindet, haben — bei größeren Dimensionen — 80 bis 100 m Höhe über der See und 1 bis 4 Sm Durchmesser. In der Nähe ihres Geburtsortes zeigen die Eisberge eine fast ebene obere Fläche, meist weiß glänzend von frischem Schnee, mit senkrecht abfallenden Seiten, die im durchfallenden Sonnenlicht tiefblau erscheinen; die ganze Masse ist deutlich horizontal geschichtet. Solche einfachen Formen bewahren besonders große Berge sehr häufig auch noch in den niedrigen südlichen Breiten, während auf Nordbreite die Tafelform der Eisberge viel seltener ist und dort die meisten bei ihrer fortschreitenden Verwitterung Spaltungen, Zerbröckelungen und damit ausgiebigen Schwerpunktsverschiebungen unterliegen, so daß die ursprünglich horizontale Schichtung oft völlig auf den Kopf gestellt erscheint, und an Stelle jener einfachen Umrisse der Berg mit hochaufragenden Zinnen und Spitzen sich aus dem Meer erhebt. — Die Kräfte, welche diese Eisberge vom Polarkreis hinweg nordwärts treiben, sind in der Hauptsache die Schmelzwasser der Packeiskante, also des Gletscherrandes selbst, welche nach niederen Breiten abströmen, indessen zum Ausgleich in den mittleren Schichten eine wärmere Strömung nach höheren Breiten setzt. Nachfolgendes Schema (Fig. 12) nach dem Handbuch der Ozeanographie von O. Krümmel veranschaulicht die Temperaturschichtung und die Strömungsvorgänge in den höheren Südbreiten.

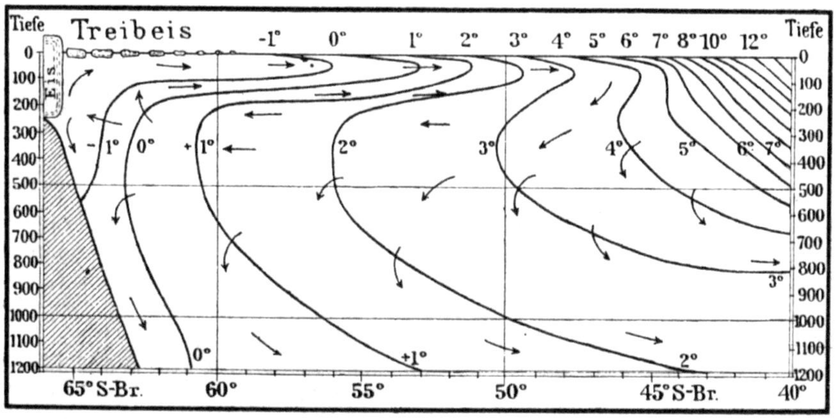

Fig. 12. Strömungen und Temperaturen an der Eiskante (schematisch).

In den Oberflächenschichten bis zu einigen hundert Meter Tiefe herrschen durchweg Strömungen mit nördlicher Richtung vor, die das Eis nach niederen Breiten verfrachten. Auch die Trift des Südpolarschiffes „Gauss“ im Packeis vor dem Südpolarkontinent zeigt dauernd Versetzung nach Norden.

Die Wellen.

Die Wellen. Es mag hier schließlich noch der Ort sein, über die wellenförmigen Bewegungen des Wassers einige Bemerkungen folgen zu lassen, soweit sie für den Praktiker Interesse bieten können, zugleich mit der Absicht, zu Beobachtungen über die Wellendimensionen den Seemann anzuregen; denn das hierüber zur Verfügung stehende Material ist noch recht geringfügig[1]).

---

[1]) Man vgl. Stockes, in „Remarks to accompany the monthly charts of Meteor. Data for the nine 10° Squares“. London 1876. Official No. 27. Appendix B. 566; Krümmel, Handbuch der Ozeanographie II, S. 2 ff.; Schott, Peterm. Mitteil. Ergänz.-Heft 109, S. 73 ff.; Rottok, Meereswellen-Beobachtungen, Ann. d. Hydrogr. usw. 1903, S. 329 ff.; Met. Office, London, Engl. Pilot Chart von Januar 1909. Laas und Kohlschütter s. Fußnote S. 46.

Bekanntlich bezeichnet man die Entfernung zwischen je zwei aufeinander folgenden Wellenkämmen als die Länge der Welle, hingegen den senkrechten Abstand vom tiefsten Punkte des Wellentales bis zum höchsten Gipfel des Wellenkammes als die Höhe der Wellen.

Die Höhe der Wellen ist nicht immer leicht zu bestimmen. Sturmwellen hat Scoresby dadurch gemessen, daß er in den Wanten so weit in die Höhe stieg, bis er im Augenblick, da das Schiff mit ebenem Kiel im Wellental angelangt war, je zwei aufeinander folgende Wellenkämme mit seinem Auge in gleicher Höhe hatte. Natürlich kann eine derartige Abschätzung nur angenäherte Resultate liefern. Indes haben die so gewonnenen Beobachtungen ergeben, daß die allerhöchsten Sturmwellen eine Höhe von 13 m (40 engl. Fuß) kaum je überschreiten. Ein aufmerksamer Beobachter, wie Scoresby war, bezeichnet sogar Sturmwellen von mehr als 6 m als sehr selten, was doch etwas zu niedrig sein dürfte. Auf der „Gazelle“ maß man bis 13 m Höhe, Paris beobachtete Höhen bis zu 11 m, Schott bis zu 9—10 m. Diese ungewöhnlich hohen Wellen hat man in den südatlantischen Gewässern in der Nähe von Kap Horn und südlich vom Kap Agulhas beobachtet. Neumayer hat mittelst eines in kardanischer Aufhängung schwingenden und mit einer Mikrometervorrichtung zum Ablesen versehenen Aneroidbarometers eine große Anzahl Höhen von Meereswellen westlich von Kap Horn gemessen und findet die größten derselben nicht über 12 bis 13 m. Man ist leicht geneigt, die Höhe der Sturmwellen zu überschätzen, durch eine optische Täuschung, die dabei

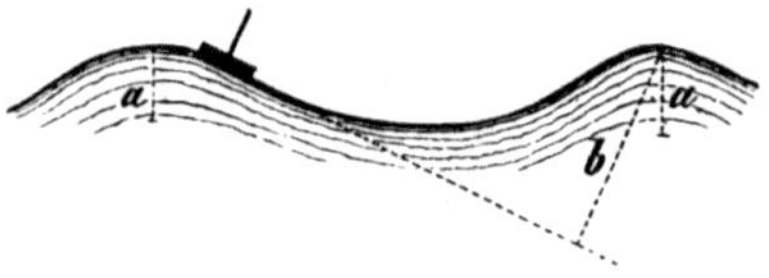

Fig. 13.

Fig. 14 a und b.

im Spiele ist. Das Auge legt nämlich, bei der Abwesenheit einer festen horizontalen Ebene, die Fläche des bald vorn, bald hinten sich neigenden Deckes der Höhengissung zugrunde. In dem Augenblick, da das Schiff, welches beim Lenzen meist gleichzeitig rollende und stampfende Bewegungen ausführt, am meisten von der horizontalen Lage sich entfernt (also z. B. kurz nach der Überschreitung des Wellenkammes), wird dem Auge die Höhe der nächst vor ihm liegenden Welle mehr als doppelt zu groß erscheinen, wie beifolgende Fig. 13 zeigen mag, wo *a* die wahre, *b* die durch optische Täuschung überschätzte Höhe zeigt. Im Jahre 1904 hat Laas auf einer Reise mit dem Laeisz'schen Segelschiff „Preußen“ rund Kap Horn stereophotogrammetrische Wellenaufnahmen gemacht, deren Höhe er bei Windstärke 8—9 zu 6 m bestimmte. Aus seinen Aufnahmen geht hervor, daß die Formen der Wellenquerschnitte (s. Fig. 14a u. b) sehr unregelmäßig und aus einer Anzahl durcheinanderlaufender Wellen zu erklären sind, jedenfalls bilden die Querschnitte der Wellenformen kaum jemals eine regelmäßige Trochoide, wie früher angenommen wurde[1]). Auch Kohlschütter, welcher die stereophotogrammetrischen Wellenaufnahmen S. M. S. „Planet“ bearbeitet hat[2]), kommt zu dem Schluß, daß die Beobachtungen sich nicht durch die bisherige Trochoidentheorie erklären lassen, und daß der Kreis nicht die Grundform der Orbitalbahnen der Windseen in tiefem Wasser ist.

Die Länge der Wellen schwankt vom 15- bis 30fachen der Wellenhöhe. Als größte jemals gemessene Länge ist die vom französischen Kapitän Mottez gegebene von 824 m, also fast eine halbe Seemeile, überliefert. Sir James Clark Ross, ein jedenfalls zuverlässiger Beobachter, bestimmte einmal im

[1]) Laas, Messung der Meereswellen und ihre Bedeutung für den Schiffbau. Jahrb. der Schiffbautechn. Gesellsch., 7. Bd. 1906, S. 391.

[2]) Kohlschütter in Forschungsreise S. M. S. „Planet“, Bd. III, Ozeanographie, Kapitel VI.

Südatlantischen Ozean die Länge zu 590 m (also ein drittel Seemeile). Doch mögen derartige Wellen wohl außerordentlich selten sein; auch infolge von Stürmen sind Wellen von mehr als 200 m Länge nicht ganz gewöhnlich, die mittlere Wellenlänge bleibt weit unter dieser Größe.

Was die Geschwindigkeit betrifft, mit welcher die Wellenbewegung — d. h. die Formveränderung der Wasseroberfläche, nicht die horizontale Verschiebung der Wasserteilchen — über die Meeresoberfläche sich fortpflanzt, so bestehen darüber die verschiedensten Angaben. Der Seegang im normalen Passat (Windstärke 5—6) hat eine Fortpflanzungsgeschwindigkeit von 7—8 m in der Sekunde oder 14 Sm in der Stunde; bei Sturm mag die Geschwindigkeit auf offener See 15—18 m in der Sekunde oder 29—35 Sm in der Stunde betragen; diese Schnelligkeit ist also viel größer als die Eigenbewegung eines Sturmgebietes, und daher gehen sehr häufig, wie jeder Schiffsführer weiß, dem nahenden Sturm die warnenden Wellen als „Dünung" auf stundenweite Entfernung voraus.

Treffen zweierlei Wellenbewegungen aus verschiedenen Richtungen zusammen, so bewegt eine jede das Meer gerade so, als wenn die andere nicht vorhanden wäre, es entstehen dann netzartige Kreuzungen (Interferenzen), in denen das Schiff mehr oder weniger schwer arbeitet. Solche „Kreuzseen" entwickeln sich immer im Bereiche von Wirbelstürmen, da alsdann schon in geringen Entfernungen voneinander um mehrere Strich verschiedene Windrichtungen vorhanden sind; in dem sturmreichen Gebiete des Golfstromes sowie des Agulhasstromes und bei Kap Horn sind solche Kreuzseen darum auch am häufigsten.

Nähert sich eine See der Küste, so wird sie durch die vermehrte Reibung in ihren unteren Teilen aufgehalten, der Kamm hingegen eilt mit der alten Geschwindigkeit weiter und erzeugt durch das daraus entstehende Überkippen die Brandung. Die Inseln St. Helena und Ascension sowie die Westküste von Afrika sind berüchtigt wegen ihrer hohen und gefährlichen Brandung. Statistische Zusammenstellungen haben ergeben, daß die „Roller" von St. Helena im Südsommer vorwiegend aus NW, im Südwinter dagegen meist aus SW am stärksten sind. Genau dasselbe ist von der an der Guineaküste so gefürchteten „Kalema" nachgewiesen worden. Man hat darin eine Fernwirkung der Stürme erkannt, die gerade im Südsommer (Dezember bis Februar) im Nordatlantischen, im Südwinter (Juni bis August) im Südatlantischen Ozean häufig sind, was noch dadurch bestätigt wird, daß in den äquatorialen Teilen des Atlantischen Ozeans ganz übereinstimmend von Dezember bis Februar eine schwere nordwestliche Dünung, zur Zeit des Südwinters dagegen eine solche von Südwesten auftritt [1]).

---

[1]) S. Handbuch der Ozeanographie, 2. Band, Stuttgart 1887, S. 95.

Zweiter Abschnitt.

Allgemeine Übersicht der Windverhältnisse auf dem offenen Ozean.

Allgemeines. Unter allen Weltmeeren läßt der Atlantische Ozean das allgemeine irdische System der Anordnung der Windgürtel nach der geographischen Breite am deutlichsten hervortreten; der Indische Ozean dagegen zeigt die jahreszeitlichen Änderungen der Winde am schärfsten ausgeprägt; der Stille Ozean endlich bietet auf seiner weiten Fläche Beispiele für beides. Berücksichtigt man, daß im Becken des Atlantischen Ozeans nur auf drei kleineren Gebieten, nämlich bei Sierra Leone, Texas und Uruguay, die mittlere Windrichtung im Sommer um mehr als einen rechten Winkel von jener im Winter abweicht (vgl. Fig. 15), während der indische Ozean nördlich von 10° S-Br. durchweg einen solchen Windwechsel aufzuweisen hat, so tritt der Gegensatz zwischen beiden Ozeanen scharf hervor.

Mit verschwindenden Ausnahmen — Winde von Erdstürzen u. dgl. — haben die Luftströmungen ihre Kraftquelle in der Bestrahlung der Erde durch die Sonne und werden sie auf kürzerem oder längerem Umwege durch Temperatur-Unterschiede zwischen verschiedenen Teilen der Atmosphäre hervorgerufen. Wie diese Unterschiede teils von der Stellung der Erde zur Sonne, teils von der Verteilung der Festländer und Meere, teils endlich von den örtlichen Bedingungen der bestimmten Gegend bedingt werden, ebenso kann man auch bei der Untersuchung der Windverhältnisse einer Gegend astronomische, geographische und topographische Einflüsse unterscheiden. In den täglichen Erscheinungen sind diese Einflüsse durch das immerwährende Entstehen und Vergehen wandernder Luftwirbel so verdeckt, daß sie oft schwer zu erkennen sind; in den Mittelwerten längerer Beobachtungsreihen aber treten sie deutlich hervor.

Als Folge des verschiedenen Winkels, unter dem die Sonnenstrahlen die Erdoberfläche treffen, und der Umdrehung der Erde um ihre Achse stellt sich ungefähr die folgende vorherrschende Bewegung der Luft in verschiedenen geographischen Breiten und Höhen über der Meeresoberfläche heraus:

Obere Schichten:	?	WNW	ONO	OSO	WSW	?
Mittlere Schichten[1]):	WSW	NW	O	O	SW	WNW
Erdoberfläche:	WNW ‖	SO	OSO ‖	ONO	NO ‖	WSW

Geogr. Breite: 60° S — 30° S — 10° S — 0°(10°) N — 10°(20°) N — 30°(35°) N — 60°(65°) N.

An den Stellen, wo ein Doppelstrich steht, schaltet sich zwischen die Windgebiete ein Gürtel von Mallungen ein — die äquatorialen „Doldrums“

---

[1]) Etwa 3000 bis 10000 m über dem Meere, also in der Höhe der höheren Wolken (Cirrus usw.). Die mittlere Windrichtung der „oberen Schichten“ ist noch sehr unsicher, da diese selten deutlich sichtbare Wolken enthalten und die Aufstiege unbemannter Ballons, so wertvolle Angaben sie liefern, noch nicht zahlreich genug sind, um eine solche Verallgemeinerung in unsern wechselvollen Klimaten zu gestatten.

und die beiden Gürtel der „Roßbreiten" an den polaren Grenzen der Passate. Die angegebenen geographischen Breiten sind Mittelwerte; sie schwanken je nach der geographischen Länge und nach der Jahreszeit. Das Windsystem der südlichen Halbkugel ist das größere von beiden und greift auf die nördliche Halbkugel über.

Dieses planetarische oder doch allgemein terrestrische System der Luftbewegungen würde voraussichtlich nicht sehr viel sich ändern, wenn sämtliche Festländer vom Weltmeer bedeckt würden. Dagegen würde auf einer rein ozeanischen Erdkugel das zweite System fehlen, das sich mit diesem auf der jetzigen Erde mehr oder weniger kombiniert zeigt, nämlich das auf dem Unterschiede zwischen Festländern und Meeren beruhende.

Sowohl in dem planetarischen als in dem Land- und Wassersystem der Winde gibt es ständige und periodisch wechselnde Elemente, aber im ersteren sind die ständigen, im letzteren die periodischen überwiegend.

Das soeben geschilderte System der planetarischen Windgürtel bleibt nämlich in seiner wesentlichen Anordnung in Passate innerhalb und Westwinde außerhalb der Wendekreise zwar durch das ganze Jahr dasselbe, allein die boreale und australe Hälfte desselben ist jeweils im Winter der betreffenden Halbkugel viel stärker entwickelt als in deren Sommer, sowohl nach Intensität als nach Ausdehnung. Der Sonne folgend, wandern daher die Gürtel nordwärts und südwärts, und die jeweilige Winterhalbkugel weist die größten Windgeschwindigkeiten auf, nicht allein in den mittleren und höheren geographischen Breiten ihres inneren Teiles, sondern auch in den Passaten ihres äußeren Teiles, in niedrigen geographischen Breiten. Die Grenze der borealen und australen Hälfte liegt zumeist nördlich vom Äquator und schwankt im Atlantischen und Stillen Ozean zwischen 0°—5° N-Br. in unserem Winter und Frühling und etwa 10° N-Br. in unserem Sommer und Herbst, im Indischen Ozean aber zwischen noch viel weiteren Grenzen (Nordwinter etwa 10° S., Nordsommer auf dem asiatischen Festland) durch die Mitwirkung der Temperaturgegensätze zwischen Land und Wasser.

Bei dem zweiten, dem Land-Wasser-Windsystem, beschränken sich die beständigen Züge darauf, daß die durchschnittliche Stärke des Windes allgemein auf dem Lande und schon in dessen Nähe geringer ist als auf dem offenen Meere unter sonst gleichen Umständen, und daß in niedrigen geographischen Breiten das Land, in hohen Breiten das Meer im Durchschnitt aller Tages- und Jahreszeiten das wärmere ist. Im übrigen ist der Einfluß des Landes ein je nach Tages- und Jahreszeiten entgegengesetzter. Da sich die Oberfläche des Landes viel rascher und stärker erwärmt und abkühlt als die des Meeres, so ist im Sommer und am Tage das Land, im Winter und in der Nacht das Meer der wärmere Teil. Dabei ist die tägliche Schwankung zwar (in niedrigen Breiten) kräftig, aber von so kurzer Dauer, daß sie nur in nächster Nähe der Küste sich geltend machen kann, in der Form der Land- und Seebrisen. Die jährliche Schwankung dagegen beeinflußt die Winde unter Umständen bis in die Mitte der Festländer und der Weltmeere, aber um so weniger, je weiter der Ort von der Küste entfernt ist. Beide Schwankungen werden durch gebirgige Natur des Landes verstärkt, wenn deren Abhänge nicht allzu steil sind; mit den Land- und Seewinden verbinden sich dann die am Tage talaufwärts, in der Nacht talabwärts wehenden Gebirgswinde.

Die jahreszeitlichen Winde, welche durch die Verschiebung der planetarischen Windgürtel und durch den Wechsel des Temperaturunterschieds zwischen Land und Wasser erzeugt werden, sind von alters her unter dem Namen Monsune bekannt (engl. *monsoon*, franz. *mousson*, holl. *moeson*, span. *monzon*, port. *monção*, aus dem arabischen *mausim*, d. i. Jahreszeit). Die Neigung der Erdachse zur Ekliptik und der Unterschied von Wasser und Land vereinigen sich dahin, die größten Wärme- und Druckgegensätze zwischen den Festländern der beiden Halbkugeln hervorzurufen, die entgegengesetzte Jahreszeiten haben. Darum ist die Entwicklung der Monsune dort am bedeutendsten, wo dem ungeheuren Kontinent von Asien die einzige Festlandsmasse der südlichen Halbkugel gegenüberliegt, die eine bedeutende Jahresschwankung der Lufttemperatur aufzuweisen hat, — Australien; denn Süd-Afrika und Süd-Amerika haben ihre größte Breite in der Nähe des Äquators, wo die jährliche Änderung in der Sonnenstrahlung nur gering ist. Unter 25° S-Br., wo auf allen drei Kontinenten die Jahresschwankung der Lufttemperatur ihren größten Wert erreicht, umfaßt Australien beinahe 40 Längengrade, Afrika dagegen nur deren 19 und Süd-Amerika 23. Hierin und in der viel geringeren Masse von Nord-Amerika im Vergleich zu Asien dürfte auch die genügende Erklärung für die viel stärkere Entwicklung des Monsunwechsels im Indischen und im Westen des Stillen Ozeans gegenüber dessen Osten und dem Atlantischen Ozean gegeben sein.

Auf den vier Karten Taf. 21 bis 24 des Atlas der Seewarte über den Atlantischen Ozean, 2. Aufl., ist für vier Monate des Jahres die Verteilung der Windrichtungen und der Stillen angegeben. Für die beiden extremen Jahreszeiten geben die beiden Fig. 15a u. 15b, S. 52/53 in diesem Buche ein zusammenfassendes Bild der Windverhältnisse dieses Ozeans, in denen außer der Richtung auch die Stärke und die Beständigkeit des Windes berücksichtigt ist, und zwar ist die mittlere Richtung des Windes durch die Richtung der Pfeile, die mittlere Windstärke durch deren Dicke und die Beständigkeit des Windes, d. h. das Maß des Vorwaltens der mittleren Richtung über die übrigen, durch die Länge der Pfeile ausgedrückt.

Der Darstellung der mittleren Windrichtung auf unseren Karten wurde für diejenigen Meeresteile, über welche neuere Spezialarbeiten vorhanden waren, das Mittel der in der Überschrift unserer Karten angegebenen Monate zugrunde gelegt, nämlich 1. für die Meeresteile zwischen 20° und 50° N-Br., westwärts bis 60° W-Lg. die Veröffentlichungen der Seewarte, 2. für die Gebiete zu beiden Seiten der Linie und am Kap der guten Hoffnung diejenigen des Britischen Meteorologischen Amtes, 3. für den Weg vom Kap der guten Hoffnung nach der Linie die Bearbeitung des Beobachtungsmaterials der Seewarte, die H. Krüger geliefert hat[1]), endlich 4. für den südwestlichen Teil des Südatlantischen Ozeans eine noch ungedruckte Zusammenstellung aus den Tagebüchern der Seewarte. Verglichen und durch die im Obigen nicht vertretenen Gebiete ergänzt wurden die Ergebnisse dieser Arbeiten ferner mit den älteren Veröffentlichungen von Maury, Coffin, der Britischen Admiralität, Lieut. Brault und der Seewarte (Atlas des Atl. Oz.). In höheren Breiten, von 35° N und S an, wurde in allen Fällen, wo die Angaben über die Windverhältnisse für dasselbe Feld oder für benachbarte Felder sehr auseinander gingen, oder wo das Material ein spärliches war, die mittlere Luftdruckverteilung der Zeichnung der Windbahnen zugrunde gelegt, indem ein Winkel von 68° zwischen Isobare und Windrichtung angenommen wurde; in diesen Breiten sind die mittleren barometrischen Gradienten so bedeutend und einheitlich, daß die mittlere Luftdruckverteilung sich viel leichter und genauer feststellen läßt als die mittlere Windrichtung direkt. Für die höheren Breiten jenseits 50° ist zudem dieser Weg fast der einzige anwendbare, weil es an Windbeobachtungen vom Meere dort fast ganz fehlt. Natürlich sind neben den oben angeführten Quellen auch die Beobachtungen von Inseln und Küstenpunkten mit berücksichtigt.

Die Darstellung der Beständigkeit des Windes kann auf keine Schärfe Anspruch machen, vermag jedoch immerhin dem Seemanne genügende Anhaltspunkte zur Beurteilung dieses wichtigen Zuges in den Windverhältnissen zu geben, so daß er nach der Karte ungefähr beurteilen kann, welche Sicherheit er dafür hat, die angegebene mittlere Windrichtung auch wirklich anzutreffen. Als Grundlage diente in dem neueren Material die Häufigkeitssumme derjenigen drei benachbarten 16tel der Windrose, welche die meisten Beobachtungen geliefert haben. Jede 5%, um welche diese Summe mehr betrug als $^{3}/_{16}$ bezw. 19%, wurden als 1 mm Pfeillänge eingetragen, also z. B. 34% als 3 mm. Daneben wurden einerseits die Grenzen der Passate, wie sie von der Seewarte und anderen Instituten geliefert sind, andererseits die Angaben über die Größe der (nach der sog. Formel von Lambert berechneten) Resultierenden aller Winde bei Coffin benutzt.

---

[1]) H. Krüger, Beiträge zur Kenntnis der Wind-, Bewölkungs- und Niederschlagsverhältnisse im östl. Teile des Südatl. Ozeans. Halle 1895.

Dort, wo mindestens 75 % der Winde aus drei benachbarten Strichen der sechzehnteiligen Rose stammen, sind die Pfeile als unterbrochene Stromlinien von einem Rande dieses Gebietes bis zum anderen durchgezogen. Das sind also die Gebiete der stetigen Passatwinde, wo der Seemann mit einiger Zuversicht erwarten darf, einen Wind anzutreffen, der nicht mehr als 33° nach der einen oder der anderen Seite von der in der Karte angegebenen mittleren Richtung abweicht; auch die Stärke des Windes entfernt sich in diesen Gebieten selten bedeutend von ihrem mittleren Werte. Störungen kommen zwar auch hier vor, gehören aber zu den großen Ausnahmen.

Eine eingehendere Vorbereitung wurde der Darstellung der mittleren Windstärke gewidmet. Die vorhandenen Materialien über dieselbe sind so verschiedenartig, daß zu ihrer Zusammenfassung erst deren Rückführung auf ein gemeinsames Maß nötig war. Dieselben beziehen sich teils auf mittlere Fahrtgeschwindigkeit der Schiffe, reduziert auf die Stellung mit dem Winde „raumschots", teils auf geschätzte Windstärken nach Beauforts Skala (in einigen Fällen auch nach anderen Skalen), teils endlich auf Werte, welche Windgeschwindigkeiten in Metern per Sekunde darstellen sollen und aus bloßen Notierungen der Stärke in Worten nach einem angenommenen Verhältnis umgerechnet sind.

Für die Passatregion besitzen wir Angaben von allen drei Arten, nämlich solche über mittlere Fahrtgeschwindigkeit von Maury und Brito Capello, solche über die mittlere Stärke Beaufort von dem „Meteorological Office" und der Seewarte, endlich solche in Worten, bezw. aus Worten auf Meter per Sekunde umgerechnet, von Brault. Einen Vergleich dieser Mittelwerte für dieselben Meeresteile findet man in den beiden ersten Auflagen dieses Handbuches ausgeführt. In der ersten Auflage finden diejenigen, die sich dafür interessieren, auch die nötigen Angaben darüber, wie die Zahlen von Brault aus den Schätzungen der französischen Seeleute abgeleitet sind. Hier wollen wir uns mit dem Endergebnis begnügen. Verbessert man die Zahlen von Brito Capello und Brault dem dort und hier Gesagten entsprechend, so erhält man die folgenden Bestimmungen für Mittelwerte:

Knoten-Fahrt raumschots (i. d. J. 1840—1860)	Windgeschwindigkeit m. p. s.	Beauforts Skala
4,7	6,4	3,6
5,4	7,4	4,0
6,5	8,0	4,4
7,2	8,4	4,5

Berücksichtigt man, daß die Fahrt des Schiffes bei diesen hölzernen Schiffen mit Zunahme des Windes über 6 Beaufort in der Regel sich nicht mehr steigerte, sondern wegen des zunehmenden Seeganges, der Krängung und der verminderten Segelführung je nach dem Bau des Schiffes auch bei günstigster Richtung des Windes entweder gleich blieb oder selbst abnahm, so kann man etwa folgendes Täfelchen aufstellen:

Stärke nach Beaufort	1	2	3	4	5	6	7	8	9
Windgeschwindigkeit, m. p. s. .	3	4	5½	7	8	10	12	14	16
Fahrt raumschots (1840—1860)[1]	1	2½	4	5½	7½	9	(9)	(9 oder weniger).	

Nach diesen Daten wurde die Unterscheidung der folgenden 4 Stufen von Windstärken für die Karten angenommen.

[1]) Diese Zahlen gelten als Durchschnittswerte etwa für die Jahre 1840—1860; die neueren Segelschiffs-Typen ergeben bedeutend höhere Mittelwerte. Nach Kapt. Prager („Ann. der Hydr." 1905, S. 7) stellen sich diese wie folgt:

Stärke nach Beaufort		1	2	3	4	5	6	7	8	9	10	11
		Sm	Sm	Sm	Sm	Sm	Sm	Sm	Sm	Sm	Sm	Sm
Hölzerne Schiffe	(1875—1899)	1,9	3,2	4,7	6,1	7,5	8,6	9,0	9,3	9,0	8,3	—
Eiserne Schiffe	(1877—1904)	2,1	3,2	5,0	6,7	8,1	9,3	9,9	9,7	9,6	8,7	—
Viermastschiffe	(1877—1904)	2,2	3,5	5,7	7,0	8,8	10,0	10,7	11,0	10,8	9,5	8,3
Fünfmastschiffe	(1877—1904)	2,6	4,2	6,5	9,1	10,8	11,9	13,1	13.4	13,3	12,7	12,2

Windverhältnisse der Monate Januar und Februar.

Segelhandbuch für den Atlantischen Ozean.

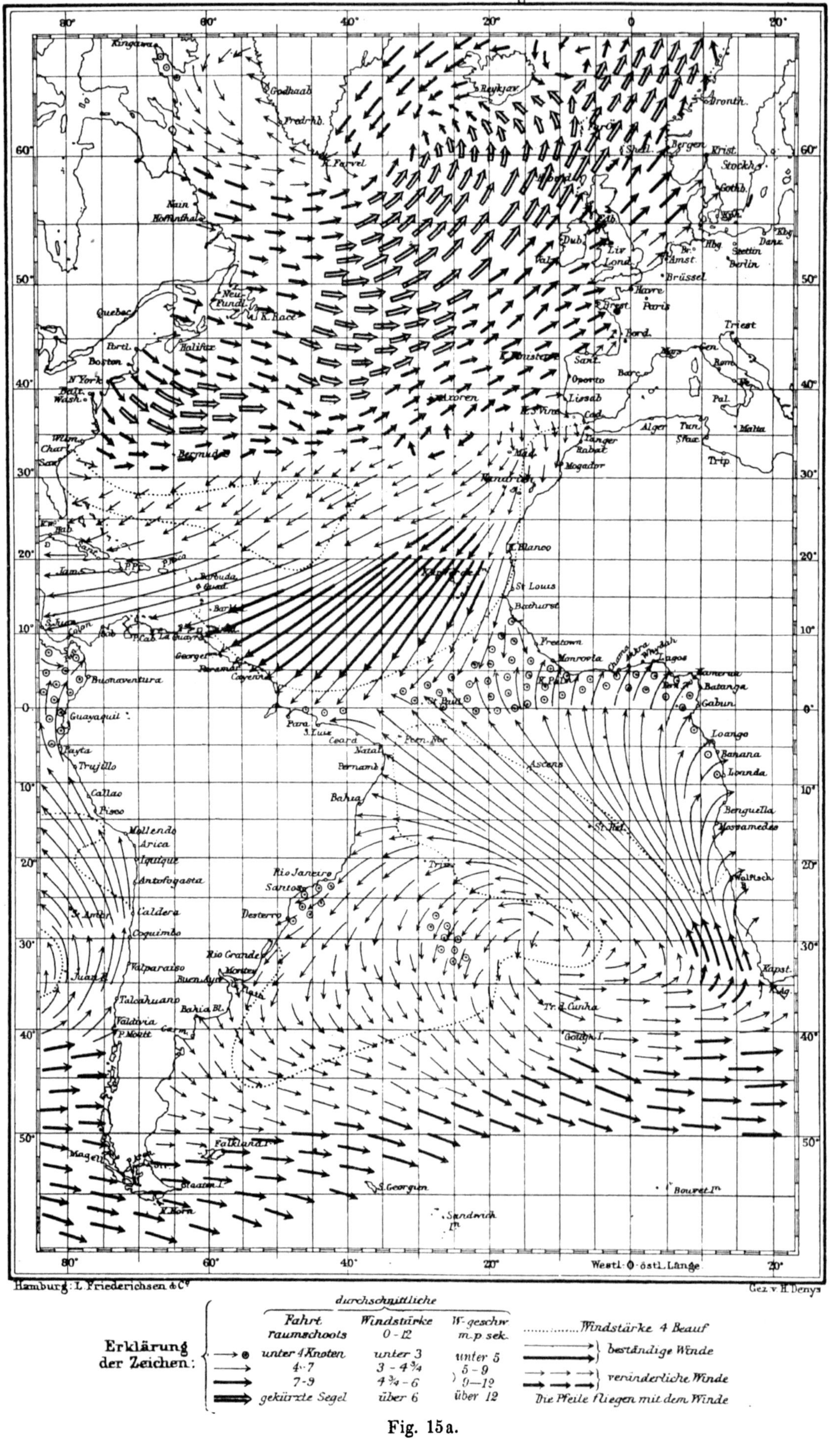

Fig. 15a.

Windverhältnisse der Monate Juli und August.

Segelhandbuch für den Atlantischen Ozean.

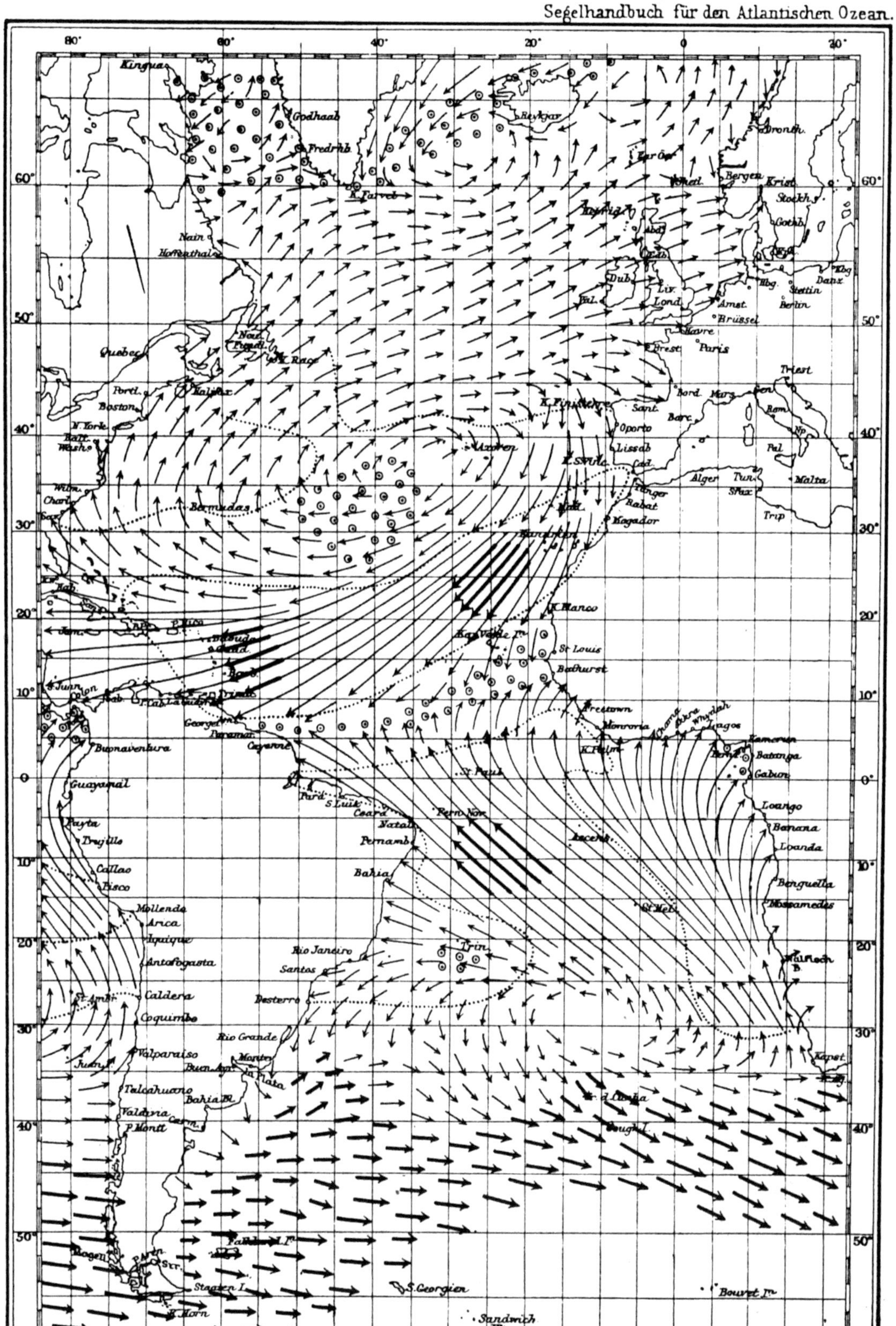

Erklärung der Zeichen	Fahrt raumschoots	Windstärke 0–12	W.-geschw. m. p. sek.
(durchschnittliche)	unter 4 Knoten	unter 3	unter 5
	4–7	3 – 4¾	5–9
	7–9	4¾ – 6	9–12
	gekürzte Segel	über 6	über 12

.... Windstärke 4 Beauf.

beständige Winde

veränderliche Winde

Die Pfeile fliegen mit dem Winde

Fig. 15b.

	Durchschnittlicher Zustand			
Windstärke in Worten:	schwach	mäßig	frisch	steif
Fahrt raumschots (1840-1860)	unter 4 Kn.	4—7 Kn.	7—9 Kn.	mit gekürzten Segeln
Beauforts Skala	unter 3,0 „	3,0—4,7 „	4,7—6,0 „	über 6
Windgeschwind. m. p. sek.	unter 6 „	6—8 „	8—10 „	über 10
Windgeschwind. Sm p. Stde.	unter 11 „	11—16 „	16—20 „	über 20

Nunmehr konnte zur Zeichnung der Karten folgendes Material verwendet werden:

1. Die Angaben über mittlere Windstärke nach der Beaufort-Skala, die sich aus den oben bei der Windrichtung unter 1 bis 4 ausgeführten Spezialarbeiten ergeben.

2. Die Zahlen von Brito Capello über die mittlere Fahrgeschwindigkeit der Schiffe auf dem Atlantischen Ozean zwischen 30° N- und 30° S-Br. Diesen Zahlen liegen teils die älteren von Maury, teils eigene Zusammenstellungen des Verfassers zugrunde, insgesamt die Resultate von 796 holländischen, 662 amerikanischen und 90 portugiesischen Schiffsreisen. Sämtliche Originalwerte sind auf die günstigste Stellung zum Winde, resp. auf die Stellung „raumschots“ oder mit dem Winde 1 bis 2 Strich achterlicher als dwars reduziert, indem angenommen wurde, daß durchschnittlich platt vor dem Winde 0,8 und beim Winde 0,7 der in jener Stellung zu erreichenden Fahrt gemacht wird.

3. Die Zahlen von Brault für den Nordatlantischen Ozean, welche von ihm selbst sowohl in der Form, wie sie gewonnen wurden, nämlich nach Zahl der „petites brises“, „jolies brises“ usw., als auch umgerechnet in Meter per Sekunde Windgeschwindigkeit (unter den oben angeführten Annahmen) veröffentlicht sind und in der letzteren Form von ihm auch zur Zeichnung von Linien gleicher Windstärke (Isanemonen) verwendet worden sind.

4. Die Angaben über die mittlere Windstärke oder Windgeschwindigkeit von freigelegenen Insel- und Küstenstationen, teils geschätzt nach Stärkegraden der 12teiligen oder 6teiligen Skala, teils nach Anemometeraufzeichnungen.

5. Für solche Gebiete, wo die obigen Materialien fehlten oder zu mangelhaft erschienen, wurden die die Verteilung der Stürme darstellenden Karten Tafel 25 des Atlas, 2. Aufl., sowie an der Seewarte hergestellte Manuskriptkarten über die Häufigkeit der Windstillen benutzt, um nach Analogie mit den besser bekannten Gebieten aus diesen Angaben auf die mittlere Windstärke zu schließen.

Wir können den Bericht über das zur Zeichnung der beiliegenden Karten der Windverhältnisse des Atlantischen Ozeans benutzte Material nicht schließen, ohne zu erwähnen, daß auch die persönlichen Erfahrungen der seemännischen Angestellten der Seewarte und die aus der Durchsicht der Hunderte von einlaufenden Schiffsjournalen gewonnenen Eindrücke der damit Betrauten Verwendung zur Verbesserung derselben gefunden haben.

Suchen wir nun an der Hand dieser Karten und unter Mitberücksichtigung der dazwischenliegenden Teile des Jahres die Hauptzüge der Windverhältnisse über dem Atlantischen Ozean zu erfassen, so drängt sich uns zuvörderst das Bild auf, welches wir auch bei der Druckverteilung (4. Abschnitt) besprechen werden: im Sommer jeder Halbkugel wird das Windsystem derselben bis zu 60° Breite hin von einem großartigen antizyklonalen Wirbel gebildet, dessen Zentrum unter etwa 30°—38° N- und S-Br., näher dem Ost- als dem Westrande, auf dem Meere liegt, und der auf seiner äquatorialen Seite vom stetigen Passat, auf seiner polaren von den veränderlichen westlichen und zugleich meist äquatorialen Winden gebildet wird. In der Nähe des Zentrums der Antizyklone, wo der höchste Luftdruck herrscht, ist der Wind am schwächsten. Im Winter ist dieser Wirbel auf der südlichen Halbkugel fast ebenso, nur etwas mehr in die Länge gezogen; auf der nördlichen hingegen verwandelt sich die ozeanische Antizyklone durch die Zunahme des Druckes auf den Kontinenten in ein schmales Band und demgemäß der Wirbel in zwei mehr linear getrennte entgegengesetzt gerichtete Luftströmungen. Durch die jahreszeitliche Verschiebung dieser Luftwirbel sowie durch manche Eigentümlichkeiten ihrer Gestaltung wird eine Vielheit von geographischen Windgebieten auf dem Atlantischen Ozean gebildet, welche jedoch gewisse große Züge und durchgreifende Ähnlichkeiten aufweisen, die den leitenden Faden leicht finden lassen.

Wir wenden uns nun zu einer kurzen Betrachtung der einzelnen Windgebiete, die auf der umstehenden Figur 16 S. 56 auf Grund der Angaben der beiden Tafeln, S. 52 u. 53, nach dem jahreszeitlichen Verhalten des Windes dargestellt sind. Weitere Angaben findet man im zweiten Teile bei den einzelnen Seglerwegen und ferner, soweit Küsten dabei in Betracht kommen, im 3. Abschnitt. Schon durch die Numerierung sind auf unserer Karte nach Tunlichkeit die bestehenden Analogien zwischen den Windgebieten angedeutet, wobei arabische Ziffern für das boreale (d. h. nordhemisphärische), römische für das australe (d. h. südhemisphärische) Windsystem zur Verwendung gekommen sind.

Dem borealen und dem australen Windsystem fast gleich zugehörig sind die Gebiete 1a und Ia der Fig. 16, in denen im Februar Winde aus mehr nördlicher, im August aus mehr südlicher Richtung wehen, die im Zusammenhange mit dem Nordost- und dem Südost-Passate stehen. Mallungen sind im ersteren Gebiet häufiger im Februar, im letzteren im August; in der entgegengesetzten Jahreszeit greift der Passat durch, in Ia ohne Ablenkung, in 1a aus SO bis nach SW abgelenkt[1]). Der äquatoriale Stillengürtel fällt in unserem Spätsommer nördlich, in unserem Winter und Frühling südlich von einer Linie, die ungefähr von Para zum Gambia verläuft. In die Gebiete 1b und Ib, bezw. b' greift der Passat des entgegengesetzten Windsystems nur noch ganz ausnahmsweise herüber. Der vorherrschende Wind ist in diesen Gebieten, wenn keine Mallungen herrschen, im Westen normaler Passat des betr. Windsystems, im Osten aber weht er, je näher dem afrikanischen Festlande, um so mehr aus hoch nördlicher — in 1b' nördlicher, in Ib' südlicher Richtung; endlich in Ic ist seine vorwaltende Richtung das runde Jahr hindurch westlich von Süd.

Derselbe Unterschied zwischen Ost und West besteht auch im eigentlichen Passatgebiet (2 und II), außerhalb des Schwankungsgebietes des äquatorialen Stillengürtels. Allein der Übergang vollzieht sich im Nordatlantischen Ozean so allmählich, daß wir vorgezogen haben, ihn nicht durch eine feste Linie willkürlich zu lokalisieren. Die Gebiete 2b und IIb. bezw. IIb' an der amerikanischen Küste zeichnen sich zudem durch eine, wenn auch schwache, jahreszeitliche Schwankung in der Windrichtung aus, die auf beiden Hemisphären scheinbar gleich verläuft, nämlich vom Februar zum August von links nach rechts, von NO gegen SO. In bezug auf die Lage zum Äquator und zum höheren Luftdruck bedeutet aber diese Drehung, ganz wie es die Theorie verlangt, Entgegengesetztes, so daß die Ursache in beiden Fällen darin liegt, daß im Sommer der betr. Halbkugel der Ozean, im Winter das Festland höheren Luftdruck beherbergt (vgl. 4. Abschnitt). Durch eine Punktreihe ist auf unserer Karte das Gebiet umschrieben, wo der Südostpassat am frischesten weht.

Die Stetigkeit der Winde in der tropischen Zone bedingt es, daß an Küsten und Gebirgen die örtlichen Verhältnisse dort viel größere Einwirkung auf das Klima besitzen als in den gemäßigten Zonen; denn in den Tropen hat jeder Berg und jede Insel ihre Luv- und ihre Leeseite für das ganze Jahr oder doch ganze Jahreszeiten, während bei uns die Veränderlichkeit der Winde diese Unterschiede verwischt. So kommt es denn, daß die Regen- und Trockenzeiten nächstbenachbarter Gegenden in der Tropenzone vielfach ganz entgegengesetzt sind, während in den gemäßigten Zonen das Klima meist allmähliche Abstufungen auf größere Strecken zeigt, wenngleich hier die in der Tropenzone fehlenden Unterschiede in der Temperatur nach der Breite die Gegensätze anderseits sehr vergrößern.

---

[1]) Die Auffassung des afrikanischen Südwestmonsuns als einer Ablenkung des Südostpassats ist schon von Dampier 1697 gegeben und durch die neuesten Forschungen aufs unzweideutigste bestätigt. An der Nordgrenze des Monsuns wird zwar durch den niedern Luftdruck über Afrika im Hochsommer zeitweise auch der Nordostpassat in die Bewegung hineingezogen und an seinem Südost-Rande zum Nordwestwinde abgelenkt; doch ist im allgemeinen die nördliche Grenze des Monsuns durch Kalmen deutlich bezeichnet, während derselbe an seiner Südostgrenze ohne Unterbrechung in den Südostpassat übergeht.

Segelhandbuch für den Atlantischen Ozean.

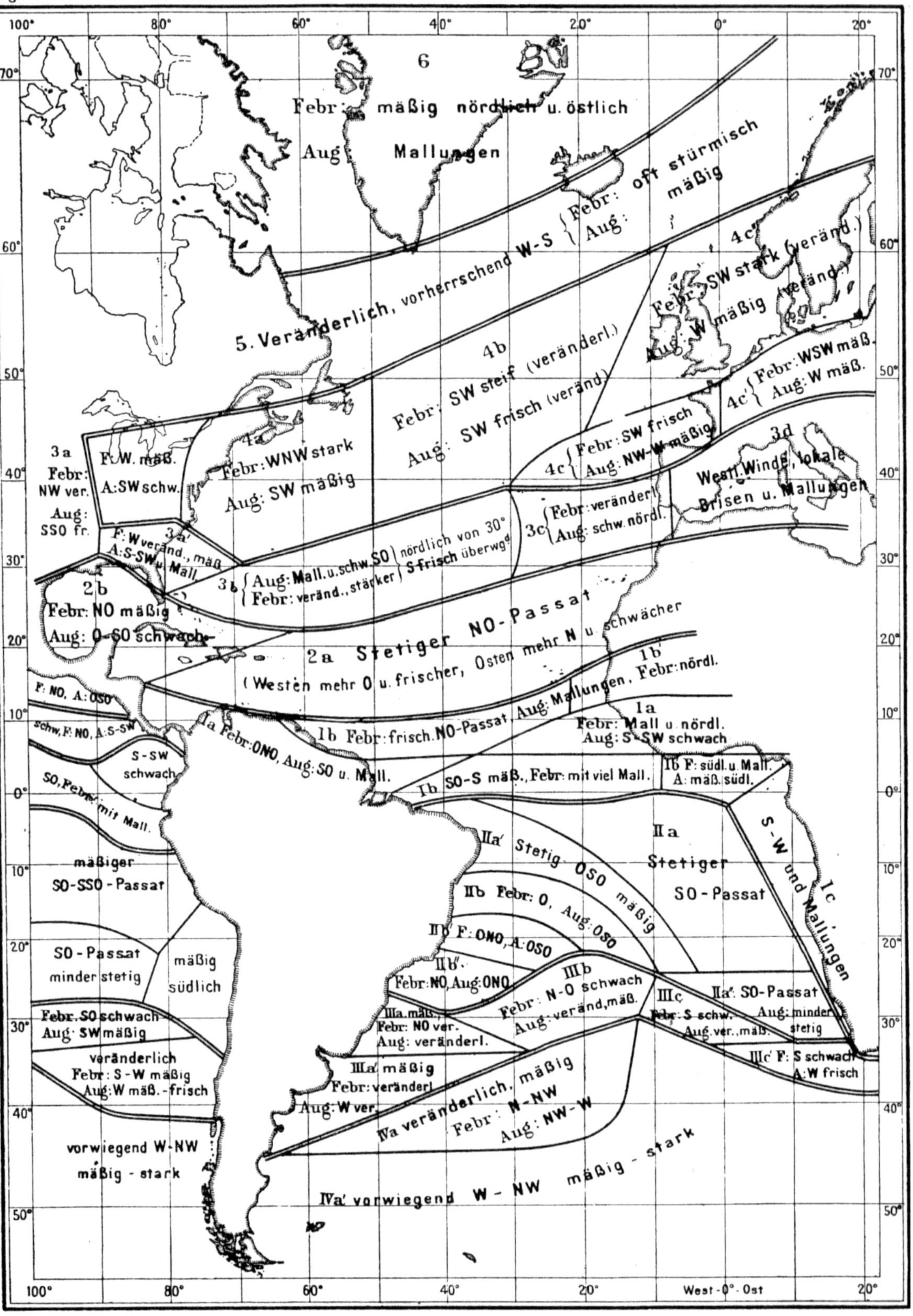

Fig. 16. Vorwaltende Winde im Sommer und Winter.

Die Charakteristik der Windverhältnisse der Tropenzone würde unvollständig sein, wenn wir nicht hier schon, vorgreifend, das Auftreten der Stürme in derselben erwähnen würden. Die Abwesenheit der ablenkenden Wirkung der Erdrotation verhindert in der unmittelbaren Nähe des Äquators die Bildung von größeren Luftwirbeln und damit auch das Auftreten größerer Stürme und stärkerer Barometer-Schwankungen, wiewohl andere Bedingungen für deren Bildung: niedriger, auf größerem Raume gleichmäßiger Luftdruck, Nachbarschaft entgegengesetzt gerichteter Luftströmungen und großer Dampfreichtum der Atmosphäre, in einem Teile des Jahres in unmittelbarer Nähe des Äquators mehr oder weniger vorhanden sind. Erst wenn diese Bedingungen im Wechsel der Jahreszeiten mit der Verlagerung des Kalmengürtels in einer Entfernung von mehr als 10° vom Äquator sich einstellen, wobei zugleich bekanntlich die Richtung der Luftströme zu beiden Seiten der Mallungen viel direkter entgegengesetzt wird, als dies am Äquator der Fall ist, ist durch die dort eintretende ablenkende Wirkung der Erdrotation die Bildung wirbelnder Bewegungen ermöglicht, welche, nach einem im Abschnitt über Stürme zu besprechenden Gesetze, von ihrer Ursprungsstätte auf dem Ozean sich westwärts und zugleich nach den Grenzen der Tropen hin fortpflanzen. Hierdurch ist ein wesentlicher Unterschied der äußeren Teile der Tropenzone, besonders auf der westlichen Seite der Ozeane, von dem äquatorialen Teile der Zone gegeben in dem Auftreten der tropischen Wirbelstürme, welche die gewöhnliche Ruhe und Gleichmäßigkeit in den Wind- und Luftdruck-Verhältnissen in diesen Teilen der Tropen zeitweise auf gewaltsame Weise unterbrechen. Im Atlantischen Ozean, in welchem der Kalmengürtel zu keiner Jahreszeit auf der südlichen Halbkugel liegt, fehlen diese Orkane auf der letzteren fast vollständig, und sind sie vorzugsweise auf Westindien beschränkt.

Die Übergangszonen 3 und III zwischen den Passaten und den westlichen Winden sind mindestens während eines großen Teils des Jahres durch veränderliche schwache Winde gekennzeichnet.

Die Art, in welcher sich die Windwechsel in diesen Gebieten hohen Luftdrucks an der Grenze der Passate und namentlich in deren westlichem Teile vollziehen, ist von seiten der Seewarte mehrfach, insbesondere in den Annalen der Hydr. 1878, S. 87 und „Der Pilote“, Bd. I, Einleitung, S. 13—14, besprochen worden. Wir verweisen auf die Ausführungen in diesem Handbuche, 4. Abschnitt.

Die westlichen Teilstücke dieser Zonen, 3a (westlich vom Mississippi) und IIIa (bei Uruguay), haben einen ausgesprochenen Monsunwechsel zwischen äquatorial-östlichen Winden im Sommer und westlichen Winden im Winter; viel geringer ist die Richtungsänderung in 3a', an den Küsten von Georgia usw. In den östlichen Teilstücken 3c, IIIc und IIIc' herrschen, wenigstens im Sommer, ähnlich wie in den benachbarten Teilen der Zonen 2 und II, ziemlich rein polare schwache Winde.

Die Zonen 4 und IV sind die Gebiete der veränderlichen, vorwiegend westlichen Winde, die besonders im Winter häufig stürmische Stärke erreichen. Auf der südlichen Halbkugel weist diese Zone, da sie fast vollständig ozeanisch ist, nur sehr geringe jährliche Änderungen in ihren Windverhältnissen auf. Auf der nördlichen dagegen bringt die viel stärkere Jahresschwankung der Temperatur auf den Festländern in der Nähe der letzteren eine ausgesprochene jahreszeitliche Änderung der Windrichtung hervor, die an der amerikanischen und der europäischen Küste entgegengesetzt verläuft. SW-Winde sind dort für den Sommer, hier für den Winter charakteristisch, W und NW dort für den Winter, hier für den Sommer. Dort ist der NW ein trockener, sehr kalter, oft stürmischer Wind, hier ein regenbringender, naßkühler Wind von gewöhnlich nur mäßiger Stärke; die Neigung, die Niederschläge in Form von Schauern fallen zu lassen, ist ihm aber auf beiden Seiten gemeinsam.

Die beiden jetzt besprochenen Gürtel sind vorzugsweise dadurch charakterisiert, daß sie auf der Äquatorialseite der Hauptzugstraßen der barometrischen Depressionen liegen; hierdurch wird sowohl das Vorwalten der westlichen Winde als der Wechsel zwischen stetigem und anhaltendem Umgehen des Windes im Sinne des täglichen Ganges der Sonne in der betreffenden Halbkugel (Ausschießen) und vorübergehendem Krimpen des Windes im entgegengesetzten Sinne bedingt, welcher für den Witterungsgang dieser Gebiete ganz besonders maßgebend ist. Die Abgrenzung dieser Gürtel wird deshalb nach der Seite des Pols durch die großen Zugstraßen der Depressionen gebildet, welche im Süden bei etwa 60° S-Br. (in noch nicht näher festgestellter Weise) verlaufen, im Norden von Neufundland nach Island und Norwegen hinüberführen; es hat also dieser Gürtel im Norden die Gestalt eines leicht gekrümmten, nach Osten ansteigenden Bandes von 14—20° Breite. In seinem westlichen Abschnitt ist das Wetter, namentlich in dem zentralen Teile desselben über dem Golfstrom, sehr unruhig, die vielfach stürmischen Winde zeigen rasche Schwankungen zwischen S und NW; der mittlere Abschnitt des Gürtels zwischen 25° und 50° W-Lg. ist im Winter zweifelsohne die stürmischste Gegend der Welt, mit raschen Schwankungen des Windes zwischen S und W, — kurzen südlichen und länger dauernden westlichen Winden; der östliche Abschnitt, näher zur europäischen Küste, ist ruhiger, weniger stürmisch und hat langsamere Änderungen der Windrichtung wegen der hier größeren Entfernung und geringeren Geschwindigkeit der vorüberziehenden Depressionszentren.

Auf der nördlichen Halbkugel schließt sich an das schon geschilderte Gebiet zunächst nordwärts der Streifen 5 an, der von Labrador und der Südspitze Grönlands in einer Breite von 10—15 Breitengraden nach dem nördlichen Norwegen verläuft; da in diesem Gebiete der mittlere Luftdruck am niedrigsten ist und dasselbe den Haupttummelplatz der barometrischen Minima bildet, sind rasche Drehungen des Windes, etwa gleich häufig nach entgegengesetzten Richtungen, hier sehr gewöhnlich und zugleich die Barometerschwankungen, ebenso wie in den gleichen Breiten der Südhemisphäre, sehr groß. Im Winter sind Stürme häufig, doch ist die mittlere Windstärke im allgemeinen und besonders im Sommer hier wohl schon etwas geringer als im vorhergehenden Gürtel.

Weiter nach dem Nordpole zu (Zone 6) nimmt die Windstärke in viel entschiedenerer Weise ab. Im Sommer sind Windstillen eine sehr häufige Plage der Schifffahrt im Eismeere und in der Baffinbai, und auch im Winter sind schwere Stürme fast nur dort anzutreffen, wo offene Wasserflächen nicht allzufern sind; die weiter landeinwärts gelegenen Sunde bilden durch ihre Überbrückung von festem Eise mit den angrenzenden Festländern in meteorologischer Hinsicht eine einheitliche Masse, auf welcher die Ausstrahlung von den Schneeflächen die unterste Luftschicht so abkühlt, daß ein stabiles atmosphärisches Gleichgewicht und damit ein Hemmnis für die Ausbildung oder das Vordringen barometrischer Minima gebildet wird; durch Vermittelung der höheren Luftschichten pflanzen sich Minima zwar auch hierher fort, es nimmt jedoch die Barometerschwankung mit der Annäherung zum Pole in diesen Breiten ab, während der mittlere Luftdruck dahin zu steigt. Östliche und nördliche Winde zeigen daher namentlich im Winter ein mehr oder weniger entschiedenes Übergewicht in dieser Zone. Unter dem Einfluß der im Süden von West nach Ost vorüberziehenden Depressionen dreht sich der Wind häufiger und länger in der Richtung gegen die Sonne. In allen diesen Beziehungen steht also Zone 6 in auffälligem Gegensatz zu der Zone 4.

Auf der südlichen Halbkugel sind die Windverhältnisse der höheren Breiten noch wenig bekannt. Unter den älteren Beobachtungen, welche wir aus hohen südlichen Breiten besitzen, sind die von James C. Ross die wertvollsten; in den 2¼ Sommermonaten, welche derselbe südlich von 65° S-Br. in diesen Längengraden zugebracht hat, waren südliche und östliche Winde durchaus vorherrschend; da dieses Verhalten dem im Norden beobachteten entspricht, und da auch bei der Umschiffung vom Kap Horn die südlicher stehenden Schiffe nicht selten Ostwinde antreffen, so durfte man annehmen, daß die Hauptzugstraße der Depressionen etwa unter 60° S-Br. verläuft. Sichere Unterlagen für das Urteil fehlten aber vollständig, weil bis zum Jahre 1898 keine einzige Überwinterung südlich von diesem Breitengrade stattgefunden hatte.

Die Reihe von antarktischen Expeditionen, welche die Jahre 1898 bis 1904 brachten, haben gezeigt, daß auf den Süd-Orkneys in 61° S-Br. und auf den Süd-Shetlands auf 62° S-Br. die westlichen Winde noch das Übergewicht haben, daß aber darüber hinaus sich Windverhältnisse einstellen, die offenbar unter dem Einfluß von Gebieten höheren Drucks stehen, die teils mit den tiefen barometrischen Depressionen dieser Zone wandern, teils auf der Eiskappe des Südpols stilliegen, und die im Zusammenwirken mit jenen Tiefdruckgebieten furchtbare Schneestürme erzeugen. Die schwedische Expedition fand in 64° S-Br. und 57° W-Lg., und die französische in 65° S-Br. und 66° W-Lg. übereinstimmend SW- und NO-Winde als die häufigsten; auf der Trift der „Belgica" auf durchschnittlich 70½° N-Br. und 86° W-Lg. waren wiederum die westlichen Winde etwas häufiger; auf der Station des deutschen Expeditionsschiffes „Gauß" dagegen in 66° S-Br. und 90° O-Lg. waren die östlichen Winde so überwiegend, daß die übrigen daneben kaum eine Rolle spielen.

Dritter Abschnitt.

Die Winde und die Witterungsverhältnisse an den Küsten des Atlantischen Ozeans.

Bei den nachstehenden Angaben wird hinsichtlich der Orte, für welche sie gelten, eine solche Reihenfolge eingehalten werden, daß zunächst die amerikanische Küste von Nord nach Süd und dann die afrikanische und europäische Küste von Süd nach Nord zur Besprechung gelangt.

Die Ostküste von Nordamerika.

Allgemeine Übersicht. Die Ostküste von Nordamerika liegt mit Ausnahme des südlichen Teiles der Küste von Florida im Gebiet der umlaufenden Winde, deren Abhängigkeit von der Luftdruckverteilung im 4. Abschnitt näher besprochen wird. Im nördlichen Sommer oder etwa schon von April bis Oktober herrschen auf der ganzen Küstenstrecke von der Davisstraße bis nach der Passatgrenze hinab, im Zusammenhange mit dem hohen mittleren Luftdruck bei den Azoren und dem niedrigen mittleren Luftdruck vor der Davisstraße, südliche oder südöstliche bis südwestliche Winde vor. Nur die Teile der Ostküste von Nordamerika, nördlich von dem Gebiete niedrigen mittleren Luftdruckes vor der Davisstraße, die Küsten von der Baffinbai bis Labrador, haben auch im Sommer vorwiegend nördliche oder nordöstliche bis nordwestliche Winde. Im Winter überwiegen im Zusammenhang mit hohem mittleren Luftdruck über der Mitte von Nordamerika überall nordwestliche Winde. Die vorherrschenden Winde erleiden aber im Sommer und im Winter mancherlei Unterbrechungen sowohl durch die örtlichen Verhältnisse, durch Verlauf und Form der Küsten, Gebirge und Ströme, durch verschiedene Erwärmung des Landes und des Wassers — daher See- und Landbrisen — als auch durch den wechselnden Luftdruck, namentlich mit dem Vorüberziehen von Gebieten niedrigen Luftdruckes. Zieht dabei der niedrigste Luftdruck nördlich einer gegebenen Küstenstrecke entlang, so holt für sie der Wind rechts herum, zieht er südlich davon entlang, so wird der Wind links herum holen, und falls sich der niedrigste Druck gerade auf die betreffende Küstenstrecke zu bewegt, so wird der Wind seine Richtung nur wenig ändern, bis er mit dem Vorübergange des niedrigsten Luftdruckes plötzlich umspringt, eine Erscheinung, die gerade vor der amerikanischen Küste, sei es als gewöhnlicher Ausschießer im Sommer oder als Blizzard im Winter, sehr häufig eintritt.

Die einzelnen Küstenstriche. An der Westküste von Grönland ist der Wind im Sommer von SW bis W, nach dem Lande gerichtet. In den drei anderen Jahreszeiten ist die Hauptwindrichtung eine östliche, vom Lande nach dem Meere, und zwar im Herbst mehr südöstlich, im Winter und Frühling aber nordöstlich.

In der Baffinbai, Hudsonstraße und in dem westlichen Teile der Davisstraße sind fast das ganze Jahr hindurch, besonders aber im Winter, nördliche und nordwestliche Winde vorherrschend. Windstillen sind sehr häufig, vorzugsweise aber im Mittwinter und Mittsommer.

Die Hudsonbai friert im Winter nie ganz zu. Die Winde wehen dann meistens vom Lande ab nach der Bai. Im Sommer ist an der Westseite der Bai die vorherrschende Windrichtung NO, an der Ostseite aber NW. Die Winde wehen meist mit mäßiger Stärke; Stürme kommen im allgemeinen selten vor. Am häufigsten sind sie im Herbst und im Frühling und aus nördlichen Richtungen.

An der Küste von Labrador herrschen von Juli bis November, der Jahreszeit, in der die Schiffahrt dort offen ist, norwestliche Winde vor, die bei Nacht abzuflauen pflegen. Östliche Winde von längerer Dauer bringen meistens Nebel; sie werden nicht selten durch heftig einfallende Windstöße mit einem Temperatursturz von einigen Graden eingeleitet und durch krauses Wasser und eine Nebelbank in Nordosten angekündigt. Starke Winde von mehr als zwölfstündiger Dauer pflegen erst von September an aufzutreten. Die Stürme beginnen fast stets aus östlichen Richtungen und pflegen, da die Gebiete niedrigen Luftdruckes, zu denen sie gehören, meistens weiter südlich entlang ziehen, über Nord nach West zu drehen. Sie dauern oft drei Tage, wohingegen Windstillen selten länger als einen Tag anhalten. Gewitter, von Wolken am westlichen Himmel angekündigt, pflegen Ende August und Anfang September aufzutreten.

An der Ost- und der Südküste von Neufundland überwiegen im Sommer südliche und südöstliche Winde und bringen sehr viel Nebel, der in Verbindung mit vielem Treibeis und Eisbergen in dieser Jahreszeit die Schiffahrt dort sehr erschwert (vergl. Tafel 32 und 33 des Atlas, 2. Aufl.). Nebel kommt auch bei starken Winden vor und reicht dann hoch hinauf, während er bei leichten Winden nur eine verhältnismäßig geringe Höhe zu haben pflegt, so daß man oft vom Topp aus darüber hinwegsehen kann. Bei westlichen oder nordwestlichen Winden ist in der Nähe der Küste klares Wetter. Westliche Winde pflegen nachts abzuflauen. Vor den Hafeneinfahrten hat man vielfach veränderliche Winde mit heftigen Windstößen. Die östlichen Sommerstürme pflegen sich von südöstlichen Richtungen auszuwehen, die meistens südöstlich beginnenden Winterstürme pflegen auszuschießen.

Anstatt durch Nebel ist die Schiffahrt an den Küsten Neufundlands im Herbst oft durch Schnee erschwert.

Im Golf von St. Lorenz herrschen im Frühling östliche Winde vor, die oft wochenlang anhalten. Südliche und südwestliche Winde, oft leicht oder nur bei Tage von einiger Stärke, sind im Sommer am häufigsten. Nördliche Winde pflegen im Sommer von kurzer Dauer zu sein und gewöhnlich nur nach länger anhaltenden Windstillen den Übergang zu den sommerlichen Südwestwinden zu vermitteln. Erst im September werden die nordwestlichen Winde allmählich stetiger und stärker. Im Herbst und Winter wehen sie mit heftigen Regen-, Schnee- und Hagelschauern oft mit großer Kraft. Schwere Stürme sind im Golf vom Mai bis Oktober selten, doch kommen stürmische Jahre vor, und westindische Orkane werden zuweilen noch hier gefühlt. Warme, dunstige Luft, Verzerrungen der Kimm oder besonders hell glitzernde Sterne gelten als Vorzeichen von Stürmen, die aus östlichen oder südöstlichen Richtungen, zuerst als leichte Brisen beginnen. Gewitterstürme, die mit heftigen Böen zu beginnen pflegen, sind im Juli und August häufig, sie halten aber nicht lange an.

An den Küsten von Neuschottland und Neubraunschweig herrschen von April bis Oktober südwestliche, im Winter dagegen starke nördliche bis nordwestliche Winde vor, doch werden die vorherrschenden Winde beim Vorüberziehen von Luftdruckschwankungen oft durch andere Winde unterbrochen, ähnlich wie im Golf von St. Lorenz oder an den Küsten von Neufundland. Schwere Stürme kommen im Mai, Juni und Juli nicht oft vor, von Mitte August an — dann im Zusammenhange mit westindischen Orkanen — muß man aber damit rechnen. Ausschießer sind dabei häufig. In der Fundy-

Bucht bringen die sommerlichen Südwestwinde viel Nebel, dagegen westliche bis nördliche Winde klares, trockenes Wetter. Vor der Südostküste von Neuschottland bringen alle Seewinde von ONO bis WSW im Winter nur gelegentlich Nebel, im April, Mai und Juni Nebel und Regen, im Juli, August und September dichten Nebel und Regen.

In Quebec ist die Schiffahrt für Segler im Mittel vom 25. November bis zum 25. April durch Eis geschlossen. Vor Quebec friert der St. Lorenzstrom selten ganz zu; das Zufrieren wird durch die rasche Strömung verhindert. Als eine allgemeine Regel ist es anzusehen, daß die Schiffahrt mit Sicherheit nicht nach dem 25. November und vor dem 25. April betrieben werden kann. Der früheste Schluß fand am 20. November, der früheste Aufgang am 15. April statt. In Charlottetown auf der Prince-Edward-Insel findet nach zehnjährigen Beobachtungen im Mittel der Schluß am 21. Dezember, die Eröffnung der Schiffahrt am 15. April statt.

An den Atlantischen Küsten der Vereinigten Staaten haben die Wind- und Witterungsverhältnisse vieles mit denen der eben angeführten Küstenstriche gemein, obwohl der Unterschied in der geographischen Breite ganz bedeutend ist. Die Winde müssen im allgemeinen als sehr veränderlich bezeichnet werden. Ein Unterschied in den verschiedenen Jahreszeiten ist indessen vorhanden; im Sommer haben südwestliche Winde die Oberhand, im Winter nordwestliche. Die Südwestwinde des Sommers wehen mit größerer Regelmäßigkeit in den südlichen Staaten (Virginien und Georgien) und in Neuengland als in den mittleren Staaten. Der Nordwestwind überwiegt viel mehr in den nördlichen als in den südlichen Staaten der Ostküste von Nordamerika. Die häufigen Winterstürme der nördlichen Staaten beginnen meistens aus SO mit Regen und fallendem Barometer. Später holt der Wind fast ebensooft durch NO wie durch SW nach NW, und statt des Regens fällt Schnee. Dann tritt bei steigendem Barometer aufklarendes Wetter ein.

Sehr übel berüchtigt ist die Gegend bei Kap Hatteras wegen des hier im Herbst und Winter herrschenden stürmischen Wetters. Namentlich aber wird diese Gegend der Schiffahrt so gefährlich, weil die westindischen Orkane sehr oft ihren Weg dort vorbei nehmen.

Eine bemerkenswerte Tatsache ist das Auftreten von nördlichen und östlichen Winden an den Küsten von Süd-Carolina während der Herbstmonate. Um diese Zeit hat das Nordostpassatgebiet hier seine weiteste nördliche Ausdehnung erreicht. Während des Sommers sind Gewitter mit heftigen nordöstlichen Winden häufig. Ist der Nordostwind nicht von Regen begleitet, so hält er meistens mehrere Tage an.

Zwischen der Küste von Amerika und den Bermudas-Inseln muß man sich fast das ganze Jahr hindurch auf schlechtes Wetter gefaßt halten, besonders aber im Spätsommer und Herbst (August, September und Oktober), zu welcher Zeit diese Gewässer von westindischen Orkanen heimgesucht werden. Deren nordöstliche Bahn liegt nicht selten zwischen den Bermudas-Inseln und der Küste, und sie schreiten in der Nähe der Inseln häufig sehr langsam fort. Im November treten Winde von verschiedener Stärke auf. Von Dezember bis März ist das Wetter meistens kalt und trocken, bei vorherrschend nordwestlichen Winden. In den Winterstürmen verändert sich der Wind fast immer von S durch W nach NW. Die vorherrschende Windrichtung in Bermuda ist, wie an der amerikanischen Küste, im Sommer südwestlich und südöstlich, im Winter nordwestlich.

Die nördlichen Bahama-Inseln und die Florida-Keys gehören schon dem Gebiete an, wo gewöhnlich der Passat herrscht, der hier indessen im Sommer meistens aus südöstlicher Richtung kommt. Dasselbe gilt für Florida; doch sind hier die Winde weniger beständig. Regelmäßige Land- und Seewinde, wie auf den meisten westindischen Inseln, kommen auf den Bahama-Inseln nicht vor. Diese sowie die anderen westindischen Inseln liegen in der Zone der Orkane, und es vergeht fast kein Herbst, in dem sie nicht von solchen heimgesucht werden. In den Wintermonaten ist auf den Bahama-Inseln der Passat vielfach unterbrochen, und gewöhnliche Stürme, wie die der mittleren Breiten, sind nicht selten. In der Regel erfolgt die Windänderung dabei im Sinne S—W—NW. Die Schwankungen des Barometers sind hier nicht so groß wie in höheren Breiten; aber eine kleine Schwankung ist hier oft schon von einer bedeutenden Windstärke begleitet, weshalb das Barometer scharf zu beobachten ist. Bei starken nordöstlichen Winden im Winter ist der mittlere Luftdruck 762—767 mm. Es ist eine bemerkenswerte Tatsache, daß das Barometer bei dem Einsetzen einer heftigen Böe oder eines Sturmes oft 2—3 mm steigt und erst später anfängt zu fallen. Im Sommer schwankt der Luftdruck zwischen 760 und 762 mm. Das Barometer steht hoch bei nordöstlichen und niedrig bei südöstlichen Winden.

Westindien und die amerikanischen Küsten von Florida bis Kap San Roque.

Allgemeines. Abgesehen von einigen Küstenstrecken, die im einzelnen besprochen werden, liegen die oben bezeichneten Küsten im Bereich der Passate, namentlich des Nordostpassates, der ganz Westindien und die mittelamerikanischen Küsten bis etwa zur Mündung des Orinoco umfaßt. Weiter südöstlich, zwischen den Mündungen des Orinoco und des Amazonenstromes, verschiebt sich mit den Jahreszeiten das windstille oder Mallungsgebiet zwischen dem Nordostpassat und dem Südostpassat, und weiter südöstlich, an der Küste zwischen der Mündung des Amazonenstromes und Kap San Roque, herrscht das ganze Jahr über der Südostpassat.

Die westindischen Orkane, die oft so furchtbare Verheerungen anrichten, sind am häufigsten während des Monats September. Sie nehmen ihren Weg in den meisten Fällen über Barbados, St. Thomas, längs der Nordküsten von Porto Rico und Cuba und wenden sich dann bei Florida nordostwärts; es kommen aber auch viele Ausnahmen hiervon vor. Der Einfluß der Orkane reicht im allgemeinen nicht südlicher als nach 10° N-Br. Im Winter treten im Golf von Mexiko die Norder auf. Diese Winterstürme bringen Kälte weit hinab in südliche Breiten. Vor den Küsten setzen sie gelegentlich mit heftigem Regen ein und sind auf einigen Reeden besonders zu fürchten wegen des aufgeregten Seeganges, den sie hervorrufen. Böen von größerer oder geringerer Stärke kommen in ganz Westindien, namentlich im Sommer, vor. Sie zeigen sich meistens durch einen dunkeln Wolkenbogen an, fallen ein, ehe dieser das Zenit erreicht hat, und sind oft von Blitz und Donner begleitet. Auch sogenannte „weiße Böen", deren Herannahen nur an dem krausen Wasser erkannt werden kann, kommen vor, gewöhnlich in der Nähe von Land, wo der Wind von steilen Höhen herabfällt.

Die einzelnen Küstenstriche. Westindien, wo in vielen Teilen die jährliche Wärmeschwankung nur 1° beträgt, liegt in der Zone des kräftigsten Nordostpassats, dessen vorherrschende Richtung hier recht Ost ist. In den Kleinen Antillen, besonders in Barbados, wird diese Richtung fast niemals unterbrochen. Hier herrscht der wirkliche Passat des Ozeans. Auf der Insel St. Vincent umfaßt die Regenzeit die Monate Juni bis November; die Trockenzeit dauert von Februar bis April. Die Monate Dezember und Januar einerseits, Mai andererseits bilden die Übergangszeiten. Der Nordostpassat herrscht hier, wie auf den benachbarten Inseln, das ganze Jahr hindurch, mit Ausnahme der Monate Juli bis September, der Orkanzeit; an der Leeseite zeigt er sich durch die hohen Berge abgeschwächt und abgelenkt. Im März hat der Passat die größte mittlere Stärke, 6, sonst Stärke 4. Gegen Mittag ist er am kräftigsten, stirbt an der Leeseite gegen Abend ab und macht für die Nacht einem leichten Landwinde Platz. Eine eigentliche Seebrise tritt nicht auf; nur zuweilen stößt sich der leichte Passat am Fort Charlotte und tritt im westlichen Teil der Bucht von Kingstown als Nordwestwind auf. In den Durchfahrten zwischen den Kleinen Antillen trifft man an der Luvseite den Passat ziemlich regelmäßig, in Lee wird er durch das Land abgelenkt.

An den Süd- und Westküsten der Großen Antillen wehen Land- und Seewinde regelmäßig, während an den Nordseiten der Passat in der Nacht nur etwas abflaut, dagegen am Tage mit vermehrter Stärke aus einer mehr direkt auf die Küste stehenden Richtung weht. An den Nordküsten von Porto Rico und Haïti weht der Nordostpassat beständig und frisch, in den Wintermonaten ist er an den Küsten mitunter sogar stürmisch. Die Regenzeit in den Spätsommermonaten macht sich nur durch häufigere Regenböen, Stillen und flauen Passat bemerkbar; anhaltender Westwind und Regen sind selten. Norder treten auf Haiti gelegentlich, auf Porto Rico sehr selten auf. Die Ostküste von St. Domingo ist dem vollen Passate ausgesetzt und daher sehr gesund, während an der Westseite dieser Insel der Passat weniger beständig und das Klima nicht so gesund ist.

Das Klima an der Samana-Bucht an der Ostküste von Haïti ist zwar feucht, aber nicht ungesund; Fieber kommen wohl vor, sind aber meist von ganz leichter Natur. Morgens gegen 6—7 Uhr erhebt sich nach Dr. Reid eine leichte westliche Brise, die allmählich auf WSW geht und gegen 8 Uhr aufhört. Die Seebrise aus SO—O setzt gegen 10 Uhr vormittags ein, dauert bis 4 Uhr nachmittags und hat einen ziemlichen Seegang im Gefolge. Die dann folgende Stille wird in der Zeit von 5—6 Uhr abends durch schwachen nordöstlichen bis östlichen Wind unterbrochen, um aber später während der Nacht anzuhalten. Stürme kommen sehr selten vor; die wenigen, welche beobachtet worden sind, kamen über Land und konnten den Schiffen in keiner Weise gefährlich werden, da der Ankergrund gut hält und die Richtung des Windes das Aufkommen einer See ausschließt.

An der Südküste von Porto Rico und Haïti herrschen dicht unter Land Land- und Seewinde, namentlich frisch und regelmäßig in den Winter- und Frühjahrsmonaten; in größerem Abstand vom Lande hat man vielfach Stillen oder Passat aus östlicher Richtung. In der Regenzeit sind an den Südküsten Regenböen häufiger als an den Nordküsten. An der Westküste Haïtis weht der Passat am Vormittag unter Land als Landwind besonders stark, nachmittags herrscht westliche Seebrise in den Buchten. Weiter draußen, 10—20 Sm vom Lande, herrschen Stillen oder flauer Passat. An der Küste westlich von Cayemites bis zum Kap Dame Marie weht mitunter in den Wintermonaten ein frischer Norder aus nordöstlicher Richtung. In Port au Prince ist im April bei vorherrschendem NW-Winde die Trockenzeit.

Cuba ist hinlänglich groß, lokale Einflüsse auf den Passat einwirken zu lassen. An der Nordküste Cubas weht der Passat des Morgens flau aus ostsüdöstlicher Richtung; er frischt während des Tages bis 2 Uhr nachmittags auf und dreht dabei mehr nach Norden. In den Wintermonaten setzen mitunter Norder ein, wobei die Temperatur oft sehr tief heruntergeht. Während der Sommermonate ist der Passat flau, unregelmäßig und von häufigen Stillen oder Regenböen unterbrochen. An der Südküste von Cuba herrschen Land- und Seewinde, doch ist der Passat als verstärkter Landwind noch erkennbar. In den Sommermonaten ist hier die Regenzeit deutlicher ausgeprägt als an der Nordküste von Cuba. Kurze, aber sehr heftige Böen mit starkem Gewitter, „Bayamos“ genannt, treten namentlich in der Bucht von Bayamo nördlich von Kap Cruz auf. An den Küsten von Jamaica herrschen Land- und Seewinde, besonders an der Südküste. An der Nordküste kommen während der Wintermonate nördliche Winde sehr selten frisch durch. Zwischen Jamaica, Cuba und Haïti trifft man während der Sommermonate meist flauen Passat und Stillen, in den Winter- und Frühjahrsmonaten sehr steifen, mitunter stürmischen Passat.

An der Westküste von Florida weht im Sommer vormittags Passat aus südöstlichen, nachmittags Seebrise aus südwestlichen Richtungen. Im Herbst und namentlich im Winter überwiegen zuerst nordwestliche, später nordöstliche Winde, im Frühjahr ostnordöstliche, die gegen den Sommer hin allmählich immer häufiger aus mehr östlichen bis südöstlichen Richtungen kommen.

An der Alabamaküste, östlich der Mississippimündung überwiegt von April bis Juli in den Vormittagsstunden eine Art Passat aus NO bis SO; gegen Abend pflegt der Wind nach SW herumzuholen. Von August bis Oktober, der Orkanzeit, ist der Südwestwind dort sehr böig, und nicht selten weht es hart aus Süden. Von November bis März kann man auf Norder rechnen; gewöhnlich gehen ihnen südliche Winde vorher, die viel Regen bringen, rechts herum holen und von SW oder W schon hart wehen. Wenn der Wind dann später über NW bis N geholt hat, wird gewöhnlich bald gutes Wetter. Den eben geschilderten sind die Winde an der Louisiana-Küste, westlich der Mississippimündung, sehr ähnlich. August, September und Oktober sind hier für die Schiffahrt am gefährlichsten. In den Frühjahrsmonaten herrscht bei südlichen Winden viel Nebel an den Küsten; er verschwindet mit nördlichen Winden, oder sobald man aus dem kalten, gelben Flußwasser in das tiefblaue, warme Golfwasser kommt.

An den Ostküsten von Texas und von Mexiko wird der Passat in den Sommermonaten, der Regenzeit, durch die große Erwärmung des Landes ganz bedeutend verstärkt und nach SSO—SO abgelenkt. Als Seewind ist er erfrischend, während der in dieser Jahreszeit zuweilen in der Nacht eintretende Landwind, der „Terral", feucht und ungesund ist. Dahingegen hat diese Küste im Winter keinen Passat wie die westindischen Inseln, sondern es herrschen hier alsdann, bei verhältnismäßig niedrigem Luftdruck über dem Golf von Mexiko, nördliche und nordnordwestliche Winde vor, zuweilen unterbrochen durch einen südöstlichen Wind mit dichtem Nebel und großer Luftfeuchtigkeit. Der Luftdruck ist in dieser Jahreszeit oft bedeutenden Schwankungen unterworfen, und der Wind ist veränderlich. Nicht selten treten Norder auf, die aus südöstlichen Richtungen beginnen und viel Regen bringen.

An der Küste von Vera Cruz weht von März bis September Passat aus ostsüdöstlichen Richtungen, der aber von Mitte Mai bis Ende Juli zuweilen von Windstillen mit dickem Wetter und gelegentlichen heftigen Böen unterbrochen und bei Nacht meistens durch südwestliche Landbrise abgelöst wird. Wenn die Landbrise, namentlich im August und September, mit feinem Regen aus Nordwesten kommt, so pflegt am anderen Tage nördlicher bis nordöstlicher Wind zu folgen. Böen sind von Juli bis Oktober am häufigsten, die schwersten kommen aus Ost. Norder können schon im September und noch im März oder sogar im April auftreten; sie sind in diesen Monaten indessen nicht sehr gefährlich, setzen aber oft ohne irgendeine Warnung ein. Die trockenste Jahreszeit ist von Dezember bis März, die regenreichste von Juni bis Oktober.

An der Campeche-Küste setzt die Regenzeit im Mai ein und währt bis September; man trifft dann viel Stillen und oft ist der Himmel tagelang von Regenwolken bedeckt; in größerem Abstand von der Küste ist das Wetter sichtiger.

Die flache Halbinsel Yucatan hat ein trockenes, heißes Klima. In Merida war die mittlere Temperatur im Jahre 1895 = 25,5°. Die Regenzeit währt von Juni bis November, die größte Regenmenge fällt im Herbst. Die ebenen Savannen stehen dann monatelang seeartig unter Wasser.

An der Ostküste von Yucatan überwiegt der Nordostpassat in den Monaten Februar bis Mai; von Juni bis August ist der Wind mehr südlich, zeitweilig auch recht frisch aus westlicher Richtung; auch Stillen treten auf. Vom September bis Januar herrschen westliche Winde mit häufigen Regenböen vor. Norder treten zwischen Oktober und Februar auf, jedoch reichen sie nicht bis in die innere Bucht von Honduras. Hier herrschen Land- und Seewinde vor, die im Sommer, in der Regenzeit, jedoch recht flau und unbeständig sind und namentlich nachts durch häufige, schwere Regenböen unterbrochen werden.

An der Nordküste von Honduras trifft man in gutem Abstand vom Lande den ziemlich längs der Küste wehenden Nordostpassat, unter Land aber Land- und Seewinde an. Die Norder wehen an dieser Küste zwischen Oktober und Februar und zeigen sich hier meistens durch einen frischen nördlichen Wind an, der abflauend südlich wird, während dunkle Wolkenmassen schnell von Westen heraufziehen; gleich darauf setzt der stürmische Wind aus nördlicher Richtung ein. Man muß bei den Nordern die mitunter schon vorher bemerkbare südliche, also auflandige Strömung wohl beachten. In der Durchfahrt zwischen dem Festlande bei Kap Gracias a Dios, dem Falschen Kap und den weiter seewärts liegenden Riffen weht der Norder aus nordwestlicher Richtung an der Küste entlang. Bei solchem Norder setzt ein starker Strom, bis zu 5 Sm in der Stunde, an der Küste entlang südlich. An der Mosquito-Küste dauert die Trockenzeit von Dezember bis Mai. In dieser Zeit weht ausschließlich Nordostpassat. Die Regenzeit dauert von Juni bis November, sie wird aber von einer kleinen Trockenzeit im August unterbrochen; dabei sind in der ganzen Zeit von Juni bis November südöstliche bis südwestliche Winde mehr oder minder häufig. In der Regenzeit folgen schwere Regenböen und Gewitter häufig schnell aufeinander. Im November wehen manchmal steife Norder. An der Küste von Panama herrscht in der trockenen Jahreszeit, von Dezember bis April, der Nordostpassat; er flaut bei Nacht in der Nähe von Land meist sehr ab, zuweilen tritt sogar Landbrise ein. In der Regenzeit, von April bis Dezember, ist die Luft sehr feucht, plötzlich eintretende, mitunter lange anhaltende Regenschauer gehen nieder, und oft ist die Küste durch Dunst, Nebel und Regenwolken verschleiert. Zu dieser Zeit ist das Klima sehr ungesund. Von Juli bis November treten zeitweise während mehrerer Tage frische westliche Winde, die Vendavales, bis weit nach See hinaus auf. Im November, Dezember und Januar ist die Norderzeit. In der Bucht von Darien weht der Nordostpassat in der trockenen Jahreszeit, vom Januar bis Anfang Mai, während des Tages aus nördlicher Richtung steif, mitunter stürmisch, während der Nacht flau. Die Luft ist in dieser Zeit dunstig, so daß man zeitweilig die Küste erst in 5 Sm Abstand sichtet. Während der Regenzeit, von Mai bis Dezember, ist der Wind unbeständig, oft ablandig aus Südwest. Er ist oft von anhaltenden Regenschauern begleitet. An der Küste von Columbia herrschen ähnliche Wind- und Wetterverhältnisse wie in der Bucht von Darien; der Nordostpassat weht ziemlich nördlich, und nachts setzen Stillen oder flaue Landwinde ein, die aber nicht weit nach See hinaus bemerkbar sind. Die westlichen Winde (Vendavales) herrschen mitunter auch hier noch einige Tage in den Monaten Juli bis November.

Von der Küste des tropischen Südamerikas besitzen wir nur wenige meteorologische Beobachtungen, und nur nach den allgemeinen Beschreibungen einiger Forscher ist es möglich, sich ein annähernd richtiges Bild der dortigen klimatischen Verhältnisse zu entwerfen. Die Küsten von Venezuela und Guyana liegen im Gebiet des Nordostpassates, während der Südostpassat am Amazonenstrome vorwaltet. An der Küstenstrecke von 1°—3° N-Br. sind fast das ganze Jahr hindurch Windstillen mit Regen vorherrschend.

In Venezuela ist die Windrichtung zwischen NO und O von Juni bis August mit 49% und von Dezember bis Februar mit 68% (in Guyana mit 63% und 81%) aller Winde vertreten. Westliche Winde treten mit einem verschwindend kleinen Prozentsatze auf, am häufigsten im Sommer.

In den Wintermonaten der nördlichen Halbkugel tritt der Nordostpassat meistens frisch auf, doch wird er auch alsdann mitunter durch Winde aus einer anderen Richtung — auch aus einer westlichen — und durch Windstillen aufgehoben. Die einzelnen Jahreszeiten grenzen sich an diesen Küsten wenig scharf voneinander ab, nur daß im Sommer die Temperatur der Luft etwas höher und der Regen anhaltender und reichlicher ist. Die Regenzeit beginnt im Mai und dauert bis Oktober; von Januar bis März regnet es fast gar nicht. In Venezuela äußert sich die Regenzeit in täglichen vorübergehenden Schauern und in häufigen Gewitterböen. Ein tagelanger, sogenannter Landregen tritt hier nicht auf. Während der Regenzeit ist der Passat meist nur schwach entwickelt; es wehen dann vielfach veränderliche Winde, abwechselnd südliche, westliche und östliche. Letztere, im allgemeinen die frischesten, sind als Fortsetzung des weiter auf See herrschenden Passates zu betrachten; sie treten, ebenso wie die westlichen Winde, welche den leichten Passat aufheben, nur am Tage auf. In der Nacht weht ein regelmäßiger Landwind, der aus den Bergen eine angenehme Kühle bringt. Gelegentlich treten an dieser Küste auch schwere Südstürme auf, welche sich in den heißen Ebenen des Innern von Venezuela entwickeln und eine starke Temperaturerhöhung veranlassen.

Das Klima der Insel Trinidad kann, abgesehen von der Umgebung einiger sumpfiger Gegenden, als ein gesundes betrachtet werden; jedenfalls ist der Golf von Paria für die Schiffahrt wohl zu den gesündesten Tropengegenden zu rechnen. Die Trockenzeit wird von Mitte Januar bis Mitte Mai gerechnet, die übrige Zeit kann als Regenzeit betrachtet werden, die im Juli und August am stärksten ausgeprägt ist. Der Passat weht am Tage über dem

Lande und auf dem Golf von Paria frisch, wird am Abend flau und nimmt gegen 12 Uhr nachts bis zur Windstille ab. In der Nordostecke des Golfs herrscht aber auch manchmal am Tage Windstille bei drückender, schwüler Luft. In der Regenzeit sind Westwinde und Böen, die freilich in allen Monaten, besonders in den Nachmittagsstunden auftreten können, häufig. Die Wind- und Witterungsverhältnisse einiger Küstenpunkte dieser Insel weichen manchmal von den allgemeinen ab.

Seegang und Dünung, welche durch die Drachenmündnng einlaufen, werden den Schiffen auf der Reede von Brea oft lästig.

Das Klima der Küste von Guyana zeichnet sich durch sehr gleichmäßige, hohe Wärme das ganze Jahr hindurch, ebenso gleichmäßige, hohe Luftfeuchtigkeit und reichliche Niederschläge, ohne eine scharf ausgeprägte Trockenzeit, aus. Die höchste Temperatur tritt nach dem Regen, im September und Oktober, ein. Die mittleren Tagesextreme der Temperatur halten sich recht gleichmäßig das ganze Jahr hindurch bei 30° und 23°; die Tagesschwankung der Wärme ist am größten im Oktober, 8,9°, am kleinsten im Januar und Februar; 5,9°, im Jahresmittel 7,3°. Im März und April sowie im September, wenn die Sonne über Guyana im Zenit steht, sind Trockenzeiten; die Regen treten mit den größten Deklinationen der Sonne ein, während die Winde das ganze Jahr hindurch zwischen NO und O wehen. Das Klima von Cayenne gilt bekanntlich als sehr ungesund.

An der Nordküste von Brasilien, von der Mündung des Amazonenstroms bis Kap San Roque, sind Winde von NO über O nach SO vorherrschend. Das Jahr scheidet sich in zwei Jahreszeiten, die trockene, von Juli bis Dezember mit Winden aus SO bis S, und die Regenzeit, von Januar bis Juni mit Winden von O bis NO. Der Juli ist gewöhnlich der Übergangsmonat, die Winde sind dann veränderlich, und die Witterung paßt sich den beiden Jahreszeiten an. In der trockenen Jahreszeit wehen die Winde meist recht frisch und erzeugen an der Küste hohen Seegang. Während der Regenzeit wird der vorherrschende Wind nur in längeren oder kürzeren Perioden gefunden; dazwischen finden lange andauernde Windstillen statt, die fast täglich durch plötzliche Böen mit strömendem Regen unterbrochen werden. Im allgemeinen beginnt der Regen um 11 Uhr vormittags und dauert oft bis 10 oder 11 Uhr nachts. Während des Restes der Nacht und Morgens ist das Wetter in der Regel schön. In der trockenen Jahreszeit, von Juni bis November, tritt die sogenannte Böe von Para, am häufigsten gegen 3 Uhr nachmittags, auf. Es regnet gelegentlich in Schauern, Wetterleuchten ist nicht selten, doch wird kein Donner gehört. In Maranhão sind die Regen nicht so bedeutend wie in Para. Bis zu einer gewissen Entfernung vom Lande wehen an dieser Küste Land- und Seewinde. Zur Nachtzeit wird der Passatwind aufgehoben, und es tritt an seine Stelle ein Landwind von SSO und S ein. Um 8 oder 9 Uhr vormittags dringt der Passat wieder bis an die Küste.

Brasilien liegt im Gebiete der Passate, und der Einfluß des Kontinents wirkt verstärkend, aber auch ablenkend auf den Wind. Ersteres gilt ganz besonders für die Gegend am Amazonenstrom, wo während der trockenen Jahreszeit, von Juni bis Dezember, der Passat zuzeiten stürmisch auftritt. Während der anderen Hälfte des Jahres ist der Wind weniger beständig, namentlich am oberen Amazonenstrom. Hier ist der Passat häufig durch Windstillen und westliche Winde unterbrochen. Das Klima der Küste von Brasilien ist im allgemeinen von dem herrschenden Passat abhängig, der nur, wenn die Sonne im Zenit steht, abflaut und örtlichen Gegenwinden und Windstillen Platz macht. Im Norden fällt die niedrigste Lufttemperatur in unseren Winter, den Januar und Februar, die höchste in die Trockenzeit im Herbst, auf den September und Oktober. Erst von 8° S-Br. an treten der südliche Winter und Sommer in ihre vollen Rechte; die wärmsten Monate sind hier Dezember, Januar und Februar, die kältesten Juni und Juli. Um den Äquator ist der jährliche Gang wechselnd, die jährliche Schwankung sehr klein, 1—2°, und der Eintritt der höchsten Wärme wohl meist von der Bewölkung und den Niederschlägen abhängig. Der allgemeine Charakter der Witterung am Amazonenstrom ist der, daß die Trockenzeit von Juni bis Dezember, mit einigen gelegentlichen Unterbrechungen, namentlich Anfang November, die Regenzeit von Januar bis Mai, aber mit Intervallen von schönem Wetter, währt. Südlich von der Mündung des Amazonenstromes, in Maranhão und Ceará, sind die Regenzeiten ziemlich regelmäßig, mit einem größten Regenfall vom Februar bis April. Eine ausgesprochene Trockenzeit ist von Juni bis September vorhanden. Von Zeit zu Zeit treten in diesem Teile Brasiliens Dürrperioden ein, welche Mißernten und Hungersnot im Gefolge haben.

Die Ostküste von Südamerika von Kap San Roque bis Kap Horn.

Allgemeines. Im Zusammenhange mit dem Gebiet hohen Luftdruckes mitten auf dem Südatlantischen Ozean, von wo aus der Luftdruck nach Süden hin schnell abzunehmen pflegt, dabei aber vielen Schwankungen unterworfen ist, finden sich an der Ostküste Südamerikas zwei große Windsysteme: der Südostpassat und das Gebiet der veränderlichen Westwinde. Zwischen diesen beiden liegt noch ein Übergangsgebiet. Der Südostpassat, zu gewissen Zeiten und an gewissen Küstenstrecken durch die sommerliche Erwärmung des südamerikanischen Kontinents abgelenkt, weht das ganze Jahr und erreicht seine südliche Grenze in der Nähe von 10° bis 20° S-Br. Das Übergangsgebiet, dessen Nordgrenze sich wie die Südgrenze des Passates mit der Jahreszeit wenig verschiebt — ganz entsprechend der geringen Verschiebung der Nordseite des Hochdruckgebietes auf dem Ozean —, erleidet nach Süden hin größere jahreszeitliche und namentlich auch zufällige Verschiebungen: ähnlich, wie gleichmäßig hoher Luftdruck auf dem Ozean oft weit hinab nach Süden reicht, oft aber auch schon nördlich von 30° N-Br. nach Süden gerichteten Gradienten Platz macht. Das Gebiet der vorherrschend westlichen Winde wird dementsprechend mit Sicherheit erst südlich der La-Plata-Mündung angetroffen.

Die einzelnen Küstenstriche. An der Ostküste von Brasilien ist der Passat periodischen Schwankungen unterworfen. Von Oktober bis April, dem südlichen Sommer, weht er in mäßigem Abstande von der Küste vorwiegend von NO bis ONO; dahingegen ist seine Hauptrichtung von April bis Oktober, dem Winter der südlichen Hemisphäre, von SSO bis OSO. Das darf bei Reisen an der Küste von Brasilien nicht außer acht gelassen werden, wenn man nicht Gefahr laufen will, gelegentlich der Küste zu nahe zu kommen.

Man hat diese periodischen Winde auch wohl mit dem Namen Monsune bezeichnet, was streng genommen nicht richtig ist. Admiral Roussin sagt hierüber im Pilote de Brésil: „Nach Beobachtungen an 113 Tagen zur Zeit des sogenannten Südostmonsuns wehte der Wind nur 35 Tage zwischen S und O, an 38 Tagen zwischen N und O, an 16 Tagen zwischen N und W und an 24 Tagen zwischen W und S. An 153 Tagen des Nordostmonsuns war der Wind 75 Tage zwischen S und O, 7 Tage zwischen N und W, 6 Tage zwischen W und S und 62 Tage zwischen N und O. An den anderen Tagen war es windstill.“ Die eben angeführten Tatsachen beweisen zur Genüge, daß von regelmäßigen und gut ausgebildeten Monsunen an der brasilianischen Küste nicht die Rede sein kann.

Im Mündungsgebiet des Amazonenstroms, im besonderen in Pará, ist die vorherrschende Windrichtung im Januar, Februar und März nordöstlich, im April, Mai und Juni östlich, im Juli bis September etwas südlicher als Ost und im Oktober bis Dezember NO bis N und NW. Die nachstehende Tabelle S. 69 zeigt, wie häufig in jedem Monat die verschiedenen Windrichtungen beobachtet wurden (drei Beobachtungen täglich), ferner die mittlere Regenmenge, die Zahl der Regentage und der Gewittertage sowie die Bewölkung in den einzelnen Monaten[1]).

Mittlere Windstärke (B. Sk.) in der regenreichen und in der trockenen Jahreszeit zu Pará.

	7 Uhr V.	2 Uhr N.	9 Uhr N.		7 Uhr V.	2 Uhr N.	9 Uhr N.
Januar . . .	1,1	3,6	1,0	Juli	1,4	3,6	1,3
Februar . .	1,0	3,7	0,7	August . . .	1,6	3,7	1,4
März	1,1	4,0	0,8	September .	1,6	3,8	1,3
April	1,0	3,5	0,6	Oktober. . . .	1,7	3,7	1,9
Mai.	1,1	3,4	0,8	November. .	1,7	4,2	1,8
Juni	1,5	3,4	1,1	Dezember. .	1,3	3,8	1,4
Mittel	1,1	3,6	0,8	Mittel	1,6	3,8	1,6

In den Monaten mit dem reichlichsten Regenfall (Januar, Februar und März) herrschen auch die Windstillen vor, 28 %, während sie in den trockensten

[1]) Siehe J. Hann, „Zur Meteorologie des Äquators nach den Beobachtungen zu Pará am Museum Goelde“. Wien 1905.

Pará.

Windrichtung	Jan.	Febr.	März	April	Mai	Juni	Juli	Aug.	Sept.	Okt.	Nov.	Dez.	Jahr
N	14	12	15	14	6	3	1	4	5	16	32	21	48 Tage
NO	20	22	17	21	14	13	9	12	29	38	23	22	81 „
O	7	20	17	16	36	43	42	37	33	20	14	23	103 „
SO	4	3	8	10	10	6	20	17	5	0	3	3	30 „
S	5	1	1	4	6	5	4	2	1	1	0	0	9 „
W	3	0	2	1	2	0	1	0	0	0	0	0	2 „
W	7	2	2	2	0	3	1	1	0	3	0	0	7 „
NW	4	5	4	3	3	1	0	2	6	12	17	16	24 „
Stille	29	19	27	19	16	16	15	18	11	3	1	8	61 „
Summe	93	84	93	90	93	90	93	93	90	93	90	93	365 Tage
Mittlere Regenmenge (1894—1904) in cm.													
	32,2	35,3	35,4	33,2	24,0	14,9	13,3	12,0	9,4	8,5	5,4	15,2	237,8
Regentage (1895—1904).													
	26,8	26,1	28,2	26,4	22,6	20,5	18,5	16,2	15,4	12,6	10,3	19,5	243,9
Gewittertage (1895—1904).													
	15,2	14,3	18,9	18,1	15,8	12,4	12,9	13,3	11,1	8,4	5,5	13,7	158,2
Bewölkung (0—9°). (Monatsmittel 1895—1904.)													
	6,5	7,0	7,3	7,0	5,8	4.6	4,3	3,6	3,4	3,4	3,4	5,0	5,1

Monaten (September bis Dezember) am seltensten sind, 4 %. In der trockenen Jahreszeit ist in den Morgen- und Abendstunden die mittlere Windstärke größer als in der regenreichen Zeit; für 2 Uhr nachmittags ist die mittlere Windstärke das ganze Jahr hindurch nahezu die gleiche. Stürmische Winde, Stärke 7 B. und darüber, werden in der Zeit von Januar bis März durchschnittlich an 6 Tagen beobachtet, April bis Juni 2,7 Tage, Juli bis September 4,3 Tage und Oktober bis Dezember 3,6 Tage. Der Passatwind frischt gewöhnlich am Nachmittag auf und flaut gegen Abend ganz ab. Nachts ist es meistens windstill oder leichter Zug aus veränderlicher Richtung. In der Regenzeit sind Gewitterböen mit frischer Brise aus östlicher Richtung am Nachmittage häufig.

Die Temperaturmittel (1895—1904) sind:

Jan.	Febr.	März	April	Mai	Juni	Juli	Aug.	Sept.	Okt.	Nov.	Dez.
25,4°	25,0°	25,3°	25,4°	25,9°	25,9°	25,7°	25,8°	25,9°	26,2°	26,5°	26,1°

Das höchste Maximum ist mit 34,6°, das niedrigste Minimum mit 18,0° beobachtet. Die tägliche Temperaturschwankung beträgt im Jahresdurchschnitt 7,3°. —

Als gelegentliche Winde an der Ostküste sind anzuführen: die plötzlichen Stürme von SW, welche häufig während der Regenzeit von Dezember bis Juni wehen. Sie werden „los reboyos“ genannt, dauern 3—4 Tage, sind noch mäßig, während es regnet, und werden stark bei abklarendem Himmel. Ein anderer gelegentlicher Wind tritt vom Mai bis August in einer Regenböe auf; namentlich bei den Abrolhos und wenn die Jahreszeit sehr regnerisch ist. Der Wind weht aus der Richtung OSO, die Böe kommt auf als eine runde weiße Wolke, die scheinbar wenig Wind mit sich führt, manchmal bricht der Wind plötzlich mit großer Kraft los; man sollte daher stets auf seiner Hut sein. Die bis so weit geschilderten Küstenwinde erstrecken sich etwa 120—150 Sm in See, jenseits dieser Grenze herrscht der Passat. Längs der Küste trifft man veränderliche Winde, namentlich von SSW bis SO, sowie Stürme und Regen. Der Landwind tritt in nächster Nähe der ganzen Küste Brasiliens regelmäßig auf. Je nach der Jahreszeit und der Örtlichkeit ist der Landwind verschieden kräftig. Je näher dem Äquator, desto deutlicher ist er ausgeprägt. Aber auch in Rio bleibt der Landwind (terral) selten um etwa 9 Uhr abends aus und stirbt nicht ab vor dem nächsten Morgen. Dasselbe ist der Fall in Espiritu Santo, Porto Seguro, Bahia, Pernambuco und anderen, ähnlich gelegenen Plätzen. Die Landwinde sind am kräftigsten, wenn der Passat vor der Küste nordöstliche Richtungen hat, von Oktober bis April, im südlichen Sommer. Im südlichen Winter ist der Wind vielfach veränderlich, namentlich am südlichen Teil der Küste. Je stärker am Tage der Wind von der See her weht, desto frischer ist auch der Landwind während der Nacht. Bei Rio de Janeiro beginnt der Seewind (brisa do mar), der aus O bis SO weht, in See um ungefähr 11 Uhr Vorm., erreicht aber die Stadt nicht vor 2—3 Uhr Nachm., obwohl diese nur 9 Sm von der Küste liegt. Die Stürme und die Südwinde machen sich in der Bucht von Rio de Janeiro wenig fühlbar. Wegen der Regelmäßigkeit des Landwindes ist es immer möglich, einen Hafen von Brasilien an einem bestimmten Tage unter Segeln zu verlassen.

Die Küste bei Pernambuco hat entschieden Winterregen. In Rio de Janeiro wird von allen Fremden die große Feuchtigkeit der Luft als die auffallendste Erscheinung empfunden. Dennoch ist das Klima nicht ungesund, und man kann die schönen Nächte ohne Besorgnis genießen, wenn man die Vorsicht gebraucht, die Zeit der raschen Abkühlung nach Sonnenuntergang nicht im Freien zuzubringen. Die Lufttemperatur ist ziemlich gleichmäßig hoch, und die tägliche Schwankung, 6,4°, ist gering, die Monatsschwankung hält sich zwischen 13° von März bis Juli, und 17—18° im November und Dezember; die mittleren Jahresextreme sind 36,5° und 12,9°. Von August bis Mitte Oktober treten trockene Nebel auf, die um so stärker werden, je heißer und ruhiger das Wetter ist; Gewitter vertreiben sie auf einige Zeit.

In der Bucht von Santos sind die vorherrschenden Winde von Oktober bis April, der schönen Jahreszeit, von ONO; von April bis August wehen die Winde aus dem südlichen Quadranten, von SO bis SSW, von Mai bis August erlangen sie die größte Stärke. An der ganzen Küste von Rio de Janeiro bis Santos wehen besonders in den Sommermonaten häufig mehrere Tage hintereinander NW-Winde, die zuweilen als steife Brise auftreten. Diese sehr warmen Landwinde steigern die Temperatur beträchtlich, und werden die „Nordwest-Tage" in den genannten Hafenstädten stets sehr unangenehm empfunden. Nach dem NW-Wind tritt gewöhnlich südlicher Wind mit Regen ein.

Santos ist jetzt eine gesunde, reinliche Stadt, nachdem die Kaianlage fast fertiggestellt ist und die Stadt eine Kanalisationsanlage erhalten hat. Seit ungefähr 10 Jahren ist fast kein Fall vom gelben Fieber vorgekommen. Die Bewohner von São Paulo suchen Santos immer mehr auf, um daselbst Seebäder zu nehmen.

Das Klima von São Paulo, der Nachbarstadt von Santos, ist eines der angenehmsten der ganzen Erde. Die Lage der Stadt unfern der Küste, nahe dem Wendekreise, in einer Seehöhe von 740 m, verschafft ihr alle Reize eines tropischen Himmels, ohne die Unannehmlichkeiten allzu großer Hitze. Die mittlere Jahrestemperatur ist wenig über 18°, die relative Feuchtigkeit ist sehr hoch, im Mittel 85%. Die täglichen Temperaturschwankungen sind häufig recht bedeutend, indem nach Sonnenuntergang eine starke Abkühlung eintritt. Infolgedessen sind Erkältungen und Erkrankungen der Atmungsorgane sehr verbreitet.

Die Regenzeit umfaßt die Monate November bis März (inkl.), Juni bis August sind trocken, aber nicht ganz regenlos. São Paulo hat im Jahre 132 ganz klare und 70 ganz bewölkte Tage. Der nördliche Teil des schmalen Küstenstriches von São Paulo, Parana und Santa Catharina hat in seinem Klima viel Ähnlichkeit mit dem der feuchten, tropischen, brasilianischen Waldländer. In den Grenzgebieten zwischen diesem Landstreifen und dem dahinter liegenden Hochlande gibt es auf engem Raume große klimatische Unterschiede, die in der Flora und in den Kulturgewächsen am deutlichsten zum Ausdruck kommen. Auf den östlichen Abhängen der Sierra Geral findet man auf vier bis fünf Meilen Entfernung Zuckerrohr-, Kaffee- und Baumwollpflanzungen und duftende Orangenhaine, auf der Hochebene dagegen wogende Kornfelder und blühende Pfirsich- und Apfelbäume.

Das Klima von Südbrasilien ist als ein sehr gesundes zu bezeichnen; die Küste hat stets reichliche Niederschläge. Die Hauptregenzeit ist überall von Dezember bis März, in den Sommermonaten. Im Winter kommen im südlichen Hochlande Schneefälle vor; die äquatoriale Schneegrenze drängt hier verhältnismäßig weit nach Norden. In den deutschen Kolonien Blumenau und Doña Francisca richten zuweilen Nachtfröste Schaden an, und die Temperatur kann einige Grade unter den Gefrierpunkt sinken. Zu Curityba im Staate Parana (908 m Seehöhe) ist die mittlere Jahrestemperatur 16,2° (Januar 21,3°, Juni 11,7°). Es gibt hier durchschnittlich 18 Frosttage im Jahre; im Winter bedeckt manchmal Schnee den Boden. Nordisches Getreide, Obst und Kartoffeln gedeihen auf diesem Hochlande vortrefflich.

Die Küste von Uruguay bis zum La Plata steht unter dem Einfluß von Land- und Seewinden. Die Seewinde setzen gewöhnlich um 9 bis 10 Uhr vormittags ein und dauern bis Sonnenuntergang.

Die Winde auf dem La-Plata-Strom und in dessen Mündung sowie an der nahen Küste des Atlantischen Ozeans sind je nach der Jahreszeit verschieden. Auch die Form und der Verlauf der Küste üben einen großen Einfluß auf den Wind aus. So kommt es vor, daß ein heftiger Wind in Buenos-Aires an der gegenüberliegenden Küste gar nicht gespürt wird.

Zur Zeit des südlichen Sommers herrschen in einiger Entfernung vom Lande Nord- und Nordostwinde vor; weiter den Fluß hinauf holt der Wind nach O und zuweilen nach SO. Während des Winters sind die Winde an der Küste vorwiegend aus einer südlichen und südwestlichen Richtung, doch auf dem Fluß, in einiger Entfernung von seiner Mündung, findet man den Wind häufiger nördlich als südlich von W. Die Reede von Buenos Aires gewährt daher im Winter mehr Schutz als im Sommer.

Bei Montevideo sind im südlichen Sommer meist Land- und Seewinde vorhanden. Die Seewinde von SO bis O, Brisas genannt, wehen in den Nachmittagsstunden ziemlich stark. Am Abend werden die Brisas durch Landwinde von N und NNW ersetzt, welche sich während der Nacht und am Morgen bis 9—10 Uhr behaupten. Zu derselben Jahreszeit macht der Wind, den Fluß weiter aufwärts, regelmäßig in 24 Stunden eine Drehung durch die Kompaßrose: am Nachmittag weht eine frische Brise aus SO, gegen Abend dreht sich der Wind nach NO und während der Nacht und am Vormittag weiter durch N und W nach S usw. Dieses System von Winden wird mit dem Namen Virazon bezeichnet. Im Winter ist das Wetter bei den allerdings wenig vertretenen Westwinden schön und trocken. Die nördlichen Winde sind in dieser Zeit von Regen und Gewittern begleitet. Der Südwind bringt Kälte.

Unter den heftigen Winden, welche am La Plata auftreten, sind besonders der Südwestwind (Pampero) und der Südostwind (Su-Estado) zu beachten. Über den Begriff Pampero herrschen verschiedene Ansichten. Die Einwohner des Landes verstehen darunter meist jeden Wind, der aus SW, von den Pampas her weht. Die Seeleute aber bezeichnen mit Pampero einen Sturm von längerer oder kürzerer Dauer, in welchem der Wind von NO gegen die Uhrzeiger umläuft und seine größte Heftigkeit bei SW erlangt. Er endet gewöhnlich in SO. Es werden natürlich auch Fälle vorkommen, in denen die größte Stärke bei einer anderen Richtung als SW eintritt. Unter Pamperos sucios werden nach Burmeister die als Staubstürme ohne Regen auftretenden Pamperos verstanden.

Den Verlauf des Wetters bei einem Pampero schildert Christeson (Journal of the Scottish Meteorological Society Vol. V) folgendermaßen: „Auf einige Tage mit Ost- bis Nordwinden, nachdem der Virazon aufgehört und während welcher die Hitze bei fallendem Barometer fortwährend zugenommen hat, bezieht sich der Himmel in Südwest, die Luft wird feucht, und Wetterleuchten ist sichtbar. Mittlerweile nimmt der Wind, der bis dahin dem aufkommenden Sturm entgegengeweht hat, ab und wird fast zur Windstille. Beim Herannahen des Pamperos zeigt sich gewöhnlich eine eigentümlich geformte Wolke, eine Art Wulstcumulus, der sich in einem Bogen von O nach W über den Himmel erstreckt. Häufig ist noch kurz vor dem Erscheinen der Pamperowolke der Himmel allenthalben ganz klar. Sobald die Wolke mit außerordentlicher Geschwindigkeit das Zenit des Beobachters erreicht hat, holt der bis dahin mäßige nördliche Wind durch W nach SW, und aus dieser Richtung bricht der Sturm mit fürchterlicher Gewalt los. Zugleich regnet es bei Donner und Blitzen in Strömen. In der Regel dauert der Pampero nicht lange. Nach diesem holt der Wind meist nach SO und nimmt ab. Mit dem Einsetzen des SW-Windes sinkt die Temperatur plötzlich ganz bedeutend, und das Barometer fängt an zu steigen."

Frey, in der Zeitschrift der Österreichischen Gesellschaft für Meteorologie, berichtet: „Es besteht ein fortwährender Kampf in den Gegenden des La Plata zwischen dem kalten Süd- und dem warmen Nordwinde. Vor dem Erscheinen eines Pamperos weht mehrere Tage hindurch der warme Nordwind aus den Hochflächen Brasiliens, schwankend zwischen N und NO. Durch dieses Zuströmen der warmen Luft hebt sich die Temperatur ganz bedeutend. Alles leidet unter diesem heißen Hauche und sehnt sich nach Abkühlung. Da beginnen im SW Wolkenmassen sich zusammen zu ballen, welche schnell näher kommen und die ganze Atmosphäre verdunkeln. Noch immer weht der Nordwind; doch plötzlich tritt Totenstille ein, und nach einigen Sekunden bricht der Pampero mit furchtbarer Gewalt los. Schon bei dem ersten Anstoß des Windes fängt das Barometer an zu steigen, und bald darauf holt der Wind nach SO, an Stärke abnehmend."

Die Pamperos kommen am häufigsten in den Monaten Juni bis Oktober vor. Sie treten mitunter ziemlich weit in See hinaus und nach Norden hin bis jenseits der Breite von Santa Catharina auf. Ihre Dauer ist ganz verschieden, von einer halben Stunde bis zu mehreren Tagen. Als Anzeichen werden angegeben: Der Nordostwind wird unbeständig und frischt, nach N und NW holend, auf. Es tritt leichter Regen oder Dunst ein. Wenn sich gleichzeitig der Südwest-Horizont bezieht, und Wetterleuchten eintritt, so kann mit Sicherheit ein Pampero erwartet werden. Das Barometer beginnt rasch zu fallen, meistens mehrere Stunden, zuweilen auch schon den ganzen Tag vor dem Einsetzen des Sturmes. Die Gegenwart von sehr vielen Insekten und eine außerordentliche Reinheit und Sichtigkeit der Atmosphäre sollten neben den vorher angeführten Anzeichen stets zur Vorsicht mahnen, denn häufig kommt plötzlich bei ganz klarem Himmel, wenn niemand an schlechtes Wetter denkt, die Pamperowolke von SW herübergezogen, und ehe man sich dessen versieht, bricht der Sturm los.

Der Su-Estado, der zweite häufig auftretende Wind, weht von SO, namentlich im Winter; er bringt Regen und schlechtes Wetter. Durch diesen Wind wird an der Küste eine starke nördliche Strömung und eine hohe See erzeugt.

In den Monaten Juli, August und September herrscht in der Mündung des Flusses und bis zur Ortiz-Bank häufig dichter Nebel; weiter aufwärts ist Nebel weniger häufig. Das Barometer steht am La Plata gewöhnlich hoch mit einem Winde von S bis O, niedrig mit Winden von der entgegengesetzten Seite. Selbst bei stürmischen Südostwinden hat das Barometer einen verhältnismäßig hohen Stand. Wenn es aber bei diesem Winde anfängt zu fallen und sich der Himmel in Südwesten bezieht, so kann man auf einen Pampero gefaßt sein.

In Bahia Blanca, im südlichen Teile der Ostküste von Argentinien, ist im südlichen Sommer der Südostwind der vorherrschende; hierauf folgen östliche bis nordwestliche Winde, während solche aus S, SW und W äußerst selten sind. Im Winter sind Nordwest- und Nordwinde am häufigsten; alle anderen Windrichtungen kommen im allgemeinen selten vor.

An der Ostküste von Patagonien ist von April bis September der Wind vorherrschend aus einer Richtung zwischen NNW und WNW. Von Oktober bis März, zur Zeit des südlichen Sommers, treten auch Winde von S bis W häufig auf. Diese Winde sind mitunter sehr stark; wenn sie nachlassen, verliert sich auch bald der Seegang, den sie hervorgerufen haben.

In der Magellanstraße herrschen das ganze Jahr über westliche Winde vor; die allgemeinen Witterungsverhältnisse sind ähnlich wie an der Küste von Feuerland oder bei den Falkland-Inseln, werden jedoch durch die örtlichen Verhältnisse in der Straße wesentlich beeinflußt. So pflegt der Wind in der Magellanstraße im Sommer bei seinen gewöhnlichen Rundläufen von nordöstlichen nach nordwestlichen Richtungen und weiter herum bei aufklarendem Wetter schnell nachzulassen, wenn er mit dem Vorübergange des niedrigsten Barometerstandes nach Südwesten gegangen ist. Die starken Westwinde im östlichen Teile der Straße sinken im Sommer bei Nacht meist zur Windstille herab. Im Winter findet eine solche Abnahme der Windstärke nicht statt; die westlichen Winde sind dann, namentlich bei kaltem Wetter und bedeckter Luft, viel mäßiger. Auf starkes Fallen des Barometers folgt im Winter oft nicht Sturm, sondern starker Schneefall. Im Winter, wo der Wind oft über Südwesten weiter nach Südosten dreht, wird dann im östlichen Teile der Magellanstraße, namentlich von Dungeneß-Huk bis Punta Arenas grober Seegang erzeugt. Äußerst schwere Böen, Fall- oder Stoßwinde sind in der Magellanstraße häufig; aus welchen Richtungen sie einfallen, hängt ganz von der Örtlichkeit und dem über dem ganzen Gebiet herrschenden Winde ab. Man muß besonders darauf gefaßt sein, wenn das Verhalten des Barometers und andere Anzeichen schließen lassen, daß in der Umgebung von Feuerland starke Winde herrschen, auch wenn diese als solche nicht in der Magellanstraße gefühlt werden, weil sie wegen der hohen Berge nicht da hineindringen können.

An der Küste von Feuerland ist das Wetter meistens trübe und stürmisch. Die Winde sind oft sehr veränderlich in Richtung und Stärke.

In der Gegend von Kap Horn herrschen stürmische westliche Winde fast das ganze Jahr vor. Östliche Winde sind nicht selten in den Wintermonaten, kommen aber fast nie im Sommer vor. Von August bis Oktober sind die westlichen Winde von Regen, Schnee und Hagel begleitet, und die Kälte ist manchmal groß. Januar bis März sind die wärmsten Monate; doch ist das Wetter nur vorübergehend gut, und westliche Stürme mit Regen sind häufig und heftig. Der März ist wohl der schlechteste Monat des ganzen Jahres wegen der plötzlich hereinbrechenden Stürme. Gewitter treten nur wenig auf. Die Monate April, Mai und Juni bringen vielfach schönes Wetter, und obwohl die Tage kurz sind, könnte diese Zeit eher als die Zeit der kurzen Nächte Anspruch auf die Bezeichnung Sommer erheben. Schlechtes Wetter kommt dann natürlich auch vor, aber östliche Winde, welche schönes Wetter bringen, sind ziemlich häufig. Sie beginnen immer als leichte Brise bei klarem Himmel und nehmen allmählich an Stärke zu, manchmal bis zum Sturme. Mit den mäßigen nördlichen Winden ist der Himmel meistens bewölkt, und gewöhnlich fällt leichter Regen. Auffrischend holt der Wind bei fallendem Barometer westlich und erlangt seine größte Stärke mit der Richtung N bis NW. Gewöhnlich dauert ein Nordweststurm 12—15 Stunden, worauf der Wind bei nicht mehr fallendem Barometer nach Südwest umläuft und der bis dahin mit dicken Wolken bedeckte Himmel aufklart. Es folgen zunächst schwere Böen aus SW, bis der Sturm bei steigendem Barometer allmählich abnimmt und das Wetter einige Tage gut wird. Bleibt der Barometerstand bei abflauendem Südwestwinde niedrig, so folgen nicht selten schwere Böen aus derselben Richtung. Den südwestlichen Winden und Böen gehen niedrig treibende Wolken vorher und begleiten sie auch.

Einige Stunden und selbst einen Tag vor dem Einsetzen eines Nord- oder Nordwestwindes füllt sich die obere Luft derart mit Dunst, daß die Sonnenhöhe nicht genau gemessen werden kann, weil der Rand der Sonne nicht genügend ausgeprägt ist. Nach Windstille und hohem Barometer folgt fast immer Wind aus einer nördlichen Richtung, der dann als leichte Brise beginnt und allmählich zunimmt. Bei Windstille und niedrigem Barometerstand muß man auf das plötzliche Hereinbrechen eines Sturmes aus einer Richtung zwischen W und SO gefaßt sein. Windstillen sind selten von langer Dauer. Häufiger kommt es vor, daß der Wind tage-, ja wochenlang aus nordwestlichen bis südwestlichen Richtungen stürmisch weht. Unter solchen Umständen ist die Umsegelung von Kap Horn von Osten nach Westen für Segelschiffe schwierig.

Es dürfte nicht leicht sein, eine Gegend zu finden, die den Stürmen mehr ausgesetzt ist als die F a l k l a n d - I n s e l n. Das Klima ist dem von Kap Horn und der Küste von Patagonien ähnlich. Die Winde sind sehr veränderlich, und Böen sind häufig. Die Windstärke ist das ganze Jahr hindurch sehr beträchtlich, eine jährliche Periode ist kaum vorhanden; dagegen ist der Wind in den ersten Nachmittagstunden meistens am stärksten. Vor plötzlich hereinbrechenden Böen ist man nie sicher. Windstillen sind äußerst selten. Die vorherrschende Windrichtung ist im Sommer Südwest, im Winter Nordwest. Die Stürme beginnen gewöhnlich mit nordwestlichem Winde, der dann nach West und Südwest holt. Es ist derselbe Verlauf wie bei Kap Horn. Östliche Winde sind selten längere Zeit vorherrschend und hauptsächlich in den Monaten April, Mai und Juni zu erwarten. Im Winter ist es zwar kalt, und die Tage sind kurz, doch ist das Wetter dann am beständigsten und meistens klar. Nebel sind überhaupt selten und dauern höchstens einen Tag. Gewitter kommen nur vereinzelt vor. Wenn sich Wetterleuchten zeigt, so kann auf das Eintreten von Ostwind gerechnet werden. Niedriger Barometerstand und Wetterleuchten in Südost sind daher Anzeichen eines Sturmes. Mit solchen Winden tritt an der Südseite der Falklands-Inseln furchtbar hoher Seegang auf. Jede bemerkenswerte Änderung des Wetters in jener Gegend wird durch das Barometer angezeigt: die Behauptung, seinen Angaben sei dort kein Vertrauen zu schenken, ist irrig. Wenn während eines Nordweststurmes das Barometer aufhört zu fallen, läuft fast unfehlbar der Wind nach Südwest um;

wenn dagegen bei Südwestwind das Barometer fällt, so wird wahrscheinlich mehr Wind oder ein Krimper nach Nordwest folgen.

In Port Stanley ist der Januar mit 9,7° der wärmste, der Juli mit 2,5° der kälteste Monat. Niederschläge sind zu jeder Jahreszeit häufig, verhältnismäßig am trockensten ist der Oktober und der November. Die Bewölkung ist in allen Monaten stark.

Die Westküste von Afrika.

Allgemeine Übersicht. Die südliche Grenze des Südostpassatgebietes liegt in der Nähe der westafrikanischen Küste im Winter, Juni bis August, in etwa 30°, im Sommer in 33° S-Br. Der eigentliche Passat wird aber nur westlich von der Linie, die Kap Palmas mit Swakopmund verbindet, gefunden. Östlich davon wehen auf dem Ozean bis nahe an die Küste hinan das ganze Jahr hindurch südliche und südwestliche Winde. Die Südostwinde, welche namentlich in den Monaten Oktober bis März südlich von 30° S-Br. bis zum Kap der guten Hoffnung angetroffen werden, können als eine Fortsetzung des Südostpassates angesehen werden. Während des südlichen Winters sind in der Nähe des Kaps nordwestliche Winde nicht selten.

Längs der Westküste von Südafrika ist die Strömung des Oberflächenwassers, ebenso wie die Luftströmung, nach Norden gerichtet. Das Vorhandensein dieses kalten Stromes und die größere Erwärmung des Landes bewirken, daß nahe bei der Küste die Winde dem Lande zu, also von Südwest wehen. Ganz ähnliche Verhältnisse — nur mit vertauschten Nord-Süd-Richtungen infolge der entgegengesetzten geographischen Breite — gelten für die Westküste von Nordafrika. Die Strömung des Oberflächenwassers, ebenso die der Luftströmung ist dort nach Süden gerichtet. Das Vorhandensein des kalten Stromes und die größere Erwärmung des Landes bewirken auch dort, daß nahe bei der Küste die Winde dem Lande zu, also von Nordwest wehen. Die Ähnlichkeit geht noch weiter insofern, als in beiden Gebieten häufig kaltes Auftriebwasser an der Küste beobachtet wird, hier im Süden bis Loanda, dort im Norden bis Bathurst.

Der Guinea-Monsun bildet eine Ausdehnung der südwestlichen Winde über den Äquator hinaus und nimmt oft einen großen Teil der Gegend zwischen dem Südost- und dem Nordostpassat ein. Von Januar bis März reicht das Gebiet des Südwestwindes an der Guinea-Küste kaum über die Länge von Kap Palmas hinaus. Seine äußerste Grenze schneidet alsdann den Äquator in 10° W-Lg. und 20° S-Br. in 10° O-Lg. Um dieselbe Zeit herrschen weiter nordwärts vor der Küste von Sierra Leone Windstillen. Unmittelbar an der Küste ist die Richtung des Windes nordwestlich. Nördlich von Sierra Leone ist der Nordostpassat in der Nähe der Küste fast stets nach Nordwest abgelenkt. Von April bis Juni zieht sich das Gebiet des Südwestmonsuns an der Küste bis nach Sierra Leone hinauf und dehnt sich westwärts bis nach 19° W-Lg. aus. Von Juli bis September, wenn das Gebiet seine größte Ausdehnung erlangt, beherrscht der Südwestmonsun die Küste bis nach 12° N-Br. Um diese Zeit wehen also längs der afrikanischen Küste von 12° N-Br. bis nach 20° S-Br. ununterbrochen südliche und südwestliche Winde. Während der Monate Oktober, November und Dezember zieht sich die Nordgrenze des Monsungebietes an der Küste wieder südwärts, so daß es von November an kaum noch über Kap Palmas hinausreicht. An die Stelle des Monsuns treten Windstillen und der nach Nordwest abgelenkte Nordostpassat. Es ist bemerkenswert, daß die Winde südlich von der Linie gewöhnlich unter einem Winkel von 22° zur Küste wehen.

Längs der ganzen Westküste Afrikas von Marokko bis zum Kongo treten Land- und Seewinde auf. Diese Winde zeigen sich aber nur in allernächster Nähe der Küste regelmäßig ausgebildet. Weiter vom Lande ab verliert die Erscheinung mehr und mehr an Deutlichkeit, bis sie von dem vorherrschenden Winde ganz verdeckt wird.

Der Harmattan ist ein der Westküste Afrikas eigentümlicher Landwind, der in der trockenen Jahreszeit, etwa von November bis März, auftritt. Sein Gebiet reicht von dem Parallel von Madeira bis zum Gabunflusse. Die

Richtung des Windes wechselt zwischen O und ONO. Der Harmattan ist von großer Dürre und gewöhnlich von einer dunstigen Atmosphäre begleitet, durch kleine rötliche Staubteilchen hervorgerufen. Durch dieselbe wird die Fernsicht namentlich nahe bei der Küste sehr erschwert. Mit schwachem Harmattan wird die Hitze fast erdrückend.

Ein anderer Afrika eigentümlicher Wind ist die sogenannte Solarbrise. Diese Benennung hat der Wind deshalb erhalten, weil seine Richtung sich dem täglichen Laufe der Sonne entsprechend ändert. Am deutlichsten ausgeprägt zeigt sich die Solarbrise an der Küste zwischen Kap Lopez und Kap Negro, 0—16° S-Br. Die Richtung des Windes macht hier eine regelmäßige tägliche Änderung von SO in der Nacht nach SW bis WSW am Tage. Die Erscheinung hat also eine große Ähnlichkeit mit der Land- und Seebrise. Der Unterschied besteht darin, daß die Richtungsänderung nicht so groß ist und insbesondere der Nachtwind nicht quer zur Küste, sondern längs derselben weht, und ferner, daß die windstillen Pausen beim Übergang des Windes von der einen zur anderen Richtung fehlen. Das Auftreten der Solarbrise ist auf die nächste Nähe der Küste beschränkt. Will man sie beim Aufkreuzen ausnutzen, so muß man sich nicht weiter als 12—18 Sm von der Küste entfernen.

Tornados sind heftige Gewitterböen von kurzer Dauer, welche besonders in der Regenzeit auftreten. Sie sind namentlich nördlich von der Linie häufig. Südlich vom Äquator treten sie sowohl seltener als auch mit geringerer Stärke auf. Der Tornado wird angezeigt durch drohend aussehende Wolken, welche sich im Nordosten zusammenhäufen und gegen den vorhandenen Wind aufkommen. Die Wolken formen sich zu einem regelmäßigen Bogen, dessen rasches Näherkommen von Blitzen und Donner begleitet ist. Je schärfer dieser Bogen begrenzt ist, um so größere Windstärke ist zu erwarten. Gewöhnlich geht dem Tornado eine kurze Windstille voran. Wenn der Bogen etwa eine Höhe von 40° über dem Horizont erreicht hat, bricht der Sturm von Nordost herein. Darauf holt der Wind meistens durch Süd nach West und nimmt aus dieser Richtung ab.

Im tropischen Afrika unterscheidet man zwei Jahreszeiten, die trockene (schöne) und die nasse (Regenzeit). In nördlicher Breite beginnt die Regenzeit für einen Ort ungefähr dann, wenn die Sonne auf ihrem Wege nach Norden seine Breite passiert, und dauert, bis sie auf ihrem Wege nach Süden dieselbe wieder überschreitet. Daher hängt der Anfang und das Ende der Regenzeit für verschiedene Orte von ihren geographischen Breiten ab. Der Rest des Jahres ist die trockene Jahreszeit. Zwischen 4° S-Br. und 4° N-Br. hat man zwei trockene und zwei nasse Jahreszeiten. Die erste Trockenzeit oder die schönste Zeit beginnt um die Mitte Januar und dauert bis Anfang Februar. Darauf folgt die Zeit des größten Regens und dauert bis Mitte Mai, worauf die zweite Periode der trockenen Jahreszeit ihren Anfang nimmt. Diese endet um die Mitte des Oktober, und von diesem Zeitpunkte bis Mitte Januar findet die zweite Regenzeit statt, welche indessen nicht so ausgeprägt ist wie die erste. In südlicher Breite setzt der Regen gewöhnlich im Oktober ein und dauert bis Mitte April. Der Rest des Jahres ist die trockene Jahreszeit. Es finden jedoch von dieser Regel häufig Ausnahmen statt.

Die einzelnen Küstenstriche. In der Tafelbai herrschen im südlichen Sommerhalbjahr — Oktober bis März — südöstliche Winde, welche oft eine bedeutende Stärke annehmen und 8—14 Tage fast ununterbrochen wehen. Bei heftigen Südostwinden bildet sich über dem Tafelberge die bekannte weiße Wolkenhülle „das Tafeltuch". Sobald man diese Erscheinung auf dem Tafelberge bemerkt, pflegt man in Kapstadt Türen und Fenster zu schließen, denn häufig bricht bald darauf der stürmische SO-Wind herein und hüllt die ganze Stadt in ungeheure Staubwolken. Im Winter sind dagegen NW-Winde neben den südlichen am häufigsten, und der SO tritt nur selten auf. Die NW-Winde bringen feuchte Luft, tiefliegende Wolken und die Regenzeit für diesen Teil der Küste. Die heftigen Nordweststürme des Winters machen die ungeschützte Tafelbai zu einem gefährlichen Ankerplatz und haben schon schwere Verluste zur Folge gehabt.

Kapitän Ehrenreich vom Schiffe „Bürgermeister Kirstein" schreibt: „Während meines Aufenthaltes in Kapstadt vom 6. bis 25. März 1885 war das Wetter, abgesehen von einzelnen Windstößen, die von dem Tafelberg herunterfielen, immer schön. Auffällig war die häufig auftretende Erscheinung, daß man an der Westseite der Bucht leichte nördliche und nordwestliche Winde oder Windstillen hatte, während auf der gegenüberliegenden Seite starke südöstliche Winde wehten. Diesen Verhältnissen gegenüber erscheint es zweckmäßig, beim Hinausgehen sich zunächst nach der Ostseite der Bucht hinüberschleppen zu lassen und dann mit dem günstigen südöstlichen Winde daselbst und dem nach N setzenden Strom die Passage zwischen der Robbeninsel und dem Festlande zu nehmen."

An der Küste von Deutsch-Südwestafrika sind die Winde fast das ganze Jahr hindurch frisch, schwankend zwischen SO und SW. Sie werden häufig von schweren Böen unterbrochen. Etwas von der Küste entfernt nehmen diese Winde an Stärke ab und gehen in den Passat über.

„Wohl wenige Gebiete unserer alten Erde," sagt Dr. K. Dove, „weisen eine solche Einförmigkeit in klimatischer Hinsicht auf wie die Küstenlandschaft unseres Schutzgebietes in der Breite von Walfischbucht; denn die Abwesenheit irgendwelcher augenfälligen Vegetation in der Nähe des Meeres verhindert dort vollkommen ein Sichtbarwerden der geringen jahreszeitlichen Verschiedenheiten. Im Sommer sowie im Winter sind die dicken Nebel, sind südliche Winde, wenige Tage ausgenommen, fast das einzige Bemerkenswerte in dieser öden, weithin von gelben Dünen erfüllten Region. Fast jeden Morgen lagert eine graue Decke über dem Boden, oft so dicht, daß die Dächer der Gebäude in Walfischbucht oder an der Swakop-Mündung tropfen wie von einem leichten Regen, doch außerstande, den Boden mehr als einige Zentimeter tief zu durchnässen. Dieser Nebel macht die an sich gar nicht so niedrige Morgentemperatur — sie sinkt selbst im Winter nur selten unter 7° herab — unangenehm kühl und ihr Einfluß auf den Körper hört erst auf, wenn sich mit dem meist in den spätern Vormittagsstunden einsetzenden Südwest die Nebel entfernen und die höher steigende Sonne den grauen Schleier durchdringt. Dann aber empfindet man die an sich mäßige Wärme während der Mittagsstunden als drückende Schwüle — eine Folge des hohen Feuchtigkeitsgehalts der Luft. Dieser ist das ganze Jahr hindurch so groß, daß in kurzer Zeit Eisen durch Rost beschädigt wird. Am angenehmsten sind die Nachmittagsstunden, wenn der Wind, der über die See und die Dünen herankommt, nicht zu stürmischer Stärke anwächst, oder wenn nicht ein ausnahmsweise eintretender Wind vom Innern her eine Erhöhung der Temperatur auf mehr als 30° veranlaßt. Häufig aber zeigt sich schon eine Stunde vor Sonnenuntergang der Meereshorizont wieder in den schmutziggrauen Schleier gehüllt, welcher im Laufe der Nacht nach und nach das ganze Himmelsgewölbe umzieht, um so den ewigen Wechsel von Nebel und halbklarer Luft zu wiederholen. Zu einem wirklichen Regen kommt es aber höchst selten in dieser Region. Es kommt auch vor, daß in einem größeren Abstande vom Lande auf See anhaltender Nebel herrscht, während die Luft über dem Lande klar ist, so daß ein ansegelndes Schiff aus Nebel ganz plötzlich dicht am Lande in klares Wetter eintritt. Das Klima wird namentlich beherrscht von den kühlen, das ganze Jahr vorherrschenden und besonders im Sommer — von September bis Januar — mit großer Heftigkeit wehenden südwestlichen Winden. Von Februar bis Mai wehen veränderliche Winde, im Juni und Juli zuweilen starke staubführende Ostwinde. Das Meerwasser hat an der Küste von Walfischbai nur eine Temperatur von 12—15°, weiter südlich bei Angra Pequena nur 10—12°: daraus erklären sich die niedrige Lufttemperatur der Küste, wie sie in gleicher Breite nirgends gefunden wird, sowie die kühlen Seewinde. Kap Frio bildet ungefähr die Grenze zwischen den spärlichen Regen an den Küsten von Benguela und Angola und der fast gänzlichen Regenlosigkeit der Küste von Deutsch-Südwestafrika.

In der Walfisch-Bucht in 23° S-Br. sind im ganzen Jahre SW-Winde vorherrschend. Daneben ist aber die tägliche Periode der Land- und Seewinde sehr ausgesprochen, und zwar in der Weise, daß der Landwind von Mai bis August, also in der kälteren Jahreszeit, mehr aus östlicher Richtung, von September bis März mehr aus nördlicher Richtung weht. Der Seewind weht durchweg stärker als der Landwind. Regen fällt nur an 9—10 Tagen im Jahr, ist also außerordentlich selten; dagegen ist Nebel sehr häufig, denn von 9 Tagen bringen je 4 Nebel. Besonders viel Nebel tritt im Oktober auf; von je 4 Tagen bringen dann 3 Nebel. Nebel und Dunst treten besonders während der Nacht und der Morgenstunden auf. Die Windstärke geht selten über 5 B. hinaus; eigentliche Stürme kommen nicht vor, aber trotzdem steht vom Mai bis September häufig eine schwere Brandung, vermutlich eine Fernwirkung der Stürme des südlichen Winters.

In Swakopmund, 12 Sm nördlich von der Walfischbucht, ist die Luft- und Meerwassertemperatur sehr niedrig. Jene beträgt im Jahresmittel nur 15,2° C, mit 17,4° im März, 12,7° im August, diese nur 12,8° im Jahr mit derselben Schwankung im Jahr. Das Klima ist kalt und feucht, mit viel Nebel, besonders in der Nacht und am Morgen. Der Regenfall ist sehr gering; im ganzen Jahre fällt nur an 12 Tagen ein meßbarer Niederschlag. Regenlose Monate kommen häufig vor. Die Brandungsverhältnisse sind von September bis April am günstigsten; die Brandung ist dann mittel bis gut an 22 Tagen im Monat: von Mai bis August ist sie es nur an 16 Tagen im Monat. Die mittlere Windrichtung ist morgens von Oktober bis März NWzN, von April bis September NOzN; nachmittags und abends SW und SWzS.

An den Küsten von Benguela und Angola weht stets eine frische südwestliche Seebrise — besonders in den Monaten Juli, August, September und Oktober —, die um 9—10 Uhr vormittags einsetzt und bis oder etwas nach Sonnenuntergang anhält, im Oktober mitunter auch bis Mitternacht. Der darauf folgende Landwind weht bis 8 oder 9 Uhr morgens. Bis zum Einsetzen der Seebrise herrscht alsdann Windstille. Die Seebrise ist oft zu heftig, um angenehm zu sein. Regen fällt bloß in der heißen Zeit von Ende Oktober bis Anfang oder Mitte Mai, wenn heftige Gewitterregen das Land unter Wasser setzen. Im Januar und teilweise im Februar lassen die Regen wieder nach; die letzten Regen sind die stärksten, diese treten selten später als Mitte Mai auf. Während des Cacimbo (der kühlen Jahreszeit) sieht man oft tagelang die Sonne nicht; der Himmel ist dann mit einer dicken, gleichförmigen Wolkendecke überzogen. Bei Nacht decken leichte, weiße Nebel das Land, besonders von Juni bis August, alle Täler und Niederungen sind von ihm angefüllt. Ein frischer Südwestwind am Morgen vertreibt die Nebel und klart die Luft wieder ab.

Eine längere einheitliche Reihe meteorologischer Beobachtungen an diesem Küstenstrich liegt von S. Paul de Loanda vor. Die Temperatur ist danach an der Küste für diese Breite verhältnismäßig niedrig; sie beträgt zu Loanda im Jahresmittel 23,6° (August 19,9°, Februar 26,2°); die tägliche Wärmeschwankung ist gering (4,9°); die mittleren Jahresextreme sind 32,6° und 15,3°. In der kühlen Jahreszeit, etwa während 6 Monate, findet man eine Bettdecke in der Nacht sehr angenehm. Die relative Feuchtigkeit der Luft und die Bewölkung des Himmels sind das ganze Jahr hindurch sehr hoch (86% und 6,1 der zehnteiligen Skala).

In Boma am unteren Kongo, reichlich 50 Sm vor der Mündung, beginnt die Seebrise (Viracao der Portugiesen) in den ersten Nachmittagsstunden schwach aus SW, dreht sich dann nach WSW, an Stärke zunehmend, und erreicht zumeist unmittelbar nach Sonnenuntergang ihre größte Stärke aus einer recht westlichen Richtung. Stromaufwärts verspätet sich der Eintritt der Seebrise um 2—4 Stunden, so daß sie in Vivi — etwa 25 Sm oberhalb von Boma — erst gegen Mitternacht ihre größte Stärke erreicht und heftiger auftritt als zu Boma. In Boma stellt sich nach Mitternacht ein leichter Landwind (terral) aus Osten ein, der bis gegen 10 Uhr vormittags weht. Er ist stets schwächer als der Seewind. Der Wechsel von Land- und Seewind vollzieht sich an der Mündung entsprechend früher. In Vivi kommen von Juni bis Oktober, d. i. in der Trockenzeit, beinahe alle Winde von der See her, aus dem südwestlichen Viertel. Die Westwinde herrschen zwar auch in der Regenzeit vor, sind dann aber schwächer, und man kann auch Ostwinde beobachten, als Begleiter der Gewitter. Windstillen sind häufig, besonders in der Regenzeit. Die Gewitter kommen fast sämtlich aus NO und O.

Eine ganz eigenartige Erscheinung auf dem Kongo sind die sogenannten Abend- oder Nachtwinde. Die Häufigkeit und Stärke dieser für ganz Unterguinea eigentümlichen Winde nimmt vom mittleren Kongo nach seiner Mündung zu ab. Um Sonnenuntergang oder eine Viertelstunde später erhebt sich plötzlich ein Windstoß von W oder NW, der den Staub zu großen Höhen emporwirbelt. Dies währt 20—30 Minuten, dann nimmt der Wind ab, ohne jedoch ganz aufzuhören. Oft verstärkt er sich wieder und weht bis 8 oder 9 Uhr, selbst noch später, mit großer Stärke und holt dann mehr nach SW. Er erreicht zuweilen die Stärke 5—6, wird selbst stürmisch und macht die hölzernen Wohnhäuser erzittern. Die nie von Regen begleitete Erscheinung tritt am häufigsten und stärksten in der Trockenzeit auf, namentlich im September und Oktober, und verschwindet fast völlig zur Zeit der großen Regen. Während der Regenzeit gibt es allerdings Gewitterstürme, zuweilen solche von ziemlicher Heftigkeit. Diese sind aber nur von kurzer Dauer (15—20 Minuten) und kommen stets aus einer östlichen Richtung.

Es ist am Kongo eine doppelte Regenperiode vorhanden, der meiste Regen fällt im April und wieder im November. Im Januar und Februar nehmen die Regen etwas ab, die eigentliche Trockenzeit aber mit ganz oder nahezu regenlosen Monaten tritt um die Jahresmitte — von Juni bis September — ein. Am unteren Kongo fällt der erste Regen um den 10. September, der letzte um den 18. Mai. In der Trockenzeit ist die Luft fast immer trübe, dunstig und manchmal des Nachts sehr kühl. Nur die Regenzeit gewährt in den Pausen zwischen den Regen freie Blicke in die Ferne. Die Bewölkung ist durchschnittlich sehr groß. Die Regenzeit wird eingeleitet und geschlossen durch großartige Gewitter, die von Osten kommen. In der Trockenzeit bringt die Seebrise manchmal Regen aus W.

Der Kongo erreicht in seinem Unterlaufe zweimal im Jahre seinen höchsten Wasserstand, im Dezember und im April oder Mai.

An der Kongomündung beträgt die mittlere Temperatur des wärmsten Monats (Februar oder März) 26,9°, die des kältesten (Juli oder August) 21,6°, der Unterschied beziffert sich also auf 5,3°. Zur kältesten Zeit nimmt die Temperatur der Luft flußaufwärts von etwa $21^1/_2$—$25^1/_2$°, also um 4° zu, in der wärmsten Jahreszeit ist diese Zunahme sehr gering. Die Jahresextreme der Temperatur sind zu Banana an der Mündung des Kongo etwa 35 und $16^1/_2$°.

An der Loangoküste herrschen von September bis März Süd- bis Westwinde vor. Im Dezember und Januar finden heftige Böen von W bis SW statt. Von April bis August ist der Wind gewöhnlich SSO umlaufend bis SW. Die Land- und Seewinde sind regelmäßig, ausgenommen während der Regenzeit von September bis Dezember. Tornados kommen in den Monaten März, April und Mai vor, oft auch im September und Oktober und mitunter im Januar und Februar. Obwohl die Tornados hier nicht so heftig sind wie weiter nach Norden, muß man doch vor ihnen auf seiner Hut sein.

In der deutschen Station Chinchoxo an der Loangoküste unter 5° S-Br., wo die deutsche westafrikanische Expedition 2 Jahre (1874 und 1875) hindurch regelmäßige meteorologische Beobachtungen anstellte, war die Windrichtung um 7 Uhr morgens östlich, um 2 Uhr nachmittags südwestlich, das ganze Jahr hindurch. Die Seebrise setzte zwischen 9 und 10 Uhr vormittags als schwacher SSW-Wind ein, der sich bis zum Nachmittag zu großer Heftigkeit (Stärke 6) verstärkte und nach Westen drehte.

Die mittleren Jahresextreme der Lufttemperatur in 1874 und 1875 waren 35,1 und 14,8°, die Jahresschwankung war demnach für die äquatoriale Lage des Ortes sehr groß; namentlich sind die Minima relativ äußerst niedrig. Die tägliche Wärmeschwankung betrug 6,4°. Chinchoxo liegt so ziemlich im Grenzgebiete zwischen der reichlich bewässerten Küste im Norden und dem nach Süden hin immer dürftiger bewässerten Gebiete, das schon an der Kongomündung beginnt. Wie die Niederschlagsmengen bedeutend voneinander abweichen, so auch die mittleren Jahrestemperaturen in ganz auffälliger Weise für einen so äquatorialen Ort. Beispielsweise war das Jahresmittel der Lufttemperatur 1874 23,7°, 1875 25,1° (im August 1874 20,5°, 1875 23,1°). Wohl mit Recht sieht Pechuel-Loesche die Ursache davon in einer zeitweiligen Verschiebung der entgegengesetzten Meeresströmungen, die in der Nähe dieser Küste verlaufen. Im Jahre 1882 waren die Klagen über ungewöhnliche Hitze im Küstengebiet der Kongoländer allgemein. Pechuel-Loesche fand, daß statt der kühlen südatlantischen Strömung die ungleich wärmere Guineaströmung sich an der Küste entlang wälzte. Anfang März verfolgte er sie südwärts bis zum Kongo, während des April noch weiter bis nach Muserra und Kinsemba (unweit Ambriz). Alle Küstenfahrer bestätigten, daß dieser ungewöhnliche Zustand schon seit Monaten herrsche und also statt der sonst von Süden kommenden eine mit einer Geschwindigkeit von $^3/_4$—1 Sm die Stunde von Norden kommende Strömung an der Küste herrsche. In solchen Umständen kann auch der zu Chinchoxo beobachtete Unterschied der mittleren Lufttemperatur der beiden Jahrgänge 1874 und 1875 seine Erklärung finden.

Die Trübung des Himmels war ganz beträchtlich, im Mittel 6,6, im Juni am kleinsten, im September am größten. Völlig heitere Tage gab es nur 23 im Jahre. Die kühle Trockenzeit beginnt gegen Mai und dauert bis Mitte Oktober. Während derselben findet nachts eine starke Taubildung statt. Die heiße Jahreszeit — die Regenzeit — umfaßt die durch eine kurze Trockenzeit von verschiedener Dauer getrennten Zeiten der kleinen und großen Regen. Die Periode der kleinen Regen dauert von Oktober bis Mitte Dezember, dann kommt eine Zeit mit schwachen oder ganz ausbleibenden Niederschlägen bis Ende Januar, und hierauf folgen dann die großen Regen von Anfang Februar bis Mitte Mai. Die Gewitter kommen auch an der Loangoküste aus dem Innern des Landes von Osten und sind sehr heftig.

In der Nähe von Kap Lopez (0° 36′ S-Br.) wehen die Winde von Juni bis Oktober fast beständig aus Süd. Sie sind im allgemeinen mäßig, ebenso wie die Südwestwinde, welche in den übrigen Monaten herrschen. Gegen Ende November finden Stürme und heftige Regengüsse statt. Die heftigsten Tornados treten im März und April auf, doch erscheinen sie auch im November, Dezember und Januar. Böen, die sich nur durch ihre geringere Stärke von den Tornados unterscheiden, kommen ebenfalls vor.

In der Ssibange-Farm (0° 25′ N-Br.), eben südlich von der Mündung des Gabunflusses, ist nach Soyaux und Hann die tägliche Wärmeschwankung 7,1°, die absoluten Temperaturextreme 33,5 und 16,0° Die Temperaturmaxima sind zwar nicht hoch, aber die fast beständige Sättigung der Luft mit Wasserdampf macht eine Temperatur von 30° schon äußerst drückend. Die mittlere Bewölkung ist 7,9, heitere Tage gab es 1881 nur 5, dagegen 164 Nebeltage. Tage mit Gewittern, welche von Juni bis August (einschließlich) ganz fehlen, zählt man in der übrigen Zeit des Jahres 97, und 32 Tage mit Wetterleuchten. Die Taufälle sind so stark, daß sie Pfützen bilden und meßbare Niederschläge liefern. Die Moskitonetze über den Betten triefen morgens von Nässe, und rheumatische Anfechtungen sind deshalb häufig. Am Tage frischt der Seewind auf.

Am Gabun ist die trockenste Zeit Juni bis September, dann beginnt die Regenzeit, die im Januar oder Februar eine kleine Unterbrechung erleidet. Die darauf folgende kleine Regenzeit währt von März bis Ende Mai. Vollkommen regenlos ist kein Monat. Bemerkenswert ist die fast beständige Bedeckung des Himmels während der trockenen Zeit; die Regenzeit hat im Gegensatz hierzu mehr sonniges Wetter.

Obgleich auch am Gabun eine sehr konstante Windrichtung (SW) herrscht, ist doch eine tägliche Periode der Windrichtung dort ausgeprägt vorhanden, wenn es auch zu eigentlichen Landwinden, zu einer vollen Winddrehung, nicht kommt. Die folgende Tabelle zeigt dies:

Häufigkeit der acht Hauptwindrichtungen am Gabun nach den Tageszeiten.

	N	NO	O	SO	S	SW	W	NW	Mittl. Richtung	Stillen (%)
7 Uhr V.	1	1	6	27	**43**	14	4	4	S 3° O	33
2 Uhr N.	2	1	1	3	14	27	**33**	19	S 74° W	5
9 Uhr N.	5	5	7	10	12	**25**	19	17	S 60° W	50

Die südöstliche und südliche Windrichtung des Morgens dreht sich bis 2 Uhr Nachmittags nach SW und W (um 77°) und kehrt bis 9 Uhr Abends wieder in eine südlichere Richtung zurück. Es werden dann auch N und NO etwas häufiger. Auch am Gabun sind die Stillen Abends am häufigsten und liefern die Hälfte aller Beobachtungen. Um 2 Uhr Nachmittags sind die Windstillen selten.

An der Küste von Kamerun ist die jährliche Regenperiode eine einfache, eine eigentliche Trockenzeit gibt es nicht. Stärkere Regen setzen im März ein, der meiste Regen fällt aber von Mai bis Oktober, wo nur jeder 10. Tag regenlos ist. Eine Abnahme tritt mit November ein, in dem es bis zum Februar nur jeden 2. Tag regnet. — Land- und Seewinde, wenn auch nicht immer scharf ausgeprägt, herrschen das ganze Jahr hindurch. So ist von Mai bis August der Landwind in den Morgenstunden flau und umlaufend, mit Stillen, von September bis April dagegen deutlich ausgeprägt. Nachmittags und abends herrscht fast immer frischer Seewind, nur im Juli und August ist er weniger beständig. Während der Nacht ist der Wind unbeständig und flau, mit starker Bewölkung und viel Regen gegen Morgen, mit Ausnahme der wenigen etwas trockneren Monate. Die meisten Gewitterböen treten von Januar bis Mai, September bis November auf. Sie ziehen besonders in der Nacht und am Morgen von Osten herauf und lösen sich in See, 20—40 Sm von der Küste auf. Enthalten die Gewitterböen viel Wind, so heißen sie Tornados. Diese treten gewöhnlich von Januar bis Mai auf, sind aber selten. Nach einem Tornado wird die Luft so rein, daß hohe Berggipfel bis zu 100 Sm Abstand sichtbar sind. Nebel und Dunst treten am häufigsten in den regenärmeren Monaten auf, aber auch zur Höhe der Regenzeit ist unsichtiges Wetter durchaus nicht selten, so daß man die Küste erst in einer Entfernung von 7—8 Sm sichtet.

Das Klima von Kamerun ist durchaus äquatorial, charakterisiert durch eine sehr gleichmäßige Temperatur das ganze Jahr hindurch, große Regenmenge und Fehlen einer eigentlichen Trockenzeit. Die mittlere Temperatur an der Küste ist relativ niedrig, wenig über 25°, während man als Mitteltemperatur der Äquatorialregion wohl 26° annehmen kann. An der meteorologischen Station beim Gouvernementsgebäude — 4° 5′ N-Br. und 9° 45′ O-Lg. — waren die mittleren Jahresextreme der Temperatur fast genau 32° und 20°. Etwas westlicher am Fuße des Kamerunberges zu Victoria (4° 0′ N-Br. und 9° 13′ O-Lg.) in 80 m Seehöhe war die Mitteltemperatur um ½° niedriger, also im Meeresniveau fast genau dieselbe, ebenso in Debundja (kaum 0,3° niedriger trotz der großen Regenmenge) an der Südwestseite des Kamerungebirges, im Meeresniveau (4° 8′ N-Br. und 9° 0′ O-Lg.); auch die Wärmeextreme sind die gleichen. Die mittlere Regenmenge an der Station Duala schwankt zwischen 350 und 500 cm. Ganz erstaunliche Regenmengen fallen in Debundja, nämlich 937 cm im Jahresdurchschnitt. Dieser Ort hat nach Cherrapungi (in Assam 25° N-Br., 92° O-Lg.) die größte bekannte Regenmenge der Erde. In der Barombistation (4° 53′ N-Br. und 9° 38′ O-Lg.) auf der Nordseite des Kamerunberges war die Regenmenge 1888/89 70% derjenigen in Duala, in der eigentlichen Regenzeit wohl nur die Hälfte. Die mittlere Temperatur in einer Seehöhe von 320 m war fast nur 1½° niedriger.

Südlich von Duala an der Batangaküste wurde die Temperatur fast genau gleich der in Duala gefunden, die Regenmenge betrug 375 cm, d. i. um 20% mehr als gleichzeitig in Duala. In Lolodorf im Innern, etwa 500 m Seehöhe, treten schon die starken westlichen Abend- und Nachtwinde während der Trockenzeit (Juni—Oktober) auf, die für das Kongotal bis hinauf zum Stanleypool in derselben Zeit so charakteristisch sind. In Südkamerun (3° N-Br.) hören die Winterregen der Kamerunküste auf, und es beginnt auch an der Küste die für die südliche Halbkugel geltende Regenverteilung, mit der Haupttrockenzeit um die Jahresmitte.

Die Luftfeuchtigkeit und die Bewölkung sind im Kamerungebiet das ganze Jahr hindurch gleichmäßig hoch. Dies macht im Verein mit der ebenso gleichmäßig hohen, nur sehr geringen Schwankungen unterworfenen Lufttemperatur das Klima auf die Dauer für Europäer drückend und entnervend. Die tägliche Wärmeschwankung ist an der Küste 5—7°, die relative Feuchtigkeit schwankt zwischen 85 und 90%, die mittlere Bewölkung ist 6—7. Die Bewölkung sinkt im Monatsmittel selten auf 5 herab und erhebt sich in der Regenzeit auf 9—9½ der zehnteiligen Skala. Die Häufigkeit der Gewitter ist sehr groß; die Zahl der Gewittertage beträgt in Kamerun wohl über 100 das Jahr.

Die Inseln der Bucht von Biafra: Fernando Po, Prinzen-Insel, St. Thomé und Annobon haben dieselben Winde, die an der gegenüberliegenden Küste angetroffen werden; nur sind hier die Land- und Seewinde regelmäßiger und frischer. Diese Winde hören während der Regenzeit beinahe auf. Sie reichen niemals weit weg von den Küsten, weder von der des Festlandes noch von denen der Inseln. Auch das Wetter dieser Inseln entspricht demjenigen der Festlandküste. Auf der unter nahezu gleicher Breite mit Gabun liegenden Insel St. Thomé beträgt die tägliche Wärmeschwankung 6,5°, die mittleren Jahresextreme der Temperatur sind 34,1° und 17,9°. Die durchschnittliche Zahl der Regentage beträgt 77 im Jahre.

An der Nordküste der Bucht von Biafra, an der Bucht von Benin, sowie im allgemeinen an der Nordküste des Meerbusens von Guinea sind mäßige Südwest- bis Westwinde das ganze Jahr hindurch vorherrschend. Der Harmattan weht in den Monaten November, Dezember und Januar mit einer mäßigen Stärke von Ost. In nächster Nähe des Landes treten in den Monaten Oktober bis Februar, der schönen Jahreszeit, leichte Land- und Seebrisen auf. Vom März bis Mai ist diese Küste von Tornados heimgesucht. Während des letztgenannten Monats kommen in den Buchten von Benin und Biafra mitunter zwei an einem Tage vor. An der Elfenbein und Goldküste kann man die Tornados hauptsächlich im Juni erwarten. Die Zeit der schweren Regengüsse an den Buchten von Benin und Biafra ist von August bis September. Sehr dichte Nebel treten von Juli bis September auf; an der Elfenbein- und Goldküste auch von Dezember bis Februar. Sie beginnen gewöhnlich um 3 Uhr morgens und verteilen sich gegen 10 oder 11 Uhr vormittags.

Die interessanteste meteorologische Eigentümlichkeit der Goldküste ist der geringe Regenfall, bemerkenswert im Gegensatz zum Regenreichtum der gleichen Küste weiter nach Westen wie nach Osten. Die älteren Ergebnisse der Regenmessungen zu Christiansburg (Accra) und Elmina mit 50—70 cm erschienen früher sehr zweifelhaft, da in gleicher Breite im Niger-Delta 300—400 cm fallen. Die neuesten Messungen haben aber die älteren der Holländer vollkommen bestätigt, zugleich auch die Tatsache enthüllt, daß dieser geringe Regenfall auf die Küstengegend und Zeiten mit kühlem Seewasser beschränkt ist, und daß die Regenmenge landeinwärts rasch zunimmt. Ist das Seewasser wärmer als gewöhnlich, so fällt auch an der Küste mehr Regen. An der Goldküste währt die Hauptregenzeit von April bis Juni; die Spätregen beginnen im September und dauern bis Oktober. In Sebe, an der Küste von Togo, sind März und Dezember mit 28,1° die wärmsten Monate, der Juli mit 24,0° am kühlsten.

Die Windrichtung ist das ganze Jahr hindurch südwestlich; morgens weht der Landwind aus NNW bis gegen 11 Uhr, darauf bis 9 Uhr abends der SSW als Seewind. Die Windstärke ist morgens und abends am größten; in der jährlichen Periode fällt das Maximum der Windstärke auf Juni bis August, das Minimum auf Dezember bis Februar. Eine Besonderheit des Klimas ist der Harmattan, ein sehr trockener, roten Staub mit sich führender Ostwind, der zwischen November und März eintritt. Daß er als kühl bezeichnet wird, ist nach DANCKELMAN wohl nur eine Folge seiner großen Trockenheit. Sie erzeugt durch rasche Verdunstung auf der Haut das Gefühl von Kälte. Die Häufigkeit des Harmattan ist nach den Beobachtungen in Christiansburg: November 1, Dezember 5, Januar 10, Februar 2, März 1; für die mittlere Windrichtung an Harmattantagen gaben dieselben Beobachtungen folgende Werte:

7^h V.	9^h V.	12^h M.	4^h N.	9^h N.
NNW	NzO	OSO	SOzS	SzO.

Über das Klima von Dahomey bemerkt Dr. ROUGÉ (Kolonial-Chefarzt): Februar und März bilden die heiße Zeit, mit Tagestemperaturen von 30°, der September ist der kälteste Monat. Nachmittags herrschen leichte Brisen aus SW. Während der Trockenzeit bedecken dichte Nebel das Land bis gegen 9 Uhr morgens. Nördlich von 7° N-Br., in der bergigen Region, ist das Klima relativ gesund. Von November bis Februar macht sich täglich ein trockener NO-Wind fühlbar. Die Temperatur sinkt hier bis auf 7° herab.

Die Regenzeit währt von Mitte März bis Mitte Juli (1892: 76 Regentage), dann tritt eine kleine Trockenzeit ein bis Mitte September. Die kleine Regenzeit, die darauf folgt, dauert bis Dezember, und die nun folgende Trockenzeit bis Mitte März.

An der Elfenbeinküste währt nach BORIUS die große Regenzeit von Ende März bis Ende Juli, dann tritt im August und September die kleine Trockenzeit ein, der im Oktober und November die kleine Regenzeit nachfolgt. Dezember bis März bilden die große Trockenzeit, doch ist kein Monat ganz ohne Regen. Der vorherrschende Wind ist an der Elfenbeinküste SW, er ist besonders kräftig zur Zeit, in der die Sonne nördlich vom Äquator steht. Landwinde machen sich vornehmlich zwischen Januar und Mai fühlbar. Morgennebel sind sehr häufig und so dicht, daß man sie mit dem Londoner Nebel verglichen hat.

Längs der Küsten des Golfs von Guinea sind, wie aus der vorstehenden Beschreibung hervorgeht, die Regenzeiten doppelt, d. h. es tritt eine Unterbrechung derselben um die Zeit des niedrigsten nördlichen Sonnenstandes ein, die kleine Trockenzeit, welche sich jedoch nicht jedes Jahr völlig deutlich entwickelt. Die Zeiten vor Beginn der anhaltenden Regen, März bis April, und nach ihrem Aufhören, der Oktober, sind die Zeiten der Gewitter und der „Tornados" (von stürmischen Winden begleitete, rasch vorüberziehende Gewitterböen).

Ähnliche Windverhältnisse herrschen an der Küste von Liberia. Im April und Mai treten heftige Tornados auf; sie verschwinden während der Monate des schwersten Regens, von Juli bis August, um im Oktober und November von neuem zu erscheinen. Der Harmattan weht nur gelegentlich im Dezember. Es wird allgemein angenommen, daß während der Regenzeit das Wetter nahe bei der Küste besser ist als 30—40 Seemeilen von ihr entfernt. Von diesem Abstande an herrschen Stillen und veränderliche Winde mit heftigem Regen; auch treten heftige Böen und Tornados auf, in denen der Wind hauptsächlich von Ost weht.

Der Gesundheitszustand der Europäer an dieser Küste ist höchst ungünstig. Nach Beobachtungen von Grand Bassam. Assinie und Dahou sind die mittleren Jahresextreme der Temperatur etwa 38° und 15°. Man zählt im Mittel 115 Regentage, die Maxima fallen auf Mai (20,5) und November (14,7), Januar und Februar dagegen haben nur je 3 Regentage.

An der Küste von Sierra Leone sind die vorherrschenden Winde während der schönen Jahreszeit, von November bis April, zwischen NNW und NW. In der Regenzeit, von Mai bis Oktober, ist die vorherrschende Windrichtung SW, abweichend nach WNW. Aus der Hauptwindrichtung weht es zuweilen stark. Während der schönen Jahreszeit wechseln in nächster Nähe der Küste regelmäßig Land- und Seewinde. Die Seebrise weht aus der Richtung N bis NW, mitunter von WNW, und geht ohne Unterbrechung durch Windstille in den Landwind über, welcher meist von NO und ONO weht. Das Gebiet der Land- und Seewinde erstreckt sich 20—30 Seemeilen von der Küste. Außerhalb dieser Grenze ist die Windrichtung gewöhnlich NNW und NW. Der Harmattan, welcher von OSO bis ONO weht, wird vorzugsweise im November und Dezember angetroffen. Tornados sind schwer im Mai, häufig auch im Oktober, selten während des Monats November.

Der jährliche Wärmegang ist hier wie auf der südlichen Halbkugel, das Minimum der Wärme fällt auf den August. Die wärmsten Monate sind Februar bis Mai. Die mittleren Jahresextreme waren 18,2 und 36,4°. Von 1849—51 war das Jahresmittel auf der in 120 m Seehöhe gelegenen meteorologischen Station 25,4°. Die Regenmenge ist sehr groß und hält sich zwischen 254 und 523 cm. Kein Monat ist mehr regenlos. Im Januar und Februar ist die relative Feuchtigkeit um 9 Uhr vormittags 73%, um 3 Uhr nachmittags 62%, in den Regenmonaten den ganzen Tag über 80% und mehr (80—86%).

An der Küste und im Archipel von Bissagos sind Winde von WNW bis SW während 9 Monate des Jahres vorherrschend. Sie wehen ohne Unterbrechung von Mai bis Oktober. Im Juli und August sind sie mitunter stürmisch. Tornados sind vorzugsweise in dem Monate Juni, aber auch im September und Oktober zu erwarten. Die Zeit des Harmattans währt von Oktober bis Anfang Dezember. Während der schönen Jahreszeit herrschen an dieser Küste Land- und Seewinde. Der Landwind, zwischen NO und ONO, dauert gewöhnlich bis 8 oder 9 Uhr morgens, darauf folgt bis 11 oder 12 Uhr Windstille, worauf die Seebrise von WNW bis WSW durchkommt und bis zum Sonnenuntergang dauert. Gegen Mitternacht setzt die Landbrise ein.

An der Küste von Senegambien südlich von Kap Verde weht während der guten Jahreszeit, von September bis Mai, der Wind vorherrschend von

NO, abweichend durch N nach NW. Die Land- und Seebrise wird hier durch die Solarbrise (vgl. S. 75) ersetzt. Die Änderung des Windes erfolgt am Morgen von NNO nach N, im Laufe des Tages weiter nach NW, bis der Wind gegen Abend W geworden ist. In der Nacht weht ein schwacher Wind von O bis ONO. Der Harmattan weht heftig von November bis Januar, mäßig im Februar und März. Er dauert zuweilen 9 Tage, zu anderen Zeiten aber nur einen Tag. Während der Regenzeit ist der südwestliche Wind gelegentlich nach W abgelenkt. Im Mai und Juni treten heftige Tornados auf. Starke Regen erfolgen im Juli und August.

In Bathurst an der Mündung des Gambia tritt die heiße Zeit erst im Oktober, nach den großen Regen, ein. Die mittleren Jahresextreme der Temperatur sind 37,1° und 14,1°. Die tägliche Wärmeschwankung ist in der trockenen Zeit — Januar bis April — 11 bis 12°, in der nassen nur $5^1/_2$°. Die Regenmenge schwankte in 11 Jahren zwischen 81 und 198 cm. Im Dezember setzt der trockene, morgens kühle Harmattan (Landwind) ein, weht am häufigsten im Februar und hört Mitte April auf. Die Regen beginnen Mitte Juni, aber die eigentliche nasse Zeit umfaßt erst die zweite Hälfte Juli bis September. Die Zeit unmittelbar nach den Regen ist die drückenste und ungesundeste.

Auf den Kap Verdeschen Inseln ist der vorherrschende Wind während der Monate November bis Mai NO bis N, abweichend nach NW. Im Juni nimmt der Wind eine östliche Richtung an und verliert an Stärke. Am Ende dieses Monats setzen die Regen ein. Während der Regenzeit, von Juni bis Oktober, ist der Wind veränderlich zwischen SO und SW, mit gelegentlichen Stürmen und Nebel. Nach dem 15. Juli gewähren die Häfen dieser Inseln keine genügende Sicherheit, welche gegen SO und SW offen sind.

Das Klima der Kap Verdeschen Inseln schließt sich jenem von Senegambien an, mit dem Unterschiede natürlich, daß die ozeanische Umgebung die Schwankungen der Temperatur und der Feuchtigkeit vermindert. Doch machen sich die Wüstenwinde gelegentlich selbst dort noch bemerkbar. Die Regenmenge ist an der Küste gering (Troia auf Santiago hat in $8^1/_2$ Jahren im Mittel 26 cm, San Vincente [3 Jahre] 21 cm), die größte Regenmenge fällt im September. Das Aussehen der Niederungen ist den größten Teil des Jahres über wüstenartig.

An der Küste zwischen Kap Verde und Kap Blanco ist von Oktober bis Mai, also während 8 Monate, der vorherrschende Wind O bis NO. Die Regenmonate sind Juni bis September. Zu dieser Jahreszeit treten Südwestwinde mit Tornados auf. In mäßiger Entfernung von der Küste ist der Wind alsdann häufig nach Nordwest abgelenkt, während weiter von der Küste weg Nordostwind weht. Auch an dieser Küste folgt in der guten Jahreszeit der Wind dem Laufe der Sonne. Nachmittags ist die Windrichtung NNW, des Nachts NO.

An dieser Küste ist die Trockenheit verhältnismäßig gering, die Temperatur ist im Winter kühl und steigt nur langsam. An der niedrigen Temperatur von St. Louis und Gorée sowie an der Verspätung des Eintritts der niedrigsten Temperatur dürfte jedoch auch die kühle Meeresströmung, die von der afrikanischen NW-Küste nach Süden herabläuft, zum Teil die Schuld tragen.

Während der trockenen Jahreszeit, namentlich im Frühling, bringen die NO- und O-Winde aus dem Innern stauberfüllte, äußerst trockene Luft. Das trockene Thermometer zeigt nicht selten 40°, während das feuchte auf 20° oder 19° sinkt. In Dakar schützt man sich gegen diese Glutwinde durch Doppelfenster, wie im Norden gegen die Winterkälte. Man erhält dadurch in den Wohnungen eine Temperatur von 28—30°, während dieselbe im Freien 41° überschreitet. Wenn auch die absoluten Temperaturmaxima in St. Louis und Dakar kaum hinter jenen des Innern zurückbleiben, so treten doch die hohen Maxima viel seltener auf. In St. Louis überschreitet die Temperatur im Jahre durchschnittlich kaum zweimal 40°, in Bakel, im Innern, dagegen (wenigstens 1873) 42 mal. Die extremen Temperaturen, die man in St. Louis beobachtet hat, 17,9° als absolutes Minimum und 44,8° als absolutes Maximum, bezeichnen die Grenzen der Temperaturunterschiede, die man überhaupt in Senegambien antrifft. Während der Dauer der Regenzeit hat Senegambien, befruchtet von den starken Regen, welche die Seewinde herbeiführen, ganz gleichförmige klimatische Verhältnisse in jeder Hinsicht. Die mittlere Temperatur ist überall sehr nahe bei 27°, und die Schwankungen um diese Mittelwärme sind überall sehr gering. Die Luft ist nahezu beständig mit Feuchtigkeit gesättigt. Die Regen fallen im Überfluß, die Flüsse ergießen sich über ihre Ufer und überschwemmen die Niederungen. Die Gewitter sind zahlreich, die Vegetation ist im Maximum ihrer Kraft, leider sind auch Fiebererkrankungen häufig. Die Regenzeit ist zwar ähnlich der aller tropischen Länder, sie bedingt hier aber gesundheitliche Verhältnisse, welche Senegambien in den Rang der ungesundesten Gegenden der Erde stellen. Die Trockenzeit dagegen ist frisch und angenehm an allen Küstenpunkten, wo sich die Hauptverkehrsplätze befinden, auch gesund für Europäer.

Die Kanarischen Inseln, ungefähr an der Grenze des Nordostpassatgebietes gelegen, haben fast das ganze Jahr hindurch, am entschiedensten jedoch von April bis Oktober, als vorherrschende Windrichtung die von NNO bis NNW. Während der übrigen Monate, namentlich aber im Dezember und Januar, werden diese Winde manchmal durch Stürme von SO bis SW unterbrochen. Aus diesem Grunde sind in der eben angeführten Jahreszeit die Reeden der Inseln, mit Ausnahme von Palma auf Gran Canaria, unsicher. Die Reede von Palma gewährt auch nur insofern eine größere Sicherheit, weil daselbst ein Schiff mit allen Winden unter Segel kommen kann. Der Luftdruck ändert sich zuweilen bedeutend. Ein rasches Steigen des Barometers deutet auf Ostwind, ein starkes Fallen auf einen Wind von SW bis W. Die Ostwinde sind begleitet von Nebel und Dunst, welche indes verschwinden, sobald der Wind nach N holt. Einen starken Nordwind nennen die Insulaner la brisa parda.

Mehr als in irgendeinem Teil Europas ist auf den Kanaren die Lage eines Ortes gegen die herrschenden Winde maßgebend für sein Klima. Die vielfach über 2500 m hohen Gebirgsmassen hemmen wesentlich die Wirkung des Passates. Vor allem schneidet Teneriffa auf einer längeren Strecke den Passat vollständig ab, und so zeigt der südliche und südwestliche Abhang der Insel nahe am Ufer schwache Land- und Seewinde, während weiter draußen die See wegen ihrer Windstille berüchtigt ist. Aber auch auf der Windseite zeigt der Gebirgswall seine Macht, indem er imstande ist, auf 3—6 Sm vom Ufer den Wind dermaßen aufzustauen, daß am Lande selbst und in der Nähe der Küste auf See des Nachts meist Landwind weht, freilich erheblich schwächer als der Seewind am Tage, der durch den Druck des Passats verstärkt wird.

Die mittlere Tagestemperatur für 12 Uhr mittags beträgt nach $2^1/_2$ jährigen Beobachtungen in Santa Cruz 21,7°; Januar ist mit einer mittleren Mittagstemperatur von 17,7° der kälteste, August mit 26,0° der wärmste Monat des Jahres. Gewitter sind äußerst selten auf den Kanarischen Inseln; Regenfälle sind auch nicht häufig, im Mittel kommen 52 Regentage auf das Jahr; die größte Regenwahrscheinlichkeit ist im März, die kleinste im August, erstere mit 8,4, letztere mit 0,2 Tagen.

Eine ganz besondere Aufmerksamkeit des Beobachters erregt die an den Nordküsten der Kanarischen Inseln vorhandene Dünung, welche eine sehr hohe Brandung am Strande hervorruft. Erzeugt wird diese Dünung durch die weiter nach Norden im Atlantischen Ozean häufigen stürmischen Winde.

In Madeira weht der Nordostpassat von Mitte April bis Ende September. Im Oktober sind die periodischen Regen zu erwarten, welche oft 15 Tage anhalten. Sie sind begleitet von einem Winde, der von SO durch S und W nach NW holt. Wenn er die letztgenannte Richtung erlangt hat, wird das Wetter klar. Die Reede von Funchal ist während dieser Periode unsicher. Im November und Dezember ist das Wetter oft schön, und der Wind weht, wenn auch unregelmäßig, von NO. In den Monaten Januar und Februar kommen heftige Stürme von S und SW vor, doch ist auch häufig der Nordostwind vorherrschend. Im März ist die vorherrschende Windrichtung NW, und auf den Bergen fällt dann Schnee. Im April ist der Anfang zuweilen schlecht mit steifen Winden; gewöhnlich aber ist das Wetter schön während dieses

Monats. Während der Monate Mai, Juni und Juli wechseln Land- und Seewinde regelmäßig. Im August und September reicht zuweilen der Harmattan nach Madeira hinüber.

An der Küste von Marokko weht der Nordostpassat häufig mit großer Stärke. Während des Sommers ist die herrschende Richtung des Windes NO durch N bis NW, und gewöhnlich weht er recht frisch. Während des Winters sind südwestliche Winde häufig. In dieser Jahreszeit ändert sich der Wind oft von SO durch SW nach NW. Die südlichen Winde bringen Regen; aber mit dem Winde von NW wird das Wetter klar.

Mogador. $31\frac{1}{2}°$ N-Br. Die vorherrschende Windrichtung ist NO, die Passatrichtung. Der tägliche Gang zeigt sich darin, daß nachmittags, zur Zeit der größten Wärme, der Wind nach N und selbst NNW läuft. Im Winter, von Oktober bis Februar, besonders aber in der Mitte des Winters, sind SW-Winde ziemlich häufig. Die Nordgrenze des Nordostpassats liegt dann zeitweilig südlich von Mogador, d. h. südlich von 31° N-Br. Dieselben Monate, in denen SW-Winde häufig sind, bringen auch die Niederschläge. Dagegen fällt von Mai bis September einschließlich sozusagen gar kein Regen, während Nebel und Dunst dann verhältnismäßig häufig auftreten, besonders im Juli und August. Während SW-Winde vorherrschen, pflegen die auf den offenen Reeden vor Anker liegenden Schiffe des Seegangs wegen in See zu gehen. Ganz vereinzelt treten auch Stürme auf, im Anschluß an barometrische Depressionen, die im Norden ostwärts ziehen. Sie werden eingeleitet durch südliche Winde, die durch W nach NW drehen.

Die Westküste von Europa.

Allgemeine Übersicht. Die Westküsten Europas liegen innerhalb des Gebietes der Westwinde der Nordhalbkugel, die im Mittel das ganze Jahr hindurch aus WSW wehen. Nur in den Frühsommer- und Sommermonaten, Mai bis August, wenn das barometrische Maximum bei den Azoren eine sehr nördliche Lage einnimmt, rückt auch die Nordgrenze des Nordostpassats nach Norden, so daß dann die Küste südlich von Kap Finisterre nördliche Winde hat, die ohne Unterbrechung in den Passat hinüberführen. Die Westwindströmung des Atlantischen Ozeans (Golfstrom) zieht an den großbritannischen Inseln und an der norwegischen Küste nach Nordosten. Der Einfluß des von ihr mitgeführten wärmeren Wassers macht sich noch östlich vom Nordkap geltend, wo das ganze Jahr hindurch Häfen und Buchten offen und eisfrei bleiben. Ein Arm der Westwindtriftströmung zieht sich südwestlich von Irland nach Südosten und Süden; er erreicht schließlich die marokkanischen Gewässer und geht dann in die Nordostpassattrift über. Nebel wird der Schiffahrt zeitweilig sehr lästig vom Eingang des Englischen Kanals an nordwärts. Besonders häufig tritt er an den schottischen Küsten, bei der Shetland- und Färoer-Gruppe auf. Im Winter wird die ganze westeuropäische Küste, besonders von Finisterre an nordwärts, häufig von Stürmen heimgesucht.

Die einzelnen Küstenstriche. Die Straße von Gibraltar. Die vorherrschenden Windrichtungen sind W und O, mit einer Neigung nach SW und NO. Rein nördliche oder südliche Winde sind verhältnismäßig selten. Ostwinde sind häufig in den Monaten Juni bis September, ebenso Windstillen, während Nebel nur in den Monaten Juli und August häufig ist. Die Stromversetzungen sind meist nach Osten gerichtet.

An der Westküste von Portugal von der Straße von Gibraltar bis zum Kap Finisterre wehen südlich von 40° N-Br. NW-Winde von März bis Dezember, im Januar und Februar mehr NO-Winde. Nördlich von 40° N-Br. überwiegen von April bis Oktober einschließlich N-Winde, von November bis März SW-Winde. Nebel tritt häufig im Juni auf; von November bis Februar ziemlich häufig nördlich von 40° N-Br. Der meiste Regen fällt von November bis März, viel weniger häufig ist er vom April bis zum Oktober. Im Mai regnet es verhältnismäßig häufig bei Kap St. Vincent und Kap Roca, von Juni bis Oktober mehr im Norden. Die winterlichen Stürme fangen gewöhnlich in S oder auch SO an und holen nach SW und NW.

Von Kap Finisterre bis Ouessant überwiegen von November bis März südwestliche Winde mit reichlichem Regen und wenig Nebel. Vom April bis Oktober sind Winde aus nördlichen Richtungen vorwiegend, die im Süden mehr rein nördlich sind, im Norden dagegen aus den Richtungen ONO bis WNW wehen. Im Hochsommer sind die Winde im Norden mehr nordwestlich, im Frühjahr und Herbst auf der ganzen Strecke häufig nordöstlich. Der meiste Nebel tritt von Juni bis August auf.

An der Westküste von Frankreich und vor dem Englischen Kanal sind die Winde im allgemeinen sehr veränderlich, doch ist ihre vorherrschende Richtung Südwest das Jahr hindurch. Die Südwestwinde sind besonders in den Wintermonaten überwiegend und führen meist Niederschläge mit sich. Stürme sind in den Wintermonaten sehr häufig. Die am gewöhnlichsten vorkommende Änderung des Windes erfolgt von S durch W nach NW. Mit Nordwestwind hört der Niederschlag auf; es finden noch während einiger Zeit Böen statt, worauf das Wetter allmählich gut wird. Während der Sommermonate nimmt der Wind eine mehr nordwestliche Richtung an, und im Frühling wehen oft andauernde östliche Winde.

An der Küste von England, Irland und Schottland ist die vorherrschende Windrichtung wenig von der eben geschilderten abweichend. Der Südwestwind, welcher Regen und Nebel mit sich führt, ist auch hier für das ganze Jahr gerechnet vorherrschend. Auf der ganzen Strecke von Süd-England bis zu den Färoer ist der Unterschied in der Windrichtung des Sommers und des Winters gering und besteht nur darin, daß in den Sommermonaten die Windrichtung mehr nach Nordwest abgelenkt ist. In Schottland wehen oft Nordwinde; östliche Winde kommen häufig in den Monaten März bis Juni vor. Überhaupt sind östliche Winde auf dieser ganzen Küstenstrecke in den Frühlingsmonaten am häufigsten.

Die Färoer, namentlich aber die Shetland-Inseln, haben drei Viertel des ganzen Jahres hindurch vorherrschend Südwestwinde. Nur in den Frühlingsmonaten erlangen die östlichen Winde einen kleinen Überschuß über die westlichen. Die Lage der Inseln in dem warmen atlantischen Strom, der Fortsetzung des Golfstromes, der südlich von Island herüber gegen Norwegens Westküste fließt, gibt ihnen im Verhältnis zu ihrer hohen Breite ein mildes, aber feuchtes und unbeständiges Klima. Die mittlere Jahrestemperatur beträgt für die Färoer 6,5°, das Meer um sie herum gefriert nie, und der Schnee verschwindet im Sommer selbst von der höchsten Bergspitze, welche eine Höhe von 2800 Fuß dänisch, etwa 880 m, hat. Die Niederschläge sind sehr reichlich, ungefähr doppelt so groß wie in Kopenhagen; Nebel sind namentlich in den Sommer- und Spätjahrmonaten sehr häufig.

An der Küste von Norwegen wehen in den Sommermonaten die Winde vorzugsweise von der See nach dem Lande, in den Wintermonaten dagegen von dem Lande nach der See, d. h. immer von der kälteren nach der wärmeren Gegend. In Vardö ist zur Zeit des Sommers der Nordostwind überwiegend, während in den Wintermonaten Winde von SW die Oberhand haben. In Hammerfest dagegen treten im Sommer Nordwest-, im Winter Südostwinde als die vorherrschenden auf. Hierzu muß bemerkt werden, daß sich das Vorherrschen des Windes vom Lande her in den Wintermonaten mit einer größeren Entschiedenheit zeigt als das Vorherrschen der Richtung aus See im Sommer, zu welcher Zeit die Winde häufig veränderlich sind. An der Westküste von Norwegen treten in den Wintermonaten Stürme von außerordentlicher Heftigkeit auf, wobei die Richtung des Windes zwischen S und W ist.

Auch an den Küsten des Weißen Meeres zeigt sich in der verschiedenen Richtung der im Sommer und der im Winter vorherrschenden Winde der Einfluß der verschiedenen Erwärmung von Land und See. In Archangel ist während des Frühlings und des Sommers die vorherrschende Windrichtung nördlich, etwas nach O abweichend; im Herbst und Winter aber ist sie südlich und westlich. Teilt man das Jahr in zwei Teile, den Sommer und den Winter, ein, so tritt der Gegensatz der vorherrschenden Windrichtung sehr deutlich hervor. Die Windrichtungen sind dann N mit Neigung nach O in der einen und S mit der Neigung nach W in der anderen Jahreshälfte. Ein ähnliches

Resultat haben die Beobachtungen zu Kem, am Westufer des Weißen Meeres, ergeben, nur mit dem Unterschiede, daß die Sommerwinde eine mehr östliche, die Winterwinde aber eine mehr westliche Richtung zeigen.

Island steht das ganze Jahr hindurch unter der Herrschaft zweier Hauptluftströme. Südwestliche und nordöstliche Winde streiten sich um die Herrschaft; doch haben letztere, auf das ganze Jahr und die ganze Küste bezogen, das Übergewicht, vorzugsweise in den Winter- und Frühlingsmonaten. Dies hängt damit zusammen, daß der Luftdruck in der Umgebung von Island im Süden der Insel durchschnittlich am tiefsten ist.

Während der guten Jahreszeit (Sommer) herrschen an der Küste von Island regelmäßige Land- und Seewinde, die im Verein mit den Gezeiten für das Ein- und Auslaufen der Schiffe mit Vorteil benutzt werden können. Bei den Landwinden darf man sich weder zu nahe an der Küste halten, weil hier Stillen und starke Böen herrschen, die eine Kürzung der Segel notwendig machen, noch auch zu weit weg von der Küste, weil dort auch Stillen herrschen. Ähnlich bei den Seewinden; zu weit draußen ist man Stillen, zu dicht unter Land Stillen und plötzlichen Fallwinden ausgesetzt. Beim Segeln längs der Küste hat man also bei Land- und Seewinden darauf zu achten, daß man möglichst in der Mitte dieser Windgebiete bleibt und den Rändern nicht zu nahe kommt.

Besondere Vorsicht ist erforderlich, wenn dichte Wolken tief auf den Bergen lagern; sind die Gipfel der Berge dagegen frei, so sind die Böen weniger heftig, und die Gefahr ist geringer. Die Gipfel der Berge geben im allgemeinen einen gewissen Anhalt zur Vorherbestimmung des Wetters. Klare, wolkenfreie oder von lockeren, leichten Wolken umgebene Gipfel deuten auf stilles, gutes Wetter, während dicke, zusammenhängende, die Bergspitzen verhüllende Wolkenmassen schlechtes Wetter anzeigen. An der Westküste sind die Berge Essioe bei Reykjavik und Swefjeldsjöklen bekannte Wetterpropheten. Der letztere bildet an der Westküste eine Wetterscheide. Oft ist das Einlaufen in die Fjorde dadurch sehr erschwert, daß der Wind in See auf die Küste zu steht, in den Fjorden dagegen in umgekehrter Richtung weht, oder daß es ganz still ist, so daß ein Segelschiff hier in schwerer See steuerlos werden kann.

An der Nordküste und Ostküste wird die Schiffahrt besonders viel durch Nebel behindert, der hier durch das Zusammentreffen des warmen und des kalten Stromes entsteht. Nördliche Winde bringen hier fast immer Nebel mit sich. An der Nordküste lassen sich zwei meteorologische Grenzen unterscheiden, nämlich die Halbinseln Skagen und Melrakkasljetta, welche aber für nördliche Winde weniger als für andere Winde ausgesprochen sind. Wenn man von Osten kommt, so verschwindet der Nebel fast regelmäßig bei Melrakkasljetta. Die Ostküste ist mehr vom Nebel heimgesucht als die Nordküste, der besonders bei Westwind auftritt. Leider ist dies auch der vorherrschende Wind an der Ostküste; so herrschte im Beru-Fjord an der Südostküste im Jahre 1874 an 222 Tagen Westwind. Weiter südlich, besonders von Papos an, verändern sich die Verhältnisse; westliche und südwestliche Winde bringen klares Wetter, während der Seewind fast immer Nebel und Regen im Gefolge hat. An der Südküste ist der Nebel viel seltener, und an der Westküste gehört er zur Ausnahme.

Die günstigste Zeit für die Schiffahrt an den Küsten Islands, besonders an den nördlichen und östlichen, liegt zwischen dem 1. April und 15. Oktober.

Vierter Abschnitt.

Der Luftdruck und dessen Beziehungen zu den Luftströmungen.

Natur und Bedeutung des Luftdrucks. Die große Bedeutung des Luftdrucks für unser gesamtes Wissen vom Wetter und für dessen praktische Verwertung liegt einerseits darin, daß er uns Aufschlüsse gibt über die Zustände in der ganzen Atmosphäre über uns, frei von örtlichen Einflüssen, anderseits und in noch höherem Grade darin, daß die Luftströmungen aufs engste mit seiner Verteilung verknüpft sind, und deshalb auch die Änderungen des Luftdrucks mit jenen des Windes innig zusammenhängen.

Der Luftdruck wird bekanntlich mit dem Barometer gemessen, so zwar, daß das Barometer mit abnehmendem Luftdruck fällt, mit zunehmendem steigt. Der Druck der Luft hängt von der Schwere der darüber lastenden Luftmassen ab. Von den beiden gebräuchlichen Arten des Barometers — dem Quecksilber-Barometer und dem Aneroid — ist das erstere der Hebelwage mit zwei Schalen vergleichbar; wie diese ist es unabhängig von der Größe der Schwerkraft, die am Pole um etwa $^1/_{190}$ ihres Wertes größer ist als am Äquator; denn ihre Änderungen wirken auf beide Schalen der Wage, bzw. auf beide Schenkel des Barometers in gleicher Weise. Der Stand des Quecksilberbarometers ist daher — wenigstens der Hauptsache nach — einfach ein Ausdruck für die Masse der Luft, die über dem Orte sich befindet; die vorkommenden Abweichungen von der Proportionalität zwischen Barometerstand und Masse der darüber befindlichen Luft sind so gering, daß sie vernachlässigt werden können. Aber wegen der Verschiedenheiten in der Schwerkraft ist das Gewicht derselben Masse Luft in verschiedenen geographischen Breiten nicht ganz gleich, oder, was dasselbe ist, es übt dieselbe Masse nicht überall denselben Druck auf ihre Unterfläche aus. Das Aneroid wird, analog der Sprungfederwage, von diesen Unterschieden beeinflußt; sein Stand ändert sich also gegen den des Quecksilber-Barometers je nach der Breite. In neuerer Zeit werden die Stände des Quecksilber-Barometers — das Aneroid ist leider wegen seiner Veränderlichkeit für genaue Beobachtungen wenig zu brauchen — auf den festländischen Stationen fast allgemein auf gleiche Schwere, und zwar auf die Schwere im Meeresspiegel unter 45° Breite, reduziert, um wirklichen Luftdruck zu messen; die Korrektion beträgt $-$ 0,0026 cos 2φb, worin φ den Abstand der Breite von 45°, b den Barometerstand bedeutet; sie erreicht am Äquator — 2,0, am Pol + 2,0 mm. Für Beobachtungen an Bord ist diese Korrektion wenig gebräuchlich. In den Atlanten der Seewarte und den Karten dieses Buches ist sie deshalb nicht an die Luftdruckwerte angebracht, sondern nur zur allfälligen Benutzung an den Rand geschrieben.

Der Barometerstand nimmt mit der Erhebung über den Meeresspiegel ab, weil Masse und Gewicht der darüber lastenden Luft abnehmen. Aber auch im Meeresniveau selbst ist der Luftdruck nicht überall derselbe, und auch an ein und demselben Orte schwankt er bekanntlich im Laufe der Zeit, weil eben nicht über allen Punkten der Erdoberfläche und nicht zu allen Zeiten über einem Punkte die gleiche Luftmasse lastet.

Verhältnis des Windes zu Isobaren und Gradienten. Ein Bild von der jeweiligen horizontalen Verteilung des Luftdrucks erhält man, wenn man auf einer Karte die Orte, an denen das Barometer (nach Anbringung der Korrektionen wegen des Fehlers des Instruments, der Temperatur des Quecksilbers und der Höhe über dem Meere, eventuell auch wegen der Schwere-Unterschiede) gleichen Stand ergibt, durch Linien miteinander verbindet. Diese Linien werden Isobaren, d. h. Linien gleichen Druckes genannt.

Nehmen wir, um uns diese Verhältnisse zu veranschaulichen, zunächst eine sogenannte synoptische Wetterkarte vom Nordatlantischen Ozean zur Hand (Fig. 17), wie sie von der Seewarte im Verein mit dem Dänischen meteorologischen Institut seit 13 Jahren für jeden Tag herausgegeben werden. Sie zeigt uns das Wetter, das am 9. Oktober 1891 morgens über dem Ozean und Europa herrschte. Wir sehen ein großes Gebiet niedrigen Luftdrucks von der Nordsee bis nach Labrador sich erstrecken, umgeben von drei Gebieten hohen Druckes, nämlich je einem in Nordamerika, auf der Mitte des Ozeans und in Rußland. Die Isobaren für Barometerstände unter 760 mm sind durch Strichelung von den ganz ausgezogenen Isobaren für höhere Barometerstände unterschieden. Die kleinen Haken stellen einseitig befiederte Pfeile vor, die mit dem Winde fliegen; die Spitzen stecken in kleinen Kreisen, die den Ort der Beobachtung bezeichnen, und deren mehr oder weniger starke Ausfüllung das Maß der Bewölkung angibt (○ wolkenlos, ● ganz bedeckt). Die Zahl der Federn an den Pfeilen gibt die Stärke des Windes in halber Beaufort-Skala an, z. B. $2^1/_2$ Federn = 5 Beaufort = frischer Wind. Die Karte zeigt südlich von 30° Breite den NO-Passat, der an diesem Tage bei den Kap Verden stark weht, während zwischen 40 und 60° auf dem Ozean Winde zwischen SW und W wehen, die nordwestlich von Irland die Stärke eines vollen Sturmes (9—10) erreichen, sonst aber meist nur Stärken zwischen 4 und 6. Ein Punkt neben dem Bewölkungskreis (wie bei Jersey) bedeutet Regen zur Zeit der Beobachtung.

Bei genauerer Betrachtung der Karte erkennt man, daß die Windpfeile sich in bestimmter Weise um die Gebiete hohen und niedrigen Druckes anordnen: sie umkreisen die ersteren in demselben Sinne, wie der Uhrzeiger sich über das Zifferblatt bewegt, die letzteren dagegen im umgekehrten Sinne. Zugleich zeigt sich eine vorherrschende Bewegung der unteren Luftschicht aus den Gebieten hohen Druckes heraus nach denen niederen Druckes hin. In dieser Anordnung liegt das wichtigste Gesetz der neueren Meteorologie, das die Verknüpfung zwischen Wind und Druckverteilung ausspricht und seit dem Ende der fünfziger Jahre des vorigen Jahrhunderts bekannt ist.

Besteht nämlich eine Ungleichheit in der Verteilung des Luftdrucks über einem Gebiete, so sucht die darauf ruhende Luft dieselbe auszugleichen, sie hat das Bestreben, von dem Orte des höheren nach jenem des niedrigeren Druckes hinzufließen. Durch die Drehung der Erde wird die Luft verhindert, in gerader Linie vom höheren nach dem tieferen Luftdruck zu fließen, und wird abgelenkt, auf der nördlichen Halbkugel nach rechts, auf der südlichen nach links. Durch diese Ursache wird die folgende, außerordentlich wichtige Regel (das sogenannte Buys-Ballotsche Gesetz) bedingt, welche sich durch tausendfältige Erfahrung, insbesondere an täglichen Wetterkarten von der Art der hier gegebenen, auf das bestimmteste bewährt hat.

1. Der Wind weht auf der nördlichen Halbkugel, abgesehen von örtlichen Ablenkungen, so, daß ein Beobachter, der mit dem Winde geht, den hohen Luftdruck zu seiner Rechten und zugleich etwas hinter sich, den niedrigen zu seiner Linken und zugleich etwas vor sich hat.

2. Für die südliche Hemisphäre gilt dieselbe Regel, wenn man nur in beiden Fällen rechts mit links vertauscht.

3. In der unmittelbaren Nähe des Äquators weht der Wind, je nach seiner Herkunft, entweder direkt von der Gegend mit höherem nach derjenigen mit niederem Drucke hin, oder er

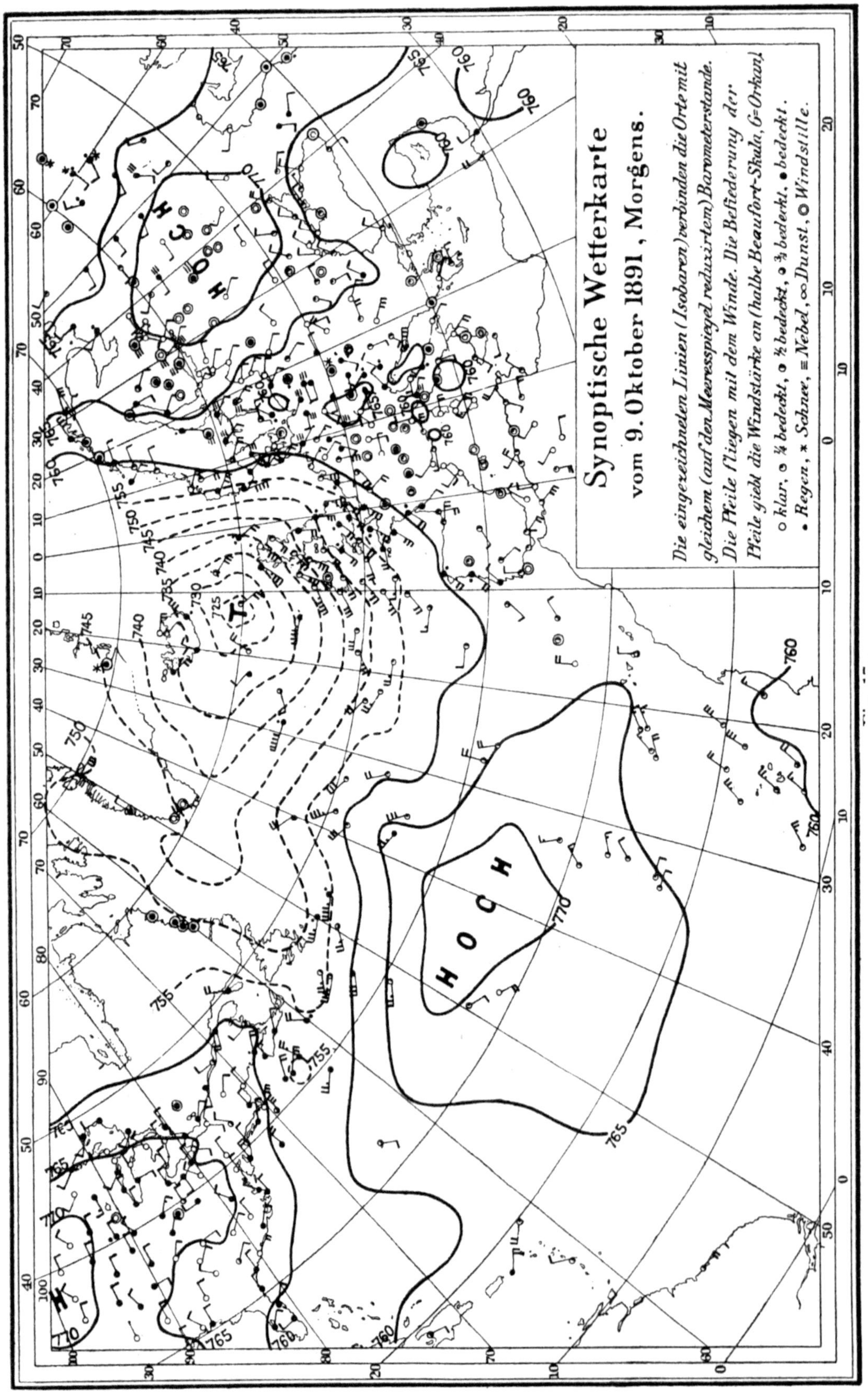
Synoptische Wetterkarte
vom 9. Oktober 1891, Morgens.
Die eingezeichneten Linien (Isobaren) verbinden die Orte mit gleichem (auf den Meeresspiegel reduzirtem) Barometerstande.
Die Pfeile fliegen mit dem Winde. Die Befiederung der Pfeile giebt die Windstärke an (halbe Beaufort-Skala, 6=Orkan).
o klar, ◔ ¼ bedeckt, ◑ ½ bedeckt, ◕ ¾ bedeckt, ● bedeckt.
• Regen, * Schnee, ≡ Nebel, ∞ Dunst, ◎ Windstille.
HOCH
HOCH
T

Fig. 17.

zeigt diejenige Ablenkung (jedoch in abnehmendem Maße), welche für die Hemisphäre gilt, aus welcher er kommt.

Das in diesen drei Sätzen ausgesprochene Gesetz bestimmt die Richtung des Windes sowohl in den stetigen Passaten und den periodischen Monsunen, als in den Gebieten veränderlicher Winde, und in den Orkanen so gut als in den täglichen Land- und Seebrisen, wenn auch im letzteren Falle wegen der geringen räumlichen Ausdehnung der Luftströmung die Druckunterschiede so gering sind, daß ihre genaue Untersuchung schwierig wird. Es gilt ferner (nur mit bestimmten Änderungen in bezug auf die Größe der Ablenkung des Windes) sowohl für rund oder oval ausgebildete barometrische Depressionen, wie uns die Karte eine vorführt, als für barometrische Maxima und für langgestreckte oder unregelmäßig geformte Gebiete hohen und niedrigen Druckes.

Um die Abhängigkeit des Windes von der Verteilung des Luftdruckes besser untersuchen und ausdrücken zu können, hat man den Begriff „Gradient“ (barometrisches Gefälle) eingeführt. Da nämlich, wie gesagt, die Winde durch Unterschiede im Luftdruck bedingt werden, so ist es wesentlich, einen bestimmten Ausdruck und Maßstab für diese Druckunterschiede zu haben. Da längs der Isobare der Luftdruck überall gleich ist, so ist begreiflicherweise auf einer Linie senkrecht zur Isobare der Unterschied im Luftdruck auf gleiche Entfernung am größten; diese Senkrechte zur Isobare gibt nun die Richtung des Gefälles (welche man vom höheren nach dem niederen Luftdruck zu rechnen pflegt), und die Änderung des Luftdruckes für die Einheit der Entfernung auf dieser Senkrechten gibt die Größe des Gefälles an; als Einheit der Entfernung ist für diesen Zweck durch internationale Übereinkunft die Länge eines Äquatorgrades (111 km oder 60 Sm) gewählt.

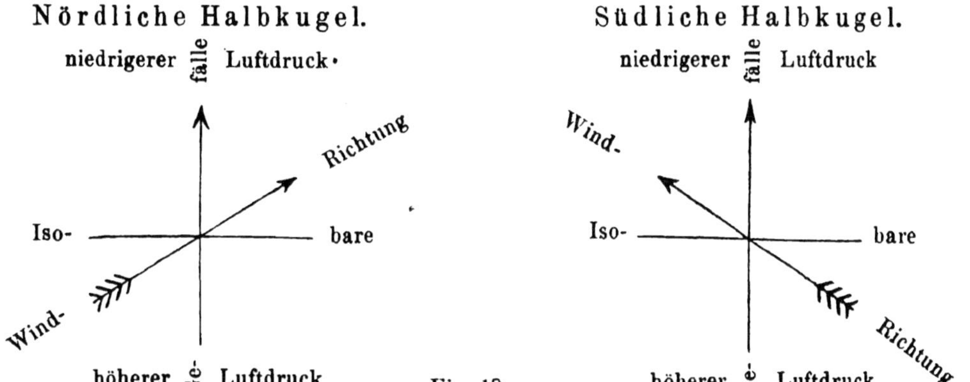

Fig. 18.

Wir werden im weiteren öfters Gelegenheit haben, diesen Begriff des Gefälles anzuwenden. Richtung und Stärke des Windes werden von der Richtung und Stärke des Gefälles im Verein mit der geographischen Breite und der Größe der Bewegungshindernisse (Reibung) bestimmt, jedoch wegen des Beharrungsvermögens der Luftmassen in der Weise, daß nicht nur der augenblickliche Stand dieser Einflüsse, sondern auch diejenigen Einflüsse maßgebend sind, unter welchen dasselbe Luftteilchen vorher sich befunden hat. Durch diese Umstände werden manche anscheinende Abweichungen vom gewöhnlichen Verhalten bedingt.

Die Richtung, nach welcher der Wind weht, ist dem obigen zufolge auf der nördlichen Halbkugel rechts, auf der südlichen links von der Richtung des Gefälles gelegen, und zwar beträgt der Winkel zwischen diesen beiden Richtungen an der Erdoberfläche fast stets weniger als 90°, in den höheren Luftschichten dagegen meistens 90° und darüber. Mit den eben angegebenen Beschränkungen durch die Nachwirkung früherer Zustände ist die Abhängigkeit dieses Winkels von Breite und Reibung kurz so auszudrücken, daß der Winkel um so größer ist, je höher die geographische Breite und je geringer die Reibung, welche die Luftmassen bei ihrer Bewegung am Erdboden usw. erleiden. In Bezug auf die erwähnten Nachwirkungen aber ist als wichtigster Satz zu erwähnen, daß der in Rede stehende Winkel bei abnehmender Geschwindigkeit (insbesondere wenn dieselbe durch abnehmendes Gefälle bewirkt wird) größer ist als bei zunehmender, während die absolute Größe der Geschwindigkeit oder des Gefälles keinen Einfluß auf diesen Winkel hat.

Eine Änderung der Richtung des Gefälles auf dem Wege der Luftteilchen liegt vor, wenn die Gradienten strahlig um ein Gebiet höheren oder niedrigeren Luftdruckes angeordnet sind. Die Isobaren und die Bahnen der Luftteilchen sind in diesem Falle gekrümmt, und zwar „zyklonal", wenn sie niedrigeren Luftdruck im Zentrum haben, „antizyklonal", wenn der Luftdruck nach dem Zentrum hin zunimmt; einen Luftwirbel der ersteren Art nennt man eine Zyklone, einen solchen der letzteren Art eine Antizyklone.

Der Sinn dieser Drehung — rechts herum oder links herum — ist auf beiden Halbkugeln, wie aus dem Vorhergehenden zu ersehen ist, entgegengesetzt. Das Schema der Luftbewegung in der untersten Schicht in Zyklonen und Antizyklonen wird durch Fig. 19a und 19b auf S. 93 für die nördliche und Fig. 20a und 20b auf S. 94 für die südliche Halbkugel durch Pfeile veranschaulicht. Die dickeren Linien geben die Isobaren wieder; die Zyklonen haben ein barometrisches Minimum, die Antizyklonen ein barometrisches Maximum in ihrem Zentrum. Die Gestalt der Zyklonen und Antizyklonen ist außerordentlich mannigfaltig: das Schema kann nur den häufigsten Fall in möglichster Vereinfachung vorführen. Wir denken uns auf beiden Seiten Norden oben, Süden unten und das ganze System von Westen nach Osten, also von links nach rechts fortschreitend: die Richtung der Fortpflanzung des Wirbels pflegt nämlich mit der Richtung der stärksten Winde in demselben nahe übereinzustimmen; die stärkeren Winde finden sich aber, wie wir im weiteren sehen werden, dort, wo die Isobaren näher beisammen liegen, bezw. die Gradienten stärker sind; und ein Blick auf unsere Figuren zeigt, daß die Richtung der stärkeren Winde in ihnen nach rechts gewandt sein müsse. Für die Unterwinde gilt dieser Zusammenhang zwischen Fortpflanzung und Windstärke freilich nur unvollkommen, da er sich mehr auf die überwiegende Strömung in allen Höhen des Wirbels zusammen bezieht, und für diese die Unterwinde ein schlechteres Muster abgeben als die in mittleren Höhen der Atmosphäre herrschenden Winde. Tropische Wirbelstürme schreiten im allgemeinen westwärts fort; hier ist also West rechts zu denken; die unvergleichlich häufigeren Wirbel der gemäßigten Zonen wandern überwiegend ostwärts, also ist für diese Ost auf der rechten Seite der Figur und Nord oben, auf der nördlichen wie auf der südlichen Halbkugel. Diesen Wirbeln der gemäßigten Zonen sind die Zeichnungen vorzugsweise angepaßt; ihr Unterschied von jenen der Tropen liegt besonders darin, daß ihre verschiedenen Seiten, nach dem Ursprung der Luft aus Süden oder Norden, sehr verschiedene Temperatur haben, der Vorübergang eines solchen Wirbels also mit einer kräftigen Temperaturschwankung verbunden ist, was in den Tropen, wo ja weit und breit annähernd dieselbe Wärme herrscht, nicht der Fall ist. Dadurch tragen die verschiedenen Seiten des Wirbels in den gemäßigten Zonen sehr verschiedenen Charakter, auch in bezug auf Bewölkung und Niederschläge. Die Wolkenscheibe der Zyklone ist in den Tropen annähernd konzentrisch mit dem Wirbel selbst; in gemäßigten Breiten ist ihre Lage sehr mannigfaltig, am häufigsten jedoch nach der äquatorialen und vorderen Seite verschoben. Dabei ist der Charakter der Bewölkung und der Niederschläge an ihrem vorderen und hinteren Rande in bezeichnender Weise verschieden: vorn überwiegen anhaltende Regen mit trübem Himmel, hinten Regenschauer mit gebrochener Bewölkung, eventuell auch Schnee und Hagelböen. Der Übergang vollzieht sich auf dem Mittelstreifen der bezeichneten Scheibe nicht selten stürmisch in einer Gewitterböe mit rascher Abkühlung.

Das Gebiet niedrigen Luftdrucks, das der zyklonale Wirbel einnimmt, wird der Kürze halber als eine Depression (barometrische Depression) bezeichnet. Den Ort des niedrigsten Luftdrucks in der Depression nennt man das barometrische Minimum, denjenigen des höchsten im Hochdruckgebiet das barometrische Maximum. Auf der Karte vom 9. Oktober 1891 (Fig. 17) sieht man ein Hauptminimum nordwestlich von Schottland, untergeordnete im N von Neufundland, im S von Neuschottland und (mehrere) im Mittelmeergebiet; barometrische Maxima erkennt man in Zentral-Rußland, westlich von den Azoren und im Winkel links oben jenseits des Rahmens der Karte, in Nordamerika.

Fig. 19a.

Winde in einer Zyklone der nördlichen Halbkugel.

Im Zentrum niedriger Luftdruck.

Fig. 19b.

Winde in einer Antizyklone der nördlichen Halbkugel.

Im Zentrum hoher Luftdruck.

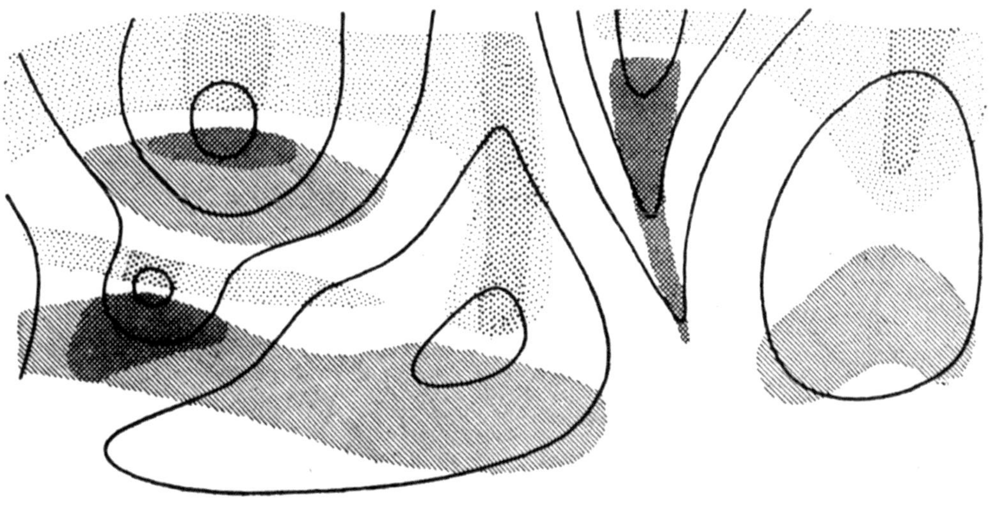

Fig. 19c. Isobarentypen und Windänderungen auf der nördlichen Halbkugel. Erklärung der Schraffur s. S. 95, 2. Absatz. Die Isobarentypen sind benannt in dem entsprechenden Bild der Südhalbkugel Fig. 20c.

Durch die Nebeneinanderlagerung von Zyklonen und Antizyklonen entstehen äußerst mannigfaltige Formen von Isobaren, die sich jedoch unter eine Anzahl von Hauptkategorien bringen lassen, und zwar kann man, nach der treffenden Aufstellung von R. Abercromby, sieben Grundformen von Isobaren unterscheiden, welche auf unseren Figuren 19c und 20c (s. oben) veranschau-

licht sind, in derjenigen Anordnung, welche für die Breiten zwischen 20° und 60° (Nord oben gedacht) als die häufigste gelten kann, nämlich die Zyklonen auf der Polarseite der Antizyklonen einherschreitend. Die Namen dieser Grundformen sind in die Figur 20c eingeschrieben. Manche derselben wird man

Fig. 20a.

Winde in einer Zyklone der südlichen Halbkugel.

Niedriger Luftdruck im Zentrum.

Fig. 20b.

Winde in einer Antizyklone der südlichen Halbkugel.

Hoher Luftdruck im Zentrum.

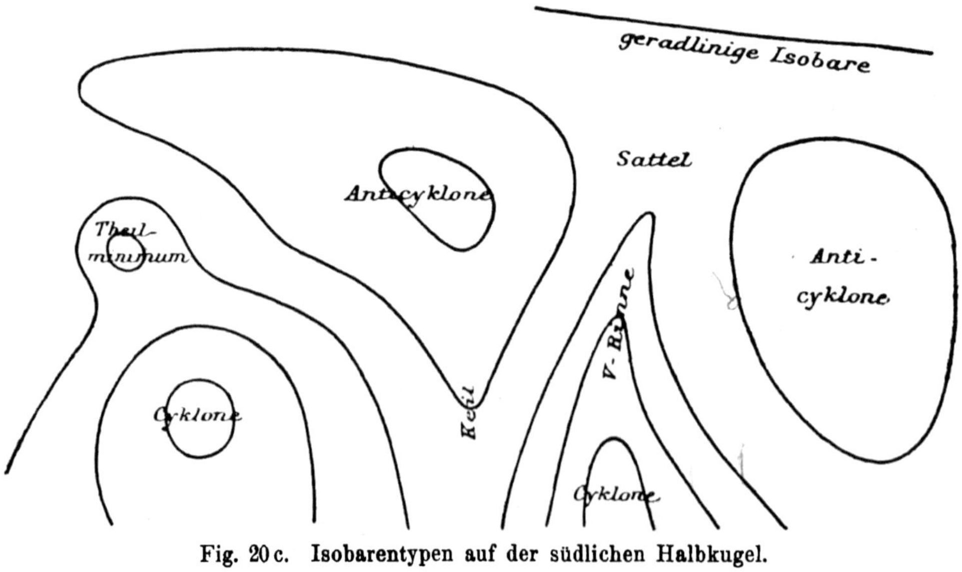

Fig. 20c. Isobarentypen auf der südlichen Halbkugel.

auch auf der Karte vom 9. Oktober 1891 wiederfinden, z. B., außer den schon erwähnten Zyklonen und Antizyklonen, ein Teilminimum auf 50° N-Br. 53° W-Lg. und 54° N-Br. 16° O-Lg., einen Sattel bei 35° N-Br. 70° W-Lg., einen Keil bei 46° N-Br. 39° W-Lg. Die Anordnung dieser Grundformen untereinander zeigt alle möglichen Variationen, nur in verschiedener Häufigkeit.

Die Umwandlungen, die sich in der geographischen Verteilung des Luftdrucks von Tag zu Tag vollziehen, bestehen einerseits in der stetigen Ortsveränderung der Gebiete hohen und niedrigen Luftdrucks, anderseits in der fortwährenden Umformung derselben, der Änderung ihrer Intensität, ihrem Entstehen und Vergehen. Über die Gesetze der Vorgänge bei den Umformungen weiß man leider heutigen Tages noch sehr wenig; erheblich besser ist es mit den Kenntnissen in bezug auf die Ortsveränderung der Druckgebiete, besonders der aktivsten unter ihnen, der Zyklonen, bestellt. Nehmen wir an, daß die Isobaren auf beiden Figuren 19c und 20c von links nach rechts fortwandern, ohne sich im übrigen zu verändern, und sehen wir zu, wie unter diesen Umständen die Windrichtung sich in dem Gebiete, welches im Beginne des Zeitraums die dargestellte Druckverteilung zeigt, ändern muß. Das Umgehen des Windes ist eine für den Seemann auf dem Segelschiffe so wichtige Frage, daß es wohl lohnt, sie in dieser Weise näher zu betrachten, wenn auch der Fall, daß das ganze Drucksystem sich ohne jede Änderung in allen Teilen parallel verschiebt, nie in voller Reinheit vorkommen wird.

Auf der Figur sind diejenigen Gebiete, wo der Wind ausschießen[1]), d. h. in demselben Sinne umgehen wird, in welchem die tägliche Bewegung der Sonne in außertropischen Breiten der betreffenden Halbkugel erfolgt, gestrichelt angegeben, diejenigen, wo er krimpen[1]), d. h. im entgegengesetzten Sinne sich ändern wird, punktiert. Auf der nördlichen Halbkugel ist Ausschießen die Folge, S, W, N, O, Krimpen die N, W, S, O. Doppelte Strichelung oder dichtere Punktierung bedeutet besonders rasche Drehung. Sowohl Zyklonen als Antizyklonen lassen also rechts von ihrer Bahn den Wind ausschießen, links von derselben krimpen. Die Unregelmäßigkeit ihrer Formen bedingt aber ein kompliziertes Bild auch dieser Windänderungen. So reicht durch die Exzentrizität der Zyklonen, die sich gewöhnlich durch eine Verschiebung des Minimums nach rechts (N-Hemisphäre) äußert und ein fächerförmiges Auseinandergehen der Isobaren vor und hinter dem Minimum bedingt, das Krimpen des Windes häufig bis auf die Bahn des Minimums selbst, — ein Umstand, dessen praktische Wichtigkeit bei Wirbelstürmen wir weiter unten kennen lernen werden. Verstärkt wird dieses sehr beachtenswerte Krimpen des Windes auf der Vorderseite der Depression noch häufig dadurch, daß die Teilminima neben der allgemeinen Ostwärtsbewegung eine kreisende Bewegung um die Hauptdepression ausführen.

Die raschesten Drehungen des Windes finden wir in unmittelbarer Nachbarschaft der barometrischen Minima und auf den Mittellinien der „Keile" höheren Druckes oder „Rinnen" niederen Druckes. In der gemäßigten Zone, wo die Temperatur der Winde je nach ihrem Ursprunge sehr verschieden ist, sind diese Drehungen mit starken Änderungen in der Wärme und auch in den anderen Eigenschaften des Wetters verknüpft, besonders bei den „Rinnen", weil es sich bei diesen um mehr oder weniger starke und von weit her auf ziemlich geradem Wege herkommende Luftströme handelt. Diese Rinnen werden wegen Ähnlichkeit ihrer Isobaren mit dem Buchstaben V als V-förmige oder V-Rinnen bezeichnet; auf ihrer Mittellinie, bei deren Vorübergange das Barometer seinen niedrigsten Stand erreicht (auch „Talweg" der Rinne genannt) wird oft plötzlich der warme südliche Luftstrom durch einen kalten nördlichen ersetzt.

---

[1]) Die aus der Seemannssprache übernommenen Worte „ausschießen" und „krimpen" sind hier in einem etwas erweiterten Sinne gegenüber dem ursprünglich seemännischen gebraucht. In der Meteorologie bedeutet Ausschießen auf Nordbreite jede Drehung nach rechts, auch wenn sie langsam und z. B. auch von NW über N nach NO oder weiter rechts herum erfolgt; auf Südbreite jede Drehung nach links, auch wenn sie langsam und z. B. auch von S über SO nach O und weiter links herum erfolgt. Krimpen bedeutet in der Meteorologie in entsprechender Weise auf Nordbreite jede Drehung des Windes links herum, z. B. auch, wenn der Wind von ONO über N nach NW dreht; auf Südbreite versteht der Meteorologe unter Krimpen jede Drehung des Windes nach rechts, auch wenn sie z. B. von O nach SO oder weiter rechts herum erfolgt. Es kann daher vorkommen, daß Ausschießen im meteorologischen Sinne länger dauert als Krimpen.

Im zweiten Teile dieses Buches bei der Besprechung der einzelnen Schiffswege sind die Worte ausschießen bezw. „Ausschießer" und krimpen bezw. „Krimper" nur in ihrem streng seemännischen Sinne angewendet.

Bei Besprechung der Stürme werden wir noch Gelegenheit haben, auf dieses Krimpen und Ausschießen des Windes zurückzukommen, da es bei den Stürmen am meisten praktische Wichtigkeit erhält.

Windstärke und Gradient. Wir haben bisher nur von der Richtung des Windes gesprochen; aber auch die Stärke desselben hängt von dem barometrischen Gefälle ab und zwar von dessen Größe: je größer der Gradient, desto stärker der Wind, wenn auch in dieser Beziehung sich weit mehr Mannigfaltigkeit zeigt als in jener zwischen der Richtung des Windes und des Gradienten. Bei gleicher Größe des Gefälles ist die Windstärke um so geringer, je höher die Breite ist, weil am Äquator das Gefälle nur zur Überwindung der Reibung, auf allen anderen Breiten aber auch als Gegengewicht gegen die ablenkende Wirkung der Erdrotation dienen muß, welch letztere Wirkung vom Äquator bis zum Pole zunimmt; ferner ist bei gleicher Größe des Gefälles die Windstärke um so geringer, je größer die Reibungshindernisse sind, also geringer auf dem Lande als auf dem Meere, und in hügeligen Gegenden geringer als auf ebenen.

Endlich hängt, von mehreren schwächeren Einflüssen abgesehen, das Verhältnis zwischen Windstärke und Gefälle in hohem Grade von dem Maße ab, in welchem zwischen den verschiedenen übereinander liegenden Luftschichten ein Austausch von Luft stattfindet; da nämlich die unterste Luftschicht durch die Oberfläche des Landes oder des Meeres weit mehr an der Bewegung behindert ist als die höheren Schichten, so ist bei gleichem Gefälle die Windstärke an der rauhen Erdoberfläche weit geringer als in einiger Höhe, wie denn tatsächlich Beobachtungen auf hohen Berggipfeln, Ballonfahrten und hohe Drachenaufstiege zeigen, daß in der Höhe fast beständig ein mehr oder weniger stürmischer Wind herrscht. Auch auf offenem Meere, wo doch die Widerstände, die der Wind findet, viel geringer sind, ist er zuweilen in den oberen Segeln stärker als in den unteren, besonders wenn die Masten sehr hoch sind. Aus der Höhe kommende Luftmassen haben deshalb unten bei demselben Gradienten, besonders über dem Lande, eine viel stärkere Bewegung als solche, die schon lange Strecken am Erdboden zurückgelegt haben, ebenso wie aus der Tiefe stammende oben eine langsamere Bewegung zeigen, als sie jener Schicht eigen ist. Der Austausch von Luftmassen in senkrechter Richtung ist aber um so größer, je rascher die Temperatur nach oben hin abnimmt, weil warme Luft unter sonst gleichen Umständen leichter ist als kalte, und so das Gleichgewicht um so leichter zerstört wird, je wärmer die unteren Luftmassen gegen die darüber liegenden sind. Wir finden deshalb, daß auf dem Festlande und in der Nähe der Küsten, wo die Luftbewegung unten sehr viel langsamer ist als oben und die unterste Luftschicht sich um Mittag stark erwärmt, in der Nacht aber stark erkaltet, der Wind in allen Gegenden der Erde um Mittag stärker ist als in der Nacht, während auf dem Meere, wo die Behinderung der Bewegung auch in der untersten Luftschicht weit geringer ist und diese letztere ihre Wärme zwischen Tag und Nacht weit weniger ändert als auf dem Lande, dies nicht der Fall ist. Da dies Hinuntergreifen der freien Luftströmung aus der Höhe an den Erdboden somit zu verschiedenen Zeiten verschieden stark und dabei vielfach nur stoßweise geschieht (vgl. unten im Abschn. Stürme: Böen), so erklärt es sich, warum das Verhältnis zwischen der Größe des Gradienten und der Windstärke ein sehr veränderliches ist, und warum dasselbe im einzelnen Fall häufig weit vom Durchschnitt abweicht.

Barometerschwankungen. Die Windverhältnisse einer Gegend werden, neben der mittleren Richtung und Stärke des Windes, wesentlich auch durch die Veränderlichkeit desselben gekennzeichnet. Der Unterschied zwischen einer Gegend mit stetigem Passat und einer solchen mit vielleicht derselben Windrichtung und Stärke, wo aber Richtung und Stärke häufigem Wechsel unterliegen, ist auch praktisch zu wichtig, als daß er übergangen werden dürfte. Aus dem Zusammenhang des Windes mit der Druckverteilung folgt aber unmittelbar, daß auch diese Verschiedenheit der Windverhältnisse ihren Ausdruck in den Luftdruck-Verhältnissen, und zwar speziell in der Veränderlichkeit des Barometerstandes in dieser und den benachbarten Gegenden finden muß.

Die Schwankungen des Barometers sind teils periodische — d. h. in Zeiträumen von gleichmäßiger Dauer sich wiederholende —, teils unperiodische. Von den ersteren ist die jährliche weiter unten zu besprechen. Dagegen sind hier über die täglichen und die unperiodischen Schwankungen einige Worte zu sagen.

a) Tägliche Schwankung des Luftdrucks und der Windrichtung. In der Nähe des Äquators steigt das Barometer täglich mit der Regelmäßigkeit einer Uhr von 4^h früh bis etwa $^1/_2$ 10^h V., fällt darauf bis 4^h oder 5^h N., steigt aufs neue bis 10^h N., um dann wieder bis 3 oder 4^h V. zu sinken. Die untenstehende Fig. 21 zeigt diesen Vorgang für einige Orte im Gebiete des Atlantischen Ozeans. Der Raum zwischen zwei horizontalen Teilstrichen entspricht einem Millimeter Barometerstand, derjenige zwischen zwei vertikalen zwei Stunden Zeit. Der Unterschied zwischen dem höchsten und niedrigsten Barometerstand beträgt in niederen geographischen Breiten, wie man aus der Figur ersieht, 2 mm und darüber; mit zunehmender Breite nimmt er aber rasch ab und geht bei 60° Breite in den hier unvergleichlich

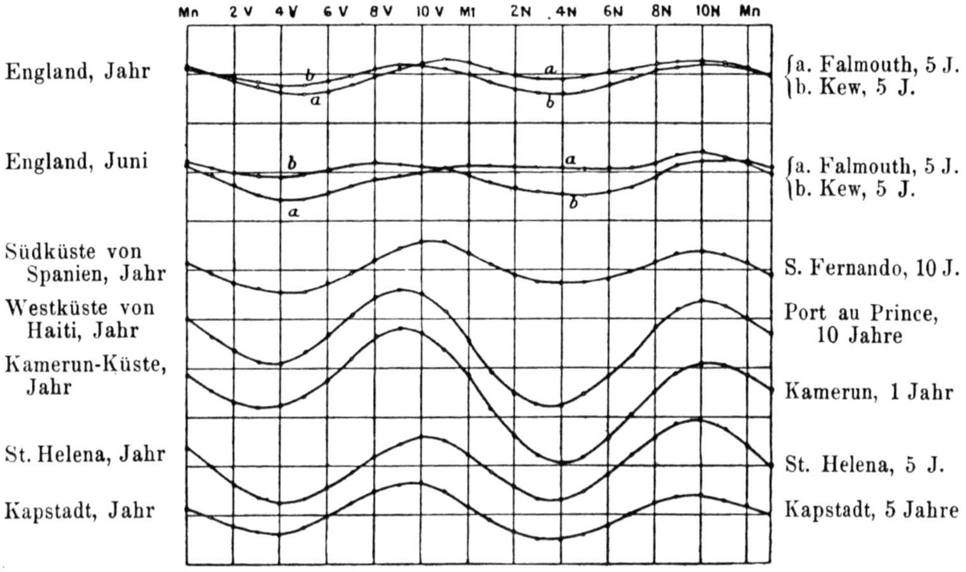

Fig. 21. Mittlere tägliche Schwankung des Luftdruckes.

größeren unperiodischen Schwankungen völlig unter. Wie man leicht erkennt, besteht die Schwankung als eine Doppelwelle, deren Teile aber ungleich entwickelt sind. Im Innern der Festländer und schon in tiefen Buchten, wie bei Kamerun und Port au Prince, überwiegt die Schwankung während des Tages, an freien Küsten ist dagegen meist das Maximum am Anfang der Nacht etwas höher und das Minimum an deren Ende etwas tiefer als die entsprechenden Punkte am Tage. Es ergibt sich daraus ein Unterschied zwischen Land und See, der einer einfachen täglichen Periode folgt und durch die Kurven von Falmouth und Kew (bei London), so gering auch die Schwankungen dort sind, genügend veranschaulicht wird: am Morgen zeigt das Binnenland, am Nachmittag die Küste den höheren Luftdruck. Diesem Überdruck entspricht am Morgen der Wind vom Lande, am Nachmittag der Wind von der See her, ein täglicher Wechsel in der Windrichtung, der bekanntlich in niedrigeren Breiten noch weit ausgesprochener ist, als an der Südküste Englands. An letzterer ist er im Juni, wo die Sonne am höchsten steht, am bedeutendsten. Dagegen ist gerade im Juni und Juli auf den Azoren und auf Madeira die tägliche Schwankung des Luftdrucks auffallend gering, nicht mehr als 0,3 mm. Auf den Meeren innerhalb der Wendekreise dagegen kann man Unregelmäßigkeiten in der täglichen Änderung des Barometers als Warnungen ansehen vor atmosphärischen Störungen in der Nähe; insbesondere ist ein Ausbleiben der

Druckzunahme zwischen 4 und 10 Uhr morgens oder abends nicht selten das Anzeichen einer nahenden Passatstörung oder sogar Zyklone.

Die Erfahrung zeigt indessen, daß die tageszeitlichen Änderungen des Windes von einer anderen Ursache als diesem Druckwechsel zwischen Land und See noch mächtiger beeinflußt werden. An der Leeseite von kleinen Inseln (z. B. St. Helena, Ascension) wechselt nicht Landwind in der Nacht mit Seewind am Tage ab, wie dies an größeren Landmassen der Fall ist, sondern Windstille in der Nacht mit einem in kräftigen Stößen vom Lande wehenden Winde am Tage. Wir haben es in diesem Falle mit einer Erscheinung zu tun, die überall in Tiefländern verbreitet ist: die allgemeine Luftströmung (welche in der Nacht erst in der Höhe von mehreren hundert Metern über dem Erdboden zu finden ist, während am Erdboden selbst die durch dessen Unebenheiten zurückgehaltene Luft haftet) wird um die Mittagszeit durch das Spiel auf- und niedersteigender Bewegungen über dem erhitzten Boden in oft wiederholten Stößen bis an den

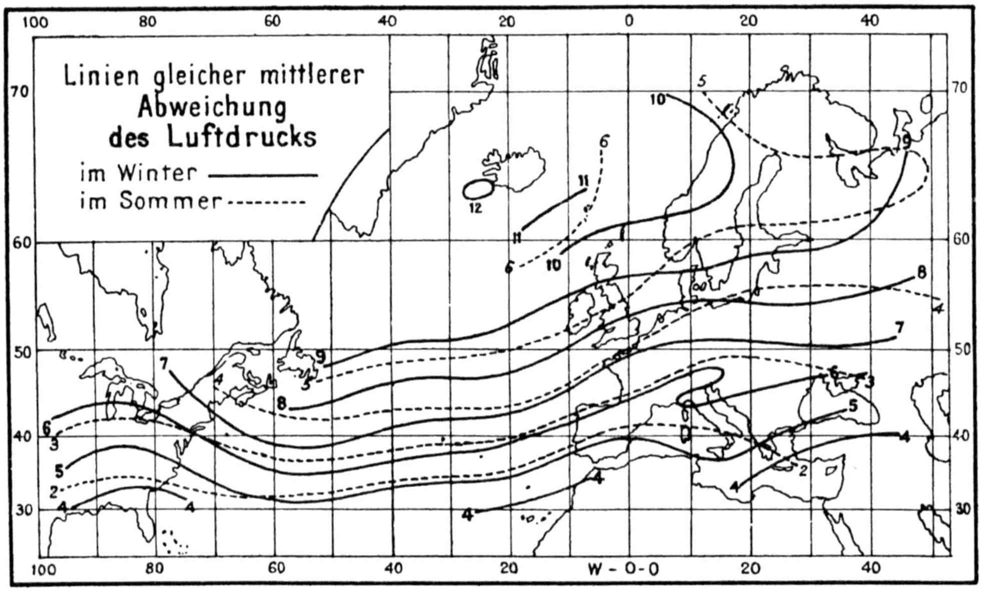

Fig. 22.

letzteren heruntergeholt. Die mittlere Windstärke ist daher, wie schon am Schluß des vorhergehenden Abschnitts erwähnt ist, in diesen Gegenden um Mittag durchschnittlich viel größer als in der Nacht, auch wenn keine bedeutende Änderung in der Richtung stattfindet. Zur Erzeugung wirklichen Land- und Seewindes sind die betreffenden Inseln zu klein. Auch bei viel größeren Inseln, wie z. B. Portorico, greift an der Westküste häufig am Nachmittage zur Zeit, wo der Seewind am frischesten weht, der Landwind — Passat — in einzelnen kräftigen Stößen durch. Am kräftigsten hingegen tritt der Seewind dort ein, wo die durch den vertikalen Luftaustausch um die wärmste Tageszeit in Stößen herabkommende freie Luftströmung in ihrer Richtung mit dem um dieselbe Zeit entstehenden Seewind ungefähr zusammenfällt, wie z. B. in Valparaiso.

b. Unperiodische Barometerschwankungen. Von weit größerer Bedeutung als die täglichen periodischen Schwankungen des Barometers sind die unperiodischen oder unregelmäßigen Schwankungen desselben, da sie die Verteilung des Luftdrucks, bezw. die Gradienten, und mithin auch die Winde, je nach ihrer Größe mehr oder weniger stark beeinflussen, ja in höheren Breiten fast ganz beherrschen. Die Untersuchung dieser Schwankungen ist an den Schiffsbeobachtungen wegen der Änderungen des Ortes nur in beschränkter Weise möglich. Ein gutes Maß dafür bietet indessen die mittlere Abweichung der Einzelbeobachtung vom vieljährigen Mittel desselben Ortes. Diese Abweichung ist einerseits von uns für 12 Fünfgradfelder des Nordatlantischen

Ozeans nach den Extrahierbüchern der Seewarte festgestellt, anderseits für etwa 50 Orte in Europa und Nordamerika nach den 3- bis 12jährigen Zahlenwerten des k. Niederländischen Instituts abgeleitet worden. Das Ergebnis findet sich für den Durchschnitt der drei Sommermonate Juni, Juli, August und der drei Wintermonate Dezember, Januar, Februar durch Linien gleicher Abweichung in nebenstehender Fig. 22 dargestellt. Die Zahlen bei den Linien bedeuten Millimeter; es weicht also im Winter bei Reykjavik jeder abgelesene Barometerstand durchschnittlich um 12 mm (+ oder —) vom Normalwert des betr. Monats ab, in New-Orleans und in Suez aber um weniger als 4 mm. Man sieht hieraus, wie rasch die Barometerschwankungen auf dem Nordatlantischen Ozean nach Süden zu abnehmen.

Der einfachste, wenn auch nur rohe Ausdruck für die Größe der unperiodischen Barometer-Schwankungen ist der mittlere Unterschied zwischen dem höchsten und tiefsten in einem Monat vorkommenden Barometerstande. Dieser Unterschied ist in den Tropen am geringsten, und zwar beträgt er zwischen 15° N- und 15° S-Br., ohne durchgreifende räumliche Unterschiede, je nach den Monaten 3—8 mm, wovon fast die Hälfte auf die periodische tägliche Schwankung kommt. Von den genannten Parallelen polwärts nehmen die Monats-Schwankungen zu, jedoch an den Ostküsten der Kontinente im allgemeinen bedeutend rascher als an den Westküsten, so daß wenigstens bis 50° Br. wahrscheinlich allgemein, besonders im Sommer, die Schwankungen des Barometers an den Ostküsten größer sind als an den Westküsten der Festländer; nördlich von 50° N-Br. macht Ostasien durch verhältnismäßig geringe Schwankungen, wenigstens für den Winter, eine Ausnahme, und nördlich von 60° N-Br. scheint auch im Atlantischen Ozean die Schwankung im Winter an der europäischen Küste stärker zu sein als an der grönländischen. Jenseits des Polarkreises nimmt in der arktischen Zone die Größe der Schwankungen mit zunehmender Breite ab; für die antarktische Zone ist die geographische Verteilung der Barometer-Schwankungen unbekannt. In der Zone größter Veränderlichkeit, in der Nähe des nördlichen Polarkreises, schwankt das Barometer im Winter gegen 50, im Sommer gegen 30 mm durchschnittlich im Laufe eines Monats.

Die Wirkung einer Barometer-Schwankung ist begreiflicherweise verschieden je nach der mittleren Verteilung des Luftdrucks in dem betreffenden Gebiete; ist dieser gleichförmig verteilt, so wird jede örtliche Änderung des Luftdrucks die Richtung des Gradienten und damit auch die Richtung des Windes verändern; wo dagegen der Luftdruck, wie wir dieses in den Gebieten der Passate und der sogenannten braven Westwinde sehen werden, für gewöhnlich nach einer bestimmten Richtung hin geringer wird (einen „normalen Gradienten" nach dieser Richtung hin zeigt), da werden die Schwankungen des Luftdrucks zum großen Teile nur die Stärke der vorherrschenden Luftströmung beeinflussen, indem sie den normalen Gradienten verstärken oder schwächen, in seiner Richtung aber wenig verändern können. Die Wirkung der Barometer-Schwankungen auf die Veränderlichkeit der Windrichtung wird also in den Gegenden mit gleichmäßig verteiltem Luftdruck weit größer sein als in jenen, wo Druckunterschiede in gewisser Richtung im allgemeinen Mittel vorherrschen, ihre Wirkung auf die Windstärke aber größer sein in letzterem Falle.

Die mittlere Verteilung des Luftdrucks über dem Atlantischen Ozean und den angrenzenden Ländern, welche dem oben Gesagten zufolge die Richtung der vorwaltenden Winde bedingt, ist in dem Atlas, 2. Aufl., Tafel 13 bis 16 dargestellt.

Für die beiden extremen Jahreszeiten geben die umstehenden Kärtchen, Fig. 23 und 24, diese Verteilung wieder auf Grund etwas anderen Materials. Die darauf verzeichneten Linien gleichen Druckes, die Isobaren, gelten für Barometerstände, die nur wegen der Temperatur des Quecksilbers und der Höhe über dem Meere, aber nicht wegen der Unterschiede in der Schwere korrigiert sind, da diese Korrektion im Gebrauch auf See noch nicht üblich ist. Die Größe der letzteren Korrektion ist ebenso, wie dies in den Atlanten der Seewarte geschehen ist, am Rande der Karte notiert. Das für die Entwerfung der Karten benutzte Material war folgendes: nördlich von 48° N-Br. der

Mittlerer Luftdruck im Januar und Februar.

Segelhandbuch für den Atlantischen Ozean.

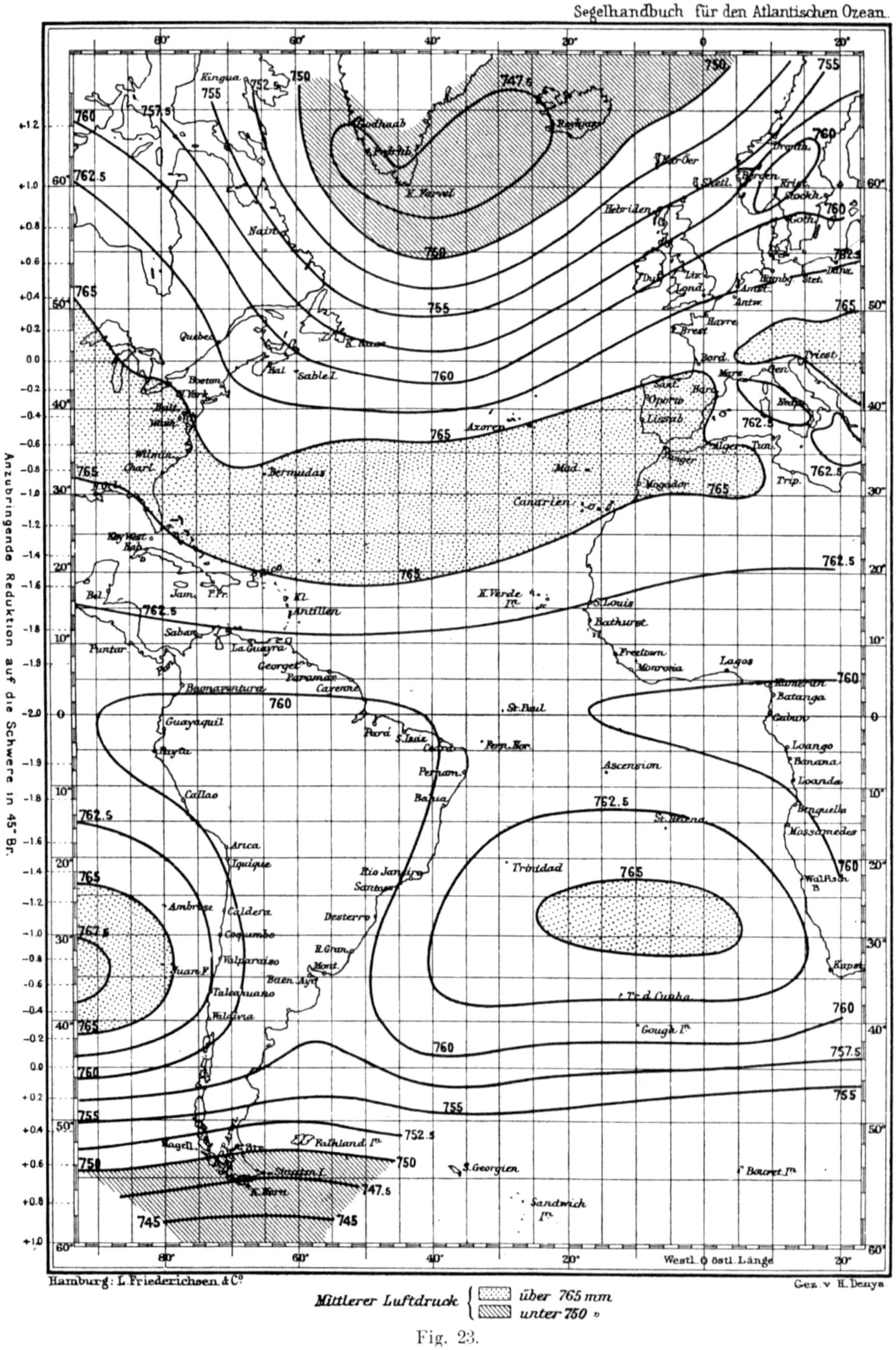

Fig. 23.

Mittlerer Luftdruck im Juli und August.

Segelhandbuch für den Atlantischen Ozean.

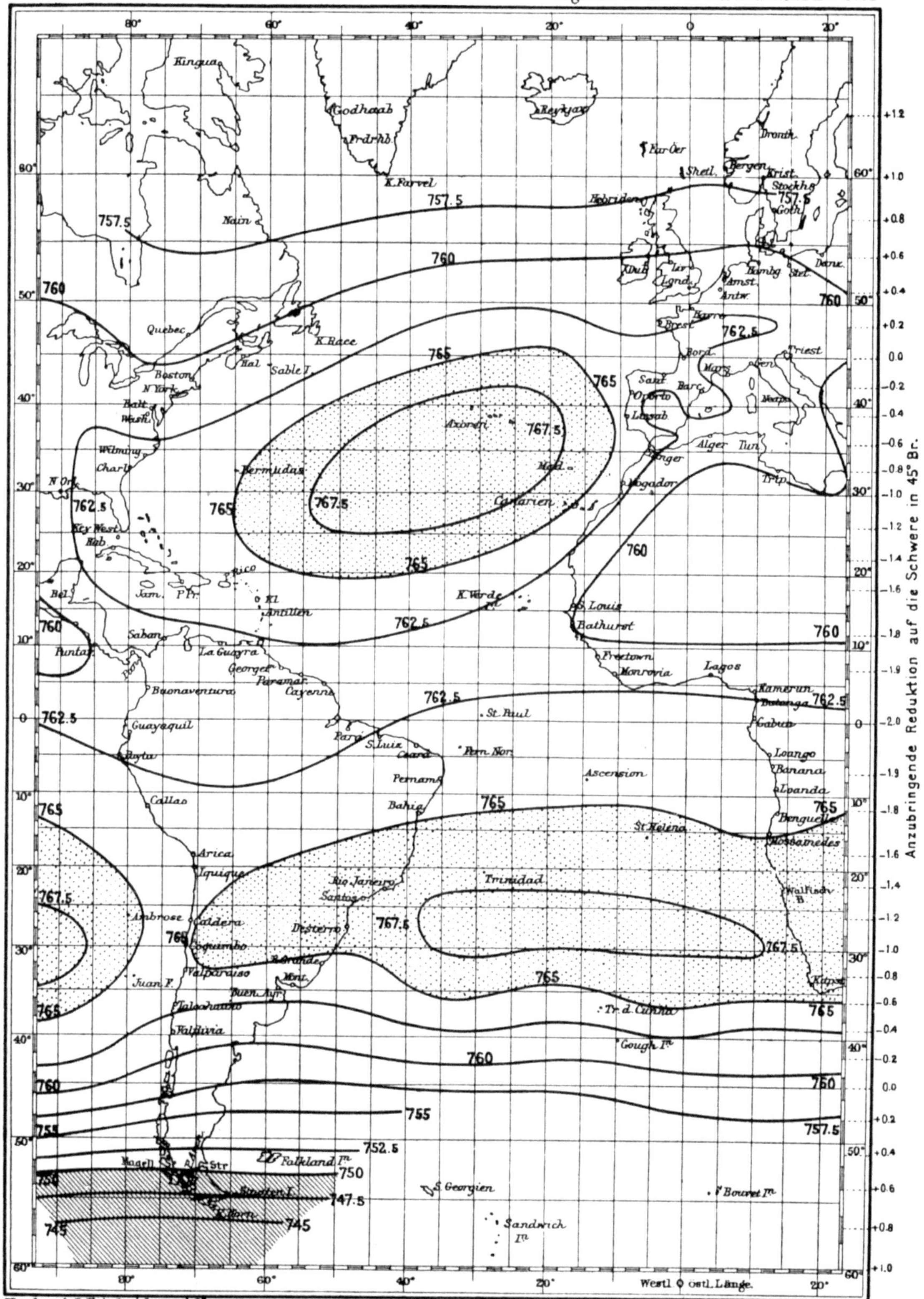

Hamburg: L. Friederichsen & Co. Gez. v. H. Denys.

Mittlerer Luftdruck { über 765 mm / unter 750 "

Fig. 24.

Isobaren-Atlas von Rung, der auf den synoptischen Wetterkarten vom Nordatlantischen Ozean und den Küstenstationen beruht; von 48—22° N-Br. wurde das Mittel aus den Zahlen von Rung und jenen der großen „Quadrat-Arbeit" der Seewarte genommen; von 22—5° N-Br. das Mittel aus Rung und dem Isobaren-Atlas des „Meteorological Office", und südlich von 5° die Angaben des letzteren allein, kontrolliert nach einigen Landstationen. Bei Rungs Zahlen wurde die Schwere-Korrektion abgezogen.

Zuvörderst ist es die zonenförmige Anordnung der Gebiete hohen und niederen Luftdrucks nach der geographischen Breite, die in die Augen fallen muß. Diesen wesentlichen Zug des Bildes stellt die folgende Figur 25 graphisch dar, ähnlich wie dies für den Indischen und den Stillen Ozean geschehen ist.

Man erkennt hier die beiden Gürtel hohen Luftdrucks an den äußeren Grenzen der Passatregion, die flache Einsenkung dazwischen, deren Mitte die äquatorischen Mallungen einnehmen, und den steilen Abfall beiderseits nach 60° N- und S-Br. Wie die beiden dem Äquator zugewandten Abhänge die Passate repräsentieren, so sind die letzterwähnten steilen Abfälle das Feld der westlichen Winde der gemäßigten Zonen. Da gleiche Windstärken in hohen Breiten

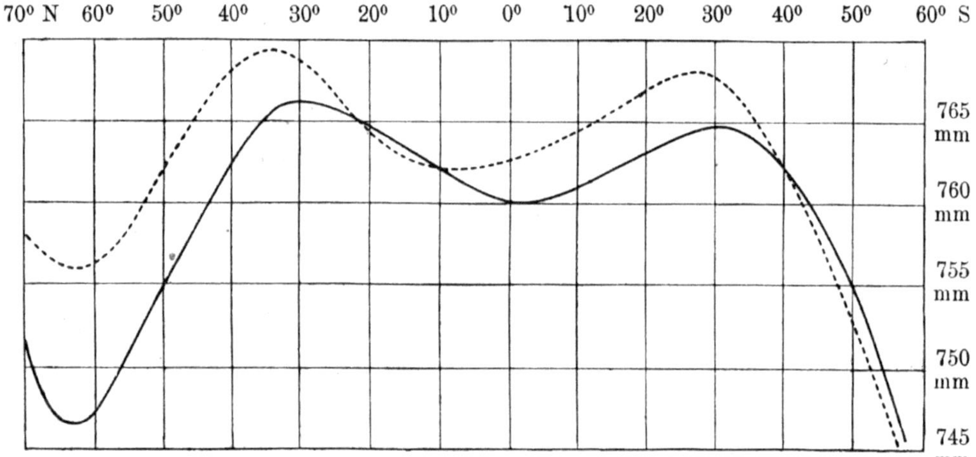

Fig. 25. Druckverteilung auf dem Meridian 30° W v. Gr. ——— im Januar -------- im Juli.

viel stärkere Gradienten fordern als in niedrigen Breiten, so sind diese Abfälle unverhältnismäßig viel steiler als die den Passaten entsprechenden, trotz der größeren Veränderlichkeit der Westwinde, die allerdings durchschnittlich auch stärker als die Passate wehen. Aus demselben Grunde ist der barometrische Gradient des Nordostpassats im Juli größer als der des Südostpassats, obwohl der letztere Wind der stärkere ist; der NO nimmt dann die höhere geographische Breite ein und verlangt darum einen größeren Gradienten.

Die massenhafte Luftabfuhr in der Höhe der Atmosphäre von den erhitzten großen Festlandsmassen der nördlichen Halbkugel her bedingt es, daß im Juli der Luftdruck auf dem Ozean bis über 30° S-Br. hinaus fast durchweg höher ist als im Januar, auch auf dem Südatlantischen Ozean, auf den sich diese Abfuhr, wie auf den nördlichen Indischen Ozean, mit erstreckt. Eine Ausnahme bildet nur die Zone zwischen 10° und 22° N-Br., in welcher durch die nördlichere Lage des äquatorialen Stillengürtels im Nordsommer der Druck im Juli bis August hinter dem im Januar bis Februar zurückbleibt.

Neben diesen Unterschieden im Luftdruck nach der geographischen Breite erkennen wir in den Kärtchen auch solche nach der Länge. Diese erklären sich in der Hauptsache durch den eben berührten Gegensatz zwischen den Festländern und den Meeren. Im Winter ist der höhere Druck auf dem Festlande, im Sommer auf dem Meere zu finden; die Kontinente der südlichen Halbkugel sind allerdings außerhalb der Tropen zu klein, um dieses Verhältnis scharf auszuprägen, mit Ausnahme von Australien; um so deutlicher zeigt es sich auf der nördlichen. Das Resultat ist, daß im Winter das Gebiet niedrigen

Luftdrucks bei Island, und im Sommer dasjenige hohen Luftdrucks bei den Azoren statt der zonenförmigen eine rundliche Gestalt annimmt. Das für die Schiffahrt sehr wichtige Auftreten der nördlichen Winde bei Portugal und der südlichen bei Bermuda, das wir vom 2. Abschnitt als charakteristisch für den Sommer kennen, ist eine Wirkung dieser Druckverteilung; ebenso die nordwestlichen Winde an der nordamerikanischen Ostküste nördlich von 35° N-Br. im Winter und die jahreszeitliche Drehung des Windes an der brasilianischen Küste, die freilich zu gering ist, um als Monsunwechsel bezeichnet zu werden.

Überhaupt steht die hier geschilderte Druckverteilung im engsten Zusammenhange mit den vorherrschenden Winden. Wir sehen, besonders deutlich im Sommer der betreffenden Halbkugel, zwei große Wirbel die tropischen und gemäßigten Breiten des Atlantischen Ozeans einnehmen, welche die beiden Gebiete höchsten Luftdrucks zu Zentren haben, und in welchen die Luft, dem Gesetze entsprechend, eine zugleich auswärts und mit der täglichen Bewegung der Sonne in der betreffenden Halbkugel gleichsinnig gerichtete Bewegung besitzt. Die äquatorialen Hälften dieser Wirbel werden von den beiden Passaten gebildet, die übereinstimmend an dem Ostrande des Ozeans eine mehr polare, auf der Westseite desselben dagegen eine rein östliche oder zugleich äquatoriale Richtung annehmen. Auf der polaren Seite der beiden riesigen Wirbel, welche die normalen Windverhältnisse des Atlantischen Ozeans bestimmen, über dem Zwischenraume zwischen den Gebieten höchsten Luftdrucks einerseits und den arktischen und antarktischen Gebieten niedrigen Druckes andererseits finden wir vorwaltende westliche Winde, wobei zugleich größtenteils die äquatorialen Winde über die polaren das Übergewicht haben, außer an der Ostküste Nordamerikas im Winter nördlich von 52° N-Br., wo wir unter dem Einfluß des Westrandes des Gebietes niedrigen Luftdruckes die NW-Winde über die SW-Winde überwiegend finden. Gehen wir über den 60. Breitengrad und über das Gebiet niedrigsten Druckes in beiden Hemisphären hinaus, so sehen wir wiederum die westlichen und äquatorialen Winde, der Druckverteilung entsprechend, mehr und mehr zurücktreten gegen östliche und polare Winde, deren Vorherrschaft sich bis in die unbekannten Regionen in der Nähe des Nord- und Südpols, soweit man schließen kann, erstreckt.

In den beiden eben besprochenen großen Luftwirbeln um die Gebiete höchsten Luftdruckes, die am Rande der Tropenzone auf dem Ozean lagern, tragen die dem Äquator und die dem Pole zugekehrte Seite allerdings ganz verschiedenen Charakter; auf der ersteren finden wir den stetigen Passatwind, auf der letzteren die wechselvollen Winde der gemäßigten Zonen, unter welchen die westlichen zwar der Häufigkeit und der Stärke nach entschieden vorwalten, jedoch rasch und in launischer Weise mit solchen aus den übrigen Teilen des Horizonts abwechseln. Dieser Gegensatz findet jedoch eine genügende Erklärung in der oben geschilderten, verschiedenen Veränderlichkeit des Luftdruckes in niederen und höheren Breiten, die eine verschiedene Veränderlichkeit der barometrischen Gradienten und mithin auch der Winde selbst zur notwendigen Folge hat. Es ist sehr wahrscheinlich, daß die Veränderlichkeit des Luftdruckes als eine Wirkung der Rotation der Erde und der verschiedenen Neigung des Horizonts zur Erdachse aufzufassen ist; allein die Erklärung dieser Erscheinung ist noch nicht hinreichend fortgeschritten um deren Darlegung in gemeinverständlicher Form an diesem Orte zu versuchen, wo der Gesichtspunkt leitend sein muß, tunlichst nur feststehende Ergebnisse der Erfahrung und der Wissenschaft mitzuteilen.

Das große System der Luftströmungen über dem Atlantischen Ozean, das wir in seinen Hauptzügen soeben geschildert haben, erfährt nun nach den Jahreszeiten verschiedene kleinere oder größere Änderungen und Verschiebungen, mit denen wir uns jetzt ihrer teilweise bedeutenden praktischen Wichtigkeit wegen beschäftigen müssen.

Die jahreszeitlichen Veränderungen im Luftdruck sind am größten auf dem außertropischen Teile des Nordatlantischen Ozeans. Nördlich von 50° Breite ist der Luftdruck im Winter viel niedriger als im Sommer, und enthält die barometrische Depression über dem Meere zwischen

Grönland und Norwegen in der ersteren Jahreszeit viel stärkere Gradienten als in der letzteren. Da ferner der Luftdruck in diesen Breiten im Winter über den Festländern viel höher ist als auf dem Meere, so hat zu dieser Zeit das Gebiet niederen Luftdruckes über dem Nordatlantischen Ozean die Gestalt eines ringsum abgeschlossenen, langen Ovals, das sich von ONO nach WSW erstreckt, wodurch über Nordwesteuropa und auf der Osthälfte des Ozeans vorwaltende südwestliche, über Neu-England und Labrador aber vorwiegende WNW- und NW-Winde hervorgerufen werden. Die nördliche Seite der Depression gibt uns vorherrschende östliche Winde auf Island, südöstliche auf Spitzbergen, nördliche an der Ostküste und östliche an der Westküste Grönlands, dem Umstande entsprechend, daß die Depression in mehrere Gebiete niedrigsten Luftdruckes über den größeren Wasserbecken zerfällt und in der Nachbarschaft der Festländer und großen Inseln Einschnürungen zeigt. So sind die Verhältnisse in den Mittelwerten. Gehen wir dagegen auf die einzelnen Tage zurück, so finden wir zwar, daß die vier Gebiete: Davis-Straße, Meer im SW von Island, Meer zwischen Island und Bären-Insel und europäisch-russisches Eismeer allerdings beliebte Aufenthaltsorte für barometrische Minima sind, jedoch der Luftdruck über diesen Gegenden so veränderlich ist, daß es vorkommt, daß gerade über Island längere Zeit sogar ein barometrisches Maximum lagert, welches nördliche Winde über den norwegischen und schottischen Gewässern und östliche Winde über der Mitte des Ozeans hervorruft, also durchaus den normalen entgegengesetzte Verhältnisse. In der Regel finden wir immerhin im Winter in der Umgebung Islands Depressionen gelagert, von welchen ausgehend der Druck nach allen Seiten zunimmt. Am ganzen südlichen Rande dieses Gebietes niedrigen Luftdruckes wandern dagegen einseitig ausgebildete Randminima oder Ausläufer, wie sie die Fig. 19c S. 93 darstellt, in vorherrschend östlicher Richtung dahin.

In den Frühjahrsmonaten nimmt der mittlere Barometerstand in dem Gebiete niedrigen Luftdruckes über dem Nordatlantischen Ozean zwischen 55° und 70° N-Br. bedeutend zu, während derselbe südlich davon sich wenig verändert, in der Breite von 40°—45° N-Br. sogar abnimmt. Hierdurch wird der nordwärts gerichtete durchschnittliche Gradient über dem Meeresteile zwischen 45° und 60° viel geringer, und es genügen schon kleinere Abweichungen von der gewöhnlichen Druckverteilung, um östliche Winde hervorzurufen; namentlich gilt dies für den Monat Mai und die Breite von Schottland.

Zum Juni und Juli nimmt dagegen der Luftdruck in der Breite von 30° bis 45° N-Br. sehr rasch zu, indem sich das Gebiet höchsten Barometerstandes, das die Nordgrenze des Passates bildet, nordwärts bis zu etwa 35° N-Br. verlagert. Gleichzeitig beginnt der Druck im Norden wieder abzunehmen, so daß die Gradienten für westliche und südwestliche Winde wieder größer werden und diese Winde in den Monaten Juni bis September auf dem ganzen Raume zwischen 35° und 55° N-Br. sehr vorherrschend werden. Der Luftdruck nimmt zwar in dem barometrischen Maximum bei den Azoren zum August und September ab, jedoch diese Abnahme erstreckt sich ziemlich gleichmäßig über den ganzen Ozean nördlich von 10° N-Br., so daß die Druckverteilung dadurch nicht wesentlich verändert wird.

In den folgenden Monaten Oktober und November nimmt zwar der Luftdruck zwischen 35° und 45° noch mehr ab, aber diese Abnahme erstreckt sich nicht südlicher und tritt auch im Norden dieser Zone ungleichförmig ein. Dadurch wird einerseits das Gebiet durchschnittlich höchsten Luftdruckes von den Azoren wieder südwärts nach etwa 30° N-Br. verschoben, andererseits werden in der Gegend zwischen den Azoren und Europa eigentümliche Unregelmäßigkeiten in der Druckverteilung hervorgerufen. Die fortdauernde Abnahme des mittleren Luftdruckes währt nämlich in der Gegend der Azoren bis zum November und über dem Ozean nördlich von 55° sogar bis in die Wintermonate hinein, vor dem Kanal, in der Breite von 45° und 50° hingegen nur bis zum Oktober, worauf zum November wiederum der Druck größer wird. Es entsteht dadurch das Resultat, daß im November der Luftdruck im östlichen Teile des Ozeans durchschnittlich nur bis etwa 47° südwärts stark ansteigt, von da an aber bis zum Wendekreise ziemlich gleichmäßig bleibt, so daß östliche Winde in diesem Monat zwischen dem Kanal und den Azoren ebenso häufig sind wie westliche; und ähnlich ist es in den benachbarten Monaten Oktober und Dezember. Die Verhältnisse liegen in diesem Zeitraum wesentlich anders als in den Sommermonaten; tritt während der letzteren in der Breite von etwa 45° N auf dem Wege nach der Linie ein nördlicher oder nordöstlicher Wind ein, so ist dieser in den meisten Fällen durch eine mehr als gewöhnlich nördliche Lage des Gebietes höchsten Luftdruckes in der Mitte des Ozeans bedingt und geht deshalb ohne Unterbrechung südwärts in den Passat über; nordöstliche Winde hingegen, die in den letzten Monaten des Jahres in derselben Breite sich zeigen, haben zwischen sich und dem Äquator in der Regel noch westliche Winde und sind nur durch ein barometrisches Minimum bewirkt, das irgendwo zwischen den Azoren, den Kanaren und Spanien aufgetreten ist; der Nordostpassat ist in diesem Falle auf einen kleinen Raum eingeschränkt und wird von den von Norden kommenden Schiffen erst jenseits des Wendekreises und häufig erst weit südlicher erreicht.

Ähnliche Störungen im Passat, die von dem gelegentlichen Auftreten abnormer barometrischer Minima in dieser Zone abhängen, trifft man auch, wiewohl seltener, zu anderen Jahreszeiten und in anderen Gegenden, doch sind sie dann meist auf kleinen Raum und kurze Zeit beschränkt; die Änderungen des Barometers und der Windrichtung in denselben haben Ähnlichkeit mit jenen in Orkanen (vgl. unten 7. Abschnitt III), mit welchen diese Erscheinungen Verwandtschaft besitzen, wenngleich die Winde in denselben häufig nur schwach sind.

Der Übergang aus der Region des Nordostpassats in diejenige der vorwaltenden westlichen Winde vollzieht sich in verschiedener Weise. Zuvörderst ist zu bemerken, daß das Gebiet hohen Luftdruckes, welches die Grenze zwischen diesen beiden Zonen bildet, zwar kaum jemals ganz verschwindet, aber seinen Ort und seine Ausbildung nicht nur regelmäßig im Jahreslaufe, sondern auch unregelmäßig von Tag zu Tag mehr oder weniger ändert und auch im Durchschnitt desselben Monats verschiedener Jahrgänge sich durchaus nicht gleich zeigt. Denn die unperiodischen Schwankungen des Barometers sind bereits in dieser Breite auf dem Ozean, wie gesagt, beträchtlich, und die Veränderlichkeit der Monatsmittel des Luftdruckes ist im Vergleich zu der großen Gleichmäßigkeit der Temperatur sogar auffallend groß, besonders in den Monaten Januar bis März. Die durchschnittliche Abweichung eines Monatsmittels des Barometerstandes von dem normalen Stande desselben Monats beträgt auf den Azoren in Millimetern:

Jan.	Febr.	März	April	Mai	Juni	Juli	Aug.	Sept.	Okt.	Nov.	Dez.
3,0	4,4	5,2	1,8	1,7	1,3	0,5	1,1	1,1	2,3	2,2	1,7

Im März 1868 war der mittlere Luftdruck auf den Azoren 772,5, im März 1867 hingegen nur 755,0 mm, also 17½ mm Unterschied, eine Veränderlichkeit des Barometerstandes, welche derjenigen in Norddeutschland und England, ja fast derjenigen in Skandinavien gleichkommt.

Im Zentrum des jeweiligen Gebietes höchsten Luftdrucks herrschen Windstillen oder unbestimmte, umlaufende Winde; da jedoch dessen Lage wechselt, so ist dieser Zustand und besonders die Windstille für keinen Teil des Ozeans in diesen Breiten als der vorherrschende anzusehen. Immerhin besitzt dessen Auftreten bei den Verlagerungen des barometrischen Maximums in diesen Gegenden für jeden Ort der Zone zwischen dem Wendekreise und etwa 33° N-Br. (im Sommer nördlicher, im Winter südlicher zu nehmen) Häufigkeit genug, um dieser Zone einen schlechten Ruf unter den Seeleuten unter dem Namen der „Roßbreiten“ oder des „Stillengürtels am Wendekreise des Krebses“ zu verschaffen. Im Sommer ist die Gegend der häufigen Stillen auf die Mitte des Ozeans beschränkt, während östlich und zum Teil auch westlich davon ziemlich stetige und frische Winde auch in dieser Breite herrschen.

Erheblich größer noch ist die jahreszeitliche Veränderung der Südgrenze des Nordostpassats, wenngleich andererseits die unperiodischen Schwankungen in derselben bedeutend geringer sind als in dessen Nordgrenze. Die regelmäßige Herrschaft nordöstlicher Winde hört im August und September in der ganzen

Breite des Ozeans schon bei 10° bis 15° N-Br. auf, während sie im März und April unter 25° W-Lg. bis 5° N-Br. und unter 35° W-Lg. sogar bis zum Äquator hinab wehen.

In der Nähe dieser Grenze ist der Nordostpassat, da der stetige Gradient, welcher ihn hervorruft, schwach wird, weniger beständig und frisch als in der Mitte seines Gebietes, und er macht zuweilen Windstillen und veränderlichen Winden Platz. Südlich der angegebenen Grenze erstreckt sich zu allen Jahreszeiten ein Streifen von 2 bis 3 Grad Breite, in welchem keine oder nur äußerst geringe mittlere Gradienten vorhanden sind und darum keine Windrichtung ein entschiedenes Vorwalten über die anderen zeigt und Stillen häufig sind; es ist dies das Gebiet der äquatorialen „Mallungen" oder „Doldrums", der „Stillengürtel" zwischen den Passaten. Da keine stetigen oder normalen Gradienten auf diesem Gebiete vorhanden sind und wegen der Nähe des Äquators eine sehr geringe Druckdifferenz hier genügt, einen mäßigen Wind hervorzurufen, so sind die unregelmäßigen Schwankungen des Luftdrucks, so gering sie auch in dieser Gegend sind, ausreichend, um Winde der verschiedensten Richtungen zu erzeugen; da indessen der Luftdruck, wenn die Sonne über den betreffenden Festländern steht, auf diesen geringer ist als auf dem Meere, so haben im Westen des Ozeans die östlichen, im Osten die westlichen Winde in dem Gürtel der Mallungen die Oberhand, namentlich in den Monaten Juni bis September, wo der Stillengürtel weit auf die nördliche Hemisphäre gerückt ist und der Temperaturgegensatz zwischen Wasser und Land in seiner Nähe groß ist. Alsdann liegt das Gebiet, wo Windstillen am häufigsten vorkommen, in der Mitte des Ozeans, wo der Einfluß beider Festländer sich aufhebt. An der afrikanischen Küste rückt dann der gewöhnlich zu einem N oder gar NW gewordene nordhemisphärische Passat dem zum SW abgelenkten südhemisphärischen nahe, und es sind auch auf dem Zwischenraume zwischen denselben westliche Winde am häufigsten. In den übrigen Jahreszeiten findet sich das Gebiet mit den häufigsten Windstillen und Mallungen zwischen 23° W-Lg. und der Sierra-Leone-Küste, namentlich in den Monaten Oktober bis März, wobei die mechanische Behinderung des Nordostpassats durch das Festland von Afrika wahrscheinlich eine wesentliche Rolle spielt.

Auf dem Äquator selbst weht zwischen 10° und 40° W-Lg. zu allen Jahreszeiten mit nur geringfügigen Unterbrechungen durch Stillen und veränderliche Winde der Südostpassat, allerdings nicht so stetig und frisch wie in 10° S-Br. Nur in den Monaten Februar bis April und nur westlich von 20° W-Lg. rückt der Stillengürtel teilweise bis auf den Äquator.

In den Winter- und Frühlingsmonaten der nördlichen Halbkugel, wenn der Stillengürtel sehr südlich liegt, ist die Breite des letzteren im westlichen Teile des Ozeans nur gering, so daß der Südostpassat fast unmittelbar in den Nordostpassat übergeht und im Zwischengürtel östliche Winde von veränderlicher Stärke und Richtung das häufigste Vorkommnis sind. Nicht ganz selten geschieht sogar der Übergang des einen Passats in den anderen für Schiffe, die die Linie um diese Jahreszeit sehr westlich kreuzen, plötzlich in einer Böe, ohne daß sie Windstillen in dieser Gegend überhaupt antreffen.

Anders im Sommer der Nordhemisphäre. Dann rückt mit dem Gebiet höchster Temperatur des Wassers und der Atmosphäre auch die Gegend niedrigsten Luftdrucks erheblich nordwärts und entfernt sich vom Äquator. Zwischen der Südgrenze des Nordostpassats und der Linie entsteht ein Zwischenraum von 10 bis 12 Breitengraden, in welchem der barometrische Gradient, ebenso wie im Südostpassat, im allgemeinen in der Osthälfte des Ozeans nordwärts, in dessen Westhälfte nordwestwärts gewandt ist. Wie wir oben gesehen, entspricht aber einem nordwärts gerichteten Gradienten auf der Nordhemisphäre kein südöstlicher, sondern ein südwestlicher Wind, und so sehen wir denn in der Tat den Südostpassat nach Überschreitung der Linie in diesem Teile des Ozeans immer südlicher werden und so, der Einwirkung der veränderten Breite mehr und mehr folgend, in einen Südwestwind, den sogenannten Südwestmonsun der afrikanischen Küste, übergehen. Sehr schön ist dieser Übergang nachgewiesen durch die Karten der mehrfach erwähnten Publikation des Londoner Meteorologischen Amtes über die neun Zehn-Grad-Felder des

Atlantischen Ozeans am Äquator. Da wegen des im allgemeinen über Afrika und Südamerika etwas niedrigeren Luftdrucks die Isobaren über dem Ozean auf beiden Seiten der Doldrums nach diesen hin vorgewölbt sind, so haben auch in diesen Breiten, wie schon allgemein oben bemerkt ist, die Passate im östlichen Teile eine mehr meridionale, im westlichen eine mehr östliche Richtung, so daß die Bedingungen für die Ablenkung des Passates zu einem Südwestwind nur in der Osthälfte des Ozeans gegeben sind. Der Südwestmonsun ist deshalb nur im Osten von 30° W-Lg. gut entwickelt.

Die eben erwähnte Krümmung der Isobaren dauert, wie aus den Karten Tafel 13 und 14 des Atlas, 2. Aufl., ersichtlich ist, auch südlich des Äquators fort, so daß gegenüber den Küsten von Unterguinea der Gradient nordostwärts gerichtet ist. Durch diesen Umstand wird die südliche, zum Teil sogar südwestliche Richtung der Winde an der Guineaküste bedingt.

An der polaren Grenze des Südostpassats wiederholen sich fast vollständig die Verhältnisse, welche wir an der polaren Grenze des Nordostpassats fanden, nur scheint die Veränderlichkeit des Barometers im Gebiete hohen Luftdrucks auf der Mitte des Ozeans hier etwas geringer zu sein und deshalb die Lage des barometrischen Maximums weniger zu schwanken, was auch der etwas niedrigeren geographischen Breite dieses Maximums entspricht; eine ähnliche starke Störung der mittleren Verhältnisse und Einschränkung des Passats, wie wir sie im November im östlichen Teile des Nordatlantischen Ozeans fanden, wiederholt sich im Südatlantischen nicht; ebensowenig findet sich, wie wir in dem Abschnitt über Stürme sehen werden, im westlichen Teile desselben ein Seitenstück zu den großen Störungen im Luftdruck, welche die westindischen Orkane begleiten. Aber die zu allen Jahreszeiten, besonders im Sommer, herrschenden polaren Winde an der Ostseite des Ozeans und der allmähliche Übergang des Passats auf der Westseite desselben in der wärmeren Jahreszeit in rein östliche und mit zunehmender Entfernung vom Äquator immer mehr polwärts sich wendende Winde zeigt sich auf beiden Halbkugeln; auf der südlichen bilden die letzteren den sogenannten Nordostmonsun der brasilianischen Küste.

Ähnlich wie auf der Nordhemisphäre finden wir auch auf der südlichen an der äußeren Grenze des Passats ein Gebiet mit durchschnittlich sehr hohem Luftdruck, häufigen Stillen und veränderlichen Winden, welches in der wärmeren Jahreszeit sich vom Äquator entfernt, in der kälteren sich ihm wieder etwas nähert. Die ganze Schwankung beträgt indessen kaum fünf Breitengrade; die mittlere Lage der Achse dieses Gebietes ist auf der südlichen Halbkugel etwa in 25° S-Br., 5 Grad näher zum Äquator als auf der nördlichen. Die erwähnte jährliche Schwankung genügt aber immerhin, um im Zusammenhang mit der in höheren Breiten stets auftretenden Zunahme des Luftdruckes im Winter über den Kontinenten am Kap der guten Hoffnung einen vollständigen jahreszeitlichen Wechsel der Winde hervorzurufen zwischen dem stetigen S und SO des Sommers und den vorwaltend westlichen Winden des Winters.

Jenseits des 35. Grades südlicher Breite nimmt der Luftdruck mit zunehmender Breite sehr rasch ab, und zwar in einer viel rascheren und einförmigeren Weise als auf der Nordhemisphäre, was man der gleichmäßigen Wasserbedeckung der südlichen Halbkugel in diesen Breiten, der gegenüber die nördliche einen bunten Wechsel von Land und Meer darbietet, zuschreiben darf. Wir finden dadurch, dem Windgesetze entsprechend, zwischen 35 und 55 oder 60° S-Br. ein noch weit entschiedeneres Vorwalten westlicher Winde als auf den entsprechenden nördlichen Breiten, in der Tat vorwiegend nur einen Wechsel von NW und SW. Über die Windverhältnisse dieser Gegenden und noch mehr über die Luftdruckerscheinungen daselbst sind unsere Kenntnisse allerdings weit beschränkter, als dies in der Nordhemisphäre der Fall ist; allein die Art der Windveränderungen, welche hier wie im Nordatlantischen Ozean in der fortwährenden Wiederholung von kurz dauerndem Krimpen [1]) und längerem Ausschießen [1]) des Windes besteht — beide Ausdrücke, entsprechend der entgegengesetzten täglichen Bewegung der Sonne, im umgekehrten Sinne

[1]) Siehe hierzu die Fußnote auf S. 95.

als auf der Nordhemisphäre genommen —, zeigt uns, daß wir es auch hier mit dem vorwiegenden Vorüberschreiten zahlreicher mehr oder weniger einseitig ausgebildeter barometrischer Depressionen auf der polaren Seite. bezw. in der Südhälfte dieses Gürtels zu tun haben. Da im Mittel die Isobaren hier nahezu den Breitengraden parallel laufen und der Gradient somit nach S gerichtet ist, so müssen im allgemeinen die NW-Winde nach Häufigkeit und Stärke ein Übergewicht besitzen über die SW-Winde, und muß die mittlere Windrichtung, dem Windgesetz für die südliche Halbkugel entsprechend, ungefähr WNW sein; daß dennoch die Winde aus SW, wie wir bei Besprechung der Stürme sehen werden, eine so große Bedeutung für die Schiffahrt in diesen Gegenden besitzen, rührt hauptsächlich von der Plötzlichkeit ihres Einbrechens in der Form starker „Ausschießer" und von ihrem böigen Charakter her, welche Umstände den Seemann nötigen, große Aufmerksamkeit auf dieselben zu verwenden. In den Sommermonaten ist in diesen Gegenden der mittlere Gradient am größten, und deshalb sind auch die westlichen Winde am stetigsten und stärksten, während sie im Winter, wo zwischen den Depressionen hier nicht selten bedeutende Hochdruckgebiete auftreten, zuweilen von Windstillen oder östlichen Winden unterbrochen werden. Gehen wir südlicher, über den 57. Grad hinaus, so werden anders gerichtete Winde immer häufiger, so daß jenseits von 63° S-Br. die Westwinde ihre Vorherrschaft ganz verlieren und häufigen Schneestürmen aus verschiedenen Richtungen Platz machen. Südlich von Kap Horn kommen diese in 63°—71° S-Br. am häufigsten aus SW und NO. Auch in diesen Breiten scheinen also die Verhältnisse im ganzen jenen des Nordatlantischen Ozeans zu entsprechen. Der niedrigste Luftdruck scheint in beiden Hemisphären im Winter durchschnittlich zwischen 57° und 65° Br. zu liegen, und zwar im Süden, wegen der Abwesenheit von Landmassen in diesen Breiten, gürtelförmig um die ganze Erde verbreitet zu sein, während er im Norden auf abgerundete Depressionsgebiete auf dem Meere bei Island und bei den Aleuten beschränkt ist. Im Sommer rückt auf beiden Halbkugeln der niedrigste Luftdruck weiter polwärts.

Werfen wir nun einen kurzen Rückblick auf die Erdzonen in bezug auf die Luftdruckverhältnisse und deren Zusammenhang mit dem Winde.

In der tropischen Zone sind die unregelmäßigen Veränderungen des Barometers, namentlich am Äquator, sehr gering, und zeigt der gleiche Monat in jedem Jahre fast genau dieselbe mittlere Barometerhöhe; zur Veranschaulichung führen wir die betreffenden Werte für St. Helena an (in Millimetern):

	Jan.	Febr.	März	April	Mai	Juni	Juli	Aug.	Sept.	Okt.	Nov.	Dez.
Mittlere Barometerschwankung in einem Monat	5,0	4,8	4,2	4,8	5,5	5,1	4,2	5,2	4,7	5,3	5,5	4,5
Mittlere Abweichung eines Monats von seinem normalen Barometerstande	0,23	0,36	0,38	0,33	0,23	0,36	0,43	0,17	0,30	0,30	0,28	0,15

Der tiefste und höchste in 5 Jahren auf St. Helena beobachtete Stand wichen nur um 10 mm voneinander ab.

Da zugleich in dieser Zone nur ein kleiner Gradient dazu gehört, um einen mäßigen Wind hervorzurufen, so wird die Tropenzone charakterisiert durch geringe, aber in jeder Jahreszeit fast unveränderliche Druckdifferenzen, welche mäßige, in jeder Jahreszeit konstante oder nach der Tageszeit wechselnde Winde hervorrufen.

Durch die beiden Gebiete hohen Luftdrucks an ihren Grenzen ist die Tropenzone von direktem Luftaustausch längs der Erdoberfläche mit den außertropischen Zonen großenteils abgeschlossen; sie bildet so gewissermaßen das Warmhaus der Erde, das nur an wenigen Stellen Öffnungen besitzt, durch die im Winter kalte Luftströme in sie eindringen können; so am mexikanischen Golf mit seinen bekannten „Nordern", und noch mehr an der Ostküste Asiens.

In den beiden gemäßigten Zonen zeigen die Luftdruckverhältnisse und also auch die vorwiegend polwärts gerichteten Gradienten große, mit der Breite bis zu den Polarkreisen rasch zunehmende Veränderlichkeit.

Um die Größe der Veränderlichkeit des Luftdruckes in diesen Zonen an einem gemäßigten Beispiel vor Augen zu führen, nehmen wir die Beobachtungen von Hamburg; zwischen 60° und 65° Br. sind, wie schon erwähnt, die Barometerschwankungen noch viel größer.

	Jan.	Febr.	März	April	Mai	Juni	Juli	Aug.	Sept.	Okt.	Nov.	Dez.
Mittlere Barometerschwankung in einem Monat	33,5	30,2	32,4	27,0	20,8	17,9	18,5	20,8	26,5	31,6	32,9	39,3
Mittlere Abweichung eines Monats von seinem normalen Barometerstande	2,8	3,2	3,5	1,7	1,8	1,4	1,3	1,9	1,7	2,0	2,1	4,1

Die gemäßigten Zonen sind der Tummelplatz veränderlicher, vorwiegend westlicher Winde. Gebiete hohen und niedrigen Luftdrucks wechseln in ihnen miteinander ab, die alle mehr oder weniger rasch, überwiegend von der westlichen nach der östlichen Seite des Horizonts, ihren Ort verändern. Die charakteristischen Änderungen des Ausschießens und Krimpens, die dabei der Wind zeigt, sind oben an der Hand von Fig. 19 und 20 besprochen worden. Da die Zentren der wandernden Gebiete hohen und niedrigen Drucks, vor allem die barometrischen Minima, dem Gesagten zufolge überwiegend in den höheren Breiten sich bewegen, so befindet sich der Beobachter in der nördlichen gemäßigten Zone gewöhnlich auf deren rechter Seite, in der südlichen auf deren linker — im Sinne der Fortpflanzung des Phänomens gesprochen. Das bedingt aber sowohl beim Maximum als beim Minimum eine Drehung des Windes im Norden von links nach rechts, im Süden von rechts nach links, also eine Drehung mit dem täglichen Gange der Sonne in der betreffenden Halbkugel, ein Ausschießen. Hauptsächlich gilt dies von den Wirbeln um Gebiete niederen Drucks, um barometrische Minima, weil diese ja ganz überwiegend in der polaren Hälfte der gemäßigten Zonen entwickelt sind, während die Maxima, wenigstens die stationären, mehr deren niedrigeren Breiten angehören.

Von zahlenmäßigen Belegen über den Sinn der Winddrehung können wir nur solche für Stürme anführen. Sie sind auf Tafel 25, Karte 3 des Atlas vom Atlantischen Ozean (2. Aufl.) anschaulich dargestellt. Bei deren Deutung muß man sich vergegenwärtigen, daß rechts von der Bahn eines Wirbels — einerlei ob Zyklone oder Antizyklone — der Wind nach rechts, links von ihr der Wind nach links umgeht. Auf dem größeren Teil des Ozeans zeigen die polaröstlichen, zum Teil auch die polarwestlichen Winde entgegengesetzte Drehung wie die übrigen. Nun hängen die Winddrehungen mit allen möglichen Änderungen in der Druckverteilung zusammen; man darf nur fragen, welche unter diesen für das Ergebnis ausschlaggebend sind. Das ist in diesem Falle wahrscheinlich die Bewegung von Zyklonen nach östlicher Richtung, teils nördlich, teils südlich am Beobachtungsort vorbei. Diese muß bei westlichen Winden Ausschießen, bei polaröstlichen Winden Zurückdrehen des Windes gegen den Gang der Sonne in der betreffenden Halbkugel bewirken. Dagegen geht in den Gebieten A und B auch bei nordöstlichen Winden die Änderung überwiegend nach rechts vor sich, jedoch vermutlich aus verschiedenen Ursachen; denn die seltenen Stürme in B gehören Zyklonen an, die im Norden des Gebietes nach Osten und im Süden desselben nach Westen ziehen, die Nordoststürme in A aber in vielen Fällen Antizyklonen, die nördlich vom Ort sich ostwärts verlagern, ebenso wie die häufigeren Zyklonen (barometrischen Depressionen) derselben Gegend, die die westlichen Winde hier hervorrufen. Endlich die nach links umgehenden westlichen Stürme südlich der Kapverden deuten darauf hin, daß die seltenen Zyklonen, die bei diesen Inseln auftreten, sich westwärts bewegen.

Alles in allem genommen ist also auf beiden Halbkugeln in den gemäßigten Zonen die Drehung des Windes im Sinne des täglichen Ganges der Sonne auf derselben Halbkugel die Regel, die entgegengesetzte Drehung die Ausnahme, hauptsächlich infolge des Ostwärts-Fortschreitens der Depressionen auf den polaren Seiten dieser Gebiete. Diese Tatsache hat unter dem Namen des „Dove'schen Drehungsgesetzes“ einst eine sehr große Rolle in der

Meteorologie gespielt und von seinem Urheber namentlich in bezug auf seinen Zusammenhang mit den Änderungen des Barometers und Thermometers eine umfassende Beleuchtung erfahren. Bei den Winden nämlich, die auf der Vorderseite der Depression wehen, fällt das Barometer, während die Temperatur steigt, bei den Winden der Rückseite umgekehrt. Je nach der vorherrschenden Richtung und Geschwindigkeit der Fortpflanzung der Depression ist die durchschnittliche Änderung des Barometers bei den einzelnen Windrichtungen verschieden. Die im Winter auf der Westseite des Nordatlantischen Ozeans überwiegend sehr schnell aus WSW, an seiner Ostseite langsamer aus WNW stattfindende vorherrschende Bewegung der Depressionen spricht sich in lehrreicher Weise in den folgender Zahlen aus, die für jeden Wind die mittlere Anderung des Barometers in den vorhergehenden 24 Stunden angeben, wenn + Fallen, — Steigen bedeutet:

		N	NO	O	SO	S	SW	W	NW
Westliches Europa, 48—59° N-Br., 8 Stationen	Winter	+3,8	+2,2	+0,1	—1,9	—3,0	—1,9	+1,4	+3,9
	Sommer	+0,9	+0,2	—0,6	—1,3	—1,5	—0,5	+0,5	+0,9
Östliches Nordamerika, 43° N-Br., 2 Stationen	Winter	+3,2	—4,0	—6,8	—8,9	—7,8	—4,4	+0,5	+5,4
	Sommer	+1,5	+0,1	—1,6	—2,1	—1,3	—1,2	+1,7	+2,5

Da der Luftdruck im Norden von Europa viel mehr schwankt als im Süden, so haben wir durchschnittlich hohen Luftdruck, wenn das Barometer im Norden von uns hoch steht, d. h. bei Nord- und Ostwinden, niedrigen, wenn es im Norden von uns tief steht, d. h. bei Süd- und Westwinden Umgekehrt ist es in der südlichen Halbkugel. Das ist die sogenannte barometrische Windrose.

In den polaren Zonen beider Erdhälften zeigen sowohl die mittlere Höhe des Luftdrucks als die mittlere Größe seiner Schwankungen das entgegengesetzte Verhalten zur Breite wie in den gemäßigten Zonen; der Barometerstand nimmt hier polwärts zu, die Schwankungen, soweit bekannt, nehmen ab. An Stelle der vorwaltenden westlichen und äquatorialen Winde finden wir deshalb in diesen Breiten östliche und polare überwiegend, streckenweise, unter dem Einfluß der Landverteilung, mit außerordentlicher Stetigkeit; so an der Ostküste von Grönland. Das Dovesche Drehungsgesetz hat hier keine Gültigkeit, und das Barometer steht bei südwestlichen Winden höher als bei nordöstlichen. Wir sehen somit in allen diesen Punkten einen lehrreichen Gegensatz zu den gemäßigten Zonen.

Die höheren Schichten der Atmosphäre. Ein Verständnis für die Zirkulation der Atmosphäre können wir nicht hoffen zu erlangen, wenn wir nur die Zustände an deren Boden berücksichtigen; nicht nur deshalb, weil gerade diese Strömungen durch die Bewegungshindernisse, welche die Erdoberfläche darbietet, in hohem Maße verzögert und gestört sind, sondern weil diese Strömung ohne ausgleichende, anders gerichtete Oberströme durchaus nicht verständlich sind. Da am Erdboden der Wind mehr oder weniger von den Orten hohen Luftdrucks nach jenen mit niedrigem hinweht, so muß in der Höhe die Luft wieder von diesen nach jenen zurückkehren, wenn der Druckunterschied fortdauern soll. In der Tat zeigt die Richtung, in welcher sich die höchsten, das Cirrusgewölk bildenden Wolken bewegen, daß in jenen Schichten die Strömung mehr oder weniger von denjenigen Orten, an welchen der Luftdruck am Erdboden niedrig ist, nach denen, wo er höher ist, gerichtet ist. In der Regel ist indessen, namentlich in mittleren und höheren Breiten, die Richtung der hohen Wolken dem unteren Winde nicht direkt entgegengesetzt, sondern bildet einen Winkel von 2 bis 8 Strich mit demselben, derart, daß die Gegend des Horizonts, aus welcher die Wolken kommen, auf der Nordhemisphäre rechts, auf der südlichen links von derjenigen liegt, aus welcher der Wind weht. Die Bewegung der unteren Wolken weicht von jenen des Unterwindes weniger, aber durchschnittlich in demselben Sinne ab wie die der hohen Federwolken. Unsere Bekanntschaft mit den oberen Luftströmungen ist indessen noch gering, und weitere Beobachtungen über die Bewegung der verschiedenen Wolkenschichten und deren Verhältnis zur Richtung, Stärke und Änderungen des Windes sind sehr wünschenswert.

Da die Abnahme des Druckes mit der Höhe fast ganz von der Temperatur der betreffenden Luftsäule abhängt, so könnte man aus der Druckverteilung am Erdboden ein genaues Bild derjenigen in allen Höhen der Atmosphäre ableiten, wenn die Temperatur der in Frage kommenden Luftmassen genau bekannt wäre. Dies ist nun freilich nicht der Fall, da die Abnahme der Wärme mit der Höhe sehr verschieden stark sein kann, ja zuweilen sich bis zu einer gewissen Höhe hinauf umkehrt. Allein bis zu einem gewissen Grade läßt sich doch aus der Verteilung der Temperatur am Grunde des Luftmeeres auch die in größeren Höhen beurteilen und so eine wichtige Grundlage für mancherlei Schlüsse gewinnen. 10 cbm kalter Luft wiegen mehr als 10 cbm warmer, daher nimmt der Druck in kalter Luft schneller mit der Höhe ab als in warmer. Die Abnahme des Luftdrucks nach dem Pole zu, die sich zwischen 30° und 60° Br. am Erdboden als Regel zeigt, muß daher in größeren Höhen noch viel größer sein, und da zugleich die Bewegung dort weit freier von Reibung ist, so ist die gewöhnliche Geschwindigkeit der westlichen Luftströmung in der Höhe eine so große, wie sie am Erdboden nur in starken Stürmen beobachtet wird; sowohl die Messungen von Zirruswolken als zahlreiche Ballonreisen und die neuerdings in großer Zahl angestellten meteorologischen Drachenaufstiege bestätigen dies. Noch größer muß die Geschwindigkeit der Luftbewegung oberhalb der Cirrusregion sein, und dies erklärt die Möglichkeit der oben erwähnten Bewegung dieser Federwolken von dem niedrigeren nach dem höheren Luftdruck zu; denn in der Luftschicht, in der diese Wolken schweben, ist der Gradient schwächer als in den darüber liegenden, und Luftmassen, die aus den letzteren herabsteigen, folgen deshalb ihrer Trägheit gegen diesen Gradienten und werden so gewissermaßen aus dem Gebiete niedrigen Luftdrucks hinausgeschleudert. Unter Umständen kann sich, wenn die höhere Wärme mit dem niedrigeren Drucke zusammenfällt, derselbe Prozeß auch umgekehrt abspielen, indem aufsteigende Luft hinausgeschleudert wird.

Das Absteigen der Luft in den Gebieten hohen Druckes an der Grenze der Tropen geschieht jedenfalls sehr allmählich, weil andernfalls die Westwinde unserer Breiten nicht feucht sein könnten; denn Luft, die schnell herabsteigt, muß sich erwärmen und dabei von ihrem Sättigungspunkt entfernen. Namentlich aber ist die Ansicht, daß der Wasserdampf dieser Winde, welche Europa den meisten Regen bringen, aus der Äquatorialzone oder gar von der südlichen Halbkugel stamme und seinen Weg in der Höhe über den Nordostpassat hinweg zu uns finde, ganz unmöglich, da bei der niedrigen Temperatur, welche in der Höhe des „Antipassats" bezw. der südwestlichen Winde über dem Nordostpassat herrscht, die Luft nur eine sehr geringe Dampfmenge zu halten vermag.

Fünfter Abschnitt.

Die Wärme und der Wassergehalt der Luft.

I. Die Wärme der Luft.

Da die Luftwärme für den Seemann ein weit geringeres Interesse hat als der Luftdruck oder gar der Wind, so sind die an Bord von Schiffen angestellten Beobachtungen über Lufttemperatur lange nicht in dem Grade verarbeitet wie jene über Barometer und Wind; für den Atlantischen Ozean sind sie es nur für die Breiten 50—20° N-Br. durch die Seewarte, sowie für die Breiten 20° N- bis 10° S-Br. durch das Londoner meteorologische Amt und das niederländische meteorologische Institut. Die Schwierigkeit einer guten Aussetzung der Thermometer an Bord hat außerdem eine große Anzahl von Beobachtungen über Lufttemperatur, namentlich aus älterer Zeit, für genauere Untersuchungen unbrauchbar gemacht, da die Instrumente mehr oder weniger von Sonnenstrahlung oder zurückgeworfener Wärme beeinflußt waren. Wir wollen uns daher hier in der Hauptsache mit der Besprechung des Verhältnisses zwischen der Temperatur der Luft an der Oberfläche der Ozeane zu jener der Wasseroberfläche und der Luft auf den Festländern beschränken, im übrigen aber auf die Lehrbücher der Meteorologie und Klimatologie verweisen, die gerade der Wärme die eingehendste Behandlung zukommen zu lassen pflegen.

Im Gesamtmittel aller Tages- und Jahreszeiten erweist sich der Unterschied zwischen der durchschnittlichen Temperatur der Luft und ihrer Unterlage im allgemeinen als sehr gering. Es ist dies erklärlich, wenn man an die innige Berührung zwischen Luft und Meeresoberfläche, besonders bei unruhigem Wetter, denkt, sowie an die so außerordentlich viel größere Wärmekapazität des Wassers gegenüber der Luft. Genügt doch die Wärme, welche 1 cbm Wasser abgibt, wenn es sich um 1° C abkühlt, um mehr als 3000 cbm Luft um 1° C zu erwärmen! Dort, wo Luft mit großer Geschwindigkeit von einem sehr kalten Festlande auf ein sehr warmes Meer übertritt — wie an den Küsten von Neuengland und Neuschottland bei winterlichen Nordweststürmen —, sehen wir in der Tat diese Luft ihre Temperatur auffallend schnell ändern. Die täglichen synoptischen Karten, welche die Seewarte im Verein mit dem dänischen Institut herausgibt, liefern dafür eine Menge Beispiele.

Diese große Wärmekapazität des Wassers, das heißt der Umstand, daß zu einer gleich großen Änderung seiner Temperatur dem Wasser weit größere Wärmemengen zugeführt oder entzogen werden müssen als bei gleicher Stoffmenge nicht nur der Luft, sondern auch den meisten festen Körpern, bedingt auch vorzugsweise den wichtigen Umstand, daß die Temperatur der Luft über dem Meere sich weit langsamer und weniger ändert als diejenige der Luft über dem festen Lande. Denn werden z. B. gleiche Gewichte Wasser und Sand von verschiedener Temperatur miteinander gemischt, so wird die Temperatur des letzteren $5\frac{1}{2}$mal stärker sich ändern als jene des Wassers, obwohl die von dem einen Körper empfangene Wärmemenge gleich war der von dem anderen Körper abgegebenen; beispielsweise geben 1 kg Wasser von + 10° und

1 kg Sand von $+3^{1}/_{2}{}^{0}$ ein Gemisch von $+9^{0}$ Temperatur. Aber noch andere Ursachen wirken in der freien Natur mit, um die Temperaturänderung einer Wasseroberfläche gegen jene des Landes zu verringern. Im Sommer werden auf dem Wasser die Wärmestrahlen der Sonne zum Teil zurückgeworfen, und von dem Aufgenommenen wird ein großer Bruchteil zur Verdunstung verbraucht, der Rest wegen der Durchstrahlbarkeit des Wassers auf eine Wasserschicht von bedeutender Dicke verteilt; im Winter hingegen sinken die erkaltenden Wassermassen von der Oberfläche durch ihre zunehmende Dichtigkeit hinab und treiben wärmeres Wasser aus der Tiefe herauf. Im festen Erdboden dagegen pflanzt sich jeder Wärmeeinfluß, der die Oberfläche trifft, nur äußerst langsam und abgeschwächt in die Tiefe fort; er wirkt also auf eine dünne Schicht mit voller Intensität. Auch der Umstand, daß im Innern der großen Festländer Bewölkung und Niederschlag geringer sind als am Meere, wirkt dahin, die Erwärmung durch die Sonnenstrahlen und die Erkaltung durch Ausstrahlung auf dem Lande weit kräftiger zu machen als auf dem Wasser. Noch wichtiger ist aber die leichte Verschiebbarkeit der Wasserteilchen. Durch diese wird die Wirkung einer erwärmenden oder abkühlenden Ursache, die sich beim festen Lande auf die äußerste Oberflächenschicht beschränkt, beim Meere stets auf eine weit größere Masse verteilt. Bei der Erkaltung wird dies, wie schon erwähnt, namentlich durch das Dichterwerden der erkaltenden Wassermassen bedingt, wodurch sie niedersinken. Bei der Erwärmung der Meeresoberfläche durch die Sonnenstrahlung tritt diese Wirkung allerdings nicht auf; das erwärmte Wasser wird leichter und hat im Gegenteil Neigung, an der Oberfläche zu verbleiben. Man findet deshalb auch oft genug bei sonnigem Wetter, daß die Oberflächenschicht bis auf wenige Dezimeter Tiefe viel wärmer ist als das darunter liegende Wasser, so daß der Unterschied sich jedem Badenden bemerkbar macht. Allein der Unterschied ist immerhin weit geringer als jener im festen Erdboden zwischen der erhitzten Oberfläche und der kühlen Tiefe, und schon ein mäßiger Wind und Seegang genügt dazu, um ihn durch Mischung fast völlig zu zerstören.

Da also das Wasser aus allen diesen Ursachen seine Temperatur im Laufe des Jahres sowie des Tages nicht nur weit weniger ändert als die Oberfläche des festen Landes, sondern auch weniger als die darüber liegende Luft, so ergibt sich daraus ein Wechsel des Temperaturunterschiedes der Luft und ihrer Unterlage nach Jahres- und Tageszeit, der gewiß für die physikalischen Vorgänge in der Luft von großer Bedeutung ist. Dieser Wechsel verläuft auf dem Meere entgegengesetzt wie auf dem Lande. Denn auf dem letzteren ist es die Unterlage (wenn auch nur deren alleroberste Schicht), welche die stärkeren Schwankungen aufweist, auf dem Meere dagegen ist es die Luft. Der völlig verschiedene tägliche Gang der Windstärke, der Gewitterhäufigkeit usw. auf dem Lande und auf dem Meere hängt offenbar hiermit zusammen.

Der Unterschied zwischen der höchsten Temperatur um und nach Mittag und der niedrigsten bei Sonnenaufgang beträgt auf dem Ozean in den niedrigeren Breiten als 50^{0} N und S durchschnittlich für die Luft $1^{1}/_{2}{}^{0}$ C und für die oberste Wasserschicht $^{1}/_{2}{}^{0}$ C, in höheren Breiten noch weniger. Für gemäßigte Breiten können wir ferner als Regel hinstellen, daß die mittlere Temperatur der Luft über warmen Strömungen im Sommer jener des Wassers sehr nahe ist, und im Winter $2-3^{0}$ unter die letztere herabsinkt, über kalten Strömungen aber die Temperatur der Luft während eines größeren Teils des Jahres über der des Wassers sich befindet und auch im Winter nicht so tief unter diese hinabgeht. Im Jahresdurchschnitt sind auf kalten Strömungen Luft und Wasser ungefähr gleich, auf warmen aber erstere $1-1^{1}/_{2}{}^{0}$ kälter als letzteres.

Im äquatorialen Teil des Atlantischen Ozeans ist die Luft durchschnittlich $0{,}2^{0}$ C kälter als das Wasser, ohne Unterschied der Jahreszeit, aber verschieden nach der Strömung.

Infolge der genannten Ursachen finden wir ferner allgemein im Sommer die Luft über dem Festlande, im Winter die Luft über dem Meere unter gleicher geographischer Breite wärmer.

Dies gilt sowohl im großen als im kleinen; denn seitdem die meteorologischen Beobachtungsstationen dichter zusammenliegen und ihre Aufzeichnungen eingehender bearbeitet werden, hat man mehr und mehr kennen gelernt, wie auch kleinere Wasserbecken und Inseln von geringer Ausdehnung die Temperatur der untersten Luftschicht stark in diesem Sinne beeinflussen. Wie gewaltig der Einfluß des Ozeans im großen ist, sehen wir aus unseren Isothermenkarten. Nördlich von 48° N-Br. nimmt die Temperatur über Europa im Winter viel rascher in der Richtung nach O als in der nach N ab, während im Sommer die Richtung der raschesten Abnahme durchschnittlich NNW ist. Wir sehen aber auch zugleich aus diesen Karten, daß die winterliche Emporwölbung der Isothermen polwärts über dem Meere in diesen Breiten viel stärker ist als die sommerliche Hinabdrückung derselben ebendort. In der Tat zeigt die Jahreskarte, daß im Jahresmittel in dem Teile der Erdoberfläche nördlich von etwa 35° N-Br. die Temperatur der Luft entschieden höher über dem Meere ist als über den Festländern, während in den Tropen das Verhältnis umgekehrt ist. Dies Resultat hat zum größten Teile seine Ursache in dem großen Wärmeaustausch zwischen den verschiedenen Breiten, welcher im Meere durch die Strömung des Wassers bewirkt wird, während die Temperatur der Oberfläche des festen Bodens vorwiegend durch das Verhältnis der Einstrahlung zur Ausstrahlung von Wärme bestimmt wird.

Neben diesen Unterschieden zwischen Wasser und Land hängt der Verlauf der Linien gleicher Lufttemperatur über dem Ozean zum größten Teile von dem Verlauf der Meeresströmungen und von den vorherrschenden Winden ab. So äußert sich das Hinabdrängen des kalten Wassers zum Äquator an der Westküste Afrikas zwischen 30° N- und 30° S-Br. in einer starken Annäherung der Isothermen von 20° und 25° C an den Äquator in diesen Gegenden, indem sowohl die afrikanische Küste als auch die vorliegenden Inseln (besonders St. Helena und die Kapverden) viel kälter sind als die amerikanische Küste in gleicher Breite. Die umgekehrte Tatsache für die Küsten der Alten und Neuen Welt nördlich von 38° N-Br. ist seit langem bekannt. Unter gleicher Breite liegend, haben z. B. New York und Neapel 10,0° und 16,3°, Halifax und Bordeaux 5,5° und 12,8°, die Ostspitze von Labrador, Dublin und Hamburg 0,5°, 10,3° und 8,5°, Kap Farvel und Bergen 0,3° und 6,9° Jahrestemperatur. Der Grund hiervon liegt in den auf diesen Breiten vorwaltenden westlichen Winden, welche nach Europa die warme Luft vom Atlantischen Ozean, nach der Ostküste Nordamerikas dagegen die kalte Luft aus dem Kontinent bringen, und dem entsprechend zeigt sich auch dieser Unterschied vorherrschend im Winter; verstärkt wird er noch dadurch, daß diese Winde alsdann an der europäischen Küste eine überwiegend südwestliche, an der amerikanischen eine vorherrschend nordwestliche Richtung haben.

Die mittlere Lufttemperatur in ° C auf dem Wege zwischen Hamburg und Kap Horn, im Mittel der Aus- und Heimreise, für Zwischenräume von je 5° Breite, nach den Veröffentlichungen der Seewarte (20—50° N), des Meteorological Office in London (20° N bis 10° S) und den Isothermenkarten (südlich von 10° S) stellt sich in ganzen Graden Celsius wie folgt (s. Tab. S. 115).

Der Unterschied der Jahreszeiten der vom Äquator bis nach 40° Breite im Süden wie im Norden zunimmt, wächst nur im Norden anhaltend auch darüber hinaus mit der Breite; im Süden verringert er sich weiterhin wieder, und in der Nähe des südlichen Wendekreises kann, wie die Expeditionen der Jahre 1898—1905 gezeigt haben, die niedrigste Temperatur des Jahres, bei den gewaltigen Temperatursprüngen und Schneestürmen, die diese Gegenden auszeichnen, sogar im Sommerhalbjahr auftreten. Von Snow Hill in 64° S-Br. 57° W-Lg. sagt Nordenskjöld: „Man muß sich ein Klima vorstellen, wo der Winter so streng ist wie in Westsibirien, und so stürmisch, daß jedes Schneekorn wegfliegt, wo der Sommer schon auf diesem Breitengrad so kalt ist wie am Nordpol, im übrigen aber von einer solchen Beschaffenheit, daß Schneewehen und Gletscher in der wärmsten Jahreszeit anwachsen. Alsdann wird man verstehen, daß unsere Expedition 2° nördlich vom Polarkreis gegen ihren Willen zu einer Überwinterung gezwungen wurde, weil die Eisverhältnisse keinem Schiff gestatteten, heranzukommen.

Mittlere Lufttemperatur auf dem Wege Hamburg bis Kap Horn und zurück.

Breite	Mittlere Länge	J.	F.	M.	A.	M.	J.	J.	A.	S.	O.	N.	D.
Hamburg[1])		— 1/2	1 1/2	3	7 1/2	11 1/2	15 1/2	17	16 1/2	13 1/2	9	4	1
Ramsgate		4	5	6	9	11	15	17	17	15	11	7	4 1/2
45–50° N	12° W	11	11	11	12	13 1/2	16	17	18	17	15	13	11 1/2
40–45° „	21° „	13	13	13 1/2	14 1/2	15	18	19	20	20	17	16	14 1/2
Zum Vergl.:	New York[2])	—1	0	3	8 1/2	15	20 1/2	23	22 1/2	19	13	6	1
35–40° N	26° W	16	15	15 1/2	16	18	21	22	24	22 1/2	20 1/2	19	17 1/2
30–35° „	29° „	18	17 1/2	17 1/2	18 1/2	21	22 1/2	23	25	24 1/2	22	20 1/2	20
25–30° „	30° „	19	19	19 1/2	20 1/2	21	23	23	25	25	24	23	21
20–25° „	30° „	21	21	21	22	22 1/2	23	24	25	25	25	24	23
15–20° „	30° „	22 1/2	22	22	22	22	23	24	25	25 1/2	25 1/2	24	23
10–15° „	30° „	24	23	23	24	24	25	26	26	27	27	26	25
5–10° „	27° „	25	25	25	25 1/2	26	26	26	26	26	26 1/2	26 1/2	26
0– 5° „	26° „	26	26	26	27	26 1/2	26	25 1/2	25	26	26	26 1/2	26 1/2
0– 5° S	26° W	26 1/2	26 1/2	27	27	27	26	25 1/2	25	25	26	26	26
5–10° „	27° „	26	26 1/2	27	27	27	26	25 1/2	25	25	25 1/2	26	25 1/2
10–15° „	28° „	26	27	28	26	25	24	24	23	24	24 1/2	24 1/2	25
15–20° „	30° „	25 1/2	26	27	25	24	22 1/2	22	22	23	24	24	25
20–25° „	32° „	25	25	26	24	22	21 1/2	19 1/2	20	22	23	23	24
25–30° „	35° „	23 1/2	24	25	22	19	18 1/2	17	17	18	21	21	22
Zum Vergl.:	Kapstadt[3])	21	21	19 1/2	17 1/2	15	13 1/2	13	13	14 1/2	16 1/2	18 1/2	20
30–35° S	38° W	21 1/2	22	21	18	16	14	14	14	16	18	19	20 1/2
35–40° „	42° „	20	19 1/2	19	15	13	11	11	11	13	15	16	18
40–45° „	46° „	18	16 1/2	15	12	9	7	7	8	10	12	14	16
45–50° „	53° „	13 1/2	13	12	9	6	5	5	5	7	10	11	12
50–55° „	58° „	10 1/2	10	9	6	5	3	3	3	5	6	8	9
55–60° „	67° „	7	7	5	3	1	0	0	1	2	3	4	5 1/2

II. Der Wassergehalt der Atmosphäre.

Allgemeines. Das Wasser kommt in der Atmosphäre in allen seinen drei Zuständen vor: im gasförmigen als unsichtbarer Wasserdampf, im flüssigen als Tropfen und im festen als Eiskristall; in den beiden letzteren Formen bildet es einerseits, in sehr feiner Verteilung, als schwebende Wassertröpfchen und Eisnadeln die Wolken und Nebel, anderseits, wenn diese Tropfen und Kristalle durch Zusammenfließen und Aneinanderwachsen größer werden und niederfallen, Regen, Schnee und Hagel.

Luftfeuchtigkeit. Über den Wasserdampfgehalt der Luft auf dem Ozean ist nur sehr wenig bekannt, weil die Beobachtungen darüber noch spärlich, wenig verarbeitet und teilweise auch unzulänglich sind, wegen der Schwierigkeit einer richtigen Behandlung der dazu erforderlichen Instrumente (Psychrometer oder Hygrometer) an Bord von Schiffen. Das, was bisher darüber gefunden ist, läßt sich in der Hauptsache dahin zusammenfassen, daß die Luft über dem Meere zwar wegen der fortwährenden Verdunstung der Meeresoberfläche durchschnittlich mehr Wasserdampf enthält als über den Festländern, wenigstens in der Ebene, daß sie jedoch auch über dem Meere gewöhnlich nicht mit Dampf gesättigt ist, wie schon daraus erhellt, daß an der Oberfläche des Meeres Verdunstung stattfindet, und auf dem Verdeck der Schiffe in der Regel ebenso wie auf dem Lande, wenn auch langsamer, feuchte Gegenstände im Winter getrocknet werden können, und nasse Körper (also auch das nasse Thermometer) eine etwas niedrigere Temperatur haben als trockene, was alles bei völlig gesättigter Luft nicht der Fall wäre. Nach den von Kämtz gesammelten spärlichen Beobachtungen auf verschiedenen wissenschaftlichen Expeditionen älterer Zeit beträgt die relative Feuchtigkeit der

1) 53° 32′ N-Br., 9° 58′ W-Lg.
2) 40° 43′ N-Br., 74° 0′ W-Lg.
3) 33° 56′ S-Br., 18° 27′ O-Lg.

Luft[1]) an der Oberfläche der Ozeane durchschnittlich nur 80 %. Hiermit stimmen die Ergebnisse neuerer Untersuchungen ziemlich gut überein. Die Monatsmittel der Fünfgradfelder des Nordatlantischen Ozeans, die von der Seewarte und dem Meteorological Office veröffentlicht sind, schwanken, ohne ausgeprägte Abhängigkeit von der Jahreszeit, zwischen 73 und 95 %, im Nordwesten sogar 97 %. Da aber die erwähnten Fehler des Psychrometers immer zu hohe und nicht zu niedrige Werte geben, so mögen manche dieser Mittel etwas zu hoch sein. In höheren Breiten ist die relative Feuchtigkeit auf dem Ozean sicher größer. Nach den Beobachtungen der norwegischen Expedition 1876 und 1877 betrug dieselbe im Sommer im Nordatlandischen Ozean zwischen 62° und 66° N-Br. durchschnittlich 92 %, im Laufe des Tages nur wenig sich verändernd, von 93 % in der Nacht auf 90,4 % um 1^h N.

Übergang des Wasserdampfes in flüssiges Wasser oder Eis. Erreicht die Luft ihren Sättigungszustand oder die relative Feuchtigkeit 100 %, so scheidet sich ein Teil ihres Dampfgehalts in flüssiger oder fester Form aus, und zwar in Berührung mit festen Gegenständen als Tau, Beschlag, Reif, Glatteis usw., in der freien Luft dagegen als Nebel, nämlich als sehr kleine Tröpfchen oder Eiskristalle. Diese kleinen Körperchen können obwohl sie schwerer sind als die Luft, ebenso wie fein zerteilter Staub in derselben schweben ohne merklich zu sinken, weil der Luftwiderstand im Verhältnis zu ihrem Gewicht weit größer ist als bei großen Körpern und ihr Fallen dadurch außerordentlich verlangsamt wird. Geschieht die Ausscheidung des Wassers in der untersten, den Erdboden berührenden Luftschicht, so entsteht Nebel im engeren Sinne; geschieht diese Ausscheidung in einiger Höhe über der Erdoberfläche, so bilden sich Wolken; ist die Ausscheidung stark und erstreckt sie sich durch eine Luftschicht von bedeutender Mächtigkeit, so entsteht, indem die Tröpfchen immer größer werden, zu fallen beginnen und dabei mit anderen zusammenfließen, Regen, oder wenn es sich um Eiskristalle statt Tröpfchen handelt, Schnee, und endlich, wenn die Tröpfchen, wie dies mit Wasser unter gewissen Umständen der Fall ist, mehrere Grade unter Null erkaltet sind und doch flüssige Form behalten haben, so entsteht durch plötzliches Gefrieren beim Zusammenstoß Hagel; die schneeige Form desselben, die im Binnenlande als „Graupeln“ bezeichnet wird, ist auf dem Meere sowohl als an den Küsten, außerhalb der Tropen, ein häufiger Begleiter der Böen. Dagegen ist echter Hagel, der aus festem, teils trübem, teils klarem Eise besteht, auf dem Ozean zwar in vielen Fällen beobachtet worden (vgl. Ann. d. Hydr. 1896, S. 308), aber doch im ganzen auf dem Wasser eine noch seltenere Erscheinung als auf dem Lande. In engem Zusammenhange mit den Niederschlägen stehen die elektrischen Entladungen, welche als Gewitter und Wetterleuchten bekannt und besonders häufige Begleiter heftiger Regen oder Hagelschläge in den wärmeren Gebieten der Erde sind.

Von größtem Einfluß auf die Art und Stärke der Ausscheidungen des Wassers aus der Atmosphäre ist die früher erwähnte Abnahme der Temperatur mit der Höhe über dem Erdboden, welche in verschiedenen Gegenden und zu verschiedenen Zeiten ungleich groß ist. Da kalte Luft dichter ist als warme, so ist leicht begreiflich, daß, wenn in der Höhe — wie dies namentlich im Winter auf den Kontinenten oft vorkommt — die Luft wärmer ist als unten, so wenig Ursache zu einem Aufsteigen der unteren und Niedersinken der oberen Schicht vorhanden ist, wie wenn man Öl auf Wasser gegossen hat; gießt man aber umgekehrt Wasser auf Öl, so wird, wenn es auch gelingen sollte, für einige Augenblicke die schwere Flüssigkeit über der leichteren zu erhalten, der leichteste Anstoß veranlassen, daß die beiden Schichten sich vollständig neu lagern, indem das Öl hinauf, das Wasser hinabstrudelt. Es kann nun durch genaue Rechnung nachgewiesen werden, daß in der Luft so ein Zustand unsicheren Gleichgewichts eintritt, sobald die Temperatur nach

[1]) Das heißt das Verhältnis der in der Luft wirklich enthaltenen Dampfmenge zu derjenigen, welche sie bei der betreffenden Temperatur im Zustande der Sättigung enthalten würde.

oben hin um mehr als eine gewisse Größe auf jede 100 m abnimmt, und zwar um mehr als 1° C für trockene und 0,4 bis 1° für feuchte Luft. Die große Bedeutung aufsteigender Luftströme für die Bildung von Wolken und Regen findet sich in MOHNS Grundzügen §§ 221—224 auseinandergesetzt.

Nebel. Umgekehrt tritt Nebel in der untersten Luftschicht nur dann auf, wenn die Temperatur der Luft nach oben zu wenig oder gar nicht abnimmt; die Verschiedenheit der Bedingungen ihrer Bildung erklärt es, warum in sehr vielen Fällen, wie wir gleich sehen werden, die Nebel die entgegengesetzte räumliche und zeitliche Verteilung zeigen, wie die in höheren Luftschichten gebildeten Niederschläge (Wolken, Regen usw.).

Von dem eigentlichen Wassernebel zu unterscheiden sind die trockenen Trübungen der Luft durch Staub und Rauch; doch treten diese sehr häufig mit echtem Nebel vereint auf, weil die Teilchen derselben die Bildung und Erhaltung der Nebeltröpfchen sehr begünstigen, weshalb sich große fabrikreiche Städte (namentlich London) durch besonders dichte Nebel auszeichnen.

Zwischen 30° N- und 30° S-Br. sind die auf der Meeresfläche vorkommenden Trübungen der Atmosphäre größtenteils trockene Trübungen und sind wirkliche Nebel hier selten, obwohl sie an gebirgigen Küsten und Inseln in einiger Höhe über dem Meere stellenweise und zu gewissen Tages- und Jahreszeiten eine ganz regelmäßige Erscheinung sind. Durch dichte niedrige Nebel zeichnen sich im allgemeinnn diejenigen Meeresteile und Küsten aus, wo kalte Meeresströmungen herrschen; dieselben Gegenden pflegen sich von ihren Nachbargebieten durch Regenarmut zu unterscheiden, während umgekehrt über warmen Meeresströmungen Regen und Gewitter häufig, Nebel aber selten sind. Im Atlantischen Ozean sind am meisten verrufen wegen ihrer starken und anhaltenden Nebel die Umgebungen von Neufundland, Neuschottland und der Nantucket-Bänke, wo der arktische Meeresstrom in die unmittelbare Nähe des Golfstroms gelangt; doch ist auch die Mitte des Ozeans in hohen nördlichen Breiten im Sommer sehr nebelreich; weniger ist dies in den gleichen südlichen Breiten der Fall.

Monat	N-Br.	W-Lg. 60—70°	50—60°	40—50°	30—40°	20—30°	10—20°	Monat	N-Br.	W-Lg. 60—70°	50—60°	40—50°	30—40°	20—30°	10—20°
		St.	St.	St.	St.	St.	St.			St.	St.	St.	St.	St.	St.
	50—45°	—	—	29	5	19	21		50—45°	—	—	**201**	**112**	**52**	**47**
Januar	45—40°	39	43	14	7	8	19	Juli	45—40°	119	**124**	99	21	**30**	10
	40—35°	1	1	2	2	3	0		40—35°	4	0	0	2	2	4
	50—45°	—	—	30	8	7	17		50—45°	—	—	162	44	22	17
Februar	45—40°	31	26	16	7	8	4	August	45—40°	90	76	71	12	7	5
	40—35°	3	0	2	3	0	3		40—35°	1	1	0	1	0	1
	50—45°	—	—	24	20	13	10		50—45°	—	—	88	36	45	11
März	45—40°	30	48	28	10	17	13	September	45—40°	45	33	45	7	29	2
	40—35°	0	1	1	3	2	0		40—35°	—	0	0	2	0	1
	50—45°	—	—	49	20	11	23		50—45°	—	—	62	30	27	25
April	45—40°	64	61	40	8	3	12	Oktober	45—40°	23	28	38	15	7	14
	40—35°	19	1	2	8	1	4		40—35°	—	0	0	3	4	2
	50—45°	—	—	116	35	25	22		50—45°	—	—	59	21	19	18
Mai	45—40°	119	98	76	14	8	8	November	45—40°	10	17	29	6	2	9
	40—35°	8	7	6	10	3	9		40—35°	—	0	0	8	2	4
	50—45°	—	—	133	66	36	40		50—45°	—	—	35	6	12	9
Juni	45—40°	**155**	111	**105**	**88**	26	9	Dezember	45—40°	18	17	11	6	7	6
	40—35°	18	0	2	4	0	0		40—35°	—	0	2	7	3	2

In der vorstehenden Tabelle ist nach den von der Seewarte[1]) gesammelten Daten für die mittleren Breiten des Nordatlantischen Ozeans zwischen 10° und 70° W-Lg. die durchschnittliche Anzahl der Stunden, während deren in jedem Monat Nebel geherrscht hat, angegeben (das jährliche Maximum fett gedruckt).

Auf dem Wege zwischen Europa und Nordamerika ist hiernach der Sommer die eigentliche Jahreszeit der Nebel, der Winter hingegen fast nebelfrei; die Häufigkeit des Nebels nimmt zu mit der Breite und mit der Annäherung an die amerikanische Küste; südlich von 40° N-Br. kommen Nebel nur selten vor. Auch im südöstlichen Teile des Südatlantischen Ozeans ist der Nebel größtenteils auf die wärmere Jahreszeit beschränkt; auf dem Wege nach Kap Horn ist die Verteilung der Nebel über die Monate gleichmäßiger und zeigt sich dabei eine erheblich geringere Häufigkeit der Nebel — wenigstens in der wärmeren Jahreshälfte — als in den entsprechenden Breiten des Nordatlantischen Ozeans. Wie wir sehen werden, haben diejenigen unter diesen Gegenden, welche eine entschiedene starke Zunahme der Nebel zum Sommer zeigen, die größte Regenhäufigkeit im Winter.

Quadrat:	150	149	148	147	146
Länge, W: 60°	50°	40°	30°	20°	10°
Januar	*d*	*a*	*dba*	*da*	*b*
Februar	—	—	*bc*	*db*	*ba*
März	—	—	—	*b*	*db*
April	**dc**	—	*b*	*ba*	*a*
Mai	**c**	**d**	—	*a*	*bc*
Juni	**dc**	**d**	—	*a*	*b*
Juli	**c**	**d**	—	—	—
August	—	—	—	*b*	*b*
September	—	—	*b*	—	*ba*
Oktober	—	—	—	*b*	*b*
November	*db*	*a*	*b*	*ba*	*b*
Dezember	*d*	*a*	*dba*	*a*	*db*

Nach der großen statistischen Publikation der Seewarte für die einzelnen Quadrate des Nordatlantischen Ozeans stellt sich die Verbreitung der nebelreichen und nebelarmen Monate wie folgt dar: nennen wir nebelreich die Monate, wo mehr als ein Viertel der Zeit, also mehr als 25 % aller Stunden Nebel gebracht haben, und nebelarm diejenigen, wo weniger als 1 % derselben Nebel brachten, so sind südlich von 40° Breite alle Monate überall zwischen 10 und 60° W-Lg. nebelarm; zwischen 40 und 50° Breite aber stellt sich das

[1]) Resultate meteorologischer Beobachtungen von deutschen und holländischen Schiffen für Eingradfelder des Nordatlantischen Ozeans.

Verhältnis so, wie die Tabelle auf S. 118 zeigt: die einzelnen Fünfgradfelder jedes Zehngradquadrats sind in ihr durch die Buchstaben d c / b a (in dieser Anordnung, der Karte nach) bezeichnet. Die fetten Buchstaben bezeichnen nebelreiche, die kursiven ausgesprochen nebelarme Fünfgradfelder.

Die berüchtigten Nebel der Neufundlandbanken gehören also den Monaten April bis Juli und dem Gebiet westlich von 45° W-Lg. und nördlich von 45° N-Br. an. November bis Januar sind in diesem Gebiet die nebelfreiesten Monate. Der Monat, der auch im östlichen Teile des Ozeans nördlich von 40° N-Br. in keinem Fünfgradfelde „nebelarm“ ist, ist der Juli.

Zwischen 35° N und 35° S-Br. treffen wir starke Trübungen der Atmosphäre im Atlantischen Ozean hauptsächlich an der Küste von Afrika und in deren Nähe, namentlich im Bereich der kalten Meeresströmungen. Südlich des Äquators und nördlich von 28° N-Br. sind es feuchte, häufig sogar nässende Nebel; in der Zwischenregion von der Nigermündung bis Kap Juby hingegen scheint die Trübung, welche die Küsten in der Trockenzeit, namentlich in den Monaten Dezember bis Februar, und vor allem bei Harmattan (vgl. unten) verschleiert und die Schätzung der Entfernungen unsicher macht, wesentlich von Saharastaub herzurühren, den der Landwind mitbringt; denn die Luft an der Küste ist dabei sehr trocken, und rötlicher Staub fällt nicht selten in Menge auf Schiffe bis über 30° westwärts hinaus (vgl. hierzu 6. Abschnitt). In Loango wie an der marokkanischen Küste (Agadir usw.) herrschen in der Trockenzeit dieser Gegenden, Mai bis September, dichte Nebel, durch welche die Sonne viele Tage lang nur um die Mittagszeit matt scheint, und bei welchen die Lufttemperatur auch um die wärmste Tageszeit selten über 25° steigt. In Loango ist der feine Staubregen, den diese Nebel erzeugen, wie in Peru stark genug, um die Pflanzenwelt zu erfrischen. — Trotz des Wasserreichtums dieser Nebel scheint ihre Dichtigkeit in hohem Maße von dem Rauch der ungeheuren Grasbrände in dieser Jahreszeit abzuhängen. Weiter südlich, zwischen 20° und 30° S-Br., treten dichte, ebenfalls stark nässende Nebel an der regenlosen Küste in den Monaten September bis Januar auf, wenn weiter im Innern die Regenzeit beginnt.

Auf dem offenen Meere im äquatorialen Teile des Atlantischen Ozeans zeigt sich dunstige Luft hauptsächlich im nordöstlichen Teile in der Nachbarschaft des afrikanischen Festlandes in der Jahreszeit des Auftretens des Harmattans. In dem Zehngradfeld 0°—10° N-Br. und 20°—30° W-Lg. ist nach den Untersuchungen des Londoner meteorologischen Amtes die Häufigkeit von Dunst (mist or haze) in der südlichen und nördlichen Hälfte nach den einzelnen Monaten in Prozenten aller Beobachtungen die folgende:

	Jan.	Febr.	März	April	Mai	Juni	Juli	Aug.	Sept.	Okt.	Nov.	Dez.
5—10° N.	34	27	27	23	12	5	6	6	6	5	7	19
0— 5° N.	8	8	7	6	4	5	9	9	7	4	5	7

Wolken. Nebelbildungen in den höheren Luftschichten nennen wir Wolken; für deren Entstehung und Unterhaltung ist die aufsteigende Bewegung der Luft von der größten Bedeutung; letztere wird einerseits durch Wärmeunterschiede bewirkt, indem Luft, die von unten her über ihre Umgebung erwärmt wird, aufsteigt, andererseits durch die Empordrängung eines horizontalen Windes an Bergabhängen, die sich ihm entgegenstellen. Auch ohne Gebirge bewirkt die Verlangsamung eines Luftstroms, z. B. durch verstärkte Reibung, die Hebung eines Teils des Stromes, weil dieselbe Luftmenge nun einen erweiterten Kanal braucht. Alle diese Ursachen wirken zusammen, um auch über kleinen Inseln Haufenwolken zu erzeugen, welche deren Lage dem Seemanne schon aus großer Entfernung anzugeben vermögen. Die durch Temperaturunterschiede bewirkte aufsteigende Luftbewegung über dem festen Lande dauert allerdings nur während des Tages und besonders während der wärmsten Tageszeit an, da sie von der Sonnenstrahlung abhängt; hingegen die mechanische Wirkung auf den dagegen wehenden Wind ist von der Tageszeit nahezu unabhängig — nur die tägliche Periode der Windstärke ist auch hier von einigem Einfluß.

Die Bewölkung trägt je nach dem Ort und der Jahreszeit einen wesentlich verschiedenen Charakter, welcher hauptsächlich von der Höhe und der Form der Wolken abhängt. Während im Winter der gemäßigten und noch mehr der polaren Gegenden die in einer geringen Höhe in der Atmosphäre erfolgenden Kondensationen den Himmel meistens entweder gänzlich trüben oder ganz frei lassen, so daß in der Bewölkung die Extreme: ganz bedeckt und wolkenlos (nur mit höheren Federwolken oder Wolkenbänken am Horizont)

Breite	J.	F.	M.	A.	M.	J.	J.	A.	S.	O.	N.	D.
a. Mittlere Bewölkung auf dem Meridianstreifen 20—30° West v. Gr. nördlich der Linie.												
45—50° N	7,2	6,6	6,8	6,7	7,0	7,0	7,4×	6,0*	7,0	7,0	7,2	7,0
40—45° „	6,6	6,4	6,6	6,3	5,8	6,8×	6,2	5,6*	6,2	6,4	5,9	6,2
35—40° „	5,8	6,0	5,4	6,1×	5,4	5,0	4,8	5,0	4,6*	6,0	5,2	6,0
30—35° „	5,3	5,2	5,0	4,4	5,6	4,6	4,5	3,4*	4,2	5,2	5,2	5,8×
25—30° „	5,1×	5,0	4,5	4,9	5,0	4,4	4,5	3,9	3,9	3,8*	4,9	5,1×
20—25° „	4,2	4,2	4,6	4,6	4,8	4,9	5,8×	5,2	4,3	3,7*	4,0	4,6
15—20° „	4,9	4,2	4,5	4,8	4,9	5,6	6,2×	5,6	5,0	4,0*	4,9	4,6
10—15° „	5,0	4,7	4,7	4,3*	4,5	5,1	6,0×	5,9	5,3	5,1	5,1	5,1
5—10° „	5,6	4,8	4,7	4,5*	5,7	6,4	6,5	6,6×	6,1	5,9	6,3	6,0
0— 5° „	6,6×	6,4	6,1	6,0	6,2	4,8	4,3*	4,3*	4,8	5,1	5,3	5,6
b. Desgleichen auf dem Seglerwege vom Kap Horn zum Äquator.												
0— 5° S	4,8	4,8	5,6	5,8×	4,2	3,7	3,4*	3,4*	3,6	3,5	4,0	3,8
5—10° „	3,8	3,8	4,3	4,4	4,2	4,0	4,6×	3,6*	4,2	4,0	4,0	3,7
10—15° „	4,1	3,5*	3,6	4,0	3,9	3,9	4,8×	4,3	4,6	4,0	4,6	4,3
15—20° „	4,4	4,0*	4,3	4,7	4,4	4,6	4,4	5,0	4,9	4,8	5,2×	4,2
20—25° „	4,2*	4,2	4,9	4,4	4,7	4,8	4,4	5,0	5,2	5,6	5,8×	4,2
25—30° „	4,7	4,9	5,6	4,9	5,1	4,6*	5,0	5,6	5,8	5,6	6,0×	5,2
30—35° „	5,6	5,5	5,3*	5,8	5,8	5,6	5,6	5,8	6,1	6,8×	6,2	5,4
35—40° „	6,2	5,8*	6,0	6,4	6,3	6,0	6,4	6,3	6,4	6,9×	6,8	6,2
40—45° „	6,4	6,3	6,0	5,1*	6,7	6,6	7,1	6,6	6,9	6,8	6,9	6,4
45—50° „	7,0	6,8	6,8	7,2	7,1	7,2	7,8×	6,2*	7,4	6,6	6,8	7,0
50—55° „	7,2	7,0	7,0	7,3	7,1	7,4×	7,2	6,8	7,1	7,0	6,1*	7,4×
c. Desgleichen auf dem Wege vom Kap der guten Hoffnung zum Äquator.												
0— 5° S	4,5	5,2	4,4	5,8×	3,9	3,2*	3,6	3,6	4,0	4,5	4,8	4,6
5—10° „	4,4	3,8	3,8	3,4*	4,3	4,0	4,4	5,3	6,2×	5,8	5,8	5,6
10—15° „	4,6	4,6	4,8	4,3*	4,8	4,9	5,3	6,6	7,0	7,1×	7,0	6,7
15—20° „	6,0	5,0*	5,5	5,6	5,6	5,8	5,8	7,0	7,4	7,6×	7,0	7,5
20—25° „	6,0	6,4	7,0	6,0	5,7	5,0*	6,6	6,3	7,0	6,9	6,8	7,2×
25—30° „	6,4×	5,6	6,3	6,2	5,0*	5,2	6,0	6,0	6,0	6,1	6,0	5,0*

Durch * sind die Minima, durch × die Maxima des Jahres hervorgehoben.

vorherrschen, zeigen sich in der tropischen Zone, wie auch an schönen Sommertagen unserer Breiten, in der Regel einzelne geballte oder hochgetürmte Haufenwolken am blauen Himmel oder bietet sich eine vielfach durchbrochene Wolkendecke dem Auge dar. Insbesondere in dem Gebiet des regelmäßig wehenden Passats auf dem Meere zeigt der Himmel gewöhnlich nur eine Anzahl kleiner, hochziehender weißer Cumuluswolken, über welchen zuweilen, jedoch nicht sehr häufig, noch weit höhere zarte Cirruswolken eine mehr oder weniger von der unteren Luftströmung abweichende, ja ihr entgegengesetzte Bewegung innehalten. Von Zeit zu Zeit entlädt sich eine der größeren unter den Haufenwolken in einem leichten, kurzen Regenschauer, doch ist der vorherrschende Zustand der Witterung Heiterkeit und Sonnenschein. Derselbe Witterungscharakter ist auch den Gebieten hohen Luftdrucks an den äußeren

Grenzen der Passate eigen. Zwischen 30° und 35° N-Br. in 30—40° W-Lg. z. B. geben 90% aller Beobachtungen Bewölkungsgrade von 1—9, und nur 3% wolkenlosen, 7% ganz bedeckten Himmel; um Mittag findet sich die gebrochene Bewölkung sogar an 92%, um 4^h V. freilich nur an 86% aller Beobachtungen. In 45—50° N-Br. (40—45° W-Lg.) dagegen ergeben am Tage 65%, in der Nacht im Januar 58%, im Juli nur 40% aller Beobachtungen Bewölkungsgrade von 1—9.

Die folgenden Werte der mittleren Bewölkung auf den besuchtesten Teilen des Ozeans beruhen auf einem sehr umfassenden Material an Beobachtungen auf deutschen Schiffen.

Die Abweichungen, welche die Verteilung der Bewölkung gegen die der Niederschläge zeigt, bestehen besonders in folgenden Zügen: 1. nördlich von 40° N-Br. gehören die Monate Juni und Juli zu den bewölktesten und gleichzeitig zu den von Regen freiesten des Jahres; 2. die Bewölkung erreicht zwischen 15.° und 30° N-Br. im Frühherbst und erst südlich von 15° N-Br. im Frühling ihren geringsten Wert; dagegen erreicht die Regenwahrscheinlichkeit von 5° bis über 20° N-Br. hinaus im Frühling ihren niedrigsten Wert, nördlich von 20° aber im Juli.

Da die Zahlen der obigen Tabellen, wenn man das Dezimalkomma fortläßt, angeben, wieviel Prozent des Himmelsgewölbes durchschnittlich von Wolken bedeckt sind, so würden sie auch die Wahrscheinlichkeit ausdrücken, mit der man zu einer gegebenen Zeit an dem Orte und in dem Monat darauf rechnen kann, daß die Sonne von einer Wolke bedeckt ist. Es würde also, wo die mittlere Bewölkung 7,0 ist, die Aussicht darauf, zu einem gegebenen Moment die Sonnenhöhe messen zu können, 30% sein. Dies setzt indessen voraus, daß sich alle Teile des Himmelsgewölbes darin gleich verhalten, was nicht zutrifft; wegen der scheinbaren kulissenartigen Zusammenschiebung der Wolken nach dem Horizont zu durch die Wirkung der Perspektive ist die Bewölkung um so kleiner, je mehr wir uns dem Zenit nähern, und ist daher die Wahrscheinlickeit einer Sonnenbeobachtung bei gleichem Bewölkungsgrade größer, wenn die Sonne hoch, als wenn sie niedrig steht.

Regen, Schnee und Hagel. Da Messungen der Regenmengen auf Schiffen nur selten gemacht werden, die Angabe der Häufigkeit des Regens nach Wachen oder nach Stunden aber keine Vergleichung mit den Beobachtungen auf dem festen Lande zuläßt, weil solche Aufzeichnungen auf den Landstationen nicht üblich und meistens auch nicht möglich sind, so ist die Zahl der Tage, an denen Regen oder Schnee gefallen ist, das Einzige, wonach eine Untersuchung der großen Züge der Regenverteilung auf der Erde über Ozeane sowohl als Kontinente ausgedehnt werden kann. Für den Atlantischen Ozean beruht unser Wissen auf drei Untersuchungen, die an den Beobachtungen deutscher Schiffe auf der Seewarte ausgeführt worden sind[1]).

Im Atlas der Seewarte über den Atlantischen Ozean sind 16 Karten den Regenverhältnissen gewidmet, deren beide ersten (Taf. 29 der 2. Aufl.) die räumliche Verteilung der Regenhäufigkeit im Januar bis März einerseits, Juli bis September andererseits zur Anschauung bringen, die dritte (ebenda, C) die Verteilung der Regen über die Jahreszeiten darstellt. Für Stationen auf dem festen Lande ist die letztere, also der Verlauf der Regenzeiten und Trockenzeiten am Ort, das Wichtigste und am leichtesten Festzustellende; auf See dagegen ist die Vergleichung der gleichzeitigen Zustände auf verschiedenen Meeresräumen sowohl leichter durchführbar, als für den Seemann interessanter. Das hier folgende Kärtchen (Fig. 26) möge daher diesen letzteren Punkt in möglichst gedrängter Darstellung vorführen, die jahreszeitlichen Schwankungen mögen darauf im Text angedeutet und durch einige Zahlen belegt sein.

Um die Zahlen aus der älteren, aus dem Jahre 1877 stammenden Untersuchung mit denen der neueren, die aus 1891 und 1892 stammen, vereinigen

---

[1]) Vergl. Köppen und Sprung in Annalen der Hydrographie usw. 1880, S. 225; Schlee im Archiv der Seewarte 1892; Krüger: Wind-, Bewölkungs- und Niederschlagsverhältnisse im östlichen Teile des Südatlantischen Ozeans (Inaug.-Diss.) 1895.

zu können, mußten sie aufeinander reduziert werden. Denn durch die zunehmende Genauigkeit, mit der die meteorologischen Journale auf den Schiffen geführt werden, werden jetzt weit mehr Regenfälle in ihnen verzeichnet als früher, wo geringe Regenschauer offenbar häufig nicht vermerkt wurden. Der Vergleich der für dieselben Meeresteile erhaltenen Resultate zeigte, daß Regenwahrscheinlichkeiten aus der ersten Arbeit durchschnittlich um ein Drittel ihres Wertes vergrößert werden müssen, um mit jenen der beiden

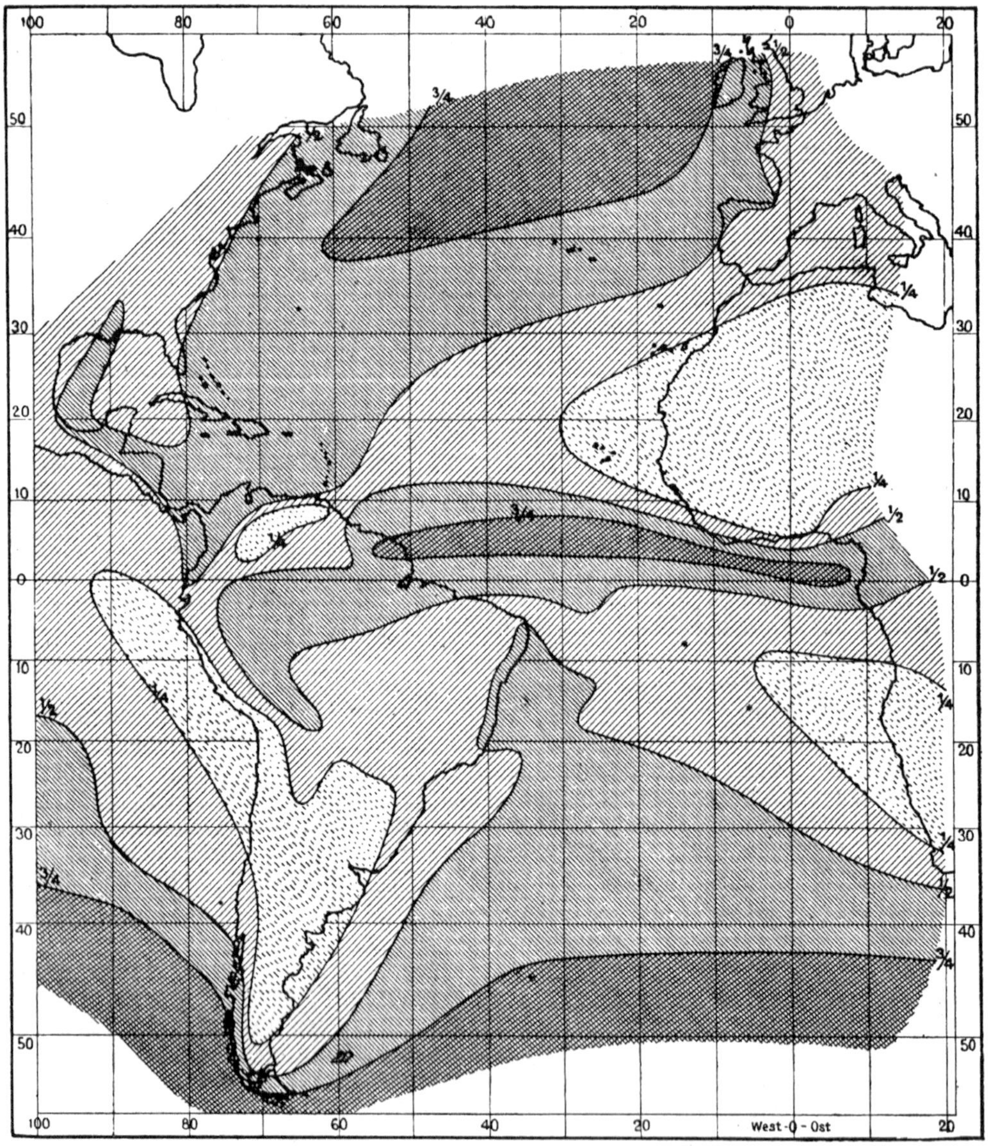

Fig. 26. Karte der Regenwahrscheinlichkeit.

späteren Arbeiten vergleichbar zu sein. Diese Verbesserung ist auch bei der Zeichnung der obigen Karte berücksichtigt, bei deren Entwurf auch die Beobachtungen von Küstenstationen mitbenutzt sind. Im Stillen Ozean liegt die Untersuchung in den Annalen der Hydrographie usw. 1895, S. 440 der Karte zugrunde; im Innern von Südamerika aber sind die Kurven angenähert auf Grund der Vegetationsverhältnisse gezogen.

Statt des Jahresmittels stellt das Kärtchen das Mittel zweier Monate vermittelnden Charakters, Mai und November, dar um den äquatorialen Regengürtel in seiner charakteristischen Schärfe und Schmalheit zu zeigen. Da er im Laufe des Jahres sich nordwärts und südwärts von dieser mittleren Lage verschiebt, so werden seine Ränder im Mittel der 12 Monate verwaschen und sein Regenreichtum auf eine breite Zone verteilt.

Die Linien des Kärtchens verbinden die Orte mit gleicher Regenwahrscheinlichkeit. Es sind vier Stufen unterschieden, je nachdem es an weniger als $^1/_4$, an $^1/_4$ bis $^1/_2$, $^1/_2$ bis $^3/_4$ oder mehr als $^3/_4$ aller Beobachtungstage Niederschlag gegeben hat — sei dies nun Regen, Schnee oder Hagel, und ohne Rücksicht auf die Dauer und Stärke des Falls.

Man sieht aus dem Kärtchen:

a) daß es drei Zonen größten Regenreichtums gibt, deren eine mit den äquatorialen Mallungen zusammenfällt, die beiden anderen aber in das Gebiet der Westwinde, jenseits 40° N-Br. und S-Br. fallen;

b) daß es auf dem Ozean häufiger regnet als auf den Festländern und im Passatgebiet mehr an den Ostküsten, im Gebiete der westlichen Winde mehr an den Westküsten der Kontinente;

c) daß die regenärmsten Gebiete des Ozeans sich an der Westküste von Afrika und von Südamerika zwischen 10 und 30° N- und S-Br. sowie an der Ostküste von Südamerika zwischen 35 und 50° S finden. In den ersteren Gebieten wehen an der Meeresoberfläche polare Winde, die nach Westen zu in den Passat übergehen, und in einiger Höhe darüber voraussichtlich eine östliche, vom Lande kommende Luftströmung; im letzteren Gebiet herrschen westliche ablandige Winde sowohl unten, als voraussichtlich auch in der Höhe.

Die Verteilung der Regen an einem bestimmten Punkte über das Jahr ist teils durch die jahreszeitliche Verschiebung der großen Regen- und Trockengürtel bedingt, teils durch davon unabhängige periodische Änderungen der Regenhäufigkeit auf gewissen Gebieten. In der Zone zwischen etwa 6° S- und 17° N-Br. wird die jährliche Periode der Regen gänzlich von den im zweiten Abschnitt besprochenen Wanderungen des Gürtels der äquatorialen Mallungen beherrscht. Wie die untenstehende Zahlentabelle erkennen läßt, erreichen auf der Mitte des Ozeans etwa bei 4—6° N-Br. die Regen zweimal im Jahr, im Mai—Juni und im November—Dezember, ihren Höhepunkt; nördlich von 6° fällt die Regenzeit in den Sommer der nördlichen Halbkugel, südlich von 4° in deren Winter bezw. Frühling, entsprechend der nördlichen Lage des Stillengürtels im August und seiner südlichen im März. Regengürtel und Stillengürtel fallen dabei annähernd zusammen, die Regen, wie dies schon vor 200 Jahren der berühmte Seefahrer Dampier ausgesprochen hat, „folgen der Sonne“. Auf der Mitte des Ozeans ist diese Periodizität dabei so scharf ausgesprochen, daß nördlich von 7° N-Br. bis über den 15. Parallel hinaus die Monate Februar bis April und zwischen 2° N-Br. und 2° S-Br. die Monate August und September beinahe völlig regenlos sind, und nur zwischen 2° und 7° N-Br. ein Gürtel sich findet, wo die nördliche und südliche Regenzeit teilweise ineinander übergreifen und eine regenlose Jahreszeit fehlt. Am auffallendsten ist die scharfe Grenze zwischen der nördlichen und südlichen Hälfte dieser Zone an den Inseln im Golf von Guinea, wo San Thomé und Principé einerseits und Fernando Po andererseits ganz entgegengesetzte Jahreszeiten haben.

Die Stärke der Regenzeit, d. h. die Reichlichkeit und Häufigkeit ihrer Niederschläge, ist innerhalb der Zone 17° N-Br. bis 6° S-Br. verschieden. Nach den Rändern der Zone nimmt dieselbe allmählich ab, indem die Regen des Kalmengürtels mit abnehmender Stärke auch in die angrenzenden Teile des Passatgebiets hinüberreichen. Auch deckt sich die Häufigkeit der Regen mit jener der Stillen keineswegs ganz; namentlich in unserem Winter gehören die Windstillen hauptsächlich der afrikanischen Küste und der östlichen Hälfte des Ozeans, die Regen hingegen mehr der amerikanischen Küste und der Westhälfte des Ozeans an; es erklärt sich diese Verschiedenheit indessen leicht, wenn wir berücksichtigen, daß im Winter beide Küsten vorwiegend östliche Winde haben; denn die vom afrikanischen Festlande kommende Luft ist trocken und hat zugleich durch die Widerstände, die das feste Land bietet, auch bei gleichen Gradienten geringere Geschwindigkeit, während auf der Fläche des Ozeans der Wind gleichzeitig an Stärke und Wassergehalt zunimmt und häufigere

Niederschläge erzeugt, besonders wo er auf die Küste trifft, die ihn zum Emporsteigen nötigt.

Da die mittlere Lage des Gürtels der äquatorialen Mallungen auf dem Ozean in die Nähe von 5° N-Br. fällt, so erreicht derselbe auf der Mitte des Ozeans den Äquator erst im Februar, um ihn Ende April wieder zu verlassen. An der Küste von Unterguinea dagegen reicht die doppelte Regenzeit vom Gabun südwärts bis nach Benguela in der Form, daß die große Regenzeit von Ende September bis Anfang Januar, die kleine von März bis Mai währt; ebenso auf Anno Bom.

Nördlich von 5° N-Br. bilden allgemein die Monate des nordhemisphärischen Winters und ersten Frühlings die Trockenzeit, während die Regen vorwiegend oder fast ausschließlich in den Monaten Mai bis November fallen. In der südlichen Hälfte dieses Gürtels (5—10° N-Br.) und ebenso auf einem Teil der Antillen (Jamaica, West-Haïti) sowie an der Gold- und Elfenbeinküste, im Binnenlande von Kamerun und auf Fernando Po zerfällt diese Regenzeit, ähnlich wie in Südguinea, in zwei kürzere im Frühsommer (April bis Juni) und im Herbst (September bis November), und tritt in unserem Hochsommer eine Abnahme der Regen ein; im Kamerun-Hafen dagegen, an der Nigermündung und in Liberia sind gerade im Juli und August die Regen am häufigsten (die Gewitter dagegen in Kamerun dann am seltensten); und im nördlichsten Teile des Gürtels, nördlich von 10° N-Br., vom Senegal bis zu den Antillen, treten die Regen erst im Juni oder Juli ein, um bis zum Oktober — wiewohl schwächer als im Süden — anzuhalten.

Die Trockenzeit unterliegt auf der östlichen Hälfte des Nordatlantischen Ozeans einer fortschreitenden Verspätung, je weiter wir uns nordwärts bewegen: zwischen 5 und 10° N-Br. fällt sie auf Januar bis April, zwischen 10 und 15° dehnt sie sich auch auf den Mai aus, zwischen 15 und 20° N-Br. ist sie am intensivsten im Mai und Juni, zwischen 20 und 25° im Juni und Juli, nördlich von 25° erstreckt sie sich auf Juni bis September; in Europa finden wir als den trockensten Monat im Mittelmeergebiet den Juli, im mittleren Frankreich den August, im Südwesten Deutschlands den September und in Mitteldeutschland den Oktober, bis endlich auf der Nordsee und Ostsee alle Monate, besonders die der zweiten Jahreshälfte, sich ziemlich gleich regnerisch zeigen und die Spur dieses letzten Nachklangs sonniger Klimate, der sich im deutschen Binnenlande noch als „Altweibersommer“ bemerkbar macht, verwischt wird.

Breite	J.	F.	M.	A.	M.	J.	J.	A.	S.	O.	N.	D.	Mittlere Länge
25—30° N	36	**44**	39	33	23	12	8*	10	13	34	36	**46**	18° W
20—25° „	22	**33**	20	8	10	6*	6*	8	11	20	24	26	21° „
15—20° „	**14**	15	12	11	4*	6	16	**28**	26	12	8	20	24° „
7½-15° „	**16**	11	10	6*	22	**44**	72	**80**	72	64	52	31	26° „
5—7½° „	38	45	36	33*	76	**98**	85	78	70	83	**93**	78	28° „
0—5° „	**82**	81	**73**	83	**86**	53	37	32*	32*	54	63	77	30° „
0—7½° S	57	56	68	**74**	58	42	42	38	27*	39	48	48	28° W
7½—15° „	47	37	34*	58	48	49	60	63	**67**	48	48	36	27° „
15—25° „	55	54	62	56	57	61	**64**	61	**64**	52	51*	56	26° „
25—32½° „	48*	53	57	**61**	61	51	52	58	50	**60**	59	50	27° „
32½—42½° „	48	46*	52	63	71	**72**	68	71	70	**78**	61	51	33° „
42½—55° „	68	64	71	73	78	**84**	80	80	76	61*	68	68	46° „

Die vorstehende Tabelle gibt an, wieviel Prozent aller Tage Regen gebracht haben (ohne Rücksicht auf dessen Stärke oder Dauer), und zwar nördlich der Linie auf dem Wege der deutschen Dampfer nach Südamerika und zurück, südlich der Linie auf dem Wege der vom Kap Horn heimkehrenden deutschen Segler; die Zahlen sind ausgewählt bezw. zusammengezogen aus der eingangs erwähnten Untersuchung von Schlee.

Außerhalb der oben angegebenen Zone von etwa 6° S bis 17° N-Br., in der die Regen dem höchsten Stande der Sonne folgen, zeigt unsere Tabelle fast durchweg ein Übergewicht der Regen im Winterhalbjahr der betreffenden Halbkugel; nur in der Zone zwischen 25 und 33° S-Br. schiebt sich ein Gürtel ein, in dem die häufigsten Regen bald nach den beiden Aquinoktien fallen und Sommer und Winter fast gleich viel Regen haben. Die Winterregen bei Pernambuco, die sich, wie man sieht, weit hinaus aufs Meer erstrecken, bilden eine Ausnahme im allgemeinen Regensystem der Erde; man erkennt dies besonders deutlich, wenn man bemerkt, daß die Verteilung des Regens auf die Monate unter 7½° bis 15° S-Br. fast dieselbe ist wie in 7½° bis 15° N-Br., trotz der entgegengesetzten Lage zum Äquator, während dazwischen eine umgekehrte Verteilung obwaltet.

Auf dem Wege vom Kap der Guten Hoffnung zur Linie erweist sich die jahreszeitliche Verteilung des Regens nach der Untersuchung von KRÜGER jenen des Westens ähnlicher, als man früher glaubte, aber die Regenhäufigkeit erheblich geringer:

Breite		J.	F.	M.	A.	M.	J.	J.	A.	S.	O.	N.	D.	Mittl. Länge
0—5°	S	40	67	52	**71**	43	19	17*	39	31	25	38	20	20° W
5—12½°	„	37	32	33	35	32	37	37	**57**	45	28*	37	28*	13° „
12½—30°	„	29	**45**	38	**44**	43	36	42	**46**	40	25*	28	25*	1° O

Unter den Bedingungen zur Entstehung von Niederschlägen spielen aufsteigende Bewegungen der Luft die bedeutendste Rolle. Die dabei vor sich gehende Verminderung des Druckes, unter dem die Luft steht, hat ihre Ausdehnung und, nach einem längst ermittelten physikalischen Gesetz, ihre gleichzeitige Abkühlung zur Folge. Sinkt dabei die Temperatur unter den sogenannten Taupunkt, so kann sie nicht mehr ihren ganzen ursprünglichen Dampfgehalt in Gasform behalten und schlägt sich der Überschuß in Form von Tröpfchen als Nebel bezw. Wolken nieder. Das Zusammenfließen dieser Tröpfchen bewirkt Regen; die Bedingungen für dieses Zusammenfließen sind noch ungenügend erforscht. Heftige, schnelle Wolkenbildung hat in der Regel auch kräftige Regenbildung zur Folge, wenngleich bekanntlich eine Wolkendecke tagelang fortbestehen kann, ohne einen Tropfen Regen zu liefern.

Ausgesprochene aufsteigende Luftbewegungen kommen auf dem Meere hauptsächlich auf drei Arten zustande:

1. Ein Luftstrom, der gegen ein Gebirge anweht, wird zum Aufsteigen gezwungen; daher die starke Bildung von Wolken und Regen, wo der Passat oder die westlichen Winde, mit Feuchtigkeit beladen vom Meere kommend, gegen das brasilianische Küstengebirge oder die gebirgige Westküste von Patagonien stoßen.

2. Heftige horizontale Luftbewegungen, insbesondere der Vorübergang eines Wirbelsturms bezw. barometrischen Minimums, rufen verstärkten Luftaustausch, auch in vertikaler Richtung, der letztere zugleich ein Überwiegen der aufsteigenden Bewegung hervor.

3. Dort, wo eine andauernde Luftströmung (z. B. der Passat) ohne horizontale Erweiterung ihres Bettes an Geschwindigkeit abnimmt, muß ihre Höhe zunehmen, da ihr Querschnitt sich notwendig umgekehrt proportional ihrer Geschwindigkeit ändern muß.

G e w i t t e r. Wenn wir an das eine Ende der Formenreihe der Niederschläge die Nebel setzen als Kondensationen, welche der verhältnismäßigen größten Ruhe und dem stabilsten Gleichgewicht der Atmosphäre entsprechen, so stehen am anderen Ende derselben die Gewitterregen als die heftigsten, gewaltsamsten Niederschläge, bei welchen dieses Gleichgewicht, wenn auch nur örtlich, am meisten gestört ist.

Nach der Sammlung von Karten über Sturm, Regen, Gewitter und Nebel, welche das niederländische meteorologische Institut im Jahre 1862 herausgegeben hat, sind die Gewitter am häufigsten im Stillengürtel und ferner zur Orkanzeit — in den Monaten August bis Oktober —, im Meere nördlich der Westindischen Inseln bis etwa 26° N-Br.; es sind in diesen Gegenden an 10 % und darüber von allen Beobachtungen Gewitter aufgezeichnet worden: in dem der afrikanischen

Küste nahen Teile des Kalmengürtels sogar 15—20 %. Über dem Golfstrom und dessen Umgebung sind Gewitter häufig (2—6 % aller Beobachtungen) in der ersten Jahreshälfte, seltener in der zweiten; östlich der Azoren bis zur europäischen Küste treten die Gewitter vorzugsweise in der kälteren Jahreszeit auf (September bis März 3—6 %), während sie im Sommer, wo sie in Deutschland am häufigsten sind, auf dem Ozean ziemlich selten sich zeigen (1—3 %). Auf dem Südatlantischen Ozean sind die Gewitter im allgemeinen seltener als in gleichen Breiten des Nordatlantischen; auf dem Wege um das Kap nimmt die Häufigkeit der Gewitter nach dem Verlassen des Atlantischen Ozeans, östlich vom Meridian von Agulhas, rasch zu.

In der oben erwähnten Arbeit von Schlee im „Archiv der Seewarte, 1892" ist auch eine Aufzählung der Tage mit Gewittern aus den Schiffsjournalen der deutschen Seewarte gegeben. Wir wollen sie ebenso in wenige natürliche Reiseabschnitte zusammengezogen wiedergeben, wie wir dies für die Tage mit Regen oben getan haben. Wie dort bezeichnen die Zahlen der folgenden Tabelle die prozentische Anzahl der Tage, an denen das betreffende Phänomen — hier Gewitter — eingetreten ist, oder den Quotienten der Tage mit Gewitter und der Zahl der Beobachtungstage überhaupt. Nördlich von der Linie beziehen sie sich auf den Dampferweg, südlich auf den Weg der vom Kap Horn (meistens aus der Salpeterfahrt) heimkehrenden deutschen Segelschiffe.

Breite	J.	F.	M.	A.	M.	J.	J.	A.	S.	O.	N.	D.	Mittlere Länge
30—25° N	**14**	6	2	1	1	0*	2	2	2	6	13	11	18° W
25—20° „	4	4	2	3	3	0*	0	2	4	4	2	8	21° „
20—15° „	2	5	1	0	0*	0	0	6	**14**	8	4	2	24° „
15—$7^{1}/_{2}$° „	4	6	1*	2	4	8	11	19	29	**40**	29	10	26° „
$7^{1}/_{2}$—5° „	22	32	16	8	10	24	15	2*	14	25	**39**	37	28° „
5—0° „	**36**	31	19	12	8	8	2*	3	4	6	24	26	30° „
0—5° S	30	**32**	25	19	7	0	0	0*	0	0	1	5	28° W
5—10° „	6	11	**12**	8	4	2	0	0	0*	0	4	0	28° „
10—$17^{1}/_{2}$° „	2	0	**5**	1	0	0	0*	0	0	1	2	0	27° „
$17^{1}/_{2}$—25° „	3	9	**16**	8	10	5	1*	2	3	3	6	1*	26° „
25—35° „	9	16	15	**27**	21	12	6	7	9	9	8	4*	28° „
35—$42^{1}/_{2}$° „	3*	12	11	18	**29**	18	19	15	14	9	7	7	35° „
$42^{1}/_{2}$—50° „	16	5	7	**23**	9	9	5	9	2*	3	11	8	44° „
50—55° „	2	4	6	3	3	3	8	0	4	0	0*	2	55° „

Nördlich der Linie und bis 5° S-Br. hinunter ist die jährliche Verteilung der Gewittertage ziemlich übereinstimmend mit jener der Regentage. Dagegen ist die in die Monate Juli bis September fallende anormale Regenzeit des Meeresteils östlich von Pernambuco auffallend frei von Gewittern, die in dieser Gegend überhaupt selten sind, am häufigsten noch in der Trockenzeit im März. Von den beiden Regenzeiten des südlich von 25° sich anschließenden Gebiets ist nur die in den südlichen Herbst fallende reich an Gewittern, jene im südlichen Frühjahr daran arm. Jenseits 50° S-Br. nimmt die Gewitterhäufigkeit rasch ab.

Bekanntlich sind auf dem festen Lande die Gewitter allgemein in den Nachmittagsstunden am häufigsten, in der zweiten Hälfte der Nacht und am Vormittag dagegen sehr selten. Ganz anders auf See. Der Unterschied der Tageszeiten ist hier zwar nicht so ausgeprägt wie auf dem Lande; aber unzweideutig sind die Gewitter auf See häufiger in der Nacht als am Tage. Im Zehngradfelde zwischen 0° und 10° N-Br. und 20° bis 30° W-Lg. verteilten sich die 379 Wachen, in denen auf deutschen Schiffen Donner in den zwei Jahren 1884 und 1885 in diesem Meeresteile notiert worden ist[1], wie folgt auf den Tag:

[1]) Vgl. Haltermann in Annalen der Hydrographie usw. 1896, S. 168.

Mitternacht 4^ha.m 8^ha.m Mittag 4^hp.m 8^hp.m Mitternacht.

27 % 17 % 10 % 10 % 16 % 20 %.

Ebenso stellt sich die Sache auf dem Indischen Ozean. Vom festen Lande ist eine derartige tägliche Verteilung nur vom Kamerun-Hafen bekannt; nach den Beobachtungen auf dem „Habicht“ und der „Hyäne“ stellt sich dort die entsprechende Zahlenreihe auf

26 % 26 % 9 % 13 % 14 % 12 %.

Die wirkenden Ursachen sind aber in Kamerun vielleicht wesentlich andere als auf dem Ozean.

Sechster Abschnitt.

Die Staubfälle im Passatgebiet des Nordatlantischen Ozeans.

Die Staubfälle, welche von Seefahrern in dem Passatgebiete des Nordatlantischen Ozeans mitunter in sehr großer Entfernung vom Lande beobachtet werden und, wenn auch nicht allein stehend, doch unter den Erscheinungen dieser Art jedenfalls die auffälligsten bilden, sind schon wiederholt der Gegenstand gelehrter Forschung gewesen. Letztere war, wie nur natürlich, vornehmlich darauf gerichtet, den Ursprung des Staubes festzustellen. EHRENBERG, der wegen seiner langjährigen Beschäftigung mit dem Gegenstande hier in erster Linie zu erwähnen ist, gelangte durch seine mikroskopischen Untersuchungen des Staubes zu der Annahme, daß derselbe nicht, wie gewöhnlich angenommen, aus der Sahara, sondern aus dem nordöstlichen Teile von Südamerika kommen müsse[1]), und MAURY nahm diese Behauptung zur Begründung seiner Theorie der atmosphärischen Zirkulation an, der zufolge die Luft, welche vom SO-Passat nach den Äquatorkalmen geführt wird, nach ihrem Aufsteigen dort in einer oberen Strömung nach Nordost abfließt[2]). Dagegen wurde von HELLMANN in einer später erschienenen Abhandlung[3]), ebenso wie früher von DARWIN[4]) und DOVE, die unter Seeleuten allgemein verbreitete und sehr nahe liegende Annahme, daß der Staub durch den NO-Passat von Afrika herüber getrieben werde, wieder als richtig hingestellt.

In HELLMANN's Arbeit, welcher die diesbezüglichen Schiffsberichte in den Veröffentlichungen des „Meteorological Office" in London zugrunde gelegt sind[5]), ist zum ersten Male eine umfassende Darstellung der Erscheinung gegeben worden. Die Ergebnisse, betreffend die örtliche Verbreitung der Staubfälle, die jahreszeitlichen Häufigkeitsverhältnisse und andere Züge des Phänomens, zu denen die Untersuchung gelangt, werden auch durch die bei der Seewarte vorhandenen Berichte deutscher Schiffe im allgemeinen als durchaus richtig bestätigt. Indessen bedurfte die Darstellung, wie der Herr Verfasser selbst hervorhebt, doch insofern einer Vervollständigung, als das von ihm behandelte Beobachtungsmaterial ausschließlich der Zone südlich von 20° N-Br angehört. Mit der nachstehenden Zusammenstellung der an Bord von deutschen Schiffen beobachteten Staubfälle ist auch das weiter nördlich gelegene Gebiet der Betrachtung unterzogen worden.

---

[1]) S. Bericht über die Sitzung der Königl. Preußischen Akademie der Wissenschaften in Berlin am 27. Januar 1848, u. a. O.

[2]) MAURYS Sailing Directions, Eighth Edition, Vol. I, S. 31 ff.

[3]) Monatsbericht der Königl. Preußischen Akademie der Wissenschaften zu Berlin. Mai 1878.

[4]) CHARLES DARWIN: An account of the fine dust which often falls on vessels in the Atlantic Ocean. Abgedruckt in FINDLAYS Memoir of the Northern Atlantic Ocean, 13. Ed. 808 ff.

[5]) Sie finden sich in „Remarks to accompany Monthly Charts of Meteorological Data for Square 3" und „dito dito for the Nine 10°-Squares of the Atlantic which lie between 20° N and 10° S Lat. and extend from 10° to 40° W Long".

Um ein Bild von der absoluten Häufigkeit der in Rede stehenden Erscheinung zu gewinnen, erschien es zweckmäßig, hier nur die Beobachtungen der Jahre nach 1878 in Betracht zu ziehen; denn erst vom Jahre 1878 an war die Anzahl der Schiffe, welche der Seewarte regelmäßig Berichte zugehen lassen, genügend groß, um die Annahme zu rechtfertigen, daß kein Staubfall von einiger Stärke und Ausdehnung auf den gewöhnlichen Schiffswegen vorkam, ohne daß die Seewarte Nachricht davon erhielt. Bei einer Beschränkung auf den angegebenen Zeitraum lassen sich ferner auch ohne Mühe in jedem Falle die besonderen meteorologischen Umstände, unter welchen die Erscheinung auftrat, feststellen, und zwar wird dies ermöglicht durch die täglichen synoptischen Wetterkarten des Nordatlantischen Ozeans, deren Anfertigung durch die Seewarte ebenfalls mit dem Jahre 1878 begann. Für die Bestimmung der Grenzen des Staubfallgebietes sowie der jahreszeitlichen Häufigkeitsverhältnisse sind jedoch auch die vorher erwähnten, in den Publikationen des „Meteorological Office“ aufgeführten Berichte herangezogen worden.

Das Wesen der Erscheinung, wie es in den Berichten gewöhnlich beschrieben wird, besteht darin, daß auf den Schiffen, welche sich im NO-Passatgebiet des Atlantischen Ozeans befinden, mitunter eine feine, staubartige oder mehlartige Masse niederschlägt, und zwar vornehmlich auf dem Takelwerk und in den Segeln. Die Stärke des Niederschlags ist natürlich sehr verschieden. Mitunter ist er so gering, daß er sich nur in der Verfärbung der Segel zeigt; zu anderen Zeiten kommt es dagegen vor, daß Segel und Taue sowie die festen Teile des Schiffes vollständig davon überzogen werden. Die Farbe bezeichnen die meisten Berichterstatter als rot oder rötlich, doch ist sie auch sehr oft als gelb, gelblich, gelbrot oder rötlich-gelb, in einzelnen Fällen auch als hellbraun, gelblich-braun oder rotbraun angegeben. Da nur von wenigen Niederschlägen Proben eingeliefert worden sind, so ist nicht zu entscheiden, ob so große Unterschiede in der Farbe wirklich vorhanden sind, oder ob sie nur von der individuellen Bezeichnungsweise der Beobachter herrühren. Immerhin muß es auffällig erscheinen, daß den deutschen Berichten zufolge die gelbliche Färbung des Staubes verhältnismäßig viel häufiger in der Nähe der afrikanischen Küste als in weiterem Abstande von derselben beobachtet wird. In verschiedenen Fällen findet sich auch für denselben Staubfall, dessen Fortschreiten mit dem Winde in südwestlicher oder westlicher Richtung in den Berichten verfolgt werden kann, ein Unterschied in der Farbe angegeben, je nachdem er näher der Küste oder weiter landabwärts stattfand. Während dort die Farbe des Niederschlages als gelb oder gelblich bezeichnet ist, ist sie hier als rot oder rötlich notiert[1]).

Ohne Ausnahme ist das Auftreten der Staubfälle von einem dieser Gegend eigentümlichen undurchsichtigen Zustande der Luft begleitet. Die deutschen Seefahrer bezeichnen denselben gewöhnlich als diesig oder häsig, mitunter auch als dunstig, räucherig oder nebelig. Von einem Nebel in der gewöhnlichen Bedeutung des Wortes unterscheidet sich die Erscheinung jedoch durch das Fehlen des feuchten Niederschlages, und man muß annehmen, daß sie ebenfalls durch den in der Luft befindlichen Staub hervorgerufen wird. Meistens macht sich der Staubnebel, wie also die Erscheinung mit Recht bezeichnet werden kann, nur in der Nähe der Kimm bemerklich, auf der eine die Fernsicht verdeckende weißliche oder graue Dunstbank lagert, während oben der Himmel ziemlich klar ist und Sterne und Sonne, wenn auch verschleiert und mit fahlem Lichte, durchscheinen. Mitunter wird er jedoch so dicht, daß kaum auf eine Seemeile weit zu sehen ist und die Sonne erst bei 50° oder 60° Höhe sichtbar wird. Der Staubnebel hält oft mehrere Tage an; nicht selten zur

[1]) Beispiele sind: 1881 Sept. 26 in 25,2° N-Br. und 18,6° W-Lg. „das Schiff und das ganze Takelwerk mit gelbem Dunst beflogen“ (Dampfer „Argentina“). Sept. 29 in 14,7° N-Br. und 26,2° W-Lg. „starker, rötlicher Niederschlag“ (Segelschiff „Adolph“).

1882 Febr. 11 in 22° N-Br. und 21° W-Lg. „feiner, gelber Sand“ (Dampfer „Valparaiso“). Febr. 12 in 21,6° N-Br. und 20° W-Lg. „feiner, gelber Wüstenstaub“ (Segelschiff „Asante“). Dagegen Febr. 12 in 17,5° N-Br. und 26° W-Lg. „roter Staub“ (Segelschiff „Thalassa“) und an demselben Tage in 9,8° N-Br. und 25,5° W-Lg. ebenfalls „viel roter Staub“ (Segelschiff „Lima“).

Beschwerde des Schiffsführers, dem er es für längere Zeit unmöglich macht, zuverlässige astronomische Beobachtungen zu erhalten. Mit dem Eintreten von Staubniederschlag wird das Wetter gewöhnlich sichtiger. Indessen kommt es beim Herrschen dieser Nebel bei weitem nicht immer zu Staubfällen. Letztere sind, wie späterhin des näheren dargelegt werden wird, im ganzen eine seltene Erscheinung, während diesiges, unsichtiges Wetter in dem Verbreitungsgebiete der Staubfälle verhältnismäßig häufig vorkommt. Verschiedene Berichterstatter, sowohl unter den deutschen als auch unter den englischen Schiffsführern, deren Beobachtungen vom „Meteorological Office" veröffentlicht worden sind, sprechen von einer Färbung der Nebel und schildern dieselbe als rötlich, ebenso wie den Staub. Wir müssen es unentschieden lassen, ob diese Färbung wirklich von der Farbe des Staubes herrührt oder eine Diffraktionserscheinung ist. Bemerkenswert ist ferner die beim Auftreten der Staubnebel sehr oft beobachtete gänzliche Wolkenlosigkeit des Himmels.

In der Regel kommen die Staubfälle und ebenso die durch den Staub verursachten Nebel nur bei trockener Witterung vor, nicht bei Regenwetter, und meistens herrscht dabei eine frische Passatbrise. Mit dem Eintritt von Regen verschwindet meistens aller Dunst. Es sind indessen mehrere Berichte vorhanden, denen zufolge Staub auch mit Regen niedergeschlagen worden ist. Einer derselben, der sich im Journale des Schiffes „Hans", Kapt. C. H Le Moult, befindet, erwähnt einer derartigen Erscheinung aus den Äquatorkalmen. Sie fand am 16. Januar 1882 in 4° N-Br. und 31,9° W-Lg. statt. Bei Mallung und Windstille fiel während der Nacht ein lang anhaltender, sehr starker Regen, der so mit Staub erfüllt war, daß nachher in Eimern und sonstigen offenen Gefäßen und selbst auf dem Verdeck eine Schlammschicht lag. Bald darauf erhielt das nordwärts steuernde Schiff den NO-Passat. Die Annahme, daß es Passatstaub war, der vom Winde bis in den Kalmengürtel getragen wurde, erscheint in diesem Falle um so berechtigter, als laut Bericht eines anderen Schiffes wenige Tage vorher im östlichen Teile des Passatgebiets, etwa 1300 Sm NOzN von der angegebenen Position, auch ein beträchtlicher Staubfall stattgefunden hatte. Ein zweiter Staubniederschlag im Regen, über den Kapt. E. Krause vom Schiffe „Joe Rauers" (Journal Nr. 1728) berichtet, fand wenige Tage später, am 20. Januar, an der Nordgrenze des Passatgebiets, in 24,5° N-Br. und 26,1° W-Lg. statt und rührte vielleicht auch noch von derselben, infolge besonderer Windverhältnisse sich weit ausbreitenden Staubwolke her. Die Luft war schon seit mehreren Tagen sehr grau und diesig gewesen, und schon tags vorher, in 27,2° N-Br. und 25,9° W-Lg., hatte man das Takelwerk mit feinem Staube bedeckt gefunden. Am 20. Januar flaute der Wind, der vorher aus OzS mit der Stärke 5 geweht hatte, zur Stille ab. Nachmittags fiel starker Regen. Bei diesem spannte man ein Segel aus, das bis dahin unter Deck gelegen hatte, und fand nun, daß das aufgefangene Regenwasser ganz trübe und ganz mit Staub erfüllt war und eine milchige, schlickige Farbe hatte. Den dritten Fall beobachtete Kapt. R. Niejahr vom Schiffe „Hermann Friedrich" am 23. Dezember 1882 in 23,7° N-Br. und 30,8° W-Lg.

Sehr oft findet sich in den Journalen angegeben, daß der Staubniederschlag während der Nacht oder in den Morgenstunden stattfand. Wie schon von Hellmann in seiner Diskussion der englischen Berichte bemerkt wurde, hat dies wohl seinen Grund darin, daß des Nachts und Morgens Tauwerk und Segel feucht vom Tau sind und deshalb der Staub leichter hängen bleibt. Über dem verhältnismäßig kühlen Wasser, das in dem hauptsächlichsten Staubfallgebiet, unfern der Küste von Afrika, gefunden wird, ist die nächtliche Taubildung den Journalen zufolge oft sehr stark. Möglicherweise befördert aber auch das Vorhandensein des Staubes in der Luft die Taubildung. Wenigstens findet sich während des Herrschens der Staubnebel sehr oft die Bemerkung gemacht: Tau oder starker Tau, wohingegen mit dem Verschwinden des Nebels auch die nächtliche Taubildung nachzulassen pflegt. Der Niederschlag des Staubes infolge seiner Anfeuchtung durch den Tau dürfte auch einen anderen, sowohl in den englischen als den deutschen Berichten wiederholt erwähnten und ebenfalls schon von Hellmann hervorgehobenen Umstand erklären, nämlich, daß Staub oftmals nur oberhalb einer gewissen Höhe in Segeln und Takelwerk gefunden wird, während die weiter unten befindlichen Segel usw. davon rein bleiben, da die Taubildung auf den höher befindlichen Teilen des Schiffes stärker sein wird wie in der Nähe der Wasseroberfläche.

Zugleich mit den Staubwolken werden nicht selten Schmetterlinge, Fliegen und sonstige Insekten oder auch kleine Vögel, mitunter bis in sehr weite Entfernungen vom Lande, den Schiffen zugeführt. Kapt. O. Romberg vom Schiffe „Germania" berichtet einen solchen Fall: „Schmetterlinge und viele Hausschwalben beim Schiffe" am 19. Mai 1879 aus 26,5° N-Br. und 36,1° W-Lg., einer Position, die von dem nächsten Lande, der Insel Pico (Azoren), 830 Sm und von dem nächsten Punkte der in der Windrichtung liegenden Küste von Afrika 1070 Sm entfernt ist. Ein zweiter bemerkenswerter Fall ist im Journal des Schiffes „Urania", Kapt. J. Früchtenicht, aufgeführt. Dieser Kapitän sah am 30. Mai 1884 viele Schmetterlinge und Fliegen in den Äquatorkalmen auf 4,8° N-Br. und 25,2° W-Lg. in etwa 700 Sm Abstand vom nächsten Lande. In der zweiten Hälfte Oktober 1890 verflog ein Heuschreckenschwarm bis 8,7° N-Br. und 24,9° W-Lg. Zwischen 20° und 17° N-Br., 21° bis 22° W-Lg. bedeckten die ermattet ins Wasser gefallenen Tiere, so weit das Auge reichte, die ganze Meeresoberfläche, und noch in 14,5° N-Br. sah man vereinzelte Heuschrecken treiben. (Bericht vom Schiffe „Madeleine Rickmers"). Ein großer Schwarm von Schmetterlingen, der wie die übrigen ebenfalls wahrscheinlich von Afrika herübergekommen war, wurde wieder vom Schiffe „Urania" und anderen anfangs Mai 1893 zwischen 3° und 5° N-Br. und in 26° W-Lg. angetroffen. Das von Norden kommende Schiff hatte zur Zeit Ostwind von Stärke 3; an den vorhergehenden Tagen war der Wind NO, NNO und N von Stärke 4—5 gewesen. Der Ort, wo der dickste Schwarm sich zeigte, liegt 750 Sm von der nächsten Küste Afrikas und fast ebenso weit von dem nächsten Punkte Brasiliens entfernt.

Ein Bild von dem Verbreitungsgebiet der Staubfälle gibt das Kärtchen I auf Tafel II[1]), in welchem alle Positionen verzeichnet sind, in denen nach den Journalen der Seewarte in den Jahren 1878 bis 1897 und nach den vom „Meteorological Office" veröffentlichten englischen Berichten in einer früheren Epoche Staubfälle beobachtet wurden. Die deutschen Beobachtungen sind durch einen Kreis, die englischen durch ein Kreuz markiert. Wie schon vorher bemerkt wurde, sind die englischen Berichte nur für das Gebiet südlich von 20° N-Br. gegeben. Die in diesem Gebiet verzeichneten Beobachtungen gehören demnach einem etwas größeren Zeitraume an wie die des nördlich von 20° N-Br. gelegenen, und letztere müssen, damit das Häufigkeitsverhältnis zwischen Nord und Süd zur richtigen Darstellung gelangt, etwa um ein Drittel vermehrt gedacht werden. Um das größere Gewicht hervorzuheben, ist neben die Beobachtungen im Norden von 20° N-Br. jedesmal ein Punkt gesetzt.

Zum richtigen Verständnis des aus dem Kärtchen über die Verbreitung der Staubfälle sich ergebenden Bildes muß man ferner auch in Betracht ziehen, daß einige Teile des Gebietes sehr viel häufiger von Schiffen besucht werden als andere, indem der größte Teil des Schiffsverkehrs sich hier auf wenige Straßen zusammendrängt, die meistens auch noch von verhältnismäßig geringer Breite sind. Die Lage dieser Hauptverkehrsstraßen ist im Kärtchen I durch Einzeichnung der nach den Journalen der Seewarte für die Wintermonate sich ergebenden mittleren Wege veranschaulicht[2]). Die Linie aa' ist der mittlere Weg der Segelschiffe, welche vom Englischen Kanal kommen und nach der Guinea-Küste bestimmt sind; ab' der der Schiffe, welche nach dem Südatlantischen Ozean gehen und östlich von den Kap Verden passieren. Sowohl auf der Route aa', wie auf der ab' verkehren nur verhältnismäßig wenige Schiffe, und außer von diesen wird der östlichste, zunächst der Küste von Afrika gelegene Teil des Kartengebiets nur noch von den nach Brasilien, dem Rio de la Plata und der Magelhaens-Straße gehenden Dampfern besucht. Den gewöhn-

[1]) Die Tafel befindet sich am Ende dieses Buches.

[2]) Die Wintermonate sind hier gewählt, weil um diese Zeit, wie später gezeigt werden wird, die Staubfälle bei weitem am häufigsten sind.

lichen Weg dieser zeigt die Linie hh'. Sie ist auf der Aus- und auf der Rückreise und in allen Jahreszeiten dieselbe. Es ist hier zu bemerken, daß näher der Küste von Afrika, als durch die Linie aa' und hh' angegeben, Schiffe selten kommen. Ebenso werden die unweit der Kap Verde'schen Inseln, an der Nord- und an der Südseite derselben liegenden Meeresstriche nur wenig besucht. Ein sehr starker Verkehr herrscht dagegen auf dem westlich von den Kap Verden führenden Weg cc', der von dem weitaus größten Teile der südwärts bestimmten Seglerflotte eingeschlagen wird. Die letzte Hauptstraße für die Ausreisen ist die Linie dd', welche den mittleren Winterweg für Segelschiffe nach Westindien und dem Golf von Mexiko bezeichnet. Die Wege der zurückkehrenden Schiffe sind in den Linien ee', ff und gg' dargestellt. Die ersteren beiden führen nach Europa, und zwar wird ee' auf der Segelfahrt vom Kap der Guten Hoffnung und von Guinea, ff' auf der von Kap Horn und von der Oskküste Südamerikas genommen. Auf diesen beiden Straßen finden sich alle Schiffe, die ihre Ausreise auf den drei Wegen aa', ab' und cc' gemacht haben, vereinigt. Da auf den Heimwegen das NO-Passatgebiet bei dem Winde durchsegelt wird und deshalb der eingehaltene Kurs von der wechselnden Richtung des Windes und der schwankenden Lage der Passatgrenze abhängig ist, weichen hier die Einzelrouten erheblich voneinander ab, während auf den ausgehenden Wegen die Schiffe sich verhältnismäßig nahe zusammenhalten. In dem Gebiete zwischen 5° und 30° N-Br. und 25° und 45° W-Lg., durch welches die Wege nach Europa hindurchführen, gibt es wohl keinen Ort, der nicht gelegentlich von einem Schiffe berührt wird. Zum wenigsten gilt dies für das Winterhalbjahr. Der Weg gg' führt nach den Häfen an der Ostküste von Nordamerika. Er kommt hier insofern in Betracht, als die Beobachtungen der auf demselben verkehrenden Schiffe einen Nachweis über die Lage der westlichen Grenze des Staubfallgebiets zu liefern imstande sind.

Nach dem soeben Dargelegten erklärt sich das Fehlen der Beobachtungen über Passatstaub auf einzelnen Stellen des Gebietes und besonders in unmittelbarer Nähe der Küste von Afrika auf einfache Weise dadurch, daß nur wenige oder gar keine Schiffe dahin gelangen. Wenn man dies berücksichtigt, so kann eine Betrachtung des Kärtchens I (Taf. II) über den afrikanischen und speziell Wüstenursprung der Staubfälle für einen Unbefangenen wohl kaum einen Zweifel lassen. Wie man sieht, nimmt das Gebiet, wo dieselben vorkommen, nur die östliche Hälfte der nordatlantischen Passatregion ein. Seine Basis bildet die Küste von Afrika etwa zwischen Kap Juby und Kap Verde, 27° und 15° N-Br., also gerade die Strecke, wo die Sahara an das Meer stößt, und von hier aus verbreitet es sich fächerförmig westwärts bis nach etwa 40° W-Lg. und südwestwärts bis zu den Aquatorkalmen in 4° bis 5° N-Br. Das Gebiet der größten Häufigkeit erstreckt sich von der bezeichneten Küste recht in der Richtung, nach welcher der Passat in der Jahreszeit des häufigsten Vorkommens weht, nämlich nach SW bis SWzW, bis nach etwa 10° N-Br. und 30° W-Lg. Es umschließt die Kap Verde'schen Inseln, welche nahezu in der Mitte desselben liegen. Als seine Grenzpunkte kann man auf dem Meridian von 20° W-Lg., 24° und 11° N-Br., auf dem von 25° W-Lg., 20° und 8° N-Br. annehmen. Das Gebiet des gewöhnlichen Vorkommens, wo Staubfälle auch noch ziemlich oft beobachtet wurden, hat in der Nähe der Küste nur eine wenig größere Ausdehnung, wenigstens nach Norden hin, wo nur drei Berichte eine höhere Breite als 25° N angeben; nach Westen und Südwesten geht es jedoch noch ziemlich weit über die vorher angegebenen Grenzen hinaus. In 25° und 30° W-Lg. erstreckt es sich von etwa 25° bis 6° N-Br. und reicht westwärts bis nach ungefähr 37° W-Lg.[1]. Es ist demnach nichts Ungewöhnliches, daß der Staub vom Winde bis 1000 oder 1100 Sm weit landabwärts getragen wird, und keinesfalls sind es immer bloße Spuren von Staub, sondern nicht selten ganz erhebliche Massen, die sich in dieser Entfernung von der Küste noch niederschlagen. Auch die Staubnebel zeigen sich so weit draußen noch mitunter ebenso dicht wie in der Küstennähe. Kapt. JOHANNSEN

[1]) Die ungefähren Grenzen der Gebiete des häufigsten und des gewöhnlichen Vorkommens sind in Karte I (Tafel II am Schluß des Buches) eingetragen.

vom Schiffe „Hercules“ schildert die Luft am 17. Juni 1879 in 16° N-Br. und 35·° W-Lg., in einem Abstande von 1000 Sm von der afrikanischen Küste, als so undurchsichtig, daß kaum eine halbe Seemeile weit etwas zu unterscheiden war. Am Morgen dieses und ebenso des folgenden Tages wurde das ganze Schiff mit rötlichem Staube bedeckt gefunden.

Jenseits der zuletzt bezeichneten Grenzen kommen Staubfälle nur vereinzelt vor. Die äußersten Punkte sind, mit Ausnahme einiger später zu erwähnenden Einzelfälle, im Norden 27,5° N-Br. in 16,9° W-Lg., beobachtet am 15. August 1891 vom Dampfer „Patagonia“, 25,2° N-Br. in 18,6° W-Lg. (am 26. September 1881), 27,2° N-Br. in 25,9° W-Lg. (am 19. Januar 1882), 26,5° N-Br. in 36,1° W-Lg. (am 19. Mai 1879) und 26,1° N-Br. in 38,6° W-Lg. (am 16. Dezember 1891); im Süden 4,5° N-Br. in 24,5° W-Lg. (am 15. Januar 1866) und 4,0° N-Br. in 31,9° W-Lg. (am 16. Januar 1882); im Westen 40,3° W-Lg. in 15,7° N-Br., beobachtet am 17. Februar 1880 von Kapt. Lahmeyer, vom Schiffe „Alma“, und 41,0° Wg-Lg. in 22,2° N-Br. am 18. März 1888, berichtet vom Kapt. Warmuth, vom Schiffe „Banco Mobiliario“. Die Entfernung des erwähnten Staubfalls von dem nächsten Punkte der afrikanischen Küste, Kap Verde, beträgt 1320 Sm. Einige Tage, bevor der Staub hierher gelangte, am 13. und 14. Februar, hatte auch schon näher dem Lande, in etwa 25° W-Lg. und zwischen 20° und 16° N-Br., Staubniederschlag stattgefunden. Der Wind war an diesen Tagen, wie auch am 17. Februar, O bis ONO 5. Verfolgt man die mittlere Richtung des zur Zeit herrschenden Windes rückwärts, so findet man als den Küstenstrich, von woher der Staub wahrscheinlich gekommen war, die Gegend vom südlichen Kap Blanco. Von hier aus gerechnet, ergibt sich die Entfernung noch etwas größer, nämlich zu 1360 Sm. Auch im zweiten Falle hatte näher der Küste einige Tage vorher nach dem Bericht vom Dampfer „Argentina“ starker Staubniederschlag stattgefunden. „Banco Mobiliario“ hatte auf der Fahrt nach Norden schon von 5,3° N-Br. und 29,4° W-Lg. her stets äußerst dunstiges Wetter, nur des Nacht schien die Luft reiner zu sein. Am 18. März fand man in der angegebenen Position, daß die Luft während der Nacht einen feinen, rötlichen Staub abgesetzt hatte. Derselbe war nur in den oberen Segeln bemerkbar, nicht an Deck und in den unteren Segeln. Der Wind war vorwiegend ONO 4—5. Die Länge, 41°, ist die westlichste, bis zu welcher Staub der Sahara zuverlässigen Berichten zufolge getragen worden ist. Der Ort liegt indessen nicht weiter vom Lande entfernt wie der der „Alma“, nämlich reichlich 1300 Sm. Über einige ihrer Örtlichkeit nach ganz außergewöhnliche Staubfälle mit wahrscheinlichem Wüstenursprung wird später berichtet werden.

Fast in jedem Falle, wenn Niederschlag von Passatstaub beobachtet wurde, läßt sich mit Hilfe der nordatlantischen Wetterkarten nachweisen, daß der Wind, wenn man seinen Weg zurückverfolgt, nach der vorher bezeichneten Küstenstrecke zwischen Kap Juby und Kap Verde führt. Nach der Untersuchung finden Staubfälle in einiger Entfernung vom Lande nur statt, wenn der Wind auf der Höhe der Sahara-Küste aus einer Richtung kommt, welche aus dem Lande zeigt, d. h. östlicher als NOzN ist; vornehmlich treten sie auf bei dem Winde aus ONO bis OSO, wenn dieser zugleich mit verhältnismäßig großer Stärke weht. Die besonderen Zustände in der Luftdruckverteilung, welche einen solchen außergewöhnlich östlichen und zugleich steifen Passat in dieser Gegend hervorrufen, bestehen im Winter in der Anwesenheit eines hohen Maximums in der Nähe der afrikanischen und portugiesischen Küste oder über Nordafrika. Dies bewirkt, daß im nordöstlichen Teile des Passatgebietes die Gradienten eine mehr südliche oder selbst südwestliche Richtung annehmen, während sie hier für gewöhnlich, wenn das Maximum näher der Mitte des Ozeans lagert, mehr nach Südost gerichtet sind. Im Sommer wird die südlichere Richtung und größere Stärke der Gradienten an jener Stelle dagegen meistens durch eine auf der Höhe von Kap Verde befindliche Depression verursacht. Weht der Wind an der Sahara-Küste nicht aus dem Lande, sondern, wie es gewöhnlich der Fall ist, aus einer nördlicheren Richtung, längs dem Lande oder gegen das Land, so zeigt sich auf dem Meere kein Staub.

Die Art und Weise, wie der Staub, nachdem er infolge günstiger Umstände auf das Meer hinaus gelangt ist, sich weiter verbreitet, zeigt sich auch wieder gänzlich von der Richtung und Stärke des herrschenden Windes abhängig. Je nachdem der Passat auf seinem weiteren Wege landabwärts mehr aus östlicher und südöstlicher oder aus nordöstlicher und nördlicher Richtung weht, wird der Staub mehr nach W bis NW oder mehr nach SW bis S geführt. Die Fälle, daß der Staub weit nach Nordwesten getragen wird, sind indessen verhältnismäßig nur selten; vornehmlich wohl aus dem Grunde, weil in der östlichen Hälfte des Passatgebietes SO-Winde überhaupt nur selten vorkommen oder, wenn sie auftreten, meistens leicht oder von Regen begleitet

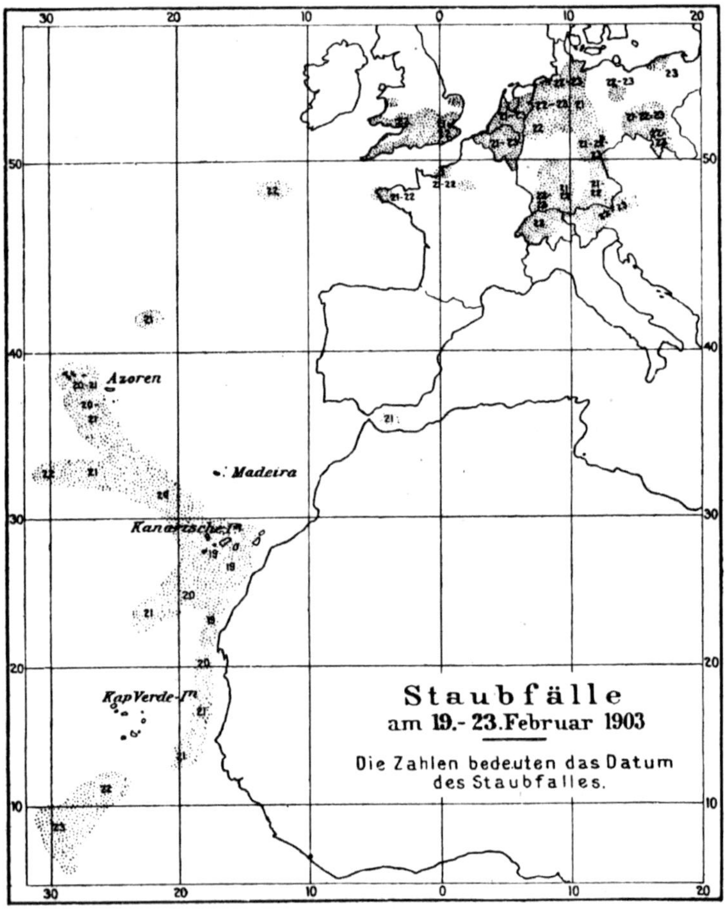

Fig. 27.

sind, durch den der Staub sehr bald aus der Luft entfernt wird. Eine Ausnahme macht der von E. Herrmann bearbeitete Staubfall vom 19. bis 23. Februar 1903[1]), dessen Bereich sich nicht nur über Mittel- und Westeuropa, sondern auch auf den Nordatlantischen Ozean von 4° bis 48° N-Br. und im nördlichen Teil bis etwa 30° W-Lg. ausdehnte (s. Fig. 27). Aus den zahlreichen Berichten der Schiffe seien zur Kennzeichnung des Phänomens folgende Notizen angeführt. D. „Markomannia" in 22° N-Br., 20° W-Lg. berichtet am 20. Februar: Seit 8^{h} Nm. häsig mit Staubtreiben, konnten an den Positionslaternen den Staub deutlich vorbeitreiben sehen. In sämtlichen Kammern, im Salon usw. konnte man um die Lampen einen starken Dunstkreis wahrnehmen. Die Sichtweite konnte kaum 0,5 Sm betragen haben. Am 21. Februar dieselbe Staubluft, fanden auf sämtlichen Bezügen und auf Deck einen dunkelbraunen Belag, in

[1]) Annalen der Hydrographie usw. 1903, S. 425—438 und 475—483 mit mehreren Tafeln.

den unter Deck gelegenen Kammern waren Tische usw. mit einem staubartigen gelbbraunen Pulver bedeckt. — D. „Bornu“ berichtet am 19. Februar auf etwa 27° N-Br., 15½° W-Lg.: Heftiger Sandsturm, der Sand war so dick, daß von der Brücke aus das Ende des Schiffes nicht gesehen werden konnte; während mehrerer Stunden stand eine sehr schwere See. Desgleichen liegen Berichte von Teneriffa und den Azoren vor; auf letzteren begann der Staubfall auf der östlichen Gruppe und pflanzte sich langsam nach den anderen Inseln westlich von San Miguel fort; im Zusammenhang mit dem Staubfall stand wahrscheinlich die plötzlich eintretende Nebelbildung.

Die Herkunft des Staubes aus den nordafrikanischen Wüstengebieten (südlich von Algier) ist als sehr wahrscheinlich anzusehen, da hier am 18. Februar außerordentlich heftige atmosphärische Störungen vorhanden waren, die große Staubmassen in die Höhe heben und fortführen konnten. Durch die lebhaften östlichen Winde am Südrand eines Mittel- und Südwesteuropa in diesen Tagen überlagernden Hochdruckgebietes wurde der Staub auf See nach den Kanarischen Inseln zu geführt. Ein Teil des Staubes gelangte nun in die südöstliche Luftströmung und veranlaßte die Staubfälle in der Richtung nach den Azoren hin, während der andere Teil nach Süden abgelenkt wurde und mit dem Passat sich äquatorwärts ausbreitete.

In der Nähe der Küste, zwischen 18° und 19° W-Lg., wird die nördliche Grenze der Staubnebel gewöhnlich auf 25° oder 26° N-Br. gefunden. Auf dem Dampferwege nach und von Südamerika macht sich auf dieser Stelle nicht selten eine scharfe Scheidung bemerkbar zwischen dem klaren, sichtigen Wetter im Norden und dem trüben, diesigen Wetter im Süden. Viel häufiger als nach Nordwesten wird der Staub, dem Vorherrschen nordöstlicher und nördlicher Winde entsprechend, nach Südwesten und Süden geführt. Hier gelangt er, wenn seinem Fluge durch Eintritt von Regen, Abflauen des Windes oder sonstige Ursachen nicht schon vorher ein Ende bereitet wird, mitunter bis in die Äquatorkalmen.

Da die Verbreitung des Staubes durch den Passat geschieht, so verschiebt sich im Laufe der Jahreszeiten mit der äquatorialen Grenze des letzteren auch die der Staubregion. Die Berichte der Seewarte ergeben als niedrigste Breite, wo Staub angetroffen wurde, für die Monate Januar bis Mai in einem Falle 4°, in einem anderen 4,5° N, in mehreren Fällen 5° bis 7° N-Br., für Juli bis September aber nur 13° bis 14° N-Br. Nur in einem Falle vom 30. Juli 1887 deutet ein Bericht darauf hin, daß in der fraglichen Jahreszeit Passatstaub bis 9,9° N-Br. in 29,7° W-Lg. geführt wurde. Auf dem Schiffe „Gerd Heye“ bemerkte man hier, daß nach einem starken Regenschauer, in welchem der Wind von W nach NW umlief, der frische Farbenanstrich voll gelblichen Schmutzes war. In der Nähe der Kap Verden wurde zwei Tage vorher Staubfall beobachtet. Ähnlich die englischen Berichte. Die Ausbreitung nach Norden wird durch die jahreszeitlichen Verschiebungen der Passatgrenze nicht beeinflußt. Sie ist in erster Linie von der Lage der nördlichen Grenze der Saharaküste abhängig, und der Staub wird deshalb, den Beobachtungen zufolge, im Sommer nicht weiter nach Norden geführt, als er unter günstigen Umständen auch im Winter gelangen kann.

Sehr selten wurden Staubfälle in den afrikanischen Gewässern, südlich von der Breite und östlich von der Länge von Kap Verde beobachtet. Da trockene Nebel, die sogenannten African Smokes, hier sehr häufig vorkommen, so erscheint dieser Umstand einigermaßen auffällig. Es sind deshalb, um seine Tatsächlichkeit festzustellen, außer den Journalen der letzten Jahre auch noch alle bei der Seewarte befindlichen früheren Journale, welche Reisen nach Guinea betreffen, zur Untersuchung herangezogen worden. Im ganzen sind darin Berichte über 19 Dampfer- und 130 Segelschiffsreisen enthalten. Die ersten derselben wurden im Jahre 1868 gemacht. Aber auch aus dem so vermehrten Materiale ergaben sich für das Gebiet außerhalb (südöstlich) der auf Skizze I angegebenen Grenze nur zwei Beobachtungen über Staubniederschlag; die eine vom 3. Februar 1882, etwa 30 Sm vom Lande, westlich von Kap St. Paul; die andere vom 17. April 1870, im innersten Teile der Guineabucht, etwa 150 Sm SSW vom Kap Formosa. Außerdem ist noch in einem Falle an der

Sierra-Leone-Küste, bei den Inseln de Los, am 26. Februar 1883, als sich das Schiff in 50 bis 60 Sm Entfernung vom Lande befand, die Luft als mit Staubsand vermischt bezeichnet[1]).

Die Seltenheit der Staubfälle südlich und östlich von Kap Verde erklärt sich nun wohl zum Teil aus den herrschenden Winden. Während des ganzen Sommerhalbjahres weht hier der SW-Monsun, der, als vom Meere kommend und oft von Regenwetter begleitet, nicht wohl Staub bringen kann. In der trockenen Jahreszeit ist der Wind, wenn auch nicht aus See, doch meistens längs dem Lande, Nordwest oder West. Indessen treten im Winter doch auch ziemlich oft östliche und nordöstliche, aus dem Lande kommende Winde auf, die als sogenannte Harmattan mitunter auch längere Zeit anhalten und ziemlich frisch wehen. Die Windverhältnisse allein dürften deshalb zur Erklärung der Erscheinung wohl kaum genügen. Eine zweite und vielleicht die Hauptursache ist in der verschiedenen Beschaffenheit des Landes nördlich und südlich von Kap Verde zu suchen. Südlich vom Kap erstreckt sich die Sahara nicht mehr bis an das Meer hinan. Das Land ist bis in eine weite Entfernung von der Küste mit Pflanzenwuchs bedeckt und von der eigentlichen Wüste durch die parallel der Küste vom Niger bis zur Mündung des Gambia sich erstreckenden Gebirgszüge geschieden. Wenn der Entstehungsort des Landwindes nicht weit rückwärts liegt, so kommt derselbe aus dem Küstengebiet von Sierra Leone und Oberguinea, also nicht aus der Wüste, wie im Norden von Kap Verde, oder wenn er daher kommt, so wird er doch durch die quer vorliegenden Gebirge verhindert, oft größere Staubmassen bis aufs Meer zu führen. Demnach würde die große Seltenheit der Staubfälle hier auch als ein Beweis für den Saharaursprung derselben anzusehen sein. Ob die an der Küste von Guinea in der trockenen Jahreszeit so häufig herrschenden Nebel von Saharastaub herrühren, müssen wir unentschieden lassen. Möglich ist ja, daß feiner Staub, welcher vom Winde leichter getragen wird, über die Gebirge hinüber und bis hierher gelangt, oder daß Staubnebel, welche zuerst mit östlichem Winde im Norden von Kap Verde aufs Meer hinausgeweht sind, später von den nordwestlichen Winden längs der Küste hierher geführt werden. Vielleicht haben die African Smokes der Guineabucht aber auch eine andere Ursache als Staub oder der Staub einen näheren Ursprung. Letztere Möglichkeit dürfte auch bezüglich der an der Guinea- und Sierra-Leone-Küste beobachteten Staubniederschläge nicht ausgeschlossen sein, um so weniger, als die Orte, wo sie stattfanden, der Küste sehr nahe liegen. Wird von diesen drei Fällen abgesehen, so ergeben sich nach den englischen und den deutschen Berichten als die am weitesten südöstlich gelegenen Beobachtungen: 13,3° N-Br. und 17,4° W-Lg. am 30. Januar 1883, 11,8° N-Br. und 18,6° W-Lg. am 30. Januar 1889, 9,0° N-Br. und 19,2° W-Lg. am 2. Februar 1870, 7,5° N-Br. und 20,5° W-Lg. im April (Jahr unbekannt) und 4,5° N-Br. und 24,1° W-Lg. am 13. Mai 1891.

Was den Einfluß der Jahreszeiten auf die Verbreitung des Passatstaubes anbetrifft, so zeigen die Beobachtungen, daß in allen Monaten Staubfälle vorkommen. Bei weitem am häufigsten sind sie jedoch in den Wintermonaten Februar und Januar, durchschnittlich am seltensten dagegen im Mai und November. Nachstehende Tabelle gibt eine Übersicht über die jahreszeitliche Verteilung der 500 Tage, an denen in den Jahren 1878 bis 1908 Staubniederschlag im östlichen Nordatlantischen Ozean beobachtet worden ist.

Januar	89	Tage	17,8 %	der Gesamtzahl	Juli	35	Tage	7 %	der Gesamtzahl
Februar	108	„	21,6 %	„ „	August	52	„	10,4 %	„ „
März	51	„	10,2 %	„ „	September	24	„	4,8 %	„ „
April	34	„	6,8 %	„ „	Oktober	13	„	2,6 %	„ „
Mai	16	„	3,2 %	„ „	November	8	„	1,6 %	„ „
Juni	27	„	5,4 %	„ „	Dezember	43	„	8,6 %	„ „

[1]) Der Bericht aus der Nähe von Kap Formosa ist vom Kapt. J. H. Dierks vom Schiffe „Luna". Derselbe lautet: „Am 18. April 1870, in 1,9° N-Br. und 5,1° O-Lg., bei Tagesanbruch fanden wir etwas roten Staub auf den Segeln, jedoch so wenig, daß ich nichts davon aufsammeln konnte. Kurz vorher hatten wir einen Tornado aus ONO, früher und auch später sehr leichte Brise aus SSW."

Auf die beiden Monate Januar und Februar entfallen demnach etwa 40 % der Tage mit Staubfällen, auch auf den Monat März kommen noch 10 %, während in den übrigen Monaten die Anzahl der Staubfälle geringer ist. Eine Ausnahme macht nur der Monat August, in dem der prozentische Anteil wieder auf über 10 % steigt. Die Erklärung dieser jahreszeitlichen Unterschiede in der Häufigkeit der Staubfälle ist in den je nach der Jahreszeit wechselnden vorherrschenden Winden zu suchen. Im Januar und Februar werden am häufigsten die Verhältnisse angetroffen, welche für die Verbreitung des Staubes am günstigsten sind: hoher Luftdruck über Nordafrika, ein steifer Passat, der an der Saharaküste aus dem Lande weht, trockenes Wetter und eine weit südliche Ausdehnung des Passatgebietes (vgl. Tafel 15 und 16 sowie 21—24 des Atlas zum Segelhandbuch, 2. Aufl.). In den folgenden Monaten ist der Wind infolge der vorwiegenden Lage des Maximums bei den Azoren nördlicher und weht an der nordwestafrikanischen Küste längs des Landes; in den Herbstmonaten verändert das Maximum häufiger seinen Ort, auch ist der hohe Luftdruck des Grenzgebietes jetzt weniger entwickelt und der Passat infolgedessen meist nur schwach. Ferner herrscht in dieser Jahreszeit am häufigsten Regenwetter.

Wie erklärt sich aber das sekundäre Minimum der Häufigkeit der Staubtage im August? Die Durchschnittskarten des Luftdrucks und der Windverhältnisse geben uns keinen Aufschluß hierüber; dagegen gibt uns eine Betrachtung von Einzelfällen an der Hand der vom Dänischen Meteorologischen Institut und der Deutschen Seewarte herausgegebenen täglichen synoptischen Wetterkarten für den Nordatlantischen Ozean einigen Anhalt. Es zeigt sich, daß an denjenigen Tagen im August, an denen Staubfälle gemeldet werden, meist ein Tiefdruckgebiet der westafrikanischen Küste etwa zwischen 10° und 20° N-Br. anlagert. An der Nordseite dieses barometrischen Minimums wehen meist frische nordöstliche Winde, welche den Staub von Land auf See hinausfördern können. Da am südlichen Rand der Saharawüste im Sommer häufig heftige Sandstürme auftreten, so kann man annehmen, daß die Staubfälle auf dem Ozean durch diese Sandstürme im Innern veranlaßt werden, indem der hier aufgewirbelte Staub an der Nordseite des Tiefdrucksgebietes entlang auf das Meer hinausgeführt wird.

Aus allem geht hervor, daß das Auftreten des Staubes in erster Linie durch die Richtung und Stärke des herrschenden Passatwindes bedingt wird. Der Monat Februar 1882, in welchem die Erscheinung sich außergewöhnlich stark entwickelt zeigte, bietet treffliche Beispiele, um jene Abhängigkeit auch noch an einem bestimmten Falle zu erläutern. Zu letzterem Zwecke sind in den drei Kärtchen II, III und IV auf Tafel II nach den synoptischen Karten der Seewarte die Wetterlage und die Verbreitung der Staubfälle und Staubnebel für verschiedene Tage des Monats zur Darstellung gebracht.

In den ersten Tagen des Februar 1882 befand sich das Maximum, welches die Luftbewegung im östlichen Teile des Passatgebietes regelte, gewöhnlich auf der Mitte des Ozeans. Die Isobaren verliefen zwischen 30° und 15° N-Br., meistens nahezu parallel der afrikanischen Küste, und der Passat wehte hier infolgedessen vorwiegend aus einer hoch nördlichen, längs des Landes führenden Richtung, NNO bis NOzN. Die Stärke des Windes war meistens nur leicht bis mäßig. Bei den Kap Verden und südwestlich davon war die Luft noch etwas diesig, wahrscheinlich die letzten Spuren einer Staubwolke, die in der letzten Dekade des Januar auf das Meer hinausgeführt worden war. Die Grenze des Dunstgebietes zog sich aber mehr und mehr gegen die Äquatorkalmen zurück. Nördlich von der Breite der Kap Verden war die Luft von Anfang an klar, stellenweise sehr fernsichtig. Die Wetterlage blieb ziemlich unverändert bis zum 8. Februar (Karte II). An diesem Tage hatte der Passat auch eine nördliche Richtung und war nur etwas frischer geworden; südlich von 15° N-Br. wehte er mit der Stärke von 5 bis 6. Überall herrschte jetzt klares Wetter.

Das herrschende Maximum lag am Morgen des 8. Februar noch westlich von den Kanarischen Inseln und Madeira, wo Barometerstände von 770 mm beobachtet wurden. Am 9. war dasselbe jedoch verschwunden oder in östlicher Richtung fortgeschritten, und der höchste Druck befand sich jetzt über Nordafrika, in der Gegend der Straße von Gibraltar. Der Passat holte dementsprechend östlicher und nahm auch in dem nördlichen Teile seines Gebietes an Stärke zu. Am 10. und 11. Februar wehte es zwischen den Kanaren und den Kap Verden aus NO und ONO und zuletzt bis O holend mit der Stärke 6. Am 12., nachdem ein neues, noch höheres Maximum vom Ozean kommend bis in die Nähe der Küste fortgeschritten war, steigerte sich der Wind in dem bezeichneten Meeresstriche bis auf Stärke 7 und 8 (s. Kärtchen III der Tafel II am Ende dieses Buches).

Der steif bis stürmisch aus ONO wehende Passat trug eine große Masse Staub aus der Wüste hinaus auf den Ozean. Schon am 9., bald nachdem der Wind die Drehung nach rechts begonnen hatte, machten sich in der Umgebung der Kap Verden die ersten Anzeichen des Staubnebels bemerkbar, insofern als das Wetter hier etwas diesig wurde. Die eigentliche Wolke kam jedoch erst am 10. Februar und verbreitete sich dann rasch nach Westen und nach Süden. Zwischen 27° und etwa 10° N-Br. hatten alle auf den Wegen nach dem Südatlantischen Ozean und nach Guinea befindlichen Schiffe sehr diesiges Wetter. Nach dem Berichte des Dampfers „Valparaiso", der 350 Sm WzS vom südlichen Kap Blanco stand, wurde um 2^h p. m. die Luft so undurchsichtig, daß zur Vermeidung von Ansegelungen ein scharfer Ausguck gehalten werden mußte. Über 27° N-Br. schien die Staubwolke nicht hinauszureichen. Das Schiff „Asante" hatte am 10. Mai in der Nähe von Teneriffa noch sehr fernsichtiges Wetter; erst als es auf seinem Wege nach Süden den Parallel von 27° Nord überschritten hatte, gelangte es in den Dunst hinein.

Auf den Staubnebel folgten am nächsten Tage, den 11. Februar, sowie am 12. ausgedehnte Staubniederschläge. Nach den Ortsangaben in den Journalen der sechs Schiffe, an Bord welcher an diesen beiden Tagen und zum größten Teile gleichzeitig Staubfall wahrgenommen wurde, erstreckte sich das Gebiet des letzteren von 22° N-Br. und 20° W-Lg. nach 18° N-Br. und 26° W-Lg. und längs dieses Meridians bis 10° N-Br., bedeckte also eine Fläche, die nach Südwest eine Ausdehnung von mindestens 430 Sm und nach Süden eine solche von mindestens 450 Sm hatte. Der Nebel blieb anhaltend sehr dicht, insbesondere in dem soeben bezeichneten Gebiete, wo die Staubniederschläge stattfanden. Aber auch weit darüber hinaus, westwärts bis nach etwa 40° W-Lg. und südwärts bis in die Äquatorkalmen, herrschte sehr diesiges Wetter. Wie aus dem Kärtchen III[1]) zu ersehen, ging der starke Luftstrom an diesen Tagen zum Teil in derselben Richtung weiter, wie er aus der Sahara herauskam, nach WSW bis SW, während ein anderer Teil, dem Verlaufe der Küste folgend, sich mehr und mehr nach links wendete. Die weite Ausbreitung der Staubwolke nach Südwesten und nach Süden war mit diesem Verhalten des Windes in Übereinstimmung.

Die Nordgrenze des Dunstgebietes ging, der Richtung des Windes und der Ausdehnung der Wüste entsprechend, wie schon gesagt, nicht über 27° N-Br. hinaus. Sie zog sich bald noch etwas mehr zurück, da der Passat bei den Kanarischen Inseln wieder eine nördlichere Richtung annahm. Der Dampfer „Valparaiso" gelangte am 12. schon in etwa 24° N-Br. in klares Wetter, und ebenso wurde am 13. und 14. Februar nördlich von diesem Parallel kein Dunst beobachtet. Am 15. Februar dehnte sich das Dunstgebiet, infolge einer neuen Richtungsänderung des Windes nach Osten, jedoch wieder nordwärts bis nach den Kanarischen Inseln aus; alle Schiffe, welche auf den ausgehenden Wegen zwischen 28° und 3,5° N-Br. standen, hatten an diesem Tage das Wetter diesig, und bald begannen mit zunehmender Windstärke auch von neuem Staubniederschläge, die sich mehrere Tage hindurch bis zum 21. Februar fortsetzten.

Die Wetterlage war vom 15. bis zum 21. Februar fast ohne Veränderung so, wie sie in Skizze IV[1]) für den 17., 18. und 19. dargestellt ist. Über Nordwestafrika, Südwesteuropa und dem benachbarten Teile des Atlantischen Ozeans lag ein ausgedehntes Gebiet hohen Luftdrucks, dessen nordwestlich,

[1]) Auf Taf. II am Ende des Buches.

unweit von Kap Finisterre befindliches Maximum an mehreren Tagen eine Höhe von mehr als 780 mm erreichte. Zwischen der Breite der Kanarischen Inseln, wo der Luftdruck noch 770 mm war, und der Breite von Kap Verde, also in dem Meeresstriche, welcher der Sahara recht gegenüberliegt, wehte der Passat steif und stetig quer aus dem Lande. Seine Richtung war gewöhnlich recht Ost, seine Stärke 5 bis 7. Im Westen von 25° W-Lg. nahm der Wind, der Krümmung der Isobaren um das im Norden gelegene Maximum folgend, eine südöstliche Richtung an. Südlich von der Breite von Kap Verde war seine Richtung NO bis NNO.

Der aus der Wüste kommende Luftstrom breitete sich auf diese Weise auf dem Meere nach allen Seiten aus, und infolgedessen erhielt auch der Staubnebel, den der Wind mit sich brachte, wieder eine weite Verbreitung; diesmal jedoch nicht nur nach Süden und Südwesten, sondern auch nach Westen und Nordwesten. Die Region, wo diesiges Wetter herrschte, erstreckte sich, ähnlich wie schon am 15. Februar, von 3,5° bis 28° N-Br., zeitweilig unter der Einwirkung des steifen SO-Windes, der im Westen der Kanarischen Inseln wehte, selbst bis 32° N-Br. Der dichteste Nebel wurde von dem Hauptluftstrome recht nach Westen getragen und nahm die Zone ein, welche dem Küstenstriche zwischen Kap Blanco und Kap Verde gegenüberliegt. Das Gebiet, wo Staubniederschläge stattfanden, beschränkte sich diesmal auf die Breiten 19° bis 14° Nord. Die Beobachtungen zeigen, daß das Fortschreiten der Niederschläge ebenfalls recht westwärts gerichtet war. Der erste Staub fiel am 17. Februar in 18,0° N-Br. und 20,5 W-Lg. auf das Schiff „Carl Ritter". Einen Tag später erreichte er das in derselben Breite, aber etwa 430 Sm westlicher stehende Schiff „Hermann". Dann wiederholten sich auf der Außenroute sowohl wie in der Nähe der Küste die Staubfälle noch mehrere Male bis zum 21. Februar.

Am 22. Februar trat eine erhebliche Veränderung der Wetterlage ein, indem das Maximum an der Westküste von Europa nach Nordosten verzog und ein Gebiet niedrigen Luftdrucks seine Stelle einnahm. Dies bewirkte, daß die polare Grenze des Passats sich südwärts bis nach etwa 20° N-Br. verlegte. Zugleich nahm der Passat in der Nähe der Küste eine nördliche Richtung an. Infolgedessen war am 22. bis zum 25. Februar im Norden und Westen Dunst nicht vorhanden. Er zeigte sich nur noch südwestlich von den Kap Verden und in der Nähe der äquatorialen Passatgrenze sowie in der Bucht von Guinea, wohin er wahrscheinlich durch die ziemlich beständig auftretenden nordwestlichen Küstenwinde geführt wurde. Die längs der Küste steuernden Schiffe „Gottlieb", „Gemma" und „Leander" hatten hier anhaltend die Luft sehr diesig und räucherig. Am 26. Februar gelangte jedoch mit dem Wiedereintritt hohen Drucks über Nordwestafrika und bei östlich holendem, auffrischendem Passat der Staubnebel abermals zu einer weiten Verbreitung. Sein Gebiet reichte wieder von den Äquatorkalmen in 4° Nord bis 25° N-Br. und von der afrikanischen Küste westwärts über die Mitte des Ozeans hinaus bis nach 43° W-Lg., und auch diesmal folgten dem Nebel mehrere Staubniederschläge, am 28. Februar und am 1. und 2. März. Alle drei Staubfälle wurden weit landabwärts, zwischen 32° und 36° W-Lg., beobachtet.

Außer dem bereits hervorgehobenen Beispiel vom 12. Februar 1882 ergeben sich aus den Berichten noch verschiedene andere, wo die gleichzeitigen Beobachtungen weit voneinander stehender Schiffe auf die große Ausdehnung einzelner Staubfälle schließen lassen. Am 21. Februar 1882 standen die beiden Schiffe, welche betroffen wurden, 520 Sm voneinander entfernt. Am 26. Februar 1883 hatten gleichzeitig drei Schiffe Staubfall, von denen das eine in 20° N-Br. und 22° W-Lg., das zweite nahe der Insel St. Vincent (Kap Verde), das dritte bei den Inseln de Los an der Sierra-Leone-Küste stand. Am 15. und 16. Juni 1879 war der größte Abstand zwischen den gleichzeitig von Staubfall betroffenen Schiffen — Dampfer „Montevideo" in 24,9° N-Br. und 18,8° W-Lg. und Bark „Hercules" in 15,7° N-Br. und 34,3° W-Lg. — sogar 850 Sm. Für den 12. Februar 1882 ergibt die Rechnung die mutmaßliche Größe des vom Staubfall bedeckten Gebietes zu 527 300 qkm, eine Fläche nahezu so groß wie das

Deutsche Reich. Eine sehr ausgedehnte Verbreitung hatte auch ein Staubfall am 4. Februar 1893, der gleichzeitig von den Dampfern „Cassandra“ in 16,8° N-Br. und 17,8° W-Lg., „Cintra“ in 17,2° N-Br. und 24,9° W-Lg., „Belgrano“ in 14,2° N-Br. und 25,9° W-Lg. und „Baltimore“ in 7,4° N-Br. und 28,3° W-Lg. beobachtet wurde, was eine Ausdehnung des Gebietes von mehr als 900 Sm gibt. Der Staubnebel machte sich bis in die Äquatorkalmen hinein bemerkbar. Nach einer Notiz im Journal des Viermastschiffes „Euterpe“, Kapt. KRAUSE, welches zurzeit in 4,4° N-Br. und 26,4° W-Lg. — SOzS 220 Sm von „Baltimore“ — stand, war das Wetter am 4. Februar so trübe und diesig, daß man mittags in der Kajüte kaum lesen konnte. Im Norden stand eine dicke Bank, die sich nachmittags, wahrscheinlich infolge eines Vordrängens des Nordostpassats, nach SW vorschob. Auch an den folgenden Tagen, während das Schiff, das inzwischen den Passat erfaßt hatte, seinen Weg nach NW fortsetzte, blieb das Wetter immer sehr diesig. Erst am 13. Februar, einen Tag später, als weiter im Osten auf dem Dampferweg die Staubfälle aufgehört hatten, wurde es klar.

Im ganzen genommen, muß die Erscheinung als eine ziemlich seltene bezeichnet werden, und vor allem erweist sich ihr Vorkommen als ein sehr unregelmäßiges. Dies erhellt deutlich aus der nachstehenden Übersicht über die Anzahl Tage, an welchen in den verschiedenen Jahren Staubfälle beobachtet wurden. Es waren dies

im	Jahre	1879	11	Tage,	im	Jahre	1894	5	Tage
„	„	1880	6	„	„	„	1895	4	„
„	„	1881	7	„	„	„	1896	16	„
„	„	1882	22	„	„	„	1897	16	„
„	„	1883	8	„	„	„	1898	30	„
„	„	1884	2	„	„	„	1899	11	„
„	„	1885	1	„	„	„	1900	12	„
„	„	1886	3	„	„	„	1901	28	„
„	„	1887	21	„	„	„	1902	25	„
„	„	1888	13	„	„	„	1903	22	„
„	„	1889	18	„	„	„	1904	31	„
„	„	1890	10	„	„	„	1905	30	„
„	„	1891	17	„	„	„	1906	41	„
„	„	1892	7	„	„	„	1907	35	„
„	„	1893	16	„	„	„	1908	23	„

In der Tabelle zeigt sich neben der großen Verschiedenartigkeit der einzelnen Jahre vor allem eine Zunahme der Anzahl der Staubfalltage seit 1900. Während vor 1900 im Durchschnitt 11 bis 12 Tage mit Staubfall auf das Jahr kommen, ergibt sich für den Jahresdurchschnitt nach 1900 ein Wert von 29 Tagen pro Jahr. Diese Zunahme der Meldungen nach 1900 ist wohl ziemlich sicher auf Rechnung der Zunahme des Dampferverkehrs zu setzen. Wenngleich sich auch früher schon in dem vom Staubfall betroffenen Gebiet so viel Dampfer und Segler befanden, daß alle regional sehr ausgebreiteten Staubfälle berichtet wurden, so kommen jetzt mehr Berichte von lokalen Staubfällen zur Kenntnis sowie aus Gegenden, welche früher nicht so regelmäßig befahren worden sind.

Wie die täglichen synoptischen Wetterkarten zeigen, sind die Umstände, die als die Bedingungen für das Erscheinen von Staubfällen hingestellt wurden, gar nicht selten. Sie sind oft genug vorhanden, ohne daß Staubfall eintritt. Man muß deshalb annehmen, daß noch andere außergewöhnliche Vorgänge, durch welche der verhältnismäßig schwere Staub so weit in die Höhe geführt wird, daß er darauf vom Passat weit nach See hinaus geweht werden kann, hier mitwirken müssen; zum Beispiel die Bildung von Tromben, wenn eine atmosphärische Depression über der Sahara lagert.

Viel leichter als der niederschlagende Staub wird natürlich die feine Masse, welche nur S t a u b n e b e l bildet, hinreichend hoch für eine weite Verbreitung aufgehoben werden können, und es dürfte sich hieraus erklären, weshalb letzterer viel häufiger vorkommt. Unsere Annahme, daß es in der Tat auch Saharastaub ist, welcher den nebligen, diesigen Zustand der Luft im NO-Passatgebiet des Atlantischen Ozeans verursacht, stützt sich vornehmlich auf die Wetterkarten, aus denen hervorgeht, daß sein Vorkommen so ziemlich denselben Bedingungen unterworfen ist wie das der Staubfälle und sich auch fast ausschließlich auf die östliche Hälfte der Passatzone beschränkt. Zum weiteren Beweise geben wir noch nach den Tabellen der Seewarte für Quadrat 75 und der Publikation des „Meteorological Office": „Meteorological Data for nine Ten-Degree-Squares usw." die prozentische Häufigkeit diesigen und nebeligen Wetters (f und m nach Beaufort's Bezeichnung) für die vier Jahreszeiten und die verschiedenen Fünfgradfelder zwischen 30° und 10° N-Br. und 40° und 20° W-Lg.

Prozentische Häufigkeit diesigen Wetters (Beaufort-Bezeichnung f und m) im östlichen Teile des Passatgebietes des Nordatlantischen Ozeans.

Winter:

	40° W		30° W		20° W
30° N					30° N
			2	4	
			3	10	
20° N					20° N
	4	5	18	22	
	11	19	28	33	
10° N					10° N
	40° W		30° W		20° W

Frühling:

	40° W		30° W		20° W
30° N					30° N
			3	5	
			5	8	
20° N					20° N
	6	1?	18	19	
	13	14	23	26	
10° N					10° N
	40° W		30° W		20° W

Sommer:

	40° W		30° W		20° W
30° N					30° N
			4	7	
			11	16	
20° N					20° N
	11	14	23	30	
		14	15	20	
10° N					10° N
	40° W		30° W		20° W

Herbst:

	40° W		30° W		20° W
30° N					30° N
			3	4	
			8	9	
20° N					20° N
	12	15	19	27	
		18	15	17	
10° N					10° N
	40° W		30° W		20° W

Es ergibt sich daraus, daß auf dem hier zur Darstellung gebrachten Gebiete diesiges Wetter am häufigsten stets in der Umgebung der Kap Verden-Gruppe ist; dem Auftreten des Passats entsprechend, im Winter und Frühling etwas südlich, im Sommer und Herbst etwas nördlich davon. Von hier aus nimmt die Häufigkeit sowohl nach Norden als nach Westen ab. Das Verhalten ist also gerade so, wie es unter der Voraussetzung, daß der Ursprung des Nebels in der Sahara liegt und der NO-Passat der Verbreiter desselben ist, von vornherein angenommen werden muß.

Über die Beschaffenheit des Passatstaubes möge hier noch das Resultat einer Untersuchung des Dr. med. M. Linde, seinerzeit Arzt an Bord des

Dampfers „Santos“, mitgeteilt werden, der in einem der Seewarte zugestellten Schreiben folgendes bemerkt:

„Auf der Rückfahrt von Rio de Janeiro nach Lissabon wurde am 9. Februar 1887 an Bord des Dampfers ‚Santos‘, als derselbe sich den Kap Verde'schen Inseln näherte, eine eigentümliche Unklarheit des Horizonts beobachtet. Der Himmel war vollkommen wolkenlos und blau; oberhalb des Horizonts bemerkte man jedoch eine nach unten dichter werdende Trübung der Luft von rötlichblaugrauer Färbung. Die Luft erschien hier dunstig oder, wie es die Seeleute bezeichnen, diesig [1]).

Bereits am Mittag des 9. Februar, in 13° N-Br. und 26° W-Lg., konnte man an den Rahen und Tauen sowie an den weiß gefärbten senkrechten Teilen, weniger auf horizontalen Flächen eine schmutziggelbe Färbung bemerken. Besonders war die Windseite der Rahen und Taue bis hoch hinauf mit diesem gelben Anfluge bedeckt. Strich man mit dem Finger diesen gelblichen Belag ab, so fühlte man deutlich sandige Bestandteile in demselben.

Am 9. Februar abends wurden, um von dem Staube aufzufangen, Papierdüten und weiße Lappen aufgehangen, jedoch ohne Erfolg. Deshalb wurde am 10. morgens von einem Matrosen der Beleg von den obersten Rahen mit einer Karte abgeschabt und das so Gesammelte von mir einer mikroskopischen Prüfung unterzogen. Das Resultat derselben war folgendes:

Der Staub war von schmutzig-gelbgrauer Farbe, löste sich mit Wasserzusatz auf dem Objektträger auf und verbreitete sich zu einer undurchsichtigen, gelbgrauen, schmierigen Flüssigkeit. Ohne Wasserzusatz sah man unter dem Mikroskop bei 300facher linearer Vergrößerung schwärzliche, zusammengeballte, aus kleineren Körnern bestehende Klumpen, welche undurchsichtig waren und keine genauere Nuancierung darboten. Wurde Wasser zugesetzt, so wurden die einzelnen Körner durchsichtig und blieben nicht mehr zusammengeballt. Sie waren von unregelmäßiger Form, teils rund, teils zackig und eckig, zuweilen auch prismatisch geformt, durchschnittlich $^1/_{200}$ bis $^1/_{800}$ mm im Durchmesser und bei durchfallendem Lichte von blaßgelblicher bis rötlicher Farbe. Das Ganze erwies sich als ein sehr feiner quarzhaltiger Sand. Außerdem fanden sich noch fein granulierte schwarzbraune Massen, offenbar Ruß und Kohlenpartikelchen aus dem Schornstein. Ferner sah ich einige spärliche Stäbchen von $^1/_{100}$ bis $^1/_{200}$ mm Länge und sehr geringer Breite. Dies waren bewegungslose große Bazillen. Da dieselben wohl kaum hoch oben an den Rahen ihr Fortkommen finden können, so muß angenommen werden, daß sie mit dem Staube vom Lande gekommen sind.“

In einzelnen ganz außergewöhnlichen Fällen wurde Staub, der wahrscheinlich auch aus der nordafrikanischen Wüste kam, noch weit über die vorher angegebenen Grenzen hinausgetrieben. Von derartigen Berichten, die ihrer Merkwürdigkeit wegen hier wiedergegeben werden sollen, ist der erste vom Dampfer „Holsatia“, Kapt. Bornmüller. Im Journal desselben heißt es:

„1883 Februar 24 um 8 Uhr morgens auf 46° 8′ N-Br. und 20° 48′ W-Lg. Flaue Brise aus SO(3); viel Staub flog in der Luft umher, die weiße Farbe an Deck war rot überlaufen.“

Die angegebene Position liegt reichlich 500 Sm WNW vor Kap Finisterre, also weit außerhalb der äußersten Grenzen des Gebietes, über welches allen eingegangenen Berichten zufolge der eigentliche Passatstaub sich verbreitet. Ein größeres Interesse gewinnt der Fall aber noch dadurch, daß er der Zeit nach mit einem anderen, ebenfalls ungewöhnlichen Staubfall zusammentrifft, der auf den Kanarischen Inseln stattfand. Über letzteren ist eine Beschreibung von Teisserenc de Bort im „Annuaire de la Société Météorologique de France“, 1884, S. 251, gegeben, dem wir folgendes entnehmen:

„Während der Nacht vom 21. auf den 22. Februar 1883 ist auf den Kanarischen Inseln ein mit rötlichem Sandstaub vermischter Regen gefallen.

---

[1]) Nach den Aufzeichnungen im meteorologischen Tagebuch war schon von 6° N-Br. die Kimm so unsichtig, daß keine astronomischen Beobachtungen gemacht werden konnten und passierende Schiffe nur 2 bis 3 Sm weit zu sehen waren.

Es ist nicht daran zu zweifeln, daß der Staubstrom (courant de matières), wenn man sich so ausdrücken darf, von der Küste von Afrika, in der Nähe von Agulah, ausgegangen ist. Der Strich des Niederschlags war der Breite nach scharf begrenzt. Auf dem südlichen Teile von Teneriffa fand man recht in der Richtung, die der Staubstrom verfolgt hatte, die Erde vollständig von der rötlichen Masse bedeckt, während nur wenige Meter abseits kaum noch einige Spuren davon zu entdecken waren. Der Wärter des Semaphors auf der SO-Spitze der Insel Ferro erklärte, daß in der Richtung nach dem Meere hin der Regen, so weit man sehen konnte, dick und rot wie Blut war.

Der Staubfall ohne Regen hat sich noch ziemlich weit über die durch die Beobachtungen auf den Kanaren bezeichnete Schlammregenzone hinaus erstreckt. So berichtet der Kommandant LECACHEUR vom Dampfer „Ville de Buenos Ayres", der sich am 23. Februar in 34,3° N-Br. und 16,8° W-Lg. (etwa 100 Sm nördlich von Madeira) befand, an diesem Tage in seinem meteorologischen Journale: „Himmel grau und vollständig bedeckt; auf der Reling und allen hervorragenden Schiffsteilen zeigte sich eine Art roten Sandstaubes, welcher aus den Wüsten Afrikas gekommen sein wird."

Als meteorologische Ursachen der Erscheinung führt TEISSERENC DE BORT an, daß vom 21. zum 22. Februar eine barometrische Depression, die von Afrika gekommen war, in westlicher Richtung über die Kanarischen Inseln hinwegging. Der Staub wurde von den mit erheblicher Stärke wehenden nordöstlichen bis östlichen Winden, welche diese Depression begleiteten, aus der Sahara gebracht. Er zeigte sich demgemäß auch nur auf der Nordseite der Zugstraße des Minimums. Die kleine Insel Palmas bei Gran Canaria, welche eben südlich von der Zugstraße lag, hatte keinen Staubniederschlag.

Diese Darstellung der meteorologischen Verhältnisse wird im wesentlichen durch die Schiffsberichte der Seewarte bestätigt. Diesen zufolge lag während der zweiten Hälfte des Februar 1883, ähnlich wie es in der entsprechenden Zeit des vorhergehenden Jahres der Fall war, vor der Westküste von Europa ein Gebiet sehr hohen Luftdrucks, dessen Maximum von beinahe 780 mm Höhe sich während der Zeit vom 20. bis zum 25. des Monats in etwa 48° N-Br. befand. Südlich von 45° N-Br. wehten frische bis steife Winde aus NO bis O. Dieselben standen anfänglich durch bis in die Passatregion, am 21. Februar und an den folgenden Tagen aber nur bis in die Breite der Kanaren, während weiter südlich, bis nach etwa 20° N-Br., südwestliche Winde herrschten. Der von Norden kommende Dampfer „Köln" hatte bis zum Nachmittage des 20. Februar, als er auf der Reede von Santa Cruz, Teneriffa, ankerte, steifen NO-Wind und hohen Luftdruck, vom nächsten Nachmittage an auf der Fortsetzung der Reise nach Süden aber steife südwestliche Winde mit Regenschauern und Gewittern bei niedrigem Barometerstande. Dasselbe Wetter herrschte nach dem Berichte des Dampfers „Straßburg" bei den Kanaren auch am 22. Februar. Staubfall wurde an Bord des einen wie des anderen Dampfers nicht beobachtet. Zu gleicher Zeit mit dem Erscheinen der Depression bei den Inseln wurde der Wind im Norden stürmisch. „Laura und Gertrude" notierte am 21. in 36° N-Br. und 10° W-Lg. O 10. In dem zwischen 30° und 50° N-Br. weiter landabwärts gelegenen Meeresstriche kam der Wind, ebenfalls steif wehend, aus SO bis S.

Die vorhandene Wetterlage, die Beobachtungen auf den Kanarischen Inseln, auf der „Ville de Buenos Ayres" sowie auf mehreren in der Nähe befindlichen deutschen Schiffen, die zwar keinen Staubfall, doch alle, und zwar schon vom 21. Februar an, sehr diesiges Wetter hatten, weisen nun mit großer Bestimmtheit darauf hin, daß der an Bord der „Holsatia" in so ungewöhnlicher Gegend beobachtete Staub seinen Ursprung ebenfalls in der Sahara hatte. Wahrscheinlich wurde die Staubwolke, nachdem sie in der Wüste zu ungewöhnlich großer Höhe emporgehoben worden war, zunächst durch den stürmischen Ostwind an der Südseite des Maximums nahezu recht nach Westen aufs Meer hinaus getrieben. Hier gelangte sie in den Bereich der südöstlichen und südlichen Winde an der Westseite des Maximums, von denen sie dann so weit nach Norden geführt wurde, daß sie schließlich, 50 bis 60 Stunden nachdem sie über die Kanaren hinweggegangen war, noch den 1100 Sm nordnordwestlich davon stehenden Dampfer erreichte. Jedenfalls aber ist nach den bis jetzt bei der Seewarte gesammelten Erfahrungen eine Vertreibung des Staubes bis an den Ort, wo er diesmal beobachtet wurde, als ein außerordentlich seltenes Ereignis anzusehen.

Ein zweiter Staubfall an ganz ungewöhnlicher Stelle wurde ebenfalls an Bord des Dampfers „Holsatia", derzeit unter Führung des Kapt. C. Dröscher, beobachtet. Das Journal meldet: „1887 Juli 1 in 40,9° N-Br. und 37,6° W-Lg., die Farbe an Deck mit Wüstenstaub bedeckt. Wind SSO 5." Da der Ort so sehr weit von der afrikanischen Küste entfernt liegt, so könnte man vermuten, daß der Staub nicht aus der Sahara, sondern von den ungefähr 450 Sm in OSO½O-Richtung entfernten Azoren gekommen sei. Für den Wüstenursprung spricht jedoch einmal der Umstand, daß an den vorhergehenden Tagen im Passatgebiete, und zwar zuerst nahe der afrikanischen Küste, später weit landabwärts starke Staubfälle stattgefunden hatten[1]), und ferner, daß bei der vorhandenen Wetterlage der Staub durch die Luftströmung sehr wohl von Afrika bis zu jenem entfernten Punkte getragen werden konnte. Nach den auf der Seewarte gezeichneten synoptischen Wetterkarten befand sich nämlich Ende Juni und Anfang Juli 1887 auf dem östlichen Teile des Nordatlantischen Ozeans außerhalb der südeuropäischen Küste ein Gebiet hohen Luftdrucks, was bewirkte, daß der aus der Wüste wehende Passat beim weiteren Fortschreiten einen nach NW und N gerichteten Bogen beschrieb. Unter der Voraussetzung, daß der Staub tatsächlich aus der afrikanischen Wüste kam, ergibt sich die Entfernung, bis zu welcher er durch den Wind geführt wurde, in diesem Falle zu mindestens 1500 Sm.

Eine dritte außergewöhnliche Position für Staubfall berichtete Dampfer „Lissabon", Kapt. P. C. Holm. Im Journal desselben findet sich die Bemerkung: „1891 Februar 24 in 31,8° N-Br. und 13,8° W-Lg.: Vormittags heftige Böen von NNW mit Hagel und Regen. Nachmittags war der Regen stark vermischt mit gelbem Staubsand. Wind nachmittags südlich, Stärke 6."

Februar 25 in 33,8° N-Br. und 13,0° W-Lg.: „Bemerkten mit Tagwerden viel rotgelben Wüstensand an Deck. Wind SO, böig, bis zur Stärke 6."

Der Dampfer befand sich zurzeit auf der Fahrt von Teneriffa nach Lissabon ungefähr 160 Sm östlich von Madeira. Wie aus dem Journal hervorgeht, begann der Niederschlag des gelben Staubsandes, der mit dem Regen herniederkam, zu derselben Zeit, als der Dampfer aus dem Südwestviertel einer barometrischen Depression, die seinen Weg kreuzte, heraus- und in das Nordostviertel hineinfuhr und der Wind, der vorher NW gewesen, nach SO umlief. Wahrscheinlich war diese Depression vom afrikanischen Festlande herübergekommen. Sie war nur seicht, aber von heftigen Windstößen begleitet. Weiter südwärts im Passatgebiet fand diesmal Staubfall nicht statt; dagegen hatte der von Norden kommende und am 24. Februar etwa 5° nördlich vom Dampfer „Lissabon" stehende Dampfer „Pernambuco" an diesem und dem folgenden Tage bei mäßigem Südostwinde die Kimm sehr diesig.

---

[1]) Es berichtete

Dampfer „Erna Woermann", Kapt. J. W. Jensen:

1887 Juni 27 in 21,2° N-Br. und 18° W-Lg.: Um 8h V. hatte das Wasser eine rötliche Färbung; die weiße Farbe auf Deck wurde durch das überspritzende Seewasser mit rotbraunem Mud belegt. Wind NO 5—7.

Dampfer „Petropolis", Kapt. J. Behrmann:

1887 Juni 27 in 22° N-Br. und 20° W-Lg.: Morgens waren die Gegenstände an Deck an der vorderen Seite alle mit einer dünnen Schicht gelben Sandes bedeckt. Wind NOzN 6.

Schiff „Argo", Kapt. F. Stuck:

1887 Juni 29 in 17,6° N-Br. und 28,2° W-Lg.: Von 8h V. bis Mittag fiel eine Menge gelben Staubes; das Takelwerk und die weiße Farbe an Deck waren ganz damit bedeckt. Wind O 6. Seit dem 27. in 14° N-Br. stets trübes Wetter.

Bark „Josepha", Kapt. K. Brünings:

1887 Juni 30 in 19,1° N-Br. und 36,6° W-Lg.: Morgens die Takelung von unten bis oben voll Wüstensand. Wind ONO 4. Die Luft blieb diesig bis Juli 1 in 22° N-Br.

Als vierte Meldung eines Staubfalls aus hoher nördlicher Breite ist der Bericht von Kapt. W. SCHWEER, D. „Belgrano“, zu erwähnen, nach dem am 24. April 1907 in 35° N-Br. und 12° W-Lg. Wüstenstaub bemerkt wurde.

Zum Schluß seien noch einige Staubfälle aus den letzten Jahren, die sich durch ihre räumliche oder zeitliche Ausdehnung auszeichnen, angeführt.

Zeit des Auftretens	Ausdehnung der Staubfälle							
2.—7. Febr. 1905	24°	N-Br.,	21°	W-Lg.	südwestlich	bis 5°	N-Br.,	29° W-Lg.
7.—11. Jan. 1906	21°	„	25°	„	südlich	„ 6°	„	26° „
19.—21. März 1906	10°	„	26°	„	südlich	„ 6°	„	25° „
14.—16. Dez. 1906	20°	„	20°	„	südwestlich	„ 14°	„	23° „
25.—26. Dez. 1906	22°	„	17°	„	südlich	„ 17°	„	18° „
9.—10. Jan. 1907	7°	„	26°	„	nordöstlich	„ 14°	„	22° „
8.—12. März 1907	8°	„	27°	„	nördlich	„ 20°	„	24° „

Siebenter Abschnitt.

Die Stürme des Atlantischen Ozeans[1]).

I.

Allgemeine Darlegungen.

Der Begriff „Sturm". „Unter Sturm verstehen wir jeden Wind, dessen Geschwindigkeit oder Stärke einen gewissen Grad überschreitet." Von welchem Stärkegrad an wir einen Wind als Sturm bezeichnen wollen, ist natürlich willkürlich; doch ist angenommen, einen Wind von der Stärke 8 der BEAUFORT'schen Skala als stürmischen Wind und einen solchen von der Stärke 9 und darüber als vollen Sturm zu bezeichnen; für die äußerste Stärke der Luftbewegung, welche mit 12 der Skala gekennzeichnet wird, ist der Ausdruck „Orkan" gebräuchlich. Der Stärke 9 BEAUFORT entspricht eine Anemometergeschwindigkeit von durchschnittlich 20 m in der Sekunde[2]), also eine Geschwindigkeit, welche derjenigen der schnellsten Eisenbahnzüge gleichkommt, und diesen Wert können wir demnach als untere Grenze des Begriffs „Sturm" ansetzen; welche äußerste Geschwindigkeiten dagegen die Luft in den stärksten Orkanen erreichen kann, darüber wissen wir noch nichts bestimmtes. Es sind Geschwindigkeiten von 59 m in der Sekunde gemessen worden; allein manche von den Wirkungen, welche bei tropischen Orkanen wie bei nordamerikanischen Tornados beobachtet worden sind, insbesondere das Eindringen vom Sturme fortgeschleuderter Gegenstände in Holz oder Erde, lassen sich nur mit der Wirkung von Geschützen vergleichen und also auf stellenweises Auftreten noch weit größerer Geschwindigkeiten schließen. Stärke 10 der BEAUFORT-Skala entspricht etwa Anemometerwerten von 22½ bis 28 m, 11, 28 bis 39 m und 12 mehr als 39 m in der Sekunde. Die Grenzwerte 18 und 22½, 22½ und 28, 28 und 39 geben auch einen ungefähren Anhalt, wie sich die Böen im Sturm zu dem schwächeren Wind zwischen den Böen verhalten. Die Unterschiede sind bei Stärke 9 wenigstens 4 m, Stärke 10 6 m, Stärke 11 11 m in der Sekunde.

Stürme sind nur verstärkte Äußerungen derselben Gesetze, welche die Luftströmungen überhaupt regeln. Die Frage nach dem Auftreten der Stürme wird durch die zwei Fragen nach der Bildung starker barometrischer Gefälle oder Gradienten und nach den Veränderungen in dem Verhältnisse zwischen Gradient und Luftbewegung erledigt. Hiermit ist die schwierige Frage der Forschung in weit höherem Maße zugänglich gemacht, als es vor der Erkenntnis des Zusammenhanges zwischen Wind und Druckverteilung der Fall war.

Wir unterscheiden ausgedehnte Stürme und Windstöße, weil sie wesentliche Unterschiede zeigen.

---

[1]) Es wird noch besonders auf die am Schlusse dieses Segelhandbuches beigegebene Übersicht der Sturmwarnungssignale an den Küsten des Atlantischen Ozeans aufmerksam gemacht.

[2]) Die wirkliche Bewegung der Luft ist dabei etwa ein Sechstel geringer.

A. Eigentliche Stürme.

Luftwirbel. Die größte Mannigfaltigkeit im Auftreten der Stürme finden wir in den außertropischen Breiten beider Halbkugeln und können gerade dadurch das Wesentliche der Erscheinung und das Zusammenwirken der verschiedenen Ursachen hier vollständiger zu ermitteln hoffen, nachdem in den Tropen — wegen der Großartigkeit und Einfachheit der dortigen Wirbelstürme — die ersten wichtigen Schritte in der Erkenntnis der Natur der Stürme gemacht sind. Die Namen Capper, Thom, Piddington, Redfield, Reid und Dove sind für alle Zeiten hiermit verknüpft.

Durch die seit 1865 mehr und mehr erkannten Tatsachen über die Beziehungen des Windes zur Luftdruckverteilung und die in ihr vor sich gehenden Veränderungen hat der früher scharf betonte Unterschied zwischen geradlinig fortschreitenden Stürmen und Wirbelstürmen seine Bedeutung verloren. Es hat sich gezeigt, daß keine dieser Arten genau in der Form, wie man es sich vorgestellt hatte, in der Natur vorkommt, sondern daß alle Stürme Eigenschaften von beiden Arten besitzen. Die Bewegung der Luft in Wirbeln geschieht nicht in genau kreisförmigen Bahnen, sondern in einwärts oder auswärts gerichteten Spiralen. Die Linien gleichen Luftdrucks (Isobaren), die von der allgemeinen Luftbewegung ein klares und übersichtliches Bild geben, sind zwar fast immer um Zentren hohen oder niederen Luftdrucks etwas gekrümmt, so daß der allgemeine Kreislauf sich stets in eine Anzahl von Spiralwirbeln auflösen läßt; allein die Linien gleichen Druckes sind gewöhnlich nicht kreisförmig, sondern länglich-rund oder unregelmäßig. Sie sind auch nicht überall gleich weit voneinander entfernt, so daß das Gefälle wechselt und damit die Windstärke in den verschiedenen Teilen des Wirbels. Durch die Fortbewegung der Wirbel selbst wird die Gesamtbewegung ihrer Teilchen so geändert, daß einem entschiedenen Wirbel angehörende Luftmassen unter Umständen Bewegungen in einem größten Kreise ausführen können. Andererseits spricht alles dafür, daß stets neue Luftmassen in einen Wirbel eintreten, andere austreten. Außerhalb der Tropen gehören die Stürme zwar in der Regel Luftwirbeln an, können aber eigentlich nur dann Wirbelstürme genannt werden, wenn gleichzeitig im ganzen Umfange des Wirbels Sturm herrscht, was lange nicht immer der Fall ist.

Zweierlei Art Wirbel. Starke barometrische Gradienten treten viel häufiger in der Umgebung barometrischer Minima als in der der Maxima auf; deshalb ist die Luft gewöhnlich ruhiger bei hohem Barometerstande als bei niedrigem. Namentlich stehen Stürme meist in engem Zusammenhange mit einer barometrischen Depression, gehören demnach einem zyklonischen Wirbel an. Solche Stürme zeigen, da der Wirbel gewöhnlich zugleich eine fortschreitende Bewegung besitzt, ziemlich rasche und charakteristische Änderungen der Windrichtung, die in den tropischen Orkanen und den meisten Stürmen unserer Breiten hervortreten und für den Seemann von Bedeutung sind. Da die antizyklonalen Wirbel um Gebiete höchsten Luftdrucks durchschnittlich erheblich größer sind und langsamere Ortsveränderungen zeigen, so halten die seltenen Stürme, die solchen Wirbeln angehören und bei hohem Barometerstande auftreten, am einzelnen Orte länger an und zeigen geringere Richtungsänderungen als die gewöhnlichen Stürme, die mit niedrigem Luftdruck auftreten. Solcher Art sind in unseren Breiten zum größeren Teile die Oststürme, die hierin einen deutlichen Unterschied gegen die viel häufigeren Süd- und Weststürme zeigen; doch können auch diese Südweststürme oft wochenlang fast ununterbrochen andauern mit nur geringem abwechselnden Ausschießen und Krimpen, wenn sie durch eine Reihe von unmittelbar sich aneinander anschließenden Depressionen bedingt sind, deren Mitten in weiter Entfernung vom Orte vorübergehen.

Luftaustausch in Wirbeln. Der fortwährende Luftaustausch, der bei allen Luftwirbeln stattfindet, geht bei den zyklonischen Luftwirbeln etwa so vor sich:

An der Erdoberfläche strömt die Luft in das Gebiet niederen Druckes ein, und zwar um so mehr, je niedriger die geographische Breite, je weiter der Ort von der Mitte des Wirbels entfernt und je größer die Reibung der Luftmassen ist. Je größer die Reibung, um so geringer ist bei gleichem Gradienten die Stärke der Luftströmung; dennoch zeigt die Rechnung, daß die in die Depression einströmende Luftmasse im allgemeinen um so größer sein muß, je größer die Reibung, weil der Einfluß des geraderen Einströmens nach dem niedrigen Luftdruck hin größer ist als der der verringerten Geschwindigkeit. Eine Ausnahme bilden Gegenden in nächster Nähe des Äquators.

Je weiter wir uns vom Erdboden entfernen, desto geringer wird die Reibung, desto größer die Geschwindigkeit bei gleichem Gradienten und der Winkel zwischen der Richtung, wohin der Wind weht, und dem Gradienten oder stärkstem Gefälle. Das Einströmen der Luft in das Gebiet niederen Druckes wird daher mit der Höhe immer schwächer. Dazu kommt, daß die Druckunterschiede, die wir unten beobachten, nach oben zu häufig abnehmen, ja sogar, wenn sie in der verschiedenen Temperatur und Dichtigkeit der Luft ihren Grund haben, in der Höhe in ihr gerades Gegenteil übergehen müssen. Wir sehen deshalb die höchsten Wolken, die Zirri (Federwolken), aus der Depression herausströmen. Durch den Einfluß der darunter liegenden, in zyklonischem Sinne rasch strömenden Luftmassen geschieht aber auch das Ausströmen aus der Depression in den oberen, wegen der Geringfügigkeit der Gradienten weniger rasch bewegten Schichten ebenfalls in diesem Sinne, so daß wir in den Höhen, wo der Luftdruck im Bereiche der Depression ebenso groß oder etwas größer ist als in ihrer Umgebung, die Zirruswolken wie durch die Fliehkraft losgerissene Massen in der Richtung der Drehung des Wirbels und zugleich auswärts fliehen sehen.

Die Bewegung der mittleren Wolken liegt zwischen der der oberen Wolken und des Windes und geht ungefähr parallel zu den Isobaren.

Die beiden Bewegungen, die untere einströmende und die obere ausströmende, müssen notwendig ineinander übergehen durch eine aufsteigende Bewegung der Luft über dem inneren Teile der Depression, wodurch die unten eingeströmte Luft in den Bereich der oberen auswärts gerichteten Strömung geschafft wird, da ohne dieses Aufsteigen der ganze Kreislauf nicht möglich wäre. Aus diesem allgemeinen Vorwalten der aufsteigenden Bewegung im Innern der Depression erklärt es sich, warum in den Depressionen die Bewölkung und die Niederschläge gewöhnlich so stark sind. Außer dieser langsamen Aufwärtsbewegung der Luft in der Depression findet indessen ein immerwährendes Spiel von auf- und absteigenden Strömungen von begrenzter Ausdehnung statt, das in den Depressionen wie auch außerhalb auftritt und in verschiedenen Teilen einer Depression verschieden stark ist. Während diese Neigung der Luft zum Aufsteigen die Stärke der Bewölkung im allgemeinen bestimmt, hängt es von der Lebhaftigkeit des Spieles auf- und absteigender Strömungen ab, ob die Bewölkung aus geballten Wolkenmassen mit blauen Zwischenräumen und der Niederschlag aus Schauern, die mit Sonnenschein abwechseln, bestehen, oder ob aus einer gleichmäßig grauen Wolkendecke ununterbrochener Regen fällt. In außertropischen Breiten, wo die Temperaturunterschiede in der Umgebung des Wirbels bedeutend sind, gilt Wolkendecke und Regen (auf beiden Halbkugeln) für die Ostseite, geballte Wolken mit Zwischenräumen und Schauern für die Westseite der Depression. Dies hängt damit zusammen, daß auf der Ostseite die äquatoriale Strömung warme Luft bringt, die innerhalb der kälteren Umgebung in ihrer ganzen Masse langsam emporsteigt, wobei aber gerade die höheren, rascher vom Äquator herbeiströmenden Schichten einen noch größeren Wärmeüberschuß über ihre Umgebung zeigen als die am Erdboden. Weil hier außerdem die Luft sehr feucht ist, nimmt die Temperatur mit der Höhe in diesem Teil der Depression nur langsam ab. Umgekehrt ist es auf der Westseite der Depression. Sie bildet gewöhnlich die Rückseite des Wirbels, und wenn hier die rasche Strömung in der Höhe fortwährend kalte polare Luft über die teilweise noch zurückgebliebene warme der unteren Luftschicht führt, strudeln die Luftmassen auf- und abwärts (wie wenn sich eine Wasserschicht über eine Ölmasse ergießt), Regen- und Hagelschauer und Böen hervorbringend.

Entstehen und Vergehen der Wirbel. Das Entstehen und Verschwinden sowie die Fortpflanzung der Wirbel finden wahrscheinlich in den geschilderten Verhältnissen des Luftaustausches ihre Erklärung, wenn auch viele Fragen in bezug auf diesen Gegenstand noch ihrer sicheren Beantwortung harren.

Fortschreitende zyklonale Luftwirbel, d. h. solche, die sich um ein barometrisches Minimum drehen und dabei ihren Ort verändern, treten in gemäßigten und höheren Breiten viel häufiger auf als in den Tropen, und auf den Meeren und in ihrer Umgebung häufiger als im Innern der Festländer auf, schon deshalb, weil die Meere in diesen Zonen vorwiegend, besonders im Winter, die Gebiete niedrigeren Luftdruckes zwischen den ständigen barometrischen Maxima der Festländer darstellen. In der unmittelbaren Nähe des Äquators scheinen ausgedehnte Luftwirbel überhaupt nicht vorzukommen; erst in einiger Entfernung davon begegnen wir im Atlantischen Ozean zuerst den seltenen, aber an vernichtender Kraft die gewöhnlichen Stürme der gemäßigten Zone weit überbietenden tropischen Wirbelstürmen. Diese pflanzen sich über den Wendekreis hinaus nach der gemäßigten Zone fort, treten jedoch gegen die dort gebildeten Wirbel an Zahl weit zurück. Diese geographische Verteilung der Luftwirbel gibt uns einen Fingerzeig dafür, daß eine der wichtigsten Bedingungen für ihre Entstehung und ihren Bestand der ablenkende Einfluß der Erdumdrehung auf die Luftbewegungen ist. Er ist am Äquator Null und wächst mit dem Sinus der geographischen Breite. Die meisten der übrigen Bedingungen für die Ausbildung der Zyklonen sind gerade in der Nähe des Äquators in besonders hohem Grade erfüllt.

Die Entstehung und erste Entwicklung barometrischer Minima und zyklonaler Luftwirbel geschieht hauptsächlich in zweierlei Weise: entweder in einem größeren Gebiete sehr gleichförmig verteilten und im ganzen niedrigen Luftdrucks, das von zwei oder mehreren barometrischen Maxima begrenzt wird, also bei verhältnismäßiger Bewegungslosigkeit der Atmosphäre; oder am Rande einer schon vorhandenen größeren Depression, eines zyklonischen Wirbels, also innerhalb einer ausgebildeten Luftströmung. In niederen Breiten scheint die erstere Bildungsweise, in höheren die letztere — die Entstehung der Depressionen als Teilminima — vorzuherrschen.

Die erstere Art der Ausbildung findet gewöhnlich über Gegenden statt, wo die Luft stark erwärmt ist und große Mengen Wasserdampfes enthält. Sind dann in der Nachbarschaft dichtere, kühlere Luftmassen vorhanden, so drängen sie die erwärmte Luft auf dem ganzen großen Raume empor, wobei sie sich durch Ausdehnung abkühlt und ihren Wasserdampf in Regengüssen fallen läßt. Indem die Luft, die hierdurch einen immer stärkeren Auftrieb erhält, oben abfließt, sinkt der Luftdruck am Erdboden, und zwar um so tiefer, je schneller die Luft nach oben abgeführt wird, und je langsamer sie unten eintritt.

Außerhalb der Wendekreise ist die andere Art der Entstehung neuer barometrischer Minima häufiger, nämlich ihre Ausbildung als Teilminima am Rande schon vorhandener Depressionen, die dann gewöhnlich an Tiefe abnehmen und bald verschwinden, indem sie sozusagen vom Tochterminimum überwuchert werden. Sehr häufig zeigen einige von den Isobaren, die ein barometrisches Minimum umgeben, Ausbuchtungen, welche eine fortschreitende Bewegung besitzen und in demselben Sinne wie die Luftströmungen das Minimum umkreisen. Da diese Ausläufer in der Regel rasch voranschreiten und ihre Vorder- und Rückseite oft scharf ausgeprägte Gegensätze zeigen, die fast unvermittelt aneinander grenzen, so sind sie häufig von stärkeren Wechseln der Witterung begleitet als vollausgebildete barometrische Depressionen. Zahlreiche Beispiele dafür finden sich in den täglichen Wetterberichten und den monatlichen Übersichten der Seewarte. Bildet sich der Ausläufer der Depression weiter aus, und wird er auch in der Richtung nach dem Hauptminimum durch eine Brücke etwas höheren Druckes begrenzt und dadurch von diesem abgetrennt, so haben wir den Vorgang der Entstehung aus einem Teilminimum vor uns. Hiefür liefern die verschiedenen Wetterberichte der Seewarte ebenfalls sehr viele Beispiele.

Die Bildung der Teilminima hat bisher nur über Europa und Nordamerika genauer studiert werden können. Am bemerkenswertesten durch Häufigkeit wie durch Bedeutung für die Witterung sind die Fälle ihrer Ausbildung am östlichen und am südwestlichen Rande der Depressionen.

Die Neubildungen am Ostrande sind meist vorübergehend, bringen darum ein oder zwei Tage Böen, Niederschläge und Gewitter, werden aber selten selbständig.

Wichtiger sind die Neubildungen am Süd- und Westrande der Depression, weil sie oft rasch selbständig werden. Es ist nicht selten, daß bei einem Minimum in der Gegend von Schottland über den britischen Inseln gewisse Isobaren Ausbuchtungen zeigen, die die benachbarten nicht zeigen. Den dadurch bedingten stellenweisen Annäherungen der Isobaren aneinander entsprechen stürmische Winde, die bei der weiteren Entwicklung der Ausbuchtungen zu selbständigen Minima an Umfang zunehmen und Norddeutschland sowie Dänemark heimsuchen. Noch gefährlicher ist die häufig vorkommende Ausbildung von Teilminima am Südwestrande oder auf der Rückseite von Depressionen der gemäßigten Zone; weil sie auf der Seite des Wirbels vor sich geht, wo man die Gefahr eben für überstanden ansieht, wenn der hinter der Hauptdepression gegen W ausgeschossene Wind abflaut und das Wetter vorübergehend aufklart. Eine Anzahl der stärksten und ausgebreitetsten Stürme, welche Norddeutschland in den letzten Jahren trafen, wurden durch diesen Vorgang veranlaßt, so namentlich der Sturm vom 30. Januar 1877, der die große Sturmflut an der Küste Ostfrieslands veranlaßte.

Nach dem Auftreten des Teilminimums pflegt das ursprüngliche Minimum an Tiefe rasch abzunehmen, während das Teilminimum wächst. Außerdem gibt es aber auch viele andere Fälle, in denen barometrische Depressionen sich ausgleichen. Es muß dies stattfinden, sobald mehr Luft in die Depression einströmt, als aus derselben herausströmt. Die allgemeinste Erscheinung in dieser Richtung ist die Zunahme des Drucks im Innern der Depressionen und ihre allmähliche Ausfüllung bei ihrem Übertritt vom Ozean auf das Land. Dies erklärt sich aus dem durch die Reibung am Erdboden bedingten geraderen Einströmen der Luft in die Depression und durch die größere Trockenheit der Luft über den Festländern, wobei die Luft viel langsamer aufsteigt.

Fortpflanzung der Wirbel. Die barometrischen Depressionen zeigen fast immer eine Fortbewegung, auf dem Nordatlantischen Ozean unterhalb des Wendekreises vorwiegend in der Richtung nach WNW, in höheren Breiten, jenseits 35° Br., vorwiegend nach ONO, zugleich allgemein häufiger in der Richtung vom Äquator weg als nach ihm hin.

Zwischen 23° und 35° schlagen die Wirbel, die aus den Tropen und von Osten kommend dieses Gebiet erreichen, eine polwärts gerichtete Bahn ein, die weiterhin allmählich in die östliche Richtung umbiegt.

Im Südatlantischen Ozean fehlen den westindischen Orkanen entsprechende Erscheinungen; die außerhalb des südlichen Wendekreises auftretenden Depressionen ziehen vorwiegend in ostsüdöstlicher Richtung.

Die seltenen Depressionen endlich, welche zwischen 23° und 35° N im östlichen Teile des Ozeans auftreten, pflegen nur geringe und unregelmäßige Bewegungen zu zeigen.

Überhaupt kann man in den Gegenden, wo bedeutende mittlere Unterschiede im Luftdruck bestehen, eher auf ein stetiges und rasches Fortschreiten der Depressionen in bestimmter Richtung rechnen als da, wo der Luftdruck auf weiten Strecken nur ein geringes Gefälle aufweist.

Geschwindigkeit. Die Geschwindigkeit der Fortbewegung der barometrischen Minima wechselt sehr und schwankt zwischen fast völligem Stillstehen und 50 Knoten, 100 km die Stunde oder 25 m die Sekunde. Bei 25 m ist die Geschwindigkeit der Fortpflanzung des Wirbels nicht viel geringer als die Geschwindigkeit der Luftbewegung im Wirbel selbst, wo sie als voller Sturm auftritt. Die Fortpflanzung des Wirbels ist nicht etwa als Fortbewegung einer zusammenhängenden kreisenden Luftmasse zu betrachten, sondern die Bewegung pflanzt sich ähnlich wie bei einer Wasserwelle fort.

Die durchschnittliche Geschwindigkeit, womit die Wirbel in den verschiedenen Teilen des Atlantischen Beckens fortschreiten, beträgt etwa in der Stunde:

	km	Seemeilen
Auf dem Ozean, in 18—25° N-Br., nach Westnordwest	28	15
Auf dem Ozean, in 45—65° N-Br., nach Ostnordost, etwas über. .	22½	12
Westindische Wirbelstürme, die in die gemäßigte Zone abbiegen, in der Breite von 35—40°, Richtung nach Nordost.	33	18
Barometrische Minima in den Vereinigten Staaten von Nordamerika	41	22
Barometrische Minima in Europa	25	13
Beim Kap der guten Hoffnung	50	27
Beim Kap Horn	70	38

Die Depressionen, welche zwischen den Breiten von 25° bis 35° N in den Gürtel hohen mittleren Luftdrucks zwischen dem Passat und den vorwaltenden Westwinden gelangen, bewegen sich dort gewöhnlich langsam fort. Dieser Fall tritt im Westen des Nordatlantischen Ozeans von Juli bis Oktober, im Osten von Oktober bis Dezember ein.

Ursachen der Fortpflanzung. Die Fortpflanzung der barometrischen Minima steht in einem gewissen Zusammenhange mit der allgemeinen Druckverteilung. Die kleineren barometrischen Depressionen umkreisen die großen Gebiete hohen und niederen Drucks in demselben Sinne wie der Wind barometrische Maxima und Minima. Der Wirbel hat bei seinem Fortschreiten auf Nordbreite zu seiner Rechten einen durchschnittlich höheren Luftdruck als zu seiner Linken. Mit anderen Worten, die Richtung der Fortpflanzung des Wirbels bildet mit der Richtung des größten Gradienten im Wirbel und also auch mit jener des stärksten Windes einen bestimmten Winkel, der zwar in einzelnen Fällen durch andere Umstände verändert wird, dessen Gesetzmäßigkeit aber im Durchschnitt deutlich hervortritt. Wahrscheinlich stimmt die Fortpflanzung mit der Richtung des stärksten Windes in einiger Höhe über dem Erdboden überein, wo die schnellste Bewegung ist. Diese Richtung muß von der des stärksten Windes am Erdboden etwas abweichen; allein immerhin kann man als Annäherung den Satz aussprechen, daß die Fortpflanzung des Wirbels meist nur um einige Striche von der Richtung des stärksten und ausgedehntesten Windes im Wirbel abweicht. Auf Nordbreite zeigt die Bahn, von der Richtung des stärksten Windes aus gerechnet, etwas nach rechts, auf Südbreite nach links.

Hieraus ergibt sich u. a. mit der Erfahrung übereinstimmend, daß für stürmische Winde die Änderung der Windrichtung im Sinne des Ausschießens häufiger eintritt, als die entgegengesetzte Änderung bei schwachen Winden.

Neben diesen mechanischen Ursachen des Fortschreitens der Luftwirbel treten in gemäßigten und höheren Breiten noch die Unterschiede in der Temperatur und der Feuchtigkeit, die die verschiedenen Seiten eines Wirbels hier aufweisen, als mächtige Ursachen für dessen Ortsveränderung auf. Da eine warme Luftsäule durch ihr geringeres spezifisches Gewicht bei gleicher Höhe einen geringeren Druck auf ihre Unterlage ausübt als eine kalte, so muß das Barometer im warmen südlichen Strom fallen, im kalten nördlichen steigen. Eine Druckverteilung mit niedrigem Luftdruck in der Mitte des südlichen und hohem Luftdruck in der Mitte des nördlichen Stromes — wie sie früher angenommen wurde — ist nie zu beobachten und nach dem, was wir jetzt über die Beziehungen des Windes zur Druckverteilung wissen, nicht möglich. Mit dem Fallen des Barometers im südlichen und seinem Steigen im nördlichen Strome verschiebt sich gleichzeitig mit den Isobaren auch das ganze System der Winde, und die Mitte des Wirbels verpflanzt sich mit dem barometrischen Minimum nach der Seite der warmen Strömung hin, wie dies die Erfahrung in unseren Gegenden und höheren Breiten an den synoptischen Karten fast täglich zeigt. Bei tropischen Zyklonen, bei denen die Temperatur auf allen Seiten nur sehr wenig verschieden ist, fällt diese Ursache vermutlich fast ganz fort.

Tropische und außertropische Form. Außer den schon erwähnten Gegensätzen in der vorwaltenden Fortpflanzungsrichtung der Stürme und in der Verteilung der starken Winde und der Temperatur um die Wirbelmitte zeigen sich noch andere für den Seemann wichtige Unterschiede zwischen den tropischen Wirbelstürmen und den von Sturm begleiteten barometrischen Depressionen der gemäßigten Zone. Bei den tropischen Wirbeln beschränken sich die steilen Gradienten und die stürmischen Winde meist auf einen kleineren Raum rund um das Minimum, reichen dichter an die Wirbelmitte heran und erreichen bedeutend größere Werte als in den Wirbeln der gemäßigten Zone. Die Zeichnung (s. Fig. 28) gibt diese Unterschiede wieder; sie ist auf Grund von Rechnungen entworfen, stimmt jedoch in allen wesentlichen Zügen mit der Erfahrung überein. Sie stellt gewissermaßen die Querschnitte zweier nach allen Seiten gleichmäßig ausgebildeter Wirbel dar, und zwar gelten die beiden oberen Linien für einen Orkan in 20° Breite, die beiden unteren für einen

Berechnete tropische Form.

Bemerkung: ——— Luftdruck; ---------- Windstärke.

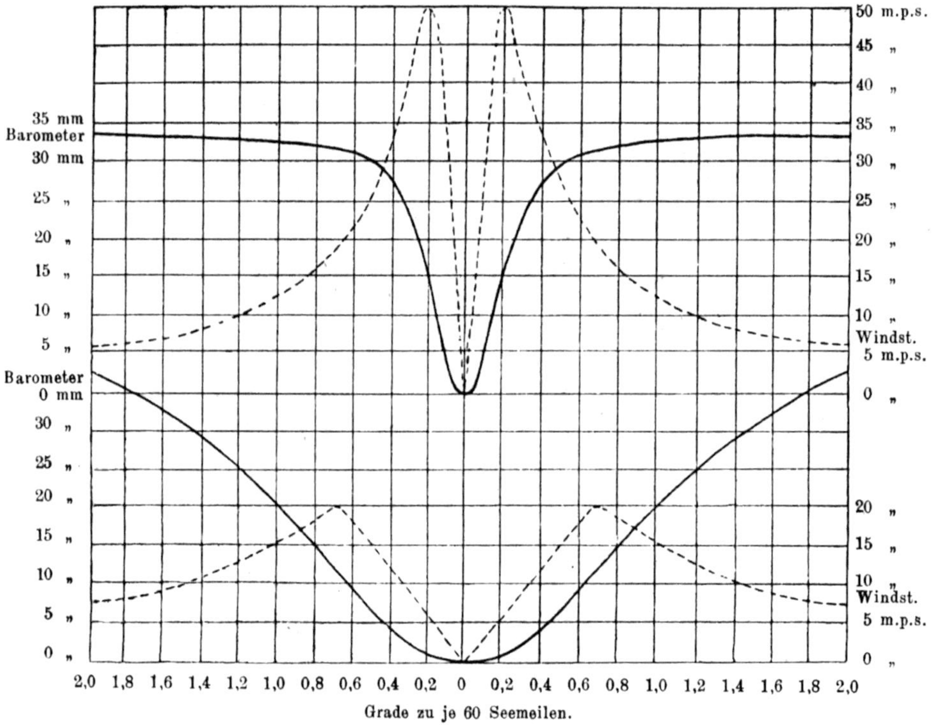

Berechnete außertropische Form.

Fig. 28. Luftdruck und Windstärke in Stürmen.

Wirbelsturm in der Breite von 50°. Die Zahlen am unteren Rande zeigen die Entfernung von der Mitte, die bei 0 liegt, in Einheiten von 60 Sm oder 111 km an. Die ausgezogenen Linien geben die Verteilung des Luftdrucks, die gestrichelten die Verteilung der Windgeschwindigkeit im Wirbel an, die Zahlen am linken Rande die Abweichung vom tiefsten Barometerstande in Millimetern, die am rechten Rande Meter in der Sekunde. Bei dem Wirbel aus der gemäßigten Zone nimmt der Luftdruck auf einer längeren Strecke der Mitte stetig zu, so daß der Gradient und die Windstärke sich nur wenig ändern und diese erst in $3^1/_2$ mal größerer Entfernung von der Mitte ihren größten Wert erreicht als bei dem tropischen Wirbel, wo der Gradient ganz nahe bei der Mitte am größten ist. Wegen der nach innen zu immer mehr einem Kreise sich nähernden Bahn der Luftteilchen in diesem innersten Teil eines tropischen Wirbels nimmt zwar die Windgeschwindigkeit nicht ebenso stark nach innen zu wie der Gradient, allein immerhin ist die Entfernung der größten Windstärke von der Mitte nur gering. Der ganze Sturm stellt mehr einen begrenzten Ring um einen kleinen windstillen oder nahezu windstillen Mittelraum dar, kann jedoch eine furchtbare, in höheren Breiten unbekannte Heftigkeit erreichen.

Die Erklärung dieser Unterschiede liegt wohl darin, daß bei den tropischen Wirbelstürmen der aufsteigende Luftstrom in der Nähe des Zentrums durch die größeren Vorräte an Wärme und Wasserdampf eine viel größere Stärke erreicht und der ablenkende Einfluß der Erdumdrehung viel geringer ist. Da aber die Entstehung steiler Gradienten an die Ablenkung der Luftmassen von dem geraden Wege nach dem Orte des aufsteigenden Stromes gebunden ist, so können sie sich in der Tropenzone nur dort bilden, wo durch die starke Krümmung der zuströmenden Luft in der Nähe der Mitte die Fliehkraft wirksam wird. Hier aber können sie durch die Raschheit der Luftabfuhr erst nach oben und dann nach außen eine außerordentliche Steilheit (27 mm) erlangen. In der gemäßigten Zone dagegen, wo die Ablenkung des Windes von der Richtung des Gradienten durch die Wirkung der Erdumdrehung in jeder Entfernung von der Wirbelmitte bedeutend und nahezu von gleicher Größe ist, wird dadurch der Sturm auf einen großen Raum verteilt. In unmittelbarer Nähe des Äquators endlich, wo der ablenkende Einfluß der Erdumdrehung wegfällt, fehlt der Anlaß zur Bildung größerer Luftwirbel und starker Gradienten.

Die Häufigkeit der Stürme nimmt mit der Entfernung von der Linie zu und ist im Westen größer als im Osten, außerhalb der Wendekreise größer im Winter als im Sommer. Der Unterschied zwischen den Jahreszeiten ist größer auf der nördlichen als auf der südlichen Halbkugel, d. h. diese hat verhältnismäßig mehr Sommer-, jene mehr Winterstürme. Die tropischen Orkane beeinflussen die Sturmhäufigkeit ihrer Seltenheit wegen nur unmerklich.

Sturmhäufigkeit im Nordatlantischen Ozean (5°-Felder, und auf 1000 Beobachtungen). Nach der Quadratarbeit der Deutschen Seewarte.

Bemerkung. (445) bedeutet: Zahl der Beobachtungen unter 100
83× " " " " von 100 bis 499
269 " " " " von 500 bis 999
209 " " " " über 1000.

Januar.

N-Br. \ W-Lg.	70–65	65–60	60–55	55–50	50–45	45–40	40–35	35–30	30–25	25–20	20–15	15–10
50–45			(445)	83×	215×	269	376	325	300×	216×	214	**209**
45–40	118	164	182	204	233×	352×	331	263	273×	198×	138×	106
40–35			243×	215×	271×	191×	158×	170	59×	92×	71	77×
35–30			63×	151×	67×	70×	75	82×	39×	61×	64	(0)
30–25			43×	44×	0×	4×	47	59×	73×	43		
25–20			6×	20×	3×	4×	12	3×	62×	14		

Februar.

N-Br. \ W-Lg.	70–65	65–60	60–55	55–50	50–45	45–40	40–35	35–30	30–25	25–20	20–15	15–10
50–45			(—)	(67)	155×	248	300	254	240×	174×	158	**175**
45–40	111×	216	178	170	235	373	297×	296	270×	215×	141	97×
40–35			266×	286×	227×	220×	197	87	126×	102×	49	59×
35–30			124×	109×	87×	65×	57	89×	98×	37×	47	(17)
30–25			13×	0×	15×	20	27	12×	0×	15		
25–20			10×	0×	41×	19	3	0×	0×	17		

März.

N-Br. \ W-Lg.	70–65	65–60	60–55	55–50	50–45	45–40	40–35	35–30	30–25	25–20	20–15	15–10
50–40	112	**184**	(—) **195**	(200) **149**	105× **176**	233 199	183 161	**190** 163	172× 138×	163× 99×	123 91×	**159** 123
40–30			360× 167×	264× 160×	223× 122×	139× 57×	140 53	95 77×	73× 71×	78× 21×	57 91	6× (30)
30–20			11× 0×	42× 0×	0× 0×	5 13	6 6	0× 2×	0× 0×	13 4		

April.

N-Br. \ W-Lg.	70–65	65–60	60–55	55–50	50–45	45–40	40–35	35–30	30–25	25–20	20–15	15–10
50–40	43	**160**	(0) **145**	(23) **127**	180× **135**	186 **178**	**171** 147	**186** 154	126× 75×	86× 116×	119 85×	**90** 85
40–30			151 39×	163 78×	193× 38×	114× 41	80 40	34 93×	60× 8×	53× 6×	30 22	76× (38)
30–20			36× 0×	(10) 0×	3× 0×	4 0	0 2	24× 2×	0× 10×	4 1		

Mai.

N-Br. \ W-Lg.	70–65	65–60	60–55	55–50	50–45	45–40	40–35	35–30	30–25	25–20	20–15	15–10
50–40	**16**	**34**	(0) **50**	(0) **40**	125× **49**	140 **61**	**112** 90	**91** 50	122× 47×	66× 81×	86 31×	**82** 39
40–30			71× (0)	77× 8×	36× 9×	4× 0	39 9	20 53×	24× (0)	13× 12×	15 0	8× (0)
30–20			(0) 0×	(0) 11×	0× 0×	0 0	0 0	0× 0×	(0) 0×	0 1		

Juni.

N-Br. \ W-Lg.	70–65	65–60	60–55	55–50	50–45	45–40	40–35	35–30	30–25	25–20	20–15	15–10
50–40	**8**	**18**	(34) **28**	(0) **15**	19× **14**	65 **44**	**54** 29	**44** **23**	37× 14	28 80×	**22** 11×	**16** 18
40–30			22 0×	39 (0)	34× 0×	8 **1**	**6** **0**	**4** 0×	(0) (0)	0× 3×	**6** **1**	3× (0)
30–20			0× 0×	(0) 0×	0× (0)	0 3×	**0** **0**	0× 2	0× 0×	**11** 2		

Juli.

N-Br. \ W-Lg.	70–65	65–60	60–55	55–50	50–45	45–40	40–35	35–30	30–25	25–20	20–15	15–10
50–40	8	**10**	(12) **21**	15× **15**	13 **19**	73 **27**	51 20	**24** **18**	19× 11×	19 37×	34 8×	**32** **7**
40–30			33 (0)	108× 0×	72× 0×	11 0	3 0	0 6×	(0) (0)	0× 0×	3 0	3× (0)
30–20			0× 5×	0× 0×	0× (0)	0× 0×	1 4	0× 0	0× 13×	**5** **15**		

August.

N-Br. \ W-Lg.	70–65	65–60	60–55	55–50	50–45	45–40	40–35	35–30	30–25	25–20	20–15	15–10
50–40			(0)	48×	15	53	72	24	59×	21	46	80
	14	25	27	25	8	34	21	7	22	3×	22×	42
40–30			22×	11×	13×	0	2	3	(32)	(0)	3	5×
			0×	0×	0×	0	0	0×	(0)	0×	11	(0)
30–20			0×	(48)	(0)	0	0	0×	0×	16		
			5×	0×	(0)	34×	0	0	5×	3		

September.

N-Br. \ W-Lg.	70–65	65–60	60–55	55–50	50–45	45–40	40–35	35–30	30–25	25–20	20–15	15–10
50–40			(16)	51×	27	60	90	47	66×	38×	58	90
	14	27	52	45	41	105	125×	62	41×	37×	77	81
40–30			65	18×	59×	67×	7	45	78×	6×	24	40×
			(0)	(85)	(0)	0×	11	5	(0)	5×	5	(0)
30–20			9×	124×	0×	36×	0	0	0×	0		
			0×	0×	(11)	(31)	0×	0	5×	2		

Oktober.

N-Br. \ W-Lg.	70–65	65–60	60–55	55–50	50–45	45–40	40–35	35–30	30–25	25–20	20–15	15–10
50–40			(26)	41×	57	112	121	151	102×	140×	96	83
	54	99	97	78	47	154	212×	90	134×	232×	77	74
40–30			107×	111×	124×	94×	30×	45	116×	14×	26	44×
			51×	(32)	(0)	7×	11	0	14×	33	16	27×
30–20			8×	18×	(0)	(12)	2	4	13×	5		
			0×	33×	0×	0×	4	3	11	2		

November.

N-Br. \ W-Lg.	70–65	65–60	60–55	55–50	50–45	45–40	40–35	35–30	30–25	25–20	20–15	15–10
50–40			(71)	116×	113	273	209	187	189×	133×	104×	105
	83	170	193	169	179	298	192×	107×	109×	69×	116	156
40–30			195×	153×	116×	114×	32×	75	36×	73×	82	43×
			26×	39×	41×	58×	8×	46	31×	41	49	(0)
30–20			5×	0×	9×	0×	16×	17	34×	35		
			0×	4×	0×	0×	2×	2	6×	6		

Dezember.

N-Br. \ W-Lg.	70–65	65–60	60–55	55–50	50–45	45–40	40–35	35–30	30–25	25–20	20–15	15–10
50–40			(0)	124×	178×	250	327	272	271×	218×	202	175
	93	152	209	165	193	221	225×	181×	218×	152×	189	242×
40–30			365×	290×	188×	71×	29×	96	15×	54×	88	177×
			129×	83×	29×	31×	21	37	33×	56×	53	(11)
30–20			57×	28×	20×	34×	6×	49×	46×	29		
			10×	28×	39×	8×	8	5	75	4		

Dez. Jan. Febr. Juni. Juli. August.

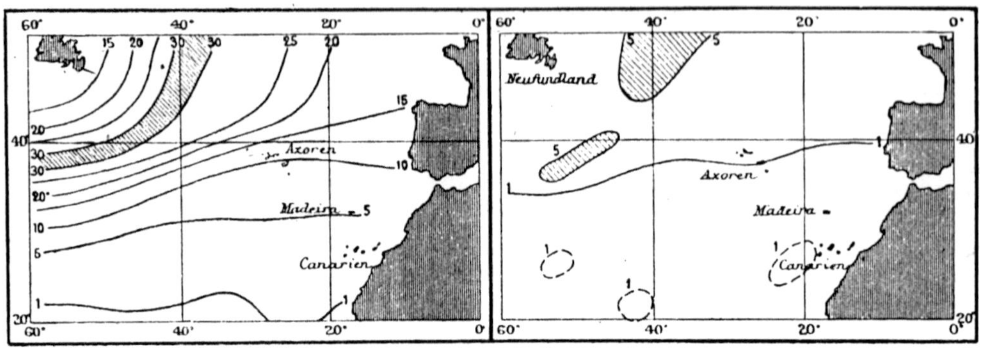

Fig. 29.

Stürme in Prozenten.

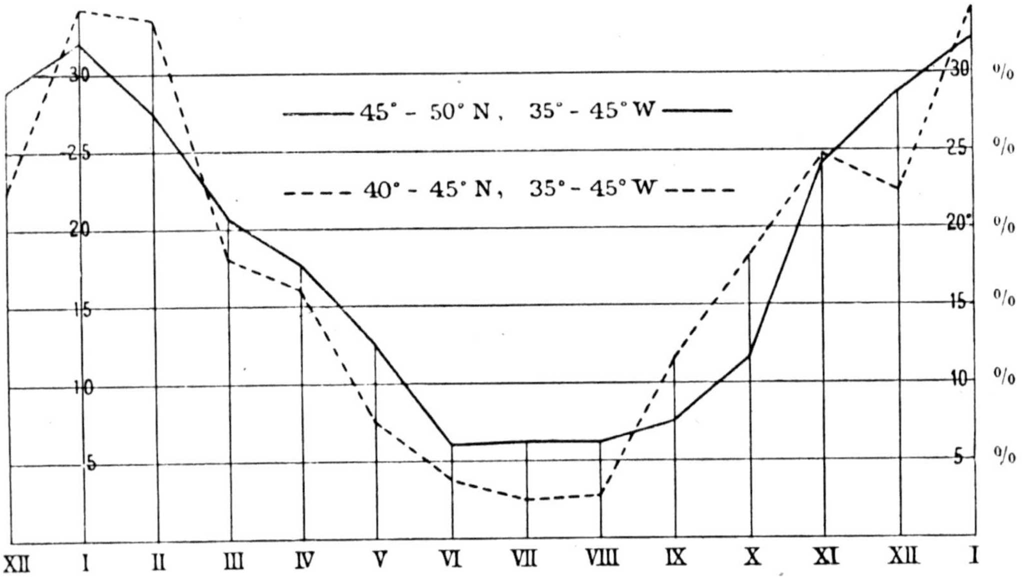

Jährliche Periode der Stürme in Prozenten im sturmreichsten Teilè des Nordatlant. Ozeans

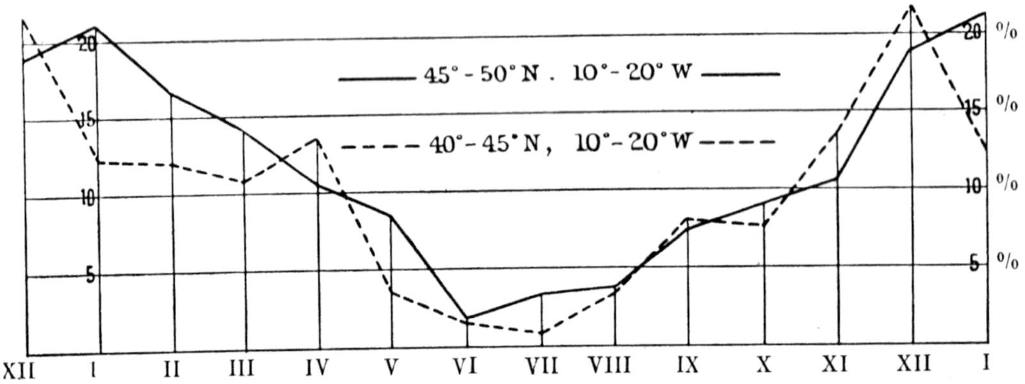

und vor dem Eingange des Kanals in derselben Breite.

Fig. 30.

Nordatlantischer Ozean. Dezember, Januar, Februar (s. Winterkärtchen, Fig. 29, links).

Die größte Häufigkeit findet sich in der Nähe der krummen Linie 50° N-Br., 37° W-Lg., 41° N-Br., 45° W-Lg. und 38° N-Br., 60° W-Lg., die sich von hier aus nach älteren Beobachtungen recht westlich bis 73° W-Lg. fortsetzt. Sie beträgt hier über 30% (höchster Wert 33,4); es kommt also auf 3 Tage etwa einer mit Sturm. Die schnellste Abnahme findet von 41° N-Br., 45° W-Lg. nach Südost zu Süd, eine nahezu gleichschnelle von 38° N-Br., 60° W-Lg. nach Süd zu Ost statt. — Während auf dem Wendekreis die 1% Linie West-Ost verläuft, mit einer örtlichen Zunahme in der Nähe der Kap Verdischen Gruppe, laufen die 5, 10 und 15% Linien im Anschluß daran West zu Süd—Ost zu Nord, alle übrigen Linien nordöstlicher. — Zwischen 42° und 50° N-Br. wächst die Wahrscheinlichkeit, einen Sturm anzutreffen, bis auf ein Drittel der Entfernung von der Küste Nordamerikas; von da nimmt sie beiderseits ab, schneller nach der amerikanischen, langsamer nach der europäischen Seite. — Schneidet man 40° W-Lg. in 40° N-Br., so kann man im Winter auf je 4 Tage, in 35° N-Br. dagegen auf je 10 Tage einen Sturm rechnen.

Juni, Juli, August (s. Sommerkärtchen, Fig. 29, rechts).

Die größte Häufigkeit liegt in der Nähe derselben krummen Linie wie im Winter, nur daß das Gebiet in 55° W-Lg. abschneidet, sich also nicht nach Westen fortsetzt und nur einen höchsten Wert von 6,4% erreicht. Im Sommer darf man also hier etwa einen Sturm auf 15 bis 18 Tage rechnen. Die 1%-Linie läuft auch jetzt West zu Süd—Ost zu Nord, liegt aber durchweg über 35° N-Br. — Von den drei geschlossenen 1%-Linien unterhalb 30° N-Br. stammen die beiden westlichen aus dem August.

Die Verteilung auf die einzelnen Monate zeigt die obere Fig. 30 für das sturmreichste Gebiet des Nordatlantischen Ozeans, die untere für das vor dem englischen Kanal liegende gleich große Gebiet in gleicher Breite. Vor dem Kanal sowohl wie bei 40° W-Lg. ist die nördliche Hälfte des Gebietes stürmischer als die südliche, aber nicht in allen Monaten. Vergleicht man die beiden nördlichen Hälften miteinander, wovon die eine in 40° W-Lg., die andere in 15° W-Lg. liegt, so findet man als größten Unterschied nahezu 14% im November, bei den beiden südlichen Hälften im Januar und Februar gar 22%.

Südatlantischer Ozean. Der Weg vom Kap der Guten Hoffnung zur Linie ist von 30° S-Br. an ganz sturmfrei, von 35° bis 30° S-Br. von schweren Stürmen nur selten berührt.

Der Weg von der Linie ums Kap der Guten Hoffnung nach Osten ist bis 28° S-Br. ganz sturmfrei, von da bis 0° Lg. sind sehr schwere Stürme selten, selten auch noch weiterhin bis 20° O-Lg.

Die Ausreisen von 25° S-Br. nach Kap Horn führen durch das sturmreichste Gebiet, die Heimreisen der Segler (bis 30° S-Br.) gehen durch ein Gebiet mit viel weniger Stürmen, wenn hier auch beträchtlich mehr auftreten als auf dem Weg zum Kap der Guten Hoffnung.

Etwas genauer läßt sich die Sturmhäufigkeit im westlichen Teil des Südatlantischen Ozeans nach der kleinen Tabelle auf S. 158 ausdrücken.

Von Oktober bis März ist allgemein und von April bis September von 0° bis 40° S-Br. die Wahrscheinlichkeit, einen Sturm anzutreffen, in der Nähe der Küste von Südamerika, wo die Ausreisen verlaufen, bedeutend größer als weiter östlich auf der Route der nach Europa heimkehrenden Schiffe.

Ferner trifft man auf Ausreisen von 30° bis 40° S-Br., auf der Höhe des La Plata, mehr Stürme an als weiter südlich zwischen 40° und 50° S-Br.

Eine Darstellung der Stürme nach Zahl, Ort, Zeit, Richtung, Dauer und Windänderung bietet die Tafel 25 des Atlasses, 2. Aufl.

Breite Süd	Anzahl Tage, auf die ein Sturm kommt. Oktober bis März, Aus-Reise	Oktober bis März, Heim-Reise	April bis September, Aus-Reise	April bis September, Heim-Reise
0°				
	∞	∞	2382	∞
10				
	∞	∞	863	∞
20				
	362	4956	143	345
30				
	98	182	59	72
40				
	107	166	70	56
50				
	47	224	35	38
60				

B. Windstöße, Böen, Wasserhosen und Tornados.

Allgemeines. Ihre kurze Dauer benimmt ihnen zwar viel von der Gefährlichkeit der eigentlichen Stürme; allein ihre Plötzlichkeit und oft orkanmäßige Heftigkeit bringt trotzdem nicht selten schwere Verwüstungen zuwege. Alle diese Erscheinungen treten nicht nur auf dem Meere, sondern auch im Innern der Festländer auf, die Böen namentlich als Gewitterstürme, die Wasserhosen als Wirbelwinde, Staub- oder Sandhosen; und zwar hier gewöhnlich als Unterbrechungen von heißem, stillem Wetter, während sie sich auf See nicht selten bei frischem Winde oder Stürmen zeigen. Begleitende elektrische Erscheinungen sind dort, wo die Luftbewegung behindert ist, also in Kalmenregionen und in der Nähe von Küsten, anscheinend häufiger als auf offenem Meere und in Gegenden frischer Winde; während die eigentlichen Böen gewöhnliche Begleiter von stürmischen Winden, in höheren Breiten besonders auf der Rückseite von Depressionen sind, also von Nordwest auf der nördlichen und Südwest auf der südlichen Halbkugel.

Böen. Unter Bö (engl. squall, franz. grain) im engeren Sinne wird ein Windstoß verstanden von der Dauer weniger Minuten bis zu einer Stunde und mehr, der mit einer vorüberziehenden schweren Wolke oder einem Wolkenherde mit Lücken und gewöhnlich einem starken Schauer von Regen, Schnee, Graupeln oder Hagel auftritt, häufig auch von einem Gewitter begleitet ist, und worin die Änderung der Windrichtung nicht bedeutend ist. Beträgt während des Windstoßes selbst die Änderung mehr als acht Strich, so spricht man von einem Wirbelwinde. Außerdem wird der Ausdruck Bö auch für Windstöße gebraucht, die bei heiterem Himmel ohne Regen oder Wolken auftreten, „blinde Böen", die sogenannten „white squalls" der englischen Seeleute.

Eurydice-Bö. Eine Schneebö von großer Ausdehnung und Plötzlichkeit, wenngleich nicht besonders hervorragender Heftigkeit, die England am 24. März 1878 durchzog, hat durch einen erschütternden Unglücksfall, den plötzlichen Untergang der Korvette „Eurydice" bei der Insel Wight, eine traurige Berühmtheit im britischen Königreiche als „Eurydice-Bö" erlangt. Die zahlreichen Berichte über ihr Auftreten sind von Cl. Ley zu einer Skizze verarbeitet worden, worin durch zwei Kärtchen die Lage und Ausdehnung der Bö um 10 Uhr V. und 3 Uhr N. des 24. März angegeben sind. Von der Nordsee bis zur Westküste reichend, durchzog sie England von Northumberland bis zum Kanal, innerhalb einer allgemeinen nordwestlichen Luftströmung von Nord nach Süd, aber mit dem westlichen Ende voraus, mit einer Geschwindigkeit von 18—22 m in der Sekunde und eine Cirrusschicht bis zu 20 km vor sich hersendend. Der Nordwestwind, der in den vorhergehenden Stunden herrschte, krimpte an den meisten Orten vor der Bö auf West oder sogar darüber hinaus, sprang jedoch mit Eintritt der Bö plötzlich auf Nordnordwest bis Nordnordost um. Der Schneefall begann im Norden erheblich vor, im Süden etwas nach dem Eintritt des Sturmwindes, der im Norden noch eine Stunde nach dem Ende des Schneiens und nach Aufklaren des Himmels fortdauerte, während er sich im Süden mit den letzten Schneeflocken plötzlich legte. Die Dauer des Schneegestöbers schwankte zwischen $^1/_2$ und 2 Stunden und war im Osten größer als im Westen; die eigentliche schwere Bö dauerte jedoch meist nur 10—20 Minuten. Die Wolkenbildung war, wo sie genauer beobachtet wurde, ganz wie bei einem Gewitter, elektrische Entladungen wurden jedoch in dieser Bö nicht bemerkt, wohl aber stellenweise am gleichen Tage in anderen kleineren Böen.

Clement Ley bemerkt über diese Bö: „Ich habe beobachtet, daß Böen in unseren Breiten in der Regel ein wenig im Rücken und fast stets auf der rechten Seite von zyklonalen Luftwirbeln entstehen. In dieser Beziehung gleichen sie unsern gewöhnlichen Teilminima, womit sie zuweilen verbunden zu sein scheinen, obwohl die Mehrzahl unserer Teilminima nicht von Böen begleitet wird. Die wenigen Böen, welche ich zu studieren versucht habe, hatten ihren weitaus größten Durchmesser nahezu in der Richtung senkrecht zu der des Windes oder der Isobaren. In diesen Beziehungen mag wohl die Bö vom 24. März als typisch angesehen werden können; ich glaube indessen, obwohl ich dies kaum beweisen kann, daß der größere Durchmesser dieser Bö den kleineren in ungewöhnlichem Grade übertraf, wenigstens im Süden Englands (die Ausdehnung der Bö senkrecht zur Windrichtung betrug hier mindestens das siebenfache von der in der Windrichtung) ...... Es scheint klar zu sein, daß die Bö in Zusammenhang und an ihrem östlichen Ende in unmittelbarer Verbindung mit dem Teilminimum stand, das südostwärts längs unserer Ostküste fortschritt; und es ist bemerkenswert, daß die kleinen Böen, die zu einer späteren Tagesstunde im Westen auftraten, nahezu in demselben Verhältnis zu dem zweiten geringeren Teilminimum standen, das um 6 Uhr Nachm. über dem Norden Englands nachgewiesen werden konnte."

Bogenförmige Bö. In der senkrecht zur Windrichtung langgestreckten Form der Bö und mithin auch der Böenwolke findet die Erscheinung der sogenannten bogenförmigen Böen (arched squalls) ihre Erklärung. Bei einer Regenbö von 10 Minuten Dauer, die $^1/_3$ Sm in 1 Minute fortschreitet, muß der hintere Rand der Wolke, auch wenn wir diese doppelt so breit wie den Regenschauer annehmen, doch schon ziemlich hoch über dem Horizont liegen, wenn der vordere eben den Scheitel erreicht hat. Es ist also bei kleineren Böen möglich, die ganze Wolke als einen langgestreckten Wulst zu erblicken, der durch die Wirkung der Perspektive gekrümmt erscheint und dahinter bereits unter dem Bogen den Blink heiteren Himmels wahrnehmen läßt. In der Regel ist aber die Ausfüllung des Bogens die gleichmäßig „schmierige", hellgrau aussehende Regenmasse. Dann besteht der Bogen aus dem schweren, dunklen Wolkenwulst, der die Vorderkante des tief herabreichenden Regens begrenzt und worunter zuweilen dünne Wolkenfetzen nach Art eines Vorhangs noch viel tiefer herabhängen. Dieser Wolkenkragen bewirkt die Dunkelheit vor dem Regen, denn durch eine dichte Wolke dringt weniger Licht als durch Regen.

Wegen der bandförmigen Gestalt des Regengebietes ist dieser hellgraue Vorhang bei kurzen Schauern in der Mitte, wo wir senkrecht durchsehen, lichter als an den Seiten, wo wir schräg entlang blicken; man erhält dadurch den falschen Eindruck, als ob der Regen sich teile und nur rechts und links vorüberziehen werde. Die folgende Beschreibung vom Führer der deutschen Brigg „Superb", Kapt. C. H. Meier, gibt eine gute Vorstellung von dieser Erscheinung. Die vortreffliche Beobachtung läßt nur noch die Angaben von zwei oder drei mit dem Sextanten gemessenen Kimmhöhen der beiden Ränder der Wolke in der Mitte des Bogens zu verschiedenen Zeiten vermissen, um das Wesen der Erscheinung vollkommen kar zu legen. Die Beobachtung bezieht sich auf 15° N-Br., 21° W-Lg. und auf den Abend des 15. August 1877; bis dahin hatte leichter Passat geherrscht.

„Kurz nach 8 Uhr Nachm. wurde es plötzlich still; die Luft war, außer einigen Cirruswolken, klar, nur im Südosten leichter Dunst. Um $8^1/_2$ Uhr bildete sich im Südosten in 15° Höhe eine kleine Wolke, deren Mitte dunkel und deren Ränder weiß waren; während sie höher stieg, dehnte sie sich schnell regenbogenförmig aus, so daß ihre Enden den Horizont berührten, während ihre Breite nur 5—7° betrug; der Wind war inzwischen kaum wahrnehmbar und umlaufend. In dieser Form dehnte sich das Gewölk bis gegen 9 Uhr aus, wo der Bogen, der SWzW bis NOzO stand, dem Zenit nahe war. Dann kam plötzlich frische

Brise (Stärke 6) aus SO, und das Gewölk verteilte sich, wild durcheinander türmend, über den ganzen Horizont; doch blieb es in der Kimm bis zu 5° Höhe, außer wo die beiden Pole standen, klar. Es fiel weder Regen noch blitzte es, und der Wind war nur im kurzen Stoß Stärke 6; um 9³/₄ Uhr war das Gewölk bereits dünner, und frische SO-Kühlte, abnehmend, und um 10¹/₄ Uhr wieder still. Luft blieb bewölkt. Der Wind war in der Bö nicht schwankend, nur von SOzO bis SzO; Barometer fiel jedoch um 3 mm vor und während der Bö; die Temperatur der Luft wurde fast 2° niedriger."

Fig. 31. Bogenförmige Bö.

Die Böen bedecken jeweils nur einen langen, schmalen Raum, schreiten mit der Breitseite voran, durchschnittlich 30 Knoten und mehr, und der begleitende Windstoß weht aus derselben Richtung, aus der das Böenband herkommt. Das Barometer steigt meist etwas beim Eintritt der Bö und geht darnach wieder auf seinen alten Stand zurück; die Temperatur fällt meist mit dem Einsetzen des Regens.

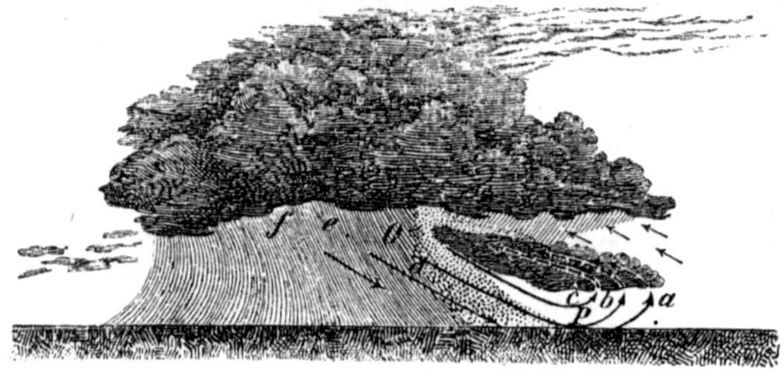

Fig. 32. Querschnitt einer Bö. Die Bö schreitet von links nach rechts fort. Die Pfeile bei *p* bedeuten den Windstoß, die punktierte Fläche den Hagel, die gestrichelte den Regen, und die Wolkenmasse über *a*, *b*, *c* den Wulst oder Kragen, der von vorn (hier von rechts) gesehen, als dunkler Bogen erscheint, wie in der vorhergehenden Figur.

Windrichtung in Böen. Der Hauptwindstoß stimmt mit der Bewegungsrichtung der Bö gewöhnlich überein; verglichen mit dem Wind vor der Bö ist er meist ein Ausschießer. Die Änderung der Richtung beträgt meist nur 2 bis 4 Strich.

Böen begleiten zwar häufig dauernde Änderungen des Windes, namentlich das Ausschießen des äquatorialen in den polaren Wind aus den westlichen Quadranten; sogar der Übergang von einem Passat in den anderen vollzieht sich manchmal ohne Stillen in einer Bö; allein häufig treten sie auch in einer stetigen Luftströmung auf, wo dann der Wind mit der Bö sich entweder gar nicht ändert oder doch kurz nach der Bö wieder seine frühere Richtung annimmt. In polaren Luftströmungen sind Böen häufiger als in äquatorialen; in jenen ist die Veränderung des Windes in der Bö gewöhnlich sehr gering, in diesen, namentlich in Gewitterböen, bedeutend. Das Gewitter zieht auf der See wie auf dem Lande häufig gegen den leichten zur Zeit herrschenden Wind herauf; die Richtung des Windes in der Bö stimmt aber allgemein mit der Richtung des Wolkenzuges überein; sei es, daß die Bö am Himmel durch die Böenwolken oder, wie dieses namentlich bei Ausschießern der Fall ist, durch den hellen Fleck aufklarenden Himmels (Blink) am Horizont sich bemerklich macht, immer erwartet man die Bö von der Seite, woher dieses Anzeichen sich naht.

Die häufigen Böen in polaren Luftströmungen sind in der Regel an dem teilweise heiteren Himmel, an ihren schweren Wolken, die am Horizont weiß erscheinen, lange Zeit vor ihrem Eintritt bemerkbar, so daß bei genügender Aufmerksamkeit rechtzeitig Vorkehrungen getroffen werden können; dasselbe gilt wegen des gleichfalls gewöhnlich heiteren oder durchbrochenen Himmels für die Böen der tropischen Meere, mit Ausnahme der Nähe von Steilküsten.

Die Abweichung der Richtung des Windes in der Bö von der vor und nach ihr herrschenden Windrichtung ist somit auf der See in der Regel gering, gewöhnlich 2 bis 4 Strich, und ihr Sinn verschieden, jedoch gewöhnlich so, daß mit dem Eintritt der Bö ein Ausschießen, mit ihrem Ende ein Krimpen verbunden ist. Das Krimpen bleibt indessen häufig aus, wenn der Wind mit der Bö aus einer äquatorialen in eine polare Richtung umschlug, also aus südwestlicher in nordwestliche Richtung auf der nördlichen und umgekehrt auf der südlichen Halbkugel. Bei Böen von großer Ausdehnung, die seitlich mit einem vorüberschreitenden Teilminimum in Verbindung stehen, geht durch den Einfluß des Teilminimums der Bö öfters ein Krimpen des Windes vorher. Dem zeitweisen Zurückgehen des Windes folgt dann hinter der Bö nach kurzer Zeit das dauernde Ausschießen. Es werden also die besonderen Erscheinungen der Bö in diesem Falle beiderseitig eingefaßt von den gewöhnlichen Erscheinungen beim Vorübergange eines barometrischen Minimums.

Windstöße bei heiterem Himmel. Windstöße ohne Wolken oder Regenschauer kommen besonders in Lee steiler Küsten vor, weshalb in manchen Gegenden auf den Schutz der Küste verzichtet und die Luvseite zum Ankern gewählt werden muß, wie z. B. an der Südküste Amerikas wegen der heftigen Fallwinde (Williwaws). Außer der Umgebung des Feuerlandes sind noch Westindien und die Nordostküsten des Adriatischen und Schwarzen Meeres wegen ihrer heftigen Windstöße in der Nähe des Landes berüchtigt. In Westindien sind es teils Gewitterböen mit Regengüssen (die „Bayamos" an der Südküste von Cuba), teils wolkenlose Böen („White Squalls"). Im Adriatischen und Schwarzen Meere ist es der im Winter zuweilen in furchtbaren Stößen und mit eisiger Kälte an den Küsten Dalmatiens und des westlichen Kaukasus herabstürzende Nordostwind, an beiden Orten als „Bora" bezeichnet. Sie tritt auf, wenn bei allgemeiner und länger dauernder nordöstlicher Luftströmung die Landschaften hinter den illyrischen und kaukasischen Küstengebirgen außerordentlich kalt geworden sind, während über dem Meere die Luft noch warm ist. Die Gegensätze in der Temperatur zwischen beiden Seiten des nur 500—1000 m hohen Gebirges übersteigen nicht selten 10° C. Während der Bora lagert gewöhnlich bei sonst heiterem Himmel auf dem Gebirge eine dichte Wolkenmasse, von der sich fortwährend Teile ablösen, um mit großer Geschwindigkeit südwestwärts geführt und auf halbem Wege zum Meere aufgelöst zu werden. Einige Ähnlichkeit mit der Bora haben auch die eisigen und in orkanartigen Windstößen aus NW bei heiterem Himmel wehenden Winterstürme (Blizzards) an der Ostküste Nordamerikas, nördlich vom Kap Hatteras, die diesen Charakter auch noch in erheblicher Entfernung von der Küste zeigen.

Das Wesen der Böen. Alle angeführten Umstände sprechen dafür, daß wir es in den Böen mit einem stoßweisen Herabsteigen rasch strömender Luftmassen aus höheren Schichten in die unterste, durch die Bewegungshindernisse am Erdboden zurückgehaltene Schicht zu tun haben. Daß die mittlere Windgeschwindigkeit mit der Erhebung über den Erdboden rasch zunimmt, steht fest; ebenso, daß die Richtung des Wolkenzuges von der Richtung des Unterwindes durchschnittlich auf der nördlichen Halbkugel nach rechts, auf der südlichen nach links abweicht, ebenso wie die Richtung des

Windstoßes von jener des Windes vor und nachher; daß die vorherrschende Richtung der Böen mit dem herrschenden Wolkenzuge übereinstimmt, wird auch für die tropischen Teile des Atlantischen Ozeans hervorgehoben. Das Herniederkommen der rasch bewegten Luftmassen aus der Höhe an die Erdoberfläche scheint hauptsächlich unter zweierlei Umständen zu geschehen: entweder durch starken Regen, der die Luft mit sich in die Tiefe reißt, oder dadurch, daß sehr kalte Luft über hoch erwärmte hinstreicht. Ist die Temperaturabnahme größer als $^1/_2$—1° C für jede 100 m, so ist in jeder Schicht die herabsteigende Luft dichter als die aufsteigende, die Bewegung gewinnt also immerwährend neue Antriebe. Die emporsteigende Luft verdichtet ihren Wasserdampf durch Abkühlung zur Wolke; hieraus und aus dem Mitgerissenwerden der Luft durch den Regen erklärt es sich, warum die Windstöße gewöhnlich mit Wolken und Regenschauern verknüpft sind, und fast nur in der Nähe von Gebirgen harte Windstöße auch ohne Kondensation und Regenfall auftreten, weil hier noch andere Ursachen mitwirken. So wird es auch verständlich, warum Böen in gemäßigten Breiten besonders auf der Rückseite von ostwärts schreitenden Depressionen auftreten, wo die vorhergehenden äquatorialen Winde noch warme Luft an der Erdoberfläche zurück gelassen haben, während sie in der Höhe rasch durch den frei dahinstürmenden kalten polaren Luftstrom verdrängt wird.

Anzeichen. Wenn in den vorhergehenden Stunden desselben Tages heiteres Wetter mit warmem Sonnenschein herrschte, so fällt die Lufttemperatur während der Bö gewöhnlich sehr rasch um 2 bis 7 Grad; war dagegen das Wetter auch vorher bewölkt und regnerisch, so pflegt die Temperaturänderung unbedeutend zu sein. Das Barometer schnellt manchmal unmittelbar vor und während der Bö in 20 bis 30 Minuten um $^1/_4$ bis zu 2 mm und darüber empor, um dann in der Regel nicht vollständig wieder auf seinen früheren Stand zu sinken, obwohl das Steigen gewöhnlich schon während der Bö leichtem Fallen Platz macht.

Das plötzliche rasche Steigen des Barometers scheint zwar in der Regel bis zu 10 Minuten vor dem Ausbruch der Bö zu beginnen; allein dieser Zeitunterschied, der zuweilen auch ganz fortfällt, ist zu gering, als daß das Barometer eine genügende Warnung vor jeder Bö geben könnte. Nur bei großen Erscheinungen dieser Art, verbunden mit einem Teilminimum, geht der Bö um Stunden ein starkes Fallen des Barometers als allgemein bedrohliches Zeichen voran. Die sichersten Anzeichen sind das Aussehen und die Bewegung der Wolken. Schwere, düstere Wolken, unter einem ausgedehnten Cirrostratusfilz oder nach oben in einen Schirm von dieser Wolkenart übergehend, besonders wenn man unter ihnen einzelne Wolkenfetzen mit großer Schnelligkeit auf dem grauen Grunde vorbeiziehen sieht, deuten auf Regen, Wind und, wenn die Bildung besonders ausgesprochen ist, auch auf Gewitter; je härter und ausgeprägter die Ecken und Kanten sind, um so mehr Wind ist zu erwarten, während weiche, formlose Wolken, bei denen es unmöglich ist, einen bestimmten Rand zu bezeichnen, mehr auf anhaltenden Regen als auf Wind deuten.

Wasserhosen. Wirbelwinde und Wettersäulen von geringem Umfange kommen sowohl auf dem Lande als auf See, besonders in den warmen Klimaten häufig vor, können jedoch gewöhnlich nur dann beobachtet werden, wenn sie sich durch mitgeführte undurchscheinende Körper, wie Wassertropfen, Staub usw., von der umgebenden Luft unterscheiden und sichtbar werden. Dem Seemanne zeigen sie sich in der Form von Wasserhosen. In voller Ausbildung sind sie Säulen von einigen 100 bis über 1000 m Länge und von 1 bis zu 100 m Breite, an denen man einen sich aus dem Meere erhebenden Fuß, einen geraden oder gekrümmten Schlauch und die Wolke unterscheiden kann, in die der Schlauch nach oben zu übergeht. Auf einem Raume von 30 bis 100 m Durchmesser zeigt die Meeresoberfläche eine kochende, sprudelnde Bewegung; springbrunnenartig steigen spitzige Wasser- und Schaummassen empor und versinken wieder, während andere sich heben. Nach der Mitte zu erreichen sie eine Höhe von 4 bis 8 m und darüber; eine Wolke von Wasserstaub umgibt und überragt sie; dieses ist der Fuß der Wasserhose, aus dessen Mitte sich die eigentliche Säule oder der Schlauch erhebt. Der Schlauch tritt vorzugsweise in zwei Formen auf, nämlich entweder als breite, dunkle, stundenglasförmige Säule oder als dünner, heller Strang mit dunklen Rändern von großer Länge und annähernd überall gleicher Dicke. Beide Formen scheinen dadurch ineinander überzugehen, daß zuweilen die Strangform teilweise von einer Nebelhülle in Walzen- oder Kegelform umgeben ist, die mit den Wasserhosen der Stundenglasform Ähnlichkeit hat. Die zweite Form scheint danach zuweilen den Kern der ersten zu bilden, welcher durch die Hülle durchscheint oder in ihren Lücken und namentlich bei ihrem Zerfallen gegen Ende der Erscheinung frei zutage tritt. Wie die ganze Bildung der Wasserhosen noch viel Rätselhaftes an sich hat, so sind auch die Ursachen ihrer verschiedenen Formen noch unbekannt; jedoch ist es sehr bemerkenswert, daß auch die wirbelnden Rauchsäulen, welche bei großen Schilfbränden beobachtet wurden, beide Formen zeigen — also auch die bei den Staubfällen auf dem Lande sonst kaum beobachtete zweite, die Strangform, welche für die Wasserhosen die häufigste zu sein scheint. Nach oben zu schließt sich der Schlauch in der Regel an eine sehr schwere, dunkle Wolke durch einen Ansatz an der letzteren von der Form eines Trichters an, in welchen die dunkle Säule der breiten Form direkt übergeht, oder in dessen Umhüllung der dünne Strang der zweiten Form unsern Blicken entzogen wird.

Wie bei Schilfbränden beide Arten der Säulen aus Rauch, so bestehen auch bei Wasserhosen beide Arten aus demselben Materiale, nämlich aus Wassertropfen in verschieden fein zerteiltem Zustande. Die Ansicht, im Inneren des scheinbar hohlen Schlauches steige das Wasser als zusammenhängende flüssige Masse zu den Wolken empor, beruht auf Täuschung. Eine Kraft, die eine zusammenhängende, viele hundert Meter hohe Wassersäule schnell in Wolkenhöhe beförderte, läßt sich bei dem ganzen Vorgang aus nichts ableiten; eine Verringerung des Luftdrucks in der Wirbelmitte könnte auch nicht herangezogen werden, da selbst der Fortfall des Druckes der ganzen Atmosphäre über dieser Stelle nur eine Wassersäule von 10,3 m Höhe erheben könnte.

Außer in der bisher beschriebenen vollständigen Form werden die Wasserhosen häufig in teilweiser Ausbildung beobachtet; wiederholt hat auch die Entwicklung vollständiger Wasserhosen aus diesen unvollkommeneren Formen und ihre Rückbildung in diese beobachtet werden können. In diesen ist gewöhnlich der Fuß und der oberste, trichterförmige Teil vorhanden, während der Schlauch fehlt, weil der mittlere Teil der wirbelnden Säule in diesen Fällen keine hinreichende Menge tropfbaren Wassers enthält, um sichtbar zu sein. Häufig reicht auch der Wirbel nicht bis auf die Meeresoberfläche herunter, so daß auf dieser keine Bewegung bemerkbar ist und also auch der Fuß der Wettersäule fehlt. Es hängt dann nur — wie dieses namentlich in den Tropen gar nicht ungewöhnlich ist, wenn man es auch bei uns nur selten beobachten kann — ein trichterförmig nach unten sich verjüngender Zipfel von der unteren Fläche der Wolke herab, worin man den Nebel, aus dem er besteht, wie bei ruhigem Wetter den Rauch aus einem Schornstein emporwirbeln sieht. Bei der Ausbildung einer vollständigen Wasserhose verlängert sich dieser Zipfel abwärts, bis er sich mit den immer höher aus dem Meere emporsteigenden Schaum- und Nebelsäulen zu einem langen Schlauche vereinigt. Diese Abwärtsverlängerung des oberen Wolkentrichters hängt jedenfalls nicht mit einem Niedersinken der Luft, sondern nur mit einer immer weiteren Abwärtsverlegung des Ortes zusammen, an welchem in der aufwärts strömenden Luft die Verdichtung des Wasserdampfes zu Nebel beginnt. Ebenso verschwindet beim Aufhören der Wasserhose der mittlere Teil des Schlauches zuerst, nicht etwa, weil die Bewegung hier aufhörte, während sie oben und unten noch fortdauerte, sondern weil sie aufhört, sichtbar zu sein, da nur Wassertropfen und Nebel in diesem Teile fehlen.

Bewegungen in Wasserhosen. Eine genaue Beobachtung der Bewegungen der Teilchen in einer Wasserhose ist schwierig; Täuschungen können dabei sehr leicht vorkommen; die Umstände, unter denen sie gesehen werden, sind für eine genaue Feststellung der Tatsachen zu ungünstig. Wenn man z. B. ein Schalenanemometer, das sich immer nur in einer Richtung bewegt, ansieht, so kann man je nach Belieben und nach seinem Willen eine Rechts- oder auch eine Linksdrehung sehen. Um dies zu verstehen, zeichne man einen Kreis mit Pfeilspitze auf ein durchscheinendes Stück Papier und sehe die Zeichnung einmal schräg von oben und dann schräg von unten an. Die meisten Beobachtungen stimmen indessen darin überein, der Säule eine aufsteigende und zugleich drehende Bewegung zuzuschreiben. Nur wenige Beobachter geben an, eine niedersteigende Bewegung — teils allein, teils neben einer aufsteigenden in derselben Säule — gesehen zu haben, und eine ebenso geringe Anzahl bestreitet eine drehende Bewegung bei den von ihnen gesehenen Wasserhosen. Der Sinn der Drehung scheint von zufälligen Umständen abzuhängen und nicht durch das Gesetz über die Drehung der Luft um ein barometrisches Minimum in der betreffenden Erdhalbkugel geregelt zu werden. Daß Wasserhosen gerade in der Nähe des Äquators sehr häufig sind, wo der Einfluß der Erdumdrehung wegfällt und größere Wirbel deshalb nicht vorkommen, deutet schon an und für sich darauf hin, daß die Drehung der Erde für die drehende Bewegung der Wasserhosen von keiner wesentlichen Bedeutung ist. In dieser Hinsicht läßt sich die Wasserhose mit einem aus einem größeren Gefäße durch eine Öffnung im Boden ausfließenden Wasserstrahl vergleichen; die geringste unregelmäßige seitliche Bewegung im Gefäße ist geeignet, dem der Öffnung zuströmenden Wasser eine immer raschere Drehung zu verleihen, deren Sinn von dem ersten Anstoße abhängt. Nur in höheren Breiten scheint auch bei diesen kleinen Abmessungen, wenn für vollständige Ruhe der Flüssigkeit vor dem Versuche gesorgt wird, die Richtung der trotzdem beim Ausströmen sich einstellenden Spiralbewegung von derjenigen der Erdumdrehung bestimmt zu werden; und wahrscheinlich ist dies auch bei den Wasserhosen außerhalb der Wendekreise der häufigste Fall.

Wasserhosen treten, wie auch die Wettersäulen (Sandhosen usw.) auf dem Lande, am häufigsten bei stiller, sehr warmer und gewitterhafter Witterung auf; allein wie die Tornados auf dem festen Lande von Wettersäulen begleitet sind, die mit großer Schnelligkeit fortschreiten, und wie Tornados selbst sich oft innerhalb eines ausgedehnten Sturmfeldes bilden, so kommen auch Wasserhosen auf See bei jeder Windstärke, auch bei frischen Winden und heftigen Stürmen vor.

Bildung einer Wasserhose. Kapt. Lehmann, Führer des Schiffes „Samarang", stand am 13. Juni 1879 in $2^1/_2{}^0$ N-Br. und 35^0 W-Lg.

Der Wind war südöstlich, von Stärke 2 bis 3; der auf 0^0 reduzierte Luftdruck betrug 760 bis 763 mm, die Lufttemperatur 26^0 C. Er berichtet: „Um 7 Uhr Vorm. kamen in der Kimm in O bis SO dunkle Nimbuswolken auf. Aus einer von diesen Wolken entwickelte sich ein trichterförmiger Sauger, der sich, nach dem Horizonte zu länger werdend, mit der Oberfläche des Wassers vereinigte und eine Wasserhose bildete. Die Hose, die in ihrer ganzen Länge von gleichem Durchmesser erschien, hatte eine Neigung von NW nach SO bis auf zwei Drittel ihrer Länge. Ich schätzte den Winkel, welchen sie mit einer von der aufsaugenden Nimbuswolke nach der Oberfläche des Wassers gezogenen Senkrechten bildete, auf 56^0. Das letzte Drittel bog dann scharf nach unten ab, bis es die Wasserfläche unter einem Winkel von ungefähr 11^0 traf.

Da diese Wasserhose dicht beim Schiff hinging, war sowohl die fortschreitende Bewegung, als auch die Drehung des von ihr aufgesaugten, großen Regentropfen ähnlichen Wassers, so deutlich wahrzunehmen, daß auch nicht der geringste Zweifel darüber aufkommen konnte. Die fortschreitende Bewegung war diejenige der Windrichtung von SO nach NW, während die Drehung um das Zentrum von innen nach außen (zentrifugal) und zwar von links nach rechts, also mit der Sonne, erfolgte. Den Durchmesser der Hose dicht über der Wasserfläche schätzte ich auf 8 bis 10 m.

Obgleich diese Erscheinung noch keine Schiffslänge von uns entfernt, also in großer Nähe passierte, so vernahmen wir doch nicht das geringste Geräusch, während man bei ähnlichen Erscheinungen häufig ein deutliches Rauschen vernimmt. Während die Wasserhose uns passierte, veränderte sich der Wind weder in Richtung noch Stärke, doch regnete es gleich darauf eine Viertelstunde lang. Die Dauer der ganzen Erscheinung war ungefähr eine halbe Stunde."

Windhose an Bord. Kapt. J. Sielfeld, Führer des Schiffes „Zanzibar", bemerkt am 5. Oktober 1878 in $49^1/_2{}^0$ N-Br. und 17^0 W-Lg.:

„Um 5 Uhr Nachm. ging ein Wirbelwind, Windhose, quer über das Schiff und wütete furchtbar in den Segeln. Die Windhose hatte eine Geschwindigkeit von 10 bis 12 Knoten und in der Richtung des Windes, einen Durchmesser von 120 m (eher größer als kleiner) und war wohl ungefähr 200 m hoch." Der Wind war den Tag über südlich, von SW nach SSO zurückdrehend, Stärke 4 bis 7, das Wetter böig, die Bewölkung sehr wechselnd; am folgenden Tage ging der Wind nach W und WNW um und wuchs zum starken Sturme an; das Barometer war am 5. in raschem Fallen begriffen, um 4 Uhr N 743,7, um 8 Uhr N 740,0.

Windwirbel dicht bei. Kapt. J. Dankless, Führer des Dreimast-Schuners „Iris" (M.T. 4358), am 10. Juli 1894 auf einer Reise von Hamburg nach Guayaquil in 38° S-Br., 50° W-Lg., berichtet:

„8 Uhr V Wind WzN 7. 8 Uhr V Sahen vor einer Bö einen Windwirbel in der Richtung der Bö ziehen. Er war wohl 10 bis 12 m im Durchmesser und 5 bis 6 m hoch. Der Schaum von der See wirbelte mit großer Schnelle mit dem Uhrzeiger rund. Der Wirbel zog unmittelbar vor einer Bö in derselben Richtung nahe am Schiff vorbei. Mittag bis 8 Uhr N WSW 6 bis 8. Sahen Nachm. noch zwei solcher Wirbel, wovon einer über das Schiff ging. Die Segel vom Vortopp schlugen plötzlich back und gleich darauf wieder voll; die Windstärke war nicht mehr als vor- und nachher."

Windwirbel, dreht das Schiff rundum. Kapt. J. H. Bannau, Führer der Bark „Papa", auf einer Reise von Hongkong nach New York 1881 (M.T. 1451), erreichte am 8. April 1881 auf 26° S-Br., 53° O-Lg., die Südgrenze des Südostpassates.

Der Wind machte dann vom 9. bis 11. April zwei Rundläufe N-SW-SSO-N-NW-SO-NO-O durch und war am 11. April 8 Uhr V NO 3, 10 Uhr V NOzO 3, mittags in 26,9° S-Br., 48,9° O-Lg. SOzO 4. Das Barometer war vormittags am 11. hoch und stetig, um 765 mm. Die Bemerkungen lauten: „2 Uhr V Wetterleuchten im NW, zuweilen schwaches Donnern. 6 Uhr V Blitzen in NW, W und SW, schwaches Donnern. Oberwolken ziehen von NW, nim. Wolken ziehen sich voraus (Kurs WzS) zusammen und bilden Böen, welche oben nach SO verziehen. Im SW sehr schwarz und dunkel. Nach 10 Uhr ziehen im W die Nim. zusammen, in kurzer Zeit bildet sich dort eine dunkle Bö. 11 Uhr setzt die Bö mit einem Wirbel von Stärke 5 ein; dieser dreht das Schiff rundum, wobei es sich zuweilen begibt, daß der eine Topp voll und der andere back steht. Nachdem der Wirbel über uns hingezogen, weht es SSW 5, dreht aber bald bis SOzO. Sehr schwerer Regen über eine Stunde lang, dabei heftiges Gewitter, 12½ Uhr lichtet es im W, wir segeln aus dem Regen hinaus, im O sehr dunkel, auch donnert es dort noch."

Wasserhose bei schwerem Sturm. Kapt. Tebelmann, Führer des Schiffes „Savannah", berichtet vom 11. November 1878 aus 29½° N-Br. und 76° W-Lg.:

„Wind Tag über SSO bis SO, auffrischend von Stärke 4 bis zum vollen Sturm, seit 2 Uhr N Stärke 10 bis 11; Barometer fallend. Um 4 Uhr N SSO 11, Bar. 751,3, Temp. 26,0°, Bewölkung 9; „orkanähnliche Böen, schwerer Regen und Wasserhose, hoher Seegang aus Süd. — Abends furchtbarer Sturm und gewaltig anlaufender Seegang."

Ferner vom 30. Dezember aus 42° N-Br. und 42° W-Lg.: „Tag über Wind WNW bis W 6 bis 7, Barometer ziemlich beständig auf 748,5 bis 750,0, Temperatur 6,1° bis 7,8°; Morgens „schwere Böen und Hagel"; Nachmittags „sehr schwere Bö mit außerordentlich starkem Hagelschlag, dem eine Wasserhose, dicht beim Schiffe, rasch nach O fliegend, vorausging. Blitzen im Norden."

Wasserhose in Mallungen.

Das Schiff „Leonore", Kapt. H. A. Held, hatte im Karaibischen Meere während des ganzen Monats Mai 1879 ganz flaue, veränderliche Winde, hier und da von heftigen Windstößen unterbrochen und fast täglich Gewitter, am 18. Mai steht im Tagebuch unter 2 Uhr V: „Wasserhosen mit Gewitterböen" und unter 8 Uhr N wiederum „Wasserhose" verzeichnet. Barometer um 761 bis 762 schwankend, Lufttemperatur sehr hoch, 27° bis 29½° C.

Wasserhosen an Bord. Die Gefahr der Wasserhosen für ein Schiff liegt in der heftigen wirbelnden Luftbewegung und ist gleich der von plötzlichen Windstößen: Brechen der Masten oder Kentern des Schiffes. Gewöhnlich ist der Wirbel glücklicherweise von zu geringer Ausdehnung und nicht heftig genug, um diesen schlimmsten Fall herbeizuführen; kleinere Wasserhosen sind deshalb schon öfters über Schiffe hinweggegangen, ohne größeren Schaden als eine plötzliche heftige Schwankung des Schiffes und das Brechen oder Zerreißen eines oder des anderen Teiles der Takelung oder des Segelwerks zu verursachen. Das Wasser entlud sich dabei als großtropfiger Regen; auch in den zahlreichen Fällen, wo Schiffe Wasserhosen in ihrer Nähe sich auflösen sahen, wird gewöhnlich ein kurzes starkes Regenschauer im Anschluß hieran gemeldet, dessen Wasser keinen Salzgeschmack zeigte, also nicht etwa gehobenes Seewasser war. Berichte über Wasserhosen, die über ein Schiff weggingen, sind selten; für die Erkenntnis ihrer Natur sind sie natürlich von ganz besonderem Werte.

Der folgende Fall wurde von einem früheren Beamten der Seewarte mit erlebt. Im September 1854 wurde das Bremer Schiff „Marianne", Kapt. Warkmeister, auf der Reise von Baltimore nach Bremen im Golfstrome von einer Wasserhose getroffen. Das Schiff lag bei stürmischem Wetter und starkem Regen mit aufgegeiten Untersegeln und niedergefierten Marssegeln, an denen die Refftaljen vorgeholt waren, über B.-B.-Bug am Winde. Plötzlich, bevor jemand von der auf dem Hinterdeck befindlichen Mannschaft es bemerkte, traf eine von luvwärts herkommende Wasserhose mit gewaltiger Kraft die Mitte des Schiffes. Das Schiff neigte sich nach Lee über, als ob es kentern wollte; die Belegnägel, an denen die neuen Refftaljen des großen Marssegels befestigt waren, zerbrachen, und durch die Kraft des Windes wurde die Marsrah in solcher Weise nach oben getrieben, daß das Marssegel ganz stramm gesetzt wurde. Diese gefährliche Lage dauerte indessen nur wenige Sekunden, denn noch ehe es gelang, die Marsschoten loszuwerfen, war der Stoß schon vorüber, fiel die Marsrah von selbst wieder herunter und war das Wetter dasselbe wie zuvor. Von mehreren Leuten der Besatzung wurde, nachdem das Schiff sich wieder aufgerichtet hatte, die in Lee befindliche Wasserhose noch für einige Augenblicke deutlich gesehen, dann verschwand sie im Regen.

Die Bark „Ceylon", von 561 Reg.-Tons, Kapt. Niemann, befand sich am 10. April 1875 in 31° N-Br., 71.° W-Lg. Am Tage herrschte schönes Wetter; gegen Abend zog ein Gewitter herauf. Es wurden deshalb, als die Luft ein immer drohenderes Ansehen gewann, alle Segel außer den Untermarssegeln eingenommen. Das Wetter fing bereits an, sich wieder aufzuklären, als gegen 9 Uhr eine markierte dunkle Wolke im Westen sichtbar wurde. Man hielt sie anfangs für ein fremdes Schiff; als die Erscheinung jedoch näher kam und die Gestalt eines Trichters annahm, wurde sie als eine Wasserhose erkannt. Da die Segel fest waren, war ein Entrinnen unmöglich. Gleich darauf war das Schiff an der Backbordseite von der Wettersäule ergriffen und nach Steuerbord übergeschlagen, so daß die Nocken der Rahen fast das Wasser berührten. Das Vorderteil tauchte tief unter; gleichzeitig wurde das Schiff, wie der Mann am Ruder beobachtete, von NNW nach SSO herumgedreht, und dann mit solcher Gewalt auf die Backbordseite geworfen, daß Groß- und Besanmast über Bord gingen. Dabei wurde der Kapitän bewußtlos zu Boden gestreckt und der Steuermann erschlagen. Der ganze Vorgang soll etwa 2 Min. gedauert haben. 14 Tage später lief die Bark unter Notmasten in Philadelphia ein.

Die Bark „Reindeer", Kapt. Strandt, befand sich am 11. Februar 1888 in 32° N-Br., 76° W-Lg. im Golfstrom auf der Reise nach New York. Vormittags 10½ Uhr, während sie unter allen Segeln war, ging eine schwere Wasserhose über sie weg, die die Bark vollständig entmastete bis unter die Salinge der drei Untermasten. Keine Warnung war vorhergegangen; das Wetter war anscheinend klar zur Zeit, und die ganze Sache war in ein paar Minuten vorbei. Das entmastete Fahrzeug erreichte Bermuda am 16. Februar.

Wasser- und Sandhosen. Da nach zahlreichen Beobachtungen ein Wirbelwind, welcher vom Lande auf das Wasser hinübertritt, eine Wasserhose bildet, und umgekehrt Wasserhosen nach Erreichung der Küste zu Sand- oder Staubhosen werden, wenn hinreichend leicht bewegbares Material auf dem Boden vorhanden ist, so sind beide im wesentlichen ein und dasselbe. Die Ähnlichkeit mit den Sandhosen, die sich über hoch erhitzten Bodenflächen bilden, und mit den wirbelnden Rauchsäulen, die über großen Feuern beobachtet werden, macht es wahrscheinlich, daß wir es auch bei den Wasserhosen mit einem durch ungewöhnlich rasche Temperaturabnahme nach der Höhe zu unsicher gewordenen Gleichgewicht der Atmosphäre zu tun haben. Da die Luft eine gewisse Zähigkeit hat, kann es eine Zeitlang dauern, bis an einer Stelle die unteren warmen Luftmassen gleichsam durch ein Loch, das in den darüber lastenden Schichten entsteht, mit Heftigkeit wirbelnd empor strudeln. Sie reißen dabei einerseits Wassertropfen von der Meeresoberfläche mit sich, andererseits verdichten sie beim Höhersteigen durch Erkaltung ihren Wasserdampf zu Nebel. Durch diese Verdichtung des Dampfes zu flüssigem Wasser bleibt die Temperatur der aufsteigenden Luftmasse anhaltend höher als die der angrenzenden Luftschichten, wodurch ihre aufsteigende Bewegung immer neuen Antrieb erhält. Eine ähnliche Rolle, wie hier das Wasser, spielt bei den Wettersäulen auf dem Lande der heiße mit hinaufgeführte Sand, der ebenfalls durch seine hohe Temperatur die aufsteigende Luftsäule viel wärmer macht als die umgebenden Teile der Atmosphäre.

Die Form der wirbelnd aufsteigenden Säule muß von der verschiedenen Geschwindigkeit der Bewegung in ihr abhängen; die Säule muß an dem Orte, wo sie die größte Geschwindigkeit besitzt, den kleinsten Durchmesser haben und sich erweitern, je mehr die Geschwindigkeit beider Bewegungen, der aufsteigenden und der wirbelnden, abnimmt. Die langen, strangförmigen Wettersäulen besitzen also wahrscheinlich in allen Höhen annähernd dieselbe Geschwindigkeit, während sie in den trichterförmigen von der engsten Stelle an aufwärts fortwährend an Geschwindigkeit abnimmt.

Unsere Kenntnis von der Natur der Wasserhosen ist noch in vielen Punkten so mangelhaft, daß eine Erklärung ihres Entstehens und Verhaltens sich nur auf Ähnlichkeiten und ziemlich wahrscheinliche Voraussetzungen stützen kann. Es fehlt noch sehr an guten, unter günstigen Umständen und mit der nötigen Ruhe und Schärfe angestellten Beobachtungen und an Photographien, mit deren Lieferung sich mancher Schiffsführer ein Verdienst um die maritime Meteorologie und die Lehre von den Luftbewegungen verschaffen kann.

Tornados. Ein Mittelglied zwischen den Wasserhosen, den Böen und den eigentlichen Wirbelstürmen bilden die Tornados, die je nach der Gegend und den Umständen der einen oder der anderen von diesen Klassen von heftigen Luftbewegungen näher zu stehen scheinen. Man versteht darunter Windstöße, welche mit einer schweren Wolke, in der Regel zugleich mit Regengüssen und Hagel verbunden auftreten, und bei deren sehr kurz dauerndem Vorübergang der Wind rasch einen bedeutenden Teil des Horizonts durchläuft. Übrigens sind sie nicht überall von demselben Charakter. Die bekanntesten sind die Tornados von der Westküste Afrikas und die der Vereinigten Staaten von Nordamerika. Die afrikanischen stehen den gewöhnlichen Böen anderer Meere sehr nahe, die amerikanischen haben eine Reihe auffälliger Besonderheiten und zeigen sich im ganzen mit den Wettersäulen (Wasser- und Sandhosen) näher verwandt und sind in der Tat gewöhnlich von einer ungeheuren Trombe begleitet.

Vor den Tornados an der Westküste Afrikas tritt eine Wolke, die Böenwolke, am Horizont auf und bewegt sich von dort nach dem Scheitel zu. Der Sturm bricht los, wenn ihr vorderer Rand den Scheitel erreicht hat, zuweilen auch erst, wenn schon zwei Drittel des Himmels von ihr bedeckt sind. Das Aussehen der Wolke vor dieser Zeit ist nach den besten Beschreibungen dasselbe wie bei einer bogenförmigen Bö.

Die Tornados an der Westküste Afrikas scheinen im wesentlichen heftige Gewitterböen zu sein; sie halten $^3/_4$ bis zu 4 Stunden an und erreichen die Stärke 9 bis 10 Beaufort. Die Tornados am Senegal sollen meistens eine Viertelstunde dauern. Der Eindruck der Gefahr bei diesen Stürmen mag wesentlich durch den Gegensatz, in dem sie zur gewöhnlichen Ruhe der Atmosphäre in diesen Gegenden stehen, verstärkt sein. Der Zug der westafrikanischen Tornados und die Richtung des Sturmwindes darin sollen mit dem gewöhnlichen Zuge der oberen Wolken übereinstimmen, dem unteren Winde aber, der vor- und nachher herrschte, nahezu entgegengesetzt sein.

Anders die nordamerikanischen Tornados. Die Dauer des Windstoßes an jedem einzelnen Ort überschreitet hier selten eine Minute, und in diesem kurzen Zeitraum werden auf dem scharf begrenzten Striche, den er berührt, die fürchterlichsten Verwüstungen angerichtet. Es liegen eine große Menge sicherer Beispiele vor, wonach die Stärke des Windstoßes in diesen Tornados der Windstärke in den tropischen Orkanen gleichkommt. Vor seinem Eintritt ist die Temperatur in der untersten Luftschicht sehr hoch für die Jahreszeit, im Sommer herrscht drückende Schwüle; eine bis zum Boden in Gestalt einer Säule oder eines umgekehrten Kegels hinabreichende Wolke nähert sich mit einer Geschwindigkeit von 15 bis 20 m in der Sekunde. Regenguß und Hagelfall begleiten gewöhnlich den Fortgang der Erscheinung; ein Stoß, ein Krach, und vorüber ist es, einen verwüsteten Streifen von durchschnittlich einer halben Seemeile hinter sich lassend. Häuser sind zerstört, Bäume entwurzelt oder abgebrochen, schwere Gegenstände gehoben und meilenweit fortgeführt. Die ganze Erscheinung gleicht mehr einer plötzlichen, furchtbaren Explosion als einem Sturme. Der verwüstete Streifen zeigt eine Länge von 3 bis zu 1300 km; bei den langen Bahnen ist er gewöhnlich an einigen Stellen durch Stücke unbeschädigt gebliebenen Gebiets unterbrochen, die der Tornado übersprungen hat.

Sie treten gewöhnlich in der südlichen Hälfte einer größeren Depression auf, häufig zu mehreren zugleich oder in geringen Zeitabständen. Die Richtung ihrer Bahnen ist annähernd die der Luftmassen des größeren Wirbels in Wolkenhöhe. Auf dem Wege des Tornados zeigen die hingestreckten oder fortgeführten Gegenstände die Richtung des Windstoßes an, die zu beiden Seiten der Bahn nach dieser hinweist, in der Mitte aber und in einem beträchtlichen Streifen zu ihren beiden Seiten mit der Fortpflanzungsrichtung des ganzen Tornados übereinstimmt. Dies gilt namentlich für die rechte Seite. Zahlreiche Tatsachen sind gesammelt, die eine rasche Änderung der Richtung in dem Windstoße selbst während der wenigen Augenblicke des Vorübergangs des Tornados nachweisen, und in der Regel bezeugen diese Tatsachen eine Drehung der Luft unter der Tornadowolke gegen den Uhrzeiger, also wie in den großen Wirbelstürmen dieser Halbkugel.

Ähnliche kurze Windstöße von zerstörender Kraft wie die nordamerikanischen Tornados kommen auch in Europa vor, obwohl selten und in geringerer Heftigkeit. Auch sie hinterlassen, namentlich in Wäldern, eine schmale, aber lange Bahn, die durch die Zerstörungen erkennbar bleibt.

Nach allen bisher gesammelten Tatsachen scheinen sie eine Verbindung von Wettersäule und Bö zu sein. Stellt eine Bö herabstürzende Luft dar, so muß die von ihr verdrängte untere Luft aufsteigen. Geschieht dies in stürmischer Weise, so ist die Veranlassung zur Bildung von Wirbeln, von Wettersäulen und Wasserhosen gegeben. So ist wohl die Beobachtung zu verstehen, daß vor der auf der Meeresoberfläche heranbrausenden Bö eine oder mehrere Wasserhosen einhertanzen. Ist die Mächtigkeit der aufsteigenden Luftmasse größer und ihr Antrieb bedeutender, so haben wir eine Wettersäule von riesigen Abmessungen, worin sich die Luft stürmisch zum Zentrum und im Wirbel darum bewegt. Der aufsteigende Luftstrom von der hinteren und rechten Seite wird durch niedersteigende Luftmassen genährt, welche die größere Geschwindigkeit der höheren Luftschichten mitbringen und diese mit der Wirbelbewegung zu einer ungeheuren Windstärke verbinden. Durch diese Auffassung würden die allmählichen Übergänge von den Tornados zu den gewöhnlichen Böen und zu den Wasserhosen erklärlich sein.

II.

Die Böen der äquatorialen Mallungen und des Passatgebiets.

Innerhalb der Wendekreise südlich von 6° N-Br. tragen die Stürme so gut wie ausschließlich den Charakter von kurzen Gewitterstürmen und Böen oder stürmischem Passat. Nördlich von 6° N-Br. gesellen sich die seltenen, aber furchtbaren tropischen Wirbelstürme hinzu, jedoch fast nur in den Monaten Juli bis Oktober; auf dem Südatlantischen Ozean fehlen sie.

Verteilung der Böen. Über die räumliche und zeitliche Verteilung der Böen im äquatorialen Teile des Atlantischen Ozeans geben die Arbeiten des Londoner Meteorologischen Amtes Aufschluß. Stellen wir daraus die prozentische Anzahl der Böen von 10° S-Br. bis 20° N-Br. und von 15° W-Lg. (nördlichvon 10° N-Br. nur von 20° W-Lg.) bis 35° W-Lg. zusammen, so erhalten wir folgende Ergebnisse. Die Häufigkeit der Böen ist westlich von 30° W-Lg am größten; ziemlich frei von Böen ist dieser Meeresteil (30 bis 35° W-Lg.) auf größere Strecken nur zu folgenden Zeiten: im Februar südlich von 2° S-Br., im April zwischen 5° und 10° N-Br., im August und September zwischen 1° und 6° N-Br. (unsicher aus Mangel an Material), im Oktober zwischen 3° S-Br. und 2° N-Br., im November und Dezember endlich südlich von 1° S-Br. Besonders häufig (14 bis 25 % aller Beobachtungen) sind die Böen zwischen 30° und 35° W-Lg. im Januar und Februar im nördlichen Teile, namentlich nördlich von 16° N-Br., sowie zwischen 2° und 4° N-Br., und im Mai bis September südlich von 4° S-Br. (im Juli bereits vom Äquator an); endlich im Oktober und November zwischen 3° und 8° N-Br.

Einfacher gestaltet sich die Verteilung der Böen zwischen den Meridianen 20° und 30° W-Lg. Ihre große Häufigkeit in den Wintermonaten nördlich von 12° N-Br., die wir westlich von 30° W-Lg. fanden, ist hier verschwunden, und die Prozentzahl der Böen richtet sich auf Nordbreite fast ganz nach der Lage des Kalmengürtels; bestimmen wir seine Lage ausschließlich nach der vorherrschenden Windrichtung, so sehen wir, daß der Gürtel mit den häufigsten Böen im Jahreslaufe mit dem Stillengürtel auf- und abschwankt, und zwar so, daß beide Gürtel von Oktober bis Mai zusammenfallen, von Juli bis September hingegen, zur Zeit der Ausbildung des Südwestmonsuns, die Böen an der Südgrenze des Kalmengürtels, im Gebiete des Monsuns, am häufigsten sind.

Außer in dem Stillengürtel und im Südwestmonsun sind die Böen zwischen 20° und 30° W-Lg., ähnlich wie westlich von 30° W-Lg., häufig im Südostpassat, südlich von 4° S-Br., mit Ausnahme der Monate November bis Februar. Von Mai bis Oktober ist dieses Gebiet von dem des Kalmengürtels durch einen Streifen von 3° bis 12° Br., in welchem die Böen ziemlich selten sind, getrennt; im März hingegen, wo der Kalmengürtel am südlichsten liegt, verschmilzt er mit dem nordwärts verschobenen zweiten Gebiete; dann sind Böen häufig von 5° S-Br. bis 4° N-Br.

Im Nordostpassat treten östlich von 30° W-Lg. und südlich von 20° N-Br. Böen nur sehr selten in größerer Entfernung als 2° bis 3° von seinem Südrande auf; so sind beispielsweise von Februar bis Mai in dem Raume 20° bis 25° W-Lg. und 8° bis 20° N-Br. fast nie welche von englischen Schiffen aufgezeichnet worden.

Zwischen den Meridianen 15° und 20° W Lg. scheinen Böen nur von Juli bis September nördlich von 6° N-Br. häufig zu sein; auch im Südostpassat zeigen sie sich in dieser Länge viel seltener als weiter westlich.

Die merkwürdige Tatsache der so viel größeren Häufigkeit der Böen und Windstöße im Westen als im Osten von 30° W-Lg. von Dezember bis Februar nördlich von 10° N-Br. ist bereits von dem englischen Amte gebührend hervorgehoben. Man hätte das Entgegengesetzte für wahrscheinlicher halten können, weil das Quadrat 40 (westlich von 30° W-Lg.) in der Mitte des Ozeans liegt, während 39 (20 bis 30° W-Lg.) die Kap Verdeschen Inseln enthält; eine Erklärung dafür ist noch nicht gegeben. Die Windstöße, die den Meeresteil zwischen 30° und 40° W-Lg. in dieser Breite auszeichnen, treten übrigens häufig mit ganz heiterem Wetter, also nicht als eigentliche Böen auf, was ihre Gefährlichkeit erhöht.

Die jährliche Verteilung der Böen stimmt in den einzelnen Teilen des Äquatorialgebiets fast durchweg mit derjenigen der Regen überein. Die Böen sind häufiger in der Regenzeit, seltener in der Trockenzeit.

Stärke und Richtung der Böen. Die Stärke der äquatorialen und tropischen Böen beträgt gewöhnlich nur 4 bis 7 der Beaufortschen Skala, erhebt sich aber in allen Teilen des Gebiets in einzelnen Fällen auf 8 bis 12. Stürmische Winde, die nicht Böen waren, sondern stetig wehten, sind überhaupt nur sehr selten aufgezeichnet worden; für das am stärksten befahrene Quadrat 3 (0 bis 10° N-Br. und 20 bis 30° W-Lg.) z. B. enthalten die Sammlungendes Londoner Amtes unter mehr als 70000 Beobachtungen nur folgende Fälle:

im März . .	zwischen	7 u. 8° N-Br.,	28 u. 29° W-Lg.	aus	NO 8, einmal notiert
im Juni . .	„	1 u. 2° N-Br.,	22 u. 23° W-Lg.	„	SO 8, dgl.
		2 u. 3° N-Br.,	27 u. 28° W-Lg.	„	SSO 8, dgl.
im Juli . .	„	8 u. 9° N-Br.,	27 u. 28° W-Lg.	„	SW 8, zweimal notiert
im August	„	9 u. 10° N-Br.,	20 u. 21° W-Lg.	„	WSW 8, einmal notiert
			22 u. 23° W-Lg.	„	SW 8, dgl. SW 9, dgl.
			29 u. 30° W-Lg.	„	SW z. S. 8, dgl.
im Oktober	„	9 u. 10° N-Br.,	26 u. 27° W-Lg.	„	SW 8 bis 10. dgl.

Dagegen sind stetige stürmische Winde auf Südbreite bis zu 20° S-Br. an der amerikanischen Seite durchaus nicht selten (s. Taf. 25 d. Atlasses, 2. Aufl.)

Die vorherrschende Richtung der Böen ist im Quadrat 3 in den verschiedenen Monaten verschieden; für den Vergleich mit der mittleren Windrichtung ist im Auge zu behalten, daß die Böen von Juni bis September hauptsächlich im Südwestmonsun, in den übrigen Monaten aber im Stillengürtel selbst zwischen den Passaten vorkommen. Die Richtungen, woraus die Böen am häufigsten kommen, sind im folgenden angeführt; sind mehrere Richtungen genannt, so ist die erste die häufigste, während die folgenden ihr wenig oder, falls in Klammern, beträchtlich an Häufigkeit nachstehen.

Jan. Febr.	März April Mai	Juni	Juli	August	Septbr.	Oktbr. Novbr.	Dezbr.
NO;	NO, SO;	SO, (NO);	SW, SO;	SW, S;	SW;	SO, NO;	SO, (NO-S).

Die Richtung der Bö ist in diesen Gewässern meistenteils von der des vor und nach ihr wehenden Windes sehr verschieden. Über die Böen im nordöstlichen Teil dieses Gebiets, zwischen 4° und 10° N-Br. und 18° und 25° W-Lg. macht Kapt. MIDGLEY folgende Bemerkungen:

„In diesem Teile des Ozeans kann man, wenn in irgendeiner Richtung viel Blitzen in einer dichten, schweren Wolke gesehen wird, erwarten, daß der Wind plötzlich aus dieser Richtung kommen werde, besonders wenn es dabei etwas regnet, wenn auch der Wind zurzeit mit mäßiger Stärke aus einer entgegengesetzten Richtung weht. Gegabelte oder Kettenblitze sind fast sichere Vorboten einer schweren Bö, es sind Warnungszeichen, die wohl beachtet werden sollten. Man muß sich allemal auf eine Änderung vorbereiten, wenn es viel blitzt und der Wind unstetig und umlaufend ist. Oft zieht eine schwere Wolke von böigem Aussehen vom Horizont herauf und kommt langsam über das Schiff direkt von Lee mit vielleicht nur geringer oder gar keiner Verstärkung des Windes; aber wenn die Gefahr schon vorüber zu sein scheint, fallen die Segel plötzlich back durch eine kräftige Bö. Es sollte deshalb, wenn die Wolken gegen den Unterwind ziehen, wenn möglich noch ein schärferer Ausguck leewärts als luvwärts gehalten werden."

„Im Juni, Juli und August ist das Wetter sehr feucht und böig. Bisweilen sieht man dichte Wolkenmassen von Südost, Süd und Südwest rasch heraufsteigen, die sich übereinander zu wälzen scheinen; sie sind von dunkler, schmutziggrauer Farbe mit zerrissenen Rändern, in deren Nähe tintenschwarze kleine Wölkchen fliegen. In dem Maße, wie sich die Wolken dem Scheitel nähern, scheinen sie zusammenzufließen und die Spitze eines Winkels zu bilden, worauf die Bö mit unglaublicher Kraft aus dem Südwestquadranten der Windrose (2 bis 3 Strich und mehr ausschießend) bis über zwei Stunden weht, während der Regen in Strömen herabkommt, zuweilen in Begleitung einer Wasserhose oder eines Wirbelwindes."

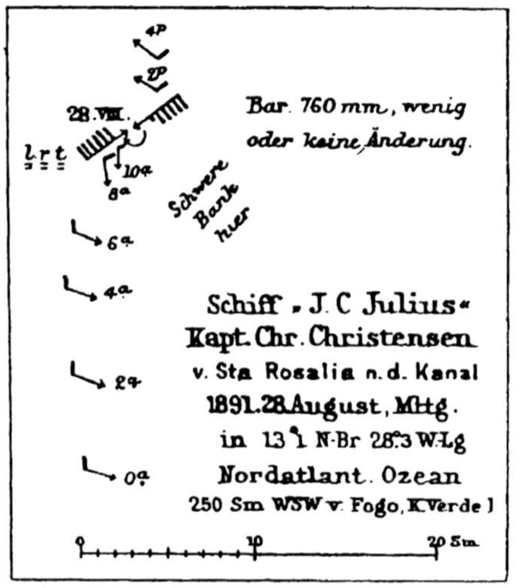

Fig. 33.

Bö von Nordost nach Südwest umlaufend, Stärke 11 bis 12.

Segler „J. C. Julius", Kapitän CHR. CHRISTENSEN, M.T. Nr. 3681, auf der Reise von Sta. Rosalia nach dem Kanal, beobachtete am 28. August 1891 im Nordatlantischen Ozean, 13° N-Br. und 28° W-Lg. bei 760 mm:

Wind von 2 bis 6 Uhr V WNW 2, 8 Uhr V NNW 1, 10 Uhr V NO bis N 1. Um 12 Uhr Mtg. Blitze im SO bis O, flaue Brise. Bemerkungen. Flaue Brise, allmählich durch N nach NO holend, im SO eine schwere Bank, um 11½ zog eine Bö über, fiel aus NO ein und veränderte durch O bis SO bis S; es wehte so hart, daß fast sämtliche Segel, sowohl die aufgegeiten wie die stehenden, wegflogen. Es wehte härter als im härtesten Sturm bei Kap Horn, denn die Flügelstange brach, die sonst jeden Sturm ausgehalten hat. 2 Schiffe waren in Sicht, verloren ebenfalls alles samt dem Klüverbaum. Die Bö, von furchtbarem Regen, Donner und Zickzackblitzen begleitet, zog nach W. Es dauerte ungefähr eine Stunde; ob das Barometer gefallen, weiß ich nicht, ich glaube kaum. Eine solche Bö habe ich in dieser Gegend nie früher gehabt; die See war in 5 Minuten weiß von Schaum.

Afrikanische Tornados. Die schwersten Böen und kurzen Stürme in dieser Gegend, namentlich längs der Küste von Afrika, die zugleich von sehr starken Änderungen des Windes vor und nach und vielleicht auch während der Bö begleitet sind, werden als Tornados bezeichnet. Die von Kapt. MIDGLEY gegebene Beschreibung würde mit Ausnahme der Richtung auch auf Tornados passen.

Auf dem Segler „Dahomey“ beobachtete Kapt. Hohorst einen Tornado am 5. Juli 1868 auf der Reede von Kwittah (5° 55′ N-Br., 0° 54′ O-Lg.).

„Nachmittags 3 Uhr erhielten einen Tornado. Pechschwarze Luft von S bis SO aufkommend und sich bis O hinziehend. Die ersten Windstöße kamen von OSO, dann folgte steifer Wind aus derselben Richtung, dick von Regen. Die See gleich ziemlich hoch, mußten das Schiff vor beide Anker legen. Der Tornado hielt an bis 6 Uhr Abends, wurde aber gegen 5 Uhr schon etwas flauer, der Regen bis 7 Uhr; allmählich klarte der Himmel etwas auf, blieb aber noch immer bezogen.“

Derselbe Beobachter bemerkt am 19. Februar 1869, aus 1° 6′ N-Br. und 2° 39′ O-Lg. nachdem in den beiden letzten Nächten Wetterleuchten beobachtet und der Wind anhaltend südwestlich — seit 40 Stunden fast unverändert SSW 3 — gewesen war: „8 Uhr V Die Luft in NO schnell aufkommend, Nimbus. 8 1/2 Uhr V. Tornado aus NO, schwerer Sturm, dick von Regen, anhaltend bis 10 Uhr V, dann die Luft etwas abklarend. Um 4 Uhr N Bewölkung 4/10, cum. Wind wieder SW 3. Darauf mondhelle Nacht.“ Wind in den folgenden Tagen zwischen SSO und WSW schwankend, Stärke 2—4.

Von besonderem Interesse sind die Beobachtungen am Barometer und die des Wolkenzuges; während das Barometer bis kurz vor dem Tornado nichts Ungewöhnliches bemerken läßt, die tägliche Periode deutlich erkennbar ist und nur das allzu starke Steigen von 4 bis 8 Uhr V, das wahrscheinlich zum großen Teil auf die letzte halbe Stunde fällt, bei häufigeren Beobachtungen vielleicht als Warnung hätte dienen können, sehen wir den Wolkenzug schon Stunden vorher aus der westlichen in eine östliche Richtung übergehen. In dem folgenden Täfelchen ist der vorherrschende Wolkenzug angegeben:

18./2. 1869	Mittag	4 h N	8 h N	Mitternacht	4 h V	8 h V	Mittag
Barom., red. auf 0°	759,8	758,9	760,2	760,3	759,5	763,5	761,3
Wolkenzug aus	SW	SSW	S	S	SO	OSO	—
Bewölkung	7	7	2	2	4	4	10

Auf demselben Schiffe und in derselben Gegend beobachtete 1870 Kapt. Berdrow in 2° 37′ N-Br. und 3° 41′ O-Lg. am 24. Febr. vormittags einen Tornado, der stoßweise, aus SO am schwersten, wehte, mit strömendem Regen und Gewitter, nachdem schon am vorhergehenden Abend um 6 Uhr bei fortwährendem Donnern und Blitzen und starkem Regen eine fast ebenso heftige Bö aus SSW das Schiff getroffen hatte. Wind und Wetter waren in dieser Zeit:

	Mittag	4 h N	8 h N	Mitternacht	4 h V	8 h V	Mittag	4 h N
Wind	SW 3	WSW 3—8	WSW 3	WSW 2	WSW 2	NO-SO 2—9	NO-WNW 3	
Bewölkung	4	6	3	6	5	10	2	
Wolkenzug aus	SW	OSO	W	SO	SW	—	WSW.	

Wenige Tage später, am 1. März, wurden die schwachen südlichen und südwestlichen Winde, welche sich seit dem 25. wieder eingestellt hatten, abermals durch eine heftige Bö unterbrochen, und zwar in 0° 30′ N-Br. und 6° 10′ O-Lg., in nächster Nähe von S. Thomé; sie trat um 8 Uhr Abends aus N mit der Stärke 8 ein, und war von Blitzen und Donnern rund herum begleitet. Der vorher und nachher anhaltend südwestliche Wolkenzug zeigte in dieser Zeit Störungen, und zwar zwischen 12 und 4 Uhr N NNW, zwischen 4 und 8 Uhr SSW, zwischen 8 Uhr und Mitternacht OSO.

Auf derselben Reise hatte das Schiff am 10. und 11. Januar (beidemal gegen Mittag), gleichfalls schwere Böen durchzumachen gehabt, beide aus NO, geschätzte Stärke 8 und 9, in der Breite von 4 1/2 N-Br. und Länge 17° W-Lg. Der mäßige nordöstliche Wind, der das Schiff in kaum 9 Tagen von 25° bis 5° N-Br. gebracht hatte, war vorher seit dem Mittag des 9. Windstillen und leichten veränderlichen Winden gewichen.

Am 15. März 1873 beobachtete wieder auf demselben Schiffe Kapt. Hohorst einen Tornado, unter 3° 20′ N-Br. und 5° 40′ W-Lg. Der Wind war seit Mittag des 14 SW 3 gewesen, der Wolkenzug, bei halbbewölktem Himmel, SW und SSW; am Nachmittag „leichte Brise und gutes Wetter“. „Um 3 Uhr Nachts schwerer Tornado, Gewitterbö aus NO mit Windstärke 9 und heftigem Regen, gegen Morgen abflauend“; um 8 Uhr V Windstille.

Kapt. Pein, Segler „Taikun“ berichtet: „Am Abend des 28. März 1877 in 6° 30′ N-Br. und 12° W-Lg. ging der bis dahin ganz flaue südliche Wind nach WSW um, frischte aus dieser Richtung gegen 8 Uhr plötzlich bis zur Stärke 8 auf und lief unter immer zunehmender Stärke nach Mitternacht auf NNO. Starker Tornado von 12 Uhr bis 4 Uhr.“ Beobachtung:

	8 h N	10 h N	Mitternacht
Wind	WSW 8	WSW 8	WSW 9
	2 h V	4 h V	6 h V
Wind	NNO 10	NNO 10	ONO 3

Auch im Jahre 1879 machte Kapt. Pein ähnliche Beobachtungen. Am 1. Februar bei Kap Mount (6° 43′ N-Br., 11° 21′ W-Lg.) „Nachts Tornado, Stärke 8, mit Regen; Wind von OSO durch SW, nach NzW umgehend; bedeckte Luft". Am Tage leichter SW. In der folgenden Nacht wiederum „um 2½ Uhr heftiger Tornado, Stärke 8, von OSO; um 4 Uhr wurde es flauer, O 5".

Einen sehr kurzen Tornado beobachtete Kapt. Lamprecht vom Segler „Cardenas", am 3. Mai 1879 in 3° N-Br. und 2° O-Lg. Der seit dem vorigen Abend herrschende frische südwestliche Wind wurde um 2 Uhr N sehr schwach; „3 Uhr N Wind umlaufend von WSW nach NO, harter, etwa 45 Minuten anhaltender Tornado. See plötzlich und ungewöhnlich hoch von NO laufend. 4 Uhr flaue Brise von NO, Seegang legt sich ebenso schnell, wie er entstanden." Die Windaufzeichnungen sind: 2 Uhr N WSW 2, 4 h N NO 10, 6 h N NO 3.

Auch die schwächeren Gewitterböen in diesen Gegenden kommen meistens aus östlicher Richtung auf, nahezu entgegen der unteren vorherrschenden südwestlichen Luftströmung.

Tornados; Übersicht, Anzeichen. Die Beobachtungen zwischen der Linie und 7° N-Br. stimmen darin überein, daß die Tornados von der Ostseite des Horizonts hereinbrechen, ungefähr ebenso häufig aus südöstlicher wie aus nordöstlicher Richtung, unter einem Winkel von 8 bis 16 Strich zu der vorherrschenden südlichen und südwestlichen Richtung der unteren Winde dieser Gegenden. Vor und nach dem Tornado herrschen gewöhnlich Windstillen und veränderliche Winde. Eine Drehung des stürmischen Windes während des Tornados wird nur selten erwähnt, dann aber gewöhnlich in dem Sinne SO nach NO. Die Dauer schwankt zwischen ¾ und 4 Stunden.

Das erste Zeichen ist eine Wolkenbank am Horizont in der Gegend, woraus der Tornado kommt; sie steigt langsam herauf, wobei ihre Ränder bogenförmig gekrümmt erscheinen. Der vordere, obere Rand hebt sich scharf vom blauen Himmel ab, während der hintere, untere unregelmäßig gefranst ist; je regelmäßiger und schärfer der vordere Bogen ist, desto stärker soll die zu erwartende Bö sein. Während die Wolke höher steigt, scheint sie sich zu verbreitern, so daß sie dem schräg von unten gesehenen Hute eines Pilzes gleicht; aus der Mitte herabhängende Regenbänder ergänzen das Bild zuweilen zu einem vollständigen Pilz mit Stil. Der Sturm bricht gewöhnlich los, wenn der vordere Rand der Wolke den Scheitel erreicht hat. In der Regel ist das Herannahen des Tornados lange genug im voraus erkennbar, um rechtzeitig alle Vorsichtsmaßregeln treffen zu können. Die Tornadowolke soll sich, ähnlich wie unsere Hagelwolken, am Tage durch eine fahle gelbliche oder rötliche (kupferige) Färbung auszeichnen. Die Stärke des Gewitters scheint sehr verschieden zu sein; es fehlt häufig ganz, oder es ist nur ein mäßiges Wetterleuchten. An eine bestimmte Tageszeit sind die Tornados nicht gebunden, sie treten bei Nacht ebenso häufig wie bei Tage auf.

Als weitere Grenzen werden 10° S-Br. und 26° N-Br. genannt, als engere 0° und 10° N-Br.

Die Tornados sollen meist auf den Anfang und das Ende der Regenzeit fallen, in deren Mitte und in der Mitte der Trockenzeit dagegen sehr selten sein. Die Monate ihres Vorkommens sind deshalb je nach der geographischen Breite verschieden, wiewohl in den meisten Gegenden zwischen 10° N-Br. und 10° S-Br. Februar bis Mai einerseits, Oktober und November andererseits die tornadoreichsten sind. Weiter nach Norden verschieben sich diese Zeiten auf Mai und Juni einerseits, Ende August andererseits. Sie kommen auch auf dem offenen Meere im Bereiche des Südwestmonsuns auf der nördlichen und im Bereiche der süd- bis südwestlichen Winde auf der südlichen Halbkugel vor; allein mit der Entfernung von der Küste nimmt ihre Stärke ab.

In bezug auf die Natur und Entstehung der afrikanischen Tornados dürfte die Ansicht von Commander Bourke, der 5 Jahre an der Küste kreuzte, der Wahrheit am nächsten kommen. „Es scheint mir, daß der kalte obere Luftstrom sich einen Weg bahnt entgegen und unter dem äußerst heißen und feuchten unteren, den letzteren empordrängend, wobei dessen Luftmassen rasch zu den wild aussehenden Wolken verdichtet werden, welche diese Stürme begleiten, so daß der Tornado während seines Fortschreitens stets neue Vorräte an Regen und Elektrizität erhält. Bei der Annäherung eines Tornados fällt die Temperatur häufig um 8° C in drei oder vier Minuten. Ich habe die westsüdwestliche Bahn eines Tornados im Golfe von Guinea auf 120 Meilen verfolgt; er legte diese Strecke in vier Stunden zurück." Diese Darstellung stimmt mit der früheren über die Natur der Böen überein. Auch für die nicht als Tornados bezeichneten Böen der Äquatorialzone hat Kapt. Toynbee die Bemerkung gemacht, daß die Böen in den Teilen des Ozeans, wo die obere und untere Luftströmung aus nahezu entgegengesetzten Richtungen wehen, sehr häufig aus der Richtung der oberen kommen, so insbesondere am nördlichen Rande des Südostpassats aus Nordost bei einem stetigen Unterwind aus Südost oder Süd.

III.

Die Wirbelstürme der Tropenzone.

Vorbemerkung. Die viel größere Ruhe und Regelmäßigkeit, welche die Luftdruck- und Windverhältnisse der tropischen Gegenden auf dem Atlantischen Ozean wie auch anderwärts von denen der höheren Breiten unterscheidet, wird nördlich von 10° N-Br. in den Monaten Juli bis Oktober zuweilen von Wirbelstürmen unterbrochen, die aus östlicher nach westlicher Richtung fortschreiten, an den einzelnen Orten meist ½ bis 2 Tage dauern und oft von zerstörender Wirkung sind. Solche Wirbelstürme kommen zwar im tropischen Teile des Nordatlantischen Ozeans wahrscheinlich in jedem Jahre vor, allein bei ihrem verhältnismäßig geringem Umfang werden sie an einem Ort nur selten beobachtet, so daß sie auf die Mittelwerte von keinem Einflusse sind, und daß auch für Schiffe die Wahrscheinlichkeit, einem tropischen Orkan zu begegnen, im Vergleich zu schweren Stürmen außerhalb der Tropen gering ist.

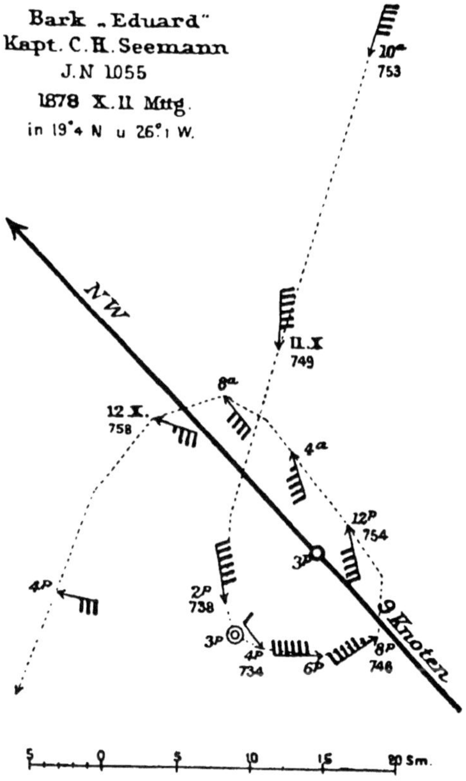

Fig. 34.

Trotz dieser Seltenheit sind sie ihrer Heftigkeit und Gefährlichkeit wegen weit früher untersucht worden als die Stürme der gemäßigten Zone, und ihre Literatur hat einen gewaltigen Umfang erreicht. Wir finden darin neben einer Fülle von Beschreibungen einzelner Orkane die ausgezeichneten Arbeiten von Redfield, Reid, Piddington, Thom und Dove, meist aus den Jahren 1830 bis 50, die den Grund zu unserem Wissen über die tropischen Zyklone legten, und die von Meldrum, Willson, Eliot, Reye und Loomis aus der Zeit nach 1870, die den gegenwärtigen Stand dieses Wissens schufen. In den für Seeleute bestimmten Arbeiten und Anleitungen fand und findet man oft eine Überschätzung des Wertes solcher Untersuchungen, die sich in zu weitgehenden Verallgemeinerungen kund gibt und zur Folge hat, daß bei Seeleuten vielfach eine Unterschätzung stattfindet, die ebensowenig am Platze ist.

Zwei Gebiete sind es besonders, in denen Schiffe Orkane im Nordatlantischen Ozean innerhalb der Tropen antreffen, in der Nähe der Kap Verden und in Westindien. Aus dem dazwischen liegenden Gebiete von 35 bis 55° W-Lg. fehlt es an Nachrichten über Orkane, vermutlich auch an Orkanen selbst fast ganz.

Wirbelstürme bei den Kap Verden. Die Oldenburger Bark „Schiller“, Kapt. H. F. Logemann, nach Süden bestimmt, wurde am 4. September 1877 Nachmittags in 16,4° N-Br. und 26,5° W-Lg., also etwa 80 Sm SWzW von San Antonio, der westlichsten Insel der Gruppe, plötzlich von einem schweren Sturm überfallen. Der Sturm wurde eingeleitet durch ONO 7 und fallendes Barometer, am stärksten wehte er aus O 12, beim Ende war der Wind OSO 9. Der Sturm dauerte 13 Stunden, das Barometer fiel auf 756 mm.

Drei Grad nördlicher überstand am 11. Oktober 1878 die Hamburger Bark „Eduard“, Kapt. C. H. Seemann, ebenfalls einen heftigen Orkan, nämlich in 19,4° N-Br. und 26,1° W-Lg., 144 Sm NNW von San Antonio. Das von Norden kommende Schiff hatte am 11. um 6 Uhr V den ersten Regen, um Mittag orkanartigen Stürm (siehe Fig. 34).

Vom 16. bis 19. August 1879 bewegte sich eine Depression im Süden der Kap Verden nach NW zu, mit 11 Knoten, in der der SW-Wind Stärke 9 bis 10 erreichte, das Barometer bis auf 754 mm fiel.

In derselben Gegend ging am 3. Oktober 1894 eine Depression, in der das Barometer an Bord des Dampfers „Babitonga“, Kapt. H. Evers, auf 753 mm fiel, mit 12 Knoten nach NNW. Die höchste Windstärke war 7 bei SSW und SSO.

Ein Sturm, den die Bremer Brigg „Asante“, Kapt. Herm. Jaburg, am 17. August 1880 in 15,5° N-Br. und 20,2° W-Lg. durchmachte, zeichnete sich durch seine sehr kurze Dauer aus und erinnerte hierin an die Böen in dem südlich angrenzenden Meeresteil. Der Gang des Barometers zeigt, daß wir es hier mit einem ausgebildeten Wirbel von geringem Umfange zu tun haben.

Der frische Passat, den das von Norden kommende Schiff bis dahin gehabt, flaute am 16. bei heiterem Wetter ab und ging nach NW und in der Nacht wieder nach NNO um. Während der Nacht häufiges Blitzen in SW, entferntes Donnern hörbar. Vormittags frischte der Wind auf, allmählich nach O übergehend; heftige Regenböen traten auf. Gegen Mittag setzte plötzlich stürmische Witterung ein. Das Barometer, welches bis dahin die regelmäßige Schwankung gezeigt hatte und zwischen 4 Uhr und 8 Uhr V von 756,4 auf 756,9 gestiegen war, fiel nunmehr in 5 Minuten von 756,2 auf 752,3; alsbald wehte es orkanartig aus S, so daß mehrere Segel in Fetzen flogen; See aus SO schnell zunehmend. Das Wetter hielt an bis gegen 3 Uhr N, alsdann flaute der Sturm allmählich ab, bei größtenteils bedecktem Himmel und rasch steigendem Barometer, das um 8 Uhr N wieder auf 756,1, um Mitternacht auf 758,7 stand und 24 Stunden später 762,4 erreichte, um für die nächsten Tage wieder etwas zu sinken. Der Wind war:

12 Uhr V	2 Uhr N	4 Uhr N	6 Uhr N
SO 7	S 11	S 10	SW 7

Das Schiff behielt südwestliche Winde von der Stärke 3 bis 6, bis es am 31. die Aschantiküste erreichte.

Einige Auszüge über Stürme in dieser Gegend.

Bemerkung: ↓ fallendes, ↑ steigendes Bar.; (11) Böen 11.

Zeit	Ort N-Br.	Ort W-Lg.	Anfang	Höhe	Ende	Dauer h	Barometer mm	Zeit des Min. h	Schiffskurs	T.B. Nr.
1887 X. 4.	15°	27°	NNO 10	N 11 ↑	NNW 8	16	749	2 N	N	2848
1893 IX. 26.	15°	28°	O 8 ↓	S 10 (11)	S 8 ↑	48	748	0	S	4288
1895 IX. 28.	16°	28°	O 8 ↓	SO 10 (11)	SSO 8	26	757	12 N	S	4595
1896 X. 11.	16°	29°	OSO 10 ↓	OSO 11	NNW 9 ↑	12	754	4 N	N	4610
1880 VIII. 17.	16°	20°	SO 7	S 11 ↑	S 10 ↑	4	752	0	S	1333
1898 VIII. 21.	13°	27°	W 8 ↓	WSW 9 (10/11)	S 8 ↑	22	754	6 V	N	4026

Schiffe: 1. Paradox, 2. Maria, 3. J. D. Bischof, 4. Meridian, 5. Asante, 6. Paposo (Fig. 35).

Kapitäne der 6 Schiffe waren der Reihe nach: P. E. Opitz. — H. Schnieders. — J. Kriete. — J. Traulsen — H. Jaburg und J. Neumann.

Anfänge von Orkanen. Fast alle Fälle beziehen sich auf den Meeresteil östlich von 29° W-Lg. Auf der Reise von der Linie zum Kanal, die in diesen Breiten in der Regel westlich von 30° W-Lg. verläuft, sind Stürme von bedeutender Stärke und Dauer noch seltener, zumal solche, die von der Passatrichtung abweichen. Der einzige Wirbelsturm aus der ganzen Gegend von 10° S-Br. bis 20° N-Br. und 10° bis 40° W-Lg., für welchen sich in dem großen Materiale des Londoner Meteorologischen Amtes bis zum Jahre 1876 ausreichende Andeutungen finden, machte sich bei 14° N-Br. und 39° W-Lg. bemerkbar.

Das von Süd heraufkommende Schiff „Florence" hatte am 15. August 1871 in 10° N-Br. und 36° W-Lg. schwachen SW-Monsun, der allmählich in W und WzN überging, mit Regen und Gewitter am 16. früh und darauf Windstille für 8 Stunden. Dann trat leichter NW ein, der stetig auffrischte und nach N umging; Nachmittags strömender Regen und Blitzen mit fallendem Barometer und immer stärkeren Böen. Luftdruck und Wind waren:

	8 Uhr N	Mitternacht	2 Uhr V	4 Uhr V	8 Uhr V	Mittag
Barometer	758,6	755,8	751,0	753,7	758,7	759,6
Wind	N 6	WzN 8	? 10	SWzS 9	SzW 7	SOzS 5

Um 10 Uhr N den 17. nahm der Sturm schneller zu, als die Segel geborgen werden konnten; um 2 Uhr V den 18. einige fürchterliche Böen von nahezu Orkanstärke, Seegang noch immer sehr gering, aber das Wasser wird von der Oberfläche durch den Wind abgehoben und auf Deck geschleudert; der Wind fortwährend sich ändernd. Von 8 Uhr V an wolkiges Wetter. Am folgenden Tage ging der Südostwind stetig in den Nordostpassat über.

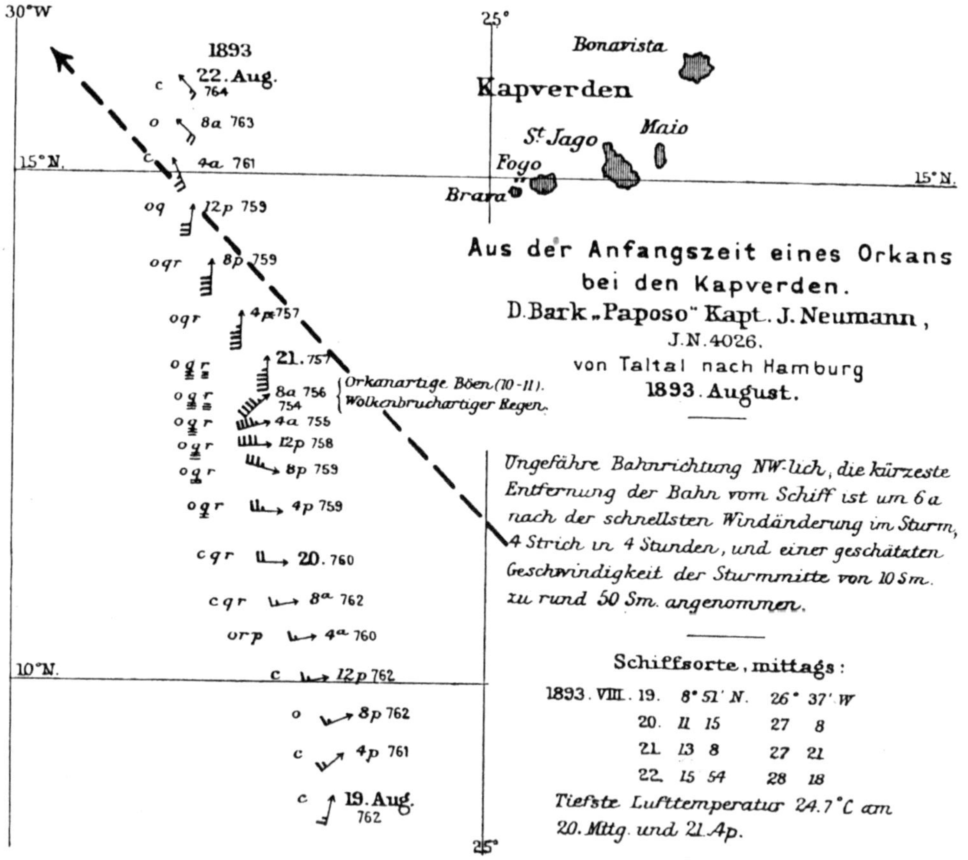

Fig. 35.

Ein zweites Beispiel liefert der „Äolus", Kapt. FRERICHS (s. Fig. 36).

Das von Santos nach Barbados segelnde Schiff hatte, nachdem es am 19. in etwa 6° N-Br. und 44° W-Lg. den Südostpassat verloren, vom 20. bis zum 26. August westliche Winde von wechselnder Stärke bei einem Barometerstande zwischen 759,7 und 763,0 mm, die es bis in 14° N-Br. und 49° W-Lg. brachten. Am 20. wehte, bei wiederholtem Blitzen im NW, frischer, böiger SW- bis NW-Wind; um 9½ Uhr Abends an diesem Tage trat eine heftige Bö aus NW auf, die in einer Stärke von 8/9 bis 11 Uhr anhielt, während das Barometer seinen täglichen Gang behielt. In dieser Nacht waren die Aufzeichnungen (rw.): um 10 Uhr NNW 8 bis 9, 12 Uhr WNW 6, 2 Uhr WNW 8, 4 Uhr NNW 5, 6 Uhr WSW 8 bis 9, um 7½ Uhr WSW 9 bis 10; aus dieser Richtung hielt dann der Wind in Stärke 5 bis 7 bis zum Abend des 21. an, worauf (gegen 7 Uhr N?) wieder eine heftige Bö in Stärke 9 bis 10 aus W folgte. Danach wurde der Wind stetiger und schwächer, am 22. aus W bis SW, am 23. bis 25. meist aus NNW und N.

Aus diesen Beobachtungen scheint hervorzugehen, daß die am 21. westlich von den Kap Verden gelegene Depression eine langgestreckte Form und wohl auch ein zweites weiter im Westen gelegenes Zentrum niedrigen Druckes hatte, das in der Nacht vom 20. zum 21. nördlich vom „Äolus" den 46. Längengrad nach Westen passierte, wie das allmähliche Zurückholen des böigen Windes von NW gegen S andeutet.

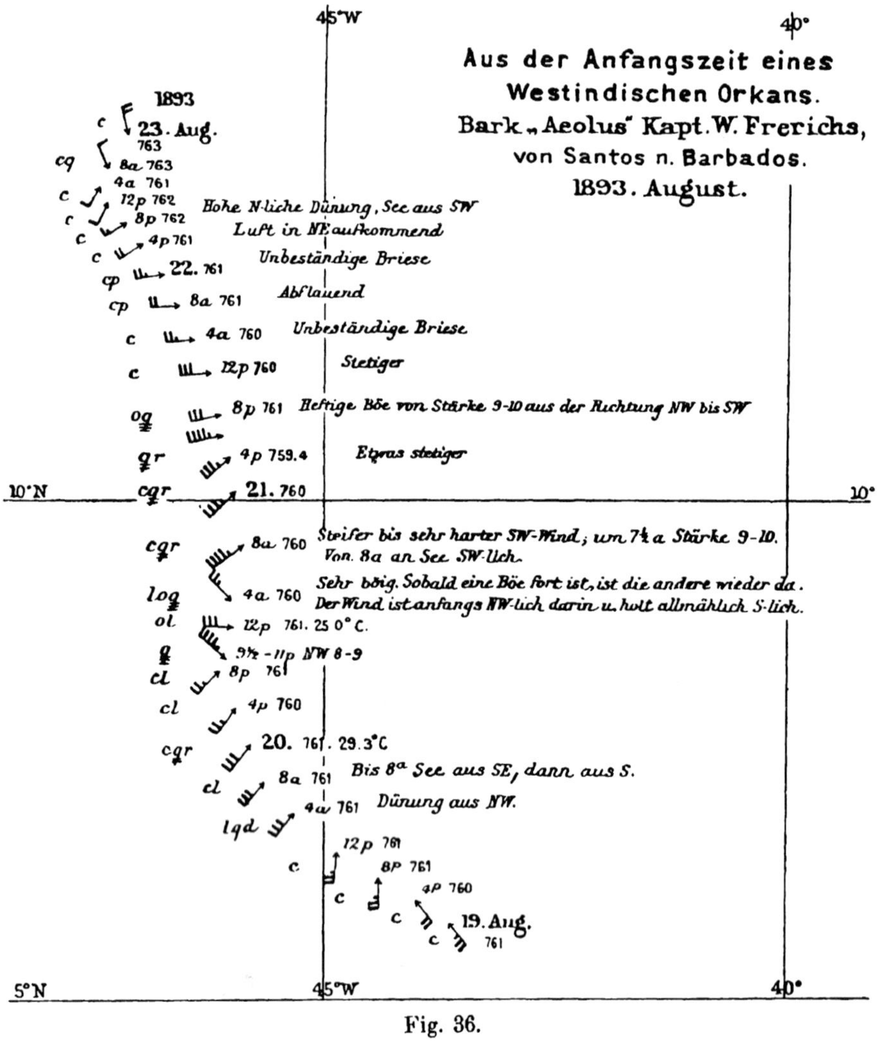

Fig. 36.

Dieses Wirbelzentrum dürfte sich auf seiner weiteren Wanderung im Laufe der nächsten drei Tage zu dem mächtigen Wirbelsturm entwickelt haben, der vom 23. bis 26. nordöstlich von den Antillen vorbeizog (vgl. die zwei folgenden Kärtchen). Ob die mit langsam fallendem Barometer schwach bis mäßig wehenden nordwestlichen Winde, die auf dem „Äolus" am 23. bis 25. herrschten, auf die Fortdauer und Annäherung des östlichen Zentrums von den Kap Verden her zu deuten sind, bleibt unsicher, sowie auch für die Herkunft des Azorensturmes vom 28. August aus diesen Aufzeichnungen nichts zu entnehmen ist."

IV

Stürme im tropischen Teile des Atlantischen Ozeans westlich von 30° W-Lg.

Westindische Orkane. Während im östlichen Teile des Atlantischen Ozeans östlich von 30° W-Lg. schwere Stürme innerhalb der Tropenzone selten, zwischen 30 und 60° W-Lg. fast unbekannt sind, treten im westlichen Teile nördlich von 10° N-Br. in der zweiten Hälfte des Jahres alljährlich mehrere stürmische Luftwirbel von außerordentlicher Heftigkeit auf, die große Strecken durchziehen, wegen ihres geringen Umfanges aber nur auf einem verhältnismäßig schmalen Streifen ihr zerstörendes Werk vollziehen, so daß der einzelne Ort jahrelang von Orkanen verschont bleiben kann. Sie suchen vorwiegend die westindischen Inseln und ihre Umgebung heim.

Einleitendes Wetter östlich von den Antillen. Ein ziemlich gut ausgeprägter und verfolgbarer Fall gehört den Tagen vom 25. bis 28. November 1878 an. Die synoptischen Karten lassen erkennen, daß es sich hier um eine barometrische Depression von geringer Ausdehnung handelte, die längs des 17. Breitengrades westwärts wanderte, und zwar, nach den vom amerikanischen Signal Service gesammelten Materialien, weit ins Karaibische Meer hinein, bis mindestens 74° W-Lg.

Zeit 1878	„Viktoria", Kapt. K. Wieting.					Bemerkungen
	Ort	Bar. mm	Tp.	Wind	Wetter	
25./11. 4h V		759,9	23°	Umlf.	q p l t	Unaufhörliches Blitzen am ganzen Himmel.
8h V		61,4?	26,5°	SO	q p l t	
12h V	17,3° N 49,8° W	59,8	27°	SSW	q p l t	Anhaltend stürmisches Wetter, mit Böen und Gewittern abwechselnd, und stets umlaufendem Winde.
4h N		59,5	26,5°	SSO	q p l t	
8h N		58,9	26,5°	SO	q p l t	Nachmittags entsetzliche orkanartige Böen; lagen vor Gr.-Unter-Marssegel bis Mittag bei, lenzten nachher wieder nach Westen.
12h N		59,0	25°	SO	q p l t	
26./11. 4h V		759,5	—	SW	q p l t	Nach Mitternacht während der heftigsten Gewitterböen war der ganze Himmel ein Flammenmeer.
8h V		57,4	23°	WSW	q p l t	
12h V	16,8° N 52,2° W	57,9	25,5°	SSO	q p l t	
4h N		57,8	29°	S	q p r l t	Gegen Tagesanbruch besserte sich das Wetter und der Wind ward beständiger.
8h N		57,1	23°	SW	q p l t	
12h N		57,8	—	W	q p	Nachmittags orkanartige Böen mit dichtem Regen, Donner und unaufhörlichem Blitzen; die ganze Luft ein beständiges Flammenmeer. 6 Uhr abends voller Orkan, der das Schiff ungefähr 1/4 Stunde lang platt auf die Seite legte.
27./11. 4h V		757,4	—	SW	c p	Nach Mitternacht Luft aufhellend und gleichmäßigeres Wetter.
8h V		58,6	26°	SSW	c p	
12h V	17,2° N 53,4° W	59,8	27°	SSW	c p	

Die drei Bremer Schiffe „Viktoria", „Caroline" und „Julius" hatten, zwischen 16° und 18° N-Br. westwärts segelnd, seit dem 19. November, als sie sich zwischen 35° und 38° W-Lg. befanden, mit wenigen Unterbrechungen böiges, trübes Wetter, mit umlaufenden, vorwiegend südöstlichen Winden, oft drückend schwüler Luft, für die Breite verhältnismäßig niedrigem Barometerstande und außerordentlich häufigen Gewittern und Regen, namentlich des Nachmittags und Nachts. Wo bleibt der Nordostpassat? fragt der Kapitän der „Caroline“ in seinem Journal, und der Kapitän des „Julius“ bemerkt, das Wetter sei vollständig wie im äquatorialen Stillengürtel. Am 23. scheint sich zuerst auf etwa 20° N-Br. ein schwaches Minimum gebildet zu haben, das am 23. bei etwa 50° W-Lg. lag und westwärts zog. Die südwestlichen Winde, die es auf allen drei Schiffen hervorrief, waren freilich nur mäßig, wiewohl böig; dafür aber die Gewitter sehr heftig. Im Tagebuch des „Julius“, der um diese Zeit in 17° N-Br. und 50° W-Lg. stand, wird das Wetter am 23. Nov, folgendermaßen geschildert: „Seit Mitternacht Regen- und Windböen, Blitzen im N- und S-Horizont; in den Böen heftiger Regen und Wind stark ändernd. Um 5 Uhr schlug ein Blitzstrahl mit heftigem Donnerschlag senkrecht nahe beim Schiff ins Wasser. Diese Erscheinung hatte das Aussehen, als ob der ganze Blitzstrahl aus lauter Feuerstücken bestände; er hatte eine feuerrote Farbe. Es war um diese Zeit eine halbe Stunde lang so finster, daß man in seiner nächsten Umgebung auch nicht das Geringste sehen konnte; desto heller schienen die Elmsfeuer auf dem großen Topp und an den Nocken der oberen Raaen. Nachmittags eine schnelle mäßige See aus NNO. Gegen Abend Windstille, dabei Blitzen aus verschiedenen Richtungen bei schauriger Luft Nachts wieder Windböen mit starkem Regen.“

Am Abend des 24. trat auf den beiden östlicher stehenden Schiffen „Victoria“ und „Caroline“ wieder starkes Gewitter und Regen ein; auf der „Victoria“ sprang schon vor Beginn des Gewitters um 10 Uhr Abends der bis dahin südliche Wind bei wolkenbruchartigem Regen nach NW um.

Die „Caroline“, Kapt. L. Stricker, beobachtete die höchste Windstärke, SO 8 und den tiefsten Barometerstand, 758,4 mm, am 26./11. 8 Uhr N in 19° N-Br. 50° W-Lg; der „Julius“, Kapt. H. B. Meentzen, SSW 8 am 27./11. 4 Uhr V und 755,2 mm in 18 1/2° N-Br. 56° W-Lg.; um 9 1/2 Uhr V SO (10) und Abends SO (10) bis S (10) mit fortwährendem Gewitter, dazwischen flauem Wind aus S bis SW.

Orkane im August 1893. Nachdem bis Mitte August auf dem Nordatlantischen Ozean ruhiges Wetter geherrscht hatte, wanderte am 16. bis 18. ein erster ziemlich starker Sturmwirbel auf dem Golfstrom nach Kap Race. Ihm folgten vom 20. bis zum 29. drei mächtige Wirbelstürme von Westindien her in der Nähe der amerikanischen Ostküste vorüber. Am 28., als der dritte dieser Orkane in Georgia und Carolina wütete, wurden die Azoreninseln Fayal und Pico von einem Wirbel von sehr geringer Ausdehnung, aber großer Stärke heimgesucht. Endlich wurde auch in der Nähe der Kap Verden schon am 20. und 21. August ein Sturmwirbel angetroffen (s. Fig. 35), der wohl denselben allgemeinen Ursachen seine Entstehung verdankt wie die anderen Orkane.

Auf der Mitte des Ozeans fesselt unsere Aufmerksamkeit zunächst eine starke Depression, deren Zentrum am 24. auf 48° N-Br. und 37° W-Lg. erkennbar und am folgenden Tage nach Südost verschoben ist (s. Fig. 37), hierauf zum 26. ihren Ort wenig ändert und am 27. sich nach Nordost verschoben in 47° N-Br. und 32° W-Lg. wiederfindet. Dieser Wirbel scheint die Fortsetzung eines am 22. bei Neufundland verschwundenen tropischen Wirbelsturms zu sein.

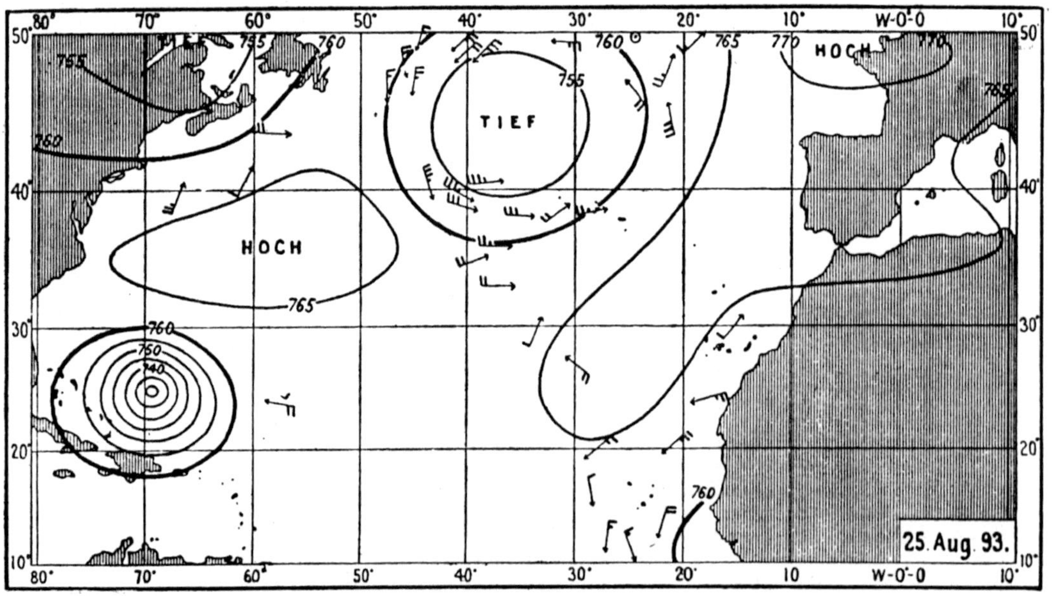

Fig. 37. Wetterlage über den Nordatlantischen Ozean am 25. August 1893.

Auch der folgende westindische Wirbelsturm, dessen Zentrum am 24 über New York lag (siehe Fig. 38) und dessen Spur auf der Karte vom 25. an der Mündung des St. Lorenzstromes angedeutet ist, hat vermutlich ebenfalls nach Ausführung seiner ungefähren Parabelbahn diese Umbiegung nach Südost durchgemacht, freilich nur mehr als schwache gewöhnliche barometrische Depression. Das Zentrum der Depression läßt sich am 26. etwa auf 49° N-Br., 54° W-Lg., am 27. auf 44° N-Br., 48° W-Lg., am 28. auf 46° N-Br., 41° W-Lg. und am 29. wenig nördlicher legen.

Am 26. und 27. waren die beiden Minima nur 650 bis 750 Sm voneinander entfernt; sie bildeten die zwei Zentren einer gemeinsamen größeren Depression, von welchen sich, wie gewöhnlich, das östliche nach Norden, das westliche nach Süden bewegte. Am Südrande dieser Depression wird nun am 27. eine Ausbuchtung erkennbar, die sich rasch nach Nordosten fortpflanzt. Am Morgen des 28. August zwischen 8h und 10h zog dieser durch seine geringe Ausdehnung merkwürdige Wirbel über die Azoren-Inseln Fayal und Pico hin. Die Nachricht von den Verheerungen, die er anrichtete, war eine der ersten Depeschen, welche das neue Telegraphenkabel von den Azoren nach Lissabon beförderte.

Über die gleichzeitigen Vorgänge auf der Westseite des Atlantischen Ozeans brachten die vom hydrographischen Amt in Washington herausgegebenen: „Pilot Chart for September 1893", dgl. „October 1893" und „Supplement to the Pilot Chart for November" reiche Aufschlüsse.

Am 16. August zeigte sich ein Wirbelzentrum westlich von den Bermuden, das nach Nordnordost, auf Kap Race zu wanderte und dessen Spur am 18. jenseits von Kap Race verschwand.

In den Tagen vom 20. bis 29. passierten in derselben Breite drei starke Wirbel in der Nähe der amerikanischen Ostküste, die teilweise außerordentliche Verheerungen anrichteten.

Vergleichsweise mäßig war noch der erste. Am 15. überschritt das Zentrum den südlichen Teil von Guadeloupe. Nach der „Pilot Chart" für Oktober soll dieser Wirbel schon am 12. August in 12° N-Br., 30° W-Lg. erkennbar gewesen sein, doch fehlen nähere Angaben darüber. Von Guadeloupe schritt er weiter nach Nordwest, bis er am 20. August um 5h N Greenw. Zeit in 28° N-Br., 76° W-Lg. nach Nord und Ost umbog. „Verschiedene Schiffe waren in der Nähe des Zentrums um diese Zeit, und alle hatten furchtbar zu leiden. Der Wind wehte mit Orkangewalt, der Regen fiel in Strömen unter Donner und Blitz, und eine schreckliche See lief. Das Barometer stand auf 719 mm." In diesen Orkan ist auch der deutsche Dampfer „Donau" hineingeraten, doch stimmen seine Zeit- und Ortsangaben nicht mit denen der amerikanischen Karte überein.

Nach dem abgekürzten Tagebuch dieses Dampfers hat er in 32,2° N-Br., 75,2° W-Lg. schon am 19. abends den Orkan mit Ostwind erhalten und ist am Morgen des 20. in 33,5° N-Br., 74,2° W-Lg. mit NW-Wind von ihm freigekommen. Von 7 Uhr bis 10½ Uhr Abends herrschte voller Orkan aus N mit heftigem Regen, darauf holte der Wind abnehmend nach NW, und es trat Aufklaren ein. Am 21. nahm die „Donau" in 36,3° N-Br., 70,5° W-Lg. die Mannschaft eines entmasteten Schiffes auf.

Am 21. August wanderte der Sturmwirbel mit zunehmender Geschwindigkeit die Küste entlang in der Richtung nach Nordnordost.. „Zahlreiche Schiffe hatten an diesem Tage seine volle Wut zu ertragen, und bis zu einer Entfernung von 120 Sm vom Zentrum melden sie fast ausnahmslos Windstärke 11 bis 12." Am 22. schritt das Zentrum über Neuschottland und Neufundland weg.

Das deutsche Vollschiff „August", das am 20. St. Johns, N. B., verlassen hatte, geriet am Nachmittage des 21. im Ausgange der Fundybucht in diesen Orkan. Er setzte plötzlich mit Oststurm ein und erreichte seine größte Stärke, mit strömendem Regen, um 6½ Uhr N. Das Barometer fiel sehr rasch. Um 7 Uhr N trat Windstille ein, gleichzeitig erreichte das Barometer seinen tiefsten Stand mit 719 mm. Eine Viertelstunde später setzte der Sturm mit voller Orkanstärke aus NW wieder ein; um 10 Uhr N legte er sich, und am nächsten Morgen wehte nur noch eine mäßige Brise. Bei dem geringen Seeraum war die Lage des Schiffes sehr gefährlich.

Am 16. August geriet ferner die britische Bark „Ancyra" in 14° N-Br., 42° W-Lg in einen sehr heftigen Wirbelsturm. Während des Nachmittags des 16. und am Morgen des

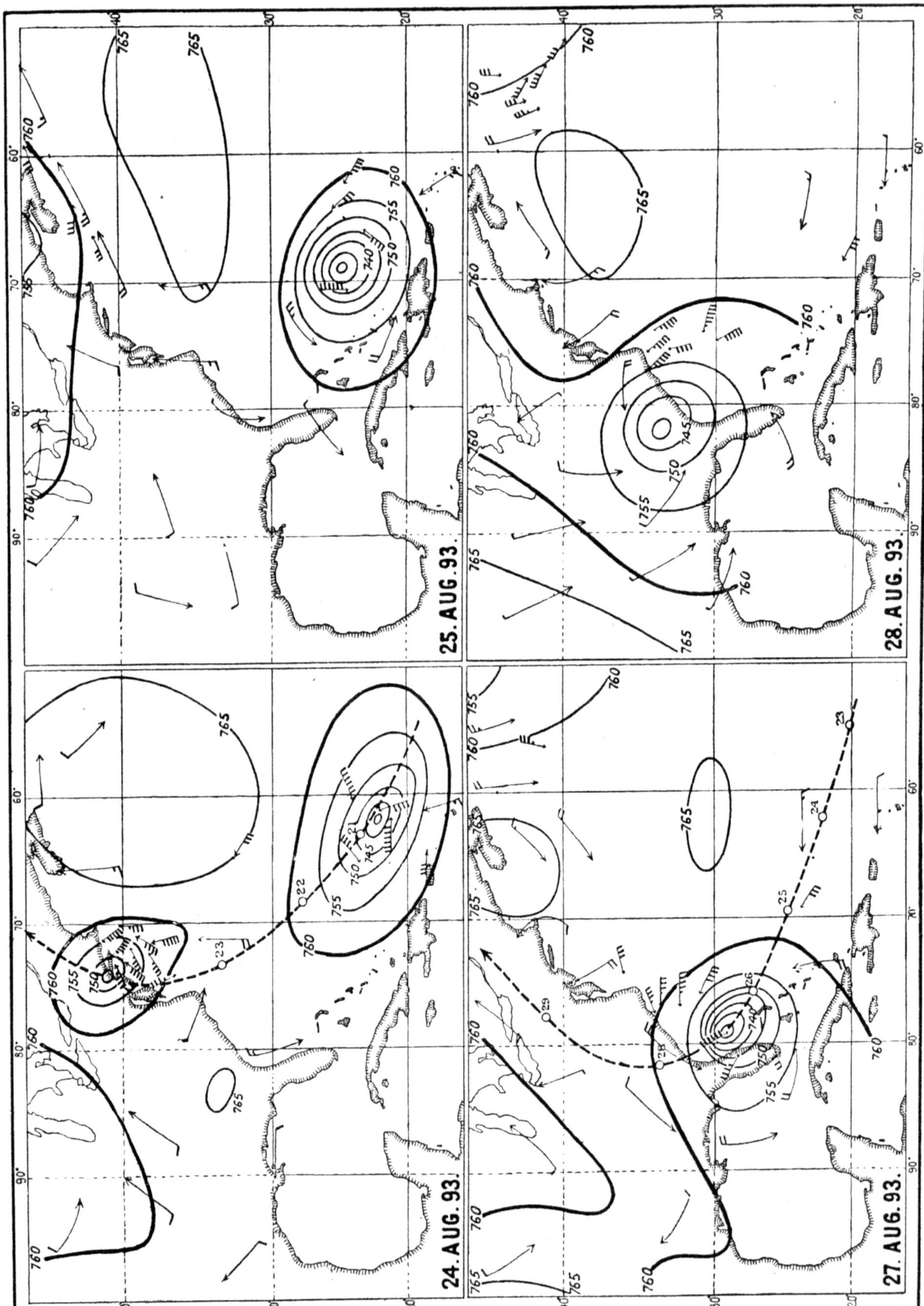

Fig. 38. Westindischer Orkan; 24. bis 28. August 1893.

17. drehte der Wind von ONO durch SO (Stärke 12) und S nach SW. In der Nacht gab es orkanmäßige Regenböen; um Mitternacht flaute der Wind fast bis zur Windstille ab, aber um 2 Uhr früh kam er wieder von S auf und wehte darauf mit Stärke 11.

Diese Zyklone ging nördlich von den westindischen Inseln vorbei, wo ihre Nähe sich nur durch die Änderungen des Windes und des Barometers bemerklich machte. Sie überschritt den 60. Meridian in der Nähe von 21° N-Br. in der Nacht zum 20. August, und ihr Zentrum lag im Greenwicher Mittag dieses Tages bei 23° N-Br., 64° W-Lg. Der britische Dampfer „Carib Prince" war um diese Zeit nur wenig südlich vom Zentrum mit Wind West 12 und 726 mm, Luft dick von Regen und Gischt; Öl wurde angewendet von den Backbordklosetts und Ölsäcke wurden über Bord gehängt, die die gewünschte Wirkung hatten und das Aufdeckschlagen der Seen verhinderten.

Am 23. wandte sich das Wirbelzentrum nach Nordnordwest, und im Greenw. Mittag an diesem Tage lag es etwa 200 Sm Südost von Hatteras. Am Morgen des 24. schritt es über New York hinweg, in dessen Umgebung die Schiffahrt schweren Schaden erlitt und viele Menschenleben verloren gingen (s. Fig. 38). Nach dem Betreten des Landes verlor der Sturm rasch seine Stärke, und am 25. verschwand er an der Mündung des St. Lorenzstromes. In dem Gebiet hohen Luftdrucks südöstlich von Neuschottland, schon am 23. August erkennbar, dürfte die Ursache für das ungewöhnlich nördliche Umbiegen dieser Zyklonenbahn liegen.

Am 24. zeigt uns die Karte ein zweites, noch stärker ausgeprägtes Minimum, nördlich von Antigua.

Der deutsche Dampfer „Australia" hatte nordöstlich von St. Thomas am 23. August schon seit 1 Uhr früh böigen Wind aus N, linksdrehend mit langsam fallendem Barometer; um 8 Uhr V in 19,4° N-Br., 64,0° W-Lg. Wind NNW 5, Dünung NW 6; um 1 Uhr N Wind westlich, Böen an Stärke zunehmend; 5 Uhr N Wind WSW 7; 8 Uhr N in 20,6° N-Br., 62,7° W-Lg. Wind SW 10, Dünung Süd 6; seit 7 Uhr N ununterbrochener mäßiger Regen; 11 Uhr nachts Wind Süd 10 bis 11. Seit Mitternacht Barometer steigend, hohe, durcheinanderlaufende See; ebenso am Morgen des 24. in 21,9° N-Br., 61,3° W-Lg. (vgl. Fig. 38 mit Wind SSO 8; abends SO 6, schönes Wetter.

An demselben Morgen des 24. zeigt uns die Karte die britische Bark „Ancyra" und den amerikanischen Schuner „Henry Lippitt" in vollem Orkan; auf dem Schuner ist in 21,5° N-Br., 62° W-Lg. der Wind aus N nach NW und W umgelaufen, während er vor Top und Takel lenzte, um den SW-Quadranten der Zyklone zu erreichen.

Am 25. August sehen wir den Wirbelsturm bis nördlich von Haiti fortgeschritten.

Während der Nacht ist das Zentrum dicht beim amerikanischen Schuner „Roger Moore" in 22,7° N-Br., 66,5° W-Lg. vorbeigegangen. Dieses Schiff hatte nacheinander NO. Windstille und SW 12; der tiefste Barometerstand war 726,5 mm. Um Greenw. Mittag sehen wir I. Br. M. S. „Tartar" auf der Westseite des Zentrums in einem Orkan aus Nord. Am Abend war der „Tartar" auf der Bahn des Zentrums, entging diesem aber durch Südwestwärts-Laufen. Dabei raste der Sturm mit fürchterlicher Wut, warf das Schiff auf die Seite, daß die Rahnocken das Wasser berührten, und schlug drei Boote weg.

Die allgemeine Wetterlage auf dem Ozean bis nach Deutschland hinüber zeigt das Kärtchen auf Seite 178, Fig. 37. Das Gebiet hohen Druckes bei den Bermuden wurde am 24. bis 25. von drei Depressionen im Sinne des Uhrzeigers umkreist: im Südwesten dieser Orkan, im Norden die Reste der beiden vorhergehenden.

Am 26. lag das Zentrum (s. Bahn in der Fig. 38), etwa 100 Sm nordöstlich von der Insel Nassau, wo NW 7 bei einem Barometerstand von 751 mm aufgezeichnet wurde. Auf den Bahamas strandeten zahlreiche Schiffe. Der norwegische Dampfer „Jamaika" hatte in 28,9° N-Br., 74,2° W-Lg. den Wind O 11. Von der Ostküste von Florida wird schwere Brandung und Regen berichtet. Das Gebiet hohen Druckes erstreckte sich an diesem Tage von den Bermuden zu den großen Seen und verhinderte den Wirbel, sich nordwärts zu wenden.

Am 27. August sind die Gradienten um das Wirbelzentrum sehr steil, doch berichtet von den Küstenstationen nur Titusville steifen Wind. Der amerikanische Dampfer „Saratoga" ist in nächster Nähe des Zentrums und berichtet vollen Orkan während 10 Stunden. Mangel an Seeraum gestattet ihm nicht, sich vom Zentrum freizulaufen; er verwendet mit Vorteil Öl zur Vermeidung von Brechseen; das Barometer erreicht um Mittag seinen tiefsten Stand, 726,5 mm. Die Sturmwoge berührt die ganze Küste südlich von Hatteras und setzt in der Umgegend von Charleston und Savannah viele niedrig gelegene Landschaften unter Wasser.

Am 28. lag das Sturmzentrum bei Augusta, Ga, wo das Barometer 735,6 mm zeigte. Während der Nacht hatte es die Küste zwischen Savannah, Ga und Beaufort, S. C., erreicht. Um 6h V Greenw. Zeit zeigte das Barometer in Savannah 718,6 mm; der Wind ging hier von NO durch N nach SW und wuchs bis zur Stärke 10 an. Sturm und Überschwemmung haben hier und besonders bei Beaufort ungeheueren Schaden und einen Menschenverlust verursacht, der auf 1200 Tote geschätzt wird.

Die Annäherung einer Depression im Nordwesten hat zusammen mit dem Hochdruckgebiet auf dem Ozean den Wirbel nach Nord und Nordosten abgelenkt. Am 30. verschwindet er an der Mündung des St. Lorenzstromes aus Sicht.

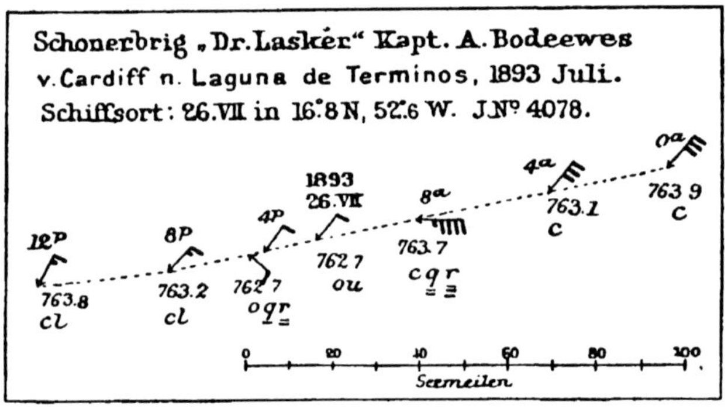

Fig. 39.

Passatsturm der Schunerbrigg „Dr. Lasker", Kapt. A. Bodeewes, am 26. Juli 1893.

Bemerkungen. Nebensonne. 8 Uhr V Wind mit einer heftigen Bö 9—10 und fürchterlichem Regen nach O, alsdann für eine halbe Stunde flau; Wind sich alsdann nordöstlich begebend und auffrischend; nach 11 Uhr sehr unbeständig, drohend aussehende Luft; von 0 Uhr 30 Min. bis 2 Uhr N ununterbrochen heftiger Regen mit schweren Böen, Wind abwechselnd NO und SO, grobe See, alsdann bis 4 Uhr 20 Min. N flau und abwechselnd Regenschauer.

Die Barometerstände waren vom 24. in 47° W-Lg. bis zum 28. in 55° W-Lg. um 8 Uhr V 766,8, 764,7, 763,7, 763,7, 765,2. Die Böenrichtung ist annähernd die des Passats und das Barometer verhältnismäßig hoch.

Orkane innerhalb der Antillen (Viñes). Viel genauere Auskunft über die Natur der tropischen Stürme als vom offenen Ozean besitzen wir von jenseits 60° W-Lg., von den westindischen Inseln. Das Studium der verheerenden Orkane dieser Inseln hat viele Meteorologen beschäftigt und den Grund zu unseren jetzigen Anschauungen über die tropischen Orkane und auch über die Stürme und die veränderlichen Winde der höheren Breiten gelegt. Die neueste eingehende Untersuchung über westindische Orkane stammt von Viñes (1877). Sie berücksichtigt außer den Orkanen der Jahre 1875 und 1876 auch noch frühere und spätere (1877) zur Ableitung allgemeiner Ergebnisse. Eine reiche Fundgrube sind auch die seit einer Reihe von Jahren erscheinenden „Pilot Charts" des hydrographischen Amtes in Washington, die eine Menge Wetter- und Bahnenkarten nebst Auszügen aus den interessanteren Tagebüchern enthalten.

Bahnrichtung in Westindien. Die Fortpflanzung der Orkane im westlichen Teile des Atlantischen Ozeans geht innerhalb der Tropen fast stets nach einer zwischen West und Nord liegenden Richtung vor sich. Mit der Annäherung an den Wendekreis nimmt die Bahn, wenn sie ihre ursprüngliche Richtung nicht weiter beibehält, eine nördlichere Richtung an und biegt zwischen 23° und 33° N-Br. — im offenen Ozean meist sehr allmählich, im Golf von Mexiko auch wohl schneller — in eine östlich von Nord gelegene Richtung um. Die beiden Stücke der Bahn — das nach Nordwest und das nach Nordost gerichtete, die aber auch jedes für sich einzeln vorkommen können — bilden zusammen ungefähr eine Parabel, deren Scheitel durch das rein nordwärts gerichtete Stück gebildet wird. Die verschiedenen Gruppen dieser Bahnen, die sich hauptsächlich außerhalb der Tropen verschieden verhalten, zeigt die Orkanbahnenkarte (S. 190).

Ursprungsort. Keiner der drei Orkane, die die Insel Cuba in den Jahren 1875 und 1876 heimsuchten und von Viñes genauer erforscht wurden, konnte nach den vorliegenden Schiffsberichten ostwärts von den Kleinen Antillen zurückverfolgt werden.

Faßt man den Teil des Ozeans zwischen 10° und 20° N-Br. von der afrikanischen bis zur amerikanischen Küste ins Auge, so fällt es zunächst auf, daß auf dem offenen Ozean zwischen 30° und 55° W-Lg. kaum ein einziger Fall eines Orkanes bekannt ist, wohl ganz vereinzelt aus dem östlichen Bezirk, in dem die Kap Verden liegen, häufiger aus dem westlichen Bezirk bei den Kleinen Antillen und von da aus westlich. Die Annahme liegt also nahe, daß gewöhnlich keine Verbindung zwischen beiden Gebieten besteht, und daß sich Depressionen, wie die vom „Aolus“ und von der „Victoria“ beobachteten, meist erst in der Nähe der westindischen Inseln zu Orkanen entwickeln, wenn sie es überhaupt tun.

Geschwindigkeit. Die Fortpflanzungsgeschwindigkeit jener drei Wirbelstürme war in der Stunde:

	Während der Westwärtsbewegung	Bei der Umbiegung	Während der Ostwärtsbewegung
Orkan vom Sept. 1875	9.—12. Sept. durchschnittlich 11 Sm, am 13. (auf Cuba) 17 Sm	16. Sept., in Texas, 4—5 Sm	18.—19. Sept. 35 Sm
„ „ Sept. 1876	12.—13. Sept. 18½ Sm 13.—15. Sept. 15 Sm	16. Sept., Cuba 10 Sm	16.—17. Sept. 23½ Sm
„ „ Okt. 1876	—	16.—19. Okt., Cuba, 4 Sm	19.—20. Okt. 14½ Sm

Die langsamere Fortpflanzung während der Nordwärtsbewegung scheint hauptsächlich bei einer Scheitellage westlich von 80° W-Lg. oder über Land aufzutreten; liegt der Scheitel dagegen im offenen Atlantischen Ozean, so tritt in manchen Fällen überhaupt keine Verlangsamung ein. So kurze Scheitel, wie sie die Bahnkarte (S. 190) im Golf von Mexiko zeigt, fehlen im offenen Ozean, was mit der Geschwindigkeit im Scheitel wohl im Zusammenhang steht. Nach Loomis ist die mittlere Bewegung der Orkanzentren vor der Umbiegung Westnordwest mit einer stündlichen Geschwindigkeit von 17½ Sm, nach der Umbiegung Nordost zu Ost mit einer solchen von 20½ Sm.

Drei Bezirke im Orkan. Das Gebiet, dessen inneren Teil der Orkan einnimmt, ist durch niederen Barometerstand und durch einen doppelten Wolkenschirm bezeichnet, dessen oberer weit übergreifender Teil aus Federwolken und Schleiern, dessen unterer und innerer Teil aus dichten Regen- und Böenwolken besteht. Der Halbmesser dieser verschiedenen Bezirke ist nach den Beobachtungen in Havana bei den drei Orkanen in Seemeilen aus nachfolgender Tabelle ersichtlich.

Noch bedeutend beschränkter als die Wolkenscheibe war das Gebiet der heftigen Winde. Sein Halbmesser betrug bei dem Orkan vom September 1875 180 Sm, im September 1876 bei Portorico nur 90 Sm, bei Havana 135 Sm; der Orkan vom Oktober 1876 hatte bei Havana einen mittleren Halbmesser von 190 Sm.

		Vorderer Halbmesser			Hinterer Halbmesser		
		Sm	Sm	Sm	Sm	Sm	Sm
September 1875	Gebiet niederen Druckes[1])	750					unbekannt
	Cirrus-Wolkenschirm		550			> 600	
	Regen- u. Nimbus-Scheibe			300	300		
September 1876	Gebiet niederen Druckes	450					750
	Cirrus-Wolkenschirm		240			270	
	Regen- u. Nimbus-Scheibe			185	140		
Oktober 1876	Gebiet niederen Druckes	530					> 500
	Cirrus-Wolkenschirm		> 300			360	
	Regen- u. Nimbus-Schirm.			> 300	250		

Orkanmitte. Im Zentrum des Wirbels, wo keine Druckunterschiede sind, liegt ein Gebiet mit schwachen Winden oder Windstille. Seine Ausdehnung läßt sich nach der Dauer der Windstille und der Fortpflanzung des Orkans berechnen und stellt sich für den ersten Orkan (Dauer $^{1}/_{2}$ Stunde) auf 10 Sm, für den zweiten auf Portorico (Dauer 25 Min.) auf 7 bis 8 Sm, im östlichen Teile von Cuba (Dauer 1 Stunde) auf mehr als 15 Sm, für den dritten Orkan in Havana (Dauer der Stille 1 Stunde) auf etwa 15 Sm. In der unmittelbaren Umgebung dieses windstillen Teiles war die Windstärke nur mäßig, 5 bis 10 m p. s. oder 2 bis 5 der Beaufort-Skala. Der Durchmesser des ganzen sturmfreien inneren Gebietes stellte sich im ersten Falle auf 40, im dritten auf 60 Sm, war jedoch im dritten bedeutend größer in der Richtung West—Ost als Nord—Süd. Die Dauer der ganzen Pause im dritten Orkan betrug auf Cuba $3^{1}/_{2}$ bis 4 Stunden. Während das Zentrum des Orkans vom September 1875 in geringer Entfernung im Nordnordost von Havana vorüberzog, herrschte dort in der Nacht vom 13. zum 14. von 12 bis 2 Uhr fast windstilles Wetter, die Regenböen hörten auf, und im Scheitel wurden einzelne Sterne sichtbar, während das Barometer am tiefsten stand und der schwache Wind rasch von N durch W nach SSW umging. Diese Abnahme und sogar teilweise Durchbrechung der Wolkendecke beim Vorübergange des Zentrums ist in vielen Fällen beobachtet worden.

Windstärke. Die Windstärke war beim Orkan vom September 1875 auf den Kleinen Antillen am größten, jedoch auch noch beim Betreten der Insel Cuba richtete er große Verheerungen an. Während der Bewegung über die Insel, fast ihrer Längsachse entlang, nahm die Stärke des Sturmes sehr ab, so daß er in Havana eigentlich nicht als Orkan, sondern nur wie ein starker Norder sich zeigte (größte Windgeschwindigkeit 20 m p. s.). Darauf erfolgte über dem Golfe von Mexiko wieder eine Verstärkung; der Sturm trat in Texas wieder sehr heftig auf, so daß in Indianola 40 m p. s. gemessen und der Wind nach der Zerstörung des Anemometers auf 50 m p. s. geschätzt wurde. Weiterhin über dem Festland von Nordamerika trat wieder eine Abschwächung ein. Auch der Orkan vom September 1876 verlor einen großen Teil seiner zerstörenden Gewalt über der Insel Cuba, wo er sich im Winkel nordwärts wandte. Er gewann sie auf dem Meere bis Wilmington wieder, um dann wieder abzunehmen. Der Orkan vom Oktober 1875 war für den westlichen Teil von Cuba der verheerendste der Reihe. Die größte Windgeschwindigkeit erreichte auf dem Observatorium in Havana für 4 Sekunden 45 m p. s., die größte mittlere Geschwindigkeit während einer Minute betrug indessen nur 25 m p. s. — Bei den beiden ersten Orkanen waren die Winde der rechten Seite, bei dem letzten die der linken Seite stärker.

Luftdruck. Die tiefsten Barometerstände, welche in der Mitte abgelesen wurden, betrugen:

im September 1875	an 5	Orten	zwischen	733,5	und	745,8 mm,
im September 1876	„ 13	„	„	742,3	„	752,7 „ [2])
im Oktober 1876	„ 5	„	„	719,3	„	732,0 „

[1]) d. h.: Unter dem Mittel für Monat und Tageszeit.

[2]) Südlich von $23^{1}/_{2}{}^{0}$ N-Br., auf dem weiteren Wege des Orkans nördlich vom Wendekreise betrugen sie 740,4—753,1 mm.

Der Stand von 719,3 mm ist an einem Aneroid abgelesen, der nächstniedrigste ist 727,9 zu Havana.

Über die Verteilung des Luftdrucks im Umkreise des barometrischen Minimums geben die Barometerstände in 60 und 120 und 180 Sm Entfernung Auskunft:

	1875 September		1876 September		1876 Oktober	
Entfernung vom Zentrum	P-to del Portillo	Havana	Mayaguez	Wilmington	Cayo Hueso	Havana
	Vorderseite	Vorderseite	Vorderseite	Rückseite	Vorderseite	Rückseite
	mm	mm	mm	mm	mm	mm
180 Sm	748,5	755,1	—	757,2	—	751,3
120 „	747,3	754,0	765,3	775,6	751,1	749,5
60 „	745,9	750,9	760,7	751,8	739,1	742,1
0 „	733,5	743,6	742,7	744,7	729,7	727,9

Die Unterschiede zwischen den aufeinander folgenden Zahlen derselben Spalte geben die mittlere Größe des barometrischen Gradienten oder des Gefälles an, auf die Strecke von 60 Sm bezogen. Die größten Werte in den sechs Spalten sind:

12,4; 7,3; 18,0; 7,1; 9,4; 14,2.

In einzelnen Taifunen erreicht das Gefälle einen Wert von 27 mm, in Nordeuropa ist 8 schon selten.

Höherer Luftdruck in der Umgebung. Unter dem Einfluß eines Orkans bilden sich gewöhnlich zwei oder mehrere Gebiete höheren Druckes oder Antizyklonen, die ihn während seiner Fortbewegung begleiten, so daß sie in gewisser Hinsicht zugehörige Teile der ganzen Erscheinung bilden. Dem Orkan vom 13. bis 14. September 1875 zu Havana ging ein Maximum des Luftdruckes vorauf, das am 9. 766,4 mm erreichte; dem Orkan vom 15. bis 16. September 1876 in derselben Stadt ging ein solches von 764,9 am 13. vorauf, und es folgte ihm eins von 764,4 mm am 18. Bei dem Orkan vom 19. Oktober 1876 war dieser höhere Druck weniger ausgeprägt.

Vorzeichen. Steigen des Barometers. Die Witterungsvorgänge beim Herannahen und Vorübergange eines Orkans stellen sich an einer festen Station in folgender Weise dar.

Das früheste Merkmal eines noch fernen Orkans ist ein ungewöhnliches Steigen des Barometers, mit einigermaßen anhaltenden antizyklonischen Winden und trockenem, frischem und schönem Wetter, klarem Himmel und ungewöhnlich durchsichtiger Luft. Diese Winde sind leicht kenntlich an ihrer Beständigkeit und angenehmen Frische, bei hohem Barometerstande. Der Wechsel von Land- und Seewind wird in der Regel dabei unterdrückt und das Verhältnis der Winde zu den Tageszeiten und zum Barometer nicht selten umgekehrt. So wehte am 14. September 1876, während der Orkan auf Haiti herrschte, in Havana den Tag über Südwind mit hohem Barometer, der in der folgenden Nacht durch Nordnordwest mit fallendem Luftdruck ersetzt wurde; es ist aber in Havana ebenso ungewöhnlich, Nordwind in der Nacht und mit sinkendem Barometer, wie Südwind am Tage und mit steigendem Barometer zu haben.

Auch hier zeigen die antizyklonischen Winde langsamere Änderungen in ihrer Richtung als die zyklonischen. Die Lage des Zentrums des hohen Druckes ergibt sich aus der Richtung in der Weise, daß bei Südwind der hohe Druck im Süd bis Ost, bei Westwind im West bis Süd usw. liegt. Gewisse Antizyklonen haben keinen Orkan im Gefolge. Es sind die, welche die barometrischen Minima zwischen 45° und 50° N-Br. im Süden begrenzen und zuweilen eine Ausnahme von obiger Regel bilden, indem sie an der Nordküste von Cuba regnerisches Wetter herbeiführen, wie dies nicht selten bei Nord- und Nordoststürmen hier vorkommt.

Fallen des Barometers, Schleier und Federwolken. In dem Maße, wie sich das Zentrum des hohen Druckes entfernt und der Orkan sich dem Beobachter nähert, sinkt das Barometer langsam; der bis dahin klare Himmel überzieht sich mit einem zarten Schleier, der sich allmählich verdichtet und Höfe oder weite Ringe um Sonne und Mond erzeugt. Beim Auf- und Untergang der Sonne färbt sich der Himmel in ein feuriges dunkles Rot und Violett, wodurch die Dämmerung verlängert wird. Ist der Schleier schon dichter (milchige Trübung am Tage), so scheint die ganze Atmosphäre in Flammen zu stehen. Diese bald der dunklen Rotglut eines Metalls, bald der Ziegelfarbe oder Kupferfarbe verglichenen Beleuchtungen haben einen so eigenartigen Charakter, daß sie von keinem, der sie einmal gesehen hat, mit dem gewöhnlichen Abendrot verwechselt werden können.

Neben diesem dünnen Schleier, der bei seinem ersten Erscheinen kaum bemerkbar ist, zeigen sich die ersten deutlich sichtbaren Vorläufer des Orkans am Himmel, lange, zarte, weiße Federwolken (Windbäume oder Katzenschwänze). Sie sind auch das letzte Signal des Orkans bei seiner Entfernung. Nach Viñes würde die den Orkanen eigentümliche Art dieser Wolken die Federform sein, mit einer in den Radius der Depression fallenden Achse und einer Fahne von Fasern, die auswärts auseinandergehen. Der Stiel der Feder steckt in der Wolkenbank, welche den eigentlichen Orkan bedeckt. Die zweite Art der Federwolken zu Havana wäre die fadige (aus geraden, langen Linien), welche sowohl bei Orkanen als auch in der gewöhnlichen oberen westlichen Luftströmung vorkommt und also nicht beunruhigend ist. Die Bewegung dieser Wolken behandelt Viñes nicht genauer, er spricht nur die Annahme aus, daß sie der Längsrichtung der Federn parallel von dem Zentrum des Orkans nach allen Seiten ausströme. Die Beobachtungen in europäischen Wirbeln machen indessen diesen Ausspruch nur für die Vorderseite der Zyklone wahrscheinlich.

Der Cirrus-Schleier ist auch zwischen und mit den Federwolken in Lücken der Regenwolken näher beim Orkanzentrum und in diesem selbst stets zu sehen. Die Höfe um die Sonne, den Mond und die Sterne erster Größe, die er erzeugt, nehmen bei seiner allmählichen Verdichtung zuerst an Intensität zu, um bei weiterem Wachstum seiner Dicke zu verschwinden; doch bleibt der Ort der Sonne stets erkennbar. Das Auftreten von Höfen nach klarem Wetter ist als Zeichen der nahen Nachbarschaft schlechten Wetters zu beachten.

Mit dem Eintritt dieser Trübung ändert sich auch die Witterung. Eine feuchtschwüle Luft bei sinkendem Barometer steht im schroffen Gegensatze zum erfrischenden Wetter der vorhergehenden Antizyklone; der Schweiß verdunstet nicht, sondern wird zur Plage; eine allgemeine Ermattung bemächtigt sich des Körpers. Auf den Antillen ist diese Art Wetter gut bekannt; die Klagen über das äußerst drückende Wetter sind alsdann allgemein.

Orkanwolke. Das Gebiet des Orkans selbst ist aus der Ferne erkennbar als Wolkenwand, die zuerst, auf dem Meere gesehen, einer fernen Küste täuschend ähnlich sieht, sich dann mehr und mehr über den Horizont erhebt, ohne sich von ihm zu trennen, und dabei auch im Orkan selbst, nachdem die Regenwolken den ganzen Himmel bedeckt haben, nach der Richtung, wo das Zentrum liegt, am schwärzesten bleibt. Beim Eintritt der zentralen Windstille klart der Himmel im Scheitel teilweise auf, und ein Ring dicker Wolken umgibt den Beobachter. Ein aufmerksamer Beobachter vermag unter günstigen Umständen die Wolkenbank eines nahe vorbeiziehenden Orkans längere Zeit hindurch zu beobachten, wie z. B. der Beobachter von Trinidad auf Cuba die Wolkenmasse des Orkans vom Oktober 1876 durch fünf Tage (vom 15. bis 20.) verfolgen konnte, wie sie sich von Süd durch West nach Nord verschob, während der gegenüberliegende Teil des Himmels im Anfang und zum Schluß teilweise heiter, am 16. bis 18. aber von einer minder schweren Wolkendecke bedeckt war.

Während die Wolkenbank sich höher schiebt, löst sich ihr bis dahin scheinbar fester Rand in einzelne Regenwolken auf, die, rasch durch den Scheitel eilend, Sprühregen, Regenschauer und Böen bringen, deren Stärke zunimmt, während auch in den Zwischenzeiten der Wind auffrischt. Der Regen ist zwar eine der allgemeinsten Erscheinungen bei den Orkanen, doch tritt er in verschiedenen Formen auf, im äußeren Teile oft für ganze Stunden nur in Form eines feinen und dichten Nebelregens (span. garúa) mit seltenen Schauern darin, dann in häufigeren Schauern mit Böen von zunehmender Stärke, mit immer finstereren und tiefer hängenden Wolken, endlich fallen in der Nähe des Zentrums aus tief herabreichenden Wolken Regenströme wie in zusammenhängenden Massen und erzeugen auf dem Lande, wenn der Orkan langsam fortschreitet, Überschwemmungen. Das Regengebiet erstreckt sich auf der Vorderseite weiter vom Zentrum als auf der Rückseite.

Orkanböen. Die stürmischen Winde im Orkan haben stets einen böigen Charakter. In den Böen zeigen sowohl das Barometer als die Windfahne rasche Schwankungen, letztere zuweilen ganze Umdrehungen, gewöhnlich aber nur ein Ausschießen nach rechts um mehrere Striche. Die Böen sind aufs engste mit den Regenschauern verknüpft; die Richtung der regnenden Wolke kann häufig als abweichend von der Richtung des Unterwindes vor und nach der Bö beobachtet werden und weicht von dieser dann nach rechts ab, also in demselben Sinne wie die Richtung des Windes in den Böen. Der Zug der Regenwolke und die Richtung des begleitenden Windstoßes stehen beide beinahe senkrecht zum Gradienten, während die Peilung des Unterwindes zwischen den Böen durchschnittlich nur etwa einen halben rechten Winkel ausmacht. Eine Windfahne vom Observatorium zu Havana wurde so durch eine Bö nach West entführt, als der Orkan aus Nordost blies.

Gewitter bei Orkanen. Widersprechend sind die Zeugnisse über das Auftreten elektrischer Entladungen in den Orkanen. Auf Cuba sollen sie nach VIÑES so selten sein, daß „Donner und Hahnenschrei" als gute Zeichen beim Landvolke gelten, die das nahe Ende des Sturmes verkünden. Auf den Kleinen Antillen und dem Ozean treten hingegen Blitze in manchen Orkanen in außerordentlicher Häufigkeit und Stärke auf. Es scheint, daß sich die Orkane westlich und östlich vom 70. Meridian in dieser Hinsicht verschieden verhalten, da auch die Fortsetzungen der westindischen Orkane über Florida und den übrigen Vereinigten Staaten von Nordamerika selten von Gewittern begleitet zu sein scheinen. Daß die Abwesenheit von elektrischen Entladungen in einem Unwetter ein schlimmes Anzeichen sei — insofern es die großen Orkane von den bloßen Gewitterstürmen unterscheidet —, spricht schon OVIEDO in seiner „Historia Natural de Indias" (1535) aus.

Lücke in der Orkanwolke. Über dem windstillen Zentrum des Wirbelsturmes zeigt die Scheibe schweren, tief herabhängenden Regengewölkes, die den Orkan bedeckt, in der Regel ein Loch, während der obere Cirrusschleier, mit geringen Lücken, auch hier gewöhnlich vorhanden ist. Die Ursache und die näheren Umstände dieser Erscheinung sind noch nicht erforscht; nach den Aufzeichnungen der Registrierapparate zu Manila im Orkan vom 20. Oktober 1882 zeigte die Lufttemperatur eine kurzdauernde Steigerung um 7°, während das Zentrum über die Stadt passierte; es wäre sehr interessant, festzustellen, ob eine ähnliche Hitze von so beschränkter Ausdehnung auch in anderen Fällen im Zentrum des Orkans anzutreffen ist.

Die Peilung. Über die Lage der Windrichtung zur Mitte, die wir kurz als „Peilung" bezeichnen, liegen im tropischen Atlantischen Ozean keine Messungen vor. Läge bei Nordostwind die Mitte in Südsüdost, so wäre die Peilung 6 Strich. Dieser Betrag kommt am häufigsten vor. Bei der Schätzung der Peilung sind zu berücksichtigen: der Meeresteil oder die Entfernung von der nächsten Küste, die Windstärke und die Lage zur Bahn. Befindet man sich z. B. in der Nähe der amerikanischen Küste zwischen 25° und 45° N-Br. und ist der Wind hier nordnordöstlich oder der Küste parallel, so kann die Peilung beträchtlich kleiner als 6 Strich sein. Wolkenzug mit der Peilung 8 Strich und Dünung geben dann oft genauere Auskunft. — Ist unterhalb 25° N-Br. die Windstärke schon sehr hoch bei tiefem Barometerstand, so ist die Peilung vermutlich 7 bis 8 Strich. — Sie ist oft klein bei noch schwachen Winden, auf der rechten hinteren Hälfte der Bahn auch bei starken. — Beim Eintragen der Peilungen und Abstände, beides immer nur Schätzungen, wird man am schnellsten zu einer annähernd richtigen Ansicht über die Bahn kommen, wenn man sie als gerade und die Geschwindigkeit als gleichförmig annimmt, und die Peilungen und Abstände entsprechend ausgleicht. Der Einzelbeobachter entgeht so dem Zeichnen unsicherer Bahnen.

Bahnrichtungen, abhängig von der Jahreszeit. Die Mitte des Septembers ist für die Bahnrichtungen ein wichtiger Zeitpunkt. Für den westlichen Teil des Ozeans und Westindien gilt nämlich:

Südlich von 17° N-Br. in allen Monaten West bis höchstens Nordwest;
zwischen 17 und 20° N-Br. vor Mitte September West bis Nordwest;
„ 17 „ 20° „ nach „ „ Nordwest bis Nord;
bei 23 und 24° N-Br. nach Mitte September häufig Nord bis Nordost.

Diese Tatsachen stehen im Zusammenhange mit der mittleren im Laufe des Herbstes stattfindenden Südwärtsverschiebung des Gebietes hohen Luftdruckes, das die Nordgrenze der Passatregion auf dem Ozean einnimmt. Die Wirbel und die allgemeine Luftströmung umkreisen es in derselben Richtung.

Orkanzeiten. Von 216 Stürmen aus den Jahren 1493 bis 1855 kommen in Westindien, dem Golfe von Mexiko und dem Karaibischen Meere folgende Zahlen auf die einzelnen Monate:

Jan.	Febr.	März	April	Mai	Juni	Juli	Aug.	Sept.	Okt.	Nov.	Dez.	Summe
[5]	[2]	[6]	[1]	[1]	(4)	29	59	51	40	(12)	[6]	216

Hiervon gehören indessen die der Monate Dezember bis Mai, [ ], und ein Teil derer vom November und Juni, ( ), zu einer anderen Klasse, nämlich zu den sogenannten „Nordern“, die im westlichen Teile des Gebietes, namentlich im Golf von Mexiko, auf Cuba und Jamaica im Winter häufig wehen, wenn sie auch nur selten eine solche Kraft erreichen, daß sie unter die bemerkenswerten Stürme gezählt würden.

Eine andere Verteilung tropischer Zyklonen im Nordatlantischen Ozean nach den Monaten findet das hydrographische Amt der Vereinigten Staaten-Marine nach Untersuchungen für die 12 Jahre 1885—1896, nämlich:

Juni	Juli	August	September	Oktober
6	4	16	24	25

Rechnet man in der älteren Reihe die Hälfte der Juni- und Novemberstürme zu den Orkanen, so erhält man auf hundert Beobachtungen:

	Juni	Juli	Aug.	Sept.	Okt.	Nov.
Ältere Reihe . .	1	16	32	27	21	3
Neuere Reihe . .	8	5	21	32	34	—
Nach Dr. Fischer	3	9	28	26	22	4

Ordnung der Monate nach der Häufigkeit:

Dr. Fischer u. ältere Reihe	August	September	Oktober	Juli
Neuere Reihe	Oktober	September	August	Juni.

Der Unterschied rührt, abgesehen von der Kürze der neueren Reihe, möglicherweise daher, daß die neuere verhältnismäßig mehr Fälle aus höheren Breiten, die ältere mehr aus niedrigen enthält; jenen entspricht eine spätere Jahreszeit.

V.

Stürme auf der Westhälfte der subtropischen Zone des Nordatlantischen Ozeans.

Stürme auf dem Golfstrom und in dem Mexikanischen Golf. Die Stürme auf der westlichen Hälfte des Ozeans zwischen 23° und 40° N-Br. zerfallen nach ihrer Herkunft in drei verschiedene Klassen. Die erste wird von den Fortsetzungen tropischer Orkane gebildet, die hier teils in der Umbiegung nach Nordost, teils bereits in beschleunigter Bewegung nach Nordost begriffen sind. Die zweite Klasse hat hier zwar auch gewöhnlich eine Bewegung nach Nordost, allein ihre Vertreter sind entweder zwischen 23° und 33° N-Br. an der Golfküste oder östlich von Florida entstanden oder sind aus West oder Nordwest dorthin gelangt Die dritte Klasse gehört endlich ausgedehnten Wirbeln an, deren Zentren von West nach Ost, in den meisten Fällen jenseits von 40° N-Br., auf der großen Zugstraße der barometrischen Minima über die amerikanischen Seen und Neufundland oder auf deren südlicheren Nebenstraßen vorübergehen (vgl. Atlas, 2. Aufl., Taf. 28). Nicht selten liegt dann auf der Südseite der großen Depression ein Teilminimum südlich von 40° N-Br.:

Scheitellage und Bahnen.

Jahr:	Breite:	Länge:	Jahr:	Breite:	Länge:	Jahr:	Breite:	Länge:	Jahr:	Breite:	Länge:
August			August			September			Oktober		
1827	30° N-Br.	77° W-Lg.	1880	33° N-Br.	66° W-Lg.	1853	32° N-Br.	76° W-Lg.	1780	23° N-Br.	71° W-Lg.
1830	31° „	81° „	1880	20° „	79° „	1853	29° „	64° „	1846	30° „	83° „
1830	30° „	74° „	1881	44° „	96° „	1872	21°? „	64° „	1866	26° „	78° „
1831	31° „	89° „	September			1875	29° „	97° „	1872	33° „	50° „
1837	32° „	79° „				1876	23° „	80°[1]) „	1875	23° „	95° „
1848	27° „	79° „	1804	31° N-Br.	80° W-Lg.	1877	30° „	79° „	1876	22° „	82° „
1851	27° „	86° „	1821	31° „	78° „	1878	27° „	82° „	1877	25° „	87° „
1872	30° „	62° „	1830	30° „	68° „	1878	26° „	60° „	1878	31° „	51° „
1873	32° „	69° „	1837	26° „	98° „	1878	20° „	74° „	1878	20° „	81° „
1879	30° „	79°[1]) „	1839	32° „	65° „	1879	23° „	87° „	1879	35° „	88° „
1879	30° „	95° „	1846	29° „	71° „	1880	37° „	90° „	1880	31° „	63° „
						1882	27° „	88° „	1882	25° „	84° „

In dem Kärtchen (Fig. 40) sind die Orkanbahnen zu einigen Gruppen zusammengefaßt, die als Ergänzung zu den Zugstraßen der barometrischen Minima auf Tafel 28 des Atlasses dienen können. Sie konnten dort wegen des unvergleichlich selteneren Auftretens dieser Orkane keine Aufnahme finden.

Zugstraßen. Die vier häufigsten Bahnen sind *a b c d.* Die Zugstraße *a* ist durch sieben lange Bahnen aus dem August und der ersten Hälfte des Septembers vertreten. Die Bahnsysteme *b* und *c* zeigen viel Ähnlichkeit miteinander und bestehen jedes aus einer Vereinigung mehrerer Zugstraßen, die auf großen Strecken zusammenfallen. Das System *b*, einer späteren Jahreszeit angehörend, liegt durchweg etwa 5° südlicher als das System *c* und enthält (mit einer Ausnahme) nur Bahnen, deren westlicher Wendepunkt nach dem 17. September, meist im Oktober, erreicht wurde, während im Bahnsystem *c* sämtliche Orkane der drei Kurven c_1, c_3 und c_4 diesen Wendepunkt vor dem 17. September erreichten, und nur die fast rein nordwärts verlaufende Kurve c_2 durch zwei Oktoberorkane vertreten wird. Die erste Abteilung der zum System *b* gehörenden Orkane wird von denen gebildet, die im Karaibischen Meere westwärts wanderten und über Cuba oder wenig westlich davon sowie über Florida hinweg in eine nordöstliche Bahn übergingen. Südlich von Cuba gesellten sich als b_2 noch zwei Orkane von Süden hinzu. Dagegen trennten sich von der Zugstraße eine Reihe von Orkanen, welche bis dahin mit den genannten zusammengegangen waren, nämlich zunächst (b_3) die, welche über

[1]) Jedoch scharfe Biegung auf Cuba, in 20° oder 21° N-Br.

Yukatan westwärts bis in die Nähe der Westküste des Golfs gehen und erst dort scharf nach Osten umbiegen; und dann (b_4), der vom Westende von Cuba nach den großen amerikanischen Seen fortschreitet.

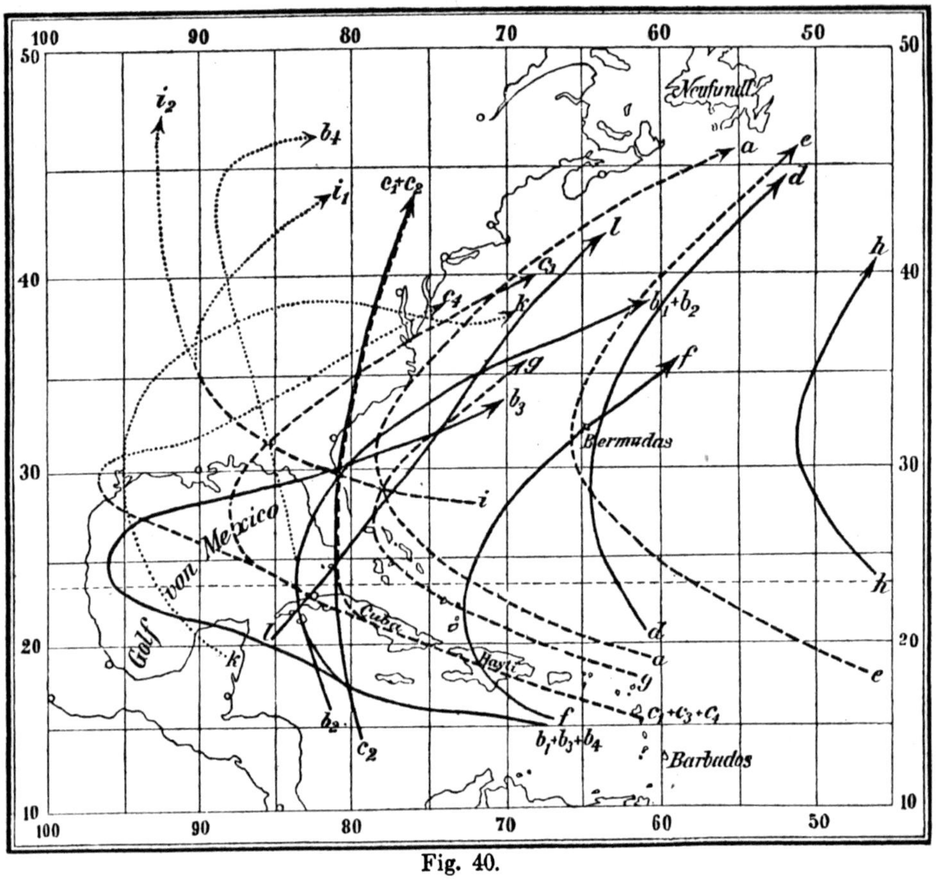

Fig. 40.

Orkanbahnen.

– – – – – Zugstraßen, deren westlichster Punkt vor dem 17. September erreicht wird.
———— " " " " nach " 17. " " "
(Zugstraße g ist aus einem August- und einem Oktoberorkan gebildet.)
.... Bahnen vereinzelter Orkanzentren.

In dem Bahnsystem *c* führt die erste Teilstrecke über Haiti und Cuba, ungefähr parallel der Längsachse dieser Inseln, nach Westnordwest, und ist durch acht Orkane vertreten. In der Nähe von Havana ist ein Teil ziemlich plötzlich nordwärts umgebogen und in eine Zugstraße eingelenkt, die auch von zwei Orkanen aus dem Karaibischen Meere eingehalten worden ist. Die übrigen fünf Orkane setzten ihre Bahn nach Westnordwest fort und wandten erst weiter im Westen nordwärts um, und zwar drei davon zwischen 85° und 90° W-Lg., die beiden letzten erst in Südtexas. Drei von den fünf Orkanen erreichten den Atlantischen Ozean.

Die Zugstraße *d* der Karte führt nahe an den Bermudas vorbei und ist durch sechs Orkane vertreten.

Weniger besuchte Zugstraßen. Unter ihnen ist *e* besonders durch den großen Orkan vom August 1873 bemerkenswert, den Kapt. Toynbee vom Londoner Meteorologischen Amte einer eingehenden Untersuchung unterworfen hat[1]).

d, *e* und *f* führen dicht bei den Bermudas vorbei; der Scheitel liegt aber bei *f* südlich vom Wendekreis. Die Bahn *g* beruht auf zwei Einzelbahnen, *h* auf fünf Oktoberbahnen, *k* auf einer, *i* auf zwei Bahnen ohne Scheitel.

[1]) Vergl. Annalen der Hydrographie usw. 1880, S. 403.

Von den nichtparabolischen Bahnen sind in dem Kärtchen nur die berücksichtigt, welche in die Subtropenzone von Süden her über den Wendekreis eintreten; es sind dies vier Fälle (Oktober), zu einer Zugstraße *l* verbunden. Vom November bis März ist eine Zugstraße häufig, die ähnlich verläuft, aber eine ganz andere Herkunft hat als *l*. Es bewegen sich nämlich um diese Jahreszeit vielfach Depressionen von Texas an der Golfküste und atlantischen Küste der Vereinigten Staaten entlang, die entweder von Nordwesten nach dem Golfe gekommen oder in seiner Nähe entstanden sind. Bisweilen gelangt auch nur ein Keim zu einem zyklonalen Luftwirbel vom Stillen Ozean über die Hochländer hinab und bildet sich in oder bei Texas zum Zentrum eines kräftigen Wirbels aus.

Häufigkeit nach Zugstraßen. Sowohl diese Zugstraße als die verwandte von Nordtexas nach Neubraunschweig führende, als endlich die große über die Seen führende Zugstraße und ihr südlicherer Parallelzug sind in der Tafel 28 des Atlasses angegeben. In Tafel 28 ist keine Zugstraße aufgenommen, die nicht mindestens 3 Minima im Jahr aufweist, während auf dem Kärtchen (Fig. 40) im Laufe vieler Jahre selbst die wichtigsten Straßen höchstens 6 bis 8 Minima geliefert haben. Von den Stürmen der subtropischen Zone gehören deshalb, namentlich in ihrem nördlichen Teile, weitaus die meisten der zweiten und dritten Klasse an, d. h. sie begleiten barometrische Minima von außertropischem Ursprung, die sich bei denen der zweiten Klasse wenigstens durch einen großen Teil der Breitenausdehnung der Zone selbst hindurchbewegen, bei denen der dritten dagegen ganz nördlich von dieser Zone halten.

Wenn auch an Zahl weit zurückstehend, spielen dennoch die Stürme der ersten Klasse, die aus den Tropen stammenden Luftwirbel, in der Westhälfte der subtropischen Zone des Atlantischen Ozeans durch ihre außerordentliche Gewalt, ihren ausgeprägten Charakter, Beschränkung auf eine Jahreszeit und Gegensatz zu der Ruhe der übrigen Witterung derselben Monate die wichtigste Rolle, während die Stürme der zweiten und noch mehr der dritten Klasse nur abgeschwächte Abbilder der Stürme höherer Breiten sind.

Geschwindigkeit. Nach Loomis stellt sich für die aus den Tropen kommenden (westindischen) Orkane nach ihrem Umbiegen gegen Ost die mittlere Richtung der Fortpflanzung auf Nordost $^1/_2$ Ost und die durchschnittliche stündliche Geschwindigkeit zu 20,5 Seemeilen heraus; in einem Etmal verschiebt sich also das Zentrum des Wirbelsturmes durchschnittlich um 492 Sm. Allein diese bedeutende Geschwindigkeit erreichen die Wirbelzentren erst einige Tage nach ihrem Umbiegen an der nördlichen Grenze der subtropischen Zone; während der Zeit, wo sie noch eine sehr nördliche Richtung haben, ist ihre Fortpflanzung gewöhnlich langsamer. Zur Ergänzung der bereits gegebenen Zahlen wollen wir noch die Angaben über die Fortpflanzung von fünf Zyklonen aus den Jahren 1872 und 73 anführen nach Herrn Jahncke's Angaben in den Hydrogr. Mitteilungen 1874, Nr. 3. Die freien aufrechten Zahlen bedeuten in Seemeilen die Fortbewegung des barometrischen Minimums in einem Zeitraum von 24 Stunden, von Mittag bis Mittag; in Klammern hinzugefügt ist für einige Termine der gleichzeitige Durchmesser des Wirbelsturmes.

(Siehe Tabelle auf S. 192.)

Die im nördlichen Teile des Gebiets der Zahl nach weit vorherrschenden, aus W kommenden Stürme der dritten Klasse haben auf dem amerikanischen Festlande zwar eine größere Geschwindigkeit, nach Lommis durchschnittlich 1004 Kilometer oder 542 Seemeilen in 24 Stunden, allein beim Erreichen der Küste in der Gegend von Neuschottland zeigen sie häufig die Neigung, ihre Ostwärtsbewegung zu verlangsamen, in manchen Fällen stationär, in einzelnen sogar rückläufig zu werden, so daß man zwischen 58° und 70° W-Lg. weniger sicher auf einen raschen und regelmäßigen Verlauf des Sturmes rechnen kann als auf dem amerikanischen Kontinente und auf dem Ozean zwischen 40° und 58° W-Lg. Indessen scheinen die südlicher, zwischen 44° und 40° N-Br. auf den Ozean übertretenden Minima diese Neigung nicht zu zeigen, und wenn diese auch viel weniger zahlreich sind als die nördlich von 44° N-Br. vorübergehenden,

Bemerkung. 212: Sm in 24^h; (200): Sm Durchmesser.

Geogr. Breite	1872 20. August bis 2. September Sm	1872 9. bis 20. September Sm	1872 30. September bis 5. Oktober Sm	1873 13. bis 26. August Sm	1873 26. Sept. bis 9. Okt. Sm
südlich von 23° N-Br.	280 265 268 (*590*) 256 245 185	212 (*200*) 162 (*280*) 142 185	362 358 (*512*)	230 226 227 225 215	300 320 240 290 292 275 138
23° — 30°	188 (*624*) 178 180	168 170 (*462*)	345 340 (*596*)	224 210	120 270 420 380
30° — 40°	1 0 290 359	170 168 172 168 (*636*)	300 (*536*)	206 198 288	430 380
nördlich von 40° N-Br.	360	180 180		283 450 490	

so sind sie immerhin häufig genug und eben wegen ihrer südlicheren Lage für die Stürme der hier betrachteten Zone von Bedeutung.

Jahreszeitliche Verteilung. Die Stürme der dritten Klasse sind zwar im Winter am häufigsten und stärksten, jedoch auch im Sommer reich vertreten, wenn auch meist von geringerer Stärke; die der zweiten Klasse fehlen im Sommer fast ganz, während sie in den Monaten November bis Februar eine bedeutende Rolle spielen; die Stürme der ersten Klasse, d. h. die tropischen Ursprunges, sind beinahe ausschließlich den Monaten August bis Oktober eigen. Weder aus dem Juli noch aus dem November ist uns ein Orkan bekannt, dessen Bahn sich durch eine größere Strecke festlegen und mit einiger Sicherheit in die Tropen zurückverfolgen ließe.

In dem Auftreten der aus den Tropen herstammenden Orkanwirbel haben wir einen wichtigen jahreszeitlichen Zug ferner darin gefunden, daß vor Mitte September die Bahnen fast durchweg nördlicher liegen als nachher, daß besonders der Parabelscheitel vorher reichlich 5° nördlicher liegt als nachher. Die geographische Breite der Parabelscheitel ist für verschiedene Längen verschieden, und zwar durchschnittlich etwa:

	Anfang August bis Mitte Sept.	Mitte Sept. bis Ende Oktober
in 96° W-Lg.	29° N-Br.	25° N-Br.
„ 70°–90° W-Lg.	28°–30° N-Br.	22°–23° N-Br.
„ 60°–70° W-Lg.	31° N-Br.	28° N-Br.
„ 50° W-Lg.		31° N-Br.

Berichte über Orkane.

Orkan vom 1. bis 13. September 1878. Die erste Gruppe von Berichten, die wir mitteilen wollen, bezieht sich auf einen in der ersten Hälfte des Septembers 1878 auf der Straße c_1 (Fig. 40) fortschreitenden Orkan, der von 7^h N am 1. September bis $5^1/_2{}^h$ N am 2. auf der Insel Trinidad wütete, im Laufe des 3. bis 6. einen großen Teil von Haiti und Cuba verheerte, dann, sich nordwärts wendend, mit großer Langsamkeit Florida durchzog und endlich in fast rein nördlicher Richtung nach Canada forteilte. Die mittlere Geschwindigkeit der Fortpflanzung betrug von Trinidad bis Punta Rassa in Florida (11° bis 27° N-Br.) 11 Knoten, von Punta Rassa bis Savannah (27° bis 32° N-Br.) nur 3 Knoten, von da bis Canada (32° bis 46° N-Br.) aber 26 Knoten. Eine Besprechung dieses Orkans findet man in den Annalen der Hydr. usw. 1878, S. 582 bis 584. Während der langsamen Fortpflanzung des Orkans vom 8. bis 11. September kamen zwei für die Seewarte beobachtende deutsche Schiffe, „Joe Rauers" und „Savannah", in den Bereich des Orkans und bis auf etwa 210 Sm Entfernung von seinem Zentrum; weiter nördlich, während seiner späteren raschen Fortbewegung bei der „Preciosa" dauerte der Sturm nur wenige Stunden.

„Joe Rauers", Kapt. E. Krause, TB.-Nr. 985.

Das in etwa 31° bis 34° N-Br. westwärts steuernde Schiff hatte in der letzten Zeit flaue umlaufende, zuletzt östliche Winde gehabt, bei mittlerem Barometerstand und meistens heiterer Luft; gelegentlich auch Gewitter und Regenböen.

Datum 1878	Zeit	Schiffsort	Bar. mm	Temp. °	Wind	Bewölkung	Wetter	Bemerkungen
10./9.	12^h V	31,9° N 74,3° W	761,8	28,5	SO 4	7	c g	Trübe bezogene Luft mit leichter veränderlicher Brise.
	4^h N		60,6	28,1	SSO 3	7	o g q	
	8^h N		60,9	25,2	SO 3	8	o g q r	
	12^h N	31,5° N 75,1° W	61,6	27,0	OSO 4	9	o g	
11./9.	4^h V		761,2	27,5	SO 5	9	g o	Zunehmende Brise; hohe Dünung aus SO.
	8^h V		61,3	28,1	OSO 6	10	o g r	
	12^h V	30,8° N 76,4° W	59,6	27,3	SO 8	10	o g u	Mittags drehten das Schiff bei. Drohendes Aussehen der Luft.
	4^h N		56,4	26,3	SO 10	10	o r	Orkanartiger Sturm.
	8^h N		55,8	26,0	SO 10-11	10	o r	Gegen Abend hielten ab und lenzten; da dann aber Barom. bald schneller fiel, Wind und See gewaltig zunahm, so fürchteten wir, in das südwestlich von uns sich befindende Zentrum des Orkans zu kommen, und drehten um 12 Uhr wieder bei mit Backbordhalsen.
	12^h N	30,7° N 77,0° W	51,4	26,0	SO 10	8	o r	
12./9.	4^h V		751,0	26,0	OSO 11	10	o q r	Mit unveränderter Heftigkeit, die nur durch noch schwerere Böen unterbrochen wurde, wehte der Wind orkanartig.
	8^h V		52,1	28,3	SO 11	10	o q r	
	12^h V	30,7° N 77,2° W	56,3	27,3	S 10	10	o q r	Gegen Mittag sprang der Wind von SO nach S um, und nahm langsam an Stärke ab. Gewaltige lange und regelmäßige See.
	4^h N		55,7	25,0	SSW 10	10	o q r	
	8^h N	30,9° N 76,9° W	57,6	24,8	SSW 9	10	o q r	Der Wind läuft unter heftigen Regenböen durch SSW nach SW bei steigendem Barometer.
	12^h N		58,7	26,5	SW 8-9	9	o q r	
13./9.	4^h V		762,1	27,5	SW 9	9	o g q	Hohe See aus S und SW.
	8^h V		63,0	27,5	SW 7	8	o g	
	12^h V	30,9° N 76,9° W	63,4	27,8	SW 5	7	o g	Leichte Brise bei bewölkter Luft.
	4^h N		62,7	28,2	SWzW 3	5	c g	
	8^h N		64,2	28,0	SSW 2	6	c	

„Savannah", Kapt. F. Tebelmann, TB.-Nr. 957.

Das aus dem Passat kommende Schiff hatte in der letzten Zeit flaue veränderliche, jedoch meistens südöstliche Winde gehabt bei normalem Luftdruck und warmer, oft trüber Luft und öfter Gewitter. Der Sturm begann am 11. Sept. Mittags in 30° N-Br., 76° W-Lg mit SO 8, und war um 4 Uhr N schon SSO 11. Am 12. Sept. um 4 Uhr V erreichte das Barometer seinen tiefsten Stand, 747 mm. Das Ende des Sturmes mit SSW 8 trat um 12 Uhr N und in 31° N-Br., 77° W-Lg. ein.

„Preciosa", Kapt. W. Valck, TB.-Nr. 936.

Das nördlich vom Golfstrom nach W steuernde Schiff hatte in den letzten Tagen beständig mäßige oder frische östliche Winde gehabt bei hohem Luftdruck und gutem Wetter. Der Sturm fing hier in 38° N-Br., 75° W-Lg. am 13. Sept. 4 Uhr V an mit SO 7 bis 9 und 752 mm, erreichte gegen 6 Uhr V S 10. Um 8 Uhr V wurden schon SSW 6 beobachtet, so daß die Dauer etwa 6 Stunden betrug.

Orkan vom 24. September bis 12. Oktober 1878. Im Karaibischen Meere trat am 24. September ein neues Orkanzentrum auf, das, der Zugstraße *f* nahe folgend, vom 24. bis 26. nach Westnordwest fortgeschritten, dann aber in der Windwärts-Durchfahrt nach Nordnordost umgebogen zu sein scheint, nachdem der Sturm am Südwestende von Haiti, namentlich in Jacmel, große Verheerungen angerichtet hatte.

Schon hier wurde am 28. ein deutsches Schiff von ihm getroffen, die „Rio", welche, von Jamaica nach Europa bestimmt, südlich von Cuba aufgekreuzt war und leichte östliche Winde, sowie viel Windstille getroffen hatte, mit warmem Wetter, und am 26. schweren Gewitterböen. Nach den Angaben der „Rio" sprang am Mittag des 27. September, als das Schiff sich in 19,5° N-Br. und 75,1° W-Lg. befand, der bis dahin leicht aus N wehende Wind bei 757,1 Barometerstand durch Stille auf SW um; am 28. wurden am Ende jeder Wache folgende Windnotierungen gemacht. (Position um Mittag: 20,1° N-Br., 73,8° W-Lg.) S. 3, S. 9, S. 11, SzW 11, SzW 8, SzW 5; das Barometer fiel indessen dabei nur bis 754,1 mm (um 4 Uhr N).

Dasselbe Schiff lief auf seiner Weiterreise nach Europa 4 Tage später in die Südhälfte des sehr langsam fortschreitenden Orkanwirbels in 24,5° N-Br. nochmals hinein und hatte nun 4 Tage hindurch einen schweren Sturm durchzumachen. Mehrere andere Schiffe, die sich gleichzeitig oder etwas später weiter nördlich in demselben Orkan befanden, geben zusammen mit der „Rio" eine gute Übersicht über diesen Orkan.

„Rio", Kapt. Rothbar, TB.-Nr. 941.

Am 30. September Vormittags mäßiger WSW, schönes Wetter; Nachmittags, sowie am 1. Oktober schönes Wetter bei flauen west- und nordwestlichen Winden und gleichmäßigem Barometerstand; seit Mittag am 1. langsam fallendes Barometer, Nachts um 11 Uhr ein leichter Regenschauer; sonst stets klare Luft. Der Sturm begann am 2. Okt. 1878 4 Uhr N in 25° N-Br. 72° W-Lg. mit W 10, am 3. Okt. 4 Uhr N in 27° N-Br. 69° W-Lg. erreichte das Barometer seinen tiefsten Stand, 748 mm bei SW 10, und erst am 6. Okt. in 33° N-Br. 61° W.Lg. Mittags endete er mit WSW 8.

In den beiden folgenden Tagen drehte der Wind bei zunehmendem Luftdruck langsam durch NW und NO nach O.

„J. F. Mann", Kapt. G. William, TB.-Nr. 1053.

Das im Passat westwärts steuernde Schiff hatte dort stets mäßigen nordöstlichen Wind gehabt, der in den vorhergehenden Tagen bei abnehmendem Luftdruck östlich und südöstlich lief, und aus letzterer Richtung bei rascherer Luftdruckabnahme stark auffrischte, und dann, stürmisch werdend, durch S nach SW während des letzten Etmals umlief. Am letzten Tage waren Regenböen häufig; auch wurde einige Male in Südwest leichtes Blitzen beobachtet. Am 1. Okt. in 27° N-Br., 65° W-Lg. öfter Böen mit wenig Regen. Wind darin gewöhnlich Stärke 9—10 für 10 bis 15 Minuten Dauer. Abends häufiges Wetterleuchten in NO, vereinzelt auch rings um den Horizont. Sehr schwüle Luft. Fast ununterbrochen Wetterleuchten in O und SO. Der Sturm begann am 2. Okt. um 4 Uhr N in 28° N-Br., 65° W-Lg. mit S 8, erreichte am 3. Okt. in 28° N-Br. 67° W-Lg. S 11 und dauerte bis zum 5. Okt. Mittags in 28° N-Br., 67° W-Lg., wo er mit WSW 8 endete.

„Olbers", Kapt. R. Alberts, TB.-Nr. 935.

Das von Philadelphia am 28. Sept. in See gegangene Schiff hatte seit der Zeit frischen, an einem Tage stürmischen östlichen bis nordöstlichen Wind gehabt; bei langsam, fast stetig abnehmendem Luftdruck und meistens heiterer Luft. Am Morgen des 3. Okt. traten einzelne Regenschauer auf; die Bewölkung nahm zu. Der Sturm begann am 4. Okt. 1878 um Mitternacht in 37° N-Br. 69° W-Lg., mit NO 8, erreichte seine Höhe mit NOzN 11 am 5. Okt. Mittags in 37° N-Br., 68° W-Lg., um 4 Uhr N. den tiefsten Barometerstand, 748 mm, und endete am 6. Okt. um 4 Uhr V. mit NNW 8.

„Henry", Kapt. L. Haesloop, TB.-Nr. 930.

Schiff passierte am 2. Okt. Mittags Sandy Hook; Wind leicht südlich, drehte bei flauer Brise und schönem Wetter während des Etmals durch W nach N und NNO; mittlerer beständiger Luftdruck. Der Sturm begann am 5. Okt. 1878 Mittags in 38° N-Br., 69° W-Lg. mit NO 10, das Barometer fiel bis 12 Uhr N auf 753 mm; der Sturm endete am 6. Okt. 8 Uhr V in NNW 8.

Die nördlich von 35° N-Br. stehenden Schiffe, welche den Orkan erst am 5. Oktober erhielten, wurden weit schneller von demselben befreit als „Rio" und „J. F. Mann“, weil sich der Wirbel vom 5. an weit rascher fortbewegte. Während sein Zentrum vom 30. September bis zum 4. Oktober (27° bis 31° N-Br.) nur 250 Sm zurückgelegt zu haben scheint, durchlief es vom 5. zum 6. etwa 380 Sm und vom 6. zum 7. sogar 860 Sm. Mit etwas abnehmender Geschwindigkeit näherte sich dann der Wirbel den europäischen Küsten, wo er über Irland eine etwas nördlichere Richtung einschlug und am 13. in Lappland verschwand.

Orkan mit gerader Bahn. Am 10. Oktober 1878 trat ein neues Wirbelzentrum im Golf von Mexiko am Wendekreise auf, das sich bis zum 14. mit der bedeutenden Geschwindigkeit von durchschnittlich 25½ Knoten nordostwärts bis nach den Neufundlandsbanken (der Zugstraße *l* parallel) fortpflanzte, am 15. in etwa 55° N-Br. 35° W-Lg. sich nordwärts wandte und am 18. in Ostgrönland verschwand. Auch von diesem Orkan wurden zwischen 30° und 40° N-Br. mehrere deutsche Schiffe getroffen.

„Elise Metzler“, Kapt. G. Dahms, TB.-Nr. 992.

Das am 6. Okt. von Wilmington abgesegelte, nach London bestimmte Schiff hatte flaue, veränderliche Winde und schönes Wetter bei beständig hohem Luftdruck gehabt, welcher erst seit Mitternacht am 10. abzunehmen begann.

Datum 1878	Zeit	Schiffsort	Bar. mm	Temp. °	Wind	Bewölkung	Wetter	Bemerkungen
11./10.	12h V	34,9° N 72,8° W	759,0	23,6	SOzO 5	10	r	Total dick bezogen; von 10 Uhr an Regen; 12 Uhr drehten Schiff bei nach NNO.
	4h N		52,5	23,0	OSO 7-8	10	$\underline{\underline{r}}$	Von 2 Uhr N. an heftiger Regen; zunehmende See aus allen Richtungen, pyramidenförmig auflaufend, 4 U. zunehmender Sturm, machten alle Segel fest; 8 Uhr vollständiger Orkan; 8¼ Uhr plötzlich flau und durchbrochene Luft; Wind sprang auf SSO. Schiff arbeitete furchtbar.
	8h N		49,3	25,0	OSO 9-12	10	r	
	12h N		45,3	24,0	S 8	10	r	12 Uhr Wind Süd, abnehmend.
12./10.	4h V		744,8	24,0	WNW 6-8	4	c	Um 2 Uhr Wind OSO sehr flau; um 3 Uhr mit einer Bö plötzlich WNW, erst mäßig, dann aber zunehmend. (4 Uhr V. hielt das Schiff ab.)
	8h V		50,3	23,0	NW 9-10	8	c p	Der Seegang aus OSO verschwindet mehr und mehr, und SW-Seegang gewinnt die Oberhand.
	12h V	35,0° N 72,1° W	53,9	24,0	NW 8	9	o p	Von 5 Uhr V. an zunehmender Seegang aus NW.
	4h N		55,7	22,5	NW 8	8	o p	
	8h N		57,9	21,5	NW 6	8	o p	

Der Wind wird dann ferner, nördlicher drehend, stürmisch und hält auch noch längere Zeit als stürmischer NO an.

„Alsen“, Kapt. A. Gromsch, TB.-Nr. 1098.

Das nördlich vom Golfstrom nach W arbeitende Schiff hatte in der letzten Zeit veränderliches, gelegentlich stürmisches Wetter gehabt und seit dem 9. Okt. einen von W nach SSW krimpenden und zunehmenden, dann nach W verändernden Sturm.

(Siehe Tabelle nächste Seite.)

Der Wind nimmt dann, bei steigendem Barometer nördlicher drehend, innerhalb 24 Stunden bis zur Stille ab.

Der Orkan vom 14. Oktober 1878 verfolgte die Zugstraße *h* und wurde zuerst auf dem Dampfer „Vandalia“ und dem Segelschiff „Niagara“ gespürt.

„Niagara“, Kapt. W. Wischhusen, von Havre nach Tybee.

Der Orkan begann am 13. Okt. 1878 Mittags in 27° N-Br., 52° W-Lg., mit OzS 7 bis 8, wehte als voller Orkan am 14. Okt. 3 Uhr V aus ONO 12, bei 721 mm, und endete am 14. Okt. Mittags in 27° N-Br., 55° W-Lg. mit WSW 7 bis 8. Der Wind war um 3½ Uhr V noch ONO 11/12, um 5 Uhr V N 11/12 und um 5½ Uhr V W 11/12.

Beobachtungen des Schiffes „Alsen".

Datum 1878	Schiffsort	Barometer mm	Wind		Bemerkungen
	40,3° N 68,2° W	762,7	ONO	6	Mondring.
12./10.		760,0	ONO	7	
		56,2	ONO	9	
	39,7° N 70,4° W	52,7	NOzN	11	Es weht wiederum ein Orkan.
		54,0	NzW	12	
		58,7	NNW	12	
		60,6	NWzN	11	
13./10.		762,8	NNW	10	
		64,4	NWzN	10	
	38,9° N 70,5° W	65,9	NWzN	8	

D. „Vandalia", Kapt. Kühlewein, TB.-Nr. 153, von Westindien nach Hamburg.

Hier begann der Sturm am 13. Okt. 1878 um 8 Uhr N in 27° N-Br. 55° W-Lg. mit NzO 8, erreichte N 12 am 14. Okt. 0 Uhr 30 Min. V; um 3 Uhr 30 Min. V trat das Barometerminimum ein mit 736 mm, das Ende des Sturmes um 8 Uhr V in 27° N-Br. 55°,W-Lg.

Am 14. erreichte das Wirbelzentrum 30° N-Br. und schritt von hier mit der großen Geschwindigkeit von 30 Kn. nach NNO fort, während seine Richtung bis dahin zwischen NW und N gelegen hatte. Am 15. in 40° N-Br. und 48° W-Lg. geriet der Schuner „Rio" in das Zentrum. Er berichtet: am 14. bedeckter Himmel, im Scheitel die Sterne durchscheinend, Hof um den Mond, obere Wolken aus WSW ziehend, feuchte Luft; um Mitternacht Wind S 5, Barometer 755,3 mm, um Mittag des 15. Wind SSO 11, Barometerstand 727,6 mm. Als gegen 2 Uhr N bei einem Barometerstande von 726,7 mm der Sturm aus südlicher Richtung seine größte Höhe erreicht hatte, wurde es plötzlich etwa 20 Minuten lang windstill; dann kam ein leichter WNW-Wind durch, der, innerhalb 5 Minuten nach NNW drehend, mit orkanartiger Wucht einfiel. Ehe es gelang, das Schiff an den Wind zu bringen, tauchte das Vorderteil so tief in die See, daß alles von Deck über die Reling geschwemmt wurde. Bis 6 Uhr N wehte ein voller Orkan, dann nahm der Wind ab, und die See, vorher aus N und S gegeneinander brechend, wurde regelmäßiger. Bei der Windänderung fiel das Thermometer sofort von 22° auf 16°. Das Barometer stieg bis 4 Uhr N auf 755 mm und erreichte um 8 Uhr V des 16. den hohen Stand von 773,2 mm — in 18 Stunden eine Zunahme des Luftdrucks um 46,5 mm.— Am 15. geriet das Schiff „Henry" ebenfalls ins Zentrum; das Barometer fiel bis 732,9 mm; die Windstille dauerte etwa 30 Minuten, inzwischen klärte sich der Himmel im Scheitel, während es vor und nach der Stille dick von Regen war. Die Windänderung ging von SSW nach NNW.

Von 40° N-Br. und 48° W-Lg. nahm der Sturm eine immer östlichere Richtung an; am 17. erreichte das Zentrum 25° W-Lg. in 50° N-Br. und bog darauf südostwärts, um sich in der Nähe von Kap Finisterre zu verlieren. Das stürmische Wetter hatte damit aber weder im Osten noch im Westen sein Ende erreicht. Auf der Mitte des Ozeans, bei 40° N-Br. und 45° W-Lg., hatte der Schuner „Rio", der auf der Reise von Jamaica bis hier dreimal von einem Orkan heimgesucht war, vom 16. bis zum 21. andauernd hohen Barometerstand von mehr als 770 mm und häufig Windstillen. Am Südrande dieses Maximums, welches fast über der ganzen Breite des Ozeans in 40° N-Br. die Westwinde des Nordens und die Ostwinde des Südens voneinander trennte, blieb das Wetter fortwährend unruhig.

Orkan von Wilmington bis Maine. 21. und 23. Oktober 1878. Bei Bermuda, wo seit dem 14. steifer NO mit Regenschauern geweht hatte, nahm der Wind am 17. Oktober nach den Berichten der deutschen Schiffe „Elise Metzler" und „Low Poh Jim" wieder zu bis zur Stärke 11 bei heftigen Gewittern, nach Mitternacht holte der Wind nach SSO und flaute rasch ab; das Barometer fiel bis 750 mm und blieb niedrig. Während dieser Zeit entstand auf dem Karaibischen Meere südlich von Cuba (in etwa 13° bis 14° N-Br.) ein neuer Orkanwirbel, der in den folgenden Tagen, der Zugstraße c_2 ungefähr folgend, sich nordwärts über Cuba und das Südostende von Florida hinweg fortpflanzte. In seinem windstillen Zentrum befand sich am Morgen des 23. die Stadt Washington von 4 h 40 bis 7 h V; er bog dann unter 43° N-Br. nach Osten ab, um nördlich von Boston in der Nacht vom 23. zum 24. den Ozean zu erreichen, auf dem er in 40° N-Br. und 50° W-Lg. mit einem schon vorher auf dem Ozean liegenden verschmolzen zu sein scheint. An der Küste der Vereinigten Staaten war dieser Sturm einer der schwersten, die man seit Jahrzehnten erlebt hat; er hatte den Verlust sehr vieler Schiffe zur Folge, von Wilmington an bis Maine, ganz besonders aber in der Chesapeake- und Delawarebucht; auch auf dem Erie- und Ontariosee fanden Schiffsunfälle statt. Zwischen Wilmington und Boston begann der Sturm mit O und ging durch SO nach SW um; auf der anderen Seite der Bahn, im Innern des Landes, in der Richtung von NO nach NW und W. Auf beiden Seiten war der Sturm von sehr schwerem Regen begleitet, namentlich in Nordcarolina, wo während des Sturmes eine Regenmenge von 100 mm und mehr niederfiel. Die größten mit Anemometern gemessenen Windgeschwindigkeiten betrugen in Metern per Sekunde: Kap Lookout 45, Portsmouth, NC, SO 37, Kittyhawk SO 39 (worauf das Anemometer weggerissen wurde), Kap Henry 38, Kap May O 38, Philadelphia SO 32, Barnegat SO 32, Mt. Washington SO 54. Der Schaden in Philadelphia wurde zwischen 1 und 3 Millionen Dollars angenommen; mehr als 700 solide Gebäude wurden entweder gänzlich zerstört oder stark beschädigt, 8 Schiffe sanken und 22 erhielten schwere Schäden, alle Brücken wurden beschädigt, 7 Menschen getötet und eine Anzahl verletzt.

Auf dem Ozean trat der Sturm nicht mehr als eine so außerordentliche Erscheinung auf; immerhin war auf der Westseite des barometrischen Minimums, das nach seiner Verschmelzung mit dem zweiten in der Nähe von 50° W-Lg. für einige Tage stationär wurde, die nördliche Luftströmung auf einer großen Fläche sehr heftig. Die große Kraft der nördlichen Luftströmung war hier dadurch bedingt, daß am 25. und 26. auf dem amerikanischen Festlande sich ein ausgedehntes Gebiet hohen Druckes eingestellt hatte. Die Depression verweilte noch eine ganze Woche auf der Mitte des Ozeans, lag anfangs November bei den Azoren, scheint am 4. November mit einem neuen von Canada kommenden Wirbel verschmolzen und nordwärts, dann ostwärts fortgeschritten zu sein, so daß sie sich erst am 12. November in der nördlichen Nordsee ausglich.

Mit diesem mächtigen Wirbel war die reiche Orkanperiode des Jahres 1878 für den westlichen Teil der subtropischen Zone des Ozeans abgeschlossen, welche für fast alle Orkanbahnen dieses Meeresteiles, nämlich *c*, *d*, *f*, *l*, *h*, b_2 und c_2, Vertreter geliefert hatte. Ein kleinerer Orkan, der Ende November südlich von 20° N-Br. westwärts zog, scheint sich innerhalb der Tropenzone über dem Karaibischen Meere aufgelöst zu haben. Die Stürme im November und Dezember zwischen 23° und 40° N-Br. an der amerikanischen Küste gehörten zur zweiten und dritten Klasse, da die betreffenden barometrischen Depressionen teils auf der großen nördlichen Zugstraße von Westen kamen (Klasse III), teils nach dem Golfe von Mexiko und Texas nachweisbar von NW (Oregon usw.) gekommen oder doch außerhalb der Tropenzone entstanden waren, wenn auch ihre weitere Bahn nach NO durch das hier betrachtete Gebiet mit der mancher tropischen Orkane übereinstimmt.

Außertropischer Orkan am 11. und 12. Dezember 1878. Dieser bildete nach der Richtung und Lage des Depressionszentrums, dem er zugehörte, ein Mittelding zwischen der zweiten und dritten Klasse.

Die barometrische Depression, in deren Begleitung dieser Sturm auftrat, war vom Stillen Ozean am 5. Dezember in die Nordwestecke der Union eingetreten, hatte sich an der Ostseite des Felsengebirges am 7. und 8. zu einer langen Rinne mit zwei Zentren entwickelt, deren südliches in Texas rasch die Oberhand gewann, und von da nach Virginien fortschreitend, zum 10. sich sehr kräftig entwickelte. Dabei besaß es, im Gegensatz zur Trichterform der tropischen Depressionen, in ausgesprochener Weise die Beckenform mit ausgedehntem zentralen sturmfreien Gebiet, das am 10. nahezu die Staaten Pennsylvania, Virginia und Nordcarolina in sich schloß, wo leichte umlaufende Winde und Windstillen herrschten und der Luftdruck 730 bis 735 mm betrug.

Gleichzeitig herrschte an der Küste nordwärts von Kap Hatteras ein starker Sturm aus südöstlicher Richtung. Am 11., während die Depression ihren Weg nordostwärts fortsetzte, ging an der Küste parallel damit ein Umgehen des Windes nach SW und W vor sich, ohne daß zunächst seine Stärke abnahm.

„Caroline", Kapt. L. Stricker, TB.-Nr. 974.

Das aus dem Passat kommende, nach New York bestimmte Schiff hatte in den letzten Tagen bei hohem Luftdruck frischen NO-Wind gehabt, der seit Mitternacht steifer wurde und bei abnehmendem Luftdruck durch O nach OSO lief. Der Sturm begann am 9. Dez. 1878 in 31° N-Br., 73° W-Lg. Mittags mit OSO 8, wehte am 10. Dez. Mittags in 34° N-Br., 74° W-Lg. WSW 11 und endete am 11. Dez. in 34° N-Br., 73° W-Lg. Mittags mit WzN 9. Das Barometer fiel am 10. Dez. um 8 Uhr N auf 743 mm. „Verloren Verschanzung und Stützen, brachen Fockmast und bekamen noch sonstigen erheblichen Schaden."

Bei stetig steigendem Barometer lief der Wind später nördlich; flau und schönes Wetter.

Das Fortschreiten dieses Wirbels nach Osten fiel in die Zeit der Herrschaft des stationären Wirbels zwischen den Azoren und Madeira und scheint sein jähes Ende am 13. bis 14. Dezember bedingt zu haben.

„Amerika", Kapt. Kausch, TB.-Nr. 983.

Auch dieses Schiff hatte den Weg durch den Passat genommen. Der Sturm begann am 10. Dez. um 8 Uhr V in 33° N-Br., 73° W-Lg. mit SSO 9, war um Mittag SSW 11 bei 748 mm und endete in WzN 9 am 11. Dez. Mittags in 33° N-Br., 72° W-Lg.

Der Sturm dehnte sich am 10. und 11., als das Wirbelzentrum noch auf dem Festlande lag, 500 Sm und vielleicht weiter auf das offene Meer hin aus. Einige Schiffe wurden besonders durch das südliche Ende des elliptischen Wirbels betroffen, das eine Schwenkung um das nördliche Ende entgegen dem Uhrzeiger ausführte, so daß die längere Achse der Depression, am 10. von N nach S gerichtet, am 11. und 12. von NW nach SO verlief. Durch diese rasche Schwenkung war das schnelle Umgehen des Windes von SSO nach SW auf diesen Schiffen mehr bedingt als durch die gleichzeitige Fortpflanzung der ganzen Depression. Der südliche Teil bewegte sich als selbständiger Wirbel zunächst südostwärts (sein Zentrum lag am 12. in 42° N-Br. 54° W-Lg., am 13. in 40° N-Br. 52° W-Lg., am 14. in 39° N-Br. 50° W-Lg.), vernichtete dabei eine große, seit 12 Tagen zwischen den Azoren und Kanaren stationäre Depression, die sich bei seiner Annäherung im Laufe des 13. plötzlich ausfüllte, und pflanzte sich dann auf dem 40. Breitengrad bis zum 20. Dezember nach Spanien und darauf mit großer Geschwindigkeit in 2 Tagen über Triest nach Charkow fort, wo sich der Wirbel am Morgen des 22. noch in starker Entwicklung befand. Der tiefste Barometerstand in seinem Zentrum betrug während dieser langen Bahn 740 bis 745 mm. Im Laufe des 23. und 24. füllte sich die Depression im südöstlichen Rußland aus. Es ist dies eine der längsten bekannten Bahnen, vom Stillen Ozean bis Südrußland.

Entwicklung in der Floridastraße. Beim Beginn der Orkanzeit von 1878 in den Westindien umgebenden Meeresteilen hatten sich zwei Wirbel gebildet, deren erster in den Tagen vom 12. bis 18. August aus dem Karaibischen Meere nach der Ostküste von Mexiko fortschritt, dort verschwand und kein besonderes Interesse beanspruchte, deren zweiter dagegen viel Merkwürdiges darbot, indem er aus einem schwachen aus Norden herabkommenden Teilminimum sich in der Floridastraße zu einem kräftigen Orkan ausbildete, der von hier aus langsam nordostwärts über die Bahamas und Bermudas fortschritt. Das Teilminimum hatte sich am 20. im Ohiotale auf der Rückseite einer großen Depression ausgebildet, die auf der großen nördlichen Zugstraße von Manitoba über die Seen bis nach Neufundland fortgeschritten war und auch ihrerseits sehr schweren Sturm hervorrief. Am 24. bis 25., als die Ausbildung dieses schwachen Teilminimums zum Wirbelsturm in der Floridastraße vor sich ging, war die Hauptdepression schon bis in die Nähe der europäischen Küste hinübergelangt. Der Orkan wurde nach amerikanischen Quellen am 25. in 26° N-Br. 76° W-Lg., am 26. in 29° N-Br. 71° W-Lg., am 27. in 31° N-Br. 71° W-Lg. angetroffen, am 28. passierte er die Bermudas, und am 29. erreichte er das deutsche Schiff „Joe Rauers" in 36° N-Br 59° W-Lg., nahezu 400 Sm NO von den Bermudas. Das Schiff befand sich etwas länger als eine halbe Stunde im windstillen Zentralraum des Orkans und hatte seine volle Wut nacheinander aus nahezu entgegengesetzten Richtungen auszuhalten. Daß der Orkan nicht mehr als 7 Stunden dauerte, war wesentlich seiner sehr geringen Ausdehnung zuzuschreiben; seine Fortpflanzung war sehr langsam, vom 25. bis zum 29. nur 300 Sm am Tage oder 12½ Knoten, vom 29. zum 30. freilich etwas rascher, 22 Knoten. Am 30. gerieten „George" und „Preciosa" in 42° und 46° Breite in die Nähe des Minimums, doch fanden sie keine besonders heftigen Winde mehr. Der Wirbel wird von nun ab durch andere Depressionen so beeinflußt, daß er bald undeutlich wird; doch scheint er sich in der Richtung nach Island fortgepflanzt zu haben.

„Joe Rauers", Kapt. E. KRAUSE, TB.-Nr. 985.

Das westwärts steuernde Schiff hatte seit einigen Tagen zwischen 36° und 37° N-Br. flaue, umlaufende, jedoch vorwiegend westliche Winde gehabt, bei meistens trüber und böiger Luft und normalem Barometerstand. Am 29. August 1878 um 4 Uhr V in 36° N-Br., 59° W Lg. war der Wind O 12, um 4¼ Uhr V NO 2, 4½ Uhr V NO 2, 4¾ Uhr V bei 729 mm NNW 12.

Sturm mit Wasserhose in der Mitte. Einen ganz eigentümlichen Charakter hatte ein Sturm, der in diesem Gebiete am 4. Februar desselben Jahres 1878 von dem Barther Schuner „Triton", Kapt. CORSWANDT, in 34° N-Br. und 72° W-Lg. durchgemacht wurde.

„Triton", Kapt. CORSWANDT, TB.-Nr. 928.

Datum 1878	Zeit	Bar. mm	Wind	Wetter	Bemerkungen
3./2.	8h N	762,6	OSO 3	o	Drohende Luft in SSW.
	12h N	58,2	SO 5	o r	
4./2.	4h V	53,0	SzW 9	o q r	See sehr unregelmäßig; um 8 Uhr passierten das Zentrum des Wirbelsturms; Wind mit voller Kraft aus NO einfallend. Ein kleiner Wirbel dicht beim Schiff, 8 bis 10 m im Durchmesser, Höhe 10 m, in der Richtung von SW bis NO gehend, links gegen die Sonne drehend, Schnelligkeit etwa 30 m in der Minute.
	6h V	50,5	SSW 10		
	8h V	52,9	NO 10	q r	
	12h V	53,6	NO 8	c	
	4h N	55,5	N 6	o r q	
	8h N	59,0	NzW 5	o r q	

Die Temperatur der Luft nahm vom 3. Abends bis zum 5. früh von 15,2° auf 10,3° stetig ab, die des Wassers schwankte nur zwischen 17,1° und 17,4°. Der Wind blieb nördlich und das Barometer im Steigen bis zum Abend des 6.

Wir finden hier das Zentrum eines großen Wirbels statt von einem windstillen Raume von einer großen Wasserhose eingenommen; denn der beschriebene kleine Wirbel von 10 m Höhe ist offenbar der Fuß einer Wasserhose. Daß die Änderung des Windes und der Barometerbewegung beim Vorübergange dieser Trombe andauert, beweist, daß in der Tat das Zentrum des großen Wirbels passiert war. Er entwickelte sich zu einem ausgedehnten Orkan nördlich vom 40. Breitengrade.

Entwicklung im Golfstrom, November 1882. „Hedwig", Kapt. Th. MINSSEN, TB.-Nr. 1756, befand sich Ende November 1882 auf einer Reise von Triest nach New York, südlich von Kap Hatteras, etwa 100 Sm von Land.

1882, November	Mittagsbeobachtungen			mm	Wasser	Luft
19.	32,4 N-Br.	75,0 W-Lg.	NNO 7	761	21,8°	18,7°
20.	32,9 „	76,4 „	NOzN 6	762	23,8°	14,8°
21.	33,2 „	76,5 „	SW 4	746	23,6°	18,8°
22.	33,5 „	75,2 „	NzW 8	764	23,3°	13,3°
23.	33,7 „	74,7 „	S 2	767	21,8°	17,3°

Am 20. war das Wasser 9°, am 22. 10° wärmer als die Luft.

Der Nordoststurm am 21. ging um 10 Uhr V plötzlich in S 2 über, 2 Sm weiter nordöstlich ging SW 5 wieder in NNO 10 über; beim Treiben nach Süden kam wieder

SW 2 durch, 5 Uhr N, und endlich um 6 Uhr N NO 10, der schließlich nach N holte. Die Dauer des Sturmes war 48 Stunden, die höchste Windstärke ONO 11.

Das Minimum lag von 10^h V bis 5^h N in der Nähe des Schiffes, am Abend des 21. mehr südöstlich und östlich davon, hatte sich also anscheinend etwas nach Süden und Osten verlagert. Aus der geringen Bewegung am 21. würde man schließen, daß sich das Minimum hier entwickelt habe. Folgende Übersicht gewähren die täglichen synoptischen Wetterkarten des Nordatlantischen Ozeans. Am 19. November liegt ein Tief von 759 mm im westlichen Golf, am 20. (757) bei Pensacola, am 21. (754) in 33° N-Br., 76° W-Lg. und am 22. (739) in 38° N-Br., 67° W-Lg. Es ist dasselbe, was die „Hedwig" in seiner stärksten Entwicklung beobachtete, denn der tiefste Druck sank an dem Tage von 754 auf 739 mm. Unbedeutende aus dem Golf stammende Depressionen können sich also unter günstigen Verhältnissen über dem Golfstrom verhältnismäßig schnell zu Orkanen entwickeln.

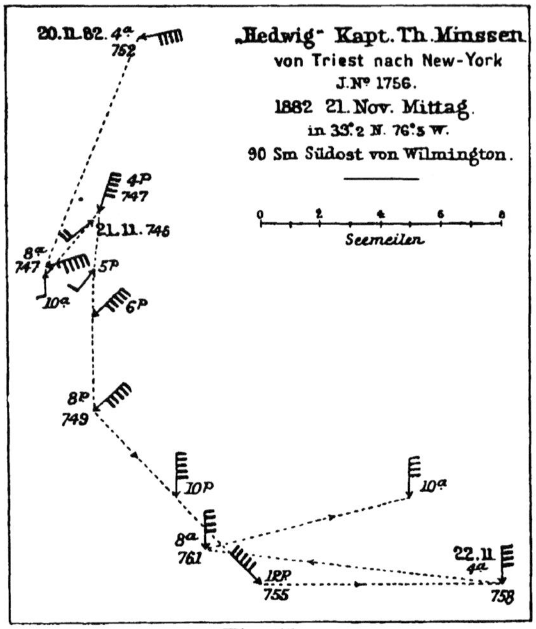

Fig. 41.

Einige Auszüge aus Stürmen auf dem Golfstrom und im Golf:

Bemerkung: ↓ fallendes, ↑ steigendes Barometer.

	Zeit	Ort	Anfang	Höhe	Ende	Dauer h	Barometer mm	Stunde	Schnellste Änderung d. Windes	Kurs	TB.-Nr.
1)	88 XI./9.	20° N 91° W	N 9	N 11	N 9	28	767	8 N	—	O	3117
2)	95 II./15.	29° N 80° W	ONO 8 ↓	ONO 10/12	ONO 3 ↑	8	758	8 V	—	N	4346
3)	87 XII./13.	28° N 94° W	O 10 ↓	OSO 10	S 10	8	754	8 V	—	W	2966
4)	96 XI./8.	34° N 92° W	NO 8	NNO 11/12	NW 8	36	754	4 V	—	O	4591
5)	90 III./19.	37° N 69° W	SW 8/9 ↓	SW 11/12 ↑	NNW 8 ↑	20	747	4 N	6* / 1	W	3593
6)	96 II./25.	32° N 69° W	NW 10/11	NW 11/12 ↓	NW 8/9 ↑	14	752	12 N		O	4500

1) Levante, Kapt. C. L. Jensen. 2) Anna, Kapt. W. Grübmeyer. 3) Diana, Kapt. A. Kayser. 4) Auguste, Kapt. H. Bothe. 5) Caroline, Kapt. J. Gerdes. 6) Marie Siedenburg, Kapt. J. Menkens.

* 6 Strich in einer Stunde rechts herum (rechts vom Strich).

Die „Norder" im Golf von Mexiko treten gewöhnlich auf der Rückseite solcher Minima der zweiten Klasse auf, welchen ein hohes Druckmaximum auf dem Fuße folgt; eine in der kälteren Jahreszeit in den Vereinigten Staaten häufige Erscheinung. Es gehen deshalb fast stets einem starken Norder Südwinde vorher, während ihm in der Zeit des Vorüberganges des barometrischen Maximums in höherer Breite Nordost- und Ostwinde folgen. Nach Kerhallet und Hitchcock verläuft ein Norder in folgender Weise. Wenn in den Monaten September bis April — namentlich aber November bis Februar — schwache Winde zwischen SO und SW einige Tage geherrscht haben, lassen folgende

Kennzeichen den Eintritt eines Norders erwarten: schwarze Wolken und Blitzen im N und NW, häufig bei sonst klarem Himmel; sehr feuchte Luft, daß die Mauern feucht werden und reichlicher Tau fällt; durchsichtige Luft und zarte, dünne Wolken, wie Spinnengewebe aussehend; das Meer sinkt erheblich und wird leuchtend. Der Wind geht zuerst allmählich, dann in einer heftigen Bö nach SW, W und NW um. Nach der Stärke des Regenschauers kann man einigermaßen auf die Stärke des Norders schließen, der unmittelbar darnach eintritt und bei steigendem Barometer und fallendem Thermometer 1 bis 3, manchmal auch 4 Tage lang weht, langsam aus NNW nach NO und ONO umgehend. In ONO stirbt er gewöhnlich ab. Ein neuer Norder tritt selten ein, ohne daß der Wind aufs neue alle Quadranten durchlaufen hätte, was gewöhnlich 1 bis 3 Wochen in Anspruch nimmt. Halten nach dem Norder die Winde aus dem nordöstlichen Quadranten längere Zeit an, so geschieht dies in der Regel mit langsam fallendem Barometer und trübem, oft nebligem Wetter, aber selten mit Regen; Regen tritt gewöhnlich erst nach Umlaufen des Windes in den südöstlichen Quadranten ein, und zwar an der Küste von Alabama und Florida nicht selten verbunden mit Sturm. Diese winterlichen Regenstürme aus SO sind heftig, aber kurz; der Wind geht mit schweren Regenböen von O nach S um, wobei das Barometer rasch fällt und seinen tiefsten Stand erreicht, während der Wind SO ist. Danach dauert der Wind nur kurze Zeit, höchstens einige Stunden, von Platzregen begleitet; es folgt klares Wetter bei steigendem Barometer und fallendem Thermometer, häufig wieder ein Norder. Diese Südoststürme treten nicht bei jedem vollständigen Kreislauf ein, den der Wind nach den Nordern macht, aber ihr Auftreten unterbricht auch das regelmäßige Umlaufen des Windes nicht.

An der Küste von Mexiko sollen zuweilen nachts bei ganz klarem Wetter, starkem Taufall und starkem Funkeln der Sterne Norder auch ohne solche Anzeichen sehr plötzlich eintreten. Diese Art soll heftig, aber kurz sein und das Barometer wenig beeinflussen. Über Norder vergl. auch S. 63 ff.

VI.

Stürme über dem östlichen Teile des Nordatlantischen Ozeans zwischen 23° und 40° N-Br.

Stürme bei den Azoren und Madeira. Über die Stürme bei Madeira und den Azoren gibt es in der Literatur nur wenige Angaben, was gegenüber dem großen Schiffsverkehr auffällig erscheint. Die Gründe dafür dürften sein: die Stürme dieser Gegend sind selten so heftig wie die westindischen Orkane, und ihre Bahnen sind weniger regelmäßig. Das lange Verweilen vieler Wirbel an derselben Stelle unter unregelmäßigem Hin- und Herschwanken ist hier besonders auffallend.

J a h r e s z e i t d e s A u f t r e t e n s. Die eigentliche Jahreszeit dieser Stürme ist von Mitte Oktober bis zur Mitte Dezember. Gelegentlich treten sie indessen auch in anderen Monaten, mit ähnlichem Charakter, auf. So finden wir in einem Teil des Januar 1881 eine ausgedehnte Depression über dem Ozean in diesen Breiten und gelegentlich stürmische Winde, z. B. am 13. in 36° N-Br. 24° W-Lg. schwere Böen, SW 10, bei heiterem Wetter, Bar. 743 mm; am 14. in 36° N-Br. 16° W-Lg.: Wind SW 9; am 16. in 35° N-Br. 27° W-Lg.: WSW 11, sehr heftige Böen, furchtbar hohe See, Bar. 745,6 mm; am 17. in 39° N-Br. 13° W-Lg.: SW 11, Regenschauer, sehr hohe See; am 18. in 40° N-Br. 10° W-Lg.: WSW 10; am 21. in 38° N-Br. 53° W-Lg.: WSW 11, Blitzen, sehr heftiger Regen; in 38° N-Br. 41° W-Lg.: NW 10, rasch aufeinander folgende Böen, hohe See. Gleichzeitig an allen diesen Tagen nördlich von 40° N-Br. Sturm aus Richtungen zwischen ONO und NNW, teilweise mit harten Hagelböen usw. Noch stärker einige Tage später; am 24. in 37° N-Br. 38° W-Lg.: SW 9, Gewitter; am 25. in 39° N-Br. 46° W-Lg.: WNW 11, Böen, sehr hohe See; in 38° N-Br. 33° W-Lg.: NW 10 bis 11, schwere Böen, Blitzen, hohe See; am 26. in 40° N-Br.

41° W-Lg.: WNW 9 bis 12, brechende See; in 40° N-Br. 38° W-Lg.: W 12, Orkan, das Meer nur Schaum und Gischt, Bar. 738 mm; in 38° N-Br. 31° W-Lg.: W 11 bis 12, furchtbare Böen mit Regen und Hagel, beständig Blitzen, sehr hohe See; am 28. in 40° N-Br. 35 bis 30° W-Lg.: W 10, Böen, fortwährend Blitzen. Auch an diesen Tagen nördlich von 40° vielfach stürmische Winde aus östlicher und nordöstlicher Richtung, jedoch teilweise durch noch nördlichere Lage der barometrischen Minima südwestliche Winde auch noch zwischen 40° und 45° N-Br. Die Lage des Minimums zeigen folgende Beobachtungen: am 25. in 47° N-Br. 18° W-Lg., Bar. 722 mm, Orkan, Wind von OSO 12 nach SSW 11 umgehend; am 26. in 49° N-Br. 32° W-Lg., Bar. 718,6 bei OSO 5 usw.

Ähnliches finden wir wieder, wenn auch in geringerer Ausdehnung, im März 1881. Am 1. in 38° N-Br. 34° W-Lg.: SW 9, heftiger Regen, Gewitter, Elmsfeuer, tiefer Barometerstand; am 2. in 40° N-Br. 32° W-Lg.: der Wind holt von S durch SO nach O 10 und dann weiter durch NO nach NW, sehr schwere Böen, Bar. 725 mm, heftiges Blitzen, dick von Regen, hohe, wilde See, in 32° N-Br. 35° W-Lg.: WNW 9 bis 10, harte Böen; am 4. in 40° N-Br. 44° W-Lg.: NNW 8 bis 9; am 5. in 39° N-Br. 39° W-Lg.: NW 10, schwere Böen, hohe See; am 6. in 38° N-Br. 29° W-Lg.: NW 9 bis 10, orkanartige Böen, Wasserhose. Auch in diesem Falle herrschten gleichzeitig nördlich von 40° N-Br. nordöstliche, teilweise stürmische Winde, die Anwesenheit eines barometrischen Minimums südlich davon anzeigend.

Allein während in diesen Monaten solche Erscheinungen immerhin ziemlich seltene Ausnahmen bilden, traten ausgedehnte, ihren Ort für eine Woche und mehr nur sehr wenig verändernde Wirbel mit stürmischen Winden innerhalb des oben erwähnten Zeitraums vom Oktober bis Dezember in den letzten 10 Jahren, seitdem die Vorgänge auf dem Ozean genauer mittelst Wetterkarten usw. verfolgt werden, fast alljährlich einmal oder wiederholt auf, nämlich 1873, 74, 76, 78, 79 und 82 sehr ausgeprägt[1]), in den übrigen Jahren entweder nicht ganz in dieser Gegend — wie 1877, mit ähnlichen Erscheinungen im Oktober westlicher auf der Mitte des Ozeans — oder überhaupt nur ganz vorübergehend und ohne stürmische Winde, wie in 1875, 80 und 81.

Die Entstehung dieser Depressionen scheint am häufigsten in der Weise vor sich zu gehen, daß sie aus Stücken größerer Wirbel, die sich auf den nördlich vom Gebiet liegenden Zugstraßen bewegen, ihren Anfang nehmen und sich rasch innerhalb des Gebietes zn großer Stärke entwickeln. Häufig ist dabei die Teilung einer von Westen auf der großen Zugstraße herangekommenen Depression in einen nordwestlichen und einen südöstlichen Teil. Vielfach enden diese damit, daß sie bei eintretendem Sinken des Barometers in der Gegend der britischen Inseln ihren stationären Zustand aufgeben und sich plötzlich ziemlich rasch nach dem Mittelmeere und gelegentlich darüber hinaus fortpflanzen.

Häufigkeit. Im Jahresdurchschnitt spielen diese Depressionen, weil sie auf gewisse Monate beschränkt sind, eine geringe Rolle, so daß sie in der Karte der Häufigkeit der barometrischen Minima (Tafel 28 des Atlas, 2. Aufl.) nicht erkennbar sind; anders, wenn wir nur das letzte Quartal des Jahres in Betracht ziehen. Auf der Karte des mittleren Luftdruckes im November (Atlas, 2. Aufl. Taf. 16) verrät sich sogar der Einfluß dieser zeitweise stationären Depressionen in den mittleren Isobaren.

Diese Depressionen in der Gegend von Madeira, welche den Passat in den letzten Monaten des Jahres auf der Osthälfte des Ozeans oft unterdrücken, indem sie westliche Winde bis über die Kap Verden hinaus veranlassen, treten nicht immer mit Sturm auf, sondern verursachen zuweilen nur Winde von Stärke 4 bis 6. Ihr Einfluß auf die Navigation in diesem Meeresteile ist im zweiten Teil dieses Buches dargestellt. In diesen Depressionen scheint der Gewitterreichtum und das häufige Vorkommen von Wasserhosen bemerkenswert. Eine zusammenfassende Studie liegt noch nicht vor. Reid führt in seinem Werke:

---

[1]) Auch im Jahre 1864 traten sie in ziemlicher Entwicklung auf.

„The progress of the developement of the Law of Storms and of the Variable Winds" (London 1849), S. 274 bis 279 zuerst eine Äußerung von Kapt. VIDAL, R. N., an, wonach bei Madeira Stürme vorwiegend im November und Dezember auftreten, die meist allmählich aus S in W und NW übergehen; danach gibt REID eine genauere Beschreibung eines Sturmes, der vom 24. bis 26. Oktober 1842 südwestlich von Madeira, am 29. vor der Meerenge von Gibraltar herrschte, und dessen mutmaßliche Bahn er in seine große Karte aufgenommen hat, von wo dieselbe auch in REDFIELDS Karte übergegangen ist.

Azoren-Minimum im November 1874. Da diese Depressionen ihren Ort wenig ändern, stellen wir in den folgenden Kärtchen die mittlere Druckverteilung während zweier, je zehn Tage umfassender Perioden dar,

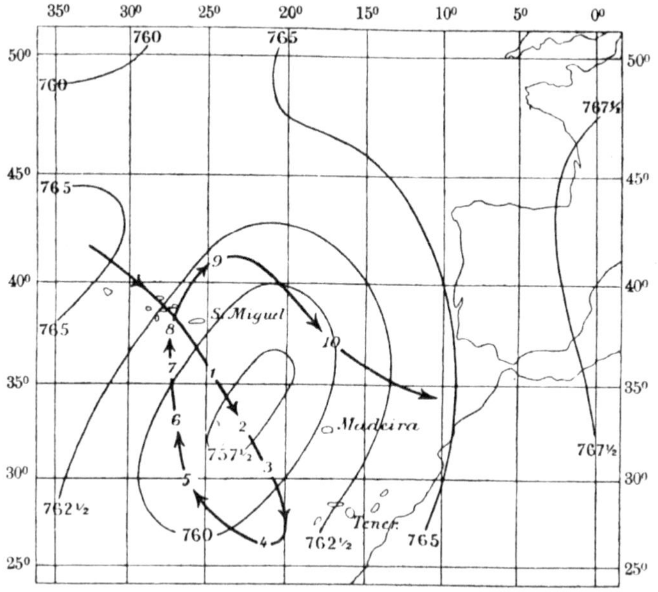

Fig. 42. Mittlere Isobaren und Bahn des barometrischen Minimums vom **1. bis 10. November 1874.**

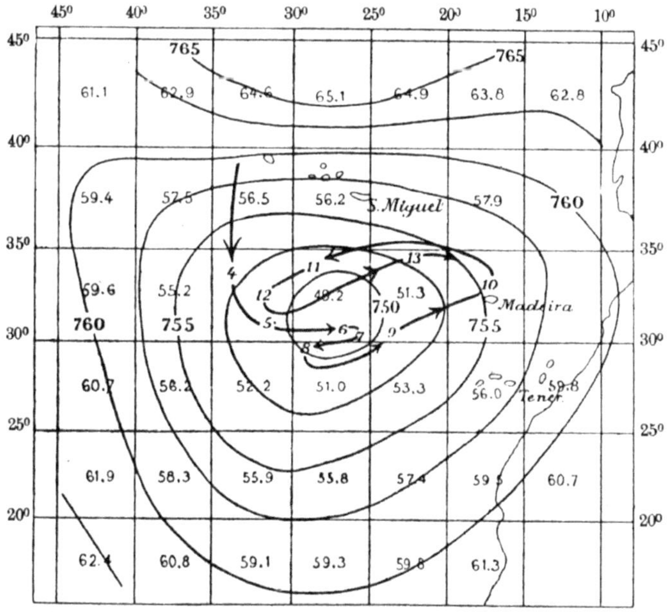

Fig. 43. Mittlere Barometerstände, Isobaren und Bahn des barometrischen Minimums vom **4. bis 13. Dezember 1878.**

während derer ein Minimum anhaltend über diesem Meeresteile lag, und fügen den von $2^1/_2$ zu $2^1/_2$ mm gezogenen Isobaren die wunderlich gekrümmten Bahnen hinzu, die das Minimum während dieses Zeitraumes zurücklegte.

Minimum vom Dezember 1878. Diese Depression hat sich vom 2. bis 4. Dezember ziemlich selbständig zwischen 35° und 45° N-Br. und 25 bis 45° W-Lg. entwickelt. An den folgenden Tagen wurden in der Nähe des Zentrums mehrfach Barometerstände bis unter 745 mm beobachtet. Sie verschwand vom 13. zum 14. Dezember plötzlich bei der Annäherung eines Wirbels von der amerikanischen Küste. Das unmittelbar vorhergehende Verschwinden des bis dahin auf der Mitte des Ozeans beim 50. Breitengrade gelegenen Maximums, an dessen Stelle schon am Morgen des 13. zwei kleine Depressionen lagen, mag dabei vielleicht die Hauptrolle gespielt haben. Die Ausbuchtung der mittleren Isobare von 760 mm an der Nordwestkante der Depression ist einer am 9. bis 10. von NW sich nähernden Depression zuzuschreiben, die am 11. mit der stationären verschmolz.

S. „Etha Rickmers", Kapt. B. F. Rehm, TB.-N. 1103.

Dieses von Cardiff nach Singapore bestimmte Schiff hatte Insel Lundy am 24. Nov. Morgens bei steifem östlichen Winde und niedrigem Luftdruck verlassen; auf südwestlichem Kurse weitersegelnd, wurde der Wind, nach N drehend, flau, bei niedrigem Barometerstand; und ferner bei steigendem Barometer steif und stürmisch nördlich; nachdem das Barometer in 40 bis 41° N-Br. sein Maximum mit 772,5 mm (red.) erreicht hatte, wurde der Wind flau und lief bei abnehmendem Luftdruck östlich, später südöstlich, um aus letzterer Richtung aufzufrischen, wehte am 3. Dez. aus SO Stärke 8, flaute jedoch Nachts wieder ab.

Datum 1878	Zeit	Schiffsort	Bar. mm	Tmp. C°	Wind	Bewölkung	Wetter	Bemerkungen
4./12.	8h N	34,9° N-Br. 20,5° W-Lg.	758,8	18,8	SOzO 7	8	g	Wind zunehmend; hart; Luft anhaltend trübe. Zunehmender Seegang.
	12h N		56,9	17,3	SOzO 9	10	o q	Gegen 9 Uhr nahm der Wind plötzlich bis zum Sturme zu mit harten Böen bei ganz bedecktem Himmel.
5./12.	4h V	34,5° N-Br. 20,8° W-Lg.	755,6	17,0	SO 9-10	10	o q p	Sturm m. harten Böen u. Schauern; grober Seegang von O und SO.
	8h V		54,9	17,8	SO 11-12	10	r q	Orkanartiger Sturm mit Böen; von 7—9½ Uhr V. beständiger starker Regen; später Wind und Böen im allgemeinen nicht mehr so heftig. Sehr grobe See.
	12h V	34,2° N-Br. 21,1° W-Lg.	53,1	17,8	SOzS 11	10	q r	Anhaltender Sturm mit furchtbaren Böen und gewaltig hoher See; auch SW-Dünung bemerkbar.
	4h N		53,0	18,8	SO 11-10	10	o q	
	8h N	34,0° N-Br. 21,3° W-Lg.	52,4	18,8	SO 10	10	o q	Wind wenig abnehmend. Ohne Veränderung.
	12h N		51,7	18,8	SO 9-8	10	o q	Wind u. Böen etwas nachlassend; sonst ohne Änderung.
6./12.	4h V	33,8° N-Br. 21,6° W-Lg.	750,7	19,3	SO 8	9-4	o q	Stürmisch mit Böen; Luft abwechselnd etwas aufhellend.
	8h V		49,8	20,0	SO 8	6-10	o q	Ohne Veränderung.
	12h V	33,7° N-Br. 21,8° W-Lg.	49,6	18,6	SOzS 8-9	10	o q p	Wind und Böen wieder etwas stärker; Luft wieder total bedeckt; abwechselnd Regenschauer.
	4h N		49,2	18,2	SO 8	10	o u p	Stürmisch drohende Luft, von SW aufkommend mit Schauern; anhaltend hoher Seegang.
	8h N	33,6° N-Br. 21,9° W-Lg.	48,9	17,8	SO 8	10	u p t l	Von 7 Uhr N. an und während der Nacht beständig Gewitter; starkes Donnern und Blitzen; oftmals in weiter Entfernung; abwechselnd starke Regenböen und stürmischer SO-Wind.
	12h N		49,4	19,2	SOzS 8	9-7	o l t	
7./12.	4h V	33,6° N-Br. 22,2° W-Lg.	748,9	18,8	SO 8	6-8	l t	Wind stürmisch von SO. Seegang etwas abnehmend. Sämtliche Gewitter von SW u. S kommend. Wetterleuchten im SSW—S—O. Regenschauer.
	8h V		50,2	19,4	SO 8-7	6-4	l t p	Luft mehr aufhellend und Wind abnehmend.
	12h V	33,4° N-Br. 22,3° W-Lg.	50,9	20,6	SOzO 7-6	4	c m	Wind veränderlich an Stärke; diesig im Horizont.

Der Wind blieb dann südöstlich bis zum 9. Dez. in 31° N-Br., 24° W-Lg.; der tiefste Barometerstand, 747,3 mm, trat um 4 Uhr V ein. Dann ging der Wind von NO durch W nach SO bis zum 10. Dez. (in 31° N-Br., 24° W-Lg.) und hielt sich dann südwestlich bis zum 13. Dez.

Einige andere Sturmauszüge:

Bemerkung: ↓ fallendes, ↑ steigendes Barometer.

	Zeit	Ort	Anfang	Höhe	Ende	Dauer h	Bar. mm	Stunde h	Kurs	TB.-Nr.
1)	78 XII./6.	35 N 26 W	ONO 8	ONO 10	OzS 8	100	749	4 V	N	977
2)	78 XII./12.	40 N 32 W	OSO 8 ↑	ONO 11	ONO 8 2	60	767	8 V	N	977
3)	78 XII./4.	23 N 29 W	WSW 8 ↓	WSW 8 ↓	W 8 ↓	24	745	8. 4 V	N	954
4)	78 XII./12.	37 N 31 W	O 8	O 11 ↑	O 8	60	760	13. 8 N	N	954
5)	78 XII./4.	25 N 28 W	SW 8 ↓	SW 10 ↓	WSW 8 ↑	100	749	5. 4 V	S	980

1) u. 2) „Argo“, Kapt. H. Schütte. 3) u. 4) „Gottlieb“, Kapt. F. H. C. Wienefeld. 5) „Mozart“, Kapt. A. Jülicher.

Das Madeira-Minimum vom November 1879 (Fig. 44) ist zur Berechnung der mittleren Druckverteilung weniger geeignet, weil im Verhältnis zu den kleinen Abmessungen und starken Gradienten dieses Wirbels die tägliche Fortpflanzung nicht so unbeträchtlich war. Im Gegensatz zur Beckenform des Minimums vom Dezember 1878 hatte dieses den ausgesprochenen Trichtercharakter tropischer Zyklonen.

1879 November

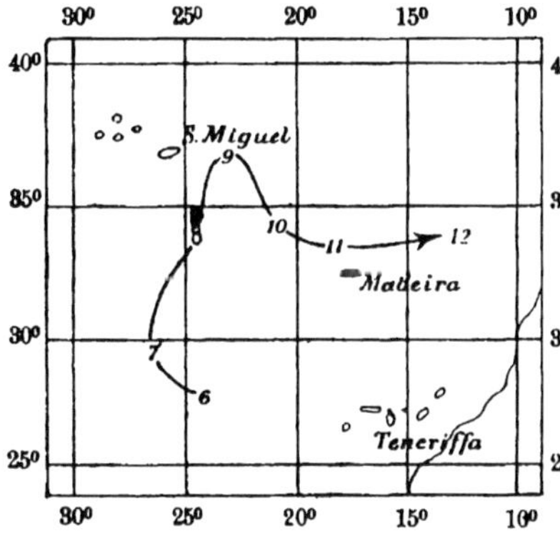

Fig. 44. Bahn vom 6. bis 12. November.

„Doris“, Kapt. L. Warnken, TB.-Nr. 1147.

Das nach New York bestimmte, nach dem Passat zu steuernde Schiff hatte den Kanal mit stürmischem NO-Wind verlassen, der, mäßiger werdend, nördlich und in etwa 37° N-Br. durch NW nach W drehte; nachdem ferner mit Steuerbordhalsen beim Winde südlich gesteuert wurde, lief der Wind, mäßig wehend, durch SW nach SO und ging in etwa 36° N-Br. plötzlich durch O nach N um, von wo er ebenfalls mit mäßiger Stärke fast einen Tag anhielt, dann während des letzten Etmals nach W drehte und bis zur Windstille abnahm. Danach setzte auffrischender SO ein. S. Auszug TB.-Nr. 1147 am Schlusse dieses Abschnittes.

„Patagonia“, Kapt. E. H. Hellwege, TB.-Nr. 1280.

Dieses nach Süden bestimmte Schiff war auf ziemlich westlicher Route mit nordöstlichen Winden gesegelt. In etwa 37° N-Br. lief der Wind nordwestlich, wurde in etwa 31° N-Br. flauer und lief in etwa 29° nach N zurück. Bei flauem Wind wurde weiter gesegelt; er lief durch O um nach SO.

Datum 1879	Zeit	Schiffsort	Bar. mm	Temp.	Wind	Bewölkung	Wetter	Bemerkungen
5./11.	12h V	28,7° N-Br. 24,5° W-Lg.	759,2	—	OSO 2	8	q u	Luft sah drohend aus; böig.
	4h N		58,2	—	OSO 3/5	8/9	q r	Nachmittags steife Böen mit sehr starken Regengüssen. 4 Uhr N zog eine Wasserhose dicht beim Schiff vorbei in nördlicher Richtung.
	8h N		57,3	—	NNO 2/4	10	q r l t	
	12h N		54,6	—	OSO 3/4	8/9	q r l t	Nachts mehrere Gewitterböen mit außergewöhnlich starken Regengüssen und Wind von OSO nach NNO schwankend. Nach 4 Uhr V nahm der südöstliche Wind rasch zu, bald östlicher drehend. Steuerten platt vor dem Winde. Der orkanartige Wind drehte nördlicher; lenzten, um das Zentrum zu vermeiden, vor gr. U.-Marssegel so, daß wir den Wind stets 4 Str. von Steuerbordseite hatten. See von verschiedenen Richtungen, am stärksten aus SSW. Um 8 Uhr V erreichte das Barometer seinen niedrigsten Stand und stieg nachher ebenso rasch wieder, wobei die Windrichtung schnell nach WSW änderte; 12 Uhr Mittags legten das Schiff mit St. Halsen bei.
6./11.	4h V		749,3	—	OSO 5/6	9	q r l	
	8h V		32,1	—	NNO 8/10	9	q r	
	10h V		40,3	—	NNW 10/12			
	12h V	27,2° N-Br. 24,4° W-Lg.	47,8	—	WSW 10	7	q	
	4h N		49,4	—	SSW 10	7	q p	
	8h N		51,0	—	SSW 10	7	q l	Anhaltender schwerer Sturm, häufiges Blitzen im O bis SO.
	12h N		51,9	—	SSW 10/11	8/9	q l	
7./11.	4h V		750,3	—	SSW 10/11	8/9	q l	Schwere Böen, welche gewöhnlich 1/2 Stunde anhielten und in Zwischenräumen von 20 Min. aufeinander folgten.
	8h V		53,6	—	SSW 9/10	7	q	Sturm legte sich etwas; Luft begann abzuklaren.
	12h V	27,6° N-Br. 24,4° W-Lg.	53,5	—	SSW 8/9	6	q p	11 Uhr V setzten Vor-Unter-Marssegel.
	4h N		55,3	—	SSW 8	6	q r	
	8h N		58,2	—	SSW 6/7	6	q r	(Setzten nachmittags mehr Segel und steuerten SO beim Winde.)
	12h N		58,3	—	SSW 6/7	6	c q	

Der abflauende SSW lief bei südlichem Kurs durch W um nach N und wurde zum Passat.

„Bernhard Carl", Kapt. K. J. F. NIEMANN, TB.-Nr. 1323, nach Süden bestimmt.

Datum 1879	Zeit	Schiffsort	Luftdruck mm	Wind
5./11.	12h V	29,4° N-Br. 23,4° W-Lg.	761,9	SO 2
	12h N		56,9	OSO 7
6./11.	4h V		750,5	OSO 8
	8h V		40,5	OSO 9
	12h V	27,8° N-Br. 24,2° W-Lg.	48,7	S 11
	4h N			S 10
	8h N			S 10
	12h N			S 10
7./11.	4h V			S 10
	8h V			SWzS 9
	12h V	28,0° N-Br. 24,4° W-Lg.		SW 8
	4h N			SW 8
8./11.	12h V	27,4° N-Br. 24,0° W-Lg.		SOzS 3

Es kam später flauer NW-Wind durch, womit südlich gesegelt wurde; der Wind ging dann durch N, auffrischend, und wurde zum Passat.

Am 6. November 6 Uhr V begann ein außergewöhnlicher Orkan mit rasender Schnelligkeit und Stärke. Das Barometer fiel in einer halben Stunde von 750,4 mm bis auf 741,2 mm (unkorrigiert). Die Dauer war von $6^1/_2$ bis $8^1/_2$ Uhr morgens. Das Vor-Unter-Marssegel ging total verloren.

S. „Louise und Georgine", Kapt. C. H. Meier, TB.-Nr. 1205, nach Süden bestimmt.

Datum 1879	Schiffsort	Luftdruck mm	Wind	Bemerkungen
5./11.	30,3° N-Br. 16,7° W-Lg.	763,6	SSO 1/2	Flauer südsüdöstlicher Wind; klarer Himmel außer einer leichten Bank cir-str. im SO. Abends kam eine dicke Wolkenbank im SW auf. Frische Kühlte aus SSO.
6./11.	28,5° N-Br. 18,5° W-Lg.	59,6	SSO 5	Nachts böig, Luft aus SW bezog. Wind veränderlich. Morgens Wind veränderlich an Stärke; oft sehr steif, oft ganz flau.
		57,6	SO 6	Gegen Abend zunehmender Wind aus SO, drohende Luft, Blitzen im ganzen Horizont. Um 9 Uhr N machten Fock fest. Von $9^1/_2$ Uhr an flau, oft still. Hohe, wilde See; furchtbares Blitzen. St.-Elmsfeuer auf Masten und Rahen; 10 bis 11 Uhr anhaltender außerordentlich starker Regen, Wind hin und her fliegend, meistens still.
		59,4	SO 8	
		59,7	Umlauf Wind 0/9	
7./11.		758,7	SSO 10	Von morgens $2^1/_2$ bis $3^1/_4$ Uhr anhaltender, plötzlich einfallender orkanartiger Wind aus SSO, später abnehmend, und gegen 4 Uhr SSO-Sturm 10 wehend; wilde, durcheinander laufende See.
		59,1	S 9	
	28,0° N-Br. 19,9° W-Lg.	59,1	S 8/9	Aufhellende Luft. Das Barometer zeigte nur kleine Schwankungen bei dem furchtbaren Unwetter. 12 Uhr stürmischer S-Wind.
		58,5	SzW 8	
		59,7	SSW 8	Um $7^1/_2$ Uhr N halsten rund nach SO, der Wind nahm später allmählich ab.
		61,2	SSW 5	Hohe, wild durcheinander laufende See.
8./11.	27,7° N-Br. 19,6° W-Lg.	63,0	SSW 4	

Der flaue Wind lief westlich und wurde dann still; später kam wieder nordwestlicher Wind durch, der auffrischend nördlich drehte und zum Passat wurde.

Azorensturm am 8. Dezember 1894.

Herr F. A. Chaves in Ponta Delgada, der auch die Beobachtungen dort angestellt hat, meldete: Die Zerstörungen, die der Sturm auf unserer Insel verursacht hat, sind enorm, die

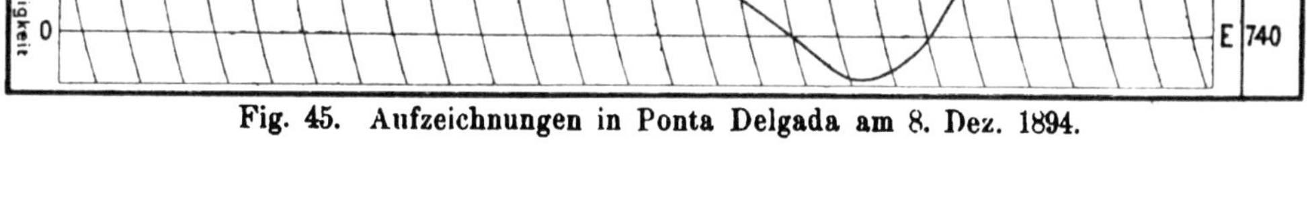

Fig. 45. Aufzeichnungen in Ponta Delgada am 8. Dez. 1894.

Wogen haben ein 200 m langes Stück des Wellenbrechers vernichtet. Die Aufzeichnungen des Thermographen und Barographen, der Windgeschwindigkeit und Windrichtung in Punta Delgada sind hier wiedergegeben. Der Luftdruck fiel 30½ mm in 29 Stunden und stieg 17½ mm in 8 Stunden. Der Wind ging erst abflauend von S nach W. Der Anemograph zeigte 25,5 m um 2 Uhr V.

Die drei Kärtchen (Fig. 46) auf S. 209 geben eine Übersicht der Beobachtungen deutscher Schiffe an den Morgen dieser drei Tage, 8 Uhr V. Die Verteilung des Luftdruckes war danach sehr unregelmäßig, was sich auch in dem wiederholten Krimpen und Ausschießen des Windes an Bord kenntlich machte. Am Rande des großen Gebietes niedrigen Luftdruckes, das den Norden des Atlantischen Ozeans bedeckte, sind vor allem zwei Teilwirbel deutlich erkennbar, deren Zentren am Morgen des 7. an der Nordwestküste von Irland und westlich von den Azoren lagen. Der östliche von diesen Wirbeln wanderte nordostwärts, wobei am Morgen des 8. der Rücken hohen Druckes, der seine Rückseite bildete, auf der europäischen Wetterkarte erschien. Durch Steigen des Luftdruckes auf dem europäischen Festlande und neues Fallen in Irland war am Morgen des 9. die Wetterlage ganz verändert: vor dem Eingange in den Kanal lag jetzt der zweite, von den Azoren gekommene Wirbel. Die Karten zeigen, daß wir es hier in der Tat mit demselben Wirbel zu tun haben, der Punta Delgada heimgesucht hat.

Die Lagen des Wirbelzentrums oder des südöstlichen Brennpunktes der langgestreckten innersten Ellipsen dieses Wirbels, dessen äußere Isobaren eine V-förmige Bucht darstellten, waren:

Ort 1	am 7.	Dezember,	8 Uhr V, in 35° N-Br., 34½° W-Lg.
„ 2	„ 8.	„	3½ Uhr V, bei Ponta Delgada, 38° N-Br., 26° W-Lg.
„ 3	„ 8.	„	Mitternacht, in 47° N-Br., 16½° W-Lg.
„ 4	„ 9.	„	8 Uhr V, in 49½° N-Br., 13° W-Lg.
„ 5	„ 9.	„	6 Uhr N (Greenw. Zeit), in 54° N-Br., 12° W-Lg.

Hieraus ergibt sich die Geschwindigkeit der Fortpflanzung, wenn man die Zeitdifferenz in Rechnung zieht:

Orte	1		2		3		4		5
Weg, km		860		1270		380		530	
Zeit, Stunden		19		20		8		9	
Geschwindigkeit, km p. h.		45		63½		47½		59	
Sm p. h.		24		34		26		32	

Die ganze Strecke von etwa 3040 km wurde somit in 56 Stunden zurückgelegt, was eine mittlere Geschwindigkeit von 54 km in der Stunde ergibt. Bemerkenswert ist die lange Strecke von über 3000 km, auf der diese hohe Geschwindigkeit sich erhielt, und ihre Dauer von mindestens 2⅓ Tagen.

Der „Reina Regente"-Orkan[1]). Nach den Wetterkarten für 8 Uhr V und 8 Uhr N vom 7. bis 12. März gelangt man zu folgenden Ergebnissen (s. auch Figur 47):

Am 7. findet sich auf 57° N-Br. und 20° W-Lg. ein nach Osten fortschreitendes Minimum von 737 mm. Das Tiefdruckgebiet erreicht am 8. die britischen Inseln und bleibt hier mit nur geringer Druckveränderung nahezu unbeweglich bis zum 12. März. Vom 7. bis zum 12. liegt ein Gebiet hohen Druckes (bis zu 782 mm) auf 40° W-Lg. westlich von den Azoren. Ein anderes langgedehntes Hochdruckgebiet erstreckt sich gleichzeitig von Schweden über Rußland bis nach Süditalien.

Das Gebiet zwischen 30° und 40° W-Lg. um 40° N-Br. herum hat dauernd frische bis stürmische Winde. Das südlich hiervon liegende Hochdruckgebiet fällt mit großen Gradienten rasch nach NNW zu ab. Ein am Saum des Hochdruckgebietes segelndes Schiff meldet vom 7. März 8 Uhr N Wind NNW 10.

Die spanische Küste hat bis zum 9. März normale Witterungsverhältnisse erst am 9. März Abends werden die Anzeichen etwas bedrohlich.

---

[1]) Ann. d. Hydr. usw. 1895, S. 453.

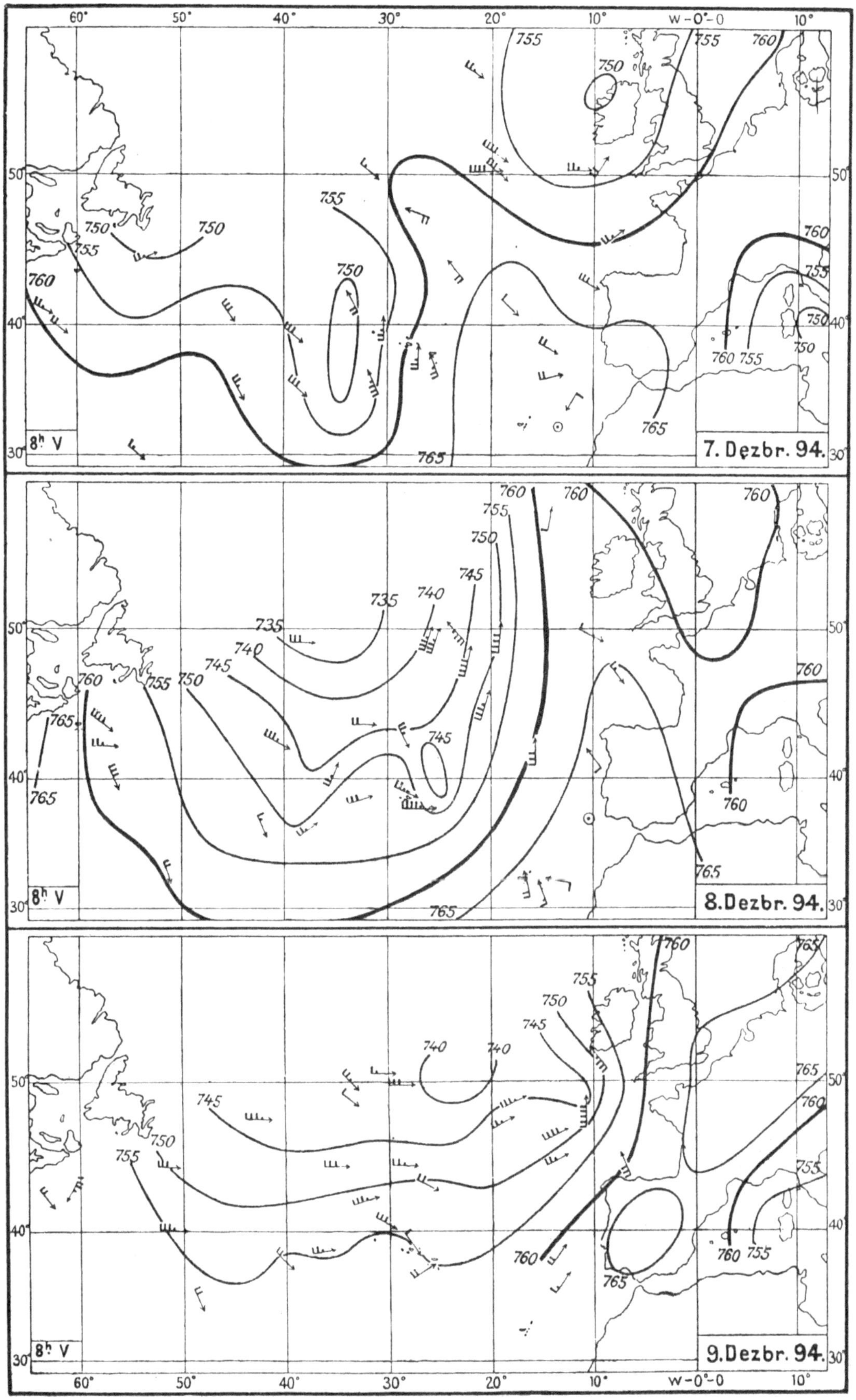

Fig. 46. Azorensturm.

Bei nahezu unbeweglichem Minimum in England tritt am Saum eines ausgedehnten Niederdrucksektors die Neigung zur Bildung von Teilminima auf. In der Karte vom 10. März zeigt sich ein kleines Tief, Isobare 755 mm, bis zum 30. Grad W-Lg. vorgeschritten, von dem sich wieder ein neuer Wirbel abgetrennt und seine verheerende Bahn an den Azoren vorbei nach der spanischen Küste gerichtet hat.

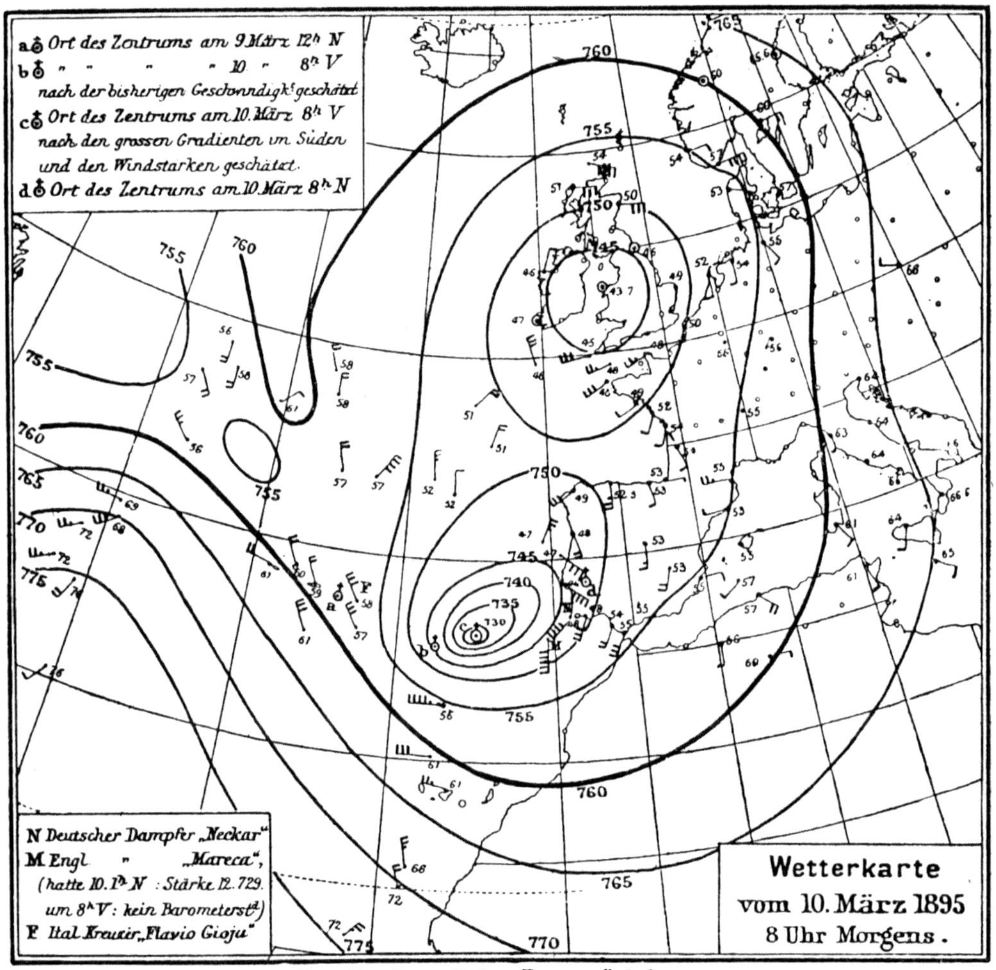

Fig. 47. Der „Reina Regente"-Orkan.

Der italienische Kreuzer „Flavio Gioja" befand sich am 9. und 10. März 1895 in Punta Delgada auf den Azoren und in ihrer Nachbarschaft. Aus seinen sorgfältigen Beobachtungen ist die Natur eines rasch passierenden Wirbelsturmes klar nachgewiesen. Sie beginnen um 8 Uhr V am 9. März mit WNW 5 bei 768,7 mm. Um 5 Uhr N hat er W 12 bei 759,8 mm. Die Wellenhöhe in freier See betrug 8 bis 12 m. Um 3 Uhr V am 10. März ermäßigt sich die Windstärke auf WNW 10 bei 756,2 mm. Der niedrigste Barometerstand wurde zwischen 1 und 2 Uhr V mit 756,1 mm beobachtet. 8 Uhr N herrschte bereits heiteres Wetter, der Wind war NNW 6 bei 760,5 mm.

Das Sturmzentrum hat danach ungefähr um Mitternacht vom 9. zum 10. März den 24. Grad W-Lg. in der Höhe der Azoren passiert. (Lage a. — Das Mitternachtsbesteck des auf der Fahrt begriffenen Kreuzers „Flavio Gioja" ist mit 37° 34′ N-Br. und 23° 53′ W-Lg. angegeben.) Nach 20 Stunden, um 8 Uhr N, findet sich das Zentrum des Wirbelsturmes bei Lissabon. Die Fahrt beträgt danach etwa 40 Knoten.

Nach den Angaben des englischen Dampfers „Mareca", welcher am 10. März 8 Uhr V in 36° 20′ N-Br. und 10° 23′ W-Lg. stand, hatte dieser

S 10. Für 1 Uhr N meldet er 729 mm als niedrigsten Barometerstand, gleichzeitig Windstärke 12. Nimmt man für das Zentrum um 8 Uhr V etwa 735 mm an, so ergeben sich schon ausnahmsweise große Gradienten gegen die Isobare von 755 mm, die beide Minima umfaßt, das eine in der irischen See, das andere bei Portugal. Die Lage des Zentrums um 8 Uhr V war ungefähr bei c (Fig. 47). In diesem Orkan ging der spanische Panzer „Reina Regente“ auf der Fahrt von Tanger nach Cadix unter.

Einige Sturmauszüge aus dieser Gegend.

	Zeit	Ort	Anfang	Höhe	Ende	Dauer h	Barom. mm	Stunde h	Schn. Windänderung	Kurs	TB.-Nr.
1)	79 XI./6.	30° N-Br. 25° W-Lg.	SO 8 ↓	OSO 10	ONO 8 ↑	32	747	2 N.	—	S	1147
2)	96 VII./5.	28° N-Br. 18° W-Lg.	NO 9	O 12 ↓	S 8	40	749	5. 12 N.	—	N	4573
3)	95 X./23.	29° N-Br. 34° W-Lg.	W 9 ↓	NW 10 (11)	NW 9	6	756	2 V.	—	N	4437
4)	92 II./26.	36° N-Br. 14° W-Lg.	NOzN 10 ↑	NzW 12 ↑	NWzN 8 ↑	14	738	4 N.	—	S	3897
5)	95 X./27.	33° N-Br. 29° W-Lg.	SSO 8/9 ↓	SO 12 ↓	N 8 ↑	14	752	0 N.	$\frac{18}{6}$**	N	4423
6)	95 XI./25.	36° N-Br. 20° W-Lg.	WSW 9	WSW 11	WNW 9	20	749	12 N.		S	4559
7)	92 III./5.	32° N-Br. 21° W-Lg.	NWzN 10 ↑	WNW 11 ↑	NWzW 9 ↑	22	745	8 V.	—	S	3897

1) „Doris“, Kapt. L. Warnken. 2) „Gustav u. Oskar“, Kapt. L. Müller. 3) „Poncho“, Kapt. F. H. C. Wienefeld. 4) u. 7) „Pallas“, Kapt. R. Mehring. 5) „Prompt“, Kapt. M. Grapow. 6) „Favorita“, Kapt. F. E. Thomann.

** 18 Strich in 6 Stunden rechts herum.

VII.

Stürme nördlich von 40° N-Br.

Vorbemerkung. Dieses Gebiet ist das sturmreichste des ganzen Ozeans. Die Stürme dieses Gebiets, sowohl über dem Kontinent von Europa als über dem Ozean, wurden allmonatlich für eine Reihe von Jahren in der „Monatlichen Übersicht der Witterung“ besprochen. Sie enthält zahlreiche interessante Beispiele und häufige Hinweise auf die bis jetzt bekannten oder angedeuteten Gesetze der Witterung.

Allgemeine Ergebnisse der Untersuchungen.

Eigentümlichkeiten dieser Zone, die den Stürmen ihren besonderen Charakter geben:

1. Die fortwährenden, großen, unregelmäßigen Schwankungen des Barometers und die daraus folgende Veränderlichkeit der barometrischen Gradienten nach Richtung und Stärke.

2. Das entschiedene Vorwalten nordwärts gerichteter Gradienten oder westlicher Winde.

3. Die vorherrschende Fortpflanzung der Depressionen von West nach Ost und ihre durchschnittlich große Geschwindigkeit.

4. Die großen Gegensätze der Temperatur und darum auch der übrigen Witterungseinflüsse auf den verschiedenen Seiten der Wirbel.

In den synoptischen Karten stellen sich die beiden ersten Tatsachen in der häufigen Aufeinanderfolge von ungleichseitig entwickelten Wirbeln dar in denen die nach Norden gerichteten Gradienten oder die westlichen Winde nach Ausdehnung und Stärke gewöhnlich ein sehr entschiedenes Übergewicht über die entgegengesetzten aufweisen. Diese Depressionen haben etwa folgende Gestalt (Fig. 47):

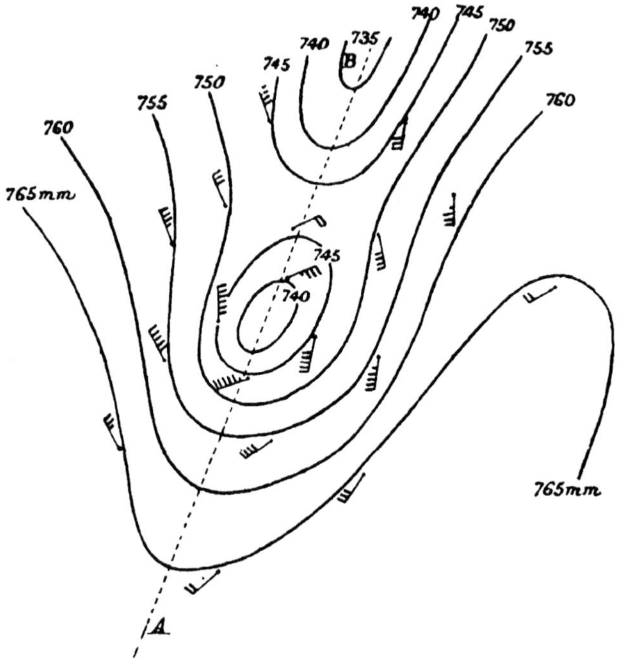

Fig. 48. Gewöhnliche Form der Depressionen.

Die Wirbel, womit die Schiffe auf dem geraden Wege nach Nordamerika zusammentreffen, haben größtenteils diesen Charakter. Ihre zwischen 40 ° und 55 ° N-Br. ostwärts wandernden Mitten haben im Süden den hohen Luftdruck der Roßbreiten, im Norden ein großes Gebiet niedrigen Luftdruckes, dessen tiefste Werte gewöhnlich in der Davisstraße oder bei Island oder an beiden Orten liegen. Folgen mehrere dieser Wirbel hintereinander her, so haben sie oft kleinere, mit ihnen fortschreitende barometrische Maxima zwischen sich. Diese Maxima sind besonders für Amerika und den westlichen Teil des Ozeans charakteristisch. Auf der europäischen Seite zeigen die Gebiete hohen Druckes gewöhnlich eine größere Ausdehnung und geringere Fortbewegung und verändern ihren Ort häufig durch eine Reihe von Tagen sehr wenig. Dieses bedingt eine stärkere und vollständigere Ausbildung der Depressionen auf dem westlichen und mittleren Teile des Ozeans im Vergleich zu dem östlichen. Da (Tafel 28 im Atlas, II. Aufl.) ferner die mittleren Zugstraßen der Depressionen im Westen von 30 ° W-Lg. häufiger eingehalten werden und südlicher liegen als im Osten, bei einer größeren durchschnittlichen Geschwindigkeit der Fortpflanzung, so sind auf dem zwischen 40 ° und 50 ° N-Br. liegenden direkten Wege nach Nordamerika westlich von 30 ° W-Lg. viel raschere Schwankungen in der Windrichtung und im Barometerstande zu erwarten als östlich davon, wo die Stürme von größerer Dauer sind und ihre Richtung weniger rasch verändern. Das durch das Passieren dieser zahlreichen Wirbel verursachte Spiel von nacheinander folgendem Krimpen und Ausschießen des Windes, Fallen und Steigen des Barometers pflegt auf den westwärts bestimmten Schiffen, die den Wirbeln entgegengehen, viel rascher zu sein als auf den heimkehrenden, die mit ihnen laufen.

Die Richtung der Fortpflanzung der Depressionen ist zwar vorwiegend ostwärts, doch kommen Fälle von allen möglichen Richtungen, bis zu den rein westwärts gehenden, vor, wenn auch die Bewegungen nach der Westseite des Horizontes und besonders diejenigen zwischen Süd und West zu den großen Ausnahmen gehören. Besonders auf der Osthälfte des Ozeans und über Europa ist die Zugrichtung sehr unbestimmt. Hier zeigen sich zahlreiche abirrende, ungewöhnliche Wege einschlagende Minima. Über Nordamerika waltet eine bedeutend größere Einförmigkeit in dem Zuge der Wirbelzentren vor. Bei dieser Sachlage ist es von Wichtigkeit, die Bewegungsrichtung einer Depression erkennen zu können, ob man sich auf der Vorder- oder Rückseite befindet. Das Barometer ist hierfür das wertvollste Instrument. Allein einerseits wird seine Bewegung oft erst zu spät charakteristisch, als daß man sie praktisch ausnützen könnte, andererseits ist es bei einem Schiffe in Fahrt nicht möglich, mit Bestimmtheit zu erkennen, wie weit die Änderung von der Bewegung der Depression oder von der des Schiffes oder auch von Änderungen des Druckes in der ganzen Depression herrührt. Endlich wird es nur durch eine Verbindung der Angaben des Barometers mit den Änderungen der Windrichtung möglich, zu unterscheiden, ob man sich auf der rechten oder linken Seite der Bahn befindet. Ergänzende Merkmale für die Orientierung in bezug auf die Nähe und die Fortpflanzung einer Depression besitzen wir in der Beobachtung des Wolkenhimmels. Hierüber geben besonders die Arbeiten der Herren Cl. Ley und Hildebrandsson Aufschlüsse, die sich durch die Erfahrung bei der täglichen Verfolgung der Witterung in Europa durchaus bewähren.

Wolkenverteilung. Depressionen pflegen eine bedeutende Wolkenbildung in den oberen Schichten der Atmosphäre (3 bis 9000 m über dem Meere) zu verursachen, die in Form von Fäden, Federn, Schleiern und rundlichen Wölkchen (Schäfchen) auftreten, mit der Neigung zu einer streifigen Anordnung oder Bildung paralleler Bänder. Es sind die unter den Namen Zirrus, Zirrostratus und Zirrocumulus bekannten Wolkenformen. Ein reichliches Auftreten solcher Wolken deutet also schon an und für sich mit einiger Wahrscheinlichkeit die Nähe eines barometrischen Minimums an, wenn auch sehr häufig nur die eines unbedeutenden Teilminimums. Sichere Kennzeichen zur Unterscheidung der von großen oder kleinen Minima ausgesandten Zirruswolken sind noch nicht bekannt; aber in diesem Falle gibt der Gang des Barometers und die Windrichtung bald weiteren Aufschluß. Die Zirruswolken treten zwar gelegentlich auch im Gebiete barometrischer Maxima auf, und dann pflegt die Richtung ihrer Bewegung beinahe gerade nach dem Zentrum des hohen Druckes hinzuweisen; der vorherrschende Schauplatz ihrer Entwicklung ist aber die Vorderseite einer fortschreitenden Depression, und hier stellen sich die Verhältnisse am Wolkenhimmel gewöhnlich etwa in der Weise der Skizze dar (Fig. 48).

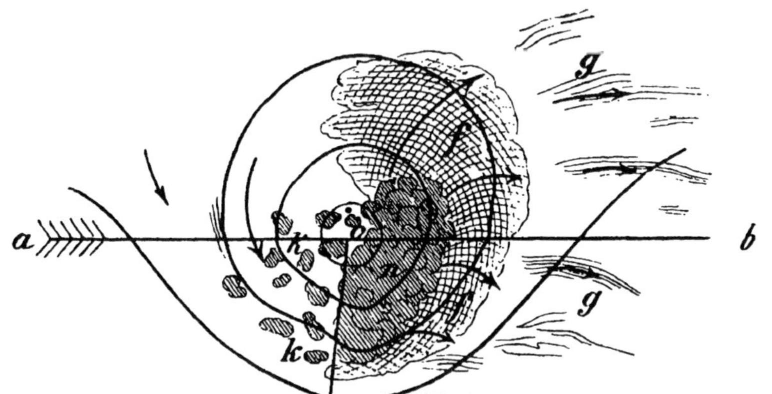

Fig. 49. Bewölkung in den Depressionen.

Der Pfeil *acb* gibt die Richtung der Fortpflanzung der Depression an, *ff* den nach innen zu immer dichter werdenden zirrösen Schleier, dem bei *gg* einzelne lose Zirrus und Zirrostratus vorangehen. Bei *n* sehen wir das unter jenem Schleier auftretende schwere untere Nimbusgewölk, woraus in der Regel anhaltender Regen fällt. In dem hinteren rechten Quadranten bei *kk* ist dagegen der Charakter des Wetters anders. Hier — und sehr häufig auch in der unmittelbaren Umgebung des Minimums *c* selbst — sehen wir hochgetürmte Cumuli mit blauen Zwischenräumen abwechseln. Wo die Köpfe dieser Wolken teilweise in zirröse Ausströmungen übergehen und sie auch sonst die Natur von Böenwolken annehmen, sehen wir Regen-, Schnee- oder Hagelschauer aus ihnen niedergehen, meist mit Böen verbunden. Auf der Linie *cd* (vgl. auch die Figur 48, Linie *ab*) tritt dieser Charakter der Witterung ziemlich plötzlich ein, meistens in einer heftigen Bö, durch teilweises Aufklaren des bis dahin dicht bezogenen Himmels, plötzliches Ausschießen des Windes um mehrere Strich und erhebliche Abkühlung. In diesem Teile der Depression sind durch die rasche Verschiebung kalter Luftmassen in der Höhe über die unteren zurückbleibenden warmen Luftmassen des vorhergehenden südlichen Stromes die Bedingungen für eine sehr rasche Temperaturabnahme mit der Höhe und damit für die Ausbildung eines lebhaften Luftaustausches zwischen oben und unten gegeben. Dies spricht sich in dem Wechsel der auf- und absteigenden Luftsäulen aus, kenntlich an den Haufenwolken und den blauen Zwischenräumen.

Von einem festen Punkte aus ist die Annäherung des Zirrusschirmes *ff* bald durch eine weißliche Trübung des Himmels zu erkennen, die ganz allmählich dichter wird, bald in Gestalt einer über dem Horizont aufsteigenden schichtförmigen Wolkenbank mit ziemlich scharfem Rande und einzelnen hohen Federwölkchen und Schäfchen davor. Durch diesen Schirm gesehen, zeigen sich Sonne und Mond von weiten Lichtkränzen umgeben, die bei weiter vorgeschrittener Verdichtung des Wolkenschirmes wieder verschwinden. Der Ort dieser Gestirne am Himmel bleibt aber bis zum Auftreten des schweren unteren Gewölks *n* deutlich erkennbar.

Der Übergang aus der Vorderseite in die Rückseite vollzieht sich auf der linken Seite in weit weniger auffallender Weise, durch allmähliches Aufhören des Regens und fortschreitende Auflösung der Wolkendecke. Trübes Wetter ohne Niederschläge ist auf dieser Seite häufiger, und der Wind weht selten in Böen, sondern eher als stetiger, lange anhaltender Sturm. Dies ist zuweilen dann der Fall, wenn auf der linken Seite ein Maximum [1] liegt.

W o l k e n z u g. In der vorhergehenden Figur 48 ist auch die durchschnittliche Richtung des Zuges der oberen Wolken durch gekrümmte kurze Pfeile angegeben. Sie besagt:

D e r Z u g d e r o b e r e n W o l k e n a u f d e r R ü c k s e i t e d e r D e p r e s s i o n s t i m m t u n g e f ä h r m i t d e r R i c h t u n g d e s W i n d e s a n d e r E r d o b e r f l ä c h e ü b e r e i n. A u f d e r V o r d e r s e i t e d a g e g e n w e i c h t e r w e i t v o n d e r W i n d r i c h t u n g a b u n d z e i g t v o m M i n i m u m w e g u n g e f ä h r n a c h d e r R i c h t u n g, w o h i n s i c h d i e D e p r e s s i o n f o r t p f l a n z t.

Diese Tatsache ist in den „Annalen der Hydrographie usw.“, 1882, Heft IV und XI; eingehend erörtert und auf den Einfluß zurückgeführt worden, den die Ungleichheiten der Temperatur in horizontaler Richtung auf die Verteilung des Luftdruckes in den oberen Schichten der Atmosphäre haben. Dem zweiten dieser Aufsätze (von W. Köppen) entnehmen wir im folgenden einige Auszüge. Dort werden auf Seite 658 zunächst die Grundlagen für die Auffassung dieser Erscheinungen in vier Sätze zusammengefaßt:

„A. Die Richtung der Luftströmung ist in unseren Breiten in der Entfernung von etwa 500 bis 3500 m von der Erdoberfläche durchschnittlich fast parallel den Isobaren der betreffenden Schicht, während sie (in der Regel) in der untersten Luftschicht um 0 bis 8 Strich nach der Seite des niederen Druckes und in der Schicht von 3500 bis 9000 m um 0 bis 2 Strich nach der des höheren Druckes von der Isobare der betreffenden Schicht abweicht.

B. Weil der Druck in warmer Luft langsamer mit der Höhe abnimmt als in kalter, so ändern sich nach aufwärts die Gradienten — abgesehen von ihrer Proportionalität mit dem Luftdruck — in der Weise, daß ein Überdruck auf Seite der wärmeren Luftsäulen entsteht; hiernach ist Satz D bedingt.

---

[1]) In diesen Maxima auf der linken Seite ist die Luft fast immer viel kälter als in der Umgebung, so daß diese Druckverteilung nur bis zu verhältnismäßig geringen Höhen reicht.

C. Die Fortpflanzung der Depressionen geschieht annähernd in der Richtung der nach ihrer Gesamtenergie überwiegenden Luftströmung in den Depressionen und auf ihrer Bahn. Hierin liegt der Ursprung des Satzes, daß ‚ausgedehnte Gebiete hohen Druckes die Bewegung der Depressionen verzögern, ablenken oder beschleunigen in der Weise, daß jede Depression am leichtesten in der Richtung wandert, bei welcher sie den höchsten allgemeinen Druck (in der Nordhemisphäre) auf der rechten Seite ihrer Bahn hat.

D. Da die Bewegungsverhältnisse in verschiedenen Höhen des Wirbels verschieden sind, so ist für die Fortpflanzung des Wirbels nicht der Bewegungszustand der untersten Schicht, sondern der der Gesamtheit der Schichten maßgebend; dafür kann bei mit der Höhe kontinuierlichen Änderungen im allgemeinen der Bewegungzustand einer gewissen mittleren Schicht eingesetzt werden, deren Höhe noch zu bestimmen ist.“

Nach Satz A haben die Luftströmungen der nördlichen gemäßigten Zone zwar in allen Höhen den höheren Luftdruck rechts und den niedrigeren links von sich — in der Richtung der Strömung gesehen —; aber ihre Bewegung weicht nur in der unteren Schicht nach der Richtung zum niedrigeren Drucke hin von der Isobare ab und ist also in Depressionen unten zyklonal einströmend; in der Zirrusregion hingegen weicht diese Bewegung nach der Seite des höheren Druckes ab und ist also zyklonal ausströmend, nicht nur in bezug auf die Isobaren im Meerespiegel, sondern auch in bezug auf die Druckverteilung in der betreffenden Schicht selbst. Die Erklärung dieser an der Erdoberfläche nicht (in irgend erheblicher Ausdehnung) vorkommenden Bewegung von zugleich zyklonaler und ausströmender Richtung dürfte sich in folgender Weise am anschaulichsten darstellen lassen: „Die Erfahrung zeigt uns, bei Berücksichtigung der barometrischen Höhenformel[1]) und der Temperaturverteilung, daß in der Zirrusschicht von Depressionen der Gradient stets oder doch in der Regel ungefähr in die soeben bezeichnete Richtung fällt und also eine Komponente der Bewegung gegen den Gradienten anarbeitet. Folglich muß die Bewegung verzögert sein — wie die eines aufwärts geworfenen Steines — und ihre Geschwindigkeit aus einer Schicht oder einem Gebiet mit anderen Bewegungsbedingungen mitgebracht haben. Eine zyklonal ausströmende Bewegung, wie wir sie in der Zirrusschicht finden, ist also, wenn sie der ganzen Schicht eigentümlich ist, nur möglich, wenn sie von einer benachbarten höheren oder tieferen Schicht gespeist wird, worin die Geschwindigkeit der Strömung größer ist.“ Dieses Verhältnis scheint bei der Zirrusschicht tatsächlich stets, wenngleich auf verschiedene Weise, erfüllt zu sein, indem sich zeigen läßt, daß auf der Vorderseite einer Depression die Gradienten von unten nach oben, auf der Rückseite von oben nach unten abnehmen, und also sowohl die aufsteigende Luftbewegung auf der Vorderseite als die niedersteigende auf der Rückseite von größeren nach geringeren Gradienten fortschreitet.

„Der zweite Satz (B) ist ein einfaches, aber folgenschweres Ergebnis der barometrischen Höhenformel. Das Ergebnis ist, daß bei gleichem Druck unten höhere Wärme gleichbedeutend sein muß mit höherem Druck für die oberen Schichten. Einen interessanten ziffermäßigen Nachweis dafür hat Herr Richter in der „Zeitschr. f. Meteorol.“, 1881, Seite 379, geliefert, indem er eigene zweijährige Beobachtungen über den Zug der oberen Wolken zu Ebersdorf in Schlesien mit den täglichen Wetterkarten der Seewarte verglich, wobei er zu dem Ergebnis kam, ‚daß der Zirruszug im Mittel aus seiner westlichen Richtung durch die untere Wärmeverteilung in ähnlicher Weise abgelenkt wird wie durch die untere Druckverteilung. Er ist südwestlich, wenn die größte Wärme in O und SO liegt, westlich bei südlicher und südwestlicher Richtung der größten Temperaturdifferenz und wird nordwestlich, wenn letztere Richtung westlich und nördlich ist. Dieser Einfluß der Wärmeverhältnisse kann wohl nur ein indirekter sein, insofern als durch die verschiedenen Temperaturen die Druckverteilung in der Zirrusregion geändert wird‘.“

„Indem ich nun zum dritten Satz (C) übergehe, muß ich bemerken, daß es noch nicht möglich ist, ihm eine ganz genaue Form zu geben, und es nicht

[1]) D. i. der Formel für die Abnahme des Luftdrucks mit der Höhe.

sicher ist, ob dem gebrauchten Ausdruck „Energie" sein speziell physikalischer Sinn hier beigelegt werden darf, doch wird im allgemeinen kein Zweifel darüber sein, welche Luftströmung in der untersuchten Schicht der Depression „überwiegt", sofern genug Beobachtungen vorhanden sind. Ferner dürften die Vermittler dieses Einflusses, durch den die „überwiegende" Strömung den Wirbel mit sich führt, recht mannigfaltig sein (vgl. Österr. Zeitschr. f. Meteorol.", 1880, Seite 43 bis 46, und „Ann. d. Hydr. usw." 1881, Seite 653 bis 656, und 1882, Seite 222). An dieser Stelle wollen wir uns nicht mit der Abwägung der verschiedenen Verhältnisse, unter denen die Beeinflussung zustande kommt, beschäftigen, sondern uns mit dem Ergebnis begnügen, daß tatsächlich der Wirbel ungefähr so fortschreitet, als wenn er von der überwiegenden Strömung getragen werde, und um so rascher, je größer ihr Übergewicht und ihre Geschwindigkeit ist; die Erfahrung spricht (bei Berücksichtigung des im folgenden Satz D Gesagten) so vollständig allezeit und allerwärts für die wesentliche Richtigkeit dieses Satzes, daß ich je länger, je mehr von seiner Richtigkeit überzeugt werde und jetzt geneigt bin, die Wirkung der Wärme und der Kondensation auf die Fortpflanzung des Wirbels noch vorwiegender durch diese mechanischen Verhältnisse vermittelt anzunehmen, als ich es 1880 in dem mehrerwähnten Aufsatze tat; ich stehe hierin auf der Seite von FERREL und HANN, während GULDBERG und MOHN im zweiten Teile ihrer in bezug auf die Anwendung der Mechanik auf die Meteorologie epochemachenden „Etudes" an der Fortpflanzung des Wirbels durch die aufsteigende Tendenz warmer und feuchter Luftmassen auf seiner Vorderseite (der früheren Auffassung MOHNS) festhalten."

„Zu bemerken wäre noch, daß nach unserer Auffassung die wellenartige Fortpflanzung des Wirbels auf immer neue Luftmassen vorzugsweise seinem untersten Teile zukommt, soweit die Wirkung der Erdoberfläche hinaufreicht, daß dagegen die darüber liegende, nicht unbedeutende Schicht, die kein erhebliches Ein- oder Ausströmen zeigt, in ihrem peripherischen Teile sich ziemlich nach Art eines zusammenhängenden, obwohl ungleichseitig ausgebildeten Luftringes fortpflanzt, in dessen hohler Achse die unten zuströmende Luft nach oben zur abströmenden Schicht geführt wird.

In dem letzten Satze (D), welcher unmittelbar aus den vorhergehenden folgt, ist der Schlüssel zu dem Verhalten der Depressionen zur horizontalen Verteilung der Temperatur gegeben. In der Tat, da in der Höhe bei gleichem Drucke am Boden der höheren Temperatur auch der höhere Druck entspricht, so muß das Gebiet höherer Wärme auf die oberen Teile des Wirbels im allgemeinen dieselbe Wirkung ausüben, wie nach Satz C Gebiete hohen Druckes sie auf den ganzen Wirbel ausüben, ebenso, wie nach Herrn RICHTERS Befund die Wärmeverteilung für die Zirrusbewegung ungefähr die Rolle der Druckverteilung spielt."

Aus der Zusammensetzung der Sätze B, C und D folgt mit Leichtigkeit, daß die zyklonalen Luftwirbel die Neigung haben müssen, sich so fortzupflanzen, daß sie auf der nördlichen Halbkugel den höheren Luftdruck sowohl, als die höhere Wärme zur Rechten, tieferen Barometerstand und Kälte zur Linken ihrer Bahn behalten. In der Tat ist dieses auch in beiden Hinsichten schon 1872 von dem ausgezeichneten englischen Meteorologen Rev. CL. LEY aus der Erfahrung an den Witterungskarten von Westeuropa abgeleitet.

Ursachen der Zugstraßen. „Eine unmittelbare Folge alles bisher Gesagten ist eine Erklärung der nächsten Ursachen der verschiedenen mittleren Zugstraßen barometrischer Minima. Die auffälligste Tatsache, die einheitliche Zugstraße und große Geschwindigkeit der Wirbelzentren in Amerika gegenüber der äußersten Veränderlichkeit der Richtung und langsameren Bewegung in Europa, dürfte sich aus den ungleich größeren und beständigeren Temperaturunterschieden im Osten der Vereinigten Staaten erklären. Wenn auch die vorkommenden Abweichungen der Temperatur vom Mittel in der Union bedeutend, für die geographische Breite sogar außerordentlich groß sind, so haben sie bei weitem nicht den Einfluß auf die Temperaturverteilung wie in Europa; Fälle, daß der wärmste und der kälteste Ort eines durch viele Breitengrade ausgedehnten Gebietes ihre Rollen wechseln, wie sie in Europa nicht selten sind, kommen dort kaum vor."

Verwertung des Wolkenzuges. Ferner heißt es in dem betreffenden Aufsatz: „Zum Schluß möchte ich noch die folgenden Zeichnungen I, II, III, vergl. Fig. 49, der eingehenden Beachtung der Seeleute empfehlen. Wenn schon jetzt der

Seemann Nutzen aus dem Zuge der Wolken zieht, indem er ihn im allgemeinen dem kommenden Winde gleich hält — was tatsächlich für die größere rechte Seite der Depression im allgemeinen zutrifft —, so wird er doch noch viel mehr daraus ableiten können, wenn er diese Zeichnungen in ihrer Anwendung auf die verschiedenen Quadranten einer Depression berücksichtigt."

„Ein Wolkenzug weit rechts von der Richtung des Unterwindes kann ihm die Annäherung eines barometrischen Minimums und damit eine ganze Reihe von Wahrscheinlichkeiten: schlechteres Wetter, stärkeren Wind, baldige Änderung seiner Richtung, angeben, während ein Wolkenzug, der mit dem Unterwinde übereinstimmt oder links von demselben liegt, ihm anzeigt, daß sich das Minimum von ihm entfernt und er in höheren Druck samt seinen wahrscheinlichen Begleitern gelangt. Weitere Beobachtungen an den Wolken, die von See wie von Land äußerst wünschenswert sind, werden uns lehren, dieses gegenwärtig nur in gewissen Hauptzügen feststehende Bild zu vervollkommnen und die Abweichungen kennen zu lernen. Eine sichere Charakteristik der Strömungen auf der linken Seite der Bahn z. B. fehlt noch fast ganz; wir vermögen auch noch nicht mit irgendwelcher Sicherheit große und kleine Depressionen oder Teilminima nach den von ihnen erzeugten Strömungen oder Wolkenformen vom einzelnen Beobachtungsort zu erkennen. In allen diesen Punkten werden wir hoffentlich nach einigen Jahren, wenn die zunehmende Beobachtung der oberen Strömungen und der Vorgänge am Wolkenhimmel Früchte getragen haben wird, bedeutend klarer sehen."

„Die folgenden Zeichnungen rechter Hand geben die Luftströmungen in drei verschiedenen Höhen bei den daneben linker Hand dargestellten Druckverhältnissen."

„I gilt für eine allseitig gleich gebildete Depression, bei der die Isobaren der Cirrusregion mit den unteren konzentrisch sind; es ergibt sich alsdann die Darstellung von Hildebrandsson: die Richtung der Cirri liegt rechts von der der unteren Wolken und noch erheblich weiter rechts vom Unterwinde. Diese Darstellung entspricht einer gleichförmigen oder konzentrischen Verteilung der Temperatur und enthält keine Ursachen zur Fortpflanzung des Wirbels; die Abfuhr der unten allseitig gleichmäßig zuströmenden Luft geschieht ebenso allseitig gleichmäßig in der Zirrusregion."

„In II sind die oberen Isobaren gegen die unteren nach hinten und links in bezug auf die durch den großen Pfeil angegebene Fortpflanzungsrichtung verschoben. Die oberen Isobaren sind das Mittel aus zwei Bestimmungen nach zwei allgemeinen Zeichnungen von Cl. Ley; beide Entwürfe stimmten miteinander im wesentlichen überein. Wenn die Abstände zwischen den oberen sowie unteren Isobaren durchweg derselben Druckdifferenz (z. B. 10 mm Barometerstand) entsprechen sollen, so sind die gestrichelten Linien, welche ihre Kreuzungspunkte verbinden, Linien gleicher vertikaler Druckdifferenz zwischen der oberen und unteren Schicht. Sind diese Abstände hingegen so gewählt, daß sie überall einem und demselben Bruchteil des respektiven Luftdruckes, also z. B. durchweg 1 % desselben, entprechen, so sind die gestrichelten Linien Isothermen der Mitteltemperatur der ganzen zwischenliegenden Schicht, und zwar entspricht die unterste Linie in der Zeichnung der höchsten, die oberste der tiefsten Temperatur. Die Isothermen sind, ganz der zyklonalen Bewegung der Luft um das Minimum entsprechend, gebogen. Die Ausströmung in der Cirrusregion findet in diesem Falle vorwiegend nach vorn statt, aber auch auf der Rückseite zeigt sich nach dieser Darstellung kein Einströmen nach dem Minimum hin, sondern auch hier liegt die Richtung der Cirren, wenn auch nur sehr wenig, rechts vom Winde. Die Divergenz oder zentrifugale Bewegung der oberen Strömungen ist hier mindestens so stark wie in der Zeichnung I b, und somit für die Abfuhr der unten einströmenden Luft und Erhaltung der Tiefe des Minimums hinreichende Möglichkeit vorhanden. Diese Darstellung gilt jedenfalls für die größte Zahl der Fälle."

„III veranschaulicht die Bedingungen, unter denen die Isobaren in der Cirrusregion von der unteren Druckverteilung durchaus unberührt einen parallelen geradlinigen Verlauf behalten würden. Die Temperaturverteilung

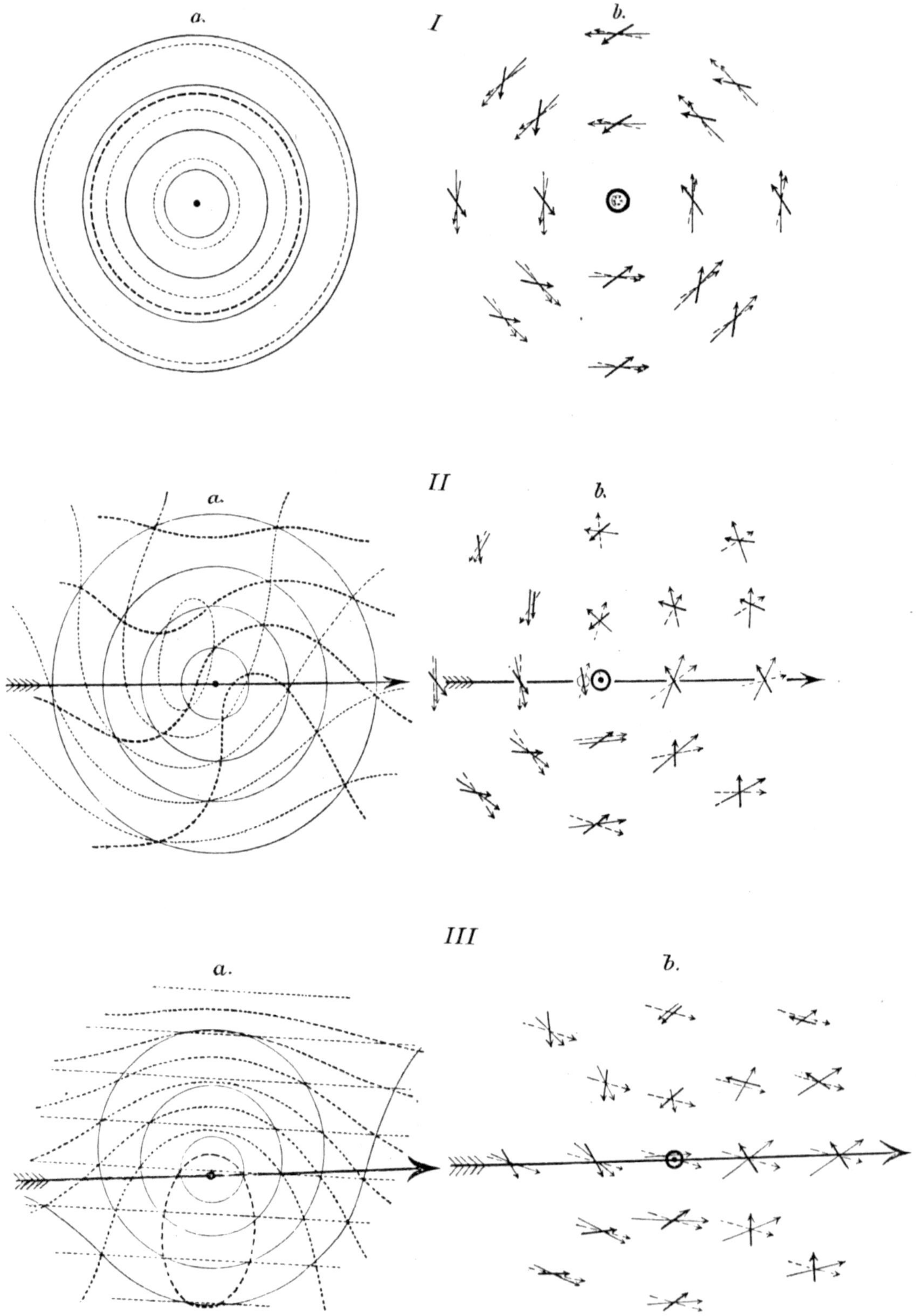

———	Isobaren im Meeresniveau.	⟶	Richtung des Unterwindes.
....	Isobaren im mittleren Niveau der Cirrus-Wolken.	⟶	„ des Zuges der unteren Wolken.
		....→	„ des Zuges der Cirrus-Wolken.
------	Isothermen.	○○○	Windstille in der betr. Schicht.

Fig. 50. Luftströmungen in drei verschiedenen Höhen.

müßte in diesem Falle ganz symmetrisch zum oberen Gradienten sein, was nur unter besonderen Umständen eintreten könnte, da der zyklonale Kreislauf der Luft diese Verteilung stets aufzuheben trachtet. Ferner muß das Zentrum der Zyklone in diesem Falle sehr warm und die Abnahme der Temperatur von da in der Richtung des oberen Gradienten sehr rasch sein, um die völlige Umkehrung des unteren Gradienten bewirken zu können. Die Richtung des Cirruszuges liegt in diesem Falle auf der Vorderseite zwar weit rechts, im linken hinteren Quadranten aber links von der des Unterwindes und des Zuges der unteren Wolken und ist im linken vorderen Quadranten der des Unterwindes annähernd entgegengesetzt. Da nun bei rasch fortschreitenden und zugleich sich ausfüllenden Depressionen ein solches Verhalten der Luftströmungen nicht selten ist, so ist dieses, einen extremen Fall vertretende Bild nicht ohne Interesse. Bei den vorausgesetzten geradlinigen und parallelen Isobaren in der Cirrusgegend ist in dieser Schicht die Abfuhr von Luft aus dem Raume über der Depression nicht größer als die Zufuhr in diesen Raum, und die Depression muß daher durch die unten allseitig zuströmende Luft bald ausgefüllt sein. Auf der anderen Seite sind die Bedingungen für eine rasche Fortpflanzung in diesem Falle, wegen der außerordentlichen Ungleichheit beider Seiten in der Region der unteren Wolken, sehr günstig. Dem Satze C zufolge muß in dem durch Zeichnung III dargestellten Falle die Fortpflanzung des Wirbels sehr nahe parallel den oberen Isobaren erfolgen."

„Die tatsächlich in der Atmosphäre vorkommenden zyklonalen Wirbel zeigen Verhältnisse, die von der Cl. Leyschen Zeichnung II bald nach der Seite von Zeichnung I, bald nach der von Zeichnung III abweichen und sich zugleich in verwickelter Weise gegenseitig beeinflussen; nicht nur, indem die Form der Isobaren jeder Schicht dadurch mannigfaltig geändert wird, sondern indem auch im Verhältnis zwischen Luftströmung und Druckverteilung bedeutende Schwankungen hervorgebracht werden. Diese Schwankungen haben wir in den Zeichnungen nur in wenigen Hauptzügen berücksichtigen können, auch soweit sie, der Theorie nach, schon in den dargestellten Fällen durch den Wechsel von Beschleunigung und Verzögerung und die gegenseitige Beeinflussung der Luftschichten sich äußern müssen; noch weniger konnte dieses für die vertikalen barometrischen Gradienten geschehen."

Ergebnisse der Sturmstatistik.

Hoffmeyers Sturmstatistik. Der frühere Direktor des Dänischen Meteorologischen Instituts Hoffmeyer hat an der Hand der von ihm veröffentlichten synoptischen Karten, soweit sie auch den Ozean umfaßten, eine statistische Untersuchung [1]) über die Stürme des Nordatlantischen Ozeans ausgeführt, deren Hauptergebnisse wir hier mitteilen. Als Untersuchungsmaterial lagen tägliche Witterungskarten von 21 Monaten vor, worin außer den Beobachtungen der meteorologischen Stationen von Europa, Nordamerika, Grönland und Island auch die von deutschen und englischen Schiffen aufgenommen waren, welche für die Seewarte und das Meteorological Office ein Tagebuch führen.

Herkunft der nordatlantischen Wirbel. Im Laufe dieser Zeit sind auf dem Ozean zwischen 30° und 70° N-Br. und 10° und 60° W-Lg. 285 verschiedene barometrische Minima oder zyklonale Wirbelzentren zu verfolgen gewesen, von welchen:

a) 23, oder 8%, in der Baffinsbai oder der Davisstraße erschienen und wahrscheinlich aus dem arktischen Amerika kamen,

b) 126, oder 44%, aus den Vereinigten Staaten oder Canada kamen,

[1]) Referat und Auszug aus N. Hoffmeyer: Étude sur les tempêtes de l'Atlantique septentrional et projet d'un service télégraphique international relatif à cet océan. 4°. 45 Seiten Text und 7 Karten (Kopenhagen 1880), (mit einem Vorworte von Professor Buys-Ballot) findet man in den „Annalen der Hydrographie usw." 1880.

c) 25, oder 9 %, sich zuerst zwischen den Azoren und Neufundland zeigten und wahrscheinlich aus den tropischen Teilen des Ozeans herstammten,

d) 106, oder 37 %, auf dem Ozean selbst durch Spaltung schon bestehender Depressionen sich bildeten und also den Charakter von Teilminima hatten,

e) 5, oder 2 %, endlich selbständig auf offenem Meere entstanden zu sein scheinen.

Verteilung und Ausdehnung. In 21 Monaten oder 638 Tagen traten also auf diesem Teile des Ozeans 285 Minima auf, und da jedes durchschnittlich etwa drei Tage dauerte, so kommen 1—2 Depressionen über diesem Gebiet an jedem Tage vor. Die Ausdehnung war außerordentlich verschieden; manche nahmen die ganze Breite des Ozeans ein, die europäischen und amerikanischen Küsten gleichzeitig berührend, während andere von weit geringerer Größe waren. Sie waren aber alle ausgedehnt genug, um gleichzeitig an mehreren Stationen oder Schiffen in beträchtlicher Entfernung voneinander bemerkt zu werden. Es handelt sich also bei dieser Untersuchung nicht um Böen und Windstöße, sondern um größere Stürme. Auf die Jahreszeiten verteilen sich die Wirbelzentren ziemlich gleichförmig, der viel stürmischere Charakter des Winters wird nicht durch die größere Zahl der Wirbel, sondern durch den größeren Umfang und die weit stärkere Ausprägung der einzelnen Wirbel bedingt. Übrigens bilden im Sommer die auf dem Ozean selbst entstehenden Teilminima mehr als die Hälfte aller Wirbelzentren, in den übrigen Jahreszeiten hingegen nur ein Drittel der Gesamtzahl.

Von der Gesamtzahl sind demnach 61 % aus dem Westen — Nordwest bis Südwest — gekommen, während 39 % auf dem Ozean selbst entstanden sind.

Wirbel, die Europa erreichen. Nur die Hälfte dieser Wirbel, nämlich 145 von 285, erreicht 10° W-Lg. — Von den 285 sind 12 % ihrer Herkunft nach arktische, 47 % aus Nordamerika, 5 % tropische, 33 % Teilminima und 3 % selbständig entstandene; also sind von den Wirbelzentren, welche der Atlantische Ozean Europa sendet, 64 % von ihm einerseits aus Westen empfangen, 36 % dagegen auf ihm gebildet. Diese Verhältniszahlen sind nahezu dieselben, wie sie für die Gesamtzahl der barometrischen Minima auf dem Ozean gelten; es verhalten sich demnach die Minima verschiedenen Ursprungs ziemlich gleich in bezug auf ihr Fortschreiten nach Europa. Von den 126 Minima, welche der Ozean vom gemäßigten Nordamerika empfängt, erreichen nur 68 oder etwas mehr als die Hälfte den zehnten Meridian oder die Nähe Europas, wo sie, vermischt mit einer noch größeren Zahl anderer Wirbel, die erst auf dem Ozean entstanden sind oder den polaren Gegenden entstammen, auftreten. Man sieht schon hieraus, daß die Warnung der europäischen Küsten vor Wirbeln, die Nordamerika verlassen haben, auch in dem Falle von sehr beschränktem Werte wäre, wenn die Zeit, welche sie zum Überschreiten des Ozeans brauchen, ziemlich fest stände; tatsächlich aber schwankt sie zwischen zwei und sieben Tagen, zuweilen noch mehr, ohne daß sich dies aus dem Verhalten der Depressionen über Amerika vorauserkennen ließe.

Verteilung nach der Herkunft. Die arktischen Depressionen (Klasse a) schritten von der Baffinsbai über Island ostwärts, teils nördlich, teils südlich von dieser Insel; doch waren nur 17 so weit und weiter ostwärts zu verfolgen, während 6 sich noch früher verloren.

Die zweite Klasse (b), die der nordamerikanischen Depressionen, umfaßt 126 Minima, von denen 68, oder 54 %, Europa erreichten, während 58, oder 46 %, auf dem Ozean selbst verschwanden, und zwar 36, indem sie von anderen Depressionen aufgenommen wurden, 13, indem sie sich allmählich ausglichen, und 9, indem sie sich über Grönland und Spitzbergen nach Norden verloren.

Minima, die den ganzen Ozean kreuzten. Unter den 68 Bahnen, welche die Meridiane von 60° W-Lg. und 10° W-Lg. schnitten, kann man vier Gruppen unterscheiden:

a) 22 von diesen Depressionszentren zogen über Grönland und schnitten den Meridian 50° W-Lg. unter 60° N-Br. oder noch nördlicher; 14 davon gingen nördlich von Island vorbei und erreichten die nördlichsten Teile Norwegens; von den übrigen 8, welche südlich von Island vorüberzogen, passierten 5 zwischen Island und Schottland, und nur 3 wandten sich südostwärts nach den britischen Inseln. Ihrer Herkunft westlich von 60° W-Lg. nach kamen fast alle diese Minima, nämlich 20, von West über die Gegend der großen amerikanischen Seen, und nur 2 aus Südwest, aus Gegenden südlich von 40° N-Br.

Alle diese Minima haben Stürme an der europäischen Küste hervorgerufen, größtenteils in Norwegen, und nur in einem ganz vereinzelten Falle südlich bis nach Portugal hinunter.

b) 13 Minima zogen nahe an Island vorüber, wobei sie indessen den 60. Parallel erst in 30° bis 35° W-Lg. erreichten; die Hälfte davon ging nördlich von Island vorbei und nahm eine Richtung nach der Nordspitze Europas, während 3 zwischen Island und Schottland und 3 südostwärts gegen die britischen Inseln fortschritten. Daß von den Depressionen dieser Gruppe eine fast gleiche Anzahl von Südwest (6) wie von West (7) herkam, muß man wohl bis auf weiteres als bloßen Zufall betrachten.

Die Stärke dieser Wirbel nimmt in der Mehrzahl der Fälle mit dem Fortschreiten ostwärts zu, und nur zwei haben keinen Sturm in Westeuropa veranlaßt; dabei hat es den Anschein, daß die Minima dieser Gruppe ebenso häufig auf den britischen Inseln wie an der norwegischen Küste Stürme verursachen.

c) Quer über den Ozean in der Richtung nach Ost und Nordost zogen 20 Minima, deren Bahnen den 50. Parallel durchschnittlich in 40° W-Lg. schnitten. In dieser Länge zerstreuten sie sich, indem 13 sich zwischen Island und Schottland nordostwärts fortpflanzten, 6 sich ostwärts nach den britischen Inseln und eins sich südostwärts nach Portugal bewegte. In Nordamerika kamen 16 dieser Minima von den großen Seen, nur 4 aus Westsüdwest, aus den südlichen Staaten.

Ebenso wie in den anderen Gruppen nimmt die Intensität auch bei diesen Minima ostwärts zu, und nur in einem Falle blieb das westliche Europa von Sturm verschont.

d) In der Nachbarschaft der Azoren zogen 13 vorüber, welche den ganzen Ozean durchkreuzten, und zwar hat keines von diesen den 50. Breitengrad vor Erreichung des 30°-Meridians überschritten. Ein einziges wendete sich nordostwärts gegen die Fär-Öer, 5 zogen nach den britischen Inseln und 7 nach den Bucht von Biscaya. Nur die nördliche Untergruppe zeigte die gewöhnliche Intensitätszunahme mit dem Fortschreiten gegen Osten, die zum Biscayischen Busen ziehenden Wirbel blieben schwach. Auf der Westseite des Ozeans kamen 9 von Westen und nur 4 von Westsüdwest. Weniger als die Hälfte aller Minima dieser Gruppe hat Europa Stürme gebracht.

Die dazu nötige Zeit. Die Zeit, welche die Depressionen brauchten. um von 60° bis 10° W-Lg. zu gelangen, wechselte in den einzelnen Fällen; die folgende Übersicht zeigt uns, in wie viel Fällen sie eine gewisse Zahl von Tagen betrug:

Dauer der Wanderung über den Ozean von 60° W-Lg. bis 10° W-Lg. in Tagen	2—3	3—4	4—5	5—6	6—7	7—10	Mittlere Dauer:
Über Grönland	6	7	2	3	4 (6—10)		4,5 Tage
Über Island	3	5	3		2 (5—10)		4,4 „
Quer über den Ozean	2	4	3	5	4	2	5,2 „
Über die Azoren	1	2	3	3	2	2	5,5 „

Auf den nördlichen Wegen findet also die Fortpflanzung rascher statt als auf den südlichen; die Weglänge ist bei den drei letzten Gruppen annähernd gleich (etwa 3700 km) und nur bei der ersten erheblich kürzer (3000 km).

Unter den 58 Minima, welche, von Amerika kommend, 60° W-Lg. überschritten, jedoch Europa nicht erreichten, lassen sich vier ähnliche Gruppen unterscheiden, deren Vertreter jedoch durchschnittlich zwischen 45° und 25° W-Lg. verschwanden.

Nordamerikanische Minima. Fassen wir alle Depressionen, die von den Vereinigten Staaten ausgehen, zusammen, einerlei ob sie Europa erreichen oder nicht, so zeigt sich, daß mehr als die Hälfte (55%) die Richtung nach Grönland und Island einschlägt, ein Viertel (26%) den Ozean in der Mitte durchkreuzt und ein Fünftel (19%) die Neigung hat, sich nach den Azoren zu wenden.

Andererseits bewegen sich in den Vereinigten Staaten von den 58 Minima, welche Europa nicht erreichen, 45 von Westen, über die großen Seen hin, und nur 13 von Westsüdwest oder Südwest her; von den 68, welche bis nach Europa gelangten, kamen 52 von West und 16 von Südwest. Das Verhältnis ist demnach in beiden Fällen nahezu dasselbe: drei Viertel der Minima, welche von Nordamerika auf den Ozean gelangen, kommen von Westen und nur ein Viertel aus Südwest. Die aus Südwest scheinen sich auf ihrer weiteren Bahn auf dem Ozean häufiger Island und sogar den Azoren zuzuwenden als Grönland, wohin die von West kommenden so häufig (in 45% aller Fälle) abbiegen.

Beim Verlassen Nordamerikas zeigten sich die den Atlantischen Ozean überschreitenden Depressionen nicht stärker, sondern eher schwächer als die, welche dazu nicht imstande waren. Die Geschwindigkeit, womit die Wirbel über Amerika fortschreiten, bietet keinerlei Gewähr für die Geschwindigkeit auf dem Ozean. Die 33 über Amerika am schnellsten fortschreitenden Depressionen brauchten ebenso durchschnittlich 5 Tage, um über den Ozean zu kommen, wie die 33 langsamsten, obwohl die Fortpflanzung der ersteren dort durchschnittlich doppelt so groß war wie die der letzteren.

Von 68 Depressionen, welche, von Amerika ausgehend, Europa erreichten, bewirkten 59 Stürme in einer oder der anderen Gegend der Westküsten dieses Erdteiles; am meisten ausgesetzt war Norwegen, welches in 48 Fällen von Sturm heimgesucht wurde, weniger die britischen Inseln (32), Frankreich (19) und die Iberische Halbinsel (11 Fälle).

Da nur die Hälfte aller Minima, welche die Vereinigten Staaten verlassen, nach Europa gelangt, so stellt sich die Wahrscheinlichkeit, daß ein solches Minimum einen Sturm veranlassen werde, in Norwegen auf $^1/_3$, auf den britischen Inseln auf $^1/_4$, in Frankreich auf $^1/_7$ und in Portugal auf $^1/_{11}$.

Minima aus den Tropen. Die dritte Klasse (c) umfaßt die aus den Tropen stammenden Minima, die zwischen Neufundland und den Azoren erschienen sind; die Zahl der Depressionen dieses Ursprunges, welche Europa erreichten, ist indessen so gering, daß eine statistische Untersuchung derselben nicht möglich ist; von diesen Minima pflanzten sich 2 nach Grönland, 1 nach Island, 2 nach den Fär-Öern, 1 nach den britischen Inseln und 2 nach Frankreich fort.

Mit einer einzigen Ausnahme sind diese atmosphärischen Störungen um so bedeutender geworden, je weiter sie ostwärts fortschritten, und haben an den westlichen Küsten Europas Stürme hervorgerufen. Andererseits haben 17 Minima ähnlichen Ursprunges sich nicht bis Europa fortgepflanzt. Von diesen wurden 7 unterwegs durch andere Depressionen aufgezehrt, 10 haben sich ausgefüllt. Von den ausgefüllten bieten einige dadurch besonderes Interesse, daß sie nicht die gewöhnliche Neigung zur Fortpflanzung ostwärts aufweisen; es ist dies besonders der Fall in der Nähe der Azoren und Madeiras, wo sich die Depressionen nicht selten dauernd erhielten und mit gleicher Leichtigkeit nach allen Richtungen, auch nach Westen, fortpflanzen zu können schienen.

Teilminima. Die vierte wichtige Klasse (d), die der Teilminima, umfaßt Bildungen, die auf dem Ozean selbst im Zusammenhang mit gleichzeitigen stärkeren Depressionen zu entstehen scheinen. Ihre Entwicklung auf dem Nordatlantischen Ozean ist außerordentlich häufig, da sie 37% oder fast $^2/_5$ aller Minima bilden, welche auf dem Ozean verfolgt werden konnten, obwohl hier nur die Bildungen berücksichtigt sind, welche eine einigermaßen selbständige Entwicklung zeigten und durch mehrere Tage erkennbar waren. Ohne diese Einschränkung könnte man sie gar nicht zählen. Auch in bezug auf ihren Einfluß auf Europa sind die Teilminima vom Atlantischen Ozean wichtig, da 33% oder 1/8 aller Störungen, welche der Ozean nach unserem Erdteil sendet, diesen Ursprung haben.

Da diese Minima anscheinend auf allen Punkten des Ozeans entstehen können, so ist eine statistische und graphische Behandlung der Bahnen wie für die von Westen kommenden Minima hier kaum durchführbar. Immerhin lassen sich gewisse allgemeine Züge im Auftreten der Teilminima verfolgen.

Durch eingehendes Studium der Entstehungsverhältnisse der Teilminima auf dem Atlantischen Ozean und über Europa ist Hoffmeyer zur Zurückführung derselben auf drei Hauptarten gelangt: Ausbildungen auf der Vorderseite, Ausbildungen auf der Rückseite und seitliche Ausbildungen — ein Ergebnis, das im wesentlichen mit dem der Seewarte in den „Wissenschaftlichen Ergebnissen aus den monatlichen Übersichten der Witterung, I“ S. 17 und 18 (Übersichten, Jahrgang 1877) übereinstimmt.

Wenn sich ein stark entwickeltes Minimum in Canada oder Labrador dem Atlantischen Ozean nähert und einen der nördlichen Wege nach Europa einzuschlagen scheint, so sehen wir auf den synoptischen Karten sehr häufig, daß sich vor ihm ein Teilminimum ausbildet, sei es auf der Davisstraße oder auf dem Meere, das Südgrönland von Island trennt, zuweilen sogar gleichzeitig in beiden Gegenden. Wenn sich nun das Hauptminimum rasch vorwärts bewegt, so erreicht es gewöhnlich am folgenden Tage den Ort, wo das Teilminimum entstanden war und vereinigt sich mit ihm. Erfährt das Hauptminimum dagegen einen Aufenthalt, so entwickeln sich unter günstigen Umständen die Teilminima zu selbständigen Minima, die sich ostwärts nach Europa fortpflanzen.

Dieselben Verhältnisse wiederholen sich, wenn das Hauptminimum die Davisstraße oder Baffinsbai erreicht hat, da sich dann ein Teilminimum als Vorläufer im Westen und Südwesten von Island bilden kann; sie wiederholen sich nochmals, wenn dieser Punkt erreicht ist, durch Bildungen auf der Vorderseite zwischen Island, Norwegen und Schottland. Auf der großen nördlichen Straße der Depressionen bilden sich Teilminima so häufig aus und erreichen einen solchen Entwicklungsgrad, daß es schwierig wird zu sagen, wo das eigentliche Hauptminimum liegt. Diese Schwierigkeit steigert sich noch, wenn gleichzeitig dieselben Gegenden die größte Neigung zur Bildung von Teilminima auf der Rückseite zeigen. So erscheint häufig, wenn ein starkes Depressionszentrum die Davisstraße erreicht hat, ein Teilminimum über dem St. Lorenzgolf; ferner wenn das Hauptminimum an der Westküste Islands liegt, ein Teilminimum auf der Davisstraße, und endlich, wenn sich das Hauptminimum Europa nähert, ein sekundäres Minimum im Südwesten oder Süden von Island, das jenem folgt. Erlangen diese Teilminima Selbständigkeit, so geben sie ihrerseits neuen sekundären Bildungen Ursprung, und dies ist die Ursache dafür, daß gewisse von Amerika nach Grönland und Island gehende Depressionen eine ganze Reihe von Minima veranlassen, welche Nordeuropa heimsuchen, wie dies beispielsweise die synoptischen Karten vom 14. bis 26. Januar 1875 zeigen.

Seitliche Teilminima. Die seitlichen Ausbildungen sind zwar so ziemlich die häufigste Form der Teilminima, erlangen jedoch seltener einen solchen Grad der Selbständigkeit wie die der Vorder- und Rückseite. Die Mehrzahl entsteht auf der Südseite der großen Depressionen, weshalb wir ihnen im westlichen Teile des Ozeans vorzugsweise zwischen 35° und 45° Breite begegnen, von wo sie sich nach Europa, am häufigsten nach den britischen Inseln, fortpflanzen. Dies sind die häufigen atmosphärischen Störungen, welchen die Schiffe auf der Reise von Europa nach Amerika begegnen, und die ihnen die häufigen raschen Ausschießer des Windes von SW nach NW mit nachfolgendem Zurückdrehen gegen S bringen. Vielfach sind solche Teilminima mit Unrecht auch als die Fortsetzungen nordamerikanischer Minima angesehen worden, in Fällen, wo die ausgedehnteren synoptischen Karten vom Ozean deutlich zeigten, daß die amerikanischen Minima viel nördlicher zogen, in Gegenden, die vom Schiffsverkehr nur selten berührt werden, und wo nur die meteorologischen Stationen in den dänischen Kolonien uns die richtige Sachlage erkennen lassen. Seitliche Bildungen kommen zwar auch auf der Nordseite großer Minima vor und entstehen in der Davisstraße wie im Südwesten und Süden von Island; sie erreichen indessen selten irgendwelche Selbständigkeit und zeigen meistens eine Neigung, still zu stehen.

Um festzustellen, welche Teile der Westküsten Europas von den Teilminima verschiedener Art hauptsächlich getroffen werden, hat Herr Hoffmeyer folgende Zusammenstellung gemacht: Den Meridian 10° W-Lg. schnitten unter 48 Bildungen dieser Art, deren Fortpflanzung auf dem Ozean in den 21 Monaten verfolgt werden konnte, 9 (19 %) nördlich von 65° N-Br., 4 (8 %) zwischen 65° und 60° N-Br., 23 (48 %) zwischen 60° und 50° N-Br., 9 (19 %) zwischen 50° und 40° N-Br. und 3 (6 %) südlich von 40° N-Br. Fast die Hälfte aller Teilminima hat demnach die britischen Inseln durchzogen, welche besonders den seitlichen Bildungen am Südrande und den Teilminima von der Rückseite, die im Süden von Island entstehen, sehr ausgesetzt sind

Die Teilminima, welche Europa erreichen, sind zwar durchschnittlich schwächer als die anderen Minima, allein immerhin waren 12 unter den 48 stark und 7 sogar sehr stark. 33 Teilminima haben an der europäischen Westküste Stürme erzeugt, und zwar über Norwegen, den britischen Inseln und Frankreich ziemlich gleich häufig, in Portugal hingegen nur selten.

Sturmstatistik auf dem Dampferweg: Kanal—New York.

Eine die ganze Breite des Ozeans umspannende Zusammenstellung der Norddeutschen Seewarte benutzt die Beobachtungen von 374 Reisen oder 187 Doppelreisen von 1860 bis 1867. Die Windstärken 10 bis 12 wurden 829 mal beobachtet.

Verteilung nach Windrichtung und Länge, Windstärke 10 oder darüber.

Westl. Länge	Gesamtzahl	N	NNO	NO	ONO	O	OSO	SO	SSO	S	SSW	SW	WSW	W	WNW	NW	NNW
5°—10°	21	2	1	0	0	0	0	0	0	1	1	0	0	6	2	3	5
10°—15°	52	1	1	0	2	4	0	0	0	2	3	3	1	10	4	17	4
15°—20°	66	3	0	1	5	0	2	7	0	1	2	5	6	7	6	20	1
20°—25°	86	3	0	6	4	3	8	1	3	4	0	6	5	5	12	22	4
25°—30°	69	1	0	2	2	2	0	5	1	2	1	1	1	4	8	30	9
30°—35°	92	8	1	1	0	1	5	0	0	0	1	18	11	12	17	29	8
35°—40°	98	7	5	2	0	0	2	2	0	7	3	2	0	10	10	20	8
40°—45°	96	5	1	10	2	2	0	0	4	1	1	3	9	6	15	38	9
45°—50°	43	3	2	0	0	1	0	0	0	0	0	2	0	3	6	11	5
50°—55°	59	7	3	3	4	4	0	1	0	2	2	4	0	5	12	10	2
55°—60°	54	0	3	9	2	0	0	2	1	3	1	1	3	9	11	4	5
60°—65°	48	2	4	4	2	3	0	2	0	0	0	0	0	11	10	7	3
65°—70°	29	3	4	8	5	2	0	0	0	1	0	1	0	2	1	2	0
70°—74°	16	0	3	5	6	0	0	0	0	0	0	0	0	0	1	1	0
Summe	829	45	28	51	34	22	17	20	9	24	15	46	36	90	115	214	63

Vereinigt man die Richtungen in vier Gruppen, indem man z. B. unter NW-Stürmen alle NW + NNW + WNW + 1/2 N + 1/2 W versteht, so erhält man folgende schwere Stürme nach Richtung, Länge und Jahreszeiten.

Richtung	Westliche Länge [1] 55°—74°	30°—55°	5°—30°	Total Jahr	Jahreszeiten Winter	Frühling	Sommer	Herbst
NO	59 (78)	54	34	147	51	46	12	38
NO	10 (13)	22	37	69	36	5	6	22
SW	18 (24)	80	56	154	89	18	11	36
NW	60 (79)	232	167	459	218	75	42	123
Total	147 (194)	388	294	829	394	144	71	219

Hiernach ist die Richtung der Stürme auf dem Dampferwege zwischen dem Kanal und New York vorwiegend aus W bis NNW, indem 59 % aller Stürme aus diesen vier Richtungen wehten; westlich von 65° W-Lg. überwiegen dagegen die Stürme aus nordöstlicher Richtung. Die Häufigkeit der Stürme ist am größten auf der Mitte des Ozeans, zwischen 30° und 45° W-Lg. Es fallen in den Meridianstreifen 5° bis 30° W-Lg. 35 % sämtlicher Stürme, in den gleich breiten Streifen von 30° bis 55° W-Lg. hingegen 47 %, und in den allerdings schmäleren, von 55° bis 74° W-Lg. 18 %, doch tritt dieser Unterschied nur bei den westlichen Winden hervor, während die östlichen östlich und westlich von dem mittleren Meridianstreifen am häufigsten sind. Betrachtet man die Häufigkeit der Stürme in den einzelnen Abschnitten von 5° Länge, so findet man neben dem Hauptmaximum in etwa 38° W-Lg. ein sekundäres bei etwa 54° W-Lg.

Beispiele von Stürmen.

Stürme im Februar 1878. Als Beispiel eines stürmischen Zeitraumes auf dieser Zone des Atlantischen Ozeans nehmen wir den Februar 1878, in dem auf der Mitte und dem westlichen Teile des Ozeans äußerst unruhiges Wetter herrschte, während Europa und die angrenzenden Teile des Ozeans meist stille, neblige, aber milde Witterung bei anhaltend hohem Barometerstande hatten und nur im Nordosten des Erdteiles eine Anzahl Minima südostwärts fortschritt. Die Witterung dieses Monats findet sich kurz in der „Monatlichen Übersicht“ für diesen Monat besprochen, eingehender in der Abhandlung Nr. 3 des dritten Jahrganges vom „Archiv der Seewarte“: Untersuchungen über die Witterungsverhältnisse zwischen dem Felsengebirge und dem Ural in den Monaten Januar bis März 1878.

Die sturmreichste Gegend. Im schroffen Gegensatz zu dem ruhigen Zustand der Atmosphäre auf der Ostseite des Ozeans und auch im Süden vom 35. Breitenparallel herrschte auf der westlichen Seite und der Mitte des nördlichen Meeresteiles ein Wetter, das den ungestümen Charakter des Februar nicht verleugnete. Hier in der Bahn der Depressionen kam die Atmosphäre nie zur Ruhe. Ein schwerer Sturm folgte dem andern, und ehe noch die harten Winde im Osten aufgehört hatten, erschien im Westen schon ein neues Unwetter. Für viele Tage findet sich die Windstärke 11 notiert. Den meisten Schiffen kamen die Stürme aus westlicher Richtung, doch finden sich auch Berichte von harten SO- und NO-Winden. Am ausgeprägtesten waren die Verhältnisse in der Gegend um 40° N-Br. und 40° W-Lg. herum, wo starke oder stürmische westliche Winde fast ununterbrochen herrschten. Winde aus N bis SO wurden hier nur für die Dauer weniger Stunden beobachtet. Die mittlere Stärke der in rascher Folge zwischen S und NW schwankenden Winde betrug nicht weniger als 7,3 der Beaufortschen Skala, also zwischen „steif“ und „stürmisch“. Wenn wir nämlich, ohne Rücksicht auf die Richtung des Windes, aus allen Aufzeichnungen von 8 Uhr V, welche in der Entfernung

[1] Da der westliche Abschnitt, von 55° bis 74°, kleiner ist als die anderen, so haben wir, um die Vergleichung der Zahlen zu ermöglichen, in Klammern die Zahlen hinzugefügt, welche sich ergeben müßten, wenn er ebenfalls 25 Längengrade umfaßte.

von höchstens 5° Lg. und 5° Br. von dem Punkte gemacht sind, das Mittel der Windstärke nehmen, so erhalten wir für den Februar 1878:

Länge:	50° W-Lg.	40° W-Lg.	30° W-Lg.	20° W-Lg.
in 50° N-Br.	—	5,8	5,7	4,7
in 40° N-Br.	6,4	7,3	4,6	4,4

Im Osten vom 30. Längengrad waren, gleichwie unter der europäischen Küste, die südlichen Winde vorherrschend; dagegen an der amerikanischen Seite vom 55. Längengrade an der NW sowohl in Stärke als in Dauer bei weitem überwiegend.

Der Luftdruck zeigte große Schwankungen. Zu verschiedenen Malen fiel er bis 720 mm, und andererseits wurden am 22. Februar in 40° W-Lg. über 770 mm beobachtet. Die Standänderung des Barometers erreichte innerhalb 24 Stunden nicht selten einen Wert von 20 mm. Das Monatsmittel des Luftdruckes war am tiefsten auf dem 40. Längengrad, wo es von 45° bis 65° N-Br. unter 747½ mm betrug, während es auf dem Festlande von Westeuropa über 770 mm lag.

Knotenpunkt in 45° N-Br., 40° W-Lg. Wenn man die von Tag zu Tag und von Ort zu Ort stattfindende Änderung des Minimaldruckes einer Depression auf der Karte verfolgt, dann zeigt sich für den Februar fast ohne Ausnahme, daß die Depressionen bei ihrer Bewegung nach Ost an Tiefe gewinnen, bis sie den zwischen dem 47. und 37. Längengrade gelegenen Meeresstrich erreichen, auf dem die Bahn von fast allen eine nordöstliche oder nördliche Richtung annimmt. Dazu kommt noch, daß alle Depressionen, auch die von Südwest kommenden und ebenfalls die nach Ostsüdost sich bewegenden, über dieses Feld, dessen Mitte in etwa 45° N-Br. und 40° W-Lg. liegt, ziehen, und daß sie sich fast sämtlich dort mit der geringsten Geschwindigkeit fortbewegen. Am deutlichsten zeigt sich der Unterschied in den Werten, welche Fortbewegungsgeschwindigkeit und Minimaldruck am 40. Längengrade und vorher haben, an den vom Festlande Amerikas kommenden Depressionen. Die mittlere Geschwindigkeit, mit der die Depressionen auf dem Ozean fortschreiten, ergibt sich aus den Februarbeobachtungen zu etwa 37 km in der Stunde, doch muß bemerkt werden, daß es sich hier nur um den Teil der Bahnen im Süden vom 52. Breitenparallel handelt.

Die Umgebung von 45° N-Br., 40° W-Lg. (s. S. 156 Winterkärtchen), wo alle Depressionen ihre größte Tiefe erreichten, wo sie am längsten verweilten, ihre Bahnen sich am meisten näherten, ist denn auch das Feld, wo die Winde ihre größte Stärke entwickelten. Es war das Sturmfeld des Nordatlantischen Ozeans; nur an wenigen Tagen waren stürmische Winde jenseits seiner Grenzen zu finden, welche der 40. Parallel im Süden, der 55. Längengrad im Westen, der 30. Längengrad im Osten bildeten.

Temperaturen. Ebenso große Änderungen wie das Barometer zeigte das Thermometer. In unmittelbarer Nähe der warmen Luft über dem Golfstrome sank die Temperatur über dem kalten Küstenwasser nicht selten unter 0°; die NW-Winde an der Rückseite der Depressionen trugen diese kalte Luft weit nach Ost und Süd und bewirkten überall beim Vorübergang der Minima bedeutende Umschläge im Wärmezustande der Luft. Um nur ein Beispiel für den Wärmeunterschied nahegelegener Orte zu geben, sei hier auf den 20. Febr. hingewiesen, wo zufolge des Berichtes der „Caroline" und der „Donau" Temperaturen von 15° und —2° nicht weiter als 240 Sm und zwar in Ost—West-Richtung auseinander lagen. Ein Beispiel für rasche Temperaturänderung gibt das Tagebuch der „Caroline" am 20. und 21. Febr., als sie sich in 41° N-Br. und 44° W-Lg. befand. Während eines schweren Sturmes, der aus SW zu wehen begann und nach NW ausschoß, fiel das Thermometer in 12 Stunden von 12,5° auf 3,5°; gleichzeitig stieg das Barometer von 734,9 mm auf 762,5 mm. Die Wasserwärme blieb unverändert 12,5°. Als unfehlbare Folge solcher Vorgänge waren die Niederschläge bedeutend. Alle Schiffe, die sich in diesem Teile des Nordatlantischen Ozeans aufhielten, melden anhaltende Regengüsse an der Vorderseite und inmitten der Depressionen, während die nördlichen Winde an der Rückseite wiederholt Hagel- und Schneeschauer brachten. Dabei kam es häufig zu elektrischen Erscheinungen. Zumeist zeigten sie sich beim Vorübergehen der Minima vor dem Einsetzen der ersten Bö aus NW als Elmsfeuer, fortwährendes Wetterleuchten und vorüberziehende Gewitter.

Besondere Sturmtage. Die ruhigeren Pausen in dem stürmischen Wetter waren immer nur von kurzer Dauer. Die Tage, an denen alle Beobachter vom Ozean eine geringere Windstärke als 8 melden, waren z. B. nur der 4., 10., 11., 22. und 28. Das unruhigste Wetter fiel in die Zeit vom 5. bis 9. und wieder vom 13. bis 21. Februar. Nicht weniger als vier Minima passierten vom 13. bis 21. Februar den Meridian von 40° W-Lg. Dieser Umstand erklärt den sehr schwankenden Barometerstand und die raschen Windänderungen von NW nach SO und zurück nach NW, von welchen viele Tagebücher berichten. Vor allen stürmisch waren der 17., 18. und 19. Die Depression, welche in diesen Tagen über das bezeichnete Sturmfeld ging, brachte überall vollen Orkan.

Orkan am 5. Februar 1878. In den ersten Tagen des Monats haben wir es mit rascher und wiederholter Ausbildung von Teilminima am Südrande von Depressionen zwischen 40° und 46° W-Lg. zu tun, wobei die zugehörigen Hauptminima sich gegen NNW und sogar gegen NW, nach Westgrönland hin, fortpflanzen.

Die stürmische Bewegung der Atmosphäre über dem Ozean erreichte ihren Höhepunkt in zwei Orkanen, welche sich am 4. bis 5. und am 16. bis 17. Februar aus geringen, vom Mexikanischen Golf über Florida hinweg auf den Golfstrom fortgeschrittenen Wirbeln entwickelten. Sie erreichten auf dem Golfstrom, in der Richtung nach ONO und NO fortschreitend, ihre äußerste Kraft und große Ausdehnung, berührten jedoch Europa nur mit ihrem Rande oder einem schwachen Ausläufer. Von der Mitte des Ozeans wandten sie sich mit abnehmender Stärke ganz oder teilweise nordwärts nach dem Polargebiete.

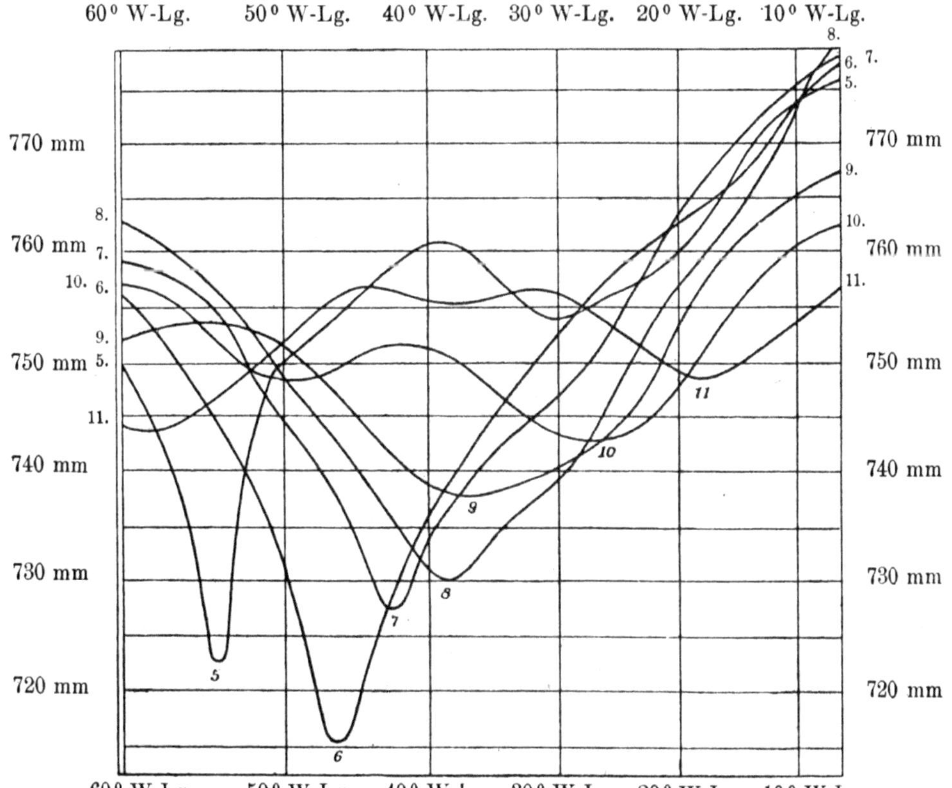

Fig. 51. Querschnitt von 40° N-Br. in 60° W-Lg. nach Süd-Irland.

Druckänderungen über dem Ozean vom 5. bis 11. Februar 1878.

Die Änderung des Charakters dieses Wirbelsturmes aus einem tropischen in einen außertropischen ist in den Tagen vom 4. bis zum 9. deutlich zu verfolgen. Der Wirbel erweitert sich, und die größten Gradienten wandern aus der unmittelbaren Nähe des Zentrums allmählich nach außen hin.

An den folgenden Tagen unterlag auch dieser mächtige Wirbel, als sein Zentrum den 40. Längengrad in etwa 51° N-Br. überschritten hatte, einer in dieser Gegend des Ozeans besonders häufigen Umbildung. Indem der Luftdruck im südwestlichen Teile der Depression stieg, im südöstlichen und nordwestlichen aber abnahm, erhielt das am 9. noch ziemlich kreisförmige Gebiet niederen Luftdruckes zum 10. eine von Nordwest nach Südost langgestreckte Form. Die beiden Enden schnürten sich über der Davisstraße und dem Meere zwischen Irland und den Azoren zu selbständigen Wirbeln von geringer Stärke ab, während die Mitte der Depression sich ausgefüllt zu haben scheint. Von diesen beiden Teilstücken verfolgte das erstere die Baffinsbai nordwärts, während das zweite sich in unsteter Weise und flacher werdend nach Irland fortbewegte, wo es als Minimum Nr. VI in den Untersuchungskreis der monatlichen Witterungsübersicht der Seewarte trat, um nach kaum zweitägigem Bestehen ganz zu verschwinden. In diesem unbedeutenden Minimum würde niemand den Rest des großen Orkans erkennen, wenn nicht die Schiffsbeobachtungen die stufenweise Umbildung vorgeführt hätten. An dieser Umbildung mag die Annäherung eines Minimums aus Texas an die Südwestseite der Depression einen Anteil haben, da in der Regel von zwei Minima in dieser Stellung zueinander das südwestliche sich vertieft und das nordöstliche sich verflacht.

Die Fig. 51 veranschaulicht die Hauptzüge in den Druckänderungen über dem Ozean in diesen Tagen (5. bis 11.), indem sie einen barometrischen Querschnitt von 60° W-Lg. und 40° N-Br. nach Süd-Irland hinüber darstellt, der aus der Trichter- in die Beckenform hinüberführt.

Die Orkane im Januar und Februar 1899[1]. Die Witterungsvorgänge während der Sturmzeit. Sehr ungewöhnliche Witterungsverhältnisse brachte der Winter 1898/99 für den Teil der nördlichen Erdhalbkugel zwischen Felsengebirge und Ural. Ganz besonders auffallend und weiteres Interesse erregend sind die hohen Temperaturen über dem größeren Teile Europas, mit Ausnahme der nordöstlichen Gegenden dieses Erdteiles, die schweren Stürme des Dezember und Januar über den britischen Inseln, dem Nordsee- und dem Ostseegebiete, die Orkane des Januar und Februar in den mittleren Breiten des Nordatlantischen Ozeans und die Blizzards über den Vereinigten Staaten Nordamerikas.

Das, was die Vorgänge dieses Winters auszeichnete, war die große Intensität und die längere Kette der aufeinanderfolgenden Einzelerscheinungen. Das wiederholte Auftreten einander ähnlicher Einzelerscheinungen und die Steigerung derselben zu größerer Intensität ergeben sich beide aus den gleichen allgemeinen Verhältnissen; sind die Bedingungen überhaupt dauernd für das Auftreten gewisser Erscheinungen gegeben, so sind sie es naturgemäß auch für die stärkere Entwicklung derselben.

Allgemeine Wetterlage des Winters 1898/99. Charakteristisch war die dauernd verhältnismäßig südliche Lage der Zone, in der die hauptsächlichsten barometrischen Minima auftraten und in östlicher Richtung sich fortpflanzten, auf dem Nordatlantischen Ozean und den angrenzenden Festländern.

Verfolgt man nämlich die atmosphärischen Vorgänge über weiterem Gebiete, wie sie besonders in den „Täglichen synoptischen Wetterkarten für den Nordatlantischen Ozean und die anliegenden Teile der Kontinente“ dargestellt sind, so findet man, daß diese Vorgänge sich in bestimmten parallelen Zonen auf der Erdoberfläche anordnen. Diese Tatsache ist längst bekannt, insofern die durchschnittlichen Wind- und Wetterverhältnisse in Betracht gezogen werden. So sind durch vielseitige Arbeiten für die ganze Erdober-

[1] Ausführlich behandelt von E. Herrmann und L. Dinklage im Beiheft zu „Annalen der Hydrographie usw.“, Juli 1899.

fläche festgelegt: die Passatzone, die beiden Hochdruckzonen der subtropischen Kalmen, die beiden Depressionszonen der mittleren Breiten und eine nordpolare Hochdruckzone; auch das Vorhandensein einer südpolaren Hochdruckzone ist neuerdings festgestellt worden.

Weniger allgemein beachtet worden ist aber der Umstand, daß auch die täglichen Witterungsvorgänge stets eine zonale Gestaltung zeigen. Wie man von vornherein erwarten muß, schließen sich die Zonen der täglichen Witterungsverhältnisse den Zonen der Durchschnittswerte in den allgemeinen Zügen überwiegend an. Ihre Lage, ihre Ausdehnung und die Intensität der in ihnen auftretenden meteorologischen Erscheinungen weichen jedoch meist von den Durchschnittswerten ab und sind mannigfachen Veränderungen unterworfen. Zuweilen bestehen auch andere Zonen als die, welche die durchschnittlichen Verhältnisse aufweisen.

Die Depressionszone über dem Nordatlantischen Ozean hatte also häufig eine verhältnismäßig südliche Lage. Die Mittellinie dieser Depressionszone, d. i. die Linie, von der aus nach beiden Seiten der Luftdruck auf der Erdoberfläche zunimmt, zog sich vielfach über das nördliche Europa, in der Richtung von Nordost nach Südwest, durchschnitt über dem Ozean in sehr spitzem Winkel die Schiffswege zwischen Nordamerika und Europa und traf auf die Ostküste der Vereinigten Staaten südlich vom 40. Breitengrade. Da sich also die Mittellinie des Depressionsgebietes vielfach nur in geringerer Entfernung nördlich von dem Teile Europas hielt, der im Süden des Englischen Kanals, der Nord- und der Ostsee liegt, so herrschte über diesen Landstrichen dauernd eine südwestliche Luftströmung vor. Diese anhaltend aus wärmeren, ozeanischen Gegenden kommenden Winde bewirkten dann die ungewöhnlich hohen Temperaturen über dem größeren Teile Europas.

Die gleiche allgemeine Wetterlage hatte auch zur Folge, daß über dem Ozean die Winde, inbesondere die Stürme in den mittleren Breiten, einen wirbelähnlichen Charakter aufwiesen. Wie sich aus der Definition der Mittellinie der Depressionszone ergibt, liegen die hervorragendsten Minima des Luftdruckes auf dieser Mittellinie und schreiten längs derselben fort. Die Bahnen dieser Minima berührten also in diesem Winter vielfach die Schiffswege auf dem Nordatlantischen Ozean.

Schließlich war die südliche Bahn der Minima über den Vereinigten Staaten Nordamerikas auch der Entwicklung von heftigen und tief nach Süden reichenden Kältewellen und Nordstürmen auf der Rückseite der Minima günstig.

Die Bahnen und Tiefen der barometrischen Minima während der Sturmzeit sind in dem oberen Kärtchen Fig. 52 dargestellt. Am 2. Febr. Morgens (s. Fig. 52) sind in 45° N-Br. und 42° W-Lg. Barometerstände unter 705 mm anzunehmen. Auch noch am 3. und 4. Februar überstieg das Minimum des Luftdruckes auf der Mitte des Nordatlantischen Ozeans sicher nicht 710 mm.

Am 5. Februar lag ein Minimum von etwa 730 mm wenig nördlich vom 40. Breitengrade in 43° W-Lg. Nordostwärts fortschreitend, nahm es an Tiefe weiter zu, so daß am 6. Februar (s. Fig. 52) in seiner Nähe Barometerstände bis zu 706 mm herab beobachtet wurden.

Nach diesem Minimum kreuzten zunächst die hervortretendsten Minima nicht mehr die befahreneren Schiffswege, sondern hielten sich auf dem Ozean nördlich vom 45. und 50. Breitengrade. Bis zum 8. Februar fanden sich indes an der nördlichen Grenze der Schiffswege zwischen 20° und 40° W-Lg. noch Barometerstände unter 720 mm, am 9. und 10. Februar von etwa 730 mm.

Die Luftdruckverteilung und die Ausdehnung der Sturmgebiete auf dem Ozean. Wohl ist bereits aus der außerordentlichen Tiefe der barometrischen Minima dieses Zeitraumes in den mittleren Breiten des Ozeans auf die große Heftigkeit der sie umgebenden Stürme zu schließen, und der Verlauf ihrer Bahnen stellt im allgemeinen die Richtungen fest, aus denen in der Umgebung der Minima jeweilig die Stürme wehten. Indes beschreiben Bahnen und Tiefen der Minima die Vorgänge auf größerem Gebiete sehr unvollkommen, insbesondere geben sie uns keine Kenntnis von der Aus-

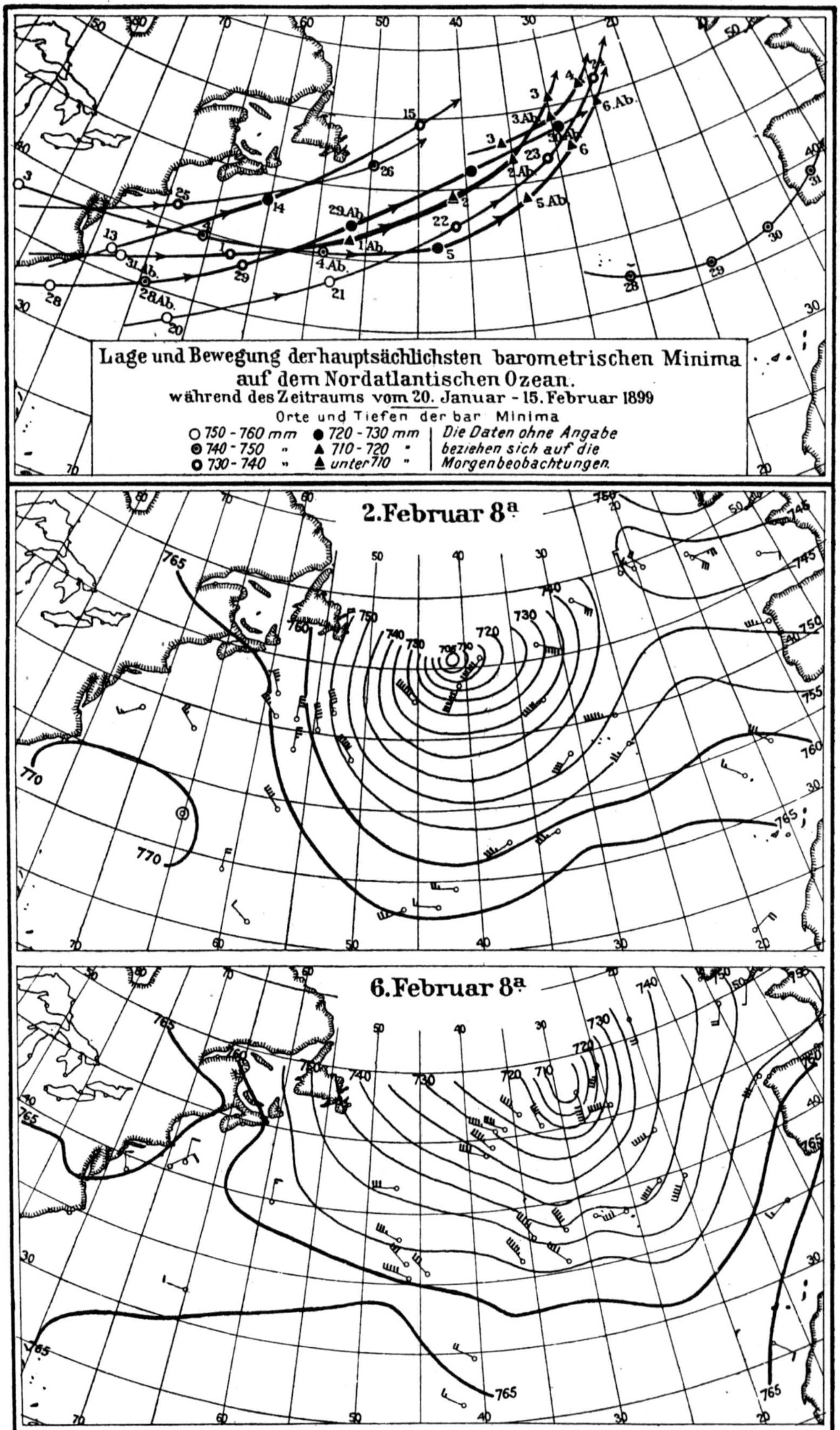
Lage und Bewegung der hauptsächlichsten barometrischen Minima
auf dem Nordatlantischen Ozean.
während des Zeitraums vom 20. Januar - 15. Februar 1899
Orte und Tiefen der bar. Minima
750 - 760 mm
740 - 750 "
730 - 740 "
720 - 730 mm
710 - 720 "
unter 710 "
Die Daten ohne Angabe beziehen sich auf die Morgenbeobachtungen.
2. Februar 8a
6. Februar 8a
Linien gleichen Luftdrucks in mm. - Die Pfeile fliegen mit dem Winde, die Anzahl der Fiedern gibt verdoppelt die Windstärke in Beaufort-Skala
still
schwach
mässig
stark
stürmisch
Sturm
Orkan

Fig. 52.

dehnung der Stürme und überhaupt über den Verlauf der Erscheinungen in weiterer Entfernung von den Minima.

Um also ein vollkommeneres Bild der atmosphärischen Vorgänge dieses Zeitraumes zu erhalten, muß die weitere Luftdruckverteilung und Luftbewegung in Betracht gezogen werden. Diese sind in den beigefügten Karten (Fig. 52) für den 2. und 6. Februar 1899 dargestellt. Es mag jetzt die Schilderung der allgemeineren Vorgänge folgen.

Während der oben erwähnte Vorläufer der tieferen Depressionen den Ozean in der Richtung von Westsüdwest nach Ostnordost durchzog, d. i. vom 20. bis 22. Januar, bestand eine nahezu zonale Luftdruckverteilung. Von den westindischen Inseln aus erstreckte sich eine Hochdruckzone in weitem Bogen bis zu dem südöstlichen Europa, während nördlich davon von den Vereinigten Staaten Nordamerikas bis über Nordeuropa eine Depressionszone sich hinzog. Von den Gebieten in der näheren Umgebung der gegen Nordosten ziehenden Minima abgesehen, herrschte daher über dem Ozean und dem kontinentalen Europa in diesen Tagen eine westliche Luftströmung.

Dies änderte sich mit dem 23. Januar. Etwa zwischen dem 50. Längengrade und den Westküsten Europas entstand über dem Ozean ein umfangreicheres Depressionsgebiet und gleichzeitig im Osten davon über dem westlichen Europa ein Hochdruckgebiet. Dieses Depressionsgebiet nahm den mittleren und östlicheren Teil des Ozeans nach Süden bis über die Breiten der Azoren hinaus ein. Der südliche Teil dieser Depression erhielt sich über der Umgebung der Azoren und den zwischen diesen Inseln und Südwesteuropa gelegenen Meeresgebieten bis zum 10. Februar. Zeitweise, wie am 28. und 29. Januar, bildete er eine Depression für sich, die allseitig von hohem Luftdruck umschlossen war und ein Minimum des Luftdruckes unter 745 mm enthielt.

In den Tagen vom 24. bis 28. Januar hatten sich nämlich von Nordwesteuropa aus der hohe Luftdruck und damit zugleich die östlichen Winde auf dem Schiffswege westwärts über den Ozean bis gegen den 40. Längengrad ausgedehnt, während weiter westlich die Winde aus westlichen Richtungen im allgemeinen andauerten.

Das Auftreten des Minimums an der Nordostküste Floridas am 28. Januar brachte hierin eine Änderung. Über dem nördlicheren Teile des Golfstromes setzten an diesem Tage nordöstliche Winde ein. Mit dem Vorrücken dieses Minimums gegen Ostnordost verschob sich auch entsprechend das Gebiet dieser östlichen Winde im Laufe des 29. Januar bis über den 45. Breitengrad hinaus. Das Sturmgebiet dieser Depression betraf den westlichen Teil der Schiffswege zwischen Nordamerika und Europa bis zum 30. Längengrade hin; es reichte jedoch nur über dem westlichen Teile des Ozeans weiter nach Süden, während es über seinen mittleren Gebieten sich nur wenig südlich über den 40. Breitengrad hinaus ausdehnte. Bemerkenswert ist, daß auch bei dieser tieferen Depression, wie es häufig der Fall ist, der mittlere Teil, um den sich die Winde wirbelähnlich anordneten, nicht nur ein Minimum, sondern wenigstens zeitweise ihrer zwei enthielt.

Vor der gegen Nordosten sich verlagernden Depression wich naturgemäß der hohe Luftdruck vom mittleren Teile des Ozeans gegen Nordosten zurück. Am 30. Januar hatte sich daher diese Depression mit der zwischen den Azoren und Südwesteuropa lagernden zu einem gemeinsamen Gebiete niedrigen Luftdruckes mit zwei besonders hervortretenden Minima vereinigt. Es bestand so ein breiterer Streifen niedrigen Luftdruckes, der von Neufundland und Labrador aus gegen Nordwestafrika sich erstreckte. Im Südwesten einer Linie von der Mündung des Lorenzstromes bis nach Kap Blanco war an diesem Tage über dem Ozean allenthalben der Luftdruck hoch.

Im Laufe des 31. Januar ging über dem Golfstrom der Luftdruck unter 760 mm herab. Am 1. Februar bestanden über dem Ozean und Europa eine Luftdruckverteilung und Windverhältnisse, welche in ihren großen Zügen denen des 28. Januar gleich waren. Im westlichen Teile des Ozeans war die Gleichheit der Wetterlage an diesen beiden Tagen fast vollständig. Südlich von Neufundland und Neuschottland und in der Umgebung des 40. Breitengrades lag am 1. Februar ebenso wie am 28. Januar ein Gebiet niedrigsten Luftdruckes mit zwei barometrischen Minima. Nur die Temperaturunterschiede sind in der Umgebung dieser Minima wesentlich größer als am 28. Januar.

Östlich vom 45. Längengrade ist das Gesamtbild der Isobaren am 1. Februar zwar ebenfalls dem vom 28. Januar ähnlich, indes war die wirkliche Höhe des Luftdruckes im Osten vielfach niedriger. So bestand am 1. Februar weder über den britischen Inseln noch über den Meeresteilen westlich von ihnen hoher Luftdruck wie am 28. Januar, sondern das Barometer war dort nur wenig höher als 750 mm.

Indem also die Depression vom Golfstrom aus weiter ostnordostwärts vorrückte in ein Gebiet mit niedrigerem Luftdrucke, als es am 28. Januar in diesen Gegenden bestand, nahm sie auch größere Tiefe an als ihr Vorläufer nach diesem Tage. Bereits am Abend des 1. Februar ging im Innern der Depression das Barometer unter 720 mm herab. Das Sturmgebiet erstreckte sich an diesem Abend vom 35. bis zum 65. Längengrade und reichte nach Süden bis gegen den 30. Breitengrad hinab. Mit der Depression verschob sich auch das Sturmgebiet langsam ostwärts, bis es am 3. Februar Abends den Ozean zwischen dem 20. und 50. Längengrade und nördlich vom 30. Breitengrade einnahm.

Am heftigsten wütete in diesen Tagen der Sturm mit lang anhaltenden orkanartigen Böen nördlich vom 37. Breitengrade auf der Süd- und auf der Westseite des barometrischen Minimums, also aus westlicher und nordwestlicher Richtung. Daselbst stand zugleich eine hohe nordwestliche Dünung, die sich nach Süden in das Passatgebiet bis gegen 10° N-Br. hin bemerkbar machte. Das häufige Anwachsen des ohnehin schon harten Sturmes zu Orkanstärke unter Schwanken der Richtung erzeugte dazu eine gewaltig hohe und wild durcheinanderlaufende See, die die Schiffe aufs äußerste gefährdete.

Auch am 4. Februar dauerte der Sturm zwischen dem 20. und 50. Längengrade auf dem Ozean an, jedoch mit etwas geringerer Heftigkeit als an den vorhergehenden Tagen. Das tiefe Depressionsgebiet erhielt sich nämlich an diesem Tage nördlich vom 30. Breitengrade und zwischen der geographischen Länge Neufundlands und den Westküsten Europas, und der befahrenere Teil dieses Gebietes wurde von der südlichen Hälfte eines wirbelähnlichen Windsystems eingenommen, dessen Mitte in 52° N-Br und 30° W-Lg. anzunehmen sein dürfte.

Wenn man das eben Gesagte zusammenfaßt, so hatte sich also diese Depression bereits weiter westlich in der Umgebung eines von Westen kommenden Minimums entwickelt und war mit diesem gegen Osten hin vorgerückt, so daß das Sturmgebiet zuerst den westlichen Teil des Ozeans erfaßte und sich erst später über seine mittleren Gebiete verbreitete.

Im Gegensatze dazu trat im Laufe des 4. Februar von Westen her in das große Depressions- und Sturmgebiet über der Mitte des Ozeans eine wenig umfangreiche Depression ein, die mit geringer Tiefe und daher auch nur schwach entwickeltem Windsysteme den Golfstrom von Westen her überschritten hatte. So bestanden am 5. Februar morgens über dem Ozean zwei Windsysteme: ein allgemeineres, das sich um einen etwas nördlich von 50° N-Br. und in 35° W-Lg. gelegenen Mittelpunkt anordnete und darin, auf engen Raum beschränkt, ein besonderes, welches das in 41° N-Br. und 43° W-Lg. gelegene Minimum umgab. Nordöstlich von diesem Minimum, also zwischen ihm und dem Minimum nördlich vom 50. Breitengrade, waren die Luftdruckunterschiede naturgemäß geringer und dementsprechend die Luftbewegung schwach, während auf seiner Südwestseite die Isobaren sich enger zusammendrängten und der Sturm mit erneuter Heftigkeit auftrat.

Indem das Minimum sich der Mitte der großen Depression weiter näherte, nahm es an Tiefe zu; die beiden Windsysteme waren nicht mehr voneinander zu trennen, und die Intensität des Sturmes steigerte sich im ganzen Depressionsgebiet. Bereits am 5. Februar Abends tobte wiederum nördlich vom 30. Breitengrade und zwischen dem 50. und 20. Längengrade ein orkanartiger Sturm mit gewaltig hoher und durcheinanderlaufender See, und die nordwestliche Dünung verbreitete sich von der Südwestseite der Depression aus ebenfalls bis in die tropischen Meeresgebiete.

Man wird sich bei der Betrachtung dieser Vorgänge kaum des Eindruckes entziehen können, daß diese ganze Entwicklung durch das zeitweilige Zusammentreffen zweier Einzelerscheinungen hervorgerufen wurde, wie es auch schon bei den Vorgängen am 1. und 2. Februar den Anschein hatte. Diese Anschauung kann durch die Tatsache nur noch bestärkt werden, daß sich gleichzeitig mit der weiteren Vertiefung der Barometerstände auf dem Ozean über Mitteleuropa ein Hochdruckgebiet bildete, welches also dem Depressionsgebiet entsprach und, wie dieses, dem Zusammenwirken zweier gleicher Teile verschiedener Erscheinungen seine Entstehung verdanken dürfte.

Die tiefsten Barometerstände traten in dieser Zeit auf dem Ozean denn auch am 6. Febr. auf (s. Fig. 52), als das von Südwesten vorrückende Minimum mit dem der großen, weniger veränderlichen Depression nördlich vom 50. Breitengrade zusammenfiel. An diesem Tage wüteten anhaltend orkanartige Böen besonders auf dem ganzen Gebiete zwischen dem 20. und 40. Längengrade und nach Süden bis gegen den 35. Breitengrad. Auch an dem folgenden Tage besserte sich das Wetter über diesem Meeresteil im allgemeinen nur wenig; es breitete sich das Sturmgebiet sogar noch weiter ostwärts gegen die Westküsten Europas hin aus. Nur die schweren Böen ließen zunächst an Heftigkeit nach. Die Winde waren am 7. Februar im Sturmgebiet an Richtung weniger verschieden; sie wehten durchweg aus westlichen Richtungen, da sie sich wiederum um einen nördlich vom 50. Breitengrade und etwas westlich vom 30. Längengrade liegenden Mittelpunkt anordneten.

Im Laufe des 8. Februar sank jedoch in der Umgebung der Azoren das Barometer erheblich, bis gegen 730 mm, so daß zwischen diesen Inseln und dem unter den gleichen Längen in der Gegend des 50. Breitengrades liegenden Minimum der Luftdruck gleichmäßiger und die Luftbewegung dementsprechend schwächer wurde. Dagegen stieg das Barometer westlich vom 35. Längengrade ebenfalls bedeutend; daher nahmen die Winde westlich von den Azoren nördlichere Richtungen an, und die Heftigkeit des Sturmes wuchs daselbst wieder, und zwar in einem Gebiete, welches über den 40. Längengrad etwas gegen Westen hinausging.

Mit dem 9. Februar war die größte Höhe der schweren Unwetter auf den befahreneren Teilen des Nordatlantischen Ozeans überschritten. Noch lange Zeit herrschten auf den Schiffswegen zwar vielfach Stürme, sie unterschieden sich in ihrem Wesen aber nicht besonders von den gewöhnlichen Winterstürmen auf dem Nordatlantischen Ozean. Die Luftdruckverteilung gestaltete sich auf dem Meere und über Westeuropa wieder annähernd zonal, während über dem nordamerikanischen und dem europäisch-asiatischen Festlande hoher Luftdruck lagerte. Die barometrischen Minima beschritten fast durchweg Bahnen, die nördlich von der Schiffahrtsstraße zwischen Europa und Nordamerika verliefen oder über dem westlichsten Teile des Ozeans dem Golfstrome folgten.

Außer den Stürmen auf dem Golfstrome gehörten die Stürme also einer starken zonalen Luftströmung auf der Südseite einer Depression an. Sie erstreckten sich daher in gleicher Richtung fast über den ganzen Ozean, und nur einige besonders tiefe Minima, die in der Nähe des 50. Breitengrades ostwärts zogen, beeinflußten auf bestimmten Gebieten die Windrichtungen erheblicher und erhöhten den Sturm besonders über dem östlicheren Teile des Nordatlantischen Ozeans. Dies war am 10. und 11. Februar und in verstärktem Maße am 12. Februar der Fall, als nördlich vom 45. Breitengrade über dem östlichen Teile des Nordatlantischen Ozeans das Barometer unter 735 mm sank, während in gewisser Wechselwirkung damit über seiner südwestlichen Hälfte der Luftdruck 770 mm überstieg. Erst im Laufe des 13. Februar ließ der Sturm über diesen Meeresteilen langsam an Heftigkeit nach.

Über dem nördlichen Teile des Golfstromes südlich von Neuschottland und Neufundland traten am 13. und 14. Februar in der näheren Umgebung eines ostnordostwärts fortschreitenden tieferen barometrischen Minimums (etwa 730 mm) ebenfalls nochmals orkanartige Winde auf.

Sonstige Witterungserscheinungen. Von den sonstigen Witterungserscheinungen, die die Orkane begleiteten, ist das vielfache Auftreten von Gewittern sowie von heftigen Regen-, Schnee- und Hagelböen zu erwähnen, wie es der Lebhaftigkeit der Luftbewegungen entspricht.

In bezug auf die Wärmeverhältnisse über dem Ozean ist aus den bisherigen Zusammenstellungen nicht viel zu bemerken. Die Isothermen zeigten bei den ausgeprägteren zyklonoidalen Depressionserscheinungen, wie gewöhnlich, die ∽ Form, derart, daß auf der östlichen Seite der Depression die höheren, auf der westlichen die niedrigeren Temperaturen sich vorfanden. Besonders stark waren diese Temperaturunterschiede auf dem westlicheren Teile des Nordatlantischen Ozeans. Auf der Rückseite und auf der Nordseite der barometrischen Minima traten in diesen Meeresteilen zeitweise sehr niedrige Temperaturen, unter dem Gefrierpunkte, auf.

Die Luft- und zuweilen auch die Wasserwärme sank daher an Bord einzelner Schiffe erheblich, sobald sie aus einer östlichen Lage in eine westliche zu einem barometrischen Minimum übergingen. Sie stiegen dagegen stark, wenn das Schiff in den östlichen Teil einer von Westen heranziehenden Depression gelangte, nachdem es vorher in dem Bereich eines Windsystems sich befunden hatte, das ein ostwärts vom Schiffsort geiegenes Minimum umgab.

Bei mehr zonaler Druckverteilung war auch die Temperaturverteilung nahezu zonal. Die Isothermen schlossen sich in der Hauptsache den Windrichtungen an.

Eine Auswahl Reisen während der Sturmperiode. Das schwere Sturmwetter in den letzten Tagen des Januar und den ersten drei Wochen des Februar 1899 in den mittleren Breiten des Nordatlantischen Ozeans steht, wenn man die Beschädigungen und Zerstörungen in Betracht zieht, die es durch die fast Tag für Tag sich wiederholenden orkanartigen Winde, vor allem aber durch die fortwährend wild aufgeregte See auf den Schiffen anrichtete, wohl ohnegleichen da. Obwohl der Nordatlantische Ozean in allen Wintern sich durch die Häufigkeit und Heftigkeit seiner Stürme auszeichnet und in dieser Jahreszeit von allen Meeren das unruhigste und gefährlichste ist, hat es sich doch wohl noch nie ereignet, daß hier, nicht durch Strandung, sondern durch den Andrang der tobenden Elemente auf offener See, so viele große und mächtige Schiffe zu argem Schaden gekommen oder gänzlich vernichtet worden sind.

Am meisten hatten natürlich die Schiffe zu leiden, die sich auf der Fahrt zwischen Nordeuropa und Nordamerika befanden, weil ihr Weg recht durch das Hauptsturmfeld hindurchführte. Zeitungsberichten zufolge fielen auf dieser Fahrt nicht weniger als 22 Segelschiffe und 12 Dampfer während der Sturmepoche dem wilden Meere zum Opfer, indem sie, im glücklicheren Fälle, von ihrer Mannschaft, die sich auf ein anderes Schiff retten konnte, im sinkenden Zustande verlassen wurden oder, ohne andere Spuren als vielleicht treibende Wrackstücke zu hinterlassen, mit Mann und Maus zugrunde gingen. Alle waren große Dampfer, der kleinste von 2370, der größte von 4670 Tonnen Gehalt.

Die Reihe enthält nur Schiffe, welche in den 14 Tagen vom 14. bis zum 27. Januar ihre Reise antraten und ostwärts, von den Vereinigten Staaten nach Europa, bestimmt waren. Da aber das schwere Sturmwetter bis über die Mitte Februar hinaus anhielt, so läßt sich annehmen, daß auch noch manche, die später auf die Reise gingen, ihren Untergang fanden, und noch mehr werden die hier nicht mitgezählten westwärts gehenden Dampfer, die noch schwerer gegen Wind und See zu kämpfen hatten, die traurige Verlustreihe verlängert haben.

Von den 22 auf See gebliebenen Segelschiffen sind wieder 15 ohne Nachricht verschollen. Alle Schiffe waren auf der Fahrt von Nordamerika und Westindien nach Europa (von West nach Ost) begriffen und hatten ihre Reise zwischen Mitte Dezember und dem 25. Januar angetreten. Aus denselben Gründen wie vorher angegeben, dürfte sich die Anzahl der Gebliebenen, wenn die später von West nach Ost und alle von Ost nach West Gesegelten mit in

Betracht gezogen werden, auch bei den Segelschiffen in Wirklichkeit noch bedeutend größer herausstellen.

Sehr groß war auch die Anzahl der Schiffe in der Amerikafahrt, die wegen erlittener Beschädigung oder bei Dampfern auch wegen Kohlenmangels einen Nothafen aufsuchen mußten. In den Häfen der Azoren kamen um die Zeit der Sturmepoche so viele Schiffe an, wie sonst vielleicht in einem ganzen Jahre nicht.

Die zwischen Mitteleuropa und dem Süden: Mittelmeer, Afrika, Brasilien, Argentinien usw. verkehrenden Dampfer blieben auf ihrem unweit der europäischen und afrikanischen Küste hinführenden Wege von dem Unwetter, das vornehmlich die Mitte des Ozeans heimsuchte, fast gänzlich verschont, doch hatten auch sie von Ende Januar bis etwa zum 11. Februar öfters Sturm aus dem südwestlichen und dem südöstlichen Quadranten. Ende Januar und Anfang Februar herrschte auf der Höhe der Straße von Gibraltar und bei Madeira Sturm aus westlicher Richtung.

Schlimmer wurden die von Süden zurückkehrenden westlicher stehenden Segelschiffe betroffen. Von ihnen gerieten einige schon in das Sturmfeld hinein, nachdem sie 30° N-Br. kaum überschritten hatten. Am meisten hatten die Schiffe, welche in den letzten Tagen des Januar und Anfang Februar nördlich von 30° N-Br. kamen, unter dem Unwetter zu leiden; von den Schiffen, auf welchen das meteorologische Tagebuch der Seewarte geführt wird, z. B. „Lina", „Helicon", „Bertha", „Nereide", „Melpomene", „Klio", „Marie Hackfeld", „Melete" und „Etha Rickmers". Die früher und später passierenden fuhren besser. Bedeutendere Schäden, die zum Anlaufen eines Nothafens nötigten, erlitten von den von Mitarbeitern der Seewarte geführten Segelschiffen nur die Bark „Lina" und das Vollschiff „Anna". „Lina", von Iquique nach Landskrona bestimmt, lief am 16. Februar in Falmouth ein; „Anna", auf der Reise von New York nach St. Nazaire begriffen, steuerte, schwer leck und mit zerbrochenem Ruder, nach Horta, Fayal, wo es am 16. Februar anlangte. Gänzlich zugrunde gingen von Schiffen, die mit der Seewarte in Verbindung standen, die Barken „Auguste", Kapt. H. Bothe, Januar 16. von Brunswick nach Hamburg, und „Johann Friedrich", Kapt. B. Lamcke, Januar 31. von London nach Philadelphia unterwegs. Das erste Schiff blieb leider, ohne daß, so weit bekannt, ein Mann gerettet wurde; von dem zweiten wurden acht Mann am 12. Februar östlich von den Azoren von dem Dampfer „Kasbek" aufgenommen. Über das Schicksal der übrigen Besatzung ist keine Nachricht eingegangen.

Die nachstehenden Auszüge geben eine Übersicht über den Reiseverlauf einzelner Schiffe und ihre Erlebnisse während der Sturmepoche.

a) Dampfschiffe.

D. „Pennsylvania", Kapt. H. Spliedt, H. A. L. Januar 30. von New York nach Hamburg; Februar 9. im Kanal.

„Pennsylvania" hat, nachdem sie New York verlassen, den Wind erst aus SSW, dann aus NNO, mäßige Brise. Am 1. Februar, auf 40,5° N-Br. und 61° W-Lg., nimmt der Wind, südlicher drehend, bei fallendem Barometer und Regen aus Süd zum schweren Sturme zu (10). Um 2 Uhr N geht der Wind bei 730 mm Luftdruck als orkanartiger Sturm auf W und WNW. Regen- und Schneeböen, hohe, wilde See. In der Folge bleibt der Dampfer bis zum 7. auf der Rückseite der sturmbringenden Depression, welche um diese Zeit langsamen Zuges den Ozean überschreitet, indem er anfänglich gegen das Minimum zurückbleibt, vom 3. an aber, wie das raschere Wiederfallen des Barometers anzeigt, sich ihm wieder nähert. Der Wind ist anhaltend stürmisch aus N bis NW mit Schnee-, Hagel- und Regenböen und einer sehr hohen und wilden See aus dem Windviertel. Am 4., auf 42° N-Br. und 43° W-Lg., steigert der Wind sich noch wieder zu orkanartiger Stärke. Am 7., auf 48° N-Br. und 24° W-Lg., läuft „Pennsylvania" an dem Minimum vorüber, wobei der Wind durch W nach SW holt und ein niedrigster Barometerstand von 725 mm beobachtet wird. In der Folge bleibt der Wind bei langsam zunehmendem Luftdruck steif bis stürmisch aus SW. Bis 40° W-Lg. ist das Wetter kalt mit häufigen Schneefällen. Durch die anhaltenden Stürme aus NW und die hohe See aus derselben Richtung wird „Pennsylvania" so weit nach Süden vertrieben, daß sie am 5. Februar etwa 100 Sm außerhalb des vereinbarten Dampferweges steht.

D. „Pretoria", Kapt. R. KARLOWA, H. A. L. Januar 31. passiert Lizard auf dem Wege nach New York.

Am 3. Februar, auf 48,3° N-Br. und 26,6° W-Lg. zerbricht in einem heftigen Sturme aus SSO bis WSW der Steuerapparat, die Fortsetzung der Reise muß deshalb aufgegeben werden. In den folgenden Tagen hat der Dampfer eine Reihe schwerer Stürme durchzumachen, so am 4. und 6., an welchem Tage auf 47° N-Br. und 28° W-Lg. aus SO bis W ein voller Orkan weht, ferner am 7., 8. und 11., und treibt während dieser Zeit steuerlos vor Wind und See. Um weitere Beschädigungen durch Sturzseen zu vermeiden, wird auf dem Schiffe fleißig Öl mit gutem Erfolg gebraucht. Das Barometer fällt in dem Orkan vom 6. bei SW 12 auf 705 mm. Der Wind hält mit der Stärke 9 und mehr 36 Stunden an. Am 9. auf 48° N-Br. und 23° W-Lg. ist ein Notsteuerapparat hergestellt, und es wird der Versuch gemacht, den Dampfer mit verminderter Maschinenkraft auf östlichem Kurse gehen zu lassen. Trotz des noch einmal, am 11. Februar, wieder einsetzenden Unwetters gelingt der Versuch, und „Pretoria" erreicht am 15., nach Umständen wohlbehalten, den Hafen von Plymouth.

D. „Stuttgart", Kapt. E. WERNER, N. D. L. Januar 26. vom Kanal nach New York; Ankunft daselbst Februar 7.

Bis zum 29. Januar geht die Fahrt bei mäßiger Südsüdostbrise und ruhigem Wetter vor sich; dann gerät das Schiff in das Unwetter, welches in zwei sehr schweren Stürmen, der erste am 30. und 31. Januar auf 46° N-Br. und 36,5° W-Lg., der zweite am 1. und 2. Febr. auf 44° N-Br. und 45° W-Lg., über dasselbe hinweggehen. Der erste beginnt in der Nacht zum 30. Januar aus SSW mit Regen; um 8 Uhr Morgens geht der Wind nach Gewitter mit heftigem Regen nach SW und im Laufe des Vormittags weiter nach W und WNW 10. Niedrigster Barometerstand 715 mm. Von 1 Uhr Nachmittags an voller Orkan aus WNW, furchtbare Böen. Das Schiff treibt steuerlos. Die gewaltige See richtet großen Schaden an, das Boot Nr. 1 geht über Bord, die Seitenfenster des Hauptdecks werden aus den Rahmen gedrückt. Indem der Wind nach NW holt, wütet der Orkan mit unverminderter Kraft fast die ganze Nacht hindurch; das Schiff, das nach Möglichkeit auf dem Winde gehalten wird, arbeitet schwer in den hohen Wellenbergen. Erst Nachmittags am 31. beginnt der Sturm rascher abzunehmen, doch treten noch am 1. Februar heftige Schnee- und Hagelböen auf. Der zweite Sturm, der dem besprochenen auf dem Fuße folgt, ist von einer etwas weniger langen Dauer, steigert sich aber auch wieder aus NW zur vollen Orkanstärke 12. Die erste Hälfte des Sturmes verläuft am Abend des 1. Februar mit einem Rechtsdrehen des Windes von ONO durch OSO bis SSO, wobei er unter anhaltendem Schnee- und späterem Regenfall rasch bis zur Stärke 10 bis 11 zunimmt. Um 11 Uhr wird es flauer und der Wind holt westlicher; Gewitter. Um 3 Uhr Morgens am 2. Februar springt der Wind, nachdem er sich bis dahin meistens auf SW gehalten hat, unter heftigem Regen nach NW, aus dieser Richtung wieder als voller Orkan einsetzend. Das Barometer, das nach dem ersten Sturme bis 755,5 mm gestiegen, erreicht vor dem Hereinbrechen des zweiten Orkans wieder einen Stand von 714 mm. Anhaltender schwerer Sturm aus NW mit furchtbaren Böen und sehr wilder See bis zum Nachmittage; später Wind abnehmend. Bei kaltem rauhem Wetter bleiben steife Winde aus NW, N und NO bis zum Ende der Reise herrschend, ohne daß es jedoch wieder zum Sturme kommt.

D. „Bengalia", Kapt. C. DEMPWOLFF, H. A. L. Januar 31. vom Kanal nach Baltimore; Ankunft bei Kap Henry Februar 18.

Die Reise wird sehr erschwert durch heftige, anhaltende Gegenstürme, die sich fast Tag für Tag wiederholen und eine sehr hohe See erregen. An einer Reihe von Tagen steigert sich die Windstärke auf 10 (schwerer Sturm), so am 5. aus WSW, am 7. aus WNW, am 10. aus SW und WNW, am 11. aus WNW und am 14. aus WSW. Der letztere Sturm weht zeitweilig als voller Orkan. Auf den 20 Längengraden von 27° bis 47° W-Lg., wo das Wetter am stürmischsten ist, bringt der Dampfer volle 9 Tage zu; am 6. und 7. Febr. und vom Mittage des 10. bis zum Mittage des 12. ist die Fahrt gänzlich aufgehoben.

D. „Elisabeth Rickmers", Kapt. A. KÖNEMANN, N. D. L. Januar 29. vom Kanal nach Baltimore; Februar 19. bei Kap Henry.

Bis zum 1. Februar vollzieht sich die Reise unter günstigen Umständen bei mäßigem östlichen Winde, ruhiger See und schönem Wetter. Nachdem am Ende des genannten Tages 48° N-Br. und 26° W-Lg. erreicht worden ist, gerät das Schiff aber in das ausgedehnte Sturmfeld und hat nun volle 16 Tage hindurch, bis zum 17. Februar, fortwährend mit schwerem Unwetter zu kämpfen, ehe es zwei Tage später unter günstigeren Umständen seine Reise vollenden kann. Über die heftigsten Stürme, welche „Elisabeth Rickmers" durchzumachen hat, meldet das Tagebuch: „Februar 2. auf 48° N-Br., 28° W-Lg. seit 8 Uhr V schnell zunehmender Sturm aus SO (4 bis 11) bis zur orkanartigen Stärke. Himmel bedeckt und Luft sehr diesig, anhaltender Regen; stark fallendes Barometer. Gegen 6 Uhr N geht der Wind auf S, nachdem er vorher etwas abgeflaut, wächst gegen Mitternacht aber wieder bis 10 an. Bei der hohen, wilden See brauchten Öl. Februar 3. um 5 Uhr V geht der Wind bei 712,5 mm niedrigstem Stand auf SW 11 bis 12; voller Orkan, bei wenig steigendem Barometer allmählich etwas leichter werdend, aber immer noch mit orkanartigen Böen wehend. Das Schiff liegt den ganzen Tag beigedreht. Gegen 6 Uhr N läßt der Wind etwas nach, worauf er nach einem wolkenbruchartigen Regenschauer auf W geht und aus dieser Richtung wieder orkanartig zu wehen anfängt. Noch bis 8 Uhr V am 4. schwerer

Sturm aus W mit sehr heftigen Regen- und Hagelböen und einer gewaltigen schweren See." Nachdem es am 5. Februar etwas handigeres, wenn auch immer noch sehr windiges Wetter mit hoher See gewesen, in der das Schiff nur wenig Fahrt gewinnen kann, setzt am 6., indem der Wind von NW sich nach W zurückdreht, auf 45° N-Br. und 38° W-Lg. von neuem ein sehr schwerer Sturm ein, der volle drei Tage anhält. Vom Mittag des 6. bis zum Mittag des 7. weht es orkanartig mit wütenden Hagel- und Regenböen und gewaltig schwerer See. Nach 8 Uhr N nimmt der Wind etwas ab, steigert sich aber am nächsten Vormittage, als er auf NW geht, von neuem zum vollen Orkan (11 bis 12). Das Schiff liegt während der ganzen Zeit beigedreht. Nach mehreren etwas ruhigeren Tagen mit Windstärken nicht über 8, die aber vom 11. bis 12. auf 42° N-Br., 50° W-Lg. noch wieder für 16 Stunden durch einen das Schiff zum Beilegen bringenden Sturm WNW 9 bis 10 unterbrochen werden, beginnt in der Nacht vom 13. zum 14. Februar auf 41° N-Br., 57° W-Lg. ein neues Unwetter. Nachdem der Wind aus S bei schnell fallendem Barometer in 8 Stunden von 5 bis 11 zugenommen, dreht er sich, bis 9 abnehmend, am 14. um 6 Uhr V auf SW und bei wolkenbruchartigem Regen zwei Stunden später auf WSW. Aus dieser Richtung wächst er wieder zum Orkan an, mit gewaltigen Hagel- und Regenböen und sehr hoher und wilder See. Erst gegen 4 Uhr V am 15. Februar hat sich der nach NW gedrehte Wind und die See soweit gemäßigt, daß der Dampfer, der abermals für 24 Stunden zum Beilegen gezwungen gewesen, seinen Kurs wieder aufnehmen kann. Der letzte Sturm aus SO durch SW bis NW, der am 17. auf 40° N-Br., 64° W-Lg. stattfindet, ist nur von kurzer Dauer und bringt, nachdem er aus SO bis Stärke 11 angewachsen, aus den westlichen Strichen nur wenig Wind.

D. „Itaparica", Kapt. A. Buuck, H. S. D. G. Februar 5. vom Kanal nach Lissabon; Ankunft daselbst Februar 10.

Der Dampfer trifft gleich am Ausgange des Kanals südwestlichen Sturm, der, zwischen SW und S schwankend und fortwährend von Regen begleitet, fast ununterbrochen bis Lissabon anhält. Am 6. und 8. steigert sich der Sturm zuzeiten bis zur Stärke 10. „Itaparica" treibt am 7. und 8. fast 24 Stunden in Sicht von Leixoes und geht mehrmals dicht vor die Hafenmündung, findet aber, daß das Einlaufen der schweren, wild durcheinanderlaufenden See wegen unmöglich ist. Da man einsieht, daß selbst beim Nachlassen des Sturmes das Einlaufen unausführbar bleiben würde, wird am 8. um 5 Uhr N nach Lissabon weiter gesteuert. Die Weiterfahrt von Lissabon nach Süden am 11. geschieht mit leichten, bis 7 Uhr zunehmenden nordwestlichen Winden, auf welche in 22° N-Br. ein frischer NO-Passat folgt.

Der D. „Bulgaria", H. A. L. verließ, nach Hamburg bestimmt, unter der Führung von Kapt. G. Schmidt New York am 28. Januar (s. Fig. 52).

Die ersten vier Tage der Reise verliefen ruhig. In der Nacht vom 1. zum 2. Februar wurde der Dampfer jedoch von einem schweren Orkan ereilt. Während das Schiff in der hohen wilden See platt vor dem Winde steuerte, wollte es nicht mehr dem Ruder gehorchen und drehte um 2 Uhr morgens an den Wind. Eine ungeheure Sturzsee überflutete das Schiff und schlug mehrere Luken ein, wodurch so viel Wasser einströmte, daß im Raum Nr. 4 16 Fuß gepeilt wurden. Das Schiff legte sich stark nach B. B. über, wodurch es große Schlagseite erhielt, und arbeitete entsetzlich. Durch die gewaltigen Erschütterungen wurden die Wasserballasttanks leck und liefen aus. Die Lenzrohre des Raumes Nr. 4 verstopften sich durch Getreide der Ladung. 108 Pferde, die nach der Leeseite hinübergeschlagen wurden und im Wasser lagen, verendeten, konnten aber erst am sechsten Tage über Bord geworfen werden. Am Morgen des 2. Februar, als der Orkan mit erneuter Kraft einsetzte, brach der Ruderquadrant sowie später auch das Handsteuer. Durch das schwere Arbeiten des Steuerruders lösten sich die Bolzen in der Kuppelung und gingen schließlich verloren. Erst nach tagelanger schwerer Arbeit gelang es, die Kuppelung wieder zu befestigen, und nachdem die Platten der Seitenwände des Ruderhauses entfernt waren, konnte das Schiff mit Bäumen, die auf den Ruderkopf gelascht wurden, gesteuert werden. Durch das fortwährende stürmische Wetter und die hohe See, welche das auf der Seite liegende Schiff überflutete, wurden diese Arbeiten natürlich sehr erschwert. Um das Schiff wieder aufzurichten, war man genötigt, von der Ladung zu werfen; als aber das schwere Wetter das Offenhalten der Luken nicht mehr gestattete, mußte die Ladung verbrannt werden. Eine Sturzsee brach über das Bootdeck, riß sämtliche Boote von der B. B.-Seite fort und schlug das Deck ein. Am 5. Februar morgens 4 Uhr meldete der erste Offizier, daß die Schlagseite bedeutender werde, und der erste Maschinist zeigte an, daß das Wasser in den Räumen, trotzdem alle Pumpen im Gange, dennoch zunähme.

Daraufhin hielt es der Kapitän für angezeigt, den Versuch zu machen, die Passagiere abzubergen. Auf Notsignale kam der englische Dampfer „Weehawken" herbei, der einen Teil der Passagiere und zehn Mann von der Besatzung aufnahm und später in Ponta Delgada landete. Ein zweites Boot, das mit dem zweiten Offizier und drei Mann ebenfalls zu Wasser gelassen wurde, trieb fort. Als der Dampfer „Kurdistan" herankam, konnte man ihm wegen der hohen See keine Passagiere mehr abgeben. Am 7. und 8. war das Wetter noch sehr schwer; am 9. wurde es etwas ruhiger, so daß man die Kadaver der Pferde über Bord werfen konnte. Das Schiff lag auf St.B.-Halsen SSW an und trieb ostwärts; zeitweilig ließ man die Steuerbordmaschine arbeiten, um das Schiff so viel wie möglich auf dem Winde zu halten. Man versuchte auch, das Schiff mit den Schrauben zu steuern, was aber bei hoher See nicht gelang; am 12. Februar um 6 Uhr morgens, als von neuem ein schwerer Sturm mit gewaltig hohem Seegang einsetzte, mußte wieder beigedreht werden. Am 14. Februar kam der englische Dampfer „Antillian" herbei und versuchte „Bulgaria" zu schleppen, doch schlug der Versuch trotz aller Bemühungen fehl. Bis zum 20. Februar blieb das Wetter noch unruhig. Inzwischen war jedoch das Notsteuergeschirr hergestellt worden, mit dem sich das Schiff steuern ließ, und am 24. Februar erreichte „Bulgaria“ glücklich Ponta Delgada auf San Miguel.

Nach einem Auszuge aus dem Schiffstagebuch befand sich „Bulgaria“ in der Nacht vom 1. zum 2. Februar, als die Havarie eintrat, auf ungefähr 41,7° N-Br. und 47,5° W-Lg. Darauf trieb der Dampfer, immer steuerlos, vor Wind und See bei den fast immer aus dem nordwestlichen Viertel kommenden Stürmen reichlich 19 Tage lang, bis zum 21. Februar, etwa 500 Sm nach SO$^1/_2$O rw. Das Schiff befand sich alsdann auf 36,4° N-Br., 39,6° W-Lg., hier wurde die Maschine wieder angesetzt, das Schiff auf den Kurs gebracht und die 670 Sm lange Strecke bis Ponta Delgada in 2 Tagen und 20 Stunden zurückgelegt.

b) Segelschiffe.

Vollschiff „Aldebaran“, Kapt. CH. BRUNS, von Caleta Buena nach Hamburg; Februar 6. bei Lizard.

Das Schiff bleibt bis zum 16. Januar auf 26° N-Br., 37° W-Lg. im Passat, hat dann umlaufende Winde, die in den westlichen Strichen bis zur Stärke 6 zunehmen, und vom 28. bis zum 31. Januar den Wind SO 3 bis 7, womit es 47° N-Br. in 20,5° W-Lg. erreicht. Nach zwei Tagen mit Mallung und Stille wächst der Wind, der wieder aus SO durchkommt, am 3. Februar auf 48° N-Br., 15° W-Lg. zum vollen Sturm an, so daß das Schiff vor Untermarssegeln beigelegt werden muß. Um 11$^1/_2$ Uhr V holt der Wind in einer orkanartigen Bö unter Blitzen und Donnern nach SW. Das Voruntermarssegel zerreißt. Nachmittags nahmen Wind und See rasch wieder ab, doch bleibt der Wind aus SW steif und das Wetter regnerisch bis zum drei Tage später erreichten Kanaleingang.

Vollschiff „Helicon“, Kapt. H. KORFF, von Iquique nach Hamburg; Februar 11. im Kanal.

Nachdem das Schiff den Passat am 22. Januar auf 25° N-Br., 45° W-Lg. verloren und sich 6 Tage mit Mallung und umlaufenden, unbeständigen Winden abgemüht hat, erhält es am 28. auf 31,5° N-Br., 44° W-Lg. stetigeren und frischeren Wind, zuerst aus SW, nächsten Tags aus WNW. Am 30. auf 36° N-Br., 41° W-Lg. wird der Wind aus NW zum Sturm. Es folgt dann Tag für Tag ein heftiger Sturm dem andern bis in den Kanal hinein, der am 11. Februar erreicht wird; der 9. ist der einzige dieser 13 Tage, an dem die Windstärke nicht über 8 steigt. Die Windrichtung ist bis zum 6. Februar auf 46° N-Br., 25° W-Lg. vorwiegend W bis NW, krimpt aber verschiedentlich bis SW und S zurück; an den folgenden Tagen hält sie sich stetig auf SW bis S. Der Luftdruck nimmt bis zum 2. Februar allmählich bis 726 mm ab und hält sich auf einem sehr niedrigen Stande bis in die Kanalmündung. Die schlimmsten Tage in diesem unaufhörlichen Sturmwetter mit Gewitter, Regen- und Hagelböen und wilder See sind der 2., 3. und 6. Februar, als der Wind aus WSW bis NW in seinen wütenden Böen zum vollen Orkan anwächst. Am 2. und 3. zwangen die übermäßige Windstärke und die grausig hohe, wilde See „Helicon“ für 48 Stunden zum Beiliegen; an den übrigen Tagen verfolgt der Segler mit dem Sturm von hinten stetig seinen Weg. Auf 43,5° N-Br., 26,7° W-Lg. noch immer Golfkraut beim Schiff.

Vollschiff „Susanne“, Kapt. D. KNIPPENBERG; Januar 7. von New York nach London; Februar 16. im Kanal.

Das Schiff steht am 15. Januar auf 41° N-Br., 48° W-Lg. Auf der Weiterreise findet es, ausgenommen am 22. und 23., an welchen Tagen auf 47° N-Br., 30° W-Lg. Sturm aus O weht, bis zum 24. auf 48° N-Br., 27° W-Lg. fortwährend Winde aus dem westlichen Halbkreise, die zweimal, am 17. und am 20. Januar, zum Sturme anwachsen, doch nicht so hart wehen, daß sie dem Schiffe sehr beschwerlich werden. Die folgende Zeit bringt durch anhaltende, oft steife südöstliche Winde noch eine lange Verzögerung. Das Schiff wird durch den Wind über Kanalbreite hinaus so weit nach N geführt, daß es schließlich, als der Wind südlich holt, den Kanal nicht mehr anholen kann. Mit westlichen Winden, die am 10. Februar einsetzen und am 12. und 13. zeitweilig als schwere Stürme mit orkanartigen Böen wehen, erreicht „Susanne“ schließlich am 40. Tage der Reise die Höhe von Lizard. Auch aus O bis SO hat das Schiff am 3. Februar auf 50° N Br., 21° W-Lg. einen schweren Sturm. Das Barometer hält sich vom 31. Januar an fortwährend sehr niedrig, unter 745 mm. Am 7. Februar, als es am tiefsten gesunken ist, steht es auf 723 mm; erst am 14. steigt es wieder über 745 mm.

Dreimastschuner „Doña Luisa“, Kapt. W. ALM, von Laguna, Mexiko, nach Hamburg; Februar 25. bei Lizard.

Der Schuner, der am 22. Januar aus der Florida-Straße kommt und dessen Kurs recht durch das Sturmgebiet führt, hat schon vom 24. Januar an bis zum 14. Februar eine Reihe schwerer Stürme durchzumachen. Januar 24. und 25. auf 30° N-Br., 75° W-Lg. S 9 bis 10 bis NW 10 bis 8; Jan. 28. und 29. auf 32° N-Br., 67° W-Lg. SW 9 bis 11 bis NW 11 bis 8; Febr. 1. auf 34° N-Br., 60° W-Lg. SW 9 durch W 11 bis 12 bis WNW 10; Febr. 4., 5. und 6. auf 36° N-Br., 49° W-Lg. WSW 9 bis 11 bis NW 11 bis 9; die Windstärke geht erst am Mittage des nächsten Tages unter 8, und schon in der folgenden Nacht beginnt ein neuer, schwerer Sturm; Febr. 8. und 9. auf 36° N-Br., 42° W-Lg. NNW bis WNW 9 bis 11, sehr hohe, durcheinanderlaufende See; Febr. 11., 12., 13. und 14. auf 39° N-Br., 35° W-Lg. bis 39° N-Br., 27° W-Lg. SW 9, WNW 12, NNW 11 bis 9. „In der Nacht vom 11. zum 12. Blitzen rund um den Horizont; hohe, brechende See, lenzen vor Untermarssegeln, um 4 Uhr V bekamen eine Sturzsee hinten übers Schiff, welche Ruderrad, Kajütskappe und die hintere Kajütstür zertrümmerte." Im übrigen bleibt der Schuner wohlbehalten und vollendet seine Reise bei dem ruhigen Wetter, das am 14. Februar beginnt, und den vorherrschenden günstigen SW- und SO-Winden in verhältnismäßig kurzer Zeit.

S. Vollschiff „Anna", Kapt. A. Weger, von New York nach St. Nazaire.

Das Schiff verläßt New York am 22. Januar, wenige Tage vor Beginn der Sturmperiode, und hat auf seiner Überfahrt sehr viel Unwetter durchzumachen. Nachdem der Wind sich schon am 25., 27. und 28. aus S bis NW für längere Zeit zur Stärke 8 bis 9 gesteigert hat, wird er am 29. auf 38° N-Br., 60° W-Lg. zum orkanartigen Sturm. Der Sturm beginnt am vorhergehenden Abend aus SO, dreht in der Nacht nach SW und weht am nächsten Morgen zwischen diesem Striche und W mit Stärke 11. Das Schiff lenzt vor den Untermarssegeln. Nachmittags holt der Wind auf WNW und nimmt ab. Nach zwei etwas ruhigeren Tagen folgt am 1. Februar auf 38,5° N-Br., 52° W-Lg. ein zweiter schwerer Sturm, der diesmal aber zum vollen Orkan anwächst. Der Wind, erst aus WSW, später nach WNW holend, wütet mit der Stärke 12 von 6 Uhr N am 1. bis 10 Uhr V am 2. Februar; dann nimmt er etwas ab, doch herrscht noch bis zum nächsten Morgen voller Sturm aus NW bis NNW. Das Schiff wird am 1. Februar um 5½ Uhr N beigelegt. „Voller, schwerer, furchtbarer Orkan mit entsetzlich hoher See. Das Schiff arbeitet außerordentlich und nimmt schwere Seen über, die viele Decksgegenstände zerstören und fortspülen. Die festgemachten Segel reißen von den Rahen und fliegen in Fetzen fort. Das Schiff liegt zum Kentern. Um 8½ Uhr N. schlägt eine schwere See an Deck, die das Schiff vollständig niederdrückt. Am 2. Februar Morgens wird das Schiff wieder von einer furchtbaren See getroffen. Die Boote schlagen aus den Klampen und Laschungen, Geländer und Reling vorn und hinten brechen in Stücke. Das Schiff wird leck. Das Wasser steigt im Raum von 4 Fuß um 4 Uhr V auf 8½ Fuß um 8 Uhr N. Bis Mittag Februar 3. liegen bei, halten dann Kurs, müssen aber um Mitternacht, da Wind und See von neuem zunehmen, wieder an den Wind gehen. Februar 4. Wind etwas abnehmend, unregelmäßige See aus allen Richtungen. Die Mannschaft ist vollständig erschöpft vom Pumpen. Gegen 8 Uhr N, Wind und See schnell zunehmend. Müssen abermals beidrehen, weil das Schiff mit dem vielen Wasser im Raum zu schlecht steuert und nicht mehr lenzen kann. Februar 5. auf 37° N-Br., 49° W-Lg. Sturm aus WNW (10) schwere Böen und hohe See. Nachmittags etwas handiger. Halten ab vor den Wind. Um 8 Uhr N schlagen die Pumpen zum ersten Male wieder lenz. Nach zwei Tagen mit etwas mäßigeren Winden am 8. auf 38° N-Br., 41° W-Lg. wieder sehr schwerer Sturm (WNW 9 bis 12). Voller Orkan, wütende Böen, furchtbare See. Am Mittag drehen bei auf B B.-Halsen. Nachts abnehmend. Februar 9. finden, daß das Ruder zerbrochen ist; versuchen es zu laschen, was uns jedoch nicht gelingt Um 3 Uhr N halten ab nach Fayal." Nach einem letzten schweren Sturme aus WSW bis WNW 10 bis 11, den „Anna" am 12. und 13. auf 39° N-Br., 31° W-Lg. beiliegend überwettert, erreicht das Schiff am 16. Februar den Nothafen Horta auf Fayal Nachdem hier die notwendigen Reparaturen ausgeführt, wird am 18. März die Reise nach St. Nazaire fortgesetzt.

Sechs Wirbel mit einem Orkan. Januar 1886. S. „Pallas", Kapt. J. H. Stege, von Sœrabaja nach dem Kanal, beobachtete zwischen den Azoren und den Gründen vom 20. bis 27. Januar 1886 in sieben Tagen sechs Wirbel, die bei unruhiger Witterung auftraten, und von denen Wirbel IV und V (Fig. 53) zeitweise Stärke 11 und 10 erreichten.

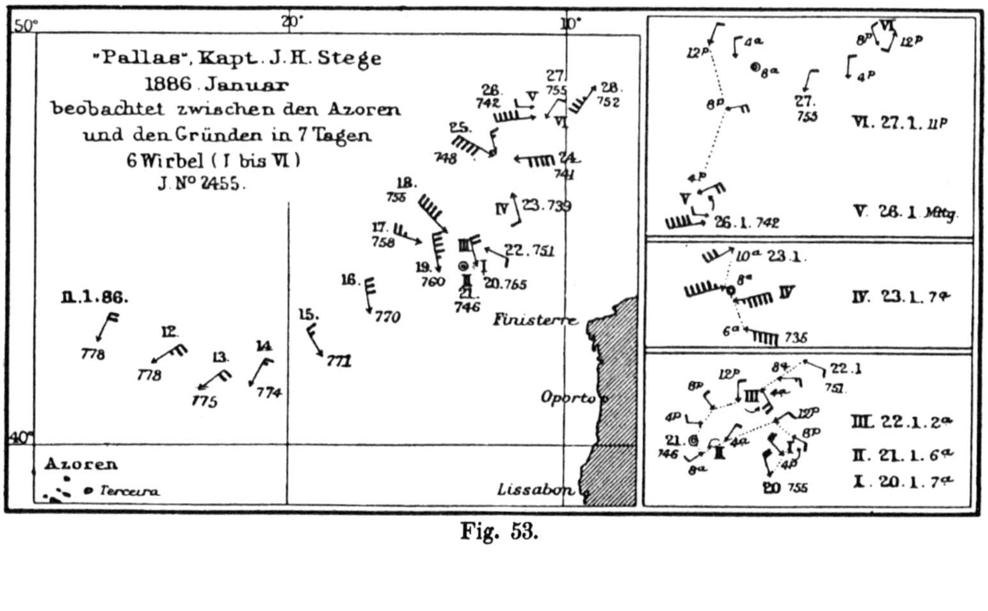

Fig. 53.

Nachdem Wirbel III sich am 22. Jan. 2 Uhr V durch N 2/1 bis SSO 1/4 angezeigt, heißt es unter den Bemerkungen: „Um 7 Uhr V passierte uns ein ziemlich großer Wirbel[1]) in geringer Entfernung von NO nach SW". Wirbel IV vom 23., in dem der Wind um 7 Uhr V ONO bis WSW 11 bis 2 bis 11 war, ist darum beachtenswert, weil ein 110 Sm weiter nördlich stehendes Schiff, die „Weser", Kapt. Joh. Harde (MT. Nr. 2667), gleichzeitig OSO 7/8 hatte, ohne Windänderung. Bei der „Pallas" geht also eine Teildepression vorbei, deren Einfluß nach Norden hin nicht 100 Sm weit reicht.

Unter den Bemerkungen steht („Pallas"): „Es scheint, daß wir es hier mit einem Wirbelsturme zu tun haben, der von SW nach NO übers Schiff hinwegging. Überhaupt befinden wir uns hier in einem Gebiet von lauter Depressionen (Wirbeln) mit kleinem Durchmesser. Jetzt beginnt das Barometer wieder zu fallen, und ich fürchte, daß wir bald wieder in einen anderen Wirbelsturm geraten werden." — Am 25. Mittags ist NNW bis WNW, 3 bis 10 aufgezeichnet; dazu: „Dem Anfange der Bö gehen fortwährend Windwirbel vorher, die das Wasser aufsaugen". — Bemerkungen zu Wirbel V: „Es scheint, als ob dieser Wirbel von NO nach SW hinter uns um passiert ist[2]). (Ein merkwürdiges Wetter!)"

Die Bemerkungen und Beobachtungen des Kapt. Stege sind sehr wichtig.

Es handelt sich hierbei um eine Depression, die ursprünglich über Europa lag, dann auch auf die See westlich von Europa übergriff, und sich hier (am

Einige Sturmauszüge Nord von 40° N-Br.

Bemerkung: ↓ fallendes, ↑ steigendes Barometer.

	Zeit		Ort	Anfang	Höhe	Ende	Dauer h	Barom. mm	Stunde d. Minimums h	Schn. Windänderung	Schiffskurs	MT. Nr.
1)	95	IV./13.	46° N-Br. 18° W-Lg.	NO 8	ONO 11 ↓	ONO 8 ↓	36	776	11. 4 N		O	4348
2)	95	XI./20.	46° N-Br. 25° W-Lg.	NO 10 ↑	NNW 10/11 ↑	NO 8 ↓	68	727	19.10 N	1½*	O	4435
3)	95	II./4.	49° N-Br. 12° W-Lg.	O 4 (8)	O 11/12	—	88	751	8 N		O	4289
4)	95	IX./8.	48° N-Br. 29° W-Lg.	OSO 10 ↓	W 11/12 ↑	WNW 9 ↑	46	733	1 V		W	4469
5)	95	XII./23.	45° N-Br. 23° W-Lg.	WSW 9 ↓	WSW 12	WNW 8	36	720	2 N		O	4451
6)	81	XI./22.	60° N-Br. 17° W-Lg.	NO 8	W 12 ↑	O 9	120	708	26. 8 N		W	1634
7)	95	II./13.	51° N-Br. 14° W-Lg.	SSO 8 ↓	SSO 10/11 ↑	SSO 10/11 ↑	32	750	11 N		O	4333
7a)	95	II./17.	51° N-Br. 16° W-Lg.	SSO 9 ↑	OSO 12	SO 9	88	770	—		O	4333
8)	94	VIII./14.	58° N-Br. 22° W-Lg.	WSW 8 ↓	NNW 11	NNW 8 ↑	30	742	4 V		W	4334
9)	94	IX./8.	48° N-Br. 41° W-Lg.	NO 8/9 ↓	NNW 12	NW 10 ↑	16	716	1 V		W	4331
10)	95	VIII./27.	46° N-Br. 41° W-Lg.	SSW 9/10 ↓	W 12	W 8 ↑	40	748	6 V		W	4435
11)	95	XI./24.	44° N-Br. 39° W-Lg.	NNW 9 ↑	NNO 10/11	N 8	86	764	8 V		O	4442
12)	90	IX./30.	44° N-Br. 53° W-Lg.	O 8 ↓	NO 12 ↓	WNW 8 ↑	16	741	9 V		W	3529
13)	93	VIII./29.	40° N-Br. 74° W-Lg.	SSO 9 ↓	S 12	WNW 8 ↑	20	746	8 V		W	4291
14)	94	VIII./29.	42° N-Br. 50° W-Lg.	SSO 8 ↓	S 12	SSW 9 ↑	10	736	8 N		O	4371
15)	96	VIII./20.	43° N-Br. 55° W-Lg.	ONO 7	WNW 10/11 ↑	WNW 9 ↑	6	754	4 V	½	W	4607

* Bemerkung: 14 Strich in 2 Stunden rechts herum.

1) „Fritz", Kapt. Hashagen. Sehr hoher Barometerstand vor dem Sturm.
2) „Cuba", Kapt. E. Loof; sehr schnelle Windänderung, 14 Strich in 2 Stunden rechts herum.
3) „Reinbeck", Kapt. G. Schmidt; sehr lange Sturmperiode.
4) „Anna", Kapt. W. Grübmeyer; Sturm geht von OSO auf W.
5) „Thalia", Kapt. A. Behnert; tiefer Barometerstand.
6) „Magdalene", Kapt. C. Meyer; lange Dauer; tiefer Barometerstand; hohe Breite.
7) u. 7a) „Eilbeck", Kapt. H. Spiesen; ein Sturm, mit nur 6 Stunden Pause dazwischen.
8) „Marie Siedenburg", Kapt. J. Menkens; Sommersturm wie 4); hohe Breite.
9) „Cuba", Kapt. E. Loof; tiefer Barometerstand.
10) „Cuba", Kapt. E. Loof; wie 9); im sturmreichsten Gebiet. Sommersturm.
11) „Wilhelm", Kapt. W. Wilmsen; langer Sturm, mit hohem Barometer.
12) „Blücher", Kapt. H. Hamer; auf dem „F. Weisenhorn" in der Nähe ging der Orkan an demselben Tage von O durch S nach W; Windstärke gleichfalls 12.
13) „Marie", Kapt. A. Witte; Sommersturm.
14) „August" Kapt. H. Jaburg; Sommersturm.
15) „Wilhelm", Kapt. W. Wilmsen; Sommersturm.

---

1) Hier ist natürlich ein sichtbarer Wirbel gemeint.
2) Hier wird aus den Windrichtungen auf einen Wirbel geschlossen.

23. und 24.) zu einem deutlichen gesonderten Minimum entwickelte (s. Tägl. Synopt. Wetterkarten für den Nordatlantischen Ozean usw.).

Einen ähnlichen Fall liefert das Segelhandbuch für den Stillen Ozean, „Levuka“, S. 319 Nr. 62 und 79 und Taf. IX, wo aber die Bestätigung durch die synoptischen Karten fehlt.

Es ergibt sich aus beiden Fällen: Wenn man außerhalb der Tropen in See bei fallendem Barometer mehrere anfänglich unbedeutende Depressionen oder Wirbel beobachtet, einerlei, ob man die letzteren sieht oder ihr Vorhandensein nur aus den Windbeobachtungen schließt, und wenn eine allgemeine Zunahme der Niederschläge und Entwicklung der erst unscheinbaren Depressionen stattfindet, so wird man in einem der folgenden Wirbel wahrscheinlich einen schweren, wenn nicht orkanartigen Sturm zu erwarten haben, weil man sich im Entwicklungsgebiet einer Zyklone befindet. — Die Beobachtung der „Pallas“ in N-Br. fällt in den Januar, die der „Levuka“ in S-Br. in den April. Siehe auch die Sturmtafeln 25 u. 28 des Atlasses, 2. Aufl.

VIII.

Stürme im östlichen Teile des Südatlantischen Ozeans.

Stürme beim Kap der Guten Hoffnung. Stürme von größerer Ausdehnung und Dauer kommen erst südlich von 30° S-Br., in der Umgebung des Kaps der Guten Hoffnung vor.

Die hier zugrunde gelegte Untersuchung verdanken wir dem Londoner Meteorologischen Amte; sie ist von Kapt. H. TOYNBEE, Report on the Gales experienced in the Ocean district adjacent to the Cape of Good Hope (between lat. 30° and 50° S and long. 10° and 40° E), London 1882.

Gewöhnlicher Verlauf. Weitaus die Mehrzahl der Stürme weht hier aus westlicher Richtung und hat folgenden Verlauf: Mit fallendem Barometer tritt nördlicher Wind ein, der nach NW umläuft und stark oder stürmisch wird und so nach W und, mit steigendem Barometer, nach SW, ausnahmsweise bis S ausschießt. In S flaut er ab und dreht nach W und NW zurück, wobei das Barometer wieder zu fallen beginnt. Da auf der südlichen Halbkugel der Wind den niedrigen Luftdruck rechts von sich hat — in der Richtung, wohin er weht, gesehen —, so ist für das geschilderte Verhalten des Windes erforderlich, daß der Luftdruck im Süden anhaltend niedriger bleibe als im Norden, wie dies auch durch die Tatsachen bestätigt wird. Es sind also die Windsysteme, denen diese Stürme angehören, keine allseitig ausgebildeten Wirbel, sondern in noch höherem Grade als im Nordatlantischen Ozean in gleichen Breiten ostwärts wandernde, nach Süden geneigte Rinnen niederen Luftdruckes mit dazwischen liegenden, ebenfalls nach S abfallenden Rücken höheren Luftdruckes. Die Zeichnung (Fig. 54) ist eine Kopie des von TOYNBEE zur Erläuterung gegebenen allgemeinen Bildes, das bis auf den entgegengesetzten Sinn der Ablenkung des Windes durch die Erdumdrehung mit dem für den Nordatlantischen Ozean geltenden Bilde übereinstimmt. Längs des nördlicheren langen Pfeils sind die Änderungen des Barometers und des Windes geringer als längs des südlicheren langen Pfeils. Die durchschnittliche Geschwindigkeit, womit sich diese Rücken und Rinnen ostwärts fortpflanzen, beträgt nach den wenigen zur Berechnung geeigneten Fällen etwa 30 Sm (56 km) die Stunde oder etwas weniger.

Neben diesen besonders jenseits 40° S-Br. vorherrschenden Vorgängen begegnet man gelegentlich auch voll ausgebildeten Zyklonen, namentlich im nordöstlichen Teile des Gebietes, von denen ein erheblicher Bruchteil aus dem tropischen Gebiete des Indischen Ozeans gekommene Wirbelstürme darstellt. Sie werden von TOYNBEE als „Ausnahmestürme“ besprochen.

Einfluß der Meeresströmungen. Bezüglich der geographischen Verteilung der Stürme in der Umgebung des Kaps ist der bereits früher vom holländischen Institut hervorgehobene Einfluß der Nachbarschaft kalter und warmer Strömungen auf die Ausbildung der Stürme von besonderem Interesse. „Wenn man", sagt TOYNBEE, „eine gerade Linie längs der Südostküste von Afrika zieht und sie südwestwärts verlängert, so werden die meisten schweren Stürme in ihrer Nähe angetroffen. Nach der Karte der Strömungen und Wassertemperaturen folgt diese Linie dem Laufe des Agulhasstromes, durch den eine große Masse warmen Wassers aus dem Indischen Ozean mit dem kalten Wasser auf der Agulhasbank und südlich davon in nahe Berührung gebracht wird. Dadurch wird hier ein Unterschied von 8° bis 11° in den Wasser- und ein entsprechender Unterschied auch in den Lufttemperaturen bedingt. Es ist gewiß, daß in dieser Region starke Kondensationen von Wasserdampf vorkommen müssen, und es erscheint gestattet, vorauszusetzen, daß die Häufigkeit und Stärke der Stürme teilweise diesem Umstande zuzuschreiben ist."

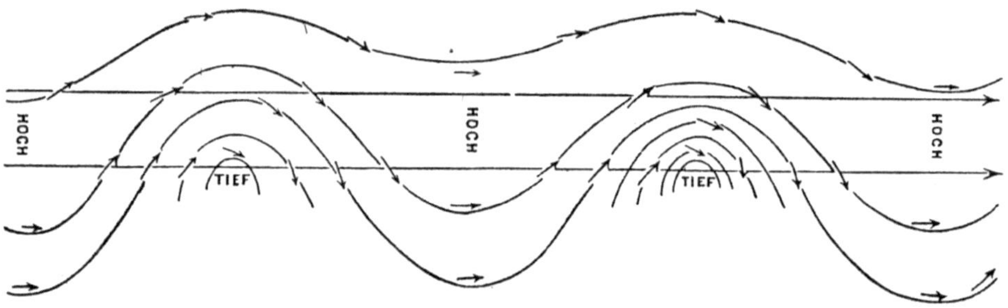

Fig. 54. Verteilung des Luftdrucks und der Windrichtungen in mittlerer und höherer S-Br

Einteilung in fünf Klassen. Bei der Bearbeitung hat Kapt. TOYNBEE die Stürme in fünf Klassen geteilt, vorwiegend nach ihrer Richtung, nämlich in NW-, SW-, NO-, SO- und Ausnahmestürme. Die ersten beiden von diesen Klassen sind die häufigsten und gehen ineinander über, weil eine große Zahl von diesen Stürmen allmählichen Winddrehungen aus N durch W nach S angehört. Sie sind zu den NW-Stürmen gerechnet, wenn der Wind die Stärke 8 überschritt, während er noch aus dem NW-Quadranten wehte. Die nicht seltenen Fälle, wo ein NO-Sturm durch ein plötzliches Umspringen in einen SW-Sturm überging, sind zu den „Ausnahmestürmen" gerechnet, wozu überhaupt alle Stürme gezählt sind, die aus nahe entgegengesetzten Richtungen nacheinander wehten — also alle voll ausgebildeten Zyklonen, deren Zentrum dem Schiffe nahe kam. Eine Einteilung in vier Klassen, nur nach den Anfangsrichtungen, dürfte für alle, besonders praktische Zwecke vorzuziehen sein.

Neben dieser Einteilung hat Kapt. TOYNBEE überall die auf der Ausreise beobachteten Stürme von den auf der Heimreise angetroffenen getrennt behandelt.

Inhalt der Auszüge. Es wurden nur die Stürme der beiden Monate Januar und Juli eingehend, die der übrigen Monate in abgekürzter Weise bearbeitet. Bei der eingehenden Bearbeitung wurden für sechs Zeiten in jedem Sturme die Zeit, der Ort des Schiffes, die Stärke und Richtung des Windes und der Stand des Barometers ausgezogen, nämlich für

A. den **A**nfang des Barometerfalles oder den dem Sturme vorhergehenden höchsten Stand des Barometers;
B. den **B**eginn des Sturmes (Stärke 8 als Grenze genommen);
C. den Höhepunkt (**C**limax) des Sturmes;
D. die tiefste **D**epression des Barometers;
E. das **E**nde des Sturmes (vgl. B.);
F. das dem Sturme **f**olgende nächste Maximum des Barometerstandes.

Die Reihenfolge eines Teiles dieser Momente, nämlich die Lage von B, C, E gegen D, ist veränderlich.

Neben diesen Angaben wurden die Änderungen der Windrichtung vor, während und nach dem Sturme, die Temperatur der Luft und des Meeres, der

Zustand der See, das Vorkommen und die Richtung von Blitz und Donner und verschiedene Bemerkungen über das Wetter aus den Tagebüchern ausgeschrieben, wenn solche darin enthalten waren.

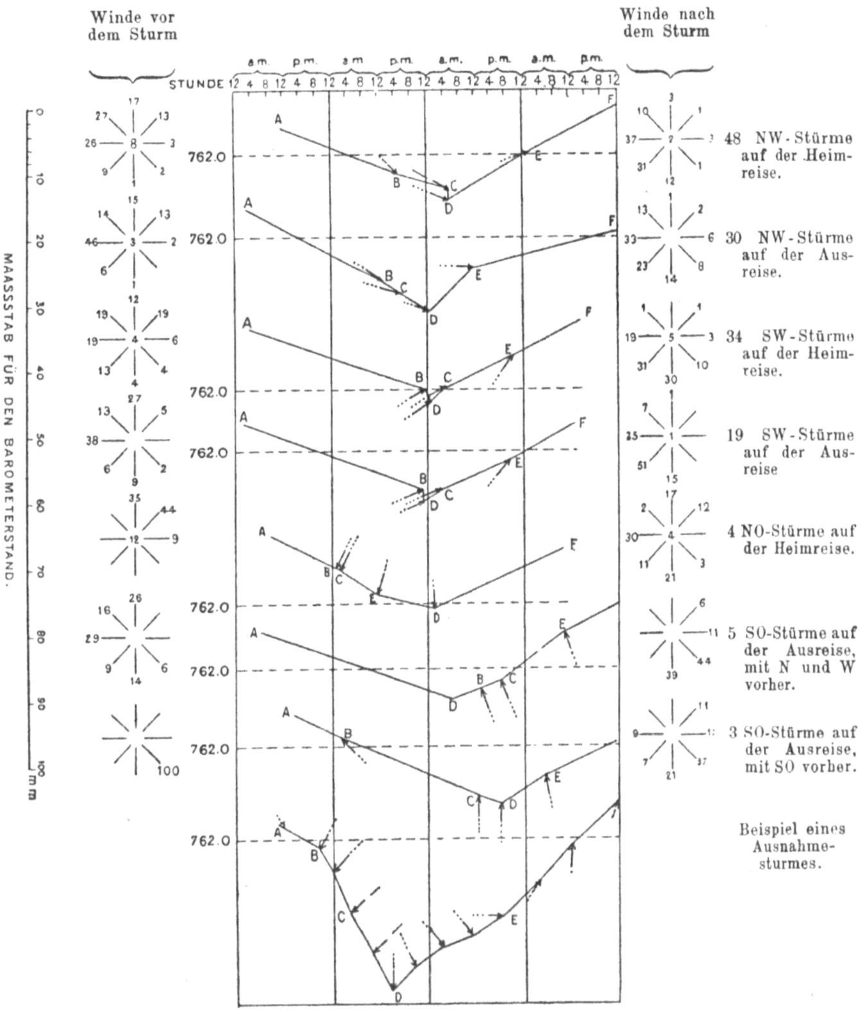

Fig. 55. Julistürme beim Kap der Guten Hoffnung; nach Toynbee.

Darstellung der Ergebnisse. Aus den Angaben für die SW-, NW-, NO- und SO-Stürme wurden Mittel gezogen und diese, nebst einzelnen charakteristischen Beispielen, graphisch dargestellt. Die Ausnahmestürme wurden alle einzeln durch Kurven dargestellt. Als Probe geben wir in der Zeichnung (Fig. 55) die mittleren Werte für die Julistürme aller vier Klassen und die Angaben für einen willkürlich gewählten Sturm der Ausnahmeklasse wieder. Von NO-Stürmen auf der Ausreise und SO-Stürmen auf der Heimreise liegen so wenig Beobachtungen vor, daß wir dieselben fortgelassen haben.

Die prozentischen Verhältnisse in der Richtung der vorhergehenden und folgenden Winde in den Zeiträumen A bis B und E bis F sind in den Windrosen zur Linken und Rechten der Fig. 55 gegeben; die Zahlen im Zentrum dieser Rosen bedeuten die Anzahl der Windstillen und veränderlichen Winde. In allen Fällen war die vorwaltende Richtung der Änderung des Windes entgegen der Bewegung des Uhrzeigers. Die gebrochenen Linien der Zeichnung geben den Gang des Barometers an, die Pfeile die Richtung und Stärke des Windes, letztere in Beauforts Skala, wobei ein Punkt = 1 und ein Strich = 5 ist, also ←· = 1, ←— = 5, ←—·· = 7, ←——· = 11.

Verteilung nach Monaten und Richtung. In den Überschriften der folgenden Tabellen ist unter dem Ausdruck „Sturmsystem“ stets die Gesamtheit der von einem Schiffe unter dem Einflusse einer barometrischen Depression beobachteten Winde verstanden von der Zeit, wo das Barometer zu fallen anfängt, bis zu der Zeit, wo es zu steigen aufhört, während unter der Dauer des Sturmes selbst die Zeit zwischen dem Auffrischen des Windes auf und über den Stärkegrad 8 Beaufort und dem Abflauen darunter verstanden ist.

	a Anzahl der Tage, welche die beob. Schiffe im Gebiet zugebracht haben	b Zahl der von ihnen angetroffenen Sturmsysteme	c Prozentverhältnis b : a	Prozentsatz der Stürme aus den verschiedenen Richtungen				
				NW	SW	NO	SO	Ausnahme
				Ausreise.				
Januar	442	33	7 %	40 %	21 %	3 %	6 %	30 %
Februar	434	24	6	59	29	0	4	8
März	404	42	10	41	31	2	12	14
April	486	33	7	40	21	3	9	27
Mai	516	61	12	51	20	10	3	16
Juni	447	67	15	47	27	4	4	18
Juli	621	73	12	41	26	1	11	21
August	785	100	13	47	15	10	14	14
September	705	82	12	29	33	9	10	19
Oktober	517	49	9	33	35	6	8	18
November	700	75	11	27	55	4	1	13
Dezember	642	48	8	44	40	6	2	8
Jahresmittel	558	57	10,2	42	29	5	7	17
				Heimreise.				
Januar	707	55	8 %	16 %	40 %	7 %	9 %	28 %
Februar	812	45	6	11	29	20	33	7
März	597	30	5	27	33	10	17	13
April	617	40	6	20	43	15	7	15
Mai	803	88	11	41	27	5	8	19
Juni	990	131	13	43	32	8	3	14
Juli	934	106	11	45	32	4	4	15
August	613	88	14	38	32	6	16	8
September	485	73	15	25	35	12	10	18
Oktober	468	44	9	30	36	2	9	23
November	524	44	8	23	41	2	23	11
Dezember	599	53	9	9	53	8	15	15
Jahresmittel	679	66	9,6	27	36	8	13	16

Dauer. Die mittlere Dauer der Stürme und der Sturmsysteme in den vier Anfangsmonaten der Quartale ist in Stunden:

Klasse der Stürme	Januar			April			Juli			Oktober			Jahr (Mitt. d. 4 Monate)		
	Zahl der Stürme	Dauer der Sturmsysteme	Dauer der Stürme	Zahl der Stürme	Dauer der Sturmsysteme	Dauer der Stürme	Zahl der Stürme	Dauer der Sturmsysteme	Dauer der Stürme	Zahl der Stürme	Dauer der Sturmsysteme	Dauer der Stürme	Zahl der Stürme	Dauer der Sturmsysteme	Dauer der Stürme
							Ausreise.								
NW	13	79	32	13	96	36	30	91	25	16	97	21	18	91	28½
SW	7	114	26	7	106	24	19	83	21	17	107	21	12½	102½	23
NO	1	69	4	1	83	23	1	60	6	3	65	8	1½	69	10
SO*	1	104	11	2	128	34	5	97	21	0	—	—	2	110	22
SO	1	112	42	1	57	22	3	98	51	4	110	35	2	94	37½
Ausnahmen	10	105	25	9	102	46	15	86	42	9	99	36	11	98	31
Zahl u. Mittel	33	98	27	33	100	35	73	88	28	49	100	24	47	96½	29
Mittlere Zeit zwischen zwei Sturmsystemen		46			53			43			50			48	
							Heimreise.								
NW	9	71	12	8	91	26	48	84	35	13	78	25	19½	80½	24½
SW	22	89	20	17	89	22	34	82	22	16	76	23	22	83	22
NO	4	78	4	6	68	8	4	72	9	1	96	23	4	78½	11
SO*	2	70	6	2	81	23	3	92	10	0	—	—	2	81	13
SO	3	105	16	1	77	6	1	112	24	4	70	11½	2	91	14
Ausnahmen	15	101	25	6	112	45½	16	77	27	10	92	36	12	95½	33
Zahl u. Mittel	55	88	18	40	89	24	106	88	28	44	80	26	61½	84½	24
Mittlere Zeit zwischen zwei Sturmsystemen		90			150			100			68			102	

*) Vergl. S. 248 unten.

Die Dauer der Sturmsysteme ist im Mittel um 12 Stunden und die der Stürme um 5 Stunden länger auf der Ausreise als auf der Heimreise. Die Hauptursache hiervon liegt darin, daß sich die Depressionen im allgemeinen ostwärts bewegen wie die Aussegler, so daß diese länger unter dem Einflusse dieser Windsysteme stehen als die Heimsegler, welche ihnen entgegenfahren [1].

Die Zahlen der letzten Zeile in den beiden Hälften der Tabelle, welche den mittleren Zeitunterschied zwischen zwei Sturmsystemen angeben, sind so gefunden: Die Gesamtzahl der vorhandenen Beobachtungsstunden wurde durch die Zahl der beobachteten Sturmsysteme dividiert und vom Quotienten die mittlere Dauer eines Sturmsystems subtrahiert. Ein Vergleich dieser Zahlen zeigt, daß die Zeit, welche durchschnittlich zwischen zwei Sturmsystemen auf der Heimreise verstrich, doppelt so lang war als die entsprechende Zeit auf der Ausreise, wodurch angedeutet wird, daß die (in niedrigerer Breite segelnden) Heimsegler mehr solchen Winden begegnen, welche nicht fortschreitenden Windsystemen angehören, oder solchen Windsystemen, von welchen kein Teil die Stärke eines Sturmes erreichte.

[1] Um die Zahl der Sturmsysteme zu vergleichen, muß man noch auf die verschiedene Zahl der vorliegenden Beobachtungen Rücksicht nehmen (vgl. die vorhergehende Tabelle) Über die beiden Klassen von SO-Stürmen vgl. weiterhin Südoststürme, S. 248).

Gesamtergebnisse.

Nordweststürme. Alle Stürme, welche mit NW beginnen, sind als NW-Stürme gerechnet, obwohl viele von ihnen nach W und manche sogar nach SW umgehen.

Häufigkeit. Ungefähr ein Drittel aller Stürme in diesem Gebiet gehört dieser Gruppe an (42 % für die Aussegler und 27 % für die Heimsegler). Auf der Ausreise ist das Verhältnis der NW-Stürme zur Gesamtzahl der Stürme ziemlich dasselbe in allen Monaten des Jahres, nur September, Oktober und November haben ihrer etwa 12 % weniger. Auf der Heimreise beträgt die mittlere Häufigkeit der NW-Stürme 42 % im südlichen Winter und nur 12 % im südlichen Sommer, was damit zusammenhängt, daß im Sommer Ostwinde auf der Heimreise vorwalten.

Räumliche Verteilung. Die NW-Stürme auf der Ausreise verteilen sich gleichmäßig auf die Längengrade, während die auf der Heimreise vorwiegend auf die westliche Hälfte des Gebietes beschränkt sind.

Charakter. NW-Stürme beginnen allgemein mit fallendem Barometer, und auf der Ausreise erreichen sie auch ihre größte Stärke in der Regel, ehe die niedrigsten Barometerstände verzeichnet sind. Zuweilen tritt die größte Stärke nicht eher ein, als bis der Wind ganz nach Westen oder selbst südlich von W umgegangen ist und das Barometer begonnen hat zu steigen; dies kommt namentlich auf der Heimreise vor. Der Wind wird häufig südlich von W, wenn das Barometer zu steigen beginnt; die Änderung aus NW in W oder SW ist gewöhnlich unmittelbar eingeleitet oder begleitet von schwerem Regen und zuweilen von Blitzen.

Manöver. Die NW-Stürme stehen in diesem Gebiet in Beziehung zu Gebieten niedrigen Luftdruckes, die sich mit einer Geschwindigkeit von 20 bis 30 Sm in der Stunde ostwärts bewegen. Das Vorwalten westlicher Winde im ganzen Gebiet beweist, daß die Teile dieser fortschreitenden Depressionen, wo der Druck am niedrigsten ist, die Minima, im allgemeinen südlich von 50° S-Br. passieren müssen.

Die vorhergehende Zeichnung (S. 242) mit der Verteilung des Luftdruckes und der Windrichtung in diesen wandernden Systemen und die Lage des niedrigsten Luftdruckes in diesen Systemen südlich von den Grenzen des Gebietes scheinen deutlich zu zeigen, daß es falsch sein würde, einen NW-Sturm dieser Art wie den NW-Wind einer tropischen Zyklone zu behandeln; beispielsweise würde es nutzlos sein, südwärts zu segeln in der Hoffnung, den NW-Sturm in N und NO sich umwandeln zu sehen oder ein ähnliches Manöver zu machen. Aber selbst wenn man voraussetzt, daß diese Windsysteme nach Größe und Form tropischen Zyklonen entsprächen, so ist die Geschwindigkeit ihrer Ostwärtsbewegung so groß im Verhältnis zur Geschwindigkeit eines Schiffes, daß sie dieses überholen und ein Umgehen des Windes nach W oder SW hervorbringen würden, ehe durch die Änderung des Schiffsortes irgendeine erhebliche Änderung des Windes erreicht werden könnte. Es scheint danach klar, daß die Schiffe diesen Stürmen weder durch ein Manöver entgehen noch auch eine wesentliche Änderung des Windes durch ein solches erreichen können. Die ganze Aufmerksamkeit des Seemannes muß also darauf gerichtet sein, von ihnen so guten Gebrauch zu machen wie möglich.

Ostwärts bestimmte Schiffe können vor diesen Stürmen weglenzen, und je schneller sie laufen, desto länger können sie unter ihrem Einfluß bleiben. Dies sind in der Tat für einen Aussegler die braven W-Winde, von denen Maury spricht. Die hauptsächlichste Vorsicht, welche erforderlich ist, liegt in der Bereitschaft für ein plötzliches Umgehen des Windes von NW nach W und SW um die Zeit des niedrigsten Barometerstandes. Dieser Änderung des Windes geht häufig schwerer Regen unmittelbar vorher, oder er begleitet sie. Es ist kaum nötig, zu sagen, daß Besan- und Großsegel zu bergen sind, sobald die Änderung erwartet wird, um die Gefahr zu verhüten, daß der Wind aus Lee in sie einfällt.

Das Barometer fällt gewöhnlich rasch bis zur Zeit seines tiefsten Standes und steigt dann ebenso schnell oder noch schneller, nachdem der Wind umgesprungen ist. Wenn das Barometer rasch steigt, so ist dies ein Zeichen, daß der Sturm wahrscheinlich stärker werden wird; der stärkste Teil eines (sogenannten) NW-Sturmes kommt zuweilen, nachdem der Wind nach W oder selbst SW umgegangen ist.

Nach Westen bestimmt, muß man diesen Stürmen entgegenarbeiten und tut am besten, über den Bug zu liegen, der am wenigsten vom Kurse abweicht, muß dabei aber bedenken, daß der Wind beim Weiterschreiten des Sturmsystems wahrscheinlich nach W oder SW umspringen wird. Wenn es wegen schlechten Wetters oder aus einem anderen Grunde notwendig wird, beizudrehen, so ist den Backbordhalsen der Vorzug zu geben, damit das Schiff aufluvt und gegen die See zu liegen kommt, wenn der Wind nach W und SW umgeht.

Hierbei mag es angezeigt sein, zu bemerken, daß stets, wenn es für nötig gehalten wird, in einem Sturm auf der südlichen Halbkugel beizudrehen, ganz gleich zu welcher Klasse von Stürmen derselbe gehören möge, man gut tut, nach den Regeln für das Manöverieren der Schiffe in Zyklonen auf der südlichen Halbkugel zu handeln, den Sinn der Änderungen des Windes als ein Anzeichen für die Richtung zu betrachten, in welcher sich das Sturmfeld bewegt[1]), und daraus einen Schluß zu ziehen, auf welcher Seite des niedrigsten Luftdruckes das Schiff zu liegen kommen wird. Wenn z. B. ein NW-Wind in W übergeht, so ist dies auf der Südhalbkugel ein Anzeichen, daß sich das Sturmsystem nach Osten fortbewegt, und daß das barometrische Minimum südlich vom Schiffe passieren wird; in diesem Falle befindet sich das Schiff also in der linken Hälfte des Sturmsystems und muß mit Backbordhalsen beidrehen.

Es wird allgemein angenommen, und die vorliegende Untersuchung bestätigt diese Ansicht, daß die Stürme und der Seegang in der Nähe des Landes von Südafrika nicht so heftig sind wie am Rande der Agulhasbank und weiter südlich.

Südweststürme. Häufigkeit. Ungefähr ein Drittel der Stürme fängt in SW an, und zwar 29% auf der Ausreise und 36% auf der Heimreise. Auf der Ausreise ist der Prozentsatz an SW-Stürmen auf die Gesamtzahl der Stürme am größten vom September bis Dezember, am kleinsten vom Mai bis August einschließlich. Auf der Heimreise ist ihr Prozentsatz etwas größer vom September bis Januar als in den meisten übrigen Monaten.

Lage. Die SW-Stürme auf der Ausreise sind gleichmäßig nach der Lage verteilt, wiewohl sie eine Neigung haben, häufiger und heftiger im Süden der Agulhasbank aufzutreten als anderswo. Die auf der Heimreise werden hauptsächlich am Ostende der Agulhasbank und in der Nähe der Südostküste von Afrika angetroffen.

Charakter. Die SW-Stürme sind den NW-Stürmen ähnlich, indem das Barometer mit einem nördlichen Winde zu fallen beginnt, der nach NW umgeht; der Hauptunterschied zwischen den beiden Gruppen ist, daß in SW-Stürmen der NW-Wind nicht die Stärke eines Sturmes erreicht. SW-Stürme setzen im allgemeinen mit steigendem Barometer ein und während oder gleich nach schwerem Regen. Dem Umgehen des Windes nach SW geht zuweilen Blitzen vorher.

Manöver. Bei diesen Stürmen ist keine besondere Vorschrift betreffs des Manöverierens der Schiffe zu geben, ausgenommen, daß für den Fall, wenn man genötigt ist, beizudrehen, man Backbordhalsen wählen möge, weil der Wind sich gewöhnlich um einige Striche nach Süden verändert und ein Schiff, das über diesen Bug liegt, dabei anluven und gegen die See zu liegen kommen muß.

SW-Stürme sind sehr häufig an der Ostkante der Agulhasbank, wo der Agulhasstrom mit großer Geschwindigkeit südwestwärts, also dem Sturm ent-

---

[1]) Wenn das Schiff schnell segelt, so ist beim Abschätzen der Bewegung des Sturmfeldes auch die Richtung und Geschwindigkeit des Schiffes zu berücksichtigen.

gegen, setzt. Die entgegengesetzte Richtung von Wind und Strömung bewirkt eine furchtbare See; ruhigeres Wasser sowie besseres Wetter werden im allgemeinen von den Schiffen angetroffen, welche auf der Bank näher zur afrikanischen Küste segeln, wogegen sie freilich den Vorteil der starken Strömung nach SW verlieren und eine nördlichere Gegenströmung antreffen können.

Die große Nähe dieser Gegenströmungen macht es notwendig, daß der Schiffsort möglichst genau bestimmt sei, ehe man in der Nähe des Kap Agulhas nach NW abhält.

Nordoststürme. Häufigkeit. Diese bilden nur etwa 6½ % aller angetroffenen Stürme; auf der Heimreise sind sie häufiger als auf der Ausreise. Auf der Ausreise ist ihr Prozentsatz größer vom August bis zum Dezember als in den anderen Monaten, außer im Mai; auf der Heimreise fällt der größte Prozentsatz auf Februar, März, April und September.

Lage. NO-Stürme werden vorzugsweise in der Osthälfte des Gebietes angetroffen, und zwar auf der Heimreise fast ausschließlich an der Südostküste von Afrika.

Charakter. NO-Stürme sind im allgemeinen kurz und von geringer Stärke; sie setzen ein, bald nachdem das Barometer angefangen hat zu fallen, und verlieren oft die Stärke eines Sturmes, bevor der niedrigste Barometerstand eintritt. In der Regel folgen ihnen südliche oder südwestliche Winde, die einsetzen, wenn das Barometer zu steigen beginnt. Blitzen tritt zuweilen vor dem Umgehen des Windes nach SW ein. Wenn der SW-Wind zu einem Sturme auffrischt, was er häufig tut, so werden der NO- und der SW-Sturm hier als Teile eines „Ausnahmesturmes" behandelt.

Manöver. NO-Stürme sind zwar im allgemeinen von mäßiger Stärke und von klarem Wetter begleitet, allein eine bedeutende Gefahr liegt darin, daß ihnen gewöhnlich nordwestliche, südwestliche bis südliche, ja selbst südöstliche Winde folgen, und daß diese in vielen Fällen die Stärke eines schweren Sturmes erreichen. Bisweilen setzt der zweite Sturm mit einer plötzlichen Änderung des Windes ein. Auf der Heimreise geht die Änderung von NO- in SW-Wind häufig in ungefähr 30° O-Lg. vor sich. Es ist deshalb große Vorsicht und Beobachten des Barometers, des Wetters, der See usw während eines NO-Sturmes nötig, besonders in der Nähe der Südostküste von Afrika.

In einem NO-Sturm flaut der Wind häufig unter die Stärke eines Sturmes ab, bevor der niedrigste Barometerstand erreicht ist; Blitze erscheinen zuweilen um diese Zeit, und häufig setzt eine Dünung aus der Richtung des kommenden Windes ein. Die Änderung des Windes tritt in der Regel mit dem Steigen des Barometers ein.

Südoststürme. Häufigkeit. SO-Stürme bilden etwa 10 % aller angetroffenen Stürme; sie sind am häufigsten auf der Heimreise, und zwar in den Monaten Februar, März, November und Dezember. Auf der Ausreise wird der bedeutendste Prozentsatz in den Monaten März, Juli, August und September erreicht.

Lage. Auf der Ausreise werden die SO-Stürme im allgemeinen in der Osthälfte des Gebietes angetroffen. Die auf der Heimreise scheinen je nach ihrer Lage verschiedenen Charakter zu haben. Die Schönwetter-Südoststürme, welchen südliche Winde vorhergehen, werden vorwiegend in der Nähe des Kaps der Guten Hoffnung angetroffen, während jene SO-Stürme, welchen nördliche Winde vorhergehen, die erst um die Zeit des niedrigsten Barometerstandes in SO übergehen, vorwiegend im Ostteile des Gebietes getroffen werden.

Charakter. Den SO-Stürmen gehen entweder

a) N- und NW-Winde vorher[1]) oder
b) S- oder SO-Winde.

Jene, a), gleichen SW-Stürmen; sie setzen ein, nachdem der niedrigste Barometerstand vorüber ist, und vor dem Umgehen des Windes von N nach S wird häufig Blitzen beobachtet.

---

[1]) Diese SO-Stürme sind auf S. 245 mit SO* bezeichnet.

Diese, b), zerfallen wieder in:

α) Schönwetterstürme, die meistens in der Nähe des Kaps der Guten Hoffnung, besonders in den Sommermonaten, angetroffen werden. Sie werden von einer sehr geringen Abnahme des Luftdruckes begleitet und stehen in engen Beziehungen zu den SO-Winden, welche um diese Jahreszeit in der Tafelbai und Simonsbai gewöhnlich sind;

β) SO-Stürme, die der Südwestseite zyklonischer Windsysteme angehören, die sich nach S oder SO fortbewegen. Diese sind von schlechtem Wetter begleitet und zuweilen sehr heftig; mit dem Fortschreiten des Sturmes krimpt der Wind häufig bis zu einer Richtung westwärts von Süden; die Änderung geschieht in der Regel, nachdem der niedrigste Barometerstand vorüber ist.

Fallendes Barometer bei südlichem Winde und drohendem Wetter ist eine sehr brauchbare Warnung in diesem Meeresteile.

Manöver. Die Windsysteme, zu denen die von westlichen Winden eingeleiteten SO-Stürme gehören, zeigen Windänderungen, wie sie dem Vorübergange eines barometrischen Minimums auf einer nordöstlich gerichteten Bahn entsprechen. Wenn es nötig befunden wird, beizudrehen, so sind auch hier Backbordhalsen vorzuziehen, weil das Schiff sich in der linken Hälfte des Sturmsystems befinden wird und beim Ausschießen des Windes aufluven und gegen die See zu liegen kommen soll. Die von schlechtem Wetter begleiteten SO-Stürme, denen südöstliche Winde vorhergehen, bilden einen Teil der rechten Seite eines nach Südosten sich bewegenden Sturmsystems, und in diesen ist zum Beidrehen den Steuerbordhalsen der Vorzug zu geben.

Die von schönem Wetter begleiteten SO-Stürme, welchen SO-Winde vorhergehen, sind leicht zu behandeln, obwohl sie oft mit schweren Stößen vom Tafelberg in die Tafelbai herunterwehen und es einem Segelschiffe sehr schwierig machen, den Ankerplatz zu erreichen.

Ausnahmestürme. Häufigkeit. Etwa $16^1/_2$ % aller Stürme sind zu dieser Gruppe gerechnet, und zwar war das Verhältnis auf der Ausreise ungefähr dasselbe wie auf der Heimreise. Wie die übrigen Stürme, so sind auch diese weit häufiger im Winter als im Sommer.

Lage. Ausnahmestürme werden — besonders auf der Heimreise — häufiger in der Osthälfte als in der Westhälfte des Gebietes angetroffen. Im Winter erstrecken sie sich weiter westwärts; mehrere wurden auch in der Nähe des Kaps der Guten Hoffnung angetroffen.

Charakter. Zu den „Ausnahmestürmen" werden diejenigen Stürme gerechnet, die rasch aus einem Viertel der Windrose in ein anderes umsprangen oder aus einem anderen Grunde nicht unter die vorhergehenden Klassen eingereiht werden konnten. Besonders gefährlich sind die Stürme, welche schnell aus NO nach NW oder SW gehen. Stürme dieser Art werden häufig angetroffen, besonders jedoch an der Südostküste von Afrika. Horsburgh scheint sich in der folgenden Bemerkung auf S. 89 der 8. Ausgabe seines „Directory" auf solche Stürme zu beziehen: „Wenn sich der Wind von SO oder OSO nach NO änderte, so waren die holländischen Kapitäne von ihrer Gesellschaft angewiesen, das Großsegel festzumachen. Wenn Blitzen im Nordwestviertel sich zeigte, so sollten sie halsen und kleine Segel machen; denn im ersten Falle erwartete man einen schweren Sturm aus NW, und wenn Blitzen in dieser Richtung zu sehen war, war man der Ansicht, der Sturm werde mit einem plötzlichen Umspringen oder einem Wirbelwind beginnen, der verhängnisvoll werden könnte, wenn das Schiff die Segel back bekäme."

Manöver. Es ist nicht möglich, so zu manövrieren, daß man die Begegnung mit einem Ausnahmesturme vermeiden könnte, der plötzlich von einem Viertel des Horizontes nach einem anderen umspringt, so daß, wenn Blitzen und andere Wetteranzeichen oder die Richtung der Dünung solch eine Änderung anzeigen, die wesentlichste Vorsichtsmaßregel im Befolgen der obigen Instruktion und in der Verkleinerung der Segelfläche, namentlich am großen und Besanmast, liegt. Diejenigen Stürme, welche nur von NO nach NW drehen, und in denen das Barometer mit Umgehen des Windes nach NW zu steigen beginnt, scheinen zu den östlichen und nordöstlichen Quadranten zyklonischer Windsysteme zu gehören, die sich auf einer südöstlichen Bahn bewegen. In dieser Lage würde sich das Schiff in der linken Hälfte des Sturmsystems befinden und müßte, wenn es genötigt ist beizudrehen, dies über Backbordhalsen tun.

In denjenigen Stürmen, die schnell von NO nach SW drehen, geht der Wind in der Regel durch N, NW und W, so daß in diesem Fall ebenfalls Backbordhalsen beim Beidrehen vorzuziehen sind.

Sturm am 22. April 1877. Über diesen Sturm ist bereits in den Annalen der Hydr. usw. 1877, S. 550 bis 555 nach den Aufzeichnungen von neun deutschen Schiffen berichtet worden. Hier geben wir nun einen Auszug aus zwei Tagebüchern wieder. Über den Gang läßt sich nur so viel sagen, daß das Gebiet niedrigsten Luftdruckes langsam ostwärts wanderte, indem es zuerst im Westen, zuletzt OSO von dem Schiffe lag.

„Deike Rickmers", Kapt. J. Gennerich.

Zeit 1877.		Br. Süd °	Länge Ost °	Luftd. mm	Temp. °C.	Wind	Wett.
21./4.	Mittag	35,9	20,3	753,0	20,3	NNW 6	o r
	4h N	36,0	20,4	749,1	20,2	NW 6	o r
	8h N	36,0	20,5	744,0	18,9	NW 8	o r
	Mn	35,9	20,7	743,6	17,5	WNW11	o r l
22./4.	4h V	35,9	20,8	744,0	17,4	WNW11	o r l
	8h V	35,9	20,9	747,4	16,5	WNW11	o r l
	Mittag	35,9	20,9	750,3	16,9	WNW10	o r
	4h N	35,8	21,0	754,4	16,1	W 9	o p
	8h N	35,7	21,1	757,5	15,4	W 7	o p

„Armin", Kapt. F. Ruhase.

Zeit 1877		Br. Süd °	Länge Ost °	Wind
21./4.	Mittag	35,8	22,8	NNW 4
	4h N	35,7	22,3	NNO 4
	8h N	35,7	21,8	NNO 5
	Mn	35,9	21,8	NW 11
22./4.	Mittag	36,2	21,8	WNW11
23./4.	„	36,8	22,2	NW 11
24./4.	„	38,3	22,1	WSW 9
	8h N	38,4	22,0	WSW 11
	Mn	38,4	21,8	SW 9

Einige Auszüge aus Stürmen beim Kap westlich von 20° O-Lg

Bemerkung: ↓ fallendes, ↑ steigendes Barometer.

	Zeit	Ort Breite Süd	Ort Länge Ost	Anfang	Höhe	Ende	Dauer h	Barom. mm	Stunde h	Schiffskurs	TB.-Nr.
1)	88 IV./12.	36°	18°	NNW 8 ↓	N 12 ↓	WSW 9 ↑	34	746	13. 4 V	W	2980
2)	93 XII./11. 13.	34°	16°	SSO 9	SSO 11 ↓	SO 8 ↑	52	751	12. 4 V	O	4578
3)	88 VII./30.	32°	15°	S 8 ↓	SSW 10/11 ↓	S 8	18	758	31. 4 V	W	3066
4)	95 VIII./11.	35°	18°	NNW 8 ↓	WNW11/12↑	W 8 ↑	28	749	1 V	W	4420
5)	90 IV./2.	43°	18°	NzW 8 ↓	NzW 12 ↓	SzW 8 ↑	42	745	Mittag	O	3519
6)	87 IX./14.	41°	17°	NNW 8 ↓	NNW 11	WSW 8	112	747	16. 8 V	O	2944
7)	95 VII./29.	36°	18°	W 10	WSW 11 ↑	WSW 8 ↑	16	758	4 V	W	4402

1) „Ellen Rickmers", Kapt. W. Neelen. 2) „Terpsichore", Kapt. F. Kelkenberg. 3) „Speculant", Kapt. O Kampehl. 4) „Erwin Rickmers", Kapt. H. Schütte. 5) „Undine", Kapt. L. Bielenberg. 6) „Arcona", Kapt. G. Lübken. 7) „Renée Rickmers", Kapt. J. H. Westermeyer.

Vergleiche auch Tafel 25 des Atlasses, 2. Aufl.

IX.

Stürme auf der Mitte des Südatlantischen Ozeans.

(S. Tafel 25 des Atlasses, 2. Aufl.)

Stürme zwischen 0 und 30° W-Lg. In noch höherem Grade als der östliche Teil dieses Ozeans ist seine Mitte zwischen dem Äquator und 30° Br. frei von Stürmen, so daß sie von englischen Schriftstellern als „der wahre Stille Ozean der Welt" bezeichnet worden ist. Erst jenseits 30° S-Br., im Gebiete der vorherrschenden westlichen Winde, werden einzelne Stürme von bedeutender Ausdehnung und Stärke angetroffen. Wir besitzen noch keine gründliche Untersuchung über die Stürme dieses Meeresteiles, begnügen uns mit dem Hinweis auf die Tafel 28 und mit einigen Beispielen.

Einige Beispiele.

Sturm am 23. Oktober 1881 im mittleren Teile des Südatlantischen Ozeans, beobachtet von der Elsflether Bark „Triton", Kapt. G. REINICKE, der Bremer Bark „Fürst Bismarck", Kapt. W. VAN DER VRING, dem Hamburger Vollschiffe „Dorothea", Kapt. O. MEHLHOSE, dem Bremer Vollschiffe „Wilhelmine", Kapt. J. SCHÄFFER, und der Hamburger Bark „Adolph", Kapt. R. MOHR.

Das barometrische Minimum bewegte sich sehr langsam — im Mittel nur 7½ Sm die Stunde — längs dem 30. Breitengrade ostwärts.

„Triton", Kapt. G. REINICKE.

Zeit 1881		Br. °	Lg. °	Luftdr. mm	Temp. °	Wind	Bewölk.	Wetter	Bemerkungen
22./10.	Mn.	31,5 S	29,1 W	752,4	17,9	N 10	ni 10	r	Starker Regen; der hart zunehmende Wind veränderte sich von NO nach N.
23./10.	4h V	32,2 „	27,2 „	749,2	17,3	N 4	b	f	Hohe, durcheinander laufende See aus N und SSO.
	8h V	32,3 „	26,8 „	751,1	18,8	N 2	ci 5	c	Ganz flaue Brise.
	Mittag	32,4 „	26,7 „	751,5	21,2	Still	str ci 9	m	Leichte Mallung u. Windstille.
	4h N	32,3 „	26,6 „			Mallung	str 10	u	Mallung.
	8h N	32,1 „	26,5 „	754,7	16,2	SO 11	o 10	g q	Der aus SO einsetzende Wind nahm in kurzer Zeit bis zum wütenden Orkane zu.
	Mn	31,9 „	26,5 „	756,5		SO 10	ni 8	g	Gegen Mitternacht nahm die Windstärke etwas ab.
24./10.	4h V	31,7 S	26,4 „	757,0	15,6	SO 10	str cu 10	g	Sturm abnehmend, furchtbar hoher Seegang.
	8h V	31,5 „	26,3 „	757,5		SO 10	str cu 10	d	
	Mittag	31,3 „	26,3 „	758,9	14,6	SO 9	ni 10	d m	Harte Böen.
	4h N	31,1 „	26,1 „	759,5	15,0	S 9	ni 10	m	
	8h N	31,0 „	26,1 „	760,8	14,9	S 9	str cu 8	m	
	Mn	30,9 „	26,0 „	760,9	14,1	SSO 8	ni 8	g d	Abnehmender Sturm und Seegang.
25./10.	Mittag	31,2 „	26,1 „	762,5	15,5	SSO 6	cu 5	q	Böen mit Regen.
26./10.	Mittag	30,8 „	24,7 „	764,6	18,1	SO 2	cu 7	c	

S. „Fürst Bismarck", Kapt. W. VAN DER VRING, beobachtete das Barometerminimum 759 mm am 23. Okt. 8 Uhr V in 27,5° S-Br. 28° W-Lg. bei WNW 7, den stärksten Wind, S 8, am 24. Okt. von 8 bis 12 Uhr V in 30° S-Br. 25° W-Lg.

S. „Dorothea“, Kapt. O. Mehlhose, beobachtete das Minimum 748 mm am 23. Okt. um 4 Uhr V bei NW 7, und danach schwere SSO-Stürme vom 23. Okt. 8 Uhr N in 31° S-Br. 27° W-Lg. bis 24. Okt. 8 Uhr N in 31° S-Br. 25° W-Lg.

Bemerkungen am 22. Oktober: Blitzen im NW und SW. Fortwährend dichter Regen; steifer, böiger Wind bei drohend aussehender Luft. Am 23. Oktober: Steifer Wind und Staubregen. Um 4 Uhr V abnehmender Wind, Nebelluft, um 8 Uhr V nahezu Windstille, um 6 Uhr V wurde ein niedrigster Barometerstand von 747,2 mm beobachtet. Um 10 Uhr V kommt leichter Südwind durch, der sehr rasch stärker wird und nach 4 Uhr N als Sturm in schweren Böen weht. Am 24. Oktober herrscht während des ganzen Tages ein stürmischer, böiger Wind, der sich erst im Laufe des 25. Oktober allmählich mäßigte. Am 26. Oktober sank der südliche Wind zur ganz flauen Brise herab.

S. „Adolph“, Kapt. R. Mohr, beobachtete das Minimum, 749 mm, am 23. Okt. 4 Uhr V und schweren SO-Sturm danach von 8 Uhr V in 33° S-Br. 26° W-Lg. bis zum 24. Okt. 4 Uhr N in 32° S-Br. 27° W-Lg.

Bemerkungen am 22. Oktober: Unbeständiger, zunehmender Wind. See aus SSW und N gegeneinander laufend. Regnerisches Wetter. Nach 8 Uhr V wird der Wind stürmisch und es mußten Segel geborgen werden. Gegen das Ende des Tages nimmt die Windstärke wieder ab. Am 23. Oktober Blitzen in S und SW; Wind und Seegang nehmen wieder ab, und um 8 Uhr V weht nur noch flaue Brise. Am Nachmittage läuft der Wind um nach SO, nimmt dann rasch an Stärke zu, und von 8 Uhr N an weht ein voller Sturm aus SO. Dieser Sturm hält an bis zum Mittage des 24. Oktobers und nimmt erst in der zweiten Hälfte dieses Tages allmählich ab. Während des 25. Oktobers verlor der SO-Wind noch mehr an Stärke, und am 26. Oktober endet derselbe in Windstille.

Orkan vom 24. September 1896.

Schiff „J. W. Wendt“, Kapt. L. Lass, 1896 24./25. Sept. W-Orkan in 39° S-Br. 9° W-Lg. (siehe Auszüge Nr. 1, folgende Seite).

Bemerkungen. Bis 2 Uhr N flau, dann auffrischend; dick von Regen. Wind stürmisch werdend, sehr schnell fallendes Barometer. Stetiger Regen und sehr drohende Luft. Machten alle Segel bis auf U.-Marssegel und gereffte Fock fest. Gegen 8 Uhr N raumte der Wind nördlicher, wurde um 9 Uhr N zum schweren Sturm. Bis 11 Uhr N fiel das Barometer. Es fing dann orkanartig an zu wehen, und der Wind holte langsam, Strich für Strich westlicher.

Nach Mitternacht von $12^1/_4$ bis $1^1/_2$ Uhr V wehte fast ein voller Orkan. Die See war nur Gischt; der Mond, der sehr tief in den Wolken saß, kam mitunter durch; dann bildete sich vom Staub des Meerwassers ein Regenbogen. Es wehte dermaßen, daß das ganze Schiff zitterte. (Stählernes Vollschiff von 1745 Tonnen.) Um 1 Uhr V lief es, vor nur zwei Unter-Marssegeln und gereffter Fock, nicht weniger als $12^1/_2$ bis 13 Knoten. Nach 2 Uhr V legte sich der Sturm merkwürdig rasch und das Barometer stieg noch schneller als es gefallen war. Daß das Barometer innerhalb 5 Stunden 16 mm steigt, ist gewiß selten. Der Wind krimpte dann wieder durch N nach O, leicht und mäßig.

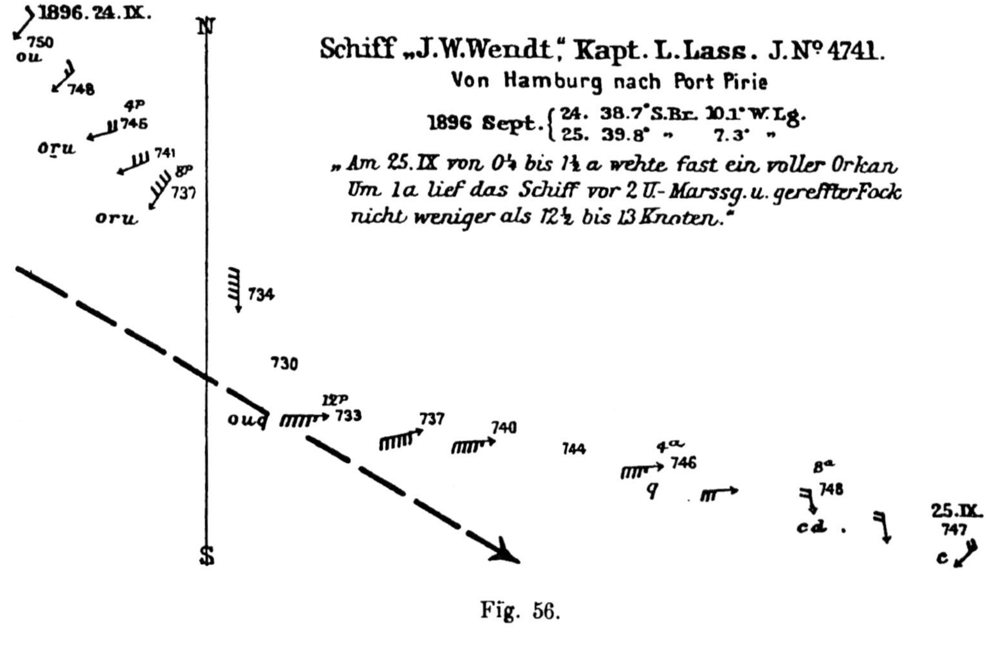

Fig. 56.

Einige Sturmauszüge zwischen 0° und 30° W-Lg.

Bemerkung: ↓ fallendes, ↑ steigendes Barometer.

	Zeit	Ort Br. Süd	Ort Lg. West	Anfang	Höhe	Ende	Dauer h	Barom. mm	Stunde h	Schn. Windänderung	Schiffskurs	TB.-Nr.
1)	96 IX./25.	39°	9°	NO 8 ↓	WSW11/12↑	W 8/9 ↑	10	730	24. 11 N	[illegible]*	O	4741
2)	95 III./7.	39°	28°	NNO 8/9 ↓	NW 11	WSW 8↑	34	737	2 N	[illegible]	N	4368
3)	95 VIII./23.	37°	10°	NO 8/10 ↓	WNW 11/12	SW 8 ↑	28	740	8 N		O	4605
4)	95 IV./15.	41°	28°	NNO 8 ↓	NNO' 11	NNO 8 ↑	26	757	4 V		N	4350
5)	95 V./14.	39°	5°	OSO 11 ↓	OSO 12 ↑	SO 8 ↑	12	740	Mittag		O	4520
6)	95 X./26.	37°	18°	S 10	S 11	SW 8	14	743	8 V	[illegible]	N	4583
7)	94 V./20.	36°	28°	W 8 ↑	W 11 ↑	W 8 ↑	56	744	18. 2 N		N	4178
8)	94 VII./1.	34°	29°	NW 8 ↓	SW 9/11	SW 8 ↑	44	754?	2 N		N	4207
9)	87 XI./17.	40°	3°	WSW 9 ↑	SW 11 ↑	SW 8 ↑	12	761	Mn		O	2982

1) „J. W. Wendt", Kapt. L. Lass. 2) „H. Bischoff", Kapt. W. J. Schwarting. 3) „Lake Ontario", Kapt. W. Pundt. 4) „Pestalozzi", Kapt. J. E. Jensen. 5) „Carl", Kapt. J. B. Hashagen. 6) „Montrosa", Kapt. P. v. Ehren. 7) „Diamant", Kapt. C. L. Jensen. 8) Maria Mercedes„, Kapt. R. Dade. 9) „Helicon", Kapt. J. F. Herrenbrodt.

* 8 Strich in 2 Stunden links herum.

X.

Stürme im westlichen Teile des Südatlantischen Ozeans.

(Siehe Tafel 25 des Atlasses, 2. Aufl. und Annalen der Hydr. usw. 1897 S. 58.)

„Gemma"-Sturm in 18° S-Br. 31° W-Lg. Der Südatlantische Ozean zwischen dem Äquator und dem 30. Breitengrade unterscheidet sich von der gleichen Breitenzone nördlich von der Linie auffallend durch die nahezu völlige Abwesenheit größerer Stürme. Den westindischen Orkanen ähnliche fehlen im Südatlantischen Ozean. Die seltenen Stürme dieser Gegend zeigen bei geringen Änderungen des Barometers einen anderen Charakter, besonders auch eine geringere Stärke.

Kapt. H. Beenke, Führer der Oldenburger Brigg „Gemma" am 17. November 1879 in 18° S-Br. und 31° W-Lg., beobachtete und berichtete folgendermaßen (vgl. Annalen der Hydrographie usw. 1880 S. 171): „Nachdem am 16. November bei leichtem, von SW nach SO drehendem Winde regnerisches Wetter, am Morgen des 17. November für eine kurze Zeit Windstille geherrscht hatte, wurde am Nachmittage des 17. der vorher in Stärke 3 wehende SO-Wind allmählich stärker. Er führte Regenschauer herbei und lief gleichzeitig südlicher. Aus SW und aus NO lief eine hohe Dünung; gegen 5 Uhr N nahm die NO-Dünung so zu, daß der Bug des Schiffes fortwährend unter Wasser gesetzt wurde und wir uns aus diesem Grunde gezwungen sahen, alle Segel bis auf die Untermarssegel festzumachen. Im NO sah die Luft sehr drohend aus; Böen zogen von dort her gegen die Richtung des zurzeit aus S wehenden Windes, ohne viel Regen zu bringen. Der Wind veränderte sich unterdessen von SSO durch S nach SW und WSW und wurde stürmisch. Um 6 Uhr N wehte Sturm in Stärke 9 aus SW. Nach 8 Uhr N ging der Wind auf WSW und flaute etwas ab. Um 9½ Uhr N trat plötzlich Windstille ein; die See lief alsdann hoch, pyramidenförmig, und stürzte wild aus allen Richtungen zusammen. Von Zeit zu Zeit kamen aus SW starke Windstöße, auf die wieder Stille folgte. Einen starken Windstoß beobachtete ich aus nördlicher Richtung, der nur in einiger Höhe über dem Meere auftrat; denn während am Deck totale Windstille herrschte, heulte der Wind in der Takelung und gegen die backliegenden Marssegel. Die merkwürdige Erscheinung dauerte etwa eine Minute. Um 12 Uhr N setzte eine flaue nordwestliche Brise ein; auch nahm von dieser Zeit an die Dünung ab. Bis 2 Uhr V am 18. November blieb der Wind NW, später lief er allmählich nach SW zurück und nach 4 Uhr V herrschte aus SW frische Brise." Der Barometerstand wurde durch dieses Wetter nicht nennenswert beeinflußt. Der mittlere Stand war am 17. November, auf 0° C zurückgeführt, 760,6 mm, also nur wenig niedriger als am 16., wo 761,7 mm, und am 18. November, wo 762,8 mm beobachtet wurde. Die tägliche Periode in der Veränderung des Luftdrucks erlitt keine Unterbrechung.

Stürme vor dem La Plata, Pamperos. (Vgl. auch S. 70 ff.) Die häufig mit großer Kraft und Plötzlichkeit losbrechenden südwestlichen Winde in der Nähe des

Rio de la Plata werden als Pamperos bezeichnet. Abgesehen davon, daß zuweilen auch schwächere Winde aus südwestlicher Richtung mit diesem Namen belegt werden, sind zwei verschiedene Klassen von Pamperos zu unterscheiden: die länger anhaltenden Winterpamperos, die in ihrem Verlauf und ihren Eigenschaften etwa zwischen den „Nordern“ vom Golf von Mexiko und den Nordweststürmen der deutschen Nordseeküste, noch mehr aber der Ostküste der Vereinigten Staaten stehen, und die Sommerpamperos oder Turbonadas, die kurz dauernde Gewitterböen von sehr kräftiger Ausbildung sind und von Dr. Burmeister und anderen als echte Pamperos im engeren Sinne bezeichnet werden. Übrigens ist dieser Unterschied, bei dem geringen Unterschied der Jahreszeiten in diesen Gegenden, durchaus nicht streng an die Jahreszeiten gebunden. Namentlich im Frühling, wo sie am häufigsten sind, werden beide Arten abwechselnd vorkommen, so wie sie auch verbunden auftreten. Beiden gemeinsam ist es, daß dem Pampero nördliche Winde mit großer Wärme vorhergehen, und daß er mit einem plötzlichen Ausschießen des Windes aus nordwestlicher nach südwestlicher Richtung und starker Abkühlung eintritt. Aber der Winterpampero, obwohl auch er gewöhnlich mit einer Bö einsetzt und in Stößen weht, kann mehrere Tage mit stürmischer Stärke bei meist heiterem Wetter anhalten, während in der Turbonada in der Regel nur der erste Stoß von der Dauer von 10 bis 30 Minuten heftig — in einigen Fällen außerordentlich heftig — ist und der Wind darauf abnimmt und in wenigen Stunden unter Umgehen nach S und SO ganz abflaut. Wenn wir die Turbonadas als Gewitterstürme bezeichnen, so ist damit der Charakter der Erscheinung richtig getroffen, obwohl sie durchaus nicht immer von Blitz und Donner und auch nicht in allen Fällen von Regen begleitet sind. Allein auch in Europa ist dies bei Stürmen, die im übrigen den entschiedenen Charakter von Gewitterstürmen tragen, nichts Seltenes, besonders in den trockeneren Teilen des Landes. Am La Plata scheinen übrigens diese kurzen Stürme die auch in Europa bemerkbaren Züge, wie das Umlaufen des Windes, die Abkühlung, die Plötzlichkeit des Losbrechens und den eigentümlichen bogenförmigen Wolkenwulst (s. S. 159) auf ihrer Vorderseite, namentlich wenn sie kräftigen Regen bringen, noch bedeutend ausgeprägter zu zeigen als bei uns.

Über das Auftreten der Pamperos am Lande möge man die Angaben auf S. 70ff. vergleichen. Die folgenden Beispiele sollen ihre Erscheinung auf hoher See veranschaulichen. Die ersten beiden führen uns einen länger andauernden Winterpampero vor, das dritte, obwohl es sich auf den März bezieht, einen Sommerpampero, eine nur 20 Minuten währende Gewitterbö, hinter der übrigens auch in diesem Falle frische bis steife südwestliche Winde den ganzen Tag darauf folgten.

Pampero vom 13. Oktober 1880, beobachtet an Bord der von Liverpool nach Valparaiso bestimmten Altonaer Bark „Valparaiso“, Kapt. H. F. F. Meyer.

Zeit		Br. S °	Lg. W °	Luftdr. mm	Temp. °	Wind	Bewölk.	Wetter	Bemerkungen
13./10.	8h V	35,1	46,7	759,5	17,5	NO 6	10	o r	Der Mond hatte einen großen Hof. Grau überzogene Luft, durch welche schwarze Wolken, die von NW überzogen, unterscheidbar waren.
	Mittag	35,4	47,0	755,5	17,4	NNO 8	10	o r	Von 10½ bis 11½ Uhr V heftiger Sturm aus NO.
	4h N	35,6	47,2	752,0	18,5	veränd.	10	o m	Leichte, veränderliche Brise.
	8h N	35,8	47,3	750,5	15,2	S 10	10	o m	Um 7 Uhr N nahezu Windstille; um 7 Uhr 50 Min. voller Sturm aus S.
	Mn	35,7	47,4	754,0	15,5	SSW 10	cu str 8	c u	
14./10.	4h V	35,6	47,4	755,7	14,7	SW 9	cu 6	c	
	8h V	35,5	47,5	759,2	15,4	SSW 8	cu 3	c	
	Mittag	35,7	47,4	759,9	16,6	SSW 7	cu 3	c	

Der nordöstliche Wind, der das Schiff schon vom 10. Oktober von 30° S-Br. und 41° W-Lg. ab begleitete, nahm allmählich an Kraft zu, bis er schließlich am 13. Oktober Morgens von $10^1/_2$ bis $11^1/_2$ Uhr als heftiger Sturm wehte. Als darnach der bis dahin heftige Regen nachließ, wurde die Windstärke geringer und das Wetter heiterer. Um 1 Uhr N klarte der Himmel vollständig auf und es herrschte schönes Wetter bis um $1^1/_2$ Uhr N. Nun bewölkte sich der Himmel wieder und die Luft wurde sehr dunstig. Um $5^1/_2$ Uhr N klarte es von NW her abermals auf, und für eine halbe Stunde war der Himmel blau. Um 6 Uhr N trat Nebel ein, gleichzeitig nahm der Wind mehr und mehr ab, bis es schließlich um 7 Uhr N ganz windstill war. Das dem Steuer nicht mehr gehorchende Schiff fiel ab, bis es NNO anlag. Um $7^1/_2$ Uhr kam leichter Zug aus SSW durch, worauf Kapt. Meyer, voraussehend, daß bald ein Pampero kommen würde, mit dem Schiffe auf B-B. Halsen beidrehte. Um 7 Uhr 50 Min. N kam denn auch der Sturm aus SzW in Stärke 10 bis 11 herangebraust. Um 9 Uhr 10 Min. N erreichte er in einer Bö aus SSW mit Stärke 11 bis 12 seinen Höhepunkt. Nach dieser, etwas Regen mit sich führenden Bö wurde das stark schwankende Barometer ruhiger und der Luftdruck begann langsam zuzunehmen. Von 8 Uhr bis 9 Uhr N war der Himmel noch mit dunklen Wolken bezogen, um 9 Uhr 15 Min. N brach jedoch die Luft und es erschienen einzelne Sterne. Anstatt der um diese Zeit fast ganz verschwundenen See aus NO lief jetzt eine See aus SSW und besonders eine sehr hohe aus SSO. In der zweiten Hälfte des 14. Oktobers nahm die Stärke des Windes noch ferner ab und am Ende des Tages herrschte Windstille. Auf diese Windstille folgte am 15. Oktober wieder ein rasch auffrischender NO-Wind.

Pampero am 28. April 1878, beobachtet von Kapt. A. Bette, Führer des Papenburger Schuners „Lili".

Das Schiff befand sich am 28. April in 31,6° S-Br. und 50,4° W-Lg., nahe unter der brasilianischen Küste bei Rio Grande do Sul. Der in der ersten Hälfte des Tages wehende mäßige NO-Wind wurde Nachmittags ganz flau; der anfänglich klare Himmel bedeckte sich mit aus WNW überziehenden Wolken; Nachmittags war das Aussehen der Luft in NW und S sehr drohend. Um 6 Uhr N bemerkte man, wie es in NW, W und SW blitzte; um 7 Uhr wurde auch Donner gehört. Um 8 Uhr begann es stark zu regnen und eine halbe Stunde später erhielt man aus W und WNW den ersten heftigen Wind. Es wehte in Stößen von Stärke 7 bis 8; dazwischen war es oft fast windstill. Der Luftdruck, der im Laufe des Tages um 5,7 mm abgenommen hatte, betrug um 12 Uhr Nachts 757,9 mm, und nahm von diesem Zeitpunkte an mit dem zur gleichen Zeit südlicher laufenden Winde langsam zu. Die Luftwärme, welche, so lange wie der nördliche Wind wehte, 22° betrug, sank mit dem südwestlichen Winde auf 18,4°. Am 29. und 30. April herrschte Sturm in Stärke 8 bis 9 aus südwestlicher Richtung.

Turbonada am 26. März 1878. Einen Monat früher wurde etwas weiter von der Küste weg ein Pampero beobachtet, welcher nur aus einer heftigen Bö bestand.

Elsflether Schunerbrigg „Merkur", Kapt. J. G. Gefken, 1878, auf einer Reise von Hamburg nach Arica. TB.-Nr. 953.

Zeit 1881		Br. S	Lg. W	Luftdr. mm	Temp. °	Wind	Bewölk.	Wetter	Bemerkungen
26./3.	Mittag	33,7°	48,0°	756,8	27,3	NNW 4	cir.	b	Cirri ziehen aus SW.
	4h N	33,9°	48,5°	755,5	26,6	NNW 4	10	o	Schwüle, drückende Luft. Bedeckter Himmel. Im SSW sehr dicke Luft. Blitzen im NW; ferner Donner hörbar.
	8h N	34,1°	48,7°	754,8	27,1	WNW 4	„	o r t l	
	Mn	34,2°	48,6°	754,3	23,6	WNW 7	„	o l	
27./3.	4h V	34,3°	48,5°	754,5	22,1	WNW 5	„	o	
	8h V	34,4°	48,3°	756,0	21,4	WSW 7	„	o	

Bis $6^1/_4$ Uhr N am 26. März leichte Brise. Mit Sonnenuntergang gewahrten wir Blitzen im Nordwesten und bald darauf hörten wir fernen Donner. Nahmen in Eile alle Segel bis auf doppelt gerefftes Großsegel, Untermarssegel und Vorstängstagsegel weg. Um $6^1/_2$ Uhr N, als das Gewitter gerade über uns war, begann es leicht zu regnen und gleich darauf, etwa um $6^3/_4$ Uhr, kam der Wind so gewaltig herangebraust, daß ein neuer Klüver und ein Großstagsegel, die unglücklicherweise noch nicht hatten festgemacht werden können, in Fetzen zerrissen. Ebenso flog auch das Untermarssegel aus den Lieken. Das Schiff lag platt auf der Seite und war nicht zum Abfallen zu bringen. Der Regen peitschte so entsetzlich, daß es unmöglich war, das Gesicht dem Winde zuzukehren. Die erschreckliche Finsternis wurde nur durch das unaufhörlich stattfindende Blitzen grell unterbrochen. Dauer der etwa 10 bis 11 betragenden größten Windstärke ungefähr 20 Minuten. Nach dieser Zeit nahm die Windstärke ebenso plötzlich wieder ab. Der Wind lief dann westlicher, und während der Nacht wehte frischer WNW-Wind. In südöstlicher Richtung blitzte es auch dann noch fortwährend.

Die Gefahr der Pamperos ist nicht zu unterschätzen; allein ihre Heftigkeit ist übertrieben worden, und sie sind nicht mehr zu fürchten als schwere und plötzliche Böen in anderen Meeresteilen. Natürlich ist Vorsicht nötig, und man hat sich, wenn man von Norden kommend den 31. Grad S-Br. überschritten hat, auf diese stürmischen Ausschießer vorzubereiten, wenn bei nördlichen Winden und drückend warmem Wetter schwere Wolken und Blitzen im Süden bis Westen eintreten. Doch tritt in diesen Meeresteilen Wetterleuchten im südlichen Teil der Kimm des Nachts bei klarem Himmel sehr häufig auf, auch wenn das Wetter beständig schön ist. Größte Eile ist geboten, wenn der erwähnte Wolkenbogen selbst schon erkennbar wird, der die Front der Bö bezeichnet. Im übrigen sind folgende Bemerkungen von Admiral Fitzroy in bezug auf Häufigkeit und Stärke dieser Stürme beachtenswert. „Im Jahre 1828 waren wir nahe daran, durch einen Pampero die Masten zu verlieren und zu kentern, obwohl die Segel alle niedergefiert oder dicht gerefft waren; es ist also klug, ohne Verzug Vorsichtsmaßregeln zu ergreifen, wenn die Anzeichen erscheinen. Es mag sein, daß solch eine Bö, wie wir sie damals hatten, in 30 Jahren nicht wieder angetroffen wird. Von 30 Pamperos sind 20 nicht gefährlich, und manche sind nur gewöhnliche Unwetter von kurzer Dauer, deren Herannahen nicht zu fürchten ist. Jahre können vergehen ohne einen wirklich furchtbaren Pampero; zwischen 1828 und 1833 traten keine von sehr großer Heftigkeit auf, aber im letztgenannten Jahre hatten wir drei von großer Stärke."

Oststürme in See (Suestados). „Kambyses"-Sturm unter der Küste am 20./21. Juli 1890. Der Dampfer „Kambyses", Kapt. Ad. Voss, von der Magellanstraße kommend und nach Norden besimmt, stand am 19. Juli Mittags

t

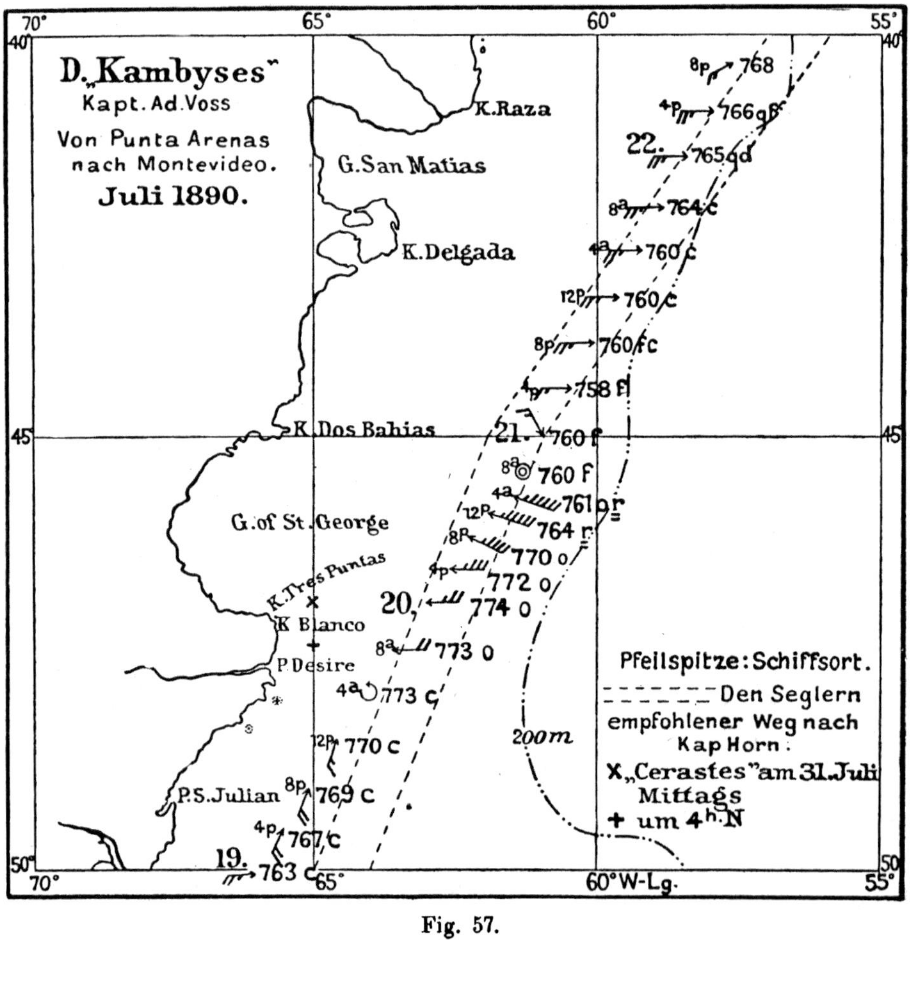

Fig. 57.

in 50° S-Br., 66° W-Lg. Die südwestliche Brise lief am 20. Vormittags bei steigendem Barometer nach Osten (774 mm), um sich dann bei langsam fallendem, aber immer noch hohem Barometer zu einem schweren, orkanartigen Sturm zu entwickeln, der seine Richtung nicht viel änderte. Während der Höhe des Sturmes lag der Dampfer Ost zu Nord an und machte eine Wache lang nur 2½ bis 3 Knoten während er sonst etwa 10 machte.

Am 21. um 8 Uhr V trat Stille, um 10 Uhr V leichter NW ein, das Barometerminimum erst um 4 Uhr N. Danach herrschten westliche Winde bis 40° S-Br.

Der rückkehrende Dampfer befand sich vom 20. bis 22. innerhalb des den Seglern für die Ausreise empfohlenen Weges. Falls die Verhältnisse eine Abweichung von dem Wege bedingen, wird diesen empfohlen, sich an der Landseite zu halten, — mit der Beschränkung: nicht zu dicht unter Land — weil man unter Land erfahrungsmäßig schneller nach Süden kommt. Der kürzeste Abstand dieses Seglerweges von Land in 48° S-Br. ist 70 Sm. Die Schiffsorte des S. „Cerastes“ am 31. Juli (s. Figur 57) zeigen aber, daß sich Segler unter Umständen im Vertrauen auf die vorherrschend westlichen Winde der Küste viel mehr, hier bis auf 30 Sm, nähern. Bei den am 31. herrschenden Verhältnissen gewährte diese Stellung unter der Küste der „Cerastes“ in der Tat gegenüber der 100 Sm weiter östlich stehenden „Iris“ den Vorteil, daß jene nur Windstärke 9, diese 11 beobachtete. Unter anderen Verhältnissen dagegen, wie sie z. B. am 20. Juli, elf Tage früher, herrschten, wäre die Stellung eines Seglers so dicht unter Land bedenklich gewesen; denn bei orkanartiger Windstärke aus Ost hätte er bei der schweren See und bei dem auf Land zu setzenden Strome weder nach Süden noch nach Norden auf die Dauer frei liegen können. Das sind Fälle, wo man mehr Segel führt und führen muß, als das Schiff eigentlich vertragen kann, und wobei es leicht auf die Seite geworfen wird. Das Barometer fiel während des Sturmes von 770 bis 761 mm, und als es nach dem Sturme bei westlicher Brise sein Minimum, 758 mm, erreichte, stand es noch immer 2 mm über dem Mittel für die Jahreszeit und Gegend. Auch der dem Sturm acht Stunden vorhergehende höchste Stand von 774 mm war anscheinend ungewöhnlich. Zwei Tage später, am 23./24., machte der D. „Kambyses“ einen ganz ähnlichen Sturm durch, aber in 36° S-Br. und weniger heftig, zugleich mit der „Iris“.

Auszug aus dem meteorologischen Tagebuche des Dampfers „Kambyses“. Kapt. Ad. Voss, von Punta Arenas nach Montevideo.

Juli 1890.

Tag	Stunde	S-Br. W-Lg.	rw. Kurs	Sm	Wind rw.	Bar. mm	Luft °	Wasser °	Wetter	Bemerkungen
19. Juli	Mitt				WSW 4/5	763	5,7	7,6	b c	Bewegte See.
	4	50° 3'	N 32½° O	38	WSW/SSW 3/4	767	4,9	7,1	b c	Bewegte See.
	8	66° 3'	N 32½° O	36	SSW 3/4	769	4,5	7,0	b c	Ruhige See.
	12		N 32° O	37	SSW 2/3	770	4,2	7,2	b c	Ruhige See.
20. Juli	4		N 32° O	36	Veränd. 0/2	773	5,6	7,1	b c	
	8		N 31° O	36	OzS 3/4	773	6,6	7,8	o	Bewegte See.
	Mitt	46° 59'	N 30° O	35	O 4/5	774	6,7	8,4	o	See zunehmend.
	4	62° 58'	N 33° O	32	Ostsüdöstl. 5/7	772	6,6	8,6	o	See zunehmend.
	8		N 33° O	26	OSO 7/9	770	5,7	8,6	o	Grobe See.
	12		N 33° O	28	OSO 8/10	764	5,7	9,6	o r	Orkanartiger Wind, hohe See.
21. Juli	4		N 32° O	10	OSO 8/10	761	5,7	9,6	o r	Orkanartige Windstöße, hohe See.
			N 74° O	5						
	8	44° 57'	N 74° O	6	Still 0	760	6,0	10,6	f	Beständig dick von Nebel.
		60° 55'	N 32° O	15						
	Mitt		N 32° O	30	NW 2/3	760	6,5	10,6	f	Hohe Dünung v. SO u. O.
	4		N 30½° O	32	Westlich 2/3	758	6,7	10,6	f	Hohe Dünung v. SO u. O.
	8		N 30½° O	40	W 4/5	760	6,6	11,6	f b c	Von WSW durcheinanderlaufende See.

Die Sonderstellung des „Kambyses"-Sturmes. Die Strecke von 40° bis 50° S-Br. auf Ausreisen der Segler gilt allgemein für ruhig, entschieden für ruhiger als die La Plata-Gegend und die Breiten südlich von 50°. Die allgemeine Erfahrung und die Statistik der Stürme bestätigen diese Ansicht. Zugstraßen barometrischer Minima sind hier seltener als nördlich von 40° oder südlich von 50° S-Br.

Die vorherrschenden Winde sind hier westlich, vor allem die frischen und stürmishen Winde. Östliche Winde sind selten; werden südöstliche Winde hier stark und stürmisch, so gilt dies fast nur für den Sommer (November bis Mai); im Winter entwickeln sie meist eine geringere Stärke. Östliche Winde, die stürmisch geworden sind, holen gewöhnlich bald nach Nordost und Nord. Der „Kambyses"-Sturm nimmt in allen diesen Beziehungen eine Ausnahmestellung ein.

Das Barometer stand zu Anfang und Ende des Sturmes hoch, 770 und 761 mm, und zeigte erst einen schnelleren Fall, 1½ mm die Stunde, nach dem Ausbruch. Die gewöhnliche Einleitung, auch östlicher Stürme, ist ein Stand unter dem Mittel, d. h. unter 756 mm, und ein entsprechender Fall. Der „Kambyses"-Sturm gehört zu den seltenen Hochdruckstürmen, worin der Stand des Barometers allein nichts über die Schwere des kommenden Wetters verrät, in denen das Barometer während des ganzen Verlaufes über dem mittleren Stande bleibt und worin der Wind seine Richtung nur wenig ändert.

Über den Seglerweg heißt es: „Es möchte sich empfehlen, noch lieber nach Westen als nach Osten über diesen Weg hinauszugehen." Betrachtet man den „Kambyses"-Sturm, bringt eine Versetzung von 3 Knoten auf Land zu in Rechnung, wie sie innerhalb 50 Sm vom Lande vorkommen soll, so gelangt man zu dem Ergebnis, daß man auf Ausreisen bei hohem Barometerstande von 47° S-Br. an nicht westlich von dem Schiffswege gehen sollte, wenn man auf alles, auch auf solche Ausnahmestürme wie diesen, gerüstet sein will.

Für Segelschiffe, die sich in dieser Gegend westlich von dem eingezeichneten, im allgemeinen empfohlenen Wege befinden, kann ein solcher Sturm, der in jeder Beziehung überraschend kommt und sie in sehr ungünstiger Lage vorfindet, leicht bedenkliche Folgen haben; eher als irgendeiner der anderen Stürme, auch die bei Kap Horn nicht ausgenommen, denn in 48° S-Br. fehlt es an Seeraum, bei Kap Horn meistens nicht.

Oststurm vom 14. Januar 1878, beobachtet von der Bark „Papa", Kapt. H. Bannau, und „van den Bergh", Kapt. B. Rehberg, gleichzeitige Beobachtungen in der Nähe der Küste vom S. „Anna Thormann", Kapt. P. A. Voss.

„Anna Thormann", Kapt. P. A. Voss.

Zeit 1878		Breite S °	Länge W °	Luftdr. mm	Temp. °	Wind	Bewölk.	Wetter
14./1.	Mittag	36,3	53,1	755,4	21,0	SO 7	cu 8	o
	4h N	36,0	52,5	755,1	20,0	SO 8	ni cu 10	o q p
	8h N	35,8	52,0	756,2	19,8	SO 7	ni cu 10	o q
	Mn	35,6	51,6	756,2	19,9	SO 8	ni cu 8	c p q
15./1.	4h V	35,4	51,4	756,4	19,5	SSO 6	cu 3	c
	8h V	35,3	50,7	758,2	20,2	S 8	cu 4	c
	Mittag	35,1	50,1	758,6	20,4	S 6	cu 4	c
	4h N	34,9	49,3	758,5	20,0	S 7	cu 3	c
	8h N	34,7	48,7	759,7	19,8	S 7	cu 2	c
	Mn	34,5	48,0	760,3	19,5	S 7	cu 4	c

„Papa“, Kapt. J. H. Bannau.

Zeit 1878		Breite S °	Länge W °	Luftdr. mm	Temp. °	Wind	Bewölk.	Wetter
14./1.	4h N	40,5	37,2	763,1	15,3	NO 4	ni 10	r 4h
	8h N	40,0	37,2	761,8	15,0	O 6	ni 10	r 4h
	Mn	39,8	37,8	758,2	15,0	O 10	ni 10	r 4h
15./1.	4h V	39,6	38,0	751,0	16,0	O 10	ni 10	r 4h
	8h V	39,5	38,2	747,6	17,0	ONO 10	ni 10	r 4h
	Mittag	39,5	38,4	745,1	18,0	N 8	ni 6	o g f
	4h N	39,6	38,2	743,9	18,0	NNO 8	ni 5	o g m
	8h N	39,7	38,0	744,0	16,0	N 7	ni 10	o g m
	Mn	39,8	38,0	744,1	16,1	N 7	ni 10	o g m

„van den Bergh“, Kapt. B. Rehberg.

Zeit 1878		Breite S °	Länge W °	Luftdr. mm	Temp. °	Wind	Bewölk.	Wetter
14./1.	4h N	41,5	40,2	761,7	15,5	O 4	cu 10	g
	7h N	41,2	40,3	760,6	14,0	O 7	ni 10	g r 1½h
	Mn	41,0	40,2	757,8	14,5	O 10	ni 10	r 4h
15./1.	4h V	40,8	40,0	749,2	14,3	OSO 10	ni 10	r 4h
	8h V	40,7	40,3	745,5	14,9	O 9	ni 10	r 4h
	Mittag	40,6	40,6	741,6	16,7	O 6	bed.	d t

Bei der von Apia nach Hamburg bestimmten Bark „Papa“ bedeckte sich während der ersten Wache nach Mittag am 13. Januar der bis dahin ganz klare Himmel dicht mit Cirren. Kapitän Bannau macht hierzu die Bemerkung, daß die Wolken sich, ohne dabei Fortbewegung zu haben, zu senken schienen. Die südwestliche Dünung legte sich im Verlaufe der Nacht, und das Wasser wurde ganz ruhig. Am 14. Januar Mittags ging der längere Zeit schon sehr schwache Zug in Stille über, und gleichzeitig begann es zu regnen. Um 2 Uhr N kam ein leichter Ostwind durch, der sich nach NO veränderte, später aber wieder nach O zurücklief. Der Wind nahm dann rasch an Stärke zu, der Regen fiel weniger dicht, und die Luft hellte etwas auf. Um 9 Uhr N brach plötzlich ein solch schwerer Sturm über das Schiff herein, daß, um es vor dem Kentern zu bewahren und um Segel bergen zu können, platt vor dem Winde gehalten werden mußte. Es fiel dichter Nebel und herrschte große Finsternis. Um 10 Uhr N, als es in NW etwas heller wurde, hörte es für eine Viertelstunde auf zu regnen. Man konnte dann bemerken, wie die oberen Wolken aus NW zogen, obgleich es in der Nähe des Schiffes ununterbrochen aus O stürmte. Nach kurzer Zeit bedeckten, von Osten her herüberziehend, wieder dichte Wolken den ganzen Himmel. Der in Böen stoßweise wehende Sturm trat wieder stärker auf, bis er um 3 Uhr V des 15. Januar seine größte Stärke erreichte. Um 4 Uhr V wurde der Sturm mäßiger. Der bis dahin fast ununterbrochene Regen endete um 8 Uhr V. Um Mittag am 15. Januar war die Sonne sichtbar, doch war wegen trüber, dunstiger Luft die Kimm nicht zu unterscheiden.

Die von Mejillones nach Hamburg bestimmte Bark „van den Bergh“ berichtet, daß um etwa 4½ Uhr V des 13. Januar sich, von Westen herüberziehend, der ganze Himmel mit leichten Wolken bedeckte, daß aber nach 5 Uhr V der Himmel wieder völlig klar wurde. Um 11 Uhr V verhüllte sich der Himmel abermals mit Cirren, und es war dann ein Hof um die Sonne sichtbar. Am Nachmittage zogen die oberen Wolken rasch aus W, und gegen das Ende des Tages stellte sich dichter Nebel ein. Am 14. Januar Morgens beobachtete man Dünung aus SW, auch wurde häufiges Wetterleuchten in südwestlicher Richtung bemerkt. In NO war eine feststehende Wolkenbank sichtbar. Um etwa 7 Uhr V veränderte sich der ganz schwache Wind durch N nach OSO, doch blieb er in seiner Richtung bis gegen Mittag sehr unbeständig. Um 8 Uhr V beobachtete man den Zug der Cirren als nach SSO gerichtet. Am Nachmittage nahm der Wind rasch an Stärke zu, und am Ende des Tages wehte ein Sturm aus O. Am Morgen des 15. Januar mäßigte sich dieser Sturm, und dann ging gleichzeitig der bis dahin fallende dichte Regen in Nebel über. Der Seegang war sehr unregelmäßig, die westliche Dünung kreuzte sich mit einer aus NO. Nachdem sich in der zweiten Hälfte des 15. Januar der schwach gewordene Wind allmählich nach S verändert hatte, wehte am 16. Januar ein stürmischer SW-Wind.

Einige Sturmauszüge.

Bemerkung: ↓ fallendes, ↑ steigendes Barometer.

	Zeit	Ort	Anfang	Höhe	Ende	Dauer h	Barom. mm	Eintritt des Minimums h	Schnellste Windänderung	Schiffskurs	TB-Nr.
1)	90 VI./11.	37° S-Br. 44° W-Lg.	N 9 ↓	N 11 ↓	SzW 8 ↑	40	753	4 V	10/2 |*	S	3587
2)	95 IV./3.	36° S-Br. 54° W-Lg.	NNO 9 ↓	NNO 11	W 9 ↑	14	750	3 N		N	4434
3)	94 X./18.	40° S-Br. 37° W-Lg.	NO 8 ↓	NO 12	NNO 9 ↑	18	758	Mittg		N	4250
4)	94 VI./18.	35° S-Br. 38° W-Lg.	SO 10	SSO 11	S 8 ↑	48	770	„		S	4208
5)	96 I./30.	33° S-Br. 34° W-Lg.	OSO 8 ↓	S 11 ↑	SW 8 ↑	26	751	„		N	4488
6)	95 VIII./13.	36° S-Br. 51° W-Lg.	SW 11/12 ↑	WSW 12 ↑	WSW 9	64	749	„		S	4494
7)	90 IX./18.	48° S-Br. 45° W-Lg.	OzS 8 ↓	OSO 11 ↓	SzO 8 ↑	58	740	4 V		N	3531
8)	90 XI./12.	49° S-Br. 63° W-Lg.	SW 8 ↑	SW 10(11) ↑	SW 8	34	730	8 V		S	3594
9)	90 XI./17.	46° S-Br. 48° W-Lg.	WzN 9 ↓	SWzW 12	SWzW 8 ↑	10	739	Mittg		N	3543
10)	94 VII./25.	49° S-Br. 65° W-Lg.	NW 8 ↓	W 12 ↑	WSW 9 ↑	72	731	—		S	4248

1) „Birma“, Kapt. F. Hullmann. 2) „J. Schoentjes“, Kapt. W. Bradhering. 3) „Prompt“, Kapt. M. Grapow. 4) „Amazone“, Kapt. H. Morisse. 5) „Preußen“, Kapt. H. Schmidt. 6) „Esmeralda“, Kapt. P. Schober. 7) „Saturnus“, Kapt. G. Höckelmann. 8) „Potrimpos“, Kapt. C. Bahlke. 9) „Theodore“, Kapt. J. G. Nichelson. 10) „Pamelia“, Kapt. H. A. Dehnhardt.

* 10 Strich in 2 Stunden links herum.

Stürme bei den Falkland-Inseln und Kap Horn. Südlich von 40° S-Br. gelangen wir in das Gebiet der mit geringen Unterbrechungen wehenden starken westlichen Winde und des je weiter südwärts, um so tiefer sinkenden Barometerstandes, der von 50° S-Br. südwärts so niedrige Jahresmittel aufweist, wie sie auf Nordbreite nirgends angetroffen werden. Bei einem so großen mittleren Gradienten nach Süden gehören schon sehr bedeutende örtliche Barometerschwankungen dazu, um den Charakter der Druckverteilung wesentlich zu ändern und anders gerichtete Gradienten und Winde hervorzurufen. Nun sind zwar die Barometerschwankungen beim Feuerlande ungefähr ebenso groß wie in den entsprechenden Jahreszeiten auf Island; allein immerhin nicht im Verhältnis zur Größe des mittleren Gradienten; das Vorhalten der westlichen Winde in den Breiten über 35° ist deshalb auf der südlichen Halbkugel bedeutend größer als auf der nördlichen. Dabei sind die Barometerschwankungen am Südende von Amerika im Südwinter beinahe $1^1/_2$ mal so groß als im Sommer (vgl. Ann. d. Hydr. usw. 1882, Heft V), die mittlere Druckabnahme nach Süden hin zwischen Kap Corrientes und Kap Horn aber nur $1^1/_7$ mal ($17^1/_2$ mm im August, gegen 15 mm im Februar [vgl. Atlas 2. Aufl., Taf. 14]); infolgedessen muß im Südwinter häufiger als im Sommer der mittlere südwärts gerichtete Gradient durch nach Osten, Westen oder Norden gerichtete Gradienten ersetzt werden; im Winter müssen also die westlichen Winde häufiger und auf längere Zeit durch S-, N- oder O-Winde unterbrochen werden. Der Unterschied zwischen den Jahreszeiten ist hier weit geringer als im Nordatlantischen Ozean, der Herbst und besonders der Winter sind hier lange nicht so sturmreich.

Der vorwaltende Charakter der Stürme dieses Meeresteiles ist derselbe, den wir schon bei den SW bis NW-Stürmen nördlich von 40° N-Br. und bei den NW bis SW-Stürmen am Kap der Guten Hoffnung besprochen haben; er entspricht auch hier dem gleichzeitigen Vorübergange von einseitig entwickelten Depressionszentren von West nach Ost auf der polaren Seite des Schiffsortes. Der unter Trübung, Regen und fallendem Barometer immer mehr zum Sturme anwachsende äquatoriale (NNW-) Wind schießt nach der polaren Seite (nach SW) aus, wobei Steigen des Luftdrucks, Abkühlung und häufig Aufklaren eintritt; der südliche Wind krimpt dann entweder nach kurzer Zeit (zuweilen schon nach wenigen Stunden) mit aufs neue fallendem Barometer wieder nach NW und N, gewöhnlich mit einer Unterbrechung durch Abflauen, seltener unter fortdauerndem Stürmen; oder er hält gelegentlich auch mehrere Tage aus sehr südlicher Richtung unter allmählichem Nachlassen an, dadurch den von Kap Horn nordwestwärts in den Stillen Ozean segelnden Schiffen erwünschte Fahrgelegenheit bietend.

Weststurm in 45° S-Br. und 38° W-Lg. am 3. Februar 1883.

Der ganz schwache Wind an Bord des „Jupiter" veränderte sich am 31. Januar von W durch N nach NO. Die anfangs dunstige Luft nahm nach Sonnenuntergang ein schmieriges Aussehen an. In südwestlicher Richtung wurde ein heller Blink beobachtet. Am 1. Februar drehte der rasch auffrischende Wind von NO durch N nach NW. Der Wind begann in Stößen von Stärke 8 zu wehen, und ab und zu fiel heftiger Regen. Um 10¹/₂ Uhr V flaute der Wind etwas ab, und Mittags war die Sonne sichtbar. Um 12¹/₄ Uhr Mittags schoß der Wind von Stärke 10 von NW nach SW aus und wehte aus SW bis 4 Uhr N. Dann begann der Wind wieder zu krimpen, und um 11¹/₂ Uhr N schoß der Wind zum zweiten Male von NW nach WSW aus. Dasselbe geschah in einer heftigen Regenbö. Die Stärke des Windes betrug 9. Während des 2. Februar krimpte der stürmische, in Böen und Stößen wehende Wind noch einmal nach NW zurück, so daß schließlich seine Richtung bei Tagesanbruch am 3. Februar NNW war. Während der ersten Stunden am 3. wurde der Himmel etwas heller, besonders nach SO hin, in der Nähe des Scheitels waren Sterne sichtbar, auch zeigte sich der Mond. In nordwestlicher Richtung zeigten sich jedoch noch dichte Wolkenmassen. Um 3 Uhr V fiel, nachdem man kurz vorher Wetterleuchten beobachtet hatte, eine schwere Bö aus WNW ein, und indem sich bis gegen 4 Uhr V der Wind nach W veränderte, nahm er bis zur Kraft des Orkans zu. Die Oberfläche des schaumbedeckten Meeres war verhältnismäßig ruhig, die Luft war von Schaum und Gischt angefüllt. Das Schiff wurde platt vor dem Winde gehalten, bis sich nach 5 Uhr V die Stärke des Sturmes allmählich zu mäßigen begann. Es gab dann noch Böen mit Regen und Hagel. Der Nachmittags wieder etwas nördlicher gelaufene Wind drehte gegen das Ende des Tages nach W zurück, und schließlich endete der Tag bei kräftigem Winde aus W und gutem Wetter. Am 4. Februar wehte ein mehr und mehr abflauender Westwind, und am 5. Februar herrschte leiser veränderlicher Zug und Stille.

Bark „Jupiter", Kapt. C. H. F. Ringe, von Iquique nach Hamburg.

Zeit 1883		Br. S °	Lg. W °	Luftdr. mm	Temp. °C.	Wind	Bewölk.	Wetter	Bemerkungen
31./1.	Mittag	48,8	45,0	759,0	9,3	W 4	cu ci 4	c b	Dunstige Luft.
	Mn	48,5	43,8	753,8	8,6	NO 3	ni 10	o d	Schmieriges Aussehen der Luft. Helle Blinke im SW.
1./2.	4h V	48,5	43,5	746,7	8,3	N 5	ni 10	o d	Zunehmender Wind, dicke, regnerische Luft,
	8h V	48,3	43,2	739,1	11,9	NNW 7	ni 10	o d	Wind in Stößen von Stärke 8 wehend.
	Mittag	48,3	42,8	734,6	11,4	NW 8	ni cu 10	o r	Um 12¹/₄ Uhr V Wind ausschießend von NW auf SW, Stärke 10.
	4h N	47,9	42,4	740,0	10,0	SW 9	ni cu str 10	o $\underline{q}$ d	Drohende Wolkenmassen in NW.
	8h N	47,5	41,9	740,0	9,8	W 8	ni cu 10	o $\underline{q}$ d	Böen mit Regen.
	Mn	47,3	41,4	739,9		WSW 7	ni cu 10	o $\underline{q}$ d	Um 11¹/₂ Uhr N Wind in einer schweren Böe von NW nach WSW.
2./2.	4h V	46,9	41,2	739,8	8,0	W 7	ni cu 8	c q	Böig, Regenschauer.
	8h V	46,6	40,6	740,9	9,4	WSW 7	ni ci 7	c q	
	Mittag	46,3	39,8	741,7	10,6	W 7	ni ci 5	c p	
	4h N	45,7	39,4	741,8	11,8	W 8	ni ci 5	c p	Wind puffig.
	8h N	45,3	38,8	739,6	10,4	NW 8	cu 10	o q	Schmieriges Aussehen der
	Mn	45,0	38,2	734,5	10,8	NW 8	cu str 9	o $\underline{q}$ d	Luft. Wind krimpend.
3./2.	4h V	44,8	37,7	731,5		W 12	ni 10	o r l	Wetterleuchten, Regen, orkanartiger Wind.
	8h V	44,7	36,8	737,2	8,9	WSW 10	str cu 10	o $\underline{q}$ r	Voller Sturm.
	Mittag	44,6	35,7	743,2	9,8	WSW 9	cu 5	o $\underline{q}$ p	Sturm abnehmend.
	4h N	44,4	35,0	745,9	12,2	WNW 8	ni str cu 5	q h	Böen mit Regen und Hagel.
	8h N	44,1	34,5	748,3	9,8	W 7	ni cu 3	c p	Luft bekommt ein besseres Aussehen.
	Mn	43,6	34,2	749,5	9,8	W 6	ni ci 4	c p	Gutes Wetter.
4./2.	Mittag	42,5	33,3	756,5	9,9	W 4	cu 7	c b	Abnehmender Wind und gutes Wetter.

Stürme bei Kap Horn[1]. Die folgenden Bemerkungen des Befehlshabers des britischen Kriegsschiffes „Nassau", Kapt. R. C. Mayne, (1868) über die Windverhältnisse der Magellanstraße geben, nach allem, was aus anderen Quellen hierüber bekannt ist, eine gute Vorstellung über die Winde und Stürme dieser ganzen Gegend, nur daß die W- und SW-Winde auf dem offenen Ozean weniger von heiterem Wetter begleitet sind als in Lee der Küsten von Patagonien und Feuerland. „Westliche Winde sind vorwaltend während des ganzen Jahres, und am östlichen Ende der Straße herrscht fast beständig eine starke Brise mit schweren Böen zwischen NW und SW, bewölkter Himmel und wahrscheinlich Regen, während der Wind nördlich von W ist, und gewöhnlich klares, schönes Wetter mit Sonnenschein, wenn der Wind sich südwärts von W zieht. Der allgemeine Gang des Windes scheint mit NO oder N zu beginnen bei nebligem Wetter oder Regen, worauf rasches Umgehen nach NW und Auffrischen bei fallendem Barometer folgt. Zwischen N und W bleibt der Wind häufig 2 oder 3 Tage, wobei das Wetter aufklart, wenn er nach W neigt; Nebel oder Regen nehmen zu und das Barometer fällt, wenn er nördlicher geht. Bei diesem Winde ist eine entschiedene Aufwärtsbewegung im Barometer ein Zeichen des Ausschießens nach SW, das stets stattfindet, bevor der Wind abflaut oder gutes Wetter erwartet werden kann."

„In der Regel ist der Wind aus SW stärker und mit heftigeren Böen verbunden als der vorhergehende aus NW; eine sichere Warnung für dieses Ausschießen gibt es nicht; zuweilen geht ihm die Anderung des Barometers vorher, aber gewönlich begleitet sie es. Manchmal sieht man schwere Bänke von weißen Cumuluswolken mit harten Rändern und sehr geballtem und festem Aussehen vom S oder SW aufsteigen; jedoch tritt dieses häufiger bei Windstille oder leichtem Luftzuge ein als Vorzeichen eines losbrechenden SW-Windes, denn als ein solches für das Ausschießen eines Sturmes nach SW oder S."

„Das Krimpen des Windes von SW nach NW ist stets von einem Fallen des Barometers oder dem Aufhören des Steigens begleitet. Das Steigen dauert während der ganzen Zeit fort, wo der Wind aus SW weht. Die Änderung des Windes ist indessen in der Regel gleichzeitig mit der des Barometers, und das bloße Aufhören des Steigens des Quecksilbers muß als Anzeige genommen werden, daß der SW-Wind abflaut. Wenn der Wind von N nach NO krimpt, kann dasselbe schmutzige Wetter erwartet werden, das gewöhnlich ist, wenn der Wind von S nach O geht; und allgemein muß der Seemann auf schlechtes Wetter vorbereitet sein, wenn der Wind krimpt, selbst wenn das Barometer dabei nicht fällt."

„Nördlichen Winden gehen häufig niedrige, fliegende Wolken vorher, mit dichtbewölktem Himmel, an dem obere Wolken in großer Höhe erscheinen. Die Sonne scheint trübe hindurch, mit rötlichem Aussehen und mit so undeutlichen Rändern, daß es unmöglich ist, eine Höhe zu nehmen, oft ganze Stunden vor dem Beginn des Sturmes. Zuweilen, jedoch sehr selten, kommen einige Tage mit schönem Wetter bei leichtem Winde aus NNO bis NNW vor. Jeder solcher Tage muß dankbar aufgenommen werden, weil sie nicht vorher gesehen werden können und manchmal bei hohem, zuzeiten aber auch bei niedrigem Barometer eintreten."

„Östliche Winde sind gewiß häufiger und die Straße ist im ganzen weniger windig im Winter (Juni bis August) als im Sommer; aber wenn man diesem möglichen Vorteil die Kälte gegenüberstellt sowie die langen Nächte und kurzen Tage, so ist diese Jahreszeit nicht geeignet, vom Seemann auf einem westwärts bestimmten Schiffe vorgezogen zu werden."

Bei Kap Horn beginnt nur $^1/_{10}$ aller Stürme aus den Richtungen NO bis S. Die aus dem westlichen Halbkreis anfangenden Stürme machen von April bis September $^2/_3$, von Oktober bis März $^4/_5$ aller Stürme aus. Die mittlere Dauer ist 26 Stunden; die im östlichen Halbkreis anfangenden Stürme sind durchschnittlich 4 bis 8 Stunden länger als die Weststürme. Das Barometer fällt bei schweren Stürmen in 50° Br. durchschnittlich 17 mm, in 60° Br. 22 mm. Die Winddrehung läßt sich folgendermaßen schätzen:

[1] Siehe auch Segelhandbuch für den Stillen Ozean XII, östlicher Teil S. 303 ff.

Je näher die Anfangsrichtung des Sturmes bei	1. NNW 2. SSW 3. OSO	liegt, um so	1. bestimmter kann man auf eine beträchtliche Drehung gegen den Uhrzeiger rechnen 2. weniger braucht man überhaupt auf eine Drehung zu rechnen, 3. unbestimmter ist der Sinn und die Größe der Drehung.

Die	1. rechts 2. links	von NW anfangenden Stürme erreichen ihren Höhepunkt	1. meist bei fallendem, 2. noch häufiger bei steigendem	Barometer.

Es ist manchmal behauptet worden, das Verhalten des Barometers zum Wetter sei in der Umgebung von Kap Horn wesentlich anders als in Europa; doch ist dies nur insofern richtig, als der durchschnittliche Stand viel niedriger ist als in Europa. Da die Stürme an räumliche Unterschiede des Luftdrucks gebunden sind und besonders in der Nähe der Zentren des relativ zur Umgebung niedrigen Druckes auftreten, so bedeutet ein Stand von 748 mm in Europa etwas ganz anderes als bei Kap Horn; denn in Europa ist ein solcher Stand ein Zeichen daß man in einer Depression liegt, sei es im Gebiete der starken Gradienten selbst — dann hat man schon Sturm —, sei es im zentralen Gebiete ziemlich gleichförmigen Druckes, woraus man bei der Ortsveränderung der Depression doch nicht anders hinausgelangen kann als durch den meist geschlossenen Ring starker Gradienten und steifer Winde hindurch. Am Kap Horn hingegen ist ein solcher Stand ein Zeichen, daß am Orte normale Verhältnisse herrschen, und da auch für die Umgebung die normalen Barometerstände an und für sich zugleich die wahrscheinlichsten sind, so kann man auch im weiteren Umkreis des Ortes ähnlich niederen Barometerstand und nur ein mittleres Gefälle erwarten. Daß das Sinken des Barometers den äquatorialen und sein Steigen den polaren Winden im allgemeinen nicht vorhergeht, sondern gleichzeitig damit eintritt, gilt ebensogut für Europa wie für Kap Horn; daß ferner das allgemeine Bild im einzelnen viel Mannigfaltigkeit und Abweichungen zuläßt, gilt gleichfalls für beide Gegenden. Auch die soeben angegebenen Hauptzüge des Unterschiedes zwischen Kap Horn und Europa sind selbst natürlich verallgemeinert und Ausnahmen unterworfen, wodurch aber ihre wesentliche Richtigkeit nicht beeinträchtigt wird.

Maurys Sturmstatistik. Um zu zeigen, daß das Verhalten des Barometers bei den verschiedenen Windrichtungen hier ähnlich ist wie in Europa und der mittlere Barometerstand hier besonders in Stürmen viel niedriger ist als in Europa, möge eine ältere Zusammenstellung von MAURY (Nautical Monograph Nr. 2) folgen, die zugleich eine Übersicht über die verschiedene Häufigkeit der Stürme aus den vier Quadranten gibt. Nordweststürme sind danach im allgemeinen etwa 7 bis 8 mal häufiger als Südoststürme. Die Zusammenstellung umfaßt 1429 Stürme aus den Breiten südlich von 40° S-Br., ohne Rücksicht auf die geographische Länge. Die Barometerbeobachtungen sind zwar meist mit unverglichenen Instrumenten gemacht, die Zahlen werden jedoch das Wesen der Sache genügend darstellen.

Breite	Stürme aus N bis O		Stürme aus O bis S		Stürme aus S bis W		Stürme aus W bis N		Insgesamt- u. Normalwerte	
	Zahl d. Beob.	Bar. mm	Zahl d. Beob.	Bar. mm	Zahl d. Beob.	Bar. mm	Zahl d. Beob.	Bar. mm	Zahl d. Beob.	Bar. mm
40 43° S	36	758,4	17	751,6	88	753,4	116	749,3	1703	758,9
43—45° „	30	51,3	11	51,6	72	49,0	88	49,3	1130	56,4
45—48° „	38	47,2	24	49,5	98	48,8	169	46,2	1174	52,6
48 - 50° „	25	45,5	10	48,3	63	45,0	88	43,4	672	51,1
50—53° „	29	48,3	11	45,2	59	45,2	70	41,2	665	48,8
53—55° „	15	44,5	5	38,4	60	42,4	39	41,4	475	45,7
südl. v. 55° S	22	42,7	6	48,0	62	40,9	78	40,1	1126	44,0

Nach neueren Untersuchungen der Seewarte lauten für schwere Stürme die Werte der letzten Spalte rechts:

für 40° bis 43° S-Br. 742 mm, südlich von 55° S-Br. 730 mm.

Näheres findet man im Segelhandbuch für den Stillen Ozean, S. 312.

Einige Sturmauszüge im Osten des Meridians von Kap Horn:

Bemerkung: ↓ fallendes, ↑ steigendes Barometer.

	Zeit	Ort	Anfang	Höhe	Ende	Dauer h	Barom. mm	Eintritt des Minimums h	Schiffskurs	TB.-Nr.
1)	93 VII./24.	57° S-Br. 66° W-Lg.	N 8 ↓	NW 11/12 ↑	NNW 8 ↓	36	740	8 V	W	4313
2)	95 VI./21.	58° S-Br. 63° W-Lg.	N 10 ↓	W 11/12	SW 8 ↑	130	728	1 V	W	4474
3)	94 VI./23.	56° S-Br. 64° W-Lg.	NNO 8 ↓	*SSW10(11)↑	SSW 8 ↑	20	724	4 V	NO	4204
4)	95 VII./12.	54° S-Br. 55° W-Lg.	SO 8 ↓	SSO 11/12	SSO 8	56	743	13. 6 N	NO	4403
5)	95 VII./31.	56° S-Br. 65° W-Lg.	S 11 ↑	S 11 ↑	S 9	22	719	2 V	W	4497
6)	94 IX./24.	52° S-Br. 65° W-Lg.	SW 11	SW 11/12 ↑	WSW 8 ↑	20	733	4 N	S	4289
7)	87 III./28.	57° S-Br. 63° W-Lg.	WSW 10 ↑	WSW 11/12↑	SW 9/10 ↑	20	724	27. 4 N	W	3558
8)	93 XI./5.	56° S-Br. 65° W-Lg.	W 8/10 ↓	SSW 11 ↑	SSW 9 ↑	20	740	8 V	W	4178
9)	88 XII./9.	52° S-Br. 66° W-Lg.	WNW 8	SWzS 11	SzW 11 ↑	20	732	8. 8 N	S	3288
10)	92 I./1.	55° S-Br. 58° W-Lg.	NW 8	WNW10/11↑	W 8 ↑	18	727	1 V	N	4337
11)	95 IV./10.	56° S-Br. 66° W-Lg.	NW 8 ↓	SW 11 ↑	SW 9 ↑	78	723	8. 10 V	NO	4353
12)	95 V./23.	57° S-Br. 65° W-Lg.	NW 10	W 12	SW 11/8 ↑	26	709	22. Mttg.	NO	4370

1) „J. C. Pflüger“, Kapt. F. Wolters. 2) „Nesaia“, Kapt. H. Petersen. 3) „Atlantic“, Kapt. J. G. Gruber. 4) „Senator Versmann“, Kapt. C. Friedrichsen. 5) „Loreley“, Kapt. Chr. Steuer. 6) „Reinbeck“, Kapt. G. Schmidt. 7) „Alida“, Kapt. G. Lange. 8) „Diamant“, Kapt. C. L. Jensen. 9) „Guaymas“, Kapt. G. Burmester. 10) „Olive“, Kapt. J. Bruhn. 11) „Birma“, Kapt. F. Hullmann. 12) „Othmarschen“, Kapt. J. Sälzer.

* Während der Höhe des Sturmes Windstärke 1 für kurze Zeit.

Achter Abschnitt.

Über Gezeiten im Atlantischen Ozean, unter besonderer Berücksichtigung seines nördlichen Teiles.

Von Professor Dr. C. Börgen †.

Im folgenden beabsichtigen wir, auf Grund des zu Gebote stehenden Materials eine kurze Darstellung der im nördlichen Teile des Atlantischen Ozeans auftretenden Gezeiten zu geben, müssen aber vorausschicken, daß vieles, namentlich was die Entstehung und Fortpflanzung der Tiden betrifft, Vermutung bleiben wird, bis wir imstande sind, uns in betreff der Beobachtung von den Küsten frei zu machen und verläßliche Beobachtungen auch von dem tiefen Ozean zu erhalten. Unsere Betrachtungen werden sich daher auch wesentlich auf die an den Küsten beobachteten Tiden beschränken, und wir wollen sie nach folgenden Gesichtspunkten anstellen:

1. Auftreten und Fortschreiten der atlantischen Tiden im allgemeinen.
2. Besondere Eigentümlichkeiten der Tiden an der europäischen und amerikanischen Küste.
3. Beeinflussung der Tiden durch die Annäherung an die Küste, durch die Gestaltung der Küste, und in Flüssen.
4. Strömungen, welche durch die Gezeiten hervorgebracht werden.
5. Ansichten über die Natur der atlantischen Tiden.

I. Das Auftreten und die Fortpflanzung der atlantischen Tiden im allgemeinen.

Wenn wir die Eintrittszeiten des Hochwassers an einer Reihe solcher Küstenpunkte, die als möglichst frei von örtlichen Einflüssen angesehen werden können, miteinander vergleichen, so finden wir, daß im allgemeinen sowohl auf der östlichen wie auf der westlichen Seite des Ozeans das Hochwasser für die nördlicher gelegenen Punkte nach und nach später eintritt als für die südlichen, daß also das Hochwasser von Süden nach Norden fortschreitet. Das Mittel zu dieser Vergleichung bietet eine Tabelle der sogenannten Hafenzeiten, d/h. der Zeitunterschiede, um welche an verschiedenen Orten das Hochwasser am Tage von Neu- oder Vollmond später eintritt als der Meridiandurchgang des Mondes, nachdem sie durch Anbringung der geographischen Länge (östlich mit dem — Zeichen, westlich mit dem + Zeichen) auf die Zeit eines ersten Meridians gebracht worden sind. Auf diese Weise ist die folgende kleine Tabelle entworfen, welche das Fortschreiten der Hochwasserzeit von S nach N zeigt, und zugleich, daß der Tidenhub oder der Unterschied des Wasserstandes bei Hoch- und Niedrigwasser ebenfalls von S nach N, wenigstens bis zu einer gewissen Breite, zunimmt, dann aber bei weiterem Vorrücken sich wieder vermindert.

Östliche Seite. Ort	Hafenzeit Ortszeit	Hafenzeit Greenwich-zeit	Tidenhub m	Westliche Seite. Ort	Hafenzeit Ortszeit	Hafenzeit Greenwich-zeit	Tidenhub m
Tafelbai	2h 40 Min.	1h 27 Min.	1,3	Staten I.	4h 30 Min.	8h 45 Min.	2,4
Angra Pequena	2 30	1 30	2,4	Port William }	5 15	9 6	1,9
St. Helena-Insel	3 11	3 31	0,9	Falkland I. }			
Benguela	3 45	2 51	1,6	Rio Negro	11 0	3 11	3,6
Kongo	4 30	3 41	1,8	Sta. Catharina	2 45	5 59	1,6
Kap Lopez	4 30	3 55	1,5	Bahia	4 26	7 0	2,4
Kap Palmas	4 30	5 1	1,2	Parahyba	5 10	7 29	3,0
Monrovia	6 0	6 43	1,8	Jericoacoara	5 15	7 57	2,1
Goree	8 8	9 18	1,5	Cayenne	4 16	7 45	1,8
Ferro	0 30	1 42	2,5?	Maracas B: Trinidad	3 30	7 30	1,4
Funchal	0 48	1 56	2,1	Martinique	4 0	8 5	0,4
Lagos	2 7	2 42	4,0	Anegada	9 0	1 17	0,5
Oporto	2 30	3 4	2,7	Abaco	8 0	1 9	0,9
Kap Finisterre	3 0	3 37	—	St. Augustine	8 21	1 47	1,4
Ouessant	3 32	3 52	5,0	Ossabaw Sd.	8 19	1 43	2,2
Kap Clear	4 0	4 38	2,3	Winyah B.	7 56	1 12	1,2
Valentia	3 42	4 23	2,9	Hatteras Inlet	7 4	0 6	0,6
Achill Beg	5 14	5 55	2,8	Kap Henry	7 40	0 44	1,2
Heynish }	5 30	5 58	2,8	Sandyhook	7 29	0 25	1,6
Tiree I. }				Block I.	7 36	0 22	1,0
St. Kilda	5 30	6 4	4,7	Sable I. Südseite	6 30	10 30	1,2
Kap Wrath	7 30	7 50	—	Halifax	7 49	0 3	1,6
Sumburgh Head	9 45	9 50		Kap Race	7 0	10 32	1,8

Die in der vorstehenden Tabelle enthaltenen Orte sind möglichst so ausgewählt, daß sie frei gelegen sind und man annehmen kann, daß sie die aus der offenen See an die Küste tretende Flutwelle ziemlich rein erhalten. Letzteres ist indes gewiß nur zum Teil zutreffend, denn der der Küste überall vorgelagerte, allmählich abfallende Streifen flacheren Wassers muß die Flutwelle nicht unerheblich beeinflussen, und zwar kann dieser Einfluß, weil der Streifen verschiedene Breite hat, für verschiedene Orte sehr verschieden sein. Können wir daher auch die obigen Zahlen nicht als eine wahre Darstellung des Fortschreitens der Flutwelle im freien Ozean ansehen, so dürfen wir doch immerhin aus ihnen im allgemeinen auf eine, bezw. zwei fortschreitende Wellen schließen, die das Hochwasser den nördlichen Häfen später bringt als den südlichen. Sehen wir nun die Zahlen genauer an, so finden wir, daß an der östlichen Seite des Ozeans ein regelmäßiges Fortschreiten von S nach N stattfindet, derart, daß Orte, welche ungefähr 50 bis 65 Breitengrade auseinander liegen, gleichzeitig Hochwasser haben, woraus wir auf das Vorhandensein zweier Wellen schließen, welche nach Norden hin sich fortpflanzen, Dies tritt, wenn auch nicht mit derselben Regelmäßigkeit, auch an der westlichen Seite hervor und wird namentlich an der Küste der Vereinigten Staaten infolge ihrer Erstreckung in einem Bogen, dessen Öffnung nach der Straße zwischen Afrika und Brasilien gerichtet ist, verdeckt. Es ergibt sich nämlich, daß ein großer Teil der Küste der Vereinigten Staaten gleichzeitig Hochwasser hat, ja daß es weiter im Norden früher an den östlich gelegenen Punkten als an den südlicher, aber westlicher liegenden eintritt. Wir werden hierauf später noch näher eingehen und zeigen, daß dies Verhalten mit der Annahme von nach Norden fortschreitenden Wellen vollkommen vereinbar ist. Diese Verhältnisse, in Verbindung mit der Tatsache, daß die an den europäischen Küsten beobachteten Tiden unzweifelhaft ergaben, daß sie nicht das Ergebnis der Wirkung von Sonne und Mond in ihrer gleichzeitig stattfindenden gegenseitigen Stellung, sondern das einer um ungefähr 2 bis 2½ Tage früher stattgehabten Konstellation seien, hatten Whewell veranlaßt, die Hypothese aufzustellen, daß der Atlantische Ozean zu klein sei zur Erzeugung selbständiger Tiden, und daß die an seinen Küsten beobachtete Flut und Ebbe aus dem Stillen Ozean stamme und zu ihrer Fortpflanzung aus diesem in den Atlantischen und von Süden nach Norden bis nach England die Zeit von 2 bis 2½ Tagen gebrauche. Diese Hypothese kann heutzutage als abgetan gelten, nachdem nachgewiesen ist, daß das Mittelmeer und selbst der Michigan-See selbständige Tiden besitzen. Wir werden hierauf im letzten Abschnitt, wo die Ansichten über die Entstehung der atlantischen Tiden näher erörtert werden, noch zurückkommen.

II. Besondere Eigentümlichkeiten der Tiden an den europäischen und amerikanischen Küsten.

In diesem Teile haben wir einige charakteristische Unterschiede der Tiden an den europäischen und amerikanischen Küsten, wie einige durch die Küstengestaltung beiderseits hervorgebrachte Eigentümlichkeiten hervorzuheben.

Zunächst bemerken wir aus der oben mitgeteilten Tabelle, daß die Höhe der Tiden (der Unterschied des Wasserstandes bei Niedrig- und Hochwasser oder der Tidenhub) im allgemeinen an der europäischen Küste größer ist als an der nordamerikanischen. Es ist möglich, daß dieser Unterschied sich mehr verwischen würde, wenn wir beiderseits Beobachtungen aus dem tiefen Wasser, ganz frei von dem Einfluß der Küsten miteinander vergleichen könnten, er ist aber so bedeutend, daß gewiß auch dann noch ein nicht unerheblicher Unterschied bestehen bleiben würde, und es gibt, wie wir später sehen werden, auch einen recht guten Grund für diese Erscheinung.

Wir bemerken an der amerikanischen Küste, wie Lenz (Flut und Ebbe, Hamburg 1879, S. 46) sehr richtig hervorhebt, entsprechend den drei großen Buchten, welche zwischen Kap Florida, Kap Hatteras, Nantucket I und Kap Sable gebildet werden, drei Anschwellungen im Tidenhub, deren Scheitel jedesmal dem Scheitel der Bucht entspricht, wie die folgenden Zahlen bei einer Vergleichung mit der Karte zeigen werden.

I. Bucht		II. Bucht		III. Bucht	
Kap Florida	0,5 m	Hatteras Inlet	0,6 m	Nantucket	1,0 m
Savannah	2,1 „	Kap May	1,6 „	Portland	2,8 „
Hatteras Inlet	0,6 „	Nantucket	1,0 „	Kap Sable	2,3 „
				Shelburne	1,9 „

Die dritte, nördlichste dieser Buchten ist viel mehr gegliedert wie die beiden andern, und es sind demgemäß auch hier besondere Erscheinungen zu beobachten. Die Halbinsel, auf welcher Kap Cod liegt, bildet eine sich nach SW erstreckende Bucht, in welcher Boston mit einem Tidenhub von 3,2 m liegt, namentlich zweigt sich aber nach Norden zu die Fundybai ab, in welcher mit die höchsten bekannten Tiden beobachtet werden. Diese Bucht, welche man passender einen Kanal nennen kann, erstreckt sich mit nahezu einander parallelen Küsten etwa 220 km ins Land hinein und teilt sich dann beim Kap Chignecto in zwei abflachende enge Buchten, die noch 60 und 70 km weiter ins Land hinein schneiden. In diesem Kanale kommen nun sehr hohe Fluten zustande, indem der Tidenhub von dem Eingange bis zum Grunde der Bucht sehr erheblich zunimmt, wie folgende Zahlen beweisen

Küste von Nova Scotia				Küste von Neu-Braunschweig			
Kap Sable, Seal I.	9h	49 Min.	3,5 m	Machias, Seal I.	11h	5 Min	5,0 m
Yarmouth	10	9	4,4 „	Grand Manan	11	7	5,8 „
West Sandy Cove, St. Mary's Bay	10	47	6,0 „	L'Etang-Hafen	11	19	6,6 „
				S. John	11	21	7,6 „
Black rock	11	29	10,2 „	Spicer's Cove, Kap Chignecto	11	35	10,3 „
Horton Bluff	0	30	13,4 „				
Noel Bay	0	41	14,4 „	Monkton-Eisenbahn	0	15	12,8 „

Zugleich sieht man aus diesen Zahlen, daß die Eintrittszeit des Hochwassers vom Eingang bis zum Grunde der Bai sich verhältnismäßig nur wenig (etwa 2 bis 2½ Stunden) verspätet. Wir bemerken zu diesen Zahlen noch, daß die Hafenzeit in Ortszeit gegeben, und daß die Tidenhübe die mittleren sind, für Springflut können die Zahlen von 0,5 bis 1,5 m höher, für Nippflut um ebenso viel kleiner sein; Sturmfluten werden noch größere Unterschiede bewirken.

Ähnliche hohe Tiden haben wir auch an der europäischen Küste, nämlich im Bristolkanal und bei St. Malo in der Bai St. Michel, festzustellen. Der allgemeine Charakter ist hier derselbe wie bei dem Beispiel von Fundybai, d. h. der Tidenhub ist wesentlich kleiner an der Mündung als in größerer

Entfernung vom Meere. Die Tiden des Bristolkanals pflanzen sich dann den Severn hinauf fort und nehmen in diesem Flusse sehr schnell ab, wir finden hier also die höchsten Fluten nicht im Grunde der Bucht, wie im Falle der Fundybai und St. Malo, sondern in viel größerer Nähe der Mündung. Die folgenden Zahlen werden dies näher begründen:

Küste von Wales bzw. linkes Ufer des Severn				Küste von Cornwallis bzw. linkes Ufer des Severn			
Worms Head	6h	1 Min.	6,8 m	Lundy I.	5h	15 Min	7,2 m
Swansea, Mumbles	6	1	7,2 „	Ilfracombe	5	42	7,4 „
Cardiff Penarth	6	56	10,1 „	Minehead	6	24	8,6 „
Newport	7	10	10,2 „	Weston super mare	6	54	10,0 „
Chepstow	7	30	10,2 „	Kingsroad	7	13	10,8 „
Newnham	8	50?	4,9 „	Sharpness	7	58?	6,6? „
Gloucester	9	45?	1,8 „				

Die höchsten Tiden finden wir also bei Chepstow und Kingsroad, etwa dreiviertelwegs zwischen Lundy Island und Gloucester.

Für St. Malo und die Bai St. Michel finden wir folgende Angaben:

Westliches Ufer				Östliches Ufer			
Héaux Feuer	5h	45 Min.	8,3 m	Alderney	6h	46 Min.	4,6 m
St. Malo	6	5	9,3 „	Guernsey	6	37	6,8 „
Cancale	6	20	9,8 „	Jersey	6	15	7,8 „
				Granville	6	13	9,8 „

Auch für diese Beispiele gilt die Bemerkung, daß der Tidenhub der mittlere ist und daß er bei Springflut, sowie infolge von Stürmen wesentlich höher werden kann. So geben die Tabellen des „Annuaire des marées“, in welchen die Hochwasserhöhen von dem niedrigsten beobachteten Niedrigwasser aus gerechnet sind, für St. Malo Höhen bis zu 12,6 m an.

Wir finden noch an manchen andern Punkten örtliche Aufstauungen des Wassers zu großen Höhen, so im Mersey, in geringerem Grade im Clyde und den schottischen Lochs, in Brest und allen Häfen am Meerbusen von Biscaya usw., indessen sind diese weniger erheblich als die angeführten, und es läßt sich überall dasselbe Gesetz erkennen, so daß wir uns mit der genaueren Anführung der vorgenannten begnügen können. Die Ursachen dieser Erscheinungen werden wir im folgenden Teile näher kennen lernen.

Demnächst haben wir einen sehr merkwürdigen Unterschied zwischen den europäischen und den Tiden an der Küste der nordamerikanischen Vereinsstaaten festzustellen, nämlich, daß die halbmonatliche Ungleichheit sowohl in Zeit wie in Höhe auf der amerikanischen Seite des Ozeans nur etwa halb so groß ist wie auf der europäischen, oder was dasselbe ist, daß die Sonnenflut im Verhältnis zur Mondflut auf der amerikanischen Seite nur halb so groß ist wie auf der europäischen. Zum Beleg führen wir nach Ferrel (Tidal researches S. 240) die folgenden Zahlen an.

Vereinigte Staaten		halbmonatl. Ungleichh. in Zeit	in Höhe	Europa		halbmonatl. Ungleichh. in Zeit	in Höhe
Eastport		25 m	0,045 m	Liverpool		44 m	0,119 m
Portland		22 „	0,043 „	London		44 „	0,070 „
Boston		22 „	0,043 „	Plymouth		45 „	0,091 „
New York		23 „	0,070 „	Bristol		44 „	0,091 „
Delaware Breakwater	Delaware-Bai u. -Fluß	25 „	0,061 „	Dundee		40 „	0,085 „
Highbies		22 „	0,070 „	Kilbaha	Shannon-Fluß	40 „	0,122 „
Egg island light		25 „	0,049 „	Kilrush		40 „	0,110 „
Philadelphia		21 „	0,040 „	Foines Island		37 „	0,098 „
Charleston		18 „	0,049 „	Limerick		41 „	0,091 „
Savannah		25 „	0,049 „	Brest		43 „	0,110 „
	Mittel:	23 m	0,052 m		Mittel:	42 m	0,099 m

Auch für diese sehr auffallende und merkwürdige Tatsache läßt sich eine wahrscheinliche Erklärung geben, sie verdient aber volle Beachtung, wenn es sich darum handelt, bei Mangel an Vorausberechnungen die Hochwasserzeit für einen Ort aus der Hafenzeit und halbmonatlichen Ungleichheit selbständig zu berechnen. Die in den deutschen Gezeitentafeln gegebene Tabelle der halbmonatlichen Ungleichheit ist aus Beobachtungen abgeleitet, die auf der europäischen Seite des Atlantischen Ozeans gemacht worden sind, und findet daher für die amerikanische Seite keine Anwendung.

Die vorhergehenden Betrachtungen beziehen sich auf die halbtägige Welle, d. h. auf die Welle, welche eine Periode von 12 ^{h} 24 ^{m} hat und daher in der Regel an einem Orte jeden Tag zweimal Hochwasser und zweimal Niedrigwasser bewirkt. Außer dieser Welle kann aber noch und wird meistens eine zweite Welle vorhanden sein, welche eine doppelt so große Periode oder eine solche von 24 ^{h} 48 ^{m} hat und daher an jedem Tage nur ein Hochwasser und ein Niedrigwasser bildet. Durch die Zusammensetzung dieser beiden, der halb- und ganztägigen Wellen können die ersteren, welche allerdings meistens die Grundform bilden, sehr wesentlich beeinträchtigt werden. Das Vorhandensein der eintägigen Welle verrät sich dadurch, daß die Höhen der beiden täglichen Hoch,- bezw. Niedrigwasser ungleich sind, und daß die Eintrittszeit des einen Hoch-, bezw. Niedrigwassers verfrüht, die des andern verspätet wird. Die Verbesserung, welche an die Eintrittszeit oder Höhe von Hoch-, bezw. Niedrigwasser der halbtägigen Tide anzubringen ist, um die durch das Vorhandensein der eintägigen Tide beeinträchtigte wahre Eintrittszeit der Höhe zu erhalten, wird die „tägliche Ungleichheit in Zeit, bezw. Höhe" genannt. Sie hängt wesentlich nur von der Abweichung des Mondes ab und ist dem Sinus der doppelten Abweichung proportional; sie verschwindet also, wenn der Mond im Äquator steht, und erreicht einen höchsten Wert mit der größten nördlichen und südlichen Abweichung. Das Vorzeichen der täglichen Ungleichheit ist für nördliche und südliche Abweichungen verschieden derart, daß, wenn bei nördlicher Abweichung und oberer Kulmination die Eintrittszeit verspätet und die Höhe verkleinert wird, bei südlicher Abweichung und oberer Kulmination die Eintrittszeit verfrüht und die Höhe vergrößert wird. Für die untere Kulmination des Mondes hat die Verbesserung jedesmal das entgegengesetzte Vorzeichen. Es ist jedoch dabei zu bemerken, daß man, um die richtige Größe der Verbesserung zu erhalten, nicht die Abweichung des Mondes anzuwenden hat, welche zur Zeit des Hoch- bezw. Niedrigwassers stattfindet, sondern eine viel frühere, für Wilhelmshaven z. B. die der 12., dem Hochwasser vorhergehenden Kulmination des Mondes angehörige. Dieser Zeitraum aber ebenso wie der Betrag der täglichen Ungleichheit sind für verschiedene Orte verschieden. Die praktische Bedeutung der täglichen Ungleichheit ist im allgemeinen für den nördlichen Atlantischen Ozean nur gering. So beträgt sie für Liverpool in Höhe 0,24 m, für London 0,15 m, für Plymouth 0,27 m, für Wilhelmshaven 0,16 m, und es ist die Abweichung des Mondes anzuwenden, welche für Liverpool 6 Tage, für Plymouth etwa 4 Tage, für London etwa 5½ Tage und für Wilhelmshaven 6 Tage dem Hochwasser vorhergeht. In Zeit erreicht die tägliche Ungleichheit die Größe von 10 Minuten. Man sieht aus den angeführten Zahlen, daß die tägliche Ungleichheit an den europäischen Küsten nur eine geringe Bedeutung hat und für praktische Zwecke völlig vernachlässigt werden kann.

Anders steht die Sache an der amerikanischen Seite des Ozeans. Auch hier ist zwar in den nördlichen Häfen die tägliche Ungleichheit nur unbedeutend, und die halbtägige Flut wird durch sie kaum beeinflußt; je mehr wir uns aber der Floridastraße nähern und noch mehr in dem Busen von Mexiko, gewinnt die eintägige Flutwelle an Einfluß, und endlich übertrifft sie die halbtägige Tide in Größe, so daß diese an manchen Orten ganz zurücktritt und die dort beobachteten Gezeiten sogenannte Eintagstiden sind. Einige aus Ferrel's Tidal researches S. 245 entnommene Zahlen mögen dies erläutern:

	Höhe der eintägigen Tide	Höhe der halbtägigen Tide
Kap Florida	0,06 m	0,49 m
Key West	0,21 „	0,37 „
Tortugas	0,30 „	0,30 „
Egmont Key	0,49 „	0,34 „
Cedar Keys	0,46 „	0,73 „
St. George Island	0,49 „	0,06 „
Pensacola	0,34 „	0,06 „
South-West-Paß	0,37 „	0,06 „
Galveston	0,34 „	0,15 „

Die Zahlen lassen das Übergewicht der eintägigen Tide erkennen, ein Übergewicht, welches an den vier letzten Orten so groß ist, daß in der Regel nur ein Hoch- und ein Niedrigwasser täglich stattfindet, und nur an den Tagen, wo die eintägige Tide Null ist, wird eine schwache halbtägige Tide bemerkbar sein, welche aber von den Winden und den durch sie hervorgebrachten lokalen Höhenunterschieden verdeckt werden wird. An der atlantischen Küste macht sich die eintägige Tide bereits bei Fernandina (Florida) in ziemlich erheblichem Maße geltend. Die beiden täglichen Hochwasserhöhen können bis zu 0,40 m voneinander verschieden sein, wogegen die Eintrittszeiten des Hochwassers nur wenig von der täglichen Ungleichheit beeinflußt werden. Bei Niedrigwasser findet umgekehrt ein recht erheblicher, bis zu 30 Minuten steigender Einfluß auf die Eintrittszeiten statt, während die Höhen nur ganz unerheblich in Mitleidenschaft gezogen werden. Wesentlich stärker macht sich dies in den Tiden von Key West geltend, wo ebenfalls die Eintrittszeiten von Niedrigwasser und die Höhen von Hochwasser vorzugsweise davon betroffen werden, doch sind hier auch die Niedrigwasserhöhen stärker beeinflußt als in Fernandina, wenn auch nicht so stark wie die Hochwasserhöhen.

Die obigen Zahlen zeigen aber zugleich, daß überall die Höhen der Tiden nicht erheblich sind, daß sie daher für die Praxis nur geringe Wichtigkeit haben, so sehr interessant sie auch für die Theorie sind.

III. Einfluß der Gestaltung des Bodens und der Küsten auf die Tiden.

Bevor wir auf das eigentliche in diesem Teil zu behandelnde Thema übergehen, müssen wir eine Bemerkung machen über die Wellen, welche unter der Einwirkung von Kräften in Kanälen, bezw. auf dem Ozean entstehen können; denn nicht alle Wellen sind von der Art, daß sie durch die Begrenzung des Kanals, in dem sie entstehen, beeinflußt werden. Wir schließen uns hier, wie überall, an die theoretischen Untersuchungen von Airy an, welche zur Grundvoraussetzung haben, daß das Wasser, auf welchem Wellen erregt werden, in einem Kanale enthalten sei. Dann können auf diesem Kanale unter der Einwirkung der Anziehung von Mond und Sonne zweierlei Arten von Wellen entstehen. Die eine Welle hat gleiche Periode mit der erzeugenden Kraft (eine Eigenschaft, die allen Wellen, auch den gleich zu erwähnenden sekundären zukommt), ihre Länge ist aber eine unveränderliche durch die Lage des Kanals auf der Erde, nicht aber durch seine Gestalt, Tiefe usw. bedingte, und ihre Höhe ist der Tiefe des Wassers, in welchem sie entsteht, proportional. So wird z. B. in einem sich rings um die Erde in einem größten Kreise erstreckenden Kanale durch die Anziehung des Mondes eine Welle erzeugt, deren Periode gleich einem halben Mondtage und deren Länge gleich dem halben Umfange der Erde ist, und zwar finden diese Verhältnisse unverändert statt, ob der Kanal tief oder seicht ist, ob er sich erweitert oder verengert; die Höhe der Welle ist dagegen abhängig von der Tiefe des Kanals, größer in einem tiefen, weniger hoch in einem seichten Kanale. Das Vorhandensein dieser Welle ist unauflöslich an das Vorhandensein der Kraft gebunden, sie vergeht mit ihr, wie sie mit ihr entsteht, sie begleitet in einem äquatorialen Kanale mit ihrem Kamme das erzeugende Gestirn in der Weise, daß überall das Hochwasser entweder gleichzeitig mit oder um den gleichen Unterschied später als sein Meridiandurchgang eintritt. Daher nennen wir diese Welle die gezwungene oder auch die primäre Flutwelle. Neben dieser Welle und als Folge ihres Vorhandenseins und des Vorhandenseins von Bewegungshindernissen (z. B. wenn eine Barriere den Kanal quer durchschneidet) kann und wird meistens eine zweite Welle vorhanden sein, welche mit der gezwungenen Welle und der sie erzeugenden Kraft gleiche Periode hat, deren Länge aber eine andere ist und in einer bestimmten, von der Tiefe des Wassers abhängigen Beziehung zu der Periode steht [1]), und deren Höhe gleichfalls von äußeren Umständen abhängt. Diese Welle hängt in ihrem Fortschreiten und ihren sonstigen Verhältnissen nicht mehr von den erzeugenden Kräften, sondern nur von den äußeren Verhältnissen des Kanals, in dem sie entstanden ist, ab. Sie hört auch nicht auf zu bestehen, wenn die Kräfte aufhören, sondern sie würde ohne das Vorhandensein der Reibung ungeschwächt weiter bestehen, wird aber allerdings durch Reibung bald verlöscht. Daher wird diese Art von Wellen freie Tidewellen (auch wohl sekundäre) genannt, und sie sind es, welche wir an den Küsten des Ozeans und in Flüssen beobachten, und die infolge der mannigfaltigen Gestaltung der letzteren auch die mannigfaltigsten Formen annehmen, die wir auf Grund der Wellentheorie von Airy etwas näher betrachten wollen.

Die Grundvoraussetzung der Wellentheorie ist die, daß das Wasser sich in Kanälen befindet, deren verschiedene Gestaltung usw. dann die in ihnen erzeugten Wellen in verschiedener Weise beeinflußt. Diese Voraussetzung ist freilich nur bei Flüssen und engeren Meeresarmen (wie beim Englischen Kanal, Fundybai und allenfalls der Nordsee) erfüllt, wir brauchen aber nicht zu zögern, manche Ergebnisse ohne weiteres auf die im freien Ozean entstandenen Wellen anzuwenden, sobald sie sich der Küste nähern. Dies gilt ganz besonders von der Wirkung, welche der ansteigende Meeresboden auf die Form und Fortpflanzung der Welle ausübt. Sie besteht darin, daß die Welle (von Tal zu Berg gerechnet) höher und zugleich, daß ihre Länge (von Berg zu Berg gemessen) kleiner wird. Der allgemeine Charakter der Welle wird dadurch steiler als vorher, sie erscheint also gleichsam nach ihrer Länge zusammengedrückt. Die Theorie ergibt für ein langsames Ansteigen des Meeresbodens das Gesetz: daß die Höhe der Welle wächst im umgekehrten Verhältnis der biquadratischen Wurzel aus der Tiefe, und daß die Länge (s. u. Anm.) der Quadratwurzel aus der Tiefe proportional ist. Wir müssen indessen gleich hinzusetzen, daß nicht zu erwarten ist, daß der erste Teil dieses Gesetzes, welcher sich auf die Höhe bezieht, mehr als eine Annäherung an die Wahrheit ist.

Eine weitere wichtige Folge hiervon ist nachstehende. Wenn sich eine Welle in einer Richtung fortpflanzt, die der Erstreckung der Küste parallel ist, so daß also der Wellenkamm senkrecht auf der Küstenlinie ist, und wenn der Meeresboden nach der Küste zu allmählich ansteigt, so muß der Kamm der Welle an der Küste hinter dem im tiefen Wasser fortgehenden zurückbleiben, denn die Welle wird im flachen Wasser kürzer, braucht aber zur

---

[1]) Diese Beziehung ist folgende: Bedeutet τ die Periode, λ die Länge der Welle, g die Konstante der Schwere = 9,806 m, k die Tiefe des Wassers und e die Basis der natürlichen Logarithmen, so ist allgemein für alle Wellen:

$$\tau^2 = \frac{2\pi\lambda}{g} \cdot \frac{e^{\frac{4\pi k}{\lambda}} + 1}{e^{\frac{4\pi k}{\lambda}} - 1}$$

was für ein sehr großes λ, wie für die Flutwelle, sich vereinfacht in

$$\tau = \frac{\lambda}{\sqrt{g k}} \text{ oder } \lambda = \tau \sqrt{g k}$$

Die Geschwindigkeit der Fortpflanzung der Welle ist $\frac{\lambda}{\tau} = \sqrt{gk}.$

Fortpflanzung über ihre eigene Länge dieselbe Zeit wie im tiefen Wasser, sie muß sich also über der geringeren Tiefe mit geringerer Geschwindigkeit fortpflanzen als über der größeren. Das Ansteigen des Meeresbodens zur Küste findet nun ganz allmählich statt, das Zurückbleiben des Wellenkammes wird daher ebenfalls ein allmähliches sein, und derselbe nimmt eine gekrümmte Gestalt an, derart, daß er unmittelbar unter der Küste dieser sehr nahe parallel wird, während er draußen über der großen Tiefe seine ursprüngliche Richtung senkrecht zur Küste beibehält. Die Fortpflanzung der Welle geschieht nun stets senkrecht auf der Richtung des Wellenkammes, und es muß daher an allen Küsten der Eindruck entstehen, als bewege sich die Flutwelle senkrecht auf diese zu, auch wenn sie in Wahrheit in größerer Entfernung parallel zur Küste fortschreitet. Wir heben dies besonders hervor, weil hieraus ein Argument zugunsten der Ansicht, daß die Tiden des Atlantischen Ozeans als ein einfaches Hin- und Herschaukeln über die Breite des Ozeans aufzufassen seien, hergenommen worden ist [1]).

Wenn in einem Kanal das Ansteigen des Meeresbodens bis zur Oberfläche des Wassers fortschreitet, d. h. wenn sich dem Fortschreiten der Welle eine Barriere entgegenstellt, so tritt eine reflektierte Welle auf, welche in Verbindung mit anderen Ursachen bewirken kann, daß in der Nähe des Endes des Kanals das Wasser zu außerordentlicher Höhe aufgestaut werden kann. Die Theorie ergibt, daß bei Abwesenheit von Reibung die Welle eine stehende ist, d. h. daß in allen Teilen des Kanals alle Phasen der Welle, z. B. Hoch- oder Niedrigwasser, zu gleicher Zeit eintreten werden, daß aber durch das Hinzutreten der Reibung die Welle zu einer fortschreitenden werde, durch die die Phasen der Welle um kurze Zeit verspätet vom Eingang bis zum Grunde der Bucht gelangen.

Als Beispiele hierfür brauchen wir nur daran zu erinnern, daß die an den Küsten beobachteten Tiden allgemein höher sind als die in einiger Entfernung von der Küste vorgefundenen, sowie an das, was oben über die Tiden in Fundybai und St. Malo gesagt wurde.

Wenn die Höhe der Welle zu der Tiefe des Wassers ein nicht zu vernachlässigendes Verhältnis hat, d. h. also wenn die Tide verhältnismäßig hoch ist, ein Fall, der in allen Flüssen eintritt, so wird hierdurch die Vorderseite der Welle steiler als die Rückseite, und als Folge hiervon nimmt das Steigen des Wassers kürzere Zeit in Anspruch als das Fallen, und zwar wird dieser Unterschied flußaufwärts immer größer; er ist natürlich um so merklicher, je höher die Tide ist, und kann unter Umständen sehr bedeutend werden. Beispiele hierfür lassen sich aus allen Flüssen hernehmen. So dauert bei Cuxhaven das Steigen 5 Std. 34 Min., das Fallen 6 Std. 51 Min., bei Hamburg das Steigen 4 Std. 39 Min. und das Fallen 7 Std. 46 Min. Im Bristolkanal und Severn haben wir Tiden von gemischtem Charakter, indem sie nämlich zunächst den Tiden gleichen, welche in einem durch eine Barriere abgeschlossenen Kanal entstehen, dann aber in eigentliche Flußtiden übergehen. Wir haben daher im ersten Teile des Flutbeckens (Ästuariums) sehr hohe (vielleicht die höchsten Tiden auf der Erde) und später flußaufwärts abnehmende und an der Vorderseite immer steiler werdende Tiden. Während an der Mündung das Steigen und Fallen des Wassers nahe gleiche Zeit erfordert, wird an der Mündung des Avon bei Hungroad zum Steigen 3 Std. 40 Min., zum Fallen 8 Std. 45 Min. und bei Newnham, entsprechend 1 Std. 30 Min. und 10 Std. 55 Min. gebraucht. Wenn die Bedingungen dazu günstig sind, so entwickelt sich in solchen Fällen beim Beginne des Steigens eine Flutbrandung („Stürmer", engl. bore, franz. mascaret oder barre, am Amazonenstrome Pororoca genannt). Diese besteht darin, daß das Wasser in heftiger, laut rauschender Brandung über die flachen Uferbänke dahinströmt, während in der tieferen Mitte des Flusses die Welle wie eine Mauer schnell flußaufwärts rückt, hier aber in der Regel nicht bricht. Mitunter folgen dieser ersten Welle noch eine zweite und dritte Welle, welche alle in derselben Weise, nur jedesmal schwächer über die

[1]) Dove in der „Zeitschrift für allgemeine Erdkunde", Bd. 6, S. 472 ff.

flacheren Stellen im Flußbette branden, während in der Mitte des Stromes die ungebrochene steile Welle rasch flußaufwärts rückt. Bedingungen für die Ausbildung der Flutbrandung sind 1. daß eine hohe Flut, die sehr schnell steigt (deren Vorderseite also steil ist) in den Fluß eintritt, und 2. daß sich ausgedehnte Untiefen finden, auf denen bei Niedrigwasser nur geringe Wassertiefe ist, oder die eben trocken fallen. Wo die eine oder die andere Bedingung nicht erfüllt ist, fehlt auch die Flutbrandung. Wir finden sie im Severn, in der Seine, in der Gironde und auf der amerikanischen Seite im Amazonenstrom und in der von der Fundybai abzweigenden Chignectobai und der Bay of mines. Dagegen fehlt sie in der Themse und anderen Flüssen, weil die zweite Bedingung nicht zutrifft, und in der Elbe, Weser und den meisten amerikanischen Flüssen, weil die erste nicht erfüllt ist.

Wenn das Verhältnis des Tidenhubs zur mittleren Wassertiefe ein großes ist, so kommt der Fall vor, daß das Fallen des Wassers durch ein kurzes Steigen unterbrochen wird, so daß ein zweites, allerdings wesentlich niedrigeres Hochwasser eintritt, und bei weiterem Fortschreiten flußaufwärts tritt sogar mitunter noch ein drittes Hochwasser hinzu. Beispiele hierfür finden wir in den Orten in der Nähe von Southampton, Poole, Christchurch sowie beim Helder usw., wo doppelte, und im River Forth, wo von Queensferry aufwärts dreifache Hochwasser vorkommen. Southampton selbst hat eine etwas abweichende Erscheinung. Es hat zwei Hochwasser von nahe gleicher Höhe, die durch eine kleine Einsenkung voneinander getrennt sind, so daß das Hochwasser eine verlängerte Dauer von reichlich 2 Stunden hat. Ebenso ist in Havre die Dauer des Hochwassers sehr in die Länge gezogen, indem das Wasser ungefähr 3 Stunden lang innerhalb 0,3 m dieselbe Höhe beibehält. Nach der Theorie treten ähnliche Erscheinungen auf, wenn eine im Verhältnis zur Wassertiefe hohe Flut in einen abgeschlossenen Kanal tritt; doch ist es noch eine offene Frage, ob wir diesen Fall auf die genannten Orte anwenden dürfen.

Auch die horizontale Begrenzung ist nicht ohne Einfluß auf die Tiden. Wenn sich ein Kanal, wie es bei Flüssen und Flutbecken (Ästuarien) meistens der Fall ist, nach aufwärts, also in der Richtung, in welcher die Flutwelle fortschreitet, verengert, so ist die Wirkung die, daß die Höhe der Tide vergrößert wird, wenn die Verengerung so rasch vor sich geht, daß sie die verkleinernde Wirkung der Reibung übertrifft, was in Flutbecken (Ästuarien) meistens der Fall ist. Andererseits wird eine nachfolgende Erweiterung des Kanals diese Wirkung wieder aufheben oder wenigstens wieder abschwächen. Nach der Theorie ist die Vergrößerung des Tidenhubs der Quadratwurzel aus der Breite umgekehrt proportional.

Wegen der Anwendung, welche Ferrel davon zur Erklärung der atlantischen Tiden gemacht hat, müssen wir noch kurz den Fall betrachten, daß ein Kanal an beiden Enden abgeschlossen ist. Ist dann der Kanal kurz, so ist die Wellenbewegung übereinstimmend mit der in einem Gefäße, welches an einem Ende emporgehoben und wieder gesenkt wird, d. h. es ist einfach ein Hin- und Herschaukeln des Wassers, wodurch an dem einen Ende Niedrigwasser hervorgerufen wird, während an dem anderen Hochwasser ist. Der Wasserspiegel bleibt dabei ganz horizontal und in gleichen Entfernungen von der Mitte, wo keine Hebung und Senkung des Wasserspiegels stattfindet, findet auf der einen Seite eine Erhebung, auf der anderen eine gleichgroße Senkung statt. Die Dauer der Erscheinung, d. h. die Zeit zwischen einem Hochwasser und dem nächsten, kann mit Hilfe der oben gegebenen Näherungsformel τ berechnet werden, wenn wir mit λ die doppelte Länge des Kanals bezeichnen. Dies ist die in den Schweizer Seen unter dem Namen „Seiches" von Forel beschriebene Erscheinung. Ist der Kanal sehr lang, so ist in der Mitte des Kanals die Wellenbewegung ganz so, als wenn der Kanal an beiden Enden offen wäre, es findet aber Niedrigwasser an dem einen Ende gleichzeitig mit Hochwasser an dem anderen Ende statt, und der Höhenunterschied der Welle ist an den beiden Enden wesentlich im Vergleich zu der Mitte vergrößert[1]).

[1]) S. Airy.: Tides and waves Art. 225—301 und 336—338.

Endlich müssen wir noch die Wirkung der Reibung erwähnen, deren wichtigste darin besteht, daß der höchste und niedrigste Betrag der Wirkung nicht mit dem höchsten und niedrigsten Betrage der erzeugenden Kräfte zusammenfällt, sondern dem letzteren um einen gewissen Zeitunterschied folgt. Wir haben schon eingangs bemerkt, daß die Beobachtungen ergeben haben, daß die heute beobachtete halbtägige Flut das Ergebnis der Wirkung der Stellung von Sonne und Mond ist, welche 1 bis $2^1/_2$ Tage vorher stattfand, und ebenso, daß die heute beobachtete tägliche Ungleichheit zu einer Abweichung des Mondes gehört, die zwischen 1 und 7 Tagen vorher stattgefunden hat. Um die erstere Tatsache zu erklären, griff WHEWELL zu dem Auskunftsmittel der Annahme, daß die im Atlantischen Ozean beobachtete Flut in der genannten Zeit aus dem Stillen Ozean bis zu den europäischen Küsten gelange, daß ersterer aber keine selbständigen Tiden besitze. Dies erklärt aber nicht den großen Unterschied der Zeiten, um welche die halbtägige und die eintägige Tide den Stellungen von Sonne und Mond folgen. Die Wellentheorie weist nun in der Reibung eine Ursache nach, welche dahin führt, daß die Wirkung der Ursache um eine gewisse Zeit folge; sie weist aber auch ferner nach, daß diese Zeit für die halbtägige Tide eine ganz andere ist als für die eintägige, da beide in wesentlich verschiedener Weise von der Tiefe des Wassers abhängen, sowie daß diese Zeit sehr groß werden kann, wenn die mittlere Tiefe sich dem Werte von 6000 m nähert.

Eine andere Wirkung der Reibung besteht darin, daß sie die Schwingungen rasch zu verkleinern strebt.

IV. Die Gezeitenströmungen.

Wir müssen jetzt eine die Gezeiten begleitende Erscheinung näher ins Auge fassen, welche für die Navigation unter Umständen von der höchsten Wichtigkeit ist, nämlich die Strömungen, von denen sie begleitet werden.

Es ist oder war wenigstens eine weit verbreitete Annahme, daß die Strömungen in der Weise mit den Tiden zusammenhängen, daß der Flutstrom bis zum Augenblick des Hochwassers in einer bestimmten Richtung setzt, dann eine kurze Spanne Zeit folgt, in welcher kein Strom stattfindet, hierauf sehr bald nach Hochwasser der Ebbestrom anfängt, in entgegengesetzter Richtung zu laufen bis zum Augenblick des Niedrigwassers, wo wieder ein kurzes Stillwasser stattfindet, ehe der Strom wieder in den Flutstrom umsetzt. Die Geschwindigkeit schwankt dabei von Null bis zum höchsten Betrage, welcher halbwegs zwischen Hoch- und Niedrigwasser eintritt. Man hat geglaubt, daß dies die Regel sei, und daß alle Abweichungen hiervon als Ausnahmen zu betrachten seien, und daß man daher das Aufhören des Flutstromes als Augenblick des Hochwassers ansehen könne. Es kann nun nicht eindringlich genug hervorgehoben werden, daß diese Auffassung eine durchaus irrige ist. Das richtige ist, daß überall da, wo die Flutwelle keine oder nur geringe Hindernisse findet, die Gezeitenströmung halbwegs zwischen Hoch- und Niedrigwasser ihre Richtung wechselt, und zwar geht der Flutstrom ca. 3 Stunden n a c h Hochwasser in den Ebbestrom und der letztere ca. 3 Stunden n a c h Niedrigwasser wieder in den ersteren über, und sie erreichen ihre größte Stärke bei Hoch- bezw. Niedrigwasser selbst; daß aber Hindernisse, die sich der Fortpflanzung der Flutwelle entgegensetzen, eine Annäherung zwischen der Zeit des Hoch- bezw. Niedrigwassers bewirken, welche endlich zu ihrem Zusammenfallen führen kann. Man wird daher innerhalb 3 Stunden je nach dem Grade der Behinderung alle möglichen Zeitunterschiede zwischen Hoch- bezw. Niedrigwasser und Stromwechsel erwarten können, und jeder Schluß von dem einen auf das andere ist sehr mißlich.

Da dies der gewöhnlichen Auffassung widerspricht, so müssen wir es mit einigen Worten über die Natur der Wellen erläutern. Eine Welle entsteht durch kreisförmige oder elliptische Bewegung der einzelnen Wasserteilchen um ihre Ruhelage, indem zugleich das folgende Teilchen sich etwas später in Bewegung setzt als das vorhergehende. Dadurch also, daß die aufeinander folgenden Wasserteilchen in einem gegebenen Augenblicke sich in den verschiedensten Phasen ihrer schwingenden Bewegung befinden, erhält der Wasserspiegel die Gestalt der Welle. Der Scheitel oder Berg der Welle liegt dort, wo die Wasserteilchen sich senkrecht über, das Tal, die tiefste Einsenkung der Welle dort, wo die Wasserteilchen sich senkrecht unter ihrer Ruhelage befinden. Indem nun nach und nach die vorwärts gelegenen Wasserteilchen in die höchste Lage rücken und die rückwärts befindlichen von ihr herabsinken, rückt die Welle vorwärts. Dies Vorwärtsschreiten ist aber nur eine Verschiebung der Gestalt des Wasserspiegels und darf nicht mit der Bewegung der Wasserteilchen selbst in ihren kreisförmigen oder elliptischen Bahnen verwechselt werden. Die letztere bildet das, was wir (im Falle der Gezeiten) die Strömung nennen. Zunächst wollen wir noch bemerken, daß eine Bewegung der Wasserteilchen in kreisförmigen Bahnen kurze Wellen erzeugt, und daß für lange Wellen die Bewegung in sehr lang gestreckten Ellipsen erfolgt, deren kleine Achse gleich dem Unterschied des Wasserstandes bei Hoch- und Niedrigwasser, d. h. gleich dem Tidenhub, ist, und deren große Achse im Vergleich zu der kleinen zwar sehr bedeutend, im Vergleich zu der Länge der Welle aber verschwindend klein ist. (Für eine Flutwelle von 1,3 m Höhe finden wir bei einer Tiefe des Wassers von 5000 m für die Länge der großen Achse der elliptischen Bahn eines einzelnen Wasserteilchens 400 m, für die Länge der Welle aber 9900000 m.) Denken wir uns nun die elliptische Bewegung der Wasserteilchen aus einer horizontalen und einer vertikalen Bewegung zusammengesetzt, so sieht man leicht ein, daß die eine ihren größten Wert haben muß, wenn die andere Null ist. Wir werden daher die größte horizontale Geschwindigkeit (d. h. den stärksten Strom) haben, wenn die vertikale Bewegung aufgehört hat, d. h. bei Hoch- und Niedrigwasser, und sie wird gleich Null, oder es ist Stromwechsel, wenn die Bewegung in vertikaler Richtung ihren höchsten Betrag hat, was beim Eintritt des mittleren Wasserstandes der Fall ist. Stromwechsel findet daher bei der ungestörten Welle gleichzeitig mit dem mittleren Wasserstande oder um ein Viertel der Periode (bei der Flutwelle also ca. 3 Stunden) später als Hoch- bezw. Niedrigwasser statt. Durch die Beobachtungen wird dies, soweit solche überhaupt vorliegen, was allerdings nur sehr ungenügend der Fall ist, bestätigt[1]).

Dies gilt aber nur für die ungestörte Flutwelle. Jede Beeinflussung durch äußere Verhältnisse, wie Reibung, ansteigender Meeresboden, Verengerung des Kanals usw., hat die Wirkung, daß sich Zeit des Stromwechsels und Zeit des Hoch-, bezw. Niedrigwassers einander nähern, und wenn sich eine Begrenzung der Fortpflanzung der Welle entgegensetzt, so fällt der Stromwechsel der Zeit nach mit Hoch-, bezw. Niedrigwasser zusammen. Da nun unter der Küste die Flutwelle sich stets gerade auf diese zu und von ihr wegbewegt, wie auch draußen in See die Fortpflanzung stattfinden möge, so wird an der als Barriere wirkenden Küste der Stromwechsel immer sehr nahe mit Hoch- und Niedrigwasser zusammentreffen, wodurch sich die Entstehung und allgemeine Verbreitung der oben erwähnten Auffassung hinlänglich erklärt. Überall dort aber, wo die Flutwelle nicht durch eine Barriere in ihrem Fortschreiten gehemmt wird, finden wir einen größeren oder kleineren Zeitunterschied zwischen der Eintrittszeit von Hoch-, bezw. Niedrigwasser und der Zeit des Stromwechsels, je nach dem Grade der Behinderung. Eine der wirksamsten Ursachen der Verkürzung des Zeitunterschiedes zwischen Hochwasser und Stromwechsel bildet die Verengerung des Flußbetts, daher finden wir auch in Flüssen die Zeiten des Hochwassers und des Stromwechsels einander sehr nahe liegend, derart, daß der Zeitunterschied zwischen beiden flußaufwärts immer kleiner wird, bis sie endlich zusammenfallen. Leider sind hierüber bisher nur wenige zuverlässige Beobachtungen bekannt geworden; wir führen aber als Beispiele an, daß nach Lenz in Cuxhaven der Stromwechsel um 1 ^{h} 25 ^{m} später als Hochwasser und 1 ^{h} 30 ^{m} später als Niedrigwasser, sowie nach Airy, daß bei Deptford an der Themse der Stromwechsel 37 Min. bis 40 Min. später als diese Phasen eintritt.

Auf jeden Fall, auch wenn man vielleicht nicht geneigt sein sollte, die theoretischen Grundlagen ohne weiteres anzunehmen, wird man aus dem Vor-

[1]) S. Annalen der Hydrographie 1898 Oktober- und November-Heft.

hergehenden schließen, wie mißlich es ist, und wie vorsichtig man sein muß, aus der Zeit des Stromwechsels auf die Zeit des Hochwassers zu schließen, was, früher wenigstens, häufig genug geschehen ist.

Einige besondere Erscheinungen der Gezeitenströmungen müssen hier ihrer Wichtigkeit wegen wenigstens kurz Erwähnung finden, wenn auch bezüglich der Einzelheiten auf die Segelhandbücher und Gezeitentafeln verwiesen werden muß. Es sind dies die Strömungen im Englischen Kanal, der Nordsee und in der Irischen See, einige besonders starke Strömungen und endlich die rotatorischen Strömungen. Bezüglich einer eingehenderen Darstellung und ihrer Erklärung auf Grund der Wellentheorie der Gezeiten muß auf die unten aufgeführten Abhandlungen verwiesen werden*).

Zur Zeit von Hoch- und Niedrigwasser bei Dover bildet sich südlich von der Insel Wight ein großes Gebiet, innerhalb dessen keine Strömung stattfindet. Dies Gebiet erstreckt sich fast über die ganze Breite des Kanals bis auf etwa 5 Seemeilen von den Küsten. Fast gleichzeitig (etwas später) bildet sich in der südlichen Nordsee, wenig nördlich von der Themsemündung, gleichfalls ein großes Gebiet ohne oder mit sehr schwacher herumgehender Strömung, während zwischen diesen beiden zeitweilig stromlosen Gebieten auf der Strecke von etwa St. Catherine's Pt. auf der Insel Wight bis zur Mündung der Themse eine kräftige Strömung sich geltend macht, der sogenannte „Zwischenstrom", von Kapitän Beechey R. N. „intermediate current" genannt. Nach kurzer Zeit breitet sich der Strom, welcher bereits im westlichen Teile des Kanals geherrscht hat und der eine dem Zwischenstrom entgegengesetzte Richtung aufweist, auf das stromlose Gebiet bei der Insel Wight aus, und man erkennt eine Scheidelinie zwischen diesem und dem Zwischenstrom, welche allmählich von West nach Ost vorwärts rückt, in dem gleichen Maße wie die Strömung des südlichen Kanals an Stärke gewinnt und der Zwischenstrom an Stärke abnimmt. Eine Stunde nach Hoch- und Niedrigwasser bei Dover liegt die Stromscheide etwa auf der Linie Tréport-Hastings. Sie rückt dann langsam nach Osten vor, bis sie kurz vor den nächsten Extremphasen bei der Themsemündung liegt, worauf sich wieder die beiden großen stromlosen Gebiete bei der Insel Wight und in der südlichen Nordsee bilden, während zwischen beiden wiederum der Zwischenstrom herrscht. Eine Stunde später liegt die Stromscheide wieder bei Tréport-Hastings und wandert wieder langsam bis zur Themsemündung. Dies könnte den Eindruck machen, als ob die Stromscheide plötzlich von Osten nach Westen zurückspränge, und etwa in dieser Weise wurde der Vorgang auch von Kapitän Beechey aufgefaßt. Dies ist jedoch nicht richtig: er ist vielmehr so zu verstehen, daß die Stromscheide allgemein von West nach Ost rückt und sich jedesmal von neuem bildet, wenn der Strom in den beiden stromlosen Gebieten wieder aufzutreten beginnt und die Nordseeströmung sich mit dem Zwischenstrom vereinigt hat. Die stromlosen Gebiete sind naturgemäß ja auch nur als erweiterte Stromscheiden aufzufassen. Längs der belgisch-niederländischen Küste schreitet die Stromscheide auch ferner nach Osten fort, macht sich jedoch nicht als stromloses, sondern als stromschwaches Gebiet kenntlich, weil hier der Strom allmählich mit wechselnder Stärke aus allen Kompaßstrichen läuft. An der englischen Nordseeküste rückt in ähnlicher Weise die Stromscheidelinie von Nord nach Süd und verschwindet vor der Themsemündung, weil die umgehende Stromrichtung mit der des Zwischenstroms bei Dover gleich wird, sich also mit dieser vereinigt.

Ähnliche Verhältnisse finden sich auch im Irischen Kanal, nur daß hier in dem ganzen Gebiet gleichzeitig Stromstille auftritt, und zwar zur Zeit des Hoch- und Niedrigwassers in der Morecambe-Bai. Südwestlich von der Insel Man findet sich ein wenig ausgedehntes Gebiet, innerhalb dessen trotz eines großen Tidenhubs (4,5 bis 6 m) zu keiner Zeit eine Gezeitenströmung stattfindet, eine Erscheinung, welche unter gewissen Voraussetzungen bei der Kreuzung

*) 1. Über die Gezeiten-Erscheinungen im Englischen Kanal und dem südwestlichen Teil der Nordsee. — Annalen der Hydrographie 1898, Oktober- und November-Heft.
2. Über die Gezeiten-Erscheinungen im Irischen Kanal. — Ebenda 1894, Nov.-Heft.
3. Ableitung der Ausdrücke für die bei Kreuzung zweier Gezeitenwellen auftretenden Erscheinungen. — Ebenda 1908, September- und Oktober-Heft.

zweier Gezeitenwellen eintreten kann, wie in der oben zuletzt genannten Abhandlung (von 1908) nachgewiesen wird.

Bezüglich anderer Eigentümlichkeiten in den Gezeiten dieses Gebiets und ihre Erklärung muß auf die oben genannten Abhandlungen verwiesen werden.

An manchen Orten werden rotatorische Strömungen, d. h. solche Strömungen beobachtet, die im Laufe einer Tide (12^h 25^m) nach und nach mit wechselnder Stärke aus allen Kompaßrichtungen kommen. Nach Airy können solche Strömungen darin ihre Ursache haben, daß das Fortschreiten der Welle auf dem nach dem Ufer hin flacher werdenden Wasser sich verzögert, so daß endlich die Welle sich gerade auf das Ufer zu bewegt, während sie draußen auf dem tiefen Wasser sich etwa parallel zur Küste bewegt. Da die Strömung stets mit der Richtung des Fortschreitens der Welle zusammenfällt, so sieht man leicht, daß an einer Zwischenstation zwischen der Küste und dem tiefen Wasser rotatorische Strömungen auftreten müssen. Eine zweite Ursache für solche Strömungen ist aber auch in der Kreuzung zweier Wellen unter einem Winkel gegeben (vgl. Abhandlung von 1908).

Im allgemeinen ist die Geschwindigkeit des Stroms bei einer einfachen Welle von der Tiefe des Wassers und der Höhe der Tide und beim Vorhandensein von zwei sich kreuzenden Wellen von ihrem Phasenunterschied abhängig und läßt sich aus diesen Daten in vielen Fällen ganz befriedigend berechnen. Wir haben eben schon den Fall angeführt, daß es in der Irischen See eine Stelle gibt, wo bei einem erheblichem Tidenhub keine Strömung vorhanden ist; umgekehrt fand Kapitän Hewett R. N. in der Nordsee (52° $27',_5$ N und 3° $14',_5$ O von Greenwich) einen Punkt, wo ein bedeutender Strom abwechselnd NO und SW (magnetisch) setzte, während der Tidenhub ganz unmerklich war. Beide Fälle sind der Interferenz zweier Wellen zuzuschreiben, die in dem einen Falle mit gleichen Phasen und gleichen, aber entgegengerichteten Strömungen, in dem andern mit gleichen, aber entgegengesetzten Phasen und einen Winkel miteinander bildenden Strömungen aufeinander treffen. Ein ähnlicher Fall, kleiner Tidenhub und starke Strömung, wird von Ferrel als auf den Nantucket shoals vorkommend angeführt, wo ebenfalls rotatorische Strömungen beobachtet werden.

Hohe Tidenhübe bedingen starke Strömungen, auch an solchen Orten, die selbst keine besonders hohen Tidenhübe haben, die aber an einem Kanal liegen, wo weiter aufwärts hohe Tidenhübe vorkommen. So finden wir im Englischen Kanal, wo die Tidenhübe an den Küsten zwischen 5 und 7 m schwanken und in der Mitte wohl zu 3 bis 6 m angenommen werden können, Stromgeschwindigkeiten von 1,2 bis 3 Knoten. In der Bucht von St. Malo aber, wo der Tidenhub bis zu 10 und 12 m ansteigt, werden demgemäß auch Stromgeschwindigkeiten von 5 bis 7 Knoten angegeben. Ebenso sind die Strömungen im Severn und am Eingange der Fundybai sehr reißend. Umgekehrt sind niedrige Tidenhübe mit geringer Strömung verbunden, und überall frei von der Küste, wo die Welle nicht oder nur wenig beeinflußt wird, erreicht die Gezeitenströmung höchstens 1 Knoten Geschwindigkeit, ist aber meistens ganz unmerklich.

V. Ansichten über die Natur der atlantischen Tiden.

Nachdem wir bisher das kennen gelernt haben, was die Beobachtungen über die Tiden des Atlantischen Ozeans uns gelehrt haben, und wenigstens für einen Teil der Erscheinungen, soweit er auf dem Einfluß der Küsten- und Meeresbodengestaltung beruht, auch die Erklärung auf Grund der Wellentheorie gegeben haben, erübrigt es noch, die Ansichten auseinander zu setzen, welche man über die Entstehung der atlantischen Tiden und ihre Natur aufgestellt hat.

Der erste, welcher den Versuch machte, die atlantischen und überhaupt die Tiden aller Meere als Ganzes aufzufassen, war William Whewell, Professor in Cambridge. Auf seine Veranlassung wurden an einer sehr großen Zahl von Küstenpunkten Europas und Amerikas während einer kurzen Zeit gleichzeitige Beobachtungen angestellt, welche er alsdann zur Konstruktion seiner Linien gleicher Flutstunden (auch Isorachien, engl. Cotidallines genannt) verwandte. Er ging davon aus, daß, wenn man die Orte, an welchen zu derselben (absoluten) Zeit an einem bestimmten Tage (bei Neu- und Vollmond) Hochwasser stattfindet, durch Linien miteinander verbindet, diese Linien den Ort des Kamms der Flutwelle zu der bestimmten Zeit darstellen müssen. Indem er für die verschiedenen Stunden diese Linien aufsuchte, erkannte er, wie wir dies auch eingangs hervorgehoben haben, daß die Hochwasserzeit von Süden nach Norden hin immer später eintrete, und schloß nun daraus, daß die Welle, deren Kamm ja die Flutstundenlinien darstellen sollten, zu den verschiedenen Zeiten sich auf den entsprechenden Linien befunden habe und also ebenfalls von Süden nach Norden fortschreite. Indem er hierzu ganz willkürlich die Annahme fügte, daß der Atlantische Ozean zu klein sei, um selbständige Tiden zu erzeugen, glaubte er eine Erklärung für die durch die Beobachtungen gegebenen Tatsachen, daß der höchsten Betrage der Wirkung dem geringsten der Kraft an den europäischen Küsten um etwa 1½ bis 2½ Tage folge, darin zu finden, daß er die an den europäischen Küsten beobachteten Tiden irgendwo im Stillen Ozean entstehen und sie sich von dort in einem Tage durch den südlichen Ozean ums Kap Horn und südwärts um Asien herum bis zum Kap der guten Hoffnung und durch den Atlantischen Ozean weiter fortpflanzen ließ, bis sie nach weiteren 24 Stunden oder für entlegenere Orte nach 36 Stunden (die man an den Flußstundenlinien abzählen kann, wenn man annimmt, daß die Tide am Kap der guten Hoffnung 1 Tag alt sei) an die europäischen und etwas früher an die amerikanischen Küsten gelangt. Diese Ansicht, welche so einleuchtend und einfach scheint, fand eine Zeitlang viel Beifall und viele Anhänger, obwohl es nicht an wohlbegründeten Bedenken dagegen fehlte (s. Airy, „Tides and waves" Art. 579), muß aber jetzt als beseitigt angesehen werden; denn nachdem Airy in der Reibung eine Kraft nachgewiesen hat, welche zur Folge hat, daß die Wirkung der Ursache um eine gewisse Zeit folgt, war die Whewell'sche Annahme für die Hauptsache als unnötig dargetan, und die Zusatzannahme, daß der Atlantische Ozean zu klein sei, um eigene Tiden zu erzeugen, war hinfällig, als im Mittelmeer, noch mehr aber als im Michigansee, der vom Ozean durch einen langen vom Niagarafall noch dazu unterbrochenen Flußlauf getrennt ist, also gewiß keine Tiden aus dem Ozean erhält, eine geringe Ebbe und Flut nachgewiesen wurde. Aber auch die Voraussetzung von Whewell, daß die Flutstundenlinien den Ort angeben, wo sich der Kamm der Welle zu den Zeiten befunden habe, welchen die betreffenden Linien angehören, ist nur in engen Gewässern, wo nur ein System von fortschreitenden Wellen vorhanden ist, zutreffend. In ausgedehnten Gewässern, wie im Ozean, wo mehrere sich kreuzende Systeme von Wellen auftreten können, vermögen die Flutstundenlinien über den Ort der Wellenkämme nichts auszusagen, sie haben dort nur Bedeutung als Linien gleicher Hochwasserzeit, vorausgesetzt, daß es möglich ist, überhaupt solche Linien darzustellen. Denn die Theorie ergibt, daß in dem Falle, wo sich mehrere Wellensysteme kreuzen, der Verlauf der Flutstundenlinien auch nicht die geringste Ähnlichkeit mit dem Verlauf der erzeugenden Wellensysteme hat.

Wir werden indes später zeigen, daß wir in dem Falle, wo nicht mehr als zwei Wellensysteme einander kreuzen, ein Fall, den wir im Atlantischen Ozean voraussichtlich annehmen können, aus dem Verlauf der Flutstundenlinien, vorausgesetzt, daß sie richtig gezogen sind, dennoch über die Richtung, nach welcher sich die einzelnen Wellensysteme fortpflanzen, einigen Aufschluß erhalten können. Die richtige Anordnung der Flutstundenlinien über den Ozean, von wo naturgemäß keine Beobachtungen vorliegen, ist freilich eine Aufgabe, die vorderhand beinahe hoffnungslos ist.

Wir gehen nun zur Darstellung einer von W. Ferrel in seinen „Tidal researches" S. 237 u. ff. aufgestellten Ansicht über die Natur der atlantischen Tiden über, welche schon früher von Admiral Fitzroy (Weatherbook S. 367) und von Dove (Zeitschrift für allgemeine Erdkunde, Bd. 6 S. 472 u. ff.) vertreten worden ist.

Ausgehend davon, daß die Tiden des Nordatlantischen Ozeans ungewöhnlich hohe, wenigstens höhere seien, als sie nach der Theorie erwartet werden konnten, entwickelt Ferrel die Ansicht, daß dieselben wesentlich transversal seien, d. h. daß die in der Richtung Nord-Süd laufenden Wellen sehr unbedeutend seien im Vergleich zu den Ost-West gehenden, und daß die Flutbewegung der Hauptsache nach nur ein Hin- und Herwiegen sei, analog der Bewegung des Wassers in einem Gefäß, dessen eines Ende man einen Augenblick in die Höhe gehoben hat. Er untersucht nun auf folgende Weise, ob der Atlantische Ozean in seiner Breite und Tiefe ein solches Becken sei, in welchem die theoretischen Bedingungen für die Entstehung hoher Transversalwellen erfüllt seien. Wenn die Periode, welche bei gegebener Tiefe des Bassins einer freien Welle entspricht, deren Länge gleich der doppelten Breite des Bassins ist, und die nach einer von Ferrel (Tidal researches § 119) gegebenen Formel berechnet werden kann, ganz oder nahe mit der Periode der Kräfte übereinstimmt, so ist es möglich, daß die Oszillationen sehr groß werden, und sie werden immer noch ungewöhnlich groß sein können, wenn diese Bedingung auch nur mit einiger Annäherung erfüllt ist. Man kann natürlich auch umgekehrt die aus der gegebenen Periode und der Breite des Ozeans berechnete Tiefe, durch welche die erwähnte Bedingung erfüllt wird, mit der beobachteten wirklichen Tiefe vergleichen, und dies ist der von Ferrel eingeschlagene Weg.

Ferrel berechnet nun unter der Polhöhe von 52° mit einer Breite des Ozeans von 45 Längengraden die Tiefe des Ozeans, welcher eine Periode der freien Welle gleich derjenigen der Kräfte entsprechen würde, zu 1,55 miles = 2494 m. Die wirkliche Tiefe kann auf dieser Breite zu etwa 2940 m[1]) angenommen werden. Da dies nicht so sehr viel von der für hohe Tiden günstigsten Tiefe abweicht, so glaubt Ferrel in diesem Umstande mit einen Grund für die höheren Tiden des Nordatlantischen Ozeans sehen zu dürfen. Wir machen noch darauf aufmerksam, daß die günstigste Tiefe kleiner ist als die wirkliche.

Ferner nimmt Ferrel unter der Polhöhe 35° eine Breite des Ozeans von 60 Längengraden an und findet, daß eine Breite von 3,8 miles = 6114 m erforderlich sei, um die Tiden zu sehr hohen zu machen, und schließt, daß man, weil die (1873) vorhandenen Lotungen zu der Annahme einer wesentlich kleineren Tiefe berechtigten, hier keine so hohen Tiden erwarten dürfe wie weiter nördlich. Die seitdem hinzugekommenen Lotungen, auf denen die Tiefenkarte des Ozeans basiert, gestatten, die mittlere Tiefe in dieser Breite auf etwa 3840 m anzusetzen, was also Ferrels Annahme bestätigt und seiner Hypothese anscheinend größeres Gewicht gibt. Wir bemerken indes, daß nun die für hohe Tiden günstigste Tiefe größer ist als die wirkliche.

Wie wir früher bemerkten, muß bei der hier vorausgesetzten Art der Oszillation auf der einen Seite des Ozeans zu derselben Zeit Hochwasser sein, wo auf der anderen Niedrigwasser ist. „Aber," bemerkt Ferrel, „dies kann sich nicht bis nahe an die Küsten erstrecken, weil infolge des Ansteigens des Meeresbodens und der daraus folgenden Seichtigkeit des Wassers in Verbindung mit der Reibung die Oszillationen des tieferen Hauptteils des Ozeans in die einer fortschreitenden Flutwelle verändert werden, so daß die Eintrittszeiten von Hochwasser an den Küsten sehr von denjenigen in beträchtlicher Entfernung von dieser abweichen können. Und wenn auch die Hauptoszillationen von der vorausgesetzten Art sein und den Kräften entspringen mögen, die in der Richtung der Breitenparallele wirken, so müssen doch auch die in der Richtung der Meridiane wirkenden Kräfte ein wenn auch wahrscheinlich viel

---

[1]) Diese und die folgende Tiefe sind aus der Tiefenkarte in der Weise abgeleitet, daß auf einem Streifen von 5 Äquatorialgraden, welcher die Polhöhe umschloß, sowohl nach der Länge wie nach der Breite in Abständen von 5 zu 5 Äquatorialgraden die über 1000 m betragenden Tiefen entnommen wurden. Fiel ein Punkt zwischen zwei Tiefenlinien, so wurde die Tiefe einfach interpoliert. Bei Räumen, die innerhalb einer geschlossenen Tiefenlinie liegen, wurde angenommen, daß die Tiefe in der Mitte 500 m größer sei, als die einschließende Linie angibt.

kleineres System transversaler Oszillationen hervorrufen, welches sich mit dem anderen vereinigt, und da wir die aus beiden Oszillationen kombinierte Resultante beobachten, so können die letzteren die Eintrittszeit des Hochwassers nicht unerheblich modifizieren. Die letzteren (durch die in der Richtung des Meridians wirkenden Kräfte hervorgebrachten) Wellen haben, wenigstens in dem Hauptteile des Ozeans, den Charakter stehender Wellen, wie die Theorie für einen Nord-Süd sich erstreckenden Kanal verlangt. Aus diesem Grunde verwerfen wir auch die Idee einer fortschreitenden Welle, die sich aus dem südlichen Ozean nach dem nördlichen Teile des Atlantischen Ozeans hin fortpflanzen soll. Wenn ein Damm vom Kap der guten Hoffnung bis nach der Küste von Südamerika existierte, so würden wahrscheinlich die Tiden des Nordatlantischen Ozeans sehr nahe dieselben sein wie jetzt.

„Auf der Strecke von Florida bis New York tritt das Hochwasser 3 bis 4 Stunden früher ein als an der Küste von New England vom Kap Cod nördlich. Eine korrespondierende Differenz von annähernd demselben Betrage finden wir auf der europäischen Seite zwischen den Hochwasserzeiten an den Küsten Portugal's und der Westküste Irlands. Es scheint danach eine Differenz von etwa 3 Stunden in der Epoche der Oszillationen im südlichen und nördlichen Teile des Nordatlantischen Ozeans stattzufinden. Die Rechnung zeigt, daß eine verhältnismäßig geringe Änderung der Tiefe schon imstande ist, in dieser Beziehung große Änderungen hervorzurufen."

Die oben berührte merkwürdige Eigentümlichkeit der amerikanischen Tiden, daß nämlich die halbmonatliche Ungleichheit sowohl in Zeit wie in Höhe so sehr viel kleiner ist als die der europäischen, läßt auch Ferrel unerklärt. Zwar macht er wahrscheinlich, daß eine solche Wirkung hervorgebracht werden könne, wenn die Reibung nicht, wie sonst angenommen wurde, der ersten, sondern einer etwas höheren (jedoch unter 2 liegenden) Potenz der Geschwindigkeit proportional wäre, indessen vermischen sich die hierdurch in dem theoretischen Ausdruck für die Fluthöhe entstehenden Glieder mit denen, welche durch die Wirkung seichten Wassers hervorgebracht werden, so daß eine Trennung leider nicht möglich ist. Daß letzteres (seichtes Wasser) wohl die Hauptursache dieser Glieder sei, wird, nach Ferrel, dadurch wahrscheinlich, daß sowohl an der europäischen wie an der amerikanischen Seite die halbmonatliche Ungleichheit kleiner wird, je entfernter die Station vom Meere liegt. Als Beispiel wird auf die oben gegebenen Zahlen für die an der Delawarebai und am Shannonfluß liegenden Orte verwiesen.

Zu dieser Auffassung der atlantischen Tiden haben wir folgendes zu bemerken.

Zunächst scheint es unzulässig, die Tiden des Nordatlantischen Ozeans für sich allein zu betrachten, die Verbindung zwischen dem nördlichen und südlichen Teile ist weit genug, um dazu zu zwingen, den Ozean als Ganzes auffassen zu müssen. Wenn dies aber der Fall ist, so gewinnt das Atlantische Meer in hohem Grade das Ansehen eines riesigen Kanals, und wenn auch nicht zu verkennen ist, daß die für enge Kanäle geltenden Gesetze nur zum Teil und nicht ohne große Modifikationen auf den Atlantischen Kanal Anwendung finden können, daß das Weltmeer, welches horizontal nach allen Richtungen weit ausgedehnt ist, andere Tiden haben wird als ein enger Kanal, so glauben wir doch, daß die atlantischen Tiden in großen Zügen das Charakteristische der Kanaltiden an sich tragen werden. Dazu gehört namentlich auch, daß die Wellenerregung der Hauptsache nach sich in der Richtung geltend machen wird, in welcher sich die ausgedehnteste Wassermasse findet, d. h. in der Richtung der Meridiane und nicht, wie Ferrel will, in der der Breitenparallele. Damit wollen wir die Existenz transversaler, den Breitenparallelen folgender Wellen keineswegs ableugnen, wir sprechen ihnen nur die Bedeutung ab, daß sie für den Charakter der Tiden bestimmend sind.

Wir machten schon bei Erwähnung der Berechnungen von Ferrel über die zur Erzeugung hoher Fluten bei gegebener Breite des Ozeans günstigste Tiefe die Bemerkung, daß die günstigste Tiefe unter 52° N-Br. kleiner, unter 35° N-Br. größer sei als die wirkliche. Es wird nun bei dem gegen die Meridiane stark geneigten Verlauf der amerikanischen Küste und der daraus folgenden, ziemlich regelmäßigen Verringerung der Breite des Ozeans nach Norden zu einen Breitenparallel geben müssen, auf welchem die Breite des Ozeans und seine Tiefe in solchem Verhältnis zueinander stehen, daß die für hohe Tidenhübe günstigste und die wirkliche Tiefe einander gleich sind, und auf welchem wir demnach sehr hohe Tidenhübe erwarten dürfen. Man kann vermuten, daß dies ungefähr auf 42° N-Br. der Fall sein werde, auf der einen Seite bei Oporto, auf der anderen bei Kap Cod. Die im ersten Abschnitt gegebene Tabelle wird zeigen, daß bei keinem dieser Orte die Tidenhübe besonders ungewöhnlich sind. Allerdings finden wir auf der amerikanischen Seite in der Nähe von Kap Cod die hohen Tidenhübe von Boston und namentlich die der Fundybai; diese können aber nicht als Beweis angeführt werden, weil sie im Innern von Buchten und unter sehr starker Beeinflussung durch die Bodenverhältnisse zustande kommen, welche zu ihrer Erklärung vollkommen ausreicht. Wir dürfen im Gegenteil nur die Tidenhübe solcher Orte zur Vergleichung heranziehen, welche möglichst frei liegen, und da finden wir für Nantucket 1,0, Monomoy 1,4, Shelburne 1,9 Halifax 1,6, Sable Island 1,2 m usw., Tidenhübe, die gewiß niemand ausnahmsweise hoch finden wird, Shelburne und Halifax noch dazu auf gleicher Breite und nur durch die Halbinsel Neuschottland von den riesigen Tidenhüben der Fundybai getrennt. Auf der europäischen Seite sind in der Gegend von Oporto überhaupt keine hohen Tidenhübe zu verzeichnen.

Endlich scheint uns auch die mehrfach erwähnte Eigentümlichkeit der amerikanischen Tiden gegenüber den europäischen, daß nämlich dort die halbmonatliche Ungleichheit so viel kleiner ist als hier, gegen die Ferrelsche Auffassung zu sprechen. Die Ursache muß doch nur der amerikanischen Seite des Ozeans zukommen, die auf der europäischen aber fehlt; nun sieht man aber nicht, weshalb bei einfachem Hin- und Herschaukeln die Sonnenflut im Verhältnis zur Mondflut sich auf der einen Seite des Ozeans anders verhalten sollte wie auf der anderen.

Das Vorhergehende möge genügen, um unsere Bedenken gegen die Annahme von Ferrel, daß die Tiden des Atlantischen Ozeans ihrem Wesen nach einfach ein Hin- und Herschaukeln des Meeres seien, zu begründen. Wir wollen nun im nachfolgenden entwickeln, wie man nach den Ergebnissen der Wellentheorie sich das System der atlantischen Tiden denken könne, eine Auffassung, welche im wesentlichen schon von Airy (Tides and waves Art. 581) angedeutet worden ist.

Wir werden uns dabei nicht ausschließlich an die Gezeiten des Atlantischen Ozeans halten, sondern wollen versuchen, die Gezeiten des Erdballes als Ganzes zu betrachten und eine Auffassung über sie vortragen, welche in ungezwungener Weise eine Erklärung aller so überaus mannigfaltigen Erscheinungen gestattet. Zu dem Ende müssen wir kurz die Grundlagen der Wellentheorie der Gezeiten, wie sie von Airy entwickelt wurden, erst anführen, ohne uns indes in mathematische Erörterungen einzulassen.

Airy legt seinen Untersuchungen die Voraussetzung zugrunde, daß das Wasser in einem Kanal enthalten sei, dessen Breitenausdehnung im Vergleich zu seiner Länge sehr klein ist, dessen Gestalt und Lage auf der Erde aber beliebig sein kann. Er weist nach, daß durch die Anziehung eines Gestirnes in diesem Kanal Wellen erzeugt werden, welche sich in der Richtung seiner Länge bewegen, deren Periode der der erzeugenden Kraft gleich und deren Höhe der Wassertiefe und der auf die Wasserteilchen ausgeübten Anziehung proportional sind. Die Länge dieser Wellen sowie die Lage ihres Kammes im Vergleich zu dem Stundenwinkel des Gestirnes sind nur abhängig von der Länge des Kanals und seiner Lage auf der Erde, aber ganz unabhängig von der Wassertiefe. Dies sind also sogenannte gezwungene Wellen. Gleichzeitig mit diesen gezwungenen Wellen und als Folge ihres Bestehens können und werden aber andere Wellen auftreten, welche mit den ersteren gleiche Periode haben, deren sonstige Verhältnisse (Länge, Höhe, Fortpflanzungsgeschwindigkeit usw.) aber nur von den äußeren Bedingungen (Tiefe, Breite usw.) des Kanals abhängen und sich mit diesen ändern. Diese Wellen werden freie Wellen genannt.

Da die gezwungenen Wellen der Wassertiefe proportional sind, so werden sie in seichtem Wasser unmerklich, und es sind daher nach Airys Auffassung die freien Wellen, welche an den Küsten beobachtet werden und hier allen den Veränderungen unterworfen sind, welche die Bodengestaltung des Meeres und die Form der Küsten bedingen, wobei nur die Periode der Wellen unverändert und gleich der der erzeugenden Kräfte bleibt. Es wurde schon erwähnt, daß Airy diese Veränderungen in ausgedehntem Maße studiert hat, und daß sich, soweit es die große Mannigfaltigkeit der natürlichen Verhältnisse zuläßt, die schönste Übereinstimmung zwischen Natur und Theorie herausgestellt hat.

Die Voraussetzung dieser Untersuchungen, daß sich das Wasser in einem schmalen Kanal befinde, trifft streng nur bei Flüssen und engen Buchten zu, aber sehr viele Ergebnisse dieser Untersuchungen dürfen ohne weiteres auch auf andere Verhältnisse übertragen werden. Die Ausdehnung der Untersuchungen auf die tatsächlichen Verhältnisse der Erde, wo wir es meist mit großen Ozeanen zu tun haben, ist ein sehr schwieriges mathematisches Problem, welches von Airy nur andeutungsweise behandelt worden ist, und welches eine allgemeine Lösung, auch wenn man vereinfachende Voraussetzungen einführt, gegenwärtig vielleicht überhaupt nicht zuläßt. Wir sehen uns daher vorläufig darauf angewiesen, eine mehr oder minder wahrscheinliche Annahme aufzustellen, die durch die Beobachtungstatsachen gestützt oder verworfen werden muß. Wir nehmen daher an, daß, entsprechend der Zerlegung der an einem Punkt wirkenden störenden Kraft der Gestirne in zwei Komponenten, welche parallel dem Meridian und dem Breitenparallel wirken, in diesen beiden Richtungen gezwungene und freie Wellen erzeugt werden, welche sich den von Airy abgeleiteten Gesetzen gemäß verhalten. Unter dieser Annahme ist es ohne Schwierigkeit möglich, alle beobachteten Erscheinungen zu erklären. Freilich muß sofort hinzugefügt werden, daß es sich dabei nicht um den Nachweis handeln kann, daß eine Erscheinung an einem bestimmten Ort auftreten, an einem anderen aber fehlen müsse; dazu ist das Beobachtungsmaterial, sowohl der Gezeiten selbst als auch der Wassertiefen, deren genaue Kenntnis dazu unumgänglich notwendig wäre, eine viel zu mangelhafte. Es kann sich nur darum handeln, zu zeigen, daß die Erscheinungen, welche wir durch die Beobachtung kennen, ganz ungezwungen aus dieser Annahme abgeleitet werden können.

Zunächst sei eine Bemerkung gemacht, welche geeignet ist, die Richtung, in welcher im Atlantischen Ozean die beiden Wellensysteme sich fortpflanzen, ins Licht zu setzen.

Ist die Ausdehnung des Ozeans in einer Richtung erheblich kleiner als in der darauf senkrechten, so wird die in der letzteren sich fortpflanzende Welle die in der ersteren laufende in Höhe erheblich übertreffen, und die Erscheinungen werden im allgemeinen den Eindruck hervorbringen, als wenn sie nur von der höheren Welle herrührten, wenn auch bei genauerer Untersuchung sich manche Punkte finden werden, die auf das Vorhandensein der zweiten Welle hindeuten. Dies ist der Fall im Atlantischen Ozean. Wenn aber das Wasser nach jeder Richtung gleichmäßig ausgedehnt ist wie im Stillen Ozean, so darf man wohl annehmen, daß die beiden sich kreuzenden Wellen von annähernd gleicher Höhe sein werden, und es fragt sich nun, wie sich die Verhältnisse in einem solchen Meere gestalten werden. Dies möge nachstehend in großen Zügen entwickelt werden, wobei wir uns dessen zu erinnern haben, was oben über die Zusammensetzung der Gezeitenwellen aus halbtägigen und eintägigen Komponenten gesagt wurde[1]).

Zunächst nehmen wir an, daß nur zwei Wellen von gleicher Periode vorhanden sind, deren Fortpflanzungsrichtungen sich unter einem rechten Winkel kreuzen. Die Schlüsse sind dieselben für jeden anderen Winkel; wir nehmen den rechten Winkel nur der Bequemlichkeit halber an. In der untenstehenden Fig. 58 geben die voll ausgezogenen Linien für einen beliebigen gegebenen Augenblick die Lage der Wellenberge und die gestrichelten Linien die Lage der

[1]) S. auch Verhandlungen des XI. deutschen Geographentages in Bremen 1895.

Wellentäler an, wie dies durch die unterhalb bezw. rechts daneben gezeichneten Wellenlinien angedeutet wird. Man erkennt aus dieser Figur sofort, daß die Wellen in verschiedenen Teilen des Ozeans mit ganz verschiedenen Phasen zusammentreffen. So treffen (in dem gegebenen Augenblicke, den die Figur darstellt) in *a*, *c* und *e* die beiden Wellen mit gleichen Phasen (ihren Wellenbergen), in *b* und *d* aber mit entgegengesetzten Phasen (Wellenberg der einen mit Wellental der anderen Welle) zusammen. Die Wellen pflanzen sich in den durch die Pfeile angedeuteten Richtungen fort, und es treten zu anderen Zeiten andere Phasen an Stelle der in der Figur angenommenen in den Punkten *a*, *b*, *c*, *d* und *e* auf; der Phasenunterschied der beiden Wellen, der in einem Augenblicke an einem gegebenen Punkte stattfindet, bleibt aber, weil die Periode beider Wellen die gleiche ist, an demselben Punkte zu allen Zeiten unverändert; er hängt nur ab von der Lage des Punktes auf der Erde und von dem Winkel, unter dem sich die Wellen kreuzen[1]). Die Wellen werden sich daher in *a*, *c* und *e* immer in gleichen, in *b* und *d* immer in entgegengesetzten Phasen befinden; die Höhe der in *a*, *c* und *e* zur Beobachtung gelangenden Welle wird daher die Summe, diejenige der in *b* und *d* beobachteten der Unterschied der jeweiligen Höhen der einzelnen Wellen sein. Ähnliches gilt für die zwischenliegenden Punkte nach Maßgabe des Phasenunterschiedes.

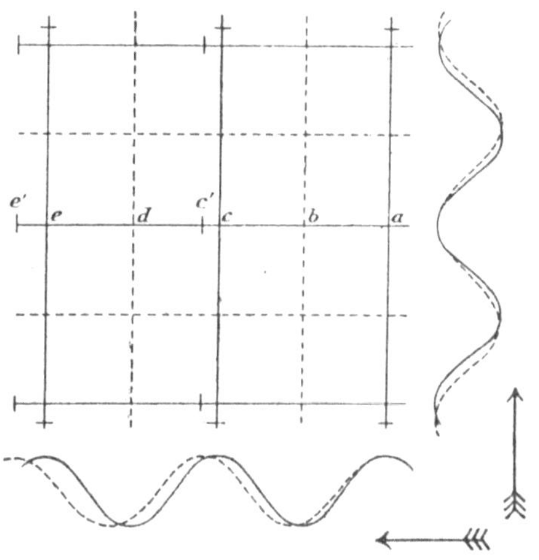

Fig. 58.

Hieraus ergibt sich, daß die entweder durch die Sonne oder durch den Mond hervorgebrachten beobachteten Gezeiten an dem einen Orte sehr erheblich sein können, während sie an einem anderen fast ganz verschwinden, wenn die Höhen der beiden Wellen annähernd gleich sind. Auf diesen Umstand dürfte die Tatsache, daß die Gezeiten an der europäischen Küste im allgemeinen höher sind als an der amerikanischen, zurückzuführen sein.

Da nun die halbtägigen und eintägigen Wellen ganz unabhängig voneinander sind und überdies die Länge der letzteren annähernd das Doppelte der der ersteren beträgt, so folgt ferner, daß die Punkte, wo die eintägigen Wellen mit gleichen oder entgegengesetzten Phasen zusammentreffen, durchaus nicht mit den Punkten zusammenzufallen brauchen, wo dies für die halbtägigen Wellen eintritt, ja daß, wenn dies z. B. für das Zusammentreffen gleicher Phasen der Fall sein sollte, die Orte, wo für beide Arten von Wellen die entgegengesetzten Phasen zusammentreffen, weit auseinander liegen. Es wird daher Orte oder vielmehr, weil auf kürzere Entfernungen (im Vergleich zu den Wellenlängen) der Phasenunterschied der sich kreuzenden Wellen gleicher Periode sich nicht sehr rasch ändert, Gegenden geben, wo die halbtägigen Tiden sehr zurücktreten, während die eintägigen sich verstärken oder jedenfalls sehr merklich bleiben. In solchen Gegenden werden wir Eintagstiden erwarten dürfen, wie sie tatsächlich im Golf von Mexiko und innerhalb des malayischen Archipels beobachtet werden. Zugleich sieht man leicht ein, daß diese Gegenden nur eine beschränkte Ausdehnung haben werden, was ebenfalls mit dem, was die Beobachtungen lehren, übereinstimmt. Andererseits werden in anderen Gegenden die eintägigen Tiden fast verschwinden können, während die halbtägigen die hauptsächlich merklichen sind. Dieser Fall tritt weder im Stillen noch im Indischen Ozean ein, wohl aber dürfte das fast gänzliche Fehlen der eintägigen Tiden an den europäischen Küsten diesem Umstande zuzuschreiben sein, und da sie an der gegenüberliegenden nordamerikanischen Küste ziemlich

[1]) Annalen der Hydrographie 1908, Sept.-Okt.-Heft.

stark auftreten, während die halbtägigen Tiden kleiner sind als an der europäischen, so finden wir darin ein deutliches Anzeichen für das Vorhandensein zweier sich kreuzender Wellensysteme im Atlantischen Ozean.

An den Orten, wo der Phasenunterschied der Wellen zwischen diesen beiden Extremen liegt, werden beide Arten von Wellen ausgeprägt sein, und man wird den gewöhnlichen Verlauf der Gezeiten — vier Extremphasen im Tage —, aber behaftet mit starker täglicher Ungleichheit, beobachten, wie dies im größten Teile des Stillen und Indischen Ozeans und an der amerikanischen Ostküste der Fall ist.

Wenn man absieht von den kleinen (fiktiven) Wellen, durch welche man den Einfluß der wechselnden Abweichung der Gestirne und ihrer verschiedenen Entfernung von der Erde darzustellen pflegt, so bestehen die sich kreuzenden halbtägigen Wellen aus je zwei Einzelwellen, von denen die eine der Anziehung des Mondes, die andere der der Sonne entstammt. Ihre Perioden verhalten sich wie 59 : 57, und da ihre Fortpflanzungsgeschwindigkeit im Ozean nur von der Wassertiefe abhängt ($v = \sqrt{gk}$, worin k = Tiefe), also für beide Wellen dieselbe ist, so besitzen ihre Längen ($\lambda = v\tau$, worin τ = Periode) dasselbe Verhältnis zueinander. Hieraus folgt, daß auch die in gleicher Richtung sich fortpflanzenden Mond- und Sonnenwellen zu demselben Zeitpunkt in verschiedenen Teilen des Ozeans sich in verschiedenen Phasen befinden werden. Treffen z. B. in der obigen Figur in a die Mond- und Sonnenkomponente der von rechts nach links fortschreitenden Welle mit ihren Kämmen zusammen, so ist dies in c, im Abstande einer Wellenlänge, nicht mehr der Fall, sondern hier liegt der Kamm der Sonnenwelle in c', der der Mondwelle in c; im Abstande von zwei Wellenlängen in a, also in e, hat sich der Abstand der beiden Kämme verdoppelt, und sie liegen in e' und e. Dasselbe gilt natürlich auch von dem von unten nach oben fortschreitenden Wellensystem, wie dies in der Figur durch kurze Querstriche angedeutet ist, unter der Voraussetzung, daß die beiden Wellen auf der Linie $a\,e$ mit gleichen Phasen zusammentreffen. Man wird aus der Figur leicht erkennen, daß der Phasenunterschied der beiden sich kreuzenden Mondwellen an verschiedenen Punkten des Ozeans von dem der in eben diesen Punkten sich kreuzenden Sonnenwellen verschieden sein wird, daß, während die beiden Sonnenwellen beispielsweise mit gleichen Phasen zusammentreffen, die beiden Mondwellen an demselben Orte einen ganz anderen Phasenunterschied aufweisen können. Wäre nun an einem Orte der (konstante) Phasenunterschied der sich kreuzenden Sonnenwellen etwa eine Viertelperiode, während der der Mondwellen nicht ganz eine halbe Periode (180°) betrüge, so würden die letzteren sehr klein sein, während die ersteren annähernd die Höhe der einzelnen Welle besitzen würden; wir würden also an diesem Orte Erscheinungen beobachten, welche sehr große Ähnlichkeit mit den haben würden, welche wir im Stillen Ozean auf Tahiti, im Indischen Ozean auf Mauritius und Ceylon und im Atlantischen Ozean bei Courtown am Irischen Kanal finden. In welchem Grade die Erscheinung auftritt, hängt von der Verschiedenheit des Phasenunterschiedes der Sonnen- und Mondwellen und von dem Verhältnis der Höhen der sich kreuzenden Wellen ab, kann also sehr verschieden sein, und in der Tat kann man bei genauerer Betrachtung der an verschiedenen Punkten beobachteten Werte der Sonnen- und Mondkomponenten überall Spuren von ihnen auffinden.

Die Verschiedenheit des Phasenunterschiedes der sich durchkreuzenden Sonnen- und Mondwellen kann natürlich sich auch so gestalten, daß an einem bestimmten Orte die Sonnenwelle im Verhältnis zur Mondwelle stärker geschwächt erscheint als an anderen Punkten. Dies dürfte z. B. der Fall sein an der nordamerikanischen Ostküste, wo das Verhältnis der Höhe der Sonnenwelle zu der der Mondwelle nur etwa halb so groß ist wie an der europäischen Seite des Atlantischen Ozeans, und es dürfte hierin eine einfache Erklärung für eine Erscheinung gegeben sein, welche man bisher noch nicht auf eine bestimmte Ursache hat zurückführen können. Durch die hier vorgetragene Auffassung wird nicht nur die Erscheinung selbst erklärt, sondern auch die sonst sehr auffällige Tatsache, daß sie auf einen Teil des Ozeans beschränkt ist: die Verschiedenheit des Phasenunterschiedes der Sonnen- und Mondwellen ist eben nur an der Küste der Vereinigten Staaten eine solche, daß die Erscheinung hervorgerufen wird, und es ist ohne Zweifel der Richtung der Küstenerstreckung zuzuschreiben, daß sie sich auf einer so langen Strecke erhält; würde die Küste Nord-Süd verlaufen, so würde sie vermutlich nur auf einer verhältnismäßig kurzen Strecke bestehen. Auch im Stillen Ozean zeigen die Ergebnisse der harmonischen Analyse für Port Townsend, Astoria und San Francisco die gleiche Erscheinung, jedoch nicht in so hohem Grade wie an der Ostseite des Kontinents.

Dieselben Erwägungen, welche wir hier für die halbtägigen Tiden angestellt haben, gelten selbstredend auch für die eintägigen Tiden, und so finden wir eine ganz natürliche und einfache Erklärung für das eigentümliche Verhalten der Gezeiten auf Neu-Guinea und im Bismarck-Archipel, wo die eintägige Sonnentide den Verlauf der Gezeiten beherrscht, wenn wir für die Verschiedenheit des Phasenunterschiedes der eintägigen Sonnen- und Mondtiden ein ähnliches Verhältnis annehmen, wie es unserer Auffassung nach für die halbtägigen Tiden auf Tahiti stattfindet. Da die halbtägigen Tiden sehr klein sind, so werden wir überdies annehmen müssen, daß der Phasenunterschied der sich kreuzenden halbtägigen Sonnen- sowohl wie Mondwellen in diesem Gebiete nahezu eine halbe Periode (180°) beträgt.

Die vorstehenden Betrachtungen lassen viele Punkte unberührt, sie sollen aber auch nur dazu dienen, zu zeigen, daß es möglich ist, durch die Annahme, daß in den Ozeanen stets zwei sich unter einem Winkel durchkreuzende Wellensysteme von derselben Periode vorhanden sind, die ganze Mannigfaltigkeit der auf der Erde zur Beobachtung gelangenden Gezeitenerscheinungen einheitlich zu erklären. Im Falle der Natur gesellen sich noch mancherlei andere Einflüsse hinzu, wo die aus einer bestimmten Voraussetzung folgenden Schlüsse beeinträchtigt werden, und der wichtigste unter diesen ist die Gestaltung des Meeresbodens oder die Wassertiefe. Durch sie wird der Winkel, unter dem sich die Wellen schneiden, in verschiedenen Teilen des Ozeans sich verschieden gestalten; sie bedingt vor allen Dingen auch, daß die Länge der Wellen in verschiedenen Gegenden verschieden ist, so daß die mannigfaltigsten Abweichungen auftreten können, welchen allen nachzuspüren kaum möglich und in vielen, wenn nicht den meisten Fällen auch zwecklos sein würde, weil die Mangelhaftigkeit und Lückenhaftigkeit des Beobachtungsmaterials eine Prüfung der theoretischen Schlüsse an der Wirklichkeit gar nicht oder doch nur in sehr beschränktem Maße zulassen würde.

Wir begnügen uns daher damit, durch die vorstehenden Betrachtungen zum mindesten wahrscheinlich gemacht zu haben, daß die wahre Grundlage für eine folgerichtige Erklärung aller Gezeitenerscheinungen, welche irgendwo auf der Erde vorkommen, das Vorhandensein von zwei Wellensystemen gleicher Periode im Ozean sein müsse, die sich unter einem Winkel kreuzen, und zwar für jedes der beiden fluterzeugenden Gestirne. Hierdurch gewinnt die Airysche Wellentheorie der Gezeiten eine weitere Stütze und eine Ausdehnung, auf die Airy selber wegen der damals noch recht mangelhaften Erkenntnis der Erscheinungen noch nicht näher einzugehen wagte, obwohl er bereits Andeutungen in dieser Richtung gemacht hat[1]. Daß diese Theorie, die in Flüssen, Buchten und kleineren Meeresteilen auftretenden Erscheinungen bis ins Kleinste erklärt und sie auf ihre wahren Ursachen zurückzuführen erlaubt, ist schon von Airy an zahlreichen Beispielen gezeigt und vom Verfasser dieses Aufsatzes weiter ausgeführt worden[2].

---

[1]) Auch Ferrel zieht in seinem Werke „Tidal researches" S. 246 die Kreuzung zweier Wellen von gleicher Periode zur Erklärung der Gezeitenerscheinungen auf Tahiti heran, ohne jedoch diese von ihm auf S. 56 § 49 angedeutete Theorie auf andere Punkte der Erde anzuwenden.

[2]) S. Annalen der Hydrographie Sept.-Okt.-Heft 1908.

Neunter Abschnitt.

Die magnetischen Verhältnisse des Atlantischen Ozeans[1].

Es erschien zweckmäßig, bei der Neuherausgabe des „Segelhandbuches für den Atlantischen Ozean" den Abschnitt über die Behandlung der Deviation der Kompasse an Bord eiserner Schiffe wegzulassen, da dieser Gegenstand eingehend in der im Jahre 1906 erschienenen zweiten Auflage des Handbuches „Der Kompaß an Bord"[2]) behandelt ist, während alles für die Praxis Notwendige in der „Instruktion der Seewarte über die Behandlung der Kompasse und ihrer Deviation an Bord eiserner Schiffe"[3]) enthalten ist. Es soll daher im folgenden nur einiges über die magnetischen Verhältnisse des Atlantischen Ozeans, soweit sie für die Schiffahrt von Bedeutung sind, gesagt werden.

Wenn auch besonders in dem Atlantischen Ozean als dem am meisten befahrenen Ozean von jeher von den verschiedenen Marinen der beteiligten Nationen durch Anstellung magnetischer Beobachtungen an der Erforschung der erdmagnetischen Verhältnisse mitgearbeitet worden ist, so sind doch die auf Grund der Beobachtungen entworfenen erdmagnetischen Karten keineswegs in allen Teilen des weiten Gebietes durchaus zuverlässig. Um so mehr ist es mit Freuden zu begrüßen, daß das Carnegie-Institut in Washington im Sommer 1909 mit der systematischen Erforschung der magnetischen Verhältnisse des Atlantischen Ozeans auf dem eigens zu diesem Zweck gebauten hölzernen Vermessungsschiff „Carnegie" beginnt. Es ist mit Sicherheit darauf zu rechnen, daß nach Beendigung dieser Vermessung, bei der an zahlreichen über alle Teile des Ozeans regelmäßig verteilten Punkten alle Elemente des Erdmagnetismus bestimmt werden sollen, die jetzigen magnetischen Karten an vielen Stellen mehr oder weniger berichtigt werden müssen. Dies ist in erster Linie darauf zurückzuführen, daß der Atlantische Ozean arm an Inseln ist, auf denen zuverlässige Landbeobachtungen angestellt werden könnten; zweitens aber erschwert die lückenhafte Kenntnis der jährlichen Änderung die Reduktion der Beobachtungen auf eine gemeinsame Epoche, was ja zum Entwurf einer Karte erforderlich ist.

Von den drei Elementen des Erdmagnetismus spielt für den Seemann die Mißweisung, ohne deren Kenntnis eine sichere Navigierung auf hoher See ausgeschlossen ist, die größte Rolle. Deshalb ist auch für jedes Schiff eine gute Mißweisungskarte, aus der sich für jeden beliebigen Schiffsort die Mißweisung leicht und ohne größere Rechnung entnehmen läßt, unbedingt erforderlich. An der Hand des bisher bekannt gewordenen neueren Beobachtungsmaterials ist auch für die vorliegende Auflage des Segelhandbuches eine

---

1) Vergl. hierzu die Mißweisungskarte Tafel IV am Ende dieses Buches.

2) „Der Kompaß an Bord." Handbuch für Schiffsführer und Schiffsoffiziere. Herausgegeben von der Deutschen Seewarte. Zweite umgearbeitete und vermehrte Auflage. Hamburg, L. Friederichsen & Co. 1906. Preis M. 3.—.

3) „Instruktion der Seewarte über die Behandlung der Kompasse und ihrer Deviation an Bord eiserner Schiffe." 6. Aufl. Hamburg 1902.

neue Mißweisungskarte entworfen worden, die für die Epoche 1913,0 gültig ist. Wenn auch wegen der mangelhaften Kenntnis der jährlichen Änderung gegen eine Vorausberechnung für vier Jahre Bedenken vorliegen, so hat doch die Wahl einer weiter hinausliegenden Epoche den großen Vorteil, daß die Karte, die ja für den praktischen Gebrauch auf See bestimmt ist, für eine ganze Reihe von Jahren benutzt werden kann, ohne einen ihr entnommenen Wert mit Hilfe der jährlichen Änderung erst auf die jeweilig gewünschte Epoche reduzieren zu müssen. Da die jährliche Änderung in den am meisten befahrenen Teilen des Atlantischen Ozeans fast überall geringere Werte als 0,1 ^{0} aufweist, so kann die Karte unbedenklich mindestens bis 1915 ohne Berücksichtigung der jährlichen Änderung benutzt werden. Bis dahin aber liegen jedenfalls die Ergebnisse der bereits oben erwähnten Vermessung des Atlantischen Ozeans durch das Carnegie-Institut vor, die aller Voraussicht nach die Herausgabe einer neuen Karte als wünschenswert und notwendig erscheinen lassen werden.

Atlantischer Ozean.

Zweiter Teil.

Segelanweisungen.

Zehnter Abschnitt.

Nach dem hohen Norden von Europa.

Ausreisen.

Schiffe, die nach Häfen am Weißen Meere oder Orten in der Nähe des Nordkaps bestimmt sind, müssen, je nach der Lage des Abgangshafens, entweder durch die Nordsee oder westlich von den britischen Inseln nach Norden zu kommen suchen, bis sie 62° N-Br. erreicht haben. Wenn man seines Besteckes nicht sicher ist, so kann man auf dem westlichen Wege die Färoer, auf dem östlichen die Shetland-Inseln in Sicht laufen. Häufig sind diese Inseln jedoch in Nebel gehüllt, die das Erkennen derselben sehr erschweren; deshalb erscheint es nicht ratsam, des besagten Zweckes wegen bei günstiger Gelegenheit von dem direkten Kurse abzuweichen. Von 62° N-Br. aus steuere man einen nordöstlichen Kurs längs der Küste von Norwegen, indem man die Lofoten-Inseln in einer den Witterungsverhältnissen angemessenen Entfernung passiert und nun allmählich umbiegt, um das Land in der Nähe des Bestimmungshafens oder, wenn dieser jenseits des Nordkaps liegt, in der Nähe des letzteren in Sicht zu laufen. Bei westlichem Winde und unsichtigem Wetter sollte man auf dieser Strecke immer auf eine östliche bis südöstliche Stromversetzung Bedacht nehmen.

Beim Passieren des Nordkaps halte man sich in mäßiger Entferung vom Lande, weil in zu großer Nähe desselben häufig Windstillen auftreten. Auch hüte man sich, die hohen Klippen westlich vom Kap mit diesem oder dem weiter östlich gelegenen Kap Nordkyn zu verwechseln. Das Nordkap ist vergleichsweise niedrig und leicht an seiner tafelförmigen Gestalt und den drei Inseln — der Mutter und den zwei Töchtern — zu erkennen.

Bei weiterer Verfolgung des Weges nach dem Weißen Meere halte man sich vorzugsweise an der lappländischen Seite und versäume nicht, fleißig das Lot zu gebrauchen und guten Ausguck zu halten. Genaue, möglichst häufige Breitenbestimmungen sind für die Sicherheit des Schiffes in diesen Gewässern von der größten Bedeutung. Bei dem zu steuernden Kurse ist besondere Aufmerksamkeit auf die Mißweisung des Kompasses zu verwenden. Diese ist für ein Schiff, welches in diesen hohen Breiten rasch Länge absegelt, großen Veränderungen unterworfen (vgl. dazu die Mißweisungs-Karte Taf. IV am Ende des Buches).

Meteorologisches.

Die Winde sind vom Nordkap nach Osten hin im Juli vorherrschend von Nord und West mit sehr nebligem Wetter. Die Nebel stellen sich häufig ganz plötzlich ein; auch gibt die Strahlenbrechung oftmals dem Lande ein von der Wirklichkeit ganz abweichendes Ansehen. Im August finden sich Nordost- und Ostwinde vor. Stürme sind von Juli bis September selten.

Eisverhältnisse.

Eis, das der Fahrt im Weißen Meere zuzeiten hinderlich wird, besteht nur aus lokalem, einwinterigem Eise. Wenn es aufgebrochen ist, so steht der Schiffahrt nichts mehr im Wege, bis sie im nächsten Herbste durch junges Eis wieder unmöglich wird.

Das mittlere Datum des Auftauens und Zufrierens für die Häfen des Weißen Meeres ist nach WESSELOWSKY („Klima von Rußland"):

für die Dwina bei Archangel der 14. Mai und 4. November,
für die Onega bei Turtschassowa (138 km oberhalb der Mündung) der 3. Mai und 15. November.

Während der 120 Beobachtungsjahre von 1734 bis 1854 war für Archangel das früheste Datum des Verschwindens des Eises der 22. April, das späteste der 7. Juni. Zugefroren war in dieser Zeit der Fluß am zeitigsten den 17. Oktober, am spätesten den 9. Dezember. Für Turtschassowa ergaben sich von 1824 bis 1854 als die äußersten Daten des Aufganges der 12. April und der 14. Mai, des Feststehens der 27. Oktober und der 29. November. Für die Dwina ist als Zeit des Aufganges die gegeben, zu der der Fluß bei der Stadt vollständig vom Eise frei wurde; dies wird auch für die Onega gelten.

Nach J. SPINDLERS Veröffentlichungen über die Eisverhältnisse an den Seeküsten des russischen Reiches in den Jahren 1888 bis 1893 brach in den fünf Wintern dieser Jahre die Eissaison für die Dwinabucht gegen Ende Oktober und für den Eingang in die Onegabucht um die Mitte November an. Das früheste Erscheinen von Eis wurde bei dem Modjuga-Leuchtturm am 13. Oktober 1892 beobachtet. Das Meer war nur auf eine gewisse Entfernung von den Ufern zugefroren; in den offenen Teilen des Meeres blieb das Eis größtenteils beweglich, wie man aus den Beobachtungen auf dem Jijginski- und Simnegorski-Leuchtturm schließen kann. Genauere und vollständigere Beobachtungen zeigen jedoch, daß es Winter gibt, wo auch die offene See von einer ununterbrochenen, unbeweglichen Eisdecke, wenigstens bis zum Horizont dieses Leuchtturmes, d. h. auf mehr als 20 Sm, bedeckt wird. Ein ähnliches Zufrieren dauerte im Jahre 1892 gegen Ende des Winters 33 Tage, im Jahre 1893 79 Tage, wobei das Eis bis zum 28. Mai unbeweglich blieb.

Bei der sogenannten „Kehle" des Weißen Meeres, an der Stelle, wo es ins Eismeer mündet, findet das Zufrieren bis zum Horizont der Leuchttürme Sosnowetz, Morshowski und Orlowski fast alljährlich statt. Das anhaltendste ununterbrochene Zufrieren wurde im Winter 1892/93 im Februar und März beobachtet; bei Sosnowetz dauerte es 60, bei Orlowski 34 Tage. Die Gesamtsumme der Tage mit Eisdecke an dieser Stelle des Weißen Meeres belief sich jedoch bei Sosnowetz auf 117, bei Orlowski auf 79 Tage. Die größten Schwankungen von Jahr zu Jahr sehen wir bei Orlowski, von 5 (1890) bis zu 79 Tagen (1893). Für das ganze Weiße Meer dauert die Eissaison im Mittel mehr als 6 Monate; in einzelnen Jahren jedoch schwankt ihre Dauer zwischen 5 und 7 Monaten, und es gibt Punkte, wo die Schwankungen noch bedeutender sind.

Die endgültige Befreiung des Weißen Meeres vom Eise zieht sich gewöhnlich durch den ganzen Mai (alten Stils) hin.

Die Dwinabucht, wo der Eisgang im Mittel auf den 17. Mai fällt, befreit sich zuerst vom Eise; am frühesten geschah das am 6. Mai (1890), am spätesten am 30. Mai (1893). Ihre Mündung ins Meer wird erst Anfang Juni eisfrei, im Jahre 1893 aber geschah es erst am 8. Juli. Eine so späte Befreiung vom Eise muß den ungeheueren Eismassen zugeschrieben werden, die in jenem Winter, dank dessen Strenge und Beharrlichkeit, gebildet wurden; auch die niedrige Temperatur des Frühjahrs 1893 muß Einfluß darauf gehabt haben. In demselben Jahre wurde die Onegabucht am 18. Juni eisfrei. Im ganzen dauerte auf dem Weißen Meere die Eissaison 1892/93 beinahe $8^1/_2$ Monat. Am wenigsten lange währte die des Jahres 1889/90, deren Dauer bei Sosnowetz 6,4 Monate, bei den Leuchttürmen von Orlowski und Simnegorski 4,2 Monate betrug; an den übrigen Punkten war die Eissaison 1889/90 von noch kürzerer Dauer.

Rückreisen.

Auf der Rückreise ist hauptsächlich darauf zu achten, daß man sich vom Nordkap an in einem weiten Abstande von der norwegischen Küste hält, um mit den vorherrschenden westlichen Winden desto leichter nach Süden gelangen zu können. Insbesondere Schiffen, die nach der Westküste von Großbritannien, nach Irland oder einem Hafen südlich vom Englischen Kanal bestimmt sind, ist anzuraten, im Norden von 62° N-Br. möglichst viel West zu machen.

Nach dem Ob und dem Jenissei

versucht man während der Sommermonate einen Verkehr von Europa aus zu unterhalten. Die Ausführbarkeit dieser Reisen ist lediglich von den Eisverhältnissen in der Karasee abhängig. Bei andauernden nördlichen Winden füllt sich die Karasee derart mit Polareis, daß an kein Vordringen zu denken ist. Haben dagegen im Frühjahre lange Zeit hindurch südliche Winde geherrscht, so wird das Eis nach Norden gedrängt, und die Fahrt nach dem Ob und Jenissei ist ausführbar. Selbstverständlich kann die Karasee auch bei günstigen Eisverhältnissen nur von Dampfern mit Erfolg befahren werden (vgl. Dampferhandb. f. d. Atl. Ozean S. 57 ff.).

Elfter Abschnitt.

Nach Island und Grönland.

Für Reisen nach Island und Grönland lassen sich mit Bezug auf die Windverhältnisse keine bestimmten Wege vorzeichnen. Sie müssen den gerade angetroffenen Verhältnissen angepaßt werden. Von besonderer Wichtigkeit bei der Wahl des Weges sind dagegen die Strömungs- und Eisverhältnisse.

Ausreisen.

Die Reisen nach den Häfen an der Westküste von Island bieten der Schiffahrt keine wesentlichen Schwierigkeiten, weil diese Küste durch die warme Meeresströmung das ganze Jahr hindurch eisfrei gehalten wird und deshalb die Häfen stets zugänglich sind.

Nach den dänischen Kolonien an der Westküste von Grönland bestimmte Schiffe müssen, wenn sie im Frühjahr von der Nordsee kommen, sich bestreben, 58° bis 60° N-Br. in etwa 10° W-Lg. zu erreichen, und dann nach Westen steuern, bis sie in die Gegend kommen, in welcher das grönländische Eis zu erwarten ist. Das wird in der Regel zwischen 40° und 41° W-Lg. und in 58° 30′ N-Br. der Fall sein. In vereinzelten Fällen fand es sich schon in 39° 30′ W-Lg. vor. Den Meridian von Kap Farewell hat man in einem bedeutenden Abstande vom Lande zu schneiden, um außerhalb der Eisgrenze zu bleiben. Auf den Reisen, von welchen Berichte vorliegen, schnitten die Schiffe den genannten Meridian im Mittel auf der Ausreise in 57° 46′ N-Br., auf der Rückreise in 58° 2′ N-Br., also in einer Entfernung von 123 bezw. 107 Sm vom Kap. Hier fanden sie vollständig eisfreies Wasser.

Es ist gesagt worden, zu gewissen Zeiten und an gewissen Stellen sei die Schiffahrt an der Ostküste von Grönland möglich; allein es soll hier gleich erwähnt werden, daß das Erreichen des Küstenwassers mit außerordentlichen Schwierigkeiten verbunden ist, weil der breite und in seiner Mitte nicht selten aus meilenweiten Eisfeldern bestehende Eisgürtel durchbrochen werden muß, was für ein Segelschiff meistens ganz unmöglich und selbst für einen Dampfer immer schwierig ist. Somit darf mit Bezug auf die Segelschiffahrt die Ostküste von Grönland als unzugänglich betrachtet werden.

Anders an der Westküste. Dort wird es auch einem Segelschiffe verhältnismäßig leicht, auf einem passenden Wege seinen Bestimmungsort zu erreichen.

Nachdem der Meridian von Kap Farewell passiert ist, halte man zunächst noch einen Westkurs ein, bis 50° oder 52° W-Lg. erreicht ist. Dann steuere man in einem angemessenen Abstande von der Eisgrenze längs derselben nach NW, bis die Eisverhältnisse eine Annäherung an die Westküste von Grönland gestatten. Dies ist gewöhnlich in 65° N-Br. der Fall. Die Eistrift quer über die Davisstraße, welche vorher zu durchsegeln ist, bereitet meistens keine große Schwierigkeit. Schiffe, welche nach den südlichen Häfen bestimmt sind, haben dann die Weiterreise südwärts zwischen der Küste und dem vorliegenden Eisgürtel auszuführen.

Der südlichste Hafen an der Westküste von Grönland, der trotz des Eises mit ziemlicher Sicherheit zu erreichen ist, ist Julianehaab. Von hier ab nach den noch weiter südwärts gelegenen Handels- und Missionsstationen wird der Verkehr während des Sommers durch Boote, meistens grönländische Weiberboote, aufrechterhalten.

Nicht selten trifft es sich, daß bei der Ankunft eines Schiffes an der grönländischen Westküste die Küste weiter südlich noch fest vom Eise eingeschlossen ist. In einem solchen Falle bleibt dem Schiffe nichts weiter übrig, als zunächst in einem der nördlichen Häfen, Godhaab oder Frederikshaab usw., einzulaufen, um eine günstige Gelegenheit zur Fortsetzung der Reise abzuwarten. Diese ist meistens recht mühsam und langweilig, besonders für ein Segelschiff.

Der Verkehr mit grönländischen Häfen unterliegt besonderen Vorschriften und ist im allgemeinen nur Schiffen des Königlich Grönländischen Handels, der seinen Sitz in Kopenhagen hat, gestattet.

Rückreisen.

Die Rückreise geschieht auf demselben Wege wie die Ausreise. Liegt ein Schiff in Julianehaab, so wird es nicht eher den Hafen verlassen, als bis man sich von einem hohen Standorte aus überzeugt hat, daß das Eis in genügender Entfernung von der Küste liegt. Dann geht die Reise zunächst nordwärts längs der Küste vor sich, bis man diese in ungefähr derselben Breite, in welcher sie auf der Herreise angelaufen wurde, auf einem Westkurse durch das lockere Treibeis wieder verlassen kann. In der Mitte der Davisstraße, in ungefähr 55° W-Lg., ist das Eis so offen, daß es nunmehr möglich ist, einen Süd- und Südostkurs außerhalb der Eisbarriere an der Westküste von Grönland entlang zu verfolgen. Nachdem man in 100 bis 120 Sm Abstand im Süden von Kap Farewell passiert ist, kann man den nächsten Weg zum Bestimmungshafen einschlagen.

Strömungen und Eis.

Fast alles, was wir bis jetzt über die Strömungsverhältnisse in der Umgebung von Island und Grönland wissen, verdanken wir der Arbeit und der sorgfältigen Sammlung einiger Forscher.

Admiral Irminger hat aus seinen eigenen wie aus den Beobachtungen der dänischen Grönland- und Islandfahrer nachgewiesen, daß das atlantische Wasser längs des 59. Breitengrades zwischen den Orkney-Inseln und 30° W-Lg. eine ziemlich gleichmäßige und vergleichsweise hohe Temperatur (7° bis 8° C) an der Oberfläche bei einem nach Nord gerichteten, schwachen Oberflächenstrom hat. Das warme Oberflächenwasser erreicht, wenigstens im Sommer, mit ziemlich unveränderter Temperatur die Südküste von Island und wird von hier nach Nordwest und dann nach Nord in die Dänemarkstraße und längs der Westküste von Island fortgeführt. Längs der Ostküste von Grönland fließt dagegen ein kalter Strom aus dem Eismeere durch die Dänemarkstraße nach Südwest bis zum Kap Farewell mit einer mittleren Geschwindigkeit von 10 bis 15 Sm im Etmal. (Die Trift der Hansascholle längs der Ostküste von Grönland von September 1869 bis Mai 1870 war im Mittel 4,1 Sm im Etmal.) Am Kap Farewell biegt der Strom mit einer Geschwindigkeit von 10 bis 18 Sm im Etmal nach Nordwest um und verfolgt dann eine Richtung längs der Westküste von Grönland bis etwa nach 65° N-Br. Hier weicht er von der Küste ab, lenkt quer über die Davisstraße und, vereinigt mit dem aus dem Smithsunde herunterkommenden Strome, fließt er nunmehr südwärts längs der Küste von Labrador, bei Neufundland vorbei und weiter längs der Ostküste der Vereinigten Staaten. Zwischen der Insel Disko und etwa 65° N-Br. an der Westküste von Grönland ist wenig oder kein Strom vorhanden; es ist dies die Ursache, daß dort kein Eis angetroffen wird (vgl. auch: Die Strömungen des Atlantischen Ozeans, S. 33 ff.).

Aus den Messungen des dänischen Kriegsschuners „Fylla“, Kapt. JACOBSEN, angestellt im Sommer 1877, hat sich hinsichtlich der Temperatur- und Strömungsverhältnisse in der Dänemarkstraße folgendes ergeben.

Der warme Strom mit einer Temperatur bis zu 8° C beschränkt sich nicht auf die Oberfläche, sondern reicht in größere Tiefen hinab, in einem gewissen Abstande von Island sogar bis auf den Boden. In der Mitte der Dänemarkstraße wird der warme Strom oben und unten von einem kalten Strome eingefaßt. Weiter westlich nähern sich der obere und der untere kalte Strom und bilden schließlich im westlichen Teile der Straße einen einzigen, bis zum Boden reichenden kalten Strom. Der warme Strom, welcher längs der Westküste von Island nordwärts setzt, ist bei seinem Austritt aus der Straße in das Eismeer noch kräftig genug, um seinen Lauf noch weiter fortsetzen zu können. Bei Kap Nord biegt er nach Osten und fließt längs der Nordküste von Island, wie bestätigt wird aus den Beobachtungen der Meerestemperatur, welche vier Jahre hindurch auf der Insel Grimsey, 24 Sm nördlich von Island angestellt wurden. In der Dänemarkstraße fließt an Stellen das kältere Wasser über dem wärmeren. Das rührt daher, daß das warme Wasser des Atlantischen Ozeans einen größeren Salzgehalt hat als das mit geschmolzenem Eise vermischte kalte Wasser. Dasselbe ist auch in der Davisstraße beobachtet worden.

Infolge des kalten Polarstromes ist die grönländische Küste zu allen Jahreszeiten und soweit bekannt allenthalben, mit Ausnahme der Strecke zwischen 65° und 70° N-Br. an der Westküste, von einem Eisgürtel umsäumt, dessen Ausdehnung jedoch je nach der Gegend und der Jahreszeit verschieden ist. Auch zeigen die einzelnen Jahre große Verschiedenheiten. In sehr ungünstigen Eisjahren wird die Schiffahrt und Fischerei sogar an der Ostküste Islands bis weit in den Frühling hinein behindert und selbst noch im August Eis an der Nordküste angetroffen, z. B. 1891, wo Jan Mayen noch im Juli innerhalb der Eisgrenze lag; in günstigen Eisjahren, wie z. B. 1889, tritt bei Island überhaupt kein Eis auf. Die Ursache solcher Unterschiede dürfte in der kleineren oder größeren Häufigkeit und Stärke nordwestlicher Winde zu suchen sein, die — im Zusammenhange mit in einzelnen Jahren verschiedener mittlerer Luftdruckverteilung — im Norden von 65° N-Br. auftreten. Im Mai verläuft die Ostgrenze des Eises im Mittel etwa von der Mitte der Westküste Spitzbergens nach der Ostküste Islands. An der Ostküste Grönlands in 75° N-Br. beträgt die Breite des Eisgürtels etwa 120 Sm, in der Dänemarkstraße verringert sie sich in den Sommermonaten bis auf 30 Sm. Südlich davon gewinnt der Gürtel wieder größere Ausdehnung, so daß die südliche Eisgrenze etwa 100 Sm südlich von Kap Farewell angetroffen wird. Wegen des nordwestlichen Umbiegens der Strömung reicht der Eisgürtel an der Westküste von Grönland bis nach etwa 65° N-Br. hinauf. Hier werden die Eismassen quer über die Davisstraße und dann mit dem an der Labradorküste nach Süd setzenden Strome nach den Neufundlandbänken abgeführt. Auf diese Weise bleibt die Küstenstrecke zwischen 65° und 70° N-Br. an der Westküste von Grönland fast immer eisfrei.

In den wenigen Sommermonaten findet ein starkes Schmelzen des Schnees statt, welcher auf den hohen, oft steil aus dem Meere aufsteigenden Bergen Grönlands lagert. Die vielen tiefen Meereseinschnitte (Fjorde) werden mit Wasser angefüllt, welches seinen Abfluß zum Meere sucht. Hierdurch wird das längs der Küste treibende Eis, welches ebenfalls durch die Sonnenwärme gelockert ist, an gewissen Stellen bis zu einer größeren oder geringeren Entfernung abgedrängt und eine mühsame Schiffahrt längs der Küste ermöglicht. Das gilt sowohl für die Ost- als besonders auch für die Westküste von Grönland. Ein starker, vom Lande ab wehender Wind wird natürlich dazu beitragen, daß sich das Eis lockert und von der Küste abtreibt, wohingegen bei einem nach dem Lande hin wehenden Winde bald jede Fahrrinne sich schließt.

Im Winter reißen sich häufig durch irgendeine Ursache große Eismassen im Norden plötzlich los und sperren auf ihrem Wege nach Süden die Dänemarkstraße ab. Das nachkommende Eis muß notwendig nach Osten abgelenkt werden; auf diese Weise werden im Winter die Buchten an der Nordküste von Island mit Eis angefüllt. Gleichzeitig wird an der Ostküste von Grönland die Eistrift verlangsamt, und an der Westküste nimmt das Eis bis auf sein geringstes Maß ab.

Zum Schlusse soll hier noch auf einige Umstände hingewiesen werden, die in der Nähe des Eises zu beachten sind.

Es ist eine im Isländischen Meere wohlbekannte Erscheinung, daß eine Nebelbank am Horizont stets die Nähe des Eises und die Richtung anzeigt, wo es liegt. Diese Erscheinung erklärt sich ohne Schwierigkeit durch die starke und oft plötzliche Abnahme der Temperatur an der Oberfläche des Meeres in der Nähe des Eises. Das kalte Wasser wirkt abkühlend auf die verhältnismäßig warme und feuchte Luft, die von dem Winde darüber hinweggeführt wird, und bewirkt, daß sich der Wasserdampf zu Nebel verdichtet. Dies ist dieselbe Erscheinung wie auf den Neufundlandbänken, wo ein kalter und ein warmer Strom nebeneinander hinlaufen. Sie ist auch an der Ostküste von Grönland häufig, denn auch hier ist der Wärmeunterschied zwischen dem eiskalten Wasser dicht an der Küste und dem wärmeren weiter in See besonders im Sommer ziemlich bedeutend. Man darf sich aber nicht darauf verlassen, daß die Temperatur der Meeresoberfläche in jenen Gegenden eine gleichmäßige Abnahme mit der Annäherung an das Eis zeigt. So hatte „Fylla" am 18. Juni 1877 75 Sm West von Island, also nicht sehr weit vom Eise entfernt, eine Wassertemperatur von $5^1/_2{}^0$, 2 Sm weiter westwärts nahm sie bis 2^0 ab, stieg in den folgenden 3 Sm aber wieder bis 6^0, um unmittelbar darauf abermals bis 2^0 abzunehmen. In der Nähe des Eises war die Wassertemperatur 0^0. Solche Streifen Oberflächenwassers verschiedener Temperatur müssen begreiflicherweise dort auftreten, wo ein Strom mit einer Temperatur von 8^0 neben und unter einem solchen von 0^0 hinläuft. Beim Kentern von Flut und Ebbe wird Ähnliches hervorgerufen. Die Jacht „Anna" fand im August nordwestlich von Kap Nord, daß die von Süd kommende Flutströmung eine Temperatur von 8^0 bis $8{,}5^0$, die vom Eise kommende Ebbeströmung eine solche von $2{,}5^0$ bis 3^0 hatte.

Demzufolge sollte man bei nebligem Wetter keine Vorsichtsmaßregel unterlassen, welche im Hinblick auf die Möglichkeit, plötzlich mit Eis zusammenzutreffen, notwendig erscheint. Ein günstiger Umstand ist, daß man vor dem Erreichen der wirklichen Eiskante einzelne zerstreut treibende Eisschollen findet. Nur wenn der Wind längere Zeit nach dem Eise hin geweht hat, ist das weniger der Fall.

Zwölfter Abschnitt.

Nach den nordamerikanischen Häfen im Norden von Kap Hatteras.

Allgemeines.

Die Reise von Europa nach den Häfen der englischen Besitzungen in Nordamerika und nach den Häfen der Vereinigten Staaten nördlich von Kap Hatteras ist für Segelschiffe eine der schwierigsten des Atlantischen Ozeans. Ihre Schwierigkeiten bestehen hauptsächlich darin, daß die Winde in dem zu durchsegelnden Gebiete vorherrschend aus westlichen Richtungen wehen und nicht selten als heftige Stürme auftreten. Als weitere Hindernisse treten auf der zweiten Hälfte des Weges noch eine widrige Strömung und zu gewissen Zeiten treibende Eismassen auf, deren Gefährlichkeit durch die häufigen dichten Nebel noch vermehrt wird. Infolge der veränderlichen und oft konträren Winde weichen die Wege, welche die Schiffe einschlagen, sehr voneinander ab, in der Tat so sehr, daß von bestimmten Wegen für die Fahrt nach den nordamerikanischen Häfen kaum die Rede sein kann. Es kommt nicht selten vor, daß ein Schiff, welches auf der ersten Hälfte der Reise den kürzesten Weg nach dem Bestimmungsort verfolgt, durch eine Veränderung des Windes weit davon abgedrängt wird und die Reise in einer viel südlicheren oder auch nördlicheren Breite vollendet. So wird ein Schiffsführer von dem geplanten und zuerst eingehaltenen Wege oft auf einen anderen geführt. Zieht man indessen in Betracht, wie die Reise bei ihrem Antritt zunächst angelegt wird, so lassen sich drei Wege unterscheiden, nämlich

1. der nördliche Weg, auf dem die Schiffe nord um Schottland, und zwar meistens zwischen den Orkney- und Shetlandinseln hindurch, gehen;
2. der mittlere Weg, auf dem die Abfahrt, wenn nicht von einem Hafen des südlichen Großbritanniens oder Westfrankreichs, durch den Englischen Kanal genommen und mehr oder weniger der kürzeste Weg eingehalten wird;
3. der Weg durch den Passat, auf dem ein Schiff zunächst südwest- und südwärts steuert und dann mit dem Nordostpassat die erforderliche westliche Länge zurücklegt.

Die beiden Wege durch das Westwindgebiet.

Der Weg nord um Schottland wird am meisten von Schiffen gewählt, die aus dem Skagerrak kommen oder auch von solchen, welche von einem Hafen der Nordsee, im nördlichen Großbritannien, Norwegens, Dänemarks oder Deutschlands ausgehen. Sein Vorteil besteht darin, daß man den offenen Ozean meistens rascher als durch den Englischen Kanal erreicht, ferner, daß man bei Gegenwind aus Südwest für die Fahrt durch die Nordsee nach Nordschottland eine günstige Gelegenheit hat, und schließlich, daß man, während westliche Winde auf Kanalbreite herrschen, sich im hohen Norden oft schon an der Nordseite des niedrigen Luftdruckes befindet, welcher auf dem nördlichen Teile des Atlantischen Ozeans vorhanden ist. Um letzteren Vorteil bestens auszunutzen, muß man sich möglichst lange auf hoher Breite halten. Dies bringt in den Sommermonaten jedoch leicht den Nachteil, daß man in einer nördlichen Stellung auf der Neufundlandbank gegenüben den an der amerikanischen Seite dann so sehr vorherrschenden südwestlichen Winden in einer ungünstigen Lage ist. Im Winter wird die Fahrt nördlich vom Golfstrom unter der amerikanischen Küste durch das rauhe, kalte Wetter auch oft sehr schwierig gemacht.

Den mittleren Weg nehmen die aus der Nordsee kommenden Schiffe gewöhnlich, wenn sie günstigen Wind haben, um durch den Englischen Kanal zu gehen. Von der Kanalmündung suchen sie, westwärts arbeitend oder segelnd, die Neufundlandbank zu erreichen, die sie, je nach der Jahreszeit, im Sommer etwas südlicher, im Winter etwas nördlicher als in 44° N-Br. überschreiten; dann nehmen sie den Weg nördlich vom Golfstrom, zwischen diesem und der amerikanischen Küste. Auf dem mittleren Wege werden die raschesten Reisen gemacht, besonders im Frühling und Herbst, in welchen Jahreszeiten Schiffe auf diesem Wege mit Ostwind, der der Südseite eines Luftdruckmaximums in den mittleren Breiten angehört, mitunter quer über den Ozean segeln, während die Schiffe auf dem nördlichen Wege an der Nordseite des Maximums stehen und fortwährend gegen westliche Winde zu kämpfen haben und keinen Fortschritt machen können.

Ein Beispiel großen Gewinnes auf dem mittleren Wege unter ähnlichen Umständen bieten die Reisen der Schiffe „von Berg“ und „Hedwig“ von Hamburg nach New York im Spätherbst 1880. Beide Schiffe traten ihre Reise mit östlichem Winde an, der damals längere Zeit herrschte. „Von Berg“ verließ die Elbe am 8. Oktober und nahm den Weg nord um Schottland. Der günstige Wind hatte schon am zweiten Tage auf 57° N-Br. ein Ende, und das Schiff hatte dann längere Zeit gegen westliche, oft stürmische Winde zu kreuzen, so daß es erst am 28. Oktober die Höhe der Insel Fair erreichte. Auch in der Folge ging die Reise durch anhaltend widrige Winde und stürmisches Wetter nur sehr langsam von statten; insbesondere entstand zwischen 50° und 55° N-Br., 30° und 40° W-Lg. — vielleicht das stürmischste Gebiet des Nordatlantischen Ozeans — durch eine fast ununterbrochene Folge von Weststürmen sehr langer Aufenthalt, der dahin wirkte, daß „von Berg“ in den 20 Tagen vom 15 November bis zum 5. Dezember nur einen Grad Länge zurücklegen konnte. Das Schiff war am 5. Dezember bereits 58 Tage in See. Nach weiteren 29 Tagen langsamer Fahrt gelangte es endlich am 3. Januar mit einer Gesamtreise von 87 Tagen nach Sandy Hook.

„Hedwig“ kam erst 12 Tage nach „von Berg“, am 20. Oktober, in See, setzte aber, ihren Weg der noch herrschenden Wetterlage — Ostwind bei hohem Barometerstande — richtig anpassend, ihren Kurs durch den Englischen Kanal. In rascher Fahrt diesen wie vorher die Nordsee durchsegelnd, hatte das Schiff schon am 24. Oktober Lizard passiert, als „von Berg“ noch nicht die Insel Fair erreicht hatte. Der günstige Ostwind hielt auf dem südlicheren Wege der „Hedwig“ fast während der ganzen Überfahrt an und führte das Schiff über 44° N-Br. und 50° W-Lg. am 5. November nach 41° N-Br. und 58° W-Lg. Zu derselben Zeit befand sich „von Berg“ noch in 59° N-Br. und 17° W-Lg., er hatte also die Fahrt über den Ozean kaum erst angetreten. Der Rest des Weges brachte „Hedwig“ eine etwas weniger günstige Gelegenheit. Immerhin konnte das Schiff seine Gesamtreise in 28 Tagen machen, in völlig 59 Tagen weniger als sein Mitsegler. Als es Sandy Hook am 17. November passierte, hatte „von Berg“, obschon 12 Tage früher auf die Reise gegangen, noch kaum die Hälfte des Weges zurückgelegt.

Natürlich kann es auch Schiffe, die den mittleren Weg wählen, besonders im Winter treffen, daß sie durch heftige und anhaltende Stürme aus Nordwest und West genötigt werden, von dem Wege nördlich des Golfstromes abzuweichen und nach südlicheren Breiten abzuhalten. In dieser Weise sind sie jedoch nicht ungünstiger gestellt als die Schiffe auf dem nördlichen Wege. Am ungünstigsten ist der mittlere Weg, wenn er zur Unzeit, d. h. dann gewählt wird, wenn sich nach der Wetterlage günstiger Wind eher im Norden erwarten läßt als auf Kanalbreite.

Die Hauptsache ist, daß der Schiffsführer in seinen Entschlüssen, ob nord um Schottland oder durch den Kanal zu gehen sei, sich von der gerade vorhandenen Wetterlage leiten läßt. Der für den nördlichen Weg günstige Umstand ist niedriger Luftdruck im Westen von Irland und dem Englischen Kanal, wenn das Minimum des Druckes südlich vom Wege liegt. Dann wehen auf höherer Breite östliche, auf der Breite des Englischen Kanals dagegen westliche Winde, und gleichzeitig herrscht in der Nordsee südwestlicher, südlicher oder südöstlicher Wind bei niedrigem Barometerstande. Die Zeit also, in der die Umstände am meisten dazu einladen, den nördlichen Weg einzuschlagen, ist auch für die Fortsetzung der Reise jenseits Nordschottlands die günstigste. Hat man dagegen bei Antritt der Reise in der Nordsee hohen Barometerstand, so ist das Verhältnis gewöhnlich umgekehrt; im Norden wehen westliche Winde, während auf Kanalbreite und im Süden davon Ostwind herrscht, und zugleich ist der Wind in der Nordsee meistens aus Nordwest, Nord, Nordost oder Ost. Mit solchen Winden, und bei hohem Barometerstande immer, sollte man deshalb den Weg durch den Englischen Kanal nehmen. Letzteres dürfte für Schiffe, die von Hamburg oder Bremen kommen, auch in zweifelhaften Fällen das Richtigste sein; denn man kann, wenn man durch den Englischen Kanal gegangen ist, auch von diesem aus bei südlichem oder südwestlichem Winde noch einen nördlichen Weg einschlagen und hat für diesen, wenn man erst etwa 10° W-Lg. erreicht hat, mit südlichen Winden in Kanalbreite noch einen besseren Abfahrtsort als im Norden von Schottland.

Auf dem nördlichen Wege besteht der Vorteil darin, daß man vielleicht an der linken Seite der Zugstraße der Depressionen bleibt, welche in häufigen Fällen von der Neufundlandbank nach dem Norden von Schottland gerichtet ist, und daß man dort, wenn auch meistens nur in kürzeren Zeiträumen, statt der westlichen östliche Winde hat. Um sich diesen Vorteil zu sichern, muß man die hohe Breite möglichst lange festzuhalten suchen; in den Sommermonaten sollte jedoch auf die an der amerikanischen Küste oft lange anhaltenden Südwestwinde Bedacht genommen werden; man sollte dann, nachdem 30° W-Lg. überschritten ist, die erste Gelegenheit wahrnehmen, auf 40° W-Lg. bis etwa 45° N-Br. nach Süden zu gelangen. Im Winter hat das Südwärtskommen im westlichen Teile des Atlantischen Ozeans wegen der dann vorherrschenden Nordwestwinde gewöhnlich keine Schwierigkeit, um diese Zeit kann ein Schiff sich noch gern etwas weiter auf höherer Breite halten.

Auch auf dem mittleren Wege ist es im allgemeinen am ratsamsten, den Weg über die Neufundlandbank und nördlich vom Golfstrom zu nehmen. Man hat auch hier bei der Ansteuerung von 40° W-Lg. die jahreszeitlich verschiedenen Winde an der amerikanischen Seite des Ozeans in Betracht zu ziehen, indem man 40° W-Lg. im Sommer südlich, im Winter aber nördlich von 45° N-Br. schneidet.

Wie bemerkt, ist es im allgemeinen und nicht nur auf Reisen nach Kanada und den übrigen englischen Besitzungen, sondern auch auf solchen nach den Vereinigten Staaten am vorteilhaftesten, zwischen dem Golfstrom und der amerikanischen Küste zu passieren. Zu dem Ende sollte man sich so einzurichten suchen, daß der Meridian von 50° W-Lg. auf der Neufundlandbank zwischen 43° und 46° N-Br., im Winter nördlicher, im Sommer südlicher, geschnitten wird, und schon von 40° W-Lg. an streng darauf achten, daß man sich außerhalb des Golfstromes hält.

Für letzteren Zweck ist der beständige Gebrauch des Wasserthermometers von der größten Wichtigkeit. Der Unterschied in der Temperatur des warmen Golfstromes und der kalten, westlich setzenden Küstenströmung, in welcher man seinen Weg zu nehmen hat, ist so groß und die Scheidung zwischen den beiden so scharf, daß man am Thermometer erkennen kann, ob man sich im Golfstrom- oder im Küstenwasser befindet. Mit deren Grenze fällt auch die der Strömungen beinahe zusammen, doch reicht der Oststrom gewöhnlich noch über die Temperaturgrenze nordwärts hinaus (vgl. darüber unter Strömungen S. 313ff. und im I. Teil S. 34).

Der Weg, den man von der Neufundlandbank zu verfolgen hat, ist natürlich von der jedesmaligen Bestimmung des Schiffes abhängig. Schiffe nach New York und den südlicheren Häfen schneiden 60° W-Lg. gewöhnlich in 42° bis 43° N-Br. und passieren dann etwa 60 Sm südlich von den Georges Shoals. Wegen der anhaltenden, dichten und oft plötzlich einsetzenden Nebel und der starken Stromversetzung ist bei der Navigierung unter der amerikanischen Küste besondere Vorsicht notwendig; man sollte vor allem beim Passieren der Bänke den rechtzeitigen und fleißigen Gebrauch des Lotes nicht unterlassen. Auch auf dieser Strecke empfiehlt es sich, bei der Wahl der

Kurse darauf Bedacht zu nehmen, daß im Winter nördliche, im Sommer südliche Winde die längste Dauer haben.

Bei der Veränderlichkeit und sehr oft konträren Richtung des Windes ist es natürlich nicht möglich, den kürzesten Weg immer einzuhalten. Es würde auch nicht richtig sein, sich zu sehr daran zu binden; vielmehr sollte man bei schralem oder konträrem Winde, sei er von der Nord- oder Südseite, unter gehöriger Ausnutzung der Segelfähigkeit des Schiffes, stets nur danach streben, nach Möglichkeit West zu machen. Um die dabei stattfindende Abweichung vom kürzesten Wege sollte man sich nicht sehr kümmern, selbst wenn man dabei von dem nördlichen Wege auf den mittleren oder umgekehrt, oder über den mittleren Weg hinaus nach Süden gedrängt werden sollte. Man sollte freilich die mittleren Verhältnisse in Rechnung ziehen (vgl. weiter hinten in diesem Abschnitt die Angaben über Winde usw.), immer aber Bedacht darauf nehmen, daß selbst bei beständigem Wetter der Wind in diesem Meeresstriche seine Richtung oft ändert.

Im allgemeinen scheint es nicht von Nachteil zu sein, wenn ein Schiff, das anfänglich den mittleren Weg eingeschlagen hat, ziemlich weit nach Süden davon abweicht. Es hat hier, den Angaben in der Windtabelle zufolge, noch mehr günstigen östlichen Wind zu erwarten wie weiter im Norden und kann, wenn die Gelegenheit es dazu bringt, seinen Weg auf der westlichen Hälfte des Ozeans auch sehr wohl statt im Norden im Süden des Golfstromes nehmen. Indessen sollte dabei die Jahreszeit in Betracht gezogen werden. In den Sommermonaten erscheint es ratsam, bis nach 30° W-Lg. nördlich von 40° N-Br. zu bleiben, weil man sonst Gefahr läuft, auf dem Wege nach Westen zu sehr von Windstille und Mallung aufgehalten zu werden. Das ist besonders seitens der Schiffe zu beachten, welche von Bordeaux oder einem südlicheren Hafen kommen.

Von großer Wichtigkeit ist es, daß man sich nach den Darlegungen im vierten Abschnitt dieses Buches (vgl. S. 88 ff.) und nach den eigenen Beobachtungen des Windes und des Barometerstandes stets ein Bild von der vorhandenen Wetterlage und der zu erwartenden Veränderung zu machen sucht und demgemäß seine Schiffsführung einrichtet. Insbesondere erhält man dadurch den besten Anhalt, zu beurteilen, wie man von einem günstigen Winde den voraussichtlich größten Nutzen haben kann. Hat man z. B. bei östlichem Winde hohen Barometerstand, so zeigt eine Zunahme des Luftdruckes bei abflauendem Winde, daß man sich dem Luftdruckmaximum im Norden infolge von dessen Verschiebung nach Südosten und der Fortbewegung des Schiffes zu sehr nähert, und daß man südlicher steuern muß, um den günstigen Wind länger zu behalten. Tritt dagegen der östliche Wind bei niedrigem Barometerstande auf, gehört er also einer im Süden befindlichen Luftdruckdepression an, so hat man eher von einem Kurse, der rechts von der Richtung liegt, wohin der Wind weht, ein längeres Anhalten der günstigen Gelegenheit zu erwarten. Zugleich deutet hoher Barometerstand bei östlichem Winde darauf hin, daß wahrscheinlich südlicher, niedriger Barometerstand, daß wahrscheinlich nördlicher Wind folgen wird.

Bei stürmischem Wetter muß natürlich in erster Linie die Sicherheit des Schiffes berücksichtigt werden. In manchen Fällen wird es dabei jedoch ohne Gefahr möglich sein, durch eine passende Wahl des Kurses die Reise erheblich zu fördern. Da bei stürmischem Wetter das Umlaufen des Windes gewöhnlich von einer Richtung zwischen Südost und Südwest nach West oder Nordwest, also rechts drehend erfolgt, so muß das Beilegen des Schiffes, wenn das Umlaufen des Windes gefährlich zu werden droht, auf Steuerbordhalsen geschehen. Über das zweckmäßigste Verfahren bei östlichen Stürmen vgl. unter: „Östliche Stürme" im achtzehnten Abschnitt dieses Buches.

Es kommt in den Wintermonaten nicht selten vor, daß Schiffe wochenlang in 30° bis 40° W-Lg. oder westlicher aufgehalten werden, indem sie sich bemühen, gegen anhaltende Stürme auf dem mittleren Wege nach Westen zu gelangen. Für ein Schiff, welches solche ungünstigen Umstände trifft, erscheint es ratsam, mit der ersten passenden Gelegenheit nach Süden zu halten und südlich vom Golfstrom zu versuchen, die Westlänge gut zu machen. Hier finden die Schiffe nicht selten einen westlich setzenden Gegenstrom und wenn auch nicht immer günstige, so doch mehr veränderliche Winde und milderes Wetter als im Norden. Sie müssen zu dem Ende aber jedenfalls südlich von 37° N-Br. gehen. Dieser Parallel bildet im Mittel die südliche Grenze der östlichen Stromversetzung, und wenn hier noch keine befriedigende Gelegenheit gefunden wird, so ist es am besten, noch weiter nach Süden zu stehen. Der Weg im Süden des Golfstromes wird gelegentlich auch zu anderen Jahreszeiten eingeschlagen. Er ist am ehesten passend für Schiffe, welche nach Baltimore und südlicheren Häfen bestimmt sind; diese Schiffe können dann schon gleich vom Abfahrtsorte aus einen mehr direkten Weg nach etwa 38° N-Br. und 40° W-Lg. einschlagen. Das Durchsegeln des Golfstromes, wenn man sich der amerikanischen Küste nähert, sollte, wenn angängig, nur mit günstigem Winde geschehen, weil man sonst zu sehr von der Strömung zurückgetrieben wird.

Gefahr des Zusammenstoßens. Eine nicht zu unterschätzende Gefahr entsteht auf den Wegen durch das Westwindgebiet, namentlich auf der Westseite des Ozeans und in den Sommermonaten (vgl. darüber unter der Zeilenüberschrift „Nebel“ S. 324) dadurch, daß die Schiffe von den Windverhältnissen auf die vereinbarten Dampferwege zwischen Europa und Nordamerika gedrängt werden. Man wird das nicht immer vermeiden können, wenn man z. B. eine günstige Gelegenheit aufsuchen oder voll ausnutzen will, wird aber natürlich, soweit es sich tun läßt, ohne das Vorwärtskommen zu beeinträchtigen, dem stärksten Dampferverkehr aus dem Wege gehen. Es mögen deshalb hier Platz finden die

Schnittpunkte der vereinbarten Dampferwege zwischen dem Englischen Kanal und New York.

Reiseantritt		W-Lg.	70°	60°	50°	49°	47°	45°	40°
15. Jan. — 14. Juli	Ausreise	N-Br.	40° 32′	41° 11′	41° 49′	—	42° 0′	42° 40′	44° 38′
15. Jan. — 23. Juli	Heimreise	N-Br.	40° 10′	40° 32′	40° 54′	—	41° 0′	41° 53′	43° 51′
15. Juli — 14. Jan.	Ausreise	N-Br.	40° 32′	43°	45° 44′	46° 0′	—	47° 6′	48° 15′
24. Juli — 14. Jan.	Heimreise	N-Br.	40° 10′	42°	45° 3′	—	—	46° 30′	47° 43′

Reiseantritt		W-Lg.	35°	30°	25°	20°	15°	10°
15. Jan. — 14. Juli	Ausreise	N-Br.	46° 8′	47° 20′	48° 18′	49° 0′	49° 29′	49° 44′
15. Jan. — 23. Juli	Heimreise	N-Br.	45° 29′	46° 50′	47° 54′	48° 42′	49° 18′	49° 40′
15. Juli — 14. Jan.	Ausreise	N-Br.	49° 6′	49° 45′	50° 9′	50° 21′	50° 20′	50° 5′
24. Juli — 14. Jan.	Heimreise	N-Br.	48° 41′	49° 25′	49° 50′	49° 50′	49° 49′	49° 48′

Südlich von den obigen, die Heimreise (von West nach Ost) bezeichnenden Schnittpunkten ist der Dampferverkehr verhältnismäßig gering, wohingegen ein wenig weiter nördlich die Wege der vielen zwischen Fastnet und Nordamerika und noch etwas weiter nördlich die Wege der zwischen dem Norden Irlands oder Schottlands und Nordamerika verkehrenden Dampfer liegen.

Der Weg durch den Passat

wird von Schiffen, die aus dem Englischen Kanal und von mitteleuropäischen Häfen kommen, vornehmlich im Winter gewählt, wenn westliche Stürme bei Antritt der Reise die Fahrt nach Westen erschweren oder für längere Zeit ganz unmöglich machen. Dieser Weg bedingt in der fraglichen Jahreszeit, da die Passatgrenze meistens weit nach Süden verschoben liegt, einen großen Umweg, und darum ist die Möglichkeit, eine rasche Reise auf dem südlichen Wege zu machen, ziemlich ausgeschlossen. Indessen bietet er den Vorteil einer viel weniger stürmischen und auch sonst viel bequemeren Fahrt, da letztere zumeist mit günstigem Winde geht. Der südliche Weg eignet sich daher am meisten für nicht sehr segeltüchtige Schiffe. Man sucht zunächst auf Südsüdwest- bis Südwestkurs, wie ihn der Wind erlaubt, das Passatgebiet zu erreichen, steuert in diesem nach Westen, bis man nach etwa 60° W-Lg. gekommen ist, und setzt dann den Kurs, 30° N-Br. in ungefähr 70° W-Lg. überschreitend, nach Nordwesten. Die letzte Strecke bringt durch die stürmischen Winde aus Nordwest und West an der amerikanischen Küste oft noch längeren Aufenthalt. Am zweckmäßigsten ist dieser Weg für Reisen von Südeuropa und der Straße von Gibraltar.

Wind- und Wetterverhältnisse.

Um zunächst ein Bild von den Wind- und Wetterverhältnissen zu geben, sind die nachstehenden Tabellen berechnet worden. Die Tabellen gründen sich auf die von der Deutschen Seewarte veröffentlichten „Resultate meteorologischer Beobachtungen von deutschen und holländischen Schiffen für Eingradfelder des Nordatlantischen Ozeans". Tabelle I gibt für 16 Striche des Kompasses und Zonenabschnitte von 5° Breite zwischen 35° und 50° N-Br. und 10° Länge von 10° bis 70° W-Lg. die in Prozenten ausgedrückte Häufigkeit, mit welcher der Wind in den verschiedenen Monaten des Jahres aus den einzelnen Strichen geweht hat. Die Prozente der Stillen und Mallungen sind in der drittletzten Spalte aufgeführt. Die vorletzte zeigt den Prozentsatz der Stürme, d. h. der Winde von der Stärke 8 oder mehr, welche Winde indessen auch in den vorhergehenden Zahlen mitverrechnet sind; in der letzten Spalte ist die Anzahl der zugrunde liegenden Beobachtungen (von 4 zu 4 Stunden) gegeben. Die Angaben für Januar und den Zonenabschnitt 10° bis 20° W-Lg. und 50° bis 45° N-Br. bedeuten also, daß von den aus den Schiffsjournalen entnommenen 1877 Beobachtungen 1 % auf den Strich N, 2 auf NNO, 3 auf NO, 3 auf ONO, 2 auf O, 6 auf OSO, 7 auf SO, 8 auf SSO, 8 auf S, 13 auf SSW, 14 auf SW, 12 auf WSW, 8 auf W, 5 auf WNW, 4 auf NW, 2 auf NNW und 2 % auf Mallungen und Stillen entfallen. 21 % aller Winde waren von der Stärke 8 oder mehr. Um die vorherrschenden Winde mehr hervorzuheben, sind die Prozentzahlen 10 und darüber fett gedruckt. Da die statistische Arbeit der Deutschen Seewarte, auf welche verwiesen wurde, nach Norden mit dem Parallel von 50° N-Br. abschließt, war es nicht wohl möglich, von den Windverhältnissen der höheren Breiten, die auf der Osthälfte des Atlantischen Ozeans von Nordamerikafahrern nicht selten berührt werden, eine tabellarische Darstellung zu geben. Zur Vereinfachung der Übersicht sind in der Tabelle II die für die verschiedenen Monate und Zonenabschnitte gefundenen Windprozente für die vier Quadranten zusammengezählt, und zwar so, daß der erste Quadrant die Winde von N bis ONO, der zweite die von O bis SSO, der dritte die von S bis WSW und der vierte die von W bis NNW enthält. Die Prozente der Mallungen und Stillen sind nicht wieder mit aufgeführt worden. Der Quadrant, aus welchem der Wind am meisten weht, ist durch fetten Druck der Prozentzahl hervorgehoben.

Nach der Tabelle II[1]) ergeben sich die Windverhältnisse in den mittleren Breiten des Nordatlantischen Ozeans für die verschiedenen Monate in allgemeinen Zügen wie folgt:

Januar: Nördlich von 45° N-Br. sind von der mitteleuropäischen Küste bis 30° W-Lg. südwestliche[2]) Winde vorherrschend; weiter im Süden ist der Wind veränderlicher, häufiger nordwestlich, und im Osten von 20° W-Lg. sehr oft nordöstlich, letzteres um so mehr, je niedriger die Breite ist. Zwischen 30° und 40° W-Lg. sind südwestliche und nordwestliche Winde von nahezu gleicher Häufigkeit. Westlich von 40° W-Lg. überwiegen jedoch nordwestliche

[1]) Man vergleiche hierzu auch die Windsterne in den Tafeln 21, 22, 23 und 24 der zweiten Auflage des Atlasses für den Atlantischen Ozean und in den Monatskarten für den Nordatlantischen Ozean, herausgegeben von der Deutschen Seewarte.

[2]) Es ist immer der Windquadrant gemeint, hier sind also Winde von S bis WSW und ebenso sind mit dem allgemeinen Ausdruck östliche oder westliche Winde solche aus dem östlichen oder westlichen Halbkreise gemeint.

Tabelle I.

Prozentische Häufigkeit der Winde auf dem Wege von Europa nach Nordamerika und zurück, zwischen 35° und 50° N-Br., 10° und 70° W-Lg.

Monat	Zonen-Abschnitt W-Lg.	Zonen-Abschnitt N-Br.	N	NNO	NO	ONO	O	OSO	SO	SSO	S	SSW	SW	WSW	W	WNW	NW	NNW	Mallung und Stillen	Stürme	Anzahl der Beobachtungen
Januar	10°—20°	50°—45°	1	2	3	3	2	6	7	8	8	13	14	12	8	5	4	2	2	21	1877
		45°—40°	3	8	11	6	4	3	1	1	4	10	13	10	6	5	8	3	4	12	1004
		40°—35°	7	11	10	5	3	3	2	1	2	8	10	9	9	8	4	5	3	7	818
	20°—30°	50°—45°	3	1	1	1	2	1	6	2	13	10	14	13	15	8	5	3	2	26	393
		45°—40°	5	4	4	2	3	2	4	3	7	8	14	10	9	9	8	7	1	23	833
		40°—35°	3	4	3	2	5	3	2	4	6	10	15	10	8	6	8	8	3	8	481
	30°—40°	50°—45°	7	1	2	2	3	1	2	1	5	5	12	9	20	11	13	4	2	35	1366
		45°—40°	4	2	3	2	3	4	5	3	7	7	12	8	11	9	9	8	3	30	1064
		40°—35°	3	3	4	2	3	4	4	3	6	11	15	7	8	9	11	4	3	16	1116
	40°—50°	50°—45°	5	1	0	0	2	1	1	2	6	5	9	9	18	14	16	9	2	24	978
		45°—40°	6	3	3	1	3	1	1	4	6	5	6	6	14	11	15	12	3	29	979
		40°—35°	9	2	3	2	4	3	3	4	5	4	14	8	9	10	10	9	1	23	817
	50°—60°	45°—40°	8	2	3	1	2	3	2	5	7	7	5	6	13	11	16	7	2	19	1198
		40°—35°	7	4	4	3	3	2	3	3	6	7	10	9	8	7	13	9	2	23	849
	60°—70°	45°—40°	7	3	2	2	4	1	5	5	7	5	8	8	15	9	10	7	2	14	1263
		40°—35°	8	3	4	2	4	3	3	3	9	6	9	6	8	9	13	9	1	23	1095
Februar	10°—20°	50°—45°	4	2	5	6	8	4	6	6	5	8	10	11	8	5	6	4	2	17	1778
		45°—40°	7	10	8	4	1	3	5	5	6	8	9	5	6	8	7	5	3	12	1005
		40°—35°	4	8	6	4	5	4	3	4	7	12	11	7	6	7	4	4	4	5	956
	20°—30°	50°—45°	3	4	6	5	8	5	6	6	9	4	7	8	9	8	6	3	3	21	592
		45°—40°	5	3	3	3	3	2	5	5	6	9	14	8	8	10	9	5	2	24	772
		40°—35°	3	7	7	2	3	5	6	6	8	12	11	9	7	9	3	2	0	11	456
	30°—40°	50°—45°	5	2	4	2	4	2	5	4	10	5	8	6	19	8	10	4	2	28	1336
		45°—40°	8	3	4	3	2	2	6	5	8	8	10	9	7	8	10	5	2	30	1016
		40°—35°	4	2	3	2	3	5	6	5	7	8	10	9	10	10	8	5	3	14	1279
	40°—50°	50°—45°	7	3	4	2	2	1	3	2	6	4	7	9	18	12	14	5	1	20	880
		45°—40°	4	2	3	2	2	1	3	5	7	8	9	7	12	12	12	10	1	30	1259
		40°—35°	9	4	2	5	4	3	5	6	4	6	9	7	6	9	10	10	1	22	573
	50°—60°	45°—40°	7	5	3	3	5	3	4	4	5	5	5	6	10	10	14	8	3	17	1465
		40°—35°	7	7	1	2	1	1	2	5	6	6	8	7	12	9	14	10	2	28	690
	60°—70°	45°—40°	9	4	6	3	3	2	3	2	5	4	6	6	13	11	16	5	2	16	1165
		40°—35°	9	4	4	3	2	1	2	3	4	4	8	6	9	12	16	12	1	27	1432
März	10°—20°	50°—45°	4	7	9	5	6	5	5	4	5	9	8	8	4	5	8	5	3	14	2297
		45°—40°	7	9	10	7	10	4	4	3	5	4	5	4	5	8	6	5	4	11	1061
		40°—35°	5	15	14	9	8	5	4	2	2	2	6	5	5	9	4	3	2	5	887
	20°—30°	50°—45°	6	4	3	6	7	2	8	8	11	6	7	6	5	4	8	8	1	17	781
		45°—40°	7	3	5	3	5	3	10	8	11	7	10	5	4	3	6	6	4	12	785
		40°—35°	6	8	7	7	8	10	9	7	9	2	3	4	3	4	4	6	3	8	433
	30°—40°	50°—45°	4	2	4	3	6	5	8	8	11	7	10	5	10	7	6	3	1	19	1921
		45°—40°	6	2	5	3	4	3	7	7	8	7	12	7	7	7	7	6	2	16	1424
		40°—35°	4	5	6	4	7	4	4	6	9	12	11	5	4	4	7	4	4	11	1531
	40°—50°	50°—45°	4	2	1	3	4	5	4	5	9	9	10	10	14	7	10	2	1	17	740
		45°—40°	7	4	3	2	3	3	5	5	9	8	7	5	12	10	8	7	2	19	1913
		40°—35°	5	3	3	3	6	2	4	5	8	10	14	9	6	6	8	6	2	18	704

Monat	Zonen-Abschnitt W-Lg.	Zonen-Abschnitt N-Br.	N	NNO	NO	ONO	O	OSO	SO	SSO	S	SSW	SW	WSW	W	WNW	NW	NNW	Mallung und Stillen	Stürme	Anzahl der Beobachtungen
März	50°—60°	45°—40°	7	4	3	3	5	4	5	4	6	6	6	6	11	12	10	6	2	17	2127
		40°—35°	7	3	3	2	1	2	2	3	5	10	10	10	9	9	14	9	1	31	843
	60°—70°	45°—40°	8	4	3	2	4	2	3	4	5	4	5	7	13	13	13	7	3	15	2264
		40°—35°	9	3	4	2	2	1	3	2	4	5	8	6	11	12	14	12	2	26	1860
April	10°—20°	50°—45°	2	3	6	7	8	7	6	9	10	8	7	5	5	4	5	5	3	10	2279
		45°—40°	3	7	7	5	4	3	4	7	7	14	13	8	4	4	5	3	2	8	1141
		40°—35°	7	11	11	4	2	1	3	1	3	6	9	8	12	10	6	4	2	4	1004
	20°—30°	50°—45°	3	1	1	2	5	11	13	7	11	8	9	8	6	4	5	4	2	11	871
		45°—40°	4	1	1	1	4	4	12	8	9	7	16	6	8	6	6	5	2	9	746
		40°—35°	6	4	6	4	3	2	4	7	6	10	7	10	7	11	6	6	1	6	339
	30°—40°	50°—45°	4	2	4	2	4	4	7	5	9	5	9	10	14	8	7	4	2	18	2339
		45°—40°	3	2	2	1	2	3	6	6	9	7	10	12	14	9	7	5	2	15	1600
		40°—35°	5	2	2	2	4	4	7	5	7	10	12	7	9	7	8	5	4	6	1593
	40°—50°	50°—45°	8	5	4	4	5	3	4	5	5	5	7	9	14	8	8	4	2	18	926
		45°—40°	6	5	4	2	4	3	4	3	6	6	8	8	13	9	9	7	3	15	3057
		40°—35°	7	4	3	1	3	2	3	5	8	8	11	14	10	8	6	4	3	15	693
	50°—60°	45°—40°	7	5	4	3	6	4	4	4	5	6	6	6	10	9	10	8	3	13	1743
		40°—35°	8	5	4	3	3	3	5	4	7	7	6	9	12	7	8	7	2	16	1191
	60°—70°	45°—40°	8	4	5	2	5	3	3	4	7	4	8	7	13	8	9	6	4	7	2226
		40°—35°	10	5	4	3	4	2	4	2	6	6	9	6	10	8	11	7	3	14	1796
Mai	10°—20°	50°—45°	6	7	8	7	8	6	6	4	4	5	7	6	5	6	5	7	3	8	1843
		45°—40°	10	13	11	7	5	4	5	4	4	5	3	4	3	3	7	8	4	3	1211
		40°—35°	10	15	7	4	1	2	2	1	3	3	8	7	9	7	12	6	3	1	1072
	20°—30°	50°—45°	5	4	4	3	4	3	5	8	14	8	8	8	8	5	8	3	2	9	747
		45°—40°	11	9	7	1	2	1	4	5	6	5	8	5	6	7	8	10	5	6	632
		40°—35°	9	8	9	7	5	3	4	4	2	7	5	3	6	4	8	8	8	2	322
	30°—40°	50°—45°	5	2	2	2	3	2	3	4	9	5	11	9	15	8	11	5	4	10	2436
		45°—40°	7	3	2	2	5	4	7	4	7	9	9	9	11	7	7	5	2	7	1560
		40°—35°	7	5	5	4	4	4	5	6	7	8	9	5	5	6	8	7	5	3	1339
	40°—50°	50°—45°	5	3	4	4	3	2	3	4	7	7	12	12	15	7	6	3	3	13	935
		45°—40°	6	4	4	3	2	2	4	4	7	9	10	8	10	7	9	6	5	5	2861
		40°—35°	6	5	10	4	6	3	4	3	9	9	12	6	5	3	6	6	3	2	764
	50°—60°	45°—40°	5	2	2	3	3	2	4	7	9	11	10	8	10	8	7	6	3	4	3206
		40°—35°	7	5	5	3	5	4	6	5	10	9	9	6	5	6	4	8	3	7	962
	60°—70°	45°—40°	6	3	4	4	4	2	4	4	10	8	11	7	11	7	7	4	4	3	3089
		40°—35°	8	6	8	4	4	3	5	7	9	6	9	4	7	6	7	4	3	5	2164
Juni	10°—20°	50°—45°	6	7	8	6	2	3	3	3	6	7	8	9	7	7	6	8	4	2	2371
		45°—40°	8	16	17	5	1	2	1	3	3	2	4	5	7	8	9	7	2	1	1249
		40°—35°	12	23	10	4	2	0	1	0	2	2	3	5	9	8	9	6	4	1	1351
	20°—30°	50°—45°	6	4	4	2	5	7	7	5	7	6	8	9	9	5	7	6	3	3	1258
		45°—40°	6	6	7	3	4	5	6	4	6	4	12	8	6	5	7	7	4	5	927
		40°—35°	6	15	29	5	2	2	0	1	2	2	6	4	6	7	3	7	3	0	255
	30°—40°	50°—45°	4	3	3	2	2	2	6	5	9	8	12	10	13	7	8	3	3	5	2493
		45°—40°	5	3	3	2	3	4	4	5	9	11	12	8	9	5	9	6	2	3	2042
		40°—35°	5	4	3	4	6	6	6	4	5	13	14	5	4	5	7	4	5	0	2594
	40°—50°	50°—45°	5	2	3	4	2	3	5	5	10	9	10	10	12	5	6	5	4	4	933
		45°—40°	6	4	3	3	4	3	6	6	9	8	10	10	7	5	7	5	4	3	2680
		40°—35°	5	4	6	5	7	4	3	1	5	8	13	9	6	5	7	6	6	2	1144

Monat	Zonen-Abschnitt W-Lg.	Zonen-Abschnitt N-Br.	N	NNO	NO	ONO	O	OSO	SO	SSO	S	SSW	SW	WSW	W	WNW	NW	NNW	Mallung und Stillen	Stürme	Anzahl der Beobachtungen
Juni	50°—60°	45°—40°	5	3	3	4	4	4	4	6	10	9	11	8	8	7	5	4	5	2	3384
		40°—35°	4	3	5	3	3	2	5	9	8	13	13	11	7	4	4	3	3	3	1309
	60°—70°	45°—40°	4	3	3	3	5	2	3	4	9	9	15	11	10	4	5	4	6	1	3468
		40°—35°	5	3	4	3	3	2	3	4	8	10	17	12	10	4	5	4	3	3	2210
Juli	10°—20°	50°—45°	3	4	4	3	2	2	2	2	6	11	10	14	11	10	7	6	3	3	2153
		45°—40°	11	18	10	2	2	1	0	0	1	3	6	6	7	10	11	9	3	1	1346
		40°—35°	16	26	18	2	1	0	1	0	0	1	3	4	6	7	9	9	2	0	1500
	20°—30°	50°—45°	4	2	3	2	2	0	2	3	7	10	14	17	18	6	7	6	2	2	1044
		45°—40°	8	6	8	1	1	1	2	1	7	9	13	16	10	6	4	5	2	2	562
		40°—35°	13	19	22	4	2	1	1	0	2	5	3	0	9	4	6	8	1	0	146
	30°—40°	50°—45°	6	2	2	1	2	2	4	4	7	9	12	12	15	7	9	3	3	4	2703
		45°—40°	4	3	4	4	4	3	4	4	6	10	14	12	8	5	7	4	4	2	2168
		40°—35°	4	4	5	4	5	6	5	4	4	8	13	9	6	6	5	4	8	0	2485
	40°—50°	50°—45°	3	2	1	2	2	2	3	4	8	8	17	13	17	5	5	3	5	4	1454
		45°—40°	4	3	3	2	3	2	5	6	9	10	13	10	11	7	4	3	5	2	3322
		40°—35°	4	4	4	5	6	4	5	3	6	7	14	11	8	5	4	3	7	3	1058
	50°—60°	45°—40°	3	2	3	2	3	3	3	6	9	12	14	10	11	6	5	3	5	2	3760
		40°—35°	3	2	2	2	2	1	3	3	7	10	22	18	12	5	3	2	3	6	860
	60°—70°	45°—40°	5	3	4	2	4	2	3	3	9	9	14	11	11	5	6	4	5	1	4268
		40°—35°	7	4	4	2	3	2	4	4	8	6	15	12	10	4	6	5	4	2	1823
August	10°—20°	50°—45°	5	5	4	5	7	5	5	5	5	6	8	9	8	6	7	6	4	4	2286
		45°—40°	8	13	11	6	4	2	3	2	3	6	7	6	6	5	7	6	5	3	1110
		40°—35°	11	23	12	4	3	1	1	1	2	2	4	5	6	7	7	6	5	0	1370
	20°—30°	50°—45°	5	3	3	2	2	2	4	4	8	7	10	11	15	9	7	5	3	4	1149
		45°—40°	8	4	5	2	3	2	3	4	3	4	12	8	10	7	10	11	4	1	874
		40°—35°	8	20	15	4	1	0	4	3	4	3	9	6	6	3	4	6	4	1	158
	30°—40°	50°—45°	6	3	5	2	3	2	4	3	7	7	11	8	13	8	10	5	3	5	2222
		45°—40°	6	4	4	4	5	3	5	3	8	7	10	8	10	5	9	6	3	1	2167
		40°—35°	7	7	9	7	6	5	5	4	5	6	11	6	4	2	4	5	7	0	2797
	40°—50°	50°—45°	6	3	4	2	3	2	5	2	8	7	14	10	14	7	7	4	2	3	1537
		45°—40°	6	3	3	3	3	2	4	5	6	9	12	11	10	7	6	6	4	2	2201
		40°—35°	8	6	10	10	10	4	4	3	4	5	6	4	3	3	6	4	10	0	922
	50°—60°	45°—40°	4	3	4	4	4	3	4	5	7	10	12	10	10	7	6	3	4	3	3165
		40°—35°	7	4	6	1	4	4	9	5	9	8	13	9	8	3	3	2	5	2	610
	60°—70°	45°—40°	6	3	5	3	4	2	3	3	8	7	12	10	12	7	7	3	5	2	4708
		40°—35°	5	5	7	4	5	2	3	4	9	10	12	10	8	3	5	4	4	4	1415
Septbr.	10°—20°	50°—45°	5	5	6	7	7	6	4	4	4	5	9	8	9	7	7	6	1	7	1927
		45°—40°	5	10	7	3	3	2	3	3	5	4	8	9	10	10	9	7	2	8	1476
		40°—35°	8	19	13	3	1	1	1	1	3	5	7	8	6	9	8	5	2	3	1686
	20°—30°	50°—45°	4	1	1	1	3	5	11	6	3	3	10	9	17	8	11	6	1	5	777
		45°—40°	8	5	3	2	3	5	4	6	5	10	10	9	6	5	10	6	3	4	761
		40°—35°	4	10	14	4	6	2	4	2	5	8	8	2	3	6	8	5	9	4	306
	30°—40°	50°—45°	8	3	4	2	4	2	4	3	8	7	10	7	12	7	11	5	3	7	1874
		45°—40°	10	7	5	5	2	4	6	5	6	7	9	7	6	5	5	8	3	9	1016
		40°—35°	6	7	11	9	9	4	5	3	5	5	8	3	4	3	6	5	7	3	1876
	40°—50°	50°—45°	7	4	5	5	4	2	3	4	8	6	8	6	11	7	10	7	3	4	1589
		45°—40°	8	6	6	5	5	3	4	5	5	7	9	6	8	8	7	5	3	7	2055
		40°—35°	6	4	7	5	4	3	5	10	11	6	5	8	6	8	3	5	4	6	527

Monat	Zonen-Abschnitt W-Lg.	N-Br.	N	NNO	NO	ONO	O	OSO	SO	SSO	S	SSW	SW	WSW	W	WNW	NW	NNW	Mallung und Stillen	Stürme	Anzahl der Beobachtungen
Septbr.	50°—60°	45°—40°	8	5	6	5	5	4	4	5	6	8	7	7	8	5	6	7	4	5	3044
		40°—35°	9	7	10	4	5	3	3	4	7	4	5	7	9	5	7	7	4	5	952
	60°—70°	45°—40°	7	4	7	5	7	3	5	4	8	6	8	6	9	6	6	5	4	2	3596
		40°—35°	10	9	13	7	6	2	3	4	6	6	6	6	6	3	5	4	4	4	1838
Oktober	10°—20°	50°—45°	4	3	2	2	3	3	5	7	9	8	10	9	8	8	9	6	4	9	2591
		45°—40°	5	6	5	3	4	2	4	5	5	7	11	10	7	7	9	6	4	8	2039
		40°—35°	7	11	10	4	3	3	2	2	4	4	8	10	9	6	7	6	4	3	1696
	20°—30°	50°—45°	5	1	3	3	5	3	2	4	6	7	10	11	15	8	9	4	4	12	793
		45°—40°	11	6	3	1	2	2	5	4	6	4	9	7	8	7	10	12	3	18	667
		40°—35°	6	7	5	5	9	10	13	6	6	6	5	3	6	2	3	3	5	4	486
	30°—40°	50°—45°	8	2	4	3	5	2	4	3	8	5	9	6	13	8	11	7	2	14	1849
		45°—40°	5	5	4	2	4	3	5	5	9	3	12	9	10	6	10	5	3	15	924
		40°—35°	5	5	6	6	12	8	8	5	6	9	8	3	4	3	4	4	4	4	1326
	40°—50°	50°—45°	8	3	3	4	5	1	5	4	8	6	9	6	11	7	12	6	2	8	1482
		45°—40°	6	4	3	3	4	2	4	4	8	7	6	7	9	7	12	10	4	10	1497
		40°—35°	9	9	8	3	8	6	5	5	8	6	4	2	5	6	8	4	4	11	460
	50°—60°	45°—40°	8	4	5	3	5	3	5	5	9	5	6	5	7	7	10	10	3	9	2348
		40°—35°	8	7	7	6	5	4	3	4	7	6	7	6	5	5	9	8	3	11	802
	60°—70°	45°—40°	10	5	6	5	4	2	3	3	5	4	7	6	9	9	10	8	4	8	3019
		40°—35°	12	9	9	5	6	4	5	3	5	4	6	3	6	4	10	6	3	10	1853
Novbr.	10°—20°	50°—45°	3	5	6	7	7	7	6	6	5	5	8	10	7	5	7	4	2	10	1590
		45°—40°	4	5	5	4	3	3	5	4	4	4	10	13	10	11	8	4	3	14	1505
		40°—35°	6	9	7	4	4	3	4	6	5	6	9	8	8	8	7	3	3	7	1302
	20°—30°	50°—45°	4	2	3	6	12	3	4	2	5	7	10	6	9	5	16	5	1	16	401
		45°—40°	7	6	3	1	5	5	11	4	8	7	13	6	8	6	5	4	1	9	460
		40°—35°	9	4	8	8	7	5	6	7	8	4	3	6	5	3	6	6	5	6	508
	30°—40°	50°—45°	5	2	2	3	7	4	8	5	7	5	10	6	12	9	8	5	2	20	1418
		45°—40°	3	2	2	3	6	7	13	8	6	6	9	7	5	7	8	6	2	15	658
		40°—35°	6	5	10	4	6	7	6	5	8	9	9	5	4	4	5	2	5	5	949
	40°—50°	50°—45°	7	2	2	2	4	2	4	4	9	5	8	8	16	9	10	6	2	19	1304
		45°—40°	8	6	5	2	3	2	3	5	6	6	6	6	11	10	9	9	3	24	1186
		40°—35°	5	3	6	4	7	3	6	6	6	6	9	8	8	7	9	4	3	10	538
	50°—60°	45°—40°	10	5	3	3	2	3	4	5	8	6	5	4	10	10	11	8	3	18	1886
		40°—35°	10	7	3	2	3	3	5	5	6	6	7	6	8	4	9	11	5	18	530
	60°—70°	45°—40°	10	4	4	4	4	2	3	3	6	3	5	5	13	10	14	7	3	13	2180
		40°—35°	9	6	5	4	4	3	4	4	4	4	6	5	8	8	13	10	3	17	1448
Dezember	10°—20°	50°—45°	5	4	4	2	1	5	8	6	6	7	9	10	9	8	7	6	3	19	1786
		45°—40°	6	9	3	3	2	4	5	4	8	10	10	7	7	7	7	6	2	21	980
		40°—35°	7	14	6	2	2	3	3	2	2	11	17	8	7	5	4	5	2	10	1118
	20°—30°	50°—45°	4	3	2	0	2	2	10	8	9	7	10	9	12	7	8	3	4	24	589
		45°—40°	3	4	3	4	2	3	7	9	10	5	10	6	13	6	7	5	3	19	618
		40°—35°	5	5	4	8	11	7	5	8	4	10	12	2	5	5	3	5	1	11	377
	30°—40°	50°—45°	6	2	4	1	2	1	3	2	7	6	10	9	21	8	10	6	2	30	1690
		45°—40°	5	5	3	2	2	3	5	7	6	7	12	10	11	9	8	2	3	20	834
		40°—35°	3	4	5	7	5	5	5	5	7	8	14	7	5	6	5	3	6	7	979
	40°—50°	50°—45°	6	1	3	2	2	3	3	3	7	5	7	8	19	11	13	5	2	21	1027
		45°—40°	6	3	3	2	5	3	4	5	7	6	9	6	11	9	12	5	4	21	1203
		40°—35°	8	3	3	2	4	1	4	5	12	7	12	7	7	8	8	6	3	13	582
	50°—60°	45°—40°	6	4	3	2	4	3	5	4	7	5	6	6	13	10	14	6	2	19	1631
		40°—35°	5	3	3	2	2	1	1	2	5	8	12	11	11	13	14	5	2	33	902
	60°—70°	45°—40°	8	4	4	2	3	2	3	2	4	4	7	6	13	14	16	6	2	12	1586
		40°—35°	7	5	4	2	2	2	2	2	6	5	9	8	13	11	14	7	1	19	1251

Tabelle II.

Prozentische Häufigkeit der Winde zwischen 35° und 50° N-Br., 10° und 70° W-Lg., nach Quadranten geordnet.

Zonen-Abschnitt		Januar				Februar				März				April			
W-Lg.	N-Br.	N-ONO	O-SSO	S-WSW	W-NNW	N-ONO	O-SSO	S-WSW	W-NNW	N-ONO	O-SSO	S-WSW	W-NNW	N-ONO	O-SSO	S-WSW	W-NNW
10°—20°	50°—45°	9	23	**47**	19	17	24	**34**	23	25	20	30	22	18	30	30	19
	45°—40°	28	9	**37**	22	29	14	28	26	**33**	21	18	24	22	18	**42**	16
	40°—35°	**33**	9	29	26	22	16	**37**	21	**43**	19	15	21	**33**	7	26	32
20°—30°	50°—45°	6	11	**50**	31	18	25	28	26	19	25	30	25	7	**36**	**36**	19
	45°—40°	15	12	**39**	33	14	15	**37**	32	18	26	**33**	19	7	28	**38**	25
	40°—35°	12	14	**41**	30	19	20	**40**	21	28	**34**	18	17	20	16	**33**	30
30°—40°	50°—45°	12	7	31	**48**	13	15	29	**41**	13	27	**33**	26	12	20	**33**	**33**
	45°—40°	11	15	34	**37**	18	15	**35**	30	16	21	**34**	27	8	17	**38**	35
	40°—35°	12	14	**39**	32	11	19	**34**	23	19	21	**37**	19	11	20	**36**	29
40°—50°	50°—45°	6	6	29	**57**	16	8	26	**49**	10	18	**38**	33	21	17	26	**34**
	45°—40°	13	9	23	**52**	11	11	31	**46**	16	16	29	**37**	17	14	28	**38**
	40°—35°	16	14	31	**38**	20	18	26	**35**	14	17	**41**	26	15	13	**41**	28
50°—60°	45°—40°	14	12	25	**47**	18	16	21	**42**	17	18	24	**39**	19	18	23	**37**
	40°—35°	18	11	32	**37**	17	9	27	**45**	15	8	35	**41**	20	15	29	**34**
60°—70°	45°—40°	14	15	28	**41**	22	10	21	**45**	17	13	21	**46**	19	15	26	**36**
	40°—35°	7	13	30	**39**	20	8	22	**49**	18	8	23	**49**	22	12	27	**36**

Zonen-Abschnitt		Mai				Juni				Juli				August			
W-Lg.	N-Br.	N-ONO	O-SSO	S-WSW	W-NNW	N-ONO	O-SSO	S-WSW	W-NNW	N-ONO	O-SSO	S-WSW	W-NNW	N-ONO	O-SSO	S-WSW	W-NNW
10°—20°	50°—45°	28	24	22	23	27	11	30	28	14	8	**41**	34	19	22	28	27
	45°—40°	**41**	18	16	21	**46**	7	14	31	**41**	3	16	37	**38**	11	22	24
	40°—35°	**36**	6	21	34	**49**	3	12	**32**	**57**	2	8	31	**50**	6	13	26
20°—30°	50°—45°	16	20	**38**	24	16	24	30	27	11	7	**48**	32	13	12	**36**	**36**
	45°—40°	28	12	24	**31**	22	19	30	25	23	5	**45**	25	19	12	27	**38**
	40°—35°	**38**	16	17	26	**55**	5	14	23	**58**	4	10	27	**47**	8	22	19
30°—40°	50°—45°	11	12	34	**39**	12	15	**39**	31	11	12	**40**	34	16	12	33	**36**
	45°—40°	14	20	**34**	30	13	16	**40**	29	15	15	**42**	24	18	16	**33**	30
	40°—35°	21	19	29	26	16	22	**37**	20	17	20	**34**	21	30	20	28	15
40°—50°	50°—45°	16	12	**38**	31	14	15	**39**	28	8	11	**46**	30	15	12	**39**	32
	45°—40°	17	12	**34**	32	16	19	**37**	24	12	16	**42**	25	15	14	**38**	29
	40°—35°	25	16	**36**	20	20	15	**35**	24	17	18	**38**	20	**34**	21	19	16
50°—60°	45°—40°	12	16	**38**	31	15	18	**38**	24	10	15	**45**	25	15	16	**39**	26
	40°—35°	20	20	**34**	23	15	19	**45**	18	9	9	**57**	22	18	22	**39**	16
60°—70°	45°—40°	17	14	**36**	29	13	14	**44**	23	14	12	**43**	26	17	12	**37**	29
	40°—35°	26	19	28	24	15	12	**47**	23	17	13	**41**	25	21	14	**41**	20

Zonen-Abschnitt		September				Oktober				November				Dezember			
W-Lg.	N-Br.	N-ONO	O-SSO	S-WSW	W-NNW	N-ONO	O-SSO	S-WSW	W-NNW	N-ONO	O-SSO	S-WSW	W-NNW	N-ONO	O-SSO	S-WSW	W-NNW
10°—20°	50°—45°	23	21	26	29	11	18	**36**	31	21	26	28	23	15	20	**32**	30
	45°—40°	25	11	26	**36**	19	15	**33**	29	18	15	31	**33**	21	15	**35**	27
	40°—35°	**43**	4	23	28	**32**	10	26	28	26	17	28	26	29	10	**38**	21
20°—30°	50°—45°	7	25	25	**42**	12	14	34	**36**	15	21	28	**35**	9	22	**35**	30
	45°—40°	18	18	**34**	27	21	13	26	**37**	17	25	**34**	23	14	21	**31**	**31**
	40°—35°	**32**	14	23	22	23	**38**	20	14	29	25	21	20	22	**31**	28	18
30°—40°	50°—45°	17	13	32	**35**	17	14	28	**39**	12	24	28	**34**	13	8	32	**45**
	45°—40°	27	17	29	24	16	17	**33**	31	10	**34**	28	26	15	17	**35**	30
	40°—35°	**38**	21	21	18	22	**33**	26	15	25	24	**31**	15	19	20	**36**	19
40°—50°	50°—45°	21	13	28	**35**	18	15	29	**36**	13	14	30	**41**	12	11	27	**48**
	45°—40°	25	17	27	28	16	14	28	**38**	21	13	24	**39**	14	17	28	**37**
	40°—35°	22	22	30	22	29	24	20	23	18	22	29	28	16	14	**38**	29
50°—60°	45°—40°	24	18	28	26	20	18	25	**34**	21	14	23	**39**	15	16	24	**43**
	40°—35°	30	15	23	28	28	16	26	27	22	16	25	**32**	13	6	36	**43**
60°—70°	45°—40°	23	19	28	26	26	12	22	**36**	22	12	19	**44**	18	10	21	**49**
	40°—35°	**39**	15	24	18	**35**	18	18	26	24	15	19	**39**	18	8	28	**45**

Winde bedeutend, und zwar besonders im Norden von 40° N-Br., weiter im Süden wechseln sie mehr mit südwestlichen ab. Winde aus dem östlichen Halbkreise sind auf der ganzen Strecke westlich von 20° W-Lg. im Norden von 45° N-Br. selten; in niedrigerer Breite nimmt ihre Häufigkeit zu.

Februar: Im Osten von 30° W-Lg. ist der Wind viel veränderlicher als im Januar. Am meisten kommt er hier freilich auch in diesem Monat aus dem südwestlichen Viertel, doch ist das Vorwiegen nicht so stark, und es kommen vielfach, und zwar nicht nur in niedrigeren Breiten, sondern auch in höheren östliche Winde vor. Westlich von 30° W-Lg. ist das Verhalten wie im Januar: nahezu gleiche Häufigkeit südwestlicher und nordwestlicher Winde zwischen 30° und 40° W-Lg. und starkes Vorherrschen der Winde aus dem Nordwestquadranten weiter im Westen. Winde aus dem östlichen Halbkreise haben auch hier gegen Januar an Häufigkeit gewonnen, besonders in höheren Breiten.

März: Im Osten von 30° W-Lg. ist das Vorkommen östlicher Winde, und zwar nordöstlicher zwischen 20° W-Lg. und der Küste, südöstlicher weiter landabwärts, noch häufiger wie im Februar. Im Süden von 45° bezw. 40° N-Br. sind die östlichen gegen die westlichen Winde ziemlich stark vorherrschend. Zwischen 30° und 40° W-Lg. hat die Häufigkeit östlicher Winde ebenfalls noch zugenommen, doch überwiegen hier, wie weiter im Westen, die Winde aus dem westlichen Halbkreise. Sie sind zwischen 30° und 50° W-Lg. nahezu gleich häufig aus dem südwestlichen und dem nordwestlichen, westlich von 50° W-Lg. aber wie in den vorhergehenden Monaten stark vorwiegend aus dem nordwestlichen Viertel.

April: Im Osten von 30° W-Lg. kommen noch vielfach östliche Winde vor, doch sind sie weniger häufig wie im März und neigen im Norden von 40° N-Br. mehr nach dem südöstlichen Viertel. Im übrigen ist der Wind vorherrschend südwestlich. Auf der Mitte des Ozeans, zwischen 30° und 40° W-Lg., sind östliche Winde ebenfalls etwas weniger häufig; statt etwa 40% im März, machen sie im April etwa 30% aller aus. Weiter im Westen ist dagegen der Prozentsatz im ganzen etwas vergrößert. Vorherrschend sind Winde aus dem westlichen Halbkreise, und zwar kommen diese zwischen 30° und 40° W-Lg. gleich häufig aus Südwest und Nordwest, im Westen von 40° W-Lg. aber noch ziemlich viel mehr aus dem nordwestlichen Viertel.

Mai: Im Osten von 30° W-Lg. sind östliche Winde häufig, häufiger als im April, sie kommen im Süden von 45° N-Br. zu allermeist aus einer nordöstlichen Richtung. Die westlichen Winde, deren Häufigkeit westlich von 20° W-Lg. zunimmt, kommen in höherer Breite mehr aus dem südwestlichen, in niedrigerer mehr aus dem nordwestlichen Viertel. Zwischen 30° und 40° W-Lg. sind südwestliche und nordwestliche Winde wie vorher gleich häufig; westlich von 40° W-Lg. sind dagegen die südwestlichen vorherrschend geworden. Südlich von 40° N-Br. kommen auch im Westen von 30° W-Lg. sehr viel östliche Winde vor, so daß sie 40 bis 50% aller ausmachen. Selten sind sie auch im Norden nicht.

Juni: Im Osten von 20° W-Lg. holt der Wind, der im Norden von 45° N-Br. gleich häufig aus Südwest und Nordwest kommt, weiter südwärts nach Nordwest und Nordost, aus welch letzterem Viertel er südlich von 45° N-Br. sehr vorherrschend ist. Auch im Norden ist nordöstlicher Wind ziemlich häufig. Südöstlicher Wind ist selten. Zwischen 20° und 30° W-Lg. kommt der Wind im Süden von 40° N-Br. auch noch sehr viel aus Nordost; weiter im Norden treten die östlichen gegen die westlichen Winde etwas zurück, machen aber doch noch 40% aus. Im Westen von 30° W-Lg. sind bis zur amerikanischen Küste südwestliche Winde vorherrschend, und zwar um so mehr, je weiter man nach Westen hin kommt. Östliche Winde kommen auf dieser Strecke ebenfalls ziemlich oft vor.

Juli: Ähnlich wie im Juni, doch sind im Norden von 45° N-Br. zwischen 10° und 20° W-Lg. und im Norden von 40° N-Br. zwischen 20° und 30° W-Lg. östliche Winde sehr viel seltener, während weiter südwärts die nordöstlichen Winde noch beständiger wehen. Im Westen von 30° W-Lg. tritt das Vorherrschen der südwestlichen gegen die Winde aus den übrigen Quadranten noch stärker hervor. Das Vorkommen östlicher Winde auf dieser Strecke ist weniger häufig wie im Juni.

August: Ähnlich wie im Juli, doch sind zwischen 10° und 30° W-Lg. in höheren Breiten die östlichen Winde häufiger, in niedrigeren Breiten die nordöstlichen etwas weniger häufig. Das Vorherrschen der südwestlichen Winde gegen die aus den übrigen Quadranten im Westen von 30° W-Lg. ist noch vorhanden, aber weniger ausgeprägt wie im Juli und Juni, insbesondere auf der Mitte des Ozeans zwischen 30° und 50° W-Lg. Hier treten mehr wie vorher östliche Winde auf, die im Süden von 40° N-Br. sogar die westlichen überwiegen. Auch im Westen von 50° W-Lg. sind Winde aus dem östlichen Halbkreise ziemlich häufig, häufiger wie im Juli.

September: Wie im August sind zwischen 10° und 30° W-Lg. östliche, im Süden von 40° N-Br. vornehmlich aus Nordost kommende Winde ziemlich häufig, doch sind westliche Winde, die mehr nach Nordwest als nach Südwest neigen, vorherrschend. Zwischen 30° und 50° W-Lg. kommen östliche Winde noch mehr wie im vorhergehenden Monat vor, besonders in niedrigeren Breiten; im Süden von 40° N-Br. sind sie ebenso häufig wie die westlichen, im Norden von 45° N-Br. überwiegen dagegen westliche Winde wie im Verhältnis 2 zu 1. Die westlichen Winde kommen nahezu gleich oft aus dem südwestlichen und dem nordwestlichen Viertel. Im Westen von 50° W-Lg. ist das Verhältnis ähnlich; zwischen 45° und 40° N-Br. ein geringes Vorwiegen der westlichen, zwischen 40° und 35° N-Br. ein geringes Vorwiegen der östlichen Winde. Letztere kommen auf dieser Strecke am meisten aus dem Nordostviertel. Nordwestliche und südwestliche Winde treten auch hier mit gleicher Häufigkeit auf.

Oktober: Auch in diesem Monat kommt, wenn auch etwas weniger wie im September, ziemlich viel östlicher Wind vor. Seine Häufigkeit nimmt mit abnehmender Breite zu und steigert sich im Süden von 40° N-Br. auf 40 bis 60%. Am meisten weht er zwischen 20° und 40° W-Lg. und westlich von 60° W-Lg., und zwar westlich von 60° W-Lg. vornehmlich aus dem nordöstlichen, zwischen 20° und 40° W-Lg. aus dem südöstlichen Viertel. Nördlich von 40° N-Br. sind überall westliche Winde vorherrschend. Ihre vorwiegende Richtung ist im Osten von 20° W-Lg. südwestlich, im Westen von 20° W-Lg. aber nordwestlich, besonders auf der amerikanischen Seite, wo die winterlichen Verhältnisse sich einzustellen beginnen.

November: Im Osten von 20° W-Lg. ist eine besondere vorherrschende Windrichtung nicht vorhanden. Die Winde kommen aus allen Quadranten; die aus den östlichen stehen zu den aus den westlichen Vierteln im Häufigkeitsverhältnis von 3 zu 4. Zwischen 20° und 40° W-Lg. zeigt sich das gewöhnliche Verhalten der früheren Monate, indem die Häufigkeit der östlichen Winde, die auch im November noch ziemlich groß ist, mit abnehmender Breite zunimmt. Sie steigert sich im Süden von 40° N-Br. auf 50%. Die südöstlichen Winde überwiegen die nordöstlichen,. die südwestlichen um ein geringes die nordwestlichen. Im Westen von 40° W-Lg. ist die nordwestliche Richtung noch mehr vorherrschend geworden, doch kommen auch hier noch ziemlich oft östliche, besonders nordöstliche Winde vor.

Dezember: Im Osten von 30° W-Lg. ist der Wind vorherrschend aus dem westlichen Halbkreise und ziemlich viel häufiger aus dem südwestlichen als aus dem nordwestlichen Viertel. Das Vorkommen östlicher Winde hat sich gegen November etwas verringert, erreicht jedoch zwischen 20° und 30° W-Lg. im Süden von 40° N-Br. noch 53%. Zwischen 30° und 50° W-Lg. kommt der Wind im Norden am meisten aus dem nordwestlichen, im Süden aus dem südwestlichen Viertel. Im Westen von 50° W-Lg. ist die nordwestliche Richtung stark vorherrschend. Östliche Winde sind auf der Strecke westlich von 30° W-Lg. nicht gerade selten, doch erheblich seltener wie in den vorhergehenden Monaten.

Die Jahreszeiten charakterisieren sich auf dem zur Besprechung stehenden Meeresstriche, besonders auf dem westlichen Teile davon durch starkes Vorherrschen nordwestlicher Winde im Winter und südwestlicher im Sommer. Die Monate, wo nordwestliche Winde das Regiment haben, sind November bis

März, mit dem höchsten Betragr im Januar. Die Hauptwindrichtungen sind W, WNW und NW. Der Bereich dieser Winde erstreckt sich von der amerikanischen Küste bis ungefähr 40° W-Lg. Die sommerlichen südwestlichen Winde — Hauptrichtungen SSW, SW, WSW und W — herrschen von Mai bis August, am meisten im Juli. Die Monate April und September und Oktober erweisen sich als Übergangszeiten, in denen der Wind nahezu gleich häufig aus einer Richtung nördlich wie südlich von West ist. Auf dem östlichen Teile, von der europäischen Küste bis 30° W-Lg., ist der jahreszeitliche Unterschied in der Richtung der westlichen Winde, der hier im entgegengesetzten Sinne wirken sollte, weniger stark ausgeprägt. Während der Zeit von Dezember bis April überwiegen hier südwestliche Winde freilich mehr als in den übrigen Monaten, doch erlangen die nordwestlichen nur im August und September etwas Übergewicht über die südwestlichen; in der Mitte des Sommers, dem Monat Juli, weht der Wind auch hier viel mehr aus Südwesten als aus Nordwesten. Ihren höchsten Betrag erreicht die Häufigkeit südwestlicher Winde im Januar, in welchem Monate sie sich für das Gebiet von 50° bis 40° N-Br. und 10° bis 30° W-Lg. zu durchschnittlich 43% ergibt. Der Hauptunterschied in den Windverhältnissen auf der europäischen Seite des Ozeans zwischen Sommer und Winter zeigt sich in dem Auftreten nordöstlicher Winde im Süden von 45° N-Br., indem diese hier im Juni, Juli und auch noch im August ungefähr doppelt so viel wehen als im November, Dezember, Januar und Februar.

Was das Vorkommen günstiger östlicher Winde — nordöstlicher und südöstlicher — in den verschiedenen Monaten anbetrifft, so ergibt sich darüber, wenn man den ganzen Weg von der europäischen bis zur nordamerikanischen Küste in Betracht zieht, nach Tabelle II das folgende.

Durchschnittliche Häufigkeit östlicher Winde zwischen 10° und 70° W-Lg.

im	zwischen 50° u. 40° N-Br.	zwischen 40° u. 35° N-Br.	im	zwischen 50° u. 40° N-Br.	zwischen 40° u. 35° N-Br.
Januar	24,7 %	30,5 %	Juli	26,3 %	40,2 %
Februar	33,0 %	33,3 %	August	33,4 %	48,5 %
März	38,9 %	40,7 %	September	39,2 %	48,3 %
April	36,3 %	33,7 %	Oktober	32,6 %	51,3 %
Mai	36,0 %	42,8 %	November	36,8 %	43,8 %
Juni	35,2 %	41,0 %	Dezember	31,3 %	34,3 %

Aus den Zahlen ist zu ersehen, daß östliche Winde in den mittleren Breiten des Nordatlantischen Ozeans keineswegs selten sind. Nimmt man das Mittel aus den zwölf Monaten, so findet man, daß im Jahresdurchschnitt die Häufigkeit der Winde aus N durch O bis SSO in der Zone zwischen 40° und 50° N-Br. nicht weniger als 33,6%, das ist ein Drittel aller vorkommenden Winde, ausmacht. Südlicher, zwischen 40° und 35° N-Br., beträgt das Jahresmittel sogar reichlich 40%. Die zunehmende Häufigkeit östlicher Winde nach Süden ergibt sich für alle Monate, ausgenommen April, in welchem das häufigere Vorkommen in die nördlichere Zone fällt. Zwischen 40° und 50° N-Br. wehen östliche Winde durchschnittlich am meisten im September und März, am wenigsten im Januar und Juli. Nach März und September zeichnen sich April, Mai und November durch eine verhältnismäßig große Häufigkeit östlicher Winde aus. Zwischen 40° und 35° N-Br. fällt die größte Häufigkeit östlicher Winde in die Monate August, September und Oktober, am wenigsten häufig sind sie wieder im Januar.

Stürme[1]).

Die nachstehenden beiden Tabellen geben eine Übersicht über das Vorkommen von Stürmen auf dem in Rede stehenden Gebiete. Die Tabelle III

[1]) Vergl. hierzu die Tafeln 26 u. 27 der zweiten Auflage des Atlasses vom Atlantischen Ozean.

zeigt, wie oft in 100 Fällen der Wind in den verschiedenen Monaten und auf den verschiedenen Abschnitten des Weges mit der Stärke 8 und mehr notiert worden ist. Die Tabelle IV gibt den Prozentsatz der stürmischen Winde und vollen Stürme für die verschiedenen Breitenabschnitte nach Monaten geordnet.

III. Prozentische Häufigkeit der Stürme in den verschiedenen Monaten und Zonenabschnitten.

Monat	Zonen-Abschnitt						Quer über den Ozean in mittl Breiten
	60°—70° W-Lg. 45°—35° N-Br. %	50°—60° W-Lg. 45°—35° N-Br. %	40°—50° W-Lg. 40°—50° N-Br. %	30°—40° W-Lg. 40°—50° N-Br. %	20°—30° W-Lg. 40°—50° N-Br. %	10°—20° W-Lg 40°—50° N-Br. %	%
Januar	18,5	21,0	**26,5**	**32,5**	**24,5**	16,5	**23,8**
Februar	**21,5**	22,5	25,0	29,0	22,5	14,5	22,5
März	20,5	24,0	18,0	17,5	14,5	12,5	17,8
April	10,5	14,5	16,5	16,5	10,0	9,0	12,8
Mai	4,0	5,5	9,0	8,5	7,5	5,5	6,7
Juni	2,0	*2,5*	3,5	4,0	4,0	*1,5*	2,9
Juli	*1,5*	4,0	3,0	*3,0*	*2,0*	2,0	*2,6*
August	3,0	*2,5*	*2,5*	*3,0*	2,5	3,5	2,8
September	3,0	5,0	5,5	8,0	4,5	7,5	5,6
Oktober	9,0	10,0	9,0	14,5	15,0	8,5	11,0
November	15,0	18,0	21,5	17,5	12,5	12,0	16,1
Dezember	15,5	**26,0**	21,0	25,0	21,5	**20,0**	21,5
Jahr	10,3	12,5	13,4	**14,9**	11,8	9,4	12,1

Das erste, was bei der Betrachtung der vorstehenden Tabelle in die Augen springt, ist der ungemein große Unterschied in der Sturmhäufigkeit zwischen Sommer und Winter. Er ist in den mittleren Breiten des Nordatlantischen Ozeans erheblich größer wie in irgendeinem anderen Meeresstriche. Während in den ruhigen Sommermonaten der Wind durchschnittlich nur in zwei oder drei Fällen von hundert zur Stärke 8 anwächst, wird im Winter fast ein Viertel, ja stellenweise ein Drittel der ganzen Zeit durch stürmisches Wetter ausgefüllt. Nach der Tabelle ergibt sich für fast alle Abschnitte des Gebietes eine ganz regelmäßige Abnahme der Sturmhäufigkeit vom Winter zum Sommer und ebenso wieder eine regelmäßige Zunahme mit dem Fortschreiten der Jahreszeit im Herbst. Die meisten Stürme kommen in der Mitte des Winters, im Januar, vor; in diesem Monate steigt ihre mittlere Häufigkeit zwischen 45° bis 50° N-Br. und 30° bis 40° W-Lg. auf 35 %. Stellenweise fällt ihre größte Häufigkeit aber schon in den Dezember oder, wie auf dem westlichsten Abschnitte, erst in den Februar. Die ruhigsten Monate sind Juni, Juli und August. Am meisten stürmt es auf der Mitte des Ozeans zwischen 30° und 40° W-Lg. und demnächst zwischen 40° und 50° W-Lg. Näher der Küste, sowohl der amerikanischen als der europäischen, kommen durchschnittlich weniger Stürme vor.

Nach der Tabelle IV nimmt auf dem ganzen Gebiete ostlich von 40° W-Lg. die Sturmhäufigkeit in allen Jahreszeiten nach Süden hin ab, und zwar ziemlich rasch, so daß ihr mittlerer Prozentsatz zwischen 40° und 35° N-Br. meistens nur die Hälfte oder ein Drittel von dem ausmacht, was er zwischen 50° und 45° N-Br. ist. Eine Ausnahme macht nur das Feld zwischen 10° und 20° W-Lg. im Herbst, weil hier die größte Sturmhäufigkeit zwischen 45° und 40° N-Br. früher eintritt und im November durchschnittlich 4 % mehr Stürme vorkommen als weiter nördlich zwischen 45° und 50° N-Br. Die größte Häufigkeit der Stürme — 21 % — fällt dort auf den Dezember, in der nördlicheren Breite aber erst in den Januar, in welchem Monate sie hier ebenfalls 21 % erreicht, während die mittlere Häufigkeit im Süden um diese Zeit bereits bis zu 12 % abgenommen hat. Ein von dem gewöhnlichen abweichendes Verhalten zeigt sich im Westen von 40° W-Lg. Hier findet man zunächst zwischen 40° und 50° W-Lg. im Herbst und Winter die größten Sturmprozente nicht im Norden, sondern im Süden von 45° N-Br. Weiter im Westen ist die Zunahme der Stürme auf niedrigerer Breite noch entschiedener ausgeprägt. Von 50° bis 70° W-Lg. weist die Zone 40° bis 35° N-Br. in allen Jahreszeiten größere, im Winter und Frühling ganz bedeutend größere Zahlen auf als die Zone 40° bis 45° N-Br. Man wird wohl nicht fehl gehen, wenn man diese ungewöhnliche Erscheinung auf den Einfluß des Golfstromes zurückführt. Das warme Wasser des Golfstromes teilt seine Temperatur fortwährend auch der über ihm befindlichen Luft mit, welche infolgedessen bedeutend wärmer ist als die über dem kalten Küstenwasser weiter nördlich. Die nahe Berührung der so verschieden erwärmten Luftmassen bewirkt, daß die barometrischen Depressionen, die von dem amerikanischen Kontinent herüberziehen, sich stets und oft plötzlich vertiefen, wenn sie den Strich warmen Wassers erreichen. Der begleitende Wind, der vorher vielleicht nur mäßig war, wächst gleichzeitig zum Sturme an, und so ergibt sich, daß das Wetter über dem Golfstrom, dessen Nordgrenze im Westen von 50° W-Lg. nur wenig über 40° N-Br. hinausgeht, im Winter und Frühling sogar noch südlich davon bleibt, durchweg stürmischer ist als über dem kalten Wasser nördlich von 40° N-Br.

IV. Mittlere Sturmhäufigkeit in den verschiedenen Breiten.

Zonen-Abschnitt		Monate:				Das Jahr
W-Lg.	N-Br.	Dezember Januar Februar %	März April Mai %	Juni Juli August %	September Oktober November %	%
10°—20°	50°—45°	19,0	10,7	3,0	8,7	10,3
	45°—40°	15,0	7,3	1,7	10,0	8,5
	40°—35°	7,3	3,3	0,3	4,3	3,8
20°—30°	50°—45°	23,7	12,3	3,0	11,0	12,5
	45°—40°	22,0	9,0	2,7	10,3	11,0
	40°—35°	10,0	5,3	0,3	4,7	5,1
30°—40°	50°—45°	31,0	15,7	4,7	13,7	16,3
	45°—40°	26,7	12,7	2,0	13,0	13,6
	40°—35°	12,3	6,7	0,0	4,0	5,8
40°—50°	50°—45°	21,7	16,0	3,7	10,3	12,9
	45°—40°	26,7	13,0	2,3	14,0	14,0
	40°—35°	19,3	11,7	1,7	9,0	10,0
50°—60°	45°—40°	18,3	11,3	2,3	10,7	10,7
	40°—35°	28,0	18,0	3,7	11,3	15,3
60°—70°	45°—40°	14,0	8,3	1,3	7,7	7,8
	40°—35°	23,0	15,0	3,0	10,3	12,8

Strömungen.

Unter den Meeresströmungen ist auf Reisen nach Nordamerika der Golfstrom von erster Bedeutung, da er den Schiffen auf der westlichen Hälfte des Weges oft ein großes Hindernis bietet und deshalb nach Möglichkeit vermieden werden muß. Über seinen Ursprung und Verlauf vgl. unter Meeresströmungen, I. Teil S. 28ff.; hier mögen noch die folgenden Angaben, zusammengestellt aus den Beobachtungen deutscher Schiffe, Platz finden. Danach ergibt sich die mittlere Lage der Grenzen des östlich fließenden Golfstromes und der sowohl im Süden als im Norden davon westlich setzenden Gegenströmung in dem Gebiet zwischen 70° und 40° W-Lg. für das Jahr wie folgt:

Die Strömung setzt in	W-Lg. 70°—65°	W-Lg. 65°—60°	W-Lg. 60°—55°	W-Lg. 55°—50°	W-Lg. 50°—45°	W-Lg. 45°—40°
vorwiegend	N-Br.	N-Br.	N-Br.	N-Br.	N-Br.	N-Br.
westlich, nördlich von	41°	42,5°	43,5°	43°	45°	46,5°
östlich, zwischen . . .	37,5° u. 40,5°	37,5° u. 42,5°	38,0° u. 43,0°	38,0° u. 43,0°	38,0° u. 44,5°	40,0° u. 46,0°
westlich, südlich von	37°	42,5°	43,5°	43°	45°	46,5°

Die jahreszeitlichen Verschiebungen der Grenzen — nach Norden im Sommer und Herbst, nach Süden im Winter und Frühling — sind meistens nur gering, etwas größer nur im Osten von 50° W-Lg., aber auch hier kaum mehr als 2° in Breite. Dasselbe ist mit den Grenzen des warmen Wassers des Golfstromes der Fall, welches sich nach der Nordseite hin meistens sehr scharf von dem kalten Küstenwasser scheidet. Die mittlere Nordgrenze des warmen Wassers befindet sich nämlich:

im Monat	in 67,5° W-Lg. auf N-Br.	in 62,5° W-Lg. auf N-Br.	in 57,5° W-Lg. auf N-Br.	in 52,5° W-Lg. auf N-Br.	in 47,5° W-Lg. auf N-Br.	in 42,5° W-Lg. auf N-Br.
Januar	39,0°	40,0°	41,0°	41,0°	42,0°	45,0°
Februar	39,0°	40,0°	40,5°	41,0°	41,5°	44,5°
März	39,0°	40,0°	40,5°	41,0°	41,5°	45,0°
April	39,0°	40,0°	41,0°	41,0°	41,5°	45,0°
Mai	39,5°	41,0°	41,5°	41,5°	41,5°	45,5°
Juni	40,0°	41,5°	42,0°	42,0°	42,0°	45,5°
Juli	40,5°	42,0°	43,0°	42,5°	43,0°	46,0°
August	40,5°	42,0°	43,0°	42,5°	43,0°	46,0°
September	40,5°	42,0°	42,5°	42,5°	43,0°	46,0°
Oktober	40,0°	41,5°	42,0°	42,0°	42,0°	46,0°
November	40,0°	41,0°	41,5°	42,0°	41,5°	45,0°
Dezember	39,5°	40,5°	41,5°	41,5°	41,5°	44,5°

Die Grenze der östlichen Strömung fällt, wie aus dem Vorstehenden zu ersehen ist, keinesfalls immer mit der Nordgrenze des warmen Wassers zusammen, vielmehr setzt der Strom noch eine gute Strecke jenseits davon vorwiegend nach östlicher Richtung; auch wird in der Nähe der Nordgrenze meistens die stärkste Strömung gefunden.

Die mittlere Richtung der Strömung zwischen 70° und 40° W-Lg. ist etwa recht Ost, im ganzen etwas häufiger südlich als nördlich von diesem Striche. Die Jahreszeit scheint insofern darauf Einfluß zu haben, als im Winter unter der Herrschaft nordwestlicher Winde der Golfstrom mehr südlich von Ost als nördlich davon und die Gegenströmung mehr südwestlich als nordwestlich setzt. Im Sommer, wo südwestliche Winde vorherrschen, gleicht sich der Unterschied mehr aus.

Von den beobachteten Strömungen hatten nämlich

eine Richtung	im Golfstrom nördl. von Ost	im Golfstrom südl. von Ost	im Gegenstrom nördl. von West	im Gegenstrom südl. von West
von Dezember bis April	28 %	35 %	13 %	24 %
von Juni bis September	32 %	31 %	18 %	19 %

aller Beobachtungen.

Im übrigen ist indessen sowohl die Richtung als auch die Stärke der Strömungen großen Schwankungen unterworfen, sie wechseln oft von einem Tage zum andern ganz erheblich. Auch verschiebt sich die Grenze der Strömungsgebiete und des warmen Wassers oft in kurzer Zeit bald nach Norden, bald nach Süden. Zumeist werden diese Veränderungen wohl durch das Eingreifen der Winde verursacht.

Der Einfluß der Winde möge an der folgenden Tabelle gezeigt werden, die allerdings nach Versetzungen von Dampfern zusammengestellt, gleichwohl aber auch für Segler lehrreich ist. Dem Kopfe der Tabelle ist zunächst zu entnehmen, daß in Übereinstimmung mit der Windhäufigkeit zwischen 50° und 40° N-Br. auf westliche Winde ungefähr doppelt so viel Versetzungen entfallen wie auf östliche. Dann sehen wir, wie auf der östlichen Hälfte des Weges, wohin der Golfstrom nicht reicht, bei allen Winden vornehmlich Versetzungen nach Lee oder etwas nach rechts stattfinden, während bei Windstillen Versetzungen nach allen vier Kompaßvierteln beinahe gleich häufig sind. Auf der westlichen Hälfte des Weges, wo die Dampferwege zum Teil im Bereiche des Golfstromes liegen, zeigt sich zwar im allgemeinen ebenfalls ein Überwiegen der Versetzungen nach Lee, allein es kommt dabei doch in den verhältnismäßig großen Zahlen für östliche, namentlich nordöstliche Versetzungen, selbst bei nordöstlichen Winden der stets vorhandene östliche Strom zum Ausdruck.

Von 1000 Versetzungen auf den Dampferwegen nach New York fanden statt		bei Winden aus N—ONO = 17 %				bei Winden aus O—SSO = 13 %				bei Winden aus S—WSW = 29 %				bei Winden aus W—NNW = 32 %				bei Windstillen = 9 %			
davon waren gerichtet nach dem Quadranten		NO	SO	SW	NW	NO	SO	SW	NW	NO	SO	SW	NW	NO	SO	SW	NW	NO	SO	SW	NW
Östl. Weghälfte. Kanal bis 40° W-Lg.	Anzahl in %	17	18	39	26	33	20	16	31	45	22	16	17	14	39	33	14	24	27	21	28
Westl. Weghälfte 40° W-Lg. bis nach Land	Anzahl in %	30	11	42	17	36	13	17	34	45	17	10	28	24	30	26	20	31	18	23	28

Die Geschwindigkeit der östlichen Strömung nimmt im allgemeinen von Westen nach Osten ab, doch kommen auch noch im Süden und Südosten der Neufundlandbank starke Stromversetzungen vor.

Wir lassen einige Angaben über die äußersten Werte der beobachteten Stromversetzungen in 24 Stunden aus den meteorologischen Tagebüchern der Deutschen Seewarte hier folgen. Es wurde gemessen:

Östliche Strömungen

in N-Br.	und W-Lg.	Strom in 24 Stunden Richtung	Sm	in N-Br.	und W-Lg.	Strom in 24 Stunden Richtung	Sm
			im Januar				
38°—39°	60°—65°	N 76° O	54				
			im Februar				
39°—40°	60°—65°	N 62° O	61	38°—39°	55°—60°	S 86° O	80
40°—41°	50°—55°	S 71° O	65				
			im März				
39°—40°	60°—65°	N 83° O	62	41°—42°	55°—60°	S 38° O	67
39°—40°	40°—45°	S 89° O	65				
			im April				
38°—39°	65°—70°	N 86° O	75	38°—39°	60°—65°	N 72° O	70
40°—41°	60°—65°	N 40° O	94	39°—40°	50°—55°	N 78° O	79

in N-Br.	und W-Lg.	Strom in 24 Stunden Richtung	Sm	in N-Br.	und W-Lg.	Strom in 24 Stunden Richtung	Sm
			im Mai				
37°—38°	65°—70°	S 88° O	72	39°—40°	65°—70°	N 36° O	80
38°—39°	60°—65°	O	71	39°—40°	60°—65°	N 65° O	80
39°—40°	55°—60°	N 67° O	62	39°—40°	45°—50°	N 74° O	60
			im Juni				
38°—39°	65°—70°	N 86° O	87	38°—39°	60°—65°	N 83° O	63
39°—40°	55°—60°	S 64° O	69	42°—43°	45°—50°	N 41° O	56
			im Juli				
38°—39°	65°—70°	N 48° O	72	39°—40°	55°—60°	N 78° O	72
40°—41°	55°—60°	N 72° O	70	41°—42°	55°—60°	S 79° O	70
43°—44°	45°—50°	S 27° O	64	43°—44°	40°—45°	N 54° O	70
			im August				
40°—41°	65°—70°	S 86° O	82	40°—41°	65°—70°	S 86° O	89
40°—41°	65°—70°	S 77° O	80	40°—41°	60°—65°	N 77° O	69
40°—41°	50°—55°	S 85° O	69	43°—44°	40°—45°	N 77° O	71
			im September				
37°—38°	65°—70°	N 66° O	70	38°—39°	65°—70°	N 81° O	75
37°—38°	60°—65°	N 77° O	81	39°—40°	60°—65°	S 57° O	83
39°—40°	55°—60°	N 85° O	69	39°—40°	55°—60°	S 77° O	84
			im Oktober				
41°—42°	65°—70°	S 79° O	59	39°—40°	60°—65°	N 86° O	64
39°—40°	55°—60°	S 74° O	59	42°—43°	55°—60°	S 88° O	58
42°—43°	50°—55°	N 68° O	59				
			im November				
38°—39°	65°—70°	N 53° O	90	38°—39°	60°—65°	N 65° O	59
40°—41°	55°—60°	N 52° O	57				
			im Dezember				
37°—38°	65°—70°	S 87° O	76	38°—39°	65°—70°	N 71° O	80
38°—39°	60°—65°	S 88° O	69	38°—39°	55°—60°	S 85° O	114
40°—41°	50°—55°	S 32° O	52	39°—40°	45°—50°	N 77° O	53
38°—39°	40°—45°	N 71° O	54				

Fallen nach S. 314 die Grenzen des warmen Wassers und der östlichen Strömung an der Nord- und Nordwestseite des Golfstromes nicht immer zusammen, so ist es noch weniger tunlich, an der Süd- oder Südostseite des Golfstromes mit dem Wasserthermometer die Grenzen des ostwärts und des westwärts setzenden Stromes zu bestimmen. Die Gegenströmung an der Südseite des Golfstromes, im wesentlichen wohl durch Stromwirbel, Abzweigungen oder Umbiegungen des Golfstromes entstanden, sollte aber von westwärts bestimmten Seglern ebenso sehr aufgesucht, wie der Golfstrom vermieden werden. Als Beleg hierfür mögen einige Angaben folgen von beobachteten starken Stromversetzungen in 24 Stunden, aus denen gleichzeitig und namentlich in Verbindung mit den obigen Angaben über östliche Versetzungen die ungefähre allgemeine, aber auch nicht näher anzugebende Lage der Gegenströmung an der Südseite des Golfstromes hervorgeht.

Westliche Strömungen.

in N-Br.	und W-Lg.	Strom in 24 Stunden Richtung	Sm	in N-Br.	und O-Lg.	Strom in 24 Stunden Richtung	Sm
		im Januar					
39°—40°	50°—55°	S 61° W	44				
		im Februar					
38°—39°	60°—65°	S 72° W	33	42°—43°	40°—45°	S 28° W	52
		im März					
38°—39°	60°—65°	N 6° W	57	41°—42°	65°—70°	S 71° W	40
41°—42°	40°—45°	S 51° W	42				
		im April					
38°—39°	60°—65°	S 51° W	43	35°—36°	55°—60°	S 82° W	54
42°—43°	50°—55°	S 22° W	36	46°—47°	40°—45°	N 72° W	34
		im Mai					
35°—36°	60°—65°	S	42	36°—37°	55°—60°	N 85° W	39
42°—43°	55°—60°	S 78° W	58	42°—43°	50°—55°	S 58° W	60
		im Juni					
37°—38°	60°—65°	S 6° W	63	38°—39°	55°—60°	W	63
40°—41°	60°—65°	N 37° W	42	41°—42°	50°—55°	N 68° W	40
		im Juli					
36°—37°	60°—65°	S 45° W	45	37°—38°	55°—60°	N 68° W	43
40°—41°	65°—70°	S 70° W	56	42°—43°	40°—45°	N 18° W	56
		im August					
36°—37°	60°—65°	S 19° W	45	38°—39°	50°—55°	N 72° W	39
40°—41°	60°—65°	S 12° W	56				
		im September					
35°—36°	65°—70°	S 65° W	76	37°—38°	55°—60°	S 61° W	45
42°—43°	45°—50°	S 13° W	51	44°—45°	40°—45°	N 83° W	47
		im Oktober					
39°—40°	60°—65°	S 64° W	48	39°—40°	45°—50°	S 75° W	53
41°—42°	65°—70°	N 70° W	53	40°—41°	60°—65°	S 62° W	43
		im November					
39°—40°	55°—60°	S 28° W	42	40°—41°	40°—45°	N 64° W	38
41°—42°	65°—70°	N 10° W	38	42°—43°	45°—50°	N 33° W	38
		im Dezember					
36°—37°	65°—70°	S 4° W	33	37°—38°	60°—65°	S 26° W	39
36°—37°	55°—60°	S 33° W	28	47°—48°	40°—45°	S 60° W	36

Die Strömungen vor der Ostküste von Neufundland. Von kaum geringerem Einfluß als der Golfstrom ist auf Reisen nach Nordamerika der Labradorstrom; weniger im Norden als in der Umgebung der Neufundlandbank, wo er gemeinhin als Polarstrom bezeichnet wird, oder namentlich weiterhin, wo er als kalter Strom zwischen der amerikanischen Küste und dem Golfstrom südwestlich setzt. Der Labradorstrom setzt aus der Davisstraße heraus, vor der Belle Islestraße vorüber nach Süden und teils an der Ostseite der Neufundlandbank, teils an der Ostküste von Neufundland weiter. Auf der großen Bank selbst wird er als anhaltend südlicher Strom nicht gespürt, wohl aber an deren Ostseite, nur wird er dort wenig beachtet, weil die Schiffe dort weit vom Lande sind und es ihnen auf Besteckversetzung bei weitem nicht so ankommt als weiter westlich, wo bei der Häufigkeit von Nebel Besteckversetzungen sehr mißlich werden.

Der westliche Teil des Labrador- oder Polarstromes setzt in der tiefen Rinne zwischen der Ostküste von Neufundland und der Westkante der Neufundlandbank beständig nach Süden. Er wird dabei von den Gezeiten und von den Winden und Wetterlagen stark beeinflußt; dicht an der Küste läuft der Flutstrom nach Südwesten, der Ebbestrom nach Nordosten, und der Einfluß dieser Strömungen macht sich auch in größerer Entfernung vom Lande in einer Beschleunigung des Polarstromes bei Flut und seiner Verlangsamung bei Ebbe bemerkbar. Andere Ursachen, Winde oder Wetterlagen können hier auch zeitweilige Unregelmäßigkeiten des Polarstromes, drehende Bewegung, Umkehr oder Querlaufen herbeiführen. So wurde östlich der Bantambank, auf einem in 155 m Wasser verankerten Beobachtungsdampfer im August 1903, bei zuerst nördlichem, dann durch Ost nach Südost holendem Winde, der allmählich von Stärke 3 bis Stärke 5 zunahm, gefunden, daß in 24 Stunden der anfangs südwestliche Strom über West und Nord nach Nordnordost drehte, daß dann mit Niedrigwasser — es war mitten zwischen Spring- und Nipptiden — Stauwasser eintrat, der Strom dann wieder nach Süden zu setzen begann, und ehe die 24 Stunden um waren, wieder durch West und bis Nordnordwest drehte. Einige Tage später, unmittelbar vor den Springtiden, setzte der Strom bei südwestlichen bis nordwestlichen Winden, Durchschnittsstärke 5, 8 Stunden lang südöstlich bis nordöstlich, dann Tags darauf wieder 7 Stunden lang nach Osten, worauf er über Süd nach Südwest drehte. Diese Unregelmäßigkeiten traten nur an der Oberfläche auf, in 9 bis 18 m Tiefe setzte der Strom stetig nach Südwesten.

Der Einfluß der verschiedenen Ursachen, die solche Unregelmäßigkeiten herbeiführen, läßt sich aus den angeführten Beispielen zwar nicht im einzelnen bestimmt nachweisen, allein es geht doch daraus hervor, daß der Polarstrom vor der Ostküste von Neufundland bei Ebbe leicht abgelenkt, und zwar wie es scheint in der Richtung des herrschenden Windes, oder bei Niedrigwasser für kurze Zeit aufgehoben oder ganz umgekehrt werden kann. Solche Umkehr der Polarströmung gilt an der Küste als ein Zeichen von herannahendem schlechtem Wetter; ehe mäßiger Ostwind einsetzt, mag der Strom nur bis etwa nach Südosten abgelenkt werden, dreht der Strom aber bis Ost oder Nordost, so rechnet man bestimmt auf unruhiges Wetter und nordöstliche Winde. Sobald diese einsetzen, läuft der Strom wieder mit dem Winde und dem Seegange nach Südwesten.

Die Geschwindigkeit der Strömungen vor der Küste von Neufundland soll für gewöhnlich weniger als 1 Sm in der Stunde betragen, im Juli soll die Polarströmung am schwächsten sein, und man nimmt an, daß sie etwa 30 bis 45 Sm weit von der Küste reicht, ihre Hauptmasse setzt von. Kap Race nach Südwesten weiter.

Die Strömung vor der Südküste von Neufundland setzt im allgemeinen nordwestlich nach der Cabotstraße hin. Diese allgemeine Bewegung des Wassers ist aber so langsam, daß sie für dort fahrende Schiffe von anderen Strömungen, Windtriften usw., namentlich aber in der Nähe des Landes von den Gezeitenströmungen vollständig verwischt wird. In etwa 5 Sm Entfernung von den vorspringenden Küstenpunkten setzt der Flutstrom durchschnittlich ein wenig länger und stärker nordwestlich als der Ebbestrom südöstlich. An den Ostseiten der großen Buchten, besonders der Placentiabucht, setzt der Flutstrom stärker und etwas länger nach innen als der Ebbestrom nach außen: dagegen setzt aber an den Westseiten der Buchten der Ebbestrom stärker und in seiner Richtung bestimmter nach außen als der Flutstrom, dessen Richtung hier sehr ungewiß ist, nach innen. Mit größerer Entfernung vom Lande nimmt das bestimmte Verhältnis zwischen der Tide und der Stromrichtung schnell ab, die Strömungen zeigen hier die Neigung, Rundläufe zu machen, deren Ursachen sicher in den Wechselwirkungen der Gezeiten, Winde oder in anderen, meteorologischen Ursachen zu suchen, im einzelnen aber nicht aufgeklärt sind. Die Beobachtungen eines kanadischen Regierungsschiffes geben ein Bild davon, wie sich die Rundläufe der Strömung in ungefähr den Abständen von der Küste vollziehen, die von Schiffen in großer Fahrt eingehalten werden.

Strombeachtungen vor der Südküste von Neufundland.

Richtungen mißweisend. Mißweisung = $2\frac{1}{2}$ Strich West.

Richtung, nach der der Strom setzt, z. B.: ONO-Strom = Der Strom setzt nach ONO usw.

Plötzliche Richtungsänderung des Stromes				Stromrichtung bei		Rundlauf des Stromes in	Bemerkungen
Datum	Astronom. Uhrzeit	von	nach	Hochwasser	Niedrigwasser		
1903	h m					Stunden	
Juni 18.	10 00		NW				Verankert in der Peilung: Kap St. Mary: O 16 Sm, auf 102 m Wasser.
„ 19.	1 45	W	NW	ONO	S	$15\frac{3}{4}$	Bei gewöhnlichen Tiden, zwischen Nipp- und Springtiden und gewöhnlichem Wetter mit mäßigen Winden machte der Strom seinen Rundlauf in 16 Stunden, der Wind beschleunigte die Strömung in der Richtung mit dem Winde. Bei Springtiden scheint sich der Rundlauf der Strömung in 10 bis 14 Stunden zu vollziehen.
„ 19.	18 00	setzte	NW	NW WSW	ONO	$16\frac{1}{4}$	
„ 20.	9 00	W	N	SO	NNO	15	
„ 21.	1 00	setzte	NNWlich	NO	N SSW	16	
Juli 21.	7 00	SO	N				Verankert in der Peilung: Kap St. Mary: N 25 Sm, auf 110 m Wasser.
„ 21.	22 30	SW	W	O	NO	$15\frac{1}{2}$	Der Strom holte hier in der Beobachtungszeit nur einmal links- und sechs mal rechtsherum und setzte am anhaltendsten nach Nordosten; der Übergang von Südosten auf Südwesten war so schnell, daß nach dem südlichen Kompaßviertel kein wesentlicher Strom setzte. Einfluß des Windes ist nicht merkbar gewesen.
„ 22.	14 00	SO	W	NO	W OSO	$15\frac{1}{2}$	
„ 23.	6 30	NO	SW	NNW	O	$16\frac{1}{2}$	
Aug. 4.	22 30	SSW	W				
„ 5.	15 15	WSW	WNW	ONO	SSO	$16\frac{3}{4}$	
„ 6.	8 45	SW	WNW	NNW S	O	$17\frac{1}{2}$	
„ 7.	0 15	SSO	N	O	NO	$15\frac{1}{2}$	

An einem dritten Ankerplatze, von dem aus man Kap St. Mary Ost, etwa 56 Sm hatte, in der tiefen Rinne vor der Placentiabucht wurden — bei ruhigem, nebligem Wetter — gar keine Beziehungen mehr zwischen den Strömungen und den Gezeiten gefunden; der Strom holte hier in 44 Stunden etwa $2\frac{1}{2}$mal rechtsherum ohne Bevorzugung einer besonderen Richtung. Ein Rundlauf dauerte 18 Stunden und die Stromgeschwindigkeit betrug 0,5 bis 1,0 Sm stündlich, d. h. reichlich ebenso viel wie an den andern Ankerplätzen.

Der Einfluß des Windes auf die Strömungen an der Südküste von Neufundland ist noch ungenügend aufgeklärt. Das kanadische Regierungsschiff, dem wir die Beobachtungen verdanken, hat nur in einem Sommer und bei mäßigen Winden beobachtet und hat dabei keinen besonders hervorzuhebenden Einfluß des Windes festgestellt. Die Fischer an dieser Küste halten außergewöhnlich starken Strom nach einer Richtung für den Vorboten eines Sturmes aus eben dieser Richtung. So flüchten sie, wenn der Ebbestrom zwischen Kap Race und Kap St. Mary außergewöhnlich stark nach Süden oder Südosten setzt, in Erwartung eines südöstlichen oder südlichen, auflandigen Sturmes, und wenn der Flutstrom stärker und länger als gewöhnlich nach Norden oder Nordwesten setzt, so erwarten sie im Laufe der nächsten 24 Stunden harten Nordost- oder Nordwind. Nach ihren Aussagen setzt der Strom, auch wenn der Wind dann schon eingetreten ist, oft noch gegen den Wind nördlich. Das scheint jedoch nur an der Ostseite der Buchten, namentlich der Placentiabucht, stattzufinden, dagegen setzt an der Westseite dieser Bucht bei nördlichen oder nordöstlichen Winden stetiger Strom nach außen. Die Angaben der Fischer über große Stromgeschwindigkeiten von 2 und mehr Seemeilen in der Stunde sind durch die Beobachtungen des Regierungsschiffes wenigstens für Entfernungen von mehr als 5 Sm von der Küste widerlegt, das Schiff hat auf seinen vielen Ankerstellen bei mäßigen Winden nirgends mehr als 1,2 Sm in der Stunde gefunden.

Strömungen im Golf von St. Lorenz[1]).

Allgemeiner Verlauf der Strömungen. An der Ostseite der Cabotstraße setzt ein beständiger Strom in den Golf hinein und verbreitet sich dann über dessen nordöstliche Hälfte. Dabei wird der Oberflächenstrom zum Teil verwischt, indessen werden die Küsten von Anticosti, namentlich die Nordküste, von vorwiegend nordwestlich setzendem Wasser aus dem Ozean umspült. Dieses Ozeanwasser kann, abgesehen von seinem größeren Salzgehalt, meistens schon an seiner Farbe von dem Wasser unterschieden werden, das mit Frischwasser aus dem St. Lorenzflusse vermischt, vor Kap Gaspé vorüber auf der südwestlichen Hälfte des Golfes nach Südosten und an der Westseite der Cabotstraße in den Ozean strömt[2]).

Als mittlere Grenze dieser beiden Hauptströmungen kann man eine Linie ansehen, die von SW-Point auf Anticosti nach der Mitte der Cabotstraße verläuft. Nordöstlich dieser Linie strömt das Wasser vorwiegend Golfeinwärts, südwestlich davon vorwiegend nach der Cabotstraße hin, wobei im einzelnen die folgenden, teils ziemlich beständigen, teils wechselnden Strömungen entstehen.

1. Die Gaspéströmung. Sie setzt bei gewöhnlichem Wetter zwischen Fame Point und Kap Gaspé mit 1 bis 2 Sm stündlicher Geschwindigkeit — es sind aber auch schon 2,8 Sm stündliche Geschwindigkeit beobachtet worden — nach SO bis SSO. Diese südöstliche Strömung ist vor der Gaspéküste durchschnittlich 12 Sm breit, wird aber gewöhnlich erst in zwei oder mehr, bis etwa 14 Sm Abstand vom Lande gefunden, indessen verlagert sie sich manchmal bis etwa zur Mitte der Durchfahrt zwischen der Gaspéküste und Anticosti. In solchen Fällen kommt es vor, daß dann zwischen der Gaspéströmung und der Gaspéküste, wo für gewöhnlich nur Gezeitenströmungen herrschen, für längere Zeit nordwestlicher Strom läuft, der 0,5 bis 1,4 Sm stündliche Geschwindigkeit zu haben pflegt. Wenn derartige Änderungen eintreten, setzt die Gaspéströmung manchmal stundenlang gerade auf das Land zu oder vom Lande ab, und immer macht sich der Einfluß der Gezeiten bemerkbar. Der Südoststrom ist am stärksten bei Niedrigwasser, der Nordweststrom bei Hochwasser.

Das Vorherrschen nordwestlicher Winde, wahrscheinlich eine der Hauptursachen der südöstlichen Gaspéströmung, hängt damit zusammen, daß die meisten barometrischen Minima an den atlantischen Küsten, südlich vom St. Lorenz-Gebiet, entlang ziehen. Ziehen solche Minima weiter nördlich entlang, d. h. herrschen andere als die gewöhnlichen Luftdruck- oder Windverhältnisse, so treten auch wahrscheinlich Verlagerungen der Gaspéströmung ein. Ein Schiff, das jene Gegend bei südöstlichen oder südlichen Winden und fallendem Barometer ansteuert, muß sich deswegen auch auf außergewöhnliche Stromverhältnisse, Verlagerung der Gaspéströmung, unregelmäßige, auf- oder ablandige und selbst nordwestliche Strömungen gefaßt machen.

2. Strömungen in der Cabotstraße. An der Westseite der Cabotstraße setzt der Kap Breton-Strom beständig und nur bei heftigen Südwestwinden unterbrochen, aus dem Golf heraus. Seine Geschwindigkeit ist nahe bei Kap North am größten und beträgt dort etwa 2 Sm in der Stunde, weiter ab 0,5 bis 1,2 Sm, doch sind nach einem heftigen Nordwestwinde auch schon 2,2 Sm stündlich beobachtet worden. Von Kap North an gerechnet, ist der Strom durchschnittlich 20 Sm breit, er kann aber auch auf etwa 12 Sm zusammengedrückt oder bis gegen die Mitte der Straße hin verbreitert sein. Seine Richtung schwankt, wahrscheinlich infolge der Gezeiten, in etwa 0,5 oder mehr Seemeilen Entfernung von Kap North etwa zwischen SO und SW, und sein Einfluß ist zuzeiten bis Scatari fühlbar. An der Ostseite der Cabotstraße setzt die Kap Ray-Strömung gewöhnlich in

[1]) Vergl. auch Ann. d. Hydr. usw. 1901 S. 124 ff.

[2]) Wenn auch das Frischwasser aus dem St. Lorenzflusse genügt, um das Ozeanwasser, mit dem es sich im Golf vermischt, beträchtlich leichter zu machen, so ist seine Menge doch bei weitem nicht groß genug, um die Gaspé- und weiter südöstlich die Kap Breton-Strömung zu speisen. Die Wassermengen, die an der Westseite der Cabotstraße aus dem Golf strömen, werden auf das 43fache des Wassers aus dem St. Lorenzflusse berechnet, so daß dieser weniger als 3% dazu beiträgt.

einem 10 bis 15 Sm oder noch etwas breiterem Bande in den Golf hinein. Etwa 13 Sm westlich von Kap Ray beträgt ihre Geschwindigkeit 0,5 bis 1,5 Sm stündlich und ihre Richtung ist vorwiegend nordwestlich, sie schwankt zwischen etwa West und Nord, indessen ist der Einfluß der Gezeiten dabei nicht festgestellt worden.

3. Strömung an der Westküste von Neufundland. Zwischen Kap St. George und Rich Point setzt der Strom gewöhnlich vor der Küste entlang nach Nordosten. Er hat etwa 1 Sm stündliche Geschwindigkeit, etwas mehr nahe an der Küste, etwas weniger weiter draußen, und wird regelmäßig nur in und vor den großen Buchten dieser Küste durch den Gezeitenstrom unterbrochen. Unregelmäßige Unterbrechungen kommen bei Nordoststürmen vor, und vor dem Einsetzen eines Südweststurmes wird die nordöstliche Strömung kräftiger.

4. In der Belle Islestraße herrschen ausschließlich Gezeitenströmungen; der westliche Flutstrom mag den östlichen Ebbestrom ein wenig überwiegen, im allgemeinen laufen aber beide gleich lange, kentern regelmäßig alle 6 Stunden mit dem Steigen und Fallen der Tide und entsprechen in ihrer Stärke auch den Spring- und Nipptiden und dem Einflusse der täglichen Ungleichheit. Die Tide wird aber natürlich durch den Wind beeinflußt: bei östlichen Winden läuft daher der Flutstrom, bei westlichen der Ebbestrom etwas länger.

Vor der östlichen Einfahrt in die Straße setzt der Labradorstrom vorüber nach Süden, er wird durch die Gezeitenströmungen in der Straße aber beeinflußt, und im allgemeinen setzt deshalb der Strom nördlich von Belle Isle überwiegend in die Straße hinein, südlich von Belle Isle überwiegend aus der Straße heraus. Dementsprechend treiben auch die meisten Eisberge zwischen der Labradorküste und Belle Isle durch in die Straße hinein und damit mag auch zusammenhängen, daß an der Neufundlandküste, zwischen Kap 'Bauld und Kap Norman auflandige Versetzungen stattfinden.

In der Mitte der Straße setzt der Flutstrom bei ruhigem Wetter nach Westen, manchmal bis Hochwasser, manchmal etwas länger, höchstens aber bis 2 Stdn. 55 Min. nach Hochwasser. Der Ebbestrom setzt bis 40 Min., oder höchstens bis 2 Stdn. 55 Min. nach Niedrigwasser nach Osten. Diese Unregelmäßigkeiten hängen mit Unregelmäßigkeiten der Gezeiten und besonderen Wetterlagen, in größerer Entfernung herrschenden Winden, vielleicht auch Luftdruckunterschieden zusammen. Bei anhaltend starken östlichen oder westlichen Winden in der Straße oder deren nächster Nähe werden die Abweichungen vom gewöhnlichen Verlauf natürlich noch viel größer. Mit starkem Ostwinde kann der einlaufende Strom so stark sein, daß bei Ebbe nur Abnahme seiner Geschwindigkeit eintritt, und mit starken westlichen Winden kann der auslaufende Strom so stark sein, daß ihn der Flutstrom nicht überwinden kann; immer aber bleibt auch bei stürmischem Wetter der Einfluß der Gezeiten bemerkbar. Die Stromgeschwindigkeiten können betragen

Flutstrom	bei	stürmischem Ostwinde	bis zu	3,2	Sm stündlich
	„	ruhigem Wetter	„ „	2	„ „
Ebbestrom	„	stürmischem Westwinde	„ „	2,5	„ „
	„	ruhigem Wetter	„ „	2	„ „

An der Südseite der Straße sind die Gezeiten regelmäßiger als an der Nordseite, wo die Strömungen etwas größere Beharrlichkeit zeigen.

Vor dem Westende der Straße liegt ein Gebiet, in dem sich die Gezeitenströmungen aus der Straße und die nordöstliche Strömung von der Westküste Neufundlands vermischen. Östlich der Linie Rich Point—Esquimaux-Inseln überwiegen noch die Gezeitenströmungen, doch kommen Querversetzungen häufig vor. Nach Westen hin werden die Strömungen schwächer, sie bleiben meistens unter 1 Sm und übersteigen selten $1^1/_2$ Sm in der Stunde. Von den Esquimaux-Inseln folgt der Strom gewöhnlich der Küste, doch kommen hier und ebenso vor Greenly Island auch Querversetzungen vor.

5. Strömungen an der Nordseite des Golfes. Zwischen den Esquimaux-Inseln und Kap Whittle, vor der Mecattinaküste und ebenso zwischen Kap Whittle und dem Ostende von Anticosti bewegt sich das Wasser im allgemeinen nach Westen. Für einzelne Reisen kommt das indessen kaum in Betracht; ein Schiff kann dort nach irgend einer Richtung versetzt werden, doch scheinen ablandige südliche Versetzungen häufiger zu sein als auflandige nördliche. Wahrscheinlich hängt das mit der überwiegenden Häufigkeit nordwestlicher Winde zusammen; übereinstimmend damit wurde vor dem Ostkap von Anticosti südlicher Strom doppelt so häufig gefunden als nördlicher. Die Geschwindigkeit dieser Strömungen überschritt selten und nur vor Heath Point 1 Sm in der Stunde. Im transatlantischen Verkehr beschäftigte Dampfer wurden zwischen Heath Point und Greenly Island auf 32 Reisen 16 mal gar nicht und 16 mal mit $^1/_4$ bis $^3/_4$ Sm stündlicher Geschwindigkeit versetzt, 9 mal östlich und 7 mal westlich.

Zwischen Anticosti und der Labradorküste pflegt der Strom im allgemeinen entsprechend dem Verlauf der Küsten nach Nordwesten oder nach Südosten zu setzen, an der engsten Stelle, in der Mingan-Straße, setzt das Wasser mit der Flut nach Nordwesten mit der Ebbe nach Südosten, wobei allerdings Abweichungen von diesen Hauptrichtungen häufig sind. Bei Nipptiden wird $1^1/_2$ Sm stündliche Geschwindigkeit nicht ganz erreicht, und bei ruhigem Wetter überwiegt der nordwestlich setzende Flutstrom ein wenig.

An der Südküste von Anticosti kommen Strömungen nach allen Richtungen vor, auflandige Strömungen sollen immer nur einige Stunden dauern.

6. Die Strömungen mitten im Golf können nach allen Richtungen setzen, ihre Geschwindigkeit pflegt 1 Sm in der Stunde nicht zu überschreiten, wo der Einfluß der Gezeiten nicht hinreicht. Dieser Einfluß wird vor der Chaleur-Bucht noch 30 Sm östlich der Miscou-Insel gefühlt, und etwa 6 Sm vor dem Nordende oder dem Südende der Magdalenen-

Inseln laufen ausgeprägte Gezeitenströmungen nach NW und SO mit oft größerer Geschwindigkeit als 1 Sm in der Stunde.

Zwischen Kap Gaspé und den Magdalenen-Inseln hatten Dampfer auf 17 Reisen 10 mal südöstlichen, 2 mal nordwestlichen und 5 mal querlaufenden Strom; der südöstliche hatte 1 bis $1^1/_2$ Sm, die anderen Strömungen hatten 0,5 bis 1 Sm stündliche Geschwindigkeit.

Zwischen den Magdalenen-Inseln und Kap North hatten Dampfer auf 16 Reisen 9 mal südöstlichen, 2 mal nordwestlichen, 2 mal quersetzenden und 3 mal gar keinen Strom; davon erreichte nur der südöstliche 1 Sm in der Stunde.

Eis.

Eine große Gefahr für die Schiffe, welche nach Nordamerika gehen, bildet das Treibeis in der Umgebung der Neufundlandbank. Der kalte Labradorstrom, welcher, von Nordwesten kommend, hier gegen den Golfstrom stößt und dann südwestwärts längs der Küste weiterfließt, führt das Eis mit sich. Es tritt in Feldern oder Bergen auf und wird das ganze Jahr hindurch angetroffen, doch ist es von September bis einschließlich Januar so selten, daß man diese Monate für nahezu eisfrei ansehen kann. Auch ist die Masse des Eises nicht in allen Jahren gleich; mitunter findet man es in dichten Massen zusammengedrängt, so daß die Schiffe große Schwierigkeit finden, hindurchzukommen, in anderen Jahren wird es nur selten und in einzelnen Stücken oder auch gar nicht angetroffen. Die Gegend, wo die Schiffe auf dem Wege nach Nordamerika Eis zu erwarten haben, liegt zwischen 40° und 60° W-Lg., die engeren Grenzen, innerhalb derer es am häufigsten vorkommt, bilden die Meridiane von 45° und 55° W-Lg. und nach Süden hin der 41. Breitengrad. Die Jahreszeit des häufigsten Vorkommens ist von März bis Juli[1]).

Die Karte Taf. I hinten (vgl. dazu auch S. 33ff.), der die während der 12 Jahre von 1880 bis 1891 bei der Seewarte eingegangenen Berichte zugrunde gelegt sind, zeigt die durchschnittliche Ausbreitung des Treibeisgebietes für die verschiedenen Monate. Während dieser 12 Jahre wurde angetroffen:

im Monat	Eis in	Sehr wenig Eis in	Kein Eis in	
Januar	3	2	7	Eis wurde zuerst gesichtet 5 mal im Januar, 5 mal im Februar und 1 mal im April, zuletzt 2 mal im Juli, 3 mal im August, 2 mal im September, 2 mal im Oktober, 1 mal im November und 1 mal im Dezember.
Februar	8	2	2	Die anhaltendste Eistrift fand in den Jahren 1889 und 1890 statt, während derer von April 1889 bis Oktober 1890 in jedem Monat Eis angetroffen wurde.
März	8	1	3	Die längste eisfreie Zeit war vom November 1880 bis einschließlich Januar 1882. Im Jahre 1881 ist kein Eis gemeldet worden.
April	9	1	2	
Mai	10	—	2	
Juni	10	1	1	
Juli	9	2	1	
August	5	4	3	
September	2	4	6	
Oktober	1	4	7	
November	—	2	10	
Dezember	1	—	11	
	Jahren			

Während der 12 Jahre von 1880 bis 1891 ging das Eis am weitesten nach Osten im Jahre 1890, in welchem es im Mai und Juni auf 44,5° bis 46° N-Br. in 37° W-Lg. und im April selbst so östlich als in 36° W-Lg. auf 47° N-Br. angetroffen wurde. Im übrigen ging die Trift nur noch im April 1888 bis 39° und 1885 bis 40° W-Lg., sonst nicht über 41° W-Lg. hinaus. Die Breite, wo das östlichste Eis gefunden wurde, war gewöhnlich 45° bis 46° N-Br. Das südlichste Treibeis wurde im April 1887, Mai 1885 und Juni 1882 und 1883 in 40° N-Br. angetroffen. Bis 41° N-Br. kam es in den Monaten März bis Juni ziemlich oft. Meistens war es die Nähe von 49° W-Lg., wo das Eis am weitesten nach Süden ging, mitunter geschah es jedoch auch in einer östlicheren oder westlicheren Länge, zwischen 45° und 52° W-Lg. Einige Berichte aus der fraglichen Zeit über das Antreffen von Eis erheblich südlicher als 40° N-Br. erscheinen nicht glaubwürdig.

[1]) Über die jeweilige Lage des neufundländischen Treibeises wolle der Schiffsführer stets die nach den neuesten Meldungen berichtigte Monatskarte der Seewarte für den Nordatlantischen Ozean einsehen.

In den Jahren 1902 bis 1907 ist das Eis im April und Mai ziemlich regelmäßig bis 40° N-Br. — in etwa 49° W-Lg. — nach Süden und bis fast 40° W-Lg. — in 45° N-Br. oder nördlicher — nach Osten vorgedrungen. Im Mai 1905 sind Eisberge und Eistriften sogar in 39,7° N-Br. und 49° W-Lg. gesichtet worden, und im Jahre 1907, wo sich die große Masse des Treibeises auf der Neufundlandbank außergewöhnlich östlich hielt, wurde das östlichste Eis in 47,6° N-Br. und 39° W-Lg. gesehen.

Das Vordringen des Eises nach Süden und Osten dauert von Januar bis Juni und geht erst ziemlich rasch, von März an aber langsam vor sich. Etwa Mitte Juni beginnt die Eisgrenze nordwestwärts zurückzuweichen, erst mit geringer, von Mitte Juli an aber mit großer Geschwindigkeit und im ganzen bedeutend rascher, als sie vorgedrungen ist. Mitte August ist sie bereits hinter die mittlere Januargrenze zurückgewichen. Von dieser Zeit an wird Treibeis, wenn es überhaupt vorhanden ist, fast nur noch am Nordrande der Bank und an der Küste von Neufundland angetroffen. Auch in nördlicheren Breiten, in und vor der Straße von Belle Isle, hält sich das Eis gewöhnlich länger. Für den gewöhnlichen Weg nach und von New York ist die Zeit von Mitte August bis Ende Januar als eisfrei zu bezeichnen. Die durchschnittlich größte Ausdehnung hat das Treibeisgebiet von Mitte März bis Ende Juni. Es kommt vor, daß das Eis, nachdem es frühzeitig aufgetreten ist, zeitweilig wieder verschwindet, worauf später im Jahre eine neue Eistrift folgt. Doch ereignet sich dies verhältnismäßig selten. Gewöhnlich bleibt es von seinem ersten Erscheinen an während der ganzen Jahreszeit bis Ende Juli oder August ohne Unterbrechung vorhanden.

Die Eistriften vor der Ostküste Neufundlands bestehen aus Feld- oder Packeis und aus Eisbergen; Feldeis pflegt zuerst zu erscheinen. Wenn das schon im Januar oder Februar geschieht, pflegt das Feldeis sich bald sehr reichlich einzustellen, jedoch auch ziemlich zeitig wieder zu verschwinden, stellt sich das Feldeis dagegen erst spät, im März oder im April ein, so pflegt es weniger reichlich aufzutreten, dafür aber noch bis in den Juni hinein vorzukommen. Eisberge erscheinen im allgemeinen später als Feldeis, durchschnittlich wohl erst gegen Ende April oder im Mai, und sie pflegen auch viel später wieder zu verschwinden als das Feldeis. Die einzelnen Jahre zeigen aber sehr große Verschiedenheit; allgemein läßt sich nur sagen: die erste Jahreshälfte ist eisreich, der Frühling an Feldeis, der Sommer an Eisbergen, und die zweite Jahreshälfte ist eisarm, der Herbst an Feldeis, der Winter an Eisbergen.

Die Bewegung oder die Trift der beiden Eisarten zeigt Unterschiede, die vom Seemanne wohl zu beachten sind. Das Feldeis treibt vor der Ostküste Neufundlands zwar mit dem eben besprochenen Strom im allgemeinen nach Süden, es nimmt aber auch an dessen Unregelmäßigkeiten (vgl. S. 318) teil, hat also zuzeiten gar keine Bewegung oder setzt auch nach anderen Richtungen — wie das vom Oberflächenstrome geschildert worden ist —, und es steht mehr oder weniger unter dem Einflusse des Windes, dem es durch seine rauhe Oberfläche ungeheuer viele Angriffspunkte bietet. Die tiefgehenden Eisberge dagegen ziehen unausgesetzt nach Süden, solange sie nicht stranden oder aus dem Strome hinaus auf die Neufundlandbank geraten, wo keine beständigen Strömungen vorhanden sind. Weder der Oberflächenstrom noch der Wind sind imstande, der Eisberge Trift nach Süden aufzuhalten, Fischer- oder Robbenfangschiffe sollen nicht selten an der Leeseite von Eisbergen festmachen, um nicht vertrieben zu werden.

Wenn das Eis Kap Race passiert hat, treibt es meistens nach Süden oder Südwesten weiter, namentlich sollen Eisberge nur sehr selten vor die Südküste von Neufundland gelangen.

Das Eis vor der Südküste von Neufundland, das im Frühling die Schiffahrt dort erschwert, kommt hauptsächlich aus dem Golf und tritt meistens als Feldeis auf; zwar werden auch Eisberge von dort gemeldet, allein es sind vermutlich nur aus Golfeis zusammengeschobene Eishügel, die von den vorbeifahrenden Schiffen im nebligen Wetter jener Gegend von arktischen Eisbergen vielleicht gar nicht unterschieden werden können.

Eistriften im Golf von St. Lorenz.

Vor Kap Gaspé treibt das Eis gewöhnlich in einem 1 bis 1½ Sm breitem Streifen mit den Gezeiten hin und her; weiter ab setzt es den ganzen Winter durch beständig nach SO, ohne daß offenes Wasser sichtbar wird, solange die gewöhnlichen nördlichen oder nordöstlichen Winde herrschen. Treten aber südliche oder südwestliche Winde ein, so geht das Eis vom Lande weg und es entsteht, soweit man vom Kap aus 180 m Augeshöhe sehen kann, offenes Wasser. Das im Frühling erscheinende Frischwassereis aus dem St. Lorenzflusse ist stets leicht erkennbar; man hat aber nicht beobachtet, daß es schneller südostwärts setzte als das Salzwassereis.

Der Kap Breton-Strom führt im Frühjahr viel Eis von der Nordseite der Magdaleneninseln her aus dem Golf heraus; es wird dabei mehr oder weniger hin und her gesetzt, seine Hauptrichtung ist aber südöstlich, und Schiffe, die in diese Eistrift geraten, treiben darin manchmal bis in die Nachbarschaft der St. Pierre-Insel, ehe sie sich befreien können.

Der Kap Ray-Strom führt gewöhnlich kein Eis, da er von der eisfreien Südküste Neufundlands kommt, einzelne Eisberge, die dorthin gelangen, sollen selbst bei starken nordwestlichen Winden von St. Pierres Island aus westwärts treiben. Die Ostseite der Cabotstraße ist deshalb für gewöhnlich als befahrbar, wenn nicht gar als eisfrei anzusehen, und die Westküste von Neufundland soll meistens bis nach Larets Harbour in der Inselbucht (Bay of Islands) zugänglich sein. Allein in manchen Jahren wird mit starken westlichen Winden im Frühjahr Eis aus der Gaspéströmung bis nach der Ostseite der Cabotstraße getrieben, wo es dann diese und den Zugang zur Küste dort zeitweilig vollkommen versperrt. Solche außergewöhnlichen Verhältnisse wurden vom 7. Mai 1905 gemeldet; das meldende Schiff hatte acht Dampfer im Eise festsitzen sehen, und am 29. April 1908 bewegte sich ein etwa 60 Sm langes, dichtgepacktes Eisfeld vom Kap Ray nach Westen.

An der Westküste von Neufundland pflegt etwa 2 m dickes Treibeis im Januar oder Februar zu erscheinen. Dieses Eis treibt mit westlichen Winden etwa dreimal so schnell nach NO als mit gleichstarken östlichen Winden nach SW. Ein im Eise besetzter Schuner ist im März in 10 Tagen ungefähr 190 Sm von Kap St. George nach der St. Barbe-Bucht nordostwärts getrieben. In der Belle Isle-Straße geraten die Eisberge sehr oft fest, und da sie mit dem Flutstrom bei steigendem Wasser westwärts, dagegen nur bei Ebbestrom mit fallendem Wasser ostwärts treiben können, so zeigen die Eisberge das allgemeine Bestreben, nach Westen zu treiben und geraten leichter in die Straße hinein als wieder heraus. Man schätzt die Anzahl der in die Belle Isle-Straße hineingeratenden Eisberge auf etwa ⅙ aller, die der Labradorstrom in Sicht von Belle Isle bringt.

Die Schiffahrt im Golf von St. Lorenz ist im Mittel vom 25. April bis zum 25. November offen, früher oder später ist nicht mit Sicherheit darauf zu rechnen. Bei Quebec kommt das Eis des starken Stromes wegen selten zum Stehen; wenn es jedoch geschieht, so verzögert sich die Eröffnung der Schiffahrt gewöhnlich bis nach Anfang Mai. In der Straße von Belle Isle hält sich das Packeis bis Mitte Juli, und Eisberge sind das ganze Jahr hindurch dort vorhanden. Durchschnittlich kann sie nur von Ende Juni bis gegen Mitte November befahren werden; Segelschiffe sollten sie nur unter ganz besonderen Umständen zur Einfahrt in den Golf wählen. Im Jahre 1833 überfror die ganze Straße noch einmal am 28. Juni, nachdem das Wintereis schon aufgebrochen war.

Nach einer von der Zollbehörde in Quebec veröffentlichten Tabelle, in welcher für jedes Jahr von 1830 bis 1880 die Ankunft des ersten Schiffes von See und die Abfahrt des letzten Schiffes nach See angegeben ist, war während dieser 50 Jahre für die Eröffnung der Schiffahrt zu Quebec das früheste Datum der 15. April, das späteste Datum der 11. Mai; für den Schluß der Schiffahrt das früheste Datum der 18. November, das späteste der 4. Dezember. Im Mittel war die Schiffahrt in Quebec vom 28. April bis 26. November offen. In Charlottetown, Prince of Wales-Island, ist nach 10jährigem Mittel der Hafen vom 21. Dezember bis zum 15. April durch Eis geschlossen.

Nebel[1]).

Ein weiteres Hindernis für die Schiffahrt, besonders in der Umgebung der Neufundlandbank und unter der amerikanischen Küste, sind die Nebel. Sie sind am häufigsten in den Sommermonaten, wenn feuchte und warme südliche Winde vom Golfstrom her über das kalte Küstenwasser wehen. In dieser Jahreszeit halten sie mitunter 8 Tage ohne Unterbrechung an. Im Winter, insbesondere im Februar, wenn kalte und trockene Winde vom Lande her vorherrschen, sind die Nebel verhältnismäßig selten.

[1]) Vergl. auch: Atlas für den Atlantischen Ozean, 2. Aufl., Taf. 32 u. 33. Annalen der Hydrographie usw. 1897, Taf. 13 ff. u. S. 390 ff. Monatskarten für den Atlantischen Ozean, Juni 1908 ff.

Nach den „Resultaten meteorologischer Beobachtungen auf deutschen und holländischen Schiffen“ ist in der folgenden Tabelle eine Übersicht über die Häufigkeit des Nebels in den mittleren Breiten des Nordatlantischen Ozeans gegeben. Es findet sich darin für Zonenabschnitte von 10° Länge und 5° Breite des Gebietes zwischen 10° und 70° W-Lg., 35° und 50° N-Br. und für jeden Monat die Anzahl Stunden, während welcher im Durchschnitt der verschiedenen Beobachtungsjahre Nebel geherrscht hat.

Durchschnittliche Anzahl der Stunden mit Nebel.

im Monat	in N-Br.	in 70°—60° W-Lg.	in 60°—50° W-Lg.	in 50°—40° W-Lg.	in 40°—30° W-Lg.	in 30°—20° W-Lg.	in 20°—10° W-Lg.
		Stunden	Stunden	Stunden	Stunden	Stunden	Stunden
Januar	50°—45°	—	—	29,5	4,5	19	21,5
	45°—40°	39	43	14	7	7,5	19,5
	40°—35°	1	1	2	2	3	0,5
Februar	50°—45°	—	—	29,5	7,5	7	17
	45°—40°	31	26,5	16	7	7,5	4
	40°—35°	3	0	2,5	3,5	0	2,5
März	50°—45°	—	—	24	20	13	10
	45°—40°	30	48	28,5	10,5	17,5	12,5
	40°—35°	0,5	0,5	0,5	3,5	1,5	0,5
April	50°—45°	—	—	49	19,5	11	22,5
	45°—40°	63,5	60,5	39,5	8,5	2,5	12
	40°—35°	19	1	2	8,5	1	3,5
Mai	50°—45°	—	—	116	34,5	25,5	21,5
	45°—40°	119	97,5	76,5	14,5	8	8
	40°—35°	8,5	7	6	9,5	3,5	8,5
Juni	50°—45°	—	—	133,5	66	35,5	39,5
	45°—40°	154,5	111,5	105	32,5	26	9,5
	40°—35°	17,5	0	1,5	3,5	0	0,5
Juli	50°—45°	—	—	201	111,5	52	47
	45°—40°	119,5	123,5	99	21	29,5	10,5
	40°—35°	3,5	0	0	1,5	2	4
August	50°—45°	—	—	162	43,5	22	16,5
	45°—40°	90	75,5	71,5	11,5	7	4,5
	40°—35°	0,5	0,5	0	0,5	0	1
September	50°—45°	—	—	88	36	45,5	11,5
	45°—40°	44,5	33	45,5	7	28,5	2,5
	40°—35°	2	0	0	2	0	0,5
Oktober	50°—45°	—	—	62,5	29,5	27	24,5
	45°—40°	22,5	28,5	38,5	15,5	6,5	14
	40°—35°	1	0	0	3	3,5	2
November	50°—45°	—	—	59	21,5	19	17,5
	45°—40°	9,5	17	28,5	6	2	8,5
	40°—35°	1	0	0	8,5	1,5	4
Dezember	50°—45°	—	—	34,5	6,5	11,5	9,5
	45°—40°	18	17	11	5,5	7,5	5,5
	40°—35°	1	0	2	7	2,5	1,5

Die allgemeinen Züge der Nebelverteilung nach Ort und Jahreszeit treten in der Tabelle deutlich hervor. Ausgenommen in den beiden Monaten Januar und Februar, in denen an der europäischen Seite etwas mehr Nebel vorkommt als auf der Mitte des Ozeans, zeigt sich das ganze Jahr hindurch eine erhebliche Zunahme der Häufigkeit des Nebels von Osten nach Westen hin und zugleich eine starke Abnahme nach Süden; letztere derart, daß im Süden von 40° N-Br. fast kein Nebel mehr vorkommt. Zwischen 50° und 45° N-Br. wird das meiste neblige Wetter in 40° bis 50° W-Lg., am Ostrande der Neufundlandbank gefunden. In etwas südlicherer Breite, zwischen 45° und 40° N-Br., herrscht die größte Nebelhäufigkeit in den meisten Monaten jedoch weiter im Westen, zwischen 60° und 70° oder 50° und 60° W-Lg. Der jahreszeitliche Unterschied im Vorkommen ist sehr bedeutend, insbesondere auf der westlichen Hälfte des Gebietes, wo im Sommer 7mal, unter der amerikanischen Küste, in der Umgebung der Nantucket- und St. Georgesbänke, selbst 15mal so viel Nebel herrscht wie im Winter. Im Westen kommt Nebel am häufigsten im Juni vor, sonst überall im Juli. Im Westen sind die Monate November und Dezember, auf der Mitte des Ozeans Dezember, Januar und Februar die nebelärmsten. Vom April zum Mai findet eine starke Zunahme der Häufigkeit statt, worauf vom August zum September wieder eine ebenso rasche Abnahme erfolgt. Der Einfluß der Berührung kalten und warmen Wassers im westlichen Teile des Nordatlantischen Ozeans und der Herrschaft südwestlicher Winde im Sommer, nordwestlicher im Winter zeigt sich in den Verhältnissen dort klar ausgeprägt.

Reisedauer.

Die mittlere Dauer der Reise nach New York, dem Delawareflusse und der Chesapeakebucht auf den verschiedenen Wegen stellt sich nach meteorologischen Tagebüchern aus den Jahren 1883 bis 1898 wie folgt:

	auf dem nördlichen Wege von der Insel Fair:	auf dem mittleren Wege von Lizard:	auf dem Wege durch den Passat v. Lizard:
im Januar	63,4 Tage	43,8 Tage	45,7 Tage
„ Februar	43,4 „	43,5 „	52,9 „
„ März	42,8 „	39,5 „	46,0 „
„ April	37,7 „	33,1 „	}
„ Mai	38,9 „	37,5 „	}
„ Juni	46,8 „	42,5 „	} 56,8 „
„ Juli	42,1 „	40,5 „	}
„ August	39,1 „	39,1 „	}
„ September	41,3 „	36,0 „	}
„ Oktober } „ November }	49,4 „	39,3 „	48,1 „
„ Dezember	63,4 „	42,0 „	42,1 „

Aus den Zahlen geht hervor, daß die mittlere Reisedauer auf dem nördlichen Wege von Oktober bis Januar und auch schon im September erheblich länger ist wie auf dem mittleren. Insbesondere ist dies im Dezember und Januar der Fall; es ist jedoch zu bemerken, daß in diesen Monaten auf dem nördlichen Wege nur verhältnismäßig wenig Reisen gemacht wurden, die freilich ohne Ausnahme sehr lang ausfielen. In den übrigen Monaten ist der Unterschied meistens nur gering, wenn auch mit Ausnahme von Februar und August, die für die beiden Wege dieselbe Dauer geben, stets zugunsten des mittleren Weges. Es kommt indessen noch darauf an, ob nicht die allererste Strecke, vom Abfahrtsort nach der Insel Fair, in manchen Fällen in einer so viel kürzeren Zeit zurückgelegt wurde als die nach Lizard, daß die Gesamtreise auf dem nördlichen Wege kürzer wurde als die auf dem mittleren. Als einigermaßen sicheres Ergebnis der Vergleichung bleibt jedoch bestehen, daß der Weg nord um Schottland von September bis Januar im allgemeinen nicht zu empfehlen ist. Die durchschnittlich besten Reisen lieferten auf dem mittleren Wege April, September und Mai, auf dem nördlichen April, Mai und August.

Für Reisen auf dem Wege durch den Passat erweisen sich als verhältnismäßig günstigste Monate Dezember und Januar, in welchen die Durchschnittsdauer hier ebenso kurz oder nur wenig länger ist als auf dem mittleren und erheblich kürzer als auf dem nördlichen Wege. Letzteres trifft in geringerem Grade auch im Oktober und November zu. Für die übrigen Monate ergibt sich auf dem Wege durch den Passat eine erheblich längere Dauer. Von April bis September wurden nur sehr wenige — und sehr lange — Reisen durch den Passat gemacht.

Als rascheste Fahrten führt das Verzeichnis auf: für den nördlichen Weg 24 Tage im April, 26 Tage im Mai und 27 Tage im Februar und März, für den mittleren Weg 19 Tage im November, 20 Tage im April und 24 Tage im März und September, für den Weg durch den Passat 30 und 31 Tage im November und 32 Tage im Januar.

Die mittlere Reisedauer ist nach den oben bezeichneten Tagebüchern gleich 42 Tage und berechnet sich nach 179 Reisen aus den Jahren 1893 bis 1904 auf 40 Tage, d. h. 2 weniger; zu 41 Tagen auf dem Wege nordum, zu 37 Tagen auf dem mittleren Wege und zu 48 Tagen auf dem Wege durch den Passat. Für Reisen von Gibraltar nach New York ergibt sich aus den Jahren 1883—1898 als mittlere Dauer im Dezember und Januar 39, von Februar bis Mai 37 und im September und Oktober 40 Tage.

Zur Beurteilung der zurückzulegenden Entfernungen mögen die folgenden, kürzesten Entfernungen zwischen einigen europäischen und einigen amerikanischen Küstenpunkten dienen:

Von den Scilly-Inseln nach Kap Race	1850 Sm
Vom Nord-Kanal nach Kap Race	1785 „
„ Nord-Kanal nach der Straße von Belle Isle	1685 „
Von Kap Clear nach Kap Race	1716 „
„ Lizard „ Halifax	2345 „
„ „ „ New York	2910 „
„ Liverpool „ St. Johns	1952 „
„ „ „ Halifax	2453 „
„ „ „ Quebec	2634 „
„ „ „ Boston	2830 „
„ „ „ New York	3016 „

Ein weiteres Urteil über die Dauer der Reisen läßt sich aus der nachstehenden Übersicht gewinnen, die nach meteorologischen Tagebüchern der Deutschen Seewarte zusammengestellt worden ist, welche früher als die vorher angezogenen eingegangen sind. Sie umfaßt die Resultate von 212 in den Jahren 1868 bis 1882 angetretenen Reisen von Mittel- und Nordeuropa nach New York. Als Abfahrtsort ist die Höhe von Lizard (etwa 49,5° N-Br. und 5° W-Lg.) oder die Höhe der Orkney-Inseln (etwa 59,5° N-Br. und 3° W-Lg.) angenommen worden.

Unter 53 Reisen, welche im Januar, Februar und März angetreten wurden, hatten

3 eine Dauer von 20 bis 30 Tagen,
18 „ „ „ 30 „ 40 „
14 „ „ „ 40 „ 50 „
12 „ „ „ 50 „ 60 „
5 „ „ „ 60 „ 70 „
und 1 „ „ „ über 70 „

Die mittlere Dauer war 45,0 Tage. Die kürzeste Reise dauerte 24, die längste 74 Tage.

Unter 61 Reisen, welche im April, Mai und Juni angetreten wurden, hatten

8 eine Dauer von 20 bis 30 Tagen,
25 „ „ „ 30 „ 40 „
20 „ „ „ 40 „ 50 „
8 „ „ „ 50 „ 60 „

Die mittlere Dauer war 40,5 Tage. Die kürzeste Reise dauerte 26, die längste 58 Tage.

Unter 59 Reisen, welche im Juli, August und September angetreten wurden, hatten

8 eine Dauer von 20 bis 30 Tagen,
27 „ „ „ 30 „ 40 „
17 „ „ „ 40 „ 50 „
6 „ „ „ 50 „ 60 „
und 1 „ „ „ mehr als 60 „

Mittlere Dauer 39,3 Tage. Kürzeste Reise 23, längste 64 Tage.

Unter 39 Reisen, welche im Oktober, November und Dezember angetreten wurden, hatten

1 eine Dauer von weniger als 20 Tagen,
3 „ „ „ 20 bis 30 „
6 „ „ „ 30 „ 40 „
11 „ „ „ 40 „ 50 „
11 „ „ „ 50 „ 60 „
6 „ „ „ 60 „ 70 „
1 „ „ „ mehr als 80 „

Mittlere Dauer 49,0 Tage. Kürzeste Reise 19, längste Reise 85 Tage.

Dreizehnter Abschnitt.

Nach der atlantischen Küste von Nordamerika im Süden von Kap Hatteras, nach Westindien, dem Karaibischen Meer, dem Golf von Mexiko und der Nordküste von Südamerika.

Allgemeines.

Alle von Europa ausgehenden Schiffe, deren Reiseziel zwischen Kap Hatteras und der Mündung des Amazonenstromes liegt, verfolgen anfänglich nahezu denselben Weg. Sie suchen durch das Gebiet der vorherrschenden Westwinde nach Süden zum Passatgebiet zu gelangen, wobei sie so viel West mit anholen, wie der Wind zuläßt. Nachdem sie 30° N-Br. in etwa 25° W-Lg. überschritten und den Passat erfaßt haben, gehen ihre Wege auseinander, indem je nach der Breite, in welcher der Bestimmungsort liegt, ein mehr oder weniger westlicher Kurs eingeschlagen wird.

Im Westwindgebiet auf dem ersten Teile dieser Reisen empfiehlt es sich, bei günstigem Winde zunächst gut nach Westen zu halten, damit man, wenn später anhaltende westliche Winde auftreten, etwas Länge zusetzen und unbehindert von der Küste mit guter Fahrt nach Süden segeln kann. Auch auf dem weiteren Wege sollte man jede passende Gelegenheit, West zu machen, wahrnehmen. Insbesondere ist das angezeigt bei südlich holendem Winde, wenn dabei zugleich ein Fallen des Barometers eintritt oder wenn dessen Stand schon niedrig ist. In solchem Falle ist zu vermuten, daß die südlichen Winde einer Depression angehören, in deren östlicher Hälfte man sich befindet. Ein Fortschreiten des Schiffes auf westlichem Kurse wird also dazu beitragen, die Annäherung an die Westhälfte der Depression zu beschleunigen oder, was dasselbe sagen will, das Umlaufen des Windes nach Nordwest rascher herbeizuführen. Selbstverständlich erfordert ein solches Verfahren besondere Vorsicht, aufmerksames Beobachten des Barometers und der sonstigen Wetteranzeichen, damit man nicht durch das Ausschießen des Windes unvorbereitet getroffen wird. Am besten ist es, das Schiff noch vor dem Eintritt der Windänderung auf Steuerbordhalsen zu bringen. Wird das Wetter so stürmisch, daß man genötigt ist, beizudrehen, so muß es bei südlichem Winde natürlich immer auf Steuerbordhalsen geschehen.

Im Mittel schneiden die Schiffe vom Kanal aus 45° N-Br. in 13° bis 14° W-Lg., 40° N-Br. in 18° W-Lg. und 30° N-Br. in 24° bis 25° W-Lg. Der Wind ist jedoch oft so schral, daß dieser Weg nicht bequem eingehalten werden kann; dann muß der Schiffsführer seinen Kurs nicht an die hier gegebenen Schnittpunkte binden, sondern sein ganzes Bestreben darauf richten, Süd zu machen, um nur so bald wie möglich das Passatgebiet zu erreichen. Das gilt in erster Linie für die Sommermonate Mai bis September, wenn stürmisches Wetter nicht sehr zu befürchten ist, der Wind an der Küste von

Portugal mit großer Vorliebe aus einer nördlichen Richtung weht und das Passatgebiet unweit der Küste sich gewöhnlich weiter nach Norden erstreckt als weiter landabwärts.

Im Sommer erscheint ein westlicherer Weg als der angegebene überhaupt nicht empfehlenswert, selbst wenn der Wind dazu einladen und der westliche Weg bedeutend kürzer sein sollte. Das Luftdruckmaximum in der Umgebung der Azoren pflegt um diese Zeit große Beständigkeit zu haben, und die Folge ist, daß auf dem Meeresstriche südlich von 45° N-Br. im Osten von etwa 20° W-Lg. die nördlichen, im Westen von etwa 30° W-Lg. die südlichen Winde bei weitem vorwiegen, während zwischen diesen beiden Meridianen, in der Umgebung der Azoren, häufig Windstillen angetroffen werden. Man kann deshalb im Osten von 20° W-Lg. viel leichter nach Süden gelangen als in einer westlicheren Länge. Ein vom Englischen Kanal ausgehendes und nach Westindien bestimmtes Schiff, das bei nördlichem Winde einen westlichen Kurs einschlüge und damit nach 40° N-Br. und 30° W-Lg. käme, würde in Anbetracht der Schwierigkeiten des weiteren Weges gegen ein anderes, das südlich gesteuert und zu derselben Zeit 32° N-Br. in etwa 20° W-Lg. erreicht hätte, fast immer im Nachteil sein.

Anders ist die Sachlage, wenn man im Winterhalbjahre beim Verlassen des Englischen Kanals oder, allgemeiner gesprochen, außerhalb der Passatbreiten östliche Winde antrifft. Dann befindet sich sehr häufig südlich von dem Striche, in welchem die Ostwinde wehen, zwischen diesen und der polaren Passatgrenze ein Gebiet niedrigen Luftdruckes, und infolgedessen ist der Passat bis in verhältnismäßig niedrige Breiten durch westliche Winde unterbrochen. Bei dieser Wetterlage, deren Vorhandensein sich durch den vergleichsweise niedrigen oder doch auf südlichem Kurse abnehmenden Luftdruck kenntlich macht, ist es angezeigt, die Regel in Anwendung zu bringen, welche Maury für diese Fahrt empfiehlt, nämlich: die Länge abzulaufen, wo man dazu die geeignete Gelegenheit findet. Man steuere jetzt mit dem östlichen Winde dem größten Kreise nach oder, wenn das Barometer anzeigt, daß man sich dabei der Gegend des niedrigen Luftdruckes zu sehr nähert, einen noch westlicheren Kurs und verfolge diesen so lange, bis der Wind westlich oder nördlich holt; erst dann halte man südwärts zum Passatgebiet.

Welcher Vorteil erzielt werden kann, wenn man bei der Wahl des Weges in der oben angegebenen Weise auf die angetroffene Wetterlage Rücksicht nimmt, zeigen die Reisen der Schiffe „Admiral Prinz Adalbert" und „Savannah". Sie verließen den Englischen Kanal, das erste am 3., das zweite am 7. Januar 1881, zu einer Zeit, als auf dem östlichen Teile des Nordatlantischen Ozeans in etwa 30° bis 40° N-Br. mit großer Beständigkeit ein Gebiet niedrigen Luftdrucks lagerte und hierdurch bedingt nördlich von 40° N-Br. anhaltende, oftmals stürmische Ostwinde wehten. Beide Schiffe waren nach dem Golf von Mexiko bestimmt.

„Admiral Prinz Adalbert" schlug den gewöhnlichen Weg ein. Er gelangte mit vorherrschenden Ost- bis Südostwinden in 5 Tagen von Lizard nach 42° N-Br. und 18° W-Lg. Von hier an, wo er in den südöstlichen Quadranten der Depression eintrat, wurde die Reise jedoch durch fast unausgesetzt südwestliche Winde sehr verzögert. Erst nach weiteren 21 Tagen, am 29. Januar, wurde in 24° N-Br. und 21° W-Lg. die polare Grenze des Passatgebietes erreicht.

„Savannah" verfolgte dagegen nach der Segelanweisung der Deutschen Seewarte bei den angetroffenen Verhältnissen einen sehr westlichen, nördlich und westlich von den Azoren hinführenden Weg. Die Folge war, daß dieses Schiff auf einer viel längeren Strecke, ganz bis nach 34° N-Br. und 44° W-Lg., von günstigen Ost- und Nordwinden begleitet wurde, und als dann der Wind schralte, auch noch meistens Winde aus einer Richtung nördlich von W hatte. Infolge längeren Aufenthaltes durch Windstille erreichte „Savannah" die polare Grenze des Passatgebietes zwar ebenfalls erst am 29. Januar, doch stand sie jetzt in 19° N-Br. und 48° W-Lg., also gegen ihren Mitsegler, der den Englischen Kanal 4 Tage früher verlassen hatte, über 1500 Sm voraus.

Auf dem weiteren Wege fanden die Schiffe, wennschon sie sich in einer der Jahreszeit angemessenen niedrigen Breite hielten, die gleiche, ziemlich ungünstige Gelegenheit, indem der Passat, da der Luftdruck in 30° N-Br. niedrig blieb, verschiedentlich durch Windstillen und westliche Winde unterbrochen wurde. Die Schiffe erzielten hier nahezu gleichen Fortgang; die Fahrten von 50° W-Lg. bis zum Kap San Antonio hatten genau die gleiche Dauer. Der vorher gewonnene Vorsprung war jedoch die Ursache, daß „Savannah" die Höhe dieses Kaps 13 Tage eher erreichte als „Admiral Prinz Adalbert", diesem Schiffe also im ganzen 17 Tage auf der Reise abgewann.

Der Verlauf der beiden Reisen ergibt sich des näheren aus den nachstehenden Daten.

„Admiral Prinz Adalbert“:			dagegen „Savannah“:		
passierte Lizard	am 3./I.			am 7./I.	
schnitt 40° N-Br. in 20° W-Lg.	„ 14./I.	in 11 Tagen	in 33° W-Lg.	„ 13./I.	in 6 Tagen
„ 30° „ „ 20° „	„ 22./I.	„ 8 „	„ 45° „	„ 19./I.	„ 6 „
„ 20° „ „ 30° „	„ 1./II.	„ 10 „	„ 47° „	„ 28./I.	„ 9 „
„ 50° W-Lg. „ 16° N-Br.	„ 12./II.	„ 11 „	„ 17° N-Br.	„ 30./I.	„ 2 „
„ 70° „ „ 17° „	„ 21./II.	„ 9 „	„ 16° „	„ 8./II.	„ 9 „
erreichte Kap San Antonio . .	„ 28./II.	„ 7 „		„ 15./II.	„ 7 „
Lizard—Kap San Antonio	= 56 Tage			= 39 Tage	

Vgl. hierzu auch Fig. 60 im vierzehnten Abschnitt, S. 340.

Passatstrecke. Auf dem zweiten Teile des Weges, der Passatstrecke, ist das Augenmerk hauptsächlich darauf zu richten, daß man sich in dem Striche hält, wo der Passat mit der größten Frische weht. Hiergegen wird am häufigsten von seiten der Schiffsführer gefehlt, die nach einem Hafen der atlantischen Küste der Vereinigten Staaten bestimmt sind und demgemäß die meiste Veranlassung haben, durch frühzeitiges Abhalten nach Westen ihren Weg abzukürzen. Dadurch wird die Reise aber oft ungebührlich verlängert. Im allgemeinen darf man annehmen, daß der Passat in der Mitte seines Gebietes am frischesten weht, und solange man diese Mitte noch nicht erreicht hat, sollte man, wenn die angetroffene Gelegenheit nicht befriedigt, immer nach Süden stehen in der Erwartung, eine bessere Gelegenheit zu finden.

Nach diesen allgemeinen Anweisungen, die ihre Anwendung natürlich nicht nur bei den hier besprochenen Fahrten im Nordostpassat des Atlantischen Ozeans, sondern überhaupt bei allen Fahrten finden, auf denen mit dem Passat nach Westen gesegelt wird, sind jetzt noch die besonderen Wege nach den verschiedenen Reisezielen anzugeben; sie trennen sich, nachdem in etwa 30° N-Br. das Passatgebiet erreicht worden ist.

Nach der atlantischen Küste von Nordamerika.

Die Schiffe, welche nach den Häfen an der atlantischen Küste der Vereinigten Staaten bestimmt sind, und deren Weg in seinem letzten Teile außerhalb des Passatgebietes liegt, haben darauf zu achten, daß das Passatgebiet nicht zu früh verlassen wird. Das gilt besonders für die nach den nördlichen Häfen bestimmten Schiffe, welche in den Wintermonaten den Weg durch den Passat eingeschlagen haben. Diese sollten es sich zur Regel machen, beim Aufsteuern nach Norden 30° N-Br. nicht östlich von 70° W-Lg. zu schneiden. Zum Durchstechen des Golfstromes, um unter die Küste zu kommen, muß man stets eine günstige Gelegenheit abwarten.

In gewissen Fällen, wenn nämlich bei Antritt der Reise günstiger Wind angetroffen und damit eine bedeutende Strecke nach Westen zurückgelegt worden ist, kann es auch für südlich von Kap Hatteras bestimmte Schiffe von Vorteil sein, nicht mehr nach dem Passatgebiet zu halten, sondern den Weg im Westwindgebiete weiter zu verfolgen. Die dafür günstigen Umstände dürften am häufigsten in den Monaten Oktober, November und Dezember eintreten.

Reisedauer. Von Lizard nach Wilmington, Charleston und Savannah ist die Durchschnittsdauer nach Tagebüchern aus den Jahren 1883 bis 1892 von Dezember bis März 46, von Juli bis November 44 Tage, nach Reisen aus den Jahren 1893 bis 1904 etwa 2 Tage kürzer, die kürzeste Reise hat 28 Tage gedauert.

Nach den Großen Antillen oder dem Golf von Mexiko.

Auf Reisen nach einem Hafen der Großen Antillen oder am Golf von Mexiko hat man neben der Lage des Bestimmungsortes auch die Jahreszeit zu berücksichtigen. In den Sommermonaten empfiehlt es sich, 65° W-Lg. in etwa 20° N-Br. anzusteuern. Die Schiffe, welche nach der Südküste von Haïti und nach Jamaica gehen, haben nun den Weg durch die Mona-Durchfahrt zu nehmen; die übrigen steuern Vieux Cap Français auf Haïti an und dann entweder durch die Windwärtsdurchfahrt und im Süden von Cuba oder im Norden dieser Insel entlang und durch den Alten Bahamakanal. Für Schiffe, die nach der Nordküste von Cuba bestimmt sind, ist der Weg durch den Alten Bahamakanal zu jeder Jahreszeit der kürzeste. Er ist aber wegen der Enge des Fahrwassers und der unregelmäßigen Strömungen gefährlich, insbesondere im Winter, zu welcher Zeit nördliche Stürme nicht selten sind. Im Alten Bahamakanal sollte man immer guten Ausguck nach dem weißen Wasser auf den Korallenbänken halten, um gleich zu wissen, ob man seinen Kurs nach Steuerbord oder Backbord zu ändern hat, wenn man aus dem Fahrwasser auf die Kante der Bänke geraten ist.

In den Wintermonaten der nördlichen Erdhälfte ist es ratsam, sich im Passat südlicher zu halten. Schiffe, welche nach der Südküste von Haïti und Cuba, nach Jamaica und dem Golf von Mexiko bestimmt sind, sollten dann zwischen Antigua und Guadeloupe hindurchsteuern. Von hier aus führt der Weg nach dem Golf von Mexiko im Süden von Jamaica entlang und um das Kap San Antonio herum in den Golf hinein, während die übrigen Schiffe auf möglichst geradem Kurse ihrem Bestimmungsorte zusteuern.

Die mittlere Dauer einer Reise von Lizard nach New Orleans beträgt nach Tagebüchern aus den Jahren 1883 bis 1892 bei einem Reiseantritt im Dezember und Januar 51,5, Februar 48,2, März 44,7, April 46,4, Mai bis August 50,4, September 49,7, Oktober und November 50,5 Tage. Nach Tagebüchern aus den Jahren 1893 bis 1904 sind die Reisen nach New Orleans durchschnittlich 5 Tage kürzer geworden, und die kürzeste Reise wurde in 34 Tagen, die längste in 59 Tagen gemacht.

Nach San Juan auf Portorico ergeben sich aus 88 Reisen vom Englischen Kanal nach älteren Tagebüchern als mittlere Dauer im Januar, Februar und März 36, im April und Mai 37, im Juni 31, im Juli 34, im August und September 36,5, im Oktober 35 und im November und Dezember 34 Tage. Die kürzesten Reisen wurden im Juni in 25 und im Dezember in 24 Tagen ausgeführt.

Nach den Kleinen Antillen.

Bei einer Bestimmung nach den Kleinen Antillen und besonders Barbados ist anzuraten, sich schon in größerer Entfernung in die Breite der anzusegelnden Insel zu bringen und dann recht nach Westen zu steuern, wobei man sich zu hüten hat, daß man nicht während der Nacht an dem Bestimmungsplatze vorbeisegelt. Die mittlere Reisedauer nach Barbados oder Port of Spain hat sich gegen ältere Angaben wenig geändert; sie beträgt nach Reisen aus den Jahren 1893 bis 1904 knapp 35 Tage. Die schnellste und die längste Reise nach Barbados war 25 und 47, nach Port of Spain 23 und 45 Tage von Lizard.

Nach Venezuela und den benachbarten Küsten.

Schiffe, die nach einem Hafen von Venezuela oder Columbien bestimmt sind, haben den Kurs auf eine der Durchfahrten im Süden von Dominica zu setzen. Sie sollten bei der Wahl ihrer Durchfahrt ins Karaibische Meer nicht nur die Lage ihres Bestimmungshafens, sondern auch die Jahreszeit berücksichtigen und in den Sommer- und Herbstmonaten eine mehr nördliche, in den Winter- und Frühlingsmonaten eine mehr südliche Durchfahrt nehmen.

Reisedauer. Da nur wenig Seglerreisen nach den oben bezeichneten Küsten gemacht werden und die wenigen Schiffe meistens erst andere Häfen in den Kleinen Antillen oder auf Trinidad anlaufen, so reicht das Material der Deutschen Seewarte zur Angabe von Mittelwerten der Reisedauer nicht aus. Die kürzesten Reisen dauerten nach den Tagebüchern der Deutschen Seewarte: nach Laguna di Terminos 49, Cartagena 33, nach Maracaibo 40, nach Puerto Cabello 38 und nach La Guaira 29 Tage von Lizard.

Nach Guayana

setze man in den Winter- und Frühlingsmonaten den Kurs auf 10° N-Br. und 45° W-Lg. Von Dezember bis Mai reicht der Nordostpassat bis nahe an die

Nordküste von Südamerika hinan. Es wird daher nicht schwer halten, von dem genannten Punkte aus den Bestimmungshafen zu erreichen, wenn man dem an dieser Küste meistens ziemlich stark nach Nordwest setzenden Äquatorialstrom genügend Rechnung trägt und 1 bis 1½ Strich südlicher als den direkten Kurs steuert. Als weitere Vorsichtsmaßregel empfiehlt es sich, die vor der Küste liegende Bank eine gute Strecke östlich vor dem Bestimmungshafen anzuloten.

In den Sommer- und Herbstmonaten, von Juli bis September, würde der Weg etwas anders einzurichten sein, weil dann der Südostpassat im westlichen Teile des Ozeans nach 6° bis 8° N-Br. hinauf reicht. Zu dieser Zeit suche man 15° N-Br. in 40° W-Lg. zu erreichen und steuere von hier nach Süden, um den Stillengürtel, der in dieser Länge meistens nur eine geringe Breite hat, so schnell wie möglich zu durchschneiden und den Südostpassat zu erfassen. Mit diesem steuere man dann nach Westen, bis man die Küste anlotet, der man nun bis zum Bestimmungsort zu folgen hat.

Als mittlere Dauer der Fahrt vom St. Georgskanal nach Guayana ergibt sich aus acht Reisen der Elsflether Schunerbrigg „Felix" nach Nickerie 33,7 Tage, die schnellste Reise dauerte 26 Tage.

Der Weg führt durch die Schnittpunkte 50° N-Br. in 10° W-Lg., 40° N-Br. in 15,9° W-Lg., 30° N-Br. in 23,1° W-Lg. und 20° N-Br. in 34,8° W-Lg., ferner durch 40° W-Lg. in 16° N-Br. und 50° W-Lg. in 9,4° N-Br. Die beiden kürzesten Reisen von 26 Tagen im April und 30 Tagen im Dezember 1881 wurden durch eine ausnahmsweise rasche Fahrt vom Englischen Kanal nach 20° N-Br. begünstigt, welcher Parallel das erstemal in 15, das zweitemal in 17 Tagen erreicht wurde. Die vergleichsweise längsten Reisen von 39 oder 37 Tagen wurden im August 1878 und im September 1877 angetreten. Der längere Aufenthalt fand vornehmlich zwischen 40° und 50° W-Lg. statt und wurde hervorgerufen durch die besonderen Verhältnisse der Jahreszeit, welche darin bestehen, daß von Anfang Juli bis etwa Mitte Oktober das Nordostpassatgebiet sich nicht, wie sonst, ganz bis an die Küste, sondern nur bis nach 10° oder 12° N-Br. erstreckt und erst ein Gürtel leichter veränderlicher Winde von mehreren Graden Breite überschritten werden muß, bevor man die stetigere Brise des Südostpassats, der jetzt an der Küste herrscht, erhält. Kapt. Behrens trug diesen Verhältnissen dadurch Rechnung, daß er in der betreffenden Jahreszeit für die Strecke von 40° nach 50° W-Lg., wo er den Gürtel der Mallungen zu durchsegeln hatte, einen südlicheren Kurs wählte und den Schnittpunkt von 50° W-Lg. 2° bis 4° südlicher nahm als zu anderer Jahreszeit.

Die kürzesten Entfernungen sind:

von Lizard nach	Antigua	3340 Sm
„ „ „	Barbados	3448 „
„ „ „	Crooked Island	3670 „
„ „ „	Demarara	3690 „
„ „ „	Grenada	3602 „
„ „ „	Greytown	4462 „
„ „ „	Havana	3574 „
„ „ „	Portorico	3447 „
„ „ „	Port Royal	3890 „
„ „ „	Sta. Lucia	3458 „
„ „ „	St. Thomas	3407 „

Der Nordostpassat.

Die nachstehende Tabelle zeigt die mittlere Lage der Passatgrenzen und des Striches wahrscheinlich frischester Brise in den verschiedenen Monaten des Jahres und zwar für 30° bis 40° W-Lg., also für die Mitte des Nordatlantischen Ozeans. Hier befindet sich

	die mittlere Nordgrenze	die mittlere Südgrenze	die Mitte des Passatgebietes
im Januar	in 26,5° N-Br.	in 3,0° N-Br.	in 15° N-Br.
„ Februar	„ 26,0° „	„ 2,0° „	„ 14° „
„ März	„ 26,0° „	„ 1,5° „	„ 14° „
„ April	„ 27,5° „	„ 1,5° „	„ 15° „
„ Mai	„ 28,5° „	„ 4,0° „	„ 16° „
„ Juni	„ 29,0° „	„ 7,0° „	„ 18° „
„ Juli	„ 30,0° „	„ 10,0° „	„ 20° „
„ August	„ 30,0° „	„ 12,0° „	„ 21° „
„ September	„ 29,5° „	„ 11,0° „	„ 20° „
„ Oktober	„ 27,0° „	„ 9,0° „	„ 18° „
„ November	„ 26,0° „	„ 6,0° „	„ 16° „
„ Dezember	„ 26,0° „	„ 4,0° „	„ 15° „

Die Verschiebungen der Grenzen des Nor

im Lauf

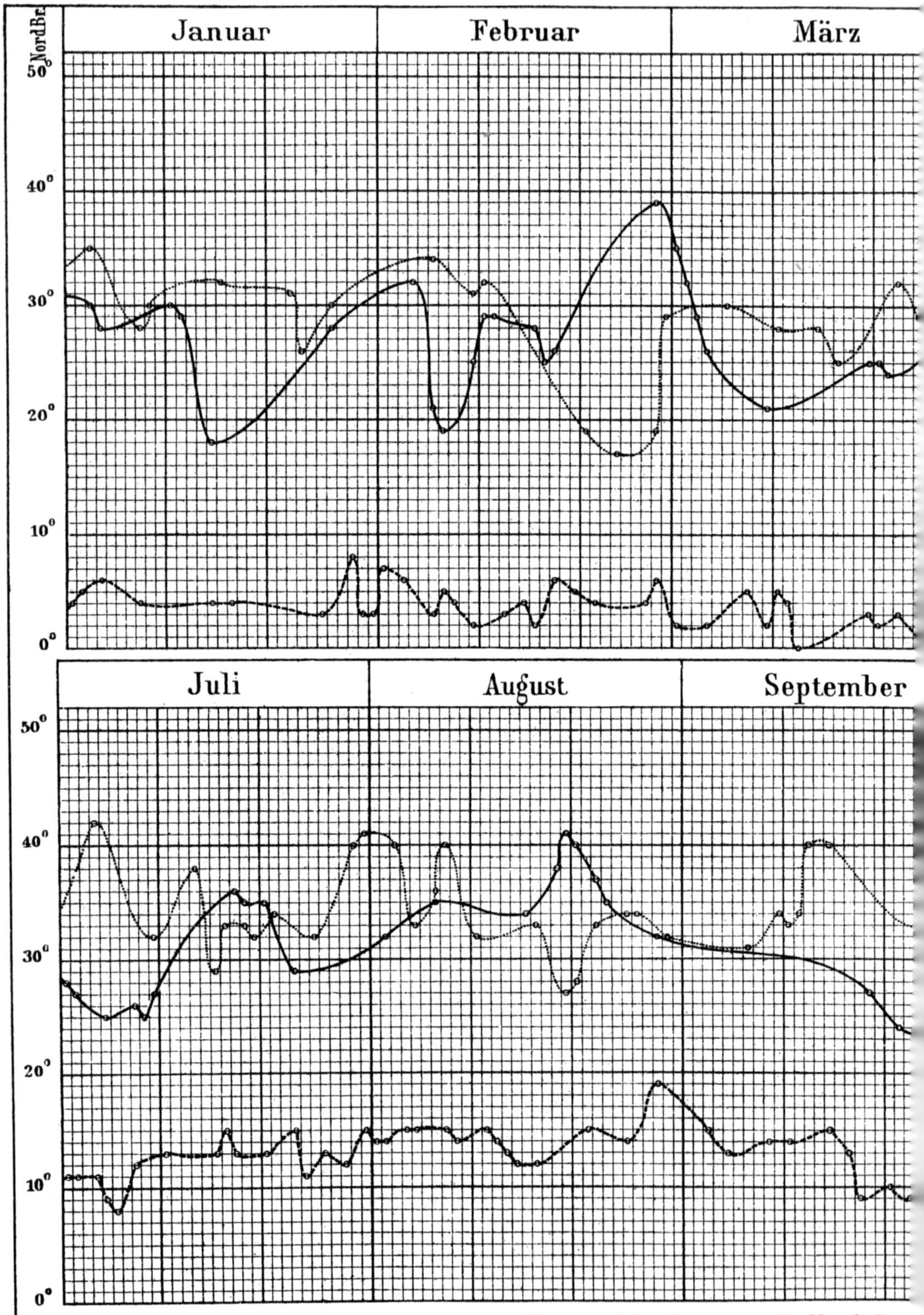

Erklärung. *Die gestrichelte Linie zeigt die Verschiebun*
" ausgezogene " " " "
" punktirte " " " "

Aus den Annalen der Hydrographie 1882.

Han

sat-Gebietes auf dem Atlantischen Ocean

·es 1880.

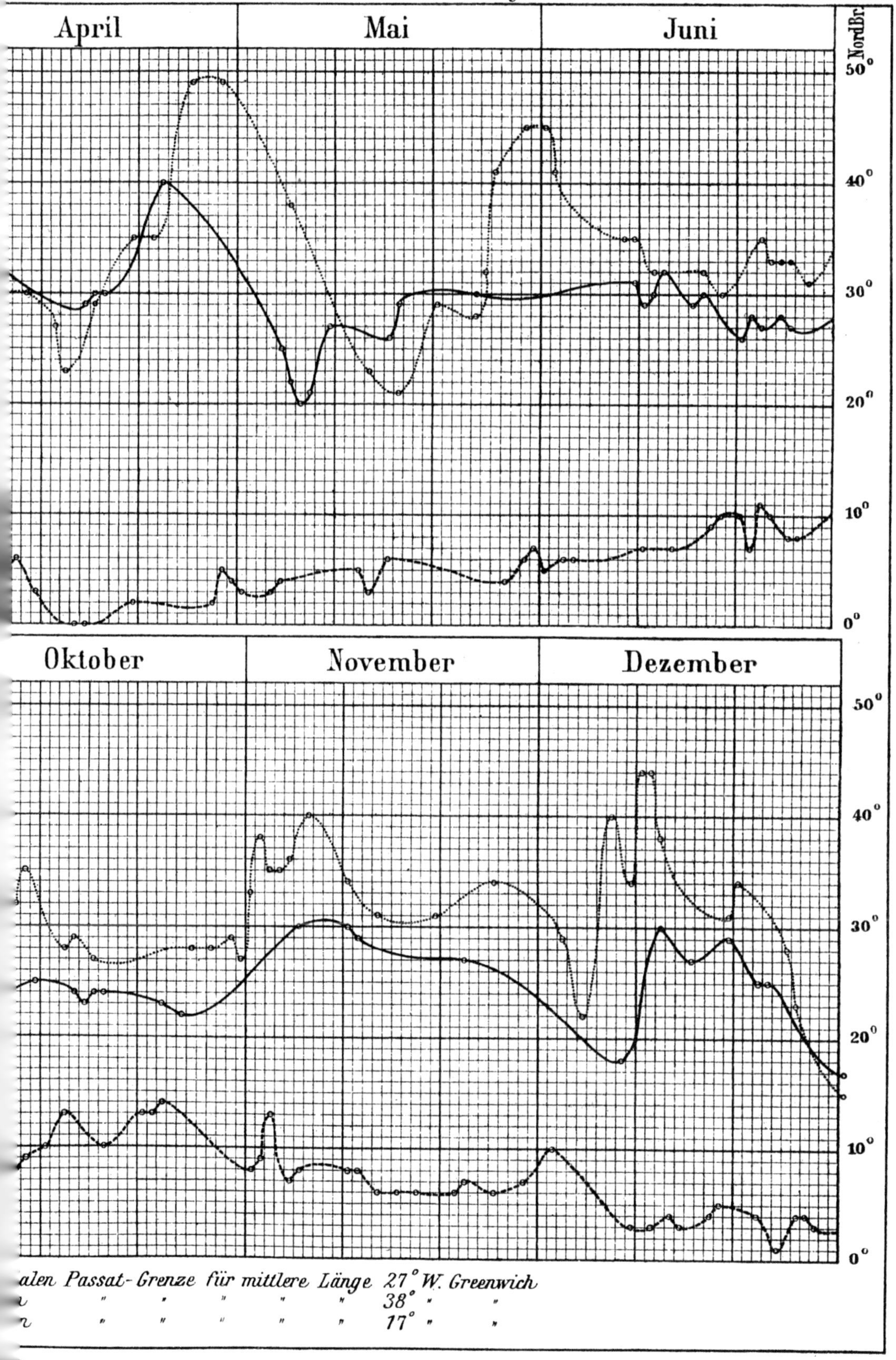

alen Passat-Grenze für mittlere Länge 27° W. Greenwich
" " " " " 38° " "
" " " " " 17° " "

lerichsen & Co

Fig. 59.

Ein weiterer Anhalt zur Beurteilung, wie der Weg am zweckmäßigsten zu nehmen ist, um eine gute Brise im Passat erwarten zu können, ergibt sich aus den Tafeln 21 bis 24 der zweiten Auflage des Atlasses, wo der Verlauf der Passatgrenzen in den verschiedenen Jahreszeiten verzeichnet ist. Man darf jedoch nicht übersehen, daß die Linien der Karten ebenso wie die vorher gegebenen Zahlen nur die mittleren Verhältnisse darstellen. In Wirklichkeit ist die Lage der Passatgrenzen beständigen und oft beträchtlichen Schwankungen unterworfen. Sie weicht mitunter um 5° bis 10°, das eine Mal nach Norden, das andere Mal nach Süden von ihrer mittleren Lage ab, und es kommt nicht selten vor, daß ein Schiff in denselben Breiten, welche ein anderes wenige Tage vorher mit frischem und stetigem Passat durchsegelte, längere Zeit durch Windstille oder westliche Winde aufgehalten wird.

Verschiebungen der Nordostpassatgrenzen.

Zur Veranschaulichung dieser für die Wahl des Weges auf den hier besprochenen Fahrten so sehr wichtigen Vorgänge kann die Zeichnung dienen, in welcher nach den Journalen der Deutschen Seewarte die Verschiebungen der Grenzen des Nordostpassatgebietes im Laufe des Jahres 1880 dargestellt sind (vgl. Fig. 59).

Die Zwischenräume zwischen den senkrechten Linien bedeuten die Tage des Jahres, die wagerechten Linien die Breitenparallele von Grad zu Grad. Die Kurven zeigen für verschiedene Striche des Nordatlantischen Ozeans die dort erfolgten Verschiebungen der Grenzen.

Die untere, gestrichelte Kurve verbindet die Punkte, wo die äquatoriale Grenze des Passatgebietes auf dem Wege vom Englischen Kanal nach der Linie und zurück angetroffen wurde. Es wurden nur Punkte zwischen 24° und 30° W-Lg. aufgenommen. Als mittlere Länge der Darstellung kann 27° W-Lg. angenommen werden.

Die obere, durchgezogene Kurve verbindet die beobachteten Positionen der polaren Grenze auf dem Seglerwege von der Linie nach dem Englischen Kanal. Dieser Weg schneidet die Passatgrenze zwischen 30° und 45° W-Lg. Als mittlere Länge der Darstellung ist 38° W-Lg. anzusehen.

Die punktierte Kurve endlich verbindet die Punkte, wo zwischen 12° und 22° W-Lg. auf dem Wege vom Englischen Kanal nach der Linie, die polare Grenze des Passatgebietes gefunden wurde. Hier kann man als mittlere Länge 17° W-Lg. annehmen.

Als Grenzen des Passatgebietes sind die Orte angenommen worden, von welchen an oder bis zu welchen die Schiffe, abgesehen von vereinzelt vorkommenden Unterbrechungen von kurzer Dauer (Passatstörungen), beständigen östlichen Wind hatten. Wenn das Schiff ohne Aufenthalt durch Windstille vom Nordost- zum Südostpassatgebiet oder umgekehrt überging, nahm man den Ort als Grenze an, wo sich der Wind durch Ost drehte.

Betrachtet man zunächst die Kurve für die äquatoriale Passatgrenze, so erkennt man als Grundzug der Ortsveränderung, welche diese im Laufe des Jahres 1880 erfuhr, in den ersten Monaten ein allmähliches Zurückweichen nach Süden, von etwa 5° N-Br. zu Anfang Januar bis etwa 1,5° N-Br. in der zweiten Hälfte des März. Nach dieser Zeit ihrer durchschnittlich südlichsten Lage rückte sie allmählich nach Norden vor und erreichte gegen Ende August in 16° bis 17° N-Br. ihre nördlichste Lage. Hierauf folgte wieder bis zum Ende des Jahres ein Zurückweichen nach Süden bis etwa 3,5° N-Br.

Neben diesem allmählichen Vorrücken nach Norden oder nach Süden, welches den Verschiebungen der Zone größter Wärme entspricht und der Deklinationsänderung der Sonne folgt, zeigte sich aber ein beständiges Vorwärts- und Rückwärtsschwanken der Passatgrenze, die ihren Ort oft in wenigen Tagen um 5° Breite veränderte. Nicht selten kam es auch vor, daß die Passatgrenze, entgegen dem Sinne ihrer mittleren Bewegung, einen vollen Monat später wieder nördlicher oder südlicher lag als einen Monat vorher. So fand man sie z. B. zu Anfang Mai in einer südlicheren Lage als vom 4. bis zum 8. April, vom 21. bis zum 23. Oktober aber bei weitem nördlicher als Ende September.

Um die großen und raschen Schwankungen erklärlich zu finden, muß man sich vergegenwärtigen, daß die äquatoriale Ausdehnung des Passatgebietes abhängig ist von der Lage des Gürtels niedrigsten Luftdruckes, welcher die Gebiete des Nordost- und des Südostpassates voneinander trennt, und daß es bei dem schwachen Gradienten, der in diesen Breiten für das Auftreten des Windes erforderlich ist, nur einer geringen Änderung in der Druckverteilung bedarf, um die äquatoriale Passatgrenze beträchtlich zu verschieben. Durch eine Zunahme des Luftdruckes im Süden oder Abnahme im Norden wird eine nördliche, umgekehrt durch eine Abnahme im Süden oder Zunahme im Norden eine südliche Verschiebung der Grenze bedingt.

Für die polare Passatgrenze ergeben sich noch weit größere Schwankungen als für die äquatoriale. Die Verschiebungen der polaren Passatgrenze sind so groß, und der Verlauf der Änderungen ist so unregelmäßig, daß ihre jahreszeitlichen Verschiebungen fast ganz verdeckt werden und selbst in den Mittelwerten für die Monate nicht klar hervortreten.

Auch hier muß man, um von den Vorgängen eine richtige Vorstellung zu gewinnen, die Beziehungen zwischen dem Wind und der Luftdruckverteilung ins Auge fassen. Zufolge dem, was im vierten Abschnitt S. 88ff. über diese Beziehungen gesagt worden ist, besteht die Bedingung für das Auftreten des Passates darin, daß der Barometerstand in mittleren Breiten höher ist als in der Äquatorialgegend. Die Ausdehnung des Passates von Nord nach Süd reicht so weit, wie man in dieser Richtung eine stetige Abnahme des Luftdruckes findet oder, mit anderen Worten, soweit ein ununterbrochen südlich gerichteter Gradient vorhanden ist. An dem Punkte im Norden, wo dieser südliche Gradient beginnt, liegt die polare Passatgrenze auf dem Meridian, den man ins Auge faßt. Bei der vergleichsweisen Beständigkeit des Luftdruckes in niedrigen Breiten ist die jeweilige Lage jenes Punktes nun hauptsächlich von den Druckverhältnissen am Nordrande des Passatgebietes abhängig und infolge der Änderungen, welche hier vorkommen, fortwährend Verschiebungen unterworfen. Steigt z. B. im Norden das Barometer von dem bisherigen Grenzpunkte höher als auf diesem, so verlegt sich die Grenze nach Norden; fällt es dagegen an dem Grenzpunkte, während es südlich davon denselben Stand behält wie früher, so findet eine südliche Verlegung der Grenze statt[1]).

Infolge dieser Verschiebungen ist natürlich die Zone des beständigen Passates viel schmaler, als nach der Lage der mittleren Grenzen anzunehmen ist. Man erkennt das sofort, wenn man die Zeichnung betrachtet. Als die Breiten, in welchen der Passat auf der Mitte des Ozeans im Laufe der einzelnen Monate des Jahres 1880 nicht unterbrochen wurde, ergeben sich dort für den Monat:

Januar . .	8°—18° N-Br.;	die	mittleren	Grenzen	sind	dagegen	3,0°	und	26,5°	N-Br.
Februar . .	7°—19°	„	„	„	„	„	2,0°	„	26,0°	„
März . . .	5°—21°	„	„	„	„	„	1,5°	„	26,0°	„
April . . .	6°—28°	„	„	„	„	„	1,5°	„	27,5°	„
Mai	7°—20°	„	„	„	„	„	4,0°	„	28,5°	„
Juni. . . .	11°—26°	„	„	„	„	„	7,0°	„	29,0°	„
Juli	15°—25°	„	„	„	„	„	10,0°	„	30,0°	„
August . .	19°—31°	„	„	„	„	„	12,0°	„	30,0°	„
September .	17°—21°	„	„	„	„	„	11,0°	„	29,5°	„
Oktober . .	14°—21°	„	„	„	„	„	9,0°	„	27,0°	„
November .	13°—24°	„	„	„	„	„	6,0°	„	26,0°	„
Dezember .	10°—17°	„	„	„	„	„	4,0°	„	26,0°	„

Die Weite der Verschiebungen ist freilich nicht Jahr für Jahr gleich, und es ist deshalb nicht wohl möglich, genau die Breite anzugeben, bis zu der ein Schiff, das mit dem Passat nach Westen steuern will, jedenfalls gehen muß, um eine beständige frische Brise zu finden. In einem Jahre kann zum Beispiel 25° N-Br. im April genügend sein, während man im April des nächsten Jahres

[1]) Bei der Besprechung der Fahrt auf dem ersten Teile des Weges vom Englischen Kanal nach dem Passatgebiet wurde darauf hingewiesen, daß das Auftreten von Ostwind im Norden von 40° N-Br., weil es niedrigen Luftdruck in südlicheren Breiten zur Bedinguug hat, fast immer von einer südlichen Lage der Passatgrenze begleitet ist, während das Auftreten von Westwind im Norden gewöhnlich mit einer verhältnismäßig nördlichen Lage der Passatgrenze zusammentrifft. Diese Regel fand sich in ausgezeichneter Weise in den letzten Monaten des Jahres 1880 bestätigt. In der dritten Dekade des September und im ganzen Oktober, während die nördliche Passatgrenze auf der Mitte des Ozeans immer weit südlich verschoben war (vgl. die punktierte Kurve der Zeichnung), herrschte im Norden Ostwind. Um die Mitte der ersten Dekade des November setzte bei zunehmender Ausdehnung des Passatgebietes westlicher Wind ein und hielt bis Anfang Dezember an. Dann wehte wieder, bei tief fallendem Barometer, im Norden Ostwind und zwar als heftiger Sturm, worauf in der zweiten Dekade des Dezember abermals hoher Luftdruck und vorherrschend westlicher Wind folgte. Schließlich setzte am Ende des Monats von neuem Ostwind ein.

vielleicht erst südlich von 18° N-Br. eine befriedigende Gelegenheit antrifft. So viel läßt sich jedoch mit ziemlicher Bestimmtheit behaupten, daß man auf einem Parallel, der von der Mittelbreite der Passatzone um mehr als 5° nach Norden abweicht, immer große Gefahr läuft, den Passat bald wieder zu verlieren. Aus diesem Grunde empfiehlt es sich auch — abgesehen von den früher erwähnten besonderen Umständen, die ein vollständiges Abweichen von dem gewöhnlichen Wege ratsam machen —, 30° W-Lg. im Sommer sowohl wie im Winter nicht nördlicher als in 25° N-Br. zu schneiden.

Immerhin kann es vorkommen, daß selbst in der Breite, wo in dem betreffenden Monat die Mitte der Passatzone liegen sollte, kein ordentlicher Passat zu finden ist, ein westwärts bestimmtes Schiff würde dann den Umweg nach Süden vergeblich machen. Es dürfte indessen wohl möglich sein, das Vorhandensein solcher Ausnahmezustände vorher zu erkennen, und zwar am Barometer.

Das Aufsuchen des frischesten Passates.

Wie bereits dargelegt wurde, ist es für das Auftreten des Nordostpassates Bedingung, daß der Luftdruck von der Äquatorialgegend nach Norden hin zunimmt; und da nun der Luftdruck an der äquatorialen Grenze des Passates nahezu derselbe bleibt, so muß er auch in nördlichen Breiten, wenn in der dazwischenliegenden Zone wirklich Passat vorhanden ist, eine gewisse, durch die Entfernung von jener Grenze bedingte Höhe haben. Auf diese Betrachtung gründet sich die folgende Regel.

Findet man in der nördlichen Hälfte der Passatzone einen Barometerstand von 763 mm [1]) oder weniger, so verlohnt es sich nicht, südlicher zu gehen; man hat dann keine Aussicht, weiter südlich frischen Passat anzutreffen. Ist der Barometerstand dagegen höher als 763 mm, so sollte man in südlicheren Breiten die bessere Gelegenheit aufsuchen; eine solche zu finden, hat man um so mehr Aussicht, je höher der Barometerstand ist. In dem Gebiete hohen Luftdruckes und leichter Winde an der Grenze des Passates sollte man immer, unbekümmert um Länge, den Kurs wählen, der am meisten Süd bringt, um so auf dem kürzesten Wege den Passat zu erreichen.

Reisedauer.

In diesem Abschnitt finden sich die Angaben über Reisedauer weiter vorn, jeweilig im Text der Segelanweisungen für die einzelnen Häfen.

---

[1]) Der Luftdruck von 763 mm ergibt sich für die Mitte der Passatgrenze zwischen 30° und 40° W-Lg. (vgl. Taf. 13 u. 14 des Atlasses für den Atlant. Ozean, 2. Aufl.). Der Luftdruck bleibt in den verschiedenen Jahreszeiten, trotz der Verschiebungen jener Zone, nahezu derselbe. Man findet nämlich in der Mitte des Passates:

im Februar	in 14°	N-Br.	einen	Luftdruck	von	763,0	mm,
„ Mai	„ 16°	„	„	„	„	763,5	„
„ August	„ 21°	„	„	„	„	763,0	„
„ November	„ 16°	„	„	„	„	762,5	„

Selbstverständlich ist hier, wie überall in diesem Buche, wo von Luftdruckangaben die Rede ist, der (für Standfehler berichtigte) auf 0° Wärme reduzierte mittlere Barometerstand des Tages gemeint. Man kann als solchen in der Passatgegend ohne erheblichen Fehler den Stand um Mittag oder Mitternacht annehmen.

Vierzehnter Abschnitt.

Nach der Linie.

Allgemeines.

Der Seeweg von Europa nach der Linie ist von allen Straßen des überseeischen Verkehrs diejenige, welche von Segelschiffen am meisten befahren wird. Alle Schiffe, welche auf ihrer Reise den Südatlantischen Ozean zu betreten haben, ob sie nun westwärts nach der Ostküste von Südamerika und jenseits von Kap Horn nach der Westküste von Amerika oder ostwärts nach Südafrika, nach dem Indischen Ozean, nach Ostasien, Australien und den Südseeinseln bestimmt sind, halten sich bis zur Linie auf demselben Wege.

Auf den ersten Blick will es zwar scheinen, als ob der Weg, je nachdem die Bestimmung des Schiffes an der Ostseite oder an der Westseite des Südatlantischen Ozeans liegt, erheblich verschieden sein müsse, da der kürzeste Weg für die ostwärts bestimmten Schiffe nahe um Kap Verde an der Westküste von Afrika, für die westwärts bestimmten aber westlich von den Kapverdeschen Inseln und in die Nähe von Kap San Roque führt; in Wirklichkeit wird aber kaum ein Unterschied gemacht, und zwar aus triftigen Gründen. Der Weg längs der Küste von Afrika schneidet im Winter den Gürtel der Äquatorialstillen an seiner breitesten Stelle und kann im Sommer bei dem herrschenden Südwestmonsum kaum ohne Kreuzen eingehalten werden; ferner trifft er die äquatoriale Grenze des Südostpassates in einer Gegend, wo der Wind eine viel schralere Richtung hat als weiter westlich, so daß die Schiffe, welche auf Backbordhalsen beim Winde sein Gebiet durchstechen, einen Umweg machen müssen. Es würde also auf einem sehr östlichen Wege nicht nur eine viel schlechtere Gelegenheit angetroffen, sondern auch der Vorteil der anfänglichen Abkürzung durch die spätere Verlängerung des Weges wieder aufgehoben werden. Anderseits müssen die westwärts bestimmten Schiffe befürchten, sich mit dem Südostpassat nicht von der Küste von Brasilien freisegeln zu können, und dürfen deshalb nicht zu westlich gehen. Abweichende Wege empfehlen sich nur für die Schiffe, welche nach dem Kongo, Angola oder Benguela oder anderseits nach der Nordküste von Brasilien bestimmt sind. Im übrigen ist der Weg bis zur Linie für alle Schiffe, die auf ihrer Reise den Südatlantischen Ozean zu betreten haben, derselbe.

Es ist deshalb nur natürlich, daß die Fahrt auf dieser Strecke häufiger und eingehender als irgendeine andere untersucht worden ist, und daß alle hervorragenden Hydrographen die Frage nach dem besten Wege von Europa nach der Linie zu beantworten versucht haben. Die hauptsächlichsten Ergebnisse jener Untersuchungen werden weiter hinten in diesem Abschnitte einzeln angeführt werden.

Im Hinblick auf die herrschenden Winde, von denen die Wahl des Weges abhängt, lassen sich drei Abschnitte unterscheiden. Der erste fällt in das Gebiet der veränderlichen, vorherrschend westlichen Winde, der zweite in das

Nordostpassatgebiet, der dritte in das Grenzgebiet zwischen Nordost und Südostpassat, in die Äquatorialzone. Die Grenzen dieser drei Abschnitte sind im Laufe des Jahres beträchtlichen Verschiebungen unterworfen; doch kann man füglich, bei Zugrundelegung mittlerer Verhältnisse, den Parallel von Madeira, 32° bis 33° N-Br. und den Parallel von 10° N-Br. als Grenzen annehmen.

Segelanweisung für das Westwindgebiet.

Auf dem ersten Abschnitte des Weges, vom Kanal bis zur Breite von Madeira, kommt der Wind viel häufiger von der Steuerbord- als der Backbordseite. Besonders auf der Strecke zwischen 45° und 35° N-Br. sind die Seitenwinde fast ausschließlich aus westlichen und nordwestlichen Richtungen. Es ist leicht einzusehen, daß man bei diesen Verhältnissen um so leichter nach Süden gelangen kann, je westlicher man steht, und daß also ein Weg, wie der von Maury angeratene (vgl. S. 358/59), der gleich vom Antritt der Reise an einen weiten Abstand von der Küste vorschreibt, große Berechtigung hat. Auch im Hinblick auf den weiteren Weg muß ein westlicher Weg im allgemeinen als vorteilhaft bezeichnet werden. Steht man an der Grenze des Passatgebietes schon in 24° bis 25° W-Lg., so ist der fernere Kurs fast recht Süd. Man hat den Passat also mehr von der Seite und kann deshalb die Segel des Schiffes besser ausnutzen, als wenn man von einer östlichen Stellung an der Passatgrenze aus nahezu flach vor dem Winde zu steuern hat. Es ist nur in den meisten Fällen sehr schwierig, bei Antritt der Reise viel West zu machen. Gerade auf der allerersten Strecke sind die Hindernisse, welche Wind und Wetter dem Vorwärtskommen entgegenstellen, am größten; und anstatt hiergegen lange anzukämpfen, scheint es doch ratsamer, den schwierigsten Teil des Weges möglichst abzukürzen und zu suchen, möglichst rasch nach Süden in das bessere Wetter und in die günstigeren Windverhältnisse zu gelangen. Selbst wenn man den Wind bei Antritt der Reise raum genug haben sollte, einen westlichen Weg einschlagen zu können, kann ein solcher nicht immer unbedingt empfohlen werden. Wenn das Passatgebiet weit nach Norden reicht, ist keine Veranlassung vorhanden, vor Aufnehmen des direkten Weges noch einen weiten Umweg nach Westen zu machen; auch könnte ein solches Verfahren im Sommer noch insofern von Nachteil sein, als man auf dem westlichen Wege nicht frischere, sondern eher flauere und ungünstigere Winde als in der Nähe der Küste ansegeln würde (vgl. hierzu auch S. 329). Jedenfalls erscheint es notwendig, bei der Entscheidung, ob man weit westlich gehen will oder nicht, die Jahreszeit und die angetroffenen Umstände zu berücksichtigen.

Winterwege. Der westliche Weg empfiehlt sich am meisten für den Winter, wenn man darauf bedacht sein muß, anhaltende westliche Winde noch in niedrigen Breiten, oft noch im Süden von 30° N-Br. anzutreffen, und daß das unruhige, oft stürmische Wetter die Annäherung an die Küste gefährlich macht. In dieser Jahreszeit steuere man vom Englischen, Bristol- oder St. Georgs-Kanal aus, wenn der Wind günstig ist, zunächst nicht südlicher als rechtweisend WSW bis SWzW, bis man nach 8° W-Lg. gekommen ist; auch bei ungünstigen südwestlichen oder westlichen Winden suche man diesen Meridian zu erreichen, bevor man 48° N-Br. überschreitet. Alsdann wird man sich in einer Stellung befinden, von der aus, ohne Besorgnis auf Land besetzt zu werden, bei jedem Winde der vorteilhafteste Kurs genommen werden kann.

Als weitere Schnittpunkte empfehlen sich 45° N-Br. in etwa 14° W-Lg. und 40° N-Br. in etwa 17° W-Lg. Von hier aus verfolge man den Kurs nach der Westseite der Kapverden. Wohl zu verstehen, soll der hier gegebene Weg nur zum allgemeinen Anhalt dienen. Es ist nicht notwendig und würde oft sehr unvorteilhaft sein, die Schnittpunkte unter allen Umständen einhalten zu wollen.

Bei südwestlichen und westlichen Winden z. B. kann man gern näher an das Kap Finisterre und die Küste von Portugal gehen, denn den Anforderungen der Sicherheit dürfte selbst im Winter ein Abstand von 100 Sm genügen.

Das Hauptbestreben bei solch ungünstiger Gelegenheit muß darauf gerichtet sein, Süd zu machen, um so rasch wie möglich das Passatgebiet oder doch eine Gegend ruhigeren Wetters zu erreichen. Freilich ist dies um so leichter, je größer der Abstand von der Küste ist. Die westlichen und nordwestlichen Winde sind hier meist von so hoher See begleitet, daß man nur raumschots gute Fahrt im Schiffe halten kann und man, um Süd machen zu können, oft beträchtlich an Länge wieder zusetzen muß. Man muß im Winter nicht selten bis nach 25° N-Br. gehen, bevor man den Passat erhält. Man sollte deshalb, auch noch im Süden von Kap Finisterre, keine Gelegenheit versäumen, einen größeren Abstand von der Küste zu gewinnen. Die Gelegenheit dazu ergibt sich am häufigsten in der Weise, daß der westliche Wind südlich holt. Damit sollte man gute Fahrt haltend auf Backbordhalsen nach westlicher Richtung segeln, und es ist natürlich notwendig, die Veränderung des Barometerstandes und die sonstigen Anzeichen zu beachten, um bei drohendem Ausschießen des Windes rechtzeitig die erforderlichen Maßregeln — Segeleinnehmen und Wenden oder Halsen, bevor der Wind umläuft — treffen zu können. Nach den Darlegungen auf S. 88 ff. über die Richtung des Windes in den verschiedenen Vierteln der Gebiete niedrigen Luftdruckes und deren Ortsveränderung (vgl. auch 211 ff.) trägt eine Fahrt nach Westen bei südlichem Winde dazu bei, das Umlaufen oder Ausschießen des Windes nach West oder Nordwest rascher herbeizuführen, während man, auf Steuerbordhalsen nach südöstlicher Richtung steuernd, längere Zeit den schralen südlichen Wind behält. Im Zusammenhange damit sieht man auch das Barometer, das sich vorher vielleicht ziemlich stetig hielt, rascher fallen, sobald man das Schiff auf Backbordhalsen legt.

Je weiter südlich man kommt, und je mehr man sich dem Passatgebiet nähert, desto weniger braucht man die Küste zu scheuen. Nachdem das Gebiet leichter, veränderlicher Winde und hohen Luftdruckes an der Nordgrenze des Passates erreicht worden ist, sollte man, gleichviel in welcher Länge und ohne Rücksicht darauf, ob man dabei nach Osten oder nach Westen kommt, immer den Kurs wählen, der am meisten Süd bringt; denn ein rechtweisender Südkurs führt am raschesten durch diese Mallungen hindurch und am ehesten in den Passat. Wenn es auch im allgemeinen besser sein mag, westlich von Madeira zu passieren, so ist der zu erwartende Vorteil doch nicht so groß, daß man deshalb einen Umweg machen sollte, wenn man vorher in östlicherer Länge gehalten worden ist. Keinesfalls sollte man deshalb die gehörige Ausnutzung eines westlichen Windes versäumen. Wird man durch den Wind genötigt, so sollte man ohne Bedenken nicht nur östlich von Madeira, sondern auch zwischen den Kanarischen Inseln hindurchgehen.

Unter Umständen kann es auch geraten sein, einen bedeutend westlicheren Weg einzuschlagen als den oben vorgezeichneten. Es kommt namentlich im November und Dezember, gelegentlich aber auch in anderen Monaten vor, daß eine atmosphärische Depression längere Zeit ohne ihren Ort zu verändern vor der Westküste von Südeuropa oder auch weiter südlich auf dem Wege nach dem Passatgebiet liegt. Wird man nun durch zunehmenden Ostwind und das Fallen des Barometers darauf aufmerksam gemacht, daß sich südlich vom Schiffsorte das Minimum einer solchen Depression befindet, so sollte man nahezu recht nach Westen steuern, bis der Wind nordöstlich holt und man erwarten darf, auf südwestlichem Kurse an der Westseite des Minimums zu bleiben. Infolge dieser Depressionen ist der Passat oft bis nach 20° N-Br. durch westliche Winde unterbrochen. Es kann deshalb durchaus nicht schaden, wenn man mit den östlichen Winden in der Norhälfte der Depression so weit nach Westen segelt, daß der Parallel von 30° N-Br. in 25° bis 26° W-Lg. überschritten wird (vgl. hierzu auch S. 329).

Aus den meteorologischen Tagebüchern der Deutschen Seewarte können verschiedene Fälle aufgeführt werden, in denen Schiffe, die ihre Wege in der angegebenen Weise der Wetterlage anpaßten, gegen ihre Mitsegler, die auf dem geraden Wege weiterstrebten und bald in den ungünstigen Südostquadranten der Depression gerieten, ganz erheblich gewannen. Wir wollen hier nur einige auswählen.

Die Bark „Suaheli" verließ den Englischen Kanal, südwärts bestimmt, am 3. Januar 1881, gelangte mit östlichem, später südöstlichem Winde am 7. Januar nach 42° N-Br. und 13,5° W-Lg. und legte hier bei, da der Wind zu heftig wurde, um den Kurs SWzS rechtw.

fortsetzen zu können. Am 11. kam nach anhaltender Mallung bei niedrigem Barometerstand südwestlicher Wind durch, der lange Zeit und oft stürmisch wehte, so daß das Schiff nach Osten gedrängt wurde und nur wenig Süd machen konnte. Nachdem es endlich den Passat erhalten hatte, schnitt es 30° N-Br. am 5. Februar, 20° N-Br. am 8. Februar und 10° N-Br. am 12. Februar. Die Brigg „Minerva", ein viel schlechterer Segler als die „Suaheli", verließ den Kanal 3 Tage später, am 6. Januar 1881, ebenfalls bei Ostwind, steuerte aber nach der Anweisung der Deutschen Seewarte von vornherein westlicher, wenn auch nicht so westlich, als eigentlich am zweckmäßigsten gewesen wäre. Man schnitt 40° N-Br. in 18,5° W-Lg. Die 3° bis 4° westlichere Stellung machte die Verhältnisse doch schon um so viel günstiger, daß die „Minerva" 30° N-Br. schon am 22. Januar, ferner 20° N-Br. am 31. Januar und 10° N-Br. am 4. Februar, 8 Tage vor der „Suaheli" erreichte. Auf dem ganzen Wege von Lizard her hatte die „Minerva" 11 Tage gewonnen.

Ein zweites Beispiel liefert die Reise des Viermastschiffes „Peter Rickmers" im Februar 1895, auf welcher nach der Linie, in richtiger Auffassung und Ausnutzung der Wetterlage, ein sehr westlicher Weg, der das Schiff sogar zwischen den Azoren hindurchführte, eingeschlagen wurde. In bezug hierauf bemerkt der Führer, Kapt. E. Berg: „Am 17. Februar 1895 verließen wir, tief beladen mit Kohlen, die Reede von Cardiff, durchsegeltem bei frischem Ostsüdostwinde den Bristol-Kanal und kamen am nächsten Tage, den 18. Februar, in den offenen Ozean. Da der Wind an Stärke zunahm und das hoch stehende Barometer rasch zu fallen begann, vermutete ich eine Depression im Süden von uns und ließ gut westlich hinaussteuern, um in den Bereich der Nordost-, Nord- und Norwestwinde an der Westseite der Depression zu kommen." „Peter Rickmers" steuerte dem Entschlusse des Kapitäns entsprechend so westlich, daß 45° N-Br. westlich von 22° W-Lg. und 30° N-Br. auf 26,5° W-Lg. geschnitten wurde. Der Wind holte schon am nächsten Tage nach O und wurde zum Sturm, am dritten Tage nach NO und am fünften Tage der Reise durch N nach NW. Damit war die Depression an der Westseite umsegelt. Mit dem fortwährend starken, günstigen Winde lief der große Viermaster eine Reihe langer Distanzen ab, am 19. Februar 293, am 20. 314, am 21. 262, am 22. 226, am 23. 173, am 24. 207, am 25. 224 und am 26. Februar 203 Sm. Unter dem 22. Februar, als sich der „Peter Rickmers" in der Nähe der östlichen Azoren befand, schreibt Kapt. Berg: „Um 2 Uhr N sichteten wir die Insel San Miguel und nahmen unseren Kurs zwischen dieser und der Insel Santa Maria hindurch. Ich wurde zu diesem vielleicht etwas zu westlichem Wege durch den stürmischen Ostsüdostwind und die hohe See veranlaßt. Jedenfalls habe ich meinen Zweck erreicht und bin westlich vom Minimum geblieben, wie der nach NO und N sich verändernde Wind anzeigte. Ich möchte wohl wissen, ob gleichzeitig mit uns ausgegangene Schiffe auf dem direkten Wege ein besseres Ergebnis erzielt haben. Übrigens sind vier Tage Fahrt von den Scilly-Inseln nach San Miguel eine ganz annehmbare Leistung. Hoffentlich behalte ich nun Nord- und Nordwestwind. Die Reisen des ‚Erwin Rickmers' und der ‚Placilla' von 15 Tagen nach der Linie sind mir stets im Gedächtnis, und ich versuche alles, um es diesen Schiffen gleich zu tun."

Die später angetroffenen Verhältnisse bewiesen, daß „Peter Rickmers" nicht zu westlich gegangen war. Als das Schiff in rascher Fahrt bis 25° N-Br. gekommen war, holte der Wind bei erneutem Fallen des Barometers von NW nach SW. Der Kapitän bemerkt dazu: „Das Barometer fällt wieder; ich wollte, ich wäre noch westlicher gegangen, um bei dem einsetzenden Südwestwinde eines Schlages frei von den Kapverden zu kommen, nun werde ich durch den schralen Wind vielleicht schließlich noch gezwungen sein, O von den Inseln zu gehen. Das wäre doch sehr ärgerlich."

Glücklicherweise hielt der SW nicht so lange an. Schon zwei Tage später holte der Wind in 22° N-Br. wieder nach NW und drehte weiter in die Nordostpassatrichtung. Der Passat wehte ziemlich frisch, wenn auch nicht mit solcher Stärke, wie der Kapitän gewünscht hätte, und begleitete das Schiff bis zum Äquator. Am 8. März, nach einer sehr raschen Fahrt von 18 Tagen von den Scilly-Inseln und 19 Tagen von Cardiff, wurde die Linie in 26,7° W-Lg. überschritten. „Leider", schreibt Kapt. Berg, „ist mein Bestreben, in 15 Tagen den Äquator zu erreichen, zu Wasser geworden. Der zu flaue Passat hat es verdorben. Im übrigen glaube ich, nach den Anweisungen der Deutschen Seewarte, die unter den angetroffenen Verhältnissen westlich zu gehen empfiehlt, doch besser gefahren zu sein als auf dem gewöhnlichen Wege. Ein französisches Schiff in unserer Nähe hat von Lizard 30 Tage Reise."

Mehrere deutsche Schiffe, die gleichzeitig mit „Peter Rickmers" unterwegs waren, aber nicht so wie dieser die Wetterlage ausnutzten, brauchten zu der Fahrt nach der Linie durchschnittlich ebenfalls 30 Tage.

Die Wetterlage, bei der es geraten ist, vom gewöhnlichen Wege durch das Westwindgebiet nach Westen abzuweichen, ist in Fig. 60, links: „Luftdruck und Wind am 5. Febr. 1902" dargestellt; rechts daneben unter: Weg des Seglers „Pitlochry" findet sich ein diesen Verhältnissen angepaßter Schiffsweg. Kapt. H. Nissen schreibt dazu:

„Nachdem wir am 1. Februar den Englischen Kanal verlassen hatten, nahm ich den Kurs zwischen den Azoren hindurch, weil das mit östlichem Winde fallende Barometer auf eine Depression vor der Küste von Portugal schließen ließ. Es gelang zwar, diese an der Nord- und Westseite zu umsegeln, doch um dieses noch vollkommener erreicht zu haben, hätte ich den Kurs noch westlicher wählen müssen. Südlich von den Azoren trafen wir den Wind noch sehr südlich, so daß wir von den Kanarischen Inseln nur eben frei liegen konnten. Nachher raumte der Wind glücklicherweise auf und ging in etwa 22° N-Br. in den Passat über, mit dem wir am 14. Februar zwischen den Kap Verdeschen Inseln hindurchliefen und am 19. Abends die Linie passierten. Erst südlich von dieser erhielten wir einige Tage Mallung und darauf sehr schralen Südostpassat, der uns so nahe an die Küste von Brasilien führte, daß wir $1^1/_2$ Wache lang vom Lande abliegen mußten."

Ob durch noch weiteres Ausbiegen nach Westen, wie Kapt. Nissen schreibt, auch ein noch besseres Ergebnis erzielt worden wäre, läßt sich nicht mit Sicherheit sagen; denn dem Minimum, das am 5. Febr. über den Azoren lag, folgte nach den inzwischen hergestellten synoptischen Wetterkarten der folgenden Tage ein zweites Minimum in annähernd der gleichen Breite. Es ist daher nicht ausgeschlossen, daß noch westlichere Kurse, anstatt einfach zur Umsegelung des ersten, in den Bereich des folgenden Minimums und damit in keineswegs günstigere Windverhältnisse geführt hätten. Daß das Schiff imstande war, die der Umsegelung des ersten Minimums folgenden südwestlichen Winde unentwegt auf Steuerbordhalsen auszunutzen, ist der einzige, aber doch auch schöne Erfolg, der unter den Umständen zu erreichen war.

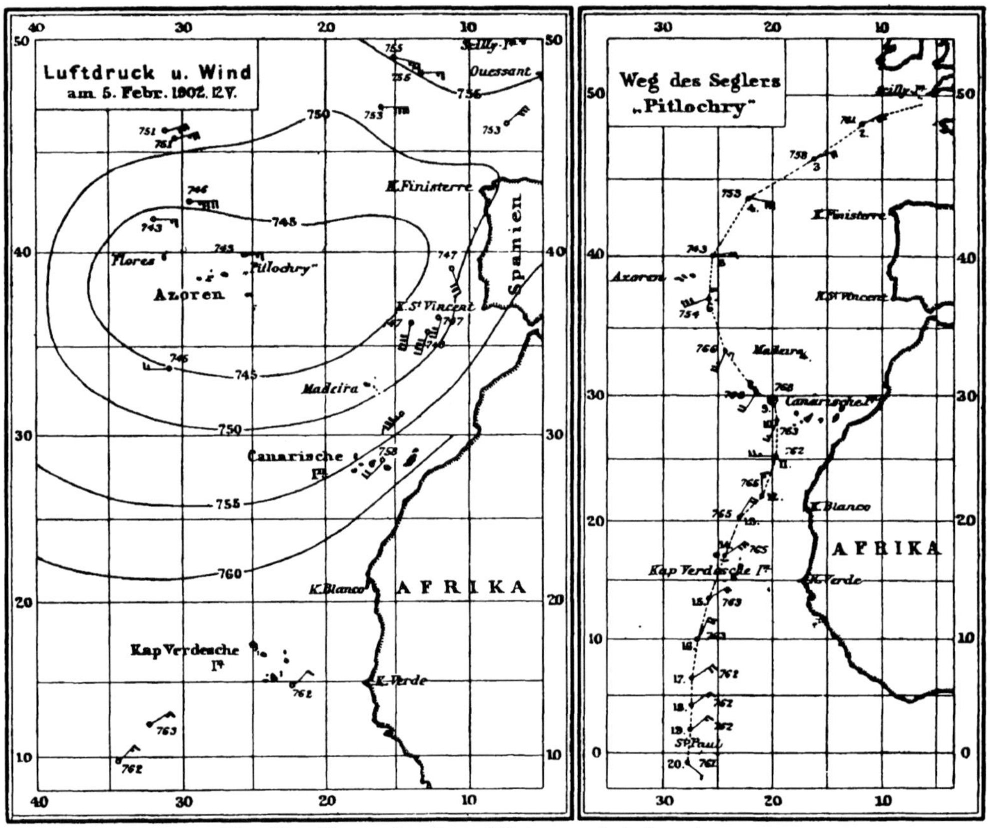

Fig. 60. Umsegeln eines Minimums bei den Azoren.

Man darf nicht vergessen, daß solche außergewöhnlichen Wetterlagen verschiedener Art sein können. Liegt nur ein Minimum bei den Azoren, und nimmt nach Westen hin der Luftdruck — bis etwa zum mittleren in diesen Breiten — zu, so herrschen im Westen die gewöhnlichen Verhältnisse, d. h. auch der Passat ist dort nicht gestört wie weiter im Osten. Auf dem Wege nach Süden darf man dann im Westen auf raume Winde rechnen, die ohne besonderen Aufenthalt in den Passat, dessen Grenze dort nicht besonders weit nach Süden gedrängt ist, führen. Liegt dagegen in der Breite der Azoren ein rinnenförmiges Gebiet niedrigen Druckes, das sich nach Westen hin erstreckt, und in dem kleine Vertiefungen und Rücken abwechseln oder der Luftdruck nach Westen hin wellenförmig schwankt, dann ist der Passat auch so weit nach Westen hin gestört, wie das Gebiet niedrigen Druckes reicht, und dann muß jede Gelegenheit, schon an der Westseite des östlichsten der Minima des Depressionsgebietes nach Süden zu gelangen, wahrgenommen werden; denn dann wird der Passat im Osten wahrscheinlich in gleicher, wenn nicht in nördlicherer Breite getroffen als im Westen. Z. B. zeigt die synoptische Wetterkarte vom 6. Febr. — dem in Fig. 60 links dargestellten Tage folgend — südwestlichen Wind von Stärke 2 noch in 18° N-Br. und 32° W-Lg., dagegen in 25° W-Lg.: WNW 2 in 21° N-Br. und NO 4 in 18° N-Br.

Sommerwege. Im Sommer machen die durchschnittlichen Verhältnisse einen westlichen Weg weniger notwendig. Der Passat wird meist schon in 35° N-Br. angetroffen, und längs der Küste von Portugal sind nördliche Winde so vorherrschend, daß man nicht sehr zu befürchten braucht, auf dem Wege von Kap Finisterre nach dem Passatgebiet noch Länge zusetzen zu müssen.

Auch ist stürmisches Wetter selten und deswegen keine außergewöhnliche Vorsicht notwendig. Zu dem Umwege, der mit dem westlichen Wege verknüpft ist, ist demnach keine Veranlassung vorhanden. Ja, es könnte dadurch auch noch insofern ein Nachteil herbeigeführt werden, als man auf einem westlichen Wege leicht dem Maximum bei den Azoren zu nahe kommt und infolgedessen die Nordwinde weniger frisch und beständig hat als näher an der Küste von Portugal. Dieser Voraussetzung entsprechen auch die von Dr. Neumayer auf Grund der Vergleichung der Reisen Ost und West von den Kapverden und die vom Niederländischen Institut für diese Jahreszeit empfohlenen Schnittpunkte, die weiter hinten gegeben sind. Immerhin ist es auch im Sommer gut, bei günstigem Winde sich vorzusehen, damit man eintretenden Falles bei steifem West- oder Nordwestwind und hoher See etwas Länge zuzusetzen hat. Der passendste Weg bei günstiger Gelegenheit möchte sein vom Kanal aus, nachdem genügend Seeraum gewonnen ist, 45° N-Br. in etwa 12° W-Lg. zu schneiden und von dort Kurs nach 30° N-Br. und 20° W-Lg. zu steuern.

Auch hier muß wieder betont werden, daß der angegebene Weg nur als Richtschnur für die Fahrt bei gutem Winde dienen soll. Trifft man bei Antritt der Reise schrale westliche Winde, so sollte man sich keineswegs zu langwierigem Kreuzen verleiten lassen. Gerade wenn vor dem Englischen Kanal und der Bucht von Biscaya der Wind westlich und südwestlich ist, zumal bei hohem Barometerstande, darf man am ehesten erwarten, daß er an der Küste von Portugal aus nördlicher Richtung weht. Um diesen günstigen Wind zu erfassen, muß noch mehr als im Winter das Hauptbestreben darauf gerichtet sein, sogleich Süd zu machen; man sollte keinen Anstand nehmen, sich dabei dem Kap Finisterre so weit zu nähern, als die gewöhnliche seemännische Vorsicht erlaubt.

Ein Beispiel, wieviel durch richtiges Ausnutzen solcher Gelegenheit gewonnen werden kann, liefern zwei annähernd gleichzeitige Reisen der Segler „Marie Hackfeld“ und „Magdalene“. „Marie Hackfeld“, die aus dem Englischen Kanal kam, stand am 4. August 1907 auf 49,5° N-Br. in 5,8° W-Lg. und segelte bei hohem Barometerstande und leichten südwestlichen und westsüdwestlichen Winden unentwegt auf Steuerbordhalsen, obwohl sie damit 46° N-Br. noch ein wenig östlich von 7° W-Lg. überschritt. Südlich von 46° N-Br. raumte der Wind bald so weit auf, daß sie einen Kurs steuern konnte, der von Kap Finisterre frei zeigte. Nachdem sie so 45° N-Br. überschritten hatte, holte der Wind nördlich und führte das Schiff ohne Aufenthalt in den Passat. „Magdalene“, die vom Norden Schottlands kam und 3 Tage später als „Marie Hackfeld“, am 7. August 1907, in 12,8° W-Lg. auf 49,5° N-Br. stand, ging trotz dieser westlichen Stellung bei hohem Barometerstande mit SWzW-Wind, Stärke 7 bis 5, abnehmend, 4 1/2 Wache lang auf Backbordhalsen und geriet wahrscheinlich infolgedessen, nachdem sie wieder gewendet hatte, auf dem Wege nach Süden so nahe an das Gebiet hohen Luftdruckes bei den Azoren, daß sie durch leichte Winde und Windstillen aufgehalten wurde und erst am 15. August in 40° N-Br. und 13 1/2 W-Lg. nördliche Brise erhielt. „Marie Hackfeld“ hatte den nördlichen Wind, der überdies kräftiger war, schon 5° weiter nördlich erhalten und 40° N-Br. 6 Tage früher überschritten, also zwischen 50 und 40° N-Br. durch ihre östlichere Stellung und anhaltendes Segeln auf Steuerbordhalsen 3 Tage gewonnen.

Für den weiteren Weg gilt dasselbe, was bezüglich der Fahrt in den Wintermonaten gesagt worden ist. Solange der Wind schral von Steuerbord oder flau ist, muß es das Hauptbestreben bleiben, Süd zu machen, und es ist gleichgültig, ob man dann Ost oder West von Madeira passiert. Bekanntlich reicht das Passatgebiet in der Nähe der Küste am weitesten nach Norden hinauf; es kann also sogar von Vorteil sein, wenn man östlich von Madeira geht. Die Verhältnisse, die hier als maßgebend für den Sommerweg angenommen worden sind, zeigen sich am stärksten ausgeprägt im Juni und Juli. In diesen Monaten ist mithin West zu machen am wenigsten erforderlich. Als die Hauptwintermonate — insofern sie durchschnittlich den westlichsten Weg bedingen — sind November, Dezember und Januar anzusehen. Im übrigen wird am passendsten als Winterhalbjahr im Sinne dieser Segelanweisungen Oktober bis März, als Sommerhalbjahr April bis September gerechnet. Es muß jedoch bemerkt werden, daß eine scharfe Scheidung der beiden Jahreshälften nach ihrem Witterungscharakter nicht wohl möglich ist, und daß sehr wohl auch im Sommerhalbjahr Verhältnisse eintreten können, die einen ausnahmsweise westlichen Weg als vorteilhaft erscheinen lassen; umgekehrt kann im Winter mitunter ein ausnahmsweise östlicher Weg der beste sein. Das allgemeine Anzeichen für einen westlichen Weg ist das Auftreten östlichen Windes in höheren Breiten. Wenn dabei und bei dem verfolgten Kurse das Barometer fällt, so ist das ein Wink, daß man westlicher halten sollte. Dagegen weist das Steigen des Barometers bei nördlichem Winde auf eine Annäherung an das westlich liegende Maximum hin und läßt ein Abflauen des Windes befürchten, das eher durch einen östlichen Weg, d. h. südlicheren Kurs, als man steuerte, vermieden wird.

Bei den Segelanweisungen ist bisher als Abfahrtsort immer der Ausgang des Englischen, Bristol- oder St. Georg-Kanals angenommen worden. Wir haben jetzt auch noch die von anderen Punkten ausgehenden Fahrten einer kurzen Betrachtung zu unterziehen.

Für Schiffe, die nord um Schottland gegangen sind oder aus dem Nordkanal kommen, liegt die Hauptschwierigkeit auf der Strecke bis zum Parallel der Südküste von Irland. Ist dieser erreicht, so gelangen sie auch verhältnismäßig leicht nach Süden, da sie den vorherrschenden Winden gegenüber weit luvwärts stehen.

Von Bordeaux ausgehende Schiffe sollten, wenn sie in der Bucht von Biscaya westliche Winde erhalten, den südlichen Teil der Bucht vermeiden, um nicht auf der Nordküste von Spanien besetzt zu werden, die bei Nordweststürmen nur wenige und unsichere Zufluchtstätten bietet. Am meisten muß man diese Küste natürlich in den stürmischen Wintermonaten meiden. In dieser Jahreszeit ist es bei günstigem Winde am besten. zunächst nahezu recht nach Westen zu steuern bis zum Meridian von 10° W-Lg., den man nicht südlicher als in 44° 30′ N-Br. schneiden sollte, und dann den Kurs nach 40° N-Br. und 15° W-Lg. zu setzen. Im Sommer kann man näher an Kap Finisterre gehen.

Die Schiffe, die aus der Straße von Gibraltar kommen, stehen bereits dem Passatgebiet so nahe, daß ihnen nichts anderes geraten werden kann, als dem kürzesten Wege, der in diesem Falle zwischen Teneriffa und Gran Canaria hindurchführt, zu folgen. Nur wenn im Winterhalbjahr vor der Straße südlicher oder östlicher Wind bei niedrigem Barometerstand angetroffen werden sollte, würde es besser sein, zunächst etwas mehr West zu machen.

Segelanweisung für die Nordostpassatstrecke.

Der zweite Abschnitt des Weges, die Nordostpassatstrecke, ist unter allen Umständen leicht zurückzulegen. Wenigstens ist die Richtung des Windes stets so raum, daß jeder Kurs, der hier in Frage kommen kann, ohne Schwierigkeit eingehalten wird. Um den Weg festzustellen, der auf dieser Strecke zu nehmen ist, hat man in erster Linie ins Auge zu fassen, wo man die Südgrenze des Passatgebietes erreichen will, und um zu entscheiden, was dort am vorteilhaftesten ist, vornehmlich auf die Wind- und Strömungsverhältnisse südlich vom Nordostpassatgebiet Bedacht zu nehmen.

Das Gebiet der Windstillen am Äquator, in welches die Schiffe nach der Durchsegelung des Nordostpassates gelangen, ist eine der schwierigsten, wenn nicht die allerschwierigste Strecke des Weges. Die Hindernisse, die sich hier dem Weiterkommen entgegenstellen, sind aber gewöhnlich nicht an allen Stellen gleich groß; vielmehr macht es in den meisten Jahreszeiten, hauptsächlich wegen der ungleichen Breitenausdehnung des Stillengürtels, einen erheblichen Unterschied, ob ein Schiff in östlicherer oder in westlicherer Länge steht. Wo der Stillengürtel durchschnitten wird, ist auf den Aufenthalt dort von wesentlichem Einfluß. Aus den Stillen kommen die Schiffe meist unmittelbar, in einigen Monaten jedoch unter Vermittelung des Südwestmonsums, in den Südostpassat, mit dem sie nun auf Backbordhalsen beim Winde der Linie zusteuern. Um ihre Fahrt nach Süden möglichst zu befördern, müssen sie dieselben Halsen bis an die polare Grenze des Südostpassatgebietes beibehalten. Wenn sie dazu nicht imstande, sondern wegen der Nähe der brasilianischen Küste genötigt sind zu wenden, so führt dies immer zu erheblichem Zeitverlust. Es ist demnach von großer Wichtigkeit, daß der Schnittpunkt der Linie oder besser der äquatorialen Grenze des Südostpassatgebietes immer der Jahreszeit entsprechend weit genug luvwärts liegt. Das eine wie das andere gebührend berücksichtigend, hat man also den Weg so zu wählen, daß der Aufenthalt im Stillengürtel möglichst abgekürzt, zugleich aber das Südostpassatgebiet an einer Stelle betreten wird, von der aus man, ohne durch die Küste von Brasilien behindert zu werden, auf einem Schlage nach Süden stehen kann.

Es ist leicht einzusehen, daß die Entscheidung über den Weg schon getroffen werden muß, während man sich noch im Nordostpassatgebiet befindet. Im Stillengürtel kann man den Kurs nicht mehr frei wählen. Hier muß das ganze Bestreben darauf gerichtet sein, den Gürtel auf dem kürzesten Wege zu durchschneiden, d. h. es muß bei jeder Gelegenheit, einerlei, ob man zugleich Ost oder West macht, der Kurs gesteuert werden, der am meisten Süd bringt. Ebensowenig kann man später noch die Schnittpunkte der Südostpassatgrenze und der Linie ohne Opfer an Zeit nach Belieben aufsuchen. Die Lage dieser Punkte ist abhängig von der Stellung, die man beim Verlassen des Nordostpassates einnimmt. Das hat man bei der Wahl des Weges durch den Nordostpassat ins Auge zu fassen.

Was die erste der beiden eben gestellten Bedingungen, die Abkürzung des Aufenthaltes im Stillengürtel, anbetrifft, so wissen wir, daß von November bis Mai der Stillengürtel auf der Westseite des Ozeans bedeutend schmaler ist als auf der Ostseite; der Unterschied ist um so größer, je näher man einerseits der Küste von Amerika oder anderseits der Küste von Afrika steht. In der Nähe der letzteren verlieren die Schiffe, die nach der Bucht von Guinea bestimmt sind und dieses Gebiet nicht vermeiden können, den Nordostpassat im Mittel schon in 8° N-Br. und erleiden dann oft wochenlangen Aufenthalt durch Windstillen und Mallung. Im Westen von 30° W-Lg. steht dagegen der Passat im Mittel bis nach 2° oder 3° N-Br., und auf dem Wege der Schiffe, die hier nach Süden steuern, wie auch auf dem Rückwege der Schiffe von Kap Horn oder von Brasilien wird beim Übergang von einem Passatgebiet in das andere oft kaum eine Unterbrechung der frischen Brise wahrgenommen. Für diese Jahreshälfte — November bis Mai — empfiehlt es sich also, den Ansegelungspunkt an der Südgrenze des Nordostpassates möglichst weit westlich zu nehmen.

Von Juni bis Oktober sind die Verhältnisse anders. Abgesehen von dem Striche zwischen 20° W-Lg. und der Küste von Afrika, wo der Passat stets vergleichsweise früh aufhört, ist dann der Stillengürtel auf beiden Seiten des Ozeans fast gleich breit; ja zur Zeit des Südwestmonsums, etwa von Mitte Juni bis Mitte Oktober, gelangen die Schiffe in 20° bis 26° W-Lg. oft rascher nach Süden als in einer westlicheren Länge. In diesem Halbjahr — Juni bis Oktober — ist es also ebensogut, wenn nicht besser, den Stillengürtel in einer ziemlich östlichen Länge anzusteuern.

Um zu erkennen, was gegenüber der zweiten Bedingung, das Südostpassatgebiet an einer Stelle zu erreichen, von der aus man auf einem Schlage frei von der Küste von Brasilien nach Süden segeln kann, das Ratsamste ist, haben wir vornehmlich die Richtung, aus welcher der Südostpassat weht, und die Breite, wo er einzusetzen pflegt, in Betracht zu ziehen, denn von diesen beiden Umständen hängt es zum größten Teile ab, wie weit ein Schiff beim Durchstechen des Passates nach Westen gedrängt wird.

Der Weg der südwärts bestimmten Schiffe berührt im Passatgebiet des Südatlantischen Ozeans fast ausschließlich den Meeresteil westlich von 25° W-Lg. Dort ist die Passatrichtung ziemlich bedeutenden jahreszeitlichen Änderungen unterworfen derart, daß sie von dem Mittelstriche Südost zu Ost in einigen Monaten nach Ost, in anderen Monaten nach Süd abweicht. Durchschnittlich am raumsten weht der Passat im November und Dezember. Die südwärts bestimmten Schiffe brauchen dann von 10° S-Br. an nur wenig Länge mehr zuzusetzen, ja nicht selten haben sie schon auf der Breite von Kap San Roque den Wind so östlich, daß sie mit gut vollen Segeln höher als Süd anliegen können. Ähnlich ist es auch in den folgenden Monaten bis zum Februar, nur mit dem Unterschiede, daß unter gewöhnlichen Verhältnissen gegen das Ende dieser Zeit der verhältnismäßig raume Wind näher der Linie angetroffen wird, während im Süden von 10° S-Br. der Passat schon schraler zu werden beginnt. In diesem Halbjahr, dem Sommerhalbjahr südlicher Breiten, kann man also den Schnittpunkt der Linie ziemlich weit westlich nehmen. Vom Juni bis September kommt der Wind mehr aus einer südlichen Richtung, so daß die Schiffe beim Durchstechen des Passatgebietes sowohl zwischen der Linie und 10° S-Br. als auch noch auf der südlicheren Strecke mit der Breite ziemlich viel Länge in Kauf nehmen müssen. Selbst wenn sie von dem östlichen Vorsprunge des Landes bei Pernambuco auch schon klar sind, ist es ihnen doch sehr oft nicht möglich, sich auf einem Schlage freizusegeln. In dieser Jahreszeit — vom Juni bis September — ist es deshalb ratsam, in gutem Abstand von der Küste zu bleiben und dementsprechend die Linie gut östlich zu schneiden, um so mehr, als weiter landabwärts die Strömung günstiger und auch der Wind regelmäßiger und weniger böig ist.

Man sieht, daß die Monate, in denen westliches Schneiden der Linie zulässig ist, nahezu dieselben sind, für welche eine westliche Stellung zum Überschreiten des Stillengürtels vorteilhaft ist; während andererseits in denselben Monaten, in denen eine östliche Stellung auf der Linie ratsam ist, auch durch den Stillengürtel ein östlicher Weg genommen werden kann.

Dem Vorstehenden nach dürfte es am besten sein, die Linie von November bis Februar in 26° bis 28° W-Lg. und von Juni bis September in 20° bis 26° W-Lg. zu schneiden. Ein westlicherer Schnittpunkt als 28° W-Lg. verspricht selbst im Sommerhalbjahr des Südens eher Nachteil als Vorteil. Wenn man sich von der Küste von Brasilien auch in der Regel ohne große Schwierigkeit freisegeln kann, so hat ein Kreuzen der Linie in westlicherer Länge doch meist zur Folge, daß dichter am Winde gehalten wird, als einem guten Fortgang zuträglich ist; auch ist in einzelnen Monaten — März und besonders April — ein westlicher Weg im Südatlantischen Ozean Stillen und Mallungen sehr ausgesetzt. Wenigstens zeigt die Erfahrung, daß von zwei Mitseglern, von denen der eine östlich, der andere westlich von 28° W-Lg. über die Linie geht, der östlichere fast regelmäßig in kürzerer Zeit nach Süden gelangt.

Ebensowenig wie für den Sommer ein zu westlicher, empfiehlt sich für den Winter südlicher Breiten ein allzu östlicher Schnittpunkt der Linie. Wir haben gesehen, daß der Passat im östlichen Teile des Südatlantischen Ozeans viel südlicher ist als auf dem westlichen Teile. Die zu weit östlich gehenden Schiffe sind deshalb beim Durchstechen des Passates zu einem verhältnismäßig sehr westlichen Kurse und weiten Umwege genötigt, wodurch sie gegen ihre westlicheren Mitsegler in Nachteil geraten. 20° W-Lg. kann für das Schneiden der Linie als passende östliche Grenze angesehen werden.

Schiffe, welche die Linie schnitten				Die 20% der Schiffe je eines Monats, welche am weitesten nah Lee gedrängt wurden		
im Monat	machten im Mittel zwischen			im Monat	machten zwischen	
	5° N-Br. u. 0°	0° u. 5° S-Br.	5° N-Br. u. 5° S-Br.		5° N-Br. u. 0°	0° u. 5° S-Br.
Januar	2° 15′ W.	3° 00′ W	5° 15′ W.	Januar	3° 58′ W.	4° 09′ W.
Februar	1° 00′ „	2° 40′ „	3° 40′ „	Februar	2° 09′ „	4° 18′ „
März	0° 20′ „	1° 49′ „	2° 09′ „	März	1° 39′ „	2° 52′ „
April	0° 00′ „	2° 17′ „	2° 17′ „	April	0° 34′ „	3° 31′ „
Mai	1° 06′ „	2° 45′ „	3° 51′ „	Mai	2° 57′ „	4° 08′ „
Juni	2° 46′ „	2° 30′ „	5° 16′ „	Juni	4° 40′ „	3° 50′ „
Juli	4° 17′ „	2° 40′ „	6° 57′ „	Juli	6° 45′ „	4° 25′ „
August	5° 02′ „	3° 12′ „	8° 14′ „	August	7° 11′ „	4° 30′ „
September	3° 53′ „	3° 11′ „	7° 04′ „	September	6° 21′ „	4° 40′ „
Oktober	3° 05′ „	2° 52′ „	5° 57′ „	Oktober	5° 47′ „	3° 54′ „
November	3° 32′ „	2° 32′ „	6° 04′ „	November	5° 07′ „	3° 36′ „
Dezember	3° 03′ „	2° 42′ „	5° 45′ „	Dezember	4° 13′ „	3° 44′ „

Nachdem wir ein Urteil über die vorteilhaftesten Schnittpunkte der Linie gewonnen haben, bleibt uns noch übrig, für die verschiedenen Jahreszeiten festzustellen, wo die Schiffe, um jene Schnittpunkte zu erreichen, das Nordostpassatgebiet zu verlassen haben. Zu diesem Ende haben wir die Winde und Strömungen zwischen dem Nordostpassat und der Linie und vor allem die je nach der Jahreszeit verschiedene Lage der Südostpassatgrenze in Rechnung zu ziehen. Die vorstehende kleine Tabelle bietet dazu ein einfaches Mittel. Sie ist nach den Reisen von 352 deutschen Schiffen zusammengestellt und zeigt für jeden Monat, um wieviel die südwärts bestimmten Schiffe zwischen 5° N-Br. und der Linie sowie ferner zwischen der Linie und 5° S-Br. durch den Südostpassat und die Äquatorialströmung nach Westen gedrängt werden.

Aus dieser Zusammenstellung ergibt sich, daß die Schiffe, welche im Februar, März und April zur Linie gelangen, sich auf dem Wege dahin am weitesten westlich halten dürfen. Sie erhalten gewöhnlich den Südostpassat erst in der Nähe der Linie oder selbst erst in Südbreite und werden deshalb nördlich der Linie nur wenig oder gar nicht nach Westen gesetzt, wenn nicht außergewöhnliche Verhältnisse herrschen (vgl. dazu unter: Segelanweisung für die Äquatorialzone S. 347). Auch im Mai ist die Lage der Südostpassatgrenze noch sehr südlich und die westliche Versetzung dementsprechend gering. In Anbetracht der Verhältnisse auf der südlichen Halbkugel ist jedoch ein östlicherer Schnittpunkt der Linie wünschenswert und deshalb auch eine östlichere Stellung beim Verlassen des Nordostpassates erforderlich. Im Juli, August und September, wenn der Südostpassat am schralsten und der Äquatorialstrom am stärksten ist, haben die Schiffe den Parallel von 5° N-Br. am weitesten nach Osten zu schneiden. Da in dieser Zeit aber auch der Südwestmonsum und der östlich setzende Guineastrom mit größter Stärke und Regelmäßigkeit auftreten, so können sie eine solche Stellung, wenn sie an der Südgrenze des Nordostpassats nicht allzu weit westlich stehen, ohne Schwierigkeit erreichen. Am leichtesten werden die Schiffe im Juni, in der zweiten Hälfte des Oktober und im November zu einem sehr westlichen Schnittpunkt der Linie gedrängt. Westliche Winde im Süden des Nordostpassatgebietes sind dann noch nicht oder nicht mehr mit Sicherheit zu erwarten, und es kommt öfters vor, daß der Südostpassat schon in 6° oder selbst in 7° N-Br. einsetzt. Im Spätherbst des Nordens, wenn der Passat an der Küste von Brasilien meist aus einer raumen östlichen Richtung weht, sind die Folgen davon nicht sehr zu befürchten, dagegen ist im Juni Vorsorge sehr zu empfehlen. Man sollte in diesem Monat dahin streben, daß man an der Südgrenze des Nordostpassates eine gut östliche Stellung einnimmt. Im Dezember und Januar empfiehlt es sich ebenfalls, beim Verlassen des Nordostpassatgebietes einige Grade östlicher zu stehen, als der ins Auge gefaßte Schnittpunkt der Linie liegt.

Was die vielfach erörterte Frage anbetrifft, ob der Weg im Osten oder im Westen der Kapverden größeren Vorteil verspricht, so scheinen bei ihrer Entscheidung viel mehr die gerade angetroffenen Umstände als die mittleren Zustände der verschiedenen Jahreszeiten ins Gewicht zu fallen. Wenigstens läßt sich aus der Vergleichung gleichzeitiger Reisen — und diese ist am Ende doch allein entscheidend — nicht ersehen, daß der eine oder der andere Weg in einer bestimmten Jahreszeit unbedingt vorzuziehen sei. Es scheint vornehmlich davon abzuhängen, welche Stellung die Mitsegler vorher an der polaren Grenze des Nordostpassates einnehmen. Stehen sie in gut westlicher Länge, so gewinnt gemeiniglich das Schiff, welches den westlichen Weg einschlägt. Stehen sie dagegen, wenn sie den Passat erhalten, so weit östlich, daß der Weg im Westen der Kapverden einen erheblichen Umweg herbeiführt und zugleich eine unvorteilhafte Segelstellung bedingt, so gelangt in den meisten Fällen das Schiff auf dem östlichen Wege am raschesten nach der Linie. Der Frage, ob Ost oder West von den Kapverden, kann überhaupt nicht mehr viel Wichtigkeit beigemessen werden, seitdem man richtigere Anschauungen über den Zusammenhang der meteorologischen Erscheinungen gewonnen hat. Nach neueren Auffassungen kommt es in erster Linie auf eine zweckmäßige Stellung beim Verlassen des Nordostpassatgebietes an, und hierin bleibt dem Schiffsführer die freie Verfügung unbenommen, ob er nun Ost oder West geht.

Die Entscheidung der Frage wird den Ergebnissen der Reisen deutscher Schiffe zufolge am besten von der Stellung abhängig gemacht, welche man beim Einsetzen des Nordostpassates einnimmt. Als passendste Scheide zwischen westlicher und östlicher Stellung wählen wir die von San Antonio (Kapverden) über Ferro nach Kap Roca (bei Lissabon) führende Linie. Steht man westlich davon, so setze man von dem Punkte aus, wo man den Passat erhält, den Kurs nach der Westseite der Kapverden, schneide den Parallel von San Antonio je nach der Jahreszeit in 26° 20′ bis 27° W-Lg. und verfahre dann, wie weiter unten angegeben ist. Steht man dagegen östlich von jener Linie, so nehme man den Weg an der Ostseite der Inseln. Auf diesem steuere man zunächst nach 20° bis 21° N-Br. und 21° bis 22° W-Lg. und dann in dieser Länge nach Süden bis zur Breite von Bonavista. Des weiteren folge man wieder den Anweisungen weiter unten. Im Osten der Kapverden muß Bedacht genommen werden auf die südwestliche Stromversetzung, die im Verein mit dem unsichtigen Wetter in der Nähe der Inseln schon verschiedentlich die Ursache von Strandungen auf Hartwell Riff an der Nordostseite von Bonavista gewesen ist. Auf dem westlichen Wege muß man sich hüten, den Parallel von San Antonio östlicher als in 25° 20′ W-Lg. zu schneiden, weil bei größerer Annäherung an die Leeseite der hohen Inseln ein starkes Abflauen des Passates zu erwarten ist. Letztere Bemerkung gilt auch für Madeira oder die Kanarischen Inseln.

Ziehen wir nun auch noch die je nach der Jahreszeit verschiedene Breite in Betracht, bis zu welcher man mit Sicherheit auf einen durchstehenden Nordostpassat rechnen kann, so gelangen wir für den Weg, welcher bis an die äquatoriale Grenze des Nordostpassates zu verfolgen ist, zu folgender Anweisung:

<table>
<tr><td>Schiffe, die im Westen der Kapverden passieren, sollten,</td><td>Schiffe, die im Osten der Kapverden passieren, sollten,</td></tr>
<tr><td colspan="2">1. wenn der Parallel von 10° N-Br. von Anfang Februar bis Anfang Mai passiert wird,</td></tr>
<tr><td>in 26° bis 27° W-Lg. direkt nach Süden[1]) steuern;</td><td>nach 5° N-Br. und 26° W-Lg. und dann nach Süden steuern;</td></tr>
<tr><td colspan="2">2. wenn der Parallel von 10° N-Br. von Anfang November bis Ende Januar und im Mai passiert wird,</td></tr>
<tr><td>nach 8° N-Br. und 25° W-Lg. und dann nach Süden steuern;</td><td>nach 8° N-Br. und 24° W-Lg. und dann nach Süden steuern;</td></tr>
<tr><td colspan="2">3. wenn der Parallel von 10° N-Br. von Anfang Juni bis Mitte Juli und von Mitte September bis Ende Oktober passiert wird,</td></tr>
<tr><td>10° N-Br. in 25° bis 24° W-Lg. schneiden und dann nach Süden steuern; wahrscheinlich erhalten sie hier den Südwestmonsun, der weiter westlich nicht mit Sicherheit zu erwarten ist; die östlichere Stellung empfiehlt sich für Juni und die erste Hälfte Oktober;</td><td>von den Kapverden nach Süden steuern;</td></tr>
<tr><td colspan="2">4. wenn der Parallel von 10° N-Br. von Mitte Juli bis Mitte September passiert wird,</td></tr>
<tr><td>von den Kapverden in etwa 26° W-Lg. nach Süden steuern.</td><td>von den Kapverden den Kurs etwa rw. SSW auf 10° N-Br. und 24° W-Lg. setzen.</td></tr>
</table>

[1]) Die Richtung ist hier wie immer rechtweisend gemeint.

Segelanweisung für die Äquatorialzone.

Im Gebiete der Äquatorialzone muß bei jedem Winde, unbekümmert, ob man dabei etwas nach Osten oder nach Westen kommt, das ganze Bestreben darauf gerichtet sein, Süd zu machen. Dabei muß man bedenken, daß es sich hier nicht um zeitweilig auftretende Windstillen handelt, deren Vorübergang abgewartet werden kann, sondern daß windstille Breitengrade vorhanden sind und zurückgelegt werden müssen, damit man Brise erhält. Deshalb ist es nirgends mehr wie hier geboten, jede Gelegenheit voll auszunutzen.

Im Südwestmonsun, der von Juni bis Mitte Oktober weht, im Westen von 25° W-Lg. aber nur von Mitte Juli bis Mitte September mit ziemlicher Sicherheit zu erwarten ist, segle man auf Steuerbordhalsen bei dem Winde so lange, bis der Wind rw. Südrichtung angenommen hat. Gelangt man dabei über 15° W-Lg. hinaus, und hat man auch schon 5° N-Br. erreicht, so ist es besser zu wenden, sobald man auf Backbordhalsen einen südlicheren Kurs als rw. West gutmachen kann. Voraussichtlich erhält man auf westlichem Kurse bald raumeren Wind, mit dem man zur Linie aufliegen kann, während man den Wind auf Steuerbordhalsen, der Küste von Afrika zu liegend, aus schraler Richtung behält. Im allgemeinen braucht man aber nicht zu befürchten, daß man zu weit östlich kommt. Immer wenn der Südwestmonsun raum westlich holt, ist rw. Süd der richtige Kurs.

Es kann vorkommen, daß man infolge unvorhergesehener Ereignisse, z. B. durch außergewöhnlich frühes Einsetzen des Südostpassates, sehr westlich gedrängt wird und befürchten muß, sich von Kap San Roque nicht freisegeln zu können. In solchen Fällen sollte man nicht zu früh und aus vielleicht unberechtigter Besorgnis ein langwieriges Kreuzen beginnen, sondern Backbordhalsen beibehalten, bis man eine gute Gelegenheit zu einem Schlage auf Steuerbordhalsen erhält oder bis man wirklich durch das Land zum Wenden genötigt wird. Im November und Dezember ist die Annäherung an Kap San Roque am wenigsten bedenklich, weil dann der Wind in der Nähe des Landes, vor allem in dessen unmittelbarer Nähe, fast immer raum holt. Wenn im März und im April der Südostpassat für die Jahreszeit ungewöhnlich früh und ungewöhnlich schral einsetzt — es ist vorgekommen, daß er schon auf 3° N-Br. einsetzte und längere Zeit aus rw. SSO oder aus einer noch südlicheren Richtung wehte —, so ist es wahrscheinlich am besten, die Gelegenheit, auf Steuerbordhalsen nach Osten zu segeln, wahrzunehmen, ehe man in den starken westlichen Strom kommt. Man sollte dann erst wieder wenden, wenn man glaubt, die Linie auf Backbordhalsen in 26° W-Lg. anholen zu können, weil man in dieser Jahreszeit südlich der Linie zuweilen Mallung und Stillen trifft, wobei man dann von dem starken Strom dort unerwünscht weit nach Westen gedrängt wird. Auch im Mai und Juni darf man sich auf eine günstigere Gelegenheit nahe dem Lande nicht verlassen; vielmehr sollte man auch dann schon früher an passender Stelle etwas Luv zu gewinnen suchen und zu diesem Ende sorgfältig auf die Strömung achten. (Vgl. unter „Strömungen" S. 357 und S. 27 ff. und in den Monatskarten vom Nordatlantischen Ozean.) Durch das Östlichholen des Passates in der Nähe der Linie, das im Mai und Juni nicht selten beobachtet wird, sollte man sich nicht verleiten lassen, raum weg zu halten, denn der Wind schralt wieder, wenn man weiter nach Süden kommt.

Als die vorteilhaftesten Schnittpunkte der Linie, falls sie ohne besondere Mühe zu erreichen sind, dürfen gelten:

von November bis Februar	27–28° W-Lg.	im Juli, August und September	23–25° W-Lg.
im März und April	26–27° „	„ Oktober	26° „
„ Mai und Juni	26° „		

Hier anschließend, geben wir noch eine Zusammenstellung der Schnittpunkte, welche nach den Erfahrungen deutscher Schiffsführer in den verschiedenen Monaten hinsichtlich des Freisegelns von Kap San Roque unter gewöhnlichen Verhältnissen noch als sicher oder als unbedenklich anzusehen sind.

Damit sich ein Schiff auf einem Schlage noch gut 30 Sm östlich von Fernando Noronha freisegeln kann, muß es im

Januar	5° N-Br.	nicht wstl. als in	25° 35′	W-Lg. od.	die Linie	nicht wstl. als in	27° 50′	W-Lg. schnd.
Februar	„	„	27° 00′	„	„	„	28° 00′	„
März	„	„	28° 40′	„	„	„	29° 10′	„
April	„	„	28° 40′	„	„	„	28° 40′	„
Mai	„	„	26° 55′	„	„	„	28° 00′	„
Juni	„	„	25° 40′	„	„	„	28° 25′	„
Juli	„	„	23° 30′	„	„	„	27° 40′	„
August	„	„	22° 40′	„	„	„	27° 30′	„
September	„	„	23° 35′	„	„	„	27° 30′	„
Oktober	„	„	25° 5′	„	„	„	28° 10′	„
November	„	„	25° 0′	„	„	„	28° 30′	„
Dezember	„	„	25° 20′	„	„	„	28° 20′	„

Bei mittleren Verhältnissen würden sogar die folgenden Schnittpunkte der Linie noch 30 Sm frei von Kap St. Augustin führen:

Januar	29° 40′ W-Lg.	Mai	30° 0′ W-Lg.	September	29° 10′ W-Lg.
Februar	30° 0′ „	Juni	30° 0′ „	Oktober	29° 30′ „
März	31° 0′ „	Juli	29° 10′ „	November	31° 40′ „
April	31° 0′ „	August	28° 40′ „	Dezember	30° 50′ „

Beim Einhalten dieser Schnittpunkte würden die Schiffe von November bis Juni aber vielleicht genötigt sein, westlich von Fernando Noronha zu gehen, und in allen Monaten würden sie, falls der Wind südlich holt, die gute Gelegenheit, Ost zu machen, sofort wahrnehmen müssen.

Die Winde im Westwindgebiet.

Die Windverhältnisse des ersten Abschnittes kann man sich am einfachsten an der Hand der Darstellung der mittleren Luftdruckverteilung auf dem Atlantischen Ozean deutlich machen (vgl. Taf. 13, 2. Aufl. des Atlasses für den Atlantischen Ozean), wenn man sich vergegenwärtigt, daß auf der nördlichen Halbkugel die Richtung, aus welcher der Wind weht, von der Richtung, nach welcher hin der Druck am meisten zunimmt, um 6 bis 7 Striche nach rechts abweicht. Verfolgt man auf jener Karte den Weg von dem Ausgange des Englischen Kanals nach Madeira, so sieht man, daß er allmählich nach Gebieten immer höheren Luftdruckes führt. Auf dem ersten Teile des Weges, etwa bis zur Breite von Kap Finisterre, behalten die Isobaren nahezu dieselbe Richtung. Die Linie der stärksten Druckzunahme ist beständig nach Südsüdost gerichtet, und dies bedingt, daß bis hierher südwestliche Winde vorherrschen. Nachdem bei Kap Finisterre die Isobare von 763 mm überschritten worden ist, verändert sich jedoch die Richtung der größten Druckzunahme, für welche jetzt das Gebiet höchsten Druckes westlich vom Wege, im Süden von den Azoren, maßgebend wird, mehr und mehr nach rechts, und damit dreht sich der Wind allmählich in demselben Sinne durch West nach Nordwest, bis schließlich auf der Höhe von Madeira das Maximum in eine Westpeilung gebracht und zugleich die größte Annäherung daran erreicht worden ist. Mit Eintritt des höchsten Barometerstandes holt der Wind dann durch Nord in die nordöstliche Passatrichtung.

Das normale Verhalten des Windes, wie es vorstehend dargelegt worden ist, zeigt sich am deulichsten ausgeprägt in den Sommermonaten. Zu dieser Zeit tritt das Druckmaximum in der Nähe der Azoren mit größter Beständigkeit auf, und dies bewirkt, daß die Drehung des Windes von Südwest durch West nach Nordwest bei der Annäherung an die Breite von Kap Finisterre fast regelmäßig eintritt und an der Küste von Portugal ein sehr frischer und beständiger Nordwind herrscht. Dieser führt die Schiffe gewöhnlich ohne Aufenthalt durch Windstille in das Passatgebiet, dessen Grenze jetzt, der durchschnittlich nördlichen Lage des Druckmaximums entsprechend, schon nördlich von 35°, mitunter selbst schon in 40° N-Br. angetroffen wird. Vgl. die Kärtchen für Juni bis September der Taf. 15 und 16, 2. Aufl. des Atlasses.

Im Winter ist der Gürtel hohen Druckes, welcher die polare Passatgrenze bildet, bedeutend weiter nach Süden gerückt. Die Druckverteilung in den Roßbreiten und weiter nördlich ist häufigeren Veränderungen unterworfen, und nur ausnahmsweise erhält sich das westlich vom Wege liegende Maximum, welches im Sommer die Windverhältnisse fast allein beherrscht, für längere Zeit. Infolgedessen erstreckt sich das Gebiet der Westwinde im Winter durchschnittlich weit nach Süden, meistens bis über die Breite von Madeira hinaus. Anstatt des allmählichen, von einer stetigen Zunahme des Luftdruckes begleiteten Herumholens, welches jetzt eine ziemlich seltene Erscheinung ist, treten noch in niedrigen Breiten oft Schwankungen des Barometers und rasch verlaufende und wiederholte Änderungen des Windes von Südwest nach Nordwest auf, deren Vorkommen sich im Sommer fast ausschließlich auf die nördliche Hälfte des Abschnittes beschränkt. Häufig behält auch der Wind ganz bis zur Grenze des Passates eine schrale südwestliche Richtung, und der Übergang in das Passatgebiet vollzieht sich selten ohne Mallungen.

Auch in bezug auf das Vorkommen stürmischen Wetters zeigt sich zwischen Winter und Sommer ein sehr großer Unterschied. Bei einer Vergleichung der Tafel 25 und der einzelnen Kärtchen auf den Tafeln 26 und 27 der 2. Auflage des Atlasses sowie aus der Tabelle auf S. 351/52, in der die mittleren monatlichen Windverhältnisse des Weges dargelegt sind, tritt das mit großer Deutlichkeit hervor. Es ergibt sich daraus, daß zwischen Lizard und Finisterre im Winter 10 bis 15 %, im Sommer aber nur 2 bis 5 % aller Winde als Stürme auftreten.

Im allgemeinen erweisen sich Wind und Wetter für die Förderung der Reise um so günstiger, je weiter südlich die Schiffe gelangen. Dies liegt zum Teil in der Verschiedenheit der zu steuernden Kurse und der vorherrschenden Windrichtungen. Von der Mündung des Englischen Kanals oder deren Umgebung führt der Weg anfänglich dem vorwiegend aus südwestlichen Richtungen kommenden Winde fast gerade entgegen. Nachdem die Schiffe aber die Höhe von Kap Finisterre erreicht und einen sicheren Abstand von der Küste gewonnen haben, können sie mehr nach Süden steuern, und da außerdem der Wind, besonders im Sommer, sich hier mehr nach rechts zu drehen pflegt, sind sie gewöhnlich imstande, ihren Kurs einzuhalten. Andernteils wird mit dem Fortschreiten nach Süden das Wetter auch sehr viel milder und ruhiger, und dadurch wird besseres Ausnutzen der angetroffenen Gelegenheit ermöglicht.

Wenn dem Vorstehenden zufolge auf dem ersten Abschnitte des Weges die westlichen Winde als die vorherrschenden anzusehen sind, treten daneben doch auch sehr oft Winde aus dem östlichen Halbkreise auf. In der Tat ergibt sich beim Vergleich der Häufigkeit der östlichen mit der der westlichen Winde selbst für die Strecke nördlich von 40° N-Br., wo Ostwinde doch immerhin noch weniger herrschen als weiter im Süden, im Jahresmittel ein Verhältnis wie 11 : 15.

Das Auftreten östlicher Winde wird durch besondere, von den gewöhnlichen Verhältnissen abweichende Formen der Luftdruckverteilung hervorgerufen. Nicht selten kommt es vor, daß sich das Druckmaximum, welches sich sonst in 30° bis 35° N-Br. befindet, bis über die Breite von Kap Finisterre oder selbst Kanalbreite hinaus nach Norden ausdehnt und hier eine solche Höhe erlangt, daß ein ununterbrochen südlich gerichteter Gradient von 45° oder selbst 50° N-Br. bis in den Passat entsteht. Unter solchen Umständen werden die Schiffe vom östlichen Winde ohne Unterbrechung durch westlichen Wind oder Windstillen von Norden her in das Passatgebiet geführt, von dem das Ostwindgebiet der höheren Breiten gleichsam nur eine Erweiterung bildet (vgl. hierzu das Kärtchen 4, Tafel 19 der 2. Auflage des Atlasses).

In den häufigeren Fällen befindet sich jedoch zwischen dem Maximum der höheren Breiten, an dessen Südseite die östlichen Winde auftreten, und dem Maximum der Passatgrenze eine Depression (vgl. Kärtchen 12, Taf. 19, 2. Aufl. des Atlasses und die Wetterkarte vom 10. März 1895 S. 210 dieses Buches). Die Schiffe erhalten dann auf ihrem Wege nach Süden, nachdem sie anfänglich von günstigem östlichen Winde bei fallendem Barometer begleitet worden sind, bevor sie das Passatgebiet erreichen, noch erst wieder westlichen Wind bei zunehmendem Luftdruck. Die polare Passatgrenze ist bei einer solchen Wetterlage gewöhnlich weit nach Süden verschoben, um so mehr, je südlicher die Lage des Minimums und je tiefer der Luftdruck ist. Es kommt vor, daß das Gebiet der Westwinde in der Südhälfte der Depression erst südlich der Breite von Madeira beginnt und bis an die Kapverden reicht. Der Passat, für dessen Auftreten in dieser Gegend die Bedingung ja bekanntlich in dem Vorhandensein hohen Luftdruckes in der Breite von Madeira besteht, ist bei einer solchen Wetterlage sozusagen aufgehoben.

Mitunter liegt das Minimum in der Nähe der Küste oder über dem Lande. Die Winde auf dem Wege vom Englischen Kanal zum Passatgebiet gehören dann der Westhälfte der Depression an und kommen vornehmlich, die östlichen sowohl wie die westlichen Winde, von der nördlichen Seite (vgl. Taf. 17 unten, 2. Aufl. des Atlasses). Zu anderen Zeiten befindet sich das Minimum so weit außerhalb der Küste, daß in der Nähe der letzteren der Wind aus Südost oder Südwest kommt, während Nordost- und Nordwestwinde auf einem weiter landabwärts gelegenen Meeresstriche auftreten. Wie leicht einzusehen, ist es von Wichtigkeit, diese Umstände bei der Wahl des Weges zu berücksichtigen, um so mehr, als die Ortsveränderung dieser Depressionen vergleichsweise gering und die Wetterlage meist von längerem Bestand ist. Ihr Auftreten beschränkt sich fast ausschließlich auf das Winterhalbjahr und ist am häufigsten im November und Dezember. Die zuerst erwähnte Form der Druckverteilung, bei der die Schiffe auf dem Wege nach der Linie einen ununterbrochenen Ostwind erfahren, kommt sowohl im Winter als im Sommer, wenn auch vornehmlich in der letzteren Jahreszeit vor. Die Fig. 59 im vorigen Abschnitte (vgl. S. 333) deutet in verschiedenen ungewöhnlichen Verschiebungen der polaren Nordostpassatgrenze, das eine Mal nach Norden, z. B. vom 25. bis 28. April, das andere Mal nach Süden, z. B. Ende Dezember 1880, auf Beispiele sowohl der einen als der anderen Form der Druckverteilung hin.

Von einer Besprechung der Stürme und sonstigen Begleiterscheinungen der Depressionen an der polaren Passatgrenze kann hier abgesehen werden, da sie bereits im 7. Abschnitt unter VI, S. 201 ff. ausführlich geschildert worden sind. Dasselbe gilt von den gewöhnlichen westlichen Stürmen vor der Kanalmündung und der Bucht von Biscaya, welche von Süd oder Südwest nach Nordwest umlaufen und mit Depressionen zusammenhängen, die auf höheren Breiten in nordöstlicher oder östlicher Richtung ziehen.

Zur näheren Beleuchtung der Abhängigkeit der Windverhältnisse von der Jahreszeit kann die nachstehende Tabelle dienen. Sie ist nach den von der Seewarte veröffentlichten „Resultaten meteorologischer Beobachtungen von deutschen und holländischen Schiffen für Eingradfelder des Nordatlantischen Ozeans“ zusammengestellt und zeigt für jeden Monat und für jeden der sechs Unterabschnitte des Weges: 50° bis 45°, 45° bis 40°, 40° bis 35, 35° bis 30°, 30° bis 25° und 25° bis 20° N-Br., wie sich die beobachteten Winde, deren Gesamtzahl in der letzten Spalte gegeben ist, über die vier Kompaßviertel und die Spalte „Mallung und Stillen“ prozentisch verteilen. Zur Kennzeichnung des durchschnittlichen Wettercharakters ist ferner in der vorletzten Spalte die prozentische Häufigkeit angegeben, mit welcher der Wind als Sturm, d. h. mit der Stärke 8 oder mehr, notiert wurde. Beispielsweise findet man, daß für den Monat Januar und den Unterabschnitt 50° bis 45° N-Br. von den 1203 Beobachtungen

	11,8 %	den	Wind	aus N	bis	ONO,
	16,1 %	„	„	„ O	„	SSO,
	51,4 %	„	„	„ S	„	WSW,
	19,0 %	„	„	„ W	„	NNW und
	1,7 %	„	„	als mallend oder still		
Zusammen	100 %					

ergeben. 20,9 % aller Beobachtungen ergeben den Wind von der Stärke 8 oder mehr.

Prozentische Häufigkeit der Winde auf dem Wege vom Englischen Kanal nach dem Passatgebiet.

Monat	Abschnitte des Weges N-Br.	N bis ONO %	O bis SSO %	S bis WSW %	W bis NNW %	Mallungen und Stillen %	Stürme %	Anzahl der Beobachtungen
Januar	50°—45°	11,8	16,1	51,4	19,0	1,7	20,9	1203
	45°—40°	26,8	10,1	36,6	22,0	4,5	11,9	1004
	40°—35°	33,1	9,3	29,3	25,4	2,9	7,2	818
	35°—30°	33,9	15,4	22,8	25,6	2,3	6,3	924
	30°—25°	38,7	17,8	24,8	14,3	4,4	4,3	705
	25°—20°	56,3	18,0	12,9	8,1	4,7	1,9	826
Februar	50°—45°	15,2	23,4	34,3	24,7	2,4	17,6	1134
	45°—40°	29,2	13,9	28,0	25,2	3,1	12,0	1005
	40°—35°	21,9	16,1	37,6	20,7	3,7	5,1	956
	35°—30°	22,9	22,5	27,7	22,7	4,2	4,3	1111
	30°—25°	44,5	27,9	14,4	10,4	2,8	1,5	746
	25°—20°	59,5	26,0	3,4	8,1	3,0	1,3	828
März	50°—45°	26,9	20,2	27,5	22,0	3,4	16,0	1478
	45°—40°	33,6	20,2	17,6	24,7	3,9	10,9	1061
	40°—35°	42,4	18,8	15,6	21,3	1,9	3,6	887
	35°—30°	43,2	16,7	17,5	19,2	3,4	5,9	935
	30°—25°	58,3	15,8	12,5	11,5	1,9	1,3	857
	25°—20°	73,6	8,6	6,8	10,4	0,6	0,2	863
April	50°—45°	20,8	27,2	27,6	20,2	4,2	9,0	1351
	45°—40°	22,3	18,5	41,2	17,0	2,0	8,5	1141
	40°—35°	32,3	7,4	26,4	31,9	2,0	4,5	1004
	35°—30°	40,3	12,3	17,7	26,5	3,2	1,7	1210
	30°—25°	67,3	10,6	7,9	13,7	1,1	0,4	1077
	25°—20°	76,6	6,3	4,6	11,4	1,1	0,2	1103
Mai	50°—45°	33,6	21,8	20,4	20,7	3,5	8,2	1154
	45°—40°	41,1	16,4	16,7	22,6	3,2	3,6	1211
	40°—35°	35,9	5,9	20,9	33,3	4,0	1,3	1072
	35°—30°	46,4	7,2	8,4	36,5	1,5	0,3	909
	30°—25°	71,6	7,6	2,8	16,9	1,1	0,0	850
	25°—20°	85,9	6,3	0,9	5,6	1,3	0,1	920
Juni	50°—45°	28,7	12,0	27,1	29,5	2,7	1,6	1358
	45°—40°	46,8	5,0	13,8	32,0	2,4	1,7	1249
	40°—35°	49,1	3,5	12,0	31,7	3,7	0,5	1351
	35°—30°	65,7	5,1	8,0	18,4	2,8	0,1	1384
	30°—25°	86,6	3,8	1,7	6,9	1,0	1,1	1175
	25°—20°	92,7	1,9	0,7	4,5	0,2	0,2	1045
Juli	50°—45°	11,9	9,2	40,8	35,3	2,8	3,2	1293
	45°—40°	38,5	3,2	16,8	38,3	2,7	0,7	1346
	40°—35°	57,8	2,1	7,5	30,9	1,7	0,3	1501
	35°—30°	79,8	3,4	1,8	14,3	0,7	0,0	1499
	30°—25°	94,8	2,7	0,4	1,7	0,4	0,5	1282
	25°—20°	93,6	5,2	0,1	0,9	0,2	1,6	1274
August	50°—45°	19,6	21,2	28,3	27,5	3,4	3,0	1313
	45°—40°	37,6	9,6	25,0	22,5	5,3	3,6	1110
	40°—35°	49,7	6,6	12,2	26,5	5,0	0,4	1370
	35°—30°	67,1	11,2	7,3	12,4	2,0	1,0	1193
	30°—25°	85,4	9,5	0,8	3,3	1,0	1,6	989
	25°—20°	91,0	7,7	0,1	0,7	0,5	0,4	1075
September	50°—45°	23,6	17,9	25,7	30,6	2,2	9,0	1291
	45°—40°	24,7	10,2	26,4	35,9	2,8	7,2	1476
	40°—35°	42,7	4,1	22,7	28,0	2,5	2,8	1686
	35°—30°	47,0	10,6	12,7	24,9	4,8	0,5	1572
	30°—25°	69,2	17,2	2,9	8,8	1,9	0,0	1458
	25°—20°	84,7	10,8	0,7	2,3	1,5	0,3	1388
Oktober	50°—45°	11,2	14,9	39,1	30,1	4,7	8,3	1775
	45°—40°	18,9	14,8	32,5	30,4	3,4	7,5	2039
	40°—35°	31,5	10,6	25,9	27,8	4,2	3,1	1696
	35°—30°	43,2	20,1	14,7	17,5	4,5	2,5	1835
	30°—25°	62,4	16,7	8,7	8,4	3,8	0,5	1541
	25°—20°	73,0	19,1	4,3	2,4	1,2	0,6	1651

Monat	Abschnitte des Weges N-Br.	N bis ONO %	O bis SSO %	S bis WSW %	W bis NNW %	Mallungen und Stillen %	Stürme %	Anzahl der Beobachtungen
November	50°—45°	22,4	24,6	27,2	24,2	1,6	10,5	1130
	45°—40°	18,5	15,6	31,1	31,8	3,0	14,0	1505
	40°—35°	26,0	17,3	27,9	26,1	2,7	7,2	1302
	35°—30°	29,9	22,9	23,3	19,5	4,4	4,5	1565
	30°—25°	33,3	26,7	21,4	14,9	3,7	3,5	1560
	25°—20°	46,1	27,8	13,3	9,0	3,8	0,6	1652
Dezember	50°—45°	16,8	20,4	35,0	25,9	1,9	17,5	1147
	45°—40°	21,3	15,7	33,5	27,6	1,9	21,6	980
	40°—35°	29,1	9,9	37,9	20,9	2,2	10,2	1118
	35°—30°	36,5	17,4	20,0	21,2	4,9	5,4	1238
	30°—25°	38,6	18,3	25,2	15,1	2,8	2,9	1084
	25°—20°	47,9	22,4	17,3	7,5	4,9	1,8	1450

Einige Hauptzüge der Windverhältnisse, die sich bei der Betrachtung der Tabelle ergeben, sind die folgenden:

Westliche Winde sind im Süden von 40° N-Br. am meisten herrschend von November bis Februar, am wenigsten im Juni, Juli und August. In diesen drei Monaten kommt der Wind von 45° N-Br. an mit überwiegender Häufigkeit aus den beiden nördlichen Kompaßvierteln, und von 40° N-Br. an sind nordöstliche Winde bei weitem vorwiegend.

Im Norden von 40° N-Br. sind westliche Winde während des ganzen Jahres vorherrschend, mit Ausnahme der Monate März und Mai. Im März beginnt das Vorwiegen östlicher Winde erst in 45° N-Br. und bleibt dann auch für die beiden Abschnitte südlich von 40° N-Br. bestehen. Im Mai wehen dagegen die östlichen Winde schon von 50° N-Br. an mit großer Häufigkeit; doch zeigt sich, daß sie meist nicht ohne Unterbrechung in das Passatgebiet hineinführen, indem zwischen 40° und 35° N-Br. westliche Winde als die vorherrschenden auftreten.

Den ganzen Weg bis 30° N-Br. betrachtet, sind entgegenwehende südwestliche Winde durchschnittlich am häufigsten in den Monaten Dezember, Januar und Februar (33 %), am wenigsten häufig im Mai, Juni und Juli (16 %).

Die von der Steuerbordseite des Weges kommenden nordwestlichen Winde überwiegen fast ausnahmslos und meist in erheblichem Maße die von Backbord kommenden südöstlichen. Am meisten ist dies der Fall in den Monaten Juni, Juli, September und Mai und auf der Strecke vor der Küste von Portugal, am wenigsten im März, Februar und November und auf den Abschnitten nördlich von 45° und südlich von 35° N-Br.

Die Stürme erreichen ihre größte Häufigkeit im Dezember und Januar; im Juni und Juli, zu welcher Zeit Stürme fast gänzlich fehlen, sind sie am seltensten. Die Sturmhäufigkeit nimmt von Norden nach Süden sehr rasch und regelmäßig ab. Eine Ausnahme bilden nur die Monate November und Dezember, in denen Stürme nicht auf dem nördlichsten, sondern auf dem Wegesabschnitt zwischen 45° und 40° N-Br., in der Umgebung von Kap Finisterre am häufigsten sind. Von Mai bis August ist die Strecke südlich von 40° N-Br. als sturmfrei anzusehen.

Windstillen im Grenzgebiete des Passates, zwischen 35° und 30° N-Br., werden am meisten von September bis Dezember, am wenigsten im Juli angetroffen.

Die Windverhältnisse im Nordostpassat.

Die zweite, die Nordostpassatstrecke, rechnen wir von der Breite von Madeira bis nach 10° N-Br. Auf dem nördlichen Teile davon, dessen mittlere Windverhältnisse in der vorstehenden Tabelle mit aufgeführt sind, treten westliche Winde noch am häufigsten in den Monaten November, Dezember und Januar auf, zu welcher Zeit sie zwischen 30° und 25° N-Br. 35 bis 40% und zwischen 25° und 20° N-Br. noch 20 bis 25% aller Winde ausmachen.

Winde aus den beiden östlichen Kompaßvierteln überwiegen in allen Jahreszeiten, am wenigsten in den genannten vier Wintermonaten, in welchen ihre Häufigkeit zwischen 25° und 20° N-Br. indessen noch 70 bis 75% beträgt, am meisten im Juni, Juli und August. Alsdann erreicht ihre Häufigkeit 90 bis 100%. Im ganzen Jahre herrschen nordöstliche Winde weitaus vor; auf diese allein kommen in der Mitte des Sommers nahezu 95% aller Winde, doch treten im Spätherbst und im Winter auch vielfach südöstliche Winde auf. Diese erreichen ihre größte Häufigkeit mit etwa 27% im November und Februar. Im Oktober, Dezember und Januar ist ihr Prozentsatz etwas geringer, 18 bis 20%. Von April bis August machen sie weniger als 10% aus und verringern sich im Juni bis auf 3%. Das häufigste Vorkommen der südwestlichen Winde (17 bis 21%) fällt, wie das der westlichen Winde, in die Monate November, Dezember und Januar, und in dieselbe Jahreszeit fällt auch das häufigste Vorkommen der Windstillen und Mallungen und der Stürme. Die Häufigkeit der letzteren geht übrigens im Süden von 25° N-Br. selbst im Winter nicht über 2% hinaus.

Die polare Passatgrenze, welche im Mittel etwa mit dem Parallel von Madeira zusammenfällt, ist sowohl allmählichen jahreszeitlichen Verschiebungen als unregelmäßigen Schwankungen unterworfen. Die ersteren sind nicht sehr erheblich. Die durchschnittlich nördlichste Lage der Passatgrenze ist etwa in 36° N-Br. in den Monaten Juni und Juli; die südlichste, von Dezember bis Februar, in etwa 28° N-Br. Der mittlere Unterschied zwischen Sommer- und Winterlage beträgt mithin nur 8° in Breite. Bei den unregelmäßigen Schwankungen, hervorgerufen durch die Veränderungen des Luftdruckes am Nordrande des Passatgebietes, verlegt sich dagegen die Passatgrenze nicht selten innerhalb weniger Tage um mehr als 10° nach Norden oder Süden. Durch diese Schwankungen werden die jahreszeitlichen Verschiebungen meist gänzlich verdeckt. Oft genug kommt es vor, daß sich für den früheren Monat eine durchschnittlich nördlichere oder südlichere Lage ergibt als für den späteren, umgekehrt wie es eigentlich sein sollte; auch zeigen dieselben Monate verschiedener Jahre oft große Abweichungen voneinander.

Ein deutliches Beispiel der ersteren Erscheinung zeigt die Fig. 59 (S. 333) im vorigen Abschnitte. Vergleicht man hier die durchschnittliche Lage der Passatgrenze im Oktober mit der im November 1880, so findet man, daß sie im November etwa 5° nördlicher war als im Oktober. Andererseits kann der Monat Dezember der Jahre 1876 und 1877 als Beispiel aufgeführt werden. Nach den Zusammenstellungen der Deutschen Seewarte ergibt sich für diese Jahre als mittlere polare Passatgrenze für Dezember 1876 26° N-Br., für Dezember 1877 dagegen 31° N-Br. Im Jahre 1876 hatte das Passatgebiet den ganzen Spätherbst hindurch geringe Ausdehnung nach Norden; im November erhielten die Schiffe den Passat durchschnittlich erst in 21°, in einzelnen Fällen sogar erst in 16° N-Br.

Die polare Passatgrenze (vgl. Taf. 21 bis 24, 2. Aufl. des Atlasses und die Monatskarten für den Nordatlantischen Ozean) verläuft auf dem östlichen Teile des Nordatlantischen Ozeans gewöhnlich nicht von West nach Ost, sondern zieht sich gegen die Küste hin nach Norden hinauf, so daß die Schiffe den Passat um so früher erhalten, je näher sie der Küste stehen. Vergleicht man die Beobachtungen von Mitseglern, die gleichzeitig, aber in verschiedenen Längen das Passatgebiet erreichen, so findet man diese Regel in den allermeisten Fällen bestätigt. Beispielsweise möge hier angeführt werden, daß von 22 Fällen gleichzeitiger Beobachtungen nach meteorologischen Tagebüchern der Deutschen Seewarte 18 eine nördlichere und nur 4 eine südlichere Lage der Passatgrenze für die östlicheren Schiffe ergaben. Im Mittel aus allen 22 Fällen ergab sich für 5° östlichen Längenunterschied ein Unterschied in der Breite von etwa 3° N-Br., d. i. ein Verlauf der polaren Passatgrenze in der Richtung NOzO.

Die äquatoriale Passatgrenze wird nur während eines kleinen Teiles des Jahres, nämlich in den Monaten Juli, August und September, nördlich von 10° N-Br. gefunden. Ihr Verhalten wird deshalb besser mit den Windverhältnissen des dritten Abschnittes besprochen.

Die vorherrschende Richtung des Passates auf dem Wege von Europa nach der Linie ist Nordost, häufig nach Nordnordost, seltener nach Ostnordost neigend, ist sie oft zu sehr von hinten, um auf dem Südsüdwestkurse der Schiffe die volle Segelkraft zur Wirkung zu bringen. Mitunter, wenngleich verhältnismäßig selten, und hauptsächlich in den Spätherbst- und Wintermonaten, kommt es indessen auch vor, daß der Passat für längere Zeit und durch die ganze Breite seines Gebietes aus einer Richtung südlich von Ost weht, doch ist er wohl selten so schral, daß die Schiffe nicht bequem ihren Kurs einhalten könnten. Es ist ihnen hier viel öfter die zu raume als die zu schrale Windrichtung hinderlich. Gewöhnlich kommt der Passat näher der Festlandküste aus einer mehr nördlichen, weiter landabwärts aus einer mehr östlichen Richtung.

Schwankungen der Passatstärke. Obgleich der Passat sehr viel gleichmäßiger weht als die Winde höherer Breiten, so zeigt seine Stärke doch auch beträchtliche Schwankungen, indem Zeiten steifen Passatwindes von bald längerer, bald kürzerer Dauer mit solchen leichter Brise oder selbst mit Windstillen abwechseln. Diese Erscheinungen hängen mit Änderungen der Luftdruckverteilung im Passatgebiete, vornehmlich mit den Luftdruckänderungen an dessen polarer Grenze zusammen, wo die Schwankungen des Barometers bedeutend größer sind als an der äquatorialen Grenze. Bei Zunahme des Druckes im Norden muß begreiflicherweise frischerer, bei Abnahme des Druckes — immer vorausgesetzt, daß der Barometerstand an der Südgrenze derselbe bleibt — flauerer Passat eintreten. Entsprechend der größeren Veränderlichkeit der Druckverhältnisse ist die Veränderlichkeit der Stärke des Passates und seine Unzuverlässigkeit auch an den Grenzen seines Gebietes am größten. Dies gilt nicht nur für das polare, sondern auch für das äquatoriale Grenzgebiet; denn wenn in dem letzteren auch die Barometerschwankungen bedeutend kleiner sind, so treten in der Nähe des Äquators doch auch schon bei sehr geringen Änderungen in der Druckverteilung beträchtliche Änderungen der Richtung und Stärke der Luftbewegung ein. Mit der größten Beständigkeit wie mit der größten durchschnittlichen Stärke weht der Passat in der Mitte seines Gebietes. Die Lage dieses Striches frischesten Passates ist je nach der Jahreszeit verschieden. Im Sommer wird er auf dem Wege nach der Linie etwa zwischen 25° und 20°, im Winter zwischen 17° und 12° N-Br. gefunden.

Der Passat weht im ersten Halbjahre, während sich die Sonne nach Norden bewegt, meist frischer als in der zweiten Jahreshälfte. Seine durchschnittlich größte Stärke hat er im Februar und März, seine geringste im September. Indessen weichen auch in dieser Hinsicht die einzelnen Jahre oft erheblich voneinander ab.

Wie von der geographischen Breite, so ist die Windstärke im Passat in gewissem Sinne auch von der Länge abhängig, und zwar insofern, als sie in weitem Abstande von der Küste von Afrika größer zu sein pflegt als in der Nähe der letzteren. Dies gilt indessen nur für das Gebiet südlich von 20° N-Br., wo die Küste nach Süden und Südosten umbiegt, der Passat also mehr aus dem Lande kommt, vornehmlich auch nur für die Sommermonate, wenn das stark erwärmte Land zu luvwärts seinen hemmenden Einfluß auf den Passat am meisten geltend machen kann. Im nördlichen Teile des Passatgebietes weht der Wind im Sommer zwischen Madeira und der afrikanischen Küste eher frischer als weiter landabwärts, und im Winter ist die Einwirkung des Landes auch im Süden von 20° N-Br. nur gering. Man darf dann im Osten der Kapverden die gleiche Windstärke erwarten wie im Westen dieser Inseln.

Stürmisches Wehen des Passates, welches zuzeiten vorkommt, wird begreiflicherweise auf der Fahrt nach Süden bei der raumen Richtung des Windes nicht unbequem. Es muß hier jedoch bemerkt werden, daß in den

Monaten August, September und Oktober Schiffe schon wiederholt an der Südgrenze des Passatgebietes, wenn diese eine sehr nördliche Lage hatte, von schweren Stürmen betroffen worden sind, welche alle Eigenschaften tropischer Orkane zeigten. Vgl. hierzu: Wirbelstürme bei den Kap Verden, S. 174 ff.

Die Windverhältnisse im Äquatorialgebiet.

Wird auf der Strecke im Nordostpassat die Fahrt von den Verhältnissen am meisten begünstigt, so muß dagegen der nun noch folgende letzte Abschnitt, welcher durch den Äquatorialstillengürtel führt, wegen des langen Aufenthaltes, den die Windstillen und leichten, veränderlichen oder auch südlichen Winde den Schiffen hier verursachen, neben der Strecke im Norden von 40° N-Br. als der schwierigste des Weges angesehen werden.

Der Gürtel der Windstillen und des niedrigsten Luftdruckes, welcher das Gebiet des Südost- von dem des Nordostpassates trennt, erfährt im Laufe des Jahres große Verschiebungen. Dies bewirkt, daß die zwischen 10° N-Br. und der Linie herrschenden Winde je nach der Jahreszeit verschieden sind, indem zeitweilig das eine, in der entgegengesetzten Jahreszeit das andere Passatgebiet den größten Teil dieser Zone einnimmt.

Von Januar bis April hat der Stillengürtel eine sehr südliche Lage. Das Gebiet des Nordostpassates erstreckt sich jetzt bis nach 2° bis 3° N-Br., ja zuzeiten bis über die Linie hinaus, während der Südostpassat erst in der Nähe oder südlich der Linie angetroffen wird. Diese Jahreszeit ist für die Durchsegelung der Äquatorialzone im allgemeinen am günstigsten, denn meistens behalten die Schiffe auch im Stillengürtel eine schwache, vorwiegend östliche Brise, ja oft vollzieht sich der Übertritt von einem Passatgebiet in das andere ganz ohne Aufenthalt, in einer Bö oder mit einem allmählichen Herumholen des Windes von Nordost durch Ost nach Südost. Die Scheide zwischen den beiden Passaten ist dann oft nur durch den niedrigsten Stand des Barometers und die fast regelmäßig eintretenden elektrischen Erscheinungen zu erkennen. Einen solchen günstigen Verlauf nimmt die Fahrt jedoch — wohl zu bemerken — vornehmlich nur auf der Westseite des Ozeans. Auf der Ostseite gelangen die Schiffe vom Nordost- zum Südostpassatgebiete selten, ohne längeren Aufenthalt durch Windstillen oder Mallungen; gewöhnlich einen um so längeren, je weiter östlich sie stehen. Wie die Tafeln 21 bis 24 der 2. Auflage des Atlasses zeigen, bildet das Stillengebiet zwischen den äquatorialen Grenzen der beiden Passate nicht einen überall gleich breiten Streifen, sondern ein Dreieck, dessen Grundlinie sich an der Küste von Afrika befindet und dessen Spitze nach Westen gekehrt ist.

Im Mai und Juni sind die Passate in einer raschen Verschiebung nach Norden begriffen. Der Südostpassat dringt bis nach etwa 6° N-Br. vor, während der Nordostpassat bis nach etwa 10° N-Br. zurückweicht. Als mittlere Lage der Passatgrenzen in diesen beiden Monaten kann man 7° und 4,5° N-Br. annehmen. Das Nordostpassatgebiet pflegt sich auch jetzt an der Westseite des Ozeans etwas weiter nach Süden zu erstrecken als auf der Ostseite. In der Breitenausdehnung des Stillengürtels, die gegen früher erheblich zugenommen hat, zeigt sich indessen zwischen Ost und West nur wenig Unterschied. Ja im Juni sind die Schwierigkeiten, vom Nordost- zum Südostpassatgebiete zu gelangen, im Osten meistens noch weniger groß, da hier bereits im südlichen Teile des Stillengürtels der Südwestmonsun zu wehen beginnt, der zuerst an der Guineaküste auftritt und mit der zunehmenden Erwärmung Nordafrikas mehr und mehr des westwärts liegenden Ozeangebietes in seinen Bereich zieht. Als eine im Mai und Juni eigentümliche Erscheinung ist zu bemerken, daß der Südostpassat in der Nähe der Linie häufig aus Ostsüdost und selbst Ost weht, während er nördlich sowie auch südlich von diesem Meeresstriche aus Südost bis Südsüdost kommt.

Im Juli, August und September liegen die Passatgrenzen am weitesten nach Norden verschoben. Der Stillengürtel befindet sich zum größten Teile nördlich von 10° N-Br. Der Nordostpassat reicht im Mittel nicht weiter als bis 13°, das Gebiet des Südostpassates dagegen bis nach etwa 9° N-Br. Der Südostpassat behält seine südöstliche Richtung jedoch nicht bis an seine Grenze, sondern holt nördlich der Linie durch Süd nach Südwest und bildet so in seinem nördlichen Teile den Südwestmonsun, dessen Gebiet sich jetzt von der Küste von Afrika westwärts bis über 30° W-Lg. hinaus erstreckt. Das Herumholen des Windes durch Süd nach Südwest oder, wie es sich auf der Fahrt nach Süden darstellt, von Südwest durch Süd nach Südost findet gewöhnlich in 4° bis 5° N-Br. statt. In erheblichem Maße ist dies jedoch von der Länge abhängig. Je östlicher und je näher der Küste von Afrika man sich befindet, desto später holt der Wind für ein von Norden kommendes Schiff durch Süd. Im Osten von 10° W-Lg. kommt er noch im Süden der Linie aus einer Richtung westlich von Süd. Der Südostpassat wird demnach um so raumer, einmal, je weiter südlich ein Schiff gelangt, andererseits aber auch, je weiter westlich es steht. Dies gilt für alle Jahreszeiten mit Ausnahme der Monate Mai und Juni, in denen der Passat auf südlicher Breite oft schraler ist als in der Nähe der Linie und in denen er auch an der Küste von Brasilien oft schraler ist als zwischen 30° und 20° W-Lg. Betrachtet man den Verlauf der Passatgrenzen auf der Tafel 23, 2. Auflage des Atlasses, so kann es auf den ersten Blick scheinen, als wäre das Stillengebiet im Juli und bis September, ebenso wie in den Winter- und ersten Frühlingsmonaten, auf der Ostseite des Ozeans bedeutend breiter als auf der Westseite. Wie die Windangaben zeigen, ist dies jedoch nur scheinbar und erklärt sich aus der Zeichnung der Südostpassatgrenze, welche hier die Linie bedeutet, in der der Wind gewöhnlich die rechtweisende Richtung Süd annimmt. In Wirklichkeit wird die östliche Hälfte des Raumes zwischen den Passatgrenzen in dieser Jahreszeit zum größten Teile vom Südwestmonsun eingenommen, die äquatorialen Windstillen sind im Westen von 30° W-Lg. viel häufiger als im Osten. Schiffe, die an der Ostseite der Kapverden nach Süden steuern, haben gegen die in westlicherer Länge jetzt außerdem noch oft den Vorteil, daß der Wind vom Nordostpassat über Nordwest ohne längere Unterbrechung durch Stillen und Mallungen in den Südwestmonsun übergeht und dann aus einer westlicheren Richtung weht und mehr Süd zu machen gestattet als auf dem Wege im Westen der Inseln.

Oktober, November und Dezember bilden die Jahreszeit, in der sich die Verschiebung des Systems nach Süden vollzieht. Im Oktober sind die Verhältnisse noch ähnlich wie im Sommer. Der Stillengürtel wird noch teilweise vom Südwestmonsun eingenommen, und da sich der letztere wiederum am längsten an der Ostseite des Meeres zu erhalten pflegt, so sind hier in diesem Monate die Schwierigkeiten nach Süden zu gelangen, oft geringer als auf der Westseite. Im November und Dezember zeigen sich dagegen schon die Verhältnisse der Wintermonate, im Osten eine größere Breitenausdehnung des Stillengürtels und eine größere Häufigkeit der Windstillen als im Westen (siehe Tafel 24, 2. Auflage des Atlasses). Als mittlere Lage der Passatgrenzen in den drei Monaten kann nahezu wie für Mai und Juni 7° und 4° N-Br. angenommen werden.

Die äquatorialen Grenzen der Passatgebiete sind ähnlich wie die polaren neben den soeben geschilderten jahreszeitlichen Verschiebungen auch unregelmäßigen Schwankungen unterworfen, die, wenn auch weniger beträchtlich wie bei den polaren, doch nicht selten die Breite, in der der Nordostpassat aufhört oder der Südostpassat einsetzt, innerhalb weniger Tage um 3° bis 4° verändern (vgl. die Fig. 59 auf S. 333 im vorigen Abschnitte). Infolgedessen liegt der Stillengürtel bald nördlicher, bald südlicher, ist bald breiter, bald schmaler. Häufig sind auch die abwechselnden Zustände von längerer Dauer. So kommt es, daß manchmal ein Schiff den Südostpassat in vergleichsweise nördlicher Breite erfaßt und gleich behält, während ein anderes, welches zur selben Zeit nur um ein Geringes nördlicher steht oder nicht genügend Segel fährt, um mit der nach Süden zurückweichenden Passatgrenze Schritt halten zu können, nach der Bö oder den leichten Brisen, womit sich die Nähe des Passates ankündigte, wieder tagelange Windstillen erfährt. Die erheblichen Unterschiede in der Fahrzeit von Mitseglern auf dem hier in

Rede stehenden Abschnitte werden zum großen Teile durch solche Vorgänge verursacht.

Auch die folgende Zeichnung, Fig. 61, in der ein Punkt die von einem Schiffe gefundene Grenze des Nordostpassates, ein Kreis die von einem Schiffe gefundene Grenze des Südostpassates bezeichnet und ein Punkt in einem Kreise anzeigt, daß die beiden Passate ohne Mallung ineinander übergingen, gibt ein Bild täglicher Verschiebungen der äquatorialen Passatgrenzen zwischen 26° und 29° W-Lg. Vom 25. bis 30. April schwankten die Grenzen zwischen 2° und 5° N-Br., beide Passate gingen indessen ohne Mallung ineinander über. Am 2. Mai lag die Südgrenze des Nordostpassates auf 6°, die Nordgrenze des Südostpassates aber auf 2° N-Br. Am 4. Mai lagen die Grenzen wieder dicht zusammen in 4° N-Br., aber schon am 5. Mai hatten sie ein fünf Grad breites Stillengebiet zwischen sich. Die Südgrenze des Nordostpassates hatte sich wieder nach 6°, die Nordgrenze des Südostpassates sogar nach 1° N-Br. zurückgezogen. Dann finden wir am 6., 7. und 8. Mai die Grenzen in 2° N-Br. wieder nahe beisammen, am 11. liegt ein windstilles, 120 Sm breites Gebiet zwischen ihnen, vom 13. bis 15. Mai fallen sie wieder zusammen, verschieben sich in dieser Zeit indessen südlich; am 17. sehen wir die Südgrenze des Nordostpassates auf 7° N-Br. zurückgegangen, und schon am 18. Mai fanden wieder 4 Schiffe den Übergang vom Nordostpassat in den Südostpassat ohne Mallung in 3° N-Br.

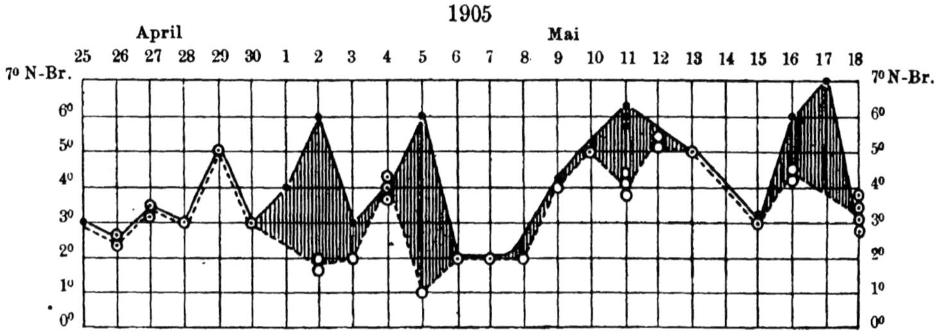

Fig. 61. Passatgrenzen im Äquatorialgebiet des Atlantischen Ozeans zwischen 26° bis 29° W-Lg.

Wie bereits bemerkt, kommen die flauen, veränderlichen Brisen, mit denen die Breiten der Stillen am Äquator zurückgelegt werden müssen, zur Zeit der südlichen Lage der Passatgrenzen vorwiegend aus östlicher Richtung. Dies gilt für alle Monate von November bis Mai. Von Juni bis Oktober sind dagegen die Mallungen vorherrschend westlich und südlich. Die Schwierigkeit, welche sie dann den südwärts bestimmten Schiffen bereiten, wird noch dadurch vermehrt, daß in dieser Jahreszeit im Stillengürtel und besonders im Südwestmonsungebiet oft eine sehr unruhige, kurze und unbequeme südliche See auftritt. Der Südwestmonsun weht oft längere Zeit frisch und gleichmäßig, häufig aber auch unregelmäßig und in Böen. Die Böen im Stillengürtel sind, wenn auch von sehr drohend aussehenden Wolken begleitet, doch nur selten von gefährlicher Heftigkeit. Sie sowohl als die Regengüsse, welche die Äquatorialgegend auszeichnen, pflegen weniger in der Mitte des Stillengürtels als an den Grenzen der Passate und des Südwestmonsuns aufzutreten.

Weiteres über die Windverhältnisse vgl. Monatskarten für den Nordatlantischen Ozean.

Die Strömungen.

(Vgl. hierzu auch Fig. 7, S. 29 und den Text S. 26 ff. sowie auch die Monatskarten für den Nordatlantischen Ozean.)

Von den Strömungen, welche auf dem Wege von Europa nach der Linie gefunden werden, sind am wichtigsten die der Äquatorialzone. Von dem Einfluß der in die Bucht von Biscaya setzenden Strömung werden die meisten Schiffe, da sie vom Englischen Kanal ausgehen und gewöhnlich in ziemlich großer Entfernung von Kap Finisterre bleiben, nur wenig berührt, und ebenso wenig braucht die günstige Strömung längs der Küste von Portugal und Nordafrika bei der Möglichkeit auf modernen Schiffen, die Länge genau zu bestimmen, bei der Wahl der Kurse sehr berücksichtigt zu werden, es sei denn, daß die Schiffe in große Nähe des Festlandes und der Inseln geraten und die Ortsbestimmung infolge ungewöhnlich widriger Umstände sehr unzuverlässig ist. Von erheblich größerer Wichtigkeit sind darum die quer zum Kurse setzenden Strömungen im Süden von 10° N-Br., der Guinea- oder Aquatorial-Gegenstrom und der Äquatorialstrom.

Der Guineastrom, der in östlicher Richtung setzt, tritt im Stillengürtel und im Südwestmonsungebiet auf. Er erreicht seine größte Ausdehnung und Stärke, die indessen 1½ Knoten selten übersteigt, zu gleicher Zeit mit dem Südwestmonsun. Überhaupt fällt sein Auftreten auf dem Wege nach der Linie vornehmlich in die Monate, in denen die Brise zwischen den Passaten vorherrschend westlich ist, also in die Monate Juni bis Oktober. Gelegentlich wird er hier jedoch auch in anderen Jahreszeiten gefunden. Am Nordufer der Bucht von Guinea zeigt er sich beständig. Der Guineastrom pflegt in seinem nördlichen Teile mehr nach Südost, im südlichen Teile mehr nach Nordost zu setzen.

Haben die Schiffe auf dem Wege nach Süden im Sommer den westlich bis südwestlich setzenden Nordäquatorialstrom passiert, so pflegt sie bei weiterem Fortschreiten nach Süden der Guienastrom zunächst nach Südosten und dann nach Nordosten zu versetzen, bis sie in den Südäquatorialstrom gelangen, der sie anfangs nach Nordwesten und dann nach Westen setzt.

Der Süd- oder Hauptäquatorialstrom läuft im nördlichen Teile des Südostpassatgebiets nach WNW bis W. Sein Gebiet verschiebt sich mit der Passatgrenze nach Süden und nach Norden, geht aber in den Längen, welche auf dem Wege nach der Linie berührt werden, nicht über die Breite hinaus, wo zur Zeit des Monsuns der Wind durch Süd nach Südwest holt. Er herrscht während des ganzen Jahres, am stärksten ebenfalls von Juni bis Oktober und nahe der Passatgrenze. Im Juni 1882 wurde zwischen 20° und 30° W-Lg. und zwischen 0° und 4° N-Br. für längere Zeit die außerordentliche Stromstärke von 3 bis 3½ Knoten beobachtet. In westlicherer Länge war der Strom nicht so stark, und auffallend schwach war er zwischen der Linie und 2° S-Br. Weiter südlich, zwischen 2° und 5° S-Br., setzte er dagegen wieder mit 1½ bis 2 Knoten Geschwindigkeit nach W bis WSW.

Begreiflicherweise ist die Berücksichtigung des Äquatorialstromes von großer Wichtigkeit, um beurteilen zu können, ob man von der Stellung aus, die man beim Betreten des Südostpassatgebiets einnimmt, von der Küste von Brasilien auf einem Schlage freizusegeln imstande sein wird. Der Guineastrom muß in Rechnung gezogen werden, wenn man ermessen will, bis zu welcher Länge man wahrscheinlich durch den Monsun geführt werden wird, bevor man den Südostpassat erreicht. Es ist ein günstiges Zusammentreffen, daß in derselben Jahreszeit, in welcher die westliche Versetzung im Äquatorialstrom am meisten befürchtet werden muß, auch der Guineastrom am meisten mithilft, eine östliche Stellung an der Südostpassatgrenze zu gewinnen.

Ergebnisse früherer Untersuchungen.

Zur Beantwortung der Frage, welcher Weg von Europa nach der Linie am vorteilhaftesten ist, geben wir jetzt noch die Ergebnisse früherer Untersuchungen, von denen als die wichtigsten die von Maury, Kerhallet, Neumayer, dem Niederländischen Meteorologischen Institut und Toynbee hier anzuführen sind. Wir lassen die betreffenden Stellen der Veröffentlichungen darüber soweit wie möglich im Wortlaut folgen.

L. F. Maury, U. S. N.

Explanations and Sailing Directions to accompany the Wind and Current Charts. Vol. II. Eighth Edit. Washington 1859. S. 372 heißt es: „In der Regel ist es am besten, man sucht 40° N-Br. in 19° bis 20° W-Lg. zu schneiden, ferner 35° N-Br. in etwa 22° W-Lg., 30° N-Br. in 24° bis 25° W-Lg. und steuert dann nach einem Schnittpunkt der Linie zwischen 28° und 31° W-Lg. Dieser Weg mag ein wenig nach der Jahreszeit und jedesmal nach den angetroffenen Wind- und Wetterumständen verändert werden; aber daß es der Weg ist, welcher im Durchschnitt die raschesten Reisen ergeben wird, daran zweifle ich nicht. Er ist weniger stürmisch als der Weg längs der Küste, welchen man jetzt verfolgt, und der Wind ist beständiger.“

Ferner S. 376: „Mit der jetzt gewonnenen Einsicht können wir bezüglich des besten Weges von Lizard nach der Linie, wie folgt, schließen:

1. daß es am besten ist, den Parallel von 40° N-Br. etwa in 19° und 20° W-Lg. zu kreuzen und dann weiter zu verfahren, wie auf S. 372 angegeben ist. (Siehe vorher.);

2. daß sowohl der Nordostpassat als die veränderlichen Winde am unzuverlässigsten in der Nähe der Küste sind, und daß aus diesem Grunde ein guter Abstand sowohl von der Pyrenäischen Halbinsel als von Afrika wünschenswert ist;

3. daß für Schiffe, welche von Europa nach einem Hafen am Indischen Ozean oder jenseits desselben bestimmt sind, ein westlicher Schnittpunkt der Linie vorteilhafter ist als ein östlicher;

4. daß es besser ist, außerhalb als innerhalb der Kapverden zu passieren;

5. daß man im Winter und Frühling die besten Reisen von Lizard nach der Linie erwarten darf, während Sommer und Herbst ungünstig für rasche Fahrten sind;

6. daß die mittlere Reisedauer von Lizard nach der Linie auf dem äußeren Wege gegenwärtig 31½ Tage ist, und daß auf dem westlicheren Wege, welcher hier empfohlen wird die mittlere Fahrzeit von Lizard nach der Höhe des Kaps der Guten Hoffnung um 3 oder 4 und die Reise nach Indien um 6 bis 8 Tage abgekürzt werden kann."

Im Anschluß an den westlicheren Weg nach der Linie empfiehlt Maury auch eine südlichere Breite als sonst genommen wurde, beim Ablaufen der Länge im Südatlantischen und im Indischen Ozean.

Ch. Phil. de Kerhallet,

Capitaine de Vaisseau. General Examination of the Atlantic Ocean, nach der dritten französischen Ausgabe von 1853, übersetzt von R. H. Wyman U. S. N. Washington 1870. S. 155 ff.: „Schiffe, welche von Europa nach den Häfen von Südamerika, wie Rio de Janeiro oder Buenos Aires, bestimmt sind, sollten zwischen Süd und West steuern, um sobald wie möglich den Nordostpassat zu erreichen, indem sie zwischen den Azoren und Madeira oder Madeira und den Kanarien passieren. Wenn nicht beabsichtigt wird, die letzteren Inseln anzulaufen, sollten sie westlich davon bleiben.

Für eine lange Zeit ist es Regel gewesen, die Linie in 18° bis 20° W-Lg. zu schneiden. Zahlreiche Erfahrungen haben indessen gezeigt, daß es vorteilhafter ist, sie in 23° bis 28° W-Lg. zu kreuzen. In der Tat ist die Zone der Äquatorkalmen zwischen diesen Meridianen schmaler als näher der Küste von Afrika, und die Schiffe gelangen dort oft vom Nordost- zum Südostpassatgebiet, ohne Windstillen zu erfahren, indem sich die Windänderung in einer Bö vollzieht. Was die Gefahr anbetrifft, durch den Äquatorialstrom nach Westen gegen Kap San Roque getrieben zu werden, so scheint es, daß sie sehr übertrieben dargestellt worden ist, und daß andererseits der Passat in dieser Gegend eine viel östlichere Richtung hat. Daraus würde hervorgehen, daß es nicht sehr schwierig ist, sich von Kap San Roque freizusegeln. Im allgemeinen weht der Wind in dem an der Küste von Brasilien gelegenen Meeresstriche hauptsächlich in den Monaten Oktober bis März quer gegen die Küste. Während dieser Jahreszeit kann man sich also dem Lande ohne Gefahr nähern, denn der Wind ist gewöhnlich NO bis ONO, und der Strom setzt nahe der Küste nach S. Der Weg ist solcherweise, wie wir gesagt haben, äußerst leicht. Von März bis Oktober dagegen weht der Wind aus O bis OSO, und da der Strom in der Nähe des Landes nach Norden setzt, ist es bei einer Bestimmung nach Rio oder Buenos Aires vorteilhafter, 120 bis 150 Sm von der Küste entfernt zu bleiben, wo man sich in dem gewöhnlichen, nach SW setzenden brasilianischen Küstenstrom befindet.

Dr. G. Neumayer, der erste Direktor der Deutschen Seewarte,

Results of the Meteorological Observations taken in the Colony of Victoria during the years 1859 bis 1862 and of the Nautical Observations, collected and discussed at the Flagstaff Observatory, Melbourne, during the years 1858 bis 1862. Melbourne 1864. S. 314 ff. wird in einer Diskussion von 300 Reisen nach Australien untersucht, ob auf dem Wege von Lizard nach Kap San Roque eine östliche oder eine westliche Route vorteilhafter sei.

Die Reisen werden getrennt, je nachdem die Schiffe östlich oder westlich von den Kapverden passieren, und für beide Gruppen wird die mittlere Fahrgeschwindigkeit für jeden Monat und für jeden Abschnitt von 5° Breite, sowie auch für den ganzen Weg von 50° N-Br. bis zur Linie berechnet. Als mittlere Fahrgeschwindigkeit auf dem ganzen Wege wird erhalten:

	auf dem östlichen Wege:		auf dem westlichen Wege:	
im Januar	5,28	Knoten,	5,62	Knoten,
„ Februar	4,78	„	5,08	„
„ März	5,23	„	5,25	„
„ April	5,72	„	5,26	„
„ Mai	5,49	„	5,04	„
„ Juni	5,36	„	4,89	„
„ Juli	5,43	„	4,98	„
„ August	5,10	„	4,63	„
„ September	4,65	„	4,78	„
„ Oktober	4,63	„	4,94	„
„ November	5,32	„	5,43	„
„ Dezember	4,98	„	4,75	„

Hieran anschließend heißt es: „Betrachten wir die hier angeführten Kolumnen, so sehen wir sogleich, daß in den Monaten April bis August die mittlere Geschwindigkeit auf der östlichen Route bedeutend überwiegt, und daß in den Monaten September, November und Dezember sehr wenig Unterschied vorhanden ist, während im Januar, Februar, März und Oktober auf der westlichen Route die mittlere Geschwindigkeit am größten ist. Bei näherer Untersuchung erkennen wir, daß der Unterschied zugunsten der östlichen Route hauptsächlich einer Zunahme in der Fahrgeschwindigkeit zwischen 45° und 20° N-Br., welcher in dem letzten Teile des Frühlings und in den Sommermonaten stattfindet, zugeschrieben werden muß, und diese rührt daher, daß der Nordostpassat, welcher in jener Jahreszeit am weitesten nach Norden reicht, im Osten mit größerer Beständigkeit auftritt. Ein Schiff auf der östlichen Route hat infolgedessen gute Aussicht, den Passat einige Tage eher zu erfassen als auf der westlichen Route."

„Zwischen 10° N-Br. und der Linie, wo alsdann südwestliche Winde vorherrschen, bemerken wir ebenfalls, daß die mittlere Geschwindigkeit auf der östlichen Route größer als auf der westlichen ist. Ziehen wir ferner in Betracht, daß die mittlere Route im Westen länger als im Osten ist — der Unterschied schwankt zwischen 74 und 200 Sm und ist am größten im August — so habeu wir eine vollständige Erklärung, weshalb der östliche Weg im Juni, Juli und August in nahezu fünf Tagen weniger Zeit als der westliche zurückgelegt werden kann. Ein solcher Zeitgewinn ist gewiß von erheblicher Wichtigkeit, um so mehr, als die Abkürzung der Fahrzeit hauptsächlish in dem Gürtel drückend heißen und schwülen Wetters stattfindet."[1])

„Um diesen so wichtigen Gegenstand noch einer näheren Untersuchung zu unterwerfen, mag noch ein Auszug aus den Schnittabellen hier eine Stelle finden.

	West von den Kapverden:		Ost von den Kapverden:	
	Reisedauer: (bis Kap San Roque)	Anzahl der Reisen:	Reisedauer: (bis Kap San Roque)	Anzahl der Reisen:
Januar	30,2 Tage	22	31,9 Tage	8
Februar	33,5 „	7	33,5 „	10
März	31,5 „	8	34,5 „	4
April	30,4 „	8	29,4 „	10
Mai	32,1 „	17	28,2 „	8
Juni	33,6 „	21	28,9 „	8
Juli	34,1 „	17	29,3 „	6
August	35,0 „	24	30,3 „	8
September	35,9 „	15	33,7 „	6
Oktober	32,5 „	11	32,5 „	8
November	28,7 „	23	29,1 „	9
Dezember	33,2 „	20	31,4 „	14

Aus dieser Tafel ersehen wir, daß von April bis September ein entschiedener Vorteil auf der östlichen Route ist, der durchschnittlich 3,5 Tage beträgt; von Oktober bis März zeigt sich nur wenig Unterschied, doch ist derselbe alsdann gewöhnlich zugunsten der westlichen Route. Die Anzahl der Reisen, welche auf der einen und der anderen Route gemacht wurden, stellt sich zu diesem Resultate in einen merkwürdigen Widerspruch; denn fassen wir wieder die Monate April bis September zusammen, so finden wir, daß in diesen Monaten nur 46 Schiffe östlich von den Kapverden blieben, während 102 westlich davon gingen, und in Juni, Juli und August, wenn der Gewinn auf der östlichen Route 4,8 Tage erreicht, ist das Verhältnis der Anzahl, die den einen, zu der, die den anderen Weg ging, noch ungünstiger, nämlich 22 Schiffe auf der östlichen gegen 62 auf der westlichen Route, d. h. von vier Schiffen zog nur eines Vorteil von dem kürzeren Wege.

Die Monate, in denen die östliche Route den meisten Vorteil verspricht, sind dieselben, in welchen die Reisen nach der Linie auf der westlichen Route durchschnittlich am längsten sind. Man ersieht dies sofort aus der vorstehenden Tabelle, wo August und September mit einer Durchschnittsreise von nahezu 36 Tagen erscheinen. Auf der östlichen Route dagegen scheinen in April, Mai, Juni, Juli und August die besten Reisen gemacht zu werden. Der Monat November ist für beide Routen die günstigste Zeit zu einer Reise nach der Linie, indem er auf der einen, wie auf der anderen eine Durchschnittsreisedauer von 29 Tagen von Lizard nach Kap San Roque ergibt."

Nach einer Gegenüberstellung einer Anzahl sehr rascher Reisen auf der östlichen und auf der westlichen Route und einer kritischen Beleuchtung des von Maury und vom Niederländischen Institut gefundenen abweichenden Resultats schließt Neumayers Besprechung des Weges nach der Linie, wie folgt:

„Nach reiflicher Erwägung aller Tatsachen, die auf unsern Gegenstand Bezug haben, rate ich dem Schiffsführer, auf seiner Reise von Europa nach der Linie die nachstehende Regel zu befolgen:

1. Während der Monate Oktober bis März nehme man die äußere oder westliche Route, kreuze die Parallele von 20° und 15° N-Br. in beziehentlich 24° 30′ W-Lg. und 26° W-Lg. und die Linie westlich von 26° W-Lg.;

2. während der Monate April bis September nehme man die innere oder östliche Route, kreuze den Parallel von 20° N-Br. in 20° W-Lg. und den von 15° N-Br. in 21° W-Lg. und schneide die Linie zwischen 23° und 25° W-Lg.

Dies wird im Vergleich zur Reisedauer auf der Route, welche bisher gewöhnlich genommen wurde, einen Gewinn von $2^1/_2$ bis nahezu 5 Tagen herbeiführen."

[1]) Die Schiffe, deren Reisen diskutiert wurden, waren zum großen Teile in der Auswandererbeförderung nach Australien beschäftigt, und der Gesundheitszustand an Bord wurde durch den langen Aufenthalt in der Äquatorialzone oft sehr schädlich beeinflußt.

Das Königlich Niederländische Meteorologische Institut

Zeilaanwijzingen van het Kanaal naar Java. Utrecht 1877. Nach den Journalen von 1569 Reisen wird untersucht, welche Schnittpunkte die Schiffe, die auf den verschiedenen Abschnitten die kürzesten Fahrten machten, einhielten, und hiernach wird für jeden Monat die vorteilhafteste Route kombiniert. Eine zusammenfassende Tabelle am Schlusse der Diskussion gibt als die empfehlenswertesten Schnittpunkte für den Weg vom Englischen Kanale nach der Linie die folgenden:

(Siehe Tabelle S. 362.)

Aus dieser Tabelle geht hervor, daß die Schiffe, welche den Englischen Kanal im Mai, Juni, Juli, September, Oktober und November verlassen, bis 15° N-Br. eine westliche Route nehmen müssen; die im Dezember den Kanal verlassen, müssen östlich (von den Schnittpunkten) bleiben, während wir für die Schiffe, die ihre Reise vom Englischen Kanal im Januar, Februar, März und August antreten, eine auf beiden Seiten begrenzte Route finden.

In den Monaten September und Dezember vom Englischen Kanal ausgehend, muß man östlich von den Kapverden bleiben; im Januar ist es gleichgültig; in den übrigen Monaten liegt die günstigste Route westlich von den Inseln. Von 15° N-Br. nach der Linie ist im Juni, Juli, August und Dezember ein östlicher, in den übrigen Monaten ein westlicher Kurs anzuempfehlen.

Im Südostpassat finden wir für alle Monate eine beiderseitig begrenzte oder eine westliche Route am vorteilhaftesten.

H. Toynbee,

Remarks to accompany the Monthly Charts of Meteorological Data for the nine 10° squares etc. Meteorological Committee. London 1876. S. 510 ff.: Best monthly Routes across the Equator. Auf Grund der in den Karten dargestellten Wind- und Strömungsverhältnisse und der Schiffsjournale, aus welchen die Daten der Karte entommen sind, werden Segelanweisungen für die Strecke von 20° N-Br. bis 10° S-Br. (und umgekehrt) gegeben. Für alle Monate wird die Route westlich von den Kapverden empfohlen. Bezüglich des weiteren Weges lauten die Anweisungen:

Januar. „Obgleich der nordöstliche Wind im Westen von 30° W-Lg. bis zur Linie vorherrscht, und schnelle, luvhaltende Schiffe gut ausgemacht haben, nachdem sie die Linie westlich von jenem Meridian überschritten hatten, sind doch andere sehr vom Lande behindert worden. Ein schlechter Segler, welcher die Linie in 32° 47′ W-Lg. kreuzte, benötigte 25 Tage, um vom Lande frei zu kommen. Die westliche Grenze der sicheren Schnittpunkte für nicht gut segelnde Schiffe ist in 26° bis 27° W-Lg.

Februar. „Man sollte in etwa 26° W-Lg. nach Süden steuern, und wenn man den südlichen Wind erhält, die Halsen wählen, welche am meisten Süd bringen, dabei jedoch danach streben, daß der Äquator nicht westlich von 28° W-Lg. gekreuzt wird."

März. „Das Diagramm zeigt, daß nordöstliche Winde zwischen 40° und 35° W-Lg. bis an die Küste und zwischen 35° und 30° W-Lg. bis 2° S-Br. vorherrschen. Schiffe, welche die Linie zwischen 29° und 30° W-Lg. kreuzten, sind indessen mitunter durch das Land behindert worden; deshalb scheint es das Beste zu sein, sie in 27° oder 28° W-Lg. zu schneiden."

April. „Die Schiffe sollten in etwa 26° W-Lg. nach Süden stehen, und wenn der Wind südlich holt, die Halsen nehmen, welche am meisten Süd bringen. Nahe der südamerikanischen Küste weht viel leichter nordöstlicher Wind, und es ist nicht wahrscheinlich, daß ein Schiff dort große Schwierigkeit finden wird, nach Süden zu gelangen. Jedoch ist der Wind im Westen von 30° W-Lg. leichter als im Osten, es dürfte deshalb am besten sein, die Linie nicht westlich von 27° oder 28° W-Lg. zu kreuzen."

Mai. „Für ein nicht gut segelndes Schiff erscheint es ratsam, nach dem Passieren der Kapverden etwas Ost zu machen, um so mehr, als Wind, Wetter und See nahe der südamerikanischen Küste sehr ungünstig sind. Ein schlechter Segler sollte die Linie im Mai nicht westlich von 25° W-Lg. kreuzen."

Juni. „Die Schiffe sollten in etwa 26° W-Lg. nach Süden steuern, aber mit dem ersten südlichen Winde, den sie wahrscheinlich in 6° N-Br. antreffen werden, nach Südost stehen und, vorausgesetzt, daß sie dabei Süd anholen können, auf Steuerbordhalsen bleiben, bis sie eine gut östliche Stellung erlangt haben. Der Äquator sollte nicht westlich von 28° W-Lg. gekreuzt werden; noch besser würde 2° oder 3° östlicher sein. Zwischen 8° und 4° N-Br. ist die vorherrschende Strömung östlich, südlich von 4° N-Br. aber stark nach Westen. Die erforderliche Ostlänge sollte deshalb gleich anfangs mit dem ersten südlichen Winde gemacht werden, um so mehr, als der Südostpassat mit der Annäherung an den Äquator östlich holt."

Juli. „Nachdem man in etwa 10° N-Br. den ersten südlichen Wind erhalten hat, sollte man nach Südost stehen und alle erforderliche Ostlänge im nördlichen Teile des Gebietes des südlichen Windes machen, da derselbe näher dem Äquator östlicher holt. Der Wind im Süden der Linie ist sehr viel böiger und unbeständiger im Westen als im Osten von 30° W-Lg. Man tut deshalb gut, die Linie in 25° W-Lg. und nicht westlicher als in 28° W-Lg. zu kreuzen."

August. „Nachdem man den ersten südwestlichen Wind in 10° oder 12° N-Br. erhalten hat, sollte man nach Südost stehen und nicht die Versetzung durch den östlichen Strom zwischen 10° und 4° N-Br. fürchten, da im Süden von 4° N-Br. ein ziemlich starker westlicher Strom erwartet werden darf. Es ist von Wichtigkeit, daß die Linie gut östlich, etwa in 25° bis 26° W-Lg. oder selbst noch 2° bis 3° östlicher gekreuzt wird."

September. Wie für August. „Einige Schiffe wurden durch die Küste behindert, nachdem sie den Äquator in 27° W-Lg. gekreuzt hatten. Es empfiehlt sich deshalb, sie in 26° W-Lg. oder östlicher zu schneiden."

Schnittpunkte vom Königlich Niederländischen Meteorologischen Institut empfohlen.

Für Schiffe, welche den Kanal verlassen im	45° N-Br. in W-L.	35° N-Br. in W-L.	30° N-Br. in W-L.	15° N-Br. in W-L.	10° N-Br. in W-L.	5° N-Br. in W-L.	Die Linie in W-I
Januar	11,5°—14°	18,5°—20°	18,5°—20°	24,5°—26°	26° u. westlicher	24° u. westlicher	25,5° u. westlicher
Februar	11° u. östlicher	17° u. westlicher	19,5° u. westlicher	25° u. westlicher	20,5°—25,5°	20,5°—23,5°	
März.	13° u. östlicher	16°—18,5°	18,5°—21°	25° u. westlicher		22,5°—24,5°	
April	10°—12,5°	16,5°—19°	19°—21,5°	25° u. westlicher	24,5°—26°		23°—28°
Mai	11,5° u. westlicher	16,5° u. westlicher	19,5° u. westlicher	25° u. westlicher	24° u. westlicher	23° u. westlicher	26°—28,5°
Juni	9,5°—13°	16,5° u. westlicher	19,5° u. westlicher	25,5° u. westlicher	23,5°—26°	16°—21,5°	22°—25,5°
Juli		17,5° u. westlicher	20° u. westlicher	25° u. westlicher	23°—25,5°	14,5°—19°	23° u. östlicher
August.	10°—12°	14°—17,5°	17°—19,5°	25°—27°	23,5°—25,5°		18,5°—22°
September		17,5° u. westlicher	19,5°—21°	24,5° u. östlicher	23,5° u. östlicher		27° u. westlicher
Oktober		18,5° u. westlicher	19,5° u. westlicher	24°—27°	24,5°—26,5°	23,5° u. westlicher	27,5° u. westlicher
November	13° u. westlicher	18° u. westlicher	19,5° u. westlicher			25° u. westlicher	
Dezember	11°—13°	17° u. östlicher	18,5° u. östlicher	24° u. östlicher		24° u. östlicher	

Oktober. „Nachdem die Kapverden passiert sind, sollte man Süd steuern, bis man in 8° oder 7° N-Br. südlichen Wind antrifft. Dann sollte man nach Südost stehen, bis der Wind so weit herumgeholt ist, daß am meisten Süd auf Backbordhalsen gemacht werden kann. Der Strom ist zwischen 10° und 6° N-Br. vorherrschend östlich, aber weiter im Süden westlich. Es ist nicht sicher, die Linie im Westen von 28° W-Lg. zu schneiden, obgleich die Winde nahe der Küste von Südamerika nach Süden zu kommen in diesem Monate leichter gestatten als während der ganzen Zeit seit April."

November. „Nachdem die Kapverden passiert sind, ist es gut, etwas Ost anzuholen, so daß man auf 6° N-Br. in 25° W-Lg. zu stehen kommt. Bei den ersten südlichen Winden nehme man die Halsen, welche am meisten Süd bringen, und strebe danach, den Äquator nicht westlich von 29° W-Lg. zu kreuzen. Ein gut segelndes Schiff braucht sich indessen nicht zu scheuen, ihn so weit westlich wie in 31° W-Lg. zu kreuzen, wenn es durch die Umstände dazu genötigt wird."

Dezember. „Man sollte nach dem Passieren der Kapverden etwas Ost anholen, so daß man beim Einsetzen des Südostpassats in etwa 25° W-Lg. steht; dann sollte man auf den Halsen segeln, welche am meisten Süd bringen. Der Strom ist auf dem ganzen Wege vorherrschend westlich und hat in der Nähe der Linie eine durchschnittliche Stärke von 25 Sm im Etmal. Ein schlecht segelndes und nicht luvhaltendes Schiff sollte deshalb lieber noch etwas mehr Ost machen, bevor es den Südostpassat erhält. Viele Schiffe, welche den Äquator in 30° W-Lg. oder westlicher kreuzten, waren genötigt, vor dem Lande zu wenden und würden ohne Zweifel besser gefahren sein, wenn sie ihn in 29° W-Lg. oder östlicher geschnitten hätten."

Die Namen der hier angeführten Autoren sind Bürge dafür, daß ihre Segelanweisungen viele ausgezeichnete Ratschläge enthalten, die, obgleich teilweise schon in der frühesten Zeit systematischer Untersuchungen der Seewege gegeben, doch auch nach unseren erweiterten Kenntnissen und unserer vermehrten Erfahrung Berücksichtigung verdienen.

Reisedauer.

(Vgl. hierzu auch die Tabelle am Schlusse des nächsten Abschnittes.)

Nach 103 Meteorologischen Tagebüchern, die im Jahre 1908 bei der Deutschen Seewarte eingegangen sind, war die mittlere Reisedauer von Lizard nach der Linie 28,3 Tage; die kürzeste Reise war im Januar angetreten und hat 18, die längste Reise war im September angetreten und hat 47 Tage in Anspruch genommen.

23 %	der Reisen	haben	18—24	Tage,	
50 %	„	„	25—30	„	
22 %	„	„	31—37	„	und
5 %	„	„	über 37	„	in Anspruch genommen.

Die 23 % der schnellen Reisen sind von Oktober bis April, die 5 % der sehr langen Reisen im Juli oder September angetreten worden. Die Schnelligkeit der folgenden Reisen früherer Jahre ist danach nicht erreicht.

Schnellste Fahrten deutscher Segelschiffe von Lizard nach der Linie vor dem Jahre 1898:

Bark „Erwin Rickmers", Kapt. J. Hashagen, im Januar 1886	15 Tage	4 Std.
Viermastbark „Placilla", Kapt. R. Hilgendorf, im März 1892	15 „	9 „
Bark „Madeleine Rickmers", Kapt. J. Leye, im Januar 1893	15 „	18 „
Viermastbark „Pisagua", Kapt. C. Bahlke, im März 1894	16 „	0 „
Schiff „Pampa", Kapt. C. J. Steincke, im Januar 1896	15 „	5 „
Viermastbark „Pisagua", Kapt. C. Bahlke, im März 1896	14 „	17 „

Doch auch in den langen Reisetabellen anderer Institute finden sich keine, die diese Reisen deutscher Segler übertreffen. Es sind dort als die raschesten aufgeführt

von Neumayer (300 Reisen vornehmlich englischer Schiffe nach Australien):

„Lincolnshire" im Jahre 1859	17 Tage	6 Stunden,
„Flying Cloud" im Februar 1860	17 „	0 „

vom Niederländischen Institut (Reisen vom Kanal nach Java):

„Kosmopoliet" im Februar 1856	18 Tage	0 Stunden,
dasselbe Schiff im Dezember 1856	17 „	12 „

von Maury:

„Great Republic" im Dezember 1856	15 „	19 „
„White Swallow" im Februar 1856	17 „	18 „
„Sweepstakes" im Februar 1856	18 „	0 „

alle drei von Sandy Hook nach der Linie.

Vgl. auch unter „Mittlere Reisedauer" im nächsten Abschnitte.

Fünfzehnter Abschnitt.

Nach der Ostküste von Südamerika und rund Kap Horn.

Allgemeines.

Die dem Südatlantischen Ozean zu steuernden Segelschiffe, deren Weg im vorigen Abschnitt beschrieben worden ist, trennen sich bald nach dem Überschreiten der Linie in zwei Gruppen. Die eine bleibt, wenn auch der Passat mit der Entfernung vom Äquator mehr und mehr raumt, bis zur Südgrenze des Passatgebietes bei dem Winde liegen, um ihrer Bestimmung gemäß Ost anzuholen; die andere Gruppe steuert, nachdem sie sich von den vorspringenden Punkten der Küste von Brasilien freigesegelt hat, mit dem Passat raumschots nach Südwesten. Der Weg der letzteren Gruppe ist der Gegenstand unserer Besprechung in diesem Abschnitt. Er führt von der Linie nach den Häfen Brasiliens und der La Plata-Staaten und rund Kap Horn nach der Westküste von Südamerika, Zentral- und Nordamerika. Auch die Schiffe, welche nach den Sandwich-Inseln, mitunter auch solche, die nach den Gesellschafts-Inseln oder nach Japan bestimmt sind, schlagen diesen Weg ein.

Seit der Veröffentlichung von Maurys Segelanweisungen in der Zeit, als durch das rasche Aufblühen Californiens der früher wenig befahrene Weg um Kap Horn zu einer Hauptstraße des Seeverkehrs wurde, führt der Weg westlich von den Falkland-Inseln. Er folgt von Kap Frio bis zur Staaten-Insel nahezu dem Laufe der südamerikanischen Küste in etwa 150 bis 200 Sm Abstand von den vorspringenden Punkten, führt dann entweder durch die Straße Le Maire oder nahe um das Ostende der Staaten-Insel herum nach Kap Horn, dessen Meridian je nach der Windgelegenheit in geringerer oder größerer Entfernung vom Kap überschritten wird, und schließlich in einem Abstande von 150 bis 200 Sm vor der Westküste von Feuerland und Patagonien wieder nach Norden. Der frühere unzweckmäßige Weg östlich von den Falkland-Inseln wird nicht mehr oder doch nur von Schiffen genommen, die einen Hafen dort anlaufen müssen.

Segelanweisung für das Passatgebiet.

Nach dem vorigen Abschnitt erscheint ein sehr westlicher Schnittpunkt der Linie, wie er von Maury empfohlen wurde, für die von Europa kommenden Schiffe nicht rätlich. Die Notwendigkeit kreuzen zu müssen, um sich von der Küste von Brasilien freizusegeln, führt immer zu langem Aufenthalt, infolgedessen der beim Überschreiten des Stillengürtels in westlicher Länge etwa erzielte Gewinn regelmäßig wieder verloren geht. Außerdem scheint auch der Passat in der Nähe der Küste weniger frisch und beständig aufzutreten als weiter landabwärts; wenigstens ergibt sich aus den meteorologischen Tagebüchern der Deutschen Seewarte, daß die sehr westlich stehenden Schiffe, selbst wenn sie nicht zu wenden brauchen, für die Strecke von 0° bis 20° S-Br. fast immer längere Zeit brauchen als die östlicheren. Auch tritt noch hinzu, daß schon aus Besorgnis, vielleicht später zu nahe an die Küste gedrängt zu werden, auf einem zu westlichen Wege oft näher am Winde gehalten wird als sich mit einem guten Fortgang verträgt, während ein östlicher stehendes Schiff voll weg steuern und seine ganze Segelkraft ausnutzen kann. Es ist deshalb von Vorteil, wenn man sich bis nach 15° S-Br. in weitem Abstande von der Küste von Brasilien zu halten sucht. Besonders gilt dies für die Monate Mai bis September, wenn der Passat in seinem ganzen Gebiete durchschnittlich am schralsten und in der Nähe der Küste noch schraler als weiter landabwärts ist und auch zwischen Bahia und Kap St. Thomé mitunter Windstillen angetroffen werden. Ferner gilt es für März und April, wenn nördlich von 10° S-Br. in der Nähe des Landes vielfach Windstillen und flaue Winde herrschen. Aber auch in den übrigen Monaten sollte man eine zu große Annäherung an die Küste vermeiden.

Als die vorteilhaftesten Schnittpunkte im Passatgebiet möchten wir die folgenden bezeichnen:

von November bis Februar	0° Br.	in	28°	bis	27°	W-Lg.,	10° S-Br.	nicht	westl.	von	33°	W-Lg.
im März und April	„	„	27°	„	26°	„	„	„	„	„	31°	„
im Mai und Juni	„			„	26°	„	„	„	„	„	30°	„
im Juli, August u. September	„	„	25°	„	23°	„	„	„	„	„	30°	„
im Oktober	„			„	26°	„	„	„	„	„	32°	„

Bei der Wahl dieser Schnittpunkte sind die mittleren Schiffswege, welche sich aus einer großen Anzahl von Reisen ergeben, in Betracht gezogen worden. Man darf deshalb annehmen, daß die Kurse von der Linie nach 10° S-Br. fast immer ohne Schwierigkeit eingehalten werden können. Ebenso ist darauf Bedacht genommen worden, daß die Schnittpunkte den Anweisungen im vorigen Abschnitte für die Fahrt durch die Äquatorialzone entsprechen. Es wird also, wenn man jenen Anweisungen folgt, in den meisten Fällen auch möglich sein, die hier gegebenen Schnittpunkte auf einem Schlage anzusegeln.

Immerhin kann es vorkommen, daß ein Schiff durch den Südostpassat, wenn er zum Beispiel unerwartet früh einsetzt oder auch ungewöhnlich schral weht, über die angegebenen Schnittpunkte hinaus nach Westen gedrängt wird. In bezug auf solche Fälle kann hier nur von S. 347 wiederholt werden, daß man nicht zu früh und aus bloßer, vielleicht unbegründeter Besorgnis ein langwieriges Kreuzen beginnen, sondern B-B.-Halsen beibehalten sollte, bis man gute Gelegenheit zu einem Schlagbuge auf Steuerbordhalsen erhält oder bis man wirklich durch das Land zum Wenden genötigt wird. Übrigens zeigen die Angaben über die unbedenklichen Schnittpunkte auf S. 348, daß man die Linie erheblich weiter westlich als oben angegeben ist schneiden darf. Was den weiteren Weg anbetrifft, so darf man am meisten im Sommerhalbjahr wagen — November bis März und besonders in den Monaten November und Dezember —, weil man dann den Wind von 10° S-Br., oft sogar schon von Kap San Roque an so raum hat, daß man sich weiter südlich von der Küste fast immer ohne Schwierigkeit freisegelt. Dagegen läuft man im südlichen Winter auch noch südlich von Kap San Roque Gefahr, an die Küste gedrängt zu werden. Um möglichen Aufenthalt zu vermeiden, sollte man sich deshalb beizeiten vorsehen und vor allem in dem Strich raumen Passats, der nach S. 347 in dieser Jahreszeit oft in der Nähe der Linie gefunden wird, nicht unnötig Luv vergeben. (Vgl. hierzu auch S. 356.)

Segelanweisung für das Gebiet von 20° S-Br. bis nach Kap Corrientes.

In etwa 20° S-Br. gelangen die Schiffe in das Gebiet der umlaufenden Winde. Die vorherrschende Windrichtung ist hier und bis zur La Plata-Mündung östlich, doch kommt es mitunter auch vor, daß anhaltende westliche Winde schon bedeutend früher auftreten; auch scheint der nordöstliche Wind, welcher anfänglich vorwiegend ist, eine Eigentümlichkeit der Küstengewässer zu sein, weiter landabwärts aber weniger frisch und beständig zu wehen. Deshalb dürfte sich empfehlen, den Weg hier nicht zu weit von der Küste ab zu legen. Andererseits muß man jedoch auch auf die häufigen und nicht selten schral und steif wehenden Südostwinde Bedacht nehmen und so viel Seeraum halten, daß man diese auszunutzen imstande ist. Am vorteilhaftesten scheint es, etwa dem mittleren Wege der deutschen Schiffe zu folgen und 20° S-Br. in etwa 36° W-Lg., 30° S-Br. in 44° bis 45° W-Lg. und 35° S-Br. in etwa 50° W-Lg. zu schneiden.

Dieser Weg bleibt von der Küste bei Kap Frio etwa 150 und zwischen Kap Santa Marta und Kap Santa Maria etwa 200 Sm entfernt. Man hat also Raum genug, um bei schralem oder hartem südöstlichen Winde ein paar Tage aus dem Kurse steuern zu können, wenn dies zur Erzielung einer besseren Fahrgeschwindigkeit wünschenswert erscheint. Ein solches Ausnutzen der Gelegenheit darf natürlich nicht versäumt werden. Man kann, besonders wenn der Südostwind schon einen Tag oder länger geweht hat, viel näher an die Küste gehen, als vorher angegeben ist, ohne besorgen zu müssen, daß man besetzt werden wird, denn gewöhnlich ist der heftige Wind aus Südost nicht von langer Dauer; er flaut bald ab oder holt östlicher. Dies ist um so eher zu erwarten, je höher das Barometer steht.

Als Beispiel hierzu mag eine im September 1908 ausgeführte Reise des Schulschiffes „Herzogin Sophie Charlotte“ vom Norddeutschen Lloyd angeführt werden. Dieses Schiff hatte die Linie am 25. August in 25° W-Lg. und die polare Passatgrenze am 2. September in 41° W-Lg. überschritten. Nachdem der Wind dann einen Rundlauf durch NW, mit darauf folgender Mallung, gemacht hatte, erhielt man am 5. September bei einem Barometerstande von 773 mm in 30° S-Br. und 46° W-Lg. harten SO- bis OSO-Wind, der bis zur Stärke 9 zunahm. Kapt. Glund schreibt: „Um diesen Wind ausnutzen und möglichst viel Segel fahren zu können, hielten wir mit aufgebraßten Rahen gut voll weg. Dadurch wurden wir zwar bis auf etwa 60 Sm an die Mündung des La Plata gedrängt, hatten aber dafür in zwei Tagen über 600 Sm gut gemacht und eine gut westliche Stellung erreicht. Nach vier Tagen Mallung und flauer Brise holte der Wind bei langsam fallendem Barometer nordwestlich und brachte uns in weiteren drei Tagen nach 50° S-Br. in 64,8° W-Lg., nach einer schnellen Reise von 18 Tagen und 21 Stunden.“

Viel mehr als man sich scheuen sollte vom mittleren Wege nach Westen abzuweichen, sollte man darauf achten, daß man nicht zu weit nach Osten geht. Je weiter südlich man kommt, desto schwieriger wird es, gegen die mehr und mehr anhaltend auftretenden Winde aus dem westlichen Halbkreise wieder unter die Küste zu gelangen, wenn man einmal abgetrieben worden ist. Letzteres muß natürlich am meisten im Winter vermieden werden, wenn das Westwindgebiet am weitesten nach Norden reicht. Man sollte dann dafür Sorge tragen, daß 35° S-Br. nicht östlicher als angegeben, in 50° W-Lg. geschnitten wird, indem man z. B. immer, wenn ein Umlaufen des Windes zu erwarten steht, mit dem Nordostwinde etwas westlicher steuert. Auch sollte man bei zu östlicher Stellung den ersten südlichen oder sonst günstigen Wind benutzen, genügend West zu machen. Es kann sonst geschehen, daß man durch die anhaltenden Südwestwinde, die südlich vom La Plata oft wehen, zu weit abgedrängt wird und östlich von den Falkland-Inseln gehen müßte. Man muß auch bedenken, daß man durch einen westlichen Kurs eine etwaige Windänderung von SW nach den nördlichen Strichen, die mit dem begleitenden Luftdruckmaximum in östlicher Richtung fortschreitet, rascher herbeiführt.

Besondere Vorsicht erfordern auf der hier in Rede stehenden Strecke die Pamperos, da sie mitunter ganz plötzlich einfallen und, wenn auch gewöhnlich der erste Stoß aus Nordwest kommt, doch rasch nach Südwest umlaufen (vgl. S. 71 u. 253 ff.). Die Schwüle des Wetters und vor allem die drohende, von Zeit zu Zeit durch Blitzen erleuchtete Wolkenbank im Westen geben rechtzeitige Warnung. Freilich sind diese Anzeichen sehr oft vorhanden, ohne daß ein Pampero folgt. Sie zeigen sich fast vor jedem Umlaufen des Windes nach Südwest, und in den meisten Fällen kommt es trotzdem nicht zum Sturme. Indessen läßt sich dies vorher nicht erkennen. Es ist doch möglich, daß ein Pampero von orkanartiger Stärke einfällt, und es ist deshalb immer Vorsicht geboten. Den besten Anhalt zur Beurteilung der Stärke des kommenden Windes bietet noch das Barometer. Je tiefer es vorher gefallen ist, desto mehr Wind aus Südwest steht zu erwarten. Dabei muß man jedoch in Betracht ziehen, daß ein Fallen des Barometers um 5 bis 6 mm in der Breite der La Plata-Mündung schon ganz erheblich ist. Nach den meteorologischen Tagebüchern der Deutschen Seewarte ging den Pamperos gewöhnlich ein niedrigster Luftdruck von 750 bis 754 mm (reduziert) vorher.

Im allgemeinen sind die Pamperos, sowohl im Winter als auch im Sommer, ziemlich seltene Erscheinungen. Zuzeiten kommen jedoch auch mehrere Stürme dieser Art kurz nacheinander. Solche Witterung traf zum Beispiel das Schiff „Papa" im Januar 1882. Den ersten Pampero hatte das Schiff am 8. Januar schon in 32° S-Br. und 49° W-Lg. Wie gewöhnlich ging ein leichter Nordwind vorher, bei dem Libellen, Schmetterlinge und andere Tiere vom Lande zum Schiffe geführt wurden. Bei drohend aussehender Luft fiel das Barometer, und als ein tiefster Stand von 753,2 mm eingetreten war, sprang der inzwischen nach WNW umgelaufene Wind in einer Bö nach SW und wehte von daher für kurze Zeit als heftiger Sturm. Bei zunehmendem Luftdruck verlor der Wind später allmählich seine Stärke, und der Himmel wurde wolkenfrei. Einen ganz ähnlichen Sturm von kurzer Dauer, der bei einem niedrigsten Luftdruck von 753,4 mm einsetzte, hatte „Papa" wieder am 10. Januar in 35,5° S-Br. und 52° W-Lg., und noch ein Pampero wehte am 11. Januar unweit 36,5.° S-Br. und 53° W-Lg. Der letztere herrschte länger als einen Tag aus SW und begann bei einem Barometerstande von 751,9 mm mit einer von Blitz und Donner begleiteten, orkanartigen Bö.

Segelanweisung für Häfen an der Ostküste von Südamerika.

Die Wege nach den Häfen an der Ostküste von Südamerika bilden nur Abzweigungen von dem Wege nach Kap Horn. Es braucht deshalb hier nur wenig hinzugefügt zu werden.

An der Küste von Brasilien zwischen Kap San Roque und Bahia ist der Wind das ganze Jahr hindurch vorherrschend aus einer südlich von Ost liegenden Richtung. Liegt der Bestimmungsplatz auf dieser Strecke, so muß man dafür Sorge tragen, daß man die Küste nicht zu nördlich ansegelt.

Nach einem Hafen südlich von Bahia bestimmt, hat man in den Monaten Oktober bis März bei der Ansegelung der Küste auf das Vorherrschen nordöstlicher Winde und südlicher Strömung Bedacht zu nehmen.

Auf Reisen nach Rio und Santos halte man sich je nach der Jahreszeit bis nach 10° oder 15° S-Br. in gehörigem Abstande von der Küste, wie es für den Weg nach Kap Horn angegeben ist, und setze dann den Kurs auf Kap Frio.

Nach Sta. Catharina, Rio Grande und dem Rio de la Plata sollte man der Kap Horn-Route bis zur Breite von Kap Frio folgen. Von dort an dürfte es besser sein, etwas näher an die Küste zu gehen. Beim Ansteuern des Landes ist es im allgemeinen am ratsamsten, sich auf das Vorherrschen nordöstlicher Winde einzurichten. Nähere Angaben vgl. Segelhandb. f. d. Ostküste Südamerikas.

Segelanweisungen für die Strecke von Kap Corrientes bis nach 50° S-Br.

Das Festhalten der Küste, das schon von 20° S-Br. an bei der Wahl der Kurse im Auge gehalten werden muß, wird von größter Wichtigkeit, wenn die Höhe von Kap Corrientes erreicht ist. Der Wind ist von hier an, wenn nicht raum aus Norden, fast immer aus den beiden westlichen Quadranten, also aus dem Lande. Die See hält sich deshalb in der Nähe der Küste ruhig, und wenn sich auch mal mit südwestlichem Winde eine hinderliche See aufwirft, so schlichtet sie doch sogleich wieder ab, sobald der Wind aufhört. Überhaupt sind an der Ostküste von Patagonien alle Umstände, auch was das Wetter anbetrifft, derart, daß man unter Land viel besser Segel fahren und leichter Fahrt nach Süden machen kann als weit vom Lande. Dazu kommt noch die günstigere Stellung, wenn die Umsegelung von Kap Horn beginnt. Dies sind Vorteile von solcher Bedeutung, daß man, wenn es nicht eher tunlich war, doch sobald Kap Corrientes passiert ist, das ganze Bestreben darauf richten sollte, selbst unter Aufopferung von Breite, in die Nähe der Küste zu gelangen. Da der Wind im Norden von 40° S-Br. nicht selten hoch südlich ist, so kann man hier auch meist noch ohne Schwierigkeit West machen, während dies weiterhin fast immer nur noch unter großem Zeitverlust ausführbar ist.

Eine allzugroße Annäherung an das Land scheint uns indessen auch auf dieser Strecke weder notwendig noch ratsam zu sein, denn es ist immerhin möglich, daß ein Schiff auch noch im Süden von 40° S-Br. für ein paar Tage östlichen Wind erhält. Jedenfalls sollte man sich aber von 40° S-Br. an auf der patagonischen Bank halten. Im allgemeinen dürfte es am besten sein, 40° S-Br. in 56° bis 57° W-Lg., 45° S-Br. in 61° bis 62° W-Lg. und 50° S-Br. in 64° bis 65° W-Lg. zu schneiden. Es möchte sich empfehlen, noch lieber nach Westen als nach Osten über diesen Weg hinauszugehen (vgl. hierzu jedoch S. 258, Absatz 3 und 4). Die Windrichtung schwankt hier gewöhnlich zwischen NNW und SW, begleitet von entsprechenden Schwankungen des Barometers, indem dieses bei nordwestlichem Winde fällt und dann bei südwestlichem wieder steigt. Um nun mit den südwestlichen Winden etwas Länge zusetzen zu können, ohne daß man gleich über die angegebenen Schnittpunkte nach Osten hinausgeführt wird, sollte man mit den vorhergehenden Nordwestwinden immer etwas höher als den direkten Kurs steuern. Meist nimmt der Wind, wenn er südwestlich gegangen ist, rasch ab, und nach Windstille setzt wieder allmählich zunehmender Nordwestwind ein, oder er dreht, nachdem er abgeflaut und das Barometer etwas gestiegen ist, von Südwest wieder nach Nordwest zurück. Mitunter hält sich der Wind jedoch längere Zeit südwestlich. Wenn dies der Fall ist, sollte man das Schiff nicht zu lange nach Südost stehen lassen. Man muß bedenken, daß die Depressionen, deren Rückseite diese Südwestwinde angehören, und ebenso die darauf folgenden Hochdruckgebiete in östlicher bis südöstlicher Richtung ziehen. Ein in derselben Richtung segelndes Schiff wird deshalb den Gegenwind länger behalten als ein westwärts steuerndes, das bald nach der hinteren Seite des Maximums kommt und den Wind nordwestlich erhält. Geht der Wind so südlich, daß man auf B.-B.-Halsen rechtweisend West vorliegen kann, so sollte man immer nach dem Lande wenden, selbst wenn man auch noch nicht über die angegebenen Schnittpunkte hinausgekommen ist.

Das stürmische Wetter, welches man zu befürchten hat, kommt auch hier zumeist mit Winden aus West und Südwest, die insofern Vorsicht erheischen, als sie aus schraler Richtung und oft plötzlich einsetzen. Ihre gewöhnlichen Anzeichen sind die Zunahme des Nordwestwindes und das Beziehen des Himmels mit einer im Westen oder Südwesten aufsteigenden Wolkenbank, während vorher, solange noch kein Umlaufen des Windes droht, der Himmel bei etwas diesigem oder nebligem Horizont gewöhnlich ganz heiter ist oder nur leichte Cirrus-Wolken zeigt. Das Barometer hört meist nicht eher auf zu fallen, als bis das Umspringen des Windes wirklich eintritt, es gibt indessen auch insofern eine Warnung, als die Änderung um so eher erwartet werden muß, je tiefer es schon gefallen ist. Übrigens pflegt das Wetter südlich von etwa 42° S-Br. viel ruhiger und beständiger zu sein als vorher in der Umgebung von Kap Corrientes, wo an der Grenze zwischen dem warmen Wasser des Brasilstromes und dem kalten Wasser der patagonischen Bank nicht nur Stürme aus Süd und West, sondern auch solche aus Nord und plötzlich einfallende Böen von mitunter orkanartiger Heftigkeit vorkommen. Unter der Küste von Patagonien nehmen auch die Windänderungen von Nordwest nach Südwest einen ziemlich ruhigen und harmlosen Verlauf. Das Auftreten schwerer Stürme und gefährlicher Böen bei diesen Umläufen und das rauhe, unruhige Wetter beginnt gewöhnlich erst wieder im Süden der Breite von Kap Virgines oder noch weiterhin im Süden von Staaten-Land. Östliche Winde werden auf dem Wege längs der Küste, wenn man nicht sehr nahe daran steht, nicht leicht gefährlich oder auch nur hinderlich; denn wenn die östlichen Winde stürmisch werden, pflegen sie auch bald nach Nordost und Nord zu holen.

Segelanweisung für den Weg durch die Straße Le Maire oder um Kap St. John.

Wenn man sich bis 50° S-Br. gut westlich gehalten hat, so führt bei der nun beginnenden Umsegelung von Kap Horn der kürzeste Weg durch die Straße Le Maire. Am Ausgange dieser Straße steht ein Schiff ungefähr 60 Sm westlicher als am Ostende von Staaten-Land. Dies muß in Anbetracht der Schwierigkeiten, mit welchen das Gutmachen von Westlänge hier oft verknüpft ist, als ein ganz erheblicher Gewinn bezeichnet werden. Ein weiterer Vorteil ist dann noch, daß man auf dem Wege von der Straße nach Kap Horn bei nordwestlichem Winde mehr Schutz gegen die hohe See hat und frei von der nordöstlichen Strömung bleibt, welche auf dem Wege von Kap St. John gewöhnlich angetroffen wird.

Auf den ersten Blick steht der Wahl des Weges durch die Straße Le Maire auch durchaus kein Bedenken entgegen. Wenn beizeiten Fürsorge getroffen wird, kann die Straße von Norden her fast immer ohne Mühe erreicht werden, meistens ebenso leicht wie das Ostende von Staaten-Land. Sie hat ferner ein reines Fahrwasser von 14 Sm Breite, und die Distanz, welche in der Nähe von Land zurückgelegt werden muß, beträgt im ganzen, von Kap San Diego bis Kap Good Success gerechnet, nur 18 Sm, so daß die Durchsegelung unter günstigen Umständen nur wenige Stunden in Anspruch nimmt. Der Weg durch die Straße wird deshalb in der Tat auch sehr oft eingeschlagen, und die Erfahrung zeigt, daß die Schiffe dadurch die Umsegelung von Kap Horn in den meisten Fällen erheblich rascher ausführen als ihre Mitsegler, die um Kap St. John gehen.

Um das festzustellen, sind auf der Deutschen Seewarte 32 gleichzeitige Fahrten auf beiden Wegen aus den Jahren 1893 und 1894 verglichen worden. Danach wurden von 50° S-Br. im Atlantischen nach 50° S-Br. im Stillen Ozean auf dem Wege durch die Straße Le Maire in 7 Fällen zusammen 21 Tage und 23 Stunden verloren, aber in 25 Fällen zusammen 108 Tage und 10 Stunden gewonnen. Durchschnittlich hatte 1 Schiff von je 4 Schiffen Nachteil, drei hatten dagen beträchtlichen Vorteil von dem Wege durch die Straße; der durchschnittliche Gewinn betrug 2 Tage und 17 Stunden [1]).

Nach neun gleichzeitigen Reisen deutscher Schiffe aus den Jahren 1906 und 1907 [2]) beträgt der Gewinn auf dem Wege durch die Straße etwa nur noch so viel, wie die Schiffe durchschnittlich brauchen, um in jenen Gewässern 60 Sm nach Westen vorzudringen, im Mittel etwa 16 Stunden; der Vorteil ist indessen immer noch so groß, daß er nicht vernachlässigt werden darf. Ein Schiffsführer sollte deshalb jede sich darbietende günstige Gelegenheit wahrnehmen, um sich diesen Vorteil zu sichern.

Bei Betrachtung der einzelnen Reisen zeigt sich nämlich, daß der Vorteil auf dem Wege durch die Straße sehr groß werden kann, wenn ein Schiff, das durch die Straße gegangen ist, mit einsetzendem südwestlichem Winde seine Rundfahrt vollenden kann, während ein gleichzeitig um Staaten-Land kommendes noch nicht weit genug ist, um dieselbe Gelegenheit benutzen zu können, und erst nach dem zweiten oder dritten Umlaufen des Windes nach Norden gelangt.

Indessen kann die Anwendung größerer Vorsicht, welche die Ansegelung eines verhältnismäßig engen Fahrwassers erforderlich macht, doch auch zu einer Verzögerung der Reise führen, da die Straße wegen der starken Strömungen nur bei sichtigem Wetter passiert werden kann. Besonders im Winter, wenn das Tageslicht auf diesen Breiten kaum 8 Stunden dauert, und bei dickem Wetter, das am häufigsten gerade mit den günstigen Nord- und Nordostwinden auftritt, sind die Schiffe, wenn sie die Straße ansegeln wollen, oft genötigt, Segel zu kürzen oder für längere Zeit beizudrehen. Es kommt auch vor, daß die Schiffe in der Straße den Wind südlich erhalten oder von Windstille befallen werden und nun mit dem nördlich setzenden Flutstrome, der bei süd-

---

1) Vgl. hierzu „Annalen der Hydrographie usw." 1896, S. 101 ff.
2) Ebenda, 1909, S. 124 ff.

lichem Winde mit vermehrter Stärke und mit längerer Dauer auftritt, wieder zurücktreiben. Mitunter wird der Versuch, die Straße zu durchsegeln, auf diese Weise mehrere Tage lang vereitelt, kommt nun schließlich noch der Wind aus Südost oder auch nur aus einer hoch südlichen Richtung durch, so kann das eine Schiff, welches seine Zeit mit Beiliegen und mit vergeblichen Bemühungen, die Durchfahrt zu erzwingen, verloren hat, noch nördlich von der Straße stehen und die günstige Gelegenheit verpassen, während das andere, welches bei dem nördlichen Winde sofort um Kap St. John herumsteuerte, zu derselben Zeit schon westlich von Kap Horn mit raumem Winde segelt.

Nach den Erfahrungen einzelner Schiffe kann der Weg durch die Straße Le Maire auch mit Gefahren verknüpft sein. Schon das Eintreten von Windstille bringt das Schiff immer in eine unsichere Lage, denn möglicherweise wird es von dem Strome, der nicht selten mit einer Geschwindigkeit von mehr als vier Knoten läuft und zeitweilig quer über das Fahrwasser setzt, dem Riffe bei Kap San Diego oder dem steilen Felsufer von Staaten-Land zugetrieben, und da man außer in der Good Success-Bucht keinen Ankergrund findet, ist man in solchem Falle der Strömung willenlos überlassen. Noch schlimmer ist man aber daran, wenn bald nachdem man die Straße durchsegelt hat, ein plötzlicher Sturm aus SSW hereinbricht, der hier von sehr hohem und wildem Seegang und im Winter oft von dichtem Schneetreiben begleitet ist. Steht man dann nicht westlich genug, um die Rückfahrt durch die Straße offen zu haben, oder ist das Wetter zu dick, so ist man in Gefahr, auf Staaten-Land besetzt zu werden. Auch die Stromraselung in der Straße scheint unter Umständen gefährlich werden zu können.

Es dürfte hieraus hervorgehen, daß der Weg durch die Straße Le Maire nicht unter allen Umständen empfohlen werden kann, wohl aber unter gewissen Bedingungen. Diese sind: günstiger Wind aus einer Richtung zwischen NO und W, sichtiges Wetter und die Aussicht, daß der Wind lange genug anhalten werde, um das Schiff eine gute Strecke jenseits der Straße zu bringen. Dieser Punkt läßt sich am besten nach dem Verhalten des Barometers beurteilen. Ist der Luftdruck verhältnismäßig hoch und beständig, so hält der nördliche Wind voraussichtlich noch ziemlich lange an. Steht das Barometer dagegen tief oder ist es in raschem Fallen begriffen, so muß man erwarten, daß der Wind bald nach Südwest umlaufen werde. In solchem Falle ist die Einsegelung in die Straße bedenklich.

Das Zweckmäßigste scheint zu sein, sich zunächst immer die Möglichkeit offen zu halten, den Weg durch die Straße nehmen zu können, später aber, wenn man in die Nähe des Landes gekommen ist, die Entscheidung von den angetroffenen Umständen abhängig zu machen. Man setze also von 50° S-Br. ab den Kurs auf Kap San Diego oder bei westlichem Winde noch etwas weiter luvwärts und verfolge diesen Weg, wenn es mit Sicherheit geschehen kann, bis in Sicht des Landes. Trifft man dann günstige Umstände, so nehme man den Weg durch die Straße. Steht dagegen zu erwarten, daß die Durchsegelung mit Aufenthalt und Schwierigkeiten verknüpft sein werde, so setze man den Kurs sofort auf Kap St. John.

Das hier empfohlene Verfahren dürfte, auch wenn der Weg um Kap St. John gewählt wird, eher Vorteil als Nachteil versprechen. Hat man der Anweisung gemäß das Land eine gute Strecke westlich von Kap St. John angesegelt, so kann man dieses Kap beliebig nahe passieren und braucht bei westlichem Winde nicht mehr Länge zuzusetzen als gerade notwendig ist. Es ist indessen bei der Umsegelung von Staaten-Land, wegen der nahe dem Lande auftretenden starken Stromraselung und heftigen Fallwinde, eine zu große Annäherung an das Land nicht ratsam.

Wie in den letzten Jahren die deutschen Segelschiffskapitäne mit der Fahrt um Kap Horn mehr und mehr vertraut geworden sind, so hat auch das Durchfahren der Straße Le Maire zugenommen. Von 140 Reisen aus den Jahren 1893 und 1894 waren 20, also 15 %, von 150 aus den Jahren 1906 und 1907 sind 29, also 20 %, durch die Straße Le Maire gemacht worden. Von den beiden Fünfmastern „Potosi“ und „Preußen“ ist die „Potosi“ von 1903 bis 1907 auf 7 Reisen sogar fünfmal, die „Preußen“ von 1902 bis 1907 auf 10 Reisen auch fünfmal durch die Straße gesegelt.

Kapitänsberichte über die Durchsegelung der Straße Le Maire.

Kapt. F. Niejahr schreibt aus der Zeit der verhältnismäßig kleinen, holzernen Schiffe: „Unter der Küste von Patagonien, südlich von 40° S-Br., hatten wir (im Oktober 1870) den Wind vorherrschend nördlich. Ich bemühte mich, der Küste möglichst nahe zu kommen, doch gelang mir dies nur teilweise, weil nach ein paar Tagen Segelns der Wind aus SW und immer wieder vom Lande abdrängte. Indessen hielt der südliche Wind nie lange an und ging auch nicht nach SO, sondern wurde entweder still und kam dann wieder aus NW, oder er krimpte, ohne abzubrechen, von SW wieder nach NW zurück. Von der Breite der Magellanstraße bis zur Straße Le Maire hatten wir einen frischen Weststurm, womit wir tüchtig Segel pressen mußten, um das zur Ansegelung der Straße erforderliche Luv zu halten. Dies gelang uns besonders noch dadurch, daß der Wind in der Nähe der Küste etwas nördlicher holte und mäßiger wurde.

Am 3. November um 11 Uhr V sahen wir die Küste von Feuerland; der östlichste von den Bergen Three Brothers peilte SSO. Die Berge im Innern von Feuerland waren zur Hälfte mit Schnee bedeckt, ebenso die Berge auf Staaten-Land. Der Wind war WNW 6, nachmittags NW 4. Den Strom hatten wir bis 4 Uhr 30 Minuten N nach WNW, später die Ebbe, die uns dann schnell durch die Straße brachte. Wir passierten um 6 Uhr N Kap San Diego, welches um diese Zeit mißw. SSO peilte; um 11 Uhr N waren wir bei Kap Hall. In der Straße stand eine kurze südliche See.

Schon auf meiner vorigen Reise hatte ich mir vorgenommen, die Straße Le Maire zu benutzen, wurde damals aber durch stürmisches Wetter und dichten Regen daran verhindert und mußte Staaten-Land umsegeln. Die sehr heitere Luft, die wir dieses Mal hatten, machte es möglich, Feuerland schon aus einem Abstande von 30 Sm zu sichten. Solches ist wohl nicht häufig der Fall; indessen ist das Erkennen der Straße auch unter weniger günstigen Umständen leicht. Segelt man von Nordwesten darauf zu, so zeigt die Ostspitze Feuerlands unweit Kap San Diego ein sich leicht neigendes, ziemlich ausgedehntes Tafelland mit einigen sanften Erhebungen. Das Land ist von brauner Farbe und scheint kahl und wenig bewachsen zu sein. Kap San Diego selbst fällt steil ab und hat an seinem Ende noch eine Höhe von etwa 8 m. Daran schließt sich noch ein Felsenriff von wenigen Fuß über Wasser, welches sich ein bis zwei Kabellängen nach Osten erstreckt. Staaten-Land hat viel mehr zerrissene Formen und fällt viel steiler ins Meer ab. Segelt man die Straße mehr von Norden an, so erscheint sie viel breiter. Die Höhen unweit Kap Good Success sind dann über dem Lande bei Kap San Diego sichtbar, und infolgedessen scheint das Westufer der Straße steiler abzufallen. Die Staatenland-Küste behält jedoch immer ein bedeutend schrofferes Aussehen.

Beim Einsegeln in die Straße hielten wir uns etwa ein Viertel ihrer Breite von Kap San Diego entfernt. Nahe dem Eingang bemerkten wir die in den Segelhandbüchern aufgeführte Stromraselung (Race). Sie erstreckte sich, soweit ich erkennen konnte, von Kap San Diego in nordöstlicher Richtung bis etwa zur Mitte der Straße und schien, je näher dem Kap, desto heftiger zu sein. Bis zu einem Abstande von etwa 3 Sm von dem Kap schien das Wasser sich zu überstürzen und zu brechen. Ein kurzer Seegang machte sich bemerkbar, besonders als wir uns mitten in der Raselung befanden. Er zeigte sich nur als ein Steigen und Fallen der Wasseroberfläche ohne erhebliche Fortbewegung der Wellen. Der Wind war hier ganz schwach, und das Schiff lief kaum mehr als 1 Knoten, machte aber trotzdem in dem kurzen Seegang unangenehme Stöße, so daß ich für geraten hielt, die Bramsegel einzunehmen, um so mehr, als ich bei dem sehr niedrigen Barometerstande plötzliche Windstöße befürchten mußte.

Die Race, wie sie uns erschien, besteht hauptsächlich in einem mit hörbarem Rauschen verbundenen Aufquellen des Wassers. Beim Durchsegeln der sprudelnden Stellen blieb das Schiff trotz seines geringen Fortgangs immer steuerbar, wonach anzunehmen ist, daß hier keine kreisende Bewegung des Wassers stattfand. Es wird sonst gesagt, daß diese Raselung ein Schiff oft steuerlos mache; vielleicht wäre dies auch bei uns der Fall gewesen, wenn wir uns näher dem Kap befunden hätten, wo wir ein Überstürzen des Wassers bemerkten. Am unangenehmsten machte sich der kurze Seegang fühlbar, welcher hier durch das Zusammentreffen der einerseits von Nordwest, andererseits von Süd kommenden Dünungen hervorgerufen und der wahrscheinlich noch durch das Sprudeln des Wassers vermehrt wurde. Ein starker Nord- oder Südsturm muß hier einen sehr gefährlichen Seegang erzeugen. Um Schiff und Takelung nicht übermäßig anzustrengen, würde es bei solcher Gelegenheit geraten sein, die Fahrt des Schiffes so weit wie möglich zu vermindern und ferner bei der Einsegelung die Mitte der Straße zu halten.

Sehr wichtig scheint mir, daß man zur Einsegelung die richtige Zeit in Hinsicht auf den Gezeitenstrom wählt. Man sollte sich immer so einrichten, daß man bei Beginn der Ebbe, welche nach Süden durch die Straße setzt, bei Kap San Diego ist. Man wird dann die Raselung hier sehr rasch passieren und wahrscheinlich gleich ganz durch die Straße kommen, während man, gegen die Flut einsegelnd, durch den starken Strom vielleicht 2 bis 3 Stunden an dieser gefährlichen Stelle festgehalten und möglicherweise bei eintretender Windstille dem Riff in der Nähe des Kaps zugetrieben wird. Meistens kommt man nach dem Eingang der Straße mit nördlichem oder westlichem Winde. Weht es aus diesen Richtungen stürmisch, dann muß zur Zeit des nördlichen Stromes, da letzterer der Wellenbewegung entgegensetzt, die See an jener Stelle besonders hoch und steil sein.

Zur Bestimmung des richtigen Zeitpunkts gibt indessen, wie ich gefunden habe, die Berechnung der Hochwasserzeit auf Grund der Angaben in den Karten nur einen geringen Anhalt[1]). Man sollte daher, sobald man dem Lande nahe genug gekommen ist, um den Schiffsort nach Peilungen genau bestimmen zu können, den Zustand der Gezeit nach eigenen Beobachtungen festzustellen suchen. Bekanntlich setzt der Flutstrom durch die Straße nach Norden und zugleich um Kap St. John herum längs der Nordküste von Staaten-Land, wie auch längs der Nordküste von Feuerland nach Westen. Der Ebbestrom läuft entgegengesetzt, in der Straße südlich und an der Nordküste von Feuerland und Staaten-Land nach Osten. Die beste Zeit zum Ansegeln ist nun, wenn man findet, daß der Strom nördlich von der Straße nach Westen setzt. Man kann dann seine Fahrt so einrichten, daß man gegen die Zeit der Stromkenterung nach Osten oder Süden eine passende Stellung erhalten hat. Segelt man dagegen mit Oststrom auf die Straße zu, so ist höchst wahrscheinlich, daß man von der günstigen Strömung nicht ganz hindurchgeführt werden wird."

Derselbe Kapitän bemerkt nach einer Reise, auf welcher er die Straße Le Maire am 4. Juni 1871 passierte:

„Um Wiederholungen aus meinen früheren Reiseberichten zu vermeiden, will ich bezüglich der Durchsegelung der Straße nur noch bemerken, daß diese bei günstigem Winde und sichtigem Wetter zu jeder Zeit mit Sicherheit ausgeführt werden kann. Wesentliche Hilfe ist günstiger Strom, hier die Ebbe, welche nach meinen oft wiederholten Beobachtungen zur Zeit des Voll- und Neumondes im Mittel um 7 Uhr (etwa 3 Stunden nach Hochwasser am Lande) ihren Anfang nimmt[2]). Der Strom erreicht in der Mitte der Straße eine Geschwindigkeit von 2 bis 4 Sm in der Stunde, ist aber in der Nähe des Landes, besonders nördlich von Kap San Diego, reißender. Hier habe ich ihn zu 3 bis 7 Sm gefunden[3]). Der Ebbestrom scheint von kürzerer Dauer als der Flutstrom zu sein, was jedenfalls von der Kap Horn-Strömung herrührt, die in der Richtung der Flut setzt. Eine zu große Annäherung an Kap San Diego muß man vermeiden, und wenn der Wind es erlaubt, ist die Mitte der Straße zu halten[4]). Bei dickem und regnerischem Wetter, sowie bei Nacht sollte man die Straße nicht ansegeln, sondern beilegen und bessere Gelegenheit abwarten. Hat man indessen bei Tage schon Land gesehen und die Strömung beobachtet, so ist bei sichtigem Wetter und mit günstigem Winde die Durchsegelung auch zur Nachtzeit wohl möglich, besonders wenn man den Eingang zur Straße mit eintretender Ebbe erreicht. Bei Flut müßte es schon so sichtig sein, daß man zuverlässige Kreuzpeilungen erhalten kann. Ob die Durchfahrt auch bei Gegenwind ausführbar ist, wage ich nicht zu entscheiden. Jedenfalls müßte man sich dann entschließen, eine Fluttide über in Good Successbai zu ankern."

Zu der hier gegebenen Anweisung, zur Einsegelung in die Straße den Eintritt der Ebbe abzuwarten, macht Kapt. K. Brünings in einem der Deutschen Seewarte zugegangenen Schreiben folgende Bemerkung:

„Wenn junge Kapitäne, die vorher noch nicht in der Gegend von Kap Horn waren, jene Stelle in den im übrigen gewiß sehr richtigen Anweisungen von Kapt. Niejahr lesen, so kann es leicht kommen, daß sie sich zu genau danach richten und infolgedessen die günstige Gelegenheit zur Durchsegelung der Straße verpassen. Ich glaube daher, daß es nicht schaden kann, wenn auch andere Kapitäne ihre auf langjährige Erfahrung gestützte Meinung einmal äußern. Ich habe in den letzten 10 Jahren die Straße Le Maire siebenmal durchsegelt, und zwar nicht nur bei Tage, sondern auch zur Nachtzeit, bei sichtigem, wie auch bei unsichtigem Wetter (Schneetreiben). Außerdem bin ich noch zweimal in der Straße gewesen, aber durch das Einsetzen ungünstigen Windes gezwungen worden, wieder umzukehren und um das Kap St. John zu segeln. In den übrigen sieben Fällen habe ich es niemals schwierig gefunden, hindurch zu kommen. Ich habe mich dabei nie um Gegenstrom gekümmert und nicht auf den Eintritt günstiger Strömung gewartet, was nach meinem Dafürhalten nur Zeitvergeudung ist und, wie gesagt, leicht eine günstige Gelegenheit zur Durchsegelung der Straße, die hier meistens nicht lange anhält, verpassen läßt. Was man nach meiner Meinung nötig zur Durchfahrt hat, ist erstens ein sicheres Besteck, zweitens günstiger Wind und drittens, daß nicht unmittelbar, nachdem man die Straße durchsegelt hat, ein schwerer Südweststurm einsetzt. Letzteres kann namentlich zur Nachtzeit ein Schiff leicht in eine schwierige Lage bringen; bei Tage kann man ja im ungünstigen Falle wieder umkehren. Sind nur diese drei Bedingungen, von denen die letzte ja in der Regel durch das Barometer angezeigt wird, erfüllt, so kann man zu jeder Zeit die Durchsegelung wagen, und zwar ohne irgendwelche Gefahr. Windstille habe ich in der Straße auch angetroffen, habe aber durchaus nicht gefunden, daß ein Schiff dadurch in eine besonders gefährliche Lage versetzt wird. Wenn behauptet wird, daß die Strömung zuzeiten quer über die Straße auf Staaten-Land zu setzt, so stimmt das mit meinen Beobachtungen nicht überein, und ich wüßte auch nicht, wodurch eine solche Strömung entstehen sollte."

---

[1]) Vgl. hierzu „Gezeitentafeln", herausgegeben vom Reichs-Marine-Amt.

[2]) Nach der Angabe von Kapt. Fitz Roy ist es in der Straße Le Maire bei Neumond um 4 Uhr Hochwasser, aber der Flutstrom läuft noch ungefähr 2 Stunden länger, bis 6 Uhr. Damit stimmt die Angabe von Kapt. Niejahr gut überein.

[3]) Kapt. Hilgendorf von der Bark „Parsifal" beobachtete am 11. Juni 1885 (Neumond) nordöstlich von Kap San Diego nach genauen Peilungen den entgegensetzenden Flutstrom von 12 Uhr mittags bis 1 Uhr N zu 6, von 1 Uhr bis 2 Uhr zu 5, von 2 Uhr bis 3 Uhr zu 4 und von 3 Uhr bis 4 Uhr N zu 3 Sm. (S. Annalen d. Hydr. usw. 1886, S. 181.) Kapt. Rieke von der Bark „Maria" hatte am 7. Oktober 1881 7 Sm NO von dem genannten Kap ebenfalls eine Versetzung durch den Flutstrom von 14 Sm in 3 Stunden.

[4]) Dasselbe empfehlen Hilgendorf und andere erfahrene Kapitäne.

Hierzu muß bemerkt werden, daß von manchem Schiffsführer die Gefährlichkeit der Straße wohl etwas überschätzt und infolgedessen die Durchfahrt in Fällen, wo sie sehr wohl ausführbar gewesen wäre, unterlassen wird, daß man andererseits die durch den Flutstrom möglichen Gefahren aber auch nicht unterschätzen sollte. Es mögen daher noch einige Berichte, die auf den Strom Bezug haben, folgen.

Kapt. R. Hilgendorf schreibt: „Am 11. Juni 1885 drehten wir um 3 Uhr V bei leichtem Westwinde und wenig bewölktem Himmel nach Besteck 12 Sm mißw. N $^{1}/_{2}$W von Kap San Diego bei, um den Tag abzuwarten. Mit Tagesanbruch sichteten wir Feuerland und peilten um 8 Uhr V Kap San Diego mißw. SO$^{1}/_{2}$O, nach Schätzung 11 Sm entfernt. Wir hielten nun ab und steuerten, das Kap 2 Striche an St-B. haltend, mit 3 Knoten Fahrt nach der Straße Le Maire. Die Berge von Staaten-Land waren in Nebel gehüllt, und die Küste dieser Insel war nur undeutlich zu sehen. Um 10 Uhr V traten die Spitzen der Berge Three Brothers und Bell Mountain auf Feuerland hervor. Der Wind holte nun langsam nach WNW und frischte, je näher wir der Straße kamen, mehr und mehr auf. Um 11$^{1}/_{2}$ Uhr V, als Kap San Diego SW peilte, geriet das Schiff in Stromkabbelung, welche, trotzdem das Wasser draußen ruhig war, einen heftigen Wellenschlag hervorrief, der sich überstürzte und schäumend hoch emporspritzte. Gleichzeitig beobachtete ich, daß wir eine starke Strömung entgegen hatten; denn obwohl das Schiff 9 bis 10 Knoten Fahrt durchs Wasser lief, wanderte das Land doch nur sehr langsam durch. In der Stromkabbelung segelten wir bis 1 Uhr N, worauf die See ganz ruhig wurde und nur noch eine leichte Dünung aus NNO zurückblieb. Der starke Gegenstrom hörte indes noch nicht auf; durch Vergleichung der Peilungen mit der geloggten Fahrt des Schiffes ergaben sich folgende Stromgeschwindigkeiten:

von 12 Uhr		bis 1 Uhr	N	6 Sm,	
„ 1	„	N „ 2	„	„ 5	„
„ 2	„	„ „ 3	„	„ 4	„
„ 3	„	„ „ 4	„	„ 3	„

Während dieser 4 Stunden hatte das Schiff nach der Logge 29, in Wirklichkeit aber nur 11 Sm zurückgelegt. Ich bemerke noch, daß es gerade Neumond war.

Um 5 Uhr N standen wir auf der Linie „Kap Bartholomew — Kap Good Success“ und hatten somit die Straße passiert.

Nach meinen Erfahrungen bei den beiden letzten Durchsegelungen der Straße Le Maire findet die schwerste Stromraselung auf einem Gebiete statt, welches ungefähr die Form eines Dreiecks hat, dessen Grundlinie von etwa 3 Sm Länge an der Küste von Feuerland zwischen Kap St. Vincent und Kap San Diego liegt, und dessen Spitze in ostnordöstlicher Richtung von dem zuletztgenannten Kap bis über die Mitte der Straße hinausreicht. Ich möchte daher für die Durchsegelung anraten, bei nördlichem Winde nicht westlich von der Mitte der Straße zu gehen.“

Kapt. E. J. Schoone schreibt: „Am 25. Dezember 1891 um 11 Uhr V peilte Kap San Diego SWzS, 4 Sm. Hohe, wilde, sich brechende See. Segelten durch die Straße Le Maire. Der anfangs steife Nordwestwind wird im südlichen Teile der Straße zum rasenden Sturm mit orkanartigen Windstößen. Um 1 Uhr N waren hindurch. Auf dem Riff bei Kap San Diego sahen wir ein eisernes Vollschiff gestrandet, das noch seine Segel stehen hatte, aber anscheinend von der Mannschaft schon verlassen war.“ Die Brigg machte die Durchfahrt gegen den Flutstrom, doch war Nipptide Der Ebbestrom sollte um etwa 2 Uhr N beginnen.

Aus dem Jahre 1905 finden sich die folgenden Berichte in den meteorologischen Tagebüchern:

„Oceana“, Kapt. H. Krause. „Am 6. Juni standen wir auf 54,5° S-Br. und 66,0° W-Lg. und steuerten bei Westwind, Stärke 5 an der Küste entlang. Bis 2$^{1}/_{2}$ Uhr N hatten wir Weststrom und dann bis Kap San Diego Oststrom. Die Raselung dort passierten wir um 3$^{1}/_{2}$ Uhr N und um 4 Uhr peilten wir Kap San Diego SW$^{1}/_{2}$W, 3 Sm. Um das Land in Sicht zu behalten, hielten wir uns in dieser Entfernung daran, kamen kaum über den Grund, trotzdem wir bei WSW, Stärke 7, alle Segel fuhren. Dann fing der Strom an nach SzW zu setzen und gleichzeitig frischte der Wind auf und es trat Schneetreiben ein. Um 8 Uhr N standen wir nach Peilung auf 54,9° S-Br. in 65,0° W-Lg. und als es um 9 Uhr auf einige Minuten klar wurde, sahen wir Kap Bartholomew auf etwa 3 Sm Abstand im Norden.“

„Reinbek“, Kapt. R. Simon. „Wir sichteten am 12. Juni um 4 Uhr N die Straße Le Maire, doch hielt ich es bei dem Wetter, Schneetreiben und zwischen SW und W umspringendem Wind von Stärke 7, für besser nicht einzusegeln. Am 13. Juni war der Wind auf WNW gegangen, wir setzten nun zu und peilten um 7$^{1}/_{2}$ Uhr V Kap San Diego mw. WzS und Kap Bartholomew mw. SO$^{1}/_{2}$O. Mit Ausnahme einer hohen Dünung aus SSO war die See ruhig und es lief südöstlicher Strom. Als wir um 9 Uhr vor der Good Successbucht waren, frischte der Wind auf, zugleich setzte sehr hohe südwestliche Dünung ein und wir kamen in eine etwa 100 m breite Stromraselung, die sich quer über die Straße zog und in der das Schiff nahebei aus dem Ruder lief, doch kamen wir ohne weitere Störung durch die Straße und hatten um 10 Uhr V Kap Hall und Kap Bartholomew in Linie. Gestern abend umgekehrt zu sein, tat mir hinterher leid; wir wären wohl trotz des Schneetreibens durchgekommen.“

„Pera“, Kapt. J. Frömcke. „Am 3. September mittags standen wir in 54,1° S-Br. und 65,0° W-Lg., obgleich das Barometer schnell fiel, hoffte ich vor dem Umlaufen des Windes durch die Straße und noch 10 bis 12 Sm südlich davon zu kommen. Aber als wir um 3$^{1}/_{2}$ Uhr N klar vor der Straße waren, holte der Wind südlich, wobei er ganz abflaute. Da wir nur 1 Sm von Staaten-Land standen, hielt ich nach der Straße und wir trieben darauf mit dem Flutstrom zurück und aus der Straße nach Norden. Wir segelten dann am 4. September um Kap St. John, von wo aus uns der Ebbestrom bei SW-Wind, Stärke 2, nach Westen setzte."

„Herzogin Sophie Charlotte", Kapt. E. ZANDER. „Am 5. September drehten wir um 10 Uhr N vor der Straße bei, und nachdem wir am 6. September um 4 Uhr V zugesetzt hatten, überholten wir 4 Schiffe, die auch beigedreht gelegen hatten und uns nun folgten. In der Straße waren außerordentlich starke Fallwinde, die sich vorher auf dem Wasser bemerkbar machten und auch durch plötzliches schnelles Fallen des Barometers angezeigt wurden. Kap Diego passierten wir um 10¼ Uhr V und Kap Good Success um 11½ Uhr und haben weiter keine Schwierigkeiten gehabt."

„Barmbek", Kapt. A. HANSEN. „Am 9. Oktober sichteten wir um 5 Uhr V bei frischer WSW-Brise Staaten-Land und Feuerland in etwa 50 Sm Entfernung. Während wir darauf zu segelten, hatten wir einen etwa 2 Sm in der Stunde nach Osten setzenden Strom. Als wir um 9½ Uhr V Kap San Diego mw. SSW½W, 5 Sm peilten, kamen wir in starke Stromkabbelung und gleichzeitig in Gegenstrom, der so stark war, daß wir mit 8 Kn. Fahrt nur wenig über den Grund kamen. Um 1 Uhr N hörte die Stromkabbelung auf und bei abnehmendem Winde setzte eine leichte südliche Dünung ein. Um 2 Uhr N hörte der Gegentrom ganz auf. Von 3 bis 8 Uhr N, während wir zum Teil steuerlos in Windstille trieben, lief der Strom südlich und brachte uns bis 8 Uhr durch die Straße. Von 9½ bis 10½ N waren wir in einer gewaltigen Stromkabbelung und dabei wurden wir mit großer Geschwindigkeit nach Kap Bartholomew und längs der Küste von Staaten-Land nach Osten, glücklicherweise aber, wie es schien, auch etwas vom Lande abgesetzt. Nach Peilungen, die indessen nicht sehr zuverlässig waren, hatte der östliche Strom 5 bis 6 Kn Geschwindigkeit. Glücklicherweise setzte um 2 Uhr V am 10. Oktober nördliche Brise ein. Die Straße nachts zu passieren, möchte ich keinem raten."

Zum Schluß mögen hier noch einige kurze Angaben aus den meteorologischen Tagebüchern der beiden Fünfmaster „Potosi" und „Preußen" folgen.

„Potosi", Kapt. H. NISSEN.

Am 30. Mai 03 steuerten wir um 12 Uhr Mitternachts in die Straße ein und liefen mit 13 Kn. Fahrt durch. Bar.: 764 mm, Wind: NW 6, puffig. Bedeckte Luft.

Am 23. Dez. 03 bekamen wir um 4¼ Uhr V bei schralem Südwestwinde Staaten-Land in Sicht und segelten um Kap St. John herum.

Am 13. Juli 04 standen wir bei WSW bis S-Wind, Stärke 2 bis 4, auf 54,5° S-Br. in 62,7° W-Lg. und passierten nachmittags Kap St. John.

Am 5. März 05 sichteten wir bei NNO 5 und ziemlich dickem Regen die Neujahrs-Insel in 3 Sm Entfernung und steuerten nach der Straße. Wir fuhren alle Segel und konnten zeitweilig 5 Sm weit sehen. In der Straße hatten wir Gegenstrom.

Am 18. Nov. 05, mittags, standen wir in 53,8° S-Br. und 64,5° W-Lg. Bar.: 759, Wind: W bis WNW 6 bis 7. Wir steuerten nach der Straße, wo wir keine Stromraselung fanden, und peilten um 5½ Uhr N Kap Bartholomew O½S 7 Sm. Hier wurde es still und wir trieben wieder zurück, doch kam mit dem Hochwasser um 8 Uhr N westliche Brise von Stärke 4 und damit passierten wir um 9 Uhr gegen Flutstrom die Linie Kap Good Success — Kap Bartholomew.

Am 4. Aug. 06 segelten wir bei Nordwestwind, Stärke 6 bis 7, von 10 bis 11 Uhr V durch die Straße. Südlich davon sprang der Wind mit Stärke 9 auf SWzW, wir steckten Reffe in die Ober-Marssegel, der Wind nahm später wieder ab.

Am 30. Juli 07 segelten wir bei Ostwind mit 9 Kn Fahrt durch die Straße. Bar.: 760; Wind: NNO 4 bis 5, regnerisch, bedeckt.

„Preußen", Kapt. B. PETERSEN.

Am 19. Sept. 02 standen wir in 52,8° S-Br. und 63,9° W-Lg. und steuerten bei starkfallendem Barometer und Westnordwestwind, Stärke 7, nach Kap St. John, das wir am 20. Sept. um 4 Uhr V bei starkem WNW und einem Barometerstande von 735 mm passierten.

Am 12. April 03 segelten wir um 4 Uhr V durch die Straße. Der Wind war West, Stärke 8, der Barometerstand 747 mm. Mittags standen wir auf 55,3° S-Br. in 65,2° W-Lg.; seit 11 Uhr V wehte es mit Stärke 10 aus WSW.

Am 15. Okt. 03 trieben wir in Windstille vor der Straße und segelten, als am 16. flaue Brise kam, um 4 Uhr V ein. Bei auffrischendem WSW-Winde und feinem Regen peilten wir Kap Good Success mittags NzW½W.

Am 14. April 04 standen wir bei starkem Nebel und leichter nordöstlicher Brise nördlich von Staaten-Land. Der Barometerstand war 763 mm. Unter diesen Umständen arbeiteten wir uns nach Osten und passierten um 3 Uhr N Kap St. John in 2 Sm Entfernung.

Am 27. Okt. 04 befanden wir uns bei WSW 8 und einem Barometerstande von 740 mm auf 53,1° S-Br. in 65,3° W-Lg. und steuerten mit 14 Kn. Fahrt nach Süden. Um 8 Uhr Abends vor der Straße flaute der Wind ab. Bei zwischen WSW und NW und Stärke 0 bis 2 mallendem Winde segelten wir durch die Straße. Um 9 Uhr N hatten wir Kap San Diego dwars und um 12 Uhr Nachts peilten wir Kap Good Success W½N 3 Sm.

Am 18. April 05 segelten wir bei Südwestwind um Kap St. John.

Am 1. Nov. 05 segelten wir bei WNW 4 in der Nacht durch die Straße und peilten dabei um 4 Uhr V Kap Bartholomew SO¼S. Der Wind hielt sich stetig, das Barometer auch, auf 748 mm.

Am 9. Mai 06 segelten wir bei Südwestwind um Kap St. Johns.

Am 12. Nov. 06, nachdem wir mit Tagwerden Land in Sicht bekommen hatten, konnten wir bei südwestlichem Winde und einem Barometerstande von 755 mm die Straße anholen. Wir segelten bei puffigem West, Stärke 6 bis 7, durch und standen um 8 Uhr V bei Kap Good Success.

Am 28. Juni 07 standen wir in 51,8° S-Br. und 65,4° W-Lg., konnten aber wegen schralen Windes die Straße nicht anholen, und als am 29. Juni der Wind nach Nordwest umlief, war es schon zu spät dazu, wir hatten um 8 Uhr V Kap St. Johns schon quer. Hier ging der Wind wieder, mit Stärke 10, wie vorher der NW, auf WSW. Bar. 746 mm.

Segelanweisung für die Strecke von Staaten-Land bis nach 50° S-Br. im Stillen Ozean.

Nachdem Kap San John oder die Straße Le Maire passiert ist, beginnt die eigentliche Umsegelung von Kap Horn. Die meisten Schiffsführer, wenigstens die, welche zum ersten Male hierher kommen, sehen dieser Fahrt mit einigem Bedenken entgegen, indem sie nach den älteren, abschreckenden Schilderungen hier kaum etwas anderes als einen fortwährenden Kampf gegen westliche Stürme, hohe See und Gegenstrom erwarten. Es ist nun auch nicht zu bestreiten, daß die Strecke von Staaten-Land nach 50° S-Br. im Stillen Ozean, wenn nicht sehr schwierig, doch oft sehr unangenehm ist. Der Wind wie der Strom sind vorwiegend aus widrigen Richtungen, und der hohe Seegang, das rauhe Wetter mit Regen und Schnee und im Winter die langen Nächte machen das Vorwärtskommen hier sehr viel anstrengender für Schiff und Mannschaft als die Fahrt längs der Ostküste von Patagonien oder im Passat. Es kommt auch vor, daß die Schiffe durch fast ununterbrochene westliche Stürme, in denen der Wind seine Richtung nicht weiter als von NW bis WSW ändert, hier wochenlang festgehalten werden, wie es z. B. im September und Oktober 1905 fast allen Schiffen dort erging. Indessen sind solche Fälle doch verhältnismäßig selten. Im ganzen ist das Wetter bei Kap Horn eher unruhig und veränderlich als anhaltend stürmisch. Es kommt hier leicht und häufig zum Wehen, doch sind die schweren Winde gewöhnlich nicht von langer Dauer, und sie wehen auch meistens nicht lange aus derselben Richtung. Auch sind halbwegs günstige und selbst völlig günstige Winde keineswegs selten; nur halten auch diese gewöhnlich nicht lange an, und um von ihnen den ganzen Nutzen ziehen zu können, muß man ein tüchtiges Schiff unter den Füßen haben, das einen Stoß vertragen kann und nicht erst schlichtes Wasser abzuwarten braucht, um Segel zu fahren. Vor allem ist notwendig, daß man stets gleich wieder Segel setzt und kein Raumen oder Abflauen des Windes unbenutzt vorübergehen läßt. Das ist nirgends von größerer Wichtigkeit als bei Kap Horn. Wer hier zum Segelsetzen ruhiges, beständiges Wetter abwarten will, wird zu dieser Fahrt stets sehr lange Zeit brauchen.

Für die Wahl des Weges lautet die gewöhnliche Anweisung, daß zunächst und auch nach dem Überschreiten der Länge des Kaps das ganze Bestreben darauf gerichtet werden sollte, West zu machen. Diese Vorschrift ist durchaus zweckmäßig, denn auf dem Wege nach Norden im Stillen Ozean hat man den Wind noch auf einer langen Strecke vorherrschend westlich, ja meistens nordwestlich und auch oft stürmisch, und um hier rasch vorankommen und zugleich in einer sicheren Entfernung von der Küste bleiben zu können, ist es natürlich von großem Vorteil, bevor der nördliche Kurs aufgenommen wird, eine gut westliche Stellung erreicht zu haben. Es fragt sich nur, wie man das am besten anfängt. Hierüber findet man in den Segelhandbüchern meistens nur unzulängliche oder auch widersprechende Anweisungen, und hier etwas Bestimmtes anzugeben, hat auch insofern seine Schwierigkeit, als die Umstände, die das eine und das andere Mal bei der Umsegelung des Kaps angetroffen werden, sehr verschieden sein können. Es ist eben hier mehr als irgendwo anders notwendig, den Weg den gerade angetroffenen Wetterlagen anzupassen.

Als erste Regel möchten wir empfehlen, bei der Wahl des zu steuernden Kurses immer auf die Veränderlichkeit des Windes Bedacht zu nehmen. günstige Gelegenheit, West zu machen, ergibt sich gewöhnlich mit Schlagbugen, indem der Wind anfänglich aus Nord oder Nordwest weht und dann seine Richtung nach Westsüdwest oder Südwest, selten bis Süd verändert. Um diese Winde benutzen zu können, muß man natürlich Raum haben und nicht zu nahe unter Land stehen. Man sollte deshalb, wenn man die Straße Le Maire oder das Kap St. John mit nördlichem oder nordwestlichem Winde verläßt, den Kurs nicht zu nahe an Kap Horn setzen und bei schralem Winde gut volle Segel halten, um womöglich bis zum Einsetzen des südwestlichen oder südlichen Windes genügend Süd und West zu gewinnen. Auch bei nordöstlichem und östlichem Winde scheint es, wenigstens wenn man um Staaten-Land herumgekommen ist, im allgemeinen das Beste zu sein, Kap Horn in mindestens 30 Sm Abstand und ferner südlich von Diego Ramirez zu passieren; denn auch auf jene Winde folgt, wenn sie sich verändern, sehr oft Wind aus Südwesten. Das hier empfohlene Verfahren ist mit Maurys Anweisungen, denen zufolge man sich bis zum Kap nahe unter Land halten soll, wenn der Wind es gestattet, freilich nicht in Übereinstimmung. Wir glauben jedoch, es wird in den meisten Fällen vorteilhafter sein, denn es kommt noch hinzu, daß man in größerem Abstande vom Kap gewöhnlich nicht so viel Gegenstrom wie in der Nähe des Landes hat. Besonders ist dies bei südlichem und südwestlichem Winde der Fall. Der Kap Horn-Strom wird dann nahe an das Land gedrängt und setzt mit bedeutender Stärke um das Kap herum nach der Straße Le Maire und der Ostspitze von Staaten-Land. Die Schiffe, welche mit südlichem Winde dem Lande nahe kommen, finden es infolgedessen oft sehr schwierig, West zu machen und genügend Luv zu halten.

Mitunter kommt es vor, daß ein Schiff, bald nachdem es Kap St. John passiert hat, Südweststurm erhält. In einem solchen Falle dürfte es besser sein, anstatt auf Steuerbordhalsen zu bleiben, hinter Staaten-Land zurückzusegeln und dort eine bessere Gelegenheit abzuwarten. Das handlichere Wetter und besonders das schlichtere Wasser und der geringere Strom im Norden des Landes machen es möglich, daß man sich hier halten kann, während man auf Steuerbordhalsen im Süden von Staaten-Land von dem hohen Seegang und der starken Strömung leicht sehr weit nach Osten getrieben wird. Letzteres ist nicht selten die Ursache, weshalb ein Schiff, das anfänglich weit zurückstand und Kap St. John erheblich später erreichte als ein Mitsegler, einen bedeutenden Vorsprung gewann.

Die Regel, bei nordwestlichem Winde nicht zu nahe am Winde, vielmehr stets gute Fahrt im Schiffe zu halten, gilt für den ganzen Weg um Kap Horn, solange noch hauptsächlich West zu machen ist. Wie weit westlich man zu gehen hat, ist natürlich von den besonderen Umständen: der Lage des Bestimmungsortes, der Jahreszeit und der angetroffenen Gelegenheit, abhängig. Ist der Wind günstig, so kann es nur Vorteil bringen, wenn man so viel West macht, daß 50° S-Br. im Stillen Ozean einige Grade westlich von 80° W-Lg. überschritten wird. Dies gilt besonders für das Winterhalbjahr — etwa April bis September — und für Reisen nach den nördlichen Häfen. In den Sommermonaten, wenn man schon von 40° oder selbst 45° S-Br. an ziemlich raumen Wind an der Küste erwarten darf, und bei einer Bestimmung nach einem Hafen von Chile würde dagegen ein erheblich westlicherer Schnittpunkt als in 80° W-Lg. nur einen unnötigen Umweg bedeuten. Im allgemeinen ist es am besten, die Länge gut zu machen, schon bevor 55° S-Br. wieder überschritten wird. Nördlich von diesem Parallel bis nach etwa 45° S-Br. pflegt der Wind an der Westküste von Feuerland und Patagonien sehr hartnäckig aus nordwestlicher Richtung zu wehen, so daß man hier gewöhnlich nur mit Schwierigkeit und nur mit erheblicher Zugabe von Breite nach Westen gelangen kann. Trifft man im Süden eine ungünstige Gelegenheit, oder ist ein früheres Nördlichsteuern notwendig, um einen südwestlichen Wind besser ausnutzen zu können, so genügt indessen für die Sicherheit auch ein bedeutend östlicherer Weg. Wenn man 55° S-Br. in 76° W-Lg. und 50° S-Br. in 78° W-Lg. schneidet, was als die östliche Grenze des Weges zu bezeichnen sein möchte, so bleibt man immerhin noch 90 Sm von den äußersten Inseln entfernt.

Einen großen Vorteil kann der Schiffsführer bei der Umsegelung des Kaps daraus ziehen, daß er sich die Luftdruckverhältnisse und die damit zusammenhängenden Winde vergegenwärtigt. Auf diese Weise wird es ihm am leichtesten möglich, den Weg zu finden, welcher den angetroffenen Umständen am besten entspricht.

Wie der durchschnittlich niedrige Luftdruck bei Kap Horn erkennen läßt, gehören die Winde dort in den allermeisten Fällen barometrischen Depressionen der südlichen Halbkugel an, in welchen vom jeweiligen Minimum aus im Osten nördliche, im Norden westliche, im Westen südliche und im Süden östliche Winde wehen. Von der Annahme ausgehend, daß man eine Depression vor sich hat, kann man vermittelst jener einfachen Regel also immer leicht feststellen, in welchem Viertel der Depression man sich befindet. Aus dieser Betrachtung ergibt sich dann ohne weiteres, welchen Kurs man zu steuern hat, um entweder so bald wie möglich eine günstige Richtungsänderung des Windes herbeizuführen oder um den Wind, wenn man ihn günstig hat, solange wie möglich zu behalten.

Besonders im Hinblick auf letzteren Punkt, das Festhalten des guten Windes, erscheint es wichtig, die Gesetzmäßigkeit der Winde in einer Depression zu beachten. Es kommt gar nicht selten vor, daß die Schiffe bei der Umsegelung des Kaps bei niedrigem Luftdruck östlichen Wind erhalten, doch ist er meist nur von kurzer Dauer, und die Schiffe haben infolgedessen nicht viel Nutzen davon. Dies wird manchmal durch Wahl eines unpassenden Kurses verursacht. Die Schiffe steuern mit dem Ostwinde, besonders wenn sie bei seinem Einsetzen schon westlich vom Kap stehen, oft einen nordwestlichen Kurs; damit gelangen sie aber bald wieder aus der südlichen Hälfte der Depression heraus und statt dessen in das Gebiet der westlichen Winde in der nördlichen Hälfte der Depression. Um in solchem Falle den günstigen Wind möglichst lange zu behalten, muß man südlich vom Minimum und in gehöriger Entfernung davon bleiben. Man sollte deshalb bei östlichem Winde und niedrigem Barometerstande flach vor dem Winde steuern, oder wenn man sich damit dem Minimum noch zu sehr nähert, was sich durch das Fallen des Barometers anzeigt, den Wind nicht recht von hinten, sondern etwas von Backbord halten. Auf einem Kurse mit dem Winde von Steuerbord läuft man unter solchen Umständen immer Gefahr, die günstige Gelegenheit bald wieder zu verlieren, ausgenommen wenn der Wind schon südöstlich geworden ist und das Steigen des Barometers anzeigt, daß sich die Depression in östlicher Richtung vom Schiffe entfernt. Da auf östlichen Wind, der von niedrigem Luftdruck begleitet ist, fast immer südlicher oder südwestlicher Wind folgt, so ist von dem westlichen Wege kein Nachteil zu befürchten.

Hat man den Wind westlich und steht man also im nördlichen Teile der Depression, so hat man den nächsten günstigen Wind weiter südlich zu suchen. Es ist deshalb am ratsamsten, bei diesem Winde, wie auch schon Maury empfohlen hat, auf einem Schlage nach Süden zu stehen. Niemand wird behaupten, daß es immer gelingen werde, die östlichen Winde der Depression zu erreichen. Dies wird durch die zu große Entfernung des Minimums oder wegen östlichen Fortschreitens der Depression durch die zu rasche Änderung des Windes nach Südwest sehr oft unmöglich gemacht. Jedenfalls hat man aber bei westlichem Winde um so mehr Aussicht auf eine günstige Windänderung, je weiter südlich man steht, und eine Windänderung darf um so eher erwartet werden, je tiefer der Barometerstand ist.

Aus dem Verhalten des Barometers bei den verschiedenen Winden, seinem Fallen bei nördlichen und nordöstlichen und seinem Steigen bei südlichen oder südwestlichen Winden geht hervor, daß die Depressionen bei Kap Horn sich immer in einer Richtung des östlichen Halbkreises und meistens nach Ost bis Südost fortbewegen. Hinsichtlich der Geschwindigkeit des Fortschreitens scheinen sie sich, wie überall so auch hier, sehr verschieden zu verhalten. Dies ist wichtig, wenn man beurteilen will, ob es bei nördlichem Winde möglich sein werde, am Minimum vorüber zu kommen. Den besten Anhalt, um die Annäherung an das Minimum zu schätzen, bietet das Barometer. Je rascher es fällt, desto rascher nähert sich das Minimum, und desto eher ist eine Änderung des Windes nach West bis Süd zu erwarten.

Die günstigsten Bedingungen für die Fahrt um Kap Horn sind natürlich gegeben, wenn in nicht zu großer Entfernung südlich vom Kap das Minimum einer Depression liegt und seinen Ort gar nicht oder nur sehr wenig verändert. Unter solchen Umständen kann ein Schiff bei zweckmäßiger Wahl der Kurse die ganze Fahrt mit günstigem Winde vollenden, indem es zuerst mit nördlichem Winde nach Südwest, darauf mit östlichem Winde nach West und schließlich mit südlichem Winde nach Nordwest und Nord steuert und auf diese Weise die Depression an ihrer Südseite umsegelt. Die Meteorologischen Tagebücher der Deutschen Seewarte ergeben, daß solche Depressionen bei Kap Horn gar nicht selten längere Zeit nahezu auf derselben Stelle bleiben. Verschiedentlich hat solche günstige Wetterlage den Schiffen auch schon die Gelegentlich zu einer sehr raschen Reise gegeben und würde sie noch öfter gegeben haben, wenn die Schiffe in besserer Erkenntnis der Verhältnisse bei östlichem Winde ihren Westkurs länger beibehalten und nicht so früh nach Nordwesten gesteuert hätten.

Unter solchen günstigen Umständen machte im August 1884 die Bark „Parsifal", Kapt. R. Hilgendorf, die Fahrt um das Kap herum von 50° S-Br. im Atlantischen nach 50° S-Br. im Stillen Ozean in der kurzen Zeit von sieben Tagen. Die Umsegelung begann mit frischer Brise aus N bei dem hohen Luftdruck von 764 mm, der auf der Fahrt nach S und SW allmählich abnahm, während der Wind langsam nach NO und O holte. Am vierten Tage der Fahrt, als die Bark bis 56° S-Br. und 76° W-Lg. gekommen war, erreichte das Barometer seinen niedrigsten Stand von 742 mm. Nun folgten vier Wachen mit Mallung, wobei die Brise meistens westlich war. Dann setzte, nachdem das Barometer, das vorher etwas gestiegen, von neuem bis 740 mm gefallen war, steifer Südostwind ein, der, von rasch zunehmendem Luftdruck begleitet, die Bark in zwei Tagen nach 50° S-Br. führte. Eine gleich rasche Rundfahrt machte im April desselben Jahres die Bark „Parnaß", Kapt. J. Frödden. Auch in diesem Falle lag südlich von Kap Horn eine Depression, die ihren Ort nur wenig veränderte. Die Bark überschritt 50° S-Br. in 65° W-Lg. am 6. April um 6 Uhr N bei Südostwind und sehr hohem Barometerstand (775 mm). Am nächsten Tage setzte auch hier nach einiger Stille Nordwind ein, womit „Parnaß" am 8. April durch die Straße Le Maire segelte und am nächsten Tage die Höhe von Kap Horn erreichte. Das Barometer war inzwischen allmählich bis auf 742 mm hinuntergegangen. Indessen war es der Bark gelungen, vor dem Minimum der Depression vorüber nach deren Südseite zu kommen. Nachdem der niedrigste Barometerstand eingetreten war, erhielt die Bark bald Wind aus SO, mit dem sie auf westlichem Kurse am 11. April bis 56° S-Br. und 76° W-Lg. gelangte. Dann holte der Wind bei fortwährend zunehmendem Luftdruck nach SW, womit eine günstige Gelegenheit für die Fahrt nach NW und N eintrat. Am 13. April um 2 Uhr N kam „Parnaß" wieder nach 50° S-Br., hatte also die Rundfahrt in 6 Tagen und 20 Stunden vollendet und dabei den Wind nur für wenige Stunden von einer größeren Stärke als 7 gehabt. Die eingehaltene Durchschnittsfahrt war 7 Knoten.

Die Fahrt nach Norden im Stillen Ozean wird sehr oft dadurch verzögert, daß der Wind anhaltend aus Nordwesten weht. Diese Beständigkeit des Windes ist zum Teil wieder eine Folge des Kurses der Schiffe. Deren Fahrt nach Nordost verhindert, daß die Westhälfte der Depression, wenn letztere nur langsam nach Osten fortschreitet, die Schiffe erreichen kann. Offenbar würde man auf einem westlichen Kurse, der anstatt vom Minimum fort, zum Minimum hin führt, viel eher eine Änderung des Windes nach West oder Südwest erzielen. Dies wird auch durch die Erfahrung bestätigt; wenigstens ist es eine oft beobachtete Erscheinung, daß bei diesen Nordwestwinden das Barometer erheblich rascher fällt, wenn ein Schiff auf Steuerbordhalsen, als wenn es auf Backbordhalsen segelt. Für die Fahrt nach Norden ergibt sich daraus die Regel, bei nördlich holendem Winde nicht zu lange auf Backbordhalsen zu bleiben, sondern immer, wenn der Wind nördlicher als Nordwest oder Nordwest zu Nord ist, auf Steuerbordhalsen nach Westen zu segeln.

Selbstverständlich muß bei der Anwendung des hier empfohlenen Verfahrens stets gehörig Bedacht auf die Sicherheit genommen werden. Wenn der Wind auszuschießen droht, sollte man das Schiff auf den richtigen Bug bringen, so daß der Wind beim Ausschießen raumt und das Schiff gegen die See aufluvt. Dies ist besonders bei schweren Stürmen zu beachten. Bei diesen dreht sich der Wind, wenn er nicht östlicher als Nordnordost ist, und vorausgesetzt, daß eine Änderung überhaupt stattfindet, wohl ohne Ausnahme nach links. Wenn das Schiff bei nördlichem oder nordwestlichem Sturm an den Wind gelegt werden muß, so ist es also immer am sichersten, dies auf

Backbordhalsen zu tun. Ist der Wind schon West oder südlicher, so braucht man ein Ausschießen nicht mehr zu befürchten.

Fassen wir das Vorhergesagte noch einmal kurz zusammen, so ergeben sich die folgenden

Leitsätze für die Umsegelung von Kap Horn.

1. Segle unter günstigen Umständen durch die Straße Le Maire.
2. Halte südlich von der Staateninsel gut voll, um tüchtig Fahrt zu machen.
3. Laß dich südlich von der Staateninsel bei zu früh einsetzendem Südweststurm nicht nach Südosten vertreiben, sondern segle lieber hinter die Staateninsel zurück.
4. Passiere selbst bei raumem Winde etwa 30 Sm südöstlich von Kap Horn und dann südlich von Diego Ramirez.
5. Segle mit nordwestlichen Winden auf Steuerbordhalsen, mit südwestlichen auf Backbordhalsen; darin laß dich nicht irre machen, auch wenn du ziemlich südlich kommst. Vermeide aber natürlich unmittelbare Gefahr, z. B. Eis, und laß dich nicht durch Ausschießen des Windes überraschen. Wenn das Barometer aufhört zu fallen, steht eine Windänderung unmittelbar bevor.
6. Fahre so viel Segel, wie mit Rücksicht auf die Umstände zulässig ist.
7. Hüte dich, bei östlichen Winden an der Südseite eines Minimums durch zu nördlichen Kurs in dieses hineinzulaufen; halte darum den Wind mindestens platt von achter oder vielleicht noch besser etwas von Backbord ein, bis das Barometer steigt.
8. Scheue dich unter günstigen Umständen nicht, um einen Südwestwind auszunutzen, dich der Südwestküste von Feuerland etwas mehr zu nähern, als unter ungünstigen Umständen ratsam sein würde.
9. Bleibe aber, auch wenn du schon ziemlich westlich stehst, bei schralendem nordwestlichem Winde nicht zu lange auf Backbordhalsen, sondern segle auf Steuerbordhalsen dem günstigen Südwestwinde entgegen.
10. Laß dich nie ohne zwingende Gründe bestimmen, ein Manöver, das die Wetterlage erfordert, es sei Wenden, Halsen, Segel setzen, zerrissene Segel ersetzen, Segel bergen oder dergl., bis ans Ende der Wache, Tagesanbruch, Mondesaufgang usw. zu verschieben.

Winde und Strömungen im Passatgebiet.

(Vgl. auch I. Teil, 3. Abschn., S. 68 ff.)

Den Passat, in dessen Gebiet der erste Teil des Weges fällt, haben die Schiffe anfänglich aus einer schralen Südost- oder selbst Südsüdostrichtung, so daß sie, um sich von der Küste von Brasilien freizusegeln, genötigt sind, nahe am Winde zu steuern, um so mehr, als hier auch der Strom stark nach West bis Westnordwest, also nach Lee zu setzen pflegt. Sowie sie aber weiter nach Süden gelangen, erhalten sie den Passat östlicher. Ebenso beginnt der Strom, etwa von der Breite von Pernambuco an, während der größten Zeit des Jahres längs der Küste nach Südwesten zu setzen, also mit zu laufen. Die Schiffe können mehr und mehr vom Winde abhalten, bis dieser, die Drehung nach links fortsetzend, schließlich flach von hinten aus nordöstlicher Richtung kommt. Das Östlichholen des Windes tritt in den Monaten Oktober bis März, dem Frühling und Sommer der südlichen Halbkugel, schon in etwa 10° S-Br. ein, während es von April bis September erst südlich von 15° S-Br. stattzufinden pflegt. Im Mai und Juni kommt es nicht selten vor, daß die Schiffe südlich von 10° S-Br. noch wieder schraleren Wind erhalten. Auch zwischen dem Äquator und 10° S-Br. ist der Wind im Sommer oder, genauer gesprochen, von November bis April raumer als von Mai bis Oktober. Indessen beträgt der hier durch die Jahreszeiten hervorgerufene Unterschied in der mittleren Windrichtung kaum mehr als einen Strich, und auch im Süden von 10° S-Br. ist der Unterschied, wenn auch größer als im Norden, doch im ganzen nicht so bedeutend, daß man mit Recht von einem wirklichen Nordost- und Südostmonsun an der Küste von Brasilien sprechen könnte. Die mittlere Grenze des Südostpassates, wenn man als solche den Ort bezeichnet, wo der Wind für die südwestwärts steuernden Schiffe in der Drehung nach links die Richtung Nordost annimmt, wird in allen Monaten nahezu in derselben Breite, nämlich 20° S-Br., angetroffen. Durchschnittlich am raumsten weht der Passat im November und Dezember, in welchen Monaten er mitunter schon auf der Breite von Kap San Roque eine Richtung nördlich von Ost annimmt, durchschnittlich am schralsten dagegen im Juli und August.

Die Winde im Gebiet von 20° S-Br. bis nach Kap Corrientes.

Der nordöstliche Wind, den die Schiffe an der polaren Passatgrenze antreffen, begleitet sie in der Regel bis nach etwa 27° S-Br., wo gewöhnlich die erste der für diese Strecke charakteristischen Änderungen eintritt. Der Wind, der aus Nordost zuletzt mit zunehmender Stärke, bei beziehendem Himmel und bei abnehmendem Luftdruck weht, dreht sich mit dem Eintritt des Minimums rasch durch Nord und West nach Südwest, aus welcher Richtung er dann erst steif, später flauer bei steigendem Barometer einige Zeit anhält. Darauf setzt, gewöhnlich nach vorhergehender Windstille, der Wind wieder auffrischend aus Südost bis Nordost ein, um nach einigen Tagen des Bestehens von neuem nach Südwest umzulaufen. Oft kommt es jedoch vor, daß der Wind die Drehung von Südwest nach Südost fortsetzt und bei hohem Luftdruck längere Zeit wieder stetig aus dieser Richtung weht, bevor er nordöstlich holt und das Fallen des Barometers ein neues Umlaufen einleitet. Meistens wiederholen sich die Rundläufe während der Fahrt nach Süden jeden vierten oder fünften Tag, wobei der südwestliche Wind, der beim ersten Umlaufen gewöhnlich nur von kurzer Dauer ist, jedesmal länger und heftiger als vorher aufzutreten pflegt, während die barometrische Depression, welche die Änderung begleitet, jedesmal eine größere Tiefe erlangt. In der Nähe der La Platamündung und südlich davon, in der Umgebung von Kap Corrientes, steigert sich der Wind bei diesen Umläufen mitunter zu schweren Stürmen — Pamperos —, die oft mehrere Tage aus Südwesten wehen, und deren Eintritt gewöhnlich die Grenze bezeichnet, wo das Vorherrschen östlicher Winde sein Ende erreicht. Als Regel kann man annehmen, daß das Gebiet, in dem der Wind vorwiegend aus dem östlichen Halbkreise ist, sich in den Monaten Dezember bis Februar bis nach etwa 37° S-Br. erstreckt, von Mai bis Juli, wenn es seine geringste Ausdehnung nach Süden hat, dagegen bis nach etwa 32° S-Br. Im Jahresmittel reicht es bis nach etwa 35° oder 36° S-Br.

Es ist natürlich nicht ausgeschlossen, daß oft erhebliche Abweichungen von den im vorstehenden geschilderten Durchschnittsverhältnissen vorkommen. So z. B. endigt der Passat nicht immer mit einem Nordöstlichholen des Windes, sondern mitunter auch in Mallung und Windstille; erst wenn diese überstanden sind, erhalten die Schiffe dann den Nordostwind der südbrasilianischen Küste. Die polare Passatgrenze verlegt sich oft in wenigen Tagen um 5 bis 6° nach Norden oder nach Süden. Ebenso findet das erste Umlaufen des Windes nach Südwest nicht immer in 27°, sondern mitunter schon nördlich von 20°, zu anderen Zeiten dagegen erst in 35° bis 36° S-Br. statt. Besonders in den Sommermonaten werden die Schiffe nicht selten von einem beständigen Nordostwind ganz bis zur La Platamündung geführt. Eine Zusammenstellung über den Verlauf von 148 Reisen aus den fünf Jahren 1877 bis 1881 zeigt, daß die Schiffe verschiedentlich schon in 25° und selbst 20° N-Br. anhaltend westliche oder südwestliche Winde erhielten. Pamperos wurden in mehreren Fällen schon in 28° S-Br., in einem Falle — im November — selbst schon in 18° S-Br. beobachtet. Andererseits kam es auch mehrfach vor, daß der Wind bis über 40° S-Br. hinaus vorherrschend aus dem östlichen Halbkreise blieb.

Die Winde im Westwindgebiet.

Selbst in 45° und südlicheren Breiten treten mitunter noch wieder östliche Winde auf. Solche Fälle sind indessen immer nur als Ausnahmen anzusehen, die bei der Wahl des Weges nicht wohl in Rechnung gezogen werden können. Nach den mittleren Verhältnissen muß man annehmen, daß von 37° S-Br. an und bis jenseits von Kap Horn Winde aus dem westlichen Halbkreise bei weitem vorherrschend sind. Ebenso ist die Strömung, die von Kap San Roque bis nach 37° S-Br., wenn auch meistens nur schwach, doch vorwiegend nach Südwest setzt, von 37° S-Br. an gewöhnlich dem Kurse der Schiffe entgegen.

Im nördlichsten Teile des Westwindgebietes, zwischen der La Platamündung und 40° bis 42° S-Br., kommt der Wind häufig aus Süden bis Südwesten, so daß die Schiffe hier oft lange aufgehalten werden, um so mehr, als diese südwestlichen Winde nicht selten als heftige Stürme auftreten. Sie scheinen vornehmlich während der Monate April bis September herrschend zu sein. Zwischen der La Platamündung und 40 bis 42° S-Br. wird überhaupt sehr oft unruhiges Wetter angetroffen. Die südwestwärts steuernden Schiffe passieren hier eine gewöhnlich scharf ausgeprägte Scheide zwischen warmem und kaltem Wasser, die sich meistens auch als eine auffällige Wetterscheide erweist, und die ein Schiff nur selten überschreitet, ohne daß es eine mehr oder weniger große Schwankung des Barometers, eine Änderung des Windes, Gewitter und Regen erfährt. Südlich von 42° S-Br. nimmt die Reise gewöhnlich wieder einen rascheren Verlauf. Es pflegen hier auch noch etwa jeden dritten Tag Depressionen des Barometers einzutreten; die sich mit dem Fortschreiten des Schiffes nach Süden mehr und mehr vertiefen, doch kommt der Wind während der längsten Zeit aus Nord bis Nordwest; er holt bei den Änderungen gewöhnlich nicht weiter als bis Südwest und ist meistens von mäßiger Stärke. Wegen der Nähe des Landes zu luvwärts hält sich die See ruhig; wenigstens ist der hinderliche Seegang, der mit südwestlichem Winde entsteht, nur von kurzer Dauer. Er verschwindet, sobald der Wind abflaut. Das Wetter ist fast immer trocken; selbst beim Umlaufen des Windes von Nordwest nach Südwest fällt fast nie Regen. Besonders unter der Küste von Patagonien ist im Sommer schönes, beständiges Wetter. Im Winter hat der Südwestwind oft größere Stärke und längere Dauer; aber auch in dieser Jahreszeit kann man hier immer noch verhältnismäßig leicht nach Süden gelangen. Die wirklichen Schwierigkeiten beginnen gewöhnlich erst im Süden von Staatenland. Nicht nur führt hier der Kurs recht gegen den herrschenden westlichen Wind, sondern es bieten auch das rauhere und stürmischere Wetter, der hohe Seegang und die Strömung hier so große Hindernisse dar, daß jeder Grad Länge mit Mühe erkämpft werden muß.

Die nachstehende Tabelle gibt für alle Monate und für Zonenabschnitte von 5° Breite die prozentische Häufigkeit der Winde in der Umgebung von Kap Horn nach Angaben in den bis Ende 1893 eingegangenen meteorologischen Tagebüchern der Deutschen Seewarte. Bei der Verteilung über die einzelnen Striche sind nur die Winde von der Stärke 2 oder mehr berücksichtigt worden. Die ganz leichten Winde — Stärke 1 — sind zu den Windstillen gezählt, deren Prozentsatz in der vorletzten Spalte aufgeführt ist. Die Bedeutung der Angaben für Januar und den Zonenabschnitt 50° bis 55° S-Br. und 75° bis 85° W-Lg. ist demnach folgende: Von den 742 Angaben über Wind entfallen 7 oder 1% auf Stillen und Winde unter Stärke 2. Von den übrigen 99% — 735 Angaben — kommen 6% auf den Strich N, 3% auf den Strich NNO, 2% auf NO, 1% auf ONO, 0% auf O, OSO, SO und SSO, 2% auf S, 3% auf SSW, 7% auf SW, 14% auf WSW, 17% auf W, ebenfalls 17% auf WNW, 15% auf NW und 12% auf NNW. Die häufigsten Winde von 10 oder mehr Prozent sind durch fette Zahlen hervorgehoben.

Wie die Tabelle zeigt, herrschen in der Umgebung von Kap Horn sowohl südlich wie nördlich von 55° S-Br. das ganze Jahr hindurch westliche Winde vor; am meisten im Sommerhalbjahr in den Monaten Oktober bis März, wenn 80 oder mehr Prozent aller Winde aus dem westlichen Halbkreise kommen, weniger im Winter. Im Winter liegen die Bahnen der Luftdruckminima nicht selten so nördlich, daß die Schiffe östliche Winde ansegeln; am häufigsten sind östliche Winde im Juni.

Tabelle der prozentischen Häufigkeit der Winde in der Umgebung von Kap Horn.

Monat	Zonenabschnitt S-Br.	Zonenabschnitt W-Lg.	N	NNO	NO	ONO	O	OSO	SO	SSO	S	SSW	SW	WSW	W	WNW	NW	NNW	Stillen und leichte Winde	Anzahl der Beobachtungen
			%	%	%	%	%	%	%	%	%	%	%	%	%	%	%	%	%	
Januar	50°—55°	75°—85°	6	3	2	1	—	—	—	—	2	3	7	14	17	17	15	12	1	742
	55°—60°	65°—80°	5	4	2	2	1	1	1	1	3	4	8	11	15	16	12	8	6	2025
Februar	50°—55°	75°—85°	4	2	1	—	—	—	—	3	2	2	6	15	19	19	16	8	3	664
	55°—60°	65°—80°	5	3	2	2	1	1	2	2	3	4	7	13	16	16	10	9	4	2197
März	50°—55°	75°—85°	3	2	3	2	2	2	2	4	4	7	8	11	19	14	10	6	1	814
	55°—60°	65°—80°	5	4	2	1	2	—	1	2	2	4	7	14	16	16	12	8	4	2368
April	50°—55°	75°—85°	7	2	4	3	1	2	5	2	4	7	8	13	14	9	8	7	4	805
	55°—60°	65°—80°	8	4	2	2	1	3	2	2	4	4	7	14	9	12	11	10	5	1626
Mai	50°—55°	75°—85°	3	2	3	1	4	2	3	4	3	5	6	13	15	12	12	9	3	826
	55°—60°	65°—80°	7	5	2	2	3	2	1	1	3	5	6	11	12	13	13	11	3	2367
Juni	50°—55°	75°—85°	5	7	6	5	4	5	4	4	10	5	6	6	8	6	7	8	4	1013
	55°—60°	65°—80°	8	5	4	3	2	3	5	3	3	7	8	11	11	9	6	8	4	2679
Juli	50°—55°	75°—85°	7	6	3	3	7	8	5	3	2	5	7	6	6	9	11	7	5	1078
	55°—60°	65°—80°	6	5	3	3	4	3	1	2	2	5	9	10	11	12	11	8	5	2902
August	50°—55°	75°—85°	5	4	4	2	2	3	4	5	3	4	6	10	12	11	12	10	3	1665
	55°—60°	65°—80°	11	5	3	2	1	1	2	4	4	6	8	8	9	12	10	11	3	3554
September	50°—55°	75°—85°	8	3	3	3	3	4	3	4	4	5	6	12	11	13	9	6	3	1494
	55°—60°	65°—80°	6	4	3	3	2	2	2	2	2	5	7	11	13	14	9	10	5	2383
Oktober	50°—55°	75°—85°	7	1	—	—	—	—	2	2	2	2	5	10	19	19	18	9	4	1334
	55°—60°	65°—80°	6	2	2	1	—	1	1	2	2	3	7	11	16	20	15	9	2	3511
November	50°—55°	75°—85°	3	2	—	1	—	2	2	3	2	3	7	14	15	20	16	8	2	1342
	55°—60°	65°—80°	5	3	1	1	—	1	1	2	2	4	6	11	16	17	13	10	7	3376
Dezember	50°—55°	75°—85°	4	2	1	—	—	1	1	1	3	3	8	14	17	18	15	8	4	1668
	55°—60°	65°—80°	6	3	1	1	1	1	1	2	3	6	8	13	14	16	12	9	3	2871

Im südlichen Teile des Gebietes überwiegen die Winde aus dem westlichen gegen die aus dem östlichen Halbkreise in einem durchschnittlichen Verhältnisse von 3 zu 1. Die nordwestlichen Winde — W bis NNW — sind beinahe doppelt so häufig als die südwestlichen — S bis WSW; am größten ist das Vorwiegen westlicher Winde im Oktober und November. Durchschnittlich am häufigsten kommt der Wind aus WSW bis NW oder NNW, und in diesen Strichen wieder am meisten aus W und WNW; auf diese beiden Striche kommen in den Monaten Oktober bis März 32 % aller Windbeobachtungen. Winde aus dem östlichen Halbkreise treten verhältnismäßig am häufigsten im Juni — mit 33 % — und außerdem im Juli und August auf.

Zwischen 55° und 50° S-Br. ist der Wind ebenfalls vorherrschend aus WSW bis NW, auf welche vier Striche während der Monate Oktober bis Februar etwa zwei Drittel aller Winde kommen. Auch in den übrigen Monaten sind die Winde aus diesem Viertel weitaus die häufigsten; nur im Juni und Juli zeigt sich kein besonderes Hervortreten dieser bestimmten Striche. Nordwestliche Winde überwiegen zu jeder Jahreszeit über südwestliche, am meisten wieder von Oktober bis Februar, wenn die Winde aus W bis NNW mehr als doppelt so häufig sind wie die aus S bis WSW. Verhältnismäßig am meisten kommen Südwestwinde im März und April vor. Östliche Winde sind am seltensten von Oktober bis Februar; in diesen Monaten kommen auf

Winde aus dem östlichen Halbkreise durchschnittlich nur 11 %. Am häufigsten sind östliche Winde auch hier im Juni und Juli mit 40 % und ferner im August und September mit 30 %.

Das Barometer und die Winde bei Kap Horn.

Wenn man dem durchschnittlich niedrigen Luftdrucke auf hohen südlichen Breiten Rechnung trägt und im Sinne hält, was im I. Teile dieses Buches im 4. Abschnitt über das barische Windgesetz gesagt worden ist, so wird man finden, daß auch bei Kap Horn das Barometer manchen für die Schiffsführung sehr nützlichen, ja unentbehrlichen Wink zu geben imstande ist. Wir lassen hier über das Verhalten des Barometers einige Bemerkungen aus dem meteorologischen Tagebuche des Schiffes „Charlotte“ folgen, die auf unmittelbaren Wahrnehmungen beruhen.

„Auf flaue Brise oder Windstille bei hohem Barometerstand (755 mm oder mehr) folgt nördlicher Wind, Nordost bis Nordwest, immer leicht einsetzend und am häufigsten zuerst aus der Richtung NzO bis NzW. Auf flaue Brise, Mallung oder Windstille bei niedrigem Barometerstand (737 mm und weniger) folgt südlicher Wind (von West durch Süd bis Südost), und man kann jeden Augenblick das plötzliche Hereinbrechen eines Sturmes erwarten.

Das Barometer steigt, wenn sich die Windrichtung nach links, von Nordwest durch West nach Süd verändert; es fällt bei einer Änderung im entgegengesetzten Sinne. Wenn man genau aufmerkt, sieht man bei einem schwankenden Nordwestwinde und selbst bei gutem Wetter, daß jede, wenn auch nur strichweise Veränderung der Windrichtung nach links oder nach rechts von der entsprechenden Bewegung des Luftdruckes (oder doch einem Aufhören der entgegengesetzten) begleitet ist.

Das Barometer fällt mit (nicht vor) stetigem und gewöhnlich zunehmendem Winde aus Nordost bis Nordwest; es steigt mit (selten vor) stetigem West- bis Südostwinde, der, wenn er plötzlich hart beginnt, immer ein abnehmender Wind ist. Es fällt um so rascher, je weiter von rechts und je stärker der nördliche Wind ist, am meisten, wenn der zunehmende Wind bis Nordnordost krimpt. Es steigt am meisten mit abnehmendem, links drehendem Winde aus südlicher Richtung.

Ein beständiger Luftdruck, dessen Veränderungen nicht mehr als 1,3 mm in der Wache betragen, ist der Begleiter guten Wetters. Ein Fallen des Barometers von 4 mm und mehr in der Wache bedeutet meistens harten Wind von der Stärke 8 oder mehr, und das raschere Fallen des Barometers geht der Zunahme der Windstärke nicht selten um mehrere Stunden vorher.

Ein zunehmender Nordwind, dem fast immer sich Regen zugesellt, verändert mit schneller fallendem Barometer seine Richtung nach West; entweder langsam Strich für Strich oder plötzlich, indem er in einer schwereren Bö nach W, SW, mitunter selbst SO ausschießt. Die Dauer der Nordstürme beträgt gewöhnlich nur 12 bis 20 Stunden und das Fallen des Barometers dabei 10 bis 15 mm. Je härter der Wind, desto rascher das Fallen des Barometers; je niedriger der Barometerstand bei Beginn des Sturmes ist, desto kürzer pflegt dessen Dauer zu sein. Indessen ist auch die Ortsveränderung des Schiffes auf die Dauer des Sturmes und auf die Geschwindigkeit der Luftdruckabnahme von großem Einfluß. Sobald bei Nordwind — und dies gilt nicht nur für Stürme, sondern auch für schwächere Winde — das Barometer aufhört zu fallen, ist eine Veränderung nahe zur Hand. Das Barometer warnt oft 1 bis 2 Stunden vorher durch Verlangsamung seines Fallens. Wenn bei Stürmen, bei denen das Barometer oft bis zu 2,5 mm in der Stunde fällt, langsameres Fallen eintritt, so sollte man das als Warnung vor einem bevorstehenden Umlaufen des Windes ansehen. Namentlich sollte sich ein Schiff, das auf Steuerbordhalsen liegt, auf Umlaufen des Windes vorbereiten und zur rechten Zeit halsen.

Je härter der vorhergehende Nordwind gewesen, und je rascher und tiefer das Barometer gefallen ist, desto mehr Wind ist auch aus südlicher Richtung, d. h. aus West durch Süd bis Südost, zu erwarten. Mit dem Ausschießen beginnt das Barometer zu steigen, und zwar bei schwerem Wetter mitunter stoßweise, indem es mit der ersten Bö zuweilen in 15 Minuten um 2,5 mm steigt. Hört bei südlichem Winde das noch niedrig, auf 740 mm oder tiefer stehende Barometer auf zu steigen, oder fällt es sogar wieder etwas, so folgen auf den abflauenden Wind gewöhnlich schwere Böen, mit denen der Sturm aus West bis Süd von neuem einsetzt. Rasches Steigen das Barometers von etwa 3 bis 4 mm in der Wache bringt und begleitet abnehmenden Wind und abklarendes Wetter. Ist das Barometer bis über 760 mm gestiegen, so wird der südliche Wind fast immer still.

Schwere, bis zu 48 Stunden anhaltende Stürme aus West bis Süd, seltener Südost, setzen oft erst nach Stunden ein, wenn nach dem Abbrechen des Nordsturmes und der raschen Luftdruckabnahme das Barometer niedrig bleibt oder bei Mallung oder Windstille von neuem langsam zu fallen beginnt. Bei solchen anhaltenden Stürmen bleibt das Barometer auch gewöhnlich noch längere Zeit ziemlich niedrig und schwankend, es steigt erst rascher und regelmäßiger gegen das Ende des Sturmes, wenn die Böen aufhören und der Wind abzunehmen beginnt.

Bei schwankendem Westwinde (Nordwest bis Westsüdwest), der oft ohne viel Änderung des Barometerstandes zum Sturme anwächst, folgt fast immer auf Steigen weniger oder westlicherer bis südlicherer Wind, auf Fallen des Barometers mehr oder nördlicherer Wind.

Bei Ostwind, der entweder bei hohem Barometerstand als leichte Brise oder bei niedrigem Luftdruck als Sturm aus Südost einsetzt, zeigt das Steigen des Barometers ein Abnehmen oder Südlichholen, das Fallen ein Zunehmen oder Nördlichholen des Windes an. Ein zunehmender Südostwind mit Regen oder Schnee und fallendem Barometer holt meistens nach Südwest. Das Wetter klart dann bei zunehmendem Luftdruck ab, und darauf kehrt der Wind gewöhnlich bei schönem Wetter von Südwest nach Südost zurück. Ein zunehmender Nordnordost- oder Nordostwind mit Regen und fallendem Barometer dreht sich fast immer nach Nord oder Nordwest. Vor der Westküste von Patagonien hört das Barometer gewöhnlich schon auf zu fallen, wenn der Wind von Nord nach Nordwest holt; manchmal steigt es dann sogar schon.

Unruhiges Barometer, unruhiges Wetter. Das ruhigste Wetter findet auch hier bei leichtem Ostwind statt, der von hohem, beständigem Luftdruck begleitet ist.“

Nähe der Minima.

Die plötzliche Richtungsänderung des Windes, welche bei den Orkanen der Tropen und bei den oft ähnlich verlaufenden Stürmen des Golfstromgebietes an der Ostküste Nordamerikas die Annäherung an das Minimum so gefährlich macht, zeigt sich bei den Stürmen in der Nähe von Kap Horn bei weitem nicht so regelmäßig. Dies rührt hauptsächlich von der abweichenden Form der Depressionen her. Diese ist bei Kap Horn oft derart, daß die steilsten Gradienten und härtesten Winde nicht in der Nähe des Minimums, sondern in beträchtlichem Abstande davon gefunden werden. In der Umgebung des Minimums befindet sich dagegen oft ein weit ausgedehntes Gebiet, in welchem die Gradienten nur gering sind, und wo Windstille oder leichter veränderlicher Wind und nicht selten schönes klares Wetter herrschen. Durch diese eigentümliche Form der Depressionen, die übrigens auf hohen Breiten auch anderswo nicht selten ist, erklärt sich auch, weshalb in früheren Zeiten, als die Beziehungen des Windes zur Luftdruckverteilung noch nicht so erkannt waren wie jetzt, viele Kapitäne die Bedeutung des Barometers als Wind- und Wetteranzeiger bei Kap Horn nicht mit ihren sonstigen Erfahrungen in Übereinstimmung fanden.

Zu weiterem Studium der Witterungsvorgänge bei Hap Horn sei hier noch auf eine Reihe von Aufsätzen in den Jahrgängen 1892, 1898, 1907 und 1908 der Annalen der Hydrographie usw. verwiesen, denen auch die folgenden Darstellungen charakteristischer Wettervorgänge bei Kap Horn entnommen sind.

Bildliche Darstellungen verschiedener Wetterlagen bei Kap Horn.

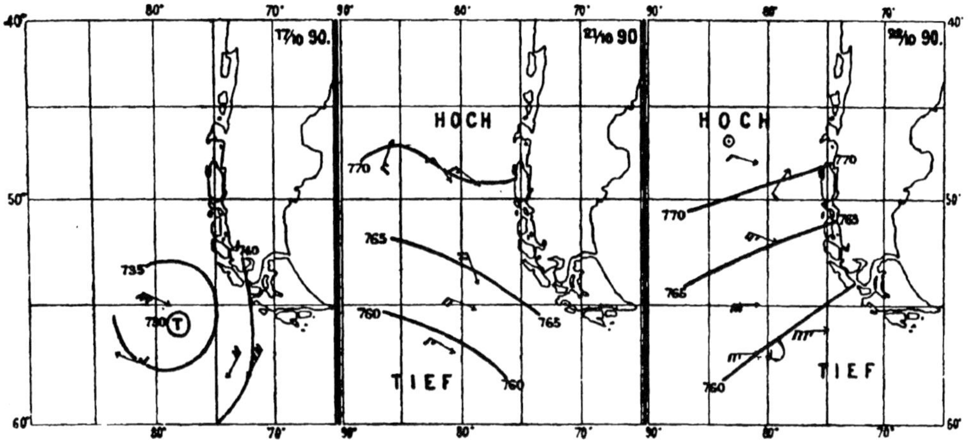

Fig. 62.

Depression westlich von Kap Horn.

Hoher Luftdruck vor der Westküste von Patagonien.

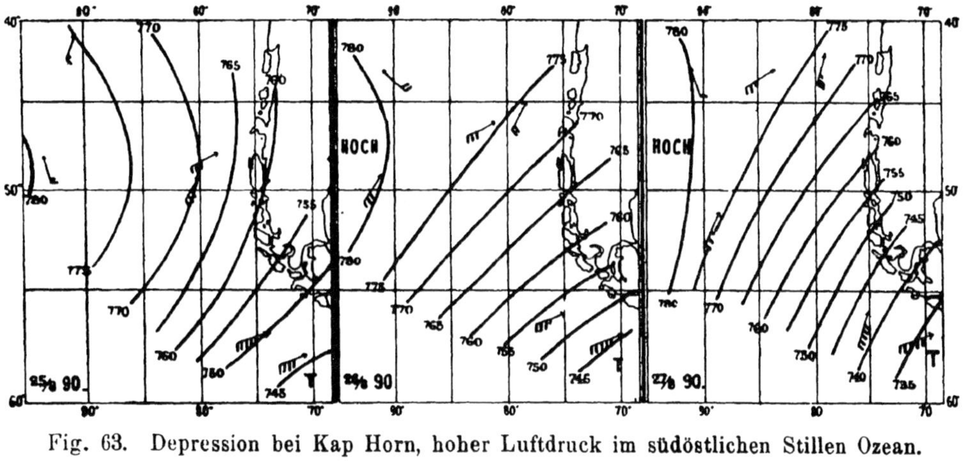

Fig. 63. Depression bei Kap Horn, hoher Luftdruck im südöstlichen Stillen Ozean.

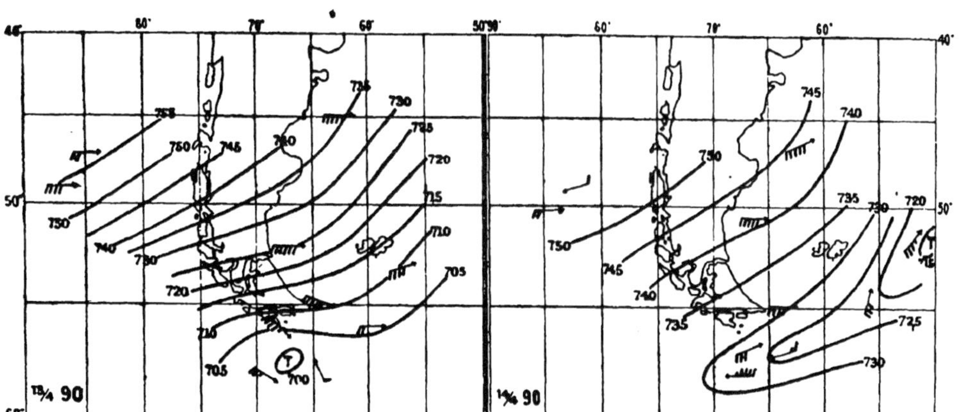

Fig. 64. Umbiegen einer Sturmbahn nach ONO nach dem Überschreiten des Meridians von Kap Horn.

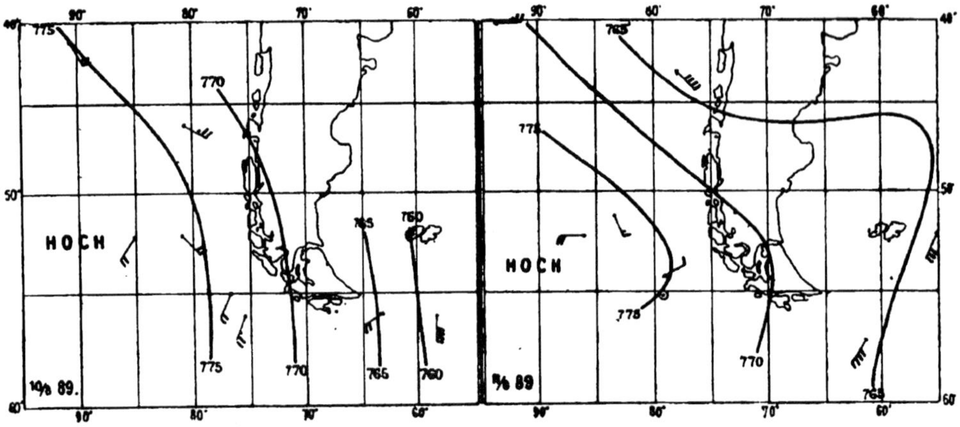

Fig. 65. Hoher Luftdruck vor der Westküste von Patagonien.

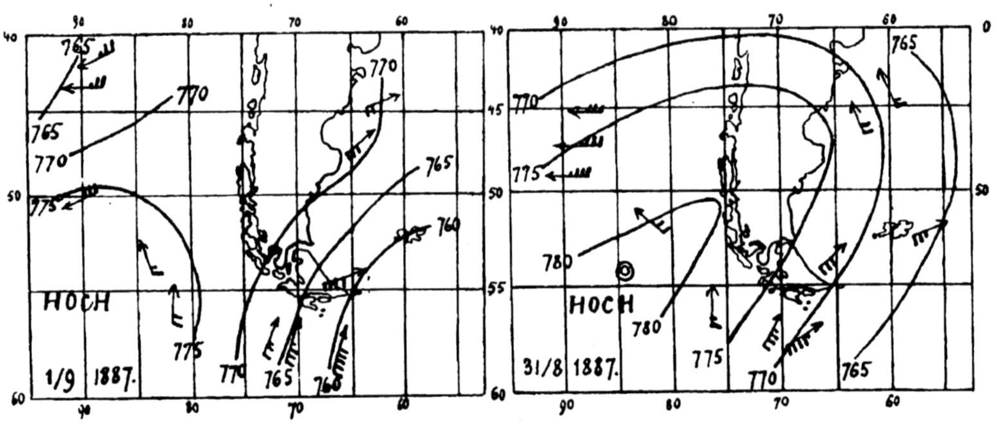

Fig. 66. Hochdruckgebiet westnordwestlich von Kap Horn.

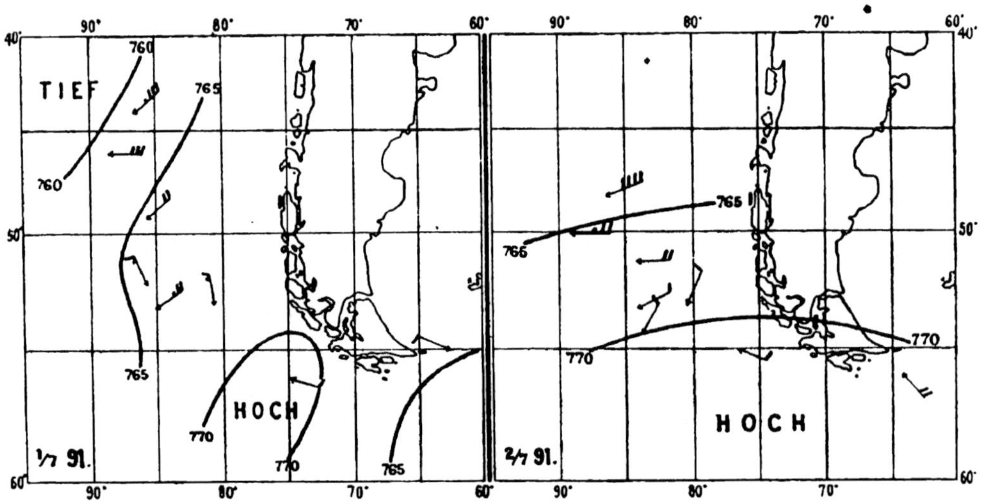

Fig. 67. Hoher Luftdruck bei Kap Horn.

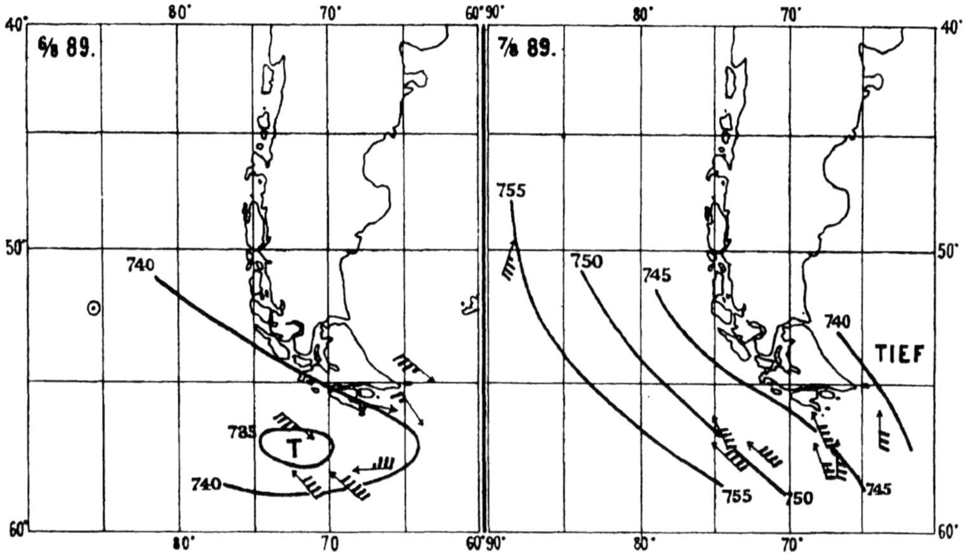

Fig. 68. Vorüberziehen einer Depression südlich von Kap Horn.

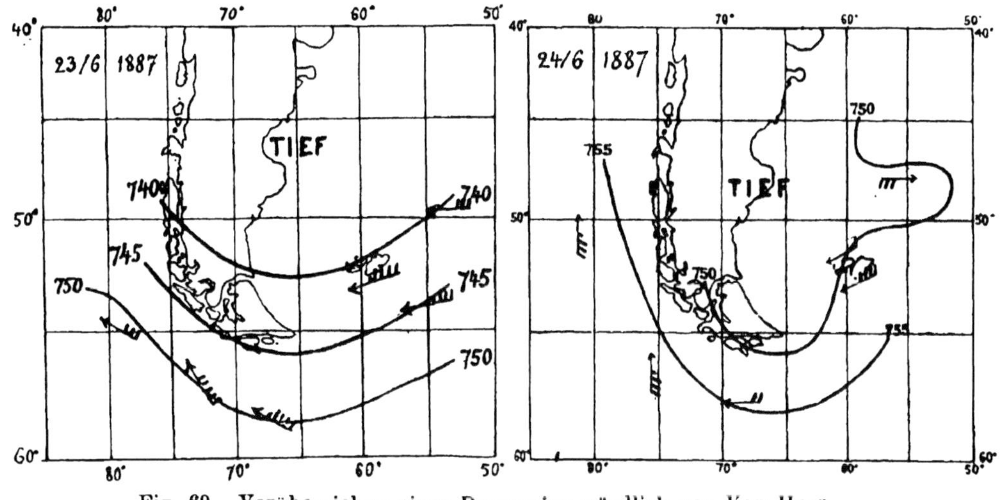

Fig. 69. Vorüberziehen einer Depression nördlich von Kap Horn.

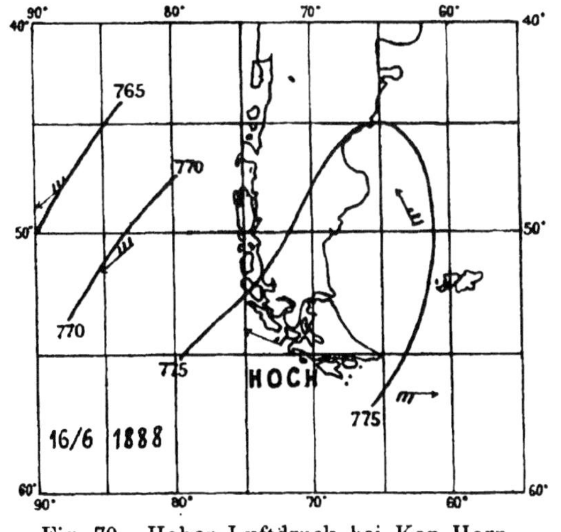

Fig. 70. Hoher Luftdruck bei Kap Horn.

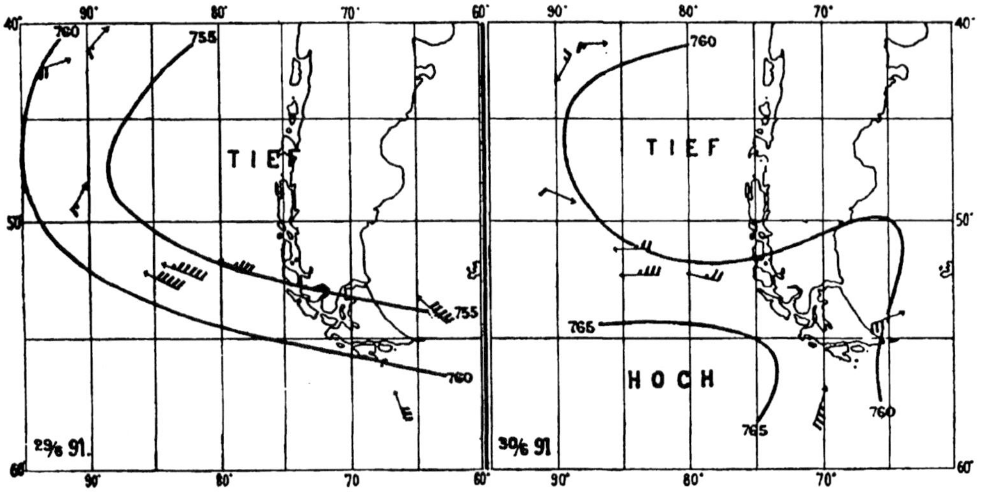

Fig. 71. Ausgleich (Verschwinden) einer Depression.

Bahn des Sturmes vom 20. und 21. April 1896.

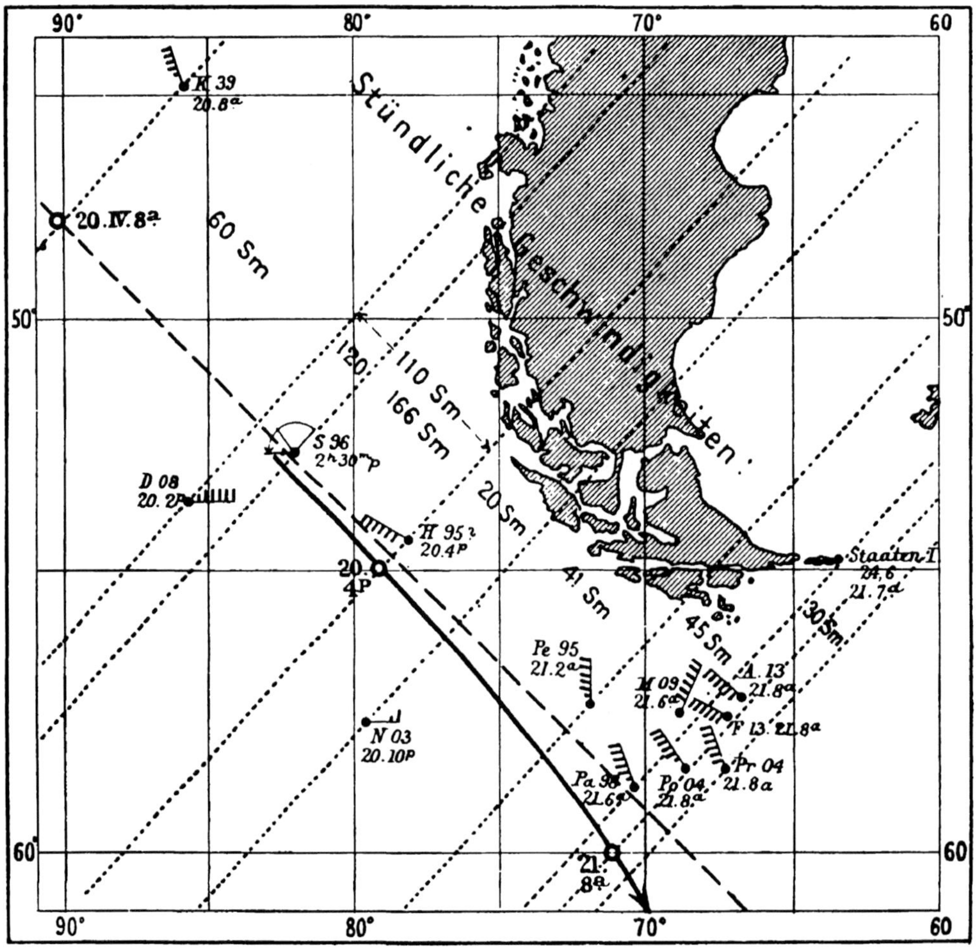

Fig. 72.

Vgl. hierzu auch Fig. 73.

Zu S. 388.

Fig. 73.
Synoptische Wetterkarten zum Sturm vom 20. und 21. April 1896.

Synoptische Wetterkarten

Annalen der Hydrographie &c. 1898.

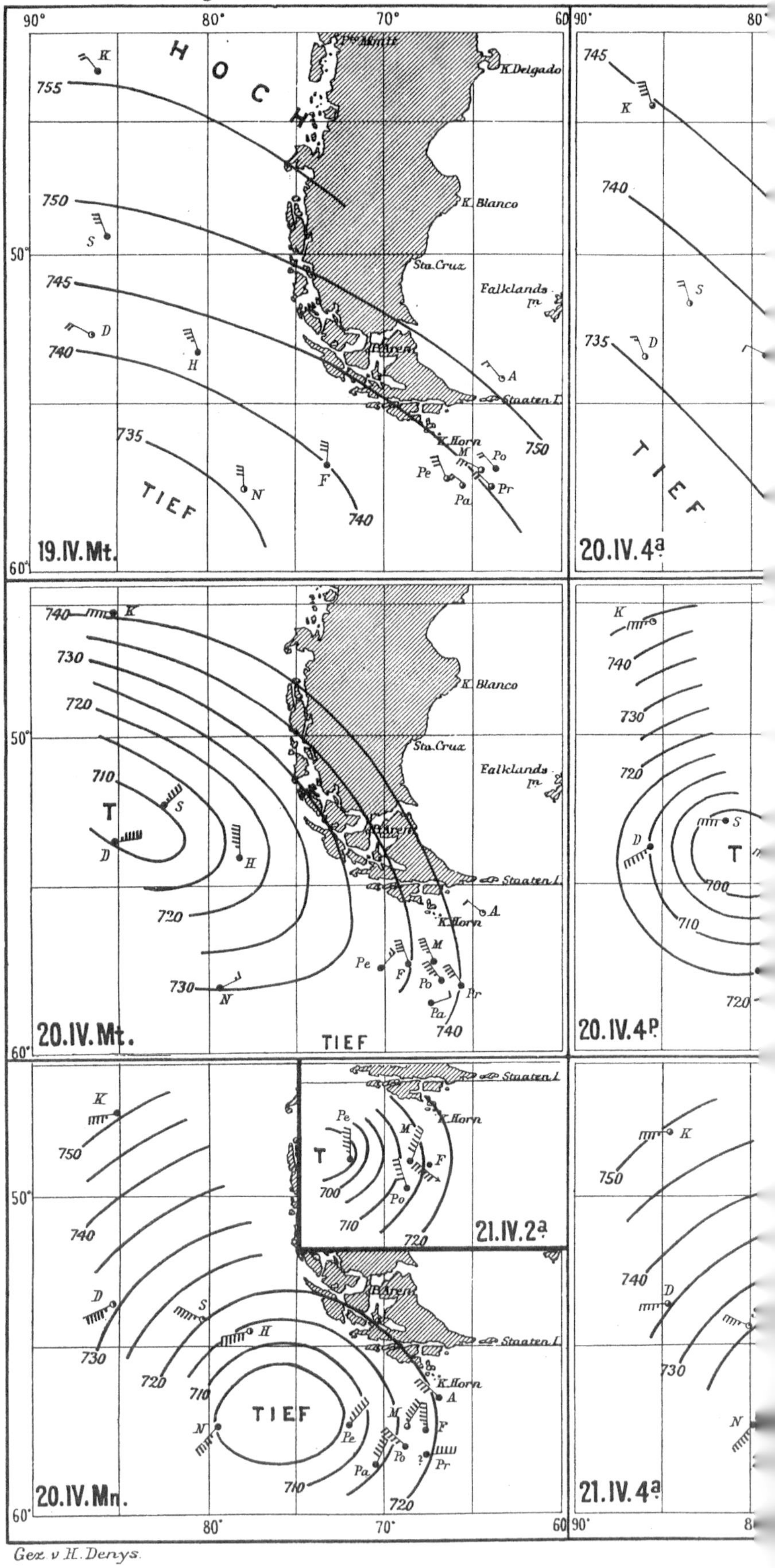

Gez. v H. Denys.

turm vom 20. u. 21. April 1896.

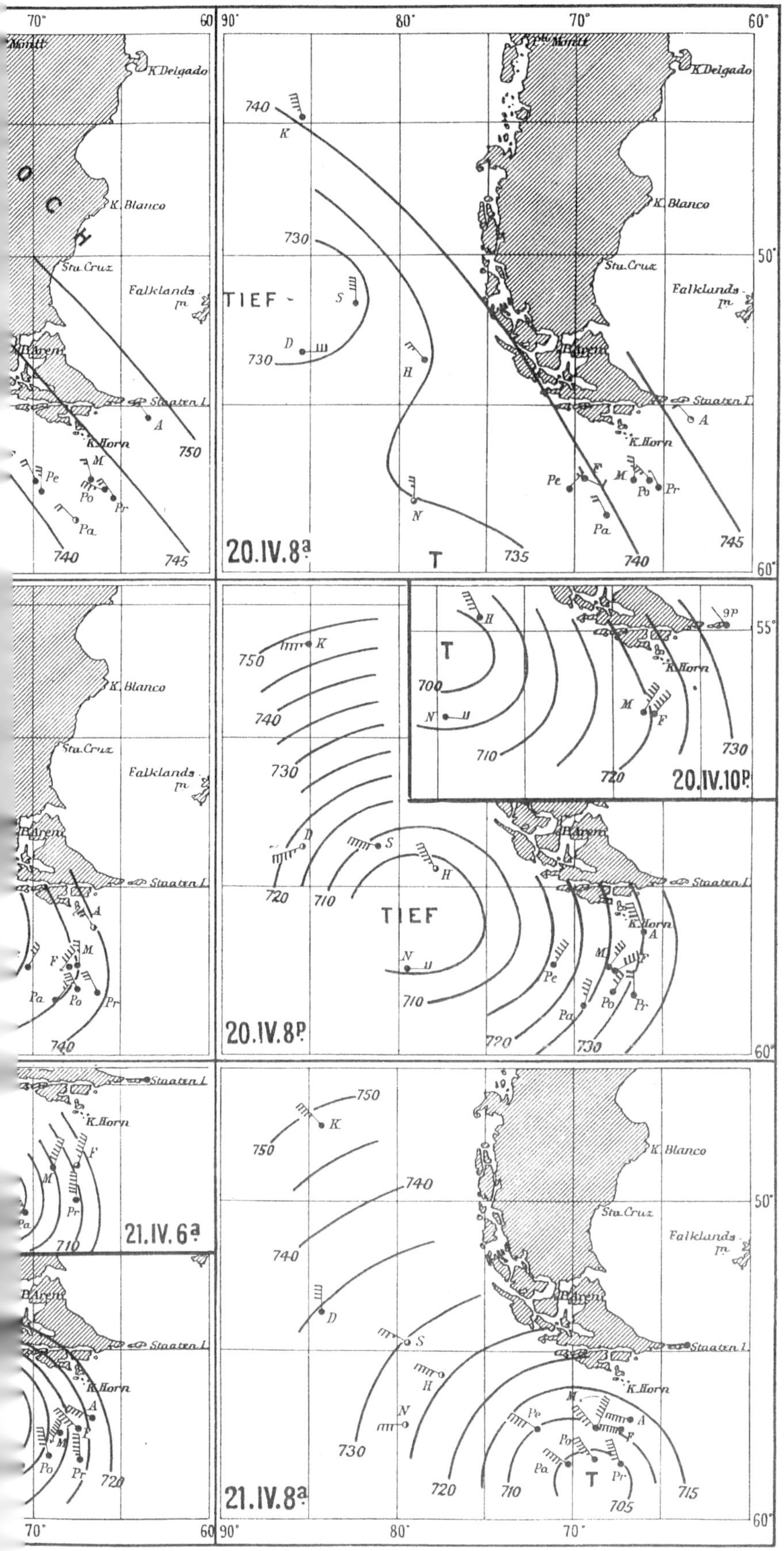

Eis.

Mustert man die Eismeldungen der 30 Jahre von 1869 bis 1898 durch, so finden sich darunter nur 6 Jahre, nämlich 1878, 1879, 1883, 1887, 1890 und 1895 mit Eismeldungen von dem Wege der um Kap Horn westwärts bestimmten Schiffe. Ist danach in jenen 30 Jahren durchschnittlich nur auf jedes fünfte Jahr ein Eisjahr gekommen, so konnte in der 2. Auflage dieses Segelhandbuches wohl gesagt werden, Eis sei auf dem Wege der um Kap Horn westwärts bestimmten Schiffe eine verhältnismäßig seltene Erscheinung. Die Verhältnisse haben sich indessen geändert. Es würde zu weit führen, hier die Beantwortung der Frage zu versuchen, ob das häufigere Erscheinen von Eis bei Kap Horn eine Folge besonderer meteorologischer oder geophysikalischer Vorgänge in der Antarktis, in den vereisten hohen Südbreiten, oder einfach eine Folge der häufigeren Reisen um Kap Horn und der sorgfältigeren Meldungen sei; Tatsache ist, daß unter den 10 Jahren von 1899 bis 1908 nur 2 sind, die Jahre 1900 und 1901, in denen von westwärts bestimmten Schiffen kein Eis gemeldet worden, daß dagegen in allen übrigen 8 Jahren Eis dort aufgetreten ist und den Schiffen nicht selten große Schwierigkeiten gemacht hat. Namentlich wurden im Jahre 1904 schon rechtweisend östlich von Diego Ramirez und südlich von Staatenland Eisberge und sogar recht ausgedehnte Eisfelder angetroffen; das schlimmste Eisjahr für die Umgebung von Kap Horn war aber das Jahr 1906. Schon im Januar und Februar dieses Jahres wurden Eisberge vor der Ausfahrt aus der Straße Le Maire und in Sicht von Kap Horn gesehen; das eigentliche massenhafte Auftreten von Eis fiel aber erst in die zweite Hälfte des Jahres, in der die ganze Umgebung von Staatenland und Kap Horn bis dicht an das Land heran und bis ungefähr 70° W-Lg. so mit Eisbergen besetzt war, daß wohl kein Schiff ohne Eis gesehen zu haben dort vorbeigekommen ist und einzelne Schiffe sehr ernstliche Schwierigkeiten gehabt haben. Doch nicht nur im Süden und Osten von Kap Horn und Staatenland war im Jahre 1906 viel Eis, es erschien im letzten Viertel dieses Jahres auch nördlich der Staateninsel und drang im Dezember bis auf die Dampferwege nach und von der Magellanstraße vor. Das meiste Eis auf den Wegen zwischen dem La Plata und der Magellanstraße oder Staatenland wurde damals zwischen 39° und 46° S-Br. und von 54° bis etwa 60° W-Lg. gesichtet, einzelne Eisberge sind aber von Dampfern bis ungefähr 50° S-Br. und 65° W-Lg. nach Südwesten hin und von Seglern 100 bis 120 Sm nördlich der Straße Le Maire sowie auch zwischen Staatenland und den westlichsten Falklandinseln gesichtet worden. Danach scheinen von der großen Eistrift, die im Juni, Juli und August 1906 dicht an Kap Horn und der Südseite von Staatenland entlang östlich trieb, einzelne Eisberge zwischen Staatenland und den Falklandinseln hindurch nach Norden und Westen gelangt zu sein, die nördlichere Hauptmasse scheint aber im Norden der Falklandinseln ihren Weg nach Norden und Westen gefunden zu haben, indem sie sich von einer sehr großen Trift abzweigte, die damals nordöstlich von den Falklandinseln erschienen war[1]).

Solche Jahre mögen zu den Ausnahmen gehören, allein eine Wiederholung derartiger Vorkommnisse ist keineswegs ausgeschlossen; denn nachdem vom August und September dieses Jahres (1908) wieder Meldungen von einer großen Eistrift im Nordosten der Falklandinseln eingegangen sind (vgl. dazu unter Eis im 19. Abschnitt „Von Kap Horn nach der Linie"), kommt, während dies geschrieben wird, eine Meldung, wonach ein Segler am 3. November 1908 auf 44° S-Br. und 58° W-Lg. zwei Eisberge passiert hat.

Unter Umständen kann Eis außerordentlich weit nach Norden vertreiben. Nach einem Bericht von Kapt. J. Mahn hat man mit dem Schiffe „Seerose" am 8. Februar 1908 auf dem Wege nach Kap Horn auf etwa 34,3° S-Br. und 49,5° W-Lg ein ungefähr 16 m langes Stück Eis passiert, dessen Ränder ungefähr 1,3 m über das Wasser emporragten. Irrtum sei ausgeschlossen, der

[1]) Vgl. Annalen der Hydrographie usw. 1907, Taf. 3.

Block sei nachmittag um 4 Uhr dicht beim Schiffe entlang getrieben, und die ganze Mannschaft habe ihn als Eis erkannt.

Am häufigsten geraten Schiffe auf der Ausreise in Eis, wenn sie südlich von Staatenland über die Länge von Kap St. John hinaus nach Osten gedrängt werden. Hier sind fast immer Eisfelder und Eisberge vorhanden. Weiter westlich ist die Eisgefahr im allgemeinen geringer, doch sind auch hier Eisberge nicht gerade selten. Eisfelder werden westlich vom Meridian von Kap Horn nur ausnahmsweise angetroffen, obgleich die Schiffe oft weit nach Süden gehen müssen. Die mittlere Eisgrenze, bis zu der man aber nie ganz sicher ist, verläuft etwa von Kap Horn bis nach 75° W-Lg. recht nach Westen, biegt dann nordwestlich und schneidet 80° W-Lg. nahebei in 50° S-Br. Von Punkten nördlich dieser Linie ist, mit Ausnahme eines Stückes Gletschereises in der Nähe der chilenischen Küste im Dezember 1906, seit 40 Jahren kein Eis gemeldet worden.

Kapitänsberichte über Eis vgl. unter Eis im 19. Abschnitte dieses Buches.

Zufluchtsstellen und Eingeborene.

Nach dem South American Pilot, Part II. 1905, hat die Südamerikanische Missionsgesellschaft eine Station in Tekenika, auf ungefähr 55° 23′ S-Br. und 68° 18′ W-Lg., die indessen nach der Nordostseite der Insel Navaria verlegt werden soll. Die Missionsstation Ushuwaia ist bereits nach Remolino Point an der Nordseite des Beaglekanals verlegt worden. In Haberton befindet sich eine Schäferei, und von Kap Sebastian bis zur Polycarpbucht längs der Ostküste von Feuerland würden Schiffbrüchige bei den Ansiedlern dort Zuflucht finden. Auch in St. John auf Staatenland ist eine Zufluchtsstation errichtet worden.

Seitdem Missionsstationen errichtet sind, hat sich der Charakter der Eingeborenen im allgemeinen sehr verändert, und den Yahganleuten, welche den Strich von Kap San Diego bis Kap Horn und weiter bis zur Halbinsel Breaknock bewohnen, darf man trauen. Die Eingeborenen am New Yearssunde stehen ebenfalls in freundschaftlichem Verkehr mit der Missionsstation zu Tekenika, und alle Eingeborenen um die Nassaubucht und am Beaglekanal würden wahrscheinlich schiffbrüchigen Mannschaften behilflich sein, nach den Stationen zu gelangen.

Sollte ein Schiff westlich von Kap Horn verlassen werden, so sollten die Boote nach Tekenika zu gelangen suchen. Sollten es die Umstände verhindern, daß die Boote zwischen der Hardyhalbinsel und den Hermite-Inseln passieren können, so gehen sie am besten östlich von der Insel Navarin nach dem Beaglekanal. Gegebenen Falles können sie auch bis zum Ende des Romanchekanals hinaufgehen, wo ein Paß über die Berge nach Tekenika führt.

Aus Anlaß der Strandung des Seglers „Palmyra“ auf der Insel Wellington, nördlich von der westlichen Einfahrt in die Magellanstraße hat der deutsche Konsul in Punta Arenas über die Eingeborenen dort im Jahre 1908 das Folgende berichtet:

„Das mit 16 Mann der Besatzung vermißte Boot würde ohne Zweifel gerettet worden sein, wenn es den Weg in die Kanäle genommen hätte, anstatt aus unbegründeter Furcht vor den Eingeborenen in die offene See zu gehen. Wenn man auch diesen Wilden nicht trauen darf, so liegt doch kein Grund vor, sie zu fürchten; jedenfalls würden sie sich nicht erdreisten, etwas gegen Schiffbrüchige zu unternehmen, wenn diese zu zweien oder mehreren oder gar bewaffnet sind. Nur dürfen sich Schiffbrüchige nicht mit den Weibern der Indianer einlassen. Viele von den Indianern sprechen etwas spanisch oder einige Brocken englisch.“

Reisedauer.

Zur Berechnung der folgenden Tabelle sind herangezogen worden: 837 Reisen für die Abschnitte vom Englischen Kanal bis nach 50° S-Br. im Atlantischen Ozean und 587 Reisen für den Abschnitt von 50° S-Br. im Atlantischen nach 50° S-Br. im Stillen Ozean. Die Reisen sind sämtlich vor dem Jahre 1898 gemacht worden.

Mittlerer Verlauf der Reisen deutscher Segelschiffe vom Englischen Kanal rund Kap Horn.

Vom Englischen Kanal im Monat	Reisedauer bis 0° S-Br. Tage	Reisedauer bis 50° S-Br. Tage	Reisedauer zusammen Tage	Von 50° S-Br. im Monat	bis Kap-Horn Tage	bis Kap-Horn in S-Br.	bis 50° S-Br. Tage	bis 50° S-Br. in W-Lg.	rund Kap Horn Tage	zusammen Tage
Januar	29,2	32,8	62,0	März	7,4	57,5°	12,0	81,0°	19,4	81,4
Februar	28,5	36,6	65,1	April	7,2	57,2	11,8	81,3	19,0	84,1
März	25,0	35,2	60,2	Mai	7,8	57,2	12,0	82,1	19,8	80,0
April	27,4	35,8	63,2	Juni	6,4	57,1	11,4	81,7	17,8	81,0
Mai	29,7	32,7	62,4	Juli	8.0	57,1	11,0	81,7	19.0	81,4
Juni	31,2	31,0	62,2	August	7,0	57,2	12.5	81,1	19.5	81,7
Juli	30,5	31,5	62,0	September	7,6	57.2	14,7	80,9	22,3	84,3
August	33,1	31,1	64.2	Oktober	7,2	57,3	14,7	80,8	21,9	86,1
September	34,5	31,7	66,2	November	7,0	57,2	13,1	80,1	20,1	86,3
Oktober	28,8	30,7	59,5	Dezember	6,6	57,4	10,5	80,0	17,1	76,6
November	27,4	30,6	58,0	Januar	6,8	57,5	11,7	80,7	18.5	76,5
Dezember	29,4	30,8	60,2	Februar	6,7	57,5	12,5	80,3	19,2	79,4
das Jahr	29,6	32,5	62,1		7,1	57,3°	12,3	81,0°	19,4	81,6

Nach der vorstehenden Reisetabelle fallen durchschnittlich die besten Fahrten von Lizard nach der Linie in die Monate März mit 25,0, April mit 27,4 und November ebenfalls mit 27,4 Tagen. Die ungünstigste Zeit des Reiseantritts sind die Monate August mit 33,1 und September mit 34,5 Tagen.

Für die Fahrt durch den Südatlantischen Ozean ergeben das beste Resultat die Monate November, Dezember und Januar mit einer Durchschnittsdauer von 30,7 Tagen, das schlechteste März, April und Mai mit ungefähr 36 Tagen.

Durch die ungünstigen Verhältnisse im Südatlantischen Ozean im April und Mai wird der Erfolg, den die Schiffe im März und April im Nordatlantischen Ozean erzielen, zum großen Teile wieder aufgehoben, und die raschesten Reisen von Lizard bis 50° S-Br. fallen deshalb nicht in die nördlichen Frühlingsmonate, sondern in den Herbst und den Wintersanfang: Oktober mit 59,5, November mit 58 und Dezember mit 60,2 Tagen. Die längste Dauer haben durchschnittlich wieder die im August und September angetretenen Reisen mit 64,2 und 66,2 Tagen.

Die besten Rundfahrten um Kap Horn von 50° S-Br. auf der einen, nach 50° S-Br. auf der anderen Seite, werden durchschnittlich im Dezember und Januar, wenn die lange Tageshelle ihren günstigsten Einfluß auf die Förderung der Fahrt ausübt, und im Juni, dem Monat der häufigsten Ostwinde, gemacht. Die ungünstigsten Monate sind September und Oktober; die mittlere Dauer der Rundfahrt ist dann reichlich 4 Tage länger als in den soeben genannten Monaten.

Das Verzeichnis der Einzelreisen, welches der Tabelle zugrunde liegt, enthält eine Reihe von außerordentlich raschen Fahrten rund Kap Horn, die vor dem Jahre 1898 von Mitarbeitern der Seewarte auf deutschen Seglern ausgeführt worden sind. Wir lassen daraus hier einige Angaben folgen.

Rasche Reisen vom Englischen Kanal nach der Linie aus den Jahren vor 1898[1]).

Reisedauer 16 Tage oder weniger.

Januar[2])	1896	Schiff	„Pampa"	Kapt.	C. J. STEINCKE	15	Tage
Februar	1894	„	„Susanna"	„	D GERDAU	16	„
März	1892	Viermastbark	„Placilla"	„	R. HILGENDORF	15	„
„	1896	„	„Pisagua"	„	C. BAHLKE	15	„
April	1894	„	„	„	C. BAHLKE	16	„

Das ganze Verzeichnis enthält 32 Reisen von 20 Tagen oder weniger. Vgl. hierzu auch S. 363 und 394.

Rasche Reisen von der Linie nach 50° S-Br. aus den Jahren vor 1898[1]).

Reisedauer 20 Tage und weniger.

Juni	1892	Schiff	„Selene"	Kap.	H. ISRAEL	20	Tage
August	1896	„	„Preußen"	„	H. SCHMIDT	**19**	„
Oktober	1895	„	„Othmarschen"	„	J. SAELZER	20	„
November	1895	„	„Pampa"	„	C. STEINCKE	20	„
Dezember	1896	Fünfmaster	„Potosi"	„	R. HILGENDORF	**18**	„

Das ganze Verzeichnis weist 32 Reisen auf von 23 Tagen oder weniger.

Rasche Reisen vom Englischen Kanal nach 50° S-Br. im Atlantischen Ozean aus den Jahren vor 1898.

Reisedauer 42 Tage und weniger.

Februar	1895	Schiff	„Melpomene"	Kap.	D. SANDERS	42	Tage
März	1892	Viermastbark	„Placilla"	„	R. HILGENDORF	**40**	„
Mai	1892	Bark	„Selene"	„	H. ISRAEL	41	„
November	1894	Viermastbark	„Pisagua"	„	C. BAHLKE	**40**	Tage
„	1894	Bark	„Potrimpos"	„	H. HELLWEGE	42	„
„	1896	Fünfmaster	„Potosi"	„	R. HILGENDORF	41	„

Das ganze Verzeichnis enthält 31 Reisen von 46 Tagen und weniger.

Rasche Reisen von 50° S-Br. nach 50° S-Br. rund Kap Horn aus den Jahren vor 1898[1]).

Reisedauer 8 Tage und weniger.

April	1884	Bark	„Parnaß"	Kapt.	J. FRÜDDEN	7	Tage
„	1884	„	„Parsifal"	„	R. HILGENDORF	7	„
„	1895	„	„Peru"	„	U. OHLING	7½	„
Oktober	1894	Schiff	„Parchim"	„	E. JÄGER	8	„

Das ganze Verzeichnis enthält 41 Reisen (unter 587) von 10 Tagen und weniger.

Mittlere Reisedauer.

Mit der Zunahme des Verständnisses für die meteorologischen Vorgänge und der Zunahme der Größe und Geschwindigkeit der Schiffe ist gegen früher eine bessere Ausnutzung der gerade angetroffenen Wind- und Wetterverhältnisse möglich und ziemlich allgemein geworden; dementsprechend hat auch die mittlere Reisedauer abgenommen, wie aus den folgenden Angaben hervorgeht.

---

[1]) Rasche Reisen von 1895 bis 1908 siehe S. 394.

[2]) Monat des Antritts der Reise oder der Fahrt auf der Teilstrecke.

Mittlere Dauer der Reisen deutscher Schiffe vom Englischen Kanal rund Kap Horn.

Vom Kanal im Monat	Antritt im Jahre	Reisedauer bis 0° Br. Tage	Reisedauer bis 50° S-Br. Tage	Reisedauer zusammen Tage	rund Kap Horn Tage	zusammen Tage	Die späteren Reisen waren kürzer = — länger = + Tage	
			Vor und nach dem Jahre 1889:					
Januar	vor 1889	29,5	33,8	63.3	20,5	83.8		
	1889—1894	28,8	31,2	60,0	17,5	77,5	— 6,3	— 5,8
	1895—1908	25,9	29,6	55,5	22,6	78,0	+ 0,5	
Februar	vor 1889	29,4	37,7	67,1	21,1	88,2		
	1889—1894	26,9	35,1	62,0	17,4	79,4	— 8,8	— 13,2
	1895—1908	24,8	30,7	55,5	19,5	75,0	— 4,4	
März	vor 1889	26,9	39,6	66,5	20,1	86,6		
	1889—1894	23,6	31,7	55,3	19,5	74,8	— 11,8	— 10,7
	1895—1908	25,4	32,5	57,9	18,0	75,9	+ 1,1	
April	vor 1889	28,6	36,9	65,5	19,9	85,4		
	1889—1894	25,7	34,0	59,7	16,1	75,8	— 9,6	— 8,1
	1895—1908	26,2	32,5	58,7	18,6	77,3	+ 1,5	
Mai	vor 1889	30,8	33,5	64,3	17,9	82,2		
	1889—1894	28,2	31,7	59,9	20,0	79,9	— 2,3	— 4,2
	1895—1908	28,3	30,7	59,0	19,0	78,0	— 1,9	
Juni	vor 1889	32,0	32,2	64,2	21,3	85,5		
	1889—1894	29,8	29,0	58,8	17,8	76,6	— 8,9	— 7,7
	1895—1908	29,5	29,9	59,4	18,4	77,8	+ 1,2	
Juli	vor 1889	31,2	32,1	63,3	22,3	85,6		
	1889—1894	29,4	30,7	60,1	22,2	82,3	— 3,3	— 6,1
	1895—1908	30,0	28,8	58,8	20,7	79,5	— 2,8	
August	vor 1889	34,0	32,0	66,0	21,9	87,9		
	1889—1894	31,1	28,8	59,9	21,7	81,6	— 6,3	— 13,9
	1895—1908	30,1	27,1	57,2	16,8	74,0	— 7,6	
September	vor 1889	35,8	31,8	67,6	20,6	88,2		
	1889—1894	32,4	31.5	63,9	19,6	83,5	— 4,7	— 13,7
	1895—1908	32,7	27,0	59,7	14,8	74,5	— 9,0	
Oktober	vor 1889	29,3	31,5	60,8	17,3	78,1		
	1889—1894	28,2	29,4	57,6	16,8	74,4	— 3,7	— 1,5
	1895—1908	29,2	30,2	59,4	17,2	76,6	+ 2,2	
November	vor 1889	28,8	31,6	60,4	19,6	80,0		
	1889—1894	24,9	28,8	53,7	17,3	71,0	— 9,0	— 8,4
	1895—1908	26,0	27,1	53,1	18,5	71,6	+ 0,6	
Dezember	vor 1889	30,3	32,0	62,3	21,4	83,7		
	1889—1894	27,8	28,5	56,3	17,5	73,8	— 9,9	— 9,8
	1895—1908	26,4	29,2	55,6	18,3	73,9	+ 0,1	
Jahr	vor 1889	30,6	33,7	64,3	20,3	84,6		
	1889—1894	28,1	30,9	59,0	18,6	77,6	— 7,0	— 8,2
	1895—1908	28,0	29,9	57,9	18,5	76,4	— 1,2	

Die raschesten Reisen nach der Ostküste von Südamerika waren nach Meteorologischen Tagebüchern der Deutschen Seewarte: 31 Tage von Lizard nach Rio de Janeiro (Januar und Februar 1891), 30 Tage von Lizard nach Santos (März und April 1894), 35 Tage von Lundy nach dem La Plata (Dezember 1892). Als mittlere Reisedauer ergaben sich: Nach Bahia 40, nach Santos 45, nach Rio Grande 50, nach dem La Plata 52 Tage.

Über rascheste, mittlere und längste Reisen vom Kanal um Kap Horn während der Jahre 1895—1908 ist die nachstehende Tabelle zu vergleichen.

Rascheste, mittlere und längste Reisen deutscher Segler vom Englischen Kanal um Kap Horn aus den Jahren 1895 bis 1908, nach den meteorologischen Tagebüchern der Deutschen Seewarte.

Reiseantritt vom Engl. Kanal	Vom Engl. Kanal bis zur Linie			Von der Linie bis 50° S-Br. im Atlantischen Ozean			Von 50° S-Br. im Atl. bis 50° S-Br. im Stillen Ozean			Vom Engl. Kanal bis 50° S-Br. im Stillen Ozean			Zahl der Reisen
	rascheste Reise	mittlere Reise	längste Reise	rascheste Reise	mittlere Reise	längste Reise	rascheste Reise	mittlere Reise	längste Reise	rascheste Reise	mittlere Reise	längste Reise	
	Tage	Tage	Tage	Tage	Tage	Tage	Tage	Tage	Tage	Tage	Tage	Tage	
Januar	15[1])	25,9	36	22	29,6	41	9	22,6	62	52	78,0	107	66
Februar	15[2])	24,8	41	22	30,7	45	8[11])	19,5	68	52	75,0	121	55
März	15[3])	25,4	38	21	32,5	54	7[12])	18,0	40	46[19])	75,9	113	114
April	16[4])	26,2	40	24	32,5	50	8[13])	18 6	40	54	77,3	108	115
Mai	19	28,3	42	21	30,7	63	9	19,0	51	53	78,0	137	135
Juni	22	29,5	43	18[6])	29,9	46	7[14])	18,4	47	54	77,8	120	120
Juli	22	30,0	43	19[7])	28,8	45	7[15])	20,7	54	57	79,5	114	88
August	20	30,1	47	19[8])	27,1	39	8[16])	16,8	37	53	74,0	110	97
September	25	32.7	48	19[9])	27,0	37	8[17])	14,8	33	54	74,5	107	70
Oktober	18	29,2	40	21	30,2	37	8[18])	17,2	26	55	76,7	101	59
November	17	26,0	42	17[10])	27,1	47	10	18,5	65	49[20])	71,6	142	52
Dezember	16[5])	26,4	41	23	29,2	48	10	18.3	59	52	73,9	146	59
Jahr	15[21])	28,0	48	17[22])	29,9	54	7[23])	18,5	68	46[24])	76,4	146	1030

1) 1896 „Pampa"; 2) 1905 „Wellgunde"; 3) 1896 „Pisagua"; 1903 „Preußen"; 4) 1903 „Potosi"; 5) 1898 „Potosi"; 6) 1906 „Potosi"; 7) 1896 „Preußen", 1899 „Potosi", 1908 „Pisagua", „Herzogin Sophie Charlotte"; 8) 1906 „Pamir"; 9) 1903 „Vidette", 1904 „Preußen", 1905 „Preußen"; 10) 1903 „Potosi"; 11) 1896 „Melete"; 12) 1904 „Pindos"; 13) 1901 „Hebe"; 14) 1899 „Seestern"; 15) 1898 „Adolf"; 16) 1898 „Melete", 1900 „Christel"; 17) 1899 „Ortrud", 1903 „Herzogin Cecilie", 1904 „Herzogin Cecilie"; 18) 1895 „Plus"; 19) 1904 „Preußen"; 20) 1903 „Altair".

21) Das ganze Verzeichnis enthält unter 1030 Reisen 63 von 20 oder weniger Tagen,
22) „ „ „ „ „ 1030 „ 46 „ 22 „ „ „
23) „ „ „ „ „ 1030 „ 90 „ 10 „ „ „
24) „ „ „ „ „ 1030 „ 26 „ 55 „ „ „

Zusammenstellung von je 10 Reisen der Fünfmaster „Potosi" und „Preußen".

„Potosi". „Preußen".

Reiseantritt am	Vom Engl. Kanal bis 0° Br.	Von 0° Br. bis 50° S-Br.	Von 50° S-Br. bis 50° S-Br.	Reisedauer bis 50° S-Br. im Still. Oz	Reiseantritt am	Vom Engl. Kanal bis 0° Br.	Von 0° Br. bis 50° S-Br.	Von 50° S-Br. bis 50° S-Br.	Reisedauer bis 50° S-Br. im Still. Oz.
	Tage	Tage	Tage	Tage		Tage	Tage	Tage	Tage
4. V. 1901	20.3	23,3	**8,3**	**51,9**	5. VIII. 1902	22,2	22.1	9,0	53,3
30. I. 1902	29,1	25,3	**21,3**	**75,7**	5. III. 1903	**13,2**	23,0	10,3	46,5
25. IX. 1902	**30,4**	22,2	11,5	64,1	26. VIII. 1903	26,3	22,0	11,5	59,8
15. IV. 1903	**16,5**	**27,0**	11,0	54,5	2. III. 1904	16,3	22.0	8,0	**46,3**
5. XI. 1903	29,0	**17,3**	13,0	59,3	11. IX. 1904	26,0	19,3	**8,0**	53,3
25. V. 1904	24,0	20,3	11,3	55,6	5. III. 1905	21,0	21,0	16,0	58,0
20. I. 1905	18,3	25,0	9,0	52,3	16. IX. 1905	**27,3**	**18,0**	10,0	55,3
24. IX. 1905	29,2	24,4	12,0	65,6	21. III. 1906	18,1	**30,0**	10,3	58,4
19. VI. 1906	25,3	19,0	9,3	53,6	23. IX. 1906	26,1	22,2	8,3	56,6
5. VI. 1907	28,3	25,3	9,0	62,6	11. V. 1907	27,0	21,0	**20,0**	**68,0**
Mittel	25,0	22,9	11,6	59,5	Mittel	22,4	22,1	11,1	55,6

Sechzehnter Abschnitt.

Von der Linie nach Südafrika und dem Indischen Ozean.

Allgemeines.

Von ebenso großer Wichtigkeit wie der im vorigen Abschnitt besprochene Weg nach Kap Horn ist die viel befahrene Segelschiffstraße, welche sich von dem Hauptwege nach der Linie im Südatlantischen Ozean nach Osten abzweigt. Alle Schiffe, welche nach dem Kaplande und der Ostküste von Afrika und nach den zahlreichen Häfen Südasiens, des Indischen Archipels, Chinas, Japans und Australiens, sowie nach den Inseln des Stillen Ozeans bestimmt sind, finden sich auf dieser Straße vereinigt. Mit Ausnahme der Afrikafahrer, welche nur einen kleinen Teil dieser Flotte ausmachen, verfolgen alle Schiffe, indem sie mit den vorherrschenden Westwinden der höheren Breiten nach Osten steuern, bis über den Meridian von Kap Agulhas hinaus den gleichen Weg. Erst nachdem an der Südspitze von Afrika vorbei nahezu die Mitte des Indischen Ozeans erreicht ist, beginnt Gruppe für Gruppe nach Norden abzubiegen, bis schließlich auch die letzten, die nach Tahiti bestimmten Schiffe östlich von Neuseeland auf nördlichen Kursen mit dem Passat ihrem Bestimmungsort zusteuern.

Im Südatlantischen Ozean führt der Weg zunächst bei dem Winde auf Backbordhalsen südwärts durch den Südostpassat, dessen Gebiet die Schiffe in den allermeisten Fällen schon vor dem Überschreiten der Linie erreicht haben. Durch die anfänglich schrale Richtung des Passats, sowie durch die Äquatorialströmung werden die Schiffe genötigt, mit den ersten Breitengraden noch ziemlich viel Westlänge zu machen. So wie sie jedoch weiter nach Süden kommen, pflegt der Wind mehr und mehr zu raumen und der Strom schwächer zu werden oder eine mehr südliche Richtung anzunehmen, so daß meistens schon von 10° S-Br. an nahezu Südkurs gehalten werden kann.

Der Übergang der Schiffe vom Gebiete des Passats in das der vorherrschend westlichen Winde vollzieht sich gewöhnlich in der Weise, daß der Wind allmählich von Ost durch Nordost nach Nordwest holt. Anhaltende Windstillen, die an der polaren Grenze des Nordostpassats die Fahrt von der Linie nach Europa oftmals so sehr verzögern, werden an der Grenze des Südostpassats nur selten angetroffen; vielmehr geht die Richtungsänderung des Windes in sehr vielen Fällen bei frischer Brise vor sich. Meistens bleibt jedoch der Wind nicht gleich nach dem ersten Umlauf im westlichen Halbkreise stehen. Er pflegt die Drehung nach links weiter fortzusetzen, weht oftmals wieder längere Zeit aus südlicher und östlicher Richtung, worauf er von neuem nördlich holt und erst nach dem zweiten oder dritten Umlauf die westlichen Winde beständig auftreten.

Das Gebiet, in welchem die umlaufenden Winde gefunden werden, beginnt mitunter schon in 15° S-Br. und erstreckt sich nicht selten über 35° S-Br. hinaus. Als seine gewöhnlichen Grenzen kann man indessen 20° und 30° S-Br.

annehmen. Zwischen diesen Parallelen halten die Schiffe einen Kurs, auf welchem noch hauptsächlich Süd gutgemacht wird. Von 30° S-Br. an, wo der Wind beständiger und aus westlicher Richtung vorherrschend wird, steuern sie entschiedener nach Osten. Dabei wird aber immer noch Süd mit angeholt; erst nachdem in der Nähe des ersten Meridians der Parallel von 40° S Br. überschritten worden ist, wird ein reiner Ostkurs aufgenommen und das ganze Bestreben darauf gerichtet, Länge abzusegeln.

Einen südlichen Kurs zwischen 20° und 30° S-Br. verfolgen insbesondere die Schiffe nach dem fernen Osten, nach Ostindien, China, Australien und den Südseeinseln, die die höheren Breiten nicht nur wegen der größeren Zuverlässigkeit der Westwinde, sondern auch der Abkürzung des Weges wegen aufsuchen. Die nach dem Kaplande und der Ostküste von Afrika bestimmten Schiffe steuern schon früher nach Osten.

Der Weg von der Linie nach dem Indischen Ozean ist vorbildlich für eine Reihe anderer, viel befahrener Segelschiffswege. Für alle Fahrten, auf denen zunächst das Passatgebiet zu durchstechen ist und dann im Westwindgebiet der höheren Breiten nach Osten gesegelt werden muß, kann die vorstehende Schilderung des Reiseverlaufs und der hauptsächlichsten Erscheinungen dem Schiffsführer als Anhalt zur Beurteilung der maßgebenden Verhältnisse dienen.

Die in den folgenden Segelanweisungen vorgezeichneten Wege entsprechen den mittleren Verhältnissen, es ist aber nicht notwendig, ja nicht einmal ratsam, sie unter allen Umständen festzuhalten. Wenn auch die Windverhältnisse der südlichen Breiten beständiger sind als die des Nordatlantischen Ozeans, so sind sie doch nicht in dem Maße beständig, daß man auf den im folgenden angegebenen Wegen immer die beste Gelegenheit finden muß; deshalb hat man seinen Weg den gerade angetroffenen Umständen anzupassen. Wie das am besten geschieht, ergibt sich am zuverlässigsten aus der Betrachtung der Windverhältnisse, deren Besprechung unter Berücksichtigung der damit zusammenhängenden Luftdruckverhältnisse hinter den Segelanweisungen folgt.

Segelanweisung für die Passatstrecke.

Die erste Frage betrifft den Schnittpunkt der Linie. Aus der Untersuchung von Reisen deutscher Schiffe geht hervor, daß die Schiffe, welche die Linie östlich schneiden, durchschnittlich rascher nach dem ersten Meridian gelangen als die westlicher schneidenden. Dies ist augenscheinlich eine Folge davon, daß die ersteren beim Durchstechen des Südostpassats gut volle Segel halten können, während die letzteren wegen der Nähe der Küste von Brasilien oft zu dicht am Winde halten müssen, sowie ferner auch, daß der östliche Schnittpunkt dem ersten Meridian näher liegt. Diese Voraussetzung ist freilich nur teilweise richtig. Wie die Windkarten zeigen, hat der Passat gewöhnlich auf dem östlichen Teile des Ozeans eine südlichere, also schralere Richtung als auf dem westlichen Teile. Die Schiffe, welche auf der Linie eine östliche Stellung einnehmen, sind deshalb beim Durchstechen des Passats zu einem westlicheren Kurse genötigt, und dementsprechend ist der Seglerweg nach dem ersten Meridian für sie eher länger denn kürzer als für die westlicher stehenden Schiffe. Als Durchschnitt für die in den Monaten Januar bis Oktober eingehaltenen Wege ergibt sich, daß die Schiffe, welche die Linie östlich von 25,5° W-Lg. — im Mittel in 23,1° W-Lg. — schneiden, bis 20° S-Br., 7,4° W-Lg., die westlich von 25,5° W-Lg. — im Mittel in 27,2° W-Lg. — schneidenden dagegen nur 5,2° W-Lg. machen. Infolgedessen ist der Vorteil der östlichen Stellung auf der Linie auch nicht so erheblich, wie man auf den ersten Blick annehmen möchte; wenigstens ist er nicht so groß, daß er gegen den Nachteil ins Gewicht fällt, der durch einen der Jahreszeit nicht angepaßten östlichen Weg auf nördlicher Breite entstehen würde.

Bei der Wahl des Schnittpunkts der Linie oder vielmehr des Punktes, in welchem man die äquatoriale Grenze des Südostpassats überschreitet, müssen daher neben dem Freisegeln von der Küste von Brasilien in erster Linie stets die nördlich vom Äquator beim Überschreiten des Stillengürtels zu erwartenden Verhältnisse in Betracht gezogen werden. Die Frage nach dem günstigsten Wege geht also darauf hinaus, festzustellen, welche Stelle an der äquatorialen Grenze des Nordostpassats man anzusteuern hat, damit man einerseits das Gebiet der Äquatorkalmen mit so wenig Aufenthalt wie möglich überschreiten, anderseits das Gebiet des Südostpassats so nahe wie möglich an der passendsten Stelle für eine rasche und unbehinderte Fahrt nach Süden betreten kann. Betreffs dieser Frage bietet die folgende Tabelle einen Anhalt zur Beurteilung, wieviel West man ungefähr auf der Passatstrecke zuzusetzen haben wird, oder wie weit westlich man in den verschiedenen Jahreszeiten den Schnittpunkt der Linie nehmen darf, um sich beim Durchstechen des Südostpassats von der Küste von Brasilien ohne Schwierigkeit freisegeln zu können.

Die Schiffe, welche die Linie schnitten

im Monat	machten an Länge von 0° nach 10° S-Br.		Die Reisedauer war	machten an Länge von 10° nach 20° S-Br.		Die Reisedauer war	machten an Länge von 0° nach 20° S-Br.		Die Reisedauer war
	im Mittel	in extremen Fällen		im Mittel	in extremen Fällen		im Mittel	in extremen Fällen	
			Tage			Tage			Tage
Jan. (5 Reis.)	4,8° W	4,1° W u. 6,1° W	4,6	0,0° W	1,3° O u. 0,7° W	3,4	4,8° W	2,8° W u. 6,5° W	8,0
Febr. März April (7 „)	3,3° W	1,0° W u. 5,4° W	5,0	1,1° W	1,6° O u. 2,5° W	4,7	4,4° W	3,4° W u. 5,7° W	9,7
Mai Juni (9 „)	4,4° W	1,4° W u. 8,4° W	3,8	2,0° W	2,3° O u. 6,1° W	4,7	6,4° W	3,4° W u. 8,6° W	8,5
Juli (7 „)	5,1° W	3,3° W u. 7.8° W	4,3	3,1° W	1,7° W u. 4,4° W	4,0	8,2° W	5,0° W u. 11,4° W	8,3
Aug. (10 „)	5,7° W	2,7° W u. 8,0° W	4,3	3,0° W	1,6° O u 5 8° W	4,7	8,7° W	4,8° W u. 12,7° W	9,0
Sept. (11 „)	5,2° W	2,4° W u. 7.7° W	3,7	2.3° W	0,7° W u. 5,0° W	4.7	7,5° W	4,0° W u. 12,0° W	8,4
Okt. (22 „)	4,9° W	2,4° W u. 8,4° W	3,7	0,3° W	1,6° O u. 3,7° W	4,0	5,2° W	1,1° W u. 12,1° W	7,7
Nov. (22 „)	2,7° W	1,3° O u. 4,4° W	3,5	1,5° O	4,8° O u. 1,2° W	4,0	1,2° W	5,3° O u. 4,5° W	7,5
Dez. (12 „)	3,5° W	2,0° W u. 4,8° W	3,8	0,7° O	2,3° O u. 0,4° W	4,0	2,8° W	0,3° W u. 4,7° W	7,8
Das Jahr	4,2° W	1,3° O u. 8,4° W	4,2	1,2° W	4,8° O u. 6,1° W	4,4	5,4° W	5,3° O u. 12,7° W	8,6

Die von den Schiffen wirklich eingehaltenen Schnittpunkte sind im allgemeinen den Verhältnissen entsprechend, indem sie nämlich in den Monaten Juni bis Oktober meistens östlich, dagegen von November bis Mai meistens westlich von 26° W-Lg. liegen. Als mittlere Schnittpunkte der Linie ergeben sich für die Monate Januar bis Mai 27° W-Lg., Juni und Juli 25° W-Lg., August 24° W-Lg., September 23° W-Lg., Oktober 25° W-Lg., November und Dezember 28° bis 29° W-Lg. Infolge davon, daß solcherweise die jahreszeitlichen Unterschiede in der Passatrichtung schon beim Schneiden der Linie berücksichtigt werden, wird der Parallel von 20° S-Br. in allen Jahreszeiten nahezu in derselben Länge, in 31° W, überschritten.

Eine eingehende Beantwortung des Teiles der Frage nach dem besten Schnittpunkt der Linie, der sich auf die Verhältnisse nördlich von der Linie bezieht, ist bereits im vierzehnten Abschnitt auf S. 342 ff. gegeben. Wir können uns deshalb darauf beschränken, auf das dort Gesagte zu verweisen. Gegenüber der vornehmlich durch Maurys Anweisungen weitverbreiteten Ansicht, daß ein westlicher Weg in allen Jahreszeiten am vorteilhaftesten sei, erscheint es jedoch angezeigt, einige bereits an früherer Stelle berührte, aber gerade für die Fahrt um das Kap der Guten Hoffnung besonders wichtige Punkte hier von neuem hervorzuheben. Es sind dies die folgenden:

Selbst wenn der Passat an der Küste von Brasilien am raumsten ist und die Schiffe sich also am weitesten westlich halten dürfen, nämlich in den Monaten November und Dezember, ist es für die Fahrt südlich der Linie vorteilhafter, die Linie östlich von 28° W-Lg. als westlich davon zu schneiden.

Im Mai und Juni hat der Passat, während er auf höherer südlicher Breite ziemlich schral weht, in der Nähe der Linie oftmals eine östliche Richtung; auch kommt es in der zweiten Hälfte des Juni vor, daß Schiffe, welche nicht zu westlich stehen, nördlich der Linie schon Südwestmonsun finden. Solche Gelegenheiten sollte man benutzen, um eine östliche Stellung zu halten, denn in diesen Monaten pflegt der Südostpassat auf einem östlicheren Wege nicht nur frischer, sondern auch raumer zu sein als unter der Küste.

In allen Fällen, wenn nach Maßgabe der im Norden der Linie angetroffenen Verhältnisse ein östlicher Schnittpunkt ebenso rasch als ein westlicher erreicht werden kann, darf der östliche nicht nur ohne Furcht vor Nachteil, sondern noch mit Aussicht auf Gewinn genommen werden. Diese Regel findet ihre Anwendung besonders zur Zeit des Südwestmonsuns. Viele Kapitäne befürchten, mit diesem Winde auf Steuerbordhalsen zu weit nach Osten geführt zu werden, und wenden deshalb früher, als für das Gutmachen von Breite, das hier allein in Betracht gezogen werden sollte, von Vorteil ist.

Für den Weg auf der Passatstrecke sind besondere Anweisungen kaum notwendig, da der Kurs durch den Wind vorgeschrieben wird. Nur dürfte es am Orte sein, hier noch auf den Fehler des übertriebenen Vollweghaltens beim Durchstechen des Passatgebietes hinzuweisen. Man hat in erster Linie zu bedenken, daß ein Vollerweghalten im Passat nur insoweit Berechtigung hat, als man dadurch das Gutmachen von Breite vermehrt. Ist der Wind so schral, daß es nicht möglich ist, durch die Vergrößerung der Fahrgeschwindigkeit beim Abhalten jenen Zweck zu erreichen, so ist das Vollerwegsteuern falsch. Ferner kommt aber auch noch in Betracht, daß sich mit dem Abhalten im Passat der später im Westwindgebiet zurückzulegende Weg verlängert und sich dementsprechend auch die Reisedauer vergrößert. Nach den Untersuchungen der Deutschen Seewarte ergibt sich für jeden Grad westlichen Längenunterschiedes in 20° S-Br. eine Verlängerung der Fahrzeit nach dem ersten Meridian um 0,4 Tage. Auch bei einer raumen Richtung des Passats sollte man deshalb so nahe am Winde halten, wie ohne Benachteiligung der Fahrgeschwindigkeit geschehen kann.

Segelanweisung für die Strecke vom Passat bis nach 0° Länge.

Für den Weg, der nach dem Verlassen des Passatgebietes einzuhalten ist, lautet die gewöhnliche Regel, den Kurs nicht gleich zu östlich zu nehmen, sondern zunächst noch hauptsächlich Breite anzuholen, weil auf einem südlichen Kurse der Gürtel leichter, unzuverlässiger Winde an der Passatgrenze auf dem kürzesten Wege überschritten und das Gebiet frischer, beständiger Westwinde, in dem die Länge abgesegelt werden soll, am raschesten erreicht wird. Nur ist auch hier wieder nicht ratsam, diese Regel in übertriebenem Maße anzuwenden, weil sonst der Umweg, den man macht, zu groß und der dadurch verursachte Zeitverlust größer als der anfänglich erzielte Vorteil wird. Das Ergebnis aus der Zusammenstellung der Reisen deutscher Schiffe ist, daß die Fahrten von 20° S Br. nach dem ersten Meridian durchschnittlich am raschesten verlaufen, wenn zwischen 20° und 30° S-Br. etwa 6° O-Lg. gut gemacht werden, also ein Kurs rw. SSO½O gesteuert wird, daß es aber unter Umständen, die auch einen östlicheren Kurs ermöglichen, von Vorteil ist, gleich etwas mehr Ostlänge anzuholen, während durch einen südlicheren Kurs die Reise gewöhnlich verlängert wird.

Hierdurch ist der Weg in allgemeinen Zügen gegeben. Die keineswegs seltenen Ausnahmen von der Regel, die bei der Vergleichung der Reisen hervortreten, weisen jedoch darauf hin, daß sich in manchen Fällen ein Abweichen von dem gewöhnlichen Wege empfiehlt, und daß es notwendig ist, die besonderen, gerade angetroffenen Umstände zu berücksichtigen. Was diesen gegenüber in jedem Falle das Richtigste ist, wird man am leichtesten erkennen, wenn man sich die gewöhnlichen Luftdruckverhältnisse auf dem Wege vergegenwärtigt.

Die günstigste Wetterlage für die Fahrt von 20° S-Br. nach 0° Lg. besteht, wenn das Maximum der Roßbreiten links vom Wege stark ausgeprägt ist und seinen Ort nur wenig verändert. Das erkennt man an dem langsamen Herumholen des Windes und dem beständigen hohen Luftdruck. Bei dieser

Wetterlage hat man nur darauf zu achten, daß man nicht in zu große Nähe des höchsten Luftdruckes gerät, weil man hier ein Abflauen des Windes zu befürchten hat. Ist der Wind frisch und stetig und fällt das Barometer etwas, so kann man schon nachdem der Wind bis etwa Nordnordost geholt ist, etwas östlicher als den mittleren Kurs steuern und zwischen 20° und 30° S-Br. statt 6° etwa 8° bis 10° O-Lg. gutmachen. Tritt jedoch ein Steigen des Barometers oder ein Abflauen des nördlichen Windes ein, so muß man dies immer als einen Fingerzeig ansehen, daß man sich dem Maximum zu sehr nähert, und daß man wieder mehr nach Süden steuern muß, um die günstige Gelegenheit zu behalten.

Eine zweite sehr häufige Wetterlage besteht, wenn das Maximum sich in einer östlichen oder südöstlichen Richtung fortbewegt und dann ein zweites Maximum folgt, welches von dem ersten durch ein rinnenförmiges Gebiet niedrigen Luftdruckes getrennt ist. Unter solchen Umständen, die sich durch das Fallen des Barometers bei nördlichem Winde und das Aussehen des Himmels anzeigen, kann es fraglich erscheinen, ob ein östlicherer oder ein südlicherer Kurs vorzuziehen sei; ein östlicherer, weil man damit den Westrand des ersten Maximums und die günstigen Nordwinde länger festzuhalten Aussicht hat; ein südlicherer, weil man dann beim Einsetzen des Südwindes, nachdem man vom zweiten Maximum überholt worden ist, nicht so leicht wieder in das Gebiet des Südostwindes an der Nordseite des Maximums gedrängt wird. Am besten dürfte sein, einen Kurs zu steuern, auf dem man recht viel Fahrt macht und sich des weiteren bei der Entscheidung dieser Frage nach dem Verhalten des Barometers zu richten. Sinkt es nur langsam, so nehme man den Kurs östlich von rw. Südost, denn dann ist es wahrscheinlich möglich, mit dem Fortschreiten des Maximums nahezu gleichen Schritt zu halten und zugleich mit der Breite noch einen guten Teil Ostlänge zu machen, bevor der Wind umläuft. Fällt das Barometer dagegen ziemlich rasch, und ist deshalb zu erwarten, daß das Umlaufen des Windes bald eintreten wird, so ist es ratsamer, den Kurs südlich von rw. Südost zu nehmen, um zunächst so viel Breite wie möglich anzuholen. Wenn dann der südliche Wind einsetzt, so kann man wieder, um einen guten Fortgang zu erzielen, etwas mehr nach Osten halten, ohne gleich befürchten zu müssen, daß man zu weit nach Norden gedrängt wird. Die Erfahrung zeigt, daß die Richtung, aus welcher man den Wind nach dem Umlaufen erhält, in erheblichem Maße von der erreichten Breite abhängt. Ein Schiff z. B., welches noch in 28° S-Br. steht, bekommt den Wind oftmals wieder aus südöstlicher Richtung, während für ein anderes, welches zu derselben Zeit bereits 32° S-Br. erreicht hat, die Winddrehung nicht weiter als bis Südsüdwest oder Südwest geht. Dies ist ein weiterer Grund, weshalb man suchen sollte, so rasch wie möglich nach Süden zu gelangen, wenn ein Umlaufen des Windes zu erwarten steht.

Bei südöstlichem Winde, ob er nun ununterbrochen vom Passat bis in höhere Breiten durchsteht oder ob er nach einem Umlaufen des Windes von neuem einsetzt, ist es im allgemeinen, selbst wenn der Wind südlicher als Südost sein sollte, am richtigsten, bei dem Winde Backbordhalsen zu nehmen. Man steht alsdann an der Nordseite des Maximums, und die Aufgabe ist, so rasch wie möglich dessen Südseite zu erreichen, denn erst hier erhält man die günstigen westlichen Winde. Zuweilen ist es schwer, sich zu einem solchen Umwege zu entschließen. Man muß aber bedenken, daß bei der gewöhnlichen Luftdruckverteilung, bei der sich das Maximum auf der Mitte des Ozeans befindet, der südliche und südöstliche Wind um so anhaltender und deshalb das Südwärtskommen um so schwieriger gefunden wird, je weiter man nach Osten gelangt. Wenn nicht ganz besondere Umstände vorhanden sind, sollte man stets vermeiden, ostwärts über 20° bis 18° W-Lg. hinaus zu gehen, bevor der Parallel von 30° S-Br. überschritten worden ist. Dies gilt nicht nur für die nach Ostindien und Australien, sondern in beschränkterem Sinne auch für die nach Südafrika bestimmten Schiffe.

Es ist in einzelnen Fällen vorgekommen, daß ein Schiff schon bald nach dem Überschreiten von 20° S-Br. westliche Winde erhielt, deren Stärke in Verbindung mit dem vergleichsweise niedrigen Barometerstand darauf hindeutete, daß sie der Nordhälfte einer barometrischen Depression angehörten, welche jetzt die gewöhnliche Stelle des Maximums einnahm. Bei einer solchen Wetterlage, die indessen wohl als eine ganz außergewöhnliche anzusehen ist, würde natürlich ein südlicher Kurs leicht dahin führen, daß man den Westwind verlöre und dagegen Ostwind erhielte. Hier würde es ratsamer sein, zunächst einen östlichen Kurs zu verfolgen; später müßte man aber, um den Aufenthalt in dem Gebiete der vorherrschend südlichen Winde zwischen 10° W-Lg. und der Küste von Afrika zu vermeiden, um so mehr darauf bedacht sein, nach Süden zu gelangen. (Siehe den Bericht über die Reise des Schiffes „Louise & Georgine" in den „Annalen der Hydrographie usw.", Jahrgang 1882, S. 377 ff.)

Bei Windstille oder Mallung mit hohem Barometerstande muß Süd zu machen das hauptsächliche Bestreben sein. Aus dem Gebiete hohen Luftdruckes, in welchem man sich unter solchen Umständen befindet, erreicht man den Strich günstigerer Gelegenheit wieder am ehesten auf einem südlichen Kurse, während man auf einem östlichen die leichten veränderlichen Winde wahrscheinlich längere Zeit behalten wird. Man sollte sich unter solchen Umständen, selbst wenn man nach Südafrika will, nicht scheuen, zur rechten Zeit auf Backbordhalsen zu gehen, wiewohl man auf Steuerbordhalsen vielleicht noch gerade auf den Bestimmungsort zu liegt.

Zur Ergänzung des Vorstehenden lassen wir jetzt noch einige Bemerkungen folgen, welche wir den Schreiben von Kapitänen entnehmen.

Kapitän R. Molsen vom Schiffe „Urania" schreibt: „Der Verlauf der Reise — von Cardiff nach Hongkong — war ein gewöhnlicher, bis wir am 20. September 1880 in etwa 19° S-Br. die Südgrenze des Südostpassats erreicht hatten. Von hier ab wurden wir mehrere Tage durch südlichen Wind aufgehalten, womit ostwärts gesegelt wurde, bis der Wind am 25. September so östlich holte, daß über den anderen Bug wieder Süd gemacht werden konnte. Später wurden wir durch veränderliche nördliche Winde begünstigt, die es leicht machten, mit unserer Breite in Ordnung zu kommen. Übrigens ist es damit in dieser Gegend manchmal eine schwierige Sache. Mit unseren langen, tiefbeladenen Schiffen haben wir außerhalb der Passatregion fast ebenso sehr mit dem Seegang als mit dem Winde zu rechnen. Trifft man hier, wie es so häufig der Fall ist, bei nordnordwestlichem Winde hohe Südwestdünung, so bringt ein Südsüdostkurs den Wind platt von achter und die See quer von der Seite ein. Dies ist ein sehr unbequemes Segeln, und das Schiff kann auch keine Fahrt dabei machen. Das veranlaßt wohl manchen Kapitän, einen östlicheren Kurs einzuschlagen, wodurch er den Wind mehr von Backbord ein und die See achterlicher bringt und auch wohl zwei Knoten mehr Fahrt erzielt. Er muß es dann dem Zufall überlassen, daß er später Gelegenheit trifft, höhere Breiten ansegeln zu können. Ich habe es auf mehreren Reisen aus obigen Gründen sehr schwierig gefunden, die zum Ablaufen der Länge gewünschte Breite zu erreichen und auf die Dauer festzuhalten. Auch auf dieser Reise wurde ich mehrere Male durch hohen südwestlichen Seegang von meinem Kurse ab nordwärts gedrängt."

In dem Bericht des Kapitäns A. Reinefarth von der Bark „Cuba" über eine Reise von Cardiff nach Manila heißt es: „Wir schnitten den Äquator am 27. Juli 1881 in nicht ganz 20° W-Lg. und hatten dann im Südatlantischen Ozean einen sehr guten, stetigen Südostpassat; nur hemmte die hohe südliche See beträchtlich die Fahrt des tief beladenen Schiffes. Die größte angesegelte Länge war 24° 48′ W-Lg. auf 27° 36′ S-Br., wo wir den Passat verloren. Es folgten darauf zunächst nördliche Winde, die uns am 15. August in westliche Winde brachten. Mit diesen passierten wir zwischen Tristan da Cunha und der Gough-Insel hindurch. In Lee von diesen Inseln hatten wir zwei recht schlechte Etmale, und bin ich zu der Überzeugung gelangt, daß es besser sei, westlich und gut südlich von den Inseln zu passieren."

Segelanweisung für das Ablaufen der Ostlänge.

Die bisher gegebenen Anweisungen betreffen vornehmlich die Strecke, auf welcher sich der Übergang vom Passat zum Gebiet der vorherrschenden Westwinde vollzieht, also unter gewöhnlichen Umständen die Strecke zwischen 20° und 30° bis 33° S-Br. Nachdem diese zurückgelegt und der günstige Wind beständiger geworden ist, hat man sich zunächst über die beim Ablaufen der Länge anzusegelnde Breite zu entscheiden.

In vielen Segelhandbüchern wird empfohlen, den ersten Meridian in etwa 37° S-Br. zu überschreiten und dann die Länge in 39° bis etwa 40° S-Br. oder einer noch niedrigeren Breite abzusegeln, und zwar wird dies nicht nur für Reisen nach Ostasien, sondern auch für solche nach Australien als das

Zweckmäßigste hingestellt[1]). Man macht dafür geltend, daß in 39° bis 40° Breite der günstige Wind, wenn auch weniger stark, so doch im ganzen beständiger auftrete als weiter im Süden, und daß die Schiffe von den Stürmen und der hohen See verschont blieben, welche in höheren Breiten die volle Ausnutzung der Segelfähigkeit haufig beeinträchtigen. Infolgedessen würden auf der empfohlenen niedrigen Breite nicht nur bequemere, sondern auch durchschnittlich raschere Fahrten gemacht.

Diese Behauptung wird durch die Untersuchungen der Seewarte auf Grund der Reiseberichte deutscher Schiffe nicht bestätigt. Vielmehr ergibt sich daraus, ebenso wie aus den eingehenden Untersuchungen des Nautical Observatory in Melbourne[2]) und des Niederländischen Meteorologischen Instituts in Utrecht[3]), daß die Reisen auf einem südlicheren Wege im Durchschnitt erheblich rascher als auf dem nördlicheren verlaufen. Der nächstliegende Grund dafür ist natürlich die mit dem Ansegeln höherer Breiten verknüpfte Abkürzung des Weges, der bekanntlich um so kleiner wird, je mehr er sich dem größten Kreise nähert. Der Hauptkreisbogen zwischen dem Orte, wo im Atlantischen Ozean das Westwindgebiet erreicht wird, und dem Orte, wo im Indischen Ozean das Südostpassatgebiet angesteuert werden muß, führt aber in allen Fällen, wenn der Bestimmungsort am Golf von Bengalen oder östlicher liegt, weit über 40° S-Br. hinaus. Auf allen diesen Reisen wird deshalb durch Ansteuern höherer Breiten der Weg abgekürzt. Der Unterschied ist auf Reisen, auf denen viel Länge abgesegelt werden muß, sehr beträchtlich. So z. B. berechnet sich die Entfernung von dem mittleren Schnittpunkte 30° S-Br. und 25,5° W-Lg. im Südatlantischen Ozean nach 40° S-Br. und 140° O-Lg. westlich der Baßstraße bei 47,5° höchster Südbreite zu 7342, bei 45° höchster Südbreite zu 7479 Sm, bei 40° höchster Südbreite dagegen zu 7805 Sm.

Die Abkürzungen auf den südlicheren Wegen betragen also 463 oder 326 Sm, und dies ist ein Gewinn von 2 bis 3 Tagen in der Reisedauer. Für Reisen nach westlicheren Plätzen als Melbourne oder Sydney ist dieser Vorteil des südlicheren Weges freilich geringer; aus den erwähnten Untersuchungen geht jedoch übereinstimmend hervor, daß außerdem im Süden auch gewöhnlich günstigere Winde angetroffen werden und hier deshalb, im Vergleiche zu dem nördlichen Wege, eine erheblich größere durchschnittliche Fahrgeschwindigkeit erzielt wird. Es ergibt sich nämlich die

Durchschnittsgeschwindigkeit:

1. nach der Zusammenstellung des Nautical Observatory in Melbourne für die Strecke von 0° Lg. nach der Küste von Australien im Jahresmittel:

für die Schiffe,
welche die Länge zwischen 37° und 42° S-Br. absegeln, zu 6,5 Knoten,
„ „ „ „ 43° „ 47° „ „ „ 7,8 „
oder ein mittlerer Gewinn von fast 10 Tagen;

2. nach den Untersuchungen der Seewarte für die Strecke von 0° nach 80° O-Lg.:

für die Schiffe, welche sich nördlich halten, 0° Lg. im Mittel in 38,2° S-Br. schneiden und über die höchste Breite von 42,3° S-Br. nach 80° O-Lg. und 39,6 S-Br. steuern, zu 6¾ Knoten,

für die Schiffe, welche südlich gehen, 0° Lg. in 42,1° S-Br. schneiden und über 44,3° S-Br. nach 80° O-Lg. und 39,6 S-Br. steuern, dagegen zu 7½ Knoten oder ein mittlerer Gewinn von etwa 3 Tagen.

Diese Ergebnisse zeigen, daß auch auf Reisen nach Ostindien und China, wenn weniger Länge abzusegeln und an Abkürzung des Weges nicht so viel zu gewinnen ist, die südlichere Breite gegenüber der nördlichen erhebliche

---

[1]) „Australia Directory“, herausgegeben von der britischen Admiralität, Band I, S. 1, ferner „General Examination of the Indian Ocean“, von Ch. Ph. de Kerhallet, übersetzt von R. H. Wyman, S. 97, u. a. m.

[2]) Results of the Meteorological Observations taken in the Colony of Victoria during the years 1859—1862 and of the Nautical Observations collected and discussed at the Flagstaff Observatory, Melbourne, during the years 1858—1862. Melbourne 1864.

[3]) Zeilaanwijzingen van het Kanaal naar Java. Utrecht 1877.

Vorteile verspricht, und daß die zur Empfehlung der letzteren dargelegten Ansichten sich vom Standpunkte des Führers eines Kauffahrteischiffes, für den die Bequemlichkeit der Fahrt erst in zweiter Linie in Betracht kommt, der aber stets darauf bedacht sein muß, eine möglichst rasche Reise zu machen, nicht wohl vertreten lassen.

Aber auch der Unterschied im Wetter und im Zustande der See der höheren und niedrigeren Breiten scheint nach der Vergleichung der Berichte von gleichzeitigen Reisen — die Art der Untersuchung, die hier allein zuverlässige Auskunft liefern kann — in Wirklichkeit nicht so groß zu sein, wie bei der Befürwortung des nördlichen Weges angenommen wird. Dies gilt natürlich nur innerhalb gewisser Grenzen. So hohe südliche Breiten aufzusuchen, wie das Einhalten des größten Kreises bedingen würde, oder wie von Maury bei der Besprechung dieses Seeweges empfohlen worden sind, dürfte weder der Eisgefahr und des rauhen Wetters wegen ratsam sein, noch im Hinblick auf die Windverhältnisse Vorteil bieten. Um bezüglich dieses Punktes unsere Meinung darzulegen, wie sie sich aus der Betrachtung des Materials der Seewarte ergibt, können wir nur wiederholen, was sich am Schlusse der Untersuchung des Nautical Observatory zu Melbourne als Ergebnis der Untersuchung von 300 Reisen nach Australien bemerkt findet. Es heißt dort: „Zu keiner Jahreszeit ist es ratsam, die Länge in einer niedrigeren Breite als 40° S-Br. abzusegeln. Gegen diese Regel zu handeln, führt neben der Verlängerung des Weges einen sicheren Verlust in der Fahrgeschwindigkeit herbei. Andererseits ergibt sich kein Grund, weshalb ein Schiff zu irgendeiner Jahreszeit eine höhere Breite als 50° S-Br. (südlich von den Kerguelen) aufsuchen sollte."

Als vorteilhafteste Breite zum Absegeln der Länge auf dem Wege nach Australien wird in der erwähnten Untersuchung für die Sommermonate Dezember bis Februar 47° 39′ S-Br., für die Wintermonate Juni bis August 43° 10′ S-Br. bezeichnet. Diese, oder in runder Zahl 43° S-Br., dürfte im Winter auch für Reisen nach Ostasien als die passendste Breite anzusehen sein. Für den Sommer erscheint es jedoch zweckmäßiger, daß die Schiffe, welche nicht nach Australien oder den Südsee-Inseln bestimmt sind, nördlich von den Prince Edward- und Crozet-Inseln bleiben und etwa 45° S-Br. als anzusegelnde Breite wählen. Der Weg bleibt dann auch im Sommer und bei einer Bestimmung nach dem Golf von Bengalen noch nördlich von dem kürzesten Wege; andererseits wird dadurch der Weg für die nach der Sundastraße und den östlichen Durchfahrten bestimmten Schiffe auch nicht unverhältnismäßig verlängert. Für Reisen nach Australien und den Südsee-Inseln dürfte sich im Sommer der Parallel von 47° 30′ S-Br., welcher südlich von den Prince Edward- und den Crozet-Inseln und nördlich von den Kerguelen hinführt, am meisten empfehlen. Berücksichtigt man nun auch noch die übrigen Jahreszeiten, so erhält man als empfehlenswerteste anzusegelnde Breiten für die verschiedenen Wege und Monate die folgenden:

1. Für den Weg nach dem Golf von Bengalen und der nördlichen Einfahrt in die Malaccastraße, nach der Sundastraße und nach den östlichen Durchfahrten (Straßen östlich von Java)
   im Dezember, Januar und Februar 45° S-Br.,
   im März und November 44° 30′ S-Br.,
   im April, Mai, September und Oktober 44° S-Br.,
   im Juni, Juli und August 43° S-Br.
2. Für den Weg nach Australien und nach den Südsee-Inseln
   im Dezember, Januar und Februar 47° 30′ S-Br.,
   im März und November 45° 30′ S-Br.,
   im April und Oktober 45° S-Br.,
   im Mai und September 44° S-Br.,
   im Juni, Juli und August 43° S-Br.

Kürzeste Wege beim Ablaufen der Länge im Südatlantischen und im westlichen Teile des Indischen Ozeans:

1. Nach dem Golf von Bengalen und dem nördlichen Eingange der Malaccastraße, nach der Sundastraße und nach den östlichen Durchfahrten:

a) im Dezember, Januar und Februar:

von	30°	S-Br.	und	25,5°	W-Lg.,	
nach	35°	"	"	16,3°	"	
"	38°	"	"	9,4°	"	
"	40°	"	"	3,7°	"	
"	42°	"	"	3,5°	O-Lg.,	
"	43°	"	"	8,1°	"	
"	44°	"	"	14,2°	"	
"	45°	"	"	29,2°	"	und weiter in 45° S-Br.;

b) im März und November:

von	30°	S-Br.	und	25,5°	W-Lg.,	
nach	35°	"	"	16,0°	"	
"	38°	"	"	8,8°	"	
"	40°	"	"	2,8°	"	
"	42°	"	"	4,9°	O-Lg.,	
"	43°	"	"	10,1°	"	
"	44°	"	"	17,8°	"	
"	44,5°	"	"	28,5°	"	und weiter in 44,5° S-Br.;

c) im April, Mai, September und Oktober:

von	30°	S-Br.	und	25,5°	W-Lg.,	
nach	35°	"	"	15,7°	"	
"	38°	"	"	8,2°	"	
"	40°	"	"	1,9°	"	
"	42°	"	"	6,6°	O-Lg.,	
"	43°	"	"	12,7°	"	
"	44°	"	"	27,8°	"	und weiter in 44° S-Br.;

d) im Juni, Juli und August:

von	30°	S-Br.	und	25,5°	W-Lg.,	
nach	35°	"	"	15,1°	"	
"	38°	"	"	6,8°	"	
"	40°	"	"	0,4°	O-Lg.,	
"	42°	"	"	11,2°	"	
"	43°	"	"	26,3°	"	und weiter in 43° S-Br.

2. Nach Australien und nach den Südsee-Inseln:

a) im Dezember, Januar und Februar:

von	30°	S-Br.	und	25,5°	W-Lg.,	
nach	35°	"	"	17,5°	"	
"	38°	"	"	11,7°	"	
"	40°	"	"	7,2°	"	
"	42°	"	"	1,8°	"	
"	44°	"	"	4,8°	O-Lg.,	
"	46°	"	"	14,2°	"	
"	47°	"	"	21,9°	"	
"	47,5°	"	"	32,6°	"	und weiter in 47,5° S-Br.;

b) im März und November:

von	30°	S-Br.	und	25,5°	W-Lg.,	
nach	35°	"	"	16,6°	"	
"	38°	"	"	9,9°	"	
"	40°	"	"	4,5°	"	
"	42°	"	"	2,2°	O-Lg.,	
"	43°	"	"	6,3°	"	
"	44°	"	"	11,6°	"	
"	45°	"	"	19,3°	"	
"	45,5°	"	"	29,9°	"	und weiter in 45,5° S-Br.;

c) im April und Oktober:
wie 1 a);

d) im Mai und September:
wie 1 c);

e) im Juni, Juli und August:
wie 1 d).

Wenn man die hier empfohlenen Breitenparallele von 30° S-Br. und 25,5° W-Lg. aus auf den kürzesten Wegen ansteuern will, so führen diese, wie aus der vorstehenden Zusammenstellung zu ersehen ist, alle in 40° S-Br. oder noch südlicher über den ersten Meridian. Damit erfüllen sie eine Bedingung, auf die besonderer Wert zu legen ist; denn es hat sich aus den Untersuchungen der Deutschen Seewarte klar ergeben, daß der günstige Verlauf der Reisen vornehmlich davon abhängt, daß die Schiffe schon in 0° Lg. gut südlich stehen, während auf der weiter östlich liegenden Strecke die mehr oder weniger südliche Stellung von geringerem Einflusse ist.

Selbstverständlich kann auf den Reisen, von denen hier die Rede ist, an das Einhalten des kürzesten Weges erst gedacht werden, nachdem man das Gebiet der günstigen Westwinde erreicht hat und nur so lange man sich darin befindet, also, allgemein gesprochen, im Süden von 30° S-Br. Nördlich davon ist der zu steuernde Kurs durch den Passat bedingt, der fast immer aus einer Richtung weht, welche das weitere Einhalten des größten Kreises nicht zuläßt. Bei der Berechnung der vorstehenden kürzesten Wege ist deshalb auch nur auf die südlich von 30° S-Br. gelegenen Teile davon Bedacht genommen worden. Der Anfangspunkt ist in allen Fällen 30° S-Br. und 25,5° W-Lg., der Ort, wo die Schiffe im Atlantischen Ozean das Westwindgebiet gewöhnlich erreichen. Um von einem anderen Schnittpunkte von 30° S-Br. aus den kürzesten Weg festzustellen, braucht man die gegebenen Schnittpunkte der südlicheren Parallele nur um den in 30° S-Br. vorhandenen Längenunterschied zu verschieben.

Scheitelorte und Längen von Bogen größter Kreise.

Wenn der Weg einen bestimmten Breitenparallel nicht überschreiten soll, so muß man bekanntlich, um den kürzesten Weg einzuhalten, bis zum Erreichen der gegebenen Breite dem größten Kreise folgen, welcher durch den Abfahrtsort geht und den gegebenen Breitenparallel schneidet. Dann muß man auf dem Parallel entlang nur Länge ablaufen, bis der größte Kreis nach dem Bestimmungsorte den Breitenparallel wieder schneidet. Von da aus muß man wieder dem größten Kreise nachsteuern, welcher von der gegebenen Breite durch den Bestimmungsort geht. Als Anhalt geben wir deshalb die Scheitelorte und Längen der Bogen größter Kreise von 30° S-Br. und 25,5° W-Lg., den mittleren Abfahrtspunkten im Atlantischen Ozean nach den mittleren Ansteuerungspunkten im südlichen Indischen und Stillen Ozean.

Der größte Kreis von 30° S-Br. und 25,5° W-Lg.

1. nach 30° S-Br. und 43° O-Lg., auf dem Wege nach Mozambique und nördlicheren Plätzen an der Ostküste von Afrika,
   führt über 34,9° S-Br. und 8,8° O-Lg.
   und hat eine Länge von 3500 Sm;

2. nach 30° S-Br. und 60° O-Lg., auf dem Wege nach Mauritius,
   führt über 38,2° S-Br. und 17,3° O-Lg.
   und hat eine Länge von 4321 Sm;

3. nach 30° S-Br. und 81° O-Lg., auf dem Wege nach den Reishäfen am Golf von Bengalen und nach der nördlichen Einfahrt in die Malaccastraße zur Zeit des Südwestmonsuns,
   führt über 44° S-Br. und 27,8° O-Lg.
   und hat eine Länge von 5273 Sm;

4. nach 30° S-Br. und 87,5° O-Lg., auf dem Wege nach den unter 3 angeführten Bestimmungsplätzen zur Zeit des Nordostmonsuns,
   führt über 46,1° S-Br. und 31° O-Lg.
   und hat eine Länge von 5548 Sm;

5. nach 30° S-Br. und 95° O-Lg., auf dem Wege nach der Sundastraße zur Zeit des Westmonsuns im Süden der Linie,
   führt über 49,3° S-Br. und 34,8° O-Lg.
   und hat eine Länge von 5850 Sm;

6. nach 30° S-Br. und 100° O-Lg., auf dem Wege nach der Sundastraße zur Zeit des Ostmonsuns im Süden der Linie,
führt über 51,6 S-Br. und 37,3° O-Lg.
und hat eine Länge von 6041 Sm;
7. nach 30° S-Br. und 104° O-Lg., auf dem Wege nach den östlichen Durchfahrten zur Zeit des Westmonsuns,
führt über 53,5° S-Br. und 39,3° O-Lg.
und hat eine Länge von 6187 Sm;
8. nach 30° S-Br. und 107° O-Lg., auf dem Wege nach den östlichen Durchfahrten zur Zeit des Ostmonsuns,
führt über 55,1° S-Br. und 40,8° O-Lg.
und hat eine Länge von 6292 Sm;
9. nach 36° S-Br. und 136° O-Lg., auf dem Wege nach Port Adelaide,
führt über 76,2° S-Br. und 56,3° O-Lg.
und hat eine Länge von 6705 Sm;
10. nach 40° S-Br. und 140° O-Lg., auf dem Wege nach der Baßstraße,
führt über 79,9° S-Br. und 58,6° O-Lg.
und hat eine Länge von 6523 Sm;
11. nach 30° S-Br. und 170° O-Lg., auf dem Wege nach den Marshall-Inseln,
führt nach Westen über 76,9° S-Br. und 107,8° W-Lg.
und hat eine Länge von 7092 Sm;
12. nach 30° S-Br. und 172° W-Lg., auf dem Wege nach den Samoa-Inseln,
führt nach Westen über 63,6° S-Br. und 98,8° W-Lg.
und hat eine Länge von 6723 Sm.

Wege nach Südafrika und Mauritius.

Das Aufsuchen hoher Breiten kann zur Abkürzung des Weges nur auf Reisen nach Ostindien, Australien und den Südsee-Inseln dienen. Auf Reisen nach Kapstadt, der Ostküste von Afrika und Mauritius würde das Einhalten der S. 403 angegebenen Schnittpunkte zu einem Umwege führen. Indessen empfiehlt sich doch auch hier, wegen der günstigeren Gelegenheit im Süden und um die Gegenströmung in der Nähe von Kap Agulhas zu vermeiden, ein ziemlich südlicher Weg, obgleich er etwas länger ist.

Nach der Ostküste von Afrika oder Mauritius schneide man den ersten Meridian nicht nördlicher als in 37° S-Br. und halte sich dann auf dem weiteren Wege je nach der Jahreszeit und der Lage des Bestimmungsplatzes in 37,5° bis 40° S-Br.

Auf Reisen nach dem Kaplande sollte man den Schnittpunkt von 0° Lg. je nach der Jahreszeit, im Winter in 35° bis 36°, im Sommer in etwa 37° S-Br. nehmen. Um bei den besonders im Sommerhalbjahr in der Nähe des Kaps vorherrschenden südöstlichen Winden die Tafelbai bequem erreichen zu können, sollte man darauf achten, daß man nicht zu früh wieder über 37° oder 36° S-Br. nach Norden hinaus gerät. Im allgemeinen dürfte es auf Reisen nach Kapstadt am ratsamsten sein, von 0° Lg. recht nach Osten zu steuern, bis das Kap der guten Hoffnung in die Peilung rw. Nordost gebracht ist, und dann das Land südlich vom Bestimmungsplatz anzusteuern.

Auf Reisen nach Südwestafrika und Orten südlich von Loanda läßt sich ein beträchtlicher Umweg nicht vermeiden. Man schlage zunächst denselben Weg ein wie nach dem Kaplande und steuere im Westwindgebiet nach Osten. Dabei wird man unter gewöhnlichen Verhältnissen selbst im Sommer nicht über 35° S-Br. hinaus nach Süden zu gehen brauchen und im Winter vielleicht schon weiter nördlich gute Gelegenheit finden, nach Osten zu kommen. Um den nördlichen Küstenstrom und die oft frischen südlichen Winde vor der Küste ausnutzen zu können, suche man stets schon gut südlich vom Bestimmungsorte unter die Küste zu kommen. Auf dem Wege dahin vermeide man, auch wenn man nach Loanda will, 25° S-Br. westlich von 5° O-Lg. ohne besonderen Grund nach Norden hin zu überschreiten.

Die Windverhältnisse im Südostpassat.

Wenn man sich vergegenwärtigt, was im vierten Abschnitt, im ersten Teile dieses Buches über die allgemeine Verteilung des Luftdruckes und die Beziehungen zwischen dieser und den herrschenden Winden gesagt worden ist, so erkennt man leicht, daß die auf den Reisen von der Linie nach Süden fast regelmäßig beobachtete Drehung des Windes mit dem Vorhandensein des südatlantischen Hochdruckgebietes der Roßbreiten zusammenhängt. Dieses Gebiet hohen Luftdruckes, vgl. den Atlas, Taf. 13 u. 14 der 2. Auflage, befindet sich in etwa 20° bis 30° S-Br. auf der Mitte des Ozeans links von dem Wege, welchen die Schiffe verfolgen. So wie diese erst nach Südwest und Süd fortschreiten, verändert sich die Peilung des höchsten Druckes, des Maximums, bei gleichzeitiger Annäherung daran mehr und mehr von Süd nach Ost, und in demselben Sinne (nach links) dreht sich, bei allmählich steigendem Barometer, der Wind von Südost durch Ost nach Nordost. Bei NO-Wind erreicht das Barometer gewöhnlich seinen höchsten Stand. Indem die Schiffe ihre Fahrt fortsetzen, entfernen sie sich vom Maximum, gelangen dabei aber, indem sie ihren Kurs mehr und mehr nach Ost verändern, allmählich an dessen Südseite, und mit der fortgesetzten Peilungsänderung des Ortes höchsten Druckes dreht sich der Wind langsam weiter von Nordost durch Nord nach Nordwest und West.

Dieser Vorgang ist in dem Werke Neumayers „Results of the Meteorological observations taken in the Colony of Victoria during the years 1859—1862 and of the nautical observations usw. Melbourne 1864, Navigation", p. 320 u. 321, und auf der diesem Werke beigegebenen Karte in einer Weise illustriert, die eine Bezugnahme darauf wegen der auf anderen Wegen erzielten gleichen Schlußfolge rechtfertigt. Es wurden in jenem Werke die mittleren Wege für die einzelnen Vierteljahre: Dezember, Januar, Februar (I), März April, Mai (II), Juni, Juli, August (III) und September, Oktober, November (IV) abgeleitet und auf den Karten niedergelegt. Es ergibt sich aus den 306 zur Untersuchung benutzten Reisen von der Linie nach dem ersten Meridian: Für den südlichen Sommer (I) ist die äußerste Ausweichung nach Westen in 31°, für den Herbst (II) in 30,8°, für den Winter (III) in 32,5° und für den Frühling (IV) in 30,2° W-Lg. Am weitesten lagen sonach die Schiffe beim Winde nach Westen hin in den Monaten Juni, Juli und August, zu welcher Jahreszeit das Maximum des Wendekreises des Steinbockes sich quer über den ganzen Ozean hinüber lagert (siehe Atlas 2. Auflage, Taf. 14). Unter der Annahme, daß die Schiffe nahezu auf der ganzen Strecke beim Winde segeln, wenn auch gut voll gehalten wird, wurde für jeden Punkt in dem Wege die Richtung des Windes eingetragen und die Kreuzungspunkte der Windrichtungslinien wurden für jedes Vierteljahr festgestellt. Daraus ergeben sich Gebiete der Kreuzungen der Linien für jede der Wegekurven. Diese Gebiete sind mit Kreisen umschrieben worden, deren Mittelpunkte, mit irgendeinem Punkte eines Weges verbunden, die Richtung des Windes in diesem Punkte ergeben. Begreiflicherweise konnte dies Verfahren ein Mittel an die Hand geben, um für eine gewisse Jahreszeit und ein gewisses Gebiet die vorherrschende Richtung des Windes anzuzeigen. Die Mittelpunkte der so konstruierten Kreise liegen auf der Karte des obengenannten Werkes der Reihe nach für I in 7,5°, für II in 14,0°, für III in 18,0° und für IV in 8,0° W-Lg. In bezug auf Breite schwankt die Lage der Mittelpunkte der Kreise nur wenig, die Breite ist im Mittel gleich 24,5° S-Br., welche Lage der Lage der Längenachse des Gebietes des hohen Luftdruckes für das Jahr entspricht (siehe Atlas 2. Aufl., Taf. 13). Wenn wir uns nun an das erinnern, was im vierten Abschnitt, im ersten Teile dieses Werkes über die Beziehungen des Luftdruckes zu den Luftströmungen gesagt wurde, und die dazu gehörenden Zeichnungen ansehen, so finden wir einesteils eine Beleuchtung des dort für ein antizyklonales Gebiet der südlichen Halbkugel gezeigten Vorganges und anderenteils eine Erklärung der soeben beschriebenen Methode, die Windrichtung für eine bestimmte Zeit und eine bestimmte Stelle in den Wegekurven festzustellen.

Es wurde schon hervorgehoben, in welcher Weise sich der Wind ändert, wenn man in seinem Kurse weiter voran kommt. Aus den Angaben in dem Werke NEUMAYERS finden wir für diese Änderungen die Mittelwerte in die nachfolgende Tabelle eingetragen:

Jahreszeit	Breite südlich							
	5°	10°	20°	24°	30°	35°	40°	Länge des Zentrums
IV	SO½S	SO½O	OzS	O	ONO	NO	WzN	8,0° W
I	SO	SO½O	OzS	O	ONO	NO	WzN	7,5° W
II	SO½S	SO½O	OzS	O	NO½N	NzO	W½N	14,0° W
III	SOzS	SO½S	OzS	O	NOzO	NNO	WzN	18,0° W

Wir erfahren aus der vorstehenden Tabelle, was auch aus einer Betrachtung der Luftdruckverhältnisse in den einzelnen Jahreszeiten erhellt, daß, je weiter das Zentrum sich von der Bahn des Schiffes entfernt (in IV u. I), desto weniger rasch vollzieht sich der Umlauf des Windes im Sinne SO, O, NO und NW; in den Jahreszeiten II und III liegt das Zentrum der Bahn am nächsten, weshalb sich auch der Wind am raschesten im gegebenen Sinne ändert.

Die jahreszeitlichen Änderungen der Richtung und Stärke des Passates lassen sich in ähnlicher Weise, wie wir soeben gelesen haben, auch aus der Tabelle auf S. 397 über die von den Schiffen auf der Fahrt von der Linie nach 20° S-Br. in den einzelnen Monaten gemachte Länge und benötigte Reisedauer deutlich erkennen.

Wie die eingehaltenen Kurse zeigen, weht der Passat in allen Monaten zwischen 10° und 20° S-Br. aus einer östlicheren Richtung als zwischen 10° S-Br. und der Linie. Im Sommerhalbjahr des Südens, vom Oktober bis Anfang März etwa, haben die Schiffe den Wind südlich von 10° S-Br. so raum, daß sie von diesem Parallel ab einen Kurs rechtweisend Süd oder selbst Ost von Süd einhalten können. Vom März bis September, im Winterhalbjahr, ist der zwischen 10° und 20° S-Br. im Mittel eingehaltene Kurs westlich von Süd. Durchschnittlich am schralsten weht der Passat in der Mitte des Winters: Juli und August, am raumsten dagegen nicht in der Mitte des Sommers, sondern in dem Frühlingsmonat November.

Dieser Monat erwies sich überhaupt für das Zurücklegen der Passatstrecke als die günstigste Zeit, indem der Wind nicht nur am raumsten, sondern auch durchweg am frischesten auftrat. Die mittlere im Etmal zurückgelegte Distanz ergibt sich für diesen Monat zu 163 Sm, entsprechend einer mittleren Fahrt von 6¾ Knoten. Das Schiff „Virginia" hielt beim Durchstechen des Passats im November 1876 sogar eine durchschnittliche Fahrt von 9,2 Knoten ein. Sehr viel langsamer verliefen die Reisen im Februar, März und April und im August. Von Februar bis April wurde insbesondere auf der Strecke von 0° bis 10° S-Br. eine verhältnismäßig lange Zeit zugebracht. Der beträchtliche Unterschied in der Stärke des Passats, welcher sich hier herausstellt, dürfte sich dadurch erklären, daß im Februar, März und April, den Spätsommer- und ersten Herbstmonaten des Südens, der in der heißen Zone fast immer vorhandene Wärmeunterschied zwischen See und Land sich am meisten ausgeglichen hat, während umgekehrt im November die Temperatur des sich rascher erwärmenden Festlandes am meisten gegen die Temperatur des benachbarten Meeres überwiegt. Auf dem Wege von der Linie nach dem ersten Meridian, welcher in 200 bis 300 Sm Abstand längs der Küste von Brasilien führt, tritt der Passat aber als ein gegen diese Küste gerichteter Seewind auf, und als solcher weht er um so kräftiger, je größer der Wärmeunterschied zwischen Wasser und Land ist. Die vergleichsweise lange Dauer der Reisen im August hat ihren Grund hauptsächlich in der schralen Richtung des Passats, durch welche erstens der Weg verlängert wird, ferner aber auch in manchen

Fällen die Schiffe veranlaßt werden, näher am Winde zu halten, als für die Erzielung einer guten Fahrgeschwindigkeit dienlich ist.

Der Seglerweg von der Linie nach dem ersten Meridian zeigt hinsichtlich seiner Lage zum allgemeinen Luftdruck- und Windsystem sehr viel Ähnlichkeit mit dem von der Linie, oder — genauer genommen — von 10° N-Br. nach dem Kanal. In 10° N-Br. haben die nordwärts bestimmten Schiffe in den allermeisten Fällen das Passatgebiet schon erreicht, und hier wie auf dem Wege nach Süden haben sie zunächst den Passat bei dem Winde zu durchstechen und dann mit den vorherrschenden Westwinden ihren Bestimmungsort zu erreichen. Auch die zurückzulegenden Distanzen sind auf den beiden Wegen nahezu gleich groß. Die Schiffe haben in jedem Falle etwa 40° Breite und von dem äußersten Punkte, wohin sie durch den Passat gedrängt werden, bis zum Ende des Weges im Mittel etwa 33° O-Lg. gut zu machen. Die Länge des mittleren Seglerweges von der Linie nach der Höhe von Lizard beträgt 3970 Sm. Werden davon für die Strecke von der Linie nach 10° N-Br. 650 Sm abgezogen, so erhält man fast genau die Länge des Seglerweges von der Linie nach dem ersten Meridian.

Vergleicht man jedoch die Fahrgeschwindigkeiten, welche auf dem einen und dem andern Wege erzielt werden, so ergibt sich ein sehr großer Unterschied. Auf dem nordatlantischen Wege beträgt die mittlere Geschwindigkeit nur 4,5, auf dem südatlantischen dagegen 6,0 Knoten. Diese Zahlen liefern einen deutlichen Beweis von der größeren Frische und Regelmäßigkeit des Windes und damit auch von der größeren Beständigkeit der Luftdruckverhältnisse im Südatlantischen Ozean.

Die polare Grenze des Südostpassatgebietes, als solche ist der Ort angenommen worden, wo entweder Mallung oder Stille eintrat, oder wo der Wind bei dem häufiger eintretenden allmählichen Herumholen nach links die Nordostrichtung annahm, erreichten die Schiffe nach den Beobachtungen der Jahre 1876, 1877 und 1878 im Mittel in 22,4° S-Br. Durchschnittlich am südlichsten, im Mittel in 25° S-Br., liegt die Grenze erstens im Dezember und Januar, zur Zeit der größten südlichen Deklination der Sonne, und zweitens wieder in den Wintermonaten Juli und August. Die nördlichste Verschiebung der Passatgrenze nach etwa 20,5° S-Br. fällt in die Monate November und Juni.

Der größte Unterschied zwischen den Lagen der polaren Passatgrenze in den Monatsmitteln beträgt nach obigem kaum 5°. Dagegen sind die unregelmäßigen Schwankungen, welche neben der allmählichen jahreszeitlichen Verschiebung hergehen, von beträchtlicher Weite, und es kommt nicht selten vor, daß die Orte, wo die Schiffe den Passat verlieren, innerhalb weniger Tage um 10° in Breite voneinander abweichen. Auch die einzelnen Jahre zeigen in Hinsicht auf die Lage der Passatgrenze bedeutende Unterschiede. Im Jahre 1878 wurde sie fast während der ganzen zweiten Jahreshälfte um etwa 4° südlicher als in dem entsprechenden Zeitraum des Jahres 1877 gefunden. Die äußersten Punkte, wo der Passat sein Ende erreichte, waren einerseits 12° S-Br. im November 1876, anderseits 32° S-Br. im Juli und im Dezember 1878. Wird jedoch von Ausnahmefällen abgesehen, so kann man als die gewöhnlichen Grenzen der Schwankungen, außerhalb welcher nur ein Siebentel aller Angaben bleiben, 17° und 27° S-Br. bezeichnen.

Die Windverhältnisse an der Südgrenze des Südostpassates.

Auf der Strecke zwischen 20° S-Br. und dem ersten Meridian, welche sich an die eben besprochene anschließt, vollzieht sich der Übergang der Schiffe vom Gebiete des Passates in das der vorherrschenden Westwinde und zugleich die allmähliche Änderung des Kurses von Süd oder sogar von Südwest nach Ost. Man kann sie deshalb als die Übergangsstrecke oder als die Strecke der veränderlichen Winde bezeichnen.

Es bedarf wohl kaum des besonderen Hinweises, daß in Wirklichkeit der Umlauf des Windes sich hier weder so regelmäßig noch auch so ohne Unterbrechung vollzieht, wie es die mittleren Druck- und Windverhältnisse erwarten lassen. Vielmehr treten mit Veränderungen in der Luftdruckverteilung — durch Verlegung der Gebiete hohen und niederen Druckes — erhebliche Störungen in dem mittleren Verlaufe der Windänderungen ein. Folgende Betrachtung führt uns mehr den in Wirklichkeit oft auftretenden Sachverhalt vor.

Wenn sich die Luftdruckverteilung in der Gestalt und Lage nicht verändert, so ist mit einmaligem Herumholen des Windes, das in diesem Falle gewöhnlich in langsamer Weise vor sich geht, der Übergang des Schiffes vom Gebiete des Passates in das der vorherrschend westlichen Winde bewerkstelligt. Die Fahrt von der Linie bis zum ersten Meridian stellt sich dann als eine einfache Umsegelung der West- und Südseite des Maximums der Roßbreiten dar. Solch günstiger Verlauf ist jedoch nur selten. Viel häufiger sind veränderliche Luftdruckverhältnisse, und zwar treten diese hier meistens in der Form fortschreitender Maxima auf.

Wenn solche Umstände herrschen, findet ein Schiff, nachdem es den Westrand des Maximums auf der Mitte des Ozeans erreicht hat, im Westen von sich ein rinnenförmiges Gebiet verhältnismäßig niedrigen Luftdruckes, durch welches ein zweites, westlicheres Maximum von dem ersten getrennt wird. Diese Druckverteilung bewegt sich in einer östlichen Richtung fort, und seine Zugstraße kreuzt den südlichen Weg des Schiffes. Indem sich die Rinne niedrigen Barometerstandes vom Westen her dem Schiffe nähert, dreht sich der Wind bei fallendem Barometer allmählich nach Nord und Nordwest, dann — sobald der Strich niedrigsten Luftdruckes in der Rinne über das Schiff hinweggegangen und der Ostrand des folgenden Maximums herangetreten ist — rasch durch West nach Süd und weht nun bei zunehmendem Luftdruck aus einer südlichen Richtung so lange, bis auch das zweite Maximum das Schiff passiert hat. Darauf setzt von neuem bei fallendem Barometer nördlicher Wind ein, und vielleicht, wenn noch mehrere Maxima folgen, wiederholt sich die Schwankung des Barometers und das Umlaufen des Windes zum zweiten oder dritten Male.

Es ist leicht einzusehen, daß sich der Wind, so lange das Schiff nördlich von der Zugstraße der Maxima steht, immer wieder von Süd nach Ost drehen wird. Um südlich gerichtete Gradienten und westliche Winde zu finden, hat das Schiff jene Zugstraße zu überschreiten, und je weiter nach Süden — bis zu einer gewissen Grenze — es sich davon entfernt, um so beständiger wird es die westlichen Winde haben.

Die Windverhältnisse im Westwindgebiet.

Das Vorherrschen der westlichen Winde auf dem hier besprochenen Seewege hängt bekanntlich damit zusammen, daß sich nördlich von dem befahrenen Meeresstriche ein Gebiet hohen Luftdruckes befindet, während südlich davon niedrigerer Druck vorhanden ist. Das Maximum, welches eine mittlere Höhe von 765 mm hat, liegt gewöhnlich in 20° bis 30° S-Br. Von hier bis nach 50° S-Br. beträgt die Druckabnahme im Mittel etwa 15 mm. Sie ist aber nicht gleichmäßig über die Zone verteilt, sondern meistens in einer solchen Weise, daß der Gradient, d. i. die Druckabnahme auf einer Strecke von 60 Sm, in der Nähe des Maximums bedeutend geringer ist als in größerem Abstande davon. Infolgedessen pflegt auch der Wind, dessen Stärke von der Größe des Gradienten abhängig ist, in der Nähe des Maximums viel weniger frisch zu wehen als in etwa 45° S-Br. Je kleiner der Gradient ist, desto geringere Druckänderungen sind aber auch nur erforderlich, um ihn aufzuheben oder seine Richtung von einer südlichen in eine nördliche umzukehren, und deshalb pflegt auch die Beständigkeit des Windes mit der Annäherung an das Maximum abzunehmen. Es ist leicht einzusehen, daß man sich, um auf frische, beständige Westwinde rechnen zu dürfen, in guter Entfernung südlich von dem Gebiete höchsten Luftdruckes halten muß.

Der hohe Druck beschränkt sich nicht immer auf die angegebenen Breiten von 20° bis 30° Süd. Es kommt oft vor, daß sein Gebiet eine beträchtliche Ausdehnung oder Verschiebung nach Süden erfährt, womit sich dann gleichzeitig auch der Strich frischer Westwinde an seiner Südseite in höhere Breiten verlegt. Für ein Schiff, welches sich in dem Bereiche der Verschiebung des Gebietes hohen Druckes befindet, äußert sich diese Änderung in einem Steigen des Barometers bei gleichzeitigem Abflauen des Westwindes oder zuzeiten auch, wenn nämlich das Schiff über die Linie des höchsten Druckes hinaus in den Strich der nördlich gerichteten Gradienten gerät, in einer Richtungsänderung des Windes nach Ost. Es ist klar, daß ein Schiff unter solchen Umständen, das heißt, wenn es bei hohem Barometerstande den günstigen Wind zu flau oder wenn es östlichen Wind hat, die bessere Gelegenheit immer am ehesten im Süden von sich finden wird.

Gewöhnlich ist der hohe Druck nicht gleichmäßig über die ganze Länge der Zone, welche er gerade einnimmt, verteilt, sondern es bilden sich lokale Anhäufungen, Maxima im eigentlichen Sinne, von denen aus der Druck nicht nur nach Süden und Norden, sondern auch nach Osten und Westen hin abnimmt. Diese Maxima bleiben entweder längere Zeit auf derselben Stelle, oder ziehen, was häufiger der Fall ist, mit mehr oder weniger Geschwindigkeit in östlicher bis südöstlicher Richtung. Denken wir uns nun, ein ostwärts segelndes Schiff befände sich an der Westseite eines solchen Maximums, wo es nördlichen Wind hat. Ist die Geschwindigkeit, mit der sich das Luftdruckgebiet in östlicher Richtung fortbewegt, ebenso groß oder größer als die Fahrt des Schiffes, so behält dieses den Wind frisch aus gleichbleibender Richtung bei nahezu unverändertem oder allmählich abnehmendem Luftdruck. Liegt das Druckgebiet aber still, oder bewegt es sich weniger rasch als das Schiff, so gerät dieses, wenn es seinen östlichen Kurs beibehält, in zu große Nähe des Maximums, und die wahrscheinliche Folge ist, daß der Wind flau wird und vielleicht östlich holt. Dieser Nachteil würde sich natürlich wieder am ehesten vermeiden lassen, wenn man beizeiten, d. h. sobald das Steigen des Barometers auf die eintretende Annäherung aufmerksam macht, südlicher steuert. Das Aufhören des Steigens zeigt dem Schiffsführer an, daß er Aussicht hat, seinen Zweck zu erreichen.

Noch häufiger kommt es vor, daß Schiffe in ein sie überholendes Maximum geraten. Dies kann um so leichter eintreten, als die Schiffe durch die südlichen Winde, die an der vorderen (Ost-)Seite des Maximums wehen, und durch die hohe See dort oftmals zu einem Kurse nördlich von Ost genötigt werden. Meistens geht aber dem Maximum eine Depression vorher. Ein Schiff, dem sich eine Depression von Westen nähert, hat zunächst bei abnehmendem Luftdruck nördlichen Wind. Erst wenn das Barometer seinen niedrigsten Stand erreicht hat, oder, mit anderen Worten, wenn das Minimum an dem Schiffe vorübergegangen ist, gelangt man in das Gebiet der südlichen Winde. Dem Schiffsführer ist also Gelegenheit geboten, gegen die nachteiligen Folgen des Abhaltens bei südlichem Winde Vorsorge zu treffen. Er sollte bei dem vorhergehenden nördlichen Winde südlicher als den direkten Kurs steuern; dann kann er auch mit dem folgenden Südwinde wieder voll weg halten, ohne gleich befürchten zu müssen, sich zu weit vom kürzesten Wege zu entfernen und in die Mallungen oder östlichen Winde in der Nähe des Maximums zu geraten. Ein südlicher Kurs bei nördlichem Winde und abnehmendem Luftdruck ist insbesondere anzuraten, wenn sich das Schiff noch in einer ziemlich niedrigen Breite befindet und wenn der Barometerstand noch verhältnismäßig hoch ist. Hat man es mit einer tiefen, von stürmischem Wetter begleiteten Depression zu tun, so darf man natürlich nie vergessen, daß man sich mit dem Abhalten nach Süden der Mitte des Sturmfeldes nähert. Wenn man in solchem Falle östlicher steuert, so wird man den Wind voraussichtlich von mäßigerer Stärke behalten.

Das Auftreten östlicher oder zu flauer Winde bei hohem Barometerstand ergibt sich bei der größten Anzahl langer Reisen als Grund des Aufenthalts. Die Schiffe kommen infolge von Verschiebungen des Luftdruckes, zum Teil aber auch infolge eines unpassenden Weges bei der vorhandenen Wetterlage zu nördlich. Am häufigsten werden sie auf solche Weise auf dem ersten Wegeabschnitt, südlich und westlich vom Kap der Guten Hoffnung aufgehalten, und hiermit steht wahrscheinlich im Zusammenhange, daß gerade auf dieser Strecke eine südliche Stellung für die Schiffe sehr vorteilhaft ist.

Östliche Winde bei niedrigem Barometerstand. Mitunter tritt auch der Fall ein, daß ein Schiff für die vorhandene Wetterlage zu südlich steht. Es geschieht dies am ehesten, wenn sich die Luftdruckverhältnisse so weit nach Norden verschoben haben, daß der gewöhnliche Weg nicht mehr nördlich vom niedrigsten Drucke, in südwärts gerichteten Gradienten entlang führt, und die Schiffe nun auf dem gewöhnlichen Wege den niedrigsten Luftdruck nördlich von sich haben und damit, bei nordwärts gerichteten Gradienten, in östliche Winde geraten.

Unter solchen Umständen tritt der östliche Wind bei verhältnismäßig niedrigem Luftdruck (unter 750 mm) auf, und man kann dann, zumal wenn man bereits eine ziemlich hohe Breite erreicht hat, von dem Verfahren, weiter nach Süden zu gehen, um eine bessere Gelegenheit zu erhalten, natürlich keinen Erfolg erwarten; vielmehr hat man dann den nächsten Westwind im Norden von sich zu suchen. Nach dem hier Gesagten wird man auch einsehen, weshalb es für ein Schiff, welches in höheren Breiten von einer Depression überholt wird, bei schralem Nordostwinde und fallendem Barometer von größerem Vorteil sein kann, beizudrehen und die Änderung des Windes nach einer günstigen Richtung abzuwarten, als voll weg nach Süden zu halten. Indessen treten die Zustände, um die es sich hier handelt, nur ausnahmsweise ein. Wenn man über die Wetterlage im Zweifel ist, dürfte es bei östlichem Winde wohl immer richtiger sein, nach Süden als nach Norden von dem vorgezeichneten Wege abzuweichen. Man darf nicht außer acht lassen, daß in den allermeisten Fällen das Abweichen nach Süden zu einer Abkürzung des Weges führt.

Meistens ist der Wind aus dem östlichen Halbkreise so hoch nördlich oder südlich, daß die Fahrt nach Osten damit noch gut gefördert werden kann; auch dauert es gewöhnlich nur kurze Zeit, bis er wieder seine vorherrschende westliche Richtung annimmt; am häufigsten sind Winde aus dem nordwestlichen Quadranten.

Stürme im Westwindgebiet[1]).

Es kommt oft vor, daß der Wind die Stärke 8 oder mehr der BEAUFORT-Skala erreicht. Wirklich schwere Stürme von solcher Heftigkeit, daß die Schiffe bei günstiger Windrichtung zum Beidrehen genötigt werden, sind indessen vergleichsweise selten, und manche Reisen werden auch gemacht, ohne daß man stürmische Winde antrifft. Der Verlauf der Stürme ist gewöhnlich derart, daß der Wind bis Nordnordost oder Nordost krimpt, aus dieser Richtung bei fallendem Barometer zunimmt und dann mit dem niedrigsten Barometerstande mehr oder weniger rasch seine Richtung nach Nordwest bis West ändert. Selten dreht sich der Wind von Nordost gleich durch West bis Südwest. Wenn Wind aus Westen folgt, ist der vorhergehende meistens nicht östlich, sondern westlich von Nord. Die Erscheinung, daß der Wind seine Richtung links herum drehend ändert, zeigt sich fast ausnahmslos. Wenn bei Sturm aus Nordost oder Nordwest und fallendem Barometer beigedreht werden muß, ist es also immer am richtigsten, dies auf Backbordhalsen zu tun.

Aus dem Verlaufe der Windänderungen ist zu erkennen, daß die Depressionen, in deren Begleitung die Stürme auftreten, in einer östlichen bis südöstlichen Richtung fortschreiten, und daß die Zugstraße der Minima fast immer südlicher als der Weg der Schiffe liegt. Die Verhältnisse entsprechen in dieser Hinsicht den auf dem Wege von Nordamerika nach dem Kanal gewöhnlich angetroffenen. Indessen sind im Süden tiefe Depressionen kaum so häufig wie im Norden. In den Berichten von den 90 Reisen der Jahre 1876, 1877 und 1878 sind nur zehn Stürme aufgeführt, in welchen das Barometer unter 740 mm fiel, und nur bei einem einzigen Sturme wurde ein Stand eben unter 730 mm beobachtet. Überhaupt scheinen auf den höheren Breiten des Nordatlantischen Ozeans, wenn dort auch die durchschnittliche Windstärke bedeutend geringer ist als hier im Süden, doch die schweren Stürme häufiger

[1]) Vgl. hierzu auch S. 241 ff.

zu sein, insbesondere im Winter des Nordatlantischen Ozeans. Der Unterschied zwischen der Ruhe des Sommers und der Unruhe des Winters zeigt sich im Süden viel kleiner als im Norden.

Vornehmlich sind es auf dem Wege nach Osten zwei Stellen, die häufig von stürmischem Wetter heimgesucht werden, nämlich erstens südlich vom Kaplande die Strecke von etwa 20° bis 30° O-Lg. und zweitens im Indischen Ozean die von etwa 50° bis 60° O-Lg. Mit Ausnahme von zweien wurden alle schweren Stürme der Jahre 1876, 1877 und 1878 innerhalb der angegebenen Grenzen oder in unmittelbarer Nähe davon beobachtet. Dieser Umstand deutet darauf hin, daß die Sturmhäufigkeit mit großen und plötzlichen Änderungen der Meerestemperatur zusammenhängt.

Die erste bedeutende Änderung, und zwar eine Zunahme der Wassertemperatur, finden die nach Osten segelnden Schiffe, wenn sie die westliche Grenze der Agulhasströmung, welche bekanntlich von der Südspitze Afrikas nach Süden abbiegt, überschreiten. Je nachdem es Sommer oder Winter ist, findet dies westlicher oder östlicher, im Mittel jedoch in etwa 20° O-Lg. statt. Von etwa 30° O-Lg. an ist die Wassertemperatur schwankend, aber durchschnittlich beträchtlich niedriger als zwischen 20° und 30° O-Lg. Darauf folgt in etwa 55° O-Lg. wieder eine plötzliche Zunahme. Die Schiffe gelangen hier in den südöstlich setzenden Ausläufer der Passatströmung des Indischen Ozeans, welche gegen die Ostküste von Madagaskar stößt und dort nach Süden und Südosten abgelenkt wird. Die Änderungen zeigen sich am deutlichsten, wenn der Weg nicht zu südlich genommen wird. In 42° bis 43° S-Br. wird auf den erwähnten Stellen nicht selten auf vier Stunden Segelweges eine Zunahme der Wasserwärme um 7° bis 8° gefunden. Besonders scharf ist die Grenze bei der zweiten warmen Strömung ausgeprägt. Nach den Tabellen des Niederländischen Meteorologischen Instituts[1]) ergibt sich in 42° bis 43° S-Br. der Unterschied in der Wasserwärme zwischen den Abschnitten 50° bis 55° O-Lg. und 55° bis 60° O-Lg. selbst im Jahresmittel zu 4,5°.

Man wird wohl nicht fehl gehen, wenn man einen ursächlichen Zusammenhang zwischen den beiden Erscheinungen, welche hier zusammentreffen, zwischen dem unruhigen Charakter des Wetters und der raschen Änderung der Wasserwärme annimmt. Das Wasser teilt seine Temperatur der über ihm befindlichen Luft mit; so entsteht an der Grenze zwischen dem warmen und dem kalten Wasser auch in den Temperaturen der nebeneinander lagernden Luftmassen ein bedeutender und stets sich erneuernder Gegensatz, und die Erscheinungen, welche durch die Störungen des atmosphärischen Gleichgewichtes hervorgerufen werden, wie aufsteigende Luftströme, starke Niederschläge, elektrische Entladungen und Bildungen von barometrischen Depressionen, finden an solchen Stellen für ihr Auftreten die günstigsten Bedingungen. Wie auf dem hier besprochenen Gebiete, für welches schon Leutnant Andrau vom Niederländischen Institut in dem eben angeführten Werke unter Anführung einer Reihe von Beispielen den störenden Einfluß der Wasserwärme hervorgehoben hat, erweisen sich überall große Unterschiede in den Temperaturen nahe beieinander gelegener Meeresstriche als eine Quelle häufiger Störungen in der Atmosphäre.

Um den Verlauf der Stürme auf dem Wege nach Osten an einem Beispiele zu erläutern, geben wir im nachstehenden nach den Journalen der Schiffe „G. F. Händel“ und „Samarang“ die Beschreibung eines schweren Sturmes, welchen diese Schiffe auf ihrer Reise nach Ostindien Ende September 1878 südlich vom Kaplande durchzumachen hatten.

Kapt. Schröck vom „G. F. Händel“, welches Schiff als das westlichere am ehesten von Sturm betroffen wurde, berichtet:

„Am 29. September 1878 in 44° S-Br. und 26° O-Lg. zunehmender Sturm aus Nordost bei anhaltendem Regen. Das Barometer fällt rasch, 14,2 mm in 5½ Stunden. Um 5 Uhr N klart das Wetter plötzlich auf, und der Wind wird mäßig, ohne zunächst die Richtung zu ändern. Um 11½ Uhr N läuft der Wind um nach Westnordwest. Nachdem wir seit 3 Uhr N unter Untermarssegeln beigelegen hatten, setzten wir die Fock und hielten vor den Wind, welcher allmählich bis zur Stärke 9 zunahm. Das Barometer war seit 5 Uhr N im langsamen Fallen geblieben. Gegen 1 Uhr V des 30. September erreichte es mit 730,1 mm

[1]) Onderzoekingen mit den Zeethermometer, Utrecht 1861, S. 53 ff.

seinen niedrigsten Stand. Der Wind holte nach West und wuchs zum orkanartigen Sturme an. Bei erst langsam, später rasch steigendem Barometer wehte es schwer (Stärke 11 bis 10) mit heftigen Böen und sehr hoher, wilder See bis 6 Uhr N; Abends mäßigte sich der Sturm. In der Nacht holte der Wind nach Westsüdwest und flaute bis zur Stärke 5 ab."

„Samarang", am 29. September Mittags in ungefähr 43° S-Br. und 32° O-Lg. stehend, hatte die erste Hälfte des Sturmes aus Nordnordost, bei rasch fallendem Barometer zunehmend bis zur Stärke 10; dick von Regen, Elmsfeuer auf den Toppen. Über den weiteren Verlauf berichtet der Kapitän A. Lehmann:

„Um 10 Uhr N orkanartige Bö aus Nordnordost, worauf die Luft etwas abklart und die Sterne durchkommen. Der Wind wird etwas mäßiger und dreht sich nach Nordnordwest, doch das Barometer bleibt beim raschen Fallen und die Sterne verschleiern sich wieder. Um 4 Uhr V des 30. September hat das Barometer seinen niedrigsten Stand von 735,7 mm; gleich darauf fängt es an zu steigen. Der Wind holt nach Westnordwest und beginnt mit orkanartigen Böen zu wehen. Die See läuft bergehoch und bricht mittschiffs beständig über das Schiff. Um 8 Uhr V mußte die gereffte Fock, welche um 6 Uhr gesetzt war, wieder festgemacht werden; lenzten jetzt vor beiden Untermarssegeln. Nachmittags fürchterlicher Sturm aus West (11 bis 12); Luft dick, grau und voll Dunst. Wenn die entsetzlichen Böen über das Schiff jagen, ist kein Unterschied zwischen Luft und Wasser zu sehen. Alles ist weißer Gischt. Die Sturzseen brechen von beiden Seiten über das Schiff. Mit einem gewaltigen Brecher, der das ganze Schiff überschwemmte, verloren wir einen Mann über Bord. Gegen 6 Uhr N bricht sich die Luft; man kann einige Wolken unterscheiden. Der Sturm, jetzt aus Westsüdwest, hat seine größte Kraft bereits seit 4 Uhr N verloren. Er weht in Böen von etwa einer halben Stunde Dauer mit Zwischenpausen von 5 bis 10 Minuten, während welcher die Windstärke bedeutend geringer ist. Nachts 10 Uhr lassen sich einzelne Sterne blicken, die Böen werden seltener, und die Luft erhält ein anderes Aussehen. Nach 2 Uhr V des 1. Oktober schnell abnehmender Sturm; um 7 Uhr V frische Brise und schönes Wetter."

Treibeis.

Ein gefährliches Hindernis für die Fahrt nach Osten in den höheren Breiten des Südatlantischen und des südlichen Indischen Ozeans bildet das dort auftretende Treibeis. Das Gebiet, in welchem fast immer Treibeis vorkommt, liegt freilich so südlich, daß es von den ostwärts segelnden Schiffen kaum berührt wird. In dem Striche nördlich von 45° S-Br., in dem sich der größte Teil des Verkehrs bewegt, ist Eis eine verhältnismäßig seltene Erscheinung; die meisten Reisen werden auch gemacht, ohne daß solches gesehen wird; ja es vergehen oft Jahre, ohne daß ein Bericht über das Antreffen von Treibeis eingeht. Auch fällt das Vorkommen zum größten Teile in eine bestimmte Jahreszeit, und zwar in die der längsten Tageshelle, wenn man — ausgenommen bei dichtem Nebel — auf höheren Breiten immer genügend Licht behält, um die Gefahr bei gehöriger Vorsicht leicht vermeiden zu können. Indessen ist die Möglichkeit, auch zu anderer Jahreszeit Eis anzutreffen, keinesfalls ausgeschlossen, und in einzelnen Jahren dringt es so weit und in solchen Massen nach Norden vor, daß die Schiffe mitunter auch auf dem gewöhnlichen Wege Schwierigkeit finden. Es darf deshalb auf dieser Strecke zu keiner Zeit die nötige Vorsicht aus dem Auge gelassen werden.

Die allgemeine Verbreitung des Eises ergibt sich aus dem Atlas des Atlantischen Ozeans, 2. Auflage, Taf. 3. Wir sehen daraus, sowie aus der Figur 74 auf S. 414, daß auf dem Wege nach Osten die Nordgrenze des Eises südwestlich und südlich vom Kaplande am weitesten nach Norden reicht, ja daß unter Umständen Treibeis bis in Sicht des Landes gelangen kann.

Die vier Kärtchen auf S. 414, aus denen sich nützliche Winke entnehmen lassen, sind nach Eismeldungen aus den Jahren 1885 bis 1908 hergestellt, indessen sind bei der Eintragung der nördlichen Grenze des Treibeises auch ältere Meldungen berücksichtigt worden. Zunächst zeigen die Kärtchen, daß im südlichen Winter, von April bis September, auf dem Wege nach Osten sehr viel weniger Eis vorkommt als im südlichen Sommer, von Oktober bis März. Bei der Betrachtung der einzelnen Kärtchen zeigen sich aber auch noch andere Unterschiede, auf die als allgemeine Anhaltepunkte im folgenden zwar hingewiesen werden mag, die aber durchaus nicht immer gefunden zu werden brauchen. Keinesfalls darf man folgern, in einer Gegend mit durchschnittlich geringer Eisgefahr sei man sicher, wenn oder weil man in einer Gegend mit durchschnittlich größerer Eisgefahr kein Eis gesehen hat. In dieser Beziehung sei hier z. B. darauf aufmerksam gemacht, daß auf älteren

Eiskarten die Umgebung der Kerguelen als ziemlich eisarm dargestellt ist, während die folgenden Kärtchen, namentlich das für Oktober, November und Dezember, gerade zwischen 65 und 75° O-Lg. häufiges Vorkommen von Eis zeigen.

Seglerwege nach Osten und Treibeisgebiet des östlichen Südatlantischen und westlichen Indischen Ozeans.

(Nach Eismeldungen aus den Jahren 1885 bis 1908.)

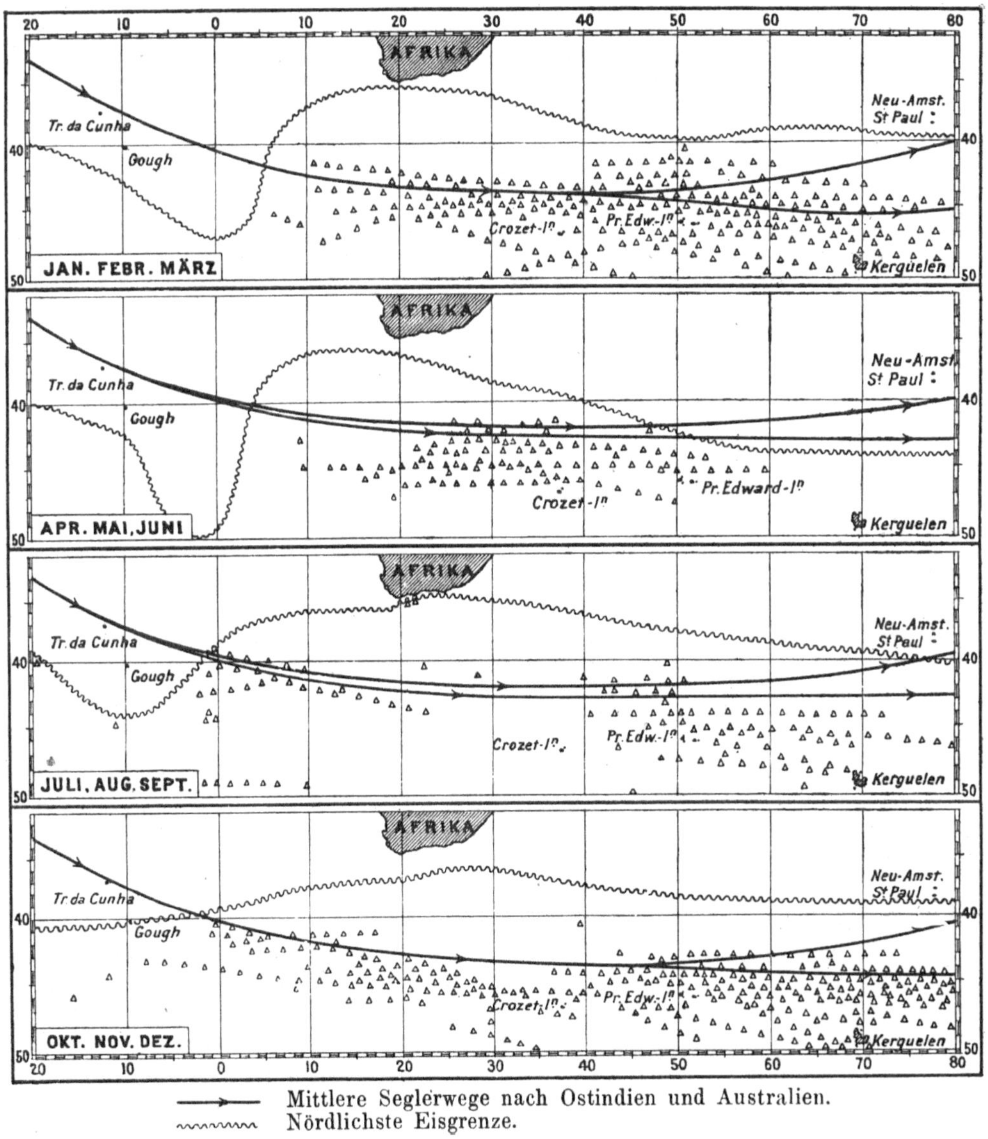

Fig. 74.

Im Januar, Februar und März hat man auf dem Wege nach Osten wenig Eisgefahr zu befürchten, ehe 0° Lg. überschritten ist. Weiter östlich gelangt man aber sehr schnell in den Bereich der Eisgefahr, die nach Osten hin immer größer wird und ihren Höhepunkt, auch den des Jahres, zwischen etwa 40° und 60° O-Lg. erreicht. Noch weiter östlich wird die Gefahr namentlich für die nördlich biegenden Schiffe geringer, sie verschwindet indessen erst wieder mit dem Überschreiten von 40° S-Br.

Im April, Mai und Juni ist die Eisgefahr ziemlich gering. Natürlich kann man auch in diesen Monaten vereinzelte Eismassen, Berge oder fast noch gefährlichere Eisstücken in Sicht bekommen, und deshalb muß man vorsichtig sein; westlich von 10° und östlich von 60° O-Lg. ist indessen Eis sehr selten, und auch in der Gegend des verhältnismäßig häufigsten Vorkommens, zwischen 25° und 40° O-Lg., handelt es sich meistens nur um vereinzelte Stücke oder Berge.

Im Juli, August und September ist die Eisgefahr durchschnittlich nicht größer als in den drei vorhergegangenen Monaten, nur besteht sie an etwas anderen Stellen, indem sie schon westlich von 0° Lg. beginnt, schnell zunimmt, aber gerade zwischen 25° und 40° O-Lg., wo sie in den vorhergegangenen Monaten am größten war, ziemlich gering ist, dagegen östlich von 40° O-Lg. noch einmal wächst.

Im Oktober, November und Dezember ist die Eisgefahr vielleicht nicht ganz so groß wie in den drei folgenden Sommermonaten, sie beginnt aber schon auf Westlänge und verschwindet erst wieder, wenn man etwa 39° S-Br. nach Norden hin überschritten hat.

Das Thermometer gewährt zum Erkennen der Eisgefahr keine Sicherheit. Die Beobachtungen ergeben häufig bei der Annäherung an das Eis keine Abnahme der Wassertemperatur; auch sind manchmal plötzliche Temperaturabnahmen beobachtet worden, ohne daß Eis angetroffen wurde. Es geht daraus hervor, daß das Sinken der Temperatur als ein untrügliches und nie fehlendes Anzeichen der Gefahr nicht angesehen werden kann. Wenigstens würde es bei dickem Wetter und rascher Fahrt nicht richtig sein, sich mit vollem Vertrauen darauf zu verlassen, daß man durch das Wasserthermometer immer früh genug, um dem Eise ausweichen zu können, gewarnt werden wird. Ebensowenig darf man sich dadurch in Sicherheit wiegen lassen, daß der Stand des Thermometers anscheinend zu hoch für das Vorkommen von Eis ist. Es liegen Berichte vor, denen zufolge Eis gesehen wurde, während die Temperatur des Oberflächenwassers 15° und mehr betrug.

Daraus darf aber nicht gefolgert werden, daß der Gebrauch des Thermometers nutzlos und überflüssig sei. In den meisten Fällen, wo es bei der Annäherung an das Eis nicht mehr fiel, war sein Stand schon längere Zeit vorher vergleichsweise niedrig. Es gab auf diese Weise zu erkennen, daß man sich in einer polaren Strömung befand, in der man auf das Vorkommen von Eis gefaßt sein mußte. Um eine erhebliche Abkühlung des Wassers wahrzunehmen, kamen die Schiffe auch meistens nicht nahe genug an das Eis. Dessen unmittelbare, aber freilich für die Möglichkeit des Ausweichens unter manchen Umständen schon zu große Nähe wird durch das Thermometer wohl stets angezeigt.

Bei dickem Wetter und in dunkler Nacht ist aber auch schon die Möglichkeit, durch das Thermometer eine Warnung zu erhalten, von großem Werte, und deshalb darf unter solchen Umständen sein Gebrauch keinesfalls unterlassen werden. Man darf sich nicht darauf verlassen, daß die Annäherung an das Eis immer früh genug durch das Fallen des Thermometers angezeigt wird; wird aber ein plötzliches Fallen auch nur von 1° beobachtet, so sollte dies immer als eine Warnung angesehen werden. Selbstverständlich muß das Messen der Wassertemperatur, um nützen zu können, gerade so wie das Anloten einer steilen Bank, sehr häufig wiederholt werden, um so häufiger, je größer die Fahrgeschwindigkeit des Schiffes ist. Man muß bedenken, daß man sich bei 8 Knoten Fahrt einem im Kurse befindlichen Gegenstande in jeder Viertelstunde um volle 2 Sm nähert. (Vgl. dazu auch unter Treibeis im 19. Abschnitt, „Von Kap Horn nach der Linie".)

Die hauptsächlichsten Sicherheitsmaßregeln bleiben scharfer Ausguck und die Bereitschaft, sofort den Kurs zu ändern. Das Eis auf dem gewöhnlichen Wege nach Osten besteht vornehmlich aus Eisbergen. Meilenweit ausgedehnte Eisfelder, wie bei Kap Horn und in der Umgebung der Neufundlandbank und in höheren Breiten auch hier auf dem Wege nach Osten, gelangen in die Breiten nördlich von 45° S-Br. kaum je hinein. Die großen Berge zu vermeiden, bietet bei einigermaßen sichtigem Wetter und gutem Ausguck meistens keine große Schwierigkeit. Oftmals treiben jedoch in der Nähe davon kleinere, abgelöste Stücke, die mitunter kaum aus dem Wasser ragen, aber doch groß genug sind, um ein rasch segelndes Schiff schwer beschädigen zu können. Da sie niedrig und deshalb schwierig zu erkennen sind, sind diese kleinen Stücke am gefährlichsten. Gewöhnlich treiben sie an der Leeseite, weil sie von der durch den Wind hervorgerufenen Oberflächentrift des Wassers viel mehr beeinflußt werden als die tiefgehenden Berge. Es ist deshalb ratsam, an der Luvseite eines Eisberges oder weit in Lee davon vorbeizufahren.

Eistriften. Von 1876 bis 1882 wurden nur vereinzelte Eisberge, darunter allerdings eine fast 4 Sm lange Eisinsel, aus der Gegend von 2° W-Lg. bis 50° O-Lg. und 42° bis 49° S-Br. gemeldet. Eine Trift, die hauptsächlich zwischen 1° W-Lg. und 10° O-Lg. gesehen wurde und die bis 42° S-Br. nach Norden und bis 40° O-Lg. nach Osten reichte, wurde von Ende 1882 bis in den März 1883 gemeldet. Ein Schiff hat darin an einem Tage 200 Eisberge gezählt. Der nördlichste Ausläufer davon wurde bei 15° Wassertemperatur im Februar auf 40,7° S-Br. und 8° O-Lg. gesehen.

Nach dieser Trift erschienen bis zum Dezember 1891 nur vereinzelte Eisberge, dann kamen zwei Gruppen, die eine wurde in 44° S-Br. von 10° bis 20° O-Lg., die andere in 42,5° S-Br. und 29,5° W-Lg. angetroffen.

Vom September 1893 bis Ende Mai 1896 zeigten sich drei große Eistriften, deren Verhalten in allgemeinen Zügen hier dargelegt werden soll. Die

erste große Eistrift von September 1893 bis April 1894. Während dieser 8 Monate zeigte sich auf dem Wege fortwährend Eis in großen Massen. Das meiste wurde in verhältnismäßig niedriger Breite, zwischen 40° und 45° S-Br., angetroffen, wo es im September 1893 den Strich von 3,7° W-Lg. bis 15° O-Lg. einnahm. Später verlegte sich das Eisgebiet weiter ostwärts; im November und Dezember erstreckte es sich von 10° O-Lg. bis 35° O-Lg., im März und April 1894 bis 39° O-Lg. Mit der Verschiebung nach Osten wich das Eis südwärts zurück, so daß nach Ende Dezember nördlich von 43° S-Br. keines mehr angetroffen wurde. Als nördlichstes Eis sichtete ein Schiff in 39,8° S-Br. und 3,7° O-Lg. am 19. Oktober fünf Berge und viele Eisstücke. Die

zweite große Eistrift von November 1894 bis Juli 1895. Nachdem seit Anfang Mai 1894 kein Eis mehr gesichtet worden war, erschien im November eine zweite große Trift, welche noch etwas länger als die vorhergehende, bis Ende Juli 1895, also volle 9 Monate, den Weg besetzt hielt. Die meisten Schiffe kamen zwischen 42° und 45° S-Br. in das Eis, und zwar anfänglich, im November und Dezember, vornehmlich in 10° bis 35° O-Lg., später, im Juni und Juli, weiter östlich zwischen 20° und 50° O-Lg. Es wurde jedoch auch in höheren Breiten, so z. B. am 16. März 1895 auf 47° S-Br. und 12° O-Lg., sehr viel Eis angetroffen. Auch in dieser Trift befanden sich kolossale, Inseln gleiche Massen, und die Schiffe waren oft von Bergen und Eisschollen umgeben. Der östlichste beobachtete Punkt dieser Trift war 56,7° O-Lg. in 45,3° S-Br. am 4. Juni 1895. Ein vereinzelter sehr großer Berg war jedoch am 27. Dezember 1894 in 50,6° S-Br. und 70,8° O-Lg. passiert worden.

Beiden Triften ging das Auftreten außerordentlich großer Eismassen im südwestlichen Teile des Atlantischen Ozeans vorher, die den Seglerweg von Kap Horn lange besetzt hielten und bis in sehr niedrige Breiten vordrangen. Nachdem das Eis hier verschwunden war, dauerte es in beiden Fällen ungefähr 10 Monate, bis im Osten Eis erschien.

Von Anfang August 1895 bis Ende Mai 1896 zeigte sich nur eine kleine Gruppe von Eisbergen, welche im November und Dezember 1895 zwischen 44° und 46° S-Br., 49° und 50° O-Lg. gesichtet wurde. Dann erschien die

dritte große Eistrift, die von Juni 1896 bis gegen Ende März 1897 anhielt. Diese Trift zeichnete sich dadurch aus, daß sie ganz ungewöhnlich weit nach Osten ging. Das erste Eis wurde in 43,7° S-Br. und zwischen 45°

und 50° O-Lg. am 31. Mai und am 1. Juni 1896 angetroffen, und Schiffe, die etwas südlicher gingen, blieben bis über 70° und selbst 85° O-Lg. hinaus in der Eistrift. Ein Dampfer, der vom 14. bis zum 18. November weit nach Osten Eis antraf, lief auf 45,3° S-Br. und 52,1° O-Lg. in die Trift hinein und hatte bis 47,9° S-Br. und 82,4° O-Lg. stets Eis in der Nähe. Es wurden auf der Strecke nicht weniger als 204 Berge gezählt. Andere Schiffe berichten von noch größeren Mengen. Die Trift erhielt sich in derselben Massenhaftigkeit und in derselben weiten Ausdehnung bis zu der Zeit der letzten Nachrichten. Ihre westliche Grenze wurde von den meisten Schiffen in ungefähr 50° O-Lg. passiert, doch trafen mehrere, die westlich von diesem Meridian schon eine höhere Breite als 45° S-Br. angesteuert hatten, schon in 30° bis 40° O-Lg. Eisberge an. Die äußerste Ostgrenze lag am 4. Januar in 48° S-Br. und 88° O-Lg. und am 30. Dezember in 45,5° S-Br. und 87,5° O-Lg. Der nördlichste Punkt, bis zu welchem diese große Trift vordrang, lag am 28. Jauuar 1897 in 41° 2′ S-Br. und 51° 47′ O-Lg.; im März wurde dann noch einmal in 42° 30′ S-Br. und 47° 30′ O Lg. ein einzelner Eisberg gesehen.

In den 8 Jahren 1898 bis 1905 ist sehr wenig Eis von den Wegen nach Osten gemeldet worden. 1898 wurde nur am 15. August ein kleines Stück gesehen, 1899 kollidierte ein Segler am 11. Januar in 46° S-Br. und 50° O-Lg. mit einem Eisberge, doch wurde kurz darauf auch weiter östlich, auf dem Wege nach Neuseeland, zwischen 82° und 102° O-Lg. in 53° bis 54° S-Br. eine große Eistrift angetroffen. Aus den Jahren 1900, 1901 und 1902 sind bei der Deutschen Seewarte keine Eismeldungen eingelaufen. 1903 wurde am 8. September in 47° S-Br. und 100° O-Lg. und am 9. September in 46,7° S-Br. und 107,3° O-Lg. je ein Eisberg gesichtet. 1904 lag wieder östlich von 80° O-Lg. eine große Eistrift auf dem Wege nach Osten. Ihre Westgrenze war im Mai auf 47° S-Br. in 92,7° O-Lg., im Juni lag das Eis in 48° S-Br. zwischen 101 und 115° O-Lg., im Juli auf 50° S-Br. zwischen 119 und 126° O-Lg. und im September und Oktober in 47 bis 50° S-Br. zwischen 90 und 106° O-Lg., doch wurden im Oktober auch zwischen den Crozet-Inseln und den Kerguelen viele Eisberge gesehen. Die

Eismeldungen aus den Jahren 1906 bis 1908 kamen mit wenigen Ausnahmen aus Gegenden südlich von den gewöhnlichen Wegen. Im Januar 1906 wurde eine Trift in der Umgebung von 46° S-Br. in 31 bis 32° O-Lg. und ein einzelnes kleines Eisstück in 51° S-Br. und 78,5° O-Lg. gesehen. Dann wurde erst wieder vom November eine Trift gemeldet, die in der Umgebung von 45° S-Br. von 57° bis 60° O-Lg. reichte. Im Jahre 1907 wurden zunächst mehrere einzelne Berge gesichtet, so im Januar ein 400 m langer und 60 m hoher Berg in 46,9° S-Br. und 42,3° O-Lg., im August zwei große Berge, von denen einer 120 m hoch und 1200 m lang angegeben wurde, in 50° S-Br. und 45° O-Lg., im September ein Berg in 45° S-Br. und 65° O-Lg. und ein anderer in 45° S-Br. und 80° O-Lg., dann aber wurde im November 1907 wieder eine Trift gesehen, die, allerdings noch weiter südlich vom gewöhnlichen Wege als die soeben angeführten Meldungen, in der Umgebung von 54° S-Br. von 18,3° bis 24° O-Lg. reichte. Im Jahre 1908 ist nur aus Gegenden weit südlich vom gewöhnlichen Wege Eis gemeldet worden; im Februar sind zwei Eisberge in 50° S-Br. und 21,3° O-Lg. und darauf im September in 51° S-Br. und 26,4° O-Lg. und in 49° S-Br. und 45,5° O-Lg. je zwei Eisberge gesehen worden.

Kapitänsberichte über Treibeis auf dem Wege nach Osten.

Kapitän J. Bruhn vom Dampfer „Essen" berichtet: „Auf unserer Reise von Port Elizabeth nach Australien sahen wir den ersten Eisberg am Vormittage des 26. Januar 1897 auf 42,8° S-Br. und 44,4° O-Lg. und passierten dann weiter in einem Abstande von 10 bis 15 Sm fortwährend Berge von 90 bis 120 m Höhe und 1 bis 4 Sm Umfang. Am nächsten Tage — Mittagsort 45,8° S-Br. und 49,9° O-Lg. — waren wieder Eisberge von derselben Größe in Sicht; einer saß an der Nordseite der Hogs-Insel am Grunde. Am 29. Januar mittags befanden wir uns auf 47,4° S-Br. und 61,9° O-Lg. Wir hatten bis dort, oft in geringem Abstande, fortwährend große Eisberge passiert, zwischen denen sich in der letzten Zeit aber schon mehr kleinere Eismassen befanden. Der Wind war nördlich, flau, das Wetter nebelig, zeitweilig abklarend. Nachmittags wurde es ganz still bei dichtem Nebel

Wir ließen die Maschine langsam gehen, konnten aber nicht verhindern, daß wir in der Nacht gegen einen sehr großen Eisberg anstießen; doch erlitt das Schiff, da es wenig Fahrt machte und wir sofort nach dem Erblicken des Eises mit der Maschine rückwärts gingen, keinen Schaden, auch fiel kein Eis auf Deck; indessen sahen wir bei Tagwerden, daß die Back und das Vorderdeck, die vorher rein gewesen, ganz grau waren, als wenn sie mit Lehmwasser begossen worden wären, was jedenfalls von dem Schmelzwasser des Berges herrührte. Da der Nebel zu dicht war, und es ringsherum im Eise krachte, stoppten wir die Maschine, bis es Mittags aufklarte. Wir fanden uns dann ringsum von Eisbergen umgeben. Mittagsort 47,5° S-Br. und 65,8° O-Lg. Bis gegen Abend blieb es klar, und wir passierten etwa 60 bis 70 Eisberge. Diese waren bedeutend kleiner als die in westlicherer Länge, bildeten auch nicht mehr die regelmäßig geformten, kompakten Massen mit steilen Kanten, sondern sahen mehr zerklüftet und zerbröckelt aus. Auffällig war das fortwährende Krachen im Eise. Dies Geräusch hat uns verschiedentlich vor Kollision bewahrt, denn oftmals haben wir nur gehört, daß Eis in der Nähe war, aber nichts gesehen. Abends wurde der Nebel wieder sehr dicht; wir gingen deshalb langsam, und um Mitternacht, als es wieder ringsherum stark krachte, stoppten wir. Gegen 1 Uhr morgens am 31. Januar, als wir uns nach dem Geräusch einigermaßen über den Ort des Eises vergewissert hatten, setzten wir die Maschine wieder langsam in Gang. Gegen 4 Uhr morgens passierten wir auf 46,7° S-Br. und 69,1° O-Lg. noch zwei große Schollen. Dies war das letzte Eis, welches wir sahen, doch herrschte den ganzen Tag und auch am folgenden Tage dichter Nebel. Um nicht nochmals in Eis zu geraten, ließ ich nördlicher steuern und lief dann die Länge in 45,5° S-Br. ab."

Das deutsche Schiff „Lika", von Santos nach Newcastle N.S.W., kollidierte, nachdem es schon früher in westlicherer Länge Eis passiert hatte, am 3. Februar 1897 auf 45,1° S-Br. und 62° O-Lg. bei dichtem Nebel mit einem Eisberge, verlor den Klüverbaum und erlitt durch herabstürzende große Eismassen Schaden am Deck und am Rumpf, glücklicherweise aber nur über Wasser, so daß es nicht leck wurde.

Kapitän J. Köhne von der deutschen Bark „Anna Ramien" berichtet: „Von London nach Adelaide bestimmt, gingen wir am 18. Januar 1897 in See, passierten am 20. Lizard und erreichten am 8. Februar um 4 Uhr Morgens, nach einer Fahrt von 18⅔ Tagen vom Kanal, in 25,4° W-Lg. den Äquator. Der Südostpassat war, der Jahreszeit entsprechend, nur sehr flau, so daß wir erst am 2. März den ersten Meridian in 41,5° S-Br. überschritten. Mit mäßigen, meistens aus nördlicher Richtung kommenden Winden segelten wir dann zwischen 44° und 45° S-Br. ostwärts. Am 13. März, um 4 Uhr Morgens, in ungefähr 44,7° S-Br. und 50° O-Lg., fiel die Wassertemperatur, die um Mitternacht zu 8° gemessen worden war, auf 6,3°. Der Wind, zurzeit NO, mit welchem wir 10 Knoten Fahrt machten, wehte seit Mitternacht kalt. Wir hielten deshalb scharfen Ausguck nach Eis. Um 4½ Uhr Morgens sahen wir in der Dämmerung 4 Eisberge an B-B. voraus. Den südlichsten davon passierten wir um 7 Uhr Morgens. Die Höhe war reichlich 60 m, die Länge ½ Sm. Die weiter luvwärts befindlichen Berge schienen etwas kleiner zu sein; es trieb viel Scholleneis in 1 bis 3 Sm Abstand von dem Berge. Von der Bramrahe waren am nördlichen Horizont noch viel mehr Eisberge zu sehen. Die Wasserwärme betrug in der Nähe des Eises 6,5°. Am selben Tage, um 4 Uhr Nachmittags, auf 44,8° S-Br. und 52° O-Lg., passierten wir wieder zwischen zwei Eisbergen hindurch, von welchen der an St-B. wohl reichlich 100 m hoch war; auch hier sahen wir in einem Umkreise von 5 Sm viel Scholleneis treiben. Die Wassertemperatur blieb unverändert 7,5°.

Am 14. März, um 2½ Uhr Morgens, in 45° S-Br. und 54,4° O-Lg. — es war eine sehr dunkle Nacht, und das Schiff machte mit frischem Nordostwinde 10 Knoten Fahrt — sahen wir plötzlich einen Eisberg rechts voraus; wir hatten kaum Zeit abzuhalten und passierten an der Leeseite dicht daran vorbei. Der Berg war etwa 10 m hoch und 200 m lang. Die Temperatur sank in der Nähe des Eises nur von 8,5° auf 8,0°. Am Nachmittage um 6 Uhr, in 45° S-Br. und 56,5° O-Lg. segelten wir noch an einem kleinen Eisberge an der Nordseite in 1 Sm Abstand vorüber. Der Berg, von etwa 10 m Höhe und 100 m Länge, schien im Zergehen begriffen zu sein. Die Wassertemperatur wurde in diesem Falle nicht beeinflußt, hielt sich vielmehr während des ganzen Nachmittags auf 11,5° bis 12,5°[1]. Weiterhin wurde kein Eis mehr gesehen. Der Wind blieb anhaltend frisch aus nördlicher Richtung und brachte uns schon am 25. März, dem 64. Tage der Reise von Lizard, nach der Länge von Kap Leeuwin. Von hier hatten wir jedoch noch viel Ostwind und Stille, so daß wir Kap Borda erst 9 Tage später erreichten."

Weitere Kapitänsberichte über Treibeis vgl. im 19. Abschnitt.

Reisedauer von der Linie nach 0° Länge.

Aus 105 Reisen von der Linie nach dem ersten Meridian und 90 Reisen deutscher Schiffe von 0° nach 80° O-Lg., die in den Jahren 1876, 1877 und 1878 ausgeführt worden sind, ergeben sich die mittleren Schnittpunkte: 0° Breite in 26,2° W-Lg., 10° S-Br. in 30,5° W-Lg., 20° S-Br. in 31° W-Lg., 30° S-Br. in 25,5° W-Lg. und 0° Länge in 39,6° S-Br. Die Länge dieses

[1]) Das Schiff passierte dieses Eis an der Luvseite; dies war wahrscheinlich der Grund, weshalb sich keine Abkühlung des Oberflächenwassers bemerkbar machte.

Weges beträgt 3310 Sm und die mittlere Reisedauer bei 6 Knoten Durchschnittsfahrt 22,9 Tage. Die schnellste der obigen Reisen dauerte 17,5, die längste 34 Tage.

Sowohl aus dieser Zusammenstellung der Deutschen Seewarte wie auch aus Maurys Tabellen (Sailing Directions. Eigth Edition Vol. II p. 629 u. ff.) und den Zusammenstellungen Neumayers (Meteorological and Nautical Observations p. 319—323) geht hervor, daß die Reise von der Linie nach dem ersten Meridian in der zweiten Hälfte des Jahres (Juli bis Dezember) durchschnittlich 2 bis 3 Tage weniger in Anspruch nimmt als in der ersten Jahreshälfte.

Aus den Arbeiten Neumayers läßt sich die nachfolgende Tabelle über die Reisedauer von 0° Br. bis 0° Lg. ableiten, wobei die Reisen von Schiffen, die westlich vom Meridian von 27° W-Lg. die Linie kreuzten, getrennt von jenen betrachtet sind, die sich östlich von diesem Meridian hielten.

Monat	Die Linie wurde westlich von 27° W-Lg. geschnitten		Die Linie wurde östlich von 27° W-Lg. geschnitten		Unterschied westlich — östlich
	Anzahl der Reisen	Reisedauer in Tagen	Anzahl der Reisen	Reisedauer in Tagen	
Januar	25	27,55	10	33,25	— 5,70
Februar	23	26,15	11	27,05	— 0,90
März	10	25,80	11	26,20	— 0,40
April	6	27,65	4	26,15	+ 1,50
Mai	8	25,15	13	23,65	+ 1,50
Juni	14	25,80	11	20,90	+ 4,70
Juli	19	25,40	9	21,30	+ 4,10
August	12	25,05	9	20,65	+ 4,40
September	14	22,80	20	22,50	+ 0,30
Oktober	10	22,15	9	23,95	— 1,80
November	24	21,85	—	24,05*	—
Dezember	29	22,70	—	24,90*	—

Die mit * bezeichneten Zahlen sind, da die Zahl der Reisen in den betreffenden Monaten zu gering war, um ein Mittel abzuleiten, durch Einschaltung erhalten. Es geschah, um die Mittelwerte für das Jahr für beide Gruppen ableiten zu können.

Aus den algebraischen Zeichen der letzten Spalte sieht man, daß es in den Monaten April bis September entschieden vorteilhafter ist, den östlicheren Weg zu wählen, während in den übrigen Monaten für den einen oder den anderen Weg lediglich die angetroffene Gelegenheit entscheidend sein sollte.

Auch bei Maury, welcher 26° W-Lg. als Gruppengrenze annimmt, ergibt sich für die Monate Juni bis Oktober dasselbe Resultat, für die übrigen Monate zeigen sich kleine Abweichungen, die teils in den anders gewählten Grenzen, teils in ungenügenden Beobachtungen begründet sind.

Wir haben oben gesehen, daß die mittlere Reisedauer für das Jahr aus den meteorologischen Tagebüchern der Deutschen Seewarte zu 22,9 Tagen für die Strecke von der Linie nach dem ersten Meridian abgeleitet wurde. Diese mittlere Reisedauer stellt sich nach den Zahlen der obigen Tabelle zu 24,69 Tagen und nach Maury zu 24,63 Tagen. Die Bearbeitungen älterer Reisen ergeben daher im Mittel eine um 1,76 Tage größere Reisedauer als die neueren. Da mit Bestimmtheit anzunehmen ist, daß ein Unterschied in der Schnelligkeit der Schiffe von ehedem und später zugunsten der späteren nicht vorhanden ist, wenn nur die deutschen Schiffe aus den Jahren 1876 bis 1878 und die schnellsegelnden Schiffe der fünfziger und sechziger Jahre in Betracht kommen, so kann man den Gewinn nur auf Rechnung des Umstandes setzen, daß man gegenwärtig den Weg nicht mehr so weit nach Westen verlegt wie früher, was sich auch daraus ergeben dürfte, daß die Entfernung auf dem mittleren Wege der deutschen Schiffe sich zu 3310 Sm berechnet, während sie auf dem mittleren Wege in den Jahren 1850 bis 1860 etwa 3386 Sm betrug.

Als die günstigste Jahreszeit für die Fahrt von der Linie nach dem ersten Meridian ergeben sich nach den Zusammenstellungen der Deutschen Seewarte und nach MAURY die Monate September, Oktober und November mit der Durchschnittsdauer von 21,8 Tagen (Seewarte) und 23,1 Tagen (MAURY), nach den Melbourner Segelanweisungen aber die Monate Juni, Juli und August mit einer Durchschnittsreisedauer von 20,95 Tagen auf einem östlicheren Wege. Als die ungünstigste Zeit stellen sich die Monate März, April und Mai dar. — Durchschnittsdauer 26,9 (Seewarte) und 26,5 (MAURY).

Die langen Reisen, die dem Vorstehenden zufolge im Spätsommer und Herbst am häufigsten sind, haben ihre Ursache in Windstille und Mallung oder in anhaltenden südöstlichen Winden, die von neuem einsetzen, nachdem der eigentliche Passat schon aufgehört und der Wind einen Umlauf gemacht hat. Vornehmlich entsteht der eigentliche Aufenthalt in dem Grenzgebiete des Passates, also zwischen 20° und 30° S-Br. Diese Strecke zurückzulegen, verursacht überhaupt in allen Jahreszeiten die meisten Schwierigkeiten. Die Schiffe machen hier im Durchschnitt nur 4,5 Sm in der Stunde, während im Passat und auf der Strecke zwischen 30° S-Br. und dem ersten Meridian, wo der günstige Wind schon wieder mit größerer Beständigkeit auftritt, die mittlere Fahrgeschwindigkeit mehr als 6 Knoten beträgt.

Die Dauer der Fahrt von 20° S-Br. bis nach 0° Länge zeigt wegen der Veränderlichkeit der Luftdruckverhältnisse bei den einzelnen Reisen erhebliche Unterschiede. Unter günstigen Umständen, wenn sich nämlich die Fahrt als eine einfache Umsegelung des Maximums östlich vom Wege darstellt (vgl. S. 395 und S. 398 und 406), wird die 2050 Sm lange Strecke von 20° S-Br. bis zum ersten Meridian mitunter in weniger als 11 Tagen, d. h. mit einer mittleren Fahrt von mehr als 8 Knoten zurückgelegt; so z. B. von den Schiffen „Paul Rickmers" und „Capella" im November 1876. „Euterpe" hielt im November 1896 auf der ganzen Strecke von der Linie nach 0° Lg. sogar eine durchschnittliche Fahrgeschwindigkeit von 9,6 Knoten ein. Den als günstig bezeichneten Verhältnissen entsprechend wurde auf diesen Reisen ein gleichmäßig hoher Luftdruck beobachtet, der erst, als die Schiffe frischere westliche Winde erhielten, allmählich und ohne Schwankungen abnahm.

Die für die verschiedenen Monate berechnete mittlere Fahrzeit von 20° S-Br. nach 0° Lg. ergibt, daß jene günstigen Umstände durchschnittlich häufiger in der zweiten als in der ersten Jahreshälfte auftreten. Die mittlere Fahrzeit beträgt nämlich in den Monaten Januar bis April 17,5, Mai und Juni 15,7, Juli bis September 13,9, Oktober und November 14,3, Dezember 15 Tage. Der zwischen den beiden Jahreshälften vorhandene Unterschied in der Dauer der ganzen Fahrt von der Linie nach dem ersten Meridian entsteht demnach zumeist auf der Strecke südlich von 20° S-Br. In den Monaten September, Oktober und November, welche vorher als die durchschnittlich vorteilhaftesten hervorgehoben wurden, treffen günstige Umstände im Süden mit solchen auf der Passatstrecke zusammen.

Über rasche Fahrten von der Linie nach 0° Lg. liegen aus neuerer Zeit die folgenden Berichte vor:

„Etha Rickmers", im November 1891, 16 Tage, von Lizard 37 Tage,
„Adolf", im Oktober und November 1892, 17 Tage,
„Rigel", im Januar 1893, 15 Tage,
„Rigel", im Dezember 1893, 18 Tage, von Lizard 38 Tage,
„Ortrud", im November 1896, 18 Tage,
„Palmyra", November 1896, 16 Tage,
„Euterpe", November 1896, 14 Tage, vom Bristolkanal nach 0° Lg. 35 Tage.

Die Leistung der „Euterpe" auf der fraglichen Strecke ist nach allen vorliegenden Berichten ohnegleichen.

Die mittlere Reisedauer von der Linie nach 0° Lg. im Jahre 1907 betrug nach den im Jahre 1908 bei der Deutschen Seewarte eingegangenen 93 meteorologischen Tagebüchern von deutschen Seglern, die aber nur 18 Reisen von der Linie nach 0° Lg. enthalten, 23,4 Tage; die beiden schnellsten Reisen nahmen je 18 Tage — „Gretchen Hardtrot" im Juni und „Obotrita" im November —, die längste, im August und September, nahm 34 Tage in Anspruch.

Reisedauer von 0° nach 80° O-Lg.

Verhältnismäßig gute Ergebnisse werden auf der Strecke jenseits 0° Lg. erzielt, wo die Schiffe den Parallel von 40° S-Br. erreicht haben und nun im Gebiete der Westwinde nach Osten segeln. In den Jahren 1876, 1877 und 1878 hielten die Schiffe hier eine durchschnittliche Fahrgeschwindigkeit von 7 Knoten ein, 2 Knoten mehr, als auf der Reise von New York nach Lizard, also im Westwindgebiet des Nordatlantischen Ozeans, gewöhnlich gemacht werden. Unter günstigen Umständen treten die Westwinde des Südens, die „braven Westwinde", wie Maury sie nennt, mit einer Stärke und Regelmäßigkeit auf, daß Segelschiffe in der Geschwindigkeit und Gleichmäßigkeit ihrer Fahrt mit Dampfern wetteifern können. Eine Anzahl ausgezeichneter Reisen, welche in der Zusammenstellung aus den oben bezeichneten Jahren mit aufgeführt sind, legt von der Möglichkeit solcher Leistungen Zeugnis ab. Die Schiffe „Armin", „Lima", „Wilhelmine", „Fürst Bismarck" und „F. H. Drews" legten die 3600 Sm lange Strecke von 0° bis 80° O-Lg. in 17 Tagen, also im Durchschnitt täglich 212 Sm zurück. Noch rascher waren die Reisen von „Canopus", „Capella" und „Fritz Reuter". Diese Schiffe durchsegelten jene Strecke in nur 16 Tagen, erzielten also ein durchschnittliches Etmal von 225 Sm und eine mittlere Fahrt von 9,4 Knoten.

Als Beispiel einer anhaltend günstigen Segelfahrt auf dieser Strecke geben wir den folgenden

Auszug aus dem meteorologischen Tagebuche von der Reise des Schiffes „Wega", Kapt. A. Leopold, von Cardiff nach Hongkong, im Jahre 1881.

Datum	Mittags-		Zurückgelegte Distanz	Wind	Bemerkungen
	Breite	Länge	Sm *)		
August 3.	34° 51′ S	25° 15′ W			
„ 4.	37° 15′ „	21° 31′ „	231	NNE—NNW 6	Bedeckt, Staubregen, später abklarend.
„ 5.	38° 49′ „	17° 19′ „	221	NW 8 u. W 3	Staubregenschauer. Morgens Wind westlich holend und abnehmend.
„ 6.	40° 4′ „	14° 37′ „	157	SW 2-6	Morgens mit Schauern zunehmender Wind.
„ 7.	40° 43′ „	10° 0′ „	215	SSW 5-7	Abwechselnd stürmische Böen. Erblickten Gough-Insel.
„ 8.	41° 39′ „	5° 4′ „	250	WSW 7	Heftige Böen mit leichtem Regen. Zunehmende See.
„ 9.	42° 6′ „	0° 9′ „	222	SSW 7-6	Böig und unbeständig. Viele Seevögel.
„ 10.	42° 26′ „	5° 25′ „	252	SSW 8	Harte Böen mit Regen und Hagel; schwere See.
„ 11.	42° 43′ „	10° 31′ „	245	SSW—SW 7	Schauerig u. unbeständig. Viele Vögel.
„ 12.	43° 16′ „	15° 37′ „	228	SW 6	Leichte Regenschauer.
„ 13.	43° 58′ „	20° 15′ „	217	SW 7—NW 4	Wilde See. Bedeckt, schauerig, Staubregen.
„ 14.	44° 24′ „	25° 23′ „	236	WNW 5—SW 7	Helle Luft; leichte Regenschauer.

*) Die Angaben in dieser und den beiden folgenden Spalten beziehen sich auf das dem nebenstehenden Mittag vorhergehende Etmal.

Datum	Mittags- Breite	Mittags- Länge	Zurückgelegte Distanz Sm	Wind	Bemerkungen
August 15.	44° 55′ W	29° 53′ W	185	SW 6-4	Wind und Wetter unbeständig.
„ 16.	45° 9′ „	35° 2′ „	213	NW 4-8	Zunehmender Wind in Stößen. Bedeckt.
„ 17.	45° 21′ „	40° 54′ „	258	NW 8—SW 7	Schauerig; allmählich umgehender Wind.
„ 18.	45° 14′ „	46° 1′ „	219	SW 7-3 u. NW 7	Diesig in der Kimm, sonst klar.
„ 19.	45° 17′ „	51° 18′ „	224	NW 9 u. W 5	Zunehmender Sturm, drohende Luft, Regen, wilde See. Gegen Ende Wind und See abnehmend.
„ 20.	44° 30′ „	56° 49′ „	241	W—SSW 6-7	Schneeschauer, abwechselnd klare Luft.
„ 21.	43° 55′ „	61° 28′ „	184	S 5-2—WNW 8	Während der Nacht Mallung.
„ 22.	43° 39′ „	67° 45′ „	281	NW—W 8-9	Heftige Böen mit Staubregen; zuzeiten klar.
„ 23.	42° 46′ „	73° 48′ „	271	WNW 7-8	Harte Schauer mit Staubregen; Wilde See.
„ 24.	41° 32′ „	78° 31′ „	229	W 7—WSW 6	Wind und Wetter unbeständig, Vormittags dicker Regen. Wind südlich und mallend.

Die mittlere Reisedauer von 0° nach 80° O-Lg. im Jahre 1907 betrug nach den bei der Deutschen Seewarte im Jahre 1908 eingegangenen 93 meteorologischen Tagebüchern, die 20 Reisen von 0° nach 80° O-Lg. enthalten, 18,1 Tage. Die drei schnellsten Reisen davon — „Obotrita" im November und Dezember, „Herzogin Cecilie" im Dezember 1907 und „Melpomene" im Februar 1908 — wurden in 15 Tagen zurückgelegt; die beiden längsten Reisen nahmen 25 Tage in Anspruch und wurden im August und im Dezember gemacht.

Tabelle der Reisedauer.

	Die mittlere Reisedauer betrug nach: Maury — Tage	Neumayer — Tage	d. Deutschen Seewarte 1876—1878 Tage	d. Deutschen Seewarte 1907 Tage	Bemerkungen
	1. Von der Linie nach 0° Länge.				
Jahr	24,63	24,69	22,9	23,4	Schnellste Reise: „Euterpe", 14 Tage, 1896.
März, April, Mai	26,5	—	26,9	—	
Juni, Juli, August	—	20,95	—	—	
Sept., Okt., Nov.	23,1	—	21,8	—	
	2. Von 20° S-Br. nach 0° Länge.				
Januar bis April	—	—	17,5	—	
Mai und Juni	—	—	15,7	—	
Juli, August, September	—	—	13,9	—	
Oktober und November	—	—	14,3	—	Schnellste Reisen weniger als 11 Tage.
Dezember	—	—	15	—	
	3. Von 0° Länge nach 80° Länge.				
Jahr	—	—	—	18,1	Schnellste Reise 1907 15, längste Reise 25 Tage.

Siebzehnter Abschnitt.

Nach der Westküste von Afrika.

Allgemeines.

Der Küstenstrich von Westafrika mit den Handelsplätzen, die das Ziel der hier zu besprechenden Reisen sind, erstreckt sich von etwa 16° N-Br. nach 16° S-Br. auf beiden Seiten des Äquators, soweit Baumwuchs und fruchtbares Land reichen, etwa vom Senegal bis nach Mossamedes. Der Segelschiffsverkehr zwischen Europa und jener Küstenstrecke hat mit der Zunahme des Dampferverkehrs zwar so außerordentlich abgenommen, daß z. B. bei der Deutschen Seewarte von 1893 bis 1904 nur ein meteorologisches Tagebuch eines Seglers von solchen Reisen und seitdem kein einziges mehr eingegangen ist, während noch um das Jahr 1880 durchschnittlich 20 deutsche Segler alljährlich ihre Beobachtungen aus jenen Gewässern einlieferten; dessenungeachtet sollen die Reisen doch im folgenden besprochen werden.

Die Fahrt von Europa nach der Bucht von Guinea geht zunächst auf demselben Wege und in bezug auf Winde und Strömungen unter denselben Bedingungen vor sich wie die Fahrt von Europa nach der Linie (vgl. S. 336 ff., 14. Abschnitt). Erst jenseits der Breite von Kap-Verde, wo sich die Küste von Afrika nach Südost und Ost umzubiegen beginnt, tritt eine entschiedene Trennung der beiden Wege ein. Während die nach der Linie bestimmten Schiffe ihren südlichen bis südwestlichen Kurs fortsetzen, müssen die Guineafahrer nunmehr nach Osten zu kommen suchen, und für ihre weitere Reise werden jetzt die Wind- und Strömungsverhältnisse in den Küstengewässern Äquatorialafrikas maßgebend, in erster Linie die Winde und Strömungen zwischen 10° N-Br. und Kap Palmas. Diese Strecke ist es, wo die größten jahreszeitlichen Veränderungen vor sich gehen, und wo auch im allgemeinen die Schiffe auf ihrer Reise die meisten Schwierigkeiten finden. Jenseits von Kap Palmas bedarf es bei der Wahl des Weges keiner großen Überlegung; die Fahrt geht hier, wenn auch nicht immer rasch, so doch zu jeder Jahreszeit mit vorwiegend günstigen Winden vonstatten. Ebensowenig braucht man die Verhältnisse im Norden von 10° N-Br. sehr zu berücksichtigen. Auch hier hat man den Wind immer aus einer Richtung, bei der es möglich ist, den Weg so zu nehmen, wie es für die Fahrt südlich von 10° N-Br. am zweckmäßigsten erscheint.

Am einfachsten liegen die Verhältnisse im Sommer. Die Schiffe erhalten dann schon in 10° N-Br. frische und beständige Monsunbrise, die sie ganz bis zu ihrem Bestimmungsorte begleitet. Da der Wind schon von etwa 14° N-Br. an vorherrschend westlich und weiterhin oft aus schraler Richtung ist, auch die Strömung stark nach Lee setzt, so ist es in dieser Jahreszeit natürlich ratsam, bis zur Höhe von Kap Palmas gut Luv zu halten und schon vor dem Verlassen des Passatgebietes eine gut westliche Stellung anzusteuern.

In manchen Segelhandbüchern wird aus diesem Grunde für die Zeit des durchstehenden Monsuns der Weg im Westen der Kapverden empfohlen. Dieser Weg ist aber viel länger; deshalb muß untersucht werden, ob die Befürchtung, sich auf dem östlichen Wege nicht auf einem Schlage von der Küste Afrikas freisegeln zu können, wirklich begründet ist.

Es kommt nun in der Tat nicht selten vor, daß Schiffsführer, welche den östlichen Weg einschlagen, sich durch schralen Wind auf der Strecke von 10° N-Br. nach Kap Palmas veranlaßt finden, eine Zeitlang über den anderen Bug zu gehen, anstatt, wie es sein sollte, immer auf Steuerbordhalsen zu bleiben. Bei näherer Betrachtung findet man jedoch meistens, daß sich dies hätte vermeiden lassen, wenn man nur von vornherein besser Bedacht auf die zu erwartenden Verhältnisse genommen und nicht zu früh und unnötigerweise Luv vergeben hätte. Sehr oft erweist sich auch die Besorgnis, welche den Schiffsführer verleitete zu wenden, durch den späteren Verlauf der Reise als grundlos. Schiffe, welche im Nordostpassat bis 21° oder 22° Lg. nach Westen gehen und später so viel Luv halten, wie der Wind gestattet, finden während des Monsuns auch auf dem Wege im Osten der Kapverden keine Schwierigkeit, die Höhe von Kap Palmas auf einem Schlage zu erreichen.

Aus der Untersuchung von Neumayer (vgl. 14. Abschnitt, S. 359) geht hervor, daß gerade in den Sommermonaten die Schiffe auf dem östlichen Wege einen erheblichen Vorteil erzielen, und zwar vornehmlich infolge ihrer größeren Fahrgeschwindigkeit zwischen 45° und 20° N-Br. und südlich von 10° N-Br. Wenn die Schiffe im Sommer östlich gehen, erhalten sie zunächst den Nordostpassat früher; ferner aber finden sie auch frischeren und zugleich raumeren Monsun. Der Unterschied in der Richtung des letzteren zeigt sich besonders im nördlichen Teile des Monsungebietes. Die Schiffe im Osten der Kapverden haben die ersten Winde gewöhnlich raum aus Westsüdwest bis Nordwest, während im Westen der Inseln der Monsun gleich aus schraler südlicher Richtung einzusetzen pflegt. Dies hat nicht selten zur Folge, daß der anfänglich erhebliche Längenunterschied zwischen den Wegen gleichzeitig segelnder Schiffe sich schon in 5° oder 6° N-Br. fast vollständig ausgeglichen hat. Die Ergebnisse jener Untersuchung, die durch eine Anzahl von Beispielen in den meteorologischen Tagebüchern der Deutschen Seewarte bestätigt werden, dürften zur Genüge beweisen, daß es bei einer Bestimmung nach der Bucht von Guinea nicht nur nicht notwendig, sondern meistens auch entschieden unvorteilhaft ist, westlich von den Kapverden zu gehen.

Nachdem man die äquatoriale Grenze des Passatgebietes in etwa 14° N-Br. und 22° W-Lg. überschritten hat, muß man natürlich auf dem weiteren Wege bis Kap Palmas so gut wie möglich Luv halten und die Nähe des Landes westlich vom Kap so weit meiden, wie der Wind und die Rücksichtnahme auf den guten Fortgang des Schiffes gestatten. Übrigens scheint die Besorgnis, von zu früher Annäherung an die Küste langen Aufenthalt zu haben, zum größten Teile unbegründet zu sein. Es liegen Berichte von mehreren Schiffen vor, die östlich von Kap St. Ann ziemlich nahe an die Küste gingen und hier raumen Wind und zugleich eine günstige, kräftige Strömung fanden. Ja, es zeigt die Untersuchung, daß die Fahrt von 6° N-Br. bis zur Höhe von Kap Palmas durchschnittlich um so weniger Zeit in Anspruch nahm, je weiter östlich der bezeichnete Parallel geschnitten wurde. Die mittlere Fahrzeit von 6° N-Br. bis 8° W-Lg. im Juli, August und September ergibt sich nämlich:

für 3 Reisen, auf denen 6° N-Br. zwischen	12° und	13° W-Lg.	gekreuzt wurde, zu	2,3	Tagen
„ 7 „ „ „ „ „ „	14° „	16° „	„ „ „	3,7	„
„ 8 „ „ „ „ „	westlich von	16° „	„ „ „	4,8	„

Für den Anfang und das Ende des Monsuns, d. h. die Monate Mai und Juni, und für Oktober erscheint ein sehr westlicher Weg noch weniger angezeigt. Der Monsun herrscht dann nur in der Nähe der afrikanischen Küste, nicht wie in den Monaten Juli, August und September ganz bis über die Mitte des Ozeans hinaus. Schiffe, welche jetzt im Westen der Kapverden nach Süden steuern, laufen Gefahr, den Monsun gar nicht zu erfassen, sondern in das Gebiet des Südostpassates zu gelangen. Tritt das ein, so müssen die Schiffe kreuzen, um nach Osten zu gelangen, wobei sie nicht nur den Wind, sondern auch die Strömung — den Äquatorialstrom — entgegen haben, oder sie geraten, wenn sie auf einem Schlage nach Nordost stehen, von neuem in den Stillengürtel. Um Sicherheit zu haben, daß man den Wind aus südlicher und südwestlicher Richtung erhalten wird, darf man die äquatoriale Grenze des Nordostpassatgebietes zu Anfang und Ende des Monsuns nicht in zu großer Entfernung von der Küste überschreiten.

Im Mai und Juni ist der Monsun westlich von Kap Palmas, auch in der Nähe des Landes, gewöhnlich schral, und der Strom setzt an der Küste oft stark nach Norden. Eine zu große Annäherung an das Land muß man deshalb in diesen Monaten und besonders im Juni nach Möglichkeit vermeiden. Im Oktober darf man jedoch erwarten, daß man den Wind an der Küste genügend raum bekommen wird, um längs liegen zu können.

Im Winter hat man in Betracht zu ziehen, wie man die in dieser Jahreszeit zwischen 10° N-Br. und Kap Palmas herrschenden Windstillen vermeidet. Um dies zu erreichen, wurde bisher gewöhnlich ein weit landabwärts liegender Weg eingeschlagen. Man ging von der Annahme aus, der Kalmengürtel sei in größerem Abstande von der Küste erheblich schmaler als in der Nähe davon, und man würde nach dem Überschreiten der Stillenzone, am Nordrande des Südostpassatgebietes, ziemlich beständige südliche und südwestliche Winde antreffen. Um den schlimmsten Windstillen aus dem Wege zu gehen, ohne die Entfernung zu sehr zu vergrößern, wäre es demnach, so schloß man, am ratsamsten, in etwa 20° W-Lg. recht nach Süden zu steuern, bis man jenseits des Stillengürtels, den man auf Südkurs am raschesten überschreiten würde, das Gebiet der südlichen Winde erreicht hätte. Hier würde es dann leicht sein, nach Osten zu gelangen.

Die Erfahrungen haben aber gezeigt, daß die wirklichen Verhältnisse anders sind, als man annahm. Die Schiffe behalten, wenn sie in etwa 20° W-Lg. nach Süden steuern, den Nordostpassat freilich ziemlich lange und können deshalb 5° N-Br. oder auch eine noch südlichere Breite verhältnismäßig rasch erreichen. Hier finden sie anstatt der erwarteten südlichen Winde aber nur Windstille und Mallung oder günstigen Falles leichte südöstliche Brise und haben nun gegen diese widrigen Verhältnisse einen weiten Weg nach Osten zurückzulegen, bevor sie in etwa 10° W-Lg., bis wohin das Gebiet der vorherrschenden südlichen Winde im Winter nur reicht, eine bessere Gelegenheit erhalten. Gar nicht selten haben Schiffe in dieser Jahreszeit auf der Strecke von 5° N-Br. und 19° W-Lg. bis zur Höhe von Kap Palmas mehr als drei Wochen zugebracht.

Deshalb ist es ratsam, gleich von vornherein mehr nach Südost zu steuern und, nachdem die Untiefen von Kap St. Ann passiert sind, den Weg längs der Küste zu nehmen. Dieser Weg ist kürzer und verdient auch wegen der günstigeren Wind- und Strömungsverhältnisse den Vorzug. Den Passat verlieren die Schiffe hier freilich eher; später kommen sie jedoch mit den leichten westlichen Winden oder den Land- und Seebrisen und mit dem in südöstlicher Richtung setzenden, ziemlich kräftigen Guineastrom viel rascher vorwärts als die Schiffe, welche sich von der Küste entfernt halten. Jedenfalls sind an der Küste die Windstillen bei weitem nicht so häufig, wie man früher vermutete, sondern hier ist im Gegenteil im Winter ohne Frage mehr Brise als weiter landabwärts.

Der Vorteil auf diesem Wege zeigt sich deutlich in der folgenden Gegenüberstellung älterer Reisen.

Im November und Dezember erreichten die Schiffe

auf dem westlichen Wege:	auf dem Wege an der Küste:
10° N-Br. in 19,8° W-Lg.	10° N-Br. in 17,3° W-Lg.
ferner 6° „ „ 17,3° „ nach 5,8 Tagen,	ferner 6° „ „ 11,9° „ nach 6,3 Tagen,
„ 8° W-Lg. „ 3,6° N-Br. „ 17,3 „	„ 8° W-Lg. „ 4,1° N-Br. „ 4,4 „
und 0° Lg. . . . . „ 8,4 „	und 0° Lg. . . . . „ 6,8 „
ganze Reisedauer von 10° N-Br. nach 0° Lg. 29,5 Tage.	ganze Reisedauer von 10° N-Br. nach 0° Lg. 17,5 Tage.

Im Januar, Februar und März erreichten die Schiffe

auf dem westlichen Wege:	auf dem Wege an der Küste:
10° N-Br. in 20,2° W-Lg.	10° N-Br. in 17,4° W-Lg.
ferner 6° „ „ 17,9° „ nach 3,7 Tagen,	ferner 6° „ „ 12,3° „ nach 6,0 Tagen,
„ 8° W-Lg. „ 3,5° N-Br. „ 12,7 „	„ 8° W-Lg. „ 4,1° N-Br. „ 4,6 „
und 0° Lg. . . . . „ 5,6 „	und 0° Lg. . . . . „ 6,3 „
ganze Reisedauer von 10° N-Br. nach 0° Lg. 22,0 Tage.	ganze Reisedauer von 10° N-Br. nach 0° Lg. 16,9 Tage.

Auf dem Wege an der Küste erreichten die Schiffe demnach 0° Lg. von 10° N-Br. aus durchschnittlich 5 bis 12 Tage früher. Rechnet man nun auch, daß sie zu dem Wege von Lizard bis 10° N-Br. durchschnittlich einen Tag mehr gebrauchten, was nahezu der Wirklichkeit entsprechen dürfte, so bleibt für sie immerhin noch ein mittlerer Gewinn von etwa 7 Tagen übrig.

Der Weg an der Küste entlang empfiehlt sich von November bis einschließlich April. Der Gewinn betrug im April durchschnittlich noch 2 Tage, und von zwei Mitseglern, „Seenymphe" und „Orient", die zu gleicher Zeit Cuxhaven verlassen und im April 1878 gleichzeitig 7° N-Br. überschritten hatten, gewann die „Seenymphe", die den Weg an der Küste entlang nahm, während „Orient" den Weg weiter landabwärts einschlug, von 7° N-Br. bis Lagos volle 12 Tage.

Besondere Schwierigkeiten bieten die Reisen nach den Orten südlich vom Äquator im Kongogebiet oder noch weiterhin in den portugiesischen Besitzungen Angola, Benguela und Mossamedes, weil man entweder eine bedeutende Strecke gegen Wind und Strom zurückzulegen hat oder einen großen Umweg machen muß. Dieser Umweg, den wir als den „äußeren Weg" bezeichnen wollen, fällt zum größten Teile mit dem Wege nach dem Indischen Ozean und dem Kap der guten Hoffnung zusammen, indem er die Linie je nach der Jahreszeit in 20° bis 28° W-Lg. schneidet und dann bei dem Winde auf Backbordhalsen bis an die Südgrenze des Südostpassates führt. Hier angelangt, geht der Weg nach Osten, bis man auf nordöstlichem Kurse wieder in das Passatgebiet hinein und zum Bestimmungsorte steuern kann. Der „innere Weg" schneidet dagegen die Linie weit östlich in der Bucht von Guinea; das Passatgebiet des Südatlantischen Ozeans wird ganz vermieden, man sucht vielmehr das Gebiet der südwestlichen Winde an der afrikanischen Küste zu erreichen, segelt dann auf Steuerbordhalsen bei dem Winde nach Osten und Süden und sucht schließlich, wenn nicht hinreichend Süd angeholt werden konnte, die noch fehlende Breite durch Aufkreuzen zu gewinnen.

Der Vorteil des äußeren Weges besteht darin, daß die Fahrt mit vorwiegend günstigen und auch durchweg frischen Winden gemacht werden kann. Er ist aber viel weiter; denn um die Strecke außerhalb des Südostpassatgebietes, von etwa 25° S-Br. und 28° W-Lg. nach 25° S-Br. und 0° bis 5° O-Lg., in einigermaßen befriedigender Weise zurücklegen zu können, muß man bis 35° Br. nach Süden gehen. Der innere Weg dagegen ist zwar kürzer, er führt aber durch Meeresstriche, wo häufig Windstillen und leichte Gegenwinde vorkommen. Je weiter nördlich ein Ort liegt, um so leichter ist er im allgemeinen auf dem inneren, je weiter südlich ein Ort liegt, um so leichter ist er auf dem äußeren Wege zu erreichen.

Segelanweisung für Reisen von Europa nach der Küste vom Senegal bis Kap Palmas.

Der erste Teil dieses Weges, von Europa bis zum Passatgebiet, ist bereits im 14. Abschnitte dieses Buches, S. 336 ff., eingehend besprochen worden und bedarf deshalb keiner weiteren Erörterung. Nur möchte es am Platze sein, noch zu bemerken, daß es bei einer Bestimmung nach der Bucht von Guinea in allen Jahreszeiten am besten ist, den Weg östlich von den Kapverden zu nehmen, und daß der Weg nach der Ostseite der Kapverden natürlich auch zu Anfang nicht so westlich genommen zu werden braucht, als wenn man an der Westseite davon entlang gehen will. Im Frühling und Sommer, wenn man den Passat schon in verhältnismäßig hoher Breite erhält, sollte man immer östlich von Madeira gehen. Im Herbst und Winter sollte man bei der Entscheidung der Frage, ob Ost oder West von dieser Insel, die angetroffenen Umstände berücksichtigen.

Nach Plätzen an der Küste nördlich vom Gambia, wo der eigentliche Monsun nicht herrschend wird, sondern wo das ganze Jahr hindurch nördliche und nordwestliche Winde wehen, sollte man das Land immer schon nördlich von dem Bestimmungsorte anlaufen. Bei einer Bestimmung nach der Küste von Sierra Leone oder Liberia gehe man, wenn der Monsun nicht herrscht, ebenfalls schon eine gute Strecke nördlich bzw. nordwestlich von dem Bestimmungsplatze in die Nähe der Küste. In der Monsunzeit suche man dagegen frühzeitig in die Breite des Platzes zu kommen und ihn von Westen her anzusteuern.

Von der Nordgrenze des Passatgebietes nach Kap Palmas. Schiffe, welche 10° N-Br. von Anfang November bis Ende April erreichen, sollten die Breite von Kap Verde in etwa 19° W-Lg. überschreiten, dann nach 10° N-Br. und 18° bis 17° W-Lg. steuern, die St. Ann-Untiefen in etwa 60 Sm Abstand passieren, dann aber nur danach streben, unter die Küste zu gelangen, um hier weiter zu arbeiten. Wahrscheinlich behalten sie bis etwa 7° N-Br. ziemlich stetige Brise, wobei sich die Windrichtung allmählich von Nordost durch Nord nach Nordwest ändert. Ferner muß man, um von den auftretenden Land- und Seewinden den meisten Nutzen zu haben, soweit es sicher ist, sich nahe unter Land halten; denn je näher daran, desto frischer ist der Wind, desto kürzer sind die Windstillen zwischen Land- und Seebrise, und desto mehr ist die Richtung von beiden rechtwinklig zur Küstenlinie. (Vgl. hierzu die Gegenüberstellung von Reisen auf dem westlichen Wege und auf dem Wege an der Küste S. 425/26.)

Im Mai schneide man 10° N-Br. ebenfalls in 18° W-Lg., halte sich dann aber etwas westlicher als früher, da südlicher Wind schon im Westen von Kap Palmas zu erwarten ist. Man kreuze den Parallel von Kap St. Ann 7° 30′ N-Br. in 16° bis 17° W-Lg., je nachdem es der Anfang oder das Ende des Monats ist, dann suche man nach rw. Südost zu kommen, bis man südlichen Wind erhält. Der südliche Wind kommt häufig so schral durch, daß man Mühe hat, sich von Kap Palmas freizusegeln. Man sollte deshalb so viel Süd anholen, wie zu gewinnen ist und einen gelegentlichen Schlag nach Südwest nicht versäumen. Der Strom setzt an der Küste oft nach Nordwest. Man sollte darum vermeiden, sich ihr westlich von Kap Palmas zu sehr zu nähern; andererseits sollte man aber auch nicht weit von der Küste abstehen, vielmehr bedenken, daß der Wind um so eher raumt, je weiter man nach Osten kommt. Die mittlere äquatoriale Passatgrenze liegt im Mai in 8° N-Br.

Schiffe, die 10° N-Br. im Juni erreichen, sollten in 19° bis 20° W-Lg. recht nach Süden steuern, solange der Passat anhält, und auch in den folgenden Mallungen nur Süd zu machen suchen. Für das Verfahren, wenn südlicher Wind durchgekommen ist, gilt das für Mai Gesagte. Im Juni steht der Nordostpassat gewöhnlich bis 10° N-Br. Schiffe, welche sich im Mai und Juni allzu westlich halten, haben zu besorgen, daß der südliche Wind erst in einer sehr niedrigen Breite und aus einer vergleichsweise schralen Richtung einsetzen wird.

Schiffe, welche im Juli, August und September nach 10° N-Br. gelangen, finden den Monsun vollständig entwickelt und verlieren den Passat schon in etwa 14° N-Br. Beim Übergang vom Passat- zum Monsungebiet dreht sich der Wind nicht selten allmählich durch Nordwest und West nach Südwest. Man sollte in 21° bis 22° W-Lg. so lange nach Süden steuern, bis man vom Monsun nach Südosten und Osten abgewiesen wird. Man sollte sich erinnern, daß Steuerbord auf dem ganzen Wege von 14° N-Br. an die Luvseite ist, und daß der Wind, bevor man Kap Palmas erreicht, wahrscheinlich noch wieder schraler laufen wird, und sollte deshalb so viel Süd mit anholen, wie sich mit einem guten Fortgang verträgt. Andererseits sollte man bei schralem Monsun aber auch nicht früher wenden, als durchaus notwendig ist. Man lasse es vielmehr darauf ankommen, daß der Wind bei der Annäherung an die Küste im Westen von Kap Palmas so raum holen wird, daß man längs liegen kann. Die Schiffe erreichen zur Zeit des vollen Monsuns 6° N-Br. durchschnittlich in 15,5° W-Lg. Mehrere Schiffe, die 6° N-Br. in 12° bis 13° W-Lg. schnitten, fanden keine Schwierigkeit, sich von Kap Palmas mit einem Schlage auf Steuerbordhalsen freizusegeln.

Im Oktober, wenn der Südwestmonsun sein Ende erreicht, sollte man 10° N-Br. östlicher wie vorher, in etwa 19° W-Lg. zu schneiden suchen. Im weiteren verfahre man, wie für Juli bis September angegeben ist.

Kap Palmas wird man je nach den vorhandenen Umständen in einem größeren oder geringeren Abstande passieren. Um den Äquatorialstrom zu vermeiden, sollte man aber selbst auf Reisen nach den südlichen Plätzen und bei raumem Winde die Entfernung davon nicht größer als 100 Sm nehmen. Schiffe, die nach der Küste von Oberguinea bestimmt sind, gehen gewöhnlich bedeutend näher hinan; sie laufen fast alle in weniger als 50 Sm Entfernung an Kap Palmas vorbei, und viele gehen in Sicht davon.

Im Osten von Kap Palmas ist die Fahrt für alle Schiffe, deren Bestimmungsort nördlich vom Äquator liegt, einfach und in allen Jahreszeiten verhältnismäßig leicht.

Segelanweisung für die Küstenstrecke von Kap Palmas bis zum Gabunflusse.

Auf Reisen nach den Handelsplätzen an der Küste von Oberguinea bis zum Ostufer der Bucht von Benin sollte man wegen des vorherrschenden Windes und der Strömung, die es schwierig machen, nach Westen zurückzukehren, stets schon eine gute Strecke westlich von dem Bestimmungsorte in die Nähe der Küste gehen, damit man Gelegenheit erhält, sich rechtzeitig nach den Landmarken zu orientieren und sich Sicherheit zu verschaffen, daß man nicht am Bestimmungsorte vorbeisegelt. Ohne diese Vorsichtsmaßregel hält es bei vielen Plätzen recht schwer, sie auszumachen. Im Winter empfiehlt sich eine zeitige Annäherung an die Küste auch schon, weil dann hier am meisten Brise zu finden ist.

Gute Aufmerksamkeit ist beim Segeln längs der Küste auf das Lot zu verwenden. Die Luft ist dort oft wenig sichtig, besonders im Winter, wenn eine Art trockenen Dunstes oder Rauch die Kimm verschleiert und sowohl Sichten des Landes als auch Anstellen astronomischer Ortsbestimmungen unmöglich macht; das Lot ist dann unentbehrlich. Damit man bei unsichtigem Wetter oder bei Nacht nicht an dem Bestimmungsorte vorbeiläuft, ist es oft zweckmäßig unter der Küste zu ankern, was besonders im Winter fast überall, wo man eine passende Tiefe findet, ohne Gefahr geschehen kann.

Nach der Bucht von Biafra, dem Kamerungebiet, der Bucht von Corisco und dem Gabunflusse kann man von Kap Palmas aus gerade durch steuern. Indessen sollte man 0° Lg. nicht südlicher als in 1,5 bis 2° N-Br. schneiden, um den Aquatorialstrom zu vermeiden. Von 0° Lg. bis zur Länge von São Thomé sollte man jedoch, wenigstens in der Zeit von Mai bis Oktober, bei der Wahl des Kurses eine nördliche Versetzung von 24 bis 30 Sm im Etmal als wahrscheinlich annehmen.

Segelanweisung für die Küstenstrecke von der Linie nach Süden bis St. Paul de Loanda.

Auf Reisen nach allen Plätzen, die nicht südlicher als St. Paul de Loanda oder etwa 9° S-Br. liegen, sollte zu jeder Jahreszeit

der innere Weg

eingeschlagen werden. Wie auf allen bisher angeführten Reisen, nehme man immer den Weg im Osten der Kap Verdeschen Inseln und bis Kap Palmas, im Winter nahe an der Küste entlang, im Sommer weiter davon ab. Nur im

Juli bis September, wenn der Monsun mit voller Kraft weht, mag es sich empfehlen, nachdem die Kap Verdeschen Inseln passiert sind, noch etwas West anzuholen und 10° N-Br., wenn es gehen will, in 23° bis 24° W-Lg. zu schneiden. Nachdem man im Sommer in etwa 10° N-Br., im Winter in etwa 5° N-Br. den stetigen Südwestmonsun erhalten hat, segle man auf Steuerbordhalsen beim Winde. Da von nun an auf dem ganzen Wege südliche und südwestliche Winde vorherrschen, hole man so viel Süd wie möglich an. Andererseits lasse man sich bei schralem Winde durch die Besorgnis, zu weit vom geraden Wege abzukommen, nicht zu früh zum Wenden verleiten; denn im allgemeinen wird der Wind um so raumer, je weiter man nach Osten kommt, und außerdem hat man in der Nähe der Küste mitlaufenden Strom, den Guineastrom, während man auf Backbordhalsen bald in den nordnordwestlich setzenden Äquatorialstrom gerät; dabei pflegt der Wind nach links, südöstlicher zu holen, also für St-B.-Halsen, auf denen man den Bestimmungsort ansteuern muß, ungünstiger zu werden. Solange man noch rechtw. Ost gut macht, sollte man auf Steuerbordhalsen bleiben; muß man auf Backbordhalsen gehen, so sollte man nicht die Linie überschreiten, die von einem Punkte 150 Sm Süd von Kap Palmas nach 0° Br. und 0° Lg. führt; man vermeidet damit den stärksten Gegenstrom. Erheblich südlicher als auf dieser Linie entlang zu segeln, verspricht auch bei raumem Winde keinen Vorteil.

Von Mai bis Oktober, wenn der Monsun schon verhältnismäßig früh einsetzt und oft aus schraler Richtung weht, kommt es freilich so leicht nicht vor, daß ein Schiff zu viel Süd anzuholen imstande ist, und Aufenthalt durch Gegenstrom ist dann auch insofern weniger zu befürchten, als man gewöhnlich frische Brise hat. Für das Halbjahr November bis April, wenn der Wind gewöhnlich leicht und oft raum aus westlicher oder nördlicher Richtung ist, dürfte der Hinweis auf den Nachteil eines allzu südlichen Weges jedoch wohl am Platze sein. In diesen Monaten sollte man auch bei günstigem Winde den Äquator nicht westlicher als in 2° W-Lg. schneiden. Auf der Länge von Kap Palmas, wo der Äquatorialstrom mit bedeutend größerer Stärke als weiter östlich aufzutreten pflegt, sollte man zu keiner Jahreszeit über 2° N-Br. hinaus nach Süden gehen. Auch sollte man sich durch häufig wiederholte astronomische Ortsbestimmungen über die tatsächlichen Strömungsverhältnisse Auskunft verschaffen und eintretenden Falles nördlicher halten.

Im Mai und Juni 1882 wurden in dieser Gegend in der Äquatorialströmung die folgenden ungewöhnlich großen Versetzungen gefunden

Datum	Schiff	N-Br.	W-Lg.	Versetzung	Bemerkungen
24. Mai	„Asante“	2°	1°	N 87° W 42 Sm	
4. Juni	„Alb. Reimann“	1,3°	5°	N 66° W 78 Sm	
6. Juni	„	1°	11,5°	N 76° W 83 Sm	
17. Juni	„Gemma“	1,3°	6,7°	N 75° W 74 Sm	
4. u. 5. Juni	„Leander“	1,5 bis 0,7°	4 bis 11°	N 75° W 175 Sm	in 2 Etmalen

Diese Beobachtungen lassen erkennen, ein wie großes Hindernis den ostwärts bestimmten Schiffen, wenn sie ihren Weg zu südlich nehmen, durch den Strom bereitet werden kann. Die hier genannten Schiffe waren freilich alle auf der Heimfahrt von Guinea begriffen, und ihre Reisen wurden durch die Strömung sehr gefördert.

Sehr lange Reisen nach dem Kongo und seiner Nachbarschaft sind fast immer dadurch verursacht worden, daß die Schiffe schon in einer zu westlichen Länge zu kreuzen begannen und infolgedessen nicht nur den Gegenstrom stärker, sondern auch den Wind mehr von vorn gehabt hatten, als wenn sie östlicher gegangen wären. Der Wind, der weiter landabwärts Südsüdost bis Südost ist, pflegt sich bei der Annäherung an die Küste mehr und mehr nach Südwest zu drehen. Nicht selten wird er schließlich so raum, daß die Schiffe bei der Ansegelung voll wegsteuern und wieder Breite vergeben können, das Kreuzen also überflüssig ist. Selbst wenn der Äquator erst in 2° O-Lg.

geschnitten wird, ist es nicht ausgeschlossen, die Kongomündung auf einem Schlage zu erreichen. Läßt der Wind das aber auch nicht zu, so ist es doch jedenfalls vorteilhafter, ohne zu wenden auf Steuerbordhalsen bis über 4° oder 5° O-Lg. hinaus nach der Küste zu stehen und hier aufzukreuzen, als dies schon in einer westlicheren Länge zu tun.

Die folgende Zusammenstellung gibt eine

Übersicht über den Verlauf des letzten Teiles der Kongoreisen, von denen die Deutsche Seewarte Tagebücher hat.

	Schneidet die Linie	Erreicht 2° S-Br.		Erreicht 4° S-Br.		Erreicht 6° S-Br.		Erreicht den Bestimmungsort		Ganze Reisedauer von 0° Br.
		nach Tagen	in Länge	nach Tagen	in Länge	nach Tagen	in Länge	nach Tagen	Bestimmungsort	
Gruppe I: Schiffe, die weit nach Osten gedrängt worden sind und die Linie in 2,5° O-Lg. oder noch östlicher geschnitten haben. Davon hielten sich:										
a) landabwärts und schnitten 4° S-Br. in 9° O-Lg. oder westlicher										Tage
„Johann Rudolph“ . . .	1874 IV. 19. in 3,6° O-Lg.	11	5,1° O	6	7,5° O	7	9,4° O	6	Kongo	30
„Friedrich Hartwig“ . .	1881 V. 15. in 2,6° „	7	1,1° „	5	1,2° „	11	9,6° „	8	Kongo	31
b) näher der Küste										
„Industrie“ . .	1874 VII. 28. in 5,4° O-Lg.	3	8,2° O	5	9,7° O	5	11,4° O	2	Kongo	15
„Fritz von der Lancken“	1878 XII. 15. in 3,0° „	5	7,8° „	4	10,7° „	—	—	10	Kongo	19
Gruppe II: Schiffe, die von vornherein mehr begünstigt die Linie in etwa 0° Länge geschnitten haben. Davon hielten sich										
a) landabwärts und schnitten 4° S-Br. westlich von 9° O-Lg.										
„Helios“ . . .	1877 X. 23. in 0,0° Lg.	4	4,1° O	6	9,0° O	—	—	5	Kabinda	15
„Argo“	1880 II. 4. in 1,0° „	12	5,1° „	6	3,4° „	2	1,3° O	25	Kongo	45
„Adolph“ . . .	1880 IX. 20. in 0,5° W-Lg.	2	2,9° „	4	4,0° „	5	7,6° „	3	Kongo	14
„General Brialmont“ .	1882 VII. 11. in 1,2° „	7	2,7° „	4	5,0° „	5	9,3° „	4	Kongo	20
„Albert Reimann“ . . .	1883 VIII. 24. in 1,0° „	6	4,0° „	7	6,8° „	3	9,3° „	5	Kongo	21
„Albert Reimann“ . . .	1884 IV. 16. in 0,5° „	6	4,5° „	9	6,5° „	9	11,2° „	2	Kongo	26
b) näher der Küste										
„von Roon“ . .	1878 I. 13. in 0,2° O-Lg.	4	5,9° O	8	11,3° O	—	—	4	Kabinda	16

Die beiden Schiffe der Gruppe I, die sich weit vom Lande hielten, brauchten etwa doppelt so viel Zeit als die beiden anderen Schiffe derselben Gruppe, die sich unter der Küste hielten. Und von diesen beiden war die Reise der „Industrie“ sogar erheblich schneller als die Reisen der von vornherein mehr begünstigten Schiffe „General Brialmont“ und „Albert Reimann“, die sich weit vom Lande hielten.

Auch die eine Reise der Gruppe II unter der Küste entlang war erheblich kürzer als vier Reisen derselben Gruppe auf dem Wege weiter landabwärts. Die beiden Schiffe, die auf diesem Wege schnelle Reisen gemacht haben, „Helios“ und „Adolph“, hatten das Glück, ihren Bestimmungsort auf einem Schlage anliegen zu können, wohingegen „von Roon“ das Land nicht südlicher als in 2,7° S-Br. anlief und gleichwohl noch eine schnelle Reise hatte.

Wie man es nicht machen soll, zeigt die Reise der „Argo“. Nachdem das Schiff zwischen 0° und 2° S-Br. in dem Bestreben, nicht zu weit nach Osten zu kommen, schon eine erhebliche Zeit mit Kreuzen verloren hatte, stand es von 2° S-Br. und 5,1° O-Lg. auf Backbordhalsen nach Süden und Westen. Da der Wind für diesen Bug mehr und mehr raumte, wurde 6° S-Br. in 1,3° O-Lg. ziemlich rasch erreicht. Als man hier anlangte, hatte der Wind sich aber so östlich gedreht, daß er auch jetzt noch nahezu von vorn war, und das Schiff brauchte nun noch volle 25 Tage bis zur Kongomündung.

Ohne Zweifel ist das Material, welches hier vorliegt, noch bei weitem nicht vollständig genug, um danach die Frage nach dem vorteilhaftesten Wege endgültig entscheiden zu können. So viel geht jedoch daraus hervor, daß die Schiffe, welche ungünstigen Wind haben und infolgedessen ihren Bestimmungsort nicht nahezu auf einem Buge erreichen können, immer besser fahren, wenn sie sich in größerer Nähe der Küste halten, als wenn sie weiter landabwärts aufkreuzen.

Um aufzukreuzen, wird in den meisten Segelanweisungen empfohlen, sich in unmittelbarer Nähe des Landes zu halten, da es hier unter Benutzung von Land- und Seebrise und bei der schwachen Strömung stets leicht sei, nach Süden aufzuarbeiten. Von anderer Seite wird dagegen behauptet, nördlich von der Kongomündung setze immer starker Strom längs der Küste nach Nordwest, und deshalb wird das Verfahren, unter Land aufzukreuzen, als fast unausführbar hingestellt. Der streitige Punkt ist für die Kongofahrt von solcher Bedeutung, daß es angezeigt erscheint, die wichtigsten Bemerkungen, welche sich in Segelhandbüchern, Schiffsjournalen und an anderen Orten finden, hier im Wortlaute folgen zu lassen.

In den Segelanweisungen von De Brito-Capello, den anerkannt besten, die bisher über die in Rede stehende Fahrt herausgegeben wurden, heißt es: „Wenn man zu kreuzen genötigt ist, sollte man dies doch nicht eher tun, als durchaus notwendig ist; denn gewöhnlich raumt der Wind, wenn man sich der Küste nähert, und es ist vielleicht möglich, den Aufenthalt, den das Kreuzen verursachen würde, zu vermeiden. Wenn man stets dieselben Halsen beibehält, kann man gewöhnlich das Land in 4° bis 5° S-Br. machen. Von hier bis zum Hafen muß man in Sicht des Landes navigieren, indem man beim Kreuzen auf den Wechsel von Land- und Seebrise Bedacht nimmt. Außerdem ist der nördliche Strom nahe der Küste schwach, und zuzeiten setzt der Strom selbst in entgegengesetzter Richtung. Mitunter raumt der Wind so sehr, daß man beinahe längs der Küste liegen kann. Dies kommt hauptsächlich im September und Oktober vor, den beiden Monaten, wenn der Wind an der Küste überhaupt am günstigsten und am frischesten ist."

Ferner heißt es in bezug auf November und Dezember: „Der Wind raumt und frischt auf, wie man weiter nach Osten kommt. Gewöhnlich gestattet er, südlich von Kap Sta Catharina das Land zu machen. Von hier nach Süden kreuze man unter Land auf, und wenn man zeitweilig nicht den Strom überwinden kann, ankere man vor einem Warpanker. Indessen wird der Wind nahe der Küste kaum je so schwach, daß man dazu Zuflucht zu nehmen braucht."

Im „Africa Pilot" der britischen Admiralität sind keine Anweisungen für das Aufkreuzen gegeben. Bezüglich der Strömungen finden sich darin die folgenden Bemerkungen:

„Im Januar sind bei Kap Lopez Tornados häufig, und der Strom setzt luvwärts." —

„Die Strömung an der Küste (zwischen dem Kongo und Kap Lopez) ist im Mai ganz unberechenbar und unregelmäßig; zu einer Zeit mit 1 Knoten Stärke nach Norden setzend, hört sie wenige Stunden später ganz auf, und gelegentlich setzt sie, ohne ersichtliche Ursache, mit derselben Stärke südwärts. Die gewöhnliche Richtung ist indessen Nordnordwest." —

„Von Mai bis Oktober läuft der Strom dicht unter Land zeitweilig 40 Stunden lang nach Süden."

„Bei Kap Lopez war der Strom während des ganzen Jahres sehr vom Winde abhängig und setzte demgemäß gewöhnlich mit einer mittleren Geschwindigkeit von 1 Knoten nach Norden. Wenn aber der südliche Wind leicht wurde, oder wenn der Wind, was zuzeiten vorkam, aus entgegengesetzter Richtung geweht hatte, so war wenig oder gar kein Strom fühlbar, oder er setzte auch nach Süden."

„Im August und September findet man bei Kap Lopez wenig Strom, und der wenige setzt aus dem Lande. Von Oktober an wird der Strom allmählich stärker, gegen Ende des Jahres aber wieder unregelmäßig. Im Januar läuft er mitunter stark luvwärts. Im September wurde zwischen dem Kongo und Kabinda ein Nordstrom von 1¼ Knoten gefunden."

„In der Regel läuft der Strom nach Norden; doch kommen auch Zeiten vor, wo drei oder vier Tage nacheinander eine ebenso starke südliche Versetzung beobachtet wird. Dieser Wechsel wird durch ein vollständiges, 24 oder 36 Stunden anhaltendes Stillstehen des Wassers eingeleitet. Ohne Zweifel wird der Strom sehr durch den Wind beeinflußt."

„Im September hatten wir eine starke nördliche Versetzung, als sich der Strom plötzlich änderte und fünf Tage lang mit ebenso großer Stärke nach Süden setzte."

„In Maury's Segelanweisungen wird, einem Schreiben des Leutnants W. C. B. S. Porter von der Vereinigten Staaten-Marine zufolge, ebenfalls empfohlen, auf einem Buge bis an die Küste von Niederguinea zu segeln und dann nahe dem Lande aufzukreuzen.

„Die Praxis an Bord unseres Schiffes, der Brigg „Perry“, heißt es darin, „war, dem Lande nahe genug zu bleiben, um den Vorteil der Land- und Seebrise zu haben und jedesmal, wenn es still wurde und wir nicht imstande waren, den Strom tot zu segeln, einen Warpanker fallen zu lassen. An diesem Teile der Küste, nahe dem Kongo, zeigt die Lotleine nicht immer die Richtung des Stromes, von dem das Schiff getrieben wird. Am Grunde ist der Strom entgegengesetzt wie an der Oberfläche. Um sich deshalb von der Trift des Schiffes zu überzeugen, tut man besser, vor dem Fallenlassen des Warpankers ein Boot auszusetzen und dieses zu verankern. Man kann dann sehen, wie der Oberflächenstrom in Wirklichkeit setzt.“

„Um die Kongo-Mündung zu passieren, würde ich empfehlen, dies immer, sowohl bei Nacht wie bei Tage, nahe vor der Mündung zu tun. Nordwärts bestimmt, mit dem Winde Westnordwest und einer 5 bis 6 Knotenbrise, sollte man NNO steuern; man wird dann einen Kurs etwa N$^1/_2$O gutmachen. Die Strömung aus dem Flusse setzt nach Westen, etwa 2 Sm in der Stunde. Mit der Seebrise ist das Vorübersegeln ebenso leicht und kann in 2 Stunden ausgeführt werden. Wenn man von Norden kommt und Kabinda in der Peilung Nordost hat, auf 20 bis 25 m Tiefe, d. i. in 5° 48′ S-Br., so führt ein SSO-Kurs bei Südwestwind in vier Stunden hinüber bis außerhalb Point Padron, und wenn man sich nahe der Küste hält, wird man auch weiter südwärts den Strom günstig haben. Schiffe, welche seewärts von 5° 45′ S-Br. und 9° O-Lg. den Kongo-Strom passieren, benötigen für die Fahrt von Kabinda nach Ambriz gewöhnlich 6 Tage und mehr; bei unserem Verfahren nahm diese Fahrt nur zwei Tage in Anspruch.“

Kapt. L. Segebarth vom Schiffe „Agnes“, dem das Aufkreuzen unter der Küste in einer Segelanweisung von der Seewarte angeraten war, äußert sich dagegen wie folgt:

„Nachdem Kap Palmas passiert worden war, standen wir, der Anweisung folgend, auf Steuerbordhalsen bei dem Winde in die Bucht hinein, konnten aber, da der Wind gewöhnlich nicht raumer als Südsüdwest und manchmal nur Süd war, nicht mehr Süd anholen als São Thomé, welche Insel wir am 14. September (1883) in Sicht hatten. Hier gingen wir zum ersten Male über Stag, um luvwärts von der Insel zu bleiben, da ich fürchtete, in Lee des hohen Landes den Wind zu verlieren. Indessen passierten wir noch an demselben Tage oberhalb der Insel, und ich ließ das Schiff jetzt wieder auf Steuerbordhalsen nach der Küste stehen, wo wir das Land zwischen Kap Lopez und Kap Santa Catharina in Sicht bekamen. Anstatt hier aber den Wind raumer zu erhalten, hatten wir ihn abwechselnd zwischen Süd und Südwest zu Süd, von der Stärke 2 bis 3. Hier versuchten wir nun in einer Entfernung von ungefähr 10 bis 15 Sm von der Küste aufzukreuzen.

„Den ersten Tag hatten wir, weil ich alle Vorteile wahrnahm, nach der Loggerechnung 41′ S gewonnen. Nach Beobachtungen fand ich jedoch, daß wir nur 3′ gemacht hatten. Auch in den nächsten drei Tagen konnten wir bei allem Kreuzen täglich nur 2 bis 5′ Breite machen. Wir fanden den Strom mit einer Geschwindigkeit von 32 bis 36 Sm im Etmal nach Nord und Nordwest setzend. Da ich einsah, daß wir auf diese Weise noch Monate nötig haben würden, um die Kongo-Mündung zu erreichen, warf ich das Schiff über den anderen Bug und lag dann 6 Tage von der Küste ab, bis wir Anno Bom in NW, 20 Sm entfernt, in Sicht hatten.

„Von hier an kreuzten wir in einem Abstande von 250 bis 300 Sm von der Küste bis zur Breite von Point Padron auf und hatten dabei die Strömung nach Westnordwest mit einer Geschwindigkeit von 8 bis 10 Sm im Etmal. Der Wind hielt sich während der ganzen Zeit zwischen Süd und Südwest, bei einer Stärke von 2 bis 3. Windstillen haben wir dort nicht gehabt.

„Nach Erkundigungen, die ich bei Lootsen und Küstenschiffern eingezogen habe, ist es für ein beladenes Schiff unmöglich, längs der Küste von Kap Lopez bis zur Kongo-Mündung gegen den Strom aufzukreuzen. Selbst Schiffe und beladene Küstenfahrer, welche von Kuilu und Landano kommen, lassen, wenn sie flauen Seewind haben, manchmal 200 bis 250 Sm von der Küste abstehen und laufen dann den Kongo von Süden bei den roten Klippen oder bei Point Padron an.“

Kapt. C. v. d. Heyden vom Schiffe „Albert Reimann“ schreibt ferner: „In den Segelanweisungen heißt es, daß man, falls die Mündung des Kongo nicht auf einem Buge anzuholen sei, in der Nähe der Küste aufkreuzen müsse, weil hier die Gegenströmung gewöhnlich am geringsten und auch am meisten Gelegenheit sei, von Schlagbugen Vorteil zu ziehen, indem der Wind bei Tage und Abends mehr aus See, während der Nacht und Morgens mehr aus dem Lande wehe.

„Über diesen Punkt habe ich viel nachgedacht und nicht nur mit mehreren Kapitänen, die jahrelang und zu allen Jahreszeiten nach dem Kongo gefahren, sondern auch mit den an der dortigen Küste wohnenden und mit den Lokalverhältnissen bekannten Kaufleuten und Führern von Küstenfahrern Rücksprache genommen und bin zu der Überzeugung gekommen, daß von Norden kommende und nach dem Kongo bestimmte Schiffe zu jeder Jahreszeit die Nähe der Küste meiden müssen. Die Strömung nach Nord und Nordnordwest ist gerade an der Küste am stärksten und reicht fast bis zum Kap Lopez hinauf. Auf die Landbrise, welche nur höchst selten frisch weht, ist nur geringe Hoffnung zu setzen. Auch die Seebrise setzt meistens erst kurz vor Mittag ein und flaut gewöhnlich nach Sonnenuntergang wieder ab. Somit ist ein Schiff, falls es sich nicht im Bereiche von Ankergrund befindet, der Gefahr ausgesetzt, das am Tage mühsam Gewonnene während der Nacht wieder zu verlieren, oder durch die starke Strömung noch weiter zurückzutreiben.

„Kapitäne, welche von der Nähe von Kap Lopez südwärts nach dem Kongo oder weiter bestimmt sind, erhalten von sachkundigen Kaufleuten und Küstenfahrern stets den

Rat, erst auf Backbordhalsen nach Westen zu segeln und dann nach Süden aufzukreuzen, um die Kongo-Mündung in etwa 150 Sm Abstand zu umsegeln und sich nun der Küste wieder zu nähern. Selbst Schiffe, die von Landano nach dem Kongo bestimmt sind, sogar Küstenfahrer, nehmen diesen Umweg. Allerdings kreuzen auch viele Küstenfahrer in unmittelbarer Nähe der Küste auf. Sie haben aber den Vorteil, mit den Lokalverhältnissen genau bekannt zu sein und deshalb jeden günstigen Umstand ausnutzen zu können; auch gestattet ihnen der geringe Tiefgang ihrer Fahrzeuge, überall an der Küste einen Ankerplatz zu finden, was mit einem größeren Schiffe nicht möglich ist."

Wie man sieht, bestehen über die Ausführbarkeit des Aufkreuzens unter der Küste so entgegengesetzte Ansichten, daß es nicht leicht ist, zu einem bestimmten Urteil zu kommen. So groß, wie von Kapt. SEGEBARTH und Kapt. v. d. HEYDEN hingestellt, dürften die Schwierigkeiten freilich wohl nicht sein. Der Strom scheint zwar vorwiegend nördlich zu setzen, doch auch nicht selten durch Stillwasser und südliche Strömungen unterbrochen zu sein. Ein nördlicher Strom von solcher Stärke, wie „Agnes" antraf, ist keinesfalls als eine regelmäßige Erscheinung anzusehen.

Ferner dürfte der besondere Vorteil, welchen das Segeln an der Küste bietet, daß man nämlich durch gelegentliches Ankern verhindern kann, zurückgetrieben zu werden, sich nicht nur von Küstenfahrern, sondern auch von größeren Schiffen verwerten lassen. Dem „Africa Pilot" zufolge nimmt die Wassertiefe auf der ganzen Küstenbank zwischen dem Kongo und Kap Lopez ganz allmählich nach der Küste hin ab, und Schiffe können fast überall ohne Gefahr in 2 bis 3 Sm Abstand längs der Küste fahren und in irgendeiner passenden Tiefe ankern. In bezug auf diese Verhältnisse ist der fragliche Küstenstrich für das Aufkreuzen jedenfalls so geeignet wie nur einer.

Auch die Meinung, daß die sogenannte Kongo-Strömung in einer großen Entfernung — 150 bis 200 Sm — von der Flußmündung passiert werden müsse, scheint durchaus nicht allgemein anerkannt zu sein.

Kapt. FESENFELDT vom Schiffe „Ida" schreibt: „Es wird von einigen Seiten empfohlen, um die Mündung des Kongo von Nord nach Süd zu passieren, 100 bis 150 Sm vom Lande abzustehen. In der trockenen Jahreszeit mag das auch richtig sein, weil dann die Strömung nicht bedeutend ist; aber für die Regenzeit möchte ich doch anraten, beim Vorüberstechen lieber auf Ankergrund zu bleiben." Ebenso heißt es im „Africa Pilot" (Teil II, S. 107): „Um den Kongo von Norden kommend zu passieren, muß man sich entweder in 200 Sm Abstand vom Lande oder auf Ankergrund halten. Wenn möglich, sollte immer der letztere Weg gewählt werden. Wenn man nicht sicher ist, den Strom noch mit der Seebrise passieren zu können, sollte man auf der Mona Mazea-Bank in 12 bis 14 m ankern und bis zum folgenden Tage warten, wenn zwei Stunden Segelns mit der Seebrise genügen werden, um das Schiff südlich von Shark Point zu bringen, wo es außerhalb des Bereichs der Strömung sein wird."

Immerhin zeigt die Erfahrung der „Agnes", daß das Aufkreuzen nahe unter Land auch keineswegs immer leicht ist, vielmehr zuzeiten mit langem Aufenthalt verknüpft sein kann. Es ist deshalb auch nicht unbedingt zu empfehlen, sondern es scheint am besten, zu versuchen, zunächst etwas weiter landabwärts, ungefähr 120 Sm von der Küste aufzukreuzen, in der Weise etwa, daß 2° S-Br. in 6° bis 7° O-Lg. und 4° S-Br. in 9° bis 10° O-Lg. geschnitten wird. Hier scheint der Strom von durchschnittlich geringer Stärke zu sein und ebenso wie unter Land nicht selten in südlicher und südöstlicher Richtung zu setzen. Dieser Neerstrom tritt wahrscheinlich nicht immer an derselben Stelle, sondern bald näher, bald ferner der Küste auf. Wird durch die Beobachtungen festgestellt, daß man einen Strich solcher günstigen Strömung erreicht hat, so sollte man sich beim Kreuzen so viel wie möglich in diesem Striche zu halten suchen.

Jedenfalls sollte man sich beim Aufkreuzen innerhalb der Linie von der Kongo-Mündung nach 0° Breite und 3° O-Lg. halten. Westlich davon ist der nordwestliche Strom entschieden stärker und beständiger, obschon auch hier seine durchschnittliche Geschwindigkeit nicht über $^3/_4$ Knoten hinausgeht. Der wirklich starke Strom zeigt sich erst in der Nähe des Äquators.

Findet man die Verhältnisse auf diesem Wege nicht befriedigend, so können wir nur anraten, nahe unter Land zu gehen, und zwar so nahe, wie mit Sicherheit zulässig ist; denn je näher dem Lande man steht, desto frischer hat man Land- und Seebrise, desto kürzer sind die windstillen Pausen, und desto mehr ist die Richtung der einen wie der anderen Brise rechtwinklig zur Küste.

Bei der Ansegelung aller Plätze an der Westküste von Südafrika muß man natürlich, wenn man von Westen kommt, das Land immer südlich von dem Bestimmungsplatze zu machen suchen. Insbesondere gilt dies in bezug auf den Kongo, da hier, der Strömungsverhältnisse im Flusse halber, auch beim Einsegeln das Südufer gehalten werden muß.

Der äußere Weg

sollte nach Orten genommen werden, die südlich von St. Paul de Loanda liegen. Er fällt größtenteils mit dem Wege von der Linie nach dem Indischen Ozean zusammen und ist bereits im 16. Abschnitt, S. 405, besprochen worden.

Die Winde auf dem Wege nach der Westküste von Afrika

sind zunächst dieselben wie auf dem Wege nach der Linie (vgl. 14. Abschnitt, S. 348 ff.) und werden erst anders, nachdem sich die Wege etwa mit dem Überschreiten von 15° N-Br. entschieden trennen.

Die ausgedehnte Ländermasse von Afrika, über welcher die Luft fast immer eine höhere Temperatur als über den benachbarten Meeresstrichen hat, übt auf die Entwickelung der Passate an der Westküste eine störende Wirkung aus. Der verhältnismäßig niedrige Luftdruck über dem Lande, der die höhere Temperatur begleitet, ruft eine vom Meer nach dem Lande gerichtete Luftbewegung hervor, unter deren Einfluß die Passate abgelenkt, und, auf Nordbreite der Nordostpassat wenigstens, gehemmt oder auch gänzlich aufgehoben werden. Der die beiden Passatgebiete trennende Zwischenraum ist darum auch auf der afrikanischen Seite viel breiter als auf der Mitte und der amerikanischen Seite des Atlantischen Ozeans.

Von 15° N-Br. aus gelangen die Schiffe je nach Lage ihres Bestimmungsortes bald in die eigentlichen Küstenwinde oder, nachdem sie einen windstillen Gürtel überschritten haben, in südwestliche Winde, die je nach der Jahreszeit mehr oder weniger weit nach Norden und Westen reichen und im nördlichen Sommer mit dem Namen Südwestmonsun bezeichnet werden. Diese südwestlichen Winde sind vom Südostpassat der südlichen Halbkugel nicht durch einen Stillengürtel getrennt, sondern sie gehen durch allmähliches Umbiegen daraus hervor, und je weiter nach Süden ein Schiff zu gehen hat, um so südlicher oder selbst östlicher von Süd erhält es im allgemeinen den Wind. In den eigentlichen, stetigen Südostpassat gelangen aber nur die Afrikafahrer, die den äußeren Weg, d. h. den auf S. 405 gegebenen, einschlagen.

Die Südgrenze des Nordostpassates.

Auf dem von den Guineafahrern gewöhnlich eingehaltenen Wege, der sich bis nach 6° N-Br. in einem Abstande von etwa 200 Sm von der Küste hält, reicht das Nordostpassatgebiet im Winter und Frühling durchschnittlich bis nach 7° oder 8° N-Br. Die Lage der Grenze ist während der ganzen Zeit von Dezember bis Mai im Mittel nahezu dieselbe; indessen ist sie, wie überall, so auch hier, unregelmäßigen Schwankungen unterworfen, derart, daß die Schiffe von Dezember bis Mai vom stetigen Passat mitunter nur bis 10°, mitunter aber auch bis südlich von 5° N-Br. geführt werden. Von wesentlichem Einfluß ist dabei auch der Abstand von der Küste; und zwar pflegen die Schiffe den Nordostwind um so früher zu verlieren, je näher dem Lande sie ihren Weg nehmen.

Ihre nördlichste Lage hat die äquatoriale Passatgrenze im Juli, August und September. In diesen Monaten wird sie zwischen den Kapverden und der Küste von Afrika im Mittel in 14°, mitunter auch schon in 16° oder selbst 17° N-Br. angetroffen.

Juni, sowie Oktober und November sind die Monate der stärksten jahreszeitlichen Verschiebungen. Im Juni und November reicht das Passatgebiet durchschnittlich bis 10°, im Oktober bis etwa 12° N-Br.

Das Stillengebiet.

Dieser etwa 120 bis 300 Sm breite Streifen zwischen dem Nordostpassat und dem Südwestmonsun liegt

zur Zeit des vollen Monsuns, von Juli bis September,

etwa zwischen 14 bis 9,5° N-Br. In dieser Zeit sind die Umstände hier verhältnismäßig am günstigsten. Windstillen von längerer Dauer sind dann selten, und der leichte Wind ist auch gewöhnlich so raum, daß die Schiffe Kurs steuern können, meistens aus Nordwest bis West. Der Übergang vollzieht sich oft durch ein allmähliches Herumholen des Windes von Nordost über Nord und West nach Südwest, wobei er nur abflaut und später wieder auffrischt.

Im Winter von Dezember bis März liegt der Stillengürtel zwischen 8° bis 7° und 5° N-Br. In dieser Zeit ist die Richtung der leichten Winde bis etwa 6° N-Br. vorwiegend zwischen Nordost und Nordwest, dagegen südlich von 6° N-Br. gewöhnlich aus Ost oder Südost. Windstillen sind häufig und halten oft tagelang an. Am andauerndsten sind Windstillen im November und Dezember.

Im April, Mai und Juni haben die leichten Brisen in der Übergangszone, welche sich nun mehr und mehr nach Norden verschiebt, auch in größerem Abstande von der Küste schon vorwiegend den Charakter von Seewinden. Ihre Richtung ist indessen durchschnittlich südlicher als in den späteren Monaten, statt Nordwest und West häufiger Südwest und Süd. Besonders im Juni wird das Südwärtskommen nach dem Verlassen des Passatgebietes durch die schrale Richtung der Brisen oftmals sehr erschwert.

Das Gebiet des Südwestwindes.

Im Winter, wenn das Nordostpassatgebiet am weitesten nach Süden reicht, beschränkt sich das Gebiet des Südwestwindes auf die Bucht von Guinea, wo er dann aber zeitweilig durch östliche und nordöstliche Winde unterbrochen wird, und mehr als Seebrise auftritt, denn als regelmäßiger Monsun. Im Dezember, Januar und Februar finden Guineafahrer seine Grenze durchschnittlich in 5° N-Br. und 10° W-Lg. Die im Osten von 10° W-Lg. im Winter weitaus am häufigsten vorkommende Gelegenheit ist ein zwar nur leichter, doch ziemlich beständiger Wind aus Süd bis West. Er macht es den Schiffen verhältnismäßig leicht, von dem bezeichneten Meridian aus ihre Reise zu vollenden.

Im März erstreckt sich das Gebiet schon etwas weiter, bis durchschnittlich 12,5° W-Lg., im April bis 13,5° und im Mai bis etwa 14,5° W-Lg. und 6° N-Br. Mit dem Vorrücken der Jahreszeit gewinnt der Südwestwind, wie an Bereich, so auch im allgemeinen an Beständigkeit und Frische. Indessen kommen bis zum Mai noch manchmal Unterbrechungen, ähnlich wie in den Wintermonaten, vor. Erst etwa von Mitte Mai an weht der Wind mit solcher Regelmäßigkeit, daß er als wirklicher Monsun bezeichnet werden kann. Zu gleicher Zeit beginnt der Wind aber auch südlicher, also schraler zu werden.

Im Juni steht der Monsun schon über die Länge, in der sich die Schiffe gewöhnlich halten, nach Westen hinaus; die Breite, in der sie ihn in diesem Monat antreffen, ist im Mittel 7,5° N. Der Wind ist dann, ausgenommen im inneren Teile der Bucht von Guinea, meistens nicht raumer als Süd bis Südwest und oft selbst östlich von Süd. Das Auftreten der schralen Brise fällt gewöhnlich auf eine bestimmte Strecke. Es ist dies eine Erscheinung, die sich den ganzen Sommer hindurch zeigt. Östlich von Kap Palmas ist der Wind gewöhnlich frischer als westlich davon.

Im Juli, August und September, den Monaten der größten Ausdehnung des Monsungebietes, erhalten die Schiffe durchschnittlich schon in 9,5° und mitunter schon in 12,5° N-Br. Wind aus südwestlichen Richtungen, die meistens frisch und nicht selten steif wehen. Ihre Richtung ist aber je nach der Örtlichkeit ziemlich verschieden. Anfangs ist der Wind raum aus Südwest oder doch nicht schraler als Südsüdwest. Bevor die Schiffe die Höhe von Kap

Palmas erreichen, kommen sie jedoch, in diesen Monaten sowohl wie im Mai und Juni, sehr oft wieder in einen Strich schraleren Windes, wo er bis Süd oder Südsüdost, mitunter selbst bis Südost holt. Meistens wird dieser schrale Wind zwischen 12° W Lg. und Kap Palmas angetroffen. Zuzeiten, besonders gegen Ende der Jahreszeit, reicht er auch über 8° W-Lg. hinaus nach Osten; gewöhnlich ist der Wind jenseits Kap Palmas jedoch wieder raumer, wenn auch durchschnittlich nicht westlicher als Südsüdwest. Ganz raum, aus Südwest bis Westsüdwest, kommt er meistens erst, wenn das Kap der drei Spitzen passiert ist. Die frischeste Monsunbrise wird gewöhnlich zwischen Kap Palmas und dem Kap der drei Spitzen angetroffen.

Im Oktober liegt die Monsungrenze noch ziemlich nördlich in 9° bis 8° N-Br. und der Monsun tritt dann noch ziemlich regelmäßig auf.

Im November wird der Monsun gewöhnlich nicht westlicher als in 11° W-Lg. und nicht nördlicher als in 6° N-Br. angetroffen. Er ist dann schon flau, wenn auch in Richtung noch ziemlich beständig aus Süd bis Südwest. Etwas frischere Brise erhalten die Schiffe auch in diesem Monate gewöhnlich erst im Osten von Kap Palmas.

Die Winde an den Küsten.

(Vgl. hierzu auch im 3. Abschnitt S. 74 ff.)

Je näher man an der Küste steht, um so eher pflegt auf dem Wege nach Süden der stetige Nordostpassat aufzuhören; schon von der Breite von Kap Verde an wird selbst im Winter der Passat in der Nähe der Küste unsicher. Östlicher Wind pflegt nur zu gewissen Tageszeiten als Landbrise oder gelegentlich für etwas längere Zeit als Harmattan (vgl. I. Teil, 3. Abschnitt, S. 74) aufzutreten. Für gewöhnlich kommt der Wind aus nördlichen bis nordwestlichen Richtungen, und an der Küste selbst herrscht von Kap Verde ganz bis jenseits Kap Palmas ein ziemlich regelmäßiger Wechsel zwischen Land- und Seebrise. Wenn schon die Winde auch hier nur leicht und auch nicht selten durch Windstillen unterbrochen sind, so ist doch, im ganzen genommen, im Winter nahe beim Lande entschieden mehr Brise zu finden als weiter landabwärts.

Die Landbrise kommt bis nach etwa 6° N-Br. meistens aus Ost bis Nordost, die Seebrise aus Nordwest bis West. Weiter südlich, wo der Verlauf der Küste mehr nach Osten gerichtet ist, dreht sich die Landbrise mehr nach Nordwest und die Seebrise mehr nach Südwest. Die Landbrise weht gewöhnlich nur von 6 Uhr oder 8 Uhr V bis gegen Mittag. Dann folgen ein bis zwei Stunden der Windstille, worauf die Seebrise einsetzt, die nun den Nachmittag und die Nacht hindurch anhält. Nicht selten geht auch der Wechsel ganz ohne Unterbrechung von Stillen vor sich; der Wind dreht sich dann sowohl beim Übergang von der Land- zu der Seebrise als auch beim Umgekehrten fast regelmäßig durch Nord und West. Die Seebrise ist an Stärke wie an Dauer fast immer weit vorwiegend und wird dies um so mehr, je weiter die Schiffe nach Osten kommen. Da sich ihre Richtung zugleich allmählich von Nordwest nach Südwest ändert, so ist der Übergang vom Nordostpassat- zum Monsungebiet, wenn sich die Schiffe in der Nähe der Küste halten, im Winter also auch von ähnlichen Erscheinungen begleitet wie im Sommer.

Im Süden der Linie macht sich der Einfluß der größeren Wärme und des niedrigeren Luftdruckes über dem afrikanischen Festlande auf den in den Küstengewässern herrschenden Wind ebenso wie im Norden des Äquators geltend. Er äußert sich in der Weise, daß der Wind aus der Südostpassat-Richtung dem Lande zu, also nach rechts, abgelenkt wird. Das Gebiet, wo infolge dieser Ablenkung der Wind vorherrschend aus einer Richtung westlich von Süd ist, erstreckt sich, besonders in der Nähe des Äquators, von der Küste ab ziemlich weit nach Westen. Als seine mittlere Grenze kann man die Linie annehmen, die in einem Bogen von Kap Frio in etwa 18° S-Br. und 12° O-Lg. über 5° S-Br. und 3° O-Lg. nach 0° Br. und 7,5° W-Lg. führt. Im allgemeinen wird der Wind, der bei dieser Linie etwa Süd ist, um so westlicher, je mehr er sich davon entfernt und dem inneren Teile der Bucht von Guinea nähert;

doch geht er, ausgenommen in unmittelbarer Nähe des Landes, nur selten über Südwest hinaus. In einiger Entfernung von der Küste ist er gewöhnlich nicht westlicher als Südsüdwest. Eine jahreszeitliche Änderung des Windes zeigt sich nur darin, daß in der Nähe des Landes der Wind im Sommerhalbjahr der südlichen Erdhälfte, von November bis April, durchschnittlich flauer und häufiger von Windstillen unterbrochen ist als im Winter. In unmittelbarer Nähe der Küste herrscht Land- und Seebrise. Die Seebrise überwiegt sowohl an Dauer als auch an Stärke und weht auch ziemlich rechtwinklig gegen die Küste aus Westsüdwest oder selbst West, während die Richtung der Landbrise nicht viel östlicher als von Süden her längs der Küste ist.

Tornados.

Regen, Gewitter und Böen kommen am häufigsten im Stillengürtel vor, während sowohl im Nordostpassat wie im Gebiete des durchstehenden Monsuns verhältnismäßig beständiges und trockenes Wetter herrscht. Dies gilt auch für die als Tornados (vgl. I. Teil, 3. Abschnitt, S. 75) bekannten Wirbelstürme, deren Auftreten auch fast ausschließlich in die Zeit fällt, wenn die Kalmenregion am meisten nach Süden gerückt und der Monsun nicht in voller Herrschaft ist.

Die Tornados der westafrikanischen Gewässer sind heftige, aus nordöstlicher oder östlicher Richtung wehende Gewitterböen, deren Herannahen durch das drohende Aussehen der Luft fast immer schon früh genug angezeigt wird. Sie kommen gewöhnlich mit einer dunklen Wolke, die, begleitet von Blitz und Donner, mehr oder weniger rasch aus Nord bis Ost gegen den zurzeit herrschenden Wind, gewöhnlich eine leichte Brise aus Süd oder Südwest, heraufzieht. Der vorhergehende Wind hält nicht selten bis unmittelbar vor dem Hereinbrechen des Tornados an. Die Richtung der einfallenden Böe liegt zwischen Nordnordost und Ostsüdost; am häufigsten ist sie Nordost bis Ostnordost. In den meisten Fällen kommt der Wind nicht aus derselben Richtung, aus welcher die Gewitterwolke heraufzieht, sondern 2 bis 4 Striche mehr von rechts.

Der erste Stoß des Windes ist der heftigste. Oft hält der Wind längere Zeit, mitunter bis zu 3 Stunden, mit nahezu derselben Stärke an; der gewöhnliche Verlauf ist jedoch, daß die Böe eine halbe Stunde oder weniger mit der anfänglichen Stärke weht und dann allmählich oder rasch zur Windstille abflaut. Es scheint nicht vorzukommen, daß später noch härterer Wind nachfolgt wenn der Wind erst mit mäßiger Stärke eingesetzt hat. Dagegen treten mitunter mehrere Tornados an einem Tage auf, mit nur wenigen Stunden Zwischenzeit, die von Stille oder Mallungen ausgefüllt werden.

Erhebliche Richtungsänderungen des Windes, nachdem er eingesetzt hat, und während er heftig weht, sind verhältnismäßig selten. Sie erfolgen, wenn sie überhaupt eintreten, fast immer erst, nachdem der Wind flau geworden ist. Dann geht er oft, ohne ganz still zu werden, durch Südost oder auch durch Nord wieder in die südwestliche Richtung zurück. Bei den Tornados, welche im Spätsommer und Herbst in verhältnismäßig nördlichen Breiten auftreten, kommt es vor, daß der vorhergehende Wind nicht, wie gewöhnlich, südlich oder südwestlich, sondern nördlich oder nordwestlich ist. Regelmäßig ist aber die Richtung des vorhergehenden Windes anders als die, aus welcher die Böe einfällt, und meistens beträgt der Unterschied 8 Striche oder mehr.

In den meisten Fällen, wenn auch nicht immer, ist der Tornado von heftigen Regengüssen begleitet, die gewöhnlich so lange anhalten wie der Wind. Mit dem Nachlassen des Regens und dem Abklaren der Luft tritt auch ein Abflauen des Windes ein.

Nicht selten erscheinen die drohenden Anzeichen schon mehrere Stunden vor dem Hereinbrechen der Bö. Indessen berichten die Tagebücher auch von Fällen, in denen der Tornado nur wenig Warnung gab, die Wolke sehr rasch heraufzog oder auch nicht von elektrischen Entladungen begleitet war. Anderseits muß auch bemerkt werden, daß bei weitem nicht alle Gewitterwolken die Vorboten von Tornados sind. In der entsprechenden Jahreszeit, von November bis Mai, sind Gewitter an der Guinea-Küste eine fast täglich vorkommende Erscheinung, aber meistens bringen sie, auch wenn sie ein sehr drohendes Aussehen haben, nur mäßigen oder auch gar keinen Wind. Es ist indessen nicht wohl möglich, dies frühe genug zu erkennen; man muß deshalb, wie bei allen Gewittern auf See, immer auf seiner Hut sein. Für die Schiffe auf dem Wege nach Guinea kommt der Wind in den Tornados recht von vorn oder aus einer schralen Richtung, und deshalb ist es ratsam, vor dem Einfallen der Bö Segel wegzunehmen.

Das Hauptverbreitungsgebiet der Tornados erstreckt sich auf dem Wege der Schiffe von etwa 7° oder 8° N-Br. bis in den innersten Teil der Bucht von Guinea. Zu erwarten sind sie von etwa Mitte Oktober bis Ende Mai, vornehmlich aber in den Monaten März, April und November, dem Beginn und dem Ende des eigentlichen Monsuns. Gelegentlich kommen sie auch während des Monsuns vor. Die Gegend, wo sie in den verschiedenen Monaten auf dem Wege nach Guinea vorkommen, ist den hier zugrunde gelegten Schiffsbeobachtungen zufolge:

im Januar, Februar, März und April und auch noch im Mai fast ausnahmslos erst südlich von 6° N-Br. und vornehmlich im Osten von 12° W-Lg.,
im Juni zwischen 10° und 8° N-Br.,
im Juli, August und September zwischen 15° und 9° N-Br.,
im Oktober zwischen 13° und 7° N-Br.,
im November zwischen 10° und 4° N-Br. und zum größten Teile westlich von 10° W-Lg.,
im Dezember südlich von 8° N-Br.

Von Februar bis Mai und im November sind die Tornados, wie am häufigsten, so auch am heftigsten. In den meisten Fällen geht die Windstärke nicht über 8 hinaus, doch befindet sich unter den Berichten auch eine erhebliche Anzahl, welche Winde von der Stärke 9 bis 10 und selbst 11 meldet. Alle schweren Tornados, von der Windstärke 9 oder mehr, wurden östlich von 15° W-Lg. beobachtet. Überhaupt scheinen sie in der Nähe der Küste durchschnittlich stärker zu sein als weiter landabwärts.

Die Tageszeit des Auftretens der Tornados scheint nicht an eine strenge Regel gebunden zu sein. Indessen kommen sie in den Morgen-, Vormittags- und ersten Nachmittagsstunden viel öfter vor als am Abend und während der Nacht. Vier Fünftel von allen Berichten entfallen auf die 12 Stunden von 2 Uhr V bis 2 Uhr N. Unter diesen sind es wieder die Stunden von 7 Uhr bis 11 Uhr V, welche sich als die Zeit des Hereinbrechens eines Tornados am allerhäufigsten notiert finden. Die Tageszeit scheint auf das Verhalten der Böe insofern von Einfluß zu sein, als sie Morgens und Vormittags vorwiegend aus Nordnordost bis Ostnordost, Nachmittags dagegen häufiger aus Ostnordost bis Ostsüdost kommt. Eine Abhängigkeit der Richtung von der Örtlichkeit und der Jahreszeit ist anscheinend nicht vorhanden.

Das Barometer zeigt in seinem Verhalten vor und auch nach einem Tornado nichts Auffälliges. Dagegen führt das Hereinbrechen der Bö gewöhnlich eine plötzliche und sehr erhebliche Abnahme der vorher immer verhältnismäßig hohen Lufttemperatur herbei, die selbst nach den Schiffsbeobachtungen, obschon diese nur alle vier Stunden gemacht werden und deshalb den ganzen Betrag des Fallens nur selten erkennen lassen, oft 4° und in einzelnen Fällen selbst 6° ergibt. Es kommen so plötzliche Abkühlungen der Luft indessen auch bei heftigen Gewitterregen ohne Wind vor.

Nach den meteorologischen Tagebüchern der Deutschen Seewarte sind auf 70 Reisen nach Guinea in den Jahren 1879 bis 1883 65 Tornadoböen von Stärke 6 oder mehr notiert.

Davon entfallen auf den Monat

Jan.:	Febr.:	März:	April:	Mai:	Juni:	Juli:	Aug.:	Sept.:	Okt.:	Nov.:	Dez.:
2	7	11	11	8	2	1	2	1	2[1])	14	4;

[1]) Die Anzahl der Reisen in diesem Monat ist im Verhältnis zu den anderen zu gering.

ferner auf die

Nachmittagswache:	Abendwache:	erste Wache:	zweite Wache:	Morgenwache:	Vormittagswache:
11	5	6	8	16	19.

Die Windrichtung der Bö war

Nord:	Nordnordost:	Nordost:	Ostnordost:	Ost:	Ostsüdost:	Südost:
in 5,	in 10,	in 14,	in 14,	in 10,	in 11 Fällen,	in 1 Fall.

Der heftige Wind hielt an

2 bis 4 Stunden	11 mal,
1 bis 2 Stunden	16 mal,
höchstens 1/2 Stunde	38 mal.

Von den 58 Tornados, von denen die Stärke notiert worden ist, hatten die

Stärke 6:	7:	8:	9:	10:	und 11:
13	16	15	7	6	1.

Die Strömungen nördlich der Linie.

Von großer Bedeutung für die Reisen nach Guinea sind die in den westafrikanischen Gewässern südlich von der Breite von Kap Verde auftretenden Strömungen. Diese scheiden sich in drei Gebiete, die im ganzen und großen mit denen der vorherrschenden Winde zusammenfallen, und von deren Richtung und Stärke sie abhängen. Die drei Strömungen sind, von Norden nach Süden gerechnet: 1) die westliche Triftströmung im Nordostpassatgebiet, 2) der östlich setzende Guineastrom im Gebiete der vorherrschend südwestlichen und westlichen Winde, und 3) der wieder in westlicher Richtung setzende Äquatorialstrom im Gebiete des Südostpassates.

Im Winterhalbjahr von November bis April haben die Schiffe vorwiegend westliche und südwestliche Versetzungen bis nach etwa 7° oder 6° N-Br. Weiter südlich ist die Strömung vorwiegend östlich, doch zeigt sie sich, wenigstens auf dem von vielen Schiffen eingehaltenen, landabwärts liegenden Wege, der 6° N-Br. in 17° bis 18° W-Lg. schneidet, anfänglich in Richtung und Stärke noch sehr unregelmäßig und schwankend. Bei den südöstlichen und östlichen Winden, die hier besonders im November und Dezember auftreten, setzt die Strömung oft stark nach Norden und selbst Nordwesten. Den regelmäßigen Oststrom erhalten die Schiffe erst, wenn sie sich auf dem östlichen Kurse, den sie nach dem Überschreiten von 5° N-Br. einschlagen, dem Lande bis etwa 12° W-Lg. genähert haben. Auf dem Wege, der nahe an der Küste von Sierra Leone und Liberia entlang führt und 6° N-Br. in etwa 12° W-Lg. kreuzt, scheint die Strömung durchschnittlich beständiger und günstiger zu sein, indem sie vorwiegend nach Süd und Südost setzt. Indessen kommen auch hier bei ausnahmsweise auftretenden südlichen Winden nördliche Versetzungen vor. Mitunter erhielten die Schiffe hier aber auch schon in 12° N-Br. südöstliche Strömung, wohingegen Schiffe, die sich weit vom Lande, in 18 bis 20° W-Lg. hielten, in einzelnen Fällen bis nach 3° N-Br. westlichen Strom hatten.

Auf dem von den Schiffen gewöhnlich eingehaltenen Wege beginnt der eigentliche Guineastrom von November bis April durchschnittlich erst in 5° N-Br. und 12° W Lg. und setzt von da in östlicher oder etwas nördlich von Ost liegender Richtung längs der Küste von Oberguinea in die Bucht hinein. Seine Geschwindigkeit übersteigt in dieser Jahreszeit meistens nicht 1 bis 1 1/2 Knoten, steigert sich jedoch in einzelnen Fällen zu 2 1/2 Knoten und mehr. Der stärkste Strom wird gewöhnlich zwischen Kap Palmas und dem Kap der drei Spitzen gefunden. Kapitän J. FOCKE vom Schiffe „Adolph“ beobachtete hier auf der Höhe von Kap Palmas Anfang Dezember 1882 eine Versetzung von 67 Sm in einem Etmale nach Ost, Kapitän WIENEFELD vom Schiffe „Margaretha Gaiser“ Anfang Februar 1881 zwischen 5° und 1° W Lg. in durchschnittlich 4° 30′ N-Br. eine solche von 126 Sm in zwei Etmalen nach

N 81° O. Jenseits des Kaps der drei Spitzen wird der Strom wieder schwächer und unregelmäßiger.

Unterbrechungen des Guineastromes durch westliche Strömungen finden im Winter nicht selten statt, und zwar vornehmlich in der Nähe der Küste, wenn der vorherrschende westliche Wind nachläßt, oder wenn Harmattan weht. Sie halten mitunter mehrere Tage an und erreichen in einzelnen Fällen ebenfalls eine Geschwindigkeit von 2½ Knoten.

Das Gebiet des Äquatorialstromes wird im Winter, da es dann nur wenig über den Äquator nach Norden herüberreicht, auf der Fahrt nach der Bucht von Guinea nicht berührt.

Für die Monate Mai und Juni ergibt sich die mittlere Lage der Grenze zwischen der westlichen und der östlichen Strömung zu 7° bis 8° N-Br. In diesen Monaten und besonders im Juni haben die Schiffe auf dem Wege nach Kap Palmas sehr oft nordöstliche und nördliche Stromversetzungen, die es ihnen neben der vorwiegend schralen südlichen Richtung des Windes schwer machen, beim Ostwärtssteuern zugleich Süd zu gewinnen. Der nördliche Strom zeigt sich vornehmlich auf der Strecke zwischen 13° und 10° W-Lg. und nicht nur in größerem Abstande von der Küste, sondern auch in der Nähe davon. Auf der folgenden sowohl als auch auf der vorhergegangenen Strecke ist die Stromrichtung östlicher und selbst südlich von Ost.

Östlich von Kap Palmas setzt der Guineastrom im Mai und Juni nach OzN bis ONO. Seine größte Geschwindigkeit, die in einzelnen Fällen 2½ Knoten übersteigt, erreicht er wieder zwischen 8° und 2° W-Lg. Westlich vom Kap der drei Spitzen ist die Strömung durchschnittlich schwächer und auch unregelmäßiger. Nahe unter Land findet mitunter ein Zurücklaufen der Strömung nach Westen statt.

Im Juli, August und September, wenn der Südwestmonsun auf seiner Höhe ist, zeigt sich auch der Guineastrom am meisten entwickelt. Die östliche Strömung beginnt in diesen Monaten schon in 10° bis 11° N-Br. und ist nicht nur im ganzen stärker, sondern auch ihrer Richtung nach durchschnittlich günstiger wie in den vorhergehenden Monaten. Nordöstliche Versetzungen auf der Strecke von 10° N-Br. nach Kap Palmas kommen vor, sind aber bei weitem nicht so häufig wie im Mai und Juni, und vorwiegend setzt die Strömung südlich von Ost, besonders in größerer Nähe der Küste. Das Schiff „Margaretha Gaiser", welches im Juli 1881 so nahe an der Küste entlang ging, daß es Kap Mount in etwa 55 Sm und Kap Palmas in 15 Sm Abstand passierte, hatte auf der Strecke von 10° N-Br. und 20° W-Lg. nach 4,3° N-Br. und 8° W-Lg. in 7 Tagen eine Stromversetzung von 200 Sm nach OSO.

Recht kräftig und beständig wird der Guineastrom aber auch zur Zeit des vollen Monsuns erst bei größerer Annäherung an Kap Palmas. Zwischen 9° und 3° W-Lg., wo jetzt gewöhnlich der stärkste Strom gefunden wird, erreicht er im Durchschnitt eine Geschwindigkeit von 2 und nicht selten von 3 Knoten. Seine vorherrschende Richtung ist Ost bis Ostnordost. „Gemma" hatte im Juli 1883 in Sicht der Küste zwischen 7° und 4° W-Lg. in 24 Stunden eine Versetzung von 77 Sm nach ONO½O und ähnlich „Albert Reimann" im August desselben Jahres in etwa 3,8° N-Br. und 6° W-Lg. 73 Sm nach O½N, das Schiff „Mathilde" im August 1881 zwischen 15° und 4° W-Lg. in 5 Tagen 232 Sm nach OzS. Im inneren Teile der Bucht wird die Strömung wieder bedeutend schwächer und unregelmäßiger. Auch in dieser Jahreszeit tritt hier in der Nähe der Küste mitunter Gegenstrom auf.

Von Juli bis September kommt es vor, daß die Schiffe, welche sich beim Ostwärtssteuern zu südlich halten, aus dem günstigen Guineastrom heraus und in den westlich setzenden Äquatorialstrom geraten, dessen Gebiet in diesen Monaten auf der Strecke westlich von 0° Lg. oft bis über 2° N-Br. nach Norden reicht. Dieser Gefahr sind besonders nach Eloby und anderen südlichen Plätzen bestimmte Schiffe ausgesetzt.

Wie viel mehr ein Schiff im Winter auf dem Wege dicht vor der Küste von Liberia entlang vom Strome begünstigt wird als eins auf dem Wege weiter landabwärts, geht aus den folgenden Strombeobachtungen hervor.

Stromversetzungen, beobachtet an Bord des Schiffes „Leander“, Kapt. G. Hotes, auf der Strecke von 12° N-Br. bis in die Bucht von Guinea.

Jahr	Datum	Mittagsbreite	Mittagslänge	Stromversetzung im vorhergehenden Etmal
1881	Mai 29	11° 44′ N	19° 33′ W	
„	„ 30	11° 33′ „	19° 43′ „	S 42° W 15 Sm in einem Etmal
„	„ 31	10° 56′ „	19° 40′ „	S 11 „
„	Juni 1	9° 20′ „	19° 15′ „	S 63° O 9 „
„	„ 2	8° 21′ „	19° 36′ „	S 84° W 29 „
„	„ 3	8° 22′ „	19° 43′ „	N 31° W 50 „
„	„ 4	8° 1′ „	19° 7′ „	W 21 „
„	„ 5	7° 48′ „	18° 46′ „	N 30° W 22 „
„	„ 7	7° 34′ „	18° 17′ „	N 8° W 15 „ in zwei Etmalen
„	„ 8	7° 15′ „	17° 20′ „	N 9° W 20 „ in einem Etmal
„	„ 9	7° 9′ „	15° 40′ „	N 54° W 7 „
„	„ 10	6° 27′ „	14° 52′ „	O 24 „
„	„ 12	5° 31′ „	12° 8′ „	N 86° O 30 „ in zwei Etmalen
„	„ 13	5° 36′ „	10° 28′ „	N 75° O 9 „ in einem Etmal
„	„ 14	5° 16′ „	10° 10′ „	O 3 „
„	„ 15	5° 6′ „	9° 47′ „	N 25° O 14 „
„	„ 17	3° 50′ „	5° 12′ „	N 87° O 85 „ in zwei Etmalen
1882	Febr. 22	12° 17′ N	18° 25′ W	
„	„ 23	10° 42′ „	18° 15′ „	W 5 Sm in einem Etmal
„	„ 24	9° 13′ „	17° 46′ „	S 12 „
„	„ 25	8° 32′ „	17° 32′ „	S 58° O 2 „
„	„ 26	8° 5′ „	16° 53′ „	N 76° O 8 „
„	„ 27	7° 33′ „	16° 25′ „	S 8° O 13 „
„	„ 28	7° 17′ „	15° 58′ „	O 5 „
„	März 1	6° 42′ „	15° 27′ „	S 37° O 24 „
„	„ 2	6° 39′ „	15° 0′ „	N 3 „
„	„ 3	6° 21′ „	14° 4′ „	O 25 „
„	„ 4	6° 9′ „	13° 11′ „	S 79° O 28 „
„	„ 5	5° 39′ „	12° 5′ „	S 65° O 30 „
„	„ 8	4° 42′ „	10° 32′ „	S 8° W 8 „ in drei Etmalen
„	„ 10	4° 54′ „	8° 42′ „	N 36° O 31 „ in zwei Etmalen
„	„ 12	3° 56′ „	7° 5′ „	S 75° O 38 „ in zwei Etmalen
„	„ 13	3° 49′ „	6° 3′ „	S 76° O 23 „ in einem Etmal
„	„ 14	3° 47′ „	4° 46′ „	N 84° O 37 „
„	„ 15	3° 55′ „	3° 57′ „	N 76° O 35 „
„	„ 16	4° 12′ „	3° 1′ „	N 56° O 22 „
„	„ 17	4° 1′ „	1° 59′ „	S 76° O 22 „
„	„ 18	4° 11′ „	0° 56′ „	N 59° O 31 „
„	„ 20	5° 49′ „	1° 59′ „	S 50° O 70 „ in zwei Etmalen
1882	Okt. 29	12° 37′ N	17° 57′ W	
„	„ 30	11° 42′ „	17° 59′ „	S 16° O 10 Sm in einem Etmal
„	„ 31	11° 7′ „	18° 0′ „	S 65° W 7 „
„	Nov. 1	10° 5′ „	17° 40′ „	S 11° W 10 „
„	„ 3	9° 9′ „	17° 26′ „	N 20° W 12 „ in zwei Etmalen
„	„ 4	9° 2′ „	17° 29′ „	S 76° W 4 „ in einem Etmal
„	„ 5	8° 27′ „	17° 8′ „	S 6° O 8 „
„	„ 6	7° 49′ „	17° 2′ „	W 9 „
„	„ 7	7° 19′ „	16° 34′ „	S 73° O 15 „
„	„ 8	7° 0′ „	16° 17′ „	S 59° O 18 „
„	„ 9	6° 26′ „	16° 0′ „	S 48° O 16 „
„	„ 10	6° 11′ „	15° 3′ „	S 59° O 16 „
„	„ 11	6° 11′ „	14° 28′ „	N 39° O 10 „
„	„ 12	5° 49′ „	14° 21′ „	N 8° W 7 „
„	„ 13	5° 20′ „	14° 17′ „	keine Versetzung
„	„ 14	5° 13′ „	14° 5′ „	N 51° O 8 Sm
„	„ 15	5° 29′ „	13° 12′ „	N 20° O 10 „
„	„ 17	5° 50′ „	11° 14′ „	N 36° O 35 „ in zwei Etmalen
„	„ 18	6° 1′ „	11° 2′ „	N 17° W 15 „ in einem Etmal
„	„ 19	5° 49′ „	10° 36′ „	N 36° W 15 „
„	„ 20	5° 30′ „	10° 7′ „	N 20° W 13 „
„	„ 21	5° 17′ „	10° 4′ „	S 14° O 4 „

Jahr	Datum	Mittags-breite	Mittags-länge	Stromversetzung im vorhergehenden Etmal
1882	Nov. 23	4° 48′ N	9° 53′ W	N 3° W 16 Sm in zwei Etmalen
„	„ 24	4° 50′ „	9° 7′ „	N 22° O 22 „ in einem Etmal
„	„ 26	4° 4′ „	7° 54′ „	N 51° O 19 „ in zwei Etmalen
„	„ 27	3° 55′ „	6° 8′ „	N 82° O 21 „ in einem Etmal
„	„ 28	4° 0′ „	4° 51′ „	N 82° O 34 „
„	„ 29	4° 4′ „	3° 19′ „	N 76° O 17 „
„	„ 30	4° 12′ „	1° 31′ „	N 34° O 17 „
„	Dez. 1	4° 34′ „	0° 1′ „	N 73° O 37 „
„	„ 2	5° 10′ „	1° 33′ O	N 84° O 40 „
„	„ 3	6° 3′ „	1° 25′ „	N 56° O 11 „

Stromversetzungen und Winde,

beobachtet an Bord des Schiffes „Margaretha Gaiser“, Kapt. F. Wienefeld, auf der Strecke von 15° N-Br. bis Lagos, erstens im Winter und zweitens im Sommer 1881.

Datum	Mittagsposition		Stromversetzung	Vorherrschender Wind
	Breite	Länge	im vorhergehenden Etmal	
1881 Januar 16	14° 57′ N	19° 23′ W		
„ 17	13° 14′ „	18° 45′ „	S 68° W 16 Sm	NNO 5—3
„ 18	12° 9′ „	18° 8′ „	S 66° W 18 „	NNW 3
„ 19	10° 51′ „	17° 0′ „	S 18° O 17 „	NNW—NW 3
„ 20	10° 17′ „	16° 19′ „	S 65° O 20 „	Veränderl. 2
„ 21	9° 37′ „	15° 35′ „	S 60° O 18 „	Veränderl. 1—2
„ 22	8° 37′ „	14° 41′ „	S 52° O 21 „	WSW 2—3
„ 23	7° 15′ „	13° 50′ „	S 27° O 18 „	WNW—NNW 3
„ 24	6° 31′ „	12° 54′ „	S 40° O 34 „	NW 3 und still
„ 25	6° 7′ „	12° 25′ „	S 25° O 10 „	NW 2 und still
„ 26	5° 48′ „	11° 24′ „	S 86° O 28 „	SW 1—2
„ 27	5° 12′ „	10° 6′ „	N 88° O 43 „	WNW—WSW 2—3
„ 28	4° 26′ „	9° 19′ „	S 41° O 20 „	Westl. 2—3 und still
„ 29	3° 52′ „	8° 8′ „	S 61° O 34 „	SW 2
„ 30	3° 47′ „	7° 10′ „	S 81° O 34 „	Südl. 1—2
„ 31	3° 57′ „	6° 10′ „	N 69° O 25 „	SSO 1—2
Februar 1	4° 28′ „	5° 0′ „	N 27° O 37 „	Süd 2—3
„ 2	4° 30′ „	2° 50′ „	N 81° O 65 „	SSW 2—3
„ 3	4° 30′ „	0° 45′ „	N 81° O 61 „	Süd 2—3
„ 4	4° 44′ „	0° 10′ O	N 64° O 14 „	S—SW 1—3
„ 5	5° 41′ „	1° 18′ „	N 58° O 28 „	SW 2—3
„ 6	6° 18′ „	2° 30′ „		WSW—SW 3—4
Abends 9 Uhr ankerten unweit Lagos.				
1881 Juli 5	15° 48′ N	21° 24′ W		
„ 6	14° 0′ „	21° 31′ „	S 71° W 18 Sm	N 3—4
„ 7	12° 25′ „	21° 46′ „	S 85° W 25 „	N 4—3
„ 8	11° 13′ „	21° 16′ „	S 72° W 24 „	NO—NNW 3
„ 9	10° 16′ „	19° 57′ „	S 52° W 5 „	N u. SW 3—4
„ 10	9° 5′ „	18° 1′ „	S 72° O 18 „	SSW 4—5
„ 11	7° 18′ „	16° 10′ „	S 52° O 38 „	SW 4
„ 12	6° 43′ „	13° 49′ „	S 79° O 42 „	Südwestl. 5—4
„ 13	6° 3′ „	12° 12′ „	S 77° O 44 „	Südwestl. 3—4
„ 14	5° 8′ „	11° 12′ „	keine Beobacht.	SW—S 3—5
„ 15	4° 57′ „	10° 17′ „	keine Beobacht.	S—SSO 4—5
„ 16	4° 23′ „	8° 30′ „	S 59° O 58 Sm	SSO—SSW 4
„ 17	4° 3′ „	6° 0′ „	S 87° O 35 „	S 4
„ 18	3° 43′ „	2° 30′ „	S 82° O 47 „	S 5
„ 19	4° 30′ „	0° 34′ „	S 83° O 52 „	SSW—SW 4—3
„ 20	5° 13′ „	0° 38′ O	S 27° O 7 „	SW 3
„ 21	6° 15′ „	2° 10′ „		SW—WSW 3
Um Mitternacht ankerten unweit Lagos.				

Auf dem Wege dicht an der Küste von Liberia entlang hatte nach diesen Beobachtungen „Margaretha Gaiser“ im Januar und Februar von 12° N-Br. bis Lagos zusammen 527 Sm Strom mit. Sie legte die Strecke in 18 Tagen zurück, hatte also durchschnittlich 29 Sm mitlaufenden Strom im Etmal.

Auf dem Wege weiter landabwärts hatte „Leander“ im Februar und März zwischen 12° N-Br. und Lagos in 26 Tagen 390 Sm, also im Durchschnitt täglich 15 Sm mitlaufenden Strom. Im November (Oktober bis Dezember) des folgenden Jahres hatte dasselbe Schiff auf derselben Strecke in 34 Tagen eine Gesamtversetzung von nur 270 Sm, die indessen einen Winkel von 45° mit dem Kurse des Schiffes bildete, es also nur etwa 190 Sm oder nicht ganz 6 Sm täglich auf seiner Reise vorwärts brachte.

Die Strömungen südlich der Linie.

Vor der Westküste Afrikas im Süden der Linie setzt die Strömung vorwiegend nach einer Richtung zwischen Nord und West. Es scheint indessen, daß der nördliche Strom, welchen man in der Nähe der afrikanischen Küste verzeichnet findet, nicht oder wenigstens nicht immer das ganze Küstengebiet einnimmt, daß vielmehr der regelmäßige und stärkste Strom schon etwa in der Breite der Kongomündung von der Küste nach Nordwest abbiegt. Es lassen sich hier zwei Stromgebiete unterscheiden, deren Scheide durch eine von der Kongomündung nach etwa 0° Br. und 3° O-Lg. gezogene Linie gebildet wird. Westlich davon setzt die Strömung fast beständig nach Nordwest und bildet weiterhin den Äquatorialstrom, der, von der gedachten Länge an auf dem Äquator entlang und meistens um einige Grade nach der nördlichen Halbkugel hinüberreichend, nach West und Westnordwest läuft. Östlich von der Grenzlinie ist die Strömung veränderlich, häufig nach Nord und Nordwest, nicht selten aber auch nach Südost und Südwest gerichtet. Wahrscheinlich sind die südlichen und südöstlichen Versetzungen in den Küstengewässern zwischen dem Kongo und Kap Lopez am häufigsten im südlichen Sommerhalbjahr, wenn die Grenze des Guineastromes am südlichsten liegt und der Wind in der Bucht von Guinea anstatt beständig aus südwestlicher, oft aus einer nordwestlichen oder auch nordöstlichen Richtung kommt.

Im Bericht über die Loangoexpedition bemerkt Dr. E. Pechuel-Loesche dazu:

„Die kühle südatlantische Strömung wälzt sich keineswegs zu allen Zeiten an der Loangoküste und in unmittelbarer Berührung mit dieser entlang, sondern nimmt, wahrscheinlich schon durch die Fluten des reißenden Kongo abgedrängt, ihren wechselnden Lauf allmählich weiter seewärts. Ihre Landnähe kann man im allgemeinen nur bis jenseits des Kuilu zweifellos nachweisen, und zwar nicht nur durch die Spuren ihrer Einwirkung auf das Gestade, sondern auch durch die mit ihr treibenden Gegenstände, durch die später anzuführende Verbreitung einer Fächerpalmenart und durch die Temperatur des Seewassers. Letztere schwankte nach zwei im März und April 1876 während einer Küstenfahrt gewonnenen Beobachtungsreihen von Landano bis zur Tshilungabucht, zwei bis fünf Meilen vom Lande, zwischen 19,5° und 22°, stieg dann aber rasch auf 25,5° und 26,3° bis zur Bucht von Yumba, während gleichzeitig auch andere Veränderungen eintraten.

„Am meisten fiel mir die an den Golfstrom erinnernde tiefblaue Farbe und ungewöhnliche Klarheit des Wassers auf. Die letztere war so bedeutend, daß ein vermittelst der Lotleine versenkter blanker Blechtopf mit einem Bogen weißen Papiers, beim zweiten Versuch ein Teller von 25 cm Durchmesser, an einem stillen sonnigen Morgen bis zu 27 und 29 m Tiefe erkennbar blieb, während der nämliche primitive Meßapparat unter gleichen Umständen in der graugrünen südatlantischen Strömung den Blicken schon bei kaum 10 m Tiefe entschwand. Ferner tauchten Meeresbewohner auf, die im gewöhnlichen Bereiche der kalten Strömung nicht vorkommen, wie Haie und die gierigen Makrelenarten: Doraden und Boniten (Coryphaena und Thynnus pelamys), welche mit äußerst zahlreichen und lärmenden Seevögeln unter den Fischschwärmen auf Beute fahndeten: auch fliegende Fische, die weiter südlich sehr selten sind, gab es in Menge. Eine tellergroße Qualle, die namentlich in der Bucht von Yumba vielfach am Strande lag, und welche zwischen dem Gabun und den Guinea-Inseln sehr gemein ist, trieb ebenfalls in großer Anzahl im Wasser.

„Diese und andere charakteristischen Kennzeichen, welche dem Beobachter sofort auffallen müssen, beweisen zur Genüge, daß zur Zeit meiner Reise eine von Norden kommende warme Strömung nahe bis zur Bucht von Tshilunga herabgedrungen war. Diese soll sich, nach übereinstimmenden Angaben der das fragliche Gebiet durchkreuzenden weißen wie schwarzen Küstenfahrer, in der Regel bis südlich von Kap Matuti, öfters bis zum Kuilu erstrecken; nach unseren Erfahrungen dringt sie in sehr seltenen Fällen sogar bis zur Bucht von Kabinda vor.' Im Juli und September des Jahres 1876 sah ich trotz der scharfen Seebrise aus Südwesten das ausgehende mißfarbige Kuiluwasser nach Süden sich ausbreiten und fand es im Oktober sogar bis zur Bucht von Loango hinab treibend. TUCKEY dagegen gibt an, daß im Mai 1816 außerhalb der Bucht von Yumba die Strömung eine Meile in der Stunde nach Norden setzte, zur Zeit des Vollmondes indessen schwächer wurde.

„Diese Beobachtungen berechtigen zu dem Schlusse, daß in dem fraglichen Gebiete mindestens sehr wechselnde Strömungen herrschen, und daß die von Süden kommende häufig durch einen von Norden kommenden Strom wärmeren Wassers von der Küste abgedrängt wird. Letzterer ist zweifellos eine Fortsetzung des Guineastromes und mag sich in der Regel bis Kap Matuti, zuweilen noch weiter südwärts ausdehnen. Die durchschnittliche Geschwindigkeit beider Strömungen beträgt nach rohen Messungen etwa eine, höchstens aber zwei Seemeilen in der Stunde; zur Zeit des Mondwechsels soll jedoch die von Norden kommende außerhalb der Bucht von Yumba über drei Seemeilen in der Stunde zurücklegen."

Wir geben hier noch die Gesamtstromversetzungen, die von den auf S. 430 erwähnten Schiffen auf dem Wege vom Äquator nach dem Kongo beobachtet worden sind.

„Johann Rudolph" hatte im April 1874 von 0,4° S-Br. und 2,8° O-Lg. nach 6,5° S-Br. und 10,3° O-Lg. in 35 Tagen eine Gesamtversetzung von 226 Sm nach N 79° W, das sind 9 Sm im Etmal. „Johann Rudolph" bekam auf dem Wege nach Osten in Sicht von Anno Bom wärmeres Wasser und zugleich einen südlichen Strom, der das Schiff in 4 Tagen nahezu 100 Sm nach SzW versetzte. Als man in 3° S-Br. und 7° O-Lg. wendete und wieder nach Südwest segelte, wurde das Wasser wieder kälter und der Strom nordwestlich. Der Unterschied in der Wassertemperatur kann vielleicht beim Aufsuchen einer günstigen und Vermeiden einer ungünstigen Strömung von Nutzen sein.

„Friedrich Hartwig" hatte im Mai 1881 von 0,6° N-Br. und 1,1° O-Lg. nach 6,8° S-Br. und 12,5° O-Lg. in 31 Tagen W 349 Sm, das sind 11,3 Sm im Etmal.

„Argo" hatte im Februar 1880 von 0,3° S-Br. und 1° O-Lg. nach 6,8° S-Br. und 14° O-Lg. in 44 Tagen N 50° W 490 Sm, das sind 11,1 Sm im Etmal.

„General Brialmont" hatte im Juli 1882 von 0° Br. und 1,2° W-Lg. nach 6,3° S-Br. und 12,1° O-Lg. in 18 Tagen N 69° W 205 Sm, das sind 11,4 Sm im Etmal.

Dagegen hatten:

„Industrie" im Juli 1874 von São Thomé nach Padron Huk in 14 Tagen N 75° W 52 Sm, das sind 3,7 Sm im Etmal. „Industrie" kreuzte geraden Weges von São Thomé nach Padron Huk, ohne vor dem letzten Punkte in Sicht der Küste zu kommen; die Versetzung war an 6 Tagen südlich, an 8 Tagen nördlich;

„Helios" im Oktober 1877 von 0,1° N-Br. und 0,6° W-Lg. nach 5,8° S-Br. und 11,9° O-Lg. in 14 Tagen N 21° W 53 Sm, das sind 3,8 Sm im Etmal:

„von Roon" im Januar 1878 von 0.3° S-Br. und 1,4° O-Lg. nach 5° S-Br. und 10,7° O-Lg. in 15 Tagen N 27° W 77 Sm, das sind 5,1 Sm im Etmal.

Kapitänsberichte über Wind- und Stromverhältnisse an der Westküste von Afrika.

Liberiaküste. Über die in Sherbro an der Westküste von Afrika im März 1881 angetroffenen Witterungsverhältnisse berichtet Kapitän G. Reinicke vom deutschen Schiffe „Formica" in seinem bei der Seewarte eingegangenen meteorologischen Tagebuche, wie folgt:

„Mit einem Lotsen für den Sherbro-Fluß an Bord verließen wir am Morgen des 14. Februar 1881 mit der Ebbe und bald absterbender Landbrise die Außenreede von Sierra Leone. Des Nachts, sowie bei der in den Morgenstunden herrschenden Windstille lagen wir vor Anker und benutzten dagegen zum Segeln die oft schon zeitig am Vormittage einsetzende Seebrise. Auf diese Weise kamen wir am 16. Februar Nachmittags nach Bomplake (Sherbro). Hier wurde das Schiff, weil es in Gorée gewesen war, mit einer bis zum 1. März dauernden Quarantäne belegt. Während dieser Zeit war, mit Ausnahme eines Abends, an welchem eine steife Bö aus Südost ohne Regen auftrat, das Wetter beständig und schön. Der Landwind war nur flau und wurde oft durch Windstille unterbrochen, während die Seebrise kräftig wehte. Von der drückenden Schwüle in den Mittagstunden und selbst während der Nacht hatten wir nicht wenig zu leiden, ebenso von den Moskitos, und die Mannschaft erkrankte teilweise am Fieber.

Vom 1. bis 15. März, während das Schiff in Bonthe (auf der Ostseite der Sherbro-Insel) die Ladung löschte, waren die Witterungsverhältnisse tagsüber dieselben wie oben angeführt; dahingegen ereigneten sich in den auf den 11., 13. und 14. folgenden Nächten heftige, doch nur von wenig Regen begleitete Böen aus Ostnordost.

Vom 16. März bis 4. April lag das Schiff in Bendo, einem Ort gegenüber von Bonthe, um eine neue Ladung einzunehmen. Während dieser Zeit waren ebenfalls Boen zur Nachtzeit nicht selten, indem solche mit großer Heftigkeit zu sechs verschiedenen Malen auftraten. Nach diesen Böen wurde die Luft außerordentlich sichtig und erfrischend. Auch die Seebrise, welche bei Bendo von der Mündung des Shebar-Flusses herweht und oft kräftig auftritt, wirkte erfrischend, so daß sich der Gesundheitszustand an Bord etwas besserte. Die Landbrise, meistens nur von mäßiger Stärke, hörte gewöhnlich erst kurz vor Mittag auf.

In der Zeit vom 4. bis 11. April wurde die Rückreise von Bendo nach Sierra Leone zurückgelegt, auf welcher auch des Nachts das Wetter meistens schön war. Dahingegen wurde an den Nachmittagen des 9. und 10. die Seebrise, welche von Süd bis Südwest wehte, durch Böen aus Nordost aufgehoben.

Am 11. herrschte bis Mittag steife, böige Landbrise von Nordost, welche um diese Zeit, ohne Unterbrechung durch Windstille, auf West holte und in die Seebrise überging. Diese wehte dann mit mäßiger Stärke aus Südwest. Die Seebrise wurde im allgemeinen gleich nach Sonnenuntergang rasch schwächer und hörte spätestens gegen 8 bis 9 Uhr Abends ganz auf."

Kapitän H. Beenke vom Schiffe „Gemma" schreibt am Schlusse des meteorologischen Tagebuches über seine Reise von Hamburg nach Lagos im Juni und Juli 1877:

„Bis 10° N-Br. und 20° W-Lg. habe ich den in der Segelanweisung der Seewarte mir empfohlenen Weg eingehalten. Weiterhin war mir dies nicht möglich, da ich den Wind gewöhnlich nicht raumer hatte und ich auch nicht gerne über den anderen Bug gehen und wieder West machen wollte. Ich ließ deshalb das Schiff auf einem Schlage der Küste zustehen und fand alsdann den Wind in der Nähe der Küste raum genug, um längs liegen zu können. Es ist dies nun das zweitemal, daß ich diese Erfahrung gemacht habe. Auch das vorige Mal brauchte ich nicht zu kreuzen. Ich bin deshalb zu der Überzeugung gelangt, daß man, wenn man nur von den Untiefen bei Kap St. Ann freiläuft, dreist auf denselben Halsen weitersegeln und die Annäherung an die Küste wagen darf. Der Wind raumt dort so weit, daß man sich von Kap Palmas auf einem Schlage freisegeln kann."

Guinea-Küste. Kapt. Nichelson vom deutschen Segler „Franz" schreibt:

„Östlich von Kap Palmas hatten wir als vorherrschenden Wind eine leichte Brise aus Südsüdwest bis Westsüdwest, die des Nachmittags gewöhnlich frischer wurde. In den Morgenstunden von 2 Uhr oder 3 Uhr bis etwa 9 Uhr herrschte leichter Landwind. An drei Tagen war es windstill. Im allgemeinen fanden wir den südwestlichen Wind um so schwächer, je weiter östlich wir kamen[1]); doch pflegte auch während unseres Aufenthalts in Lagos, vom 29. Oktober bis zum 26. November 1881, die Seebrise aus Südwest bis Südsüdwest um 10 Uhr oder 11 Uhr Vormittags einzusetzen und bis zum Abend anzuhalten. Auf Windstille folgte dann in der Nacht Landwind, der bis 9 Uhr Morgens andauerte. Am Tage war es sehr heiß, Nachts dagegen ziemlich kühl.

Tornados traten wiederholt auf. Ich halte sie nach meiner jetzigen Erfahrung für nicht so gefährlich, als sie in den Segelhandbüchern geschildert werden. Die Tornados der Küste von Afrika scheinen mir nichts weiter zu sein als in höheren Breiten die Gewitter. Letztere sind noch insofern gefährlicher, als man nicht weiß, aus welcher Richtung die Gewitterböe einfallen wird. Bei den Tornados aber, welche wir zu bestehen hatten, kam

---

[1]) Wahrscheinlich hatte dies seine Ursache nicht sowohl in dem Fortschreiten des Schiffes nach Osten als in dem Fortschreiten der Jahreszeit.

der Wind stets aus östlicher Richtung. Von strömendem Regen begleitet, hatte er gewöhnlich eine Dauer von einer halben, manchmal aber auch von sechs bis sieben Stunden. Auch hatten wir einige Tornados, die keinen Regen mit sich führten. Der Luftdruck erlitt während des Tornados keine wesentliche Änderung, dahingegen sank die Temperatur der Luft mitunter 5° bis 7°. Die nötige Vorsicht darf natürlich nicht außer acht gelassen werden. Daß aber ein unter Segel befindliches Schiff bei einem Tornado vor dem Winde halten und das namentlich in dieser Jahreszeit so mühsam Gewonnene durch meilenweites Zurücksegeln wieder verloren geben sollte — wie solches in Segelhandbüchern empfohlen wird — dazu kann ich nicht raten. Außer in den Tornados hatten wir keinen Regen; auch nur wenig Tau.

In der ersten Zeit unserer Anwesenheit an der Küste von Guinea traten die Tornados nur vereinzelt, später häufiger und schließlich jeden Tag, ja sogar nicht selten zweimal an einem Tage auf. Vom 20. November an (in Lagos), an welchem Tage der Harmattan zuerst einsetzte, verloren sie wieder an Häufigkeit.

Der Harmattan war stets von einem unangenehmen Nebel oder Dunst begleitet, der es nicht gestattete, in einer Entfernung von 1 bis 2 Sm die Küste zu sehen. Er wehte während der Zeit vom 20. bis zum 26. November gewöhnlich von Abends 6 Uhr oder 8 Uhr bis 10 Uhr oder 11 Uhr Vormittags. Dann wurde es erst windstill. Darauf folgte am Nachmittag leichter Südsüdwestwind, der aber niemals den Dunst ganz vertreiben konnte.

Von Kap Palmas, welches wir in einem Abstande von 18 Sm passierten, bis zum Kap Three Points hatten wir durch die Guineaströmung eine östliche Versetzung von 42 Sm in 24 Stunden. Bei dem zuletzt genannten Kap trafen wir in der Nähe der Küste viele Stromkabbelungen, aber nur wenig Strom; ebensowenig von dort weiter bis Cape Coast Castle, wo wir mehrere Tage vor Anker lagen, und auf den ferneren Ankerplätzen, welche wir besuchten. Vor der Mündung des Volta-Flusses setzte die Strömung so stark nach Südwest, daß wir vier Tage benötigten, um sie zu passieren. Trotz einer Brise, welche unter gewöhnlichen Verhältnissen imstande gewesen wäre, das Schiff 3 Sm in der Stunde voranzubringen, konnten wir es manchmal nicht steuern. Ich möchte empfehlen, in dieser Jahreszeit, in welcher leichte Winde am häufigsten sind, die Mündung des Volta-Flusses möglichst nahe am Lande, soweit es mit der Sicherheit des Schiffes zu vereinigen ist, zu kreuzen, weil hier die Strömung am schmalsten ist. Von Kap St. Paul bis Quitta wurde kein Strom wahrgenommen. Von Quitta bis Lagos fanden wir eine starke westliche Strömung. Da uns nun auch viele Tornados belästigten, so gebrauchten wir zur Zurücklegung der letzten Strecke volle 10 Tage.

Am 29. Oktober ankerten wir auf der Außenreede von Lagos und wurden am 30. Oktober mit einem Tiefgange von 11½ Fuß (3,4 m) über die Barre geschleppt. Nachdem die für Lagos bestimmte Ladung gelöscht und eine neue, aus Palmkernen bestehende, wieder eingenommen worden war, wurde das Schiff am 21. November bei einem Tiefgange von 10½ Fuß (3,2 m) wieder über die Barre nach der Außenreede bugsiert. Die ganze Mannschaft war bis auf einen Mann am Fieber erkrankt, einer auch am 18. November verstorben, und es ließ sich nur durch die Hilfe, welche uns von der Mannschaft des deutschen Schiffes „Fichte“ zu teil wurde, ermöglichen, unser Schiff am 26. November glücklich nach See zu bringen. Von jetzt an erholten sich meine Leute zusehends und waren bald so weit hergestellt, daß sie das Schiff in gewohnter Weise bedienen konnten. Ich selber aber litt noch längere Zeit sehr am Fieber.

Die Barre war während unseres Aufenthalts in Lagos, mit Ausnahme zweier Tage, sehr ruhig, so daß selbst 13 Fuß (3,9 m) tiefgehende Schiffe sie ohne Gefahr hätten passieren können. Wir loteten sowohl ausgehend als einkommend nicht unter 16 Fuß (4,8 m) Wassertiefe.

Die erste Strecke der Rückreise von Lagos nach Europa nahm viel Zeit in Anspruch. Leichte Südsüdwest- bis Westsüdwestwinde oder Windstillen ließen uns bei östlicher Stromversetzung nicht vorankommen; hauptsächlich den ziemlich häufigen Tornados hatten wir es zu verdanken, daß es uns schließlich nach 13 Tagen gelang, die Höhe der Insel São Thomé zu erreichen. Von hier aus führte uns günstigere Gelegenheit rasch nach Westen.“

Kapitän C. von der Heyden, Führer der deutschen Brigg „Albert Reimann“, schreibt: „Während meines ganzen Aufenthalts an der Küste von Guinea, vom 28. Dezember 1882 bis 23. Februar 1883, herrschten am Tage leichte, zwischen Südwest und Nordwest schwankende Winde; des Nachts aber war es meistens windstill, und nur höchst selten wehte Landbrise. Die Seebrise pflegte gewöhnlich um 8 Uhr Morgens einzusetzen und um 5 Uhr oder 6 Uhr Abends wieder abzuflauen. Der Harmattan wehte, trotzdem es für sein Auftreten die günstigste Jahreszeit war, nur im ganzen an sechs Tagen; er war meistens frisch und setzte um 8 Uhr Morgens ein. Der Seegang war anhaltend ziemlich ruhig, so daß das Schiff ohne Gefahr auf 11 m (6 Faden) Wassertiefe vor einem Anker und 108 m (60 Faden) Kette liegen konnte. Regen ist während der ganzen Zeit unseres Aufenthalts nicht ein Tropfen gefallen. Infolgedessen trat Wassermangel an Bord ein, denn das Wasser am Lande, welches aus 9 bis 12 m tiefen Brunnen geschöpft werden mußte, war muddig und übelriechend. In betreff des Klimas möchte ich bemerken, daß es wenigstens in der gegenwärtigen Jahreszeit als ziemlich gesund zu bezeichnen ist. An Bord sind keine Krankheiten vorgefallen.“

Auf der Reede von Lagos herrschten nach den von Kapitän Lichtenberg, Führer des deutschen Schoners „Franz“, in seinem meteorologischen Journal gemachten Bemerkungen, vom 18. März bis zum 4. April 1883 gewöhnlich von 10 Uhr Abends bis 7 Uhr Morgens Landwinde aus Nordwest bei einer frischen Kühlte, worauf von 10 Uhr Vormittags an der Wind ziemlich frisch aus Westsüdwest wehte. Von dieser Stunde an war die Hitze drückend. Während der Nacht traten einige Male Tornados auf, bei denen jedoch die Windstärke nicht über die einer frischen Bramsegelbrise hinauskam. Der Luftdruck schwankte um 8 Uhr Morgens zwischen 762,2 mm und 761,7 mm.

Strombeobachtungen S. M. S. „Elisabeth“, Kapitän zur See HOLLMANN, an der Guineaküste.

Datum 1883	Breite Nord	Länge	Wind	Seegang	Rechtsweisend Strom in der Stunde: Richtung	Stärke	Wassertempertur °C	Bemerkungen
Aug. 2	6° 17,5'	2° 4,4 O	WzS 3	SWliche Dünung 3	31./7. N 48° O—N 71° O	0,3—0,5	25,5	An keinem Platze fand Stillstand des Wassers beim Hoch- oder Niedrigwasser statt.
					1./8. N 71° O	1,2—1,4		
					2./8. N 71° O	1,0—1,4		Whydah-Reede Ankerplatz.
2—3			SW-Wlich 3	„ 3	N 67° O	1,5	24,5	Zwischen Whydah und Quitta-Reede.
3	5° 54,3'	1° 1,8' O	SWlich 3	„ 3	Kein Strom bemerkbar	—	20,6	Quitta.
4			Wlich 3	„ 3	N 63° O	1,2	24,5	Zwischen Quitta und Addah.
4	5° 45,0'	0° 38,8' O	SWlich 4	„ 4	N 60° O — N 82° O	0,6—0,5	25,5	Bei Niedrigwasser nach Rechnung = N 60° O, 0,6 Sm. Bei Hochwasser = N 82° O, 0,5 Sm. Addah.
5			Wlich 2	„ 4	N 61° O	1,1	22,4	Zwischen Addah und Pram Pram.
5	5° 39,5'	0° 8,3' O	WSWlich 2	„ 4	N 26° O — N 48° O	0,6—0,3	21,5	Bei Niedrigwasser lief der Strom = N 26° O, 0,6 Sm. Bei Hochwasser = N 48° O, 0,3 Sm.
6			WzN 1	SSWliche Dünung 3	N 32° O	0,8	22,0	Zwischen Pram Pram und Accra.
6	5° 30,5'	0° 11,3' W	SWlich 1	„ 3	6./8. N 82° O	0,6—0,5	21,2	Am 7./8. nach Hochwasser setzte dor Strom N 86° O, 0,2 Sm. Accra.
					7./8. N 71° O—S 85° O	0,3—0,2		
7			WSWlich 3	„ 3	N 19° O	0,5	20,6	Zwischen Accra und Winnebah.
7	5° 19,0'	0° 36,0' W	SWlich 1	„ 3	N 60° O	0,6—0,5	20,5	Winnebah.
8			SWlich 1	„ 3	N 34° O	0,2	22,6	Zwischen Winnebah und Apam.
8	5° 16,2'	0° 41,2' W	SWlich 1	„ 3	Kein Strom bemerkbar	—	20,5	Apam.
8			Stille	„ 3	N 35° O	0,4	22,6	Zwischen Apam und Elmina.
8—10	5° 4,2'	1° 19,0' W	WSWlich 1—2	„ 3—4	9./8. N 48° O	0,2	20,6	9./8. zeitweise kein Strom bemerkbar. — 10./8. die Geschwindigkeit des Stromes sehr unregelmäßig, p. m. am stärksten. — Elmina.
					10./8. N 70° O	0,2—1,4		
10 11	von 5° 5,0' bis 4° 46,7'	1° 12,7' W 2° 9,0' W	SWlich 3	Dünung SWlich 4	N 42,5° O	1,5	20,8—22,4	Zwischen Kap Coast Castle und Kap Three Points.
11 11	von 4° 4,26' bis 4° 46,7'	1° 50,5' W 2° 9,0' W	SW 2	„ 4	N 64° O	1,0	21,8—22,4	Bei Kap Three Points.
12	bis 4° 52,3'	4° 6,1' W	WSWlich bis NWlich 3	„ 4	S 88° O	0,5	22,5—22,0	Zwischen Kap Three Points und Kap Palmas.
13	bis 4° 41,8'	6° 23,3' W	WSWlich bis NWlich 3	„ 4	N 72° O	0,3	22,3—21,0	
14	bis 4° 13,6'	8° 7,7' W	SWlich bis Wlich 2	Dünung SSWlich 3	S 85,5° O	1,2	21,0—25,6	
13 14	von 4° 30,5' bis 4° 13,6'	6° 54,1' W 8° 7,7' W	SWlich 3—4	„ 3	S 78° O	1,7	21,7—25,6	Bei Kap Palmas.

Am 4. April wurde „Franz“ mit einem Tiefgange von 11 Fuß 9 Zoll von einem Dampfer bei Hochwasser über die Barre geschleppt und ankerte darauf auf der Außenreede. Sowohl einkommend, als ausgehend, wurde die Wassertiefe auf der Barre bei Hochwasser zu 5,1 m (17 Fuß) gefunden.

Strömung auf der Reede von Little Popo, Togo-Gebiet. Kapitän L. Nielsen, Führer der deutschen Bark „Cardenas“, gibt in seinem meteorologischen Journal folgende Bemerkung:

„Nach dem Africa Pilot, Band 1 (London 1873), soll auf der Reede von Little Popo an der Bucht von Guinea, mit Ausnahme der Harmattanzeit, der Strom stets ostwärts setzen. Während meines Aufenthalts dort im Juli 1881 lief aber bei jedem Mondwechsel eine starke Strömung nach Westen. In der übrigen Zeit war allerdings eine östlich setzende Strömung vorhanden, welche indessen höchstens die Geschwindigkeit von einer halben Seemeile die Stunde erreichte. Dabei stand stets eine hohe See auf der Reede, während das Wetter im allgemeinen gut war.“

Aus den Reiseberichten S. M. S. „Elisabeth“, Kapitän zur See Hollmann:

„Gabun. Die Seebrise setzte (Juli 1883) Nachmittags zwischen 12 und 2 Uhr aus West bis Westnordwest ein und hielt 8 bis 11 Stunden an; Vormittags wurden leichte südöstliche bis südsüdwestliche Winde beobachtet. Die Luft sah zeitweise sehr regendrohend aus, doch soll nach Aussage älterer Residenten in dieser Jahreszeit niemals Regen fallen.

Über die an der Goldküste im August (1883) vorgefundenen meteorologischen Verhältnisse ist folgendes zu berichten: Der Wind hielt sich zwischen West und Südwest, nie über die Stärke 3 hinausgehend; die Barometerstände änderten sich wenig und hielten sich innerhalb der Grenzen 764 und 767 mm und folgten ziemlich regelmäßig den täglichen Schwankungen. Die Temperatur an der Küste stieg nie über 26°; an einzelnen Tagen erreichte der Tagesdurchschnitt noch nicht 22°. Die Luft war immer feucht und sah sehr regendrohend aus, doch regnete es nicht auf der Strecke von Whydah bis Accra; von Accra an hingegen fiel häufig Regen, oft von mehrstündiger Dauer.“

Gebiet südlich von der Linie. Die Wind- und Stromverhältnisse, die S. M. S. „Sperber“ vor der Westküste von Afrika auf einer am 19. Febr. 1907 von Victoria aus angetretenen Reise nach Kapstadt antraf, sind in der beigegebenen Skizze des Reiseweges dargestellt. Die gefiederten Pfeile geben die herrschende Windrichtung und mittlere Windstärke im Etmal in halben Beaufortgraden, die Pfeile mit einer Pfeilspitze geben die mittlere Stromrichtung und die daneben stehenden Zahlen die Größe der Versetzung im Etmal in Seemeilen. Der Reisebericht enthält dazu das Folgende.

Zwischen Victoria und Kap Croß wurde bei dauernd klarem Wetter südlicher bis südwestlicher Wind angetroffen, weiterhin, von Kap Croß bis Hollams Bird Island, war in etwa 40 Sm Entfernung vom Lande in den Abend- und Morgenstunden Nebel, der sich etwa 1½ Stunde nach Sonnenaufgang verflüchtigte, näher unter Land aber bis gegen Mittag hielt, wobei jedoch die Küste in 5 bis 7 Sm Entfernung klar war. Der Strom setzte meistens etwas nach dem Lande zu, und es wurde auch vor dem Kongo, wo sich die Färbung des Wassers änderte, wenig von einem Einflusse auf die Strömung bemerkt.

Nachdem man bei der Ansteuerung von Swakopmund am 27. Februar die 100-Faden-Linie angelotet hatte, kam man gegen Mittag durch eine Nebelbank, die sich von 20 bis zu 7 Sm Entfernung vom Lande erstreckte, so daß man Swakopmund auf 7 Sm Entfernung in Sicht bekam. Am 28. Febr. frischte der Wind südlich von Hollams Bird Island kurz nach Mittag zu Stärke 4 auf; dabei wurde es ganz klar, und darauf nahm der Wind bis zum

Reise S. M. S. „Sperber“ von Duala nach Kapstadt.
Februar und März 1907.

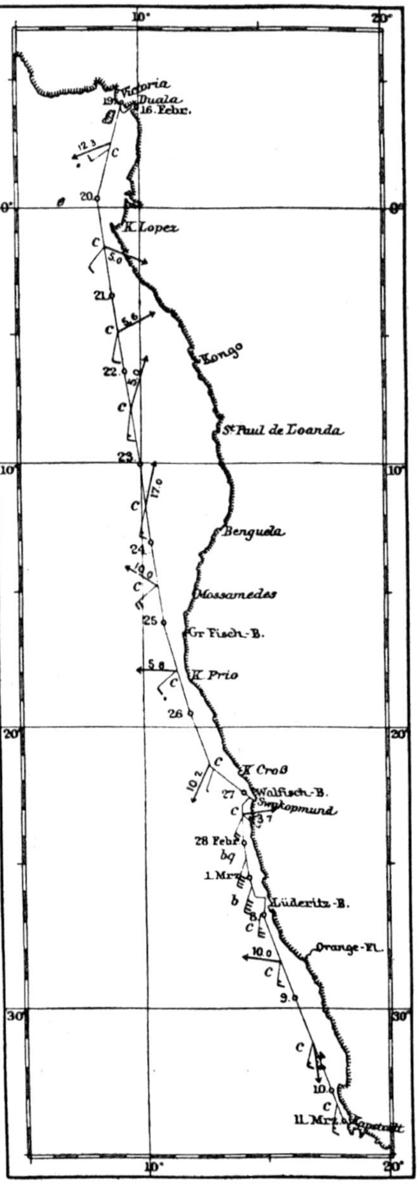

Wind, Richtung und Stärke in halben Beaufortgraden. (WSW, Stärke 5.)
Strom; Richtung und Geschwindigkeit in Sm im Etmal. (ONO, 5,0 Sm im Etmal.)

Fig. 75. Wind und Strom zwischen Duala und Kapstadt.

nächsten Morgen auf Stärke 8, in Böen auf Stärke 9 zu und hielt sich einen Tag lang so. Das Barometer war vor dem harten Winde von 767 auf 769 mm gestiegen, fiel mit dem Einsetzen der Böen ein wenig, stieg dann wieder und sank erst mit wieder abnehmendem Winde auf 764 mm.

Von Lüderitzbucht bis Kapstadt hatte man südliche Winde und klares Wetter; der Tafelberg wurde sogar auf 60 Sm Entfernung gesehen, während gleichzeitig die niedrige Küste durch eine Nebelbank verdeckt war.

Reisedauer.

Von Europa nach der Bucht von Guinea. Wie aus der vorstehenden Schilderung der Winde und Strömungen in den westafrikanischen Gewässern schon zu schließen ist, ist es auf dem Wege von Europa nach der Bucht von Guinea vornehmlich die Strecke von 10° N-Br. bis zur Höhe von Kap Palmas, wo die Schiffe in der Förderung ihrer Reise durchschnittlich am meisten Schwierigkeiten finden, und wo auch zum größten Teile die sehr bedeutenden jahreszeitlichen Unterschiede in der Reisedauer entstehen. Das ergibt sich aus der folgenden, nach 70 meteorologischen Tagebüchern der Deutschen Seewarte zusammengestellten Übersicht über die mittleren Fahrzeiten in den verschiedenen Monaten auf der Strecke von Lizard bis 10° N-Br., von 10° N-Br. bis 8° W-Lg., der Länge von Kap Palmas, und von 8° bis 0° W-Lg.

Schiffe, welche 10° N-Br. kreuzen:	erreichen 10° N-Br. v. Lizard:	ferner 8° W-Lg.:	und 0° Lg.:	die ganze Reisedauer ist:
von Januar bis April,	in 26 Tagen,	in 13 Tagen,	in 6 Tagen;	45 Tage;
im Mai und Juni,	„ 23 „	„ 13 „	„ 4 „	40 „
von Juli bis September,	„ 24,5 „	„ 8 „	„ 3,5 „	36 „
im November u. Dezember,	„ 24,5 „	„ 20,5 „	„ 7 „	52 „

Von Lizard bis 10° N-Br. ist demnach die mittlere Reisedauer in allen Monaten nahezu dieselbe, nämlich 23 bis 26 Tage; durchschnittlich etwas länger ist sie im Winter, bei einem Reiseantritt von Dezember bis März, durchschnittlich am kürzesten in den Frühlingsmonaten. Die Ursache der längeren Dauer im Winter besteht vornehmlich in den Stürmen und anhaltenden Südwestwinden, welche im Winter auf dem allerersten Teile des Weges häufig sind und Schiffe nicht selten wochenlang hindern, so viel West zu gewinnen, daß sie nach Süden stehen und das Passatgebiet erreichen können. Infolge solcher ungünstiger Umstände nimmt die Reise vom Englischen Kanal nach 10° N-Br. mitunter bis zu 40 Tagen in Anspruch. Dagegen fallen aber auch die ungewöhnlich raschen Fahrten — in mehreren Fällen von nicht mehr als 18 Tagen Dauer —, auf denen der günstige Ostwind vom Englischen Kanal ohne Unterbrechung bis in das Passatgebiet durchsteht, vorzugsweise in den Winter. Im Sommer pflegen die Reisen auf der in Rede stehenden Strecke sehr viel gleichmäßiger zu verlaufen. Bei allen Reisen, die in den fünf Jahren 1879 bis 1883 in den Monaten Mai bis Juli angetreten waren, schwankt die Fahrzeit nicht in weiteren Grenzen als zwischen 21 und 26 Tagen.

Auf der Strecke von 10° N-Br. bis nach 0° Lg. ist der Einfluß der Jahreszeit viel größer, vor allem von 10° N-Br. bis Kap Palmas. Die durchschnittlich raschesten Reisen werden hier in den Monaten Juli, August und September gemacht, wenn der Monsun am frischesten weht und am weitesten nach Norden reicht und auch der günstige Guineastrom mit der durchschnittlich größten Stärke auftritt. Die Schiffe brauchen dann zu der Fahrt von 10° N-Br. bis nach 8° W-Lg. und ebenso zu der von 8° bis 0° W-Lg. kaum halb so lange wie in den Wintermonaten. Infolgedessen stellt sich auch für die ganze Reise die Jahreszeit des vollen Monsuns als die günstigste heraus. In einzelnen Fällen ist die 1200 Sm lange Strecke von 10° N-Br. bis 0° Lg. in 9 Tagen und der ganze Weg von Lizard bis 0° Lg. — etwa 3750 Sm — in 31 Tagen zurückgelegt worden. Im Mai und Juni finden die Schiffe, wie die mittlere Reisedauer zeigt, östlich von Kap Palmas ebenfalls eine ganz befriedigende Gelegenheit. Sie haben hier den Monsun schon ziemlich frisch und beständig und auch raum genug, um damit bequem Kurs halten zu können. Dagegen werden sie auf der vorhergehenden Strecke in diesen Monaten erheblich länger aufgehalten, und zwar einmal, weil der Monsun hier noch nicht ordentlich durchsteht, dann aber auch, weil er oft aus einer so schralen Richtung weht, daß die Schiffe kreuzen müssen. Am ungünstigsten für die Reise nach Guinea sind die Monate November und Dezember. Die Schiffe kommen dann nicht nur im Westen, sondern auch im Osten von Kap Pålmas langsamer vorwärts als zu irgendeiner anderen Jahreszeit; besonders ist es aber die Strecke westlich vom Kap, welche dann eine unverhältnismäßig lange Zeit in Anspruch nimmt. Mehrere Schiffe brauchten dazu infolge anhaltender Windstillen nicht weniger als 32 Tage. Im Vergleiche zu der Fahrt von 10° N-Br. bis Kap Palmas ist die Fahrt im Osten vom Kap auch im Winter verhältnismäßig leicht und rasch. Die Unterschiede zwischen den beiden Strecken werden durch die nachstehende Zusammenstellung erläutert.

Die mittlere Distanz im Etmal beträgt

	auf der Strecke von 10° N-Br. bis 8° W-Lg.:	von 8° bis 0° W-Lg.:
von Januar bis April	55 Sm	80 Sm
im Mai und Juni	61 „	114 „
von Juli bis September	103 „	130 „
im November und Dezember	85 „	69 „

Die schlechten Mittelwerte für die Wintermonate sind, soweit sie die Strecke von 10° N-Br. bis Kap Palmas betreffen, zum Teil darauf zurückzuführen, daß die Schiffe den Weg zu weit landabwärts genommen haben.

Verlauf einer besonders schnellen Reise nach Kap Palmas.

„Margaretha Gaiser" verließ die Höhe von Lizard am 1. Dezember 1883 und erreichte ferner:

30° N-Br.	in	18,3° W-Lg.	am	10.	Dezember	
25° „	„	19,7° „	„	11.	„	
20° „	„	20,4° „	„	13.	„	
15° „	„	18,7° „	„	17.	„	
10° „	„	17,0° „	„	19.	„	
8,5° „	„	15,9° „	„	20.	„	
7° „	„	14,0° „	„	21.	„	
6° „	„	12,2° „	„	24.	„	
10° W-Lg.	„	5,3° N-Br.	„	26.	„	und
8° „	„	4,1° „	„	28.	„	

Die Reisedauer war von Lizard bis 10° N-Br. 18 Tage, von 10° N-Br. bis 8° W-Lg. 9 Tage, im ganzen von Lizard bis Kap Palmas 27 Tage.

Reisedauer nach dem Kongogebiet.

Die Reisen sind auf beiden Wegen, auf dem kürzeren inneren wie auf dem langen äußeren, ziemlich langwierig und werden von Lizard aus selten in weniger als 55 Tagen gemacht. Auf dem inneren Wege ergibt sich die mittlere Fahrzeit von 0° Br. und 1° O Lg., dem gewöhnlichen Schnittpunkte, nach dem Kongo aus den meteorologischen Tagebüchern der Deutschen Seewarte zu 21 Tagen.

Achtzehnter Abschnitt.

Von der Ostküste von Nordamerika, dem Golf von Mexiko und Westindien nach Europa.

Allgemeines.

Die Fahrt über dem Nordatlantischen Ozean von Westen nach Osten ist im allgemeinen ziemlich leicht. Für die Schiffe, welche mit der Bestimmung nach einem Hafen Europas von einem Platze an der Ostküste Nordamerikas ausgehen, führt der kürzeste Weg durch die mittleren oder höheren Breiten, wo westliche Winde vorherrschen; und auch die Schiffe vom Golf von Mexiko und von Westindien brauchen nur eine verhältnismäßig kurze Strecke zurückzulegen, um die Zone vorwiegend günstiger Winde zu erreichen. Ebenso sind die Strömungsverhältnisse in diesem Meeresstriche erheblich günstiger für die Fahrt nach Osten als für die nach Westen. Der Golfstrom, welcher den westwärts gehenden Schiffen so hinderlich ist, ist für die ostwärts segelnden von großem Vorteil. Da diese Schiffe nicht nötig haben, aus Rücksicht auf die Strömung in der Nähe von Neufundland einen nördlichen Weg einzuschlagen, durch die Ausnutzung des Golfstromes vielmehr veranlaßt werden, sich südlich zu halten, sind sie ferner auch bei weitem nicht so sehr der Gefahr des Treibeises ausgesetzt. Ein weiterer günstiger Umstand für die Fahrt nach Osten ist die damit verknüpfte größere Beständigkeit von Wind und Wetter. Beim Ostwärtssegeln bewegen sich die Schiffe nämlich in gleicher Richtung mit den barometrischen Depressionen und behalten infolgedessen eine günstige Gelegenheit immer länger als westwärts segelnde Schiffe, die sich in entgegengesetzter Richtung wie Depressionen bewegen. Die ostwärts segelnden Schiffe werden daher durch die plötzlichen Wind- und Wetterveränderungen, welche die Fahrt nach Westen oft sehr erschweren, viel weniger belästigt.

Auf den Reisen nach Osten kommt es vor allem darauf an, außerhalb des Gürtels leichter veränderlicher Winde und hohen Luftdruckes zu bleiben, welcher sich an der polaren Grenze des Passatgebietes befindet und den man auf Reisen von westindischen Gewässern her, erst überschreiten muß, bevor man das Gebiet der vorherrschenden Westwinde erreicht. Die mittlere Nordgrenze dieses Gürtels fällt etwa mit dem Parallel von 35° N-Br. zusammen. Sie liegt bei der mittleren Verteilung des Luftdruckes auf der amerikanischen Seite durchschnittlich etwas südlicher, auf der Mitte und der europäischen Seite des Ozeans dagegen etwas nördlicher als in 35° N-Br. Unter dem Einflusse der Jahreszeiten verschiebt sie sich im Sommer um einige Grade nach Norden, im Winter um einige Grade nach Süden.

Wie sich schon aus dem Verhältnis der Fahrgeschwindigkeit auf Reisen von West nach Ost im Westwindgebiet des Nordatlantischen Ozeans und auf ähnlichen Reisen in südlichen Breiten erkennen läßt, ist die Luftdruckverteilung, mit der das Vorherrschen der westlichen Winde in den mittleren und höheren Breiten verbunden ist, auf dem Nordatlantischen Ozean viel mehr als auf der südlichen Erdhälfte häufigen Veränderungen unterworfen, und demzufolge ist es keineswegs selten, daß auf dem Nordatlantischen Ozean auch außerhalb des eigentlichen Passatgebietes östliche Winde auftreten.

Ostwinde im Sommer gehören meistens einem Luftdruckmaximum an und stehen oft in unmittelbarer Verbindung mit dem Passat. Um eine günstige Änderung des Windes herbeizuführen, ist es in dieser Jahreszeit im allgemeinen am ratsamsten, auf Steuerbordhalsen nach Norden zu stehen, zumal wenn man sich noch in verhältnismäßig niedriger Breite befindet. Man erkennt die Wetterlage daran, daß der Ostwind von hohem Barometerstand begleitet ist. Hat man den Wind bei hohem Luftdruck günstig, aber zu flau, so ist natürlich ebenfalls die bessere Gelegenheit im Norden zu suchen und deshalb ein nördlicher Kurs am meisten zu empfehlen. Die Regel ist besonders wichtig für die Schiffe, welche aus dem Passat kommen. Diesen Schiffen kann nicht dringend genug angeraten werden, beim Verlassen des Passatgebietes den Kurs nicht zu früh nach Osten zu verändern, vielmehr, solange der Wind noch flau und unbeständig ist, in erster Linie Nord zu machen.

Während das Auftreten östlicher Winde in den mittleren Breiten des Nordatlantischen Ozeans im Sommer als die Folge einer zeitweiligen Verschiebung der Luftdruck- und Windgebiete nach Norden angesehen werden kann, erscheinen

Ostwinde im Spätherbst und Winter meistens mit einer ungewöhnlichen Verschiebung des Luftdruckes nach Süden. Eine derartige Wetterlage kommt fast in jedem Jahre, bald früher, bald später, vor. Sie hält auch fast immer ziemlich unverändert eine längere Zeit an, wennschon sie nur selten von so langer Dauer und so großer räumlicher Ausdehnung ist wie die vom Januar 1881. In diesem Januar war fast den ganzen Monat hindurch die Luftdruckverteilung derart, daß die ganze Mittelzone des Nordatlantischen Ozeans von etwa 57° bis nach 27° N-Br. von einem großen Depressionsgebiet eingenommen wurde. Weiter nördlich bis ins Eismeer war der Luftdruck hoch. Die Passatgrenze lag bis nach etwa 20° N-Br. nach Süden verschoben. Der niedrigste Druck in der Depression befand sich nicht immer auf derselben Stelle, gewöhnlich wurde er aber in etwa 30° W-Lg. und zwischen 40° und 45° N-Br. gefunden. Nördlich von 45° N-Br. herrschte fast ununterbrochen Ostwind, während zwischen 40° und 25° N-Br. westliche Winde wehten. Auf der Westseite des Ozeans kam der Wind vorwiegend aus dem nördlichen, auf der Ostseite aus dem südlichen Halbkreise.

Bei einer derartigen Wetterlage ist es natürlich besser, sich auf dem Wege nach Osten südlich zu halten. Die Schiffe, welche im Spätherbst und Winter von Nordamerika kommen, sollten bei östlichem Winde, der von verhältnismäßig niedrigem Luftdruck begleitet ist, Backbordhalsen den Vorzug geben. Bleibt die Depression, wie hier vorausgesetzt wird, nahezu an demselben Orte, so erhalten sie den Wind zuerst aus einer Richtung nördlich von Ost und werden also von selbst dazu geführt, Backbordhalsen zu nehmen. Ist der Wind ziemlich nördlich, so daß beim Abhalten kein großer Umweg gemacht wird, so dürfte sich empfehlen, raumschoots mit gutem Fortgang Süd anzuholen, weil man auf diese Weise noch rascher eine günstige Windänderung herbeiführt. Setzt der Wind dagegen zuerst aus südöstlicher Richtung ein, und hat man dabei rasch abnehmenden Luftdruck, so ist das ein Zeichen, daß man sich im Nordostviertel einer rasch fortschreitenden Depression befindet; dann ist es am besten, auf Steuerbordhalsen zu bleiben, bis die zu erwartende Änderung des Windes nach den westlichen Strichen eingetreten ist.

Die von Westindien kommenden Schiffe treten, wenn im Winter niedriger Luftdruck auf der Mittelzone des Ozeans lagert, meistens auf der Südseite des Depressionsgebietes in dieses hinein. Sie erhalten infolgedessen schon in niedriger Breite günstigen Westwind. Damit sie den nicht zu früh wieder verlieren, ist es für sie ratsam, anstatt erst nach Norden gleich mehr nach Osten zu steuern und den Weg südlicher als gewöhnlich zu nehmen. Dies erscheint unter solchen Umständen auch für die Folge nicht bedenklich; denn die Wetterlage läßt erwarten, daß der Wind an der Küste von Europa zurzeit südlich ist, und daß es deshalb später ein leichtes sein wird, nach Norden zu gelangen. Immerhin tut man aber gut, auch auf die gewöhnlich vorherrschenden Winde Bedacht zu nehmen. Ferner sollte man ein etwaiges Steigen des Barometers als ein Zeichen ansehen, daß sich die Wetterlage ändert und die Depression sich nach Norden oder Nordosten verschiebt, und daß es ratsam ist, einen nördlicheren Kurs einzuschlagen.

Bei südlichem Winde kann es im allgemeinen nicht schaden, wenn man etwas nach Norden aus dem Kurse hält, besonders wenn man noch nicht sehr nördlich steht und wenn das Barometer fällt, weil dann westlicher oder nördlicher Wind folgt. Nur muß man bedenken, daß bei stürmischem Wetter ein nördlicher Kurs näher an das Sturmzentrum führt.

Bei Nordwind und hohem Barometerstande ist es meistens ratsam, nicht zu voll zu halten, es sei denn, man stünde schon sehr nördlich.

Von einem Hafen an der Ostküste von Nordamerika nördlich von Kap Hatteras aus sind die Reisen am einfachsten; man steht schon beim Antritt der Reise im Westwindgebiet, und der kürzeste Weg führt in den meisten Fällen so nördlich, daß auch in der Länge der Azoren, wo das Gebiet der leichten, veränderlichen Winde in der Regel am weitesten nach Norden reicht, unter gewöhnlichen Umständen eine befriedigende Gelegenheit erwartet werden darf. In bezug auf die allgemeinen Windverhältnisse steht also nichts im Wege, für diese Reisen den kürzesten Weg zu wählen. Indessen scheint es doch notwendig, noch einige andere Umstände in Betracht zu ziehen, da eine Abweichung vom kürzesten Wege für manche Reisen eine erhebliche Abkürzung der Fahrzeit verspricht.

Dies gilt zunächst gleich für den ersten Abschnitt der Reise, von der amerikanischen Küste bis zur Länge der Neufundlandbank. Bei einer Bestimmung nach dem Kanal und dem Norden Europas führt der kürzeste Weg dahin bis nach Kap Race nahe an dem Lande hin und dann über den nördlichen Teil der Neufundlandbank, er ist aber aus verschiedenen Gründen nicht zu empfehlen. Unregelmäßige und häufig starke Strömungen, oft tagelang anhaltender Nebel im Sommer und Stürme im Winter machen die Fahrt besonders gefährlich, und bei dem rauhen Wetter im Winter ist sie auch sehr unbequem. Ferner hat man in den Küstengewässern vorwiegend südwestlichen, entgegenlaufenden Strom, und endlich führt der kürzeste Weg mitten durch das Treibeisgebiet. Es ist deshalb entschieden besser, den Weg südlicher, im Golfstrom entlang zu nehmen, wo man mitlaufenden Strom, im Winter milderes Wetter, im Sommer weniger Nebel, und Treibeis fast gar nicht zu fürchten hat. Außerdem ist hier die Gefahr, angerannt zu werden, viel geringer, weil man sowohl dem Hauptdampferverkehr (vgl. Schnittpunkte der vereinbarten Dampferwege (S. 302, 12. Abschnitt) wie den meisten westwärts bestimmten Seglern und endlich den auf der Neufundlandbank ankernden Fischerfahrzeugen mehr aus dem Wege geht. Die Verlängerung des Weges, die auf dem Wege im Golfstrom entlang im ungünstigsten Falle etwa 200 Sm zu erreichen pflegt, wird oft schon mehr als ausgeglichen dadurch, daß man auf einer etwa 1000 bis 1200 Sm langen Strecke, nämlich bis etwa nach 45° W-Lg., täglich 30 bis 40 Sm mitlaufenden Strom hat, während man auf dem kürzesten Wege, auf der 1000 Sm langen Strecke bis Kap Race, etwa 12 Sm oder mehr entgegensetzenden Strom im Etmal haben würde.

Auf dem zweiten Abschnitt des Weges, mitten auf dem Atlantischen Ozean, wo die Strömungen keine ausschlaggebende Rolle mehr spielen, kommt es vor allem darauf an, die wechselnden Wetterlagen gut auszunutzen. Dabei muß man so viel wie möglich vermeiden, einerseits zu nahe an den hohen Luftdruck im Süden und in die leichten Winde dort oder andererseits in die östlichen Winde an der linken Seite ostwärts ziehender Depressionsgebiete zu geraten. Im übrigen kommt es weniger auf das Einhalten eines bestimmten Weges als darauf an, daß man sich dem Englischen Kanal in einer gegebenen Zeit um einen möglichst großen Betrag nähert, aber auch auf einem Wege nähert, von dem aus man bei den noch zu erwartenden Windverhältnissen den Englischen Kanal bequem erreichen kann.

Den Englischen Kanal zu erreichen, ist in den Monaten Dezember bis Februar sowie im April von einem südlichen Wege aus leicht, namentlich im Januar. Im Dezember und Februar muß man schon darauf Bedacht nehmen, daß die Stürme im Osten von 20° W-Lg. meistens aus Nordwest und Nord kommen; es ist deshalb ratsam, diesen Meridian dann etwas nördlicher zu schneiden als im Januar; noch mehr gilt dies für die Monate November und März, weil dann nördliche Winde noch mehr vorherrschen. Die starken nördlichen und nordwestlichen Winde werfen aber bekanntlich eine so hohe See auf und pflegen so böig zu sein, daß es schwer ist, auf einem östlichen Kurse Nord mit anzuholen.

Bis nach etwa 30° oder 25° W-Lg. kann man indessen während des ganzen Winterhalbjahres, auch im November und März, den Weg ohne Bedenken ziemlich weit südlich nehmen. Man darf erwarten, noch hinreichend südliche Winde zu erhalten, um den Englischen Kanal ohne Schwierigkeit ansegeln zu können, selbst wenn man 30° W-Lg. in 44° N-Br. oder noch südlicher geschnitten hat. Im Sommer dagegen muß man darauf achten, daß man schon in 30° W-Lg. gut nördlich steht. Das Gebiet südlich von 45° N-Br. und östlich von 30° W-Lg. sollte man in dieser Jahreszeit durchaus vermeiden; denn einmal hier hineingedrängt, wird man es wegen des starken Vorherrschens nördlicher Winde immer schwierig finden, den Englischen Kanal zu erreichen. Im Mai und Juni, wenn Winde von der Nordseite auch zwischen 45° und 50° N-Br. vorwiegen, ist eine nördliche Stellung bei der Ansegelung des Englischen Kanals am meisten angezeigt. Dagegen empfiehlt es sich im Oktober, die Schnittpunkte von 30° und 20° W-Lg. schon etwas südlicher zu nehmen.

Zieht man außer den Wind- und Stromverhältnissen auch in Betracht, daß es im allgemeinen nicht empfehlenswert ist, zu nahe an den Dampferwegen (Schnittpunkte vgl. S. 302, 12. Abschnitt) entlang zu segeln, so dürfte es sich empfehlen, die folgenden Schnittpunkte ins Auge zu fassen und davon im ganzen nur so weit abzuweichen, wie es die Ausnutzung der gerade angetroffenen Umstände erfordert.

Mittlere Seglerwege von der Ostküste der Vereinigten Staaten, südlich von Kap Cod, nach dem Englischen Kanal.

Monat	50° W-Lg.	40° W-Lg.	30° W-Lg.	20° W-Lg.
	in	in	in	in
Januar	39°—40° N-Br.	42° N-Br.	45° N-Br.	47° N-Br.
Februar	39°—40° „	42°—43° „	45°—46° „	47°—48° „
März	39°—40° „	43° „	46° „	48°—49° „
April	39°—40° „	43° „	45°—46° „	47°—48° „
Mai	40° „	43° „	46° „	49° „
Juni	40° „	43° „	46° „	49° „
Juli	40° „	43° „	46° „	48°—49° „
August	40° „	43° „	46° „	49° „
September	41°—42° „	45° „	47° „	49° „
Oktober	41°—42° „	44° „	46°—47° „	48° „
November	40°—41° „	43°—44° „	46° „	48° „
Dezember	39°—40° „	42°—43° „	45°—46° „	47°—48° „

Segelanweisungen für Reisen: Von Kanada oder den Vereinigten Staaten nach dem Norden Schottlands, Irlands oder dem St. Georgs-Kanal.

Auf diesen Reisen muß man, sobald die Länge von Kap Race passiert ist, seinen Weg natürlich entsprechend nördlich nehmen; dabei empfiehlt es sich indessen, im Spätherbst und im Winter zunächst südlich und östlich vom kürzesten Wege zu halten, um rechts von der Hauptzugstraße der Depressionen zu bleiben, und erst östlich von 35° W-Lg. entschieden nach Norden zu segeln.

Der Weg nord um Schottland, der für Schiffe nach der nördlichen Nordsee, dem Skagerack und der Ostsee der kürzeste ist, empfiehlt sich am meisten im März, April und im Mai, weil dann vor dem Englischen Kanal etwa 50 % aller Winde aus dem östlichen Halbkreise wehen, und weil bei der Wetterlage, bei der die östlichen Winde gewöhnlich auftreten, der Wind im Norden aus westlicher Richtung ist. In den übrigen Jahreszeiten bietet jedoch im allgemeinen der Weg durch den Englischen Kanal ebensoviel, wenn nicht mehr Aussicht auf günstigen Wind als der nordum. Besonders gilt dies für Januar, Juli und Oktober, wenn die mittlere Häufigkeit westlicher Winde vor dem Englischen Kanal 70 bis 80 % beträgt. Im übrigen ist die Entscheidung der Frage, ob nord um oder durch den Englischen Kanal, außer von der Lage des Bestimmungsortes davon abhängig, welchen Weg man vorher eingehalten hat, und noch mehr davon, welche Verhältnisse man antrifft; denn diese können sehr wohl derart sein, daß sich der Weg nordum auch zu anderen Zeiten als im Frühling und auch auf Reisen empfiehlt, auf denen man für gewöhnlich den Weg durch den Englischen Kanal nehmen würde.

Ostwind vor dem Englischen Kanal. Sehr oft kommt es vor, daß auf dem letzten Teile des Weges Ostwinde angetroffen werden. Diese gehören meistens zu einem Maximum, welches dann über Großbritannien und den benachbarten Meeresstrichen lagert. Unter solchen Umständen hat man den nächsten Westwind weiter nördlich zu suchen; es liegt deshalb die Vermutung nahe, daß der manchmal sehr lange Aufenthalt, welchen diese Ostwinde verursachen, sich vermeiden ließe, wenn anstatt des Weges durch den Englischen Kanal der nord um Schottland genommen würde. Die Erfahrung zeigt nun, daß die vorausgesetzte Wetterlage: hoher Luftdruck über Großbritannien, Ostwind in Kanalbreite und Westwind bei Nordschottland, in der Tat nicht selten ist. Am häufigsten und beständigsten zeigt sie sich in den Frühjahrsmonaten, im März, im April und besonders im Mai. Ihre Merkzeichen sind, daß auf der Mitte des Ozeans in 30° bis 40° W-Lg. östlicher oder südlicher Wind bei hohem und beständigem Luftdruck angetroffen wird. Unter diesen Umständen ist zu vermuten, daß sich nordöstlich oder östlich vom Schiffsorte in der Umgebung von Großbritannien ein Maximum befindet, das entweder still liegt oder in langsamer Bewegung nach Osten begriffen ist.

Bei einer solchen Wetterlage, die sich meistens schon erkennen läßt, ehe 30° W-Lg. erreicht ist, dürfte sich der Weg nordum Schottland nicht nur den nach der nördlichen Nordsee oder nach der Ostsee bestimmten Schiffen empfehlen, sondern auch denen, die nach der Deutschen Bucht wollen; der Weg nordum dürfte dann auch den Schiffen, die von südlicheren Häfen, ja unter Umständen sogar solchen Schiffen, die von der Linie her kommen, zu empfehlen sein (vgl. hierzu die Segelanweisungen im 21. Abschnitt). Allein man sollte den Entschluß, nordum zu gehen, nicht allein von der gerade angetroffenen Wetterlage, sondern auch von den mittleren Verhältnissen, d. h. von der Jahreszeit abhängig machen.

Im Frühling, wo die östlichen Winde vor dem Englischen Kanal und bis in die Nordsee hinein oft lange anhalten, und wo andererseits auf dem Wege von Nord Ronaldsha südöstliche und schrale südliche Winde selten sind, ist gegen den Weg nordum nichts einzuwenden, solange er keinen oder doch keinen zu großen Umweg bedeutet. Auch im Sommer oder zeitig im Herbst mag der Weg nordum, solange er nicht weiter ist, bei der entsprechenden Wetterlage genommen werden, aber von Oktober bis Februar ist er teils wegen des sehr viel rauheren Wetters, teils wegen der Häufigkeit schraler südlicher Winde in der Nordsee wenig empfehlenswert; auch pflegen im Winter nicht nur die Wetterlagen, die den Weg nordum vorteilhaft machen würden, nicht lange anzuhalten, sondern es weichen dann auch recht oft Depressionen von ihrer gewöhnlichen, etwa von 50° N-Br. und 35° W-Lg. nach Island verlaufenden Zugstraße so weit nach Osten ab, daß ein Schiff auf dem Wege nordum leicht in das Minimum solcher Depressionen oder an deren linke Seite und damit in sehr unangenehme Lage gerät.

An den folgenden Beispielen mögen die Vorteile des Weges nordum im Frühling sowie die mißlichen Lagen, in die ein Schiff im Winter dort kommen kann, gezeigt werden.

Das Schiff „Wilhelm" verließ New York am 7. April 1880. Am 21. April, als der Schiffsort 45° N-Br. und 30,2° W-Lg. war, kam der Wind östlich durch und blieb aus dieser Richtung, mit Ausnahme von etwa drei Tagen, an denen südlicher Wind wehte, bei hohem Barometerstande bis zum Ende der Reise. „Wilhelm" nahm den Weg durch den Englischen Kanal und erreichte Lizard am 3. Mai und die Elbe am 17. Mai. Die Dauer der ganzen Reise von New York war 40 Tage.

„Alsen" verließ New York am 8. April und stand am 21. beim Einsetzen des Ostwindes in 46,4° N-Br. und 40° W-Lg., also gegen „Wilhelm" um 9° zurück. „Alsen" schlug dann gleich einen nordöstlichen Weg ein und gelangte infolgedessen bald an die Nordwestseite des Maximums, wo der Wind südlich und südwestlich holte. Mit steifer, stetiger, erst zuletzt abflauender Brise kam man rasch voran. Am 2. Mai wurde die Insel Fair erreicht. Bis zu diesem Punkte hatte „Alsen" seit dem 21. April, also in 11 Tagen, mehr als 38° Länge gutgemacht, während „Wilhelm" bis Lizard in 12 Tagen nur 25° zurücklegte. Den größten Vorteil erzielte „Alsen" jedoch auf der folgenden Strecke. Mit dem Eintritt in die Nordsee war dieses Schiff zugleich an die Ostseite des Maximums gelangt und wurde nun von frischer Brise aus Nord bis Nordnordost rasch dem Bestimmungsorte zugeführt. Es erreichte die Elbe am 6. Mai, 11 Tage vor seinem Mitsegler, der, an der Südseite des Maximums, fast die ganze Strecke durch den Kanal und die Nordsee gegen Ostwind kreuzend zurücklegen mußte. Im ganzen hatte „Alsen" seinem Mitsegler 12 Tage abgewonnen.

Viel weniger günstig traf es auf dem Wege nordum im Januar 1909 zwar bei einer ähnlichen, indessen nicht so lange anhaltenden Wetterlage der Segler „Pisagua".

Die „Pisagua" fand auf einer Reise von der Linie nach dem Englischen Kanal in der ersten Januarwoche 1909 nördlich von 40° N-Br. in etwa 26° W-Lg. bei sehr hohem Barometerstande nordöstlichen Wind, bei dem sie auf Steuerbordhalsen nach Norden und Westen segelte. Als am 7. Januar in etwa 46,7° N-Br. und 28,1° W-Lg. bei östlicher Brise das Barometer einen Stand von 786 mm erreicht hatte, entschloß man sich, nord um Schottland zu segeln, und blieb auch bei diesem Entschlusse, als der Wind am 8. Januar bei kaum merklich fallendem Barometer zunächst bis Südost raumte und dann bei ein wenig schneller fallendem Barometer nach Südwest holte, so daß man am 8. Januar um 8 Uhr N in etwa 50,7° N-Br. und 27,3° W-Lg. SW 5 und einen Luftdruck von 780 mm verzeichnete.

Hätte man hier nach dem Englischen Kanal abgehalten, so würde man wahrscheinlich eine etwas schnellere Reise nach der Deutschen Bucht als auf dem Wege nordum gehabt haben, und sicher würde man dem schweren Wetter, das vom 11. bis 14. Januar in der Nähe von 60° N-Br. zwischen etwa 20 und 7° W-Lg. angetroffen wurde, entgangen sein. An diesen Tagen herrschten dort mit dem Vorübergange zweier Tiefdruckgebiete orkanartige Stürme mit so hohem Seegange, daß die „Pisagua" teils beidrehen mußte, teils beim Laufen ihre Segelfähigkeit nicht voll ausnutzen konnte, während weiter südlich, in der Umgebung von 50° N-Br., d. h. in größerer Entfernung von den Gegenden tiefsten Luftdruckes, stetige, mäßige bis frische Westwinde herrschten.

Jedenfalls zeigt dieses Beispiel, mit wie wenig Sicherheit man im Winter auf Vorteil vom Wege nordum Schottland rechnen kann, obgleich die gerade angetroffene Wetterlage derart ist, daß man dabei im Frühling und Sommer diesen Weg unbedenklich nehmen würde.

Im Winter dürfte es sich empfehlen, sobald der Wind nach westlichen Richtungen holt, dabei auffrischt und das Verhalten des Barometers auf Wiedereintritt der gewöhnlichen Luftdruckverhältnisse zu schließen gestattet, auch wenn man schon ziemlich nördlich steht, den Weg durch den Englischen Kanal noch zu nehmen, wenn man ihn bequem erreichen kann, und wenn man damit keinen nennenswerten Umweg macht.

Von Kanada oder den Vereinigten Staaten nach dem Englischen Kanal.

Von einem Hafen nördlich von Kap Cod oder vom Golf von St. Lorenz aus bedeutet das Aufsuchen des Golfstromes einen zu großen Umweg. Die Schiffe sollten sich bis zur Länge von Kap Race in gutem Abstande von der Küste halten, um den erheblichen Gefahren durch Nebel und unsichere Strömungen in der Nähe des Landes aus dem Wege zu gehen. Des weiteren müssen sie ihren Weg der Jahreszeit und den Windverhältnissen vor dem Englischen Kanal anpassen, indem sie im Winter und zur Zeit der vorherrschenden Südwinde vor dem Englischen Kanal zunächst nahezu recht nach Osten und erst von 35° oder 30° W-Lg. mehr nach Norden, im Sommer und wenn Nordwinde vor dem Englischen Kanal zu erwarten sind aber gleich mehr nach Nordost, etwa im größten Kreise, steuern.

Die Treibeisverhältnisse, welche für diese Reisen von erheblicher Bedeutung sind, sind bereits im 12. Abschnitt, S. 322 ff., bei den Reisen von Europa nach Nordamerika besprochen worden.

Von der Ostküste der Vereinigten Staaten nach dem Englischen Kanal.

Im Winter

und in den ersten Frühlingsmonaten liegt die Grenze zwischen der kalten arktischen Strömung und dem Golfstrome ziemlich weit von der Küste entfernt und geht in 50° W-Lg. nicht über 42° N-Br. hinaus (vgl. S. 313 ff.): deshalb und namentlich bei stürmischem Wetter ist zu empfehlen, sich gut südlich zu halten. Die Depressionen, in deren Begleitung die Stürme auftreten, ziehen häufig gerade an der Grenze der beiden Strömungen hin, so daß hier am ehesten große und plötzliche Windänderungen vorkommen und infolgedessen auch die See am gefährlichsten wird, während in der Mitte des Golfstromes verhältnismäßig ruhiges Wetter herrscht, und der Wind, dem größeren Abstande vom Minimum entsprechend, durchschnittlich günstiger und beständiger ist. Aus demselben Grunde pflegt ein ziemlich südlicher Weg auch weiter östlich keinen Nachteil zu bringen, weil durch das beständigere Wetter die Verlängerung des Weges ausgeglichen wird. (Vgl. hierzu auch S. 454 ff. bezüglich der Ansteuerung des Englischen Kanals.)

Von New York aus sollte man zunächst etwas Süd mit anholen, bis man das warme Wasser des Golfstromes erreicht hat, und dann darin entlang steuern. Ohne durch besondere Umstände gedrängt zu werden, sollte man 50° W-Lg. nicht nördlich von 40° N-Br. schneiden. Wenn sehr unruhiges Wetter herrscht, kann man den Schnittpunkt von 50° W-Lg. im Winter auch auf Reisen von New York in 39° oder selbst 38° N-Br. nehmen.

Vom Delaware oder von der Chesapeakebucht aus steht man beim Antritt der Reise südlich genug, um nicht mehr Süd anholen zu brauchen. Man steuere rechtw. Ost von der Küste ab und schneide dann 50° W-Lg. ebenso wie auf der Reise von New York, je nach den Umständen in 40° bis 38° N-Br.

Von Abfahrtsorten an der Ostküste von Nordamerika im Süden von Kap Hatteras aus sollte man im Striche des stärksten Golfstromes entlang steuern, den man zwischen 50° und 30° W-Lg. ungefähr einen Grad südlich von den Schnittpunkten haben wird, die die Tabelle S. 454 angibt. Will man vom Abfahrtsorte gerade durch steuern, so ist im Winter nicht viel dagegen einzuwenden, weil dann Windstillen nicht zu befürchten sind; man sollte indessen 35° N-Br. dabei nicht östlich von 70° W-Lg. schneiden, um nicht aus dem Golfstrome heraus und in den Gegenstrom zu kommen. (Vgl. hierzu auch die Stromangaben auf S. 313 ff.)

Im Sommer

drängt sich der Golfstrom infolge der nördlichen Verschiebung der polaren Grenze des Passates und unter der Einwirkung der im westlichen Teile des Ozeans vorherrschenden südlichen Winde näher an die Küste hinan. Im August und September, wenn sein Gebiet am weitesten nach Norden verschoben ist, reicht die Grenze des 17 bis 18° warmen Wassers auf dem westlichen Teile der Neufundlandbank oft bis nach 45° N-Br., weiter östlich, in der Nähe von 40° W-Lg., sogar bis nach 48° N-Br. Dazwischen, auf dem östlichen Teile der Bank, zeigt die Grenze in dieser Jahreszeit jedoch eine tiefe Einbuchtung, in der das Wasser mitunter mehr als 10° kälter ist als auf derselben Breite östlich und westlich davon. Diese Kaltwasserbucht erstreckt sich zwischen 50° und 47° W-Lg. südwärts bis nach etwa 42,5° N-Br., und der östliche Strom, der im warmen Wasser herrscht, hört dort gewöhnlich auf, oder er wird auch durch eine westliche Strömung ersetzt. Den regelmäßigen Golfstrom findet man auch im Sommer auf 50° W-Lg. erst südlich von 42° N-Br. Am stärksten pflegt er zwischen 40° und 41° N-Br. aufzutreten. Er erreicht hier im August und September nicht selten eine Geschwindigkeit von zwei und selbst drei Knoten und macht sich in dieser Stärke mitunter ostwärts bis über 45° W Lg. hinaus fühlbar.

Von einem Hafen im Norden von Kap Hatteras aus dürfte es in Anbetracht dieser Strömungsverhältnisse das Beste sein, 50° W-Lg. auch im Sommer südlich von 42° N-Br. zu schneiden. Indem man auf diese Weise die Kaltwasserbucht vermeidet, geht man auch den meisten Eisbergen aus dem Wege, die sich gerade dort am zahlreichsten aufhalten und um so leichter gefährlich werden, als auf jener Stelle sehr häufig dichter Nebel lagert. (Vgl. hierzu auch S. 322 ff.)

Da aber die vereinbarten Dampferwege des Eises und des Nebels wegen so südlich liegen, daß die Dampfer, die einen nordamerikanischen Hafen vor dem 24. August verlassen, 50° W-Lg. noch etwas südlich von 41° N-Br. schneiden (vgl. S. 302: Schnittpunkte der vereinbarten Dampferwege), und da diese Wege in besonders eisreichen Jahren gerade in den Sommermonaten Mai, Juni und Juli so südlich verlegt werden können, daß sie 47° W-Lg. sogar in 40° N-Br. schneiden, so dürfte auch Seglern zu empfehlen sein, 50° W-Lg. erst von Ende August an nördlich von 40° N-Br. zu schneiden.

Östlich von 47° W-Lg. sollten sie dann aber gleich gut Nord mit anholen und ungefähr dem größten Kreise folgen oder die Schnittpunkte, die auf S. 454 gegeben sind, einhalten. Sich südlicher zu halten, ist im Sommer nicht ratsam, denn dann sind nicht Stürme, sondern vielmehr zu leichte Winde zu befürchten, die im Süden und besonders in der Umgebung der Azoren viel häufiger auftreten als im Norden.

Der Hauptnachteil eines zu südlichen Weges im Sommer besteht aber darin, daß er die Schiffe leicht in das Gebiet nördlicher Winde im Osten der Azoren führt. Um Länge gutzumachen, können die Schiffe bei diesen Winden nicht anders als auf Backbordhalsen bleiben und werden infolgedessen immer weiter von ihrem Wege ab nach Südosten gedrängt. Je mehr sie sich aber der Küste nähern, desto mehr erhalten sie vorherrschend nördlichen Wind, und desto seltener treffen sie eine Gelegenheit, mit der sie den Englischen Kanal anholen können. Auf diese Weise entsteht nicht selten eine bedeutende Verzögerung der Reise.

Von einem Hafen im Süden von Kap Hatteras aus sollte man, um den Aufenthalt durch veränderliche Winde und Stillen, die im Sommer in südlicheren Breiten herrschen, so viel wie möglich abzukürzen, zunächst einen gut nördlichen Kurs einschlagen und den Weg von 50° W-Lg. an keinesfalls südlicher nehmen, als in der Tabelle angegeben ist. Sowohl im Hinblick auf den Strom als auf die Windverhältnisse dürfte es ratsam sein, auf diesen Reisen 70° W-Lg. im Sommer nicht südlicher als in 37° N-Br. zu schneiden.

Von Häfen an der Ostküste von Nordamerika im Norden von Kap Hatteras nach dem Mittelmeer.

Auf diesen Reisen sollte man sich vor dem nicht selten begangenen Fehler hüten, den Weg nach der Straße von Gibraltar zu südlich zu nehmen. Man gerät dabei zu nahe an das Gebiet hohen Luftdruckes in der Umgebung der Azoren und hat infolgedessen viel Aufenthalt durch die leichten, veränderlichen Winde, welche hier auftreten. Der schlimmste Nachteil ist aber, daß man dadurch in eine zu ungünstige Stellung gegenüber den auf der letzten Strecke des Weges herrschenden Nordwinden geführt wird.

Nach der Tabelle: „Prozentische Häufigkeit der Winde auf dem Wege vom Englischen Kanal nach dem Passatgebiet“, S. 351/52, kommt der Wind zwischen den Azoren und der Küste von Portugal südlich von 40° N-Br. fast das ganze Jahr hindurch vorwiegend aus dem nördlichen Halbkreise und dabei am häufigsten aus dem Nordostquadranten. Am meisten herrscht dieser sogenannte portugiesische Norder im Sommer, von Mai bis September. Im Juni, Juli und August kommt der Wind zwischen 40° und 35° N-Br. fünf- bis zehnmal so häufig von der Nord- als von der Südseite, und mehr als die Hälfte aller Winde ist nordöstlich. Auch im Januar, März, April und Oktober sind die nördlichen Winde noch beinahe doppelt so häufig als die südlichen und die nordöstlichen immer die vorherrschenden. Im November und Dezember stellt sich das Verhältnis zwischen Nord und Süd nahezu gleich; die stürmischen Winde sind indessen auch jetzt noch meistens von der Nordseite. Der Februar ist der einzige Monat, in dem die südlichen Winde gegen die nördlichen überwiegen.

Abgesehen von den zuletzt genannten Monaten, muß man demnach, um die Straße von Gibraltar ohne Schwierigkeit erreichen zu können, 25° oder 20° W-Lg., wo die nördlichen Winde einzusetzen pflegen, zu jeder Jahreszeit eine gute Strecke nördlich von der Breite der Straße schneiden. Es ist dies um so mehr geboten, als der Nordwind oft steif und stürmisch weht und von hoher See begleitet ist, so daß man ihn nur als raumen Wind gut gebrauchen kann. Am nördlichsten muß natürlich der Schnittpunkt von 20° W-Lg. im Sommer genommen werden, wenn der Nordwind am beständigsten weht und am meisten nach Ost neigt. Dies ist zugleich die Jahreszeit, in der die Schiffe, welche sich südlich halten, westlich von 20° W-Lg. am meisten durch Windstillen und leichte Winde aufgehalten werden. Auch deshalb ist im Sommer ein nördlicher Weg zu nehmen.

Auf dem ersten Teile des Weges nehme man die Schnittpunkte ebenso wie auf Reisen nach dem Englischen Kanal. Der größte Kreis von Kap Henry nach Kap St. Vincent schneidet 50° W-Lg. noch ein wenig nördlich von 41,5° N-Br., man macht also zunächst keinen Umweg nach Norden. Des weiteren nehme man den Weg nördlich von den Azoren, indem man 40° W-Lg. je nach der Jahreszeit im Sommer in etwa 42,5° und im Winter in etwa 40° N-Br. schneidet. Südlich von den Azoren entlang sollte man nur in besonderen Fällen gehen. Solche besonderen Fälle treten fast nur im Spätherbst und im Winter ein, wenn in der Nähe der Azoren ein Gebiet niedrigen Luftdruckes liegt und seinen Ort gar nicht oder doch nur wenig verändert. Ihre Merkmale: harter nordwestlicher, allmählich nördlich bis nordöstlich holender Wind zwischen 40 und 30° W-Lg. bei fallendem Barometer, führen einen Segler von selbst zu dem dann vorteilhafteren südlichen Wege. Über diese Wetterlage vgl. S. 329 und S. 338 ff.

Unter gewöhnlichen Verhältnissen sollte man die folgenden Schnittpunkte ins Auge fassen und davon nur so weit abweichen, wie es die volle Ausnützung der besonderen Umstände erfordert.

Mittlere Schnittpunkte für Reisen von Nordamerika nach Gibraltar.

	50° W-Lg. in	40° W-Lg. in	30° W-Lg. in	20° W-Lg. in
im Januar	39,5° N-Br.	40° N-Br.	40° N-Br.	39° N-Br.
„ Februar	39,5° „	40° „	39° „	38° „
„ März	39,5° „	40° „	40,5° „	40° „
„ April	39,5° „	40° „	40° „	39° „
„ Mai	40° „	41,5° „	41,5° „	40,5° „
„ Juni und Juli	40° „	42,5° „	42,5° „	41,5° „
„ August	41,5° „	42,5° „	42,5° „	41,5° „
„ September	41,5° „	42° „	41,5° „	40,5° „
„ Oktober	41,5° „	41,5° „	40,5° „	39,5° „
„ November	40,5° „	41° „	40° „	39° „
„ Dezember	39,5° „	40° „	40° „	39° „

Beim Ansteuern der portugiesischen Küste sollte man eine vorwiegend südliche Stromversetzung von 12 bis 24 Sm im Etmal in Rechnung ziehen.

Von Westindien, Guayana, dem Karaibischen Meere und dem Golf von Mexiko nach dem Englischen Kanal.

Anweisungen für das Inselmeer.

Auf allen diesen Reisen wird die Ostlänge im Westwindgebiet zurückgelegt; allein es muß zuvor noch ein Teil des Passatgebietes durchsegelt werden, und je nach der Lage des Abfahrtsortes ist die Fahrt auf dieser Strecke mit mehr oder weniger Aufenthalt und Schwierigkeit verknüpft.

Von Guayana, den Kleinen Antillen, Portorico oder der Nordküste von Haiti aus können die Schiffe durch Land unbehindert auf Steuerbordhalsen nach Norden segeln, oder sie brauchen doch nur einen kleinen Umweg nach Westen zu machen, um den offenen Ozean durch eine der Durchfahrten zwischen den Inseln zu erreichen.

Von der Küste von Venezuela bis Puerto Cabello aus kann man im Sommer immer die Monadurchfahrt auf einem Schlage mit Steuerbordhalsen anholen, weil der Passat dann ganz östlich ist. Im Winter, wenn der Passat vorwiegend aus einer nördlicheren Richtung weht, müssen die Schiffe, die von La Guayra und Puerto Cabello kommen, jedoch meistens eine Strecke aufkreuzen, ehe sie den Weg durch die Monadurchfahrt offen haben. Solange sie imstande sind, die Südküste von Haïti östlicher als Punta de Nisao zu machen, ist es indessen für diese wie ebenfalls für die von Santo Domingo und den benachbarten Plätzen kommenden Schiffe immer vorteilhafter, ost um als west um Haïti zu gehen. Das Aufkreuzen dürfte am leichtesten in der Nähe der Küste von Haïti sein.

Vom südwestlichen Teile von Haïti aus oder wenn man von Südamerika aus die Küste von Haïti nur westlich von Punta de Nisao (70° W-Lg.) anholen würde, ist der Weg durch die Windwärts- und ferner durch die Crooked Island-, Mariguana- oder Caicosdurchfahrt zu nehmen. Dieser Weg kann selten ohne Kreuzen zurückgelegt werden, und die Schiffsführung in den Fahrwassern nördlich von den Großen Antillen, zwischen den niedrigen, von Riffen umgebenen Inseln erfordert große Vorsicht. Schiffe, welche von Süden kommen, tun am besten, nahe um Kap Dame Marie herum zu segeln und sich bis San Nicolas Mole an der Haïtiseite des Kanals zu halten, da sie auf diese Weise die stärkste Strömung vermeiden. Die Strömung setzt in der Windwärtsdurchfahrt gewöhnlich nach Südwesten. Zum Hinüberstechen nach Inagua sollte man die Nacht abwarten, weil dann der Wind meistens östlicher holt; auch hat dies den Vorteil, daß man diese Insel bei Tageslicht ansegelt. Den nördlicheren Wind bei Tage und besonders des Nachmittags sollte man benutzen, um vorher in der Nähe der Nordküste von Haïti Ost zu gewinnen. Kann man anstatt der Crooked Island- die Mariguana- oder die Caicosdurchfahrt erreichen, so ist dies um so besser, da man hier noch eher klar vom Lande kommt. Hier wie in allen Durchfahrten zwischen den Westindischen Inseln ist es im allgemeinen am ratsamsten, die Ostseite zu halten, weil dies nicht nur dem Winde, sondern auch der Strömung gegenüber die Luvseite ist. Übrigens darf man sich nicht mit Sicherheit darauf verlassen, daß der Strom immer westlich setzt, es kommen auch starke Strömungen in entgegengesetzter Richtung vor. Man sollte deshalb sehr vorsichtig sein und gefährliche Stellen nur bei Tage passieren, wenn man sich nicht nach Leuchtfeuern orientieren kann.

Von Santiago oder östlicheren Häfen an der Südküste von Cuba oder vom östlichen Jamaica aus ist der Weg durch die Windwärtsdurchfahrt für gewöhnlich am empfehlenswertesten, aber er ist namentlich für die Schiffe, die ganz von der Ostspitze Jamaicas her bis nach Kap Maysi etwa 200 Sm aufzukreuzen haben, sehr schwierig. Es kann deshalb fraglich erscheinen, ob es nicht vorteilhafter sei, den Weg um Kap San Antonio herum und durch die Floridastraße zu nehmen. Am besten dürfte sein, die Entscheidung dieser Frage von den gerade angetroffenen Verhältnissen abhängig zu machen. Im Sommer ist der Wind mitunter so südlich, daß es leicht ist, nach Osten zu gelangen, und im Winter findet man zuzeiten eine günstige Gelegenheit dazu bei stürmischen Nord- und Nordwestwinden. Unter solchen Umständen verdient natürlich die Windwärtsdurchfahrt den Vorzug. Trifft man dagegen den regelmäßig durchstehenden Passat und zugleich eine starke westliche Strömung, so sollte man auf Reisen von Jamaica den Weg durch den Golf nehmen und sofort nach Kap San Antonio abhalten.

Von der südamerikanischen Festlandküste, selbst noch von Sabanilla oder Cartagena aus kann man die Windwärtsdurchfahrt im Sommer fast immer auf einem Buge erreichen, besonders wenn man sich vorsieht und mit den leichten südwestlichen Winden dieser Jahreszeit in der Nähe der Festlandküste etwas Ost zu gewinnen sucht. Im Winter ist es aber oft nicht möglich. Hat man auf diesen Reisen gleich von Anfang an regelmäßigen Passat, so empfiehlt es sich, auf einem Schlage bis etwa 16° N-Br. nach Norden zu segeln. Glaubt man dann das Ostende Jamaicas auf einem Schlage anholen zu können, so nehme man den Weg durch die Windwärtsdurchfahrt, anderenfalls halte man nach Kap San Antonio ab. In den ersten Monaten des Jahres weht der Passat an der Festlandküste oft mit so großer Stärke, daß man beim Winde nur gereffte Segel fahren kann, doch wird er mit zunehmender Entfernung von der Küste gewöhnlich bald mäßiger.

Von Zentralamerika, Honduras, dem westlichen Teile von Jamaica und von der Südküste Cubas, westlich von Kap de Cruz aus wird meistens der Weg durch den Kanal von Yucatan und weiterhin durch die Floridastraße genommen. Auf diesem Wege, der sogenannten Golfroute, haben die Schiffe, die damit einen weiten Umweg machen müssen, dafür größtenteils kräftige Strömungen mit. Von Jamaica, der Südküste von Cuba und von den Häfen Columbias aus kann Kap San Antonio mit günstigem Winde erreicht werden. Die Schiffe von Zentralamerika südlich von Kap Gracias a Dios oder von Belize haben jedoch oft Schwierigkeit, sich von der Küste und den vorliegenden Bänken freizusegeln. Sie müssen deshalb stets darauf bedacht sein, ihren Abstand vom Lande zu vergrößern. Im Winter bietet sich eine Gelegenheit dazu nicht selten in einem Norder. Im Sommer, wenn der Wind leichter ist und mehr nach Süd neigt, ist die Schwierigkeit überhaupt geringer. Auf Reisen von Grey Town und den östlicheren Plätzen gewinnt man Ost am leichtesten südlich von 11° oder 12° N-Br. Vor der Küste von Panama werden oft starke östliche Strömungen und im Sommer auch südliche und westliche Winde gefunden.

Nachdem Kap San Antonio umsegelt ist, muß die nächste Strecke wieder zum größten Teile gegen den Wind zurückgelegt werden. Dabei hat man vornehmlich darauf zu achten, daß man sich in dem Striche der günstigsten Strömung hält.

Die Stromverhältnisse vor und in der Floridastraße. Auf der Südseite der westlichen Einfahrt in die Floridastraße setzt der Strom ebenso wie in der Straße von Yucatan und vorher im Karaibischen Meer nach Westen und Nordwesten. Auf der Nordseite der westlichen Einfahrt in die Floridastraße pflegt sich dagegen der östlich setzende Golfstrom schon auf der Länge der Mississippimündung bemerkbar zu machen und erst vor Havana oder wenig westlicher in die Nähe der Küste von Cuba zu kommen. Danach empfiehlt es sich, nach der Umsegelung von San Antonio bei nordöstlichem Winde nicht in der Nähe der Küste zu bleiben, da man hier die Strömung entgegen hat, sondern auf einem Schlage bis nach etwa 24° N-Br. zu segeln, hier aufzukreuzen und sich der Küste von Cuba erst vor Havana wieder zu nähern. Weiterhin halte man sich vorzugsweise an der Ostseite der Straße. Man findet dort die besten Landmarken zur Orientierung, was bei der Unsicherheit der Loggerechnung in diesem Fahrwasser von großem Werte ist, und steht den gewöhnlich herrschenden östlichen Winden gegenüber an der Luvseite. Wenn ein Norder hereinzubrechen droht, muß man natürlich für genügenden Seeraum sorgen.

Der Strom in der Floridastraße zeigt bei stürmischem und auch oft bei ruhigem Wetter große Unregelmäßigkeiten, so daß man ihn nicht mit Sicherheit in Rechnung ziehen kann. Durch heftige Nordwinde wird er mitunter ganz aufgehoben. Später fließt dann aber das aufgestaute Wasser mit vermehrter Geschwindigkeit ab. Auf die Führung des Schiffes muß deshalb große Aufmerksamkeit verwandt werden, und man sollte keine Gelegenheit vorübergehen lassen, das Besteck zu kontrollieren. (Vgl. hierzu auch Fig. 8, S. 31.)

Von den Golfhäfen aus hat man die soeben geschilderten Strömungen in ähnlicher Weise zu berücksichtigen. Namentlich sollten Schiffe, die von Mexiko kommen, bei Gegenwind erst im Norden von 24° N-Br. nach den Tortugas aufkreuzen.

Von Galveston, New Orleans und Pensacola aus dürfte es am besten sein, auch beim Kreuzen sich nicht weit vom geraden Wege nach den Tortugas zu entfernen. Alle nordostwärts bestimmten Schiffe sollten bis Havana die Südseite des Golfes und der Einfahrt in die Floridastraße so viel wie möglich meiden.

Von Havana, Matanzas und Cardenas aus geht man durch die Floridastraße, wie soeben besprochen worden ist. Von östlicheren Plätzen an der Nordküste von Cuba geht man entweder durch den Alten Bahamakanal nach Westen und dann durch die Floridastraße oder ostwärts, um Cayo Verde herum, durch die Crooked Island-Durchfahrt.

Von Nuevitas aus ist der Weg durch die Floridastraße meistens am vorteilhaftesten, es sei denn, man träfe beim Ausgehen eine günstige Gelegenheit, Ost zu machen.

Von Gibara oder östlicheren Plätzen aus ist es jedoch immer besser, nach Osten aufzukreuzen und durch die Crooked Island-Durchfahrt zu gehen. In dem engen Fahrwasser des Alten Bahamakanals, das nicht von hohen Ufern, sondern auf beiden Seiten von ausgedehnten, mit vielen Korallenriffen besäten Bänken begrenzt ist, muß man bei Tage wie bei Nacht beständig Ausguck nach dem weißen Wasser der Bänke halten, damit man sofort entscheiden kann, nach welcher Seite man zu halten hat, wenn man aus dem tiefen, dunkelfarbigen Wasser herausgeraten ist. Viele flache Stellen befinden sich ganz nahe der Kante der Bank, und eine Verzögerung von wenigen Minuten oder bloßes Falschlegen des Ruders kann Stranden zur Folge haben.

Anweisungen für den offenen Ozean.

Nach dem Vorstehenden erreichen alle diese Schiffe den Atlantischen Ozean an sehr verschiedenen Stellen, meistens noch im Gebiete des Nordostpassates, wo sie dann auf Steuerbordhalsen segeln, bis sie das Gebiet der westlichen Winde erreichen und Ost gutmachen können.

Der erste Teil des Weges ist natürlich von der Richtung des Passates und der Ausdehnung seines Gebietes abhängig. Die einzige Anweisung, welche dafür gegeben werden kann, ist: bei schralen Winden so viel Luv anzuholen, wie sich mit gutem Fortgang gewinnen läßt. Aus der Vergleichung der bei dem Winde auf verschiedenen Wegen eingehaltenen Kurse ergibt sich die Richtung des Passates auf dem westlichen Teile des Nordatlantischen Ozeans etwa 2½ Striche östlicher als auf der Mitte davon. Der im Mittel gutgemachte Kurs ist nämlich auf dem Wege von Guayana, zwischen 50° und 60° W-Lg., von 10° bis 20° N-Br. rechtw. Nord, von 20° bis 30° N-Br. NNO; dagegen auf dem Wege vom Äquator, zwischen 30° und 40° W-Lg., von 10° bis 20° N-Br. NNW½W, von 20° bis 30° N-Br. N¾W. (Dieser Unterschied in der Passatrichtung entspricht den Folgerungen aus der mittleren Verteilung des Luftdruckes und zeigt sich in ähnlicher Weise auf allen Meeren.)

Demnach ist die durchschnittliche Richtung des Passates auf den hier zu besprechenden Wegen so östlich, daß der behaltene Kurs nur wenig westlich von Nord, ja nördlich von 20° N-Br. gewöhnlich östlich von Nord ist. Man kann deshalb im Passat meistens gut voll halten, ohne den Weg erheblich zu verlängern.

Die Grenze des Passates erreichen die Schiffe auf dem westlichen Teile des Ozeans ebenfalls schon in verhältnismäßig niedriger Breite, im Winter meistens schon zwischen 20° und 25°, im Sommer zwischen 25° und 30° N-Br. In den nächsten 5° Breite nördlich der Passatgrenze ist der Wind jedoch vorwiegend leicht und unbeständig. Man sollte deshalb, nachdem man den Passat verloren hat, den Kurs auch bei günstigem Winde nicht gleich zu sehr nach Ost verändern, sondern zunächst, um den Aufenthalt in jener Zone möglichst abzukürzen, noch hauptsächlich Nord zu machen suchen. Das durchschnittlich Vorteilhafteste dürfte sein, im Winter bis nach 25° N-Br., selbst wenn der Wind es zulassen sollte, nicht höher als Nordnordost und von da bis 30° N-Br. etwa Nordost zu Nord zu steuern. Im Sommer, wenn die Grenzen der Windgebiete nördlicher liegen, nehme man den Kurs nicht höher als Nordnordost bis 30° und nicht höher als Nordost zu Nord bis 35° N-Br.

Für den Rest des Weges ist es bei einer Bestimmung nach dem Englischen Kanal und nördlicheren Plätzen im allgemeinen am besten, dem größten Kreise zu folgen. Man sollte dabei jedoch vermeiden, in den Monaten, wo nördliche Winde vor der Küste von Europa herrschen (vgl. die Tabelle S. 351/52), die Schnittpunkte von 30° und von 20° W-Lg. zu südlich zu nehmen. Dies gilt besonders für die Schiffe, welche von Guayana kommen und infolge ihrer östlichen Abfahrt am ehesten in das Gebiet der Nordwinde an der europäischen Küste geführt werden. Auch diese Schiffe sollten im Sommer 30° W-Lg. nicht südlicher als in 45° N-Br. schneiden. Die aus der Straße von Florida kommenden Schiffe verfolgen im Sommer am besten denselben Weg, der für Reisen von Charleston, Savannah usw. angegeben ist. Im Winter kann man einen etwas südlicheren Weg als den kürzesten nehmen; doch sollte man, der größeren Beständigkeit des Windes wegen, und um etwaigen Nordwinden gegenüber eine günstigere Stellung zu erhalten, auch auf Reisen von Guayana immer nördlich von Corvo und Flores bleiben. Südlich von diesen Inseln zu gehen, kann nur unter ganz besonderen, auf S. 459, S. 329 und S. 338 ff. besprochenen Umständen angeraten werden. Einen weiteren Anhalt zur Beurteilung der Wege geben die folgenden, aus meteorologischen Tagebüchern der Deutschen Seewarte abgeleiteten

mittleren Wege deutscher Segler.

Die Schiffe haben im Mittel geschnitten:

von der Floridastraße nach dem Englischen Kanal:

	im Januar, Februar und März	im Juli, August und September
70° W-Lg.	in 33,0° N-Br.	in 36,0° N-Br.
60° „	„ 35,3° „	„ 39,3° „
50° „	„ 37,9° „	„ 41,5° „
40° „	„ 40,6° „	„ 44,1° „
30° „	„ 44,0° „	„ 46,5° „
20° „	„ 46,5° „	„ 48,1° „
10° „	„ 48,9° „	„ 49,2° „

von Portorico, der Monadurchfahrt und Haïti nach dem Englischen Kanal:

	im Januar, Februar und März	im Juli, August und September
25° N-Br.	in 67,1° W-Lg.	in 66,5° W-Lg.
30° „	„ 62,1° „	„ 64,9° „
35° „	„ —	„ 61,6° „
50° W-Lg.	„ 35,1° N-Br.	„ 40,0° N-Br.
40° „	„ 39,1° „	„ 43,3° „
30° „	„ 42,9° „	„ 45,8° „
20° „	„ 46,3° „	„ 47,7° „
10° „	„ 48,9° „	„ 49,2° „

Von Westindien, Guayana, dem Karaibischen Meere und dem Golf von Mexiko nach dem Mittelmeer.

Der erste Teil dieser Reisen fällt vollständig mit den eben besprochenen Reisen nach dem Englischen Kanal zusammen, erst wenn das Westwindgebiet erreicht worden ist, trennen sich die Wege. Nach dem Mittelmeer sollte man von Anfang Mai bis Ende September ebenfalls immer nördlich von den Azoren entlang gehen, da man sonst befürchten muß, die Straße von Gibraltar bei den herrschenden nördlichen und nordöstlichen Winden nicht ohne Kreuzen erreichen zu können und auf einem südlichen Wege lange aufgehalten zu werden durch Windstillen, die dann zwischen 35° und 25° W-Lg. besonders häufig sind. In den übrigen Monaten kann man zwischen den Azoren hindurch oder auch südlich von der ganzen Inselgruppe gehen, namentlich im November, Dezember und Februar; aber auch dann ist es ratsam, 20° W-Lg. nicht südlicher als in der Breite von Gibraltar zu schneiden. Im Oktober, Januar, März und April, wenn nördliche Winde mehr vorherrschen, sollte man den

Schnittpunkt von 20° W-Lg. nicht südlicher als in der Breite von Kap St. Vinzent nehmen und sich wie im Sommer auf dem Wege nach diesem Kap immer gut nördlich halten.

Die Windverhältnisse auf der Ostseite des Ozeans.

In der folgenden Tabelle[1]) sind als nördliche Winde die von Nordwest bis Nordost, als südliche die von Südwest bis Südost gerechnet. Die Zahl für die nördlichen Winde steht in der Verhältniszahl voran. Um alle Zahlen unter sich vergleichbar zu machen, ist die Summe der nördlichen und der südlichen Winde jedesmal auf 100 reduziert. Wenn der eine Wind nahezu doppelt oder mehr als doppelt so häufig ist als der andere, so ist dies durch fetten Druck hervorgehoben.

Verhältnis der Häufigkeit der nördlichen zu der der südlichen Winde auf dem Nordatlantischen Ozean zwischen 50° und 40° N-Br. und zwischen 30° und 10° W-Lg.

Monat	Zwischen 50° und 45° N-Br.				Zwischen 45° und 40° N-Br.			
	30°—25° W-Lg.	25°—20° W-Lg.	20°—15° W-Lg.	15°—10° W-Lg.	30°—25° W-Lg.	25°—20° W-Lg.	20°—15° W-Lg.	15°—10° W-Lg.
Januar	21 : **79**	24 : **76**	18 : **82**	22 : **78**	38 : 62	37 : 63	54 : 46	49 : 51
Februar	37 : 63	41 : 59	35 : **65**	39 : 61	31 : **69**	46 : 54	58 : 42	47 : 53
März	39 : 61	43 : 57	47 : 53	53 : 47	28 : **72**	44 : 56	64 : 36	**66** : 34
April	25 : **75**	23 : **77**	32 : **68**	37 : 63	26 : **74**	24 : **76**	27 : **73**	44 : 56
Mai	42 : 58	28 : **72**	51 : 49	62 : 38	51 : 49	**72** : 28	**65** : 35	**74** : 26
Juni	33 : **67**	42 : 58	53 : 47	60 : 40	42 : 58	64 : 36	**82** : 18	**83** : 17
Juli	33 : **67**	44 : 56	48 : 52	40 : 60	44 : 56	55 : 45	**87** : 13	**82** : 18
August	43 : 57	40 : 60	45 : 55	48 : 52	60 : 40	54 : 46	**66** : 34	**68** : 32
September	36 : 64	44 : 56	51 : 49	54 : 46	50 : 50	47 : 53	63 : 37	63 : 37
Oktober	38 : 62	49 : 51	39 : 61	37 : 63	53 : 47	**66** : 34	43 : 57	56 : 44
November	59 : 41	47 : 53	42 : 58	49 : 51	31 : **69**	41 : 59	51 : 49	48 : 52
Dezember	31 : **69**	32 : **68**	46 : 54	39 : 61	33 : **67**	37 : 63	41 : 59	52 : 48

Zwischen 50° und 45° N-Br. herrschen im Winter: Dezember, Januar und Februar, und außerdem in den Monaten Oktober und April auf der ganzen Strecke von 30° bis nach 10° W-Lg. die südlichen Winde gegen die nördlichen stark vor. Ihre größte Häufigkeit erreichen die südlichen Winde im Januar und außerdem im April. Im Januar kommt der Wind viermal so häufig von der Süd- als von der Nordseite.

Vom Mai bis September sowie im März sind ebenfalls bis nach 20° W-Lg. südliche Winde noch ziemlich vorwiegend. Näher der Küste zeigt sich in diesen Monaten dagegen nur wenig Unterschied oder auch ein Vorherrschen nördlicher Winde. Nördliche Winde überwiegen hier im März und September, noch mehr im Mai und Juni; doch geht das Verhältnis zu den südlichen Winden nie über 3 : 2 hinaus. Im November sind auf der ganzen Strecke nördliche und südliche Winde nahezu gleich häufig.

Während im Norden von 45° N-Br. im allgemeinen die südlichen Winde stark vorwiegen, ist im Süden von 45°, wenn auch in geringerem Grade, das Gegenteil der Fall. Das durchschnittliche Verhältnis der nördlichen zu den südlichen Winden ist im Norden 40 : 60, im Süden 54 : 46.

Von 45° bis 40 N-Br. herrschen im Winterhalbjahr, von November bis April, zwischen 30° und 20° W-Lg. südliche Winde noch ziemlich stark vor. Näher der Küste zeigt sich kein Unterschied oder auch ein Vorwiegen nördlicher Winde; letzteres am meisten im März, während sich der April hier, ebenso wie im Norden, wieder durch sehr große Häufigkeit südlicher Winde

[1]) Resultate meteorologischer Beobachtungen von deutschen und holländischen Schiffen für Eingradfelder des Nordatlantischen Ozeans. Quadrate 146 und 147.

auszeichnet. Von Westen her bis nach 15° W-Lg. ist der Wind im April nahezu dreimal so oft von der Süd- als von der Nordseite.

Im Sommerhalbjahr, von Mai bis Oktober, zeigt sich das Vorherrschen nördlicher Winde meistens schon von 30° W-Lg. an und erreicht jetzt einen bedeutend höheren Grad. Am größten ist es im Mai, Juni und Juli. In diesen Monaten kommt der Wind zwischen 20° und 10° W-Lg. aus nördlichen Richtungen fünfmal so häufig als aus südlichen.

Prozentische Häufigkeit der Winde von der Stärke 8 und mehr auf dem Gebiete zwischen 50° und 40° N-Br. und zwischen 30° und 10° W-Lg.

Monat	Zwischen 50° und 45° N-Br.				Zwischen 45° und 40° N-Br.			
	30°—25° W-Lg.	25°-20° W-Lg.	20°-15° W-Lg.	15°—10° W-Lg.	30°—25° W-Lg.	25°—20° W-Lg.	20°—15° W-Lg.	15°—10° W-Lg.
Januar	30 %	22 %	21 %	21 %	27 %	20 %	14 %	12 %
Februar	24 „	17 „	16 „	18 „	27 „	21 „	14 „	10 „
März	17 „	16 „	12 „	16 „	14 „	10 „	9 „	12 „
April	13 „	9 „	12 „	9 „	8 „	12 „	9 „	8 „
Mai	12 „	7 „	9 „	8 „	5 „	5 „	5 „	4 „
Juni	4 „	3 „	2 „	2 „	1 „	4 „	4 „	2 „
Juli	2 „	2 „	3 „	3 „	1 „	3 „	2 „	1 „
August	6 „	2 „	5 „	3 „	2 „	0 „	2 „	4 „
September	7 „	4 „	6 „	9 „	4 „	4 „	8 „	8 „
Oktober	10 „	14 „	10 „	8 „	13 „	23 „	8 „	7 „
November	19 „	13 „	10 „	11 „	11 „	7 „	12 „	16 „
Dezember	27 „	22 „	20 „	18 „	22 „	15 „	19 „	24 „

Wie diese Tabelle zeigt, besteht hinsichtlich des Witterungscharakters, ob stürmisch oder ruhig, auf dem in Rede stehenden Meeresstriche, wie überhaupt im ganzen nördlichen Teile des Atlantischen Ozeans zwischen Winter und Sommer ein sehr großer Unterschied. Im Winter sind Stürme durchschnittlich acht- bis neunmal so häufig als im Sommer. Die größte Häufigkeit fällt in die Monate Dezember und Januar, wo durchschnittlich 21 % aller Beobachtungen Winde von der Stärke 8 oder mehr ergeben; die Monate Juni und Juli weisen mit durchschnittlich nur 2,5 % die wenigsten Stürme auf. Im allgemeinen nimmt die Häufigkeit der Stürme von 50° N-Br. und 30° W-Lg. nach Osten sowohl als nach Süden hin ab, was sich aus dem Umstande erklärt, daß die Hauptzugstraße der barometrischen Minima nördlich von dem Gebiete liegt und nach Nordost gerichtet ist. Die Nordwestecke des Gebietes wird deshalb von den Depressionen am meisten, die Südostecke am wenigsten berührt. Eine teilweise Ausnahme davon zeigt sich jedoch von Oktober bis Dezember. Im Oktober scheint neben dem gewöhnlichen Sturmfelde, dessen Mitte im Nordwesten oder Norden von dem Gebiete liegt, noch ein zweites nordöstlich von den Azoren vorhanden zu sein, wo in diesem Monat die Stürme am häufigsten sind. Im November verschiebt sich dieses Sturmfeld ostwärts und nimmt im Dezember die Umgebung von Kap Finisterre ein.

Die Windrichtung, aus der es am häufigsten und anhaltendsten stürmt, ist

im Januar im Westen von 25° W-Lg. Südwest bis Nordwest, im Osten Südwest;

im Februar und März nördlich von 45° N-Br. und westlich von 20° W-Lg. Südwest bis Nordwest, im übrigen Nordwest und Nord;

im April Südwest und Süd;

im Mai und Juni südlich von 45° N-Br. Nordost und Nord, im Norden Südwest bis Nordwest, und zwar das erstere vornehmlich im Juni, das letztere im Mai;

im August Nordwest;

im September Südwest bis Nordwest;

im Oktober im Westen von 20° W-Lg. Nordwest und Nord, im Osten Südwest;

im November und Dezember Nordwest und Nord.

Vgl. hierzu auch 7. Abschnitt, S. 201 ff.

Stürme. [1])

Die Stürme, welche man auf den Reisen von West nach Ost zu gewärtigen hat, sind in der größten Mehrzahl von der gewöhnlichen Art. Sie gehören Depressionen an, deren Zugstraße nördlich von den Wegen liegt und die in östlicher bis nordöstlicher Richtung fortschreiten. Sie beginnen demgemäß aus Südsüdost bis Südwest und wehen aus dieser Richtung mit zunehmender Stärke und bei fallendem Barometer längere oder kürzere Zeit, je nach der Ausdehnung des Sturmfeldes und je nach der Geschwindigkeit, mit der sich ihre Mitte einem Schiffe nähert. Wenn der Sturm seine Höhe und das Barometer seinen tiefsten Stand erreicht hat, dreht sich der Wind mehr oder weniger rasch, aber fast immer unter heftigen Böen nach West oder Nordwest. Damit geht die Bewegung des Barometers in Steigen über, und nachdem es noch einige Zeit hart aus Nordwesten geweht hat, erreicht der Sturm mit allmählich seltener werdenden Böen sein Ende.

Auf der östlichen Hälfte des Weges sind die großen und plötzlichen Richtungsänderungen des Windes, wodurch die Stürme hauptsächlich gefährlich werden, verhältnismäßig selten. Indessen ist die Möglichkeit ihres Umspringens keinesfalls ausgeschlossen, und man muß deshalb immer auf der Hut sein. Ein plötzliches Ausschießen und eine große Richtungsänderung des Windes ist am ehesten zu erwarten, wenn der Wind in der ersten Hälfte des Sturmes östlich von Süd ist und das Barometer sehr rasch fällt. Die Wahrscheinlichkeit eines solchen Verlaufes ist um so größer, je näher man dem Minimum kommt, wird also vermehrt, wenn man zu weit nach Backbord vom Winde abhält. Im übrigen bedarf es für das Verhalten bei diesen Stürmen kaum einer Anweisung. Sie wehen meistens aus einer günstigen Richtung; holt der Wind herum, so raumt er, nötigt das Wetter zum Beilegen, so hat man mit derselben Seite an den Wind zu drehen, von der man den Wind hat, das heißt auf Steuerbordhalsen.

Auf der westlichen Hälfte des Weges machen die Stürme im allgemeinen die Anwendung größerer Vorsicht erforderlich. Ihr Verlauf ist hier durchschnittlich rascher. Sie setzen oft ohne viel Warnung ein und wachsen schnell zu großer Heftigkeit an. Auch kommt es hier häufiger als im Osten zu einem wirklichen Ausschießen des Windes, das heißt zu einem plötzlichen Hereinbrechen aus einer Richtung, welche der in der ersten Hälfte des Sturmes mehr oder weniger entgegengesetzt ist. Da das vorhergehende Abflauen des Windes meistens nur von kurzer Dauer ist und deshalb die in der ersten Sturmhälfte entstandene See keine Zeit hat, sich zu legen, so kommen die Schiffe beim Ausschießen des Windes in schweren Stürmen leicht in eine sehr üble Lage. Sie können über keinem Buge beiliegen, ohne die hohe, sich überstürzende See von der Leeseite zu haben, und sind der Gefahr ausgesetzt, daß alles vom Deck gerissen wird oder die Luken eingeschlagen werden. Vor den Wind mit dem Kopfe gegen die See gelegt, laufen kurze Schiffe leicht Gefahr, durch furchtbares Stampfen Masten und Ruder zu verlieren.

Östliche Stürme.

Am gefährlichsten sind die Stürme, die von niedrigen Breiten kommen, aus dem östlichen Halbkreise beginnen und in der Art und Weise ihres Auftretens: in dem raschen Verlauf, in der großen, bis zum Eintritt des barometrischen Minimums mehr und mehr zunehmenden Windstärke und in der großen Richtungsänderung des Windes, tropischen Orkanen ähnlich sind. Mehrere sehr schwere Stürme dieser Art auf dem westlichen Teile des Nordatlantischen Ozeans lassen sich in der Tat bis in das Passatgebiet zurückverfolgen und als wirklich tropischen Ursprungs erkennen. In den meisten

[1]) Vgl. auch 7. Abschnitt, S. 177 ff. und S. 211 ff.

Fällen entstehen sie aber wohl erst nördlich von 25° bis 30° N-Br. Sie zeigen sich dann zum größten Teile zuerst zwischen der amerikanischen Küste und den Bermuda-Inseln und ziehen von hier mit dem Golfstrome nordostwärts nach der Gegend der Neufundlandbank. Indessen scheinen sie auch weiter östlich, in 50° bis 60° W-Lg., keinesfalls selten zu sein. Das Vorkommen dieser Stürme ist nicht an eine bestimmte Jahreszeit gebunden, wohingegen die Orkane, die aus der Passatzone kommen, fast nur in den Monaten August, September und Oktober auftreten.

Bei diesen gefährlichen östlichen Stürmen, deren Bahn nördlich gerichtet ist, müssen die ostwärts bestimmten Schiffe beidrehen. Mißlich ist nun, daß man nicht weiß, über welchen Bug dies zu geschehen hat; denn es ist hier sowohl die Möglichkeit vorhanden, daß der Wind im Verlaufe des Sturmes sich nach links, als auch die, daß er sich nach rechts drehen wird. Die Wahl der richtigen Halsen zum Beiliegen, immer so, daß der Wind raumt und das Schiff dabei nicht back gefaßt wird oder quer zur See kommt, sondern gegen die See aufluvt, ist aber als Sicherheitsmaßregel von erster Wichtigkeit. Es erscheint deshalb angezeigt, hier näher festzustellen, was in dieser Beziehung am ratsamsten ist.

Die Regeln für das Beilegen in Orkanen, welche man in früheren Handbüchern findet, gründen sich auf die Annahme, daß die Isobaren konzentrische Kreise um das Minimum der Orkandepression bilden, und daß die Richtung, wohin der Wind weht, überall um einen bestimmten Winkel — nach der früheren Lehre um 90°, nach der späteren um weniger — von der Peilung des Minimums abweicht. Aus dieser Voraussetzung folgerte man, daß die Stellung des Schiffes in bezug auf die Bahn eines herannahenden Orkanzentrums mit Sicherheit aus dem Verhalten des Windes erkannt werden könne. Drehe sich der Wind nach rechts, so befände man sich auf der rechten, drehe er sich nach links, so stände man auf der linken Seite der Bahn. Demgemäß hätte man im ersten Falle auf Steuerbordhalsen, im zweiten Falle auf Backbordhalsen beizulegen. Bliebe die Windrichtung unverändert, so wäre das ein Zeichen, daß man sich recht in der Bahn befände. Für diesen Fall wäre anzuraten, auf der nördlichen Halbkugel mit dem Winde etwas von Steuerbord ein zu lenzen, bis der Wind anfinge, sich nach links zu drehen, und dann auf Backbordhalsen beizulegen.

Wie die Erfahrung gezeigt hat, entsprechen die wirklichen Verhältnisse diesen Voraussetzungen aber nicht. Nur in den seltensten Fällen bildet das Sturmfeld einen Kreis, in dessen Mitte das Minimum liegt. Meistens ist es eine langgestreckte Ellipse oder irgendeine unregelmäßige Figur. Der Gradient, dessen Richtung die des Windes bedingt, ist demnach nur an einigen Orten des Sturmfeldes auf das Minimum gerichtet. Auf den meisten Stellen weicht die Richtung des Gradienten von der Peilung des Minimums erheblich ab, und der Schluß von der Windrichtung auf die Lage des Minimums ist deshalb meistens nur in grober Annäherung richtig. Bei der elliptischen Gestalt der Depressionen behält der Wind beim Herannahen eines Sturmzentrums auch für einen Beobachter, der seitwärts von der Bahn steht, oft lange Zeit unverändert dieselbe Richtung; ja, es ist nicht selten, daß sich der Wind um mehrere Striche nach links dreht und doch schließlich rechts herum geht. Bei den Stürmen der mittleren und höheren Breiten der nördlichen Halbkugel ist dies eine ganz gewöhnliche Erscheinung. Wir erinnern hier nur an das bekannte Krimpen des Windes bei schweren Stürmen, die aus Südsüdwest oder Süd beginnen. In diesen dreht sich der Wind nicht selten bei fallendem Barometer und zunehmender Windstärke nach links, nach Südsüdost oder selbst Südost, später aber wieder nach rechts durch Südwest nach West.

Ein Beispiel, welches zeigt, daß solche Vorgänge auch bei wirklichen Orkanen stattfinden, entnehmen wir dem meteorologischen Tagebuche des Schiffes „Victoria“, Kapitän B. Rehm. Dieses Schiff geriet am 29. August 1883 auf der Rückreise von New York, in etwa 38° N-Br. und 65° W-Lg. in das Feld des verheerenden Sturmes, der um diese Zeit den Atlantischen Ozean überschritt und von seinem ersten Erscheinen am 26. August östlich von den Bahamas bis zu den Britischen Inseln, die er am 1. September, noch mit einer Tiefe der Depression von 712 mm erreichte, überall mit orkanartiger Stärke auftrat. Die „Victoria“ hatte den Wind vorher aus Ost und Ostnordost; gegen Mitternacht des 28. August

drehte er nach Südost und wurde zum Sturme, worauf das Schiff auf Steuerbordhalsen beigelegt wurde. Die weiteren Aufzeichnungen über den Verlauf des Sturmes sind:

August	28.	12	Uhr	N	Wind	SO,	Stärke	8,	Barom.	760,6	mm
„	29.	2	„	V	„	SO,	„	8—9,			
		4	„	„	„	SO,	„	10,	„	757,3	„
		6	„	„	„	SO,	„	10,			
		8	„	„	„	SSO,	„	10—11,	„	750,0	„
		10	„	„	„	SSO—SO,	„	11,			
		12	„	„	„	SO—OSO,	„	11—12,	„	736,1	„
		2	„	N	„	SO—S,	„	12,	„	724,9	„
		4	„	„	„	SSW—SW,	„	12—11,	„	728,0	„
		6	„	„	„	W—WNW,	„	10—12,			
		8	„	„	„	WNW,	„	12—9,	„	744,2	„
		10	„	„	„	WNW,	„	9—8,			
		12	„	„	„	WNW,	„	8—7,	„	753,6	„

Aus dem Gesagten ergibt sich, daß man durch die eben erwähnten Regeln leicht zu verkehrten Annahmen über seine Stellung zur Bahn des Zentrums und infolgedessen auch leicht zu einem falschen und gefährlichen Manöver verleitet werden kann. Daß jede an Bord eines beiliegenden Schiffes beobachtete Drehung des Windes um einen oder zwei Striche nach rechts oder links immer ein Beweis sei, daß man sich auf der entsprechenden Seite der Bahn befindet, ist keineswegs richtig, und ebensowenig läßt das lange Verharren des Windes in derselben Richtung darauf schließen, daß man sich gerade vor der Bahn befindet. Aus dem Verhalten des Windes, aus seinem entschiedenen Drehen nach rechts oder links läßt sich die Lage meistens erst erkennen, wenn der Wind so schwer geworden ist, daß ein Manöverieren nicht mehr möglich ist.

Um Regeln zu erhalten, die den Schiffsführer instand setzen, sich über seine Lage rechtzeitig Kenntnis zu verschaffen, schien es am zweckmäßigsten, die Erfahrungen von früheren Stürmen zu Rate zu ziehen. Dabei ergab sich aus 108 Berichten von schweren Stürmen, die in den Jahren 1878 bis 1884 auf dem Gebiete des Nordatlantischen Ozeans westlich von 40° W-Lg. in der ersten Sturmhälfte aus einem östlichen Striche geweht haben, die folgende Zusammenstellung. Um die Richtungsänderung des Windes, unbeeinflußt von der Ortsveränderung des Schiffes, zu erhalten, sind nur die Beobachtungen von beigedrehten Schiffen herangezogen worden.

In Stürmen, welche anfänglich wehten aus:	drehte sich der Wind nach links:	geriet das Schiff ins Zentrum:	drehte sich der Wind nach rechts:	Anzahl der Stürme:
Südsüdost	0 Mal	3 Mal	19 Mal	22
Südost.	3 „	2 „	25 „	30
Ostsüdost	2 „	6 „	7 „	15
Ost	6 „	4 „	2 „	12
Ostnordost	5 „	3 „	0 „	8
Nordost	15 „	0 „	1 „	16
Nordnordost . . .	5 „	0 „	0 „	5

Es geht daraus hervor, daß der Wind sich auf dem fraglichen Gebiete bei Stürmen, die aus Südost oder einer südlicheren Richtung wehen, fast immer nach rechts dreht. Solange der Wind nicht östlicher ist als Südost, ist es demnach bei schwerem Wetter unzweifelhaft das Richtigste, auf Steuerbordhalsen beizulegen. Andererseits geht bei Stürmen aus Nordost oder einer nördlicheren Richtung der Wind fast ohne Ausnahme links herum. Solange der Wind nicht östlicher ist als Nordost, muß demnach immer auf Backbordhalsen beigelegt werden. Die zweifelhaften und verhältnismäßig häufig ins Zentrum führenden Striche sind Ostsüdost bis Ostnordost. Bei diesen Winden würde also, wenn die Umstände wirklich gefahrdrohend sind, geboten sein, zu lenzen. In bezug hierauf ist jedoch zu bemerken, daß das Lenzen als Sicherheitsmaßregel — und als solche würde es für die ostwärts bestimmten Schiffe nur in Frage kommen — nur angewandt werden sollte, wenn man, nach der Windrichtung zu rechnen, die Sturmbahn wahrscheinlich schon überschritten hat oder doch sehr nahe daran steht; nicht aber, wenn man erfahrungsgemäß noch Aussicht hat, daß sich der Wind nach rechts drehen wird. Etwas Anderes ist es ja, wenn man nach Westen bestimmt ist und durch Lenzen an dem Zentrum vorüber die Reise fördern kann, aber für ostwärts bestimmte Schiffe erscheint es angezeigt, die Grenze für die Fälle, wo das eine oder wo das andere anzuraten ist, noch etwas enger zu ziehen. Zu diesem Ende ist notwendig, die Breite, in der man sich befindet, zu berücksichtigen.

Die vorher gegebene Zusammenstellung bezieht sich vornehmlich auf das Gebiet nördlich von 35° N-Br. Aus südlicheren Breiten sind darin im ganzen nur 12 Beobachtungen aufgeführt. Zur Untersuchung der Verhältnisse in letzterem Gebiete sind deshalb auch noch einige Berichte aus früheren Jahren herangezogen worden. Es geht daraus hervor, daß die Grenze zwischen dem Rechts- und Linksdrehen des Windes im Süden durchschnittlich etwas weiter links liegt als im Norden. Die Winde, bei denen das Schiff am meisten der Gefahr ausgesetzt ist, ins Sturmzentrum zu geraten, sind danach im Norden von 35° N-Br. Ostsüdost bis Ost und zwischen 35° und 25° N-Br. Ost bis Ostnordost. Bei einem Sturm aus Nordost ist auch noch auf dem südlichen Teile des Gebietes ziemlich große Sicherheit vorhanden, daß er links herum, nach Nord und Nordwest, gehen wird.

Danach erscheint für ostwärts bestimmte Schiffe auf dem westlichen Teile des Nordatlantischen Ozeans am ratsamsten zu sein das folgende

Verhalten bei östlichen Stürmen.

Nördlich von 35° N-Br.

Wenn der Wind rw. Ostsüdost oder südlicher ist: Beilegen auf Steuerbordhalsen.
„ „ „ „ Ostnordost oder nördlicher ist: Beilegen auf Backbordhalsen.
„ „ „ „ Ost zu Süd bis Ost zu Nord ist: Nach Nordwest steuern, bis sich der Wind durch Ostnordost gedreht hat, und dann auf Backbordhalsen beilegen.

Zwischen 35° und 30° N-Br.

Wenn der Wind rw. Ost zu Süd oder südlicher ist: Beilegen auf Steuerbordhalsen.
„ „ „ „ nördlicher als Ostnordost ist: Beilegen auf Backbordhalsen.
„ „ „ „ Ost bis Ostnordost ist: Nach Westnordwest steuern, bis sich der Wind nach Nordost gedreht hat, und dann auf Backbordhalsen beilegen.

Zwischen 30° und 25° N-Br.

Wenn der Wind rw. Ost oder südlicher ist: Beilegen auf Steuerbordhalsen.
„ „ „ „ nördlicher als Nordost ist: Beilegen auf Backbordhalsen.
„ „ „ „ Ost zu Nord bis Nordost ist: Nach West steuern, bis sich der Wind durch Nordost gedreht hat, und dann auf Backbordhalsen beilegen.

Da Hinübersteuern nach der linken Seite der Sturmbahn Zurücksegeln bedeutet, so wird man es natürlich nur in schweren Stürmen tun, wenn in das Zentrum hineinzugeraten mit augenscheinlicher Gefahr verknüpft ist. Stürme, bei denen diese Gefahr vorhanden ist, treten vornehmlich in den Monaten August, September und Oktober auf. Die angegebenen Kurse führen nahezu querab von der Bahn, und man hat dabei den Wind etwas von Steuerbord ein. Flach vor dem Winde zu lenzen, wenn man sich vor dem Zentrum befindet, ist sehr gefährlich, weil man auf diese Weise leicht zu nahe an das Zentrum kommt. Wenn das Barometer rasch fällt, ist es ratsam, den Kurs noch etwas nördlicher zu nehmen. Sind die Anzeichen nicht sehr gefahrdrohend, so dürfte es am besten sein, auch bei den kritischen Winden: Ost zu Süd bis Ost zu Nord nördlich von 35° N-Br., Ost bis Ostnordost zwischen 35° und 30° N-Br. und Ost zu Nord bis Nordost zwischen 30° und 25° N-Br. auf Backbordhalsen beizulegen; es sei denn, daß der Wind durch Rechtsdrehen anzeige, daß man sich auf der rechten Seite der Bahn befindet. Allem Anschein nach kann man aus dem Rechtsdrehen des Windes auf eine Stellung rechts von der Bahn mit viel größerer Sicherheit schließen als aus der entgegengesetzten Drehung auf eine Stellung links davon.

Nachdem der Wind nach West umgelaufen ist, kann man den östlichen Kurs, sobald die See es gestattet, unbedenklich wieder aufnehmen, da man sich nun in der hinteren Hälfte der Depression befindet.

Westliche Stürme.

Am häufigsten beginnen die Stürme auch auf der westlichen Hälfte des Weges aus einer südlichen oder südwestlichen Richtung. Bei diesen Stürmen dreht sich der Wind fast ohne Ausnahme nach rechts, meistens in ungefährlicher Weise; indessen kann auch hier der Wind plötzlich in einer schweren Bö aus Nordnordwest oder selbst Nord kommen. Dies wird am ehesten herbeigeführt, wenn man in der ersten Sturmhälfte zu sehr vor dem Winde steuert; ratsamer ist es deshalb, bei Sturm aus Süd bis Südwest den Wind einige Striche von Steuerbord ein zu halten.

Fortschreiten der Sturmfelder.

Die Vorsicht gebietet, bei Stürmen, die in Begleitung tiefer Depressionen auftreten, die Nähe des Minimums so viel wie möglich zu meiden. Die Annäherung an das letztere zeigt sich im allgemeinen im Fallen des Barometers, ebenso wie die zunehmende Entfernung durch Steigen angezeigt wird. Zu einer Vorstellung, mit welcher Geschwindigkeit die Annäherung vor sich geht, gelangt man durch die folgende Überlegung.

Nach den Beziehungen zwischen Gradient und Windstärke muß man annehmen, daß in einer bestimmten geographischen Breite zu einer bestimmten Windstärke auch immer ein bestimmter Gradient von nahezu derselben Größe gehört. Setzen wir nun den Fall, ein Schiff befände sich im östlichen Teile einer Depression der nördlichen Halbkugel; der Barometerstand wäre 753 mm, der Wind Südsüdost von einer Stärke, zu welcher in der Breite des Schiffsortes ein Gradient von 3 mm gehört; der Luftdruck nähme dann in der Richtung Westsüdwest bis West am meisten ab, und in dieser Richtung, 60 Sm entfernt vom Schiffe, befände sich ein Barometerstand von 750 mm. Nehmen wir nun weiter an, die Depression bewege sich mit einer Geschwindigkeit von 20 Sm in der Stunde nach Ost zu Nord, also in entgegengesetzter Richtung wie die Richtung des Gradienten, so würde es natürlich 3 Stunden dauern, bis die vorher 60 Sm entfernte Isobare von 750 mm das Schiff erreichte. Infolge der Annäherung des Minimums um 60 Sm wäre also das Barometer an Bord in 3 Stunden um 3 mm gefallen.

Hätte sich die Depression nicht in der Richtung Ost zum Norden, sondern vielleicht nach Nordost zum Norden fortbewegt, so hätte, da in dieser Richtung der Abstand zwischen den beiden parallel, etwa von Süd zu Ost nach Nord zu West verlaufenden Isobaren ein größerer ist, das Fallen des Barometers um 3 mm natürlich eine längere Zeit, sagen wir 5 Stunden, in Anspruch genommen. Immerhin aber würde auch jetzt diesem Fallen eine Annäherung an das Minimum um 60 Sm entsprechen. Was für das Fallen des Barometers gilt, gilt umgekehrt selbstverständlich auch für sein Steigen. Ein Steigen des Barometers um 3 mm hätte bei der hier vorausgesetzten Größe des Gradienten eine Entfernung des Minimums vom Schiffe um 60 Sm bedeutet. Ebenso erkennt man leicht, daß die Änderung des Barometerstandes dieselbe bleiben muß, einerlei, ob die Annäherung oder Entfernung eine Folge von der Fortbewegung der Depression oder von der des Schiffes sei.

Man sieht, daß man auf diese Weise von der an Bord beobachteten Änderung des Barometerstandes vermittelst des zu der vorhandenen Windstärke gehörigen Gradienten auf die Geschwindigkeit, mit welcher sich das Minimum nähert oder entfernt, schließen kann. Die Annäherung oder die Zunahme der Entfernung in einer bestimmten Zeit beträgt immer so viel mal 60 Sm, als die in derselben Zeit beobachtete Änderung im Barometerstande, dividiert durch den Gradienten; oder kurz ausgedrückt:

$$\frac{\text{Druckabnahme}}{\text{Gradient}} \times 60 = \text{Annäherung.}$$

Um für diese Schätzungen einen festen Anhalt zu bieten, wurden aus einem Jahrgange der täglichen synoptischen Wetterkarten für den Nordatlantischen Ozean, welche von der Seewarte angefertigt werden, die zu den verschiedenen Windstärken gehörenden Gradienten entnommen. Es wurden dabei nur solche Fälle verwandt, in denen die Lage der Isobaren durch mehrere, einander bestätigende Beobachtungen gut bestimmt war.

Gradienten.

Zu Windstärke:	Zwischen 50° u. 40° N-Br. gehört ein mittlerer Gradient von:	Zwischen 40° u. 30° N-Br. ein mittlerer Gradient von:
9	3,3 mm	2,8 mm
8	2,7 „	2,3 „
7	2,2 „	1,8 „
6	1,7 „	1,5 „
5	1,4 „	1,1 „
4	1,1 „	0,8 „

Für die Bestimmung des mittleren Gradienten bei größeren Windstärken als 9 war keine genügende Anzahl gut bestätigter Fälle vorhanden. Man sieht jedoch schon aus den vorstehenden Zahlen, daß der Gradient in steigendem Verhältnisse zunimmt und zwischen 40° und 50° N-Br. für die Windstärke 10 etwa 4 mm oder mehr betragen wird. Bei Orkanen erreicht der Gradient in der Nähe des Minimums nach Beobachtungen von Schiffen mehr als 10, ja, 20 mm; so hatte er z. B. nach den Beobachtungen der „Victoria" bei dem Sturme im August 1883 (vgl. S. 467/68) in der Nähe des Minimums bei der Windstärke 11 bis 12 eine Größe von ungefähr 13 mm.

Aus dem Gesagten geht hervor, daß gleiches Fallen des Barometers bei geringer Windstärke eine raschere Annäherung an das Minimum bedeutet als bei großer. Aus einer in 45° Breite beobachteten Druckabnahme um 3,3 mm in 4 Stunden würde sich zum Beispiel, wenn die Windstärke 9 ist, nur eine Annäherung von 60 Sm [1]), wenn die Stärke 7 ist, aber eine solche von 90 Sm ergeben [2]).

Selbstverständlich kann die hier empfohlene Methode nicht darauf Anspruch machen, genau richtige Angaben zu liefern. Sie kann das schon nicht, weil dabei vorausgesetzt wird, daß die Isobaren konzentrische Kreise und die Druckverhältnisse in der Depression in der Zeit zwischen den Barometerbeobachtungen unverändert seien, während doch die Form der Depressionen gewöhnlich eine Ellipse ist und der Luftdruck darin meistens ab- oder zunimmt.

Es dürfte jedoch für den Schiffsführer, der in die Lage kommt, vor dem Zentrum eines herannahenden schweren Sturmes vorüberlenzen zu müssen, schon von großem Werte sein, bei der Frage, ob es gelingen werde, die Veränderung seines Abstandes vom Minimum nur annähernd richtig beurteilen zu können.

Die Änderungen des Luftdruckes sind in dieser Weise von größerer Bedeutung als der Barometerstand selbst. Die Berechnung des Abstandes vom Sturmzentrum aus der Höhe des Luftdruckes, die man früher für möglich hielt, hat nach unserem jetzigen Wissen keinen Anspruch auf Zuverlässigkeit, und zwar aus dem einfachen Grunde, weil die Tiefe der Minima sehr verschieden sein kann. Immerhin sind ungewöhnliche Zustände des Luftdruckes um so seltener, je mehr sie vom Mittel abweichen. Man kann deshalb bei einem Stande des Barometers von 730 mm eher auf die Nähe des Sturmzentrums schließen als bei einem Stande von 750 mm. Auch ist der Barometerstand für die Beurteilung des kommenden Wetters insofern von Wichtig-

[1]) $\frac{\text{Druckabnahme in 4 Stunden} = 3{,}3\text{ mm}}{\text{Gradient bei Windstärke 9} = 3{,}3\text{ mm}} = 1;$
$1 \times 60 = $ Annäherung in 4 Stunden bei Windstärke 9 = 60 Sm

[2]) $\frac{\text{Druckabnahme in 4 Stunden} = 3{,}3\text{ mm}}{\text{Gradient bei Windstärke 7} = 2{,}2\text{ mm}} = 3/2;$
$3/2 \times 60 = $ Annäherung in 4 Stunden bei Windstärke 7 = 90 Sm

} berechnet nach S. 470 unten.

keit, als man in der zweiten Sturmhälfte um so mehr Wind zu erwarten hat, je tiefer vorher das Barometer gefallen ist. Das nahe bevorstehende Ausschießen des Windes zeigt sich außer in den bekannten Wetteranzeichen: dem häufigen Blitzen, dem starken Regen und dem Abflauen des Windes, wieder in den Änderungen des Luftdruckes, indem das Barometer, freilich oft nur sehr kurze Zeit vorher, zu fallen aufhört.

Manövrieren in Westindischen Orkanen.

Vgl. hierzu auch Monatskarte für den Nordatlantischen Ozean Febr. 1906.

In den eigentlichen westindischen Orkanen scheinen nach den Beobachtungen in St. Thomas und an anderen Landstationen die kritischen Windstriche südlich von 22° N-Br. Nordnordost bis Nord, weiter nördlich, zwischen 22° und 25° N-Br. aber Nordnordost bis Ostnordost zu sein. Demnach dürfte es für nordostwärts bestimmte Schiffe am ratsamsten sein,

südlich von 22° N-Br.:

wenn der Wind rechtweisend Nordost zu Nord oder östlicher ist: auf Steuerbordhalsen beizulegen;
" " " " westlicher als Nord ist: auf Backbordhalsen beizulegen;
" " " " Nordnordost bis Nord ist: nach Südwest zu steuern, bis der Wind durch Nord geholt hat.

Zwischen 22° und 25° N-Br.:

wenn der Wind rechtweisend Ostnordost oder östlicher ist: auf Steuerbordhalsen beizulegen;
" " " " Nordnordost oder nördlicher oder gar westlicher ist: auf Backbordhalsen beizulegen;
" " " " Nordost zu Ost bis Nordnordost ist: nach Westsüdwest zu segeln, bis der Wind sich nach Nord gedreht hat, und dann auf Backbordhalsen beizulegen.

Nach den Schiffsbeobachtungen scheint allerdings die Bahn der Orkane auf dem offenen Ozean auch schon in niedrigeren Breiten manchmal eine viel nördlichere Richtung zu haben, als für die westindischen Inseln im Durchschnitt festgestellt worden ist. Wenn daher die vorstehenden Regeln auch in den allermeisten Fällen das Richtige treffen werden, so ist bei ihrer Anwendung doch Vorsicht geboten; denn es ist möglich, daß ein Schiff in das Sturmzentrum gerät, obwohl es südlich von 22° N-Br. den Wind östlicher als rw. Nordost zu Nord oder zwischen 22 und 25° N-Br. den Wind östlicher als rw. Ostnordost hat.

Wenn der Wind günstig, südöstlich, südlich oder westlich ist, so kann man auch hier im allgemeinen unbedenklich seinen Weg verfolgen. Eine Warnung, daß man sich dem Minimum der vielleicht nur mit sehr geringer Geschwindigkeit fortschreitenden Depression zu sehr nähert, hat man in dem Fallen des Barometers. Tritt dieses ein, so ist mehr nach Steuerbord zu steuern.

Die Wahrscheinlichkeit, von einem tropischen Orkan überfallen zu werden, ist klein. Nach den meteorologischen Tagebüchern der Deutschen Seewarte sind auf 80 Reisen in den Orkanmonaten Juli, August und September der sechs Jahre von 1868 bis 1874 nur zwei Schiffe in einen Orkan geraten. So sehr auch Vorsicht am Platze ist, erscheint eine übertriebene Ängstlichkeit doch keinenfalls berechtigt. Das zuverlässigste Zeichen wirklicher Gefahr ist das Fallen des Barometers. Drohendes Aussehen des Himmels und Anwachsen des Passats zur Stärke eines Sturmes kommt oft vor, geht aber in den meisten Fällen vorüber, ohne daß ein schwerer Sturm eintritt.

Weiteres über die Stürme des Nordatlantischen Ozeans vgl. im siebenten Abschnitt S. 146 bis 228.

Mittlere Reisedauer.

Nach Lizard.

	Von New York	Von Philadelphia oder Baltimore	Von Wilmington Charleston od. Savannah	Von New Orleans Mobile oder Peusacola	Von Cuba, Nordküste	Von Cuba, Südküste	Von Haïti	Von den Kleinen Antillen	Von Port of Spain	Von Laguna de Terminos
	Tage	Tage	Tage	Tage	Tage	Tage	Tage	Tage	Tage	Tage
	Reisen aus den Jahren vor 1893.									
Januar	} 26		} 33	} 41						
Februar		} 28								
März	27									
April	28	} 30	} 34	} 44						
Mai	30									
Juni	} 27	27	32	} 42						
Juli		} 26								
August	26									
September	29	} 30	} 37	} 45						
Oktober	28									
November	} 25	28								
Dezember		27	33	41						
Jahr	27	28		43						
	Reisen aus den Jahren 1893 bis 1904.									
Jahr	27,5	27,6	31,5	43,9	38,6	47,7	36,6	32,2	37,9	57,0

Nach Gibraltar.

Von Häfen nördlich von Kap Hatteras ist das Jahresmittel 31 Tage.

Nach der Insel Fair.

Von New York im April, Mai und Juni 30,2 Tage gegen 28,3 Tage nach Lizard,
im Juli, August und September 35 „ „ 27,8 „ „ „

Danach bringt der nördliche Weg im April, Mai und Juni auf Reisen nach der Deutschen Bucht keinen Nachteil, auf Reisen nach dem Skagerak Vorteil; von Juli an ist es dagegen im allgemeinen vorteilhafter durch den Englischen Kanal zu gehen.

Schnelle Reisen.

Von	Nach	Tage	Bemerkungen
New York	Lizard	16	Januar u. Oktober
Philadelphia	„	17	August
New Orleans	„	25	November
Halifax	„	15	1884
New York	der Insel Fair	20	August 1901
Charleston	Lizard	21	1878
Mobile	„	24	1876
Laguna de Terminos	„	38	1886
Port of Spain	„	28	1893
St. Juan (Porto Rico)	„	23	1875
Paramaribo	„	32	1898

Neunzehnter Abschnitt.

Von Kap Horn und der Ostküste Südamerikas nach der Linie.

Allgemeines.

Die Schiffe, welche von den Häfen an der Westküste Amerikas ausgehen, wie auch die, welche von den Inseln des Stillen Ozeans und von der Ost- und Südküste Australiens kommen, nehmen für ihre Rückreise nach Europa den Weg um Kap Horn und finden sich, nachdem sie die Höhe des Kaps auf verschiedenen Wegen erreicht haben, bei der Durchsegelung des Atlantischen Ozeans auf einen gemeinschaftlichen Weg angewiesen. Dieser gemeinschaftliche Weg weicht von dem der ausgehenden Schiffe erheblich ab. Während die letzteren, um sich eine möglichst vorteilhafte Stellung gegenüber den in höheren Breiten herrschenden Westwinden zu sichern, von Kap Frio an sich in der Nähe der Küste halten, westlich von den Falklandinseln nach Süden und nahe um das Ostende von Feuerland oder Staaten-Land herumsegeln, steuern die Schiffe auf der Heimfahrt gleich von Kap Horn aus mit den westlichen Winden raumschoots nach der Ostseite der Falklandinseln und dann in etwa 1000 Sm Abstand vom Festlande nordostwärts nach dem Passatgebiet, dessen Grenze sie in 25° bis 30° W-Lg., weit genug luvwärts, überschreiten, um nunmehr ohne Behinderung durch die Küste von Brasilien nach Norden segeln zu können. Den Weg der ausgehenden Schiffe kreuzen sie erst nördlich von 10° S-Br. Auf dem letzten Teile des Weges zur Linie schließen sich der Flotte vom Stillen Ozean nach und nach auch die Schiffe an, die von den verschiedenen Häfen an der Ostküste Südamerikas zurückkehren. Diese Schiffe verfolgen ihre Wege nach Norden zunächst noch weiter westlich als die Schiffe von Kap Horn, halten aber im Passat näher am Winde und erreichen schließlich den Nordatlantischen Ozean in derselben Länge.

Für die Wahl des Weges von Kap Horn nach der Linie ist es zunächst wichtig, den Punkt zu bestimmen, wo man die polare Passatgrenze zu überschreiten hat. Es ist ebenso nachteilig, diesen Punkt allzu östlich, wie allzu westlich zu nehmen. Ein östlicher Schnittpunkt läßt sich freilich mit den herrschenden Winden von Kap Horn her fast immer ohne Mühe erreichen, leichter in den meisten Fällen als ein westlicher, und er würde auch insofern allen Anforderungen entsprechen, als er gestattete, das Passatgebiet mit raumem Winde zu durchsegeln; er würde jedoch zu einer erheblichen Verlängerung des Weges führen. Je östlicher der Weg genommen wird, desto mehr weicht er vom größten Kreise ab; und es ist auch nicht ratsam, den Äquatorialstillengürtel in zu östlicher Länge zu überschreiten, weil man hier zu langen Aufenthalt zu gewärtigen hätte. Man würde dann wieder nach Westen abhalten müssen und dadurch die Entfernung noch mehr vergrößern. Andererseits wird, wenn man die polare Passatgrenze in einer sehr westlichen Länge überschreitet, der Weg zwar abgekürzt, aber man ist der Gefahr ausgesetzt, sich von der Küste von Brasilien nicht auf einem Schlage freisegeln zu können und kreuzen zu müssen, oder auch durch die zu geringe Windstärke in der Nähe der Küste in gewissen Jahreszeiten benachteiligt zu werden. Unter Berücksichtigung des einen wie des anderen dürfte es sich für alle Jahreszeiten als das Zweckmäßigste herausstellen, den Schnittpunkt der Passatgrenze zwischen 30° und 25° W-Lg. zu nehmen. Meistens erhalten die Schiffe den Passat zwischen 25° und 20° S-Br.; der Wind ist jedoch schon von 30° S-Br. an vorherrschend östlich, und es empfiehlt sich deshalb, 30 bis 25° W-Lg. schon auf 30° S-Br. anzusegeln.

Segelanweisung für die Strecke von Kap Horn durch das Westwindgebiet.

Bei anhaltend günstigem Winde ist es im allgemeinen am zweckmäßigsten, auf dem Wege von Kap Horn nach 30° S-Br. dem Bogen des größten Kreises zu folgen.

Von 56,5° S-Br. in 66° W-Lg. führt er über die

Schnittpunkte

S-Br.	in	W-Lg.	S-Br.	in	W-Lg.	
55°	„	61,3°	40°	„	36,2°	
50°	„	50,0°	35°	„	31,2°	nach
45°	„	42,2°	30°	„	27,0°	und ist

2280 Sm lang.

Sehr oft hat man aber den Wind anfänglich aus einer schralen nördlichen Richtung, so daß es nicht möglich ist, den größten Kreis einzuhalten. Es bleibt dann keine Wahl, als zunächst mehr nach Osten zu steuern, und diesem steht, insofern als die Möglichkeit, die Reise mit den herrschenden Winden fortzusetzen, in Betracht kommt, natürlich auch kein Bedenken entgegen. Wird man jedoch nicht durch den Wind gedrängt, so ist es ratsamer, nicht zu weit nach Osten zu gehen.

Auf wenigen Stellen, die von dem gewöhnlichen Seeverkehr berührt werden, sind die Schiffe so sehr der Gefahr ausgesetzt, mit Treibeis zusammen zu treffen, als hier im Osten von Kap Horn und den Falklandinseln. Die mittlere Eisgrenze verläuft von Kap Horn nordostwärts über 50° S-Br. und 52° W-Lg. nach etwa 42° S-Br. und 35° W-Lg. Auch der vorher angegebene kürzeste Weg führt also zum Teil noch durch das Gebiet hindurch. Indessen tritt das Eis hier, in der Nähe der Grenze, nur vergleichsweise selten auf. Es vergehen Jahre, in denen hier gar kein Eis gesichtet wird, und selbst in Eisjahren tritt es hier von etwa Februar bis Juli nur vereinzelt auf. Dagegen treffen die Schiffe in größerer Entfernung südostwärts von der mittleren Eisgrenze in allen Jahreszeiten nicht nur vereinzelte Berge, sondern auch meilenweit ausgedehnte Flächen voll Packeis, durch das hindurch zu kommen oft mit großen Schwierigkeiten verknüpft ist. Vgl. S. 488ff. unter Treibeis.

Um dem Eise aus dem Wege zu gehen, sollte man so wenig wie möglich vom größten Kreise nach Osten abweichen, namentlich so lange man noch südlich von 50° oder 47° S-Br. steht. Nach Norden abzuhalten, um einen schralen Südostwind oder einen schweren Sturm aus Süd besser ausnutzen zu können, hat dagegen kein Bedenken; denn man darf erwarten, daß man noch hinreichend nordwestliche Winde erhalten wird, um genügend Ost gutmachen zu können. Östliche Winde, die schon in 45° oder höheren Breiten auftreten, führen nur in den seltensten Fällen ganz in den Passat hinein; vielmehr gelangen die Schiffe fast immer erst noch einmal in einen Strich nördlicher und nordwestlicher Winde. Es ist selbst schon vorgekommen, daß Schiffe bei Nordostwind, den sie auf der ersten Strecke des Weges erhielten, den Weg westlich von den Falklandinseln genommen haben, ohne daß ihnen hieraus eine Schwierigkeit oder ein Nachteil gegen ihre Mitsegler entstanden ist. Im allgemeinen ist der Weg westlich von den Falklandinseln jedoch nicht zu empfehlen, weil man dabei, wenn der Wind zu früh nordwestlich holt und hart zu wehen beginnt, in Verlegenheit geraten kann. Man macht damit auch einen Umweg.

Trifft man östlich von den Falklandinseln nördliche Winde, so kann es sich unter Umständen empfehlen, z. B. um der Eisgefahr aus dem Wege zu gehen oder um schneller eine Windänderung herbeizuführen, auf Steuerbordhalsen zu segeln. So bemerkt Kapt. Hilgendorf in seinem meteorologischen Tagebuche vom Jahre 1894:

„Da ich auf meiner vorigen Rückreise trotz eines westlichen Weges viel Eis antraf, beschloß ich, dieses Mal, wenn möglich, noch westlicher zu gehen. Dies wurde mir insofern leicht gemacht, als ich östlich von den Falklandinseln hoch nördlichen Wind bei niedrigem Barometerstand und Nebel antraf. Die Wahl war somit nicht schwer, denn auf Backbordhalsen lief ich in den Nebel und in die Eisgegend hinein; dagegen hatte ich auf Steuerbordhalsen Aussicht, in das Nordwestviertel der Depression zu gelangen und infolgedessen bald günstigen Wind zu finden. Dieser stellte sich, nachdem wir 40 Sm nach WNW gesegelt waren, denn auch schon ein, während gleichzeitig das Wetter aufklarte, doch blieb der Wind zunächst bei wenig steigendem Barometer nur flau, und ich ließ deshalb einen hoch nördlichen Kurs steuern, in der Erwartung, daß in einiger Entfernung vom Minimum mehr Wind sein würde. Ich wollte auch nicht wieder in den Nebel hineinlaufen, der noch am nächsten Morgen als eine graue Bank im Osten stand. Die dann folgende Gelegenheit — Wind SW 5 bis WNW 7 — war auch einigermaßen zufriedenstellend; ich behielt klares Wetter, und es wurde kein Eis angetroffen. Ob ich auf einem östlichen Wege Vorteil erzielt hätte, ist zweifelhaft; sicher aber wäre die Wahrscheinlichkeit, Eis anzutreffen, größer gewesen, und ich hätte bei Nacht und dickem Wetter vorsichtiger fahren müssen und dadurch Zeit verloren."

Auch aus den etwas weiter hinten bei der Besprechung der Eisverhältnisse angeführten Berichten, z. B. aus denen der Segler „Alster" und „Alstertal", geht hervor, daß es sich nicht nur empfehlen, sondern daß man durch Eis geradezu gezwungen werden kann, bei Nordwind in der Nachbarschaft der Falklandinseln auf Steuerbordhalsen zu segeln.

Nachdem man etwa 47° S-Br. überschritten und damit die schlimmste Eisgefahr hinter sich hat, sollte man Sorge tragen, genügend Ost gut zu machen; denn während man sich vorher besser westlich hält, ist es von 40° S-Br. an im allgemeinen vorteilhafter, östlich vom mittleren Wege zu sein.

In den meisten Fällen kann freilich auch noch im Norden von 35° S-Br. ziemlich leicht Ostlänge angeholt werden. Der Übergang in das Passatgebiet vollzieht sich nämlich auf dem Wege von Kap Horn nach der Linie gewöhnlich in der Weise, daß der Wind, der weiter südlich und besonders zwischen 45° und 35° S-Br. vorherrschend nordwestlich ist, beim ferneren Fortschreiten der Schiffe nach Norden seine Richtung allmählich durch Nord und Nordost nach Ost und Südost verändert, aber noch bis 28° oder 25° Breite vorwiegend westlich von Nord bleibt. Die Schiffe werden deshalb, selbst wenn sie anfänglich auch ziemlich westlich stehen, auf Backbordhalsen bei dem Winde weit genug nach Osten geführt, um später, nachdem der Wind durch Nord geholt ist, den Kurs auf Steuerbordhalsen unbehindert vom Lande solange verfolgen zu können, bis der Wind die Passatrichtung angenommen hat. Indessen ist der Verlauf nicht immer so. Häufig kommt es auch vor, daß der Wind schon von 35° S-Br. an eine Richtung östlich von Nord hat. Unter solchen Umständen ist es dann nicht mehr möglich, ohne Zeitverlust Luv zu gewinnen. Um auch in solchen Fällen in der Lage zu sein, immer auf den Halsen segeln zu können, die am meisten Nord bringen, tut man gut, den Schnittpunkt von 35° S-Br. ziemlich östlich zu nehmen.

In niedrigerer Breite werden mit der zunehmenden Häufigkeit der östlichen Winde die Aussichten, ohne Mühe und Zeitverlust noch Ost gewinnen zu können, noch geringer, und deshalb ist in 30° und 25° S-Br. eine gut östliche Stellung noch mehr angezeigt. Wenn es die Umstände zulassen, sollte man

im Winterhalbjahr (April bis September)
35° S-Br. nicht westlicher als in 33° W-Lg.,
30° und 25° „ „ „ „ „ 29° W-Lg.,
im Sommerhalbjahr (Oktober bis März)
35° S-Br. nicht westlicher als in 30° W-Lg.,
30° und 25° „ „ „ „ „ 29° W-Lg.

schneiden. Bekanntlich hat im Sommerhalbjahr der Passat oft bis nach 10° S-Br. hinauf eine nördlich von Ost liegende Richtung; deshalb ist in dieser Jahreszeit die Gefahr, in die Nähe der Küste von Brasilien gedrängt zu werden, am größten.

Segelanweisung für das Gebiet zwischen den westlichen Winden und dem Südostpassat.

Das Gebiet an der Südgrenze des Passats, wo nördliche Winde zu herrschen pflegen, bildet in den meisten Fällen die schwierigste Stelle des ganzen Weges. Der Wind ist hier gewöhnlich nur von mäßiger Stärke und von schönem Wetter begleitet, aber er weht oft lange Zeit unverändert aus Richtungen zwischen Nord zu West und Nord zu Ost; ja nicht selten kommt er tagelang recht aus Norden, und die Schiffe müssen infolgedessen gerade gegen den Wind aufkreuzen. Meistens liegt die Strecke, wo diese ungünstigen Verhältnisse gefunden werden, zwischen 30° und 20° S-Br.; oft wird sie aber auch um mehrere Grade südlicher oder auch nördlicher angetroffen. Wie die meteorologischen Tagebücher der Deutschen Seewarte zeigen, brauchen die Schiffe hier besonders im Sommerhalbjahr oft eine unverhältnismäßig lange Zeit, um wenige Breitengrade zurückzulegen. Einige Beispiele mögen hier folgen, die keineswegs als Ausnahmen anzusehen sind und deren Zahl allein aus den Eingängen im Jahre 1908 leicht verdoppelt werden könnte.

„Anakonda",	Oktober u. November	07,	von	25–19°	S-Br.	= 9	Tage
„D. H. Wätjen",	Dezember	07,	„	36–23°	„	= 20	„
„Schiffbek",	Dezember	07,	„	33–26°	„	= 12	„
„Antuco",	Januar u. Februar	08,	„	36–26°	„	= 12	„
„Pisagua",	März	08,	„	37–22°	„	= 19	„
„Arethusa",	November	08,	„	30–20°	„	= 16	„

Zuzeiten treffen die Schiffe anstatt der nördlichen südliche und südöstliche Winde, mit denen sie dann leicht in das Passatgebiet gelangen. Ein solcher günstiger Zufall ist gewöhnlich entscheidend für den ganzen Verlauf der Reise von Kap Horn nach der Linie. Diese wird dann oft in 25 oder noch weniger Tagen gemacht, während sie unter widrigen Umständen, wenn die hartnäckigen nördlichen Winde herrschen, nicht selten 40 bis 50 Tage in Anspruch nimmt.

Um die Schwierigkeiten zwischen 30° oder 35° S-Br. und der Passatgrenze zu überwinden, sollte man beim Aufkreuzen gegen die nördlichen Winde stets auf den Halsen segeln, die am meisten Nord bringen und jedes noch so geringe Holen und Schralen des Windes ausnutzen. Um das zu können, ohne der Küste zu nahe zu kommen, ist es zweckmäßig, sich beim Eintritt in dies Gebiet gut östlich zu halten. Allzu östlich zu gehen, ist indessen nicht ratsam; denn gerade wenn die Winde am hartnäckigsten als leichte Brisen bei schönem Wetter wehen, so hängt das damit zusammen, daß das Maximum der Roßbreiten (vgl. hierzu S. 395 und 398 ff.), ohne seine Lage zu ändern, nordöstlich vom Schiffe liegt, und man hat dann in einer sehr östlichen Stellung erst recht flaue Brise, wenn nicht gar Windstille zu gewärtigen. Die Mitte dieses Maximums befindet sich gewöhnlich in etwa 25° S-Br. und 5° bis 10° W-Lg., und von Kap Horn kommende Schiffe passieren es an seiner Westseite. Dabei verändert sich die Peilung des Ortes höchsten Druckes allmählich von Nordost durch Ost nach Südost, und dementsprechend dreht sich der Wind allmählich von Nordnordwest durch Nord und Nordost nach Ost. Vorausgesetzt, daß die Lage des Maximums dieselbe bleibt, kann also eine solche Änderung der Windrichtung nur eintreten, wenn das Schiff auch wirklich die Breite gutmacht. Bleibt das Schiff nahezu auf demselben Parallel, was ja der Fall ist, wenn es gegen einen Wind recht aus Norden aufkreuzen muß, so bleibt die Peilung des Maximums und die Windrichtung nahezu unverändert. Deshalb finden die nordwärts bestimmten Schiffe diese nördlichen Winde viel anhaltender und beständiger als die südwärts gehenden; und bedenkt man, daß die günstige Windänderung hier vornehmlich eine Folge des Fortschreitens der Schiffe nach

Norden ist, so erkennt man auch, wie notwendig es ist, hier beim Kreuzen immer auf den Halsen zu segeln, die am meisten Nord bringen.

Sollte man nun aber nicht zu östlich gehen, um nicht in zu große Nähe des Maximums zu kommen, so sollte man andererseits auch nicht auf Steuerbordhalsen zu weit nach Westen segeln, weil man dort keine Aussicht hat, daß der Wind bald raumen werde (vgl. S. 380 u. 479); daher wird es zweckmäßig sein, die folgenden Grenzen

beim Kreuzen gegen Nordwinde
von April bis September 20° W-Lg. und 35° W-Lg.,
„ Oktober bis März 20° „ „ 32° „

nicht zu überschreiten.

Ein Abweichen von der Regel, immer auf den Halsen zu gehen, die am meisten Nord bringen, dürfte sich empfehlen, wenn das Fallen des Barometers bei nördlichem Winde, die Zunahme der Windstärke oder der Eintritt von Regenwetter darauf hindeuten, daß der Wind bald nach Süden umlaufen werde. Alsdann ist es am besten, selbst wenn die Stellung noch nicht so östlich wie wünschenswert ist, auf Steuerbordhalsen nach Westen zu stehen, da man sich auf diese Weise der Depression, deren Auftreten jene günstige Windänderung hervorruft, rascher nähert. Auf Backbordhalsen würde man mit der nach Ost oder Südost ziehenden Depression in derselben Richtung fortschreiten und deshalb den schralen nördlichen Wind länger behalten. Wenn der Wind nach Süd umgelaufen ist, so hat man natürlich seinen Kurs so zu nehmen, daß die etwa verlorene Ostlänge wieder gutgemacht und eine zweckmäßige Stellung für das Durchsegeln des Passatgebietes gewonnen wird.

Segelanweisung für das Passatgebiet.

Im allgemeinen ist es am vorteilhaftesten, sich im Südostpassat zwischen 30° und 25° W-Lg. zu halten; auf einem östlichen Wege ist die Entfernung größer, und man ist dem Maximum der Roßbreiten näher, wo man leicht flaueren Wind hat; auf einem westlicheren Wege kommt man der Küste so nahe, daß unbeständigerer und oft schraler Wind zu erwarten ist.

Wenn es der Wind gestattet, passiere man deshalb östlich von Trinidad, zwischen dieser Insel und 25° W-Lg., und setze dann den Kurs nahezu recht nach Norden, um den Äquator in 26° bis 29° W-Lg. zu schneiden. Der östlichere Schnittpunkt empfiehlt sich für die Zeit von Ende Juni bis Anfang Oktober, wenn nördlich der Linie der Südwestmonsun herrscht, und außerdem für die Monate Februar, März und April. In diesen drei Monaten werden die Schiffe zwischen 10° S-Br. und der Linie oft sehr durch Windstillen aufgehalten, vornehmlich wenn sie sehr westlich stehen. Das Schiff „Peter Godeffroy“ hat z. B. im März 1884 in 32° W-Lg. nicht weniger als 11 Tage gebraucht, um die 300 Sm von 5° S-Br- bis 0° Br. zurückzulegen. In der übrigen Zeit des Jahres, von Anfang Mai bis Ende Juni und von Anfang Oktober bis Ende Januar, ist es jedoch zweckmäßiger, den Schnittpunkt westlicher, in 27° bis 29° W-Lg., zu nehmen. Der Unterschied in der Stärke des Passats, ob man etwas östlicher oder etwas westlicher steht, ist dann nicht von Belang. Dagegen ist dann auf dem westlichen Wege das Überschreiten des Stillengürtels zwischen dem Nordost- und dem Südostpassatgebiete sehr viel leichter als im Osten.

Steht man, wenn der Südostpassat einsetzt, zu westlich, um den Weg Ost von Trinidad ohne Zeitverlust nehmen zu können, so sollte man nur danach streben, so rasch wie möglich nach Norden zu kommen. Die Gefahr, infolge der schralen Richtung des Passats in die Nähe der Küste gedrängt zu werden, besteht vornehmlich im November und Dezember. In diesen Monaten sind Schiffe der Küste noch zu nahe gekommen, die 20° S-Br. in 32° bis 33° W-Lg. geschnitten hatten. In den übrigen Monaten und besonders im südlichen Winter ist der Passat so raum, daß man sich selbst von einem Schnittpunkte in 20° S-Br. und 35° W-Lg. ohne Mühe vom Lande freisegeln kann. Nachdem 10° S-Br. überschritten ist, bietet dies überhaupt zu keiner Jahreszeit noch Schwierigkeiten. Hier hat man den Wind wohl immer raum genug, um vor dem Lande nach Norden steuern zu können. Steht man in 10° S-Br. der Küste so nahe, daß der Weg östlich von Fernando Noronha nicht mehr ganz bequem ist, so sollte man ohne Bedenken westlich von dieser Insel entlang gehen.

Befindet man sich beim Einsetzen des Passats in einer ausnahmsweise östlichen Stellung, so hat man bei der Wahl des Weges zur Linie vornehmlich die Verhältnisse im Äquatorialstillengebiet in Betracht zu ziehen.

Von Ende Juni bis Anfang Oktober braucht man es nicht weit im Westen zu überschreiten, es genügt dann, den Kurs auf 5° N-Br. und 26° W-Lg. zu setzen. Auch im Februar, März und April ist es namentlich wegen der Windstillen im Süden der Linie vorteilhaft, wenn man nicht zu westlich geht, sondern die Linie in 25,5° bis 26° W-Lg. schneidet. In den übrigen Monaten dürfte es jedoch besser sein, den Schnittpunkt westlicher zu nehmen. Man darf erwarten, daß der Zeitverlust beim Abhalten nach Westen durch die günstigeren Umstände beim Überschreiten des Stillengürtels mehr wie ausgeglichen wird.

Segelanweisung für Fahrten von Häfen der Ostküste Südamerikas nach der Linie.

Auf allen diesen Fahrten muß man zunächst möglichst dahin streben, so viel Ost zu gewinnen, daß man mit dem Passat auf einem Buge frei von der Küste von Brasilien nach Norden segeln kann.

Von Rio Grande, dem Rio de la Plata oder südlicheren Plätzen aus dürfte es im allgemeinen am vorteilhaftesten sein, die polare Passatgrenze nahezu in derselben Länge anzusteuern wie auf dem Wege von Kap Horn, nämlich in der Nähe der Insel Trinidad. Es ist dies verhältnismäßig leicht, da die Abfahrtsorte außerhalb des Passatgebietes liegen; nur muß darauf geachtet werden, daß man sich, bis genügend Ost gewonnen ist, gut südlich hält. Wird der Kurs zu früh nördlich genommen, so läuft man Gefahr, in das Gebiet der nordöstlichen Küstenwinde zu geraten, die um so mehr vorherrschen, je nördlicher man kommt. Wird dies nicht beachtet, so können sich daraus sehr lange Reisen ergeben; denn einmal in jenes Gebiet hineingedrängt, müssen die Schiffe oft die ganze Strecke bis dahin, wo sie den Passat hinreichend raum erhalten, gegen den Wind aufkreuzen. Auch bei Rio Grande und vor dem Rio de la Plata ist der Wind vorwiegend nordöstlich. In dieser Breite weht er aber meistens nur in der Nähe der Küste und auch viel weniger beständig, so daß man hier viel leichter als im Norden nach Osten gelangen kann. Mit günstigem Winde sollte man zunächst nahezu recht nach Osten steuern und den Parallel von 30° S-Br. von März bis September nicht westlicher als in 36°, von Oktober bis Februar aber nicht westlicher als in 33° W-Lg. überschreiten. Bei ungünstigem Winde halte man sich lieber an der Süd- als an der Nordseite von dem Wege zu diesen Schnittpunkten. Den Parallel von 20° S-Br. sollte man im Winterhalbjahre nicht westlicher als in 32°, im Sommer nicht westlicher als in 30° W-Lg. zu schneiden suchen. Die Ostlänge, welche bis hierher noch anzuholen ist, gewinnt man am leichtesten wieder auf der ersten Hälfte der Strecke, wo man den Wind oft aus hoch nördlichen Richtungen hat. Dabei sollte man vorzugsweise auf Backbordhalsen segeln. Nördlich von 25° S-Br. ist der Wind meistens so östlich, daß auf Backbordhalsen wieder Süd mit angeholt wird; andererseits ist er hier gewöhnlich aber auch nicht so raum, daß man auf Steuerbordhalsen Ost gutmachen kann; vielmehr muß man, um ohne Aufenthalt von 25° bis 20° oder selbst 15° S-Br. nach Norden gelangen zu können, in sehr vielen Fällen wieder Länge zusetzen. Am meisten gilt dies für den Sommer; deshalb ist für diese Jahreszeit — besonders November bis Januar — ein östlicher Schnittpunkt von 25° S-Br. am meisten anzuraten.

Von Santos, Rio de Janeiro und den übrigen Plätzen in der Nähe nach Osten zu gelangen, ist mit größeren Schwierigkeiten und mehr Aufenthalt verknüpft, da man, um Ost gutzumachen, zugleich auch ziemlich viel Süd in Kauf nehmen muß. So östlich zu gehen, wie für Schiffe vom

Rio de la Plata und von Kap Horn empfohlen worden ist, erscheint deshalb auch nicht ratsam; es sei denn, man fände zufälligerweise gute Gelegenheit dazu. Immerhin sollte man aber, um die ungünstigeren Winde und den Gegenstrom in der Nähe des Landes zu vermeiden, zunächst eine gute Strecke — im Winter etwa 200, im Sommer etwa 350 Sm — mit dem nordöstlichen Küstenwinde auf Backbordhalsen vom Lande abstehen, bevor man das Schiff auf Steuerbordhalsen nach Norden legt. Den angegebenen Abstand sollte man bis nach etwa 15° S-Br. zu behalten suchen. Zu dem Ende wird man, besonders im Sommer, in der ersten Zeit noch ab und zu einen Gang auf Backbordhalsen zu machen haben. Jedenfalls ist dies vorteilhafter, als südlich von Bahia zu nahe an die Küste zu gehen.

Mittlere Schnittpunkte.

Der mittlere Weg von Kap Horn nach der Linie schneidet:

	im Januar, Februar und März:	im April, Mai und Juni:	im Juli, August und September:	im Oktober, November und Dezember:
65° W-Lg.	in 56,4° S-Br.,	in 56,6° S-Br.,	in 56,4° S-Br.,	in 56,4° S-Br.
60° "	" 55,1° "	" 55,3° "	" 54,8° "	" 55,3° "
50° S-Br.	" 48,2° W-Lg.,	" 49,3° W-Lg.,	" 50,9° W-Lg.,	" 48,3° W-Lg.
45° "	" 39,6° "	" 42,3° "	" 43,5° "	" 39,6° "
40° "	" 34,0° "	" 36,5° "	" 37,6° "	" 33,7° "
35° "	" 30,5° "	" 31,8° "	" 33,2° "	" 29,4° "
30° "	" 28,1° "	" 28,6° "	" 29,6° "	" 27,3° "
25° "	" 27,1° "	" 27,3° "	" 28,6° "	" 26,0° "
20° "	" 27,8° "	" 26,6° "	" 28,0° "	" 26,3° "
15° "	" 28,7° "	" 27,4° "	" 29,0° "	" 27,5° "
10° "	" 29,0° "	" 27,8° "	" 29,1° "	" 28,1° "
5° "	" 29,1° "	" 28,0° "	" 29,0° "	" 28,4° "
0° "	" 29,6° "	" 28,5° "	" 29,2° "	" 28,5° "

Der im Jahresmittel eingehaltene Weg vom Rio de la Plata nach der Linie führt durch die Schnittpunkte:

35° S-Br.	und 46,1° W-Lg.,	30° S-Br.	und 35,5° W-Lg.
25° "	" 32,1° "	20° "	" 31,3° "
15° "	" 31,0° "	10° "	" 31,0° "
5° "	" 31,0° "	0° "	" 31,0° "

Die mittleren Wege von Rio de Janeiro und Santos nach der Linie schneiden:

	vom Juni bis September:	vom November bis Februar:
20° S-Br.	in 36,1° W-Lg.	in 33,0° W-Lg.
15° "	" 34,5° "	" 32,3° "
10° "	" 33,2° "	" 32,4° "
5° "	" 31,8° "	" 31,7° "
0° "	" 30,4° "	" 31,5° "

Stürme.

Stürmisches Wetter kommt auf dem Wege von Kap Horn fast nur südlich von 38° S-Br. vor. Weiter nördlich sind schwere Stürme selten; im Norden von 30° S-Br. fehlen sie fast gänzlich. Auf dem südlichen Teile des Weges scheinen sie wieder zwischen 50° und 48° und zwischen 45° und 40° S-Br. am häufigsten zu sein. In diesen beiden Gegenden findet man auch auf der Fahrt nach Nordosten und Norden in der Regel bedeutende und rasche Zunahme der Meerestemperatur.

Von den 56 Stürmen der Jahre 1876 bis 1883, die als besonders schwer oder als ausgezeichnet durch ungewöhnlich tiefen Stand des Barometers in den von der Deutschen Seewarte veröffentlichten Reiseberichten hervorgehoben worden sind, entfallen auf die Strecke

südlich von 54° S-Br.	6
zwischen 54° und 52° S-Br.	4
" 52° " 50° "	5

zwischen 50°	und 48°	S-Br.	. . . .	9
„ 48°	„ 45°	„	. . . .	6
„ 45°	„ 40°	„	. . . .	17
„ 40°	„ 38°	„	. . . .	4
„ 38°	„ 36°	„	. . . .	2
„ 36°	„ 34°	„	. . . .	2
nördlich von . .	34°	„	. . . .	1

Bezüglich der jahreszeitlichen Verhältnisse ergibt sich aus den Berichten das folgende:

	von den 56 schweren Stürmen fanden statt:	die Anzahl der Reisen in diesen Monaten war:
im Dezember, Januar und Februar . . .	21	67
„ März, April und Mai	17	59
„ Juni, Juli und August	9	48
„ September, Oktober und November . .	9	39

Schwere Stürme waren demnach verhältnismäßig am häufigsten im Sommer und Herbst, seltener im Frühling, am seltensten im Winter.

Die Ursache dieses ungewöhnlichen Umstandes dürfte, ebenso wie die der auffälligen örtlichen Verbreitung der Stürme, auf die Unterschiede in der Wassertemperatur zurückzuführen sein. Den vom Meteorological Council in London herausgegebenen Karten zufolge sind nämlich die plötzlichen Zunahmen der Temperatur zwischen 50° und 48° und zwischen 45° und 38° S-Br. auf nordöstlichem Kurse im Sommer sehr viel häufiger und bedeutender als im Winter, und dementsprechend ist auch die ganze Temperaturzunahme auf einer bestimmten Strecke (der thermische Gradient) im Sommer erheblich größer. Die mittlere Wassertemperatur ist dort angegeben

für Februar	bei Kap St. John	7,2°,	in 35° S-Br. und 28° W-Lg.	21,1°
„ August	„ „ „ „	5,0°,	„ 35° „ „ 28° „	14,4°

Die mittlere Temperaturzunahme auf dieser Strecke beträgt also im Februar 13,9°, im August aber nur 9,4°. Wie man sieht, entsteht die Verschiedenheit vornehmlich in niedrigen Breiten, wo die Temperatur vom Winter zum Sommer sehr stark zunimmt, während sie in höheren Breiten nahezu gleich bleibt. Das erklärt sich wahrscheinlich durch die im Laufe des Jahres vor sich gehenden Veränderungen der Strömungen und Winde der Passatzone. Im Sommer, wenn die äquatoriale Grenze des Südostpassatgebietes südlich liegt und der Wind an der Küste von Brasilien vorwiegend östlich und nördlich von Ost ist, wird das warme Wasser der südatlantischen Passatzone durch die Strömung größtenteils nach Süden geführt, während es im Winter, bei nördlicher Lage der Passatgrenze und vorherrschend südöstlicher Richtung des Windes, zum größten Teile über den Äquator hinaus nach dem Nordatlantischen Ozean geführt wird. (Vgl. hierzu die Tafeln 5, 6, 7 und 8 des Atlasses für den Atlantischen Ozean, 2. Aufl., herausgegeben von der Deutschen Seewarte, und Charts showing the Surface Temperature of the Atlantic, Indian and Pacific Oceans. Meteorological Council. London 1884.)

In den meisten Fällen beginnen die Stürme hier, wie in den höheren und mittleren Breiten der südlichen Halbkugel überhaupt, aus Nordnordwest bis Nordnordost und holen später, wenn das Barometer seinen niedrigsten Stand erreicht hat, strichweise oder in einem plötzlichen Sprunge, aber fast immer mit einer harten Bö nach West bis Südwest. Da die barometrischen Minima, in deren Umgebung Stürme auftreten, gewöhnlich nach einer Richtung südlich von Ost ziehen, gelangen die Schiffe, welche den Wind anfänglich raum genug haben, um ihren nordöstlichen Kurs verfolgen zu können, meistens bald heraus aus dem schlechten Wetter oder auch gar nicht hinein. Die Entfernung vom Minimum zeigt sich in dem Steigen des Barometers. Sie zu vergrößern, hilft natürlich ein guter Fortgang des Schiffes wesentlich mit. Ist der Wind so schral, daß man nicht höher als Ost vorliegen kann, so läßt sich dagegen das Sturmzentrum nicht wohl vermeiden. Es bleibt dann nichts weiter übrig, als auf Backbordhalsen beizudrehen, wenn der Wind so hart geworden ist, daß man nicht mehr segeln kann.

Zur Erläuterung dieses gewöhnlichen Verlaufes der Stürme mögen hier die folgenden Berichte ihre Stelle finden.

Linksherum holender Sturm vom 25. und 26. April 1883.

Die deutsche Bark „Canopus", Kapt. R. Loose, geriet auf der Fahrt von Kap Horn nach der Linie im Atlantischen Ozean in der Nacht vom 25. zum 26. April 1883 in etwa 42° S-Br. und 35° W-Lg. in die unmittelbare Nähe des Zentrums eines Orkans. Der Sturm war nach Aussage des Kapitäns so schwer, wie er ihn während seiner langen Fahrzeit noch nie erlebt hatte. Es traf sich nun, daß neben „Canopus" noch drei andere Schiffe, welche meteorologische Tagebücher der Deutschen Seewarte geführt haben, von dem Sturm betroffen wurden oder sich in der Nähe des Sturmfeldes befanden, so daß man sich über die Ausdehnung des Sturmfeldes und dessen Fortbewegung ein ungefähres Bild verschaffen kann. Die in Rede stehenden Schiffe, „Triton", Kapt. G. Reinicke, „Magellan", Kapt. A. Sternberg, und „Dorothea", Kapt. H. T. Möller, waren auch auf der Fahrt von Kap Horn nach der Linie und verfolgten einen nordöstlichen Kurs.

Alle vier Schiffe hatten vor dem Sturm und bei dessen Eintritt den Wind aus Nord bis Nordnordwest und einen mittelhohen Barometerstand; sie standen an der Westseite eines Gebietes hohen Luftdruckes und im östlichen oder nordöstlichen Teile der herannahenden Depression. Anscheinend war der Zug der Depression nach Südost gerichtet. Ihre Annäherung an die Schiffe äußerte sich im Fallen des Barometers, Zunahme der Windstärke und der Bewölkung und im Eintritt von Regen. Nachdem das Barometer seinen niedrigsten Stand und der nördliche Wind seine größte Stärke erreicht hatten, erhielten die Schiffe abflauende südwestliche Winde, bei zunehmendem Luftdruck und abnehmender Bewölkung, ein Zeichen, daß sich die Depression von ihnen entfernte und ein neues Maximum, anscheinend ebenfalls von Nordwest her, sich ihnen näherte.

Wahrscheinlich bildete die Depression zwischen den beiden Gebieten hohen Luftdruckes eine Rinne, deren Längenausdehnung von Nord nach Süd oder von Nordwest nach Südost gerichtet war, und deren Tiefe nach Süden hin zunahm. Der Orkan, von dem „Canopus" betroffen wurde, trat nur in der nächsten Umgebung des Minimums im südlichen Teile der Rinne auf, und auch das Gebiet des weiter nördlich auftretenden gewöhnlichen Sturmes hatte keine große Ausdehnung in östlicher Richtung. Das Schiff „Dorothea", welches etwa 300 Sm Ostnordost von „Canopus" stand, hatte um die Zeit, als bei diesem Schiffe der Orkan wehte, den Wind aus Nord von nicht größerer Stärke als 6 bis 7. Überhaupt wurden an Bord der „Dorothea", die von dem südöstlich fortschreitenden Minimum weiter entfernt blieb und auch wohl, weil sich der nördliche Teil der Rinne allmählich ausfüllte, mit dem Vorübergange der Depression nur geringe Änderungen der Barometerstände und der Windstärken beobachtet.

Der Verlauf des Wetters, wie er an Bord der verschiedenen Schiffe beobachtet wurde, war kurz gefaßt wie folgt:

„Canopus" hatte am 24. April starken Nordnordwest-Wind. Das Wetter war trübe und sehr feucht, doch hörte der anhaltende Staubregen gegen Mittag auf. Das Barometer begann langsam zu fallen, während die Lufttemperatur allmählich zunahm.

Nach Mitternacht nahm der Wind zum Sturme zu, indem er zugleich bis Nord krimpte. In Westen kam eine dicke Wolkenbank auf, während die untere Luft rasch mit dem Winde zog. Neben der zunehmenden See aus Nordnordwest erschien eine hohe Dünung aus West.

Um 8 Uhr V am 25. April, in 42° 14′ S-Br. und 35° 50′ W-Lg. sah sich Kapt. Loose genötigt, beizudrehen, nachdem er schon vorher kleine Segel gemacht und, um Fortgang zu behalten, den Kurs nach Ost verändert hatte. Der Sturm aus Nord hatte, zum Teil wohl infolge der Kursänderung nach Ost, inzwischen bis zur Stärke 10 zugenommen, und das Barometer war bis 753,6 mm gefallen.

Nachmittags steigerte sich der Sturm bei stetig fallendem Barometer mehr und mehr. Die Luft wurde sehr dick; schwere Wolken kamen von Westen aufgezogen und es lief sehr unregelmäßige See. Um 7 Uhr N begann es heftig zu regnen. Von 8 Uhr bis 11 Uhr N wehte aus Nord voller Orkan. Gegen das Ende dieser Zeit erreichte das Barometer mit 739,4 mm seinen niedrigsten Stand und der Wind begann sich nach Nordnordwest und später nach Westnordwest zu drehen, wobei es immer noch orkanartig wehte. Die See war ungeheuer hoch und schlug von beiden Seiten über das Schiff hinweg. Um 11 Uhr N legte es sich, obgleich es vor Topp und Takel lag, unter dem Druck des Windes so auf die Seite, daß das Verdeck bis an die Luvschanze unter Wasser stand, und es hatte den Anschein, als ob das Schiff nicht wieder aufkommen würde. Erst eine halbe Stunde nach Mitternacht richtete sich das Schiff wieder etwas auf, schien aber eine starke Schlagseite erhalten zu haben. (Man fand diese später, am 27. April, als der Wind flau geworden war, zu 7° und war genötigt, um das Schiff gerade zu richten, da die Ladung (Kopra) nicht umgestaut werden konnte, alle Boote, Wasserfässer und Reservespieren, sowie 90 Faden von der Steuerbord-Ankerkette nach der Backbordseite zu bringen.)

Um 4 Uhr V am 26. April wehte es aus Westnordwest noch mit orkanartiger Stärke und es lief eine gewaltige See aus Nordwest. Von dieser Zeit an nahm der Wind aber rasch an Stärke ab, indem er sich zugleich allmählich nach Westsüdwest drehte und die

Luft abklarte. Das Barometer war bereits um 10 Uhr N am 25., als sich die Windrichtung nach Nordnordwest veränderte, vom Fallen zum Steigen übergegangen und stieg, der Windstärke entsprechend, erst rasch, dann langsamer.

Gegen Mittag hatte sich das Wetter so weit gebessert, daß man wieder Segel setzen und den nordnordöstlichen Kurs wieder aufnehmen konnte. Die See war immer noch sehr hoch und unregelmäßig; das Schiff arbeitete schwer und nahm sehr viel Wasser über. Um 10 Uhr Abends wehte bei leicht bewölktem Himmel und schönem Wetter nur noch eine frische Brise aus Westsüdwest. Kapt. Loose bemerkt, daß der Sturm in der Nacht vom 25. zum 26. April der schwerste gewesen sei, den er in seiner 34jährigen Fahrzeit auf See erlebt habe.

Für „Triton". der am Mittage des 24. April etwa 60 Sm West von „Canopus" stand, verlief der Sturm fast in derselben Weise. „Triton" war jedoch länger als sein Mitsegler imstande, bei dem zunehmenden Nordwinde am Vormittage des 25. April Segel zu fahren und seinen Kurs einzuhalten. Infolgedessen hatte er bis Mittag eine um einen halben Grad nördlichere Stellung als „Canopus" gewonnen, und dies war vielleicht die Ursache, weshalb für „Triton" das Wetter nicht ganz so schwer wurde.

„Triton" wurde am Mittage des 25. April beigedreht, als der von anhaltendem Regen begleitete Nordsturm die Stärke 10 erreicht hatte. Schon um 6 Uhr N schien der Wind umlaufen zu wollen; nach vorhergehendem heftigen Regen brach eine wütende Bö herein, in der der Wind bis Nordnordwest raumte; doch schralte er bald wieder weg, und das Barometer, das sich eine kurze Zeit lang stetig gehalten hatte, begann von neuem zu fallen. Der niedrigste Stand trat gleichzeitig wie an Bord des „Canopus" um etwa 10 Uhr N ein; um dieselbe Zeit begann der Wind sich durch Nordwest bis Westnordwest zu drehen, wobei er in orkanartigen Stößen wehte, denen heftige Regengüsse vorhergingen.

Bis 2 Uhr V am 26. April wehte es aus Westnordwest noch sehr hart, bei gewaltig hoher, durcheinander laufender See. Als sich nun der nördliche Seegang etwas gelegt hatte, wurde wieder abgehalten und auf nordöstlichem bis nördlichem Kurse rasch fortschreitend, gelangte „Triton" nun bald aus dem Bereich des schlechten Wetters. Schon Mittags war der Wind, der sich inzwischen bis West gedreht hatte, bis zur Stärke 3 abgeflaut, während an Bord des 60 Sm südlicher stehenden „Canopus" noch Westsüdwest 8 notiert wurde.

Noch rascher und leichter als an „Triton" ging der Sturm an dem etwa 100 Sm nördlicher stehenden Schiffe „Magellan" vorüber. Der Wind erreichte keine größere Stärke als 9,5; die ganze Dauer des Sturmes, wenn man als solche die Zeit annimmt, während der der Wind mit der Stärke 8 oder mehr auftrat, betrug 16 Stunden, das ganze Fallen des Barometers 13 mm. Dagegen ergeben sich diese Zahlen nach den Beobachtungen von „Triton" und „Canopus" für das erstere Schiff zu 24 Stunden und 16 mm, für das letztere zu 34 Stunden und 21,5 mm. Übrigens war auch „Magellan" wegen der schralen Richtung und der zu großen Stärke des Windes und wegen der hohen See genötigt, nahezu 20 Stunden beizuliegen. Der niedrigste Luftdruck trat auf dem „Magellan" am 25. April schon gegen 4 Uhr N ein; etwa 6 Stunden früher als auf dem „Canopus", der um diese Zeit etwa 140 Sm weiter nach Südosten stand.

„Dorothea", am Mittage des 24. April 260 Sm NO$^1/_2$N von „Canopus", blieb von dem Sturm fast ganz unberührt. Der Wind hatte nur vier Stunden lang die Stärke 8 aus nördlicher Richtung. Der Wind auf der Rückseite der Depression, den „Dorothea" aus Süd hatte, erreichte keine größere Stärke als 6. Das Barometer fiel im ganzen nur 5 mm, zum größten Teile in den letzten acht Stunden, nachdem man das Schiff wegen zunehmender Stärke des Windes unter kleine Segel gebracht und die Fahrt nach Ostnordost, die das Herannahen der Depression aufgehalten hatte, vermindert worden war. Entsprechend ihrer östlicheren Stellung erreichte der niedrigste Luftdruck die „Dorothea" erst gegen 8 Uhr V am 26. April, 10 Stunden später als den „Canopus". Abweichend von dem von den übrigen Schiffen beobachteten Wetterverlauf hatte „Dorothea" vor dem Einsetzen des südlichen Windes eine zwölf Stunden anhaltende Windstille, erst bei dicker Luft und Regen, später bei abklarendem Wetter.

Nach den übereinstimmenden Berichten aller Schiffe war das Auftreten des stürmischen nördlichen Windes mit einer Steigerung der Lufttemperatur verbunden, die 2° bis 3° betrug; darauf folgte mit dem Einsetzen des südwestlichen Windes eine rasche Abkühlung um 4° bis 6°. Auffälligerweise machte die Wassertemperatur eine ähnliche Schwankung, was sich besonders deutlich in den Beobachtungen des südlichsten Schiffes „Canopus" zeigt. Dort betrug die Wärme des Oberflächenwassers am 24. April um 8 Uhr N 11,8°, am 25. April um 4 Uhr N 16,2° und am 26. April um 12 Uhr N, obschon das Schiff um diese Zeit einen Grad nördlicher als vorher stand, wieder 12,5°.

Um diese Erscheinung zu erklären, muß daran erinnert werden, daß an dem Orte, wo der Sturm auftrat, eine der schon auf S. 481 erwähnten, gewöhnlich scharf ausgeprägten Grenzen zwischen wärmerem und kälterem Wasser liegt, was sich darin zeigt, daß die Schiffe beim Fortschreiten nach Nordosten meistens hier eine plötzliche Zunahme der Wasserwärme um etwa 3° beobachten. Man kann nur annehmen, daß zuerst durch den anhaltenden Nordwind das warme Oberflächenwasser über seine gewöhnliche Grenze hinaus nach Süden getrieben wurde, dagegen später, nachdem der südwestliche Wind eine Zeitlang geweht hatte, das kalte Oberflächenwasser von Süden her vordrang und bis auf eine gewisse Entfernung über die gewöhnliche Grenze hin das warme Wasser überflutete.

Die Beobachtungen der vier Schiffe mögen hier folgen.

Datum 1883	Stunde h	Breite Süd	Länge West	Wind	Luftdruck mm	Luftwärme °C	Bewölkung und Wetter	Seegang	Wasserwärme °C
				Bark „Canopus“, Kapt. R. Loose.					
April 24.	Mittag	42,8°	37,8°	N 6	760,5	14,4	Nim 7 g m d	NNW 4	12,2
	4 Uhr N	42,7°	37,5°	NNW 6	58,7	14,3	W-c 7 g m	NNW 5	12,1
	8 „ N	42,5°	37,0°	NNW 6	59,7	14,3	W-c 7 g m	NNW 5	11,8
	12 „ N	42,3°	36,5°	NNW 7	58,4	15,6	W-c 6 c m	NNW 5	14,5
April 25.	4 „ V	42,2°	36,2°	NW 8	56,2	16,2	Nim 7 c	NNW 6	14,8
	8 „ V	**42,2°**	**35,8°**	N 9	**53,6**	**16,2**	Nim 7 c g	NNW 7	**14,8**
	Mittag	**42,3°**	**35,6°**	N 10	**49,4**	**16,6**	Nim 8 g m	NNW 7	**15,0**
	4 Uhr N	**42,4°**	**35,4°**	N 10	**46,4**	17,1	Nim 9 g r	N 7	**16,2**
	6 „ N				**48,4**				
	8 „ N	**42,5°**	**35,2°**	N 11	**44,5**	**16,6**	Nim 9 g r	N 8	**15,8**
	10 „ N				**39,4**				
	12 „ N	**42,5°**	**35,0°**	NNW 12	**42,4**	**14,5**	Nim 10 g q r	N 9	**15,4**
April 26.	2 „ V				**45,4**				
	4 „ V	**42,5°**	**34,8°**	WNW 11	**48,5**	**13,6**	W-c 8 c q	NW 9	**14,9**
	8 „ V	**42,4°**	**34,6°**	W 9	**54,8**	**11,5**	Cum 5 c	W 8	**14,3**
	Mittag	**42,3°**	**34,3°**	WSW 8	**58,8**	**12,6**	Cum 4 c	W 7	**14,5**
	4 Uhr N	41,9°	34,1°	WSW 7	60,3	12,8	Cum 5 c	WSW 7	13,2
	8 „ N	41,6°	34,0°	WSW 6	62,6	13,0	Cum 4 c	WSW 6	13,3
	12 „ N	41,2°	33,9°	WSW 5	64,8	11,3	Cum 3 c	WSW 6	12,5
				Bark „Triton“, Kapt. G. Reinicke.					
April 24.	Mittag	42,8°	39,1°	N 5	61,0[1]	15,2	Cum 8 c m	N 4	12,0
	4 Uhr N	42,6°	38,6°	N 5	60,2	15,0	Nim 8 r m	N 4	12,5
	8 „ N	42,4°	38,1°	N 6	59,8	15,2	Nim 8 w m	N 4	12,5
	12 „ N	42,2°	37,6°	N 7	58,9	14,8	Nim 10 o r	N 6	13,2
April 25.	4 „ V	42,0°	37,1°	N 8	57,8	14,2	Nim 8 r m	N 7	12,5
	8 „ V	41,9°	36,6°	N 9	54,2		Nim 10 o r	N 6	
	Mittag	**41,8°**	**36,2°**	N 10	**51,1**	17,2	Nim 10 o r	N 7	**16,2**
	4 Uhr N	**41,9°**	**35,9°**	N 10	**48,1**		Nim 10 o r	NNW 8	
	8 „ N	**42,0°**	**35,7°**	N 10—11	**47,9**		Cum Nim 9 r	NNW 8	**15,8**
	10 „ N				**46,2**				
	12 „ N	**42,0°**	**35,5°**	WNW 10-11	**49,5**	**14,7**	Cum 10 q r	NW 9	**16,0**
April 26.	4 „ V	41,8°	35,2°	W 9	55,9		Cum 7 c	NW 9	
	8 „ V	41,4°	34,7°	WSW 5	60,4	15,4	Cum 6 c	NW 7	14,6
	Mittag	41,1°	34,4°	W 3	60,6	15,0	Cum 6 c	NW 7	13,4
	4 Uhr N	40,7°	34,4°	W 3	62,7	15,2	Cum 6 c	NW 6	12,6
	8 „ N	40,5°	34,4°	WSW 2	64,9	12,4	Cu-s 4 p d		13,2
	12 „ N	40,2°	34,4°	WSW 2	65,6		p d		

„Die fetten Ziffern beziehen sich auf die Zeit, während welcher die Schiffe beigedreht waren.“

[1]) Barometer nicht verglichen; Angaben wahrscheinlich 2 mm zu hoch.

Datum 1883	Stunde h	Breite Süd	Länge West	Wind	Luftdruck mm	Luftwärme °C	Bewölkung und Wetter	Seegang	Wasserwärme °C
				Bark „Magellan“, Kapt. A. Sternberg.					
April 24.	Mittag	41,2°	39,2°	N 6	760,3	16,1	Cum 4 c m	NNW 4	14,5
	4 Uhr N	41,0°	38,8°	N 6	59,1	16,0	Cum 6 c m	NNW 4	14,3
	8 „ N	40,9°	38,6°	N 6	58,8	16,0	Cum 6 c m	NNW 4	14,3
	12 „ N	40,8°	38,3°	N 7	58,4	15,9	Nim 9 o d	NNW 5	14,3
April 25.	4 „ V	40,8°	38,1°	N 7	53,8	16,6	Nim 9 o q	NNW 6	15,2
	8 „ V	40,8°	37,8°	N 7	53,3	16,9	Nim 9 o q	NNW 6	15,3
	Mittag	**40,8°**	**37,7°**	N 8	**48,2**	**17,8**	Nim 10 o r	NNW 8	**15,3**
	4 Uhr N	**40,8°**	**37,5°**	NNW 9	**47,3**	**17,6**	Nim 10 o r	NNW 7	**15,3**
	8 „ N	**40,9°**	**37,3°**	NNW 9,5	**47,3**	**17,4**	Nim 7 c	NNW 7	**15,3**
	12 „ N	**40,9°**	**37,1°**	W 9	**50,5**	**16,1**	Nim 7 c	NNW 7	**15,5**
April 26.	4 „ V	**40,9°**	**36,8°**	W 9	**55,6**	**15,3**	Nim 5 c	NNW 7	**14,5**
	8 „ V	40,8°	36,7°	WSW 7	58,1	14,1	Cum 5 c	NW 5	14,5
	Mittag	40,7°	36,4°	WSW 4	59,7	13,8	Cum 6 c	NW 5	14,8
	4 Uhr N	40,4°	36,4°	WSW 3	61,5	14,1	Cum 5 c	NW 5	15,3
	8 „ N	40,0°	36,3°	SW 4	62,1	14,3	Nim 7 c q	WNW 5	15,2
	12 „ N	39,6°	36,2°	SSW 3	65,9	13,8	Cum 4 c	WSW 4	15.3
				Bark „Dorothea“, Kapt. H. T. Möller.					
April 24.	Mittag	39,7°	34,0°	N 4	767,2	15,9	Ci-str 2 c m	NNW 3	16,8
	4 Uhr N	39,6°	33,4°	N 5	66,8	16,7	W-c 4 c m	NNW 3	16,0
	8 „ N	39,4°	32,8°	N 6	66,7	16,2	Ci-c, W-c 6 c m	NNW 3	16,1
	12 „ N	39,3°	32,1°	N 7	66,8	16,3	heiter 0 b m w	NNW 4	16,3
April 25.	4 „ V	39,2°	31,4°	N 6	66,7	15,9	heiter 0 b m w	NNW 5	16,3
	8 „ V	39,1°	30,8°	N 6	66,7	16,2	Ci, W-c 2 c w m	NNW 5	16,3
	Mittag	38,9°	30,2°	N 6	66,6	17,5	Ci-str 2 c m	NNW 5	17,2
	4 Uhr N	38,8°	29,8°	N 6	65,7	17,3	Str 2 c m	NNW 5	16,8
	8 „ N	38,7°	29,3°	N 6	66,4	16,7	W-c 8 c m w	N 5	16,8
	12 „ N	38,6°	28,8°	N 7	65,2	17,0	W-c 6 c q w	N 6	16,8
April 26.	4 „ V	38,5°	28,4°	N 7	62,6	17,2	W-c 9 o q	N 6	16,8
	8 „ V	**38,4°**	**28,0°**	N 8	**62,9**	**16,9**	Nim 9 o q r	N 7	**16,8**
	Mittag	38,4°	28,0°	Stille 0	63,0	15,6	Nim 10 o r	N 7	16,0
	4 Uhr N	38,4°	28,0°	Stille 0	63,2	15,0	Nim 8 c p	N 6	15,8
	8 „ N	38,4°	28,0°	Stille 0	63,5	14,7	Str Cum 6 c p	N 5	15,8
	12 „ N	38 3°	27,9°	S 3	63,7	14,5	Str Cum 7 c d	N 4	15,8

„Die fetten Ziffern beziehen sich auf die Zeit, während welcher die Schiffe beigedreht waren.“

Solange der Wind in der ersten Hälfte des Sturmes nördlicher ist als Nordost, darf man erwarten, daß der Wind sich nach links, durch Nordwest nach West oder Südwest drehen werde. Beginnt der Sturm aus einer Richtung zwischen Nordost und Ost, so ist der Sinn der Drehung fraglich. Nicht selten geraten die Schiffe mit diesen Winden in das Minimum. Man muß bei östlichen Stürmen darauf gefaßt sein, daß der Wind nach vorhergehendem Abflauen plötzlich mit großer Stärke aus einer westlichen Richtung einfällt. Je tiefer das Barometer vorher gefallen ist, desto schwerer pflegt der folgende Weststurm zu sein. Den Reiseberichten zufolge sind diese Stürme, die aus Ost beginnen und nach West umlaufen, auf dem Wege von Kap Horn keineswegs selten. Sie treten selbst noch im Norden von 40° S-Br. auf; sie sind gewöhnlich heftig und von tiefem Barometerstande begleitet.

Einigen Anhalt, das Wetter nach dem Barometerstande zu beurteilen, gewinnt man aus der nachstehenden Zusammenstellung. Diese ergibt, daß bei den auf S. 480/81 aufgeführten schweren Stürmen das beobachtete Minimum

in	1	Falle	eine	Tiefe	unter	720	mm,			
„	6	Fällen	„	„	von	720	bis	730	mm	
„	31	„	„	„	„	730	„	740	„	
„	12	„	„	„	„	740	„	750	„	und
„	4	„	„	„	„	750	„	755	„	

hatte. Demzufolge sind barometrische Minima unter 730 mm verhältnismäßig selten, und man darf, wenn das Barometer bei stürmischem Wetter unter 740 mm gefallen ist, annehmen, daß die Änderung nahe bevorsteht. Es ist noch zu berücksichtigen, daß im allgemeinen die Tiefe der Minima mit der geographischen Breite abnimmt. Diese Regel findet auch hier insofern ihre Bestätigung, als alle Minima über 750 mm nördlich von 40° S-Br. beobachtet worden sind.

In Stürmen, die aus Ost oder einer südlicheren Richtung wehen, dreht sich der Wind gewöhnlich nach rechts, durch Süd nach Südwest, und es ist dabei für die Förderung der Reise und für die Sicherheit des Schiffes besser, auf Steuerbordhalsen beizulegen. Um die Reise zu fördern, kann man in einem solchen Falle, vorausgesetzt, daß man nicht schon zu weit westlich steht, auch meistens ohne Gefahr nach Nordwesten abhalten und die günstigen südlichen Winde der Depression aufsuchen. Dies verspricht am meisten Vorteil, wenn die Depression ihren Ort nur wenig verändert.

Daß eine Depression ihren Ort wenig verändert, zeigt sich darin, daß auch das Barometer seinen Stand wenig ändert, während man beigedreht liegt. Will man in einem solchen Falle die günstigen Süd- bis Südwestwinde an der Westseite der Depression aufsuchen, so hat man zu bedenken, daß das Barometer steigt, wenn man sich vom Minimum entfernt, daß das Barometer dagegen fällt, wenn man sich dem Minimum nähert. Will man eine weitere Annäherung an das Minimum vermeiden, so muß man den Kurs mehr nach Backbord nehmen. Hat dann der Wind eine Richtung zwischen Süd und West angenommen, so ist auf nördlichen bis nordöstlichen Kursen keine Gefahr mehr zu befürchten, weil man sich jetzt an der Rückseite der Depression befindet und sich von dieser mehr und mehr entfernt. Nur ist beim Lenzen vor diesen Stürmen, die gewöhnlich von sehr hoher, wilder See begleitet sind und mit abnehmender Stärke wehen, darauf zu achten, daß man zur rechten Zeit wieder Segel setzt, um genügend Fahrt im Schiffe zu behalten. Öl, durch die Abortöffnungen vorn getröpfelt, pflegt gegen die schweren Brecher von guter Wirkung zu sein.

Als Beispiel eines solchen Sturmes sei hier der folgende Bericht gegeben.

Rechtsherum holender Sturm vom 29. bis 31. Oktober 1883.

Die Bark „Levuka“, Kapt. A. F. Hansi, erhielt am 27. Oktober 1883 unweit 42° S-Br. und 38° W-Lg. nach kurzer Windstille leichten nordöstlichen Wind, der im Laufe des nächsten Tages bei fallendem Barometer und sich beziehendem Himmel allmählich an Stärke zunahm. Zugleich drehte er sich auch langsam nach rechts. Um Mitternacht vom 28. zum 29. Oktober wehte es aus Ost bereits mit der Stärke 8, und es begann zu regnen. Während der Morgenstunden des 29. Oktober wuchs der Wind, indem er sich langsam weiter nach

Ostsüdost drehte, bei gleichzeitig rascher fallendem Barometer zum orkanartigen Sturme an. Um 2 Uhr N trat das Minimum ein. Das Barometer stieg darauf aber nur wenig, und es wehte anhaltend schwer aus nahezu unveränderter Richtung noch bis zum Mittage des nächsten Tages bei fortwährendem, oftmals heftigem Regen.

Die Anzeichen deuteten darauf hin, daß die Depression ihren Ort nur wenig veränderte, und dies erkennend, entschloß sich Kapt. Hansi, am Vormittage des 30. Oktober nach Nord und Nordwest abzuhalten, um die günstigen Südwestwinde in der Depression aufzusuchen. Nach einigen Stunden Segelns begann der Wind denn auch, sich allmählich durch Süd nach Südwest zu drehen, während gleichzeitig seine Stärke abnahm. Wahrscheinlich infolge der frühzeitigen Kursänderung nach Nord und Nordost blieb der Luftdruck zunächst noch ziemlich niedrig. Erst am folgenden Tage, als der Wind aus Südwest nur noch mit der Stärke 6 bis 7 wehte, begann das Barometer rascher zu steigen.

Bark „Levuka", Kapt. A. F. Hansi.

Datum	Stunde	Breite S	Länge W	Kurs	Distanz Sm	Wind	Luftdruck mm	Bewölkung und Wetter	Bemerkungen
Okt. 28.	Mittag	41,3°	36,5°	N 7° W	18	ONO 4	761,6	Ci-str 7 c	Hohe, unregelmäßige Dünung aus Nordost und Süd.
	4h N			„	16	ONO 6	58,1	Ci-str 8 o	
	8h N			„	16	ONO 7	58,0	Nim 10 d	
	12h N			N 7° O	14	O 7-8	54,0	Nim 10 r	Wind allmählich bis zum heftigen Sturm zunehmend; schwere See von vorn.
Okt. 29.	4h V			N 4° W	11	O 10	48,2	Nim 10 r	
	8h V			N 11° W	8	OSO 10-11	43,0	Nim 10 r	Schwere See aus Nordost und Ostsüdost.
	Mittag	40,1°	36,9°	N 34° W	8	OSO 11	38,4	Nim 10 r	Von 4 Uhr bis 8 Uhr etwas handiger, aber dieselbe hohe, unregelmäßige See.
	2h N					OSO 10-11	36,1	Nim 10	
	4h N			N 45° W	8	OSO 9-10	36,8	r	
	8h N			„	8	OSO 10	38,0	Nim 10 r	

Um 9 Uhr wieder zunehmend. Der Wind weht in Stößen; um 11 Uhr flog bei einem heftigen Stoße das Vormarssegel fort, dessen Leeschoothorn wir beigesetzt hatten.

Datum	Stunde	Breite S	Länge W	Kurs	Distanz Sm	Wind	Luftdruck mm	Bewölkung und Wetter	Bemerkungen
	12h N			N 23° W	8	SOzO 11	38,4	Nim 10 r	
Okt. 30.	4h V			„	8	SOzO 10	38,7	Nim 10 r —	Luft zerrissen; mitunter scheinen einige Sterne durch.
	8h V			„	8	SOzO 10	41,0	Nim 10 r —	Dieselbe unregelmäßige See.
	Mittag	39,2°	37,5°	N 12° W	21	SOzS 10	41,1	Nim 10 r — •	

Ich nahm an, daß ich mich an der Südwestseite einer ihre Position nur wenig verändernden Depression befand und beschloß, auf nördlichem und westlichem Kurse die günstigen Süd- und Südwestwinde aufzusuchen. Hielten um 8 Uhr V ab. Nachdem wir ein paar Stunden nach NzW gesegelt, hatte ich denn auch die Genugtuung, den Wind aufraumen und die Nordost-See abnehmen zu sehen. Um 6 Uhr N war letztere ganz verschwunden; es lief nur noch etwas Dünung aus Ost und Südost. Um Mitternacht war die See ganz regelmäßig aus Südsüdwest. Während der ganzen Zeit war es dick von Regen

Datum	Stunde	Breite S	Länge W	Kurs	Distanz Sm	Wind	Luftdruck mm	Bewölkung und Wetter	Bemerkungen
	4h N			N 9° O	25	SzO 9	40,9	Nim 10 r —	
	8h N			N 17° O	30	SzW 8	40,9	Nim 10 r —	
	12h N			„	28	SSW 8	41,6	Nim 10 d	
Okt. 31.	4h V			N 45° O	24	SW 7–8	41,7	Nim 10 d	Steife, gleichmäßige Brise, Staubregen.
	8h V			„	26	SW 7	43,6	Nim 10 d	Luft mitunter etwas dünner.

Datum	Stunde	Breite S	Länge W	Kurs	Distanz Sm	Wind	Luftdruck mm	Bewölkung und Wetter	Bemerkungen
Okt. 31.	Mittag	37,0°	36,1°	N 45° O	30	SW 7	43,9	Str 10 d	Schmierig aussehende Luft. Mitunter Staubregen.
	4h N			N 54° O	33	SW 6-7	45,9	Ci-str 10 g d	
	8h N			„	33	SW 6-7	46,6	Ci-str 10 g	
	12h N			„	32	SW 6-7	46,7	Ci-str 10 g	
Nov. 1.	4h V			„	31	SW 6-7	47,0	Cum 8 c q	Die Luft wird heller. Häufige Böen mit Regen.
	8h V			„	31	SW 6-7	50,1	Cum 5 c q	
	Mittag	35,0°	33,1°	„	30	SW 6	50,9	Cum 4 c p	

Während die „Levuka“ anfänglich im Süden vom Minimum stand und es dann an der Westseite umsegelte, gerieten zwei Mitsegler, „Niagara“ und „Carl Both“, die östlicher und nördlicher standen, zuerst in das südöstliche Viertel der Depression und hatten dementsprechend anfänglich Ostnordost-Sturm. Später gelangten sie infolge der Fortbewegung der Depression nach südlicher und östlicher Richtung in das Nordostviertel. Der Wind lief, entgegengesetzt wie bei „Levuka“, durch Nord nach Nordwest um und nahm, während die Schiffe nordostwärts segelten, allmählich ab. Bei „Niagara“ wie bei „Carl Both“ trat der niedrigste Luftdruck um 4 Uhr V am 29. Oktober ein; bei „Niagara“ wurde er zu 740,9 mm, bei „Carl Both“ zu 736,3 mm beobachtet. „Levuka“ hatte den niedrigsten Stand von 736,1 mm um 2 Uhr N am selben Tage. Am Mittage des 29. Oktober, als „Levuka“ in 40,1° S-Br. und 36,9° W-Lg. den Wind OSO 11 hatte, wurde an Bord der „Niagara“ in 35,4° S-Br. und 34,4° W-Lg. wie an Bord des „Carl Both“ in 35,3° S-Br und 37° W-Lg. NW 9 notiert.

Treibeis.

Eine der unheimlichsten Gefahren, die den Schiffen auf der Rückreise vom Stillen Ozean drohen, ist die Begegnung mit Eis, auf die man sich gefaßt machen muß, solange man im Stillen Ozean südlich von etwa 50° S-Br. und im Südatlantischen Ozean südlich von etwa 40° S-Br. steht. Über das Vorkommen von Eis möge zunächst die folgende Tafel einen allgemeinen Überblick geben.

Eis in den Jahren 1868 bis 1908 auf dem Seglerwege von Kap Horn nach der Linie.

† Monate, in denen nur vereinzelte Eisberge oder -felder gesehen worden sind.
* „ „ „ Eisberge oder -felder massenhaft aufgetreten sind.

Jahr	Umgebung von Kap Horn	Zwischen Staatenland und den Falklandinseln	Umgebung der Falklandinseln	Jahr	Umgebung von Kap Horn	Zwischen Staatenland und den Falklandinseln	Umgebung der Falklandinseln
1868	IX. X.	—	—	1877	—	—	—
1869	—	—	X. XI*. XII.	1878	—	—	IX. X. XI. XII.
1870	—	—	I. II.	1879	VIII. IX. X. XI. XII.	—	I. II. III. IV.
1871	—	—	—				
1872	—	—	—	1880	—	I.	—
1873	—	—	—	1881	—	—	—
1874	—	—	XII.	1882	—	—	I. VII.
1875	—	—	I. II. III. IV. V. VI. VII.	1883	III†. IV†. V†. VI†. VII†. VIII†. IX†. X†. XI†.	—	—
1876	—	—	—				

Jahr	Umgebung von Kap Horn	Zwischen Staatenland und den Falklandinseln	Umgebung der Falklandinseln
1884	—	—	—
1885	—	—	—
1886	—	—	—
1887	IX.	—	X. XI.
1888	—	—	—
1889	—	VIII †.	—
1890	I.	—	—
1891	—	—	VIII. IX. X. XI. XII.
1892	VI.	—	IV*. V*. VI*. VII*. VIII*. IX*. X*.
1893	—	—	I*. II*. III*. IV*. IX. X. XI. XII.
1894	V†. VI†. VII†. VIII†. IX†. X†. XI†. XII†.	—	I.

Jahr	Umgebung von Kap Horn	Zwischen Staatenland und den Falklandinseln	Umgebung der Falklandinseln
1895	I. X. XI. XII.	—	—
1896	I†.	—	—
1897	VIII†. XI†.	—	XI.
1898	VIII. IX.	—	—
1899	IV.	—	I. II. IX.
1900	—	—	—
1901	—	—	—
1902	VIII. IX. X.	V†. XI. XII.	—
1903	I. VI. VII. VIII. IX. X.	I. VI.	I. II. III.
1904	VII. X. XII.	X.	I.
1905	—	XII.	—
1906	II. III. IV. V. VI*. VIII*.	I. II. VI. VIII. IX.	II. III. IX. X. XI. XII.
1907	—	—	I.
1908	—	—	I. II. III*. IV*. V. VI†. VIII. IX*. X. XI. XII.

Nach dieser Tafel waren unter den 41 Jahren völlig eisfrei 12 Jahre,
leichte Eisjahre, in denen nur vereinzelte Eisberge oder -felder und meistens nur in der Umgebung von Kap Horn gesehen wurden . . . . 10 Jahre,
mittlere Eisjahre, in denen vereinzelte Eisberge und Eistriften geringeren Umfanges, diese meistens in der Nachbarschaft der Falklandinseln oder in hohen Breiten südlich von Kap Horn, gesehen wurden . . . . 10 Jahre,
schwere Eisjahre, Jahre, in denen große Triften angetroffen wurden, durch die sich hindurch zu arbeiten oft schwere Mühe machte . . . . 9 Jahre.

Unter den schweren Eisjahren sind es besonders die Jahre 1892 und 1893, 1906 und 1908, von denen wir eingehende Berichte haben. Die große Trift von 1892 zeigte sich zuerst anfangs April in voller Mächtigkeit und dauerte bis Ende Oktober, ohne daß während dieser langen Zeit von sieben Monaten das massenhafte Auftreten des Eises erheblich nachließ. Seinen Ort veränderte das Eis im Laufe der Zeit nur wenig Im allgemeinen trieb es langsam nordnordostwärts, doch machte es unter dem wechselnden Einflusse von Wind und Strömung zuweilen auch zurückweichende Bewegungen. Die Hauptmasse des Eises befand sich im April und Mai in der Umgebung von 44° S-Br. und 35° W-Lg. im Juni, Juli und August bei 42,5° S-Br. und 34° W-Lg., im September und Oktober bei 41,5° S-Br. und 33,5° W-Lg. Im Laufe der Zeit dehnte sich die Trift, die anfänglich eine kompakte, in Winkel- oder Hufeisenform gestellte Eismauer bildete, deren Scheitel erst nach Nordost, später mehr nach Ost gerichtet war, und deren Schenkel eine Länge von über 70 Sm hatten, mehr und mehr aus, sowohl nach Norden als besonders auch nach Nordosten, wo sie wohl auch durch außerhalb des Schiffsweges von Süden heraufgekommenes Eis vermehrt wurde. Anfang September geriet das Schiff „Flotow" auf der Reise vom La Platastrom nach Sydney in ein dichtgedrängtes Heer von Eisbergen, welches sich bis nach 22° W-Lg. in 41° S-Br. erstreckte, und noch in 14° W-Lg. auf 43° S-Br. wurden mehrere Berge passiert. Während der Monate Juli bis Oktober verbreitete sich das Gebiet, wo Eis angetroffen wurde, über die ganze Zone von 47,5° bis 38° S-Br., und auch in höheren Breiten wurden östlich von den Falklandinseln mehrfach große Eisberge gesichtet. Nahe bei Kap Horn zeigten sich Ende Juni sechs große Eisberge. Die nördlichsten Punkte, bis zu welchen nach den Berichten das

Eis vertrieb, waren 37,8° S-Br. in 39,2° W-Lg. (August 9.), 38° S-Br. in 35,7° W-Lg. (September 15.), 37,6° S-Br. in 31,5° W-Lg. (August 7.), 37° S-Br. in 26,6° W-Lg. (August 8.) und 37,8° S-Br. in 24,8° W-Lg. (September 5.). Über die gewöhnliche Nordgrenze der Verbreitung ging dies um mehrere Grade hinaus. Eine außergewöhnliche Verbreitung nach Westen kam dagegen nicht vor. Die nordwestliche Grenze, jenseits welcher nur in zwei Fällen, nämlich in 44° S-Br. und 42,5° W-Lg. am 18. Oktober und in 37,8° S-Br. und 39,2° W-Lg. am 9. August, Eis dieser Trift angetroffen wurde, verlief von 52° S-Br. und 46° W-Lg. ungefähr in der Richtung Nordnordost über 45° S-Br. und 40° W-Lg. nach 38° S-Br. und 36° W-Lg.

Trotz seiner weiten Verbreitung trieb das Eis bis zuletzt auf vielen Stellen sehr gedrängt. Das Schiff „Äolus", von Punta Arenas nach dem Englischen Kanal, segelte anfangs Oktober auf einer Strecke von 300 Sm, von 43,6° S-Br. und 33,7° W-Lg. bis 40,4° S-Br. und 26,7° W-Lg. fortwährend in dichtem Eise. Das schon erwähnte Schiff „Flotow" hatte am 3., 4. und 5. September, auf einer Strecke von 350 Sm, von 39° S-Br. und 29,4° W-Lg. bis 40,8° S-Br. und 22° W-Lg. stets gleichzeitig 70 bis 80 und mitunter bis zu 200 Eisberge in Sicht. Aus den Berichten ergibt sich, daß das Meer im September und zu Anfang Oktober zwischen 44° und 40° S-Br. und darüber hinaus und zwischen 34° und 22° W-Lg., also in einer Längenausdehnung von 550 Sm, mit Eisbergen und abgebröckelten Eisstücken übersät war. Besonders die Eisstücke waren den Schiffen äußerst gefährlich. „Flotow" und „Äolus" hatten klares Wetter und Nachts hellen Mondschein, konnten aber nur unter der Anwendung größter Vorsicht durch das Eis kommen. Andere Schiffe, von denen eine große Reihe an das Eis geriet, erkannten die Gefahr frühe genug, um noch umkehren und das Eisgebiet umfahren zu können. Verschiedene Schiffe kamen jedoch zu Schaden, und es ist wahrscheinlich, daß mehrere verschollene Schiffe in dieser Eistrift ihr Ende gefunden haben.

Das Eis war von großer Mächtigkeit, Höhen der Berge von über 100 m wurden nach zuverlässigen Messungen vielfach festgestellt. Kapt. Breckwoldt vom Schiffe „Marianna" sah am 8. August in 48,7° S-Br. und 42° W-Lg. in einem ausgedehnten Eisfelde mehrere Eisinseln treiben, die eine Länge von 8 bis 10 Sm und eine geschätzte Höhe von 200 m hatten. Gegen das Ende der Trift zeigte das weit nach Norden vertriebene Eis Spuren der Zersetzung und Auflösung, indem die Berge nicht mehr glatte Oberflächen und steile Kanten hatten, sondern mehr zerbröckelt und verwittert aussahen, unregelmäßige Figuren bildeten und viele kleine Eisstücke umhertrieben.

Ende Dezember 1892 erschien eine zweite gewaltige Eistrift zwischen 53° und 47° S-Br., also bedeutend südlicher als die vorige; sie reichte zunächst nicht über 48° W-Lg. hinaus nach Westen. Nur zwei vereinzelte Gruppen trieben in westlicherer Länge, die eine in 55° S-Br. und 52° W-Lg., die andere ungefähr 120 Sm ONO von den Falklandinseln. Im Laufe der Zeit schob sich die Trift aber mehr und mehr westwärts vor, so daß sie im März in 51° bis 50° S-Br. schon bis an den Meridian von 52° W-Lg. und im Mai und Juni bis 53° W-Lg. reichte. Zugleich vertrieb ziemlich viel Eis nach Nordost, ging aber in größeren Massen kaum über 45° S-Br. hinaus. Die dichteste Masse befand sich im Februar und März zwischen 48,5° und 51,5° S-Br. und zwischen 46° und 50° W-Lg., im Mai und Juni etwas nördlicher, zwischen 48° und 51° S-Br. Die Berge und Inseln, aus welchen diese Trift bestand, waren noch größer als die der vorigen. Es wurde von verschiedenen Stellen über Eisinseln von 15, 20, ja 25 Sm Länge und über 100 m Höhe berichtet. Das Schiff „Loch Torridon" passierte ein Eisfeld, das 50 Sm lang war. Im Februar, März und April trieb die Haupteismasse in einem breiten Striche, welcher sich von etwa 50° S-Br. und 50° W-Lg. ungefähr 150 Sm südostwärts erstreckte. Die Berge und Eisinseln bildeten hier eine fast undurchdringliche Mauer, durch welche die Schiffe nur mit größter Mühe und Gefahr hindurchgelangen konnten. Mehrere Schiffe fanden es ganz unmöglich, durchzukommen und mußten weite Umwege machen. Östlich von 47° W-Lg. war die Trift um diese Zeit weniger dicht, doch befanden sich Ende Februar auch noch in 43° W-Lg. sehr große Treibeisfelder. Nordwärts gelangten die meisten Schiffe schon in 49° S-Br. aus dem schlimmsten Eise heraus, doch erstreckte sich eine weit nach Nordwest versetzte und von der Hauptmasse anscheinend abgetrennte Trift zahlreicher Eisberge nach dem Bericht von „Placilla“ vom 7. April in 50,2° W-Lg. bis nach 46,7° S-Br. Nach Ende Mai war das Eis mehr zerstreut, es wurden nur noch vereinzelte Berge gesichtet. Die nördlichsten Positionen, bis zu welchen diese vertrieben, waren 43,3° S-Br. in 34,5° W-Lg. (Mai 19.) und 42,1° S-Br. in 39,1° W-Lg. (Juni 10.). Ganz außergewöhnlich war das weite Vertreiben des Eises dieser Trift nach Westen hin. Schon die Hauptmasse erstreckte sich in ihrem westlichen Teile fast immer über die gewöhnliche Grenze der Eisverbreitung weit hinaus, aber eine Reihe von Bergen wurde durch den heftigen Ostwind, welcher im Mai in dem fraglichen Meeresstriche wehte, und vielleicht mehr noch durch eine westliche Unterströmung, welche das durch die gewöhnlich herrschenden westlichen Winde von der Ostküste Patagoniens abgetriebene Oberflächenwasser ersetzt, nördlich von den Falklandinseln und bis auf den Weg der südwärts gehenden Schiffe geführt. Das Schiff „Atlantic“ passierte am 3. Mai in 47,8° S-Br. und 55,8° W-Lg. sechs Berge, das Schiff „Dechmont“ am 26. Mai in 46,8° S-Br. und 57,8° W-Lg. drei große Berge und der Dampfer „Titania“ am 18. Juni auf 44,3° S-Br. und 59,3° W-Lg. einen großen Berg, der anscheinend auf der patagonischen Bank auf Grund saß, und mehrere kleinere. Handelte es sich in den drei Fällen um dieselbe Gruppe von Bergen, so würde diese in der ungefähren Richtung NWzN mit einer mittleren Geschwindigkeit von 5,8 Sm den Tag getrieben sein, erst etwas langsamer, später, als das Eis leichter geworden war, etwas rascher.

Da die Eistrift sich so weit westwärts erstreckte, daß der gewöhnliche Weg von Kap Horn recht hindurch ging, wurde sie den Schiffen noch weit gefährlicher als die vorhergehende, welche sich zum allergrößten Teile östlich vom mittleren Wege befand. Eine große Anzahl von Schiffen, unter anderen „Arthurstone“, „Duchess Anne“, „Lord Ranoch“, „Timandra“, „Wellington“ und „Flotow“ kollidierten mit dem Eise und erlitten mehr oder weniger schwere Beschädigungen, weshalb einige von ihnen Nothafen aufsuchen oder auch, wie das Schiff „Templemore“, verlassen werden mußten.

Eine dritte große Eistrift zeigte sich von September 1893 bis Januar 1894 zuerst ONO von den Falklandinseln, wo die Hauptmasse die Umgebung von 48° S-Br. und 48° W-Lg. einnahm. Gegen Ende September erschien jedoch, und zwar in noch weit größerer Masse, in niedrigerer Breite Treibeis, das im Laufe der Zeit teilweise nordostwärts bis nach 43° S-Br. und 38° W-Lg. vertrieb. Die meisten Berge und Eisfelder wurden in der Umgebung von 44° S-Br. und 41,5° W-Lg. angetroffen. Auch diese Trift schob sich ungewöhnlich weit nach Westen vor, in ihrem südlichen Teile auf 50° S-Br. bis 51° W-Lg., im nördlichen Teile auf 44° S-Br. bis 46° W-Lg. Vereinzelte Eismassen wurden noch viel weiter westlich angetroffen; so trieb nach dem Bericht der „Industrie“ vom 21. November eine große Eisinsel von mehreren Seemeilen Länge 40 Sm südöstlich von Kap St. John und eine zweite, die am 26. November gesichtet wurde, auf 50,4° S-Br. und 54,5° W-Lg. Im übrigen wurde über Eis im Süden von 50° S-Br. nur zweimal berichtet, und zwar über eine vereinzelte Gruppe von zwei Bergen in 53° S-Br. und 48° W-Lg. Als nördlichstes Eis traf man schon am 13. September auf 38° 14′ S-Br. und 34° 51′ W-Lg. mehrere kleine Eisstücke, diese rührten aber wahrscheinlich von der vorhergehenden Trift her. Das Eis der dritten Trift gelangte erst im Januar in niedrige Breiten, wo das nördlichste davon am 22. Januar 1894 in 40,3° S-Br. und 36,2° W-Lg. angetroffen wurde.

In dieser Trift waren auch wieder Eisberge und Inseln von gewaltiger Größe. Kapt. Walsen fand durch Messung des Höhenwinkels und des Abstandes die Höhe eines 5 Sm langen Berges, den er am 7. November auf 46° 6′ S-Br. und 41° 15′ W-Lg. passierte, zu 137 m. Das Eis war nicht auf großen Strecken so dicht zusammengedrängt wie in den beiden vorhergehenden Triften; aber da es wieder so weit westlich trieb, daß der gewöhnliche Weg der Schiffe hindurchführte, so bildete es auch dieses Mal eine große Gefahr. Das Schiff „San Joaquin“ kollidierte mit einem Eisberg, verlor Fock- und

Großmast, blieb aber dicht. Der „Theodor“ mußte wegen Schadens, den er bei dem Zusammenstoße mit dem Eise erlitten, in Montevideo einlaufen. Das Schiff „Sainte Catherine“ segelte gegen einen Berg, wobei es das Bugspriet verlor und den Steven beschädigte.

Gleichzeitig mit dieser erschien eine große Eistrift im östlichen Teile des Südatlantischen Ozeans auf dem Wege der nach Indien und Australien gehenden Schiffe. Sie reichte westwärts bis 4° W-Lg. und nordwärts bis 40° S-Br. Das meiste Eis wurde südlich von 42° S-Br. und östlich von 5° O-Lg. angetroffen. Der erste Bericht davon war vom 5. September 1893. Vielleicht stand sie im Zusammenhang mit der ersten großen Eistrift, die im Jahre 1892 den westlichen Teil des Ozeans einnahm und Ende Oktober, also 11 Monate vor dem Erscheinen im Osten, vom Wege von Kap Horn verschwunden war. Auch der zuletzt besprochenen großen Eistrift im Westen folgt etwa zehn Monate später, im November 1894, eine große Trift südlich vom Kap der guten Hoffnung.

Nach diesen großen Eistriften der Jahre 1892 und 1893 folgten Jahre vergleichsweiser Eisarmut, bis Ende August 1902 große Eistriften erschienen und nun bis Oktober 1903 in fast ununterbrochener Reihe Meldungen gemacht wurden. Im Jahre 1902 ist das Eis vorwiegend bei Kap Horn gesehen worden, und die Meldungen kamen zunächst von westwärts wie von ostwärts bestimmten Schiffen. Später überwogen die Meldungen von ostwärts bestimmten Schiffen, und zuletzt kamen sie nur noch aus der Gegend im Osten und Nordosten der Falklandinseln.

Die Eistriften dieser beiden Jahre scheinen indessen bei weitem nicht so dicht gewesen zu sein wie die von 1892/93.

Die Eisverhältnisse der drei Jahre 1906, 1907 und 1908 sind in der Fig. 76 S. 493 dargestellt. In der ersten Hälfte des Jahres 1906 traten im Südwesten und Süden von Kap Horn einzelne Eisberge auf, im Juli und August wurde viel Eis, bei dem sich auch Eisfelder befanden, in der Nähe der Staaten-Insel, südöstlich, östlich und nordöstlich davon gesehen, im November und Dezember wurde meistens nördlich von den Falklandinseln und namentlich von südwärts bestimmten Schiffen Eis gesichtet. Während nun aber die südwestwärts bestimmten Schiffe in den letzten Monaten des Jahres 1906 schon in 38° bis 39° S-Br., in einzelnen Fällen noch nördlicher, in einem einzelnen Falle sogar schon auf 35.° S-Br. Eis in Sicht bekamen, hatten dagegen die heimkehrenden Segelschiffe die Eisgefahr schon etwa mit dem Überschreiten von 45° S-Br. hinter sich. (Eisberichte von Kapitänen vgl. etwas weiter hinten.)

Das Jahr 1907 ist kein Eisjahr gewesen. Die großen Eismassen, die im November und Dezember 1906 in außergewöhnlich niedrigen Breiten im Norden der Falklandinseln gesichtet worden sind, waren schon im Januar 1907 verschwunden; nur am 1. Januar ist noch einmal ein einzelner Berg gesichtet worden. Dann haben, ebenfalls im Januar, zwei außergewöhnlich weit nach Osten steuernde Schiffe südlich von 52° S-Br. einige Eisberge gesehen; dabei ist indessen bezeichnend, daß das eine davon, das nach Rangoon bestimmt war und 50° S-Br. östlich von 34° W-Lg. geschnitten hat, nördlich von 50° S-Br. kein Eis mehr gesehen hat. Ganz nahe bei Kap Horn haben dann noch zwei Schiffe im Mai einzelne Eisberge gesehen, später ist aus dem Jahre 1907 von dort oder dem Südatlantischen Ozean kein Eis mehr gemeldet worden.

Wieder ganz andere Verhältnisse weist das Jahr 1908 auf. Vom Januar und Februar kamen nur vereinzelte Meldungen; doch im März häuften sie sich, begünstigt durch den Umstand, daß auch eine außergewöhnlich große Zahl deutscher Segler im März jene Gewässer befuhr, aus der Gegend nordöstlich von den Falklandinseln ganz außerordentlich. Von April an nahmen dann die Meldungen so schnell ab, daß vom Juni fast keine mehr aus jener Gegend eingegangen ist; nur einmal wurde im Juni ein Eisberg südlich von Feuerland in 58° S-Br. gesehen. Im Juli wurde nur bei den Falklandinseln und nur von einem einzigen Schiffe Eis gesehen, doch von der ersten Augustwoche an häuften sich die Meldungen wieder und erreichten ihren Höhepunkt im September, von wo an sie wieder schnell zurückgingen. Vom Dezember 1908 ist dann nur noch eine einzige Meldung eingelaufen.

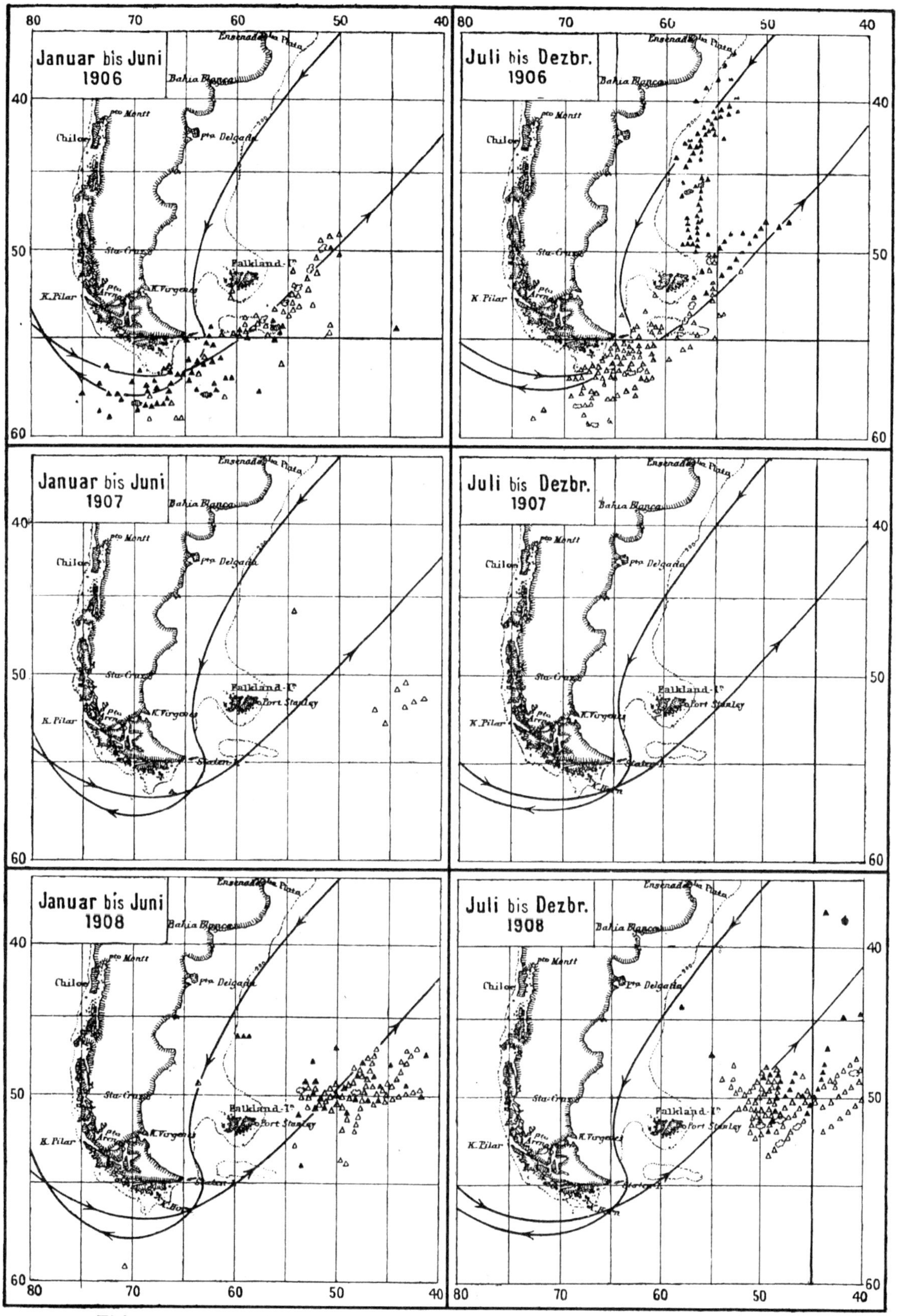

△ Eisberge	Januar, Februar, März	und	Juli, August, September.
⬭ Eisfelder	„ „ „	„	„ „ „
▲ Eisberge	April, Mai, Juni	und	Oktober, November, Dezember.
Eisfelder	„ „ „	„	„ „ „

Fig. 76.

Von den drei Jahren 1906, 1907 und 1908 waren für die Umgebung von Kap Horn und den Südatlantischen Ozean also nur 1906 und 1908 Eisjahre, denen das auffallend schnelle Erscheinen und das fast noch schnellere und vollständige Verschwinden der gewaltigen Eismassen gemeinsam ist. In anderer Hinsicht zeigen diese beiden Eisjahre unter sich wesentliche Unterschiede. Im Eisjahr 1906, das auch im Vergleich mit früheren Eisjahren als Ausnahme bezeichnet werden kann, trat das Eis schon zeitig im Jahre ungewöhnlich stark auf, und es kam ungewöhnlich nahe an die Staaten-Insel heran; einzelne Eisberge erschienen sogar an der Nordseite dieser Insel und zwischen ihr und den Falklandinseln. Ferner drang das Eis im Norden der Falklandinseln, wahrscheinlich um deren Ost- und Nordseite herum, ganz ungewöhnlich weit nach Norden und Westen auf den Weg der nach der Magellanstraße oder nach Kap Horn steuernden Schiffe vor, es reichte aber trotzdem oder vielleicht gerade deshalb auf dem Wege der von Kap Horn her kommenden Segler nicht weiter oder nicht einmal so weit nach Norden und Osten als in früheren Eisjahren. Am Eisjahr 1908 fällt besonders auf, daß Eis nur im Osten und Nordosten der Falklandinseln, und zwar in zwei ganz voneinander geschiedenen großen Triften auftrat. Die eine von geringerer Ausdehnung fiel in den März, die

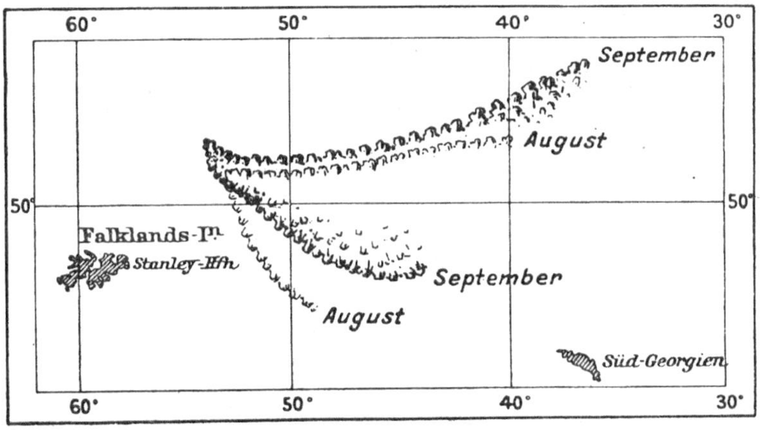

Fig. 77. Eistrift im August und September 1908, nordöstlich von den Falklandinseln.

andere 1/2 Jahr später, in den August und September. Diese beiden Triften, namentlich die letzte, dürften in ihrem Auftreten mehr den Erfahrungen früherer Eisjahre entsprechen, wonach heimkehrende Segler im allgemeinen die Eisgefahr dort um so leichter überwinden, je westlicher sie sich halten.

Die ungefähren Südwestgrenzen und Nordgrenzen der August- und Septembertrift des Jahres 1908 sind in der Fig. 77 oben veranschaulicht. Danach erstreckte sich im August die Südwestgrenze ungefähr von 53° S-Br. in 49° W-Lg. nach 49° S-Br. in 53° W-Lg. und die Nordgrenze von hier aus nach 48° S-Br. in 40° W-Lg. Im September war die Trift, soweit es sich nach den Meldungen feststellen läßt, etwas nach Nordosten verschoben, ihre Nordwestecke war aber gleichzeitig auch noch nach Nordwesten vorgedrungen. Die Südwestgrenze verlief nun etwa von 52° S-Br. in 44° W-Lg. nach 48° S-Br. in 54° W-Lg. und die Nordgrenze von hier nach 45° S-Br. in 36 1/2° W-Lg.

Über die weitere Ausdehnung der Trift nach Ost oder Südost liegen keine Meldungen vor, da es die Schiffe, entsprechend den Segelanweisungen der Deutschen Seewarte namentlich die deutschen, vermeiden, östlicher zu gehen, als sie vom Winde gedrängt werden. Nach dem ungefähren Verlaufe der Südwest- und Nordostgrenze wird man aber annehmen müssen, daß es weiter östlich noch langwieriger gewesen sein würde, durch die Trift zu segeln. So hat nach ihrem meteorologischen Tagebuche die „Melpomene“, die schon in 51° S-Br. bis nach 47° W-Lg. gedrängt worden war, fast 660 Sm im Bereiche der Eistrift zurücklegen müssen, wozu sie 9 Tage gebraucht hat, und eine fremde Bark „Arracan“, die am 14. September in 52° S-Br. und 44° W-Lg.

in die Trift kam, hat darin, allerdings nach einer etwas dürftigen Pressemeldung, 1000 Sm zurücklegen müssen. Sie hat dazu nur 6 Tage gebraucht: allein man wird daraus nicht schließen dürfen, daß es dort überhaupt leichter gewesen sei, durchzukommen, sondern man wird nur sagen können, daß es „Arracan" gerade gut getroffen habe. Gut getroffen haben es aber im Westen manche Schiffe auch und haben dann die Trift entsprechend ihrer geringeren Breite in noch viel weniger Zeit durchquert als „Arracan", so z. B. „Seerose", die am 10. August in 51,5° S-Br. und 51,1° W-Lg. in die Trift geriet und sie bei hellem Mondschein mit 8 Knoten Fahrt durchqueren konnte. (Vgl. hierzu unter den Kapitänsberichten etwas weiter hinten.)

Die jahreszeitliche Verteilung des Eises ist in den Figuren 78 und 79 S. 496/97 dargestellt. Die Zeichnungen sind den „Monthly meteorological charts of the Indian Ocean, north of 15° South lat., and Red Sea 1908/09" entnommen und beruhen auf den Eismeldungen aus den Jahren 1885 bis 1907. Es geht daraus hervor, daß zu allen Jahreszeiten Eis vorkommt, daß es aber im südlichen Sommer von Oktober bis März bei Kap Horn verhältnismäßig selten auftritt. Der Weg der von Kap Horn heimkehrenden Schiffe kann zwischen Kap Horn und etwa 47° S-Br. und selbst wenn sich die Schiffe westlich vom mittleren Wege halten, in keiner Jahreszeit als eisfrei gelten; doch verschwindet für die Schiffe, die nicht vom mittleren Wege nach Osten gedrängt werden, die Eisgefahr für gewöhnlich mit dem Überschreiten von 47° S-Br.; nur in den Monaten Oktober, November und Dezember kommen Eistriften auf dem mittleren Wege bis etwa nach 42° S-Br. vor. Wird man vom mittleren Wege nach Osten gedrängt, so ist man in keiner Jahreszeit vor Eis sicher, ehe man 40° S-Br. überschritten hat, ausnahmsweise und besonders auf sehr östlichen Wegen geht das Eis noch über 40° S-Br. nach Norden.

Der Weg der südwärts steuernden Schiffe kann zwischen dem La Plata und der Staaten-Insel in den Monaten Januar, Februar und März als eisfrei angesehen werden, von April bis September kommt dort vereinzelt, von Oktober bis Dezember indessen Eis in großen Mengen vor.

Beide Wege, die der ostwärts wie die westwärts bestimmten Schiffe, sind im Süden von 55° S-Br. zu keiner Jahreszeit als eisfrei anzusehen; die Eisgefahr dort ist aber im südlichen Sommer von Oktober bis März nicht sehr groß.

Über den Nutzen der Wassertemperaturbeobachtung zum Erkennen der Eisgefahr gehen die Erfahrungen und Meinungen weit auseinander. Während viele bei der Annäherung an das Eis, selbst in unmittelbarer Nähe, keine wesentliche Abnahme der Temperatur wahrnahmen und deshalb zu der Ansicht gelangten, der Gebrauch des Thermometers sei irreführend, beobachteten andere wieder ein merkliches Sinken der Wasserwärme, wenn sie dem Eise nahe kamen. Es ist nun wohl nicht in Abrede zu stellen, daß solche großen Eismassen, wenn sie in niedrige Breiten vertreiben und unter der Einwirkung des warmen Oberflächenwassers rasch abschmelzen, auf ihre Umgebung abkühlend wirken; so beobachtete „Nautilus", der im April 1892 in eine Eistrift geriet, südlich davon, auf 47° S-Br. in 37,5° W-Lg., 11,2° und am nächsten Tage in 46° S-Br. und 36° W-Lg. in der Eistrift 9,4°; die Wassertemperatur stieg dann auf 10,5° und ging am nächsten Tage, als man in 43,7° S-Br. und 35° W-Lg. wieder viel Eis in der Nähe hatte, noch einmal auf 9,4° zurück und stieg erst wieder sehr rasch, als man die Eisgrenze hinter sich hatte. Dagegen beobachtete „Magnat" im März 1893 auf 50° S-Br. in 52° W-Lg. beim Passieren eines einzelnen Eisberges 8,3° und drei Wachen später in 49° S-Br. und 51° W-Lg., wo man von Eisbergen umgeben war, 10,7°; ja am folgenden Tage, als man, allerdings in großer Entfernung bei flauer südlicher Brise westlich von sich, in 48° S-Br. und 50° W-Lg. zwei große Eisinseln und mehrere Berge sichtete, 12,8° Wasserwärme. „Woglinde", die im September 1908 in 50,5° S-Br. und 49,5° W-Lg. mit einem Eisberge zusammenstieß (vgl. die Eistrift S. 494), fand die Wassertemperatur schon östlich der Staaten-Insel etwa 5° unter dem Mittelwerte.

Das jahreszeitliche

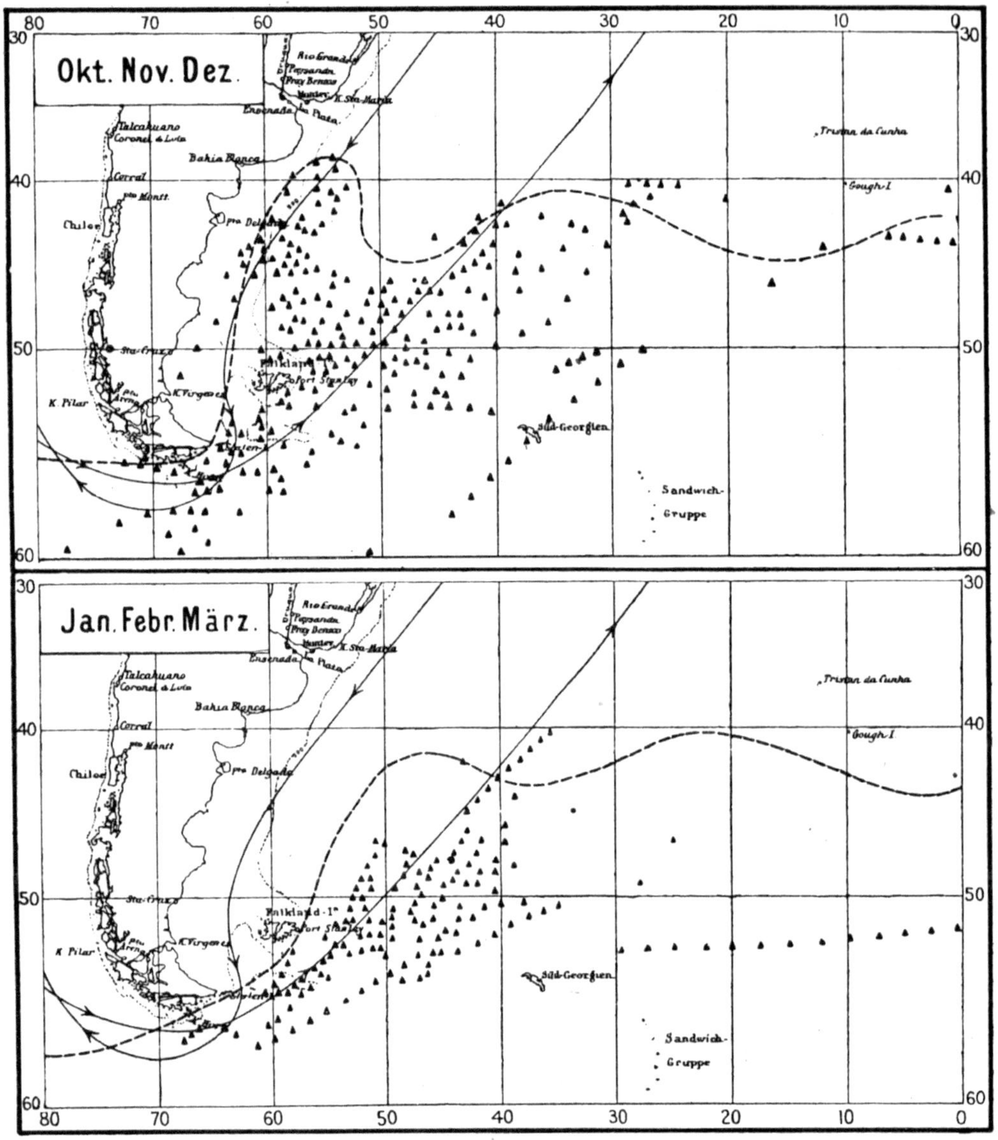

----------- Mittlere nördliche Treibeisgrenze.
═══════ Seglerwege.

Fig. 78.

(Vgl. hierzu auch die Temperaturangaben in den Kapitänsberichten etwas weiter hinten.)

Nach den meisten Berichten befindet sich das kalte Wasser gewöhnlich an der Leeseite der Eismassen und nicht, wie wohl schon behauptet worden ist, an der Luvseite, im sogenannten Kielwasser der Berge. Bei der ungemein langsamen Fortbewegung der großen Berge gibt es ein solches Kielwasser überhaupt nicht. Das kalte Wasser in der Umgebung von Eismassen ist Schmelzwasser, das unter der Einwirkung von Seeschlag, Sonnenschein und Regen vom Eise abfließt und, da es frisch und leichter ist als das Meerwasser, sich nicht sofort damit vermischt, sondern eine Zeitlang an der Meeresoberfläche bleibt. Infolgedessen wird es durch die vom Winde erzeugte Oberflächentrift viel rascher fortgeführt als der tiefeingesenkte Eisberg und deshalb ebenso wie die durch Schmelzen abgelösten kleineren Eisstücke fast stets in Lee der Berge gefunden. Ausnahmen können sich ja zeigen; zum Beispiel

Auftreten von Treibeis.

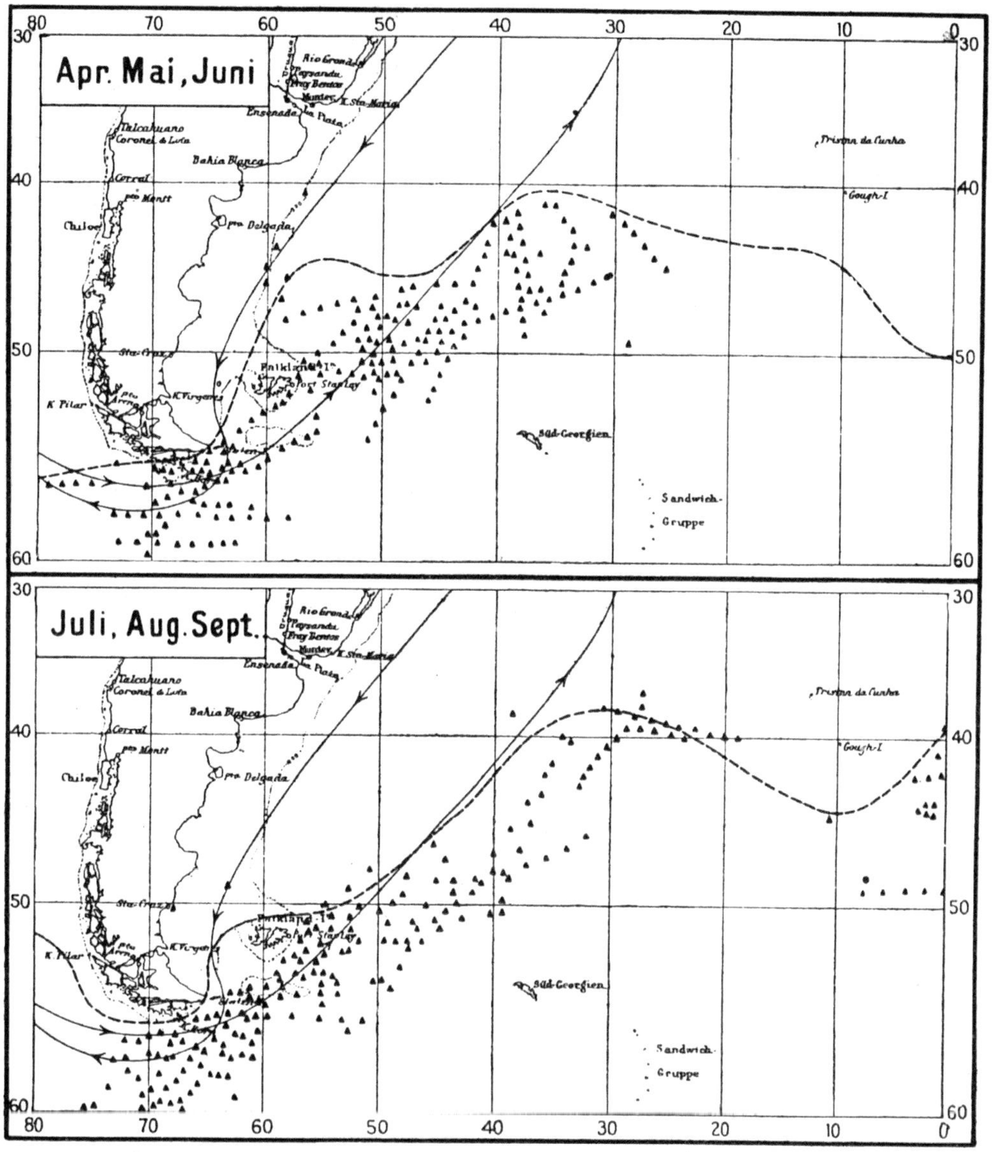

------------ Mittlere nördliche Treibeisgrenze.
⟵ ⟶ Seglerwege.

Fig. 79.

dann, wenn der Wind kurz vorher seine Richtung geändert hat, oder wenn in höheren Breiten das Wasser in der Umgebung des Eises an und für sich eine so niedrige Temperatur hat, daß fast kein Schmelzwasser entsteht. Bei beständigem Winde und in einem Meeresstriche, der einigermaßen warm ist, wird man jedoch wohl stets in Lee des Eises eine Erniedrigung der Wassertemperatur beobachten.

Durch den Umstand, daß das kalte Wasser in den meisten Fällen nur an der Leeseite des Eises gefunden wird, erklärt es sich auch, daß die Temperaturmessungen so oft etwas Abweichendes oder ganz das Gegenteil von dem ergeben, was man erwartet hat. Wenn z. B. ein Schiff vor dem Winde an einer in seinem Kurse liegenden Reihe ziemlich weit voneinander entfernt treibender Eisberge oder Gruppen von Bergen vorübersegelt und vielleicht die erste Gruppe bei Nacht oder dickem Wetter passiert, ohne sie zu sehen, so wird es zunächst, wenn es in Lee davon gekommen ist, eine für den Beobachter nicht erklärliche Abnahme der Temperatur finden. Dann wird die Temperatur wieder steigen und gegen die gewöhnliche Annahme auch fortfahren zu steigen, wenn man sich der zweiten Eisgruppe, die gesichtet wird, von der Luvseite nähert. Erst wenn das Schiff die Leeseite dieser Gruppe erreicht hat, wird das Wasser wieder kälter. Solche Schwankungen: Zunahme der Wasserwärme bei der Annäherung an das Eis, Abnahme bei der Entfernung davon, können sich dann noch mehrfach wiederholen, wenn noch mehr Eisberge im Kurse des vor dem Winde segelnden Schiffes treiben. Die Tagebücher von Schiffen, welche auf dem Wege nach Indien oder Australien in den höheren Breiten des Südatlantischen und des Indischen Ozeans mit westlichem Winde ostwärts fahren, enthalten eine Reihe derartiger Beobachtungen, die manchen Schiffsführer in dem Glauben an den Einfluß des Eises auf die Temperatur des Wassers irre werden lassen.

Oft zeigt sich das kalte Wasser nur in einem Streifen, der nicht viel breiter ist als die Eismasse, und der sich von dieser aus nicht genau nach Lee, sondern nach einer auf südlicher Breite einige Striche weiter nach links liegenden Richtung in ähnlicher Weise erstreckt, wie die Strömungen auf Südbreite nach Lee und etwas nach links oder auf Nordbreite nach Lee und etwas nach rechts gerichtet zu sein pflegen. Ein auffälliges Beispiel dieser Art fand das Schiff „Caesarea", das sich auf der Reise von Kap Horn vom 23. bis 28. März 1893 zwischen 51° S-Br., 46° W-Lg. und 47,8° S-Br., 49° W-Lg. im Eise befand. Der Kapt. A. Cords schreibt: „Als wir im Eise waren, wurden keine beträchtlichen Unterschiede in der Temperatur des Wassers gefunden, auch nicht, wenn wir ganz nahe an der Lee- oder Luvseite der Berge waren. Das Thermometer fiel nie unter 6°[1]). Ein anderes Verhalten zeigte sich jedoch am Nachmittage des 27. März, als wir uns auf nordöstlichem Kurse einer sehr umfangreichen tafelförmigen Eismasse näherten. Kurz bevor wir in Lee davon kamen, wurde die Temperatur der Luft zu 8,4°, die des Wassers zu 7,9° abgelesen. Die erstere sank dann auf 6,5 und begann, als kein Eis mehr in der Windrichtung war, zu steigen. Die Wassertemperatur nahm während dieser Zeit nur um 0,3° ab, fiel aber rasch auf 4,1°, als die Mitte des Eises WSW peilte. Sie stieg erst wieder, und zwar sehr merklich, als wir das Eis in die Peilung SW gebracht hatten. Um 4 Uhr nachmittags, nachdem wir kaum 8 Sm zurückgelegt hatten, betrug sie schon 9,5°, und während der folgenden Wache fand eine weitere Zunahme bis 12,3° statt." Der Wind war zurzeit WNW. Das sehr kalte Wasser befand sich demnach in einer Peilung der Eismasse 4 Striche links von der Windrichtung.

Das Vorhandensein großer Eismassen dürfte sich nach den vorstehenden Ausführungen erkennen lassen, wenn man die beobachteten Wassertemperaturen mit den Mittelwerten und physikalischen Karten (vgl. Atlas für den Atlantischen Ozean, 2. Aufl., Tafel 5 bis 8) vergleicht. Hat man keine Mittelwerte der Oberflächentemperatur, oder handelt es sich um vereinzelte Eisberge, so kann man höchstens darauf rechnen, die Anwesenheit von Eis durch das Thermometer rechtzeitig zu erkennen, wenn man bei beständigem Winde (auf Südbreite) auf Steuerbordhalsen segelt und man dabei das nach links von Lee abgelenkte kalte Schmelzwasser wahrnimmt. Auf Backbordhalsen oder vor dem Winde darf man nicht erwarten, die Nähe von Eis durch das Wasserthermometer wahrzunehmen, ehe man recht in Lee davon ist. Immerhin sollte man jedoch in Meeresstrichen, wo Treibeis vorkommt, den häufigen Gebrauch des Wasserthermometers nicht unterlassen. Wenn man sich nicht in einer Gegend befindet, wo durch das Zusammenstoßen kalter und warmer Meeresströmungen Schwankungen der Temperatur hervorgerufen werden, wird man durch eine erhebliche Abnahme der Wasserwärme doch immer darauf aufmerksam gemacht, daß sich Eis in der Nähe befinden kann.

Die hauptsächlichsten Sicherheitsmaßregeln bleiben indessen scharfer Ausguck und die Bereitschaft, sofort den Kurs zu ändern. Kapt. Gahde vom Schiffe „Arethusa" schreibt: „Als Schutz gegen Kollision mit Eis kann nur

---

[1]) Das normale Mittel in 50° S-Br. und 47° W-Lg. im März ist ungefähr 8,5°. Mit 6° war die Wassertemperatur durch die Eisnähe also schon um 2,5° abgekühlt.

scharfer Ausguck dienen, in dichtem Nebel bei flauer Brise vielleicht auch das Gehör; denn das häufige Einstürzen der Wände eines Eisberges macht ein Geräusch, das meilenweit zu vernehmen ist. (Vgl. die Kapitänsberichte unten.) Man hole bei unsichtigem Wetter die Raaen etwas an; denn, wenn irgend möglich, sollte man wegen der gefährlichen Eisbrocken in Lee der Berge stets luvwärts davon passieren. Bei etwas diesiger Kimm bemerkte ich in der Dunkelheit über einigen Bergen etwas wie einen Blink in der Luft, die Eisberge selber aber, obschon bei Tage schneeweiß, erschienen in der Nacht schwarz. Nahebei mögen sie vielleicht als eine weiße Wolke in Sicht kommen können."

In ähnlichem Sinne äußern sich viele Kapitäne. Alle schildern die abgelösten Eisbrocken, die an der Leeseite der Berge oft mehrere Seemeilen weit davon treiben, als die gefährlichsten, da sie nur wenig aus dem Wasser hervorragen und wie dieses dunkel aussehen, also schwer zu erkennen sind. Bei ihrer oft ganz erheblichen Größe und Dicke können sie einem Schiffe schweren Schaden zufügen. Das Aussehen des Eises bei Nacht wird von den meisten Schiffsführern als dunkel angegeben; nur bei Beleuchtung durch den Mond macht sich ein weißer Schein der Eisberge bemerkbar. In bezug auf das sonst wohl hervorgehobene zahlreiche Erscheinen von Seevögeln, besonders der Eissturmvögel, als ein Zeichen der Eisnähe berichten viele Schiffsführer das Gegenteil. Oft erwähnt wird das laute Krachen im Eise und das Rauschen im Wasser, wenn große Stücke abstürzen oder die Eisberge das Gleichgewicht verlieren und kentern. Mehrere Kapitäne heben auch hervor, daß der Wind an der Leeseite der Berge immer sehr puffig wird, mitunter bis zur Stille abflaut und dann wieder mit plötzlichem Stoße hart einfällt. Zu bemerken ist noch, daß mehrmals über Eisberge berichtet worden ist, deren Fuß, wie an der darauf stehenden Brandung erkannt werden konnte, unter Wasser noch eine ziemliche Strecke weit auslief, bei denen sich der steile Abfall der Seiten unterhalb der Wasserlinie also nicht fortsetzte. Dies warnt davor, selbst an einen anscheinend ganz steilkantigen Eisberg zu nahe hinanzugehen.

Kapitänsberichte.

Kapt. Skau vom Segler „Anakonda" schreibt:

„Am 2. August 1906, während wir bei SSW 5 nach Osten segelten, begann die Wassertemperatur schnell abzunehmen; sie war um 8 Uhr V in 54° 6′ S-Br. und 64° 12′ W-Lg. auf 0° gefallen, und ich vermutete Eis in der Nähe. Bald darauf wurde „Land voraus" gemeldet, es war aber ein Eisberg, der fast wie Helgoland aussah. Wir sahen darauf nichts wieder, bis 6 Uhr 30 Min. Abends ein Schiff an St-B. gemeldet wurde. Was wir sahen, glich selbst durch das Glas so sehr einem Schiffe ohne Seitenlichter, daß ich Flackerfeuer zeigen ließ; als aber der Mond aufgegangen war, stellte sich heraus, daß wir wieder einen Eisberg sahen. Von nun an segelten wir bis zum nächsten Mittage fortwährend zwischen Eisbergen. Bei Mondschein erschienen sie schon in der Kimm grünlich-weiß. Nachdem am 3. August der letzte Berg auf 55° 3′ S-Br. und 60° 46′ W-Lg. passiert war, stieg die Wassertemperatur schnell auf 3°, während sie, solange wir zwischen den Eisbergen segelten, fast ohne Schwankungen dicht bei 0° lag."

Mit außerordentlich schwierigen Eisverhältnissen in derselben Gegend hat der Segler „Mneme" zu tun gehabt; Kapt. Petersen schreibt darüber:

„Bei mäßigem NNO steuerten wir mit etwa 6 Kn Fahrt am 16. August 1906 ostwärts und sichteten um 10½ Uhr N den ersten Berg als weißlichen Schimmer in Lee. Bis der weißliche Schimmer davon achteraus aus Sicht ging, vergingen ¾ Stunden. Um 1½ Uhr V am 17. August bekamen wir einen großen Berg recht voraus und entgingen nur mit genauer Not der Kollision mit zwei großen, nur etwa 2 m über Wasser treibenden Stücken Eis in Lee von dem Berge. An dessen schnellem Verschwinden merkten wir, daß die Luft nicht mehr so sichtig war wie vorher; wir machten daher kleine Segel, und es gelang uns auch, den sich mehrenden Eisstücken, die sich als weiße Stellen zeigten, aus dem Wege zu steuern. Bei Tagesanbruch hatten wir 3 Berge unter Lee, vor denen wir gerade noch zur rechten Zeit halsen konnten. Auf St-B.-Halsen bekamen wir bald Eisberge in Sicht, wie sich herausstellte, auf 13 Sm Entfernung. Kurz nach Mittag am 17. August, nachdem wir zuvor bei einem Sonnenblick 11 Eisberge gezählt hatten, wurde es ganz unsichtig von Regen und Schnee, wir konnten aber das Eis zunächst noch auf etwa ¾ Sm Abstand sehen. Um 8 Uhr N entgingen wir mit genauer Not der Kollision mit einem 40 qm großen Eisstück, das auf 10 m Entfernung bei uns entlang trieb; dann hörten wir um 9 Uhr ein fernes, dumpfes, krachendes Getöse, bald lauter, bald schwächer, wir konnten aber die Richtung nicht feststellen. Im Bewußtsein der uns drohenden Gefahr ließ ich das Schiff so manövrierfähig wie möglich machen. Fortwährend passierten wir Eisstücke, denen wir rechtzeitig ausweichen konnten, da das Schiff wenig Fahrt machte und dem Ruder vorzüglich gehorchte. Das unheildrohende Getöse hielt immer an, ohne daß wir die Richtung, aus der es kam, ausmachen konnten; es schien von allen Seiten zu kommen. Da sichtete ich um 11½ Uhr N eine hohe dunkle Wand voraus, an deren Fuß weiße Streifen, wohl Brandung, kamen und schwanden. Wir hielten sofort ab und merkten dabei, daß das allgemeine Geräusch von dem an den vielen Eisstücken brandenden Wasser herrührte, dazwischen klang es oft, als fielen gewaltige Massen aus großer Höhe ins Wasser. Als das Schiff abgefallen war, und wir meinten, von der Wand abzuscheren, kamen mehrere große Eisstücke und 3 Berge vor dem Bug in Sicht; wir glitten aber in allergrößter Nähe unter entsprechenden Ruder- und Rahenmanövern glücklich durch diesen Wirrwarr. Es war eine wunderbare Rettung; die Nacht war nicht nur dunkel und mondlos, es war auch dick von Regen und Schnee, und das Deck war äußerst schlüpfrig. Das Getöse hielt an bis 3½ Uhr V am 18. August, und jedesmal, wenn wir nördlich halten wollten, verstärkte es sich. Mit Tagesanbruch am 18. August sahen wir wie eine zerrissene Küste aussehende, gewaltige Eismassen von NO durch O nach S fast ohne Lücke; ob in den anderen Richtungen auch Eis lag, konnten wir nicht sehen, weil es dort unsichtig war. Gegen 3 Uhr N klarte es ab, wir sahen noch einen großen Eisberg in O auf etwa 10 Sm Entfernung. Ich fand es ratsam, innerhalb der Falklandinseln nach Norden zu gehen."

Kapt. Schütt vom Segler „Ostara" berichtet:

„Bei Tagesanbruch am 19. August 1906 sichteten wir an B-B. voraus auf nordöstlichem Kurse mit etwa 9 Kn Fahrt bei Nordwestwind einen Eisberg, den wir um 9 Uhr V auf 56° 3' S-Br. und 64° 43' W-Lg. in 2,5 Sm Abstand passierten, ohne eine Abnahme der 3,6° bis 3,7° betragenden Wassertemperatur, die der mittleren entsprach, zu haben. Um 3 Uhr N sichteten wir einen Eisberg an St-B. und hatten nun die folgenden Wassertemperaturen:

3 Uhr 30 Min. N = 1,8°	4 Uhr 15 Min. N = — 0,5°	5 Uhr 0 Min. N = 0,6° Eisberg an St-B.
3 „ 45 „ N = 1,5°	4 „ 30 „ N = — 0,4°	5 „ 15 „ N = 2,8° [dwars, 2 Sm.
4 „ 00 „ N = 0,6°	4 „ 45 „ N = 0,0°	6 „ 0 „ N = 2,8°

Um 7 Uhr 15 Min. fiel die Wassertemperatur auf 0,6°, und bald darauf wurden recht voraus zwei große Eisberge gesichtet, die etwa 3 Sm auseinander lagen. Ich segelte mit etwa 10 Kn Fahrt dazwischen durch und fand die Wassertemperaturen:

7 Uhr 15 Min. N = 0,6°	8 Uhr 15 Min. N = 0,8° beide Berge dwars, je 1½ Sm
8 „ 0 „ N = 0,2°	8 „ 25 „ N = 3,6°

Kapt. J. Mahn vom Vollschiff „Seerose" berichtet:

„Waren auf der Reise von Iquique mit einer Ladung Salpeter nach Dünkirchen und befanden uns Mittags den 10. August 1908 auf 52° 45' S-Br. und 52° 50' W-Lg. nach astronomischer Beobachtung. Wind WNW, Stärke 6 auffrischend, Himmel bedeckt, diesige Luft. Barometer 756,3 mm. Temperatur der Luft + 4°, Wasser + 3,6°. Segelten dann rw. N 39° O 38 Sm, N 44° O 38 Sm, N 40° O 20 Sm bis 11 Uhr N. Befanden uns nun in 51° 33' S-Br. und 51° 8' W-Lg., als wir den ersten Eisberg an B-B. voraus sichteten, wie eine große Eisscholle, deren Ränder 200 Fuß steil aus dem Wasser ragten, oben ganz flach und eben, etwa 1000 Fuß lang; luvwärts flog die Brandung hoch am Berge empor, was bei dem fahlen Mondschein ein fürchterlicher Anblick war. Passierten diesen ersten Eisberg in einer halben Meile Abstand und sahen in Lee noch mehrere, welche bei dem Mondschein aussahen wie helle weiße Wolken auf dem Wasser. Die Luft klarte gegen 1 Uhr dann ganz ab, heller Mondschein, passierten stündlich einen Eisberg und sahen in Lee überall noch mehr Eis treiben. Hatten die Rahen scharf angebraßt und steuerten N 33° O bei dem Winde, um mit einem möglichst nördlichen Kurse aus der Eistrift herauszukommen. Schiff lief 7 bis 8 Knoten.

Hatten während der ganzen Nacht und Vormittags Eis in Sicht, bis gegen Mittag den 11. August die letzten drei Eisberge passiert waren. Befanden uns nun auf 50° 5' S-Br. und 49° 25' W-Lg., hatten also die ganze 100 Sm breite Eistrift in 12 Stunden durchsegelt. Die Eisberge waren meistens lange, flache, scharfeckige Eisfelder, 500 bis 4500 Fuß lang und zwischen 200 bis 300 Fuß hoch, nur drei davon waren mehr kegelförmig, diese hatten eine bläulich-weiße Farbe, einige tief ausgehöhlt, und hinter den Eisbergen in Lee war stets viel Brucheis verschiedener Größe, es machte uns viel Schwierigkeiten, den größeren Stücken auszuweichen. Während wir mit dem NW-Winde durch die Eistrift segelten, hatten wir klaren Himmel, durcheinanderlaufende NW- und SW-See und beim Passieren eines Berges stets steiferen und puffigen, kälteren Wind als vorher. Barometer steigend; nachdem wir das letzte Eis passiert, wurden Wind und Wetter beständiger, aber diesiger und bewölkt, Wind bei nun fallendem Barometer immer noch NW, zunehmende Brise.

Was die Temperatur anbetrifft, so hatten wir südlich der Trift durchschnittlich Luft + 4°, Wasser + 3,6° gehabt; in der Trift schwankte die Wassertemperatur zwischen + 2° und + 3°, so daß in der Nähe eines Eisberges in Lee davon stets die niedrigste Temperatur war. Nördlich der Trift stiegen beide, Luft- und Wassertemperatur, um mehrere Grade, so daß nach 20 Sm NO-Kurs Luft + 5° und Wasser + 4,8° war und nach weiteren 20 Sm Luft + 6° und Wasser auch + 6° zeigte und beständig blieb. Zwischen dem Eise machte sich auch eine Zunahme der Vögel bemerkbar, und es waren außer den gewöhnlichen sogenannten Kaptauben, Pastoren, Mullikawks, Albatrossen auch verschiedene Arten sogenannter Eisvögel vorhanden."

Und ferner: „Auf der Ausreise liefen wir am 8. Februar 1908 in 34° 17' S-Br. und 49° 21' W-Lg. dicht an einem Stück Scholleneis vorbei. Es war etwa 15 m lang und ragte etwa 1,3 m aus dem Wasser. Ich war ganz erstaunt, hier schon Eis zu treffen; ein Irrtum ist indessen ausgeschlossen, es wurde von der ganzen an Deck befindlichen Mannschaft gesehen."

Kapt. Hellmich vom Segler „Alsterthal" berichtet:

„Am 19. Tage von Iquique wurde Kap Horn passiert. Durch die vorherrschenden nördlichen Winde, welche das Schiff schon südlich von 50° S-Br. im Atlantik antraf, war es unmöglich, den mittleren Weg einzuhalten; „Alsterthal" wurde ziemlich östlich gedrängt. Am 17. September 5 Uhr N in etwa 51° 3' S-Br. und 48° 3' W-Lg. sichteten die ersten Eisberge. Da es zu dieser Zeit noch immer nördlich von ONO rw. hinging, so blieben noch auf B-B.-Halsen liegen. Während der Nacht kamen noch verschiedene Berge in Sicht. Am nächsten Morgen bei Tagwerden sichteten sehr viele Berge und unzählige kleine Stücke. Da es nicht ratsam erschien, das Schiff noch weiter nach Osten laufen zu lassen, so legten jetzt das Schiff (8 Uhr V 18. September) auf St-B.-Halsen, um so nach Westen und aus der Eisgegend herauszulaufen, der Wind war noch immer nördlich und flau. Es kamen auch jetzt noch immer neue Berge, umgeben von unzähligen kleinen Stücken, in Sicht, teilweise mit nur 2 bis 3 Sm und noch weniger Raum dazwischen, so daß es sehr schwierig war, von den Bergen klar zu steuern; mußten verschiedentlich abhalten. Gegen 5 Uhr am nächsten Morgen (während der Nacht noch sehr viele Berge passiert) am 19. September sichteten erst hohe Berge und dann mit einem Male niedriges Eis voraus und nach kurzer Zeit niedriges Eis von SW bis NNO. Zum Glück war es nur flau; das Schiff lief nur 2½ bis 3 Knoten, und so war es möglich, das Schiff noch in einem Abstand von ½ bis ¾ Sm vor den Wind zu bekommen, um von dem Eise klar zu kommen. Bei Tagwerden stellte sich heraus, daß wir es mit einem kolossalen Eisfeld zu tun hatten. Die größte Ausdehnung der Trift in O- bis W-Richtung mochte wohl an 35 bis 40 Sm lang sein, denn die Enden waren nicht abzusehen. Das ganze Eis war eine kompakte Masse, hatte verschiedene Ecken und Winkel mit steilen Wänden, welche überall die gleiche Höhe von etwa 15 bis 20 m hatten. Die See hatte in die steilen Wände verschiedene Höhlen eingewühlt, welche durch das Einlaufen des Wassers oder vielmehr der Seen ein ziemliches Getöse, gleich fernem Donner, verursachten.

Segelten bis Dunkelwerden in 2 bis 4 Sm Abstand des Feldes; in dieser Nähe war die Brandung und das Donnern des herabstürzenden Eises deutlich zu hören. In 2 bis 5 Sm Abstand vom Felde trieben viele höhere Berge und unzählige kleine Stücke, durch welche schwierig durchzukommen war. Der Wind war inzwischen etwas aufgefrischt und auf NNO geholt; so war es uns möglich, einen nordwestlichen Kurs zu steuern. Des Nachmittags 5 Uhr peilte die NW-Spitze des Feldes in rw. NO. Den Abschluß der Spitze bildeten mehrere hohe Berge mit niedrigem Eis dazwischen. Weiter nach Westen sichteten vor Dunkelwerden noch verschiedene Berge, während der Nacht keine. Am nächsten Morgen, 20. September, noch verschiedene kleine Berge und noch ein kleineres Feld von 1½ bis 2 Sm, welches sich wahrscheinlich von dem großen abgetrennt hatte. Während des Tages noch verschiedene kleine Berge, welche wohl den Abschluß der ganzen Trift bildeten, denn am 21. September Morgens war nichts mehr zu sehen.

Die ganze Anzahl der gesichteten größeren Berge mochte wohl dicht an 60 bis 70 betragen. Die größten hiervon waren wohl an 150 bis 200 Fuß hoch und hatten einen Durchmesser von ⅛ bis ⅙ Sm. Die Form war sehr verschieden, einige waren platt, andere spitz, andere wieder in verschiedenen Spitzen und einer sogar in der Form eines Schwimmdocks, wo das Wasser in der Mitte hindurchspülte. Von kleineren Stücken waren alle begleitet, die meisten davon waren in Lee. Nach Schätzung war das Feld in NS-Richtung an 15 bis 20 Sm breit. Es war während der ganzen Zeit klare Luft; so war es uns möglich, auch des Nachts die Berge in 3 bis 4 Sm Abstand zu sehen; meistens schienen sie etwas heller als die Luft und in größerer Nähe weiß. Die Temperatur des Wassers war zwischen dem Eise sehr verschieden; zwischen + 1½ und 2½°, ganz dicht daran + 1½°."

Reisedauer.

Nach den meteorologischen Tagebüchern der Deutschen Seewarte ergibt sich die folgende Tabelle I auf S. 502.

Die Dauer der Fahrt von Kap Horn nach der Linie ist demnach durchschnittlich am kürzesten im Juni, am längsten im Februar; der Unterschied beträgt 8,4 Tage. In ununterbrochener Folge nimmt die Reisedauer von Februar bis Juni ab, von Juni bis Februar zu. Der Unterschied in der Reisedauer dürfte im wesentlichen darauf zurückzuführen sein, daß im Frühling und Sommer die nördlichen Winde an der polaren Passatgrenze wegen der stärkeren Entwicklung des hier befindlichen Luftdruckmaximums mit viel größerer Beständigkeit herrschen und daß viel seltener eine günstige Unterbrechung durch südliche Winde eintritt als im Herbst und Winter. Im Sommer ist außerdem auch der Passat viel flauer als im Winter, namentlich für die Schiffe, die Kap Horn im Februar passieren. Das kommt auch in der folgenden Tabelle II zum Ausdruck; und wenn wir die Reisedauer in den einzelnen

Tabelle I.
Dauer der Reise von Kap Horn nach Lizard.
Zusammengestellt aus 1200 bis Ende 1894 zurückgelegten Reisen.

Von Kap Horn im Monat	Von Kap Horn nach der Linie			Von der Linie nach Lizard			Von Kap Horn nach Lizard			Anzahl der Reisen
	mittlere Reise Tage	kürzeste Reise Tage	längste Reise Tage	mittlere Reise Tage	kürzeste Reise Tage	längste Reise Tage	mittlere Reise Tage	kürzeste Reise Tage	längste Reise Tage	
Januar	38,2	28	67	36,4	22	54	74,6	55	110	129
Februar	39,7	23	61	35,5	**20**	59	*75,2*	49	110	107
März	37,4	25	51	**36,1**	25	50	73,5	54	**99**	95
April	34,8	24	51	36,6	22	59	71,4	47	101	107
Mai	32,7	24	49	38,3	28	59	71,0	56	**96**	97
Juni	**31,3**	23	50	*39,1*	25	56	70,4	58	91	92
Juli	32,2	23	51	37,1	26	53	**69,8**	49	104	93
August	32,6	**20**	51	38,7	26	57	71,3	**46**	101	74
September	34,8	22	53	36,7	28	46	71,5	53	95	77
Oktober	36,0	23	52	**34,1**	21	53	70,1	49	93	96
November	37,4	25	54	**33,9**	21	55	71,3	50	103	106
Dezember	37,9	25	54	37,0	22	61	74,9	49	107	127
Jahr	35,4	20	67	36,6	20	61	72,0	46	110	1200

Tabelle II.
Dauer der Reise von Diego Ramirez nach Lizard.
Zusammengestellt nach Tagebüchern der Deutschen Seewarte von 943 Reisen, die in den 13 Jahren 1896 bis 1908 angetreten worden sind.

Von Diego Ramirez im Monat	Von Diego Ramirez nach der Linie			Von der Linie nach Lizard			Von Diego Ramirez nach Lizard			Anzahl der Reisen
	mittlere Reise Tage	kürzeste Reise Tage	längste Reise Tage	mittlere Reise Tage	kürzeste Reise Tage	längste Reise Tage	mittlere Reise Tage	kürzeste Reise Tage	längste Reise Tage	
	*						*			
Januar	39,0	22	69	33,7	20[4])	50	72,7	44[9])	104	101
Februar	36,3	25	56	35,1	21[5])	58	71,4	50	100	68
März	36,2	22	53	37,4	22	56	73,6	46[10])	109	76
April	31,3	22	43	37,6	26	55	68,9	49	98	44
Mai	30,7	23	48	38,3	27	65	69,0	54	113	58
Juni	29,6	18[1])	44	37,3	25	59	66,9	49	103	64
Juli	30,6	19[2])	47	36,7	22	53	67,4	41[11])	96	55
August	31,8	23	48	37,9	25	53	69,7	49	93	75
September	31,8	19[3])	46	35,4	22	53	67,2	44[12])	90	70
Oktober	34,6	22	47	31,5	21[6])	46	66,1	46[13])	91	88
November	34,3	21	55	32,2	16[7])	61	66,5	41[14])	106	113
Dezember	38,1	21	64	33,7	17[8])	55	71,8	42[15])	105	131
Jahr	34,4	18	69	35,0	16	65	69,4	41	113	943

* Da hier von Diego Ramirez, in der Tabelle I jedoch von Kap Horn gerechnet worden ist, so sollte man beim Vergleich für den Längenunterschied zwischen Diego Ramirez und Kap Horn, der 1° 22′ (46 Sm) beträgt, von den Werten der mit einem * bezeichneten Spalten 0,2 abziehen.

[1]) 1906 „Parchim". [2]) 1903 „Potosi". [3]) 1898 „Potosi". [4]) 1896 „Preußen", 1900 „Preußen", 1906 „Woglinde". [5]) 1900 „Erato". [6]) 1908 „Hebe". [7]) 1908 „Potosi". [8]) 1897 „Pampa". [9]) 1907 „Preußen". [10]) 1904 „Hebe". [11]) 1903 „Potosi". [12]) 1900 „Pindos". [13]) 1905 „Pisagua". [14]) 1908 „Potosi". [15]) 1903 „Petschili".

Jahren betrachten, so finden sich unter den 13 Jahren der Tabelle II 5 Jahre, in denen die längste Juni-Julireise schneller oder doch nicht langsamer gewesen ist, als die schnellste Februar-Märzreise desselben Jahres. Das gilt für alle Schiffe; dagegen ist

die Abnahme der Reisedauer, die sich beim Vergleich der Tabellen I und II zeigt, fast ausschließlich auf die Zunahme besonders schneller Reisen einzelner Schiffe (vgl. bei Tabelle II unten) zurückzuführen. Eine Durchmusterung der folgenden Tabelle III bestätigt das.

Tabelle III.

Zusammenstellung von je 10 Reisen der Fünfmaster „Potosi" und „Preußen".

„Potosi"				„Preußen"			
Kap Horn passiert	Von Kap Horn bis 0° Br. Tage	Von 0° Br. bis Lizard Tage	Von Kap Horn bis Lizard Tage	Kap Horn passiert	Von Kap Horn bis 0° Br. Tage	Von 0° Br. bis Lizard Tage	Von Kap Horn bis Lizard Tage
7. IX. 1901	29,3	29,0	58,3	15. XI. 1902	30,0	27,0	57,0
30. VI. 1902	22,0	31,2	53,2	1. VI. 1903	26,0	25,2	51,2
23. I. 1903	26,1	21,3	47,4	13. XII. 1903	27,3	23,3	50,6
21. VII. 1903	18,3	21,3	39,6	14. VI. 1904	27,0	26,4	53,4
2. III. 1904	24,0	31,0	55,0	15. XII. 1904	25,0	22,0	47,0
8. VIII. 1904	30,0	31,0	61,0	21. VI. 1905	23,0	33,0	56,0
7. V. 1905	23,3	34,5	57,8	20. XII. 1905	29,4	22,4	51,8
20. II. 1906	32,0	28,0	60,0	25. VI. 1906	22,3	35,0	57,3
28. XII. 1906	28,3	24,0	52,3	2. I. 1907	22,0	22,2	41,2
17. XII. 1907	33,0	30,0	63,0	22. XI. 1907	20,4	24,0	44,4
Mittel	26,6	28,1	54,7	Mittel	25,2	26,1	51,3
Durchschnittlich zurückgelegte Entfernung.	Sm 4540	Sm 4130			Sm 4451	Sm 4217	

Zwanzigster Abschnitt.

Vom Kap der Guten Hoffnung nach der Linie.

Allgemeines.

Die Schiffe, die von Ostindien und China, in neuerer Zeit auch von Westaustralien kommen, nehmen ihren Rückweg um das Kap der Guten Hoffnung herum, indem sie mit dem Passat des Indischen Ozeans nach Westen steuern und zwischen Port Natal und der Algoabucht in die Nähe der Südküste von Afrika gehen. Hier schließen sich ihnen die Schiffe von Mauritius und Madagaskar, von Zanzibar und anderen Plätzen der Ostküste Afrikas an. Nachdem das Kapland umsegelt worden und der Atlantische Ozean erreicht ist, geht die Fahrt zum größten Teile platt vor dem Winde mit dem Südostpassat bis über die Linie nach Nordwesten.

Segelanweisung für die Strecke südlich vom Passat.

Vgl. hierzu auch: „Umsegelung des Kaps der Guten Hoffnung" im 31. Abschnitt unter Segelanweisungen, S. 547 ff.

Bis zum Äquator folgen die Schiffe im allgemeinen dem geraden Wege, der in der Nähe der Inseln St. Helena und Ascension hinführt. Passiert man jedoch das Kap mit günstigem Südostwinde, was oft vorkommt, so dürfte es zweckmäßiger sein, anstatt des geraden Kurses zunächst etwas westlicher zu steuern; denn meistens führt der Südostwind der höheren Breite nicht ohne weiteres in das Passatgebiet hinein, sondern es findet erst noch wieder eine Unterbrechung durch westliche Winde statt. Um die westlichen Winde besser ausnutzen zu können, ist es natürlich besser, weiter westlich zu stehen. Bleibt der Wind günstig, so ist von dem Umwege, den man mit dem Ausbiegen nach Westen gemacht hat, doch eher Vorteil zu erwarten als Nachteil, denn die Verlängerung des Weges ist nur gering, und wenn man zuerst westlicher steuert, so wird dadurch für die zweite Hälfte der Strecke ein nördlicherer Kurs bedingt. Man befindet sich also später in einer günstigeren Stellung gegenüber dem sonst platt von hinten kommenden Südostpassat. Indessen sollte der westliche Kurs auch nicht übertrieben werden, und man sollte stets das Barometer im Auge behalten, damit man eine zu große Annäherung an das Luftdruckmaximum im Westen, das sich durch Steigen des Barometers anzeigt, vermeidet und nicht zu bald in flaue Winde gerät. Ist der Wind beim Antritt der Fahrt westlich, so bleibt natürlich keine andere Wahl, als zu suchen, zunächst nur nach Norden zu kommen und das Passatgebiet zu erreichen.

Dabei sollte man indessen eine gute Gelegenheit, West zu machen und vom Lande abzukommen, nicht unbenutzt vorübergehen lassen. Oft wird es sich bei schralem Winde empfehlen, auf Steuerbordhalsen zu segeln, obwohl die Nähe des Landes noch gar nicht dazu zwingt, und obwohl man auf Backbordhalsen mehr Nord gutmachen würde. Wenn nämlich im Westen ein Gebiet niedrigen Luftdruckes ist, dessen Herannahen man am fallenden Barometer und an der dicken oder dunstiger werdenden Luft erkennt, so sollte man der Depression auf Steuerbordhalsen entgegensegeln, um schnelleres Umlaufen des Windes nach einer westlichen bis südwestlichen Richtung herbeizuführen. Man darf es dabei aber nicht an der nötigen Vorsicht fehlen lassen, um nicht von dem oft plötzlich eintretenden Wechsel überrascht zu werden.

In verhältnismäßig niedrigen Breiten, zwischen etwa 30° und 25° S-Br., liegt im Mai und Juni, vielleicht auch in den anderen Wintermonaten, ähnlich wie im nördlichen Herbst und Winter zuweilen bei Madeira, nicht selten noch einmal ein Gebiet niedrigen Luftdruckes auf der Ostseite des Südatlantischen Ozeans. Man erkennt sein Vorhandensein daran, daß Ostwind weht, der auf nordwestlichen Kursen bei fallendem Barometer zunimmt und nach links holt. Unter solchen Umständen möchte es sich empfehlen, die Umsegelung des Minimums zu versuchen, indem man zunächst nach Westen steuert und seinen nördlicheren Kurs erst wieder aufnimmt, wenn der Wind rechts herum zu holen und das Barometer zu steigen beginnt, man also an die Südwestseite des Minimums gekommen ist. (Vgl. auch S. 550.)

Gerät man auf dem Wege nach dem Passat bei steigendem Barometer in flaue Brise, so sollte man stets einen gut nördlichen Kurs steuern, um möglichst schnell in frischere Brise zu kommen.

Segelanweisung für das Passatgebiet.

Wenn man den stetigen Passat erhalten hat und nun seinen Kurs frei wählen kann, so gilt es, zu entscheiden, an welcher Stelle die Linie geschnitten werden soll. In dieser Frage kommen vornehmlich die Verhältnisse im Äquatorialstillengürtel und im Nordostpassatgebiet in Betracht.

Der Gürtel der Äquatorialstillen (vgl. hierzu auch die Ausführungen auf S. 342 ff. und die Tafeln 21 bis 24 des Atlasses, 2. Aufl.) ist im Winterhalbjahr der nördlichen Halbkugel auf der westlichen Hälfte des Atlantischen Ozeans bedeutend schmaler als auf der östlichen Hälfte. Infolgedessen gelangen die Schiffe, die sich um diese Zeit gut westlich halten, sowohl auf dem Wege von Norden nach Süden als auch auf dem Wege von Süden nach Norden über diese schwierige Stelle viel leichter hinweg als die östlich stehenden. Nicht selten vollzieht sich für die Schiffe im Westen der Übergang von einem Passatgebiet in das andere ganz ohne Aufenthalt durch Windstille, ja mitunter selbst ohne ein erhebliches Abflauen des Windes. Für die Schiffe vom Kap der Guten Hoffnung wird der Weg, wenn sie die Linie westlich schneiden, natürlich verlängert. Vergleicht man jedoch die Fahrzeiten von der Linie nach dem Englischen Kanal, so findet man, daß die Schiffe von Kap Horn, die auf der Linie westlich stehen, durchschnittlich 3,7 Tage weniger brauchen als die Schiffe vom Kap der Guten Hoffnung, die auf der Linie östlich stehen. Es verlohnt sich also, den Umweg zu machen.

Im Sommerhalbjahr des Nordens ist der Unterschied in der Breite des Stillengürtels im Osten und Westen nicht bedeutend; ja im Osten ist um diese Zeit oft sogar leichter nach Norden zu kommen, weil man hier den Südwestmonsun meistens frischer hat. Allzu östlich zu gehen, empfiehlt sich jedoch auch im Sommer nicht, da man Gefahr läuft, durch nordwestliche Winde am Nordrande des Monsungebietes und durch den starken östlichen Strom im Monsun hinter die Kap Verdeschen Inseln geführt zu werden. Solche Fälle sind schon verschiedentlich vorgekommen, und meistens haben die so betroffenen Schiffe erheblichen Nachteil davon gehabt. Da der Passat hier nicht raum genug war, um ihnen zu gestatten, östlich von den Inseln nach Norden zu gelangen, so waren sie genötigt, abzuhalten und südlich davon nach Westen zu segeln.

Das Nordostpassatgebiet durchstechen die Schiffe, die nach Europa bestimmt sind, auf Steuerbordhalsen beim Winde, und die Erfahrung zeigt, daß die Schiffe, die beim Eintritt in das Gebiet östlich stehen, den Passat aus einer schraleren Richtung haben und deshalb durch den Wind mehr nach Westen gedrängt werden als die, welche beim Betreten des Gebietes westlicher stehen. Der Unterschied ist oft so bedeutend, daß ein Abstand von 7° bis 8° Länge zwischen zwei Schiffen, die gleichzeitig die Linie überschreiten, auf etwa 30° N-Br. fast vollständig verschwunden ist. Der östlichere Weg durch die Äquatorialzone verspricht also auch im Hinblick auf diese Verhältnisse nicht nur keinen Vorteil, sondern eher Nachteil wegen der Verlängerung des Weges durch das Nordostpassatgebiet.

Unter Berücksichtigung dieser Verhältnisse dürfte für Schiffe, die nach Europa wollen, das folgende zu empfehlen sein.

Schnittpunkte.

Schiffe, die vom Kap der Guten Hoffnung kommen und die Linie schneiden:

von Anfang Dezember bis zum 20. Mai	sollten ihren Kurs setzen nach: 0° Br. in 25° bis 26° W-Lg.	und zwar nach 26° bis Ende März und nach 25° W-Lg. im April und Mai, und dann recht nach Norden steuern, bis sie den Nordostpassat erhalten;
vom 21. Mai bis Ende Juni und im Oktober und November	5° N-Br. und 24° bis 25° W-Lg.	und dann nach rw. Norden, wie oben;
von Anfang Juli bis Ende September	5° N-Br. und 26° W-Lg.	und dann nach Nordnordwest bis zum Nordostpassat.

Voraussetzung für diese Schnittpunkte ist, daß die Schiffe bis dahin den Südostpassat behalten. Sollte er früher aufhören, so muß man auch den Kurs schon früher nach Nord ändern, denn unter allen Umständen müssen die Äquatorialstillen auf einem möglichst kurzen Wege überschritten werden. (Weiteres vgl. unter „Segelanweisungen für die Äquatorialzone", 21. Abschnitt: „Von der Linie nach Europa" S. 509ff.)

Der Kurs durch das Südostpassatgebiet liegt meistens so platt vor dem Winde, daß die Fahrt der Schiffe dadurch sehr beeinträchtigt wird. Um dem abzuhelfen, sollte man jede, wenn auch geringe Richtungsänderung des Windes nach rechts oder links wahrnehmen und bald nach der einen, bald nach der anderen Seite so vom Kurse abweichen, daß alle Rahsegel vollstehen.

Das Aufsteuern bringt Vorteil, wenn die Fahrt auf dem neuen Kurse größer ist als die Fahrt auf dem eigentlichen Kurse, multipliziert mit der Sekante des Winkels, um den man aufsteuert. Oder in bequemeren Zahlen:

Wenn man 2 Str. aufsteuert, so muß man mindestens 1,1 ⎫ mal so viel Fahrt
„ „ 3 „ „ „ „ „ „ 1,2 ⎬ machen als auf dem
„ „ 4 „ „ „ „ „ „ 1,5 ⎭ eigentlichen Kurse.

Liefe man z. B. platt vor dem Winde 4 Knoten, so würde alles,

was man bei einem Aufsteuern von 2 Str. mehr liefe als 4,4 Knoten,
„ „ „ „ „ „ 3 „ „ „ „ 4,8 „
„ „ „ „ „ „ 4 „ „ „ „ 6,0 „

als Gewinn anzusehen sein.

Anweisungen für Schiffe, die nach Nordamerika wollen, vgl. unter „Segelanweisungen für das Äquatorialgebiet" im 24. Abschnitte.

Reisedauer.

Die Fahrt um das Kap herum, von 30° S-Br. im Indischen nach 30° S-Br. im Atlantischen Ozean, wird, wie aus Tabelle I ersichtlich, in den Monaten Oktober bis April, wenn östliche Winde am Kap vorwiegen, in durchschnittlich 4 bis 4,5 Tagen weniger Zeit gemacht als von Mai bis August, wenn der Wind vorherrschend westlich ist. Am raschesten sind die Fahrten im Februar, März und Oktober, am längsten im Mai und Juli. In letzteren Monaten haben einige Schiffe infolge von anhaltenden Weststürmen auf der Agulhasbank zu der Umsegelung 38 Tage gebraucht. Dagegen ist die

Tabelle I.

Mittlere Dauer von 271 Reisen vom Indischen Ozean zum Aquator.

Nach meteorologischen Tagebüchern aus den Jahren 1879 bis 1884.

Monat	Von 30° S-Br. und etwa 40° O-Lg. um das Kap nach 30° S-Br. und etwa 10° O-Lg.	Von 30° S-Br. und etwa 10° O-Lg. zum Äquator	Von 30° S-Br. und 40° O-Lg. um das Kap zum Äquator	Durchschnittliche Lage der Südostpassatgrenze
Januar	15,9 Tage	22,8 Tage	38,7 Tage	} 29,5° S-Br. (Januar–März)
Februar	13,2 „	22,5 „	35,7 „	
März	14,5 „	21,8 „	36,3 „	
April	15,1 „	20,2 „	35,3 „	28,0° „
Mai	20,1 „	23,1 „	43,2 „	} 24,5° „ (Mai–Juni)
Juni	19,2 „	20,9 „	40,1 „	
Juli	20,1 „	20,7 „	40,8 „	25,0° „
August	18,8 „	19,3 „	38,1 „	28,0° „
September	17,1 „	21,5 „	38,6 „	26,0° „
Oktober	14,3 „	21,5 „	35,8 „	26,5° „
November	15,8 „	21,0 „	36,8 „	} 28,5° „ (November–Dezember)
Dezember	16,8 „	23,1 „	39,9 „	

Tabelle II.

Dauer der 100 Reisen vom Kap der Guten Hoffnung nach der Linie, von denen in den 11 Jahren von 1898 bis 1908 meteorologische Tagebücher bei der Deutschen Seewarte eingegangen sind.

Vom Kap der Guten Hoffnung im:	Vom Kap der Guten Hoffnung nach 30° S-Br.			Von 30° S-Br. nach der Linie			Vom Kap der Guten Hoffnung nach der Linie			Zahl der Reisen
	mittlere Reise	kürzeste Reise	längste Reise	mittlere Reise	kürzeste Reise	längste Reise	mittlere Reise	kürzeste Reise	längste Reise	
	Tage	Tage	Tage	Tage	Tage	Tage	Tage	Tage	Tage	
September	5,7	2	21	23,1	17	28	28,8	20	48	11
Oktober	4,6	3	8	22,4	16	27	27,0	19	33	13
November	—	—	—	—	—	—	—	—	—	—
Frühling	5,0	2	21	22,8	16	28	27,8	19	48	24
Dezember	3,8	3	5	24,0	20	28	27,8	23	33	8
Januar	3,0	3	3	26,5	21	31	29,5	24	34	4
Februar	3,7	2	5	25,4	19	30	29,1	22	35	11
Sommer	3,6	2	5	25,1	19	31	28,7	22	35	23
März	3,8	3	4	26,0	20	31	29,8	24	35	5
April	3,6	2	8	21,2	15	29	24,8	17	33	13
Mai	4,5	3	6	20,9	18	24	25,4	22	28	8
Herbst	3,9	2	8	22,0	15	31	26,0	17	35	26
Juni	4,8	3	10	22,7	18	29	27,5	21	34	10
Juli	5,5	3	8	20,7	16	27	26,2	21	33	13
August	5,2	3	6	21,8	18	25	27,0	24	31	4
Winter	5,2	3	10	21,6	16	29	26,8	21	34	27
Jahr	4,5	2	21	22,8	15	31	27,3	17	48	100

„Zanzibar“ im März in 7, ein anderes Schiff in 9 Tagen herumgekommen. Einzelne rasche Fahrten von 10 bis 12 Tagen sind in jedem Monate gemacht worden.

Auf der Strecke von 30° S-Br. nach der Linie fielen die raschesten Reisen in den Winter, die Zeit des durchschnittlich frischesten Passates, in den Juni, Juli und August. Die längsten Reisen sind im Sommer, im Dezember, Januar und Februar vorgekommen, obschon der Passat dann durchschnittlich 4 bis 5° weiter nach Süden reichte als im Winter.

Ihre nördlichste Lage hat die Passatgrenze im Mai; darauf, namentlich aber auf die im Mai auftretenden Störungen des Passates, ist die lange mittlere Reisedauer im Mai zurückzuführen. Im Mai haben Schiffe nach langem Aufenthalt durch westliche und nordwestliche Winde den Südostpassat zuweilen erst in 17 bis 16° S-Br. erhalten. Beispielsweise hat die „Urania“ im Mai 1884 in etwa 24° S-Br. und 5° O-Lg., also südöstlich von St. Helena, in einer Depression von 755 mm längere Zeit anhaltenden Sturm aus Nord bis West gehabt.

Der August ist am günstigsten zum Zurücklegen der Passatstrecke. Der Passat reicht dann schon wieder weit nach Süden und hat zugleich seine größte durchschnittliche Stärke; unter diesen Verhältnissen ist die Strecke von 30° S-Br. bis zur Linie schon mit einer Durchschnittsgeschwindigkeit von 8 Knoten in 14 Tagen zurückgelegt worden.

Zum Vergleich mit den älteren Reisen in der oben gegebenen Tabelle I mag die Tabelle II herangezogen werden.

Bezeichnend ist, daß zur Herstellung dieser Tabelle die meteorologischen Tagebücher von 11 Jahrgängen, zusammen 2041 Nummern, herangezogen werden mußten. Während unter den 455 Eingängen von Seglern aus den 2 Jahren 1885 und 1886 noch 111 Reisen vom Kap der Guten Hoffnung nach der Linie sind, d. h. 25 % der Eingänge, ist diese Zahl im Durchschnitt der 11 Jahre 1898 bis 1908 auf 2 % herabgesunken. Und im Jahre 1908, nachdem sich die Flotte der kleineren oder doch nur mittelgroßen deutschen Segler ganz außerordentlich vermindert und damit auch die eine Zeitlang blühende Fahrt deutscher Segler von Westaustralien nach Europa aufgehört hat, finden sich unter 136 Eingängen von Seglern sogar nur noch zwei Reisen vom Kap der Guten Hoffnung nach der Linie.

Die Dauer dieser Reisen hat gegen die der älteren eher zu- als abgenommen, was zweifellos damit im Zusammenhange steht, daß die ältere Tabelle I größtenteils nach Reisen hölzerner Schiffe zusammengestellt ist, die auf dem Wege vom Kap der Guten Hoffnung nach der Linie noch ihre volle Geschwindigkeit gehabt haben, wohingegen in der Tabelle II fast ausnahmslos Reisen eiserner Schiffe enthalten sind, deren Boden durch den Aufenthalt in tropischen Gewässern so angesetzt war, daß sie einen großen Teil ihrer an sich meist überlegenen Schnelligkeit eingebüßt hatten. Ein Nachteil, der wohl nirgends so zur Geltung kommt wie auf der Strecke vom Kap der Guten Hoffnung bis zur Linie, wo er bei den meist leichten, oft platt von hinten kommenden Winden nicht durch überlegenes Segelfahren ausgeglichen werden kann.

Einundzwanzigster Abschnitt.

Von der Linie nach Europa.

Allgemeines.

Wiewohl die Schiffe, je nachdem sie von südamerikanischen Häfen oder von Kap Horn, vom Kap der Guten Hoffnung oder von afrikanischen Häfen kommen, die Linie in verschiedenen Längen schneiden, so streben sie von der Linie an doch alle zunächst nur, auf dem kürzesten Wege den Nordostpassat zu erreichen. Im Nordostpassat segeln sie auf Steuerbordhalsen beim Winde, bis sie in der Nähe der Azoren in die westlichen Winde der höheren Breiten gelangen, und steuern dann mit diesen auf nordöstlichen bis östlichen Kursen ihrem Bestimmungsorte zu.

Segelanweisung für die Äquatorialzone.

Die Länge, in der man je nach der Jahreszeit die Linie schneiden sollte, ist für Schiffe von Südamerika oder Kap Horn bereits im 19. Abschnitt, S. 479 und 480, für Schiffe vom Kap der Guten Hoffnung im 20. Abschnitt, S. 506, besprochen. Für Schiffe, die von afrikanischen Häfen kommen, wird mit der Besprechung dieser Reisen im nächsten Abschnitt auch das Überschreiten der Linie besprochen werden. Deswegen und da auch die Verhältnisse in der Äquatorialzone bereits im 14. Abschnitt, S. 355 ff., eingehend besprochen sind, braucht hier nur derselbe Satz wiederholt zu werden, der bereits im 14. Abschnitt, S. 347, unter Segelanweisungen für die Äquatorialzone gegeben ist. Dabei muß aber hier Nord gesetzt werden, wo dort Süd steht. Der Satz heißt dann:

„Im Gebiete der Äquatorialzone muß bei jedem Winde, unbekümmert, ob man dabei etwas nach Osten oder nach Westen kommt, das ganze Bestreben darauf gerichtet sein, Nord zu machen. Dabei muß man bedenken, daß es sich hier nicht um zeitweilig auftretende Windstillen handelt, deren Vorübergang abgewartet werden kann, sondern daß windstille Breitengrade vorhanden sind und zurückgelegt werden müssen, damit man Brise erhält. Deshalb ist es nirgends mehr als hier geboten, jede Gelegenheit voll auszunutzen."

Im Südwestmonsun, namentlich wenn sein Gebiet am weitesten nach Westen reicht, im August und September kommt es vor, daß die Schiffe, die 5° N-Br. zu östlich schneiden, durch schralen westlichen oder gar nordwestlichen Wind in die Nähe oder gar an die Ostseite der Kap Verdeschen Inseln gedrängt werden (vgl. S. 505). Hier werden sie durch Windstillen aufgehalten oder durch schral einsetzenden Passat zu einem Umwege genötigt. Um dem zu entgehen, sollte man in dieser Jahreszeit beizeiten, solange der Wind noch raum ist, die nordöstliche bis östliche Monsunströmung in Rechnung ziehen, die zuweilen mit 1,5 bis 2 Sm stündlicher Geschwindigkeit setzt. (Vgl. auch S. 358.)

Segelanweisungen für das Nordostpassatgebiet.

Wenn das Nordostpassatgebiet erreicht ist, was, je nach der Jahreszeit, im Februar, März und April schon in 2° bis 3°, im Juli, August und September aber erst in 12° bis 14° N-Br. der Fall sein wird, so ist der Kurs auf Steuerbordhalsen beim Winde zu nehmen. Die Schiffe halten hier im Mittel einen Weg ein, der 20° N-Br. in etwa 35° W-Lg. und 30° N-Br. in 37° bis 38° W-Lg. schneidet. Einzeln betrachtet, weichen die Wege hier jedoch sehr voneinander ab, so sehr, daß hier kaum noch von einem bestimmten Seewege die Rede sein kann. Das befahrene Gebiet nimmt vielmehr eine Fläche ein, deren Grenzen in einzelnen Fällen auf 20° N-Br. noch über die Meridiane von 25° und 45° und auf 30° N-Br. noch über 25° und 50° W-Lg. hinausgehen. Das ist zum Teil in den Verhältnissen begründet, in jahreszeitlichen oder periodischen sowie auch in unperiodischen oder zufälligen Schwankungen und Änderungen der Windrichtung im Passat oder der Passatgrenzen; es liegt auch oft daran, daß die Schiffe das Passatgebiet in verschiedenen Längen betreten. Indessen kommt es auch gar nicht selten vor, daß von zwei Schiffen, die nahezu gleichzeitig durch den Passat stechen, das anfangs westlichere schließlich östlicher steht als der Mitsegler, weil es einen nördlicheren Kurs eingehalten hat. So schneidet z. B.

„Charlotte“:	dagegen „Thetis“:
0° Br. in 31° W-Lg. am 3./2. 1877,	0° Br. in 29° W-Lg. am 3./2. 1877,
30° N-Br. „ 41° „ „ 20./2., macht 10° W-Lg.	30° N-Br. „ 31° „ „ 21./2., macht 2° W-Lg.

„Fritz Reuter“:	dagegen „Aline“:
10° N-Br. in 29° W-Lg. am 15./3. 1877,	10° N-Br. in 30° W-Lg. am 15./3. 1877,
20° „ „ 35° „ „ 22./3., macht 6° W-Lg.	20° „ „ 40° „ „ 21./3., macht 10° W-Lg.
30° „ „ 36° „ „ 26./3., macht 1° W-Lg.	30° „ „ 43° „ „ 25./3., macht 3° W-Lg.

„Britannia“:	dagegen „Deutschland“:
10° N-Br. in 30° W-Lg. am 26./5. 1877,	10° N-Br. in 26° W-Lg. am 26./5. 1877,
30° „ „ 42° „ „ 4./6., macht 12° W-Lg.	30° „ „ 47° „ „ 6./6., macht 21° W-Lg.

„Canopus“:	dagegen „Undine“:
10° N-Br. in 25° W-Lg. am 21./7. 1878,	10° N-Br. in 27° W-Lg. am 21./7. 1878,
30° „ „ 42° „ „ 11./8., macht 17° W-Lg.	30° „ „ 37° „ „ 5./8., macht 10° W-Lg.

Diese Verschiedenheit der gleichzeitig gut gemachten Kurse dürfte nicht allein durch Luftdruck- und Windänderungen, sondern auch durch die Weise, wie die Schiffe den Nordostpassat durchsteuern, verursacht sein. Das Vollsegelhalten im Passat wird in manchen Fällen ohne Zweifel übertrieben. Selbst wenn eine westlichere Stellung an der polaren Passatgrenze ihrer größeren Entfernung vom Bestimmungsorte unerachtet keinen Nachteil brächte, so kommt es doch immer nur darauf an, möglichst viel Nord zu machen; im Passat vollweg zu halten, wenn man damit nicht mehr Breite gutmacht, ist falsch. Man muß die Logge und die Strichtafel zu Rate ziehen und *beim Winde so steuern, wie man am meisten Breite gutmacht.*

Aus der Vergleichung gleichzeitiger Reisen ergibt sich nun aber nicht nur, daß die Schiffe, die etwas näher am Winde steuern, die polare Passatgrenze meistens rascher erreichen, sondern auch, daß die östlichere Stellung in manchen Fällen eine beträchtliche Abkürzung der Fahrzeit von der Passatgrenze nach dem Bestimmungsorte herbeiführt. Es ist also auch deshalb geboten, im Passat nicht zu voll weg zu halten.

Der Nordostpassat pflegt nach Ausweis der beim Winde eingehaltenen Kurse anfänglich, nahe seiner äquatorialen Grenze, am nördlichsten zu sein und auf dem weiteren Wege mehr und mehr zu raumen, ein Umstand, der darauf hinweist, daß in der Regel die Gegend des höchsten Luftdruckes in dem nordatlantischen Maximum der Roßbreiten östlich von dem Wege, in der Umgebung oder südöstlich von den Azoren liegt. Infolgedessen erreichen die

Schiffe auf dem Wege nach Norden ihre westlichste Stellung schon etwas früher als die Passatgrenze. Im Mittel wird die westlichste Stellung erreicht:

im Februar	in	24° bis 25°	N-Br.
„ Mai	„	etwa 29°	„
„ August	„	„ 32°	„
„ November	„	„ 27°	„

Segelanweisungen für das Gebiet zwischen dem Passat und den Westwinden.

Der in diesem Gebiete einzuschlagende Weg ist je nach der Stellung der Schiffe beim Verlassen des Passates sehr verschieden.

Im Sommerhalbjahre, von Mai bis Oktober, pflegt der Passat so weit nach Norden zu reichen, daß die Schiffe oft erst in etwa in 40° N-Br. und 40° W-Lg. westliche Winde finden, mit denen sie nach dem Englischen Kanal oder ihrem sonstigen Bestimmungsorte steuern können. Sie nehmen dann fast ausnahmslos den Weg um die Nordwestseite der Azoren herum, wobei sie zuweilen die Inseln Flores oder Corvo in Sicht laufen.

Im Winterhalbjahre, von November bis April, geht eine beträchtliche Anzahl der Schiffe zwischen den Inseln Flores und Fayal oder Terceira und San Miguel durch, und wenn sie den Passat sehr früh verlieren, nehmen sie sogar den Weg um die Südostseite der Azoren herum.

Zuweilen gewinnen die Schiffe auf dem Wege südum die Azoren gegen ihre Mitsegler auf dem Wege nordum, und zwar im Mittel etwa so viel, wie die Abkürzung des Weges beträgt, zuweilen verlieren aber auch die Schiffe auf dem Wege südum beträchtlich, nämlich immer dann, wenn östlich vom Wege ein Gebiet hohen Luftdruckes vorhanden ist, dem dann das östlichere Schiff näher steht, so daß es flauere Winde hat. Es kommt unter solchen Umständen gar nicht selten vor, daß Schiffe geradezu in Windstille hineinlaufen, wenn sie mit dem Raumen des Passates den Kurs zu früh östlich nehmen.

Wenn dagegen das östliche Schiff gewann, so lag entweder ein Gebiet hohen Luftdruckes im Westen des Weges, und das westliche Schiff war dem Maximum am nächsten, oder es befand sich zwischen den beiden Schiffen ein Gebiet niedrigen Luftdruckes, und das östliche Schiff hatte südlichen, das westliche nördlichen Wind.

Es zeigt sich also, daß man bei der Wahl des Weges die Luftdruckverhältnisse berücksichtigen muß. Damit ergibt sich dann für den gewöhnlichen Zustand und Gang der Luftdruckverteilung das folgende.

Solange man sich in dem Gebiete hohen Luftdruckes und flauer, veränderlicher Winde an der Grenze des Passates befindet, suche man vor allem Nord zu machen, um so bald als möglich das weiter im Norden befindliche Gebiet frischer, beständiger Westwinde zu erreichen. Tritt später noch wieder bei hohem Barometerstande Ostwind ein, oder wird der Westwind flau, so hat man nach Norden zu halten, um eine bessere Gelegenheit zu finden.

Bei Nordwind ist es, wenigstens solange man noch ziemlich südlich steht, wahrscheinlich am besten auf Steuerbordhalsen zu segeln. Denn selbst wenn der Nordwind mit einem Gebiete hohen Luftdruckes im Norden bis Nordwesten im Zusammenhange steht, so ist die Wahrscheinlichkeit, an der Ostseite davon bei allmählich raumendem Winde auf Backbordhalsen nach Norden zu kommen, geringer als die Wahrscheinlichkeit, recht in die Windstillen des sich ostwärts verlagernden Maximums hinein zu geraten, wogegen man auf Steuerbordhalsen viel Aussicht hat, um die Südwestseite des Maximums herum bald in rechts holenden Wind zu kommen. Bei den vielleicht noch häufigeren Fällen, wo der Nordwind in jener Gegend mit dem Vorübergange einer Depression zusammenhängt, ist wieder mehr Wahrscheinlichkeit vorhanden, auf Backbordhalsen in Windstille und Mallung zu laufen, als vor der Depression vorüber, an deren Ostseite nach Norden zu kommen, wohingegen man auf Steuerbordhalsen bald aus dem Bereich der Depression gelangt.

So waren im März 1907 die drei Schiffe „Pampa", „Urania" und „Pamir" etwa gleichzeitig mit raumendem, leichtem Winde aus dem Passat gekommen und befanden sich in der Nähe von 39° W-Lg. am 17. März: „Pampa" in 34,8° N-Br., „Pamir" in 33,5° N-Br. und „Urania" in 32,2° N-Br. Als dann der Wind einen Rundlauf durch Nordwest nach Nord machte und es aus Nord bis Nordnordost zu wehen anfing, blieb „Pampa" auf Backbordhalsen, während die beiden Mitsegler auf Steuerbordhalsen gingen. Für diese raumte der Wind so bald auf, daß sie am 19. März schon wieder Kurs steuerten, „Pampa" dagegen geriet in Mallung und Stillen und erreichte den Meridian von 20° W-Lg., den „Pamir" bereits am 25. und „Urania" am 27. März überschritten hatten, erst am 29. März, noch dazu nur in 41,4° N-Br., von wo aus bis Lizard noch 800 Sm zurückzulegen waren, während „Pamir" 20° W-Lg. in 47,3° N-Br. und „Urania" in 46° N-Br. überschritten und von da nur noch 600 bzw. 630 Sm bis Lizard vor sich hatten. „Urania" schlug schon in etwas niedrigerer Breite als „Pamir" einen östlichen Kurs ein, sie hatte dadurch allerdings einen kürzeren Weg, aber in größerer Nähe des hohen Luftdruckes auch flauere Winde als „Pamir".

In den Monaten Juni, Juli und August und gelegentlich auch zu anderen Jahreszeiten liegt das Gebiet hohen Luftdruckes an der polaren Passatgrenze oft lange Zeit fast ohne Ortsveränderung in der Nähe der Azoren, meistens in der Umgebung von 35° N-Br. und 30° bis 35° W-Lg. Dies ist die Zeit, wo die zu östlich stehenden oder ihren Kurs bei dem ersten südlich holenden Winde gleich nach östlicher Richtung verändernden Schiffe oft lange durch Windstillen aufgehalten werden und sich in großen Flotten im Westen der Azoren ansammeln. Um diese Zeit ist es von Vorteil, 30° N-Br. in 40° W-Lg. oder noch westlicher zu schneiden und das Maximum in weitem Bogen zu umfahren.

So wurde z. B. das Schiff „Confluentia" im Sommer 1884 in der Nähe der Azoren sehr lange durch Windstillen aufgehalten. Am 29. Juni stand das Schiff in 32° N-Br. und 40° W-Lg., 10 Tage später erst in 37° N-Br. und 35° W-Lg. Am 17. Juli begann in etwa 43° N-Br. und 18° W-Lg. eine neue sechstägige Verzögerung der Fahrt durch Stillen. Infolgedessen wurde Lizard erst am 2. August erreicht. Um dieselbe Zeit, am 29. Juni, als „Confluentia" sich schon in 32° N-Br. und 40° W-Lg. befand, stand das Schiff „Asante" noch in 9° N-Br. und 57° W-Lg., gegen „Confluentia" 2200 Sm zurück. Trotzdem erreichte es, da es infolge der westlichen Lage seines Abfahrtsortes zu einem Wege geführt wurde, auf dem es die widrigen Umstände in der Nähe des Hochdruckgebietes bei den Azoren in weitem Bogen umsegelte, Lizard noch 8 Tage früher als sein Mitsegler.

In den übrigen Monaten, insbesondere von Oktober bis Februar, pflegen die Luftdruckverhältnisse in den Roßbreiten auf der Mitte des Ozeans mehr veränderlicher Natur zu sein. Alsdann hat man im allgemeinen von einer westlichen Stellung in 30° N-Br. keinen Vorteil zu erwarten, sondern vielmehr an die Abkürzung des Weges zu denken. Man sollte sich dann nicht scheuen, mit dem südlichen Winde, der nun häufig schon im Süden von 30° N-Br. einsetzt, zwischen den Azoren hindurchzugehen. Man sollte dabei jedoch nordwestlich der Linie bleiben, welche von 30° N-Br. und 30° W-Lg. nach 45° N-Br. und 15° W-Lg. führt, denn südöstlich davon sind in allen Jahreszeiten nördliche Winde häufig. (Siehe hierzu die Tabellen S. 304 ff. und 351/52.)

Über die angegebene Linie ostwärts hinauszugehen, kann nur unter ganz besonderen Umständen angeraten werden. Diese treten mitunter im November und Dezember, seltener im Januar und Februar auf und bestehen darin, daß sich eine Depression westlich oder nordwestlich von Madeira, zwischen dieser Insel und den Azoren, befindet (vgl. Fig. 60. S. 340). Die Anzeichen davon sind für von Süden kommende Schiffe: der verhältnismäßig niedrige Barometerstand in 30° N-Br. und die Unterbrechung des Passats durch westliche Winde, die dann mitunter schon im Süden von 20° N-Br. angetroffen werden. Bei Anwesenheit der Depression treten nördliche Winde in der Länge der Azoren, südliche Winde an der Küste von Portugal und östliche Winde auf höheren Breiten zwischen den Azoren und dem Englischen Kanal auf. Von diesen Verhältnissen begünstigt, sind schon mit sehr gutem Erfolge Reisen von der Linie nach dem Englischen Kanal gemacht worden, auf denen man etwa von 20° N-Br. ab nahezu den kürzesten Weg eingehalten hat.

Ein Beispiel dafür ist z. B. folgende Reise:

Die Hamburger Bark „Plejaden" fand auf einer Reise von Levuka nach Lissabon im Januar 1881 die Nordgrenze des Passates in 19,5° N-Br. und 42,3° W-Lg. Bei einem Barometerstande von 764,4 mm erhielt sie hier Windstille, dann 2 Tage lang Mallung und darauf NW-Wind. Mit diesem wurde auf B.-B.-Halsen vollweg ein gut östlicher Kurs gesteuert, wobei der Wind bald westlich holte. Am 10. Januar segelte man bei mäßigem Weststurm in 30° N-Br. und 33,5° W-Lg. nach Osten, während verschiedene Mitsegler weiter nördlich, darunter „General Brialmont" in 45,5° N-Br. und 26° W-Lg. gegen östlichen Sturm ankämpften. Der gleiche Vorgang wiederholte sich am 13. Januar; „General Brialmont" hatte an diesem Tage in 45,3° N-Br. und 26° W-Lg. bei einem Luftdrucke von 753,7 mm ONO-Sturm, während gleichzeitig „Plejaden" in 35,8° N-Br. und 24° W-Lg. bei einem Barometerstande von 742 mm und SW-Sturm nordostwärts steuerte. Dieses Schiff erreichte die Tajomündung am 18. Januar bei Südweststurm und dürfte, falls es hier Order nach dem Englischen Kanal erhalten hätte, diesen früher erreicht haben als zahlreiche Mitsegler, von denen, obgleich sie erst weite Vorsprünge hatten, keiner imstande war, den Meridian von Lizard früher als am 29. Januar zu überschreiten.

Segelanweisungen für das Westwindgebiet

sowie eine Besprechung der einschlägigen Wind- und Wetterverhältnisse wolle man im 18. Abschnitt, S. 451 ff., nachlesen. Es möge hier indessen noch eine kurze Darlegung der Kurse und Distanzen von verschiedenen Schnittpunkten des Breitenparallels von 30° N-Br. nach Lizard eine Stelle finden. Man kann daraus ersehen, um wieviel sich die Fahrt des Schiffes beim Vollerweghalten im Passat vergrößern muß, damit eine Abkürzung der Reisedauer erzielt werden kann.

Nach Lizard (50° N-Br. und 5° W-Lg.) ist der rechtw. Kurs und die Distanz:

von	30°	N-Br.	und	25°	W-Lg.	N	37°	O	1505 Sm
„	„	„	„	30°	„	„	43°	„	1652 „
„	„	„	„	35°	„	„	49°	„	1815 „
„	„	„	„	40°	„	„	53°	„	1991 „
„	„	„	„	45°	„	„	57°	„	2176 „

Setzen wir voraus, ein Schiff erhielte den Nordostpassat (im Winter) in 5° N-Br. und 26° W-Lg. und könnte rechtw. NNW½W-Kurs beim Winde anholen. Damit würde es 30° N-Br. in 40° W-Lg. erreichen.

Nehmen wir nun an, es verändere, um bessere Fahrt zu erzielen, seinen Kurs nach Nordwest zu Nord. Damit würde es nach 43° 30′ W-Lg. in 30° N-Br. gelangen. Die Distanz nach Lizard von 30° N-Br. würde sich infolgedessen um 130 Sm vergrößern, die zurückzulegen bei einer mittleren Fahrt von 5 Knoten 26 Stunden erforderlich wären.

Um also durch Vollerweghalten einen Vorteil erzielen zu können, müßte man mit der Kursänderung die Fahrt so vermehren, daß 30° N-Br. in 43° 30′ W-Lg. mehr als 26 Stunden früher erreicht würde als in 40° W-Lg.

Segelanweisungen für Reisen nach der Straße von Gibraltar und nach dem Norden Schottlands.

Trotzdem diese Gewässer weit auseinander liegen, gelten für Reisen von der Linie dahin doch für die Äquatorial- und für die Passatstrecke die Segelanweisungen dieses Abschnittes. Das weitere wolle man im 18. Abschnitt, S. 255 ff. und 258 ff., nachlesen.

Reisedauer.

Bezüglich der Fahrt von der Linie nach dem Englischen Kanal ergibt sich, daß die Schiffe, welche vom Kap der Guten Hoffnung kommen und die Linie östlich schneiden, von der Linie an in der Regel 4 Tage mehr zubringen als die von Kap Horn kommenden Schiffe, die die Linie weiter westlich überschreiten. Im Winterhalbjahr sind die Reisen gewöhnlich kürzer als im Sommer. Der durchschnittlich günstigste Monat, um die Fahrt von der Linie anzutreten, ist der Dezember, der durchschnittlich ungünstigste der Juli. Unter günstigen Umständen wurde die Strecke auf den zur Berechnung der folgenden Tabellen herangezogenen, vor 1898 gemachten Reisen auf dem westlichen Wege in 25 bis 26 Tagen zurückgelegt.

Die verhältnismäßig längste Zeit nimmt gewöhnlich der Abschnitt von 0° bis 10° N-Br. in Anspruch; im August, der Zeit der größten nördlichen Verschiebung des Passatsystems, wenn der Südostpassat bis ungefähr 5° N-Br. durchsteht und in der nördlichen Hälfte der Äquatorialzone der Südwestmonsun herrscht, liegt die schwierigste Strecke zwischen 5° und 15° N-Br. Dem entspricht, daß die Schiffe den frischesten Passat im August nördlich, im November, Februar und Mai aber südlich von 20° N-Br. antreffen.

Mittlerer Verlauf von 150 Segelschiffsreisen im Atlantischen Ozean von der Linie nach dem Englischen Kanal:

1. der Schiffe, die von Westen kommen.

Monate, in welchen die Schiffe die Linie überschreiten		Februar	Mai	August	Novbr.
Schnittpunkt der Linie in	W-Lg.	29,9°	29,5°	30,1°	30,5°
„ von 5° N-Br. in	„	33,7°	30,9°	29,5°	30,5°
Reisedauer von 0° nach 10° N-Br.	Tage	6,3	7,5	4,6	6,6
Schnittpunkt von 10° N-Br. in	W-Lg.	37,2°	34,8°	28,7°	31,8°
„ „ 15° „ „	„	39,9°	37,7°	29,7°	34,1°
Reisedauer von 10° nach 20° N-Br.	Tage	4,8	4,1	6,6	4,8
Schnittpunkt von 20° N-Br. in	W-Lg.	41,5°	39,5°	33,6°	35,9°
„ „ 25° „ „	„	41,7°	41,3°	36,8°	37,1°
Reisedauer von 20° nach 30° N-Br.	Tage	7,0	5,8	5,9	6,2
Schnittpunkt von 30° N-Br. in	W-Lg.	40,2°	42,2°	38,3°	37,0°
„ „ 35° „ „	„	36,2°	39,5°	37,9°	35,3°
Reisedauer von 30° nach 40° N-Br.	Tage	5,5	7,6	8,7	7,1
Schnittpunkt von 40° N-Br. in	W-Lg.	31,2°	34,5°	32,6°	31,7°
„ „ 20° W-Lg. in	N-Br.	45,5°	47,2°	47,0°	45,0°
Reisedauer von 40° N-Br. nach Lizard	Tage	9,9	12,1	11,1	10,8
Reisedauer von der Linie nach Lizard	„	33,8	37,1	37,2	34,9

2. der Schiffe, die von Osten kommen.

Monate, in welchen die Schiffe die Linie überschreiten		Februar	Mai	August	Novbr.
Schnittpunkt der Linie in	W-Lg.	22,0°	22,7°	22,7°	21,5°
„ von 5° N-Br. in	„	25,4°	24,4°	24,7°	23,4°
Reisedauer von 0° nach 10° N-Br.	Tage	9,7	10,1	5,5	8,1
Schnittpunkt von 10° N-Br. in	W-Lg.	30,8°	29,6°	25,4°	26,3°
„ „ 15° „ „	„	34,7°	34,4°	28,0°	29,9°
Reisedauer von 10° nach 20° N-Br.	Tage	4,9	4,9	8,8	5,5
Schnittpunkt von 20° N-Br in	W-Lg.	37,7°	36,3°	31,5°	32,6°
„ „ 25° „ „	„	39,0°	38,4°	34,7°	34,5°
Reisedauer von 20° nach 30° N-Br.	Tage	7,5	5,9	6,4	6,7
Schnittpunkt von 30° N-Br. in	W-Lg.	37,9°	39,7°	36,5°	34,4°
„ „ 35° „ „	„	34,8°	38,2°	35,4°	32,9°
Reisedauer von 30° nach 40° N-Br.	Tage	6,0	8,2	9,2	7,0
Schnittpunkt von 40° N-Br. in	W-Lg.	29,4°	33,7°	30,2°	28,2°
„ „ 20° W-Lg. „	N-Br.	45,5°	46,5°	46,7°	45,4°
Reisedauer von 40° N-Br. nach Lizard	Tage	10,0	11,2	13,0	10,0
Reisedauar von der Linie nach Lizard	„	38,1	40,3	42,9	37,3

Weiteres über die Reisedauer von der Linie nach Lizard vgl. man in den Tabellen S. 502/03.

Zweiundzwanzigster Abschnitt.

Von der Westküste von Afrika nach Europa.

Vom Kongo oder von anderen Orten in südlicher Breite

aus ist der Weg ziemlich einfach. Die Schiffe stehen schon im Südostpassat oder erreichen ihn doch bald, wenn sie auf Backbordhalsen von der Küste ab nach Westen segeln. Im Südostpassat steuern sie dann nach denselben Schnittpunkten der Linie oder von 5° N-Br., die im 20. Abschnitt auf S. 506 angegeben sind. Dabei dürfen die Schiffe aber ja nicht zu früh Nord anhalten, namentlich die nicht, deren Abfahrtsort nahe an der Linie liegt, weil sie dann zu baldiges Abflauen des Windes zu gewärtigen haben würden. Dies gilt vor allem im Februar, März und April, wenn das Äquatorialstillengebiet oft bis über die Linie hinaus nach Süden reicht. Man sollte erst entschieden aufsteuern, wenn man die oben bezeichneten Schnittpunkte rechtw. Nordwest bis Nordnordwest gebracht hat. (Weitere Anweisungen vgl. im vorigen Abschnitt.)

Von der Bucht von Biafra oder von Oberguinea

aus suche man zunächst nach Süden zu gelangen. Sollte der Wind raum sein, so ist rechtweisend Südwest der richtige Kurs, weil man in dieser Richtung am ehesten günstige Strom- und Windverhältnisse erreicht. Meistens wird man aber auf Steuerbordhalsen segeln müssen, um überhaupt Süd gut zu machen, und wird dabei auch noch durch den Guineastrom nach Osten gedrängt werden. Gleichwohl sollte man sich nicht scheuen, in der Nähe von São Thomé oder gar östlich davon entlang zu gehen; denn die Schiffe, die von vornherein in dieser ungünstigen Lage sind, weil sie vom Gabunflusse oder von Kamerun kommen, haben durchschnittlich eine raschere Reise als die von Lagos. Man sollte andererseits aber auch nicht versäumen, eine günstige Gelegenheit, West gutzumachen, auszunutzen, nur darf man dabei auf Backbordhalsen nicht wieder Nord zusetzen, namentlich nicht, solange man noch in dem ostwärts setzenden Guineastrom ist.

Hat man den westwärts setzenden Äquatorialstrom erreicht, so segle man bei der ersten passenden Gelegenheit nach Westen. Im nördlichen Sommer, namentlich im Juni, Juli und August, braucht man dazu nicht allzu weit südlich zu gehen. Das Gebiet des Äquatorialstroms wie auch das der südlichen und südöstlichen Winde erstreckt sich dann ziemlich weit über den Äquator herüber nach Norden. Die Grenze des ersteren verläuft von Annobom nach etwa 2° N-Br. und 2° O-Lg. und von hier nach West bis Westnordwest. In dieser Jahreszeit genügt es deshalb, sich auf der Fahrt nach Westen in 1° bis 2° N-Br. zu halten. In den Monaten Februar, März und April, der Zeit der südlichsten Verschiebung des Passates und des Äquatorialstromes, findet man eine einigermaßen genügende Gelegenheit erst in etwa 2° S-Br. Man muß darum in dieser Jahreszeit den Weg nach Süden entsprechend länger verfolgen. Dies ist auch der Grund, weshalb dann die Reisen durchschnittlich am längsten werden.

Auf dem Wege nach Westen hat man anfangs den Wind noch meistens aus einer Richtung westlich von Süd. Deshalb kann ein Schiff auf westlichem Kurse wieder nach Norden gedrängt werden. Dies ist so viel wie irgend möglich zu vermeiden; man sollte, indem man gelegentlich einen Schlag auf Steuerbordhalsen nach Südosten macht, immer dahin streben, die gewonnene südliche Stellung festzuhalten. Auch wenn der Wind zu flau ist, sollte man noch etwas mehr Süd anzuholen suchen. Man muß bedenken, daß der Stillengürtel, an dessen Südrande man hinsteuert, häufigen Verschiebungen unterworfen ist, und daß man den Wind um so frischer und beständiger zu erwarten hat, je weiter man sich von jenem Gürtel entfernt. Im Winter ist die Gefahr am größten, zu früh wieder in den Stillengürtel zu geraten, weil er dann auf der Mitte und der Westseite des Ozeans durchschnittlich weiter nach Süden reicht als im Osten. Man tut wohl, auf diesen Umstand in der Weise Bedacht zu nehmen, daß man von 10° bis 15° W-Lg. an, wo der Wind gewöhnlich südöstlich wird, etwas südlicher steuert.

Eine schlechte Gepflogenheit vieler Guineafahrer ist es, von ihrem westlichen Kurse zu früh und zu allmählich nach Norden aufzubiegen. Sie beginnen mitunter schon nach Westnordwest bis Nordwest zu steuern, wenn sie kaum 15° W-Lg. überschritten haben. Ihr Weg führt infolgedessen auf einer langen Strecke durch den Stillengürtel, und dies bewirkt, daß sie trotz ihres kürzeren Weges die Nordostpassatgrenze erheblich später erreichen, als wenn sie einen Umweg gemacht, erst mehr nach Westen und dann in scharfer Biegung nach Norden gesteuert hätten. Sie sollten recht nach Westen steuern, bis sie die auf S. 506 angegebenen Schnittpunkte in die Peilung rechtw. Nordwest bis Nordnordwest gebracht haben, und dann scharf nach dieser Richtung aufbiegen. Des weiteren sollten sie sich nach den Anweisungen für die Schiffe vom Kap der Guten Hoffnung richten (vgl. Abschnitt 20 und 21).

Um zu zeigen, wieviel durch den soeben empfohlenen Umweg gewonnen werden kann, sei hier von den zahlreichen Beispielen, die den meteorologischen Tagebüchern der Deutschen Seewarte entnommen werden könnten, nur das folgende gegeben.

Die Schiffe „Low Poh Jim“ und „Margaretha Gaiser“, das erstere von Banana, das letztere von Lagos kommend, überschritten den Äquator nahezu gleichzeitig, aber in verschiedener Länge; nämlich „Low Poh Jim“ in 14° W-Lg. am 17. April, „Margaretha Gaiser“ in 20° W-Lg. am 20. April 1877. Da auch „Margaretha Gaiser“ verhältnismäßig weit östlich stand, fand sie nördlich der Linie keine besonders günstigen Umstände, sie brauchte für die Strecke von 0° bis 10° N-Br. 11 und für die von 10° bis 20° N-Br. 6 Tage. Ihre nur um 6° westlichere Stellung als die von „Low Poh Jim“ brachte ihr jedoch schon so viel Vorteil, daß sie diesem Schiffe bis 10° N-Br. 14 und bis 20° N-Br. im ganzen 15 Tage abgewinnen konnte.

Ausnutzung der Äquatorialströmung.

Die nachstehenden Mitteilungen erweisen, welchen Nutzen unter Umständen der Äquatorialstrom den Schiffen zu verschaffen vermag, wenn sie sich beim Westwärtssegeln in einer passenden Breite halten. Die aufgeführten Strombeobachtungen sind aus den Monaten Mai und Juni des Jahres 1882. Die Schiffe, von denen die Beobachtungen gemacht worden sind, haben sich auf dem Wege nach Westen meistens zwischen dem Aquator und 1° N-Br. gehalten. Die Grenzen des Äquatorialstromes, der um diese Zeit mit ungewöhnlicher Stärke auftrat, haben sie einerseits in etwa 2° N-Br. und 2° O-Lg. andererseits in etwa 3° N-Br. und 25° W-Lg. gefunden. Auf dieser Strecke haben die Schiffe die folgenden Gesamtversetzungen nach westlichen Richtungen gehabt

„Friedrich Hartwig“	Anfang Mai	362	Sm	in	11	Tagen,
„Asante“	Ende Mai	443	„	„	12	„
„Cardenas“	Anfang Juni	510	„	„	12	„
„Albert Reimann“	Anfang Juni	628	„	„	13	„
„Leander“	Anfang Juni	635	„	„	12	„
„Gemma“	Mitte Juni	583	„	„	12	„

In mehreren Fällen steigerte sich die durchschnittliche Stromgeschwindigkeit während eines Etmals zu 3½ und selbst 4 Sm stündlich. „Gemma" hatte in 3 aufeinander folgenden Tagen eine Gesamtversetzung von 227, „Leander" in 5 Tagen 343 Sm.

Reisen von der Küste zwischen Kap Palmas und Kap Verde

aus werden ebenso wie die vorher besprochenen durch den Nordostpassat und durch das Westwindgebiet gemacht. Man hat, einerlei von welchem Teile dieser Küste man kommt, den Nordostpassat nordwestlich von sich und muß daher danach trachten, in dieser Richtung vorwärts zu kommen. Da aber die Windverhältnisse an dieser Küste beträchtlichen jahreszeitlichen Änderungen unterworfen sind (vgl. darüber S. 426 ff. und S. 434 ff.), so kann der Abfahrtsort je nach seiner geographischen Breite und nach der Jahreszeit 1. im Gebiet des Südwestmonsuns oder doch der vorherrschend südwestlichen Winde, 2. im Gebiet der äquatorialen Mallungen oder 3. im Gebiet des zu nördlichen bis nordwestlichen Küstenwinden abgelenkten Nordostpassates liegen.

Liegt der Abfahrtsort im Gebiet der südwestlichen Winde, so segle man auf Backbordhalsen nach Nordwesten und biege, sofern man nicht vorher abgewiesen wird, erst entschieden nördlich, wenn der Wind abflaut und man auch schon so westlich steht, daß man nicht mehr zu befürchten braucht, hinter die Kap Verdeschen Inseln (an deren Ostseite; vgl. S. 509 und 507) zu geraten.

Liegt der Abfahrtsort im Gebiet der äquatorialen Mallungen, so suche man vornehmlich nach Norden zu gelangen, bis der Nordostpassat erreicht ist und man auf Steuerbordhalsen weitersegeln kann. Bei nördlichem bis nordnordwestlichem Winde segle man indessen auf Steuerbordhalsen, namentlich wenn man annehmen kann, der Wind sei der Anfang des schral einsetzenden Nordostpassates.

Liegt der Abfahrtsort im Gebiet des zu nördlichen bis nordwestlichen Winden abgelenkten Nordostpassates, so segle man auf Steuerbordhalsen, bis der Wind raumt.

Von der Küste im Norden von Kap Verde, von den Kap Verdeschen oder von den Kanarischen Inseln aus

segle man auf Steuerbordhalsen in das Westwindgebiet, liegt dieses, z. B. im Winter, so südlich, daß man beim Antritt der Reise bereits darin steht, so kann man unter Berücksichtigung der weiter nördlich noch zu erwartenden Winde annähernd den kürzesten Weg einschlagen.

Reisedauer.

Dauer von 88 Rückreisen deutscher Segler von Westafrika nach dem Englischen Kanal aus den Jahren 1878 bis 1884.

Reiseantritt	Von der Küste zwisch. Sierre Leone und Kap Palmas nach dem Engl. Kanal				Von der Küste zwischen Lagos und Accra nach dem Englischen Kanal				Von der Corisco-bucht oder dem Gabunflusse nach dem Engl. Kanal				Vom Kongo nach dem Englischen Kanal			
	mittlere Reise	kürzeste Reise	längste Reise	Zahl der Reisen	mittlere Reise	kürzeste Reise	längste Reise	Zahl der Reisen	mittlere Reise	kürzeste Reise	längste Reise	Zahl der Reisen	mittlere Reise	kürzeste Reise	längste Reise	Zahl der Reisen
Monate	Tage	Tage	Tage		Tage	Tage	Tage		Tage	Tage	Tage		Tage	Tage	Tage	
I. II. III.	—	45	84	3	70,4	47	90	16	—	59	70	4	—	52	—	1
IV. V. VI.	—	44	64	2	65,3	56	77	12	—	47	65	3	—	69	92	2
VII. VIII. IX.	—	44	—	1	63,5	52	84	18	—	54	67	4	—	56	—	1
X. XI. XII.	—	—	71	1	76,4	49	114	14	—	46	68	3	—	54	70	3
Jahr	60	44	84	7	68,7	47	114	60	60	46	70	14	66	52	92	7

Bei Betrachtung der umstehenden Zusammenstellung dürfte zunächst und am meisten der verhältnismäßig geringe Unterschied in der mittleren Dauer der Reisen von den verschiedenen Küstenstrecken auffallen. Sehen wir doch, daß Reisen von der Liberiaküste und der Coriscobucht, obwohl diese etwa 1400 Sm weiter von Europa entfernt ist, ungefähr gleich lang sind, und daß die Rückreisen vom Kongo durchschnittlich noch 2 bis 3 Tage schneller gemacht werden als die Reisen von der Guineaküste, obwohl die Entfernung von der Guineaküste nach Europa reichlich 1000 Sm kleiner ist als die vom Kongo nach Europa. Die Reisen von der Coriscobucht, die etwa 500 Sm weiter von Europa liegt als die Mitte der Guineaküste, werden durchschnittlich sogar in 8 bis 9 Tagen weniger Zeit gemacht als von Guinea, und da zur Vergleichung der Dauer dieser Reisen größere, auf alle Jahreszeiten ziemlich gleichmäßig verteilte Zahlen vorhanden sind, so fällt hier auch der Einwand weg, daß die Zahl der Reisen zu gering sei. Jedenfalls läßt sich aus der Tabelle der Schluß ziehen, daß es verhältnismäßig wenig Unterschied macht, von welchem Teile der Küste, namentlich der Bucht von Guinea, ein Schiff kommt.

Zieht man die Jahreszeiten in Betracht, so ergeben sich, wenigstens von der Guineaküste aus, von wo eine genügend große Zahl zur Verfügung steht, durchschnittlich die längsten Reisen im nördlichen Winter, durchschnittlich die kürzesten im nördlichen Hochsommer, der Monsunzeit. Trotzdem sind aber gerade die schnellsten Reisen von der Guineaküste im nördlichen Winter gemacht worden.

Dreiundzwanzigster Abschnitt.

Von der Ostküste Nordamerikas nach der Linie.

Allgemeines.

Der kürzeste Weg von Sandy Hook nach dem mittleren Schnittpunkte der Linie in 28° W-Lg. ist 3480 Sm lang. Er überschreitet 35° N-Br. in etwa 64° W-Lg. und 30° N-Br. in etwa 57° W-Lg. Schon ein Blick auf diese Schnittpunkte zeigt, daß Segler den kürzesten Weg nach der Linie nicht einhalten können. Sie würden dabei in niedrigen Breiten mehr Länge gutmachen müssen, als die vorherrschend östlichen Winde dort zulassen, und es ist leicht einzusehen, daß das Gebiet der östlichen Winde von Seglern erst in einer Länge betreten werden sollte, die ihnen gestattet, die Zone der vorherrschend leichten östlichen Mallungen auf einem ziemlich südlichen Kurse so schnell wie möglich zu überschreiten und gleichwohl beim Einsetzen des Passates so östlich zu stehen, daß der anzusteuernde Schnittpunkt an der Südgrenze des Nordostpassates ohne Schwierigkeiten auf einem Schlage mit Backbordhalsen erreicht werden kann. Man sollte nicht darauf rechnen, im Äquatorialgebiet noch wesentlich Länge gutmachen zu können. (Vgl. hierzu S. 347 ff. u. S. 355 ff.) Die Schiffe müssen deswegen von Nordamerika aus im Westwindgebiet nach Osten steuern und je nach der Jahreszeit und den gerade herrschenden Umständen mehr oder weniger scharf in das Passatgebiet hinein nach Süden biegen. Der Umweg, den man damit macht, beträgt etwa 150 Sm, wenn man 35° N-Br. in 50° W-Lg., und etwa 350 Sm, wenn man 35° N-Br. in 40° W-Lg. überschreitet.

Unter Berücksichtigung dieser Umstände hat Maury gleich beim Beginn seiner bahnbrechenden Untersuchungen über Seglerwege die folgenden Wege von Nordamerika nach der Linie zusammengestellt (siehe S. 520).

Diese Mauryschen Wege sind erheblich kürzer als die früheren, und die schneidigen Klipperschiffe der Mitte des vorigen Jahrhunderts haben auf diesen Wegen so schnelle Reisen gemacht, wie sie auf den alten Wegen nicht möglich gewesen sind; indessen sind die Mauryschen Wege, wiewohl sie durchschnittlich die schnellsten Reisen ergeben, doch etwas bedenklich, weil nicht sehr schnelle Schiffe dabei leicht in die Lage kommen, sich, nachdem die Linie überschritten ist, nicht auf einem Schlage von der Küste von Brasilien freisegeln zu können.

In bezug auf das Freisegeln von der Küste von Brasilien sind die Schiffe, die von Nordamerika kommen, in derselben Lage wie die, die von Europa kommen, es ist deshalb klar, daß die Schnittpunkte der Linie oder schon vorher der Südgrenze des Nordostpassates, die bei der Besprechung der Reisen vom Engllischen Kanal nach der Linie gegeben sind (vgl. S. 346 ff.), auch auf Reisen von Nordamerika nicht nach Westen hin überschritten werden sollten. Danach ergeben sich dann aber die folgenden Segelanweisungen.

MAURYS „Computed Routes from the Atlantic Ports of North America to the Fair Way off Cape St. Roque“:

Monat	70° W-Lg. in N-Br.	60° W-Lg. in N-Br.	50° W-Lg. in N-Br.	30° N-Br. in W-Lg.	20° N-Br. in W-Lg.	10° N-Br. in W-Lg.	5° N-Br. in W-Lg.	0° Br. in W-Lg.
Dezember	39,2°	35,2°	33,5°	43,0°	37,6°	35,0°	30,0°	32,1°
Januar	40,4°	38,9°	35,6°	45,8°	37,3°	32,9°	30,8°	30,8°
Februar	39,2°	35,9°	33,4°	45,0°	37,7°	33,5°	31,4°	31,4°
März	39,2°	36,1°	31,9°	45,0°	39,6°	32,3°	30,2°	30,2°
April	39,2°	37,6°	35,9°	40,0°	35,4°	31,2°	29,1°	29,1°
Mai	39,2°	37,6°	35,9°	41,4°	37,8°	33,5°	31,4°	31,4°
Juni	39,2°	35,9°	32,5°	42,9°	35,0°	30,7°	28,6°	30,7°
Juli a) für schnelle Schiffe	39,2°	35,9°	32,5°	50,0°	44,6°	34,7°	25,4°	27,5°
Juli b) für schlechte Segler	39,2°	37,6°	37,5°	34,2°	29,6°	25,3°		
August	39,2°	35,9°	31,3°	46,3°	38,9°	34,6°	26,9°	28,9°
September	40,4°	37,2°	33,5°	42,9°	37,3°	33,0°	27,2°	29,3°
Oktober	ähnlich wie September.							
November	ähnlich wie Dezember.							

Segelanweisung für das Westwindgebiet.

Von der Küste aus steuere man zunächst nach dem Golfstrome und dann nahezu recht nach Osten (vgl. hierzu auch S. 456 ff.). Dabei vermeide man es, zu bald südlich von 35° N-Br. zu gehen, denn für gewöhnlich ist zwischen 40 und 35° N-Br. schneller nach Osten zu kommen als südlich von 35° N-Br. Hat man den unten angegebenen Schnittpunkt der Nordgrenze des Nordostpassates Südost bis Südsüdost gebracht, so biege man nach diesem Kurse auf.

Beim Östlichsteuern sollte man der gerade herrschenden Wetterlage und der Jahreszeit Rechnung tragen, namentlich sollte man sich nicht scheuen, einen Nordweststurm voll auszunutzen oder bei Ostwind auch schon auf Backbordhalsen zu gehen, sobald man 50° W-Lg. überschritten hat. Doch vermeide man es, sich zu einem südlicheren Schnittpunkte von 50° W-Lg. oder zu einem westlicheren Schnittpunkte von 30° N-Br. drängen zu lassen, als MAURY (vgl. oben) angegeben hat.

Segelanweisung für die Übergangszone.

In dem Mallungsgebiet an der Nordgrenze des Passates suche man möglichst viel Süd zu machen. Im Sommer betrete man es nicht östlich von 40° W-L., weil es dann auf der Ostseite des Ozeans oft sehr breit ist. (Vgl. S. 348 ff.)

Rechnet man von den auf S. 346 u. 348 bezeichneten Schnittpunkten der Linie oder der Südgrenze des Nordostpassates zurück, so ergeben sich unter der Annahme, daß die Schiffe auf dem Wege nach der Linie bequem entgegengesetzte Kurse einhalten können, wie beim Durchstechen des Passates von Süd nach Nord auf dem Wege nach Europa eingehalten werden, die folgenden

Schnittpunkte der Passatgrenzen.

Wenn 10° N-Br. erreicht wird:

im Januar,	so	schneide	man	30°	N-Br. in	36°	W-Lg. und	5°	N-Br.	nicht westl. als in	27°	W-Lg.
„ Februar,	„	„	„	28°	„ „	36°	„ „	5°	„	„ „ „ „	28°	„
„ März,	„	„	„	27°	„ „	37°	„ „	5°	„	„ „ „ „	28°	„
„ April,	„	„	„	30°	„ „	36°	„ „	5°	„	„ „ „ „	28°	„
„ Mai,	„	„	„	30°	„ „	38°	„ „	5°	„	„ „ „ „	27°	„
„ Juni,	„	„	„	30°	„ „	36°	„ „	10°	„	„ „ „ „	27°	„
„ Juli,	„	„	„	30°	„ „	38°	„ „	10°	„	in 27° bis	28°	„
„ August,	„	„	„	30°	„ „	38°	„ „	10°	„	„	28°	„
„ Septbr.,	„	„	„	30°	„ „	37°	„ „	10°	„	„ 27° bis	28°	„
„ Oktober,	„	„	„	30°	„ „	35°	„ „	10°	„	nicht westl. als in	27°	„
„ Novbr.,	„	„	„	25°	„ „	33°	„ „	10°	„	„ „ „ „	27°	„
„ Dezbr.,	„	„	„	30°	„ „	36°	„ „	5°	„	„ „ „ „	26°	„

Segelanweisung für den Nordostpassat.

Die Annahme, unter der die vorstehenden Schnittpunkte berechnet sind, nämlich daß ein nach der Linie bestimmtes Schiff im Passat bequem den umgekehrten Weg werde einhalten können, den ein zu derselben Zeit im Passat nordwärts steuerndes Schiff auf dem Wege nach Europa einhält, macht es wahrscheinlich, daß ein Schiff auch von etwas westlicheren Schnittpunkten der Nordgrenze des Nordostpassates die an der Südgrenze wünschenswerten Schnittpunkte werde erreichen können. Ohne besondere Gründe sollte man indessen die Nordgrenze des Passates nicht wesentlich weiter westlich überschreiten; denn auf den älteren Reisen, nach denen die Schnittpunkte berechnet worden sind, ist beim Durchstechen des Passates das Vollweghalten manchmal übertrieben worden, und daraus folgt, daß man auf dem entgegengesetzten Wege wenig zuzusetzen hat. Gleichwohl sollte man sich im Passat nicht beängstigen lassen, wenn der Wind auch anfangs ziemlich schral ist. Wie aus der Besprechung des Weges durch den Passat für Schiffe auf dem Wege von der Linie nach Europa (vgl. S. 510) hervorgeht, wird der Wind weiter südlich raumer. Sollte er ganz raum werden, so nehme man die Schnittpunkte der Südgrenze des Nordpassates doch nicht östlicher als die Schiffe, die von Europa kommen (vgl. S. 346 ff.). Weitere

Segelanweisungen für das Äquatorialgebiet

fallen zusammen mit denen für Schiffe von Europa nach der Linie (vgl. S. 347 und 355 ff.).

Reisedauer.

Nach MAURY beträgt die mittlere Dauer der Reise von den atlantischen Häfen Nordamerikas nach der Linie:

im Januar . .	29,5	Tage,	im Juli	33,3	Tage,
„ Februar . .	26,7	„	„ August . .	35,8	„
„ März . . .	27,1	„	„ September .	38,4	„
„ April . . .	31,9	„	„ Oktober . .	34,2	„
„ Mai	33,8	„	„ November .	31,9	„
„ Juni . . .	37,5	„	„ Dezember .	28,2	„

Aus dieser Zusammenstellung und der folgenden Tabelle erhellt, daß sich die mittlere Dauer der Reisen, die im zweiten und vierten Viertel des Kalenderjahres angetreten sind, nahe beim Jahresdurchschnitt hält, daß die günstigste Zeit zum Antritt einer Reise in das erste und die ungünstigste in das dritte Jahresviertel fällt. Der Unterschied zwischen den beiden beträgt bei MAURY etwa 8, nach der Zusammenstellung aus meteorologischen Tagebüchern der Deutschen Seewarte sogar 13,4 Tage, und es entfällt, wenn wir die einzelnen Strecken überblicken, nur zum geringen Teil auf die Strecken von 35° N-Br. bis 30° N-Br. oder von 30° N-Br. bis 15° N-Br., wohl aber sehen wir sehr beträchtliche jahreszeitliche Unterschiede in der Reisedauer vom Abfahrtsort bis nach 35° N-Br. und von 15° N-Br. nach der Linie.

Die mittlere Reisedauer auf dieser letzten Strecke zeigt vom März an eine ziemlich regelmäßige Zunahme, die ungefähr Schritt hält mit dem Zurückweichen der Südgrenze des Nordostpassates nach Norden, bis dann im Hochsommer, zur Südwestmonsunzeit, die Verhältnisse am schwierigsten sind. Von Oktober an, mit der Südwärtsbewegung der Südgrenze des Nordostpassates, werden sie dann schnell wieder günstiger. Die Ursachen der besonders langen Reisen auf dieser Strecke waren meistens anhaltende Windstillen oder ungewöhnlich frühes Aufhören des Passates, sie bestand zur Zeit des Südwestmonsuns aber auch wohl darin, daß sich die Schiffe erst sehr spät entschlossen haben, zu wenden und auf Backbordhalsen zu segeln, so daß die Linie ganz unnötig weit im Osten, in einem Falle sogar in 16° W-Lg. geschnitten worden ist.

Die Reisedauer bis nach 30° N-Br. nimmt vom ersten Jahresviertel an ebenfalls schnell zu und wird im Hochsommer am größten. Die Hauptursache davon ist zweifellos die geringe Stärke der sommerlichen Westwinde; allein es zeigt sich doch auch, daß sich einzelne Schiffe im Westwindgebiet ohne Not so südlich gehalten haben, daß sie kaum auf kräftige Winde rechnen durften, und daß andere wieder unnötig weit nach Osten gegangen sind, ehe sie entschieden nach Süden steuerten. Gerade im Hochsommer ist es aber nicht empfehlenswert, 35° und 30° N-Br. östlicher zu überschreiten, als vorhin angegeben worden ist. (Vgl. S. 520.)

Dauer der 79 Reisen von Nordamerika nach der Linie, von denen in den acht Jahren 1901 bis 1908 meteorologische Tagebücher bei der Deutschen Seewarte eingegangen sind.

Reiseantritt	Vom Abfahrtsort bis 35° N-Br.			Vom 35° N-Br. bis 30° N-Br.			Von 30° N-Br. bis 15° N-Br.			Von 15° N-Br. bis zur Linie			Von New York oder Philadelphia b. z. Linie			Zahl
	mittlere Reisedauer Tage	schnellste Reise Tage	längste Reise Tage	mittlere Reisedauer Tage	schnellste Reise Tage	längste Reise Tage	mittlere Reisedauer Tage	schnellste Reise Tage	längste Reise Tage	mittlere Reisedauer Tage	schnellste Reise Tage	längste Reise Tage	mittlere Reisedauer Tage	schnellste Reise Tage	längste Reise Tage	
Januar	—	5	10	—	1	8	—	6	11	—	7	10	—	23	37	6
Februar	—	5	9	—	2	8	—	5	9	—	6	9	—	23	29	6
März	—	4	11	—	3	7	—	6	12	—	6	10	—	22	37	6
	7,4	—	—	4,4	—	—	7,7	—	—	8,0	—	—	27,5	—	—	18
April	—	5	24	—	2	6	—	5	10	—	7	13	—	24	46	11
Mai	—	6	18	—	3	9	—	4	10	—	11	18	—	30	47	7
Juni	—	9	13	—	3	11	—	7	11	—	12	15	—	33	48	4
	11,1	—	—	4,8	—	—	7,5	—	—	11,9	—	—	35,3	—	—	22
Juli	—	9	14	—	4	8	—	6	9	—	12	14	—	34	40	3
August	—	9	15	—	2	11	—	5	9	—	12	25	—	35	52	9
September	—	5	16	—	4	11	—	6	13	—	14	19	—	35	44	6
	11,3	—	—	5,9	—	—	8,0	—	—	15,7	—	—	40,9	—	—	18
Oktober	—	6	24	—	3	11	—	5	19	—	6	14	—	30	44	8
November	—	6	24	—	2	6	—	6	13	—	5	13	—	28	39	7
Dezember	—	6	13	—	2	6	—	5	10	—	8	15	—	24	35	6
	10,2	—	—	4,9	—	—	8,7	—	—	10,0	—	—	33,8	—	—	21
Jahr	10,0	4	24	5,0	1	11	8,0	4	19	11,3	5	25	34,3	22	52	79

Vierundzwanzigster Abschnitt.

Vom Südatlantischen Ozean nach der Ostküste von Nordamerika.

Allgemeines.

Auch diese Reisen können nicht auf dem kürzesten Wege zurückgelegt werden, weil ein großer Teil davon den herrschenden Winden entgegen durch das Westwindgebiet führt. Dieses Gebiet müssen Segler so weit westlich betreten, daß sie ihren Bestimmungsort mit den herrschenden Winden so bequem wie möglich erreichen können. Zu diesem Zwecke müssen sie ihre Westlänge schon im Passat gutmachen, wobei es sich natürlich empfiehlt, am meisten Länge da abzulaufen, wo der Passat am kräftigsten ist, dagegen Gegenden flauer Winde an den Grenzen des Nordostpassates und namentlich auch den Äquatorialstillengürtel möglichst schnell zu überschreiten. Die Umwege, die damit gemacht werden, betragen durchschnittlich etwa 600 Sm für Schiffe, die vom Kap der Guten Hoffnung kommen und die Linie im Jahresdurchschnitt in etwa 28° W-Lg. schneiden, und durchschnittlich 300 Sm für Schiffe, die von der Westseite des Südatlantischen Ozeans kommen und die Linie durchschnittlich in etwa 37° W-Lg. schneiden. Allgemein ausgedrückt heißt das, je westlicher ein Segler die Linie überschreitet, desto geringer ist der Umweg, zu dem er durch die Windverhältnisse gezwungen wird.

Segelanweisungen für das Äquatorialgebiet.

Schiffe, die vom Kap der Guten Hoffnung kommen, sollten schon im Südostpassat jede Gelegenheit warnehmen, West anzuholen (vgl. hierzu S. 505 ff.), und sollten namentlich in der Zeit, in der der Südostpassat in niedrigen Breiten frischer zu sein pflegt als der Nordostpassat, von August bis November, selbst noch in der Nähe der Linie gut nach Westen steuern. Um diese Zeit, gelegentlich auch wohl noch im Dezember, ist es vorteilhaft, die Linie in 40° W-Lg. zu schneiden; vom Kap der Guten Hoffnung kommende Schiffe sollten sie wenigstens westlich von 33° W-Lg. überschreiten. In den anderen Monaten, namentlich von Januar bis Juni, pflegt der Südostpassat flau, dagegen der Nordostpassat frisch zu sein; deshalb sollte man dann im Südostpassat immer nur so viel West mit anholen, wie man, ohne das Gutmachen von Breite zu verringern, bekommen kann. Schiffe, die vom Kap der Guten Hoffnung kommen, sollten von Januar bis Juni den Weg im Südostpassat abkürzen und die Linie östlich von 33° W-Lg. schneiden. Im Stillengebiet verfahre man nach den Anweisungen auf S. 505 und 509.

Vgl. hierzu auch die Ausführungen im 26. und 28. Abschnitt.

Segelanweisungen für das Nordostpassatgebiet.

Im Durchschnitt findet man den kräftigsten Nordostpassat, wo am meisten Länge gutgemacht werden sollte:

im Januar	etwa in 11° N-Br.	im Juli und August	etwa in 18° N-Br.
„ Februar, „ März und „ April	„ „ 9° „	„ September	„ „ 17° „
„ Mai	„ „ 11° „	„ Oktober und „ November	„ „ 15° „
„ Juni	„ „ 14° „	„ Dezember	„ „ 13° „

Von Januar bis Juli werden in diesen Breiten durchschnittlich 8, im Juni und im April sogar durchschnittlich 9 bis 9$^1/_2$ Kn Fahrt gemacht (vgl. hierzu auf S. 335 „Das Aufsuchen des frischesten Passates“.

Die Nordgrenze des Nordostpassates, die man schon auf einem ziemlich nördlichen Kurse ansteuern sollte, wird durchschnittlich in den folgenden Breiten gefunden und sollte ohne besondere Umstände nicht wesentlich östlich von den dabei gegebenen Längen überschritten werden.

im Januar	in 25° N-Br.	und 70° W-Lg.	im Juli	in 28° N-Br.	und 72° W-Lg.
„ Februar	„ 25° „	„ 69° „	„ August	„ 29° „	„ 72° „
„ März	„ 24° „	„ 68° „	„ September	„ 28° „	„ 71° „
„ April	„ 26° „	„ 70° „	„ Oktober	„ 26° „	„ 73° „
„ Mai	„ 27° „	„ 70° „	„ November	„ 26° „	„ 73° „
„ Juni	„ 28° „	„ 72° „	„ Dezember	„ 25° „	„ 72° „

Segelanweisung für die Übergangszone und das Westwindgebiet

(vgl. hierzu S. 303).

In der Übergangszone, in der hier im Westen häufiger als im Osten der Wind einfach rechts herum holt, strebe man vor allem danach, Nord gutzumachen, wobei man natürlich im Auge behalten muß, daß die Winde auf dem letzten Teile des Weges vorwiegend westlich sind, und daß man im Nordwesten günstige Strömungen findet.

Angaben über Wind- und Stromverhältnisse.

Die Windverhältnisse im Äquatorialgebiet . . S. 355.
„ „ „ Nordostpassat . . . S. 352 und 332.
Stürme . . . . S. 466 ff.
Manövrieren in westindischen Orkanen . . . S. 472.
Strömungen vgl. S. 26 ff. und die Monatskarten für den Nordatlantischen Ozean.

Reisedauer.

Die meteorologischen Tagebücher der Deutschen Seewarte aus den zwölf Jahren von 1897 bis 1908 enthalten nur 25 Reisen von der Linie nach Nordamerika. Aus diesen ergibt sich die folgende Zusammenstellung.

Die Linie wurde geschnitten in den Monaten	Die Schiffe kamen	Die Linie wurde geschnitten in W-Lg.	30° N-Br. wurde erreicht im Mittel Tage	Der Hafen wurde erreicht im Mittel Tage	Kürzeste Reise Tage	Längste Reise Tage
I. II. III.	3 vom Kap der Guten Hoffnung	30°	26	35	—	40
	4 von Kap Horn od. Südamerika	36°	21	31	25	—
IV. V. VI.	2 vom Kap der Guten Hoffnung	26°	30	38	—	39
	4 von Kap Horn od. Südamerika	34°	21	28	21	39
VII. VIII. IX.	2 vom Kap der Guten Hoffnung	27°	26	35	—	—
	4 von Kap Horn od. Südamerika	36°	21	28	22	38
X. XI. XII.	2 vom Kap der Guten Hoffnung	33°	26	36	—	—
	4 von Kap Horn od. Südamerika	35°	21	26	21	42
Jahr	9 vom Kap der Guten Hoffnung	—	27	36	—	—
	16 von Kap Horn od. Südamerika	—	21	28	21	42

Fünfundzwanzigster Abschnitt.

Von Nordamerika oder Westindien nach Westafrika.

Allgemeines.

Alle Schiffe, die von Nordamerika oder Westindien nach Afrika wollen, müssen einen Teil der Ostlänge im Westwindgebiet des Nordatlantischen Ozeans zurücklegen. Um aber keinen unnötigen Umweg zu machen, sollte man dort nur so weit nach Osten laufen, wie notwendig ist, um, je nach dem Bestimmungsorte und der Jahreszeit, vor der Nordseite der Kap Verdeschen Inseln vorüber die afrikanische Küste so weit nördlich zu erreichen, daß man sicher ist, nicht am Bestimmungsorte vorbeizutreiben, oder wie notwendig ist, um eine günstige Stellung an der Südgrenze des Nordostpassates zu haben, wenn man nach der Bucht von Guinea oder nach Häfen südlich von der Linie will. Sind die Gewässer vor der Küste von Afrika erreicht, so fallen alle Weiterreisen mit den Reisen, die von Europa aus angetreten worden sind, zusammen.

Das Ablaufen der Ostlänge.

Schiffe, die von Westindien kommen, müssen das Westwindgebiet erst aufsuchen und zu diesem Zwecke zunächst dieselben Wege einschlagen, wie wenn sie nach Europa wollten. (Näheres darüber vgl. im 18. Abschnitt, S. 459 ff.)

Von Nordamerika aus steht man bereits im Westwindgebiet und kann ohne weiteres die Wege einschlagen, die im 18. Abschnitt (S. 459 ff.) für Reisen nach Gibraltar oder im 23. Abschnitt (S. 519 ff.) für Reisen nach der Linie besprochen sind.

Segelanweisungen für das Übergangsgebiet

sind ebenfalls im 23. Abschnitt gegeben. In welcher Länge soll man aber in das Passatgebiet einbiegen?

Wenn man nach der Linie oder zur Südwestmonsunzeit im Süden der Kap Verdeschen Inzeln nach Osten segeln will, so hat man im Nordostpassat dieselben Wege, die im 23. Abschnitt besprochen sind, man hat also auch das Übergangsgebiet in denselben Längen zu überschreiten, die auf S. 520 gegeben sind.

Will man im Norden der Kap Verdeschen Inseln entlang gehen, so nehme man ungefähr die folgenden Schnittpunkte.

	Jan.	Febr.	März	April	Mai	Juni	Juli	Aug.	Sept.	Oktbr.	Nov.	Dez.
N-Br.	W-Lg.	W-Lg.	W-Lg.	W-Lg.	W-Lg.	W-Lg.	W-Lg.	W-Lg.	W-Lg.	W-Lg.	W-Lg.	W-Lg.
35°	31°	31°	34°	34°	34°	34°	34°	34°	34°	34°	34°	32°
30°	26°	26°	29°	30°	30°	30°	30°	30°	30°	30°	29°	27°

Sollte man jedoch schon, ehe diese Schnittpunkte erreicht sind, östliche Winde bekommen oder eine gute Gelegenheit zum Überschreiten des Mallungsgebietes finden, so lasse man es ruhig darauf ankommen, auch von westlicheren Stellungen an der Nordgrenze des Passates aus die Küste früh genug zu erreichen. Namentlich sollte man sich nicht scheuen, nordwestliche bis nördliche Winde im Herbst und Winter, die zu einem Minimum auf der Osthälfte des Ozeans gehören, voll auszunutzen. Unter solchen Umständen pflegt die nördliche Passatgrenze so weit nach Süden verschoben zu sein, daß man aus Furcht, nicht genug Ost anholen zu können, keinen Umweg machen sollte.

Der Weg nördlich von den Kap Verdeschen Inseln

wird empfohlen:

1. nach der Küste zwischen der Senegal- und der Sherbromündung	zu jeder Jahreszeit;
2. nach der Küste im Süden und Osten der Sherbromündung, . .	wenn man 30° N-Br. in der Zeit von Mitte Oktober bis Ende Mai erreicht.

Von den oben gegebenen Schnittpunkten wird man im allgemeinen ohne Schwierigkeiten vor der Nordseite der Kap Verdeschen Inseln vorüber auf die Wege der von Europa nach Afrika steuernden Schiffe (vgl. 17. Abschnitt) kommen. Sollte man durch eine Verkettung ungünstiger Umstände dennoch vor die Wahl gestellt werden, entweder zwischen den Kap Verdeschen Inseln durch oder um deren Südseite herum zu segeln, so würde man (gute Karten an Bord vorausgesetzt) um so mehr den Weg zwischen den Inseln durch vorziehen müssen, je weiter nördlich der Bestimmungsort liegt, und je weiter man von der Südwestmonsunzeit ist.

Nähere Angaben über die Windverhältnisse auf diesem Wege, Strömungen, Orkane, Sichtigkeitsverhältnisse bei den Kap Verdeschen Inseln und Segelanweisungen für die Reise vor der Küste finden sich im 14. und 17. Abschnitt.

Der Weg südlich von den Kap Verdeschen Inseln

wird empfohlen:

nur nach der Küste im Süden und Osten der Sherbromündung . .	nur zur Zeit des Südwestmonsuns, oder wenn man 30° N-Br. von Anfang Juni bis Mitte Oktober passiert.

Im Nordostpassat hat man dieselben Wege, wie wenn man nach der Linie wollte (vgl. 23. Abschnitt), nur kann man bei raumem Passat unbedenklich Ost anhalten, solange man dabei nicht zu nahe an die Kap Verdeschen Inseln gerät. Sobald die Südgrenze des Nordostpassates erreicht ist, steuere man auf den Kursen, die am meisten Süd bringen, in den Südwestmonsun und in diesem weiter nach der Küste. (Weitere Angaben vgl. im 14. und 17. Abschnitt.)

Der Weg über die Linie

muß genommen werden:

nach der Küste im Süden der Linie, wenn man den äußeren Weg (vgl. S. 434) wählt,	zu jeder Jahreszeit.

Die Reisen setzen sich dann aus den im 23. und im 16. Abschnitt (S. 405) beschriebenen Wegen zusammen.

Reisedauer.

Bei der Deutschen Seewarte findet sich in ihren fast 7000 meteorologischen Tagebüchern von Segelschiffen keine einzige Reise von Nordamerika oder Westindien nach Westafrika: um aber gleichwohl zu brauchbaren Mittelwerten der Dauer solcher Reisen zu kommen, wurden die folgenden Erwägungen angestellt.

Äußerer Weg. Die mittlere Reisedauer von Lizard nach der Linie beträgt 28 Tage (vgl. S. 363), die mittlere Reisedauer von New York oder Philadelphia nach der Linie beträgt 34 Tage (vgl. S. 522), folglich dauern die Reisen, die nach afrikanischen Häfen im Süden der Linie auf dem äußeren Wege gemacht werden, 6 Tage länger als von Lizard.

Weg um die Nordseite der Kap Verdeschen Inseln. Die deutschen Segler, nach deren Reisen die Tabelle auf S. 522 zusammengestellt ist, haben auf ihrem Wege zur Linie von New York oder Philadelbhia bis 30° N-Br. im Mittel 15 Tage gebraucht und haben 30° N-Br. im Mittel in 38° W-Lg. geschnitten, also durchschnittlich etwa 2,3° Ostlänge im Etmal gutgemacht. Die Schiffe, die um die Nordseite der Kap Verdeschen Inseln herum gehen wollen, sollen 30° N-Br. im Mittel in 23° W-Lg. schneiden, würden also bis dahin, wenn man in Anschlag bringt, daß sie ein etwas breiteres Mallungsgebiet überschreiten müssen, durchschnittlich etwa 20 Tage brauchen.

Ferner haben die Schiffe nach der Tabelle auf S. 522 von 30° N-Br. bis 15° N-Br. durchschnittlich 8 Tage gebraucht, allerdings auf dem Wege im Westen der Kap Verdeschen Inseln; da aber die Verhältnisse im Osten der Kap Verdeschen Inseln nach S. 345 ff. und 358 ff. nicht wesentlich anders sind, dürfte man auch im Osten der Kap Verdeschen Inseln von 30 bis 15° N-Br. durchschnittlich 8 Tage oder doch so viel weniger brauchen, als bis 30° N-Br. etwas reichlich gerechnet sein mag. Das ergäbe von New York oder Philadelphia nach 15° N-Br. zusammen 28 Tage. Das Mittel der Reisedauer von Lizard nach 15° N-Br. beträgt 22 Tage, und demnach ergäbe sich auf dem Wege nordum die Kap Verdeschen Inseln wie auf dem Wege über die Linie ein Unterschied von 6 Tagen. Hält man das fest, so wird man auch für die Zeit, in der man den Weg um die Südseite der Kap Verdeschen Inseln nehmen würde, zu einem Unterschiede von etwa 6 Tagen kommen können, und damit ergeben sich unter Benutzung der Tafel V „Segelschiffsreisen. Linien gleicher mittlerer Reisedauer von Lizard“ (siehe hinten) die folgenden

Mittelwerte der Reisedauer

von Sandy Hook, Kap Henlopen oder Kap Henry

nach dem Senegal	28	Tage,
„ Freetown	33	„
„ Monrovia	37	„
„ Kap Palmas	41	„
„ Kap Coast Castle	46	„
„ Lagos	51	„
„ Duala	61	„
„ Loanga	66	„ usw.

Für Reisen, die von Westindien aus angetreten werden, addiere man zu den obigen Werten, indem man die Tafel VI: „Segelschiffreisen. Linien gleicher mittlerer Reisedauer nach Lizard“ benutzt:

von Wilmington (auf der 30-Tage-Linie der Tafel VI)	3	Tage,
„ Häfen „ „ 35 „ „ „ „ VI)	8	„
„ „ „ „ 40 „ „ „ „ VI)	13	„
„ „ „ „ 45 „ „ „ „ VI)	18	„ usw.

Zu diesen letzten Zahlen führen die Erwägungen, daß die Schiffe von Westindien aus das Westwindgebiet in der Nähe von den Bermudas-Inseln betreten, und daß die mittlere Dauer ihrer Reisen von der mittleren Dauer der Reisen, die von Nordamerika aus angetreten worden sind, folglich nur um den Betrag verschieden sein wird, den die Schiffe von Westindien aus länger brauchen, um bis zu den Bermuda-Inseln zu kommen.

Die Einwirkung der Jahreszeit auf die Reisedauer würde derart sein, daß die Reisen im Westwindgebiet im Sommer etwas länger in Anspruch nehmen, im Winter etwas schneller gemacht werden; dagegen ist es südlich von 15° N-Br. gerade umgekehrt, dort werden die Reisen in der Südwestmonsunzeit am schnellsten vonstatten gehen, und folglich dürften sich für die Dauer der ganzen Reisen nach der Bucht von Guinea keine großen jahreszeitlichen Unterschiede ergeben. (Vgl. auch S. 449 ff.)

Sechsundzwanzigster Abschnitt.

Von der Westküste von Afrika nach Westindien oder Nordamerika.

Allgemeines.

Alle diese Reisen müssen zum Teil im Nordostpassat zurückgelegt und daher bis zur Südgrenze des Nordostpassates auf denselben Wegen gemacht werden, die nach Eropa bestimmte Schiffe einschlagen. Ist der Nordostpassat erreicht, so trennen sich die Wege; die nach Europa bestimmten Schiffe suchen hauptsächlich Nord zu machen, die nach Westindien und Nordamerika bestimmten suchen in den Strich des stärksten Passates zu kommen, um dort am meisten West abzulaufen, wobei die nach Westindien bestimmten Schiffe meistens den geraden Weg nach ihrem Bestimmungsorte auf den Antillen oder nach der Durchfahrt, durch die sie das Inselmeer betreten wollen, einschlagen werden. Die nach Nordamerika bestimmten Schiffe sollten über die Schnittpunkte der Nordgrenze des Passates gehen, die von Schiffen auf dem Wege von der Linie nach Nordamerika eingehalten werden. Die Reisen setzen sich also im wesentlichen aus Wegen zusammen, die im 22., im 13. und im 24. Abschnitt besprochen sind.

Die Wege nach dem Nordostpassat.

Vom Kongo oder von anderen Orten in südlicher Breite und von der Bucht von Biafra oder von Oberguinea aus verfahre man zunächst nach den Angaben auf S. 515 ff.; nur sollte man nicht schon nach den Schnittpunkten der Linie oder von 5° N-Br. wieder nördlich biegen, die dort oder eigentlich im 20. Abschnitt auf S. 506 für Schiffe nach Europa empfohlen sind, sondern südlich von der Linie mehr West gutmachen und die Schnittpunkte der Linie nehmen, die im 24. Abschnitt „Segelanweisungen für das Äquatorialgebiet“ S. 523 ff. (vgl. auch 28. Abschnitt) empfohlen sind. Daraus ergibt sich dann aber auch ohne weiteres, daß die Schiffe, die nach Nordamerika oder Westindien wollen, sich noch viel mehr als die Schiffe, die nach Europa wollen, hüten müssen, zu früh nach Westen umzubiegen, wenn sie von der Küste aus Süd gutzumachen haben, um in den Südostpassat zu kommen. Die nach Nordamerika oder Westindien bestimmten Schiffe haben einen so langen Weg im Süden der Linie zurückzulegen, daß sich ein kleiner Umweg nach Süden hin, um dadurch frischere Brise zu haben, wohl lohnt; nur muß man, sofern es möglich ist, die erwünschte Südbreite schon gleich zu Anfang der Reise gutzumachen suchen.

Von der Küste zwischen Kap Palmas und Kap Verde segle man nach den auf S. 516 gegebenen Anweisungen nach dem Nordostpassat.

Im Nordostpassat

sucht man sich den Strich des kräftigsten Windes auf (vgl. S. 523 ff., S. 332 ff. und im 28. Abschnitt). Die Schiffe, die nach Westindien wollen, finden weitere

Angaben über die zu wählenden Durchfahrten, die Windverhältnisse usw. auf den Seiten 330 ff. Die Schiffe, die nach Nordamerika wollen, sollten nach den Angaben im 24. Abschnitt S. 523 ff. verfahren, wo sie auch Segelanweisungen für die Übergangszone und das Westwindgebiet und Angaben über Wind- und Stromverhältnisse finden.

Reisedauer.

In den fast 7000 meteorologischen Segelschiffstagebüchern der Deutschen Seewarte befinden sich nur eine Reise von Westafrika nach Westindien und zwei Reisen von Dakar nach Savannah. Das Schiff nach Westindien ist frachtsuchend vom Sherbro nach Barbados gesegelt und hat den etwa 2750 Sm langen Weg in der verhältnismäßig kurzen Zeit von 21 Tagen zurückgelegt. Es hat auf dieser Reise den Nordostpassat schon in geringer Entfernung von der Küste gefunden und auf dem geraden Wege. den es einhielt, es war im April, auch überall kräftige Brise gehabt. Die beiden Reisen von Dakar nach Savannah haben 33 und 30 Tage in Anspruch genommen und wurden zeitig im Jahre angetreten, so daß man vom Abfahrtsorte aus gleich frischen Nordostpassat hatte. Als

Mittelwerte der Reisedauer

wird man die folgenden Zahlen annehmen können:

1. Nach Nordamerika (Sandy Hook, Kap Henlopen oder Kap Henry).

Von der Küste zwischen Loanda und Accra	66 Tage,
„ „ „ „ Kap Coast Castle und Kap Palmas .	61 „
„ „ Liberia-Küste	47 „
(Vom Süden der Küste etwas länger, von nördlichen Orten etwas kürzer.)	
„ Goree, Dakar oder dem Senegal	37 „

2. Nach Westindien.

a) Bis nach 50° W-Lg. im Nordostpassat:

Von der Küste zwischen Loanda und Accra	45 Tage,
„ „ „ „ Kap Coast Castle und Kap Palmas .	40 „
„ „ Liberia-Küste	25 „
(Vom Süden der Küste etwas länger, von nördlichen Orten etwas kürzer.)	
„ Goree, Dakar oder dem Senegal	15 „

b) Nach der Tafel V: „Segelschiffsreisen. Linien gleicher Reisedauer von Lizard in Tagen“ addiere man zu den Werten unter a)

nach Orten auf der 35-Tage-Linie	5 Tage,
„ „ „ „ 40- „	„ 10 „
„ „ „ „ 45- „	„ 15 „
„ „ „ „ 50- „	„ 20 „

Beispiel. Gesucht Mittel der Reisedauer von Dakar nach Galveston.

Von Dakar nach 50° W-Lg. (vgl. 2a)	= 15 Tage.
Von 50° W-Lg. nach der 50-Tage-Linie der Tafel V (vgl. 2b)	= 20 „
Von der 50-Tage-Linie bis Galveston nach Schätzung (Taf. V)	= 2 „
Mittelwert der Reisedauer von Dakar nach Galveston . .	= 37 Tage.

Die obigen Zahlen beruhen auf den folgenden Mittelwerten:

3. Für Reisen, die vom Süden der Linie oder von der Bucht von Guinea aus angetreten werden,

c) bis zur Linie auf den Mittelwerten aus solchen Reisen, die in Europa geendet haben (vgl. auch 22. Abschnitt);

d) von der Linie bis nach 50° W-Lg. auf Mittelwerten von Reisen, die von der Linie nach Westindien oder Nordamerika gemacht worden sind (vgl. hierzu 24. Abschnitt, S. 524);

e) von 50° W-Lg. bis Nordamerika auf Mittelwerten wie unter d);
f) von 50° W-Lg. bis Westindien auf den Mittelwerten von Reisen, die von Europa aus angetreten worden sind (vgl. Taf. V: „Reisedauer, Linien gleicher mittlerer Dauer von Lizard in Tagen", und 13. Abschnitt).

4. Für Reisen, die von der Küste zwischen Kap Palmas und Kap Verde aus angetreten werden,
g) bis zur Südgrenze des Nordostpassates auf Mittelwerten von solchen Reisen, die in Europa geendet haben (vgl. 22. Abschnitt);
h) von der Südgrenze des Nordostpassates bis nach 50° W-Lg. auf der durchschnittlichen Fahrt, die nach Nordamerika oder Westindien bestimmte Schiffe zwischen der Linie und 50° W-Lg. gemacht haben (vgl. 24. Abschnitt);
i) von 50° W-Lg, nach Nordamerika oder Westindien auf den Mittelwerten wie unter d) und f).

Der Einfluß der Jahreszeit auf die mittlere Reisedauer erreicht beträchtliche Werte nur auf dem ersten Teile der Reisen, von der Küste bis zur Südgrenze des Nordostpassates. Da die Wege dort aber dieselben sind wie für Schiffe nach Europa, so braucht hier nur noch einmal auf die betreffenden Angaben im 22. Abschnitt verwiesen zu werden.

Siebenundzwanzigster Abschnitt.

Von Westindien nach der Linie.

Allgemeines.

Auf diesen nicht gerade sehr häufigen, von Zeit zu Zeit aber doch vorkommenden Reisen muß man zunächst durch das Inselmeer in den offenen Ozean steuern und dort das Westwindgebiet aufsuchen, hier nach Osten laufen, dann wieder nach Süden biegen und mit dem Nordostpassat von Backbord ein bis zu dessen Südgrenze segeln, um endlich, nachdem der Äquatorialstillengürtel oder im nördlichen Sommer auch die Gegend des Südwestmonsuns überschritten ist, auf Backbordhalsen zur Linie aufzuliegen. Die Reisen setzen sich also zusammen aus den folgenden

Reiseabschnitten:

1. aus den Wegen durch das Inselmeer (vgl. 18. Abschnitt S. 459 ff.);
2. aus dem Wege im offenen Ozean bis zum Nordostpassat (vgl. 18. Abschnitt S. 462 ff., 23. Abschnitt S. 519 ff. und 25. Abschnitt S. 525 ff.);
3. aus dem Wege durch den Nordostpassat bis zu einem passenden Schnittpunkte an dessen Südgrenze (vgl. 23. Abschnitt S. 520 ff.);
4. aus den Wegen von der Südgrenze des Nordostpassates durch das Äquatorialgebiet bis zur Linie (vgl. 23. Abschnitt S. 521 ff. und 14. Abschnitt S. 347 und 355 ff.).

Da in den hier zum Nachlesen empfohlenen Abschnitten 18, 23, 25 und 14 die Wind- und Stromverhältnisse, Stürme und Orkane bereits besprochen sind, so erübrigt ein weiteres Eingehen auf die einschlägigen Verhältnisse. In Frage kommen dürfte nur noch die

Reisedauer.

Die Deutsche Seewarte hat zu wenig meteorologische Tagebücher mit solchen Reisen, als daß sie genügen könnten, gute Mittelwerte daraus abzuleiten; nehmen wir indessen die Tafel VI: „Segelschiffsreisen, Linien gleicher Reisedauer nach Lizard“ zu Hilfe, so erhalten wir bis zur 25-Tage-Linie dieser Karte bei Bermuda: von der 40-Tage-Linie 15 Tage, von der 45-Tage-Linie 20 Tage usw. Nun zeigt ein Blick auf dieselbe Karte, daß die mittlere Reisedauer von Sandy Hook, Kap Henlopen oder Kap Henry bis zu der erwähnten 25-Tage-Linie etwa 3 Tage, bis zum Äquator nach der Tabelle auf S. 522 aber 34 Tage beträgt, und folglich ist die

mittlere Reisedauer nach der Linie

von Orten auf der	35-Tage-Linie der Tafel VI	= 41 Tage,
„ „ „ „	40- „ „ „ „ „	= 46[1]) „
„ „ „ „	45- „ „ „ „ „	= 51[2]) „
„ „ „ „	50- „ „ „ „ „	= 56 „
„ „ „ „	55- „ „ „ „ „	= 61 „

¹) 46 = 15 + 34 — 3; ²) 51 = 20 + 34 — 3 Tage.

Da die beiden Tafeln V und VI: „Segelschiffsreisen gleicher mittlerer Reisedauer in Tagen“ gute Mittelwerte nur da ergeben, wo der durchschnittliche Weg annähernd quer zu den Linien gleicher Reisedauer läuft, so mögen hier noch die folgenden Zahlen nach Reisen aus dem Jahre 1908 gegeben werden.

Reisedauer

von der Mississippimündung oder von Pensacola nach der nördlichen Ausfahrt aus der Floridastraße.

Mittel aus 8 Reisen = 10,5 Tage.	Schnellste Reise = 5 Tage, im März.	Längste Reise = 16 Tage, im Mai.

Ein Schiff hat im Jahre 1908 von Pensacola bis zur Linie 48 Tage,
ein anderes „ „ „ 1881 „ „ „ „ „ 67 „
gebraucht.

Achtundzwanzigster Abschnitt.

Von der Linie nach Westindien.

Allgemeines.

Viel häufiger als Reisen von Westindien nach der Linie sind Reisen von der Linie nach Westindien zu machen. Sie werden meistens von Schiffen ausgeführt, die von südamerikanischen oder südafrikanischen Häfen kommen und frachtsuchend Barbados oder St. Thomas anlaufen, werden indessen auch in unmittelbarem Verkehr zwischen Salpeterhäfen oder Ostindien und Westindien gemacht. Die Reisen sind leicht auszuführen, da sie vor der Nordküste von Südamerika von der westlich oder nordwestlich setzenden Äquatorialströmung gefördert werden und die Windverhältnisse im allgemeinen gestatten, den kürzesten Weg einzuhalten, soweit nicht gerade der Äquatorialstillengürtel überschritten wird. Dieser Gürtel ist, wie ein Blick auf die Tafeln 21, 22, 23 und 24 der 2. Auflage des Atlasses für den Atlantischen Ozean zeigt, an der Westseite des Ozeans so schmal (vgl. hierzu auch 14. Abschnitt S. 355 ff.), daß er während eines großen Teiles des Jahres ohne Mühe überschritten wird; nur im nördlichen Sommer, eigentlich auch nur im Juli, August und September. pflegt längerer Aufenthalt damit verbunden zu sein. Ist der Nordostpassat erreicht, so kann zu jeder Jahreszeit der nächste Weg nach der passendsten Durchfahrt in das westindische Inselmeer genommen werden.

Schnittpunkte der Linie.

Da auf dem Wege von der Linie nach Westindien hauptsächlich West gutzumachen ist — der Kurs vom mittleren Schnittpunkte der Linie in 40° W-Lg. nach Barbados ist ungefähr rechtw. 303° —, so ist es klar, daß der Weg um so kürzer ist, je westlicher der Schnittpunkt der Linie genommen wird. Ein westlicher Schnittpunkt der Linie ist wegen der Windverhältnisse in Südbreite aber nicht immer ohne Darangabe von Zeit zu erreichen (vgl. hierzu auch 19. Abschnitt S. 474 ff., 20. Abschnitt S. 505 ff. und 24. Abschnitt S. 523 ff.); es fragt sich also: Wieviel Zeit kann man auf das Erreichen eines westlicheren Schnittpunktes der Linie verwenden, um den Weg abzukürzen. Die Antwort muß offenbar lauten: etwas weniger, als man in Nordbreiten brauchen würde, um gleichviel West gutzumachen. Nun ergibt die Untersuchung solcher Reisen, daß im Nordostpassat durchschnittlich etwa 4,4 Tage gebraucht werden, um von 50° nach 60° W-Lg. zu segeln (vgl. die Tabelle unter „Reisedauer" S. 534), das heißt im Etmal werden dort durchschnittlich 2,3° Westlänge gutgemacht, oder um 1° Westlänge abzulaufen, braucht man durchschnittlich 10½ Stunde. Trifft man also im Süden der Linie auf Wind- und Stromverhältnisse, bei denen man beträchtlich weniger braucht, so verlohnt es sich, hier Westlänge gutzumachen, oder mit anderen Worten: es verlohnt sich, einen ziemlich westlichen Kurs zu steuern, solange man dabei über 6 Knoten Fahrt macht. Es ist aber Bedacht zu nehmen auf

die Jahreszeit und die Lage des Äquatorialstillengürtels.

Im Januar, Februar und März sollte man zwischen 5° S-Br. und der Linie keinen zu westlichen Kurs steuern, denn dann sind hier Windstillen und Mallungen häufig, und man sollte, auch wenn man gerade günstige Verhältnisse trifft, dieses Gebiet so schnell wie möglich zu überschreiten suchen. Um so mehr, als man in dieser Jahreszeit erwarten darf, stetigen und frischen Nordostpassat zu finden. Die Schiffe machen dann zwischen 50 und 60° W-Lg. im Nordostpassat etwa 7 Knoten Durchschnittsfahrt. Man sollte sich deshalb schon in dem Gebiet südlich von der Linie an die Anweisungen halten, die auf S. 509 für das Überschreiten des Äquatorialgebietes gegeben sind. In dieser Zeit pflegt auch der Arm des Äquatorialstromes, der vor der Nordküste von Brasilien nordwestlich setzt, nicht so kräftig zu sein, daß längerer Aufenthalt darin wesentlichen Vorteil verspricht. Gerade umgekehrt ist es aber

im Juli, August und September. Der Südostpassat reicht dann am weitesten nach Norden über die Linie, und der nordwestliche Strom vor der Nordküste von Brasilien ist dann am kräftigsten. Man sollte in dieser Zeit den Südostpassat und den Strom bei der Linie und im Süden von 5° N-Br. so lange wie möglich ausnutzen, indem man sich in mäßigem Abstande vor der Küste hält, und sollte erst entschieden nach Norden biegen, wenn man in der Umgebung von 5° N-Br. den Südostpassat verliert und in die Äquatorialmallung kommt. Diese muß dann so schnell wie möglich überschritten werden; je weiter westlich man hineinkommt, desto mehr Aussicht hat man, daß es schnell geschehe. Allerdings ist der Äquatorialstillengürtel um diese Jahreszeit im Westen nicht gerade sehr viel schmaler als im Osten (vgl. 14. Abschnitt S. 355), um ein geringes schmaler pflegt er aber doch zu sein, und auf Reisen nach Westindien steht man doch zu westlich, um vom Südwestmonsun Förderung der Reise erwarten zu können. Ein weiterer Grund, im Südostpassat, südlich von 5° N-Br., um diese Jahreszeit so viel Länge wie möglich abzulaufen, ist der, daß man im Nordostpassat keine sonderlich günstigen Verhältnisse erwarten darf, weil man, um dort kräftige Brise aufzusuchen, so weit nach Norden gehen müßte (vgl. S. 524), daß der Umweg zu groß würde. Ob sich

im Nordostpassat

ein Umweg noch lohnt, hängt natürlich von den Umständen, die man gerade trifft, von der Länge, in der man steht, und von der Jahreszeit ab. Man dürfte das Richtige treffen, wenn man den 24. Abschnitt S. 523 ff. zu Rate zieht. Betreffs einer

Durchfahrt in das westindische Inselmeer

ziehe man die Angaben im 13. Abschnitt S. 330 ff. zu Rate.

Reisedauer

nach 51 meteorologischen Tagebüchern der Deutschen Seewarte, aus den Jahren 1879 bis 1896.

Monat	Von 5° S-Br. bis zur Linie			Von der Linie bis 50° W-Lg.			Von 50° W-Lg. bis 60° W-Lg.			Von der Linie bis 60° W-Lg. oder Barbados			Zahl der Reisen
	mittlere Reisedauer Tage	schnellste Reise Tage	längste Reise Tage	mittlere Reisedauer Tage	schnellste Reise Tage	längste Reise Tage	mittlere Reisedauer Tage	schnellste Reise Tage	längste Reise Tage	mittlere Reisedauer Tage	schnellste Reise Tage	längste Reise Tage	
I. II. III.	3,3	2	5	5,4	3	9	3,7	2	5	9,1	7	13	15
IV. V. VI.	3,5	2	5	7,1	4	11	4,5	3	7	11,6	7	15	10
VII. VIII. IX.	2,5	2	3	11,1	6	18	4,6	3	9	15,7	9	23	14
X. XI. XII.	2,5	2	3	6,3	3	9	4,8	4	7	11,1	7	16	12
Jahr	2,9	2	5	7,5	5	18	4,4	2	9	11,9	7	23	51

Nach der Tabelle ist die mittlere Reisedauer von der Linie nach 60° W-Lg. oder nach Barbados im Winter, von Oktober bis März, mit 10,1 Tagen um 3,7 Tage kürzer als im Sommer von April bis September, und im Vergleich mit den drei Wintermonaten Januar, Februar und März ergeben die drei Spätsommermonate Juli, August und September sogar eine um 6,6 Tage längere mittlere Dauer der Reise. Daß die meteorologischen Verhältnisse im Spätsommer sehr unsicher sind, ergibt die Gegenüberstellung der längsten und der kürzesten Reise in dieser Zeit. Auf der kürzesten Reise, die 9 Tage in Anspruch genommen hat, war 5° N-Br. im Juli westlich von 45° W-Lg. geschnitten worden, auf der längsten, die 23 Tage gedauert hat, hatte man, trotzdem das Schiff von Rio de Janeiro kam und bis 5° N-Br. südliche Passatbrise von der Stärke 4 hatte, 5° N-Br. im August östlich von 35° W-Lg., also an einer sehr unzweckmäßigen Stelle überschritten.

An die Reisen, aus denen die obige Tabelle zusammengestellt worden ist, haben sich angeschlossen:

Zahl der Reisen	nach	Reisedauer von 60° W-Lg. oder Barbados (in Tagen)
3	New York	14, 24, 27;
3	Tybee	14, 15, 22;
3	Pensacola	15, 19, 19;
2	New Orleans	17, 19;
2	Galveston	13, 19;
4	St. Thomas	2, 4, 5, 9;
2	Santa Cruz	6, 11;
1	Nuevitas	6;
1	Monte Christi	5;
2	Manzanillo de Cuba	7, 9;
1	Santiago de Cuba	7;
1	Falmouth, Jamaica	8;
1	Black River, Jamaica . . .	6;
1	S. Domingo	5;
1	Laguna de Terminos. . . .	16;
3	Kap Haïti	5, 6, 6.

31 Reisen in Westindien, von denen Aufzeichnungen gemacht worden sind.

Neunundzwanzigster Abschnitt.

Von Westindien nach Nordamerika.

Allgemeines.

Diese Reisen, die von Schiffen recht oft im Anschluß an die im vorigen Abschnitt besprochenen Reisen von der Linie nach Westindien gemacht werden, setzen sich aus zwei Teilen zusammen, aus der Fahrt durch das Inselmeer und aus einer Strecke im offenen Ozean. Der erste Teil fällt meistens mit den im 18. Abschnitt besprochenen Fahrten durch das Inselmeer zusammen, der zweite Teil, die Strecke im offenen Ozean, ist den im 24. Abschnitt besprochenen Fahrten vom Nordostpassatgebiet nach der Ostküste von Nordamerika so ähnlich, daß füglich auf diese beiden Abschnitte verwiesen werden kann und nur gewisse Bemerkungen dazu gemacht zu werden brauchen.

Fahrten durch das Inselmeer

(vgl. hierzu 24. Abschnitt S. 523 ff.).

Von Guayana, den kleinen Antillen, Porto Rico oder der Nordküste von Haïti aus gelten die auf S. 459 ff. gegebenen Anweisungen, und für Schiffe, die von der Küste Venezuelas bis Puerto Cabello kommen, die Anweisungen für die Monadurchfahrt. Für Schiffe, die vom südwestlichen Teile von Haïti kommen oder von der Küste Südamerikas aus die Küste Haïtis nur westlich von Punta de Nisao anholen, gelten die Anweisungen für die Windwärtsdurchfahrt (S. 460). Aber Schiffe, die von Santiago oder östlicheren Häfen an der Südküste von Cuba oder vom östlichen Jamaica kommen, sollten nur dann den Weg durch die Windwärtsdurchfahrt nehmen, wenn sie gerade eine günstige Gelegenheit haben, nach Osten zu gelangen (vgl. S. 460), und wenn sie nach einem Hafen im Norden von Kap Hattaras wollen; wollen sie nach einem Hafen im Süden von Kap Hatteras, so dürfte der Weg durch die Straße von Yucatan im Winter stets und im Sommer fast stets vorzuziehen sein.

Wenn man von der südamerikanischen Festlandküste oder von Curaçao, selbst noch von Sabanilla oder Cartagena kommt und nach einem Hafen im Norden von Kap Hatteras will, so kann man immerhin den Versuch machen, nach den Anweisungen auf S. 460 die Ostseite der Windwärtsdurchfahrt (nicht nur die Ostspitze von Jamaica) zu erreichen: man sollte aber keine Zeit damit verlieren, sollte im Passat gut voll halten, und wenn man sich auf 15° oder 16° N-Br. wesentlich nach Westen gedrängt findet, nach der Yucatanstraße abhalten. Schiffe, die von den eben bezeichneten Häfen oder von Sabanilla oder Cartagena aus nach Häfen im Süden von Kap Hatteras wollen, können zu keiner Jahreszeit besonderen Vorteil von dem Wege durch die Windwärtsdurchfahrt erwarten, sie sollten, wie alle Schiffe von Zentralamerika, Honduras, dem westlichen Teile von Jamaica und von der Südküste Cubas westlich von Kap de Cruz, ohne weiteres den Weg nach der Yucatanstraße einschlagen (vgl. S. 461). Weiterhin haben diese Schiffe dann wie die von allen Häfen am Golf von Mexiko den Weg durch die Floridastraße zu nehmen (vgl. S. 461). Auch für Schiffe von Häfen an der Nordküste Cubas gelten die dort gegebenen Anweisungen, allerdings mit dem Vorbehalt, daß es sich für Schiffe von östlichen Häfen der Nordküste Cubas nach Nordamerika, namentlich nach Häfen im Süden von Kap Hatteras, natürlich nur lohnt, aufzukreuzen, wenn man sich scheut, den nicht ganz ungefährlichen Weg durch den Alten Bahamakanal zu nehmen (vgl. S. 462 und 30. Abschnitt).

Der Weg im offenen Ozean

liegt für die Schiffe, die durch eine der östlichen Durchfahrten gekommen sind, noch teilweise im Bereiche des Nordostpassates. Man sollte diesen, solange er noch frisch ist, und soweit es die Nähe der Bahamainseln gestattet, auf ziemlich westlichen Kursen ausnutzen. Das Überschreiten der Übergangszone zum Westwindgebiet, pflegt hier keine besonderen Schwierigkeiten zu machen, da der Wind hier im Westen des Ozeans öfter als auf der Ostseite einfach durch Süd herum holt. Man sollte nun streben, in den nahen Golfstrom (vgl. 1. Abschnitt, S. 30 ff.) zu kommen und mit dessen Hilfe unter Berücksichtigung der Windverhältnisse an der amerikanischen Küste (vgl. 3. Abschnitt, S. 62) die Reise fortsetzen. Ohne besonderen Grund sollte man die Breite von Kap Hatteras nicht östlich von 73° W-Lg. überschreiten, namentlich nicht im Winter, der Zeit der vorherrschenden Nordwestwinde.

Reisedauer.

Die mittlere Reisedauer

von	nach	beträgt etwa
den Golfhäfen	New York	15 Tage,
der Nordküste Cubas	„	12 „

Reisen von der Südküste Cubas nach New York pflegen zwischen 15 und 25, von Trinidad oder den kleinen Antillen 12 bis 25 Tage in Anspruch zu nehmen. Reisen von Trinidad oder den kleinen Antillen nach Häfen im Süden von Kap Hatteras verlaufen im Durchschnitt wenig schneller als Reisen nach New York. (Siehe hierzu auch die Angaben auf S. 535.)

Dreißigster Abschnitt.

Von der Ostküste Nordamerikas nach der Nordküste von Südamerika, Westindien oder dem Golf von Mexiko.

Allgemeines.

Sehen wir zunächst von Reisen ab, die von einem Hafen im Süden von Kap Hatteras aus nach der Nordküste von Cuba oder dem Golf von Mexiko zu machen sind, so ist allen übrigen in der Überschrift bezeichneten Reisen gemeinsam, daß der erste Teil davon im Westwindgebiet, der zweite und größte Teil im Nordostpassat und der Rest des Weges, wenigstens nach gewissen Gegenden bei Küstenwinden oder bei den Winden in den eingeschlossenen Meeresteilen zurückgelegt werden muß. Es kommt bei diesen Reisen also darauf an:

1. das Westwindgebiet möglichst schnell und so zu überschreiten, daß man den Nordostpassat an einem Punkte erreicht, von dem aus man
2. im Nordostpassat auf einem möglichst kurzen Wege nach dem Bestimmungsort oder doch so steuern kann, daß man
3. bei den Küstenwinden oder bei den Winden im Inselmeer oder im Golf von Mexiko den Bestimmungsort erreicht.

Am einfachsten sind Reisen

nach der Nordküste von Südamerika und den Kleinen Antillen.

Durch das Westwindgebiet segle man — für gewöhnlich um die Nordostseite der Bermudainseln, namentlich im Sommer — nach den Anweisungen auf S. 520 ff., aber nur so weit nach Osten, daß man die Nordgrenze des Nordostpassates (deren Lage vgl. S. 524) in einer etwas östlicheren Länge erreicht, als der Bestimmungsort liegt. Um im Passat, auch wenn er ungewöhnlich schral ist, auf Backbordhalsen gut voll halten zu können, lege man im Sommer, weil dann der Passat oft eine Richtung südlich von Ost hat, den Punkt, wo man ihn ansteuern will, etwas östlicher als im Winter. Z. B. möchte es sich empfehlen, die folgenden.

Schnittpunkte nach Barbados

Schnittpunkte	Jan.	Febr.	März	April	Mai	Juni	Juli	Aug.	Sept.	Oktbr.	Nov.	Dez.
	W-Lg.	W-Lg.	W-Lg.	W-Lg.	W-Lg.	W-Lg.	W-Lg.	W-Lg.	W-Lg.	W-Lg.	W-Lg.	W-Lg.
von 30° N-Br.	60°	61°	61°	61°	59°	58°	57°	56°	56°	57°	58°	59°
der Nordgrenze d. Nordostpassates	59°	59°	59°	59°	58°	57°	57°	56°	56°	56°	57°	58°

ins Auge zu fassen und nicht ohne besondere Gründe westlich davon zu gehen. Solch ein besonderer Grund wäre z. B. ein früher einsetzender Ostwind, den man ausnutzen sollte, um das Übergangsgebiet schnell zu überschreiten. Man sollte es dann darauf ankommen lassen, daß der Passat raum genug sein oder Gelegenheit zu einem Schlage auf Steuerbordhalsen geben werde.

Über die Ansteuerung des Landes usw. vgl. den 13. Abschnitt.

Nach der Mona-, der Caicos-, der Crooked Island- und der Windwärtsdurchfahrt

ergeben sich aus dem Vorstehenden ohne Schwierigkeit die Schnittpunkte von 30° N-Br. und die Längen, in denen man je nach der Jahreszeit den Nordostpassat ansegeln sollte, und ebenso klar ist, daß man von diesen Durchfahrten eine wählen wird, die östlich vom Bestimmungsorte liegt. Zweifel kann nur darüber entstehen, welche Durchfahrt man nehmen soll, wenn man

nach Venezuela und Columbien; von La Guayra bis Sabanilla

will; denn westlichere Orte kann man immer von der Windwärtsdurchfahrt aus erreichen. Zu jeder Jahreszeit kann man La Guayra von der Anegadadurchfahrt aus und Sabanilla oder Cartagena von der Monadurchfahrt aus anhalten. Sollte man indessen diese Durchfahrten nicht ohne Darangabe von Zeit erreichen können, so nehme man

im Winter nach La Guayra die Mona-, nach Sabanilla oder Cartagena ruhig die Windwärtsdurchfahrt.

Im Sommer sollte man zwar auch nicht viel Zeit opfern, um nach La Guayra durch die Anegada-, nach Sabanilla durch die Monadurchfahrt zu gehen, man muß sich aber, wenn man im Sommer nach La Guayra durch die Mona-, nach Sabanilla durch die Windwärtsdurchfahrt gekommen ist, darauf gefaßt machen, bei passender Gelegenheit einen Schlag auf Steuerbordhalsen machen zu müssen. Gelegenheit dazu ergibt sich meistens auf dem letzten Teile der Reise in den Küstenwinden (3. Abschnitt, S. 63 ff.)

Nach dem Golf von Mexiko

nehme man stets die Windwärtsdurchfahrt, sofern man nicht die wohl etwas gefährlicheren, aber durchschnittlich weniger Zeit beanspruchenden Wege durch die Floridastraße oder durch den Providence-Kanal und die Floridastraße oder durch den Alten Bahama-Kanal nehmen will. Es kann vorkommen, daß man an der Nordgrenze des Nordostpassates östlich genug steht, um die Monadurchfahrt anhalten zu können, allein man würde damit nicht nur einen unnötigen Umweg machen, sondern man würde auch an der Südküste Haïtis beträchtlich flauere Winde haben als an der Nordküste von Haïti.

Ein Beispiel hierzu bietet sich bei Reisen der Schiffe „Roland" und „Werra", vgl. auch die Tabelle S. 541. „Roland" stand am 23. April auf $23^1/_2$° N-Br. in 69° W-Lg., hielt hier nach der Turksdurchfahrt ab und brauchte auf dem Wege durch die Windwärtsdurchfahrt bis nach 75° W-Lg. $2^3/_4$ Tage. „Werra" stand am 17. Mai in 21,7° N-Br. und 69° W-Lg., steuerte durch die Monadurchfahrt und brauchte 5 Tage bis nach 75° W-Lg., d. h. $2^1/_4$ Tag mehr als „Roland" zu einer Strecke, die in gerader Linie nur etwa 450 Sm lang sein würde. Die gewöhnliche

Durchfahrt durch die Bahama-Inseln

nach der Windwärtsdurchfahrt ist die Caicosdurchfahrt; allein im Sommer kann man darin noch kreuzen müssen, ehe man nach der Windwärtsdurchfahrt aufliegen kann, im Winter kann man auch wohl von der Crooked Island-Durchfahrt aus noch die Windwärtsdurchfahrt auf einem Schlage erreichen. Hat man Ostlänge genug, so würde es darum am sichersten sein, im Sommer die Windwärtsdurchfahrt von einer östlicheren, sie im Winter aber von keiner westlicheren als von der Caicosdurchfahrt her anzusteuern. Daß die Fahrt

durch den Alten Bahama-Kanal

eine beträchtliche Abkürzung des Weges und der Reise, namentlich nach Häfen an der Nordküste von Cuba, bedeuten würde, bedarf kaum der Erwähnung. Der Weg ist indessen nicht ganz ungefährlich (vgl. S. 462), namentlich im Winter, zur Zeit der Norder (vgl. S. 63 u. 64). Man würde, wenn man durch den Alten Bahama-Kanal gegangen ist, sich weiterhin in der Floridastraße dicht an der Nordküste von Cuba halten müssen, wo kein östlicher, sondern sogar westlicher Strom läuft, und müßte dann, wenn man nach einem Golfhafen will, von der Nordwestküste Cubas aus eine gute Gelegenheit, durch den östlichen Strom zu segeln, wahrnehmen.

Der Weg durch die Floridastraße.

Maury hält den Weg durch die Floridastraße wegen des Golfstromes mit seinen Gegen- und Unterströmungen für einen der gefährlichsten, die es gibt, sagt aber, nachdem er die Wege von der Ostküste Nordamerikas nach dem Golf von Mexiko untersucht und gefunden hat, daß die meisten Schiffe durch den Providence-Kanal und die Floridastraße gehen: „Ich sehe nicht ein, wie die Wege ohne Hilfe der Versicherungsgesellschaften zu ändern sind. Es ist sicherer, den Golf durch die Straße von Yukatan zu betreten, aber es nimmt mehr Zeit in Anspruch."

Stellen wir, um zu sehen, bis zu welchem Grade das Letzte richtig ist, Untersuchungen über die Reisedauer auf verschiedenen Wegen an, so ergeben sich nach Maury die folgenden

Mittelwerte der Reisedauer

auf dem Wege durch den Providence-Kanal und die Floridastraße, abgeleitet aus etwa 150 Reisen.

Monat	Von New-York nach 30° N-Br.			Von 30° N-Br. nach New-Orleans			Von 30° N-Br. nach Mantanzas		
	Mittel	Kurze Reisen weniger als	Lange Reisen mehr als	Mittel	Kurze Reisen weniger als	Lange Reisen mehr als	Mittel	Kurze Reisen weniger als	Lange Reisen mehr als
	Tage	Tage	Tage	Tage	Tage	Tage	Tage	Tage	Tage
Januar	6	5	7	14	10	18	12	9	15
Februar	6	5	7	12	10	14	12	7	17
März	9	5	13	11	9	13	10	7	13
April	6	5	7	16	13	19	9	8	10
Mai	7	5	9	15	10	20	15	12	18
Juni	8	—	—	15	13	17	11	9	13
Juli	11	8	14	15	—	—	14	—	—
August	10	9	11	20	17	23	13	9	17
September	5	4	6	15	14	16	13	—	—
Oktober	6	5	7	10	8	12	11	9	13
November	5	4	6	12	9	15	12	7	17
Dezember	6	5	7	15	13	17	12	9	15
Jahr *)	7	5	9	14	11	17	12	9	15

*) Da die Zahl der Reisen nicht gleichmäßig auf alle Monate des Jahres verteilt ist, so sind die für das Jahr berechneten Mittelwerte nur angenäherte und deshalb auch nur auf volle Tage gegeben.

Die meteorologischen Tagebücher der Deutschen Seewarte enthalten die folgenden Seglerreisen von Nordamerika nach dem Golf von Mexiko:

Schiff	Im Monat	Von	bis 30° N-Br. Tage	Durchfahrt	Nach	von 30° N-Br. Tage
1. „Mozart“	März	New-York	6	Providence-Kanal und Floridastraße	New-Orleans	19
2. „Elisabeth“	März	„	5	Monadurchfahrt	„	18
3. „Montrosa“	April	Kap Henry	7	Caicos- u. Windwärtsdurchfahrten	„	14
4. „Roland“	April	New-York	6	Caicos- u. Windwärtsdurchfahrten	„	28
5. „Roland“	Mai	„	5	Turk Island- u. Windwärtsdurchfahrten	„	21
6. „Werra“	Mai	„	10	Monadurchfahrt	Pensacola	30
7. „Savannah	Sept.	Tybee	3	Floridastraße	Galveston	13
8. „Titania“	Nov.	Charleston	2	Crooked Island- und Windwärtsdurchfahrten	Pensacola	23
9. „Marie Siedenburg“	Dez.	Tybee	2	Crooked Island- und Windwärtsdurchfahrten	Mobile	21
		Mittel aus 1 bis 6 =	7,	Mittel aus 2 bis 6 und 8 und 9 =		22

Die sechs deutschen Schiffe, die von nördlichen Häfen aus und durch verschiedene Durchfahrten gegangen sind, haben je nach deren Lage 30° N-Br. zwischen 66° und 72° W-Lg., im Mittel in 69° W-Lg. überschritten; die amerikanischen haben 30° N-Br. auf dem Wege nach dem Providence-Kanal meist zwischen 71° und 74° W-Lg., im Mittel in 72½° W-Lg. geschnitten, gleichwohl zeigt der Vergleich der Mittelwerte, daß die Reisedauer bis 30° N-Br. bei beiden Gruppen ungefähr gleich ist. Es scheint also bis dahin keinen wesentlichen Unterschied in der Reisedauer zu machen, ob man 30° N-Br. etwas östlicher oder etwas westlicher überschreitet. Der etwas weitere Weg nach einem östlicheren Schnittpunkte von 30° N-Br. wird im allgemeinen durch raumere Winde und günstigere Stromverhältnisse ausgeglichen. Vergleicht man nun aber die Mittel der Reisedauer auf den weiteren Wegen — die Zahl der Reisen deutscher Schiffe ist allerdings sehr klein —, so findet sich, daß die Reisen durch den Providence-Kanal und die Floridastraße im Mittel 8 Tage weniger — 14 gegen 22 — in Anspruch nehmen als die Reisen zwischen den Antillen durch. Das schwierigste Stück der Reisen liegt offenbar zwischen 30° N-Br. im Atlantischen Ozean und 25° N-Br. im Golf von Mexiko. Maury gibt leider nicht an, wie lange die amerikanischen Schiffe dazu gebraucht haben; wenn man aber von der mittleren Reisedauer der amerikanischen Schiffe von 30° im Atlantischen Ozean bis nach New Orleans 6 Tage, nämlich die mittlere Reisedauer der deutschen Schiffe von 25° N-Br. im Golf bis nach den Golfhäfen, abzieht, so erhält man einen angenäherten Mittelwert für die Reisedauer der amerikanischen Schiffe auf der oben bezeichneten, schwierigsten Strecke und damit auch die folgenden Werte.

Ungefähre mittlere Reisedauer

von 30° N-Br. im Atlantischen Ozean nach 25° N-Br. im Golf von Mexiko

auf den Wegen durch die Mona- oder die Windwärtsdurchfahrt:	auf dem Wege durch den Providence-Kanal und die Floridastraße:
16 Tage.	8 Tage.

Für dieselbe Strecke hat die Bark „Mozart“, vgl. oben, 10 Tage gebraucht und das Schiff „Savannah“, das aber um die Nordwestseite von Mantanilla-Riff in die Floridastraße hineingesegelt ist, hat von 30° N-Br. im Atlantischen Ozean bis nach 25° N-Br. im Golf 7 Tage gebraucht.

Als ganz zuverlässige Mittelwerte können bei der geringen Zahl der zum Vergleich herangezogenen Reisen durch die Mona- und durch die Windwärtsdurchfahrt die obigen Zahlen allerdings nicht angesehen werden; daß sie aber gleichwohl zum Vergleich brauchbar sind, dürfte aus dem ziemlich regelmäßigen Verlauf dieser Reisen von 30° N-Br. im Atlantischen Ozean nach 25° N-Br. im Golf hervorgehen. Zu dieser Strecke haben z. B. die fünf deutschen Schiffe, die durch die Windwärtsdurchfahrt gegangen sind, gebraucht: 11, 16, 17, 14 und 15 Tage. Diese verhältnismäßige Gleichmäßigkeit der Reisedauer erklärt sich damit, daß die Schiffe hier vorwiegend im Passat und mit raumem Winde segeln. Keine von den bezeichneten Reisen ist aber im Sommer ausgeführt worden, und es muß allerdings angenommen werden, daß die Reisen zu dieser Zeit einige Tage länger dauern, weil der Passat im Karaibischen Meere dann flauer und auf der ersten Strecke schraler ist als im Winter und auch oft durch Windstillen unterbrochen wird (vgl. „Mittlere Häufigkeit und Stärke der Winde" S. 543). Mit dieser Annahme würden bei einer auf alle Monate gleichmäßig verteilten Anzahl von Reisen die Mittelwerte noch mehr für den Weg durch die Floridastraße sprechen.

Jahreszeit, Winde und Reisedauer. Die Strecke von der amerikanischen Küste nach 30° N-Br. nimmt nach der Zusammenstellung auf S. 540 in den drei Sommermonaten Juni, Juli und August beträchtlich längere Zeit in Anspruch als zu den anderen Jahreszeiten. Die Ursache davon ergibt sich aus der Betrachtung der vorherrschenden Winde vor der Ostküste von Nordamerika (vgl. 3. Abschnitt S. 62/63 und die Monatskarten für den Nordatlantischen Ozean), wo im Winter nordwestliche und nördliche, im Sommer südliche und im allgemeinen viel leichtere Winde überwiegen. Die größten jahreszeitlichen Unterschiede der Reisedauer dürften indessen auf dem weiteren Wege in der Floridastraße entstehen.

Ziehen wir nämlich die Häufigkeit und Stärke der Winde auf dem weiteren Wege zu Rate (vgl. die Tabelle S. 543), so finden wir nach Spalte 4 im Golf von Mexiko in den drei Monaten Juni, Juli und August

66 % südöstliche und südwestliche,
15 % nordwestliche und nordöstliche Winde und
19 % Windstillen;

dagegen im Januar

40 % südöstliche und südwestliche,
54 % nordwestliche und nordöstliche Winde und
6 % Windstillen.

Die Schiffe werden also im Sommer, wo mit 66 % weit über die Hälfte aller Beobachtungen auf raume Winde entfällt, schneller von 25° N-Br. im Golf nach einem Golfhafen gelangen als im Winter, wo über die Hälfte aller Beobachtungen auf schrale Winde oder Windstillen kommen, und folglich bringen sie, wenngleich nach der Tabelle auf S. 540 die mittlere Reisedauer von 30° N-Br bis 25° N-Br. im Golfe nicht so sehr viel länger ist, im Sommer viel länger in der Floridastraße zu als im Winter. Das ergibt sich auch aus der Spalte 1 der Windtabelle, wonach im nördlichen Teile der Floridastraße und im Providence-Kanal im Juni, Juli und August nur

23 % auf nordöstliche oder nordwestliche, dagegen
62 % auf südöstliche und südwestliche Winde und
15 % auf Windstillen entfallen, während

im Dezember 60 % nordöstliche und nordwestliche,
34 % südöstliche und südwestliche Winde und nur
6 % Windstillen herrschen.

Ist nach dem Vorstehenden das Durchsegeln der Floridastraße von Norden nach Süden im Sommer auch schwieriger als im Winter, so darf man andererseits doch auch nicht vergessen, daß auf dem Wege durch die Windwärtsdurchfahrt im Sommer noch mehr Zeit gebraucht wird als im Winter; deshalb möchte sich im allgemeinen der Weg durch die Floridastraße auch in den Sommermonaten für Reisen nach dem Golf von Mexiko empfehlen. In dieser Zeit wird man sich — ohne auf Einzelheiten, als den Rahmen dieses Buches übersteigend, einzugehen — mit Vorteil oft an der Bahamaseite der Floridastraße, die dann meistens die Luvseite ist, halten und erst nach Westen steuern, wenn man die südliche Hälfte der Floridastraße erreicht hat und

Mittlere Häufigkeit und Stärke der Winde auf dem Wege durch die Floridastraße nach den Golfhäfen
(nach den neuesten amerikanischen Monatskarten).

Monat	Nördlicher Teil der Floridastraße u. Providence-Kanal					Alter Bahama-Kanal u. südöstl. Teil der Floridastraße					Südlicher Teil der Floridastraße					Im Golf vor der Westküste Floridas					Im Golf südlich der Missisippimündung				
	30°—25° N-Br. 75°—80° W-Lg.					25°—20° N-Br. 75°—80° W-Lg.					25°—20° N-Br. 80°—85° W-Lg.					25°—30° N-Br. 80°—85° W-Lg.					25°—30° N-Br. 85°—90° W-Lg.				
	NO	SO	SW	NW	Mallung u. Stillen	NO	SO	SW	NW	Mallung u. Stillen	NO	SO	SW	NW	Mallung u. Stillen	NO	SO	SW	NW	Mallung u. Stillen	NO	SO	SW	NW	Mallung u. Stillen
	% Stk.	% Stk.	% Stk.	% Stk.	%	% Stk.	% Stk.	% Stk.	% Stk.	%	% Stk.	% Stk.	% Stk.	% Stk.	%	% Stk.	% Stk.	% Stk.	% Stk.	%	% Stk.	% Stk.	% Stk.	% Stk.	%
Spalte:	1.					2.					3.					4.					5.				
Januar	30[1] 4[2]	32 4	21 4—3	12 5—4	5	56 4	28 4	—	8 4	8	40 4—3	37 4—3	7 4	9 3	7	41 4	33 4	7 4	13 4	6	33 4	33 4	7 4	21 5	6
Februar	28 4—5	35 5—4	7 4	21 4	9	54 3—4	37 4	—	—	9	67 4—5	26 3	—	—	7	39 4	41 4	12 4	—	8	32 4—5	46 4—5	7 4	7 5	8
März	28 4	36 4	7 4	21 5	8	53 4	33 4—3	—	7 5	7	34 3—4	49 3—4	—	8 3	9	32 4	40 4	7 4	13 4	8	30 4	38 4	7 4	14 4	11
April	28 4—3	30 4	20 4	14 4	8	51 3—4	30 4—3	—	8 4	11	29 3—4	48 4—3	—	14 3—4	9	25 3—4	38 3—4	7 4	20 3—4	10	17 3—4	40 4—5	22 4—3	12 4	9
Mai	22 4	33 3	19 3—4	14 4	12	35 3—4	48 3—4	—	—	17	30 3—4	50 3—4	8 3—4	—	12	25 2—4	47 3	14 4	—	14	23 4	45 4	13 4	7 5	12
Juni	11 3	35 3	25 3—4	14 3	15	27 3—4	62 3—4	—	—	11	20 3—4	65 3—4	9 2	—	6	10 3—4	51 4—3	19 3	5 3	13	12 5	41 3—4	20 3	10 3—4	17
Juli	22 3	37 3—4	22 3	6 3	13	28 3—4	61 3	—	—	11	22 2	59 2—3	7 3	—	12	13 3	47 3	22 3	—	18	6 3	38 3	27 3	6 3	23
August	16 4	38 3—4	28 4—3	—	18	28 3—4	60 4—3	—	—	12	22 4	45 2—3	15 3—4	—	18	16 3	43 3	23 3	—	18	13 3	36 3	20 3	7 3	24
September	45 3—4	36 5—3	13 3	—	6	37 2—3	54 3—4	—	—	9	33 3—4	40 3—4	15 3—4	—	12	27 3	40 3	13 3	7 3	13	45 3—4	29 3—4	12 3—4	6 2	8
Oktober	57 4	30 4	—	8 4	5	37 4—3	39 3	—	—	10	55 3—4	29 4—3	—	10 3	6	64 4	30 4—3	—	—	6	60 4	36 3	—	—	4
November	41 5—4	34 4	—	18 4	7	58 4	26 4	14 3	7 4	9	55 4	32 4	—	8 4	5	53 4	25 4	—	15 4	7	50 5	25 4—5	—	18 4	7
Dezember	37 5—4	21 5—4	13 4	23 4	6	56 4—3	30 4	—	9 5	5	44 5	34 5—4	8 4	8 4	6	38 4	26 4	15 4	15 4	6	45 4—5	27 4	6 4	17 5	5

[1]) obere Reihen: Häufigkeit der Winde in Prozenten; [2]) untere Reihen: Mittlere Stärke der Winde aus der betreffenden Richtung.

eine günstige Gelegenheit, nach Westen zu kommen, findet. Es kann sich sogar empfehlen, erst vor der Küste von Cuba, wo der Strom nicht nach Osten setzt, nach Westen zu steuern (vgl. S. 540 oben). Damit macht man natürlich einen beträchtlichen Umweg, der aber immerhin weniger zu scheuen ist als die Möglichkeit, bei schralem Winde an der Floridaseite der Straße nicht mehr auf B-B.-Halsen segeln zu können und dann auf St-B.-Halsen durch den Strom schnell nach Nord zurückgesetzt zu werden.

Hat man im Sommer 30° N-Br. weit östlich überschritten und dann keine günstige Gelegenheit, nach dem Providence-Kanal, wohl aber Gelegenheit, nach der Crooked Island- oder der Caicosdurchfahrt zu kommen, so mag es sich empfehlen, solche Gelegenheit auszunutzen, weiterhin dann aber nicht durch die Windwärtsdurchfahrt zu segeln, sondern durch den Alten Bahama-Kanal zu gehen. Die Gefährlichkeit dieses Fahrwassers erscheint durch Errichtung der Leuchtfeuer auf Punta de Matereillas und Cayo Paredon Grande an der Südseite und des Leuchtfeuers auf Lobos Cay an der Nordseite so vermindert, daß wohl kaum noch Bedenken vorliegen, bei sichtigem Wetter hindurchzusegeln. Aber auch das Durchsegeln der Floridastraße ist viel weniger gefährlich, als zu Maurys Zeiten. Und da sich auch kein Schiff scheut, mit dem Strom von Süd nach Nord durch die Floridastraße zu segeln, so ist nicht wohl einzusehen, daß gegen den Strom segelnde Schiffe größere Gefahr laufen würden.

Reiseberichte.

Durch die Caicos- und Windwärtsdurchfahrt.

Die eiserne Bark „Montrosa“, Kapt. P. von Ehren, passierte am 5. April 1895 Mittags Kap Henry. Mit flauem südlichem Winde bei hohem Barometerstand (bis 770,6 mm) erreichte man am 7. April ungefähr die Breite von Kap Hatteras in 74,5° W-Lg. Bei langsam fallendem Barometer entwickelte sich der schon am 7. April steife SSO-Wind am 8. April zum schweren Sturm (11) aus SzO, der bis zum Vormittag des 9. April anhielt und das Schiff erheblich nach NO abdrängte. Niedrigster Barometerstand 747,0 mm. Schiffsort am 9. April 0h = 37° 55′ N-Br., 71° 39′ W-Lg., Versetzung N 6° O 94 Sm in 48h. Der Wind drehte dann bis zum 11. April (33,2° N-Br., 69,8° W-Lg.) abflauend durch W nach NW bis NO 7, so daß „Montrosa“ in schneller, ununterbrochener Fahrt am 15. April die Caicosdurchfahrt und am 16. April die Windwärtsdurchfahrt erreichte. Nachdem der nordöstliche Wind am 13. und 14. April zwischen 28° und 23° N-Br. durch teilweise frische, westliche Winde unterbrochen worden war, wehte von 22,3° N-Br., 72,4° W-Lg. an ein ständiger Passat aus NO bis ONO 5. Die östlichste Länge war 69,6° W-Lg. Südlich von Cuba traf man am 17., 18. und 19. April flauen Passat, der zeitweise durch leichten südlichen und westlichen Wind unterbrochen wurde. Westlich von 79° W-Lg. setzte wieder frischer NO-Passat ein, mit dem am 22. April die Westspitze von Cuba passiert wurde und der im Golf von Mexiko bis 24° N-Br. anhielt. Mit mäßigen und flauen Winden aus SO und SW wurde am 26. April die Mississippimündung erreicht.

Vollschiff „Roland“, Kapt. Kammrad, verließ am 16. April 1897 den Hafen von New York nach New Orleans bestimmt und stand am 17. April Mittags auf 38,1° N-Br., 71,7° W-Lg. Wind nördlich 5/4; am 18. April auf 35,7° N-Br., 70,7° W-Lg., Versetzung in 24h N 30° O 32 Sm. Bei steigendem Barometer (bis 770,2 mm) ging der Wind am 18. und 19. April ganz abflauend über O nach SO und S. Am 20. April auf 33,1° N-Br., 70,8° W-Lg. setzte bei etwas fallendem Barometer ein frischer NO-Wind ein, der ohne Unterbrechung zum Passat überging und das Schiff bis zum 24. April in die Caicosdurchfahrt und am nächsten Tage in die Windwärtsdurchfahrt brachte. Südlich der Insel Cuba war der Passat vielfach flau, auch wehte der Wind zeitweise aus südlicher und westlicher Richtung bis Stärke 5. Am 4. Mai stand „Roland“ auf 20,6° N-Br., 85,4° W-Lg., am 5. Mai auf 22,2° N-Br., 86,2° W-Lg., Versetzung in 24h (in der Straße von Yucatan) N 15° O 31 Sm bei NOzO 3. Im Golf von Mexiko frischte der Passat aus O und OSO wieder auf und brachte „Roland“ bis zum Abend des 8. Mai vor die Mississippimündung.

Durch die Floridastraße. Das Vollschiff „Savannah“, Kapt. Tebelmann, passierte auf einer Reise nach Galveston die Barre bei Tybee am 22. September 1878 und segelte dann bei östlichen Winden auf Backbordhalsen, wobei am 25. September Mittags 30° N-Br. in 80,1° W-Lg. überschritten wurde. Bis hierher hatte man wenig Stromversetzung gehabt, fand sich aber am folgenden Tage, während man bei östlichem Winde weiter segelte, 47 Sm nordnordöstlich versetzt und versuchte, durch den Strom nach Osten und wohl nach der östlichen Einfahrt in den Providence-Kanal zu steuern. Als man am 28. September in 28,9° N-Br. und 77,9° W-Lg. stand und der östliche Wind bei dem Barometerstande von 762,6 mm von O auf ONO geholt hatte und stürmisch geworden war, hielt man nach der nördlichen Einfahrt in die Floridastraße. Am 29. September wurde Great Isaac-Lcht-Tm. Ost gepeilt, und man war in den letzten 24 Stunden 26 Sm nach Norden versetzt. Von Great Isaac aus segelte man bei frischem östlichen Winde und langsam fallendem Barometer an der Bahamabank nach Süden und durch die Santarenstraße. Vom 29. bis zum 30. September, wo man bei den Anguilainseln stand, hatte man 8 Sm südliche Versetzung, das Barometer erreichte hier mit 756,5 mm seinen niedrigsten Stand; man beobachtete in den folgenden Nächten zwar Blitzen in S und SW, doch hielten östliche Winde von mäßiger Stärke mit schönem Wetter an, und nachdem man dabei bis etwa quer ab von Bahia Honda-Leuchtfeuer dicht vor der Nordküste von Cuba entlang gesegelt war, wobei man ungefähr 20 Sm östlichen Strom gehabt hatte, hielt man nach Nordwesten und hatte am 2. Oktober 24° N-Br. in 84,7° W-Lg. erreicht, die Floridastraße also in 4 Tagen durchsegelt. Von 24° N-Br. und 84,7° W-Lg. erreichte man bei meist östlichem, oft sehr leichtem Winde Galveston in 6 Tagen.

Die Bark „Mozart", Kapt. Jülicher, hatte Sandy Hook am 14. März 1874 verlassen und 30° N-Br. am 20. März in 72° W-Lg. überschritten. Von hier aus steuerte sie bei östlichem Winde auf Abaco, mußte aber vom 22. an bei Mallung und leichten südlichen Winden (Bar. 757,9) kreuzen. Auch nachdem Abaco am 24. März erreicht war, mußte man im Providence-Kanal, wo westliche Winde wehten, kreuzen, bis am 26. März der Wind östlich holte. Dabei steuerte man in die Floridastraße hinein; da indessen der Wind nach Südost ging, wurde man bald von der Bahamaseite abgedrängt und befand sich am 27. März Mittags mitten in der Straße, etwa 10 Sm südlich von Kap Florida und Gun Cay, 27 Sm nördlicher als man sich gerechnet hatte. Von da an konnte man zwar auf Backbordhalsen weiter segeln, allein man hatte 2 bis 3 Sm stündlichen Strom zu überwinden. Infolgedessen stand man am 29. März erst auf 24° N-Br. in 83° W-Lg. und erst, nachdem man am 30. März die Länge der Tortugas überschritten hatte und nun bei dem inzwischen östlicher gewordenen Winde etwas Nord anholte, kam man schnell aus dem starken Strom, der das Schiff in den letzten beiden Etmalen zusammen 145 Sm zurückgesetzt hatte. Am 31. März stand man in 25,3° N-Br. und 84,7° W-Lg. Von hier aus erreichte man die Mississippimündung in 7 Tagen; während dieser Zeit hatte man am 4. April einen schweren WNW-Sturm auszuhalten, bei dem das Barometer nur auf 756 mm gefallen war, der aber gleichwohl volle 24 Stunden die Windstärke 10 hatte, sie zum Teil sogar überschritt.

Reisedauer (nach Maury) von Portland oder Boston

nach Trinidad:

mittlere Reisedauer aus 16 Reisen . . .	23 Tage,
kürzeste Reise (im April)	15 „
längste Reise (im August)	33 „

nach der Südküste von Cuba oder nach Jamaica:

mittlere Reisedauer aus 32 Reisen . . .	19 Tage,
kürzeste Reise (im Januar)	10 „
längste Reise (im Januar)	33 „

Nach Maury dauert die Reise von Portland oder Boston bis nach 30° N-Br. zwei Tage länger als von New York, Philadelphia oder Baltimore. Um Mittelwerte für Reisen von diesen Häfen zu erhalten, hätte man also von den obigen Werten 2 Tage abzuziehen.

Die Dauer der häufigsten Reisen, von New York, Philadelphia oder Baltimore nach Golfhäfen oder Häfen an der Nordküste Cubas ist bereits in den Zusammenstellungen auf S. 540 und 541 gegeben; um Mittelwerte für solche Reisen von Portland oder Boston zu erhalten, müßte man zu den Werten auf S. 540 2 Tage hinzuzählen.

Reisen, die von Häfen im Süden von Kap Hatteras aus angetreten werden, dürften je nach Lage des Abfahrtshafens etwa 3 bis 5 Tage weniger in Anspruch nehmen als Reisen, die von New York aus angetreten werden.

Eine besonders schnelle Reise von Charleston nach Matanzas hat (im Februar) nur 6 Tage in Anspruch genommen.

Einunddreißigster Abschnitt.

Vom Kap der Guten Hoffnung nach der Ostküste von Südamerika.

Allgemeines.

Solche Reisen werden erst seit den neunziger Jahren des vorigen Jahrhunderts verhältnismäßig oft und meist von Schiffen gemacht, die von ostindischen Reishäfen nach Mittel- und Südbrasilien, namentlich nach Rio de Janeiro oder Santos wollen. Diese Reisen führen im Südatlantischen Ozean durch ein Gebiet, das früher selten befahren worden ist, und dessen Windverhältnisse ziemlich unbekannt waren. Die Schiffsführer sind deshalb auch unsicher darüber gewesen, wie diese Reisen am besten zu machen seien. Die meisten Schiffe haben einen Umweg nach Norden gemacht, ohne dabei jedoch bis in den stetigen Passat zu gehen, und haben deshalb oft so unbefriedigende Windverhältnisse, vornehmlich Stillen und leichte Winde angetroffen, daß die Kapitäne wohl gemeint haben, es möchte vorteilhafter gewesen sein, auf dem kürzern Wege im Süden des Passates nach Westen zu steuern.

Nun ist eine außergewöhnlich schnelle Reise allerdings nicht ausgeschlossen auf dem kürzesten Wege, der zwischen Kap Agulhas und Kap Frio mit etwa 3300 Sm fast 400 Sm kürzer ist als der mittlere Weg, den die Schiffe nach den meteorologischen Tagebüchern der Deutschen Seewarte eingehalten haben; allein zu einer außergewöhnlich schnellen Reise müßte ein Schiff dort auch ganz außergewöhnlich günstige Verhältnisse antreffen, Verhältnisse, auf die aber nicht gerechnet werden kann, und deshalb kann zu einem Versuche, auf dem kürzesten Wege nach Kap Frio zu steuern, auch nicht geraten werden.

Solche Versuche sind der Deutschen Seewarte auch nicht bekannt; zieht man in Betracht, daß die Schiffe von Santos und Rio de Janeiro nach 20° O-Lg. auf dem kürzesten Wege im Mittel nur 23 bzw. 24 Tage brauchen — die kürzeste Reise hat nach Maury 17, die längste 32 Tage gedauert —, so muß man folgern, daß die Windverhältnisse zwar für die Fahrt von West nach Ost recht günstig, aber gerade deshalb für die Fahrt von Ost nach West auf dem kürzesten Wege recht ungünstig sind. Keinesfalls würde man rechnen dürfen, daß man auf dem Wege von Ost nach West im Süden des Passates zwischen Kap Agulhas und Kap Frio nur 3300 Sm abzusegeln haben würde, man würde vielmehr eine weit größere Meilenzahl abzulaufen haben; denn bei den gewöhnlichen Windverhältnissen an der Südgrenze des Südostpassates (vgl. S. 408 ff.) würde man bald mit nördlichen bis nordwestlichen Winden auf Steuerbordhalsen, bald mit südwestlichen bis südlichen Winden auf Backbordhalsen zu segeln haben und dabei oft lange weitab vom eigentlichen Kurse anliegen. Nun wird ja nicht mit Unrecht zugunsten der Reisen von Ost nach West im Süden des Passates angeführt, daß manches ostwärts bestimmte Schiff dort anhaltende Ostwinde gefunden habe; allein das sind Ausnahmen, die selbst für ostwärts bestimmte, im Sinne der Luftdruckschwankungen fortschreitende Schiffe nicht zwei bis drei Wochen anhalten, und die an einem westwärts steuernden Schiffe noch schneller vorüberziehen, weil es sich im entgegengesetzten Sinne fortbewegt wie die Luftdruckänderungen, mit denen diese Ostwinde zusammenhängen.

In den allermeisten Fällen dürfte also der Versuch, direkt durchzusteuern, hier, ebenso wie auf der ähnlichen Fahrt von Süd-Australien nach dem Kap der Guten Hoffnung, mißlingen und ein Schiff, wenigstens auf dem Wege nach Santos oder Rio de Janeiro, über kurz oder lang durch widrige Winde doch noch gezwungen sein, den Passat aufzusuchen. Ist man aber nach einem südlicheren Orte als Santos, namentlich nach dem La Plata oder gar Bahia Blanca bestimmt, so ist gegen einen Versuch, auf dem kürzeren Wege im Süden des Südostpassates nach Westen vorzudringen, wenig einzuwenden.

Auf den 33 Reisen, von denen die Deutsche Seewarte meteorologische Tagebücher hat, sind im Mittel die folgenden Schnittpunkte eingehalten worden:

20° O-Lg. in 35,5° S-Br.	20° W-Lg. in 18,2° S-Br.
30° S-Br. „ 11,5° O-Lg.	30° „ „ 19,1° „
0° Lg. „ 22,4° S-Br.	40° „ „ 22,6° „
10° W-Lg. „ 19,3° „	

Demnach ist der größte Teil dieses Weges in etwa 20° S-Br. zurückgelegt worden; die niedrigsten dabei aufgesuchten Breiten liegen zwischen 21,2° und 15° S-Br. Das Mittel der Reisedauer von 20° O-Lg. bis Rio de Janeiro ergibt sich zu 39,4 Tagen, davon entfallen 6,3 Tage auf die Strecke von 20° O-Lg. bis 30° S-Br. und 30,7 Tage auf die Strecke von 30° S-Br. nach 40° W-Lg. Zieht man nur die Reisen in Betracht, die von September bis Februar angetreten worden sind, so ergibt sich ihre mittlere Dauer zu 33,1 Tagen, zu 5,6 Tagen von 20° O-Lg. bis nach 30° S-Br. und zu 26 Tagen von 30° S-Br. bis nach 40° W-Lg. Frühling und Sommer sind also am günstigsten für diese Fahrt. Trotzdem erscheinen aber selbst dann die Werte der mittleren Reisedauer noch zu hoch, denn man kann mit Ausnahme der ersten Strecke auf diesen Fahrten beständig günstige Gelegenheit erwarten, gleichwohl haben aber die Schiffe zu der etwa 3000 Sm langen Strecke von 30° S-Br. nach 40° W-Lg. (vgl. oben) durchschnittlich 29,3 Tage gebraucht, d. h. in einer Gegend, wo nach der gewöhnlichen Annahme Passat herrschen sollte, nur Durchschnitts-Etmale von 102 Sm gemacht. Sie haben sogar nicht selten 8 bis 10 Tage gebraucht, um 10° Länge abzulaufen, weil sie — in manchen Fällen läßt es sich mit ziemlicher Sicherheit erkennen — nicht weit genug nach Norden gegangen waren, um einer durchstehenden Passatbrise sicher zu sein.

Allerdings haben nach den Berichten (vgl. S. 551 ff.) die nördlicher gehenden Schiffe im Vergleich zu den südlicher gehenden nicht besonders gut abgeschnitten; allein dabei ist zu bedenken, daß jene Schiffe eine nördlichere Breite nicht von vornherein, sondern erst dann aufgesucht haben, als sie auf höheren Breiten durch Gegenwind und Windstillen Aufenthalt gehabt hatten, daß dagegen die südlicher gehenden Schiffe gleich anfangs in höheren Breiten gute Gelegenheit gehabt haben. Vergleicht man dagegen zwei gleichzeitig angetretene Reisen (siehe S. 551, „Oberon“ und „Irene“), so findet sich, daß das von Anfang an einen nördlicheren Weg einschlagende Schiff seinem an sich mindestens ebenso schnellen Mitsegler fünf Tage abgewonnen hat.

Segelanweisungen.

Bei der Umsegelung des Kaps der Guten Hoffnung gehen die von Osten kommenden Schiffe gewöhnlich auf der Höhe der Algoa-Bucht in Sicht der afrikanischen Küste. Es kann aber nicht schaden, vielmehr in den meisten Fällen nur von Vorteil sein, wenn man sich der Küste schon früher nähert. Der Wind weht hier gewöhnlich nahezu aus Ost bis NNO längs der Küste oder aus dem Lande aus NW und SW; es ist also mit der Annäherung an das Land keine große Gefahr verknüpft; doch sollte man so viel Abstand davon behalten, daß man bei einem gelegentlichen Südoststurm Raum zum Treiben hat. Jedenfalls hat man näher am Lande mehr Vorteil von der Agulhasströmung; infolgedessen bewerkstelligen die von Zanzibar kommenden Schiffe, welche von Kap Santa Lucia in ungefähr 80 Sm Abstand längs der

Küste steuern, die Umsegelung auch durchweg in kürzerer Zeit, als die von Osten kommenden. Wenn man durch die angetroffene Gelegenheit sehr nördlich geführt wird, sollte man ohne Bedenken schon auf der Höhe von Port Natal unter Land gehen.

Wenn es nicht früher geschehen ist, so sollte man jedenfalls an der Südostecke Afrikas, wo die Fahrt nach Westen beginnt, die Nähe des Landes aufsuchen, damit man beim Einsetzen starker westlicher Winde, das besonders im Winter gewöhnlich hier stattfindet, möglichst weit luvwärts steht. Man gelangt damit zugleich in den Strich der stärksten Strömung, mit deren Hilfe das Weiterkommen bei Gegenwind bewerkstelligt werden muß. Der Agulhasstrom fließt von der Höhe von Kap Recife gewöhnlich in einem ziemlich schmalen Streifen längs der Kante der Agulhas-Bank bis zu deren südlichstem Vorsprunge, wo die Strömung nach Süd, SO und Ost umbiegt. Ein ähnliches Umbiegen findet überall am Außenrande des Stromes statt. Um von dem Strom nun möglichst viel Nutzen zu haben, sollte man beim Aufkreuzen gegen westliche Winde die Kante der Bank halten und sich weder zu weit südwärts, noch auch bei Südwestwind zu weit nordwärts davon entfernen. Da der Lauf des Stromes sich nicht selten etwas nach Norden oder nach Süden verschiebt, sollte man sich durch astronomische Beobachtungen möglichst oft über die tatsächlich vorhandenen Strömungsverhältnisse Auskunft verschaffen, damit der Kurs gleich geändert werden kann, wenn man aus dem günstigen Strome herausgekommen ist. Nach der Landseite hin zeichnet sich die Grenze der Strömung durch eine ziemlich starke Abnahme der Wassertemperatur ab.

Bei schweren Stürmen aus dem westlichen Halbkreise erzeugt die gegen den Wind setzende Strömung oft eine sehr hohe, steile See. Wenn diese einem Schiffe gefährlich wird, kann es sich am besten schützen, wenn es das kalte Wasser auf der Bank aufsucht, wo es zwar den günstigen Strom verliert, aber viel schlichteres Wasser findet. (Vgl. hierzu S. 246 ff.)

Auch von der Höhe von Kap Agulhas an, wo der günstige Einfluß der Strömung gewöhnlich aufhört, dürfte es zunächst noch ratsam sein, eine zu große Annäherung an die Küste zu vermeiden, damit man beim Einsetzen südwestlicher Winde, die im Winter gewöhnlich die Gelegenheit zur Fortsetzung der Reise geben, das Land beim Kap der Guten Hoffnung auf Backbordhalsen umsegeln kann. Noch mehr aber sollte man sich davor hüten, zu weit nach Süden zu kommen. Hier gerät man bald in eine starke östliche Strömung, während näher dem Lande auch westlich von 20° O-Lg. nicht selten noch westliche Versetzungen stattfinden. Auch ist zu bedenken, daß mit zunehmender Breite östliche Winde seltener, dagegen westliche anhaltender und stärker werden. Der Parallel von 36° 30′ Süd dürfte als eine den Verhältnissen angemessene Grenze zu bezeichnen sein, die man nicht nach Süden hin überschreiten sollte.

Trifft man günstigen Wind, was besonders in den Sommermonaten oft vorkommt, so kann man bei der Umsegelung des Kaps den Weg etwas abkürzen und näher am Lande entlang steuern. Eine allzu große Annäherung sollte man aber auch dann vermeiden, damit man bei den nicht seltenen, starken südlichen Winden nicht so leicht behindert wird, seinen Kurs zu verfolgen.

Wenn das Kap der Guten Hoffnung umsegelt ist, ist die Fortsetzung der Fahrt nach NW und Nord gewöhnlich leicht, da der Wind meist aus dem südwestlichen Viertel kommt, ja, im Sommer der südlichen Breiten oft schon auf der Höhe des Kaps Passat angetroffen wird. Ist der Wind schral westlich, so suche man, bei genügendem Seeraum, immer nur Nord zu machen, worauf der Wind gewöhnlich bald zu raumen beginnt. Im Winter herrschen jedoch auch im Westen des Kaps und bis über 30° S-Br. hinaus vielfach nordwestliche Winde, und ist es deshalb in dieser Jahreszeit angezeigt, jede passende Gelegenheit wahrzunehmen, um einen etwas größeren Abstand vom Lande zu gewinnen. Vgl. auch S. 504 ff.

Nach Rio de Janeiro oder Santos.

(Vgl. hierzu „Windverhältnisse im Passat“ S. 550.)

Wenn man den Passat erhalten hat, sollte man den Kurs ja nicht zu früh nach Westen ändern, weil man sonst Gefahr läuft, den günstigen Wind bald wieder zu verlieren.

Sommerweg. Im Januar, Februar und März setze man den Kurs auf St. Helena und verfolge ihn bis 24° S-Br. und etwa 4° O-Lg. Dann halte man allmählich westlicher nach 20° S-Br. und 10° W-Lg., steuere nun in 20° S-Br. nach Westen, bis die Insel Trinidad passiert ist, und steuere dann nach dem Bestimmungsplatze.

Im April kann man einen mittleren Weg nehmen, der aber näher dem Herbst- als dem Sommerwege liegen sollte.

Herbstweg. Mai, Juni und wahrscheinlich auch noch Juli erfordern den nördlichsten Weg. Man sollte sich eher östlich als westlich vom Wege nach St. Helena halten und 20° S-Br. nicht westlich von 0° Länge schneiden. Den Kurs auf St. Helena verfolge man bis 17° S-Br., steuere dann westlich über 16° S-Br. und 10° W-Lg. nach 16° S-Br. und 20° W-Lg. und von hier südlicher über 18° S-Br. und 30° W-Lg. nach dem Bestimmungsorte. Bei der Annäherung an die Küste von Brasilien bringe man sich im Mai und Juni schon vorher beinahe auf die Breite des Bestimmungsortes, da in diesen Monaten der Wind unweit der Küste oft schral südlich ist.

Im August und September setze man den Kurs anfänglich wie im Mai, Juni und Juli, schneide 20° S-Br. nicht westlich von 0° Länge und ferner 10° W-Lg. in etwa 18° S-Br., 20° W-Lg. in etwa 17,5° S-Br. und 30° W-Lg. in etwa 18° S-Br. Im August kann man sich etwas nördlicher halten, im September vielleicht etwas südlicher.

Im Oktober, November und Dezember verfolge man den Kurs auf St. Helena bis 23° S-Br. und 4° O-Lg. und schneide dann, allmählich westlicher steuernd, 0° Länge in 21° S-Br., 10° W-Lg. in 19° S-Br., 20° W-Lg. in 19° S-Br. und 30° W-Lg. in 20° S-Br.

Nach dem La Plata oder nach Bahia Blanca

nehme man entweder die soeben für Rio de Janeiro oder Santos angegebenen Wege durch den Passat, oder man versuche, an der Südseite des Hochdruckgebietes im Südatlantischen Ozean nach Westen zu kommen. Dabei dürfte es im allgemeinen nicht ratsam sein, 35° S-Br. nach Süden hin ohne besondere Gründe zu überschreiten, weil ähnlich wie im Nordatlantischen Ozean (vgl. hierzu S. 301 ff., wobei jedoch Nord statt Süd gesetzt werden muß) in niedrigen Breiten eher östlicher Wind und im allgemeinen handlicheres Wetter zu erwarten ist. Eine Ausnahme hiervon dürfte nur dann eintreten, wenn man bei nordwestlichen Winden und stark fallendem, an sich schon niedrigem Barometerstande Aussicht zu haben glaubt, auf Steuerbordhalsen an die Südseite eines vorüberziehenden Gebietes mit niedrigem Luftdruck und in die östlichen Winde dort zu gelangen. Am wenigsten Vorteil ist von einer südlichen Stellung zu erwarten, wenn man erst bis nach etwa 20° W-Lg. vorgedrungen ist; denn auf der westlichen Hälfte des Ozeans überwiegen zu jeder Jahreszeit nördliche Winde, die für ein westwärts bestimmtes Schiff im allgemeinen um so raumer sind, je nördlicher es steht.

Der größte Kreis zwischen Kap Agulhas und Kap Frio schneidet:

10° O-Lg.	in etwa 35½° S-Br.	20° W-Lg.	in etwa 31½° S-Br.
0° „	„ „ 35° „	30° „	„ „ 28° „
10° W-Lg. „	„ 33¼° „	42° „	„ „ 24° „

Wenn man nicht besondere Gründe hat, so weiche man vom größten Kreise erst nach Süden ab, wenn man 30° W-Lg. überschritten hat. Weiterhin suche man möglichst schnell den Weg der von Europa nach Südamerika bestimmten Schiffe zu erreichen (vgl. S. 365 ff.).

Nach Häfen im Norden von Kap Frio

suche man stets den Passat möglichst schnell zu erreichen. Auf Reisen nach Bahia sollte man den im 20. Abschnitt, S. 504 ff., beschriebenen Weg zu jeder Jahreszeit bis etwa nach St. Helena einhalten und erst westlich biegen, wenn man kräftigen Passat erreicht hat. Wesentlich früher mehr nach Westen zu steuern empfiehlt sich nur, wenn man dadurch eine entsprechend größere Fahrt erzielt (vgl. hierzu S. 506).

Die Windverhältnisse im Passat.

Das Passatgebiet des Südatlantischen Ozeans erstreckt sich in der Nähe der afrikanischen Küste gewöhnlich sehr weit nach Süden, im Sommer oft bis zur Breite des Kaps der Guten Hoffnung und auch im Winter nicht selten bis nach 30° S-Br. Von dort verläuft seine polare Grenze jedoch nicht in westlicher, sondern zunächst in einer fast nordwestlichen Richtung, so daß sie in 0° Länge etwa 5° bis 6° und auf der Mitte des Ozeans etwa 8° bis 9° nördlicher liegt als in 10° O-Lg. Diesen Verhältnissen muß Rechnung getragen werden. Wenn die Schiffe, wie es sehr oft geschieht, nach der Umsegelung des Kaps schon auf ziemlich hoher Breite günstigen Südostwind erhalten haben, haben sie in der Erwartung, der Wind werde durchstehen, und mit der Absicht, den Weg so viel wie möglich abzukürzen, meist zu früh westlich gesteuert; infolgedessen sind sie denn auch fast regelmäßig wieder aus dem Passat herausgelaufen, und haben sich nun längere Zeit mit Stille, Mallung und Gegenwind abmühen müssen, ehe sie weiter nach Norden in günstigen Wind gekommen sind. Solcher Aufenthalt dürfte sich vermeiden lassen, wenn man gleich von vornherein nördlich steuert. Dabei ist freilich auch in Betracht zu ziehen, daß, je nördlicher man geht, desto größer der Umweg wird. Indessen ist diese Wegverlängerung doch nicht so beträchtlich — sie beträgt für jeden Breitengrad, um den der Weg nördlicher gelegt wird, etwa 75 Sm —, als daß sie durch größere Fahrgeschwindigkeit nicht leicht wieder eingebracht werden könnte.

Auch auf die Verschiebungen der Passatgrenze im Laufe des Jahres muß Rücksicht genommen werden.

Die mittlere polare Grenze des Südostpassats schneidet:

im	10° O-Lg.	0° Länge	10° W-Lg.	20° W-Lg.	40° W-Lg.
Januar, Februar und März	in 30° S-Br.,	in 25° S-Br.,	in 22,5° S-Br.,	in 22° S-Br.,	in 23,5° S-Br.
April, Mai und Juni . . .	„ 28° „	„ 21,5° „	„ 18° „	„ 17° „	„ 21° „
Juli, August und September	„ 27° „	„ 21,5° „	„ 20° „	„ 19° „	„ 21° „
Oktober, November u. Dez.	„ 28° „	„ 23° „	„ 21,5° „	„ 21,5° „	„ 22° „

Die nach Rio de Janeiro und Santos empfohlenen Wege sind unter Berücksichtigung dieser Grenzen gewählt, sie führen ungefähr zwei Grad innerhalb der mittleren polaren Passatgrenze entlang, liegen aber nicht so nördlich, daß sie durch den Strich des frischesten und beständigsten Passats führen, der von Januar bis März meist in etwa 15° S-Br., im April und Dezember in etwa 10° S-Br. und von Mai bis November in ungefähr 5° S-Br. oder noch nördlicher gefunden wird; die Möglichkeit ist deshalb nicht ausgeschlossen, daß man infolge einer zeitweiligen nördlichen Verschiebung der Passatgrenze auch auf diesen Wegen noch eine unbefriedigende Gelegenheit antrifft. Unter solchen Umständen ist es immer ratsam, nördlicher zu gehen, es sei denn, daß der Barometerstand niedriger als 763 mm — etwa 766 mm unbeschickt — ist, in welchem Falle man voraussichtlich auch weiter im Norden nicht mehr Brise finden würde.

Im Mai und Juni, vielleicht auch in den übrigen Wintermonaten, kommt es mitunter vor, daß der Passat auf der östlichen Hälfte des Südatlantischen Ozeans gestört ist, indem der hohe Luftdruck, der unter normalen Verhältnissen hier zwischen 25° und 30° S-Br. vorhanden ist, zeitweilig verschwindet und an seine Stelle ein Gebiet niedrigen Luftdruckes tritt. Dann wehen an dessen Ostseite nördliche, im Süden östliche, im Westen südliche und im Norden, wo sonst der Passat herrscht, westliche Winde. Bei einer solchen Wetterlage, die man daran erkennt, daß man schon außerhalb der gewöhnlichen Passatgrenze östlichen Wind antrifft, der auf nordwestlichem Kurse bei fallendem Barometer an Stärke zunimmt, erscheint es nicht ratsam, den gewöhnlichen Weg zu verfolgen, vielmehr sollte man dann einen westlichen Kurs einschlagen und diesen so lange einhalten, bis der Wind südöstlich holt. Dann erst steuere man nördlicher nach den Passatbreiten. Bei dieser Gelegenheit ist es wichtig, auf das Barometer zu achten. Wenn es fällt, so ist dies ein Zeichen, daß man sich dem Minimum nähert und Gefahr läuft, in die westlichen Winde der Nordhälfte der Depression zu geraten, und daß man westlicher steuern muß, um sie zu vermeiden. Steigt das Barometer dagegen, so ist zu erwarten, daß sich die gewöhnlichen Verhältnisse bald wieder herstellen werden, indem von Westen hoher Luftdruck herannaht; dann ist ein nördlicher Kurs angezeigt, der das Schiff an dem Maximum des Hochdruckgebietes vorüber in den Bereich des wieder einsetzenden Passats führt.

Berichte von Reisen zwischen Kap Agulhas und Kap Frio.

Die beiden Barken „Oberon“ und „Irene“ standen am 3. Juni 1895 auf 29° S-Br. und 11,5° O-Lg. in Sichtweite von einander. Die „Irene“ fand, als sie gleich anfangs einen nördlicheren Weg einschlug, auf diesem so viel frischere Brise, daß sie trotz des längeren Weges ihrem Mitsegler noch Länge abgewann. Am 12. Juni stand sie 3,7° nördlicher und 1,2° westlicher als „Oberon“. Dieser Vorsprung ging indessen zunächst wieder verloren, indem eine am 13. eintretende Passatstörung auffälligerweise in nördlicherer Breite mehr Stille und Mallung brachte als in südlicherer. Am 16. Juni war „Irene“ um 2,5° Länge hinter „Oberon“ zurück. Sie brachte diesen Verlust in den folgenden Tagen mit Hilfe frischeren Windes auch nur sehr langsam wieder ein. Erst am 24. Juni stand sie mit „Oberon“ wieder auf derselben Länge, begann jetzt aber rasch vorzueilen, da sie in ihrer um 4° nördlicheren Breite von der Stille und Mallung, welche vom 23. bis zum 28. Juni auf dem Wege des „Oberon“ herrschten, fast gänzlich verschont blieb. Am 1. Juli stand „Irene“ um 4° Länge gegen „Oberon“ voraus. Dies hatte zur Folge, daß sie mit frischem Nordostwinde die Höhe von Rio de Janeiro am 2. Juli erreichte und am nächsten Tage in den Hafen kam, während der Mitsegler, noch wieder durch Stille und Mallung aufgehalten, erst 5 Tage später dorthin gelangte.

Der Verlauf der Reisen war wie folgt:

Datum:	Bark „Oberon“ Mittagsort:		Bark „Oberon“ Wind im verflossenen Etmal:	Bark „Irene“ Mittagsort:		Bark „Irene“ Wind im verflossenen Etmal:
1895 Juni 3.	29,0° S-Br.	11,8° O-Lg.		29,1° S-Br.	11,9° O-Lg.	
„ „ 4.	27,9° „	9,8° „	S 4—5,	27,7° „	10,0° „	S 4,
„ „ 5.	26,8° „	7,0° „	SSO 3,	26,1° „	7,5° „	S 4,
„ „ 6.	25,9° „	4,4° „	SO 4,	24,7° „	4,6° „	SO 5,
„ „ 7.	25,5° „	2,8° „	SO 3,	23,3° „	2,8° „	OSO 4,
„ „ 8.	24,8° „	1,0° „	Südlich 3,	22,5° „	0,9° „	OSO u. S 3,
„ „ 9.	24,4° „	0,8° W-Lg.	SO 3,	21,8° „	0,9° W-Lg.	S—SO 3,
„ „ 10.	24,2° „	2,3° „	SO 3,	21,3° „	2,7° „	SOzO 3,
„ „ 11.	23,9° „	3,8° „	OSO 3,	20,5° „	5,1° „	SO 4,
„ „ 12.	23,6° „	5,7° „	OSO 3,	19,9° „	6,9° „	SO 3—4,
„ „ 13.	23,4° „	7,5° „	O—NO 3,	19,5° „	8,2° „	OSO 3—2,
„ „ 14.	22,7° „	8,7° „	NW 3 u. WSW 3-4,	18,7° „	8,9° „	S 2,
„ „ 15.	21,9° „	11,0° „	SSW 4,	17,8° „	9,5° „	S 1 u. still,
„ „ 16.	21,4° „	13,1° „	SO 4,	17,0° „	10,8° „	SO 3,
„ „ 17.	21,1° „	14,7° „	OSO 3,	16,7° „	12,7° „	OSO 4,
„ „ 18.	20,7° „	15,9° „	OSO u. ONO 2—3,	16,5° „	14,9° „	OSO 4,
„ „ 19.	20,3° „	17,4° „	O 3,	16,3° „	17,1° „	OSO 4,
„ „ 20.	19,8° „	19,4° „	O 3—4,	16,0° „	18,9° „	OSO 4,
„ „ 21.	19,7° „	21,6° „	ONO 3–4,	16,0° „	21,1° „	O 4,
„ „ 22.	19,8° „	24,3° „	NO 4—5,	16,0° „	23,1° „	O 4,
„ „ 23.	20,0° „	25,0° „	NNW 2 u. still,	16,2° „	23,9° „	NO 2 u. still,
„ „ 24.	20,1° „	25,5° „	Mallung,	16,2° „	25,3° „	ONO 3,
„ „ 25.	19,8° „	27,2° „	NNW 2—5,	16,4° „	27,5° „	NO 4,
„ „ 26.	20,5° „	28,6° „	WNW u. WNW 2,	17,0° „	29,1° „	S 2—5,
„ „ 27.	20,7° „	28,9° „	still,	17,3° „	29,8° „	SO u. still,
„ „ 28.	20,8° „	30,2° „	still u. SO 3,	18,4° „	32,2° „	SSO 4—5,
„ „ 29.	20,8° „	31,4° „	SO 2—3,	19,8° „	34,8° „	SSO 5,
„ „ 30.	20,9° „	33,1° „	SSO 2—4,	21,3° „	36,7° „	SSO 4,
„ Juli 1.	21,3° „	34,8° „	SO 3,	22,6° „	38,7° „	SO 4,
„ „ 2.	21,8° „	36,1° „	O 3,	West von Kap Frio		NO 5,
„ „ 3	22,5° „	37,6° „	N 4—WNW 2,	in Rio de Janeiro		Westlich 2.
„ „ 4.	22,6° „	38,0° „	NW 2 u. still,			
„ „ 5.	22,9° „	39,2° „	SSW 2 u. OSO 3—4,			
„ „ 6.	23,1° „	40,2° „	Nördlich, Mallung,			
„ „ 7.	23,6° „	42,0° „	NO 2—4,			
„ „ 8.	in Rio de Janeiro		Nordöstlich 3,			

Für die Bark „Bonito“, die von Saigon kam, drehte sich der Wind schon in 29° S-Br. und 9° O-Lg. am 16. Juni 1884 von Südwest nach Südost, flaute in 24° S-Br. und 2° O-L. noch einmal zur Windstille ab, setzte dann jedoch wieder als eine frische Brise ein. Eine fernere Unterbrechung des Passats, die am 27., 28. und 29. Juni bei 20° S-Br. und 15° W-Lg. stattfand, verursachte wenig Aufenthalt, da bei dem Umlaufen des Windes durch NO, N und SW nach SO stets gute Brise blieb und der Wind nur kurze Zeit aus den westlichen Strichen wehte. Das Schiff passierte in Sicht und an der Nordseite von Trinidad. In 38° W-Lg. holte der Wind durch O nach NO und blieb aus dieser Richtung frisch bis nach Rio de Janeiro.

Die Dauer der Reise von 20° O-Lg. bis Rio de Janeiro betrug 28 Tage, und die Überfahrt über den Südatlantischen Ozean verlief günstig.

Die Bark „Kriemhild“ traf nordwestlich vom Kap der Guten Hoffung eine ziemlich ungünstige Gelegenheit, indem der Wind, wenn auch selten entgegen, doch meistens zu flau war, sie gebrauchte infolgedessen 19 Tage, um von 20° nach 0° O-Lg. zu kommen. Den Passat erhielt sie am 25. Juni 1886 in 21° S-Br. und 6° O-Lg. Er wehte zunächst frisch und stetig; westlich von 20° W-Lg. trat jedoch, obschon das Schiff in einer ziemlich niedrigen Breite stand, eine Unterbrechung durch Mallung und Stille ein, und auch später blieb die Brise meistens flau. Westlich von 36° W-Lg. entstand am 17. Juli noch wieder längerer Aufenthalt durch einen plötzlich hart einsetzenden pamperoartigen Südwestwind, dem anhaltende, allmählich abflauende Brise aus derselben Richtung folgte.

Die Dauer der Reise von 20° O-Lg. bis Rio de Janeiro betrug 45 Tage.

Für die Bark „Birma“ begann der Passat am 7. September 1894 in 28,5° S-Br. und 9° O-Lg., von 27° S-Br. und 1° O-Lg. bis 22,5° S-Br. und 9° W-Lg. war der Wind aber wieder westlich und meistens flau; weiterhin in 21° bis 22° S-Br. wehte frischer Passat, der westlich von 25° W-Lg. eine nordöstliche Richtung annahm.

Reisedauer von 20° O-Lg. bis Rio de Janeiro 29 Tage.

Das Schiff „Wega“ erhielt den Passat am 17. September 1894 in 28° S-Br. und 10° O-Lg. und behielt gute Brise bis 21° W-Lg., obschon das Schiff kaum über 22° S-Br. hinausging. Als hier der Wind flauer wurde, hielt „Wega“ etwas nördlicher. Westlich von 35° W-Lg. wehte der Wind frisch aus Ost bis NO.

Dauer der Reise von 20° O-Lg. bis Rio de Janeiro 26 Tage; dies ist nach den bisherigen Berichten die kürzeste Überfahrt, die Dauer der ganzen Reise von Rangoon betrug nur 83 Tage.

Für die Bark „Lilla“ setzte der Passat am 20. Dezember 1895 auf 26,6° S-Br. und 5° O-Lg. ein, war aber sehr flau, insbesondere zwischen 13° und 18° W-Lg. und zwischen 30° W-Lg. und der Küste.

Reisedauer von 20° O-Lg. bis Santos 39 Tage.

Für die Bark „Aurora“ begann der Passat am 26. Februar 1893 in 29° S-Br. und 5° O-Lg., war aber von 25° S-Br. und 1° W-Lg. bis 23,5° S-Br. und 2° W-Lg. wieder durch mehrtägige Stille und westliche flaue Winde unterbrochen und wehte auch später meist nur flau, obschon das Schiff nordwärts über 20° S-Br. hinausging.

Reisedauer von 20° O-Lg. bis Rio de Janeiro 36 Tage.

Der frische südöstliche Wind, mit welchem „Anna Schwalbe“ die Länge von Kap Agulhas überschritt, hielt bis nach 2° W-Lg. in 22° S-Br. an. Nach dreitägiger Unterbrechung durch sehr flaue, meist westliche Brise, bei welcher die Bark weiter nach Norden zu gelangen suchte, erhielt sie am 22. Mai 1896 in 19,5° S-Br. und 4° W-Lg. den Wind von neuem südöstlich, doch blieb dieser, obgleich eine verhältnismäßig niedrige Breite angesteuert wurde, nur sehr flau, und am 28. Mai begann wieder eine dieses Mal sehr lange anhaltende Unterbrechung des Passats durch Windstille und westliche Mallung. In den 11 Tagen vom 28. Mai bis zum 8. Juni konnte die Bark infolgedessen nur 7° Länge gutmachen, von 14,3° W-Lg. in 15,7° S-Br. bis 21,7° W-Lg. in 14,9° S-Br. Auch auf der allerletzten Strecke wurde die Fahrt noch wieder durch südwestliche Winde und Stille verzögert.

Dauer der Reise von 20° O-Lg. bis Santos 45 Tage.

Die Bark „Fürst Bismarck“ erhielt südöstlichen Wind, wie „Anna Schwalbe“, schon östlich von Kap Agulhas, verlor ihn aber wieder am 21. Mai 1896 in 28° S-Br. und 9° O-Lg. und hatte dann, mit kurzen Unterbrechungen durch südöstliche Winde, anhaltende leichte Brise aus West und NW und Stille. Um von da nach 17,8° S-Br. und 1° W-Lg. zu kommen, brauchte das Schiff 15 Tage. Später traf es bis etwa 40° W-Lg. in dem vorherrschenden südöstlichen Winde eine einigermaßen befriedigende Gelegenheit. Der Rest der Reise wurde aber wieder durch Windstille verzögert. Als niedrigste Breite wurde angesegelt: 16,4° S-Br. in 15° W-Lg.

Dauer der Reise von 20° O-Lg. bis Rio de Janeiro 43 Tage.

Reisedauer. (Vgl. auch S. 547.)

Dauer und Verlauf von Segelschiffsreisen in den Jahren 1884 bis 1899 vom Kap der Guten Hoffnung nach Brasilien.

Das Schiff Nr. des met. Tagebuchs	schnitt 20° O-Lg. in S-Br.	Bis 30° S-Br. in O-Lg.	Tage	Bis 0° Länge in S-Br.	Tage	Bis 10° W-Lg in S-Br.	Tage	Bis 20° W-Lg. in S-Br.	Tage	Bis 30° W-Lg. in S-Br.	Tage	Bis 40° W-Lg. in S-Br.	Tage	Bis zum Hafen	Tage	Reisedauer von 20° O-Lg. Tage
S.	Mai															
5168	35,1°	12,5°	4	22,0°	9	17,6°	6	15,6°	5	14,4°	6	—	—	Bahia	6	37
4243	35,0°	12,8°	5	22,6°	6	17,8°	9	17,9°	3	18,9°	5	21,8°	6	Rio d. J.	6	40
3907	35,0°	11,0°	9	22,5°	8	19,0°	5	18,7°	4	18,9°	4	22,8°	5	Santos	3	38
4716	35,6°	12,4°	3	23,0°	5	16,3°	8	15,0°	11	16,2°	6	22,1°	6	„	6	45
4604	35,1°	11,8°	3	18,1°	16	16,7°	6	16,5°	5	18,5°	4	22,4°	6	Rio d. J.	3	43
4542	35,4°	11,8°	8	24,4°	5	22,3°	4	18,1°	7	19,4°	4	22,9°	5	„	1	34
4463	36,0°	12,4°	8	24,5°	7	22,2°	6	19,7°	5	20,8°	8	23,1°	8	„	2	44
4366	35,0°	12,4°	7	22,1°	6	17,5°	7	16,0°	5	17,3°	7	22,0°	5	„	1	38
	Juni															
2156	35,2°	10,5°	6	21,5°	6	19,9°	4	19,3°	4	20,4°	3	22,7°	4	„	1	28
2657	35,3°	12,4°	7	19,3°	12	18,6°	3	18,6°	5	18,3°	8	22,8°	7	„	3	45
4018	34,8°	8,5°	4	22,7°	10	22,9°	4	21,2°	10	22,6°	7	23,2°	4	„	1	40
4329	35,7°	13,0°	8	22,5°	8	19,8°	7	17,4°	5	18,1°	4	22,1°	4	„	2	38
„Este“	35,8°	8,9°	10	23,5°	5	19,4°	5	18,4°	6	20,4°	9	23,2°	8	„	3	46
4515	35,2°	11,4°	5	22,9°	6	19,1°	6	18,8°	5	20,8°	6	23,1°	8	„	1	37
4597	37,3°	9,5°	6	23,1°	7	17,4°	9	17,7°	4	17,7°	7	22,4°	5	Santos	5	43
4647	35,9°	13,5°	6	22,6°	7	20,8°	4	19,8°	5	19,3°	5	22,6°	8	Rio d. J.	5	40
	Juli															
4922	35,5°	8,8°	8	27,5°	5	20,3°	6	19,4°	3	20,3°	5	22,7°	6	Ilha Grande	1	34
	Aug.															
5256	35,4°	12,8°	12	25,3°	6	23,6°	6	22,7°	8	21,1°	7	—	6	Rio d. J.	4	49
5340	35,2°	15,7°	8	20,3°	15	20,1°	4	19,1°	4	19,9°	5	—	4	„	3	42
5470	35,0°	15,1°	3	22,3°	6	20,6°	6	20,2°	9	20,3°	5	22,8°	5	„	5	39
	Sept.															
4257	35,3°	13,0°	4	25,8°	6	22,4°	6	21,8°	3	22,6°	3	23,0°	6	„	1	29
4256	35,4°	13,3°	5	24,3°	4	22,5°	3	21,8°	4	20,8°	4	22,4°	4	„	2	26
3150	35,2°	12,5°	7	25,0°	6	22,6°	7	20,8°	8	22,1°	7	23,0°	4	„	1	40
	Oktbr.															
4970	35,5°	14,7°	4	23,6°	5	22,6°	3	22,8°	4	22,2°	7	23,4°	6	„	2	31
	Nov.															
4254	35,9°	9,3°	5	24,4°	5	23,3°	3	22,4°	6	21,9°	5	21,8°	6	„	2	32
5214	35,4°	10,0°	6	23,5°	5	18,6°	7	18,6°	4	23,7°	5	23,0°	5	„	1	33
	Dez.															
4372	35,2°	10,0°	6	23,7°	4	19,0°	6	19,1°	8	20,0°	5	22,6°	6	Santos	4	39
3356	35,7°	9,0°	5	23,9°	7	22,3°	5	21,8°	5	21,2°	5	23,0°	5	Rio d. J.	1	33
4813	35,4°	9,6°	4	24,8°	5	20,0°	9	20,0°	3	20,2°	7	23,0°	5	„	3	36
	Febr.															
4273	35,1°	7,7°	7	25,5°	4	20,0°	8	19,6°	4	20,3°	4	23,1°	7	„	2	36
	April															
4943	35,3°	13,0°	5	18,8°	8	16,5°	5	16,2°	3	18,5°	8	24,0°	8	Ilha Grande	1	38
5059	35,5°	11,1°	6	19,3°	7	16,1°	4	16,1°	4	18,2°	4	23,0°	5	„	1	31
5096	35,0°	11,0°	7	28,7°	5	25,3°	7	23,3°	7	24,2°	6	—	—	Santos	?	—

Zweiunddreißigster Abschnitt.

Von der Ostküste Südamerikas nach Südafrika oder dem Indischen Ozean.

Allgemeines.

Auf diesen Reisen wird die Ostlänge im Westwindgebiet des Südatlantischen Ozeans zurückgelegt, und wenn man beim Antritt der Reise noch nicht im Westwindgebiet steht, so muß man es möglichst schnell zu erreichen suchen. Das geschieht von Häfen aus, die noch im Bereich des Südostpassates liegen, natürlich zunächst, indem man auf Backbordhalsen nach Süden segelt, und solche Reisen fallen dann mit der betreffenden Strecke der Wege von der Linie nach Südafrika oder dem Indischen Ozean zusammen (vgl. 16. Abschnitt, S. 395 ff.). Der Umstand, daß die Schiffe, die von Brasilien kommen, im Passat durchschnittlich um einige Grade westlicher stehen als die, die von der Linie kommen, hat für den weiteren Verlauf der Reise keine andere Bedeutung, als daß sie etwas mehr Ostlänge abzulaufen haben.

Auch Schiffe, die von Rio de Janeiro oder Santos kommen und beim Reiseantritt zwar nicht mehr im Passat, aber doch auch noch nicht im Westwindgebiet stehen, müssen zunächst mehr Wert darauf legen, dieses zu erreichen als nach Osten zu kommen, und sollten jedenfalls danach streben, sich südlich vom größten Kreise (vgl. S. 549) zu halten, weil dieser schon unter gewöhnlichen Umständen so nahe an dem Hochdruckgebiet auf der Mitte des Südatlantischen Ozeans entlang führt, daß hier kaum so frische westliche Winde erwartet werden können, wie für eine schnelle Reise nach Osten wünschenswert sind, und weil, namentlich wenn sich das südatlantische Hochdruckgebiet nach Süden verschiebt, die Schiffe auf dem größten Kreise zwischen Kap Frio und Kap Agulhas leicht so weit nördlich gedrängt werden, daß ihnen nichts anderes übrig bleibt, als bei dann eintretenden südöstlichen Winden längere Zeit auf Backbordhalsen zu segeln und damit doch noch einen Umweg zu machen.

Die Schiffe, die vom La Plata-Flusse nach Kapstadt wollen, können im allgemeinen

den größten Kreis vom La Plata nach Kapstadt einhalten. Er schneidet:

50° W-Lg. in	36,2° S-Br.	20° W-Lg. in	40,3° S-Br.
40° „ „	38,4° „	10° „ „	39,9° „
30° „ „	39,8° „	0° „ „	38,6° „

10° O-Lg. in 36,5° S-Br. und ist (von Montevideo bis Kapstadt gerechnet) 3603 Sm lang.

Wollen die Schiffe nach dem Indischen Ozean, so sollten sie sich weniger an den größten Kreis halten als an die Ausführungen im 16. Abschnitt, S. 400 ff. Die Angaben im 16. Abschnitt sind im allgemeinen für alle Schiffe maßgebend, die vom La Plata oder einem Orte im Norden davon nach Osten wollen, es bleiben mithin nur die folgenden Reisen zu besprechen.

Von Kap Horn nach dem Kaplande oder dem Indischen Ozean.

(Wind-, Wetter-, Eis- oder Stromverhältnisse auf diesen Reisen vgl. 16. und 19. Abschnitt.)

Diese Reisen werden am häufigsten von Schiffen gemacht, die von den Westküsten Amerikas kommen und nach dem Kaplande oder noch weiter nach Osten wollen. Merkwürdigerweise ist bei der Deutschen Seewarte, wenigstens seit 1897, kein einziges meteorologisches Tagebuch eingegangen mit einer Reise nach Kapstadt, die von Australien her durch den Stillen Ozean gemacht worden ist, obschon von allen Plätzen Australiens, die östlich vom Meridian von Kap Otway liegen, die Reise nach Kapstadt auf dem Wege ostum durchschnittlich schneller gemacht werden würde als auf dem Wege durch den Indischen Ozean, und obwohl selbst vom Golf von St. Vincent oder vom Spencer Golf, falls die Reise von Ende März bis Ende August angetreten wird, der Weg ostum trotz seiner größeren Länge wahrscheinlich in kürzerer Zeit zurückgelegt würde [1]).

Die Wege, die deutsche Schiffe auf Reisen von Kap Horn nach dem Kaplande oder dem Indischen Ozean eingehalten haben, verteilen sich auf einen breiten Streifen. Einzelne Schiffe sind so südlich gedrängt worden, daß sie annähernd den größten Kreis eingehalten haben — ein Schiff hat 50° W-Lg. sogar in 56,8° S-Br. geschnitten —, andere haben so nördliche Wege eingeschlagen, daß sie unter gewöhnlichen Verhältnissen nicht nötige Umwege gemacht haben. Solche sehr südlichen oder sehr nördlichen Wege können nicht empfohlen werden, am wenigsten die sehr südlichen, weil die Schiffe dort sehr großen Gefahren durch Eis (vgl. S. 413 ff. u. 488 ff.) ausgesetzt und die Windverhältnisse sehr weit im Süden im allgemeinen eher ungünstiger sind als weiter im Norden. Die sehr südlichen oder sehr nördlichen Wege sind auch weniger freiwillig als im Drange der gerade angetroffenen Windverhältnisse genommen worden; allein es dürften sich, auch wenn die Verhältnisse dazu zu drängen scheinen, gar zu große Abweichungen vom mittleren Wege vermeiden lassen. Anstatt z. B. in hohen Breiten östlich von Kap Horn bei nordöstlichem Winde unentwegt auf Backbordhalsen nach Osten zu segeln, wird man oft besser tun, zu wenden und auf Steuerbordhalsen den günstigen Winden entgegen zu laufen (vgl. hierzu S. 476). Vom mittleren Wege nach Norden hin abzuweichen, wenn die Windverhältnisse dazu drängen, scheint weniger bedenklich, so lange man sich nicht vorzeitig über 40° S-Br. hinaus nach Norden drängen läßt.

Der mittlere Weg der deutschen Schiffe von Kap Horn nach dem Kap der Guten Hoffnung,

etwa über	50°	W-Lg.	in 51°	S-Br.,	
	30°	„	„ 45°	„	und
	0°	„	„ 40°	„	

führt annähernd auf der mittleren Treibeisgrenze entlang, wo Eis verhältnismäßig selten vorkommt (vgl. S. 496/497), es dürfte sich deshalb wohl empfehlen, die obigen Schnittpunkte als Anhalt ins Auge zu fassen, im übrigen sollte man aber den gerade herrschenden Wind- und Eisverhältnissen weitgehend Rechnung tragen; denn viel mehr als auf einen bestimmten Weg, gleichviel ob

---

[1]) Unter den meteorologischen Tagebüchern der Deutschen Seewarte finden sich die folgenden, auf dem Wege um Kap Leeuwin zurückgelegten Reisen:

S. 5835	von	Melbourne	im	Mai	= 88	Tage nach Kapstadt
„ 5984	„	Sydney	„	Januar	= 67	„ „ „
„ 6207	„	Hobart	„	März	= 90	„ „ „

Dagegen ist die mittlere Reisedauer von Kap Otway nach Diego Ramirez = 41 Tage,
„ Diego Ramirez nach Kapstadt = 26 „
Sa. 67 Tage.

S. 5984 hätte also trotz seiner durch außergewöhnlich günstige Windverhältnisse außerordentlich begünstigten Reise Aussicht gehabt, die Reise nach Kapstadt auf dem Wege ostum bei mittleren Verhältnissen in derselben, bei günstigen in kürzerer Zeit zurückzulegen. Daß S. 5835 und S. 6207 (soweit Reisedauer in Frage kommt) bei einem Reiseantritt im Mai von Melbourne, von Hobart gleichviel wann, nicht die richtigen Wege gewählt haben, liegt auf der Hand.

man ein paar Meilen mehr oder weniger zurückzulegen hat, kommt hier auf die volle Ausnutzung der jeweiligen Windverhältnisse an. Daß recht gute Reisen sowohl auf südlicheren wie auf nördlicheren Wegen gemacht werden, geht aus der folgenden Zusammenstellung hervor.

Reisedauer.

Dauer und Verlauf der Reisen deutscher Schiffe, 1897 bis 1908.

Das Schiff: Nr. des meteorol. Tageb.	Das Schiff: passierte Diego Ramirez	Tage	Bis 50° W-Lg. in S-Br.	Bis 50° W-Lg. Tage	Bis 30° W-Lg. in S-Br.	Bis 30° W-Lg. Tage	Bis 0° Länge in S-Br.	Bis 0° Länge Tage	Bis 20° O-Lg. in S-Br.	Gesamt-dauer	Bemerkungen
6677	Januar	3	52,1°	5	45,9°	8	41,5°	7	Kapstadt	23	
6641	"	4	53,7°	5	49,0°	6	47,0°	6	45,7°	21	nach Rangoon
6736	Februar	5	50,0°	5	42,9°	8	38,0°	5	Kapstadt	23	
6273	"	4	52,2°	6	48,3°	—	—	15	"	25	
6049	März	4	52,1°	5	46,8°	7	43,3°	7	41,3°	23	n. Durban } passierten Diego Ramirez gleichzeitig
5974	"	4	54,0°	5	46,8°	10	37,6°	7	Kapstadt	26	viel Eis } passierten Diego Ramirez gleichzeitig
5614	"	5	50,4°	—	—	12	43,3°	7	43,0°	24	nach Mauritius
5096	April	4	51,3°	9	41,7°	8	38,2°	7	Kapstadt	28	
6800	"	6	50,8°	6	41,8°	9	35,9°	10	"	31	
4876	Juli	8	47,8°	6	41,5°	8	37,5°	6	"	28	
4861	August	4	47,5°	5	41,2°	8	39,7°	5	38,0°	22	nach Port Elizabeth
6436	"	3	53,0°	7	53,3°	5	39,0°	12	Kapstadt	27	
6079	Oktober	4	56,8°	9	52,2°	12	43,2°	5	41,9°	30	n. Durban, sehr viel Eis
4858	"	7	48,8°	5	44,9°	9	41,2°	6	39,0°	27	nach Port Natal
6473	Novemb.	4	52,1°	9	43,4°	10	37,7°	8	Kapstadt	31	
6552	Dezemb.	6	49,8°	8	43,3°	6	39,7°	7	"	27	
Mittelwerte:		5	51,5°	6	44,9°	8	40,2°	7	—	26	

Meteorologisches Tagebuch Nr.	Abfahrts-ort	Tage	Bis 40° W-Lg. in S-Br.	Bis 40° W-Lg. Tage	Bis 20° W-Lg. in S-Br.	Bis 20° W-Lg. Tage	Bis 0° Länge in S-Br.	Bis 0° Länge Tage	Bis 20° O-Lg. in S-Br.	Gesamt-dauer	Bemerkungen
4704	Rio d. J.	7	31,0°	13	34,4°	12	35,2°	8	Kapstadt	40	
5601	La Plata	4	38,8°	8	36,6°	5	36,3°	7	"	24	
5577	"	4	39,3°	5	38,0°	6	38,3°	8	38,6°	23	nach Port Natal
6036	"	6	40,8°	6	41,7°	5	43,5°	9	Kapstadt	26	
5494	"	4	40,0°	7	40,5°	6	41,0°	6	"	23	

Die mittlere Reisedauer vom La Plata-Flusse nach dem Meridian von Kap Agulhas oder nach Kapstadt beträgt etwa 24 Tage; die mittlere Reisedauer von Rio de Janeiro oder Santos nach dem Meridian von Kap Agulhas nach Maury (vgl. S. 546) 23 bzw. 24 Tage; die kürzeste Reise wurde in 17, die längste Reise in 32 Tagen ausgeführt.

Namen- und Sachverzeichnis.

(Die Zahlen geben die Seiten an.)

STROMGRENZEN, EISGREN

in der Umgebung d

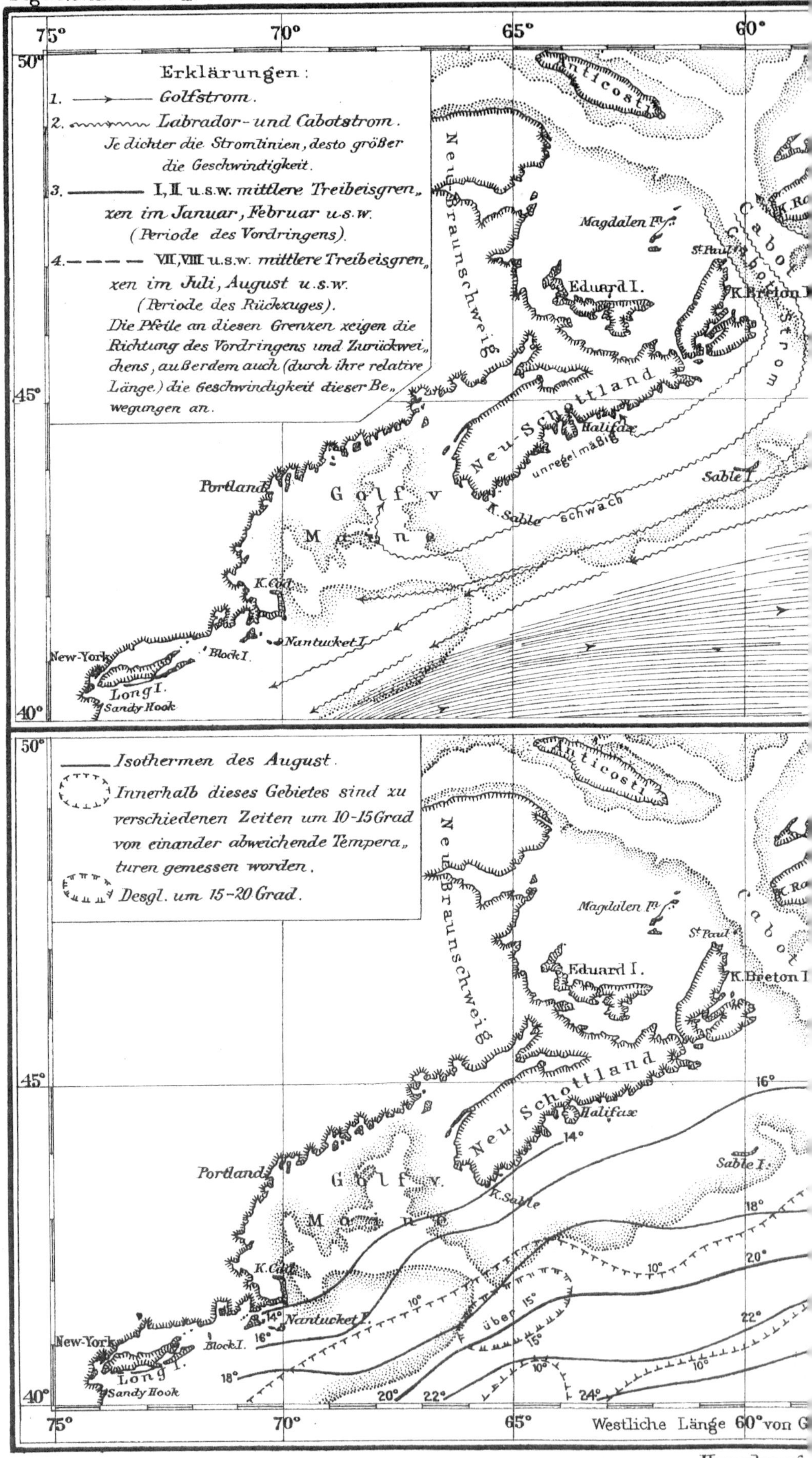

UND WASSERTEMPERATUR
ufundland - Bank.

Tafel I.

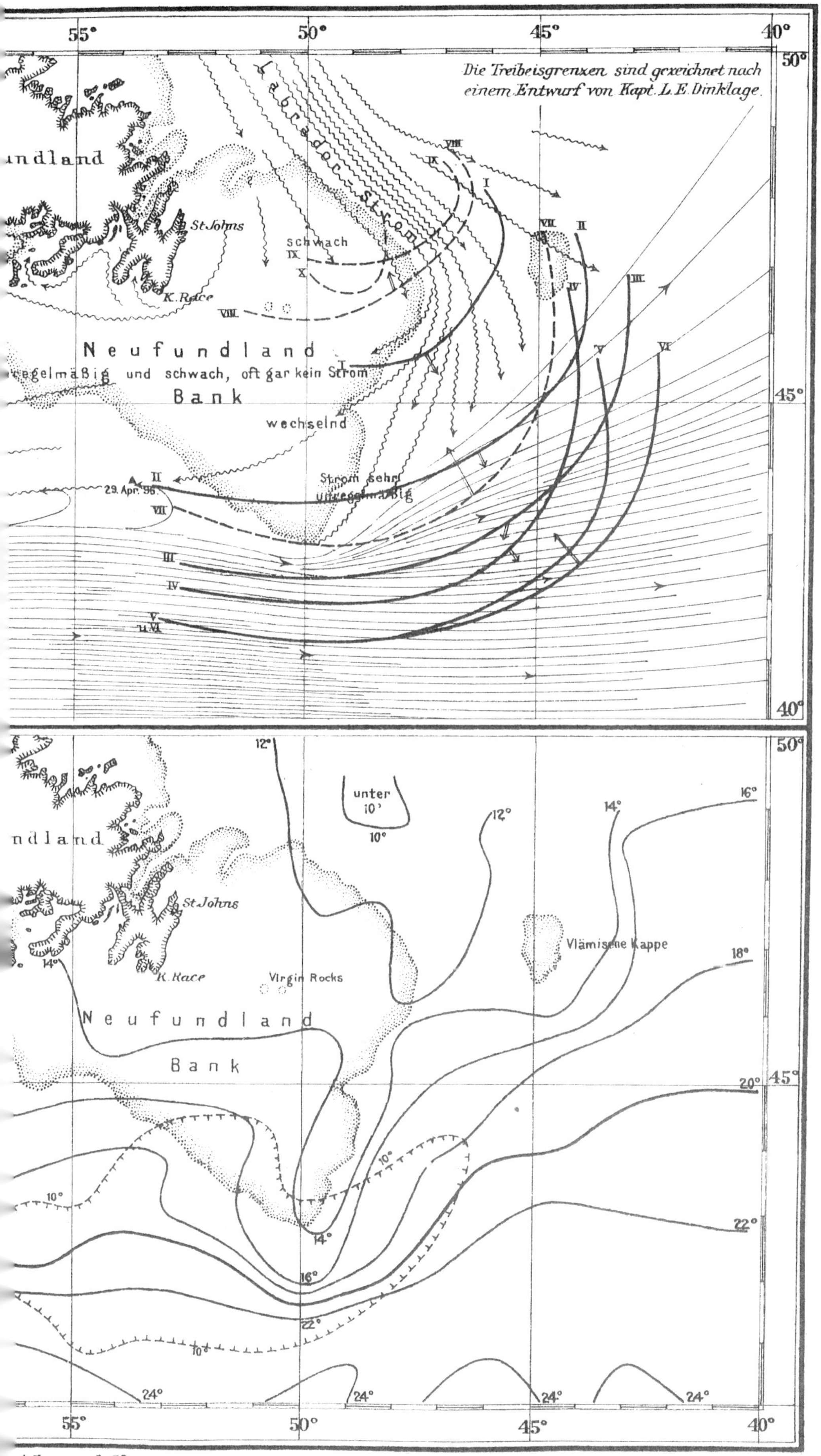

ichsen & C°

Segelhandbuch f.d. Atlant. Ozean. 3. Auflage

Die Staubfälle im Passatgeb

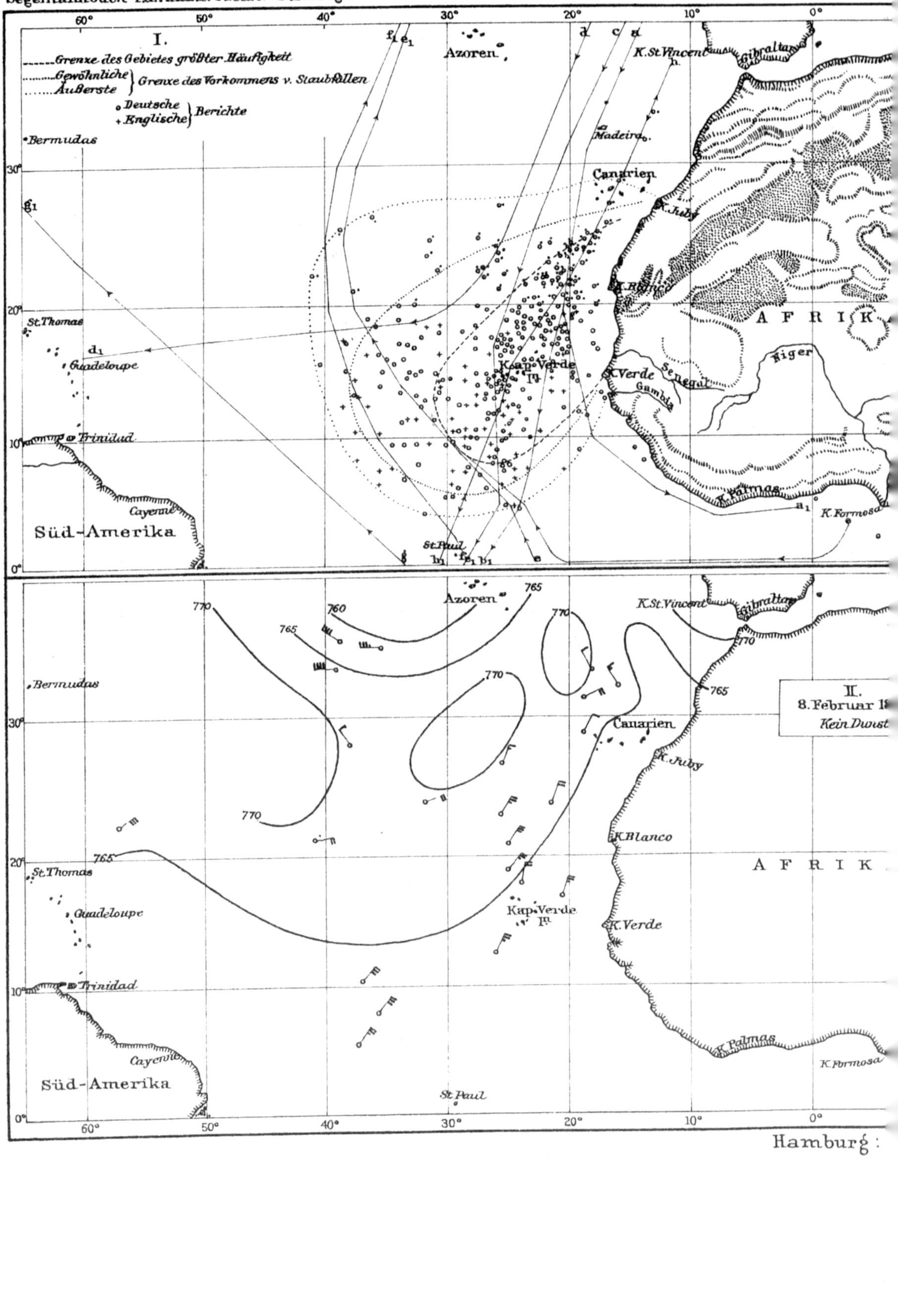

Hamburg:

Nordatlantischen Ozeans. **Tafel II.**

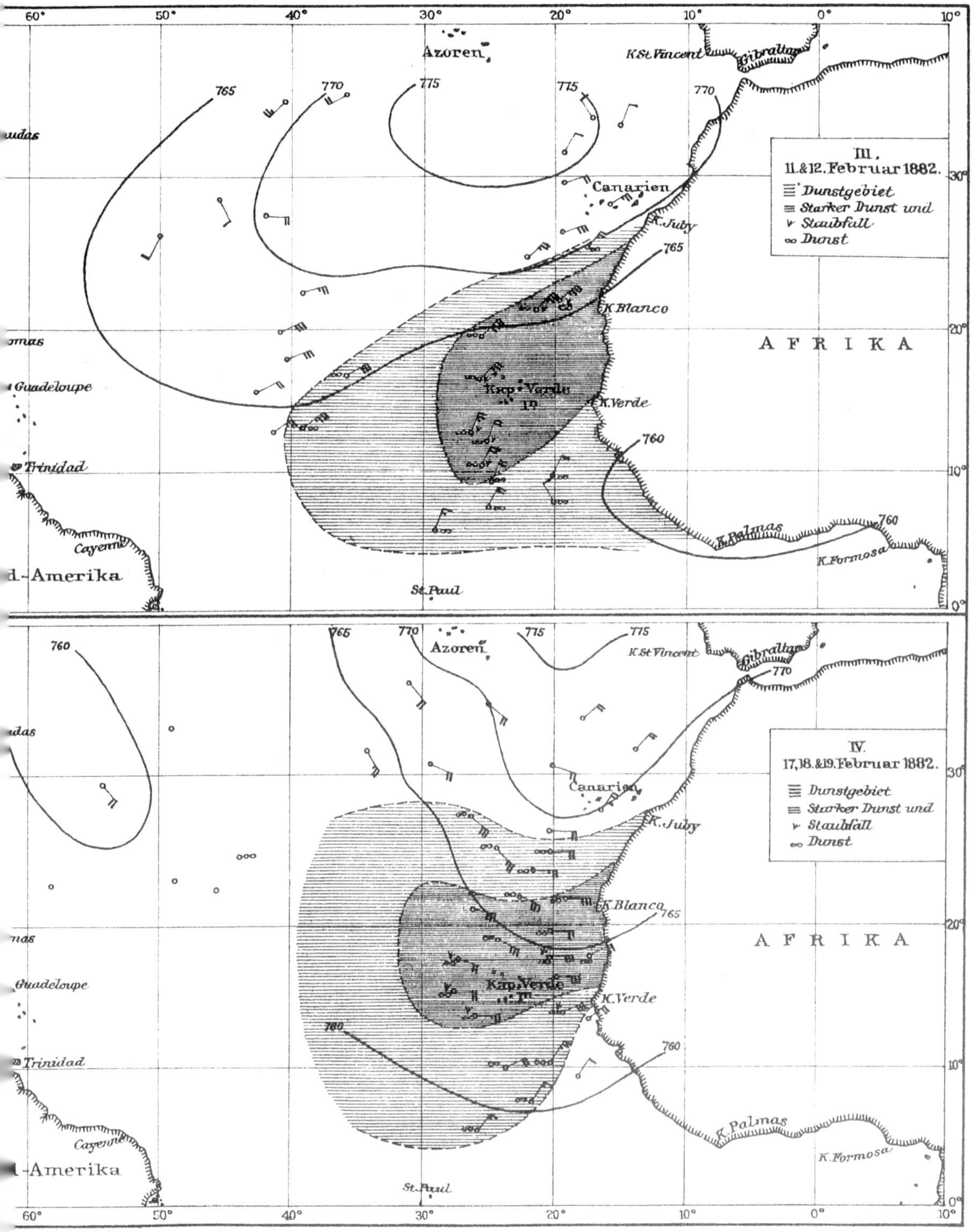

hsen & C°

STURMWAR

im Bereiche de

RUSZLAND

Tagsignale — *Nachtsignale*

- starke Winde aus NW über NO bis SO
- starke Winde aus SO über SW bis NW
- sehr starke Winde aus NW über NO bis SO
- sehr starke Winde aus SO über SW bis NW

SCHWEDEN

nur Tagsignale

- starker Wind aus N bis O (Stärke 7-9)
- starker Wind aus S bis W
- Sturm aus N bis O (10-12)
- Sturm aus S bis W
- starker Wind (ohne Richtungsangabe)
- Sturm

NORWEGEN

Tagsignale — *Nachtsignale*

- Sturm ohne Angabe der Richtung
- Sturm aus NW
- Sturm aus SW
- Sturm aus NO
- Sturm aus SO
- rechtdrehend (N-O-S-W)
- zurückdrehend (N-W-S-O)

Nachtsignal in Drontheim: 1)

Nachtsignale in anderen Orten:

- Sturm aus NW
- Sturm aus SW
- aus NO
- aus SO

DÄNEMARK UND DEUTSCHLAND

Tagsignale

- Sturm aus NW
- Sturm aus SW
- Sturm aus NO
- Sturm aus SO
- Atmosphärische Störung
- rechtdrehend (N-O-S-W)
- zurückdrehend (N-W-S-O)

Nachtsignal:

HOLLAND

Tagsignale

- Sturm aus NW
- Sturm aus SW
- Sturm aus NO
- Sturm aus SO
- Achtung!
- rechtdrehend (N-O-S-W)
- zurückdrehend (N-W-S-O)

Nachtsignal:

B

- Sturm aus den nörd
- Sturm aus den süd

FRA

- starke Winde aus n
- starke Winde aus s
- Sturm aus nördlich
- Sturm aus südliche

GROSZBRITA

Tagsignale

- Sturm oder starker W
- Sturm oder starker W

S

1. Vigo (*nur Tagsignale*

- Maximum und Wind
- Minimum und Winde
- schnelles Steigen de frische Wind
- sehr tiefer Baromete aus Süd bis
- normaler Barometer
- über einem der Signale } Observator Herannahe
- unter einem der Signale } heftige Bar starke Win angezeigten

2. Santander

Tagsignal: *Nach*

PORTUGAL, AZ

Tagsignale

- Sturm oder starker W
- Sturm oder starker W

IT

Tagsignale

- Stürmische Winde
- Stürmische Winde
- Stürmische Winde

1) Die Farbe dieser 8 Lichter ist nicht bekannt gegeben. 2) Die je 3 Lichter müssen von gleicher Farbe

·GS-SIGNALE

·schen Ozeans

N

Quadranten

Quadranten

ICH

·chtung (NW-N-SO)

·htung (SO-S-NW)

ung

·ng

UND IRLAND

Nachtsignale

nördl. Richtung (NW-N-SO) 2)

südl. Richtung (SO-S-NW)

N

·ord bis Ost

über West bis Nord

·eters und

·ord

· starke Winde

·ränderliche Winde

· York meldet das

·lonischen Sturmes

·vankungen und sehr

· durch das Signal

·s elektrisches Feuer

·ND MADEIRA

Nachtsignale

· über N bis SO

über S bis NW

Nachtsignale

·chtungsangabe

·rdl. Quadranten

·l. Quadranten

·d meistens rot.

CANADA

Tagsignale

stürmischer Wind

schwerer Sturm

stürmischer Wind

schwerer Sturm

Nachtsignale

beginnend aus östlicher Richtung

beginnend aus westlicher Richtung

VEREINIGTE STAATEN

starker NW-Wind

starker NO-Wind

Sturmsignal (Hurricane)

starker SW-Wind

starker SO-Wind

Nachtsignale

westliche Winde

östliche Winde

MEXIKO

Tagsignale

Orkan in der Nachbarschaft

Orkan zwischen den Westindischen Inseln

Schlechtes Wetter im Golf von Mexiko

Schlechtes Wetter in nördlicher Richtung

Schlechtes Wetter in südlicher Richtung

Nachtsignale

Orkan in der Nachbarschaft

starke nördliche Winde

starke südliche Winde

starke östliche Winde

starke westliche Winde

CUBA *Tagsignale wie Verein. Staaten, Nachtsignale unbekannt.*

URUGUAY

Tagsignale / *Nachtsignale*

gutes Wetter

veränderlich

schlechtes Wetter

starke südliche Winde

starke nördliche Winde

Tagsignale / *Nachtsignale*

stürmische südliche Winde

stürmische nördliche Winde

außerdem regelmäßige Luftdruck- und Temperatur-Signale.

KAPSTADT

klar zum Kette fieren

ganze Kette ausstecken, 3. Anker klar

Oberbramstengen und Rahen an Deck klar zum Segelsetzen

Kette einhieven auf frühere Länge

Hamburg, L. Friederichsen & Co.

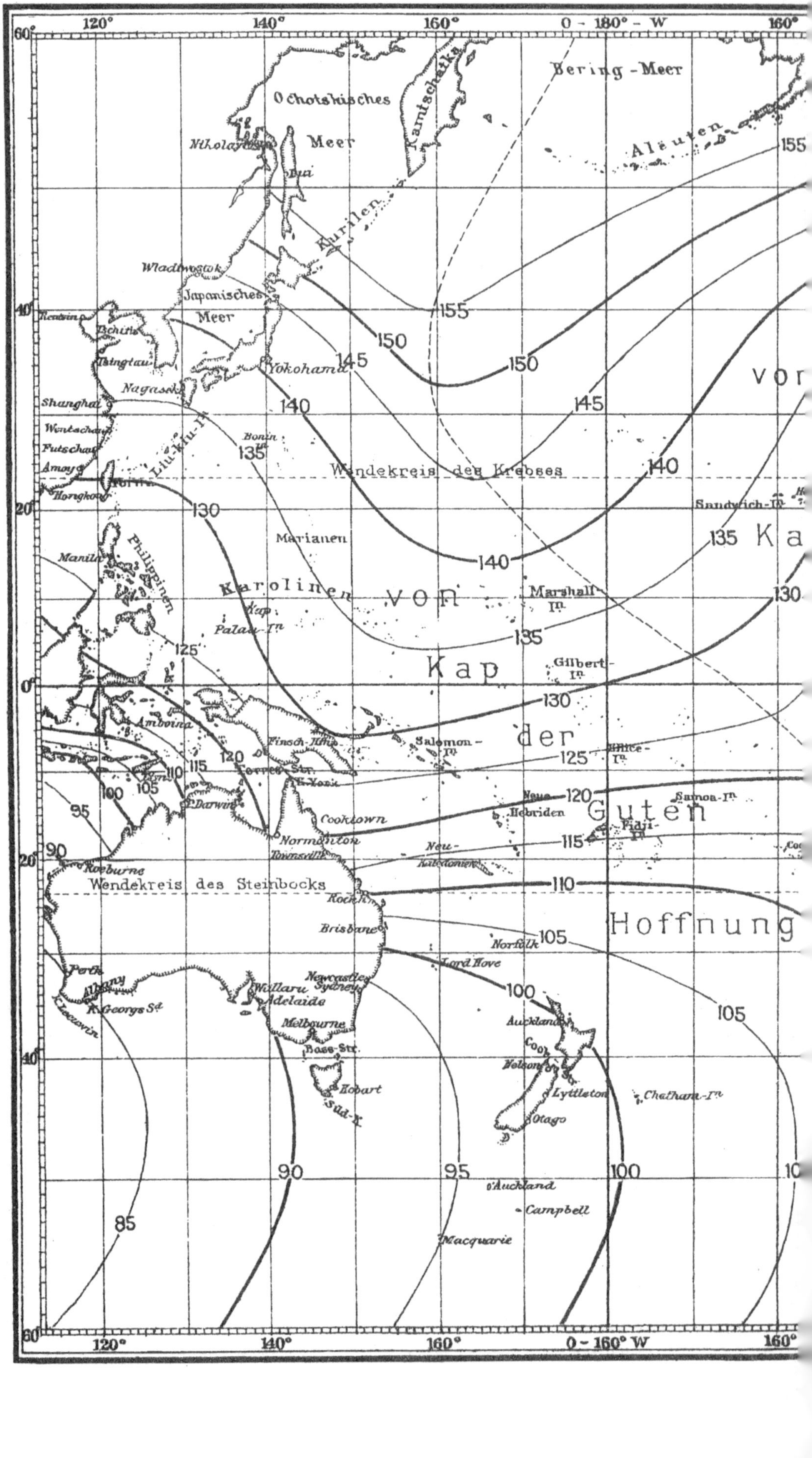
120°
140°
160°
0 – 180° – W
160°
60°
40°
20°
0°
Bering-Meer
Ochotskisches
Meer
Kamtschatka
Aleuten
Kurilen
Nikolajewsk
Wladiwostok
Japanisches
Meer
Tschifu
Tsingtau
Nagasaki
Yokohama
Shanghai
Wentschau
Futschau
Amoy
Hongkong
Liu-kiu-In
Bonin
Wendekreis des Krebses
Sandwich-In
Marianen
Manila
Philippinen
Karolinen
Palau-In
Marshall-In
Gilbert-In
Amboina
Finsch-Hfn
Salomon-In
Ellice-In
Torres-Str.
Samoa-In
P. Darwin
Cooktown
Neue Hebriden
Fidji-In
Normanton
Townsville
Neu-Kaledonien
Roeburne
Wendekreis des Steinbocks
Rockh.
Brisbane
Norfolk
Lord Howe
Perth
Albany
K. Georgs Sd
Wallaru
Adelaide
Newcastle
Sydney
Melbourne
Auckland
Cook
Nelson
Bass-Str.
Hobart
Süd-K.
Lyttleton
Chatham-In
Otago
Auckland
Campbell
Macquarie
von Kap der Guten Hoffnung
85
90
95
100
105
110
115
120
125
130
135
140
145
150
155
0 – 160° W

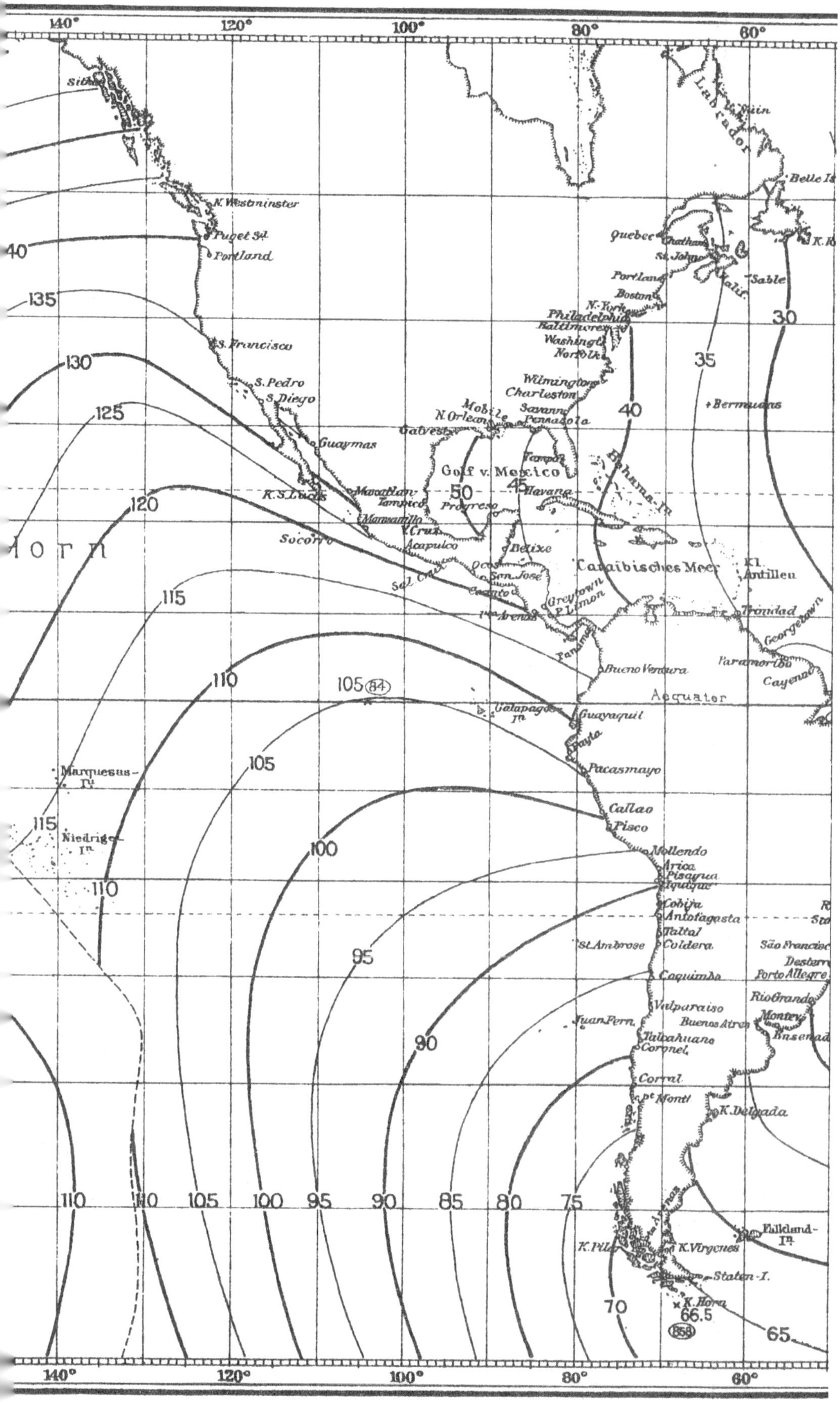

Hamburg: L. Frie

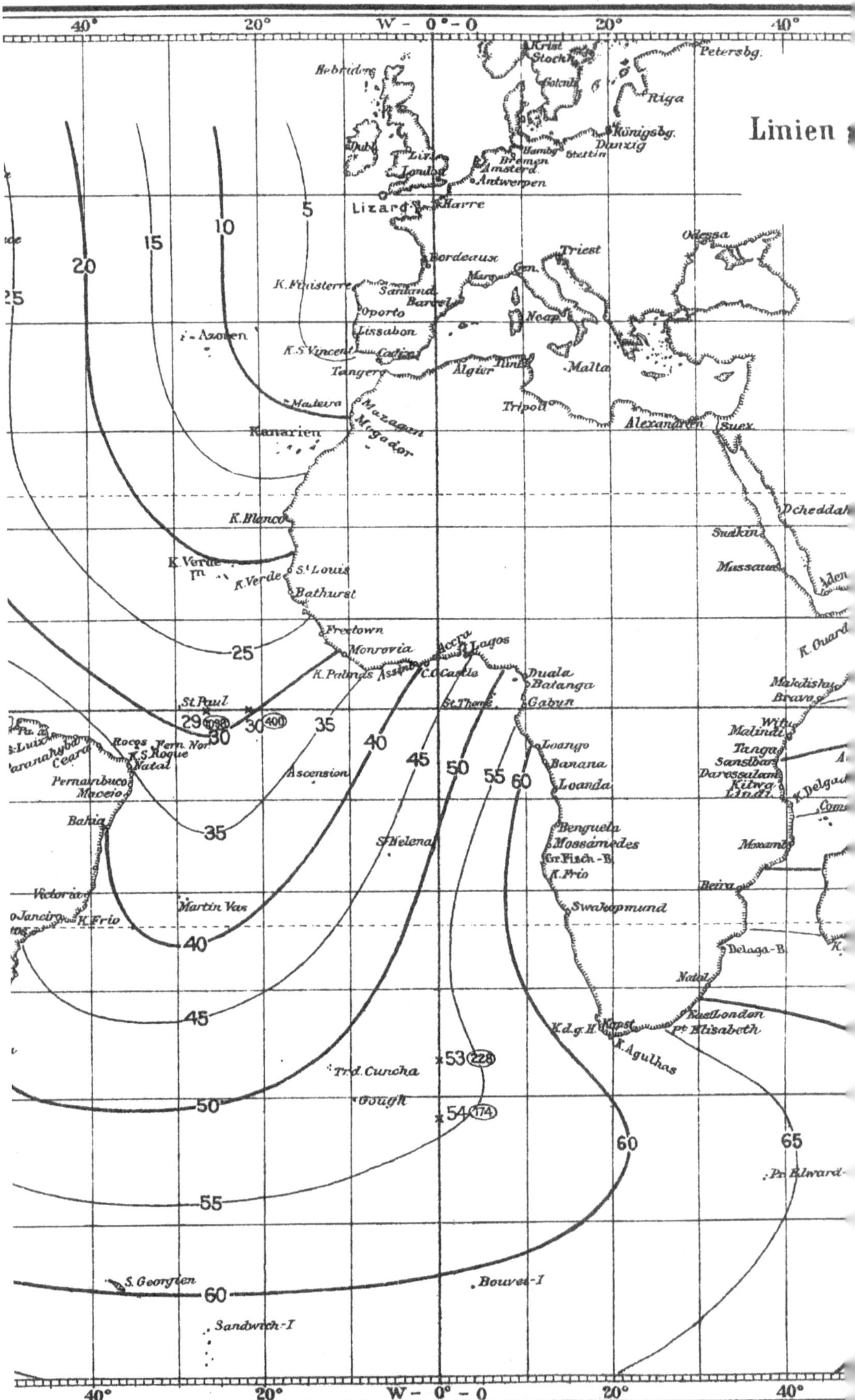

lerichsen & Cº.

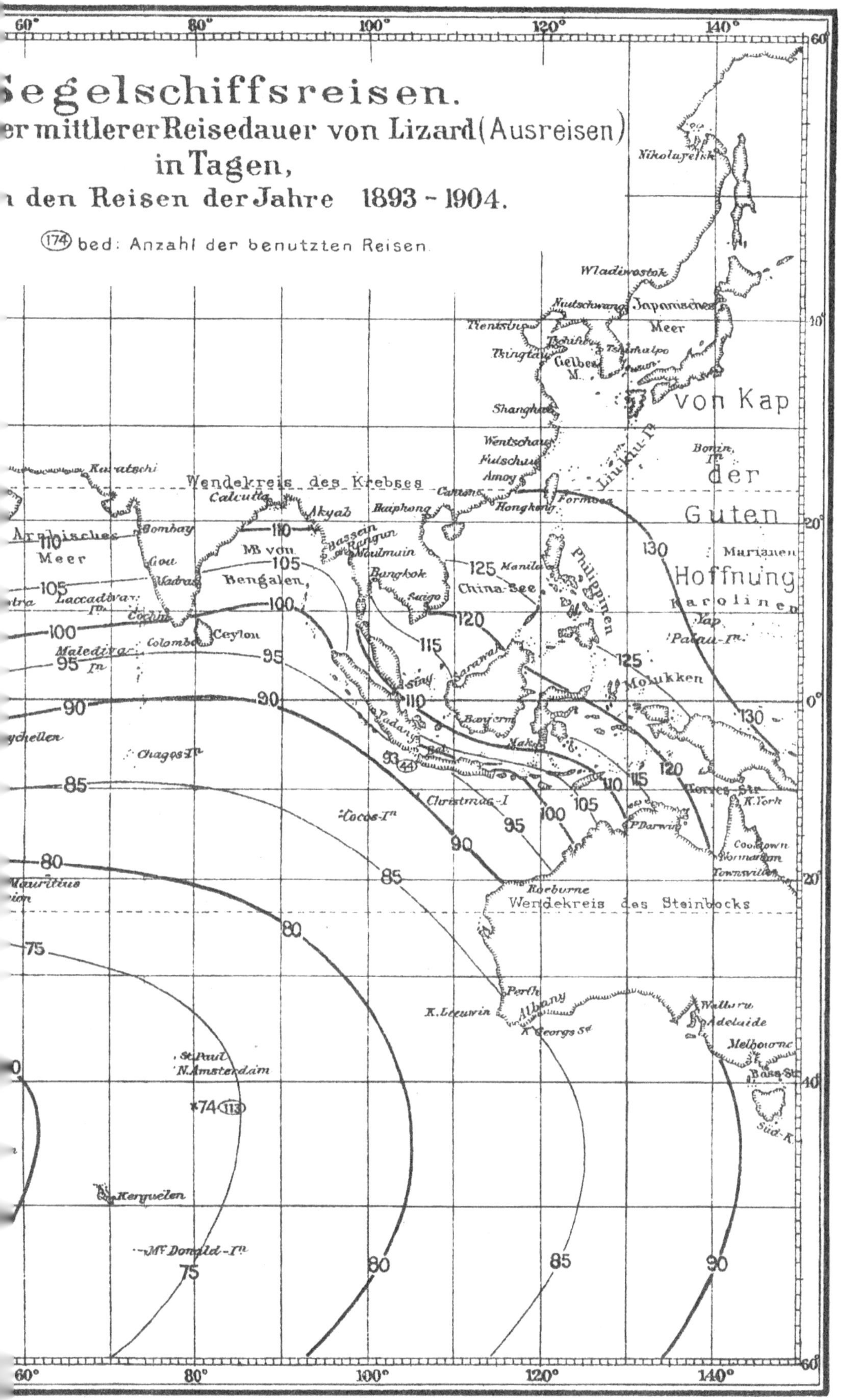

Segelschiffsreisen.
er mittlerer Reisedauer von Lizard (Ausreisen)
in Tagen,
n den Reisen der Jahre 1893 - 1904.
(174) bed: Anzahl der benutzten Reisen.
60°
80°
100°
120°
140°
Nikolajewsk
Wladiwostok
Nutschwang
Japanisches Meer
Tientsin
Tschifu
Tsingtau
Gelbes M.
Tschimulpo
Shanghai
von Kap der Guten Hoffnung
Wentschau
Futschau
Amoy
Bonin-I.
Liu-kiu-I.
Kuratschi
Wendekreis des Krebses
Calcutta
Akyab
Haiphong
Canton
Formosa
Hongkong
Arabisches Meer
Bombay
Goa
Madras
Laccadiven-I.
Cochin
MB von Bengalen
Bassein
Rangun
Maulmain
Bangkok
Saigon
Manila
China-See
Philippinen
Marianen
Karolinen
Yap
Palau-I.
Ceylon
Colombo
Malediven-I.
Sarawak
Molukken
Seychellen
Chagos-I.
Padang
Banjerm.
Makassar
Christmas-I.
Cocos-I.
Torres-Str.
K. York
P. Darwin
Cooktown
Normanton
Townsville
Mauritius
Roeburne
Wendekreis des Steinbocks
Perth
K. Leeuwin
Albany
K. Georgs Sd.
Wallaroo
Adelaide
Melbourne
Bass-St.
Süd-K.
St. Paul
N. Amsterdam
Kerguelen
Mc Donald-I.

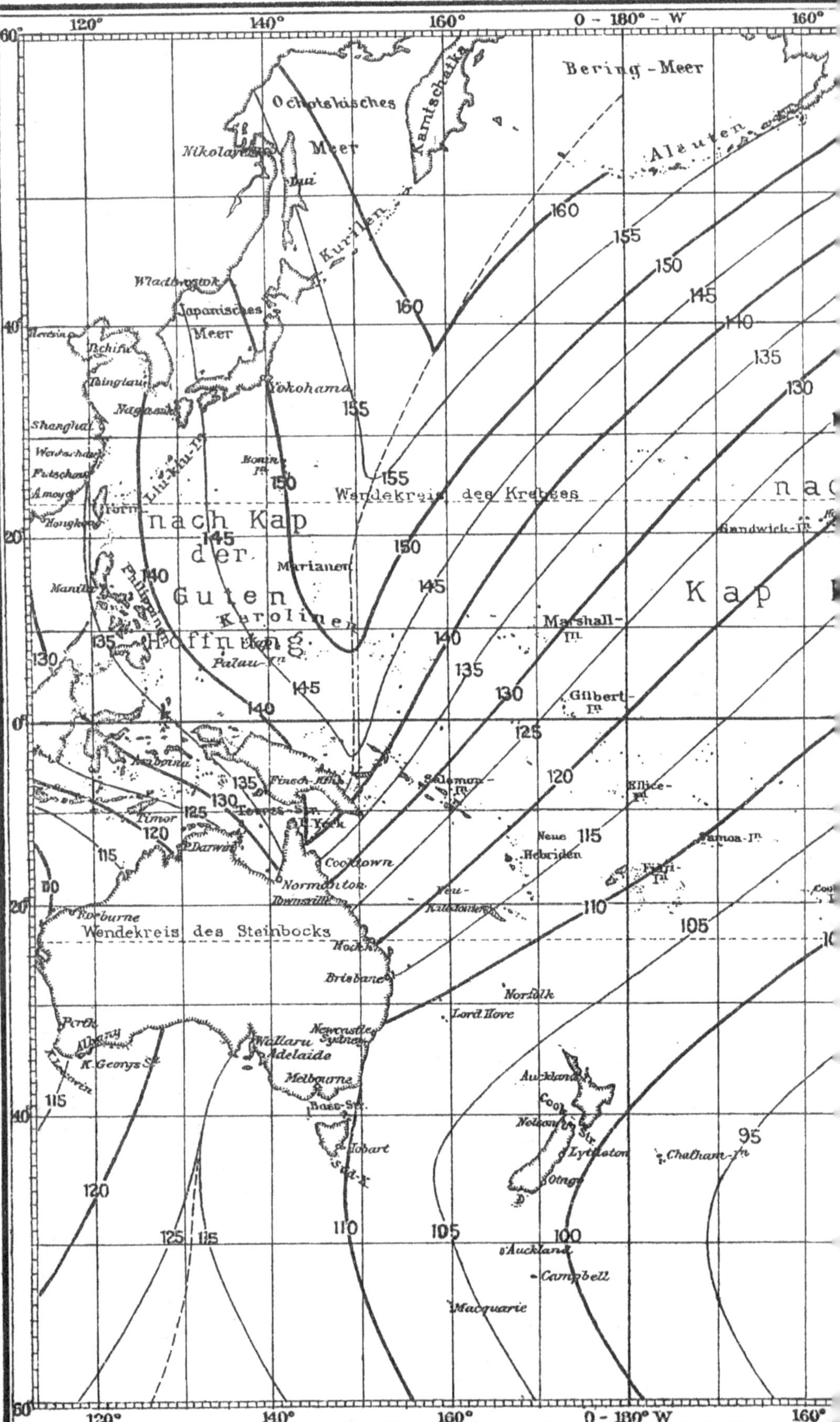

120°
140°
160°
0 - 180° - W
Bering-Meer
Ochotskisches Meer
Kamtschatka
Aleuten
Kurilen
Nikolajewsk
Wladiwostok
Japanisches Meer
Yokohama
Shanghai
Nagasaki
Tsingtau
Tschifu
Amoy
Hongkong
Manila
Wendekreis des Krebses
nach Kap der Guten Hoffnung
nach Kap
Marianen
Karolinen
Palau-In
Marshall-In
Gilbert-In
Sandwich-In
Philippinen
Liu-kiu-In
Bonin-In
Amboina
Finsch-Hafen
Salomon-In
Ellice-In
Timor
Torres-Str.
C. York
Darwin
Cooktown
Normanton
Townsville
Neue Hebriden
Neu-Kaledonien
Samoa-In
Fidji-In
Wendekreis des Steinbocks
Roeburne
Brisbane
Norfolk
Lord Howe
Perth
Albany
K. Georgs-Sd.
Newcastle
Sydney
Wallaru
Adelaide
Melbourne
Bass-Str.
Hobart
Auckland
Cook-Str.
Nelson
Lyttelton
Otago
Chatham-In
Auckland
Campbell
Macquarie
160
155
150
145
140
135
130
125
120
115
110
105
100
95
0 - 180° W

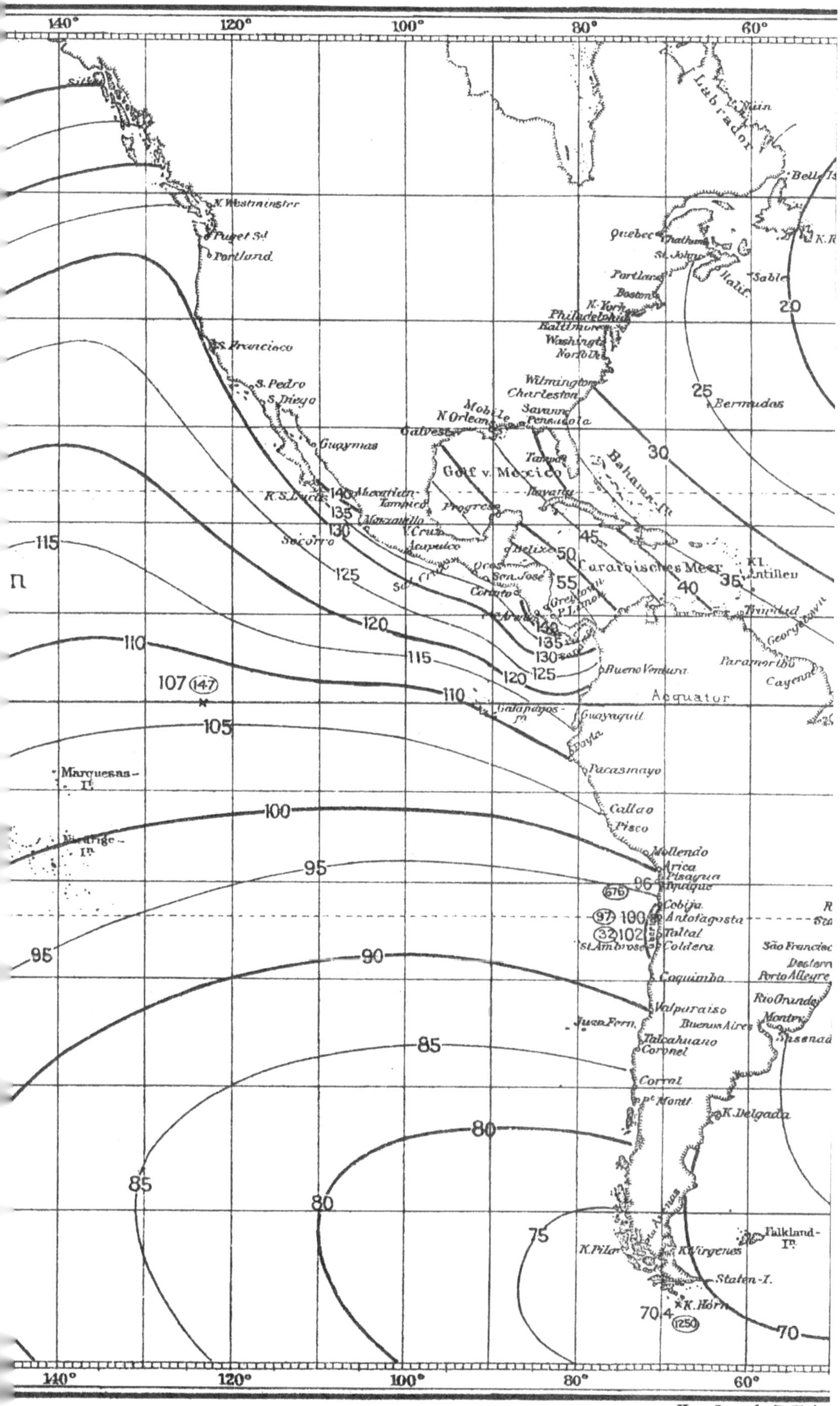

Hamburg: L. Frie

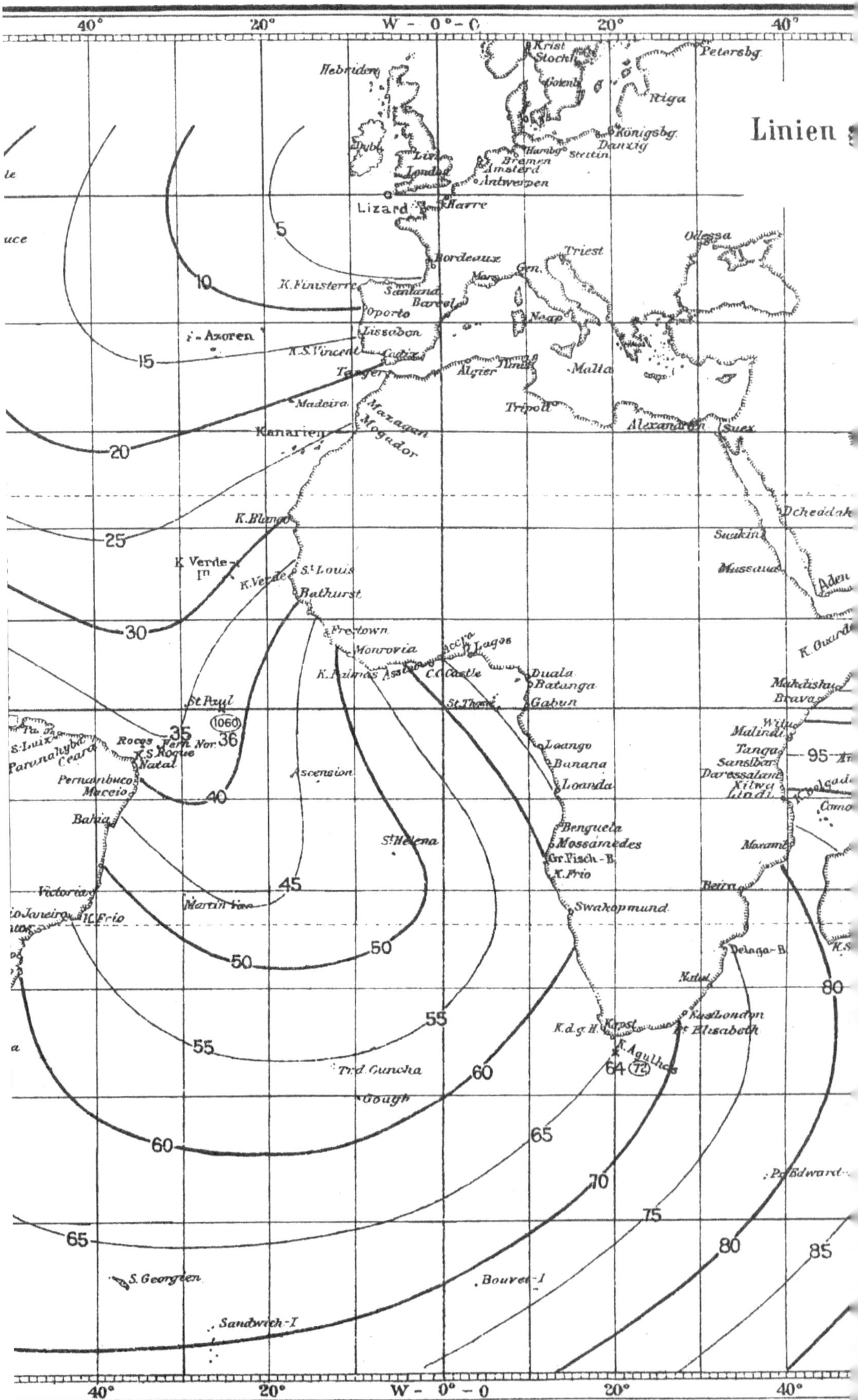
Linien
40°
20°
W - 0° - O
Hebriden
Krist
Stockh
Gotenb
Petersbg
Riga
Königsbg
Danzig
Hambg
Stettin
Bremen
Amsterd
Antwerpen
London
Lizard
Havre
Bordeaux
Odessa
Triest
K. Finisterre
Santand
Barcel
Oporto
Lissabon
Azoren
K. S. Vincent
Cadiz
Tanger
Algier
Malta
Tripoli
Madeira
Mazagan
Mogador
Kanarien
Alexandrien
Suez
K. Blanco
K. Verde-In
K. Verde
St. Louis
Bathurst
Suakin
Massaua
Aden
Monrovia
Lagos
Duala
Batanga
K. Palmas
C. C. Castle
St. Thomé
Gabun
St. Paul
1060
Fern. Nor.
Rocas
K. S. Roque
Natal
Ceará
Pernambuco
Maceio
Bahia
Loango
Banana
Loanda
Ascension
Mahdishu
Brava
Malindi
Tanga
Sansibar
Daressalam
Kilwa
Benguela
Mossamedes
Gr. Fisch-B.
K. Frio
St. Helena
Martin Vaz
Victoria
Rio Janeiro
K. Frio
Swakopmund
Beira
Delagoa-B.
Natal
K. d. g. H.
Kapst
Ostlondon
Pt Elisabeth
K. Agulhas
72
Trd. Cuncha
Gough
S. Georgien
Bouvet-I
Sandwich-I
Pr. Edward
5
10
15
20
25
30
35
36
40
45
50
55
60
64
65
70
75
80
85
95

lerichsen & C°.

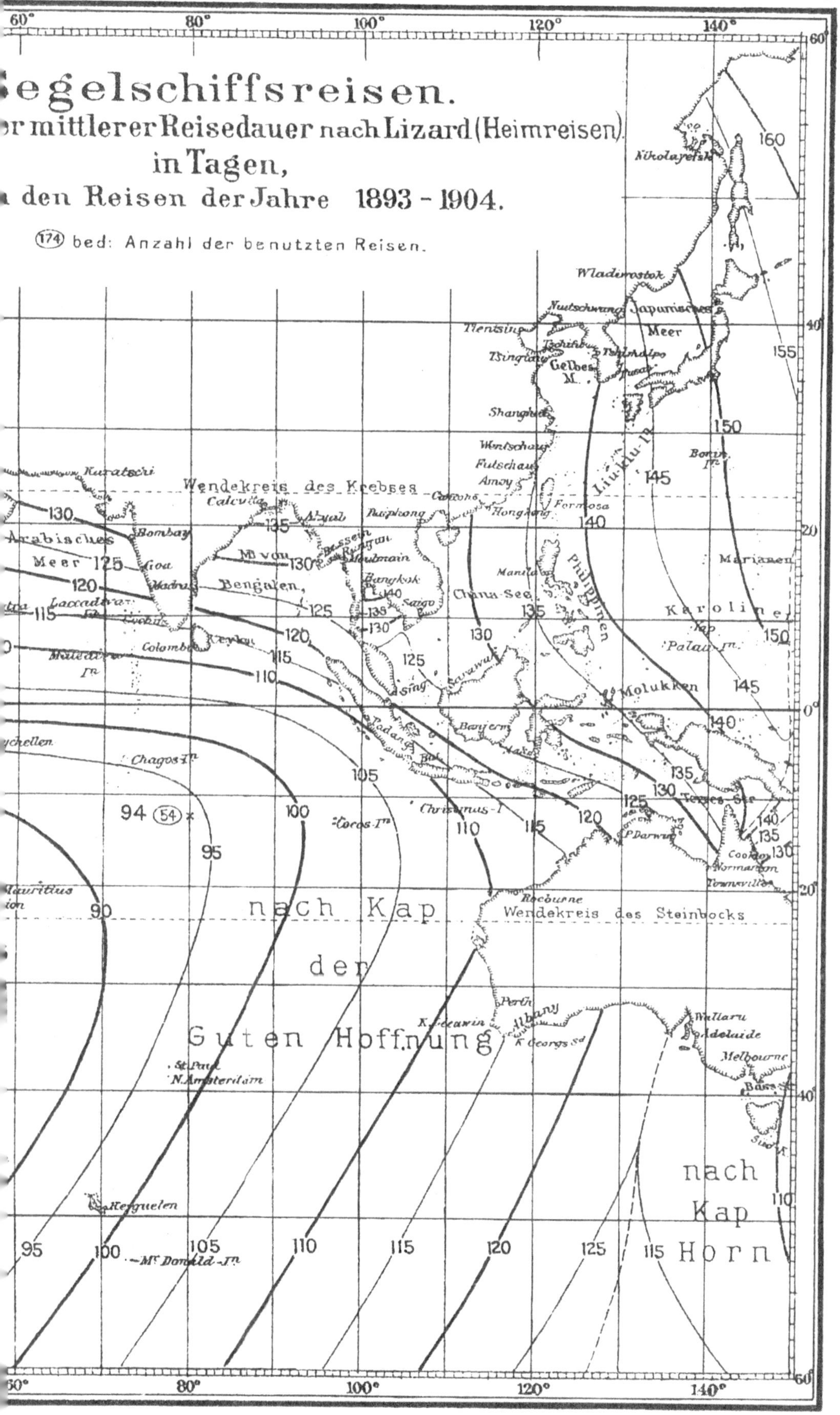
egelschiffsreisen.
r mittlerer Reisedauer nach Lizard (Heimreisen)
in Tagen,
den Reisen der Jahre 1893 - 1904.
(174) bed: Anzahl der benutzten Reisen.
60°
80°
100°
120°
140°
Nikolajefsk
Wladiwostok
Japanisches Meer
Tientsin
Tsingtau
Gelbes M.
Shanghai
Fusan
Liukiu-I.
Bonin I.
Kuratschi
Wendekreis des Krebses
Calcutta
Canton
Hongkong
Formosa
Arabisches Meer
Bombay
Goa
Madras
Bengalen
Rangun
Moulmain
Bangkok
Saigon
China-See
Manila
Philippinen
Marianen
Karoline
Palau I.
Laccadiven
Colombo
Ceylon
Malediven I.
Sing.
Sarawak
Molukken
Padang
Banjerm
Chagos I.
Cocos I.
Christmus-I.
Torres-Str.
P. Darwin
Cooktn
Normanton
Townsville
Mauritius
nach Kap der Guten Hoffnung
Roebourne
Wendekreis des Steinbocks
Perth
Albany
K. Leeuwin
K. Georgs Sd.
Wallaru
Adelaide
Melbourne
St. Paul
N. Amsterdam
Kerguelen
Mc Donald-I.
nach Kap Horn
94 (54)
160
155
150
145
140
135
130
125
120
115
110
105
100
95
90

FSC
www.fsc.org
MIX
Papier | Fördert gute Waldnutzung
FSC® C083411

Kolibri 360 GmbH
Ferdinand-Jühlke-Straße 7
99095 Erfurt, Deutschland
produktsicherheit@kolibri360.de